ENCYKLOPÄDIE
DER
MATHEMATISCHEN WISSENSCHAFTEN
MIT EINSCHLUSS IHRER ANWENDUNGEN

ZWEITER BAND:
ANALYSIS

ENCYKLOPÄDIE
DER
MATHEMATISCHEN WISSENSCHAFTEN
MIT EINSCHLUSS IHRER ANWENDUNGEN

ZWEITER BAND IN DREI TEILEN

ANALYSIS

REDIGIERT VON

H. BURKHARDT†, **W. WIRTINGER**
(1898—1914) IN WIEN (1905—1912),

R. FRICKE UND **E. HILB**
IN BRAUNSCHWEIG IN WÜRZBURG

ZWEITER TEIL

SPRINGER FACHMEDIEN WIESBADEN GMBH
1901—1921

ISBN 978-3-663-15451-8 ISBN 978-3-663-16022-9 (eBook)
DOI 10.1007/978-3-663-16022-9

Softcover reprint of the hardcover 1st edition 1921

Inhaltsverzeichnis zu Band II, 2. Teil.

B. Analysis der komplexen Größen.

1. Allgemeine Theorie der analytischen Funktionen a) einer und b) mehrerer komplexen Größen. Von W. F. Osgood in Cambridge, Mass.

III. Untersuchung der analytischen Funktionen mittels ihrer Darstellung durch unendliche Reihen und Produkte.

IV. Analytische Funktionen mehrerer komplexen Größen.

2. Algebraische Funktionen und ihre Integrale. Von W. Wirtinger in Innsbruck, jetzt in Wien.

A. Allgemeines.

B. Besondere Darstellungen und Funktionen.

C. Das Abelsche Theorem.

D. Ergänzungen.

E. Korrespondenz und singuläre Gebilde.

F. Mehrere Variable.

3. Elliptische Funktionen. Mit Benutzung von Vorarbeiten und Ausarbeitungen der Herren J. Harkness in Montreal, Canada, und W. Wirtinger in Wien von R. Fricke in Braunschweig.

I. Ältere Theorie der elliptischen Integrale.

II. Die elliptischen Funktionen bei Abel, Jacobi und Gauß.

III. Die elliptischen Funktionen in der Zeit zwischen Abel und Riemann.

IV. Grundlagen der Theorie der elliptischen Funktionen nach neueren Anschauungen.

V. Addition, Multiplikation, Division und allgemeine Transformation der elliptischen Funktionen.

VI. Anwendungen der elliptischen Funktionen.

4. Automorphe Funktionen mit Einschluß der elliptischen Modulfunktionen. Von R. Fricke in Braunschweig.

5. Lineare Differentialgleichungen im komplexen Gebiet. Von E. Hilb in Würzburg.

I. Integrationsmethoden.

II. Beziehungen zwischen linearen Differentialgleichungen.

III. Bestimmung der Differentialgleichungen aus vorgegebenen Eigenschaften.

IV. Spezielle Differentialgleichungen.

6. Nichtlineare Differentialgleichungen. Von E. Hilb in Würzburg.

I. Differentialgleichungen erster Ordnung.

7. Abelsche Funktionen und allgemeine Thetafunktionen. Von A. Krazer in Karlsruhe und W. Wirtinger in Wien.

V. Die allgemeinen Thetafunktionen mit r^{tel} Charakteristiken.

VI. Das Jacobische Umkehrproblem bei Riemann, Clebsch und Gordan und in den Vorlesungen von Weierstraß.

VII. Die Abelschen Transzendenten 2. und 3. Gattung. Wurzelfunktionen und Wurzelformen. Lösungen des Umkehrproblems.

VIII. Der Fall $p = 2$.

XV. Reduzierbare Abelsche Integrale.

XVI. Multiplikabilität und Singularität.

Übersicht
über die im vorliegenden Bande II, 2. Teil zusammengefaßten Hefte und ihre Ausgabedaten.

B. Analysis der komplexen Größen.

II B 1. ALLGEMEINE THEORIE DER ANALYTISCHEN FUNKTIONEN a) EINER UND b) MEHRERER KOMPLEXEN GRÖSSEN

VON

W. F. OSGOOD

IN CAMBRIDGE, MASS.

Inhaltsübersicht.

Litteratur.

Lehrbücher.

C. Briot et *C. Bouquet*, Théorie des fonctions doublement périodiques et, en particulier, des fonctions elliptiques, Paris 1859 (deutsch von *H. Fischer*, Halle 1862); 2. Aufl. (Théorie des fonctions elliptiques), Paris 1873.

H. Durège, Elemente der Theorie der Funktionen einer komplexen veränderlichen Grösse, mit besonderer Berücksichtigung der Schöpfungen Riemann's. Leipzig 1864, 4. Aufl. 1893.

C. Neumann, Vorlesungen über Riemann's Theorie der Abel'schen Integrale. Leipzig 1865; 2. vermehrte Aufl. 1884.

J. Hoüel, Théorie élémentaire des quantités complexes. Paris 1867.

F. Casorati, Teorica delle funzioni di variabili complesse. Pavia 1868.

J. Thomae, Abriss einer Theorie der komplexen Funktionen und der Thetafunktionen einer Veränderlichen. Halle 1870; 3. vermehrte Aufl. 1890.

C. Méray, Nouveau précis d'analyse infinitésimale. Paris 1872. Leçons nouvelles sur l'analyse infinitésimale et ses applications géométriques. Paris 1894—98.

L. Koenigsberger, Vorlesungen über die Theorie der elliptischen Funktionen nebst einer Einleitung in die allgemeine Funktionenlehre, 1, Leipzig 1874.

J. Thomae, Elementare Theorie der analytischen Funktionen einer komplexen Veränderlichen. Halle 1880; 2. vermehrte Aufl. 1898.

F. Klein, Einleitung in die geometrische Funktionentheorie [1880/81], (lith.) Göttingen 1892.

C. Hermite, Cours, 2. Aufl. 1881/82 (lith.) Paris 1883; 3. Aufl. 1887, 4. Aufl. 1891.

G. Holzmüller, Einführung in die Theorie der isogonalen Verwandtschaften. Leipzig 1882.

F. Klein, Über *Riemann*'s Theorie der algebraischen Funktionen und ihrer Integrale. Leipzig 1882.

K. Weierstrass, Abhandlungen aus der Funktionenlehre. Berlin 1886.

O. Biermann, Theorie der analytischen Funktionen. Leipzig 1887.

F. Klein, Vorlesungen über die Theorie der elliptischen Modulfunktionen, ausgearbeitet und vervollständigt von *R. Fricke*, Bd. 1. Leipzig 1890.

G. Demartres, Cours d'analyse; 2me partie, propriétés des fonctions analytiques. Paris 1892.

F. Klein, *Riemann*'sche Flächen, (lith.) Göttingen 1892.

A. R. Forsyth, Theory of Functions of a Complex Variable. Cambridge (Engl.) 1893; 2. Aufl. 1900.

J. Harkness and *F. Morley*, A Treatise on the Theory of Functions. New York 1893.

C. Jordan, Cours d'analyse de l'école polytechnique, 2. Aufl. Paris. Bd. 1 1893, Bd. 2 1894.

E. Picard, Traité d'analyse 2, Paris 1893.

S. Pincherle, Lezioni sulla teorica delle funzioni. Bologna 1893.

F. Klein, Über die hypergeometrische Funktion, (lith.) Göttingen 1894.

F. Klein, Über lineare Differentialgleichungen der zweiten Ordnung, (lith.) Göttingen 1894.

W. Láska, Einführung in die Funktionentheorie. Stuttgart 1894.

O. Stolz, Grundzüge der Differential- und Integralrechnung, 2. Teil, komplexe Veränderliche und Funktionen. Leipzig 1896.

H. Burkhardt, Einführung in die Theorie der analytischen Funktionen einer komplexen Veränderlichen. Leipzig 1897.

E. Picard et *G. Simart*, Théorie des fonctions algébriques de deux variables indépendantes; Bd. 1. Paris 1897.

E. Borel, Leçons sur la théorie des fonctions. Paris 1898.

J. Harkness and *F. Morley*, Introduction to the Theory of Analytic Functions. London 1898.

J. Petersen, Vorlesungen über Funktionstheorie. Kopenhagen 1898.

L. Bianchi, Teorica delle funzioni di variabile complessa e delle funzioni ellittiche, Teil 1. Pisa 1899.

G. Vivanti, Lezioni sulla teoria delle funzioni analitiche, Reggio 1899 (lith.). Milano 1901.

Q. Timtschenko, Elemente der Theorie der analytischen Funktionen 1. Petersb. 1899.

E. Borel, Leçons sur les fonctions entières. Paris 1900.

R. Fricke, Analytisch-funktionentheoretische Vorlesungen. Leipzig 1900.

E. Borel, Leçons sur les séries divergentes. Paris 1901.

J. Hadamard, Scientia, La série de Taylor et son prolongement analytique Paris 1901.

A. Pringsheim, Vorlesungen über die elementare Theorie der unendlichen Reihen und der analytischen Funktionen. (Demnächst bei B. G. Teubner, Leipzig, erscheinend.)

W. F. Osgood, Allgemeine Funktionentheorie. (In Vorbereitung für B. G. Teubners Sammlung von Lehrbüchern auf dem Gebiete der mathematischen Wissenschaften.)

Ausserdem sei erwähnt der Bericht von *Brill* und *Noether,* über die Entwickelung der Theorie der algebraischen Funktionen; Jahresber. d. D. Math.-Ver. 3 (1892/93), p. 107—566; ferner: *Schwarz,* Ges. Werke 2. Berlin 1890.

Monographieen.

A. L. Cauchy (1789—1857). Mémoire sur les intégrales définies, lu à l'Institut le 22 août 1814, remis au Secrétariat pour être imprimé le 14 septembre 1825, Par. sav. étr. 1, p. 599 = Oeuvres (1) 1, p. 319. Über diese Abhandlung referierte *Poisson,* Bull. Soc. Philom. (3) 1 (1814), p. 185.

— Mémoire sur les intégrales définies, prises entre des limites imaginaires, Paris 1825 = Bull. Darb. 7 (1874), p. 265; 8 (1875), p. 43, 148.

— De l'influence que peut avoir, sur la value d'une intégrale double, l'ordre dans lequel on effectue les intégrations, Exerc. de math. 1 (1826), p. 85 = Oeuvres (2) 6, p. 113.

— Sur diverses rélations qui existent entre les résidus des fonctions et les intégrales définies, ebd. p. 95 = Oeuvres, ebd. p. 124.

— Mémoire sur divers points d'analyse, lu à l'Acad. le 3 septembre 1827, Par. Mém. 8 (1829), p. 97.

— Mémoire sur le développement de $f(\zeta)$ suivant les puissances ascendantes de h, ζ étant une racine de l'équation $z - x - h\varpi(z) = 0$, ebd. p. 130.

— Sur la mécanique céleste et sur un nouveau calcul appelé calcul des limites, lu à l'Acad. de Turin le 11 octobre 1831; lithographierte Abhandlung. Eine italienische Übersetzung dieser Abhandlung (bezw. der ersten Teile davon) wurde in den Opuscoli matematici e fisici di diversi autori 2, p. 1, 133, 261, Milano 1834, sowie separat veröffentlicht. Der erste Teil, p. 1—48, welcher für die Funktionentheorie am wichtigsten ist, ist in der Ursprache von *Cauchy* in den Exerc. d'anal. et de phys. math. 2, Paris 1841, p. 41 gedruckt, das résumé auch Férussac Bull. 15 (1831), p. 260.

B. Riemann (1826—1866). Grundlagen für eine allgemeine Theorie der Funktionen einer veränderlichen komplexen Grösse, Inaug.-Diss., Göttingen 1851 = Werke, p. 3.

— Beiträge zur Theorie der durch die Gauss'sche Reihe $F(\alpha, \beta, \gamma, x)$, darstellbaren Funktionen, Gött. Abh. 7 (1857) = Werke, p. 62 (2. Aufl., p. 67).

— Theorie der Abel'schen Funktionen, J. f. Math. 54 (1857), p. 101 = Werke, p. 81 (2. Aufl., p. 88).

— Gleichgewicht der Elektrizität auf Cylindern mit kreisförmigem Querschnitt und parallelen Axen. (Diese Arbeit gehört wahrscheinlich zu Riemann's frühesten Untersuchungen.) Nachlass, Werke 1. Aufl. (1876), p. 413; 2. Aufl., p. 440.

K. Weierstrass (1815—1897). Bemerkungen über die analytischen Fakultäten, Progr. Deutsch-Crone 1843, p. 3 = Werke 1, p. 87.

— Über die Theorie der analytischen Fakultäten, J. f. Math. 51 (1856), p. 1 = Werke 1, p. 153.
— Zur Theorie der eindeutigen analytischen Funktionen, Berl. Abh. 1876, p. 11 = Werke 2, p. 77.
— Einige auf die Theorie der analytischen Funktionen mehrerer Veränderlichen sich beziehende Sätze. Lithographiert, Berlin 1879 = Abhandlungen aus der Funktionenlehre, Berlin 1886, p. 105 = Werke 2, p. 135.
— Über einen funktionentheoretischen Satz des Herrn *G. Mittag-Leffler*, Berl. Ber. 1880, p. 707 = Werke 2, p. 189.
— Zur Funktionentheorie, Berl. Ber. 1880, p. 719 = Werke 2, p. 201.
— Drei seinerzeit nicht veröffentlichte Abhandlungen: a) Darstellung einer analytischen Funktion einer komplexen Veränderlichen, deren absoluter Betrag zwischen zwei gegebenen Grenzen liegt (1841); b) Zur Theorie der Potenzreihen (1841); c) Definition analytischer Funktionen einer Veränderlichen vermittelst algebraischer Differentialgleichungen (1842); Werke 1 (1894), p. 51—84.

Einleitende Bemerkungen.

Der Erfindung der Infinitesimalrechnung durch *Newton* und *Leibniz* folgte die Anwendung und Ausbildung derselben an zahlreichen Aufgaben verschiedenster Natur aus der Geometrie und der mathematischen Physik, sowie die formale Entwicklung der Integralrechnung incl. der bestimmten Integrale. Durch das Problem der zweidimensionalen Strömung einer inkompressiblen Flüssigkeit wurde man auf ein Paar von reellen Funktionen u, v der rechtwinkligen Koordinaten x, y geführt, die den beiden Relationen genügen:

$$\int u\,dx + v\,dy = 0, \qquad \int v\,dx - u\,dy = 0,$$

wobei die Integrale über eine beliebige geschlossene Kurve hin erstreckt werden. Dieses Problem war typisch für eine Reihe von Problemen der Physik und der Geometrie (namentlich der Kartenprojektion), wo sich ein Funktionenpaar (u, v) einstellt, dessen Elemente den Differentialgleichungen

$$\frac{\partial u}{\partial x} = \frac{\partial v}{\partial y}, \qquad \frac{\partial v}{\partial x} = -\frac{\partial u}{\partial y}$$

genügen. Man erkannte, dass die Funktion u eine Lösung der Laplaceschen Differentialgleichung

$$\Delta u \equiv \frac{\partial^2 u}{\partial x^2} + \frac{\partial^2 u}{\partial y^2} = 0$$

ist und dass jede Funktion von der Form

$$u = \varphi(x + y\sqrt{-1}) + \psi(x - y\sqrt{-1}),$$

wo φ, ψ „willkürliche Funktionen“ sind, deren Summe nur reelle

Werte annimmt, eine Lösung dieser Gleichung liefert. Selbstverständlich fehlte zu der Zeit jede genaue Bestimmung des Funktionsbegriffs. Man definierte die Zahlen und die Funktionen nicht, man rechnete mit ihnen. Für den Fall, dass φ, ψ Polynome oder Potenzreihen mit reellen Koeffizienten oder sonstige aus den elementaren Funktionen zusammengesetzte Ausdrücke waren, war die Sache ja in Ordnung und um die Berechtigung zur Verallgemeinerung machte man sich keine Sorge.

Während dieser Zeit, also bis Ende des 18. Jahrhunderts, hatten sich die imaginären Grössen auch bei der formalen Entwicklung der Analysis als nützlich erwiesen. Die Trigonometrie war durch den De Moivre'schen Satz bereichert. Die elementaren Funktionen wurden für komplexe Werte des Arguments formal erklärt. Man gelangte zu der Einsicht, dass die Anzahl der Schnittpunkte einer algebraischen Kurve m^{ter} mit einer solchen n^{ter} Ordnung nicht blos die Zahl mn zur oberen Grenze hat, wenn man die reellen Schnittpunkte ausschliesslich betrachtet, sondern dass bei Zulassung imaginärer Grössen (und bei geeigneter Festsetzung bez. des Verhaltens der Kurven im Unendlichen) diese Zahl in der That stets erreicht wird. In der Integralrechnung stellte sich heraus, dass die im Gebiete der reellen Funktionen einer reellen Veränderlichen völlig von einander verschiedenen Formeln

$$\int \frac{dx}{1+ax^2} = \begin{cases} \dfrac{1}{\sqrt{a}} \operatorname{arc\,tg} x\sqrt{a}, & a > 0; \\[2ex] \dfrac{1}{2\sqrt{-a}} \log \dfrac{1+x\sqrt{-a}}{1-x\sqrt{-a}}, & a < 0, \end{cases}$$

im Gebiete der komplexen Grössen mit einander identisch sind. Diese Übereinstimmung sprach den ästhetischen Sinn der Mathematiker an. Für die Praktiker war der Umstand von Bedeutung, dass man die bekannten Formeln für die Auswertung bestimmter Integrale durch den Gebrauch imaginärer Grössen wesentlich erweiterte.

Die Existenzbeweise, welche das 19. Jahrhundert in der Mathematik auszeichnen, wurden um die Wende des Jahrhunderts durch den Gauss'schen Beweis des Fundamentalsatzes der Algebra eingeleitet. Auch die Darstellung komplexer Zahlen durch die Argand-Gauss'sche Zahlenebene kann gewissermassen als ein Existenzbeweis für die imaginären Grössen angesehen werden und ist in der That vielfach als ein solcher aufgefasst worden. Diese Darstellung trug entschieden dazu bei, den Gebrauch der komplexen Zahlen den Mathematikern sympathischer zu machen. Von welcher Wichtigkeit diese

Zahlen und die mittelst derselben erhaltenen Resultate bereits damals waren, zeugt der Umstand, dass die frühesten Forschungen der beiden ersten Mathematiker des Jahrhunderts, *Gauss* *) und *Cauchy*, sich auf diesem Gebiete der Mathematik bewegten. Allerdings war es *Cauchy* von vornherein nicht um die imaginären Grössen als solche zu thun. Er verhielt sich diesen gegenüber neutral, ja man könnte fast sagen, dass sein Bestreben eher darauf gerichtet war, derselben zu entraten. Erst nachdem er sein Problem unter Trennung der Funktionen in ihren reellen und rein imaginären Teil gelöst hatte, erkannte er, wie gut es ist, eine solche Trennung eben nicht vorzunehmen, sondern direkt von dem Satze

$$\int f(z)\,dz = 0,$$

wo das Integral über eine beliebige geschlossene Kurve hin erstreckt wird, auszugehen**). Darauf gründet sich der Residuenkalkül, der ja nichts anders ist als die Methode des Herumintegrierens. Dieser Fortschritt ist durch den Versuch herbeigeführt, die durch formale Integration imaginärer Ausdrücke erhaltenen Formeln der Integralrechnung durch strenge Methoden zu begründen.

Eine Frage der ersten Wichtigkeit für die angewandte Mathematik ist die der Gültigkeit der verwendeten Reihenentwicklungen. Indem *Cauchy*, von der für die Astronomie besonders wichtigen Lagrange'schen Reihe ausgehend, sich die Aufgabe stellte, den Gültigkeitsbereich der Entwicklung einer Funktion nach ganzen positiven Potenzen zu bestimmen, wurde er auf eine der wesentlichsten Eigenschaften der analytischen Funktionen geführt, und zwar auf eine Eigenschaft, welche die Bildung der Funktion für komplexe Werte des Arguments unvermeidlich machte. Ist nämlich $f(x)$ eine reelle Funktion der reellen Veränderlichen x, welche sich für den Wert $x = x_0$ in eine Potenzreihe nach $x - x_0$ entwickeln lässt — es sei beispielsweise $f(x) = 1/1 + x^2$ — so stellt sich heraus, dass der Gültigkeitsbereich dieser Entwicklung für reelle Werte von x sich dadurch bestimmen lässt, dass man die Funktion $f(x)$ für komplexe Werte z des Arguments in naheliegender Weise definiert, die singulären Punkte derselben aufsucht (im vorliegenden Beispiel sind es

*) Man vgl. ferner die Briefe an *Bessel* vom 21./11. u. 18./12. 1811 (Briefwechsel, p. 152, 157, der 2. auch Werke 8, p. 90), sowie das demnächst in der Festschrift der Göttinger Ges. d. Wiss. erscheinende Tagebuch von *Gauss* (1798), Nr. 95.

**) Die beiden Gleichungen $\int u\,dx + v\,dy = 0$, $\int v\,dx - u\,dy = 0$, welche die mathematische Physik lieferte, werden also jetzt zu einer einzigen Gleichung zwischen komplexen Grössen vereinigt.

also die Punkte $z = \pm\sqrt{-1}$) und dann einen Kreis in der z-Ebene mit dem Mittelpunkt $z = x_0$ beschreibt, der durch die diesem Punkte am nächsten gelegene Singularität geht. Dieser Kreis schneidet auf der reellen Axe den Gültigkeitsbereich der reellen Potenzreihenentwicklung der reellen Funktion $f(x)$ ab. Nun wird aber die Singularität, welche den Radius dieses Kreises bestimmt, im allgemeinen nicht auf der reellen Axe liegen, so dass die Definition und die Untersuchung des Verlaufs der Funktion im komplexen Gebiet gar nicht zu vermeiden ist*). Aber noch mehr. Will man eine unendliche Reihe zum Zweck des numerischen Rechnens gebrauchen, so genügt nicht, von derselben blos zu wissen, dass sie konvergiert. Man muss ausserdem noch den Fehler abschätzen können, den man beim Abbrechen der Reihe begeht. Diese Abschätzungsformel für die Potenzreihenentwicklung**) ergiebt sich auch aus den Werten, welche die Funktion im komplexen Gebiete annimmt. Damit ist denn das Problem der Darstellbarkeit einer Funktion durch eine Potenzreihe zum Zweck des numerischen Rechnens in seinen beiden Teilen gelöst und zwar beruht die Lösung wesentlich auf dem Gebrauch imaginärer Grössen. Dieser Entdeckung *Cauchy*'s war durch seinen Cours d'Analyse vom Jahre 1821 eine strenge Begründung der Reihensätze für komplexe Grössen vorausgegangen.

Indessen hatten sich *Abel* und *Jacobi* in das Studium der elliptischen und höherer Transcendenten vertieft. Die Periodeneigenschaften dieser Funktionen, welche den Anstoss zu so vielen Untersuchungen der modernen Mathematik gegeben haben, wurzeln in den gemeinen komplexen Zahlen***), während die neuen Hülfsfunktionen (die Θ-Funktionen u. dergl.) mit dazu beitrugen, eine allgemeine Funktionentheorie anzubahnen. Es sei noch der Fortschritte der mathematischen Physik in dieser Periode, namentlich der Ausbildung der Methode der krummlinigen (insbesondere der isothermischen) Koordinaten gedacht.

---

*) Bei dieser Skizze des Verfahrens ist vorausgesetzt, dass die Funktion $f(z)$ entweder überhaupt eindeutig ist oder doch in dem in Betracht kommenden Bereich T der z-Ebene nicht mehrdeutig wird.

**) Es handelt sich hier im wesentlichen um die Formel $|a_n| \leqq M r^{-n}$, wo $f(x) = \sum_{n=0}^{\infty} a_n (x - x_0)^n$, $|x - x_0| \leqq r$, $|f(z)| \leqq M$, $|z - x_0| = r$ und $a_n = \frac{1}{n!} f^{(n)}(x_0)$ ist.

***) Bei den arithmetischen Untersuchungen von *Gauss* und *Galois* spielten die imaginären Zahlen auch eine Hauptrolle.

Gegen Mitte des Jahrhunderts war nun der Boden bereitet für eine allgemeine Theorie der Funktionen einer komplexen Veränderlichen. Bei *Riemann's* Untersuchungen war die Definition einer Funktion durch Grenz- und Unstetigkeitsbedingungen der leitende Gedanke, die Methode der konformen Abbildung ein wesentliches Hülfsmittel, während die Abgrenzung des Funktionsbegriffs durch analytische Fortsetzung von *Weierstrass* scharf betont wurde. Der prinzipielle Gebrauch von Funktionalgleichungen, um die analytische Funktion zu definieren und zu erforschen, nahm nunmehr eine Hauptstellung in der Theorie ein. Die Grundlage der modernen Funktionentheorie ist jetzt fertig*).

Stellt man sich die Frage, warum sich die Mathematiker so eingehend mit der Theorie dieser Funktionen beschäftigt haben, so ist der Grund wohl darin zu erblicken, dass aus einer geringen Anzahl einfacher Eigenschaften eine Fülle von Funktionsklassen hervorgeht, welche, an sich interessant, in enger Beziehung zu wichtigen Gebieten der reinen und der angewandten Mathematik stehen. Es zeigt sich also ein innerer Zusammenhang zwischen den gemeinen komplexen Zahlen und derjenigen Analysis, welche sich für die Mathematik, wie sie sich entwickelt hat, als brauchbar erweist.

I. Grundlagen der allgemeinen Theorie der analytischen Funktionen einer komplexen Grösse.

1. Die Bereiche T, B, T'. Unter einem Kontinuum der $z=x+yi$-Zahlenebene (I A 4) versteht man eine Punktmenge T von der Beschaffenheit, a) dass jeder Punkt z von T ein innerer Punkt der Menge ist, d. h. dass alle Punkte z' eines genügend kleinen Kreises mit dem Mittelpunkt z ($|z'-z|<\delta$) zur Menge gehören; b) dass je zwei Punkte von T sich durch eine reguläre[1]) Kurve verbinden

*) Näheres über die leitenden Gesichtspunkte dieser Theorie findet man in den Nrn. **30, 13, 16, 19**ff. dieses Artikels.

1) Ein Kurvenstück soll in diesem Artikel *regulär* heissen, wenn die Kurve sich selbst nicht schneidet und in jedem Punkte eine Tangente besitzt, die sich längs des ganzen Stückes incl. der Endpunkte stetig dreht. Eine Kurve soll *regulär* heissen, wenn sie durch Aneinanderreihung einer endlichen Anzahl regulärer, einander nicht schneidender Kurvenstücke gebildet ist. Zum vorliegenden Zweck könnte man einfach festsetzen, dass die Kurve aus einer endlichen Anzahl analytischer oder sogar geradliniger Stücke bestehen soll.

Diese Definition des Kontinuums rührt von *Weierstrass* (Vorlesungen an der Berliner Universität) her; vgl. auch *Weierstrass,* Berl. Ber. 1880, p. 719, § 1; *Stolz,* Diff.- u. Int.-Rechn. 3, p. 119; sowie II A 1, Nr. **21**.

lassen, die ganz in T verläuft. In diesem Artikel soll schlechtweg unter einem *Bereich* T stets eine solche Menge verstanden werden[2]). Die Randpunkte eines Bereiches T gehören nicht zum Bereich. — Wird ein Kontinuum durch eine endliche Anzahl (n) regulärer Kurven vollständig begrenzt und zählt man die Randpunkte auch zu der Menge, so wird eine solche Punktmenge als ein *Bereich* B resp. B_n bezeichnet[2a]). Endlich wird ein in T beliebig gelegener Bereich B resp. B_n mit T' resp. T_n' bezeichnet. Der Begriff des Bereiches T' setzt also einen Bereich T voraus. Es sei bemerkt, dass die untere Grenze der Entfernung zwischen einem beliebigen Punkte von T' und einem beliebigen dem Bereich T nicht zugehörigen Punkte eine positive Grösse ist. Unter dem Ausdruck: z liegt *in* resp. *innerhalb* B, T', soll verstanden werden, dass z ein innerer oder Randpunkt resp. ein innerer Punkt von B, T' ist.

Unter der *Umgebung* (oder *Nähe, Nachbarschaft*) eines Punktes a versteht man einen den Punkt a enthaltenden Bereich T, dessen Punkte z sämtlich um weniger als eine zweckmässig anzunehmende positive feste Grösse h von a abstehen: $|z-a|<h$. Ist S eine Punktmenge von der Beschaffenheit, dass für jeden Wert von h mindestens ein Punkt von S der entsprechenden Umgebung von a angehört, so sagt man: in der Umgebung des Punktes a liegen Punkte von S. Überhaupt liegt es in dem Begriff der *Umgebung*, dass, wenn h_1 ein Wert von h ist, der den Anforderungen des Problems entspricht, jeder kleinere Wert $h_2: 0<h_2<h_1$, denselben auch genügen muss.

2. Funktionen eines komplexen Arguments; analytische Funktionen. In einem Bereich T mögen zwei reelle Funktionen u, v eindeutig erklärt sein; man bilde die Funktion $f(z)=u+vi$. Sind u, v beide in T stetig, so heisst $f(z)$ in T stetig. Es besteht der Satz[3]):

2) Soll in einem besonderen Fall die schlichte Ebene als Trägerin des Kontinuums durch eine mehrblättrige *Riemann*'sche Fläche (Nr. **11**) ersetzt werden, so wird das ausdrücklich erwähnt; der betreffende Bereich wird dann mit einem Fraktur-$\mathfrak{T}$ bezeichnet. — Die Begrenzung von T kann durch reguläre Kurven und isolierte Punkte oder auch durch eine (geschlossene) Punktmenge komplizierten Charakters (vgl. Nr. **34**) gebildet werden.

2a) Dass jede geschlossene Kurve ohne mehrfachen Punkt die Ebene in äussere und innere Punkte zerlegt und dass die äusseren Punkte einerseits und die inneren Punkte andererseits ein Kontinuum bilden, hat *C. Jordan* (Cours d'anal. 1, 2. Aufl., p. 90) gezeigt, indem er die Richtigkeit dieser Sätze für den Fall eines Polygons als einleuchtend ansieht. Ist die Kurve eine reguläre, so bilden die inneren Punkte nebst den Punkten der Kurve einen B_1.

3) In dieser Form von *Ch. Sturm* ausgesprochen und bewiesen; J. de math.

Ist $f(z)$ in T stetig und verschwindet $f(z)$ in einem T_1' nicht, so kehrt eine Bestimmung des Winkels $\theta = \text{arc tang}\, v/u$, welche sich stetig ändern soll, während z die Begrenzung von T_1' stetig durchläuft, in ihren Anfangswert wieder zurück. Daraus ergiebt sich ein Beweis des Fundamentalsatzes der Algebra, sowie der Stetigkeit und des analytischen Charakters einer algebraischen Funktion[4]). Vgl. auch Nr. 7.

Der Begriff des bestimmten Integrals $\int\limits_{z_0}^{Z} f(z)\,dz$ als Grenzwert der Summe $\sum\limits_{i=0}^{n-1} f(z_i)(z_{i+1} - z_i)$, wo die Punkte z_i auf einer in T beliebig verlaufenden regulären Kurve liegen, ist von *Cauchy* eingeführt[5]), der sich der Parameterdarstellung $x = \varphi(t)$, $y = \psi(t)$ bedient und der Definition die Formel zu Grunde legt:

$$\int\limits_{z_0}^{Z} f(z)\,dz = \int\limits_{t_0}^{T} (x'u - y'v)\,dt + i \int\limits_{t_0}^{T} (y'u + x'v)\,dt.$$

Man sagt: die Funktion $f(z)$ besitzt eine Ableitung $f'(z)$ in einem Punkte z_0 von T, falls der Quotient

$$\frac{f(z_0 + \Delta z) - f(z_0)}{\Delta z}$$

---

1 (1836), p. 298. Vgl. auch *Stolz*, Diff.- u. Int.-Rechn. 2, XI. Abs., Nr. 7; sowie *Briot* et *Bouquet*, 2. Aufl., Nr. 21.

4) *Cauchy*, Turiner Abhandlung vom Jahre 1831; Exerc. d'anal. 2 (1841), p. 109; *Briot* et *Bouquet*, 2. Aufl., ch. 2.

Wegen *Cauchy*'s Leistungen sei überhaupt auf das Werk verwiesen: La vie et les travaux du Baron *Cauchy*, par *C.-A. Valson*, Paris 1868, sowie auf eine Besprechung desselben von *J. Bertrand*, Darb. Bull. 1 (1870), p. 105. Ferner vgl. man *Casorati*, Teorica delle funzioni di variabili complesse, Pavia 1868. Der Bericht von *Brill* und *Noether*, Jahresb. d. D. Math.-Ver. 3 (1892/93) enthält eine Übersicht und eine kritische Würdigung jener Leistungen auf dem Gebiet der Funktionentheorie. Die erste zusammenfassende Darstellung der *Cauchy*'schen Theorie ist von *Briot* und *Bouquet* gegeben worden: J. éc. pol. cah. 36, Bd. 21 (1856), p. 85—254; im Anschluss daran ihr Lehrbuch, vgl. Litteraturverzeichnis.

In dem Bericht von *Brill* und *Noether* wird auch die Vorgeschichte der heutigen Funktionentheorie geschildert. Die *Newton*'sche Reihenentwicklung einer impliciten algebraischen Funktion, der *Taylor*'sche und der *Maclaurin*'sche Lehrsatz, das Problem der Reihenentwicklung in einem singulären Punkte einer algebraischen Kurve, die Entstehung des Begriffs „Funktion" (*Leibniz*) und die *Lagrange*'schen „fonctions analytiques" werden besprochen.

5) Jedoch ohne Bezugnahme auf geometrische Vorstellungen; vgl. [13]).

gegen ein und denselben endlichen Grenzwert $f'(z_0)$ konvergiert, wie auch immer Δz dem Wert 0 zustrebt[6]).

Die Funktion $f(z)$ heisst *in T analytisch*[7]), wenn sie in jedem Punkte von T eindeutig erklärt ist und eine Ableitung $f'(z)$ besitzt. Bisher war man gezwungen, auch noch die Stetigkeit der Ableitung zu verlangen, denn sonst war kein Beweis des *Cauchy*'schen Integralsatzes (Nr. **3**) bekannt. Durch den neuen *Goursat*'schen Beweis[16]) ist man dieser Voraussetzung überhoben. — Zur vollständigen Definition der analytischen Funktion gehört noch der Begriff der analytischen Fortsetzung (Nr. **13**). Man darf wohl sagen, die bisherige Definition bezieht sich auf das Verhalten der Funktion *im Kleinen* (weiter war man ja vor *Weierstrass* nicht gekommen); es fehlt noch eine Festsetzung bezügl. des Verhaltens der Funktion *im Grossen*[8]). — Eine Funktion $f(z)$ *verhält sich im Punkte z_0 analytisch*[9]) oder *ist analytisch im Punkte* z_0, wenn $f(z)$ in der Umgebung des Punktes z_0 analytisch ist.

Eine hinreichende Bedingung, dass $f(z) = u + vi$ eine in T ana-

---

6) Die Mittelwertsätze der Differential- und Integralrechnung sind auf Funktionen eines komplexen Arguments von *G. Darboux* (J. de math. (3), 2 (1876), p. 291) und *K. Weierstrass* ausgedehnt worden; vgl. *Hermite*, Cours, 4. Aufl. (1891), 7e Leçon, p. 57; *Stolz*, Diff.- u. Int.-Rechn., 2, p. 66 u. 167.

7) Nach *Weierstrass*, in Anlehnung an *Lagrange*. *Weierstrass* legte eine der Form nach von der des Textes verschiedene Definition zu Grunde (Nr. **13**). *Holomorph, synectique* und *regulär* werden auch in diesem Sinne gebraucht. — *Cauchy* und seine Schüler führten eine grosse Anzahl neuer Bezeichnungen ein, wie z. B. *monodrom,* Exerc. d'anal. 4 (1847), p. 325 u. 345, u. Par. C. R. 36 (1853), p. 458; *monotrop*, *Briot* et *Bouquet,* 1, 2. Aufl., p. 10; *monogène,* ibid. p. 346; *synectique, Cauchy,* Par. C. R., 36 (1853), p. 459; *holomorph, Briot* et *Bouquet,* 1, 2. Aufl., p. 14, u. s. w. Die entsprechenden Definitionen sind jedoch von den Mathematikern mehrfach abgeändert worden.

8) Der Begriff des Verhaltens einer Funktion *im Kleinen* und *im Grossen* spielt in der Analysis eine wichtige Rolle und erstreckt sich auf alle Gebiete der Mathematik (namentlich auch auf die Geometrie), wo eine stetige Menge von Elementen das Substrat für die in Betracht zu ziehenden Gebilde bildet. In der Funktionentheorie versteht man unter dem Verhalten einer Funktion *im Kleinen* resp. *im Grossen* ihr Verhalten in der Umgebung eines festen Punktes a, $(a_1, a_2, \ldots, a_n)$ oder einer Punktmenge P (Nr. **40**) [der Kürze halber spricht man dann schlechtweg von ihrem Verhalten *im* Punkte a, $(a_1, a_2, \ldots, a_n)$ oder *in* der Punktmenge P] resp. in einem Bereich $T, T', \mathfrak{T}, \mathfrak{T}'$ u. s. w., dessen Ausdehnung von vornherein feststeht und nicht erst hinterher den Bedürfnissen des vorgelegten Problems entsprechend bestimmt wird. In vielen Fällen folgt aus einem gegebenen Verhalten im Kleinen in jedem Punkte eines Bereiches T', $\mathfrak{T}'$ das entsprechende *gleichmässige* (Nr. **6**) Verhalten im Grossen.

9) Die Bezeichnungen *holomorph* u. s. w. werden auch gebraucht; vgl. [7]).

lytische Funktion von z ist, besteht darin, a) dass u, v beide in jedem Punkte von T eindeutig erklärt sind und ein erstes vollständiges Differential[10]) besitzen; b) dass

$$\frac{\partial u}{\partial x} = \frac{\partial v}{\partial y}, \qquad \frac{\partial u}{\partial y} = -\frac{\partial v}{\partial x}$$

sind. Dass diese Bedingung auch notwendig ist, ergiebt sich aus der in Nr. **3** nachgewiesenen Stetigkeit der Funktion $f'(z)$.

Die Gleichungen heissen die *Cauchy-Riemann'schen Differentialgleichungen;* sie treten bereits bei *d'Alembert*[11]) auf.

Sind $f(z)$, $\varphi(z)$ zwei in T analytische Funktionen, so sind auch die Funktionen $f(z) + \varphi(z)$, $f(z) \cdot \varphi(z)$ und, wofern $\varphi(z)$ in T nicht verschwindet, $f(z)/\varphi(z)$ in T analytisch. Ferner, sei $\varphi(z)$ im

---

10) *Stolz,* Diff.- u. Int.-Rechn. 1, IV. Abs. § 8.

11) Essai d'une nouvelle théorie de la résistance des fluides, Paris 1752. Um die Geschwindigkeitskomponenten einer Flüssigkeit zu bestimmen, die sich in zwei Dimensionen bewegt, wird *d'Alembert* auf das Problem geführt (S. 60 des Essai): Es seien $u\,dx - v\,dy$, $v\,dx + u\,dy$ exakte Differentiale; man soll die Funktionen u, v bestimmen. Die Lösung bewerkstelligt er durch einen Kunstgriff, indem er bemerkt, dass sowohl

$$u\,dx - v\,dy + i(v\,dx + u\,dy) = (u + iv)(dx + i\,dy)$$

als auch

$$u\,dx - v\,dy - i(v\,dx + u\,dy) = (u - iv)(dx - i\,dy)$$

exakte Differentiale sind. Daraus schliesst er, dass $u + iv$ eine Funktion von $x + iy$ und dass $u - iv$ eine Funktion von $x - iy$ ist. Damit die Werte von u, v reell ausfallen, genügt es,

$$u + vi = \varphi(x + iy) + i\psi(x + iy)$$

zu setzen, wo φ, ψ zwei beliebige analytische Funktionen sind, die reelle Werte annehmen, wenn y verschwindet. Auf das *d'Alembert*'sche Resultat nimmt *Euler* Bezug: Berl. Mém. (année 1755), p. 356. Vgl. ferner *Stäckel,* Bibl. math. (3) 1 (1900), p. 109; *Timtschenko,* Abh. neuruss. Ges. Naturf. 19, Odessa 1899; Revue sémestr. 8 (1899), p. 151. — Bei *Lagrange* treten diese Differentialgleichungen an verschiedenen Stellen auf; vgl. eine Abhandlung über Flüssigkeitsbewegung, Misc. Taur. 3 (1762—65), p. 205 = Oeuvres 1, p. 498, sowie seine Untersuchungen über Kartenprojektion, Berl. nouv. mém. (année 1779), p. 161 = Oeuvres 4, p. 637 = Ostwald, Klassiker, Nr. 55.

Als ein Vorläufer der *d'Alembert*'schen Arbeit ist ein Werk von *Clairaut,* Théorie de la figure de la terre, tirée des principes de l'hydrostatique (Paris 1743) zu erwähnen, in welchem die Bedingung, dass der Wert des Integrals $\int P\,dx + Q\,dy$ vom Integrationswege unabhängig sei, nämlich die Bedingung $\frac{\partial P}{\partial y} = \frac{\partial Q}{\partial x}$, abgeleitet ist. Vgl. eine zweite Abhandlung von *Stäckel* zur Geschichte der Funktionentheorie im 18. Jahrhundert, wo der hydrodynamische Ursprung dieser Differentialgleichungen näher erörtert ist; Bibl. math. (3) 2 (1901), p. 111.

Punkte z_0, $f(w)$ im Punkte w_0 analytisch, und sei $w = \varphi(z)$, dann wird $f(w)$, als Funktion von z betrachtet, im Punkte z_0 analytisch sein[12]).

3. Der Cauchy'sche Integralsatz; das Residuum. Einer der wichtigsten Sätze der Funktionentheorie ist der sogenannte *Cauchy'sche Integralsatz*[13]): Ist die Funktion $f(z)$ in T analytisch und wird das Integral $\int f(z)\,dz$ längs der n Begrenzungskurven $C_1, \ldots, C_n$ eines beliebigen T_n' erstreckt, so hat das Integral den Wert 0:

$$\int\limits_C f(z)\,dz = 0.$$

Der ursprüngliche *Cauchy*'sche Beweis, welcher mittelst der Variationsrechnung geführt wurde, ist von *Falk* streng gemacht worden[14]). Ein zweiter Beweis stützt sich auf den Satz der Integralrechnung[15])

---

12) Dieser Satz ist gleichbedeutend mit dem Satz der Potentialtheorie: Es sei u eine Lösung der *Laplace*'schen Differentialgleichung $\Delta u = \frac{\partial^2 u}{\partial x^2} + \frac{\partial^2 u}{\partial y^2} = 0$ in einem Bereich T; führt man dann isothermische Koordinaten $\xi = \chi(x, y)$, $\eta = \omega(x, y)$ ein, wo $\Delta \xi = 0$, $\frac{\partial \xi}{\partial x} = \frac{\partial \eta}{\partial y}$, $\frac{\partial \xi}{\partial y} = -\frac{\partial \eta}{\partial x}$, so wird auch u der *Laplace*'schen Gleichung $\frac{\partial^2 u}{\partial \xi^2} + \frac{\partial^2 u}{\partial \eta^2} = 0$ genügen.

Der Satz wird zuweilen wie folgt ausgesprochen: Eine analytische Funktion einer analytischen Funktion ist wieder eine analytische Funktion. Genauere Formulierung bei *Burkhardt*; vgl. Nr. **13**.

13) *Cauchy*, Mémoire sur les intégrales définies, prises entre des limites imaginaires, Paris 1825; wieder abgedruckt in Darb. Bull. 7 (1874), p. 265 und 8 (1875), p. 43 und 148. Der Satz ist hier etwas anders formuliert und dient noch nicht zu den Zwecken einer allgemeinen Theorie der Funktionen; erst in den vierziger Jahren erscheint er im gegenwärtigen Lichte; vgl. *Brill* u. *Noether*, p. 172, Nr. 18 u. p. 181, Nr. 25. — *C. Jordan*, Cours d'anal. 1, 2. Aufl., § 196. *Jordan* definiert das komplexe Integral und beweist den Integralsatz unter der Voraussetzung, dass der Integrationsweg resp. die Begrenzungskurven $C_1, \ldots, C_n$ von T_n' bloss *rektifizierbar* sind. Vgl. auch *A. Pringsheim*, Münch. Ber. 25 (1895), p. 54.

Dem Integralsatz waren Untersuchungen von *Cauchy* über Integration durch imaginäres Gebiet vorausgegangen; vgl. Monographieen, *Cauchy*, (1). Der dritte *Gauss*'sche Beweis des Fundamentalsatzes der Algebra (1816) beruht auch auf dem Verhalten eines Doppelintegrals bei Vertauschung der Integrationsfolge. Vgl. den Bericht von *Brill* und *Noether*, p. 157, sowie den Brief von *Gauss* an *Bessel* [18]).

Wegen Integration durch imaginäres Gebiet vgl. *Stäckel*, Bibl. math. (3) 1 (1900), p. 109. Vor *Cauchy* waren schon auf formalem Wege manche Integrationsformeln gewonnen; vgl. unten.

14) *Cauchy*, ibid.; *Falk*, Darb. Bull. (2) 7 (1883), p. 137.

15) *Cauchy*, Par. C. R. 23 (1846), p. 251; *B. Riemann*, Gött. Diss. 1851

(II A 2, Nr. 45): Sind P, Q, $\frac{\partial P}{\partial y}$, $\frac{\partial Q}{\partial x}$ in T eindeutige und stetige Funktionen von x, y und ist $\frac{\partial P}{\partial y} = \frac{\partial Q}{\partial x}$, so hat das Integral $\int P\,dx + Q\,dy$, längs der Begrenzung $C_1, \ldots, C_n$ eines beliebigen T_n' erstreckt, den Wert 0:

$$\int_C P\,dx + Q\,dy = 0.$$

Noch einen dritten Beweis hat *E. Goursat*[16]) gegeben und später in der Weise ergänzt, dass bloss die Existenz, nicht aber die Stetigkeit der Ableitung vorausgesetzt wird.

Der Integralsatz gilt noch unter der Voraussetzung, dass $f(z)$ in einem Bereich B eindeutig und stetig und innerhalb B analytisch ist, wobei dann das Integral selbst längs der Begrenzung C von B erstreckt werden darf (Beweis etwa durch Grenzübergang[17])). — Aus dem Integralsatz ergiebt sich, dass das Integral $\int_{z_0}^{z} f(z)\,dz$, längs eines in einem T_1' gelegenen Weges erstreckt, eine in T_1' eindeutige und analytische Funktion von z darstellt[18]). — Der Integralsatz lässt auch eine Umkehrung zu: Ist $f(z)$ in T eindeutig und stetig und verschwindet $\int_C f(z)\,dz$, was auch immer für ein Bereich T_1' angenommen werden möge, so ist $f(z)$ in T analytisch[19]).

= Werke, p. 3; *Picard*, Tr. d'anal. 1, p. 73; 2, p. 4; *A. Pringsheim* a. a. O. p. 39; *M. Bôcher*, N. Y. Bull. (2) 2 (1896), p. 146.

16) Acta Math. 4 (1884), p. 197; Bull. Am. Math. Soc. (2) 5 (1899), p. 427; Amer. Trans. 1 (1900), p. 14.

17) *H. A. Schwarz*, Zür. Viert. 15 (1870), p. 113 = Werke 2, p. 174; vgl. *Stolz*, Diff.- u. Int.-Rechn. 2, p. 217. Der Beweis bedarf einer Ergänzung, da der Fall, wo die Randkurve durch eine Parallele zur x- resp. y-Achse unendlich oft geschnitten wird, nicht erledigt ist; vgl. *A. Pringsheim*, Amer. Trans. 2 (1901).

18) Diesen Satz spricht *Gauss*, nachdem er den Begriff des zwischen komplexen Grenzen erstreckten Integrals erklärt hat, in einem Brief an *Bessel* vom 18. Dez. 1811 aus, ohne jedoch den analytischen Charakter der Funktionen zu erwähnen. Mit Hilfe derselben zeigt er an dem Beispiel $\log x = \int_1^x \frac{dx}{x} + C$, dass die Definitionen einer Funktion einer reellen Variabeln in verschiedenen Intervallen der reellen Achse nicht unabhängig von einander getroffen werden dürfen, falls der stetigen Fortsetzung derselben durch das Imaginäre nicht Abbruch gethan werden soll (Briefwechsel zwischen *Gauss* und *Bessel*, Leipzig 1880, p. 157 = Werke 8, p. 90).

19) *G. Morera*, Lomb. Rend. (2) 19 (1886), p. 304. Vgl. ferner *Osgood*[26]).

Mittelst des Integralsatzes lassen sich eine grosse Anzahl reeller bestimmter Integrale auswerten (II A 3) (man vgl. die gebräuchlichen Lehrbücher). In der That bildete das Bestreben, die auf formalem Rechnen mit imaginären Grössen beruhende Auswertung solcher Integrale durch strenge Methoden zu begründen, den Ausgangspunkt für *Cauchy*'s erste Untersuchungen auf dem Gebiet der Funktionentheorie [20]). Auch für den Residuenkalkül, dessen Anfänge man bereits in jener Abhandlung vom Jahre 1814 über bestimmte Integrale erblickt, bildet der Integralsatz die eigentliche Grundlage. Unter dem *Residuum* der Funktion $f(z)$ im Punkte a versteht man den Wert des Integrals $\frac{1}{2\pi i}\int\limits_C f(z)\,dz$, welches längs einer den Punkt a umschliessenden Kurve C in der positiven Richtung erstreckt wird. Dabei soll $f(z)$ in der Umgebung von a mit Ausnahme des Punktes a selbst analytisch sein. Das Residuum im Punkte a lässt sich auch als der Koeffizient des Termes $(z-a)^{-1}$ in der Entwicklung nach ganzen Potenzen von $z-a$ (Nr. **9**) erklären [21]). Es besteht der Satz: Ist $f(z)$ in jedem Punkte von T mit Ausnahme gewisser isolierter Punkte $z_1, z_2, \ldots$ eindeutig und analytisch und liegt keiner dieser Punkte auf der Begrenzung eines T_n', so ist der Wert von $\frac{1}{2\pi i}\int\limits_C f(z)\,dz$, längs des Randes von T_n' in der positiven Richtung erstreckt, gleich der Summe der Residuen von $f(z)$ in den innerhalb T_n' gelegenen Punkten $z_1, \ldots, z_k$. Weiteres über das Residuum und Verwandtes findet sich in Nr. **4**, **7**, **9**.

4. Die Cauchy'sche Integralformel; isolierte singuläre Punkte. Weitere Eigenschaften der analytischen Funktionen werden mit Hülfe einer expliciten Darstellung derselben abgeleitet. *Cauchy* hat zwei solche Formeln gegeben, die sogenannte *Cauchy'sche Integralformel* und die *Cauchy-Taylor'sche Reihe* (Nr. **7**). Auf diesen Formeln lässt sich die ganze Funktionentheorie aufbauen. Die *Integralformel* [22]): Ist

---

20) Vgl. Mém. sur les intégrales définies (1814), Par. sav. [étr.] 1 (1825), p. 599 = Werke (1) 1, p. 319; sowie die Schrift [13]).

21) *Cauchy*, Exerc. de math. 1, Paris 1826, p. 11. — Die erste im Text gegebene Definition hat den Vorteil, dass sie sich auf den Fall des Punktes $z=\infty$ (Nr. **8**), sowie eines Verzweigungspunktes endlicher Ordnung (Nr. **11**) unmittelbar ausdehnen lässt.

22) *Cauchy*, Turiner Abhandlung vom Jahre 1831 = Exerc. d'anal. 2 (1841), p. 52; strenge Ausführung des *Cauchy*'schen Beweises bei *Stolz*, Diff-. u. Int.-Rechn. 2, p. 248, Nr. 9. Der bekannte Beweis stammt wohl von *Riemann* her; vgl. *Roch*, Zeitschr. Math. Phys. 8 (1863), p. 24.

In späteren Noten (vgl. z. B. Par. C. R. 32 (1851), p. 207) bezeichnete *Cauchy*

$f(z)$ in T analytisch, so lässt sich der Wert von $f(z)$ in einem beliebigen *innern* Punkte eines T_n' mittelst der Werte $f(t)$, welche $f(z)$ auf dem Rande $C_1, \ldots, C_n$ von T_n' annimmt, durch die Formel ausdrücken[23]):

$$f(z) = \frac{1}{2\pi i}\int\limits_C \frac{f(t)\,dt}{t-z}.$$

Diese Formel entspricht der Formel der Potentialtheorie (II A 7 b, Nr. **18**):

$$u(x, y) = \frac{1}{2\pi}\int\limits_C u(t)\frac{\partial G}{\partial n}\,dt,$$

wo G die *Green*'sche Funktion von T_n', $u(t)$ den Wert von $u(x, y)$ auf dem Rande bedeutet, und leistet für die Funktionentheorie auch ähnliche Dienste.

Die Ableitung von $f(z)$ wird durch die Formel

$$f'(z) = \frac{1}{2\pi i}\int\limits_C \frac{f(t)\,dt}{(t-z)^2}$$

dargestellt und erweist sich somit auch als eine in T stetige und sogar noch analytische Funktion von z. Allgemein ist[24])

$$f^{(n)}(z) = \frac{n!}{2\pi i}\int\limits_C \frac{f(t)\,dt}{(t-z)^{n+1}},$$

$$|f^{(n)}(z_0)| \leqq n!\, M r^{-n}, \quad \text{wo} \quad |f(z)| \leqq M, \quad |z - z_0| = r.$$

Die reellen Funktionen u, v besitzen in T stetige Ableitungen aller Ordnungen und genügen nebst denselben der *Laplace*'schen Differentialgleichung[25]) (II A 7 b, Nr. **2**):

---

das Integral $\frac{1}{2\pi}\int\limits_{-\pi}^{\pi} f(re^{i\varphi})\,d\varphi$ als „moyenne isotropique"; vgl. den *Gauss*'schen „Satz vom arithmetischen Mittel" (II A 7 b, Nr. **13**).

23) Zur Bestimmung des Integrals ist die Kenntnis der Funktionswerte in allen Punkten von C, also in einer *nicht abzählbaren* Punktmenge, nicht erforderlich; es genügt, diese Werte in einer *abzählbaren* überall dicht auf C gelegenen Punktmenge zu wissen; vergl. Nr. **13**.

24) *Cauchy*, Exerc. d'anal. 2 (1842), p. 51, 53.

25) *Stäckel* sagt in der letzten unter [11]) citierten Abhandlung, p. 117: „Zum ersten Mal scheint diese Gleichung in dem ersten, 1761 erschienenen Bande der Opuscules mathématiques von *d'Alembert* aufzutreten, der in der Abhandlung: Recherches sur les vibrations des cordes sonores (Bd. 1, p. 11) sagt, bei anderen als den üblichen Annahmen über die Kräfte komme man für die schwingende Seite zu der Differentialgleichung

$$\Delta u = \frac{\partial^2 u}{\partial x^2} + \frac{\partial^2 u}{\partial y^2} = 0.$$

Diese Funktionen sind überdies analytische Funktionen der beiden unabhängigen Veränderlichen x, y (Nr. **40**).

Ist $f(z)$ in jedem Punkte z der Umgebung des Punktes a, höchstens mit Ausnahme des Punktes $z = a$ selbst, analytisch; bleibt $f(z)$ ferner in diesem Bereiche endlich, so ist $f(z)$ auch im Punkte a analytisch, wofern von einer durch Abänderung des Wertes von $f(z)$ im Punkte $z = a$ hebbaren Unstetigkeit abgesehen wird[26]). Hört $f(z)$ also in einem isolierten Punkte a auf, analytisch zu sein, ohne in a eine hebbare Unstetigkeit zu haben, so muss $|f(z)|$ eine beliebige positive Grösse G mindestens in einem Punkte der Umgebung von a übersteigen. Man unterscheidet zwei Fälle: a) ist $\lim_{z=a} f(z) = \infty$, so dass also die Funktion $F(z) = 1/f(z)$, $z \neq a$; $F(a) = 0$, in a analytisch ist, so heisst a ein *Pol* von $f(z)$ (*Briot* u. *Bouquet*) oder eine *ausserwesentliche singuläre Stelle* (*Weierstrass*[27])); b) ist dagegen diese Bedingung nicht erfüllt, und liegt keine hebbare Unstetigkeit vor, so heisst a eine *wesentliche singuläre* Stelle der Funktion[27]). In der Nähe einer isolierten wesentlichen singulären Stelle kommt die

---

$$-\frac{\partial^2 y}{\partial t^2} = \frac{\partial^2 y}{\partial x^2},$$

der durch

$$y = \varphi(x + \sqrt{-1}\,t) + \Delta(x - \sqrt{-1}\,t)$$

genügt werde." Bei *Lagrange,* Misc. Taur. 3 (1762—65), p. 205 = Oeuvres, 1 p. 498, erscheint der Satz als bekannt.

26) *Riemann,* Diss.[15]) § 12. Einen s. Z. nicht veröffentlichten Beweis dieses Satzes hatte *Weierstrass* 1841 gefunden; Werke 1 (1894), p. 63. Vgl. auch [41]). Ein unrichtiger Beweis des Satzes erschien wohl zuerst in der zweiten Auflage des *Durège*'schen Werkes über Funktionentheorie (1873, p. 112) und ist von späteren Autoren (*Biermann, Harnack, Forsyth*) weiter publiziert. In der ersten Auflage jenes Werkes findet sich ein strenger elementarer Beweis, der vielleicht von *Riemann* herrührt. *O. Hölder* hat auch einen Beweis des Satzes gegeben: Math. Ann. 20 (1882), p. 138; vgl. ferner *Osgood,* N. Y. Bull. (2) 2 (1896), p. 296.

Ist $f(z)$ in T eindeutig und stetig und bis auf die Punkte einer endlichen Anzahl regulärer Kurven überall analytisch, so ist $f(z)$ ausnahmslos analytisch in T; vgl. etwa *Harnack,* Diff.- u. Int.-Rechn. 1881, p. 369. Der Satz lässt sich aber nicht dadurch verallgemeinern, dass man an Stelle der Kurven eine beliebige Punktmenge vom Inhalt null setzt; der erste von *Chessin,* Par. C. R. 128 (1899), p. 605, ausgesprochene Satz ist falsch.

27) *Weierstrass,* Berl. Abh. 1876, p. 11, § 1 = Werke 2, p. 77, § 1. Allgemein bezeichnet man jeden Begrenzungspunkt des Definitionsbereichs einer eindeutigen Funktion, der kein Pol der Funktion ist, als eine *wesentliche* singuläre Stelle; vgl. ferner Nr. **13**.

Funktion jedem vorgegebenen Werte beliebig nahe[28]). — Ist $f(z)$ in jedem Punkte der Ebene analytisch und bleibt $|f(z)|$ stets unterhalb einer festen Grösse G, so ist $f(z)$ eine Konstante[29]).

5. Die konforme Abbildung im Kleinen. Ist z_0 ein Punkt, in welchem $w = f(z)$ analytisch ist und $f'(z)$ nicht verschwindet, so ist umgekehrt z eine analytische Funktion von w. Die Gleichungen

$$u = \varphi(x, y), \qquad v = \psi(x, y)$$

lassen sich nämlich, da die Ableitungen $\frac{\partial u}{\partial x}, \frac{\partial u}{\partial y}, \frac{\partial v}{\partial x}, \frac{\partial v}{\partial y}$ stetig sind und die *Jacobi*'sche Determinante

$$\begin{vmatrix} \frac{\partial u}{\partial x} & \frac{\partial u}{\partial y} \\ \frac{\partial v}{\partial x} & \frac{\partial v}{\partial y} \end{vmatrix} = |f'(z)|^2$$

im Punkte (x_0, y_0) nicht verschwindet, eindeutig nach u, v auflösen und es bestehen zwischen den stetigen Ableitungen die Beziehungen[30]):

$$\frac{\partial x}{\partial u} = \frac{\partial y}{\partial v}, \qquad \frac{\partial x}{\partial v} = -\frac{\partial y}{\partial u}.$$

Denkt man sich die Werte der Funktion $w = f(z)$ in einer zweiten (der w-) Ebene aufgetragen, und ist $f(z)$ im Punkte $z = a$ analytisch und $f'(a) \neq 0$, so wird die Umgebung des Punktes a ein-

---

28) Satz von *Weierstrass* [27]) § 8. — Ein besonderer Fall dieses Satzes, wo a der Punkt $z = \infty$ (Nr. 8) ist und die Funktion keine Singularitäten im Endlichen hat, war bereits *Briot* u. *Bouquet* (1. Aufl. § 38; unrichtige Formulierung) bekannt. Der Satz ist von *Picard* verschärft, Nr. **29**.

29) *Cauchy*, Par. C. R. 19 (1844), p. 1377. Der Satz wird auch *Liouville* zugeschrieben. *Painlevé* hat folgenden Satz gefunden und bewiesen (Par. thèse 1887 = Toulouse Ann. 2 (1888), p. 18): Die Funktion $f(z)$ sei analytisch in jedem innern Punkte eines durch zwei Gerade OA, OB begrenzten Bereiches und bleibe endlich, wenn z längs irgend einer Kurve ins Unendliche rückt, welche in einem durch zwei Gerade OA_1, OB_1 begrenzten, innerhalb des ersten gelegenen Bereiche verläuft. Dann konvergiert $f'(z)$ und somit auch jede höhere Ableitung gegen 0, wenn z längs einer solchen Kurve ins Unendliche rückt.

30) *Jordan*, Cours d'anal. 1, 2. Aufl., § 191. Der Beweis stützt sich auf die Existenzsätze für reelle implicite Funktionen; diese Sätze sind eine unmittelbare Folge des Existenztheorems für die Lösung eines Systems totaler Differentialgleichungen (II A 4 a, Nr. **12**); sie sind zuerst von *U. Dini* direkt bewiesen: Analisi infinitesimale 1, p. 162 (lith.) Pisa 1877/78. Der *Dini*'sche Beweis ist zuerst von *Peano-Genocchi*, Calcolo differenziale, Turin 1884, Nr. 110—123; deutsche Übersetzung von *Bohlmann* und *Schepp*, Leipzig 1899, gedruckt worden. *C. Jordan* hat denselben reproduziert: Cours d'anal. 3, 1. Aufl. 1887, p. 583 = 1, 2. Aufl. 1893, p. 80.

eindeutig und stetig (mit stetigen ersten Ableitungen) auf die Umgebung des Punktes $b = f(a)$ bezogen. Schneiden sich zwei Kurven der z-Ebene in einem Punkte z_0 der Umgebung von a, so werden sich die entsprechenden Kurven der w-Ebene in einem Punkte w_0 der Umgebung von b schneiden und zwar *unter gleichem Winkel.* Die Umgebung von a wird somit auf die Umgebung von b konform abgebildet[31]); das Ähnlichkeitsverhältnis der konformen Abbildung im Punkte $z = z_0$ ist gleich $|f'(z_0)|$. Zwei Bereiche T, T^* heissen konform auf einander abgebildet, wenn eine ein-eindeutige Beziehung zwischen ihren Punkten besteht, während die Umgebungen je zweier entsprechender Punkte stets konform auf einander abgebildet werden (III D 6). — Umgekehrt wird durch die konforme Abbildung zweier Bereiche auf einander eine analytische Funktion definiert; vgl. Nr. **19**.

6. Gleichmässige Konvergenz. Die Funktion $s(z, \alpha)$ möge für jeden Wert des reellen oder komplexen Parameters α, welcher einer gegebenen Punktmenge mit Häufungsstelle $\bar{\alpha}$ (insbesondere kann $\bar{\alpha} = \infty$ sein; Nr. 8) zugehört, und für jeden Wert z eines Bereiches T resp. B eindeutig erklärt sein. Man sagt: die Funktion $s(z, \alpha)$ konvergiert in T resp. B *gleichmässig* gegen einen Grenzwert, wenn α gegen $\bar{\alpha}$ konvergiert, falls sich nach Annahme einer beliebigen positiven Grösse ε die Existenz einer zweiten *von z unabhängigen* positiven Grösse δ (resp. G, im Falle $\bar{\alpha} = \infty$) nachweisen lässt, dergestalt, dass für alle Werte der α-Menge, die an die Bedingung $|\alpha - \bar{\alpha}| < \delta$, $|\alpha' - \bar{\alpha}| < \delta$ (resp. $|\alpha| > G$, $|\alpha'| > G$) geknüpft sind, und für einen beliebigen Punkt z von T resp. B,

$$|s(z, \alpha) - s(z, \alpha')| < \varepsilon$$

ist. Eine unendliche Reihe heisst sonach gleichmässig konvergent, wenn die Summe der ersten n Glieder $s_n(z)$ ($\alpha = n$, $\bar{\alpha} = \infty$, $G = m$) gleichmässig[32]) konvergiert:

$$|s_{n+p}(z) - s_n(z)| < \varepsilon, \quad n > m, \quad p = 1, 2, \ldots$$

---

31) *Lagrange,* Kartenprojektion[11]); *Gauss,* Astronomische Abh., Heft 3 (1825), p. 1 = Werke 4, p. 189 = Ostwald, Klassiker, Nr. 55. Die Bezeichnung *konform* ist von *Gauss* eingeführt, Gött. Abh. 2 (1844), p. 4 = Werke 4, p. 262.

32) *Weierstrass,* Berl. Ber., 12. Aug. 1880 = Werke 2, p. 202; sowie Werke 1, p. 67 (Abhandlung aus dem Jahre 1841). — Eine andere Definition der gleichmässigen Konvergenz hat *Weierstrass* in seinen Vorlesungen gegeben, wonach $s(z, \alpha)$ *in einem Punkte $z = z_0$ von T* gleichmässig konvergieren soll, wenn α gegen $\bar{\alpha}$ konvergiert, falls *in einer gewissen Umgebung des Punktes z_0* die Bedingungen der im Text gegebenen Definition erfüllt sind. Nach dieser letzten Definition konvergiert insbes. eine Potenzreihe innerhalb

Satz. Ist $s(z, \alpha)$ für jeden der α-Menge zugehörigen Wert von α eine in T analytische Funktion von z und konvergiert $s(z, \alpha)$ in jedem T_1' gleichmässig, wenn α gegen $\bar{\alpha}$ konvergiert, so ist der Grenzwert $F(z)$ von $s(z, \alpha)$ ebenfalls in T analytisch und es ist

$$\int_{z_0}^{z} F(z)\,dz = \lim_{\alpha=\bar{\alpha}} \int_{z_0}^{z} s(z, \alpha)\,dz,$$

$$F'(z) = \lim_{\alpha=\bar{\alpha}} \frac{\partial s(z, \alpha)}{\partial z}.$$

Dabei ist vorausgesetzt, dass es sich nur um *eigentliche* Integrale handelt. Die Funktion $\partial s(z, \alpha)/\partial z$ konvergiert ebenfalls gleichmässig in jedem T_n'. — Konvergiert insbesondere die Reihe

$$f_1(z) + f_2(z) + \cdots,$$

deren Glieder sämtlich in T analytische Funktionen sind, in jedem T_1' gleichmässig, so ist der Wert derselben $F(z)$ eine in T analytische Funktion und die Reihe lässt sich gliedweise integrieren und differenziieren. Dieser Reihensatz gehört zu den frühesten Entdeckungen *Weierstrass*'s [33]), der überhaupt die Bedeutung der gleichmässigen Konvergenz als ein Hülfsmittel für analytische Untersuchungen zuerst erkannte und sich dieser Methode prinzipiell bediente. Die wichtigste derartige Reihe ist die Potenzreihe $\sum_{n=0}^{\infty} a_n z^n$, welche in jedem T_1' des Innern ihres Konvergenzkreises T gleich-

---

ihres Konvergenzkreises stets gleichmässig; nach der ersten Definition ist dies im allgemeinen nicht der Fall. — Vgl. übrigens II A 1, Nr. **16**, **17**.

Abel hat zuerst bewiesen, dass eine Potenzreihe eine stetige Funktion darstellt, indem er den Rest der Reihe gleichmässig abschätzte; J. f. Math. 1 (1826), p. 311.

33) *Weierstrass* [32]); Beweis mittelst der Potenzreihen. Nachdem *Harnack* durch die Methoden der Potentialtheorie den ersten der beiden (II A 7b, Nr. **30**) angeführten Sätze bewiesen hatte, bewies *Painlevé* in ähnlicher Weise durch Integration den obigen Reihensatz; Thèse, Paris 1887 = Toul. Ann. 2 (1888), p. B 11; *Burkhardt,* Anal. Funkt. p. 138. Der Satz des Textes ist eine Verallgemeinerung dieses Reihensatzes.

Ein Beispiel einer ungleichmässig konvergenten Reihe, deren Glieder ganze rationale Funktionen von z sind und die eine allenthalben analytische Funktion (nämlich die Null) darstellt, ist von *Runge* gegeben worden: Acta math. 6 (1885), p. 245. — Die in der Praxis vorkommenden Reihen (oder allgemeiner: Funktionen $s(z, \alpha)$) konvergieren häufig in einem Bereich T ungleichmässig; meines Wissens ist jedoch keine *solche* Reihe bekannt, die in jedem Punkte eines Bereiches T konvergierte, ohne in einem beliebigen T' gleichmässig zu konvergieren.

mässig konvergiert und somit eine analytische Funktion $f(z)$ definiert[34]). Dabei ist $a_n = f^{(n)}(0)/n!$

Das eigentliche bestimmte Integral

$$\int_a^b f(\zeta, z)\, d\zeta$$

stellt eine analytische Funktion $F(z)$ von z dar, falls für jeden Punkt ζ des Integrationsweges $f(\zeta, z)$ eine in ein und demselben Bereich T analytische Funktion von z ist, welche als Funktion der unabhängigen Variabeln (ζ, z) betrachtet stetig ist; und es ist

$$\int_{z_0}^{z} F(z)\, dz = \int_a^b d\zeta \int_{z_0}^{z} f(\zeta, z)\, dz,$$

$$F'(z) = \int_a^b \frac{\partial f(\zeta, z)}{\partial z}\, d\zeta.$$

Dabei braucht $f(\zeta, z)$ keine analytische Funktion von ζ zu sein.

Die Hauptsätze dieses Paragraphen sind von *Ch. J. de la Vallée-Poussin*[35]) zusammengefasst und in einfacher Weise bewiesen worden.

7. Die Cauchy-Taylor'sche Reihe, nebst Anwendungen. Aus dem *Cauchy*'schen Integralsatz wird ferner die *Cauchy-Taylor'sche Reihe*[36]) abgeleitet. Sei $f(z)$ in T analytisch und sei z_0 ein beliebiger Punkt von T (man beachte jedoch, dass *alle* Punkte von T *innere* Punkte sind (Nr. **1**)); bezeichnet man dann mit R den Radius des grössten Kreises mit Mittelpunkt z_0, dessen innere Punkte sämtlich Punkte von T sind, so lässt sich $f(z)$ für alle inneren Punkte z dieses Kreises durch die Potenzreihe

$$f(z) = \sum_{n=0}^{\infty} a_n (z - z_0)^n, \qquad a_n = f^{(n)}(z_0)/n!$$

darstellen. Ein besonderer Fall ist der, dass $f(z)$ in jedem Punkte der Ebene analytisch ist. $f(z)$ wird dann in ihrem Gesamtverlauf durch eine beständig konvergente Potenzreihe dargestellt und heisst eine

34) *Briot* et *Bouquet,* 1. Aufl., ch. 2.

35) Brux. Ann. Soc. Scient. 17 (1892—93), p. 323.

36) Turiner Abhandlung 1831, vgl. Monographieen; Gazette de Piémont, 22. Sept. 1832; Brief an Coriolis, Par. C. R. 4 (1837), p. 216; Exerc. d'anal. 1 (1841), p. 31; 2 (1841), p. 52. *O. Bonnet* (Brux. mém. cour. 23 (1849), p. 94); *C. Neumann* (das Dirichlet'sche Prinzip, Leipzig 1865, p. 9) und *Harnack* (Math. Ann. 21 (1883), p. 305) haben den Reihensatz aus den Cauchy-Riemann'schen Differentialgleichungen mittelst der Fourier'schen Reihen abgeleitet. Die Geschichte des Taylor'schen Lehrsatzes ist von *A. Pringsheim* eingehend behandelt worden; Bibl. math. (3) 1 (1900), p. 433.

ganze (rationale oder transcendente) Funktion. Ist M der grösste Wert von $|f(z)|$ auf dem Kreise $|z-z_0|=r<R$, so ist[37])

$$|a_n| \leqq Mr^{-n}.$$

Für den Rest der Reihe gilt die Formel[37a])

$$\left|\sum_{n=m}^{\infty} a_n(z-z_0)^n\right| \leqq M\left(\frac{r_1}{r}\right)^m \left(1-\frac{r_1}{r}\right)^{-1}, \qquad |z-z_0| \leqq r_1 < r,$$

wodurch dann der Fehler beim Gebrauch einer endlichen Anzahl von Gliedern abgeschätzt werden kann.

Ist der wahre[38]) Konvergenzkreis der Potenzreihe $\sum_{n=0}^{\infty} a_n z^n$ ein endlicher, so lässt sich die so definierte Funktion ausserhalb dieses Kreises nicht so erklären, dass sie sich in jedem Punkte der Begrenzung desselben analytisch verhält. — Eine notwendige und hinreichende Bedingung, dass die in T analytische Funktion $f(z)$ in der Nähe eines Punktes z_0 von T identisch verschwindet, besteht darin, dass

$$f(z_0)=0, \quad f^{(n)}(z_0)=0, \qquad n=1,2,\ldots.$$

Die Darstellung von $f(z)$ durch die Potenzreihe ist somit eindeutig. Als Bestimmungsstücke einer analytischen Funktion kann man also die abzählbare Wertemenge der Koeffizienten einer beliebigen Potenzreihe mit nicht verschwindendem Konvergenzkreis ansehen. Diese Bestimmungsweise legt *Weierstrass* zu Grunde; vgl. unten III. — Verschwindet $f(z)$ in einem Punkte z_0 von T, ohne identisch Null zu sein, so lässt sich $f(z)$ stets in der Form

$$f(z)=(z-z_0)^m\,\varphi(z)$$

darstellen, wo m eine positive ganze Zahl und $\varphi(z)$ eine in z_0 analytische, dort nicht verschwindende Funktion bedeutet. Ist z_0 ein Pol, so gilt eine ähnliche Darstellung:

$$f(z)=(z-z_0)^{-m}\,\varphi(z).$$

---

37) *Cauchy,* Turiner Abh. 1831 = Exerc. d'anal. 2 (1841), p. 53; *Weierstrass,* s. Z. nicht veröffentlichte Abhandlung aus dem Jahre 1841, Werke 1 (1894), p. 59.

37a) *Cauchy* [37]). Damit eine Reihe zum Zweck des Rechnens brauchbar sei, genügt nicht die blosse Konvergenz, es muss auch möglich sein, den Fehler abzuschätzen, den man begeht, wenn man nur die ersten n Terme derselben berücksichtigt. Auf solche Abschätzungsformeln legte *Cauchy* besonderes Gewicht.

38) Unter dem *wahren Konvergenzkreis* (oder einfach *Konvergenzkreis*) einer Potenzreihe versteht man einen Kreis, für dessen innere Punkte die Reihe konvergiert und für dessen äussere Punkte sie divergiert. Die Bezeichnung rührt wohl von *Weierstrass* her. — Dass der Konvergenzbereich einer Potenzreihe aus dem Innern eines Kreises besteht, hat *Abel* [32]) für den Fall der binomischen Reihe gezeigt.

Der Punkt z_0 heisst ein Nullpunkt resp. Pol m^{ter} Ordnung der Funktion. Die Nullpunkte sowie die Pole einer analytischen Funktion sind also isoliert und von endlicher ganzzahliger Ordnung. — Bilden die Nullpunkte von $f(z)$ eine Menge, die einen Punkt z_0 von T zur Häufungsstelle hat, so verschwindet $f(z)$ zunächst im Innern des Kreises (z_0, R), dann aber im ganzen Bereiche T identisch[39]). Zwei in T analytische Funktionen sind daher mit einander identisch, falls ihre Werte in den Punkten einer solchen Menge übereinstimmen. — Ist $f(z)$ in T, höchstens mit Ausnahme von Polen, analytisch, so kann $f(z)$ in einem T_n' nur eine endliche Anzahl von Nullpunkten und Polen haben; es gelten die Formeln:

$$f(z) = \sum_{i=1}^{p} \sum_{j=1}^{\alpha_i} \frac{A_{ij}}{(z-z_i)^j} + \psi(z) = \frac{\prod\limits_{j=1}^{q} (z - z_j')^{\alpha'_j}}{\prod\limits_{j=1}^{p} (z - z_j)^{\alpha_j}} \varphi(z),$$

wo $\psi(z)$, $\varphi(z)$ in T_n' analytisch sind und $\varphi(z)$ dort nicht verschwindet. Vgl. auch Nr. **9**.

Sind keine Pole in T_n' vorhanden und liegt kein Nullpunkt auf der Begrenzung von T_n', so erhält man die Gesamtzahl der Nullpunkte, $\sum\limits_{j=1}^{q} \alpha_j'$, indem man z der Reihe nach die n Begrenzungskurven des Bereiches T_n' durchlaufen lässt und auf jeder Kurve den Zuwachs s_k des stetig sich ändernden Winkels $\theta = \operatorname{arc\,tang} v/u$ der Funktion $f(z) = u + vi$ bestimmt (vgl. Nr. **2**). Der Gesamtzuwachs $S = \sum\limits_{k=1}^{n} s_k$ hat den Wert $2\pi \sum\limits_{j=1}^{q} \alpha_j'$. Liegen Pole von $f(z)$ innerhalb T_n', so ist $S = 2\pi \left(\sum\limits_{j=1}^{q} \alpha_j' - \sum\limits_{j=1}^{p} \alpha_j \right)$. Der Winkel θ ist gleich dem Koeffizienten des rein imaginären Teils der Funktion $\log(u + vi)$; der reelle Teil dieser Funktion ist eindeutig. Der Gesamtzuwachs der Funktion $\log f(z)$ beträgt also, wenn z die n Begrenzungskurven durchläuft, iS und man erhält die Formel

39) Es handelt sich hier um die analytische Fortsetzung im *uneigentlichen* Sinne. Vgl. Nr. **13**. Den Satz verdankt man *Riemann*, Gött. Diss. [15]).

Ist z_0 ein Randpunkt von T, so braucht $f(z)$ ja nicht identisch zu verschwinden. Besteht die Begrenzung von T zum Teil aus einer beliebigen Jordan'schen Kurve C und nähert sich $f(z)$ dem Werte Null, wenn z gegen einen beliebigen Punkt von C konvergiert, so verschwindet $f(z)$ in jedem Punkte von T; *Painlevé*, Par. Thèse 1887 = Toul. Ann. 2 (1888), p. 29.

$$iS = \int\limits_C d\log f(z) = \int\limits_C \frac{f'(z)}{f(z)}\,dz = 2\pi i\left(\sum_{j=1}^{q}\alpha_j' - \sum_{j=1}^{p}\alpha_j\right).$$

Die letzte Gleichung lässt sich mittels des Residuenkalkuls (Nr. **3**) sofort hinschreiben. Sie gilt auch für einen Bereich $\mathfrak{T}_n'$ einer *Riemann*'schen Fläche (Nr. **11—13**).

Eine allgemeinere Formel erhält man, indem man noch eine Funktion $\varphi(z)$ in Betracht zieht, die in T analytisch ist. Es ist dann

$$\frac{1}{2\pi i}\int\limits_C \varphi(z)\frac{f'(z)}{f(z)}\,dz = \sum_{j=1}^{q}\alpha_j'\,\varphi(z_j') - \sum_{j=1}^{p}\alpha_j\,\varphi(z_j).$$

Hat $f(z)$ insbesondere keinen Pol und nur einen einfachen Nullpunkt z_1' in T_n', und setzt man $\varphi(z) = z$, so ergiebt sich die Formel[39a]):

$$z_1' = \frac{1}{2\pi i}\int\limits_C z\frac{f'(z)}{f(z)}\,dz.$$

Eine bemerkenswerte Anwendung des Residuenkalkuls auf die Darstellung der ersten n Glieder einer unendlichen Reihe durch ein bestimmtes Integral ist von *Cauchy* gemacht und von *U. Dini* weiter ausgebeutet worden[39b]).

Mit der nach Potenzen von z fortschreitenden Cauchy-Taylor'-schen Reihe ist eine zweite nach Potenzen einer linearen Funktion von z fortschreitende Entwicklung der Funktion $f(z)$ eng verwandt:

$$f(z) = a_0 + a_1\left(\frac{\alpha z+\beta}{\gamma z+\delta}\right) + a_2\left(\frac{\alpha z+\beta}{\gamma z+\delta}\right)^2 + \cdots, \qquad \alpha\delta - \beta\gamma \neq 0.$$

Diese Formel ist anwendbar, wenn $f(z)$ sich im Punkte z_0 analytisch verhält, wo $\alpha z_0 + \beta = 0$ ist. Sowohl z_0 als z_1, wo $\gamma z_1 + \delta = 0$ ist, dürfen beliebige Punkte der erweiterten Ebene (Nr. 8) sein; dabei versteht man z. B. unter $z_0 = \infty$ das Verschwinden des Koeffizienten α. Diese Reihe konvergiert in einem Gebiete, welches von einem Kreise (insbes. von einer Geraden) begrenzt ist, z_0, z_1 zu konjugierten Punkten im Sinne der Geometrie der reciproken Radien hat und den Punkt z_0 enthält. Das grösste derartige Gebiet, welches keinen singulären Punkt der Funktion im Innern enthält, bildet den wahren Konvergenzbereich der Reihe. Dies alles beweist man mittelst der linearen Transformation $w = (\alpha z + \beta)/(\gamma z + \delta)$.

39a) Turiner Abh. [36]) = Exerc. d'anal. 2, p. 64.

39b) *Cauchy,* Exerc. de math. 2 (1827), p. 341 = Oeuvres (2) 7, p. 393; *Picard,* Traité 2, p. 167. Auf diese Weise leitete *Cauchy* die Fourier'sche Reihe ab; die Methode ist von *Dini,* Serie di Fourier, u. s. w., Pisa 1880 (vgl. insbes. p. 139—156) noch auf andere Reihenentwicklungen ausgedehnt.

Wie bei den Darstellungen einer reellen Funktion neben der Fourier'schen Reihe noch das Fourier'sche Integral Platz greift, so kann man auch hier der Cauchy-Taylor'schen Reihe eine analoge Integraldarstellung gegenüberstellen. Die Funktion $f(z)$ sei analytisch in allen Punkten $z = x + iy$, wofür $x \leqq k$ ist, der Punkt $z = \infty$ eingeschlossen, und $f(\infty)$ sei $= 0$ (Nr. 8). Mittelst der Formel

$$\frac{1}{t-z} = \int_0^\infty e^{v(z-t)}\,dv,$$

wo v reelle positive Werte durchläuft und der reelle Teil von $z - t$ negativ ist, wird die Cauchy'sche Integralformel

$$f(z) = \frac{1}{2\pi i}\int \frac{f(t)\,dt}{t-z}$$

umgeformt. Diese Formel gilt im vorliegenden Falle, wenn längs der Geraden $z = k$ von $-\infty i$ bis $+\infty i$ integriert wird. Es ergiebt sich durch Vertauschung der Integrationsfolge für alle Werte von $z = x + iy$, wofür $x < k$ ist, die Darstellung[39c]):

$$f(z) = \frac{1}{2\pi}\int_0^\infty \varphi(v)\,e^{v(z-k)}\,dv, \quad \text{wo} \quad \varphi(v) = \int_{-\infty}^\infty f(k+is)\,e^{-ivs}\,ds.$$

Eine ähnliche Verallgemeinerung durch lineare Transformation von z, wie im Falle der Cauchy-Taylor'schen Reihe, ist auch hier möglich.

8. Der Punkt $z = \infty$. Der unendlich ferne Bereich der Zahlenebene wird als Punkt, der Punkt $z = \infty$ definiert, indem man den eigentlichen Punkten der Zahlenebene noch einen idealen Punkt, den Punkt $z = \infty$, adjungiert; denn für die Zwecke der Funktionentheorie empfiehlt es sich, an der Hand der Transformation $z' = 1/z$ das Verhalten einer Funktion, welche allenthalben ausserhalb eines genügend grossen Kreises mit Mittelpunkt $z = 0$ eindeutig und analytisch ist, wenn $|z|$ unendlich wird, mit dem Verhalten der Funktion $\varphi(z') = f(z)$ im Punkte $z' = 0$ dadurch in Verbindung zu bringen, dass man die Definitionen einführt: $f(z)$ ist analytisch im Punkte $z = \infty$, hat dort einen Nullpunkt oder Pol m^{ter} Ordnung oder eine wesentliche singuläre Stelle, je nachdem $\varphi(z')$ im Punkte $z' = 0$ analytisch ist (in dem Falle versteht man unter $\varphi(0) = f(\infty)$ den $\lim\limits_{z=\infty} f(z)$), dort einen Nullpunkt oder Pol m^{ter} Ordnung oder eine wesent-

39c) *Cauchy*, Par. C. R. 32 (1851), p. 215.

liche singuläre Stelle hat. Unter der Umgebung des Punktes $z = \infty$ versteht man den Bereich, welcher der Umgebung des Punktes $z' = 0$ entspricht. Ist $f(z)$ im Punkte $z = \infty$ analytisch, so gilt die Darstellung:

$$f(z) = \sum_{n=0}^{\infty} a_n z^{-n}, \qquad a_n = \int_C t^{n-1} f(t)\, dt.$$

Durch Hinzunahme des Punktes $z = \infty$ wird die Ebene im geometrischen Sinne *„geschlossen"*. Projiziert man dieselbe stereographisch (III A 7) auf eine Kugel[40]), wobei das Projektionscentrum im *„Nordpol"* liegt und der Punkt $z = 0$ in den *„Südpol"* übergeht, so entsteht bei geeigneter Festsetzung bezüglich des Punktes $z = \infty$ nebst Umgebung eine ausnahmlos ein-eindeutige und konforme Abbildung der beiden Flächen aufeinander. Die Umgebung des Punktes $z' = 0$ wird ein-eindeutig und konform auf die Umgebung des Nordpols abgebildet. Ist also $w = f(z)$ im Punkte $z = \infty$ analytisch und ist $\varphi'(z')|_{z'=0} = \lim\limits_{z=\infty} (-z^2 f'(z)]$ von Null verschieden, so wird die Umgebung des Punktes $w_0 = f(\infty)$ konform auf die Umgebung des Nordpols bezogen. Für den Fall, dass an Stelle der schlichten Ebene eine mehrblättrige *Riemann*'sche Fläche (Nr. **11**) tritt, werden diese Definitionen in leicht ersichtlicher Weise erweitert.

9. Der Laurent'sche Satz; die rationalen Funktionen. Ist $f(z)$ in einem Kreisring T mit Mittelpunkt z_0 eindeutig und analytisch und ist T_2' ein zweiter mit T konzentrischer Ring, so ist

$$f(z) = \frac{1}{2\pi i} \int_C \frac{f(t)\, dt}{t - z} - \frac{1}{2\pi i} \int_\Gamma \frac{f(t)\, dt}{t - z},$$

wo z einen inneren Punkt von T_2' bedeutet und C, Γ sich auf die äussere und innere Begrenzung von T_2' beziehen. Die Funktion $f(z)$ lässt sich somit als Summe zweier Funktionen darstellen, wovon die eine überall innerhalb der äusseren, die andere überall ausserhalb der inneren Begrenzung von T analytisch ist. Diese Funktionen können wieder in Potenzreihen nach $z - z_0$ entwickelt werden, wodurch die Formel entsteht, die man als den *Laurent'schen Satz*[41]) bezeichnet:

40) Die Einführung der Kugel rührt von *Riemann* her und ist zuerst von *C. Neumann,* Abel'sche Integrale, 1865, publiziert worden. Vgl. jedoch auch *Möbius*, Leipz. Ber. 1853, § 13 = Werke 2, p. 215; sowie *Gauss,* Nachlass, Werke 8 (1900), p. 351 u. *Stäckel*'s Bemerkungen dazu, ibid. p. 356.

41) Par. C. R. 17 (1843) p. 938. *Weierstrass* war bereits im Jahre 1841 im Besitze dieses Satzes nebst einem Beweis; s. Z. nicht veröffentlichte Abhandlung = Werke 1 (1894), p. 51.

$$f(z) = \sum_{n=0}^{\infty} a_n (z - z_0)^n + \sum_{n=-1}^{-\infty} a_n (z - z_0)^n = \sum_{-\infty}^{\infty} a_n (z - z_0)^n,$$

$$a_n = \frac{1}{2\pi i} \int_C \frac{f(t)\, dt}{(t - z_0)^{n+1}} = \frac{1}{2\pi i} \int_\Gamma \frac{f(t)\, dt}{(t - z_0)^{n+1}},$$

$$| a_n | \leq M r^{-n},$$

$$\text{wo } |f(z)| \leq M \quad \text{für} \quad |z - z_0| = r,$$

und der Kreis $| z - z_0 | = r$ ein beliebiger in T gelegener ist. Die Darstellung ist eindeutig. Der Radius des Kreises C kann insbesondere unendlich, der des Kreises Γ null werden.

In der Nähe einer isolierten singulären Stelle z_0 lässt sich $f(z)$ in der Form darstellen:

$$f(z) = \sum_{n=1}^{p} \frac{a_n}{(z - z_0)^n} + \mathfrak{P}(z),$$

resp., falls $z_0 = \infty$,

$$f(z) = \sum_{n=1}^{p} a_n z^n + \mathfrak{P}(z),$$

wo $\mathfrak{P}(z)$ eine im Punkte z_0 analytische Funktion bedeutet und p eine positive ganze Zahl ist, falls z_0 ein Pol, $p = \infty$, falls z_0 eine wesentliche singuläre Stelle ist. Den ersten Term rechts nennt man wohl den *Hauptteil* der Funktion $f(z)$ im Punkte z_0. Für den Fall eines Poles lassen sich diese Formeln auf elementarere Weise ableiten (vgl. Nr. 7).

Die rationalen Funktionen lassen sich auf Grund ihrer funktionentheoretischen Eigenschaften wie folgt charakterisieren[42]. a) Ist $f(z)$ eine eindeutige Funktion von z, die in jedem Punkte der erweiterten z-Ebene (Nr. 8) analytisch ist, so ist $f(z)$ eine Konstante. b) Ist $f(z)$ eine eindeutige Funktion von z, die sich in der erweiterten z-Ebene mit Ausnahme von Polen allenthalben analytisch verhält, so ist $f(z)$ eine rationale Funktion von z.[43] Hat $f(z)$ in keinem endlichen Punkte der Ebene einen Pol, so ist sie eine ganze rationale Funktion. c) Durch Angabe der Pole nebst dem Hauptteil der Funktion in jedem derselben, resp. durch Angabe der Nullpunkte und Pole (je mit der zugehörigen Ordnungszahl), wird eine rationale Funktion bis auf eine additive, resp. multiplikative Konstante bestimmt. Bei der letzten Bestimmung muss nur die Gesamtzahl der Nullpunkte und Pole die nämliche sein. — Der Beweis dieser Sätze stützt sich auf den Satz von Nr. 4, Ende.

---

42) *Briot* et *Bouquet*, 1. Aufl., ch. 4, p. 34; vgl. [29].
43) *Méray*, Par. C. R. 40 (1855), p. 788.

Ähnliche Sätze lassen sich auch über die einfach und doppelt periodischen Funktionen aussprechen. Die letzteren rühren von *Liouville* her und waren die ersten Früchte der von *Cauchy* geschaffenen allgemeinen Funktionentheorie (Nr. **24** und [146]).

10. Mehrdeutige Funktionen; Schleifenwege. Jedem Punkte z eines Bereiches T mögen mehrere Werte $w^{(1)}, w^{(2)}, \ldots$ zugeordnet werden. Ist z_0 ein beliebiger Punkt von T und ist $w_0^{(i)}$ einer der diesem Punkte zugeordneten Werte, so soll es möglich sein, jedem Punkte z der Umgebung $|z - z_0| < h_i$ des Punktes z_0 einen solchen Wert w zuzuordnen, a) dass w einer der dem Punkte z zugeordneten Werte $w^{(1)}, w^{(2)}, \ldots$ ist; b) dass die Gesamtheit der herausgegriffenen w-Werte eine im Punkte $z = z_0$ analytische Funktion von z bildet, welche als $f_i(z, z_0)$ bezeichnet sein soll. Dabei wird h_i im allgemeinen sowohl von i als von z_0 abhängen. Wir setzen ferner fest[44]), *entweder* dass die Anzahl der w-Werte in jedem Punkte von T eine endliche sei und verlangen dann, dass die n_{z_0} Funktionen $f_i(z, z_0)$, $i = 1, 2, \ldots, n_{z_0}$, die den Punkten der Umgebung von z_0 zugeordneten w-Werte genau erschöpfen (d. h. dass jeder solche w-Wert an einer und nur an einer dieser n_{z_0} Funktionen teilnimmt); in diesem Fall wird n für jeden Punkt von T denselben Wert haben; *oder* dass einem beliebigen Bereich T_1' eine positive konstante Grösse h entsprechen soll, welcher man h_i gleichsetzen darf für alle Punkte z_0 von T_1' und für alle Werte von i. Dann lassen sich die w-Werte *auch im Grossen*, nämlich *für einen beliebigen Bereich* T_1', in der Weise zusammenfassen, dass eine Reihe in T_1' eindeutiger analytischer Funktionen $f^{(1)}(z), f^{(2)}(z), \ldots$ entsteht, deren Werte sich mit den Werten $w^{(1)}, w^{(2)}, \ldots$ gerade decken[45]). Um die stetige Fortsetzung

---

44) Es werden nämlich jetzt diejenigen isolierten Punkte, die sich später als Verzweigungspunkte erweisen werden, mit in die Begrenzung von T aufgenommen, so dass T beispielsweise aus den innern Punkten eines Kreises mit Ausnahme des Mittelpunktes bestehen kann. Man könnte noch von allgemeineren Voraussetzungen ausgehen. Der gewöhnliche Gang der Darstellung ist jedoch der, dass man die *Riemann*'sche Fläche zuerst für isolierte Windungspunkte im Kleinen herstellt, um dann an der Hand der analytischen Fortsetzung im eigentlichen Sinne (Nr. **13**) die Fläche in ihrem Gesamtverlauf zu konstruieren.

Die analytische Eigenschaft der Wertesysteme braucht man an dieser Stelle noch nicht zu verlangen; vielmehr genügt es, dass die w's sich zunächst im Kleinen zu *stetigen* Funktionen zusammenfassen lassen, die dann, weiteren Festsetzungen zufolge, in jedem T_1' *eindeutige* Funktionen abgeben. Vgl. *Stolz* [3]).

45) Strenger Beweis nach wohlbekannten von *Sturm* und *Weierstrass* herrührenden Methoden; vgl. [3]). *Puiseux* hat den Satz für die algebraischen Funktionen ausgesprochen und bewiesen; J. de math. 15 (1850), p. 365 (deutsche Übers. von *H. Fischer,* Halle 1861).

einer Bestimmung der Funktion längs eines gegebenen Weges zu verfolgen, bedient man sich einer Reihe übereinander greifender Kreise, deren Mittelpunkte auf dem Wege liegen[46]).

Das Verhalten einer mehrdeutigen Funktion in einem Punkte $z = a$, wo mehrere w-Werte zusammenfallen, ist zuerst von *Puiseux*[47]) für den Fall einer algebraischen Funktion untersucht worden. *Puiseux* zeigt, dass die verschiedenen Bestimmungen von w in der Nähe von a in einem oder mehreren Cyklen zusammenhängen und dementsprechend dort durch eine oder mehrere Reihen von der Form

$$w = \sum_{n=m}^{\infty} c_n (z - a)^{\frac{n}{q}}$$

dargestellt werden können, wobei q eine positive ganze Zahl und m eine positive oder negative ganze Zahl, oder 0 bedeutet. (Vgl. Nr. **11** wegen *Riemann*'s Ableitung und Verallgemeinerung dieses Resultats.) Damit sind die Pole von den Verzweigungspunkten (Nr. **11**) zum ersten Mal scharf unterschieden worden. — Legt man um den Punkt a eine Schleife[48]), die vom Punkte z_0 ausgeht und nach diesem Punkte zurückkehrt, ohne einen zweiten solchen Punkt zu umfassen, so erfahren die verschiedenen Bestimmungen von w im Punkte z_0, indem man sie längs des Schleifenweges führt, eine für den Punkt $z = a$ charakteristische Vertauschung. Jeder von z_0 ausgehende und nach z_0 zurückkehrende Weg, welcher nur eine endliche Anzahl von Punkten a einschliesst, ist einer Reihenfolge von solchen Schleifenwegen äquivalent und die entsprechende Vertauschung der w-Werte lässt sich aus den zu den Schleifenwegen gehörigen Vertauschungen zusammensetzen. Die Bedeutung der *Puiseux*'schen Untersuchungen für die *Galois*'sche Theorie, wofern es sich um die Monodromiegruppe einer algebraischen Gleichung (I B 3 c, d, Nr. **5**) handelt, hat *Hermite*[48a]) hervorgehoben. — Die Methode der Schleifenwege reicht für die Untersuchung der algebraischen Funktionen aus. Bei den komplizierteren Periodeneigenschaften ihrer Integrale ist aber erst durch die

---

46) *Puiseux*[45]) p. 379 und Fig. 7. *Weierstrass*, s. Z. nicht veröffentlichte Abhandlung aus dem Jahre 1842 = Werke 1 (1894), p. 82.

47) *Puiseux*[45]). Strenger Beweis nach der *Puiseux*'schen Methode bei *C. Jordan*, der die *Puiseux*'schen Voraussetzungen verallgemeinert: Cours d'anal. 1, 2. Aufl., § 361.

48) *contour élémentaire* (*Puiseux*[45]) p. 411); *lacet* (*Briot* et *Bouquet*, 1. Aufl., p. 69); *Schleife* (*Clebsch* und *Gordan*, Abel'sche Funktionen, Leipzig 1866, p. 82). Vgl. auch die *ligne d'arrêt* von *Cauchy*, Par. C. R. 32 (1851), p. 70; sowie die *coupures* von *Hermite*, J. f. Math. 91 (1881), p. 62.

48a) Par. C. R. 32 (1851), p. 458.

anschaulichen Mittel der *Riemann*'schen Fläche der Fortschritt gegeben worden[49]). (II B 2.)

11. Die Riemann'sche Fläche; das Verhalten einer mehrdeutigen Funktion im Kleinen. Den Bereich T_1' (Nr. **10**) denke man sich mit übereinander liegenden Blättern bedeckt, denen man resp. die Funktionen $f^{(1)}(z)$, $f^{(2)}(z)$, ... zuordnet. Jedes Blatt wird somit zum Träger einer in T_1' eindeutigen analytischen Funktion. Ist der Punkt $z = a$ ein isolierter Punkt der Begrenzung von T und besteht T_1' aus einem Kreisring mit dem Mittelpunkt a, der etwa längs eines Radius aufgeschnitten ist; werden ferner die Blätter längs des Schnittes in geeigneter Weise zusammengefügt, während die innere Begrenzung des Kreisrings auf den Punkt a zusammenschrumpft, so entsteht in der Nähe des Punktes a ein (aus einem oder mehreren Stücken bestehender) Teil einer *Riemann*'schen Fläche[50]), auf welcher die verschiedenen Bestimmungen von $w = f(z)$ eindeutig und, höchstens vom Punkt a abgesehen, analytisch sind. Hängen in a q (resp. unendlich viele) Blätter zusammen, so bildet der Punkt a einen *Windungs-* oder *Verzweigungspunkt* $q - 1^{\text{ter}}$ (resp. *unendlich hoher*) *Ordnung*[51]). Setzt man

$$z - a = t^q,$$

so wird der q-blättrige Bereich um den Punkt a auf einen schlichten Bereich um den Punkt $t = 0$ ein-eindeutig und, abgesehen vom Punkte $z = a$, konform abgebildet[52]). Die q Bestimmungen von w gehen in eine eindeutige, höchstens vom Punkt $t = 0$ abgesehen, analytische Funktion von t, $\varphi(t)$ über.

49) Wegen einer vergleichenden Betrachtung dieser Methode und der Methode der Querschnitte auf einer *Riemann*'schen Fläche (Nr. **12**) sei auf den Bericht von *Brill* und *Noether*, p. 190 ff. verwiesen; vergl. aber auch p. 227 des Berichts.

50) *Riemann*, Gött. Diss.[15]). Die *Riemann*'sche Funktionentheorie, deren Grundgedanken zunächst in der Inauguraldissertation und den Abhandlungen über die *Abel*'schen Funktionen und die *Gauss*'sche Reihe niedergelegt sind, erfuhr zuerst, wenigstens zum Teil, durch die Werke von *H. Durège, C. Neumann* und *F. Casorati* eine systematische Darstellung. Vgl. auch die Publikationen von *Riemann's* Schülern, *Prym* (Berl. Diss. 1863; Wien. Denkschr. 24 (1864); sowie die Schrift: Z. Th. d. Funktionen in einer 2-blättrigen Fläche, Zürich 1866) und *G. Roch*, Zeitschr. Math. Phys. 1863, p. 12 u. 183. Das erste französische Werk, welches die Theorie behandelt, ist das *Hoüel*'sche. Vergl. auch *Simart*, Par. thèse 1882.

51) *Riemann*[15]), § 5. Wegen des „Verzweigungsschnittes" vgl. Nr. **12**.

52) *Riemann*, § 14. Die Umgebung des Punktes $z = a$ wird so in ihren *einblättrigen Zustand* versetzt. Vgl. *Neumann*, Abel'sche Int., 2. Aufl. (1884), 17. u. 18. Kap.

Aus der Darstellung mittelst des *Laurent*'schen Satzes: $\varphi(t) = \sum_{n=m}^{\infty} c_n t^n$ ergiebt sich, dass die q Bestimmungen von w sich durch die Formel[53]) ausdrücken lassen:

$$w = \sum_{n=m}^{\infty} c_n (z-a)^{\frac{n}{q}},$$

wo m eine positive oder negative ganze Zahl oder 0, oder auch $-\infty$ bedeutet. Es war dies die erste Anwendung der *Riemann*'schen Fläche, um neue analytische Sätze zu entdecken und zu beweisen. Hiermit wird auch (als spezieller Fall) eine strenge Ableitung der *Puiseux*'schen Reihenentwickelung gegeben. — Indem man w als *eindeutige Funktion auf der Fläche* ansieht, sagt man: die Funktion w ist im Verzweigungspunkte $z = a$ analytisch oder hat dort einen Nullpunkt oder Pol m^{ter} Ordnung resp. einen wesentlichen singulären Punkt, wenn die Funktion $\varphi(t)$ im Punkte $t = 0$ analytisch ist oder dort einen Punkt gleicher Bezeichnung besitzt (Nrn. **4**, **7**). Liegt ein Punkt der letzten Art vor, so gelten ähnliche Sätze, wie bei den eindeutigen Funktionen. — Ist $a = \infty$, so hat man $1/z$ an Stelle von $z - a$ treten zu lassen.

Wenn w im Punkte $z = a$ einen Pol m^{ter} Ordnung resp. falls $w(a) = b$ endlich ist, die Funktion $w - b$ im Punkte $z = a$ einen Nullpunkt m^{ter} Ordnung besitzt, so wird die Umkehrfunktion $z(w)$ im Punkte $w = \infty$ resp. $w = b$ einen Verzweigungspunkt $m - 1^{\text{ter}}$ Ordnung haben[54]). Beide Flächen lassen sich auf die schlichte Umgebung des Punktes $t = 0$ ein-eindeutig durch die Formeln abbilden:

$$z - a = t^q \psi(t), \qquad w - b = t^m \omega(t),$$

wo $\psi(t)$, $\omega(t)$ eindeutige im Punkte $t = 0$ analytische, dort nicht verschwindende Funktionen bedeuten und q, m stets positiv und ganz angenommen werden dürfen, wofern man unter $z - \infty$, $w - \infty$ resp. z^{-1}, w^{-1} versteht. An Stelle von t kann jeder andere zugleich mit t verschwindende Parameter $\tau = F(t)$ treten, wo $F(t)$ im Punkte $t = 0$ analytisch und $F'(0) \neq 0$ ist. Jedem in Betracht kommenden Wertepaar (w, z) wird dann ein und nur ein Wert t resp. τ entsprechen[55]). Insbesondere kann man erreichen, dass eine beliebige der beiden Funktionen $\psi(t)$, $\omega(t)$ gleich 1 wird.

---

53) ibid. Den Fall $m = -\infty$ erwähnt *Riemann* nicht.

54) ibid. § 14, 15.

55) Vgl. *Weierstrass,* Vorlesungen über Abel'sche Funktionen, wo die Formel eingeführt und prinzipiell gebraucht wird.

Wird w als implicite Funktion von z durch die Gleichung

$$F(w, z) = 0$$

definiert (Nr. **44**), wo $F(w, z)$ eine im Punkte $z = a$, $w = b$ analytische Funktion der unabhängigen Variabeln w, z bedeutet und $F(w, a)$ nicht identisch verschwindet, so lassen sich die m nahe bei b liegenden Werte[56]) von w auf einer oder mehreren Windungsflächen um den Punkt a (worunter auch schlichte sich einstellen dürfen) eindeutig ausbreiten und dementsprechend durch eine oder mehrere Formeln von der Form darstellen:

$$w - b = \sum_{n=p}^{\infty} c_n (z - a)^{\frac{n}{q}}, \quad 1 \leq q \leq m, \quad \sum q = m.$$

Dabei darf sowohl $a = \infty$ als $b = \infty$ sein. Nach dem Vorhergehenden lässt sich diese Formel durch die Parameterdarstellung: $z - a = t^q \psi(t)$ $w - b = t^p \omega(t)$ ersetzen. — Ist insbesondere die Funktion $F(w, z)$ ein Polynom, so gelten solche Formeln für jeden Wert von z und die Gesamtheit der der Gleichung $F(w, z) = 0$ genügenden Wertepaare (w, z) — das sogenannte *algebraische Gebilde* (*Weierstrass*) — lässt sich durch eine *endliche* Anzahl dieser Formeln darstellen[57]).

12. Fortsetzung; algebraische Funktionen. Der Verlauf einer mehrdeutigen analytischen Funktion im Grossen wird durch eine mehrblättrige *Riemann*'sche Fläche veranschaulicht. Die Blätter der Fläche hängen im allgemeinen in Verzweigungspunkten zusammen und gehen längs Linien (*Verzweigungslinien* oder *-schnitte*), niemals aber bloss in isolierten Punkten in einander über. Die genaue Lage dieser Linien ist belanglos und ist niemals fest vorgeschrieben; sie verbinden im allgemeinen Verzweigungspunkte und dürfen sonst (wenigstens innerhalb gewisser Grenzen) beliebig verschoben werden.

Ist $F(w, z)$ ein Polynom (Nr. **11**), so lässt sich über die ganze Ebene (resp. Kugel) eine mehrblättrige mit einer endlichen Anzahl von Verzweigungspunkten versehene *Riemann*'sche Fläche ausbreiten, auf welcher jede Bestimmung von w eindeutig ist und, abgesehen von Polen, sich allenthalben analytisch verhält. Eine notwendige und

---

56) Wegen des Beweises, dass diese Werte sich im Kleinen zu analytischen Funktionen zusammenfassen lassen, vgl. [4]) und Nr. **44**, **45**.

57) Der Satz lässt sich durch die Methoden der allgemeinen Funktionentheorie direkt beweisen, indem die Annahme eines unbeschränkten Wachsens der Anzahl der Formeln zu dem Widerspruch führen würde, dass in der Umgebung eines bestimmten Punktes des algebraischen Gebildes keine Darstellung der bewussten Art möglich wäre.

hinreichende Bedingung, dass das Polynom unzerlegbar sei, ist die, dass die *Riemann*'sche Fläche aus einem Stück bestehe[58]). w heisst dann eine *algebraische Funktion* von z. Die Fläche ist endlich vielfach zusammenhängend, d. h. sie lässt sich durch eine endliche Anzahl von Querschnitten in eine einfach zusammenhängende Fläche verwandeln[59]). — Eine hinreichende Bedingung dafür, dass eine mehrdeutige Funktion w einer algebraischen Gleichung genügt, besteht darin, dass jedem Wert von z im allgemeinen m Werte von w entsprechen, wo m eine feste Zahl bedeutet, dass ferner diese m Bestimmungen sich in der Nähe eines beliebigen Punktes im allgemeinen zu eindeutigen analytischen Funktionen zusammenfassen lassen, und dass endlich in den Ausnahmepunkten die verschiedenen Bestimmungen von w höchstens Verzweigungspunkte und Pole aufweisen[60]). — Jede rationale Funktion von w, z: $v = R(w, z)$, ist auf der zu der algebraischen Funktion $w(z)$ gehörigen *Riemann*'schen Fläche eindeutig und, von Polen abgesehen, analytisch. Umgekehrt lässt sich jede Funktion v, die auf der Fläche eindeutig und, von Polen abgesehen, analytisch ist, als rationale Funktion von w, z darstellen. Fehlen alle Pole, so ist v eine Konstante. Sind die Werte, welche v für ein und denselben Wert von z in den verschiedenen Blättern annimmt, im allgemeinen alle verschieden, so heisst v eine zur Fläche gehörige Funktion[61]); es lässt sich dann umgekehrt w rational durch v und z darstellen, und w und v sind somit gleichberechtigt (II B 2). Eine notwendige und hinreichende Bedingung, dass v eine zur Fläche gehörige Funktion ist, besteht darin, dass v auf der Fläche eindeutig und analytisch ist und dass ausserdem in jedem Verzweigungspunkte der Fläche dieselbe Anzahl von Zweigen der beiden Funktionen v, w im Cyklus zusammenhängen. Wie man sieht, drückt sich diese Bedingung durch das Verhalten der Funktion v *im Kleinen* aus. — Wegen anderer Gestalten der *Riemann*'schen Fläche vgl. man Nr. 22.

---

58) Die Notwendigkeit dieser Bedingung hat *Puiseux* (selbstredend in anderer Formulierung) dargethan; J. de math. 16 (1851), p. 233.

59) *Brill* und *Noether* (Bericht, p. 254) machen darauf aufmerksam, dass der Begriff des *Querschnitts,* auf den Raum übertragen, bereits vor *Riemann* in einer Abhandlung von *Kirchhoff* (Ann. Phys. Chem. 75 (1848), p. 189 = ges. Abh., p. 33) vorkommt; vgl. [255]).

60) *Briot* et *Bouquet,* 1. Aufl., p. 41 (lückenhafte Formulierung); 2. Aufl., p. 216.

61) Dabei ist *eine* Funktion auf der Fläche, nämlich z, von vornherein ausgezeichnet und man müsste eigentlich v als *in Bezug auf* z zur Fläche gehörig definieren. Näheres über diesen Begriff findet man in II B 2.

13. Die analytische Fortsetzung; endgültige Definition der analytischen Funktion; das analytische Gebilde. Der Begriff der stetigen Fortsetzung einer stetigen Funktion ist so alt wie die analytische Geometrie. Der Übergang zum *Riemann-Weierstrass*'schen Begriff der analytischen Fortsetzung wird durch einen *Gauss*'schen[62]) Satz vermittelt, welcher von *Riemann*[63]) in die Funktionentheorie übertragen ist und in der so modifizierten Fassung, wie folgt, lautet (Nr. 7 und [39]): Ist $f(z)$ eine in T analytische Funktion und verschwindet $f(z)$ längs einer in T gelegenen Linie (allgemeiner: in den Punkten einer Menge, die eine in T gelegene Häufungsstelle besitzt), so ist $f(z)$ in T identisch null. — Dabei sieht man die Funktion in dem in Betracht kommenden Bereich als bereits vorhanden an und verfolgt bloss deren Werte längs eines im Bereich gelegenen Weges etwa mittelst übereinander greifender Kreise[46]).

Unter der analytischen Fortsetzung im eigentlichen Sinne versteht man folgendes: An einen Bereich T möge ein Bereich $\overline{T}$ längs einer Kurve C derart angrenzen, dass die Punkte von T, $\overline{T}$, C (von den Endpunkten von C wird abgesehen), einen Bereich $\mathfrak{T}$ bilden. Die Bereiche T, $\overline{T}$ dürfen übereinander greifen und auch mehrblättrig sein; in beiden Fällen wird der Bereich $\mathfrak{T}$ mehrblättrig sein. In T möge $f(z)$ analytisch sein; kann man dann den Punkten von $\overline{T}$, C solche Werte $\varphi(z)$, W zuordnen, dass diese die Werte von $f(z)$ in T zu einer in $\mathfrak{T}$ eindeutigen und analytischen Funktion ergänzen, so lässt sich $f(z)$ über T hinaus in $\overline{T}$ analytisch fortsetzen[64]); die Werte $\varphi(z)$, W bilden die *analytische Fortsetzung* für den Bereich $\overline{T}$. Umgekehrt können die Werte $f(z)$, W als eine analytische Fortsetzung der in $\overline{T}$ analytischen Funktion $\varphi(z)$ angesehen werden. Es kann keine zweite analytische Fortsetzung von $f(z)$ über C hinaus in $\overline{T}$

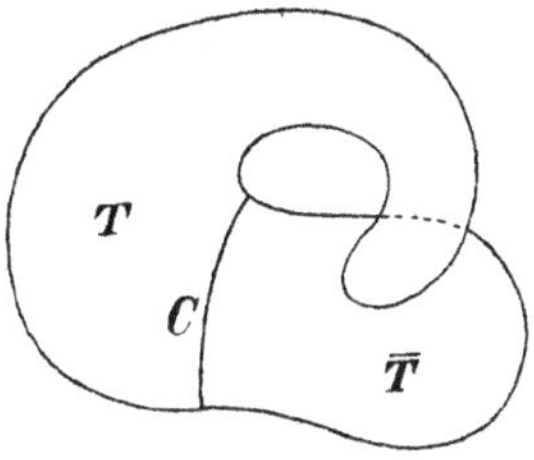

Fig. 1.

62) *Gauss,* Allgem. Lehrsätze in Beziehung auf die im verkehrten Verhältnis des Quadrats u. s. w., Beobachtungen des magnet. Vereins f. 1839, Leipzig 1840, Art. 21 = Werke 5 (1867), p. 223. Der *Gauss*'sche Beweis ist nicht stichhaltig, denn mit der Integralformel kommt man nicht durch; man muss sich etwa der Reihenentwicklung bedienen; vgl. *C. Neumann,* Log. u. Newton'sches Potential, 1877, p. 9.

63) Diss.[15]) § 15. Dem *Riemann*'schen Beweis haftet derselbe Mangel an, wie dem *Gauss*'schen.

64) *Riemann,* J. f. Math. 54 (1857), p. 102 = Werke, p. 82, sowie Werke, p. 413; *Weierstrass*[46]), p. 83 und Vorlesungen.

geben, die mit $\varphi(z)$ nicht identisch wäre. — Ist dagegen die Funktion $f(z)$ so beschaffen, dass sie sich längs keines Stückes von C über T hinaus analytisch fortsetzen lässt, so bildet die Kurve C eine *natürliche Grenze* [65]) der Funktion.

Auf Grund des Begriffs der analytischen Fortsetzung lässt sich die Definition einer analytischen Funktion vervollständigen. Man gehe von einem Bereich T aus, der von einer einzigen Kurve begrenzt ist und in welchem $f(z)$ eindeutig und analytisch ist. Lässt sich $f(z)$ über T hinaus analytisch fortsetzen, so wird das neue Gebiet zum alten Bereich T hinzugefügt. Dieser Prozess wird wiederholt. Und nun wird die analytische Funktion $f(z)$ in ihrem Gesamtverlauf als der Inbegriff der Werte von $f(z)$ in T und der Gesamtheit der durch Wiederholung des Prozesses der analytischen Fortsetzung zu gewinnenden Werte erklärt.

Den Gedanken, die analytische Fortsetzung als Mittel zu gebrauchen, um neues Gebiet zu gewinnen, in welchem die Funktion, ohne aufzuhören, analytisch zu bleiben, definiert werden kann, verdankt man *Riemann* [64]). *Weierstrass*, der schon vor *Riemann*'s Zeit diese Methode ersonnen hatte [66]), benutzte dieselbe, um dem Begriff der analytischen Funktion, wie soeben auseinandergesetzt ist, eine ge-

---

65) Die erste gedruckte Mitteilung über das Auftreten natürlicher Grenzen findet man nach *Schwarz* (J. f. Math. 75 (1873), p. 319 = ges. W. 2, p. 241) in einer Abhandlung von *Weierstrass*, Berl. Ber. 1866, p. 617. Die Möglichkeit einer natürlichen Grenze hatte *Weierstrass* bereits im Jahre 1842 erkannt; vgl. [46]), p. 84. In seinen Vorlesungen machte er 1863 auf diesen Gegenstand aufmerksam (*Schwarz*, a. a. O.). Beispiele von Funktionen, die eine natürliche Grenze haben, sind von *Hankel* (Universitätsprogramm: Untersuchungen über die unendlich oft oscillierenden und unstetigen Funktionen, Tübingen 1870 = Math. Ann. 20 (1882), p. 63) veröffentlicht worden. *Kronecker* war 1863 im Besitz des Beispiels aus der Theorie der elliptischen Modulfunktionen:

$$\sqrt{\frac{2K}{\pi}} = 1 + 2q + 2q^4 + 2q^9 + \cdots$$

(*Schwarz*, a. a. O., wo ein Beispiel *Weierstrass*'s aus der Theorie der algebraischen Differentialgleichungen in Verbindung mit den elliptischen Modulfunktionen auch erwähnt wird); hier kommt die Funktion in der Nähe eines beliebigen Punktes der natürlichen Grenze jedem vorgegebenen Werte beliebig nahe. Vgl. ferner Nr. **20**. — In *Riemann's* Nachlass fanden sich Fragmente über die Grenzfälle der elliptischen Modulfunktionen, wo der limes untersucht wird, dem eine solche Funktion zustrebt, wenn das Argument sich einem Punkte der Begrenzung des Definitionsbereiches der Funktion (vgl. unten), also einem Punkte einer natürlichen Grenze, nähert; Werke, 1. Aufl., p. 427 u. p. 438; 2. Aufl., p. 455 u. p. 466.

66) *Weierstrass* [46]), p. 83.

nauere Fassung zu geben, sowie um das Prinzip der Permanenz einer Funktionalgleichung in strenger Weise zu begründen[67] (Nr. **16**). Den unmittelbaren Anstoss zu diesen Begriffsbildungen gab *Weierstrass* die Theorie der Differentialgleichungen. Es sei ein System totaler Differentialgleichungen vorgelegt:

$$\frac{dx_i}{dt} = G_i(x_1, \ldots, x_n), \qquad (i = 1, \ldots, n)$$

wo G_i eine im Punkte $(a_1, \ldots, a_n)$ analytische Funktion der unabhängigen Variabeln $x_1, \ldots, x_n$ (Nr. **40**) bedeutet. Dann existieren stets n Funktionen $\varphi_1(t), \ldots, \varphi_n(t)$, welche in der Umgebung des willkürlichen Punktes $t = t_0$ analytisch sind, in diesem Punkte resp. die Werte $a_1, \ldots, a_n$ annehmen, und, in die n Differentialgleichungen eingetragen, denselben identisch genügen. Dieser Satz ist zuerst von *Cauchy*[68] bewiesen worden. *Weierstrass*[46] erfand unabhängig von *Cauchy* einen Beweis desselben und gelangte bei diesen Untersuchungen, über *Cauchy* hinaus, einerseits zu dem soeben besprochenen Begriff der analytischen Fortsetzung und zu der auf denselben sich stützenden Definition des Gesamtverlaufs des Systems von Lösungen der Differentialgleichungen (wobei auch der Begriff der natürlichen Grenze[65]) bereits vorkommt), andererseits zu dem durch die Methode der gleichmässigen Konvergenz der Reihen bewiesenen Satze, dass $\varphi_1(t), \ldots, \varphi_n(t)$ analytisch von denjenigen Parametern abhängen, von denen $G_1, \ldots, G_n$ bei geeigneter Voraussetzung analytisch abhängen.

Eine analytische Funktion, die keine singuläre Stelle in der erweiterten z-Ebene hat, ist eine Konstante. Giebt es eine Bestimmung der Funktion, die höchstens für einen einzigen Wert von z eine singuläre Stelle hat, so ist die Funktion eindeutig. Man sagt: die im Punkte z_0 analytische Funktion $f(z)$ lässt sich längs eines den Punkt z_0 mit einem zweiten Punkt Z verbindenden Weges l bis in den Punkt Z analytisch fortsetzen, wenn sich eine endliche Anzahl analytischer Fortsetzungen angeben lässt, derart, dass die denselben entsprechenden Bereiche den Weg l der Reihe nach einmal vollständig überdecken[69]. Ist dagegen der Punkt Z so nicht zu erreichen, während durch solche Fortsetzungen in jede Umgebung des Punktes Z

---

67) Vorlesungen an der Berliner Universität. Durch diese Vorlesungen ist die Methode erst in weiteren Kreisen bekannt geworden.

68) Exerc. d'anal. 1 (1841), p. 355. Eine lithographierte Ausgabe dieser Abhandlung ist bereits im Jahre 1835 erschienen. Vgl. II A 4 a, Nr. **11**.

69) Der Weg l darf sich auch kreuzen, muss sich dann aber in eine endliche Anzahl von Stücken zerlegen lassen, sodass der Funktion $f(z)$ längs jedes

gedrungen werden kann, so ist Z ein singulärer Punkt derjenigen Bestimmung der Funktion, die dem Wege l entspricht. Satz: Lässt sich die im Punkte z_0 analytische Funktion $f(z)$ längs eines Weges L, der vom Punkte z_0 ausgeht und ohne sich zu schneiden in den Punkt z_0 wieder zurückkehrt, bis in den Punkt $\bar{Z} = z_0$ analytisch fortsetzen; stimmt ferner die letzte analytische Fortsetzung in der Umgebung des Punktes z_0 mit der ersten nicht überein, so giebt es innerhalb der Kurve L mindestens einen Punkt Z, in den $f(z)$ längs eines jeden innerhalb L gelegenen Weges l nicht analytisch fortgesetzt werden kann. M. a. W.: Ist z_0 ein Randpunkt eines Bereiches B_1 (Nr. **1**), Z irgend ein Punkt von B_1 und lässt sich die im Punkte z_0 analytische Funktion $f(z)$ längs eines beliebig in B_1 gelegenen, die Punkte z_0 und Z verbindenden Weges l bis in Z analytisch fortsetzen, so wird der so erhaltene Wert von $f(z)$ im Punkte Z vom Wege l unabhängig sein und die analytischen Fortsetzungen in die verschiedenen Punkte von B_1 definieren eine in B_1 eindeutige analytische Funktion[70]).

Diese Sätze beruhen im wesentlichen darauf, dass die erweiterte z-Ebene oder Kugel resp. der Bereich B_1 einfach zusammenhängend ist. Auf einer Ringfläche (Nr. **22**) resp. in einem B_n $(n > 1)$ können beispielsweise die verschiedenen Bestimmungen einer analytischen Funktion ausnahmslos analytisch fortsetzbar sein, ohne jedoch in diesem Bereiche eindeutig zu sein.

Um eine analytische Fortsetzung zu konstatieren, sind mehrere Mittel bekannt, insbesondere: 1) das „Prinzip der Symmetrie"[71]) (Nr. **20**), 2) die Methode der Potenzreihen. Diese Methode, welche *Weierstrass* der Funktionenlehre zu Grunde legt[67]), besteht darin, dass man als Ausgangsbereich T das Innere eines Kreises mit dem Mittelpunkt z_0 und Radius R_0 nimmt und die in T eindeutige und analytische Funktion $f(z)$ in eine Potenzreihe nach $z - z_1$ entwickelt:

$$f(z) = \mathfrak{P}(z - z_1), \qquad |z_1 - z_0| < R_0.$$

Dabei möge R_0 der Radius des wahren Konvergenzkreises[38]) der

---

einzelnen Stückes die oben verlangte Eigenschaft zukommt. Die Bereiche dürfen stets als Stücke übereinander greifender Kreise angenommen werden, deren Mittelpunkte auf dem Wege l liegen; vgl. *Puiseux*[45]); *Weierstrass,* Vorlesungen.

70) Vgl. [45]); ferner *Briot* et *Bouquet,* 1, 2. Aufl., p. 35; *Jordan,* Cours d'anal. 1, 2. Aufl., § 346.

71) Ein allgemeineres, in gewissen Fällen mit dem „Prinzip der Symmetrie" sich deckendes „Prinzip der analytischen Fortsetzung" ist von *Klein* gegeben worden: Math. Ann. 21 (1883), p. 164; sowie Nrn. **25—27** dieses Artikels. Mit diesem Prinzip vgl. man die *Poincaré*'sche Methode der analytischen Fortsetzung durch die Transformationen einer vorgelegten Gruppe (II B 6 c) und [165]).

Reihe $\mathfrak{P}(z - z_0)$ sein. Ist nun der Radius R des wahren Konvergenzkreises der Reihe $\mathfrak{P}(z - z_1)$ grösser als $R_0 - |z_1 - z_0|$, so definiert diese Reihe eine analytische Fortsetzung von $f(z)$ über T hinaus. Lässt man den Punkt z_1 das ganze Innere des Kreises (z_0, R_0) durchlaufen, so wird ein Bereich $\mathfrak{T}^{(1)}$ der z-Ebene ausgefegt, in welchem die Funktion $f(z)$ durch analytische Fortsetzung eindeutig und analytisch definiert wird[72]). Dabei hat man sich einer nicht-abzählbaren Menge (I A 5) von Potenzreihen $\mathfrak{P}(z - z_1)$ bedient. Es genügt, um $\mathfrak{T}^{(1)}$ zu erhalten, den Punkt z_1 bloss die rationalen[73]) Punkte des Kreises (z_0, R_0) durchlaufen zu lassen, also bloss eine abzählbare Menge von Reihen zu gebrauchen, die man dann numerieren und als erste Zeile einer Tabelle anschreiben wird. Indem man ferner den Punkt z_1 die ausserhalb des Bereiches T gelegenen rationalen Punkte von $\mathfrak{T}^{(1)}$ durchlaufen lässt (wofern solche vorhanden sind), entsteht im allgemeinen eine Erweiterung des Bereiches $\mathfrak{T}^{(1)}$. Sollte der neue Bereich $\mathfrak{T}^{(2)}$ über sich selbst greifen, so wird man sich denselben als mehrblättrige *Riemann*'sche Fläche denken. Gewöhnlich lässt man solche übereinander liegende Blätter wieder zusammenfallen, die Träger identisch gleicher Funktionswerte sind[74]). Es kommt so eine weitere analytische Fortsetzung der Funktion $f(z)$ zustande; die neuen rationalen Punkte des Bereiches $\mathfrak{T}^{(2)}$ werden numeriert und als zweite Zeile der Tabelle angeschrieben. Der Prozess wird wiederholt. Und nun erhält man als Endresultat eine abzählbare Menge von Potenzreihen, welche den Gesamtverlauf der analytischen Funktion $f(z)$ darstellen. Die entsprechende *Riemann*'sche Fläche bildet den *Definitions-* oder *Stetigkeitsbereich*[75]) der Funktion und die Begrenzungspunkte der Fläche heissen singuläre Punkte für diejenige Bestimmung der Funktion, welcher das anstossende Blatt entspricht[75a]). Ein jeder Punkt

72) Dieser erste Bereich $\mathfrak{T}^{(1)}$ kann allerdings nicht über sich greifen; die spätern Bereiche $\mathfrak{T}^{(2)}$, $\mathfrak{T}^{(3)}$, ... können jedoch mehrblättrig werden.

73) D. h. solche Punkte, deren Koordinaten beide rationale Zahlen sind. Wegen dieser Methode vgl. man *Poincaré*, Pal. Rend. 2 (1888), p. 197, wo auch nachgewiesen wird, dass die Werte, welche eine analytische Funktion in irgend einem Punkte annehmen kann, stets eine abzählbare Menge bilden.

74) Es empfiehlt sich jedoch zuweilen, die Blätter getrennt bleiben zu lassen; vgl. Nr. **28**.

75) *Weierstrass*[27]) für den Fall einer eindeutigen Funktion.

75a) Der Begriff eines nicht isolierten wesentlichen singulären Punktes lässt sich auf mehrdeutige Funktionen ausdehnen. Bildet ein schlichter, d. h. einblättriger Teil des Definitionsbereiches der Funktion einen Bereich T mit dem nicht isolierten Randpunkt a und lässt die Funktion in der Umgebung von a keine analytische Fortsetzung über T hinaus zu, so heisst a eine wesentliche singuläre Stelle der Funktion, oder genauer gesagt, des entsprechenden Zweiges

der Fläche liegt in dem Konvergenzkreis einer jener Potenzreihen[76]) und ein jeder Weg l, längs dessen $f(z)$ sich in einen Punkt Z analytisch fortsetzen lässt, wird durch eine endliche Anzahl solcher Kreise vollständig überdeckt und liegt also in der *Riemann*'schen Fläche. Die Gesamtheit der den Punkten der *Riemann*'schen Fläche zugehörigen Wertepaare (w, z), wo $w = f(z)$ ist, incl. gewisser sogleich zu besprechenden Punkte, bezeichnet *Weierstrass* als das *analytische Gebilde*, oder, wenn er betonen will, dass jedes Element dieses Gebildes, $z - a = t^q \psi(t)$, $w - b = t^p \omega(t)$ (Nr. **11**) aus jedem anderen Element $z - \bar{a} = t^{\bar{q}} \bar{\psi}(t)$, $w - \bar{b} = t^{\bar{p}} \bar{\omega}(t)$ durch analytische Fortsetzung hervorgeht (vgl. den eben zu citierenden Satz), spricht er von einem *monogenen analytischen Gebilde*. Nähert sich die Funktion w einem bestimmten Werte b, wenn z einem singulären Punkt a zustrebt (insbesondere kann sowohl $a = \infty$ als $b = \infty$ sein), so heisst (b, a) eine *Grenzstelle* des analytischen Gebildes. Wenn a ein Pol bezw. ein Verzweigungspunkt endlicher Ordnung ist, in welchem w sich analytisch verhält oder einen Pol hat, so rechnet *Weierstrass* die Grenzstelle auch zum analytischen Gebilde, sonst aber nicht. Es besteht dann der Satz: Ist $f(z)$ im Punkte $z = z_0$ analytisch und $f'(z_0) \neq 0$; bezeichnet man ferner die Umkehrung der Funktion $w = f(z)$ in der Umgebung dieses Punktes mit $z = \varphi(w)$, so fallen die beiden analytischen Gebilde, die aus den Funktionen $f(z)$, $\varphi(w)$ entspringen, in ihrer ganzen Ausdehnung zusammen.

Der Definitionsbereich besteht aus einem im allgemeinen mehrblättrigen Kontinuum. Wird dasselbe insbesondere zu einem einblättrigen, so ist $f(z)$ eine eindeutige Funktion, ihre singulären Punkte bilden eine abgeschlossene Menge, deren Inhalt jedoch nicht Null zu sein braucht[77]) (Nr. **34** u. [198]). — Aus der *Riemann*'schen Fläche kann

(vgl. unten) der Funktion. Wegen verschiedener Möglichkeiten bei der Begrenzung von T vgl. [118]) und [198]).

76) *Osgood,* Cambridge Colloquium, Bull. Amer. Math. Soc. (2) 5 (1898), p. 72.

77) Diese Definition der analytischen Funktion weicht der Form nach etwas von der *Weierstrass*'schen ab. *Weierstrass* geht von einer Potenzreihe $\mathfrak{P}(z - z_0)$ aus und leitet aus derselben durch successive Fortsetzung die Reihen $\mathfrak{P}(z \mid z_0, z_1)$, $\mathfrak{P}(z \mid z_0, z_1, z_2), \dots \mathfrak{P}(z \mid z_0, z_1, z_2, \dots, z_n)$ ab. Jede dieser Reihen lässt sich aus jeder der anderen auf die nämliche Weise ableiten. Die Gesamtheit der so zu erhaltenden Potenzreihen bildet nach *Weierstrass* eine *monogene analytische* Funktion. Jede einzelne dieser Reihen heisst ein *Element* der Funktion. *Weierstrass,* Vorlesungen an der Berl. Univ. von 1860 an; vgl. etwa die Werke von *Biermann* und *Harkness* and *Morley*. *Weierstrass,* Berl. Ber., 12. Aug. 1880, § 1 = Werke 2, p. 201. Der Begriff kommt bereits in der s. Z. nicht veröffentlichten Abhandlung[46]) und in der Abhandlung J. f. Math. 51 (1856), p. 1 = Werke 1, p. 155 vor.

man auf mannigfaltige Weise ein Blatt heraussondern; die zugehörigen Funktionswerte bilden einen *Zweig* der Funktion.

Es sei noch bemerkt, dass eine analytische Funktion einer analytischen Funktion nicht notwendig eine monogene analytische Funktion ist, sondern aus mehreren getrennten analytischen Funktionen bestehen kann; m. a. W.: ist $w = f(z)$, $z = \varphi(t)$, so braucht die Elimination von z aus den beiden Gleichungen nicht bloss eine einzige analytische Funktion $w = \psi(t)$ zu ergeben, vielmehr können sich mehrere Funktionen einstellen[78]). Beispiele:

$$w = z^{\frac{1}{2}}, \qquad z = e^t, \qquad w = e^{\frac{1}{2}t}, \quad -e^{\frac{1}{2}t};$$

$$w = \log z, \qquad z = e^t, \qquad w = t, \quad t + 2\pi i, \ldots$$

Wird eine beliebige abzählbare Menge von Grössen $a_0, a_1, \ldots$ vorgelegt, die bloss so beschaffen sind, dass der Konvergenzkreis der Potenzreihe $\sum_{n=0}^{\infty} a_n(z - z_0)^n$ nicht auf den Punkt $z = z_0$ zusammenschrumpft, so wird durch diese Reihe und die Methode der analytischen Fortsetzung eine analytische Funktion völlig bestimmt. Mit der Frage nach einer expliciten Formel für eine analytische Fortsetzung über den Konvergenzkreis der Reihe hinaus haben *Borel* und *Mittag-Leffler* sich beschäftigt. *Borel*[79]) stellt sich eine allgemeinere Aufgabe und verfährt, wie folgt. Es sei

$$s_n = u_0 + u_1 + \cdots + u_{n-1}, \qquad (s_0 = 0),$$

$$s(a) = s_0 + s_1 a + s_2 \frac{a^2}{2!} + \cdots + s_n \frac{a^n}{n!} + \cdots$$

und man bilde den Ausdruck $s(a)e^{-a}$. Konvergiert die Reihe $\sum_{n=0}^{\infty} u_n$, so wird $s(a)e^{-a}$, wenn a reell ist und $a = +\infty$ wird, gegen denselben Grenzwert konvergieren. Divergiert die u-Reihe, so kann $s(a)e^{-a}$ trotzdem noch konvergieren. Es seien $u_0(z), u_1(z), \ldots, s(a, z)$ in einem Bereich T analytische Funktionen von z. Konvergiert dann $s(a, z)e^{-a}$ in jedem T' gleichmässig, so wird der Grenzwert

78) Vgl. *Burkhardt*, Anal. Funktionen, p. 198.

79) J. de math. (5) 2 (1896), p. 103. Der Satz auf p. 106 unten: „On en conclut..." ist falsch; deswegen müssen in der Folge verschiedene Abänderungen eintreten. Eine zweite Arbeit enthält Anwendungen auf Potenzreihen, ibid. p. 441. Diese Untersuchungen sind in einer Preisschrift (1898) weiter geführt und die Theorie wird auf die Differentialgleichungen und ein *Stieltjes*'sches Problem (Nr. **39**) angewandt; Ann. éc. norm. (3) 16 (1899), p. 9. Vgl. ferner die Leçons sur les séries divergentes, 1901. Es sei auch auf *Servant*, Par. Thèse 1899, verwiesen. *Stieltjes* hatte bereits 1894, Toul. Ann. 8, p. J. 56, einen Satz erfunden, wodurch eine analytische Fortsetzung konstatiert wird. Vgl. auch I A 3, Nr. **40**.

$\lim_{a=+\infty} s(a, z)\, e^{-a} = F(z)$ eine in T analytische Funktion von z sein. In dem Fall, dass die u-Reihe in einem gewissen in T enthaltenen Bereich D gleichmässig konvergiert, in anderen Punkten von T jedoch divergiert, wird somit eine analytische Fortsetzung der in D so definierten analytischen Funktion dargestellt.

Mittag-Leffler[80]) definiert zunächst einen „Stern" A, welcher ein Bereich T ist, und zeigt dann, dass $f(z)$ in diesem Bereich T sich durch eine Reihe

$$f(z) = \sum_{n=1}^{\infty} G_n(z)$$

darstellen lässt, die in jedem T' gleichmässig konvergiert. $G_n(z)$ ist ein Polynom, dessen Koeffizienten lineare Funktionen von $a_0, a_1, \ldots$ sind.

Eine notwendige und hinreichende Bedingung für eine analytische Fortsetzung hat *Painlevé*[80a]) gegeben. In einem Bereiche T, dessen Begrenzung zum Teil aus einer regulären Kurve[1]) C bestehe, sei $f(z)$ eine analytische Funktion, die in jedem innern Punkte von C einem bestimmten Grenzwert W zustrebt. (Diese Werte bilden dann, wie *Painlevé* zeigt, eine stetige Folge von Randwerten der Funktion $f(z)$). In einem zweiten Bereich $\overline{T}$, der ausserhalb T liegt und längs C an T stösst, sei $\varphi(z)$ eine analytische Funktion, die in jedem Punkte von C dem Werte W ebenfalls zustrebt. Dann bildet $\varphi(z)$ nebst den Randwerten W eine analytische Fortsetzung von $f(z)$ über C hinaus.

Über die stetige Fortsetzung einer analytischen Funktion über ihren Definitionsbereich hinaus existieren Arbeiten von *Borel, Fabry* und *Picard*[81]).

Sind mehrere Funktionen $\varphi_1(z), \ldots, \varphi_m(z)$ vorgelegt, deren gleichzeitiger Verlauf verfolgt werden soll (etwa die n Funktionen, die dem obigen System von Differentialgleichungen genügen), so wird die zugehörige *Riemann*'sche Fläche derart konstruiert, dass jede Funktion für sich darauf eindeutig und analytisch ist.

---

80) Mitteilungen an die Akad. Wiss. Stockholm, 1898; Acta math. 23 (1899), p. 43; 24 (1900), p. 183, 205. Citate auf sich anschliessende Arbeiten befinden sich zu Anfang der letztgenannten Abhandlung. Vgl. auch Nr. **38**.

80a) Par. Thèse 1887 = Toul. Ann. 2 (1888), p. 28. Der *Painlevé*'sche Beweis stützt sich auf den Satz von [26]). — Man vgl. auch die *Schwarz*'sche Bedingung, Nr. **20**, Ende.

81) *Borel,* Par. Thèse, 1894 = Ann. éc. norm. (3) 12 (1895), p. 9; *Fabry,* Par. C. R. 128 (1899), p. 78; *Picard,* ibid. p. 193. Eine explicite die Funktion $f(z)$ in ihrem Definitionsbereich darstellende Formel kann in einem anderen Teil der Ebene eine andere analytische Funktion $\varphi(z)$ definieren; *Weierstrass,* Berl. Ber., 12. Aug. 1880 = Werke 2, p. 201. Vgl. auch Note [195]). Dass auf

14. Geometrische Deutung durch ebene und Raumkurven[82]**).**

Ist

$$f(w, z) = w^m + A_1(z)w^{m-1} + \cdots + A_m(z) = 0$$

ein Polynom in w, dessen Koeffizienten im Punkte $z = z_0$ analytische Funktionen von z sind und dort verschwinden, so definiert die Gleichung $f(w, z) = 0$ in der Umgebung des Punktes z_0 m analytische Funktionen $w^{(1)}, \ldots, w^{(m)}$, die auch zum Teil durch analytische Fortsetzung auseinander hervorgehen resp. mit einander zusammenfallen können. Letzteres kann nur dann geschehen, wenn $\frac{\partial f}{\partial w} = f'_w(w, z)$ für eine derselben identisch verschwindet; dieser Fall sei ausgeschlossen. Ist z_0 reell und sind $w^{(1)}, \ldots, w^{(m)}$ für reelle Werte von z in der Umgebung des Punktes P: $z = z_0$, $w = 0$, alle reell, so lassen sich diese Funktionen in der (z, w)-Ebene der analytischen Geometrie durch Kurven veranschaulichen. Diese geometrische Deutung erstreckt sich auch auf das komplexe Gebiet, wenn zu den reellen geometrischen Elementen in der gewöhnlichen Weise noch die komplexen hinzugenommen werden. Zwischen dieser Deutung und der durch die *Riemann*'sche Fläche besteht nun folgende Beziehung:

a) Ist $m \geqq 1$ und fallen keine zwei der m Tangenten der Kurve $f = 0$ im Punkte P zusammen; ist ferner keine der Tangenten der w-Achse parallel, so liegen die m Blätter der entsprechenden *Riemann*schen Fläche schlicht übereinander. Der Punkt z_0 ist nur dadurch ausgezeichnet, dass die m Funktionen w dort alle denselben Wert haben. Es findet hier keine Verzweigung statt.

b) Die Tangente der Kurve $f = 0$ (bezw. eines Zweiges derselben) sei im Punkte P der w-Achse parallel; P sei ein gewöhnlicher Punkt der Kurve (bezw. dieses Zweiges derselben). Dem entspricht in der *Riemann*'schen Fläche ein einfacher Verzweigungspunkt.

---

diese Weise der Funktion $f(z)$ nicht stets eine einzige Funktion $\varphi(z)$ zugeordnet wird, hat *Poincaré* gezeigt: Am. J. of Math. 14 (1892), p. 211.

82) Die Beziehung zwischen *Riemann*'s Theorie der algebraischen Funktionen und ihrer Integrale und der Theorie der algebraischen Kurven hat *Clebsch* (II B 2) zuerst erforscht. Von ihm rühren auch die hier ausgesprochenen Sätze her. Eine Beschränkung auf den algebraischen Fall ist jedoch unnötig. Auf Grund des *Weierstrass*'schen Theorems $F(w, z) = f(w, z)\,\Phi(w, z)$ (Nr. **45**) behalten nämlich diese Sätze ihre Gültigkeit auch für die durch eine beliebige Gleichung $F(w, z) = 0$ implicite definierte analytische Funktion (resp. Funktionen); denn es handelt sich um ein Verhalten im Kleinen, nämlich in der Umgebung des Punktes $z = z_0$, $w = 0$ und dort ist w als Funktion von z durch die Gleichung $f(w, z) = 0$ bestimmt. Für die hier in Betracht kommenden singulären Punkte eines allgemeinen analytischen Gebildes sind diejenigen der algebraischen Kurven typisch; vgl. die Parameterdarstellung, Nr. **11**.

c) Die Kurve habe einen der w-Achse parallelen Wendepunkt oder einen mehrfachen Punkt anderer Art als die vorhin erwähnten. Die Blätter der *Riemann*'schen Fläche hängen dann in einem oder mehreren Cyklen zusammen.

Singuläre Punkte einer Kurve können durch stetige Variation der Koeffizienten erzeugt werden. Die entsprechende Veränderung der *Riemann*'schen Fläche lässt sich mit Hülfe der vorhergehenden Beziehungen verfolgen. Als Beispiele mögen die Kurven dienen:

α) $$w^2 = z(z - \alpha)(z - \beta),$$

wo α und β reelle Grössen sind und β gegen α konvergiert. Es entsteht so ein Doppelpunkt, während andererseits die *Riemann*'sche Fläche zwei Verzweigungspunkte einbüsst.

β) $$w(w^2 - \alpha^2) = z.$$

Konvergiert α gegen 0, so bekommt die Kurve einen Wendepunkt. Dafür tauscht die *Riemann*'sche Fläche zwei einfache Verzweigungspunkte gegen einen Verzweigungspunkt zweiter Ordnung ein.

Im Falle β) ist die Umkehrfunktion in der Nähe des Punktes $w = 0$ eindeutig. Es gilt der allgemeine Satz: Ist der Punkt P kein mehrfacher Punkt der Kurve, so hängen die entsprechenden m Blätter der *Riemann*'schen Fläche im Punkte z_0 in einem Cyklus zusammen. Darauf beruht die Regel: Die im Endlichen gelegenen Verzweigungspunkte der Umkehrung $w(z)$ einer rationalen Funktion $z = \frac{\varphi(w)}{\psi(w)}$ werden durch die Punkte der entsprechenden Kurve gegeben, in denen dieselbe der w-Achse parallel ist. Dazu ist notwendig und hinreichend, dass $\varphi\psi' - \varphi'\psi = 0$, $\psi \neq 0$.

Zwischen einer Raumkurve und der entsprechenden *Riemann*'schen Fläche existieren ähnliche Beziehungen[83]).

15. Die Lagrange'sche Reihe. An eine Schrift von *Lambert*[84]) anknüpfend, worin eine Wurzel der Gleichung $x^m + px = q$ durch eine unendliche Reihe dargestellt ist, hat *Lagrange*[85]) eine Wurzel $z = \zeta$ der Gleichung $z = x + \alpha f(z)$ in folgende Reihe entwickelt:

---

83) Vgl. *Klein*, Riemann'sche Flächen.

84) Observationes variae in mathesin puram, Acta Helvetica 3 (1758), p. 128; die Reihe lautet $x = \frac{q}{p} - \frac{q^m}{p^m} + m\frac{q^{2m-1}}{p^{2m+1}} - \frac{m(3m-1)}{1\,.\,2}\frac{q^{3m-2}}{p^{3m+1}} + \cdots$ und ist durch die Methode der successiven Annäherungen abgeleitet.

85) Berl. Mém. 24, 1768 [1770], p. 251 = Oeuvres 3, p. 25. *Lagrange* setzt die Gleichung in der Form (p. 274) $\alpha - x + \varphi(x) = 0$ an und bezeichnet ihre

$$\zeta = x + \alpha f(x) + \frac{\alpha^2}{2!}\frac{d}{dx}[f(x)]^2 + \cdots + \frac{\alpha^n}{n!}\frac{d^{n-1}}{dx^{n-1}}[f(x)]^n + \cdots.$$

Genauer gesagt war es nicht diese Reihe, sondern eine allgemeinere, nämlich die für eine beliebige Funktion von ζ, $\Phi(\zeta)$, die *Lagrange* dort giebt:

$$\Phi(\zeta) = \Phi(x) + \alpha\Phi'(x)f(x) + \cdots + \frac{\alpha^n}{n!}\frac{d^{n-1}}{dx^{n-1}}[\Phi'(x)f(x)^n] + \cdots.$$

Er hat die Reihe auf das *Kepler*'sche Problem, die Auflösung der Gleichung $z = x + \alpha \sin z$ nach z, angewandt[86]). Im Anschluss daran hat *Laplace*[87]) den Radiusvektor einer Planetenbahn explicite durch die Zeit ausgedrückt, indem er mittelst der *Lagrange*'schen Reihe aus den Gleichungen $R = 1 - \alpha \cos z$, $z = x + \alpha \sin z$, z eliminiert:

$$R = 1 - \alpha\cos x + \frac{\alpha^2}{1!}\sin^2 x + \cdots + \frac{\alpha^n}{(n-1)!}\frac{d^{n-2}\sin^n x}{dx^{n-2}} + \cdots.$$

Hier bedeutet α die Excentrizität der Bahn; R, x sind resp. dem Radiusvektor und der Zeit proportional. Er bestimmte ferner den Konvergenzbereich dieser Reihe[88]). *Jacobi*[89]) leitete durch die *Lagrange*sche Reihe die Formel für die Kugelfunktionen ab:

$$X_n = \frac{1}{n!}\frac{d^n}{dx^n}[x^2 - 1]^n.$$

Setzt man nämlich $z - x - \alpha\frac{z^2 - 1}{2} = 0$, $\zeta = \frac{1 - \sqrt{1 - 2\alpha x + \alpha^2}}{\alpha}$,

so ist $\frac{\partial\zeta}{\partial x}(1 - \alpha\zeta) = 1$, $\frac{\partial\zeta}{\partial x} = (1 - 2\alpha x + \alpha^2)^{-\frac{1}{2}} = \sum_{n=0}^{\infty} X_n\alpha^n$ und man

---

Wurzel mit p, so dass die Reihe für eine beliebige Funktion von p, $\psi(p)$ wie folgt lautet:

$$\psi(p) = \psi(\alpha) + \varphi(\alpha)\psi'(\alpha) + \frac{1}{2}\frac{d\varphi(\alpha)^2\psi'(\alpha)}{d\alpha} + \cdots + \frac{1}{n!}\frac{d^{n-1}\varphi(\alpha)^n\psi'(\alpha)}{d\alpha^{n-1}} + \cdots.$$

Er beschäftigt sich auch mit der Frage nach der Konvergenz der Reihe. Vgl. *Brill* und *Noether*'s Bericht p. 153 u. 178, wo eine Skizze der Geschichte der *Lagrange*'schen Reihe sich findet; ferner eine Abhandlung von *Nekrassoff* über die Lagrange'sche Reihe, Matematičeskij Sbornik 12, Moskow 1885, die auch viele Litteraturangaben enthält.

86) Berl. Mém. 25, 1769 [1771], p. 204 = Oeuvres 3, p. 113.

87) Méc. cél. 1, livre II, Nr. 22 (1798—99) = Oeuvres 1, p. 196.

88) Par. Mém. 6 (1823 [27]), p. 61 = Méc. cél. suppl., oeuvr. 5, p. 473. Die Excentrizität α darf den Wert 0,6627 ... nicht überschreiten.

89) J. f. Math. 2 (1827), p. 223. Vgl. auch *Cauchy*, Par. Mém. 8 (1827) p. 118, der die *Lagrange*'sche Reihe ebenfalls zu diesem Zweck angewandt hat. Die Formel selbst rührt von *Rodrigues* (1816) her; vgl. *Heine*, Kugelfunktionen 1, p. 20.

braucht nur die *Lagrange*'sche Reihe für ζ nach x zu differenzieren und die Koeffizienten der beiden Reihen zu vergleichen.

Bei *Cauchy*'s ersten auf die Reihenentwicklung einer impliciten Funktion und die Abschätzung des Restes sich beziehenden Entdeckungen spielte die *Lagrange*'sche Reihe eine wesentliche Rolle[90]). Mittelst eines längs eines komplexen Weges erstreckten bestimmten Integrals schätzte *Cauchy* den Wert des allgemeinen Gliedes der Reihe ab, ohne jedoch die Frage nach der Konvergenz in ihrem vollen Umfang zu erledigen (s. unten). Eine strenge Begründung der *Lagrange*'schen Formel nach *Cauchy*'schen Methoden haben *E. Rouché* und *C. Hermite* gegeben[91]). Es mögen nämlich $\Phi(z)$, $f(z)$ im Bereich T analytische Funktionen, x ein beliebiger fester Punkt von T, und T_1' ein beliebiger Bereich sein, der x als innern Punkt enthält. Bestimmt man r dann so, dass für jeden Wert α im Kreise C: $|\alpha| < r$, und für jeden Wert z auf dem Rande von T_1': $\left|\frac{\alpha f(z)}{z-x}\right| < 1$ ist, so gilt die *Lagrange*'sche Reihenentwicklung für $\Phi(\zeta)$ sicher, so lange $|\alpha| < r$ bleibt. Die Beziehung $\left|\frac{\alpha f(z)}{z-x}\right| = 1$ hat zur Folge, dass gleichzeitig

$$F(z) = z - x - \alpha f(z) = 0,$$
$$F'(z) = 1 - \alpha f'(z) = 0,$$

dass also, für einen gewissen Wert von α auf dem Rande des Konvergenzkreises C der Reihe, z mehrfache Wurzel der Gleichung $F(z) = 0$ wird. „Der Ursprung des berühmten Satzes von *Cauchy* über den Konvergenzkreis kann hiernach auf jene wenig bekannte Abhandlung[90]) zurückgeführt werden“[92]). Die Gleichung $F(z) = 0$ kann aber für verschiedene Werte von α eine mehrfache Wurzel haben. Um welchen Wert von α handelt es sich denn hier? Denkt man sich die *Riemann*'sche Fläche für die Funktion $\zeta(\alpha)$ über die α-Ebene ausgebreitet,

---

90) *Brill* und *Noether* sprechen die Ansicht aus, dass man aus der Reihenfolge seiner Entdeckungen schliessen müsse, dass die Reihe von *Lagrange*, ihre Anwendung auf die *Kepler*'sche Gleichung u. s. w. geradezu der Ausgangspunkt für diese bedeutenden Untersuchungen überhaupt gewesen sei; Bericht, p. 178. Vgl. *Cauchy*[89]), p. 97 u. 130.

91) *E. Rouché*, J. éc. pol., cah. 39 (1861), p. 193; *C. Hermite*, Cours d'anal., 19. leçon = *Picard*, T. d'anal. 2, p. 262. *Hermite* leitet zunächst die Formel ab: $\frac{\Pi(\zeta)}{F'(\zeta)} = \sum_{n=0}^{\infty} \frac{\alpha^n}{n!} \frac{d^n}{dx^n}\left[\Pi(x) f(x)^n\right]$, woraus sich dann die gewöhnliche Formel durch die Substitution $\Pi(z) = F'(z)\,\Phi(z)$ ergiebt. Vgl. auch die *Darboux*'sche Formel (unten).

92) *Brill* und *Noether*, Bericht, p. 179.

so sieht man, dass der Kreis C in einem bestimmten Blatt derselben liegt. Da $f(z)$ in T eindeutig ist, so entspricht der mehrfachen Wurzel eine Verzweigung der Funktion $\zeta(\alpha)$ (Nr. **14**). Nun kann es sehr wohl vorkommen, dass *andere* Blätter der Fläche in Verzweigungspunkten zusammenhängen, die, auf dieses Blatt projiziert, zu innern Punkten von C führen; die entsprechenden Werte von α spielen hier keine Rolle. Andererseits kann man nicht behaupten, dass unter den einem bestimmten Werte von α entsprechenden Wurzeln der Gleichung $F(z) = 0$ die durch die *Lagrange*'sche Reihe dargestellte stets den kleinsten absoluten Betrag hat. Man sieht somit die Schwierigkeit, der *Cauchy* begegnete und die sich erst dann hebt, wenn der Begriff der Zweige einer mehrdeutigen Funktion zu voller Klarheit gelangt ist. Auf anderem Wege hat *Nekrassoff*[93]) diese Frage erledigt, indem er über der z-Ebene die Fläche $Z = \left|\frac{f(z)}{z-x}\right|$ konstruiert, wobei Z die dritte Raumkoordinate bedeutet, und auf dieser Fläche gewisse Kurven untersucht. Ist $f(x) \neq 0$, so wird die Projektion der Kurve $Z = Z_0 =$ const. auf die z-Ebene für grosse Werte von Z_0 einen geschlossenen, den Punkt $z = x$ im Innern enthaltenden Zweig haben. Lässt man Z_0 stetig abnehmen, so kommt man bei geeigneten Voraussetzungen bezügl. $f(z)$ auf einen Grenzwert[94]) $Z_0 = k$, wofür dieser Zweig mit einem anderen im Punkte $z = c$ zusammenstösst. Dem Punkte c entspricht eine Verzweigung des durch die *Lagrange*'sche Reihe dargestellten Zweiges der Funktion $\zeta(\alpha)$ und der wahre Konvergenzkreis hat daher den Radius k^{-1}.

Laplace[95]) hat die *Lagrange*'sche Reihe für den Fall mehrerer Gleichungen auf formalem Wege verallgemeinert. Dem *Laplace*'schen Resultat hat *Darboux*[96]) für den Fall zweier Gleichungen:

$$F(w, z) = z - x - \alpha f(w, z) = 0$$

$$G(w, z) = w - y - \beta \varphi(w, z) = 0$$

die Form gegeben:

---

93) *Nekrassoff*[84]); vgl. auch Math. Ann. 31 (1888), p. 337.

94) Dies wird insbesondere stets eintreffen, wenn $f(z)$ eindeutig ist und keine anderen Singularitäten im Endlichen besitzt als Pole, wonach denn die für die Praxis wichtigsten Fälle der Methode zugänglich sind. — Diese Form des *Nekrassoff*'schen Beweises rührt von *N. Gernett* her; Vortrag, gehalten im Math. Sem. zu Göttingen, den 5. Juli 1899.

95) Par. Hist. 1777 [1780], p. 116 = Oeuvres 9, p. 330.

96) Par. C. R. 68 (1869), p. 324. Vgl. auch *Poincaré*, Acta math. 9 (1887), p. 357, sowie Nr. **41** dieses Artikels. Im Anschluss an *Darboux* behandelt *Stieltjes* den allgemeinen Fall; Ann. éc. norm. (3) 2 (1885), p. 93.

$$\frac{\Pi(\xi,\eta)}{\frac{\partial(F,G)}{\partial(\xi,\eta)}} = \sum_{m=0}^{\infty}\sum_{n=0}^{\infty} \frac{\alpha^m \beta^n}{m!\, n!} \frac{\partial^{m+n}(\Pi f^m \varphi^n)}{\partial x^m \partial y^n}.$$

16. Funktionalgleichungen[97]). Es mögen $w_i = f_i(z), i = 1, \ldots n$, Funktionen von z sein, die in der Umgebung des Punktes z_0 analytisch sind. Zwischen diesen n Funktionen möge für alle Punkte der Umgebung von z_0 die Beziehung bestehen:

$$G(w_1, \ldots, w_n) = 0,$$

wo G eine ganze rationale oder transcendente Funktion der n Argumente $w_1, \ldots, w_n$ bedeutet (Nr. **40**). Dann fährt diese Beziehung fort zu bestehen, wenn die n Funktionen $f_i(z)$ gleichzeitig längs eines beliebigen Weges analytisch fortgesetzt werden. Kann jede der Funktionen $f_i(z)$ in einen beliebigen Punkt ihres Definitionsbereichs längs eines Weges fortgesetzt werden, der ganz im Definitionsbereich jeder anderen dieser Funktionen liegt, so gilt die Beziehung für den Gesamtverlauf jeder Funktion, wofern nur jedesmal passende Zweige der Funktionen zusammengefasst werden[98]).

Würde man etwa bloss voraussetzen, dass G eine analytische Funktion der n Argumente sei, oder dass die Funktionen $f_i(z)$ sich in einem Punkte z_0 analytisch verhalten, so würde man nur schliessen können, dass bei gleichzeitiger analytischer Fortsetzung der n Funktionen $f_i(z)$ längs eines bestimmten Weges die Beziehung $G(w_1, \ldots, w_n) = 0$ so lange gilt, als der Punkt $(f_1(z), \ldots, f_n(z))$ innerhalb des Definitionsbereiches der Funktion G bleibt. Zur Erläuterung mögen folgende Beispiele dienen: Es sei $\varphi(z)$ innerhalb des Einheitskreises analytisch und von Null verschieden und lasse keine analytische Fortsetzung über diesen Kreis hinaus zu[99]). Die Differentialgleichung

97) Diesem Prinzip eine genaue Fassung zu geben, war erst möglich, nachdem der Begriff der analytischen Funktion definitiv festgelegt war und ist ebenfalls das Verdienst von *Weierstrass*; Vorlesungen an der Berliner Universität. Das Prinzip findet man bereits in einer Abhandlung aus dem Jahre 1854, J. f. Math. 51 (1856), p. 1 = Werke 1, p. 153.

98) Es kann auch vorkommen, dass einige der Funktionen eine isolierte singuläre Stelle in einem Punkte z_1 haben, in welchem andere dieser Funktionen sich analytisch verhalten, dass aber, von solchen Stellen abgesehen, die Bedingung des Satzes erfüllt ist. Dann gilt der Satz noch, wenn bloss von diesen Stellen abgesehen wird.

99) Eine solche Funktion erhält man beispielsweise, wenn man zu der von mir aufgestellten Funktion $f(z)$ eine passende Konstante addiert; N. Y. Bull. (2) 4 (1898), p. 417. Der dort gegebene Beweis ist von *A. Hurwitz* vereinfacht; ibid. (2) 5 (1898), p. 17.

$$\frac{du}{dz} = \frac{u}{\varphi(z)}$$

hat dann die allgemeine Lösung

$$u = c e^{\int\limits_0^z \frac{dz}{\varphi(z)}}$$

und wird insbesondere durch die Funktion $u = 0$ befriedigt. Da nun aber die Differentialgleichung nur innerhalb des Einheitskreises überhaupt einen Sinn hat, so kann die Funktion $u = 0$ auch nur in diesem Bereich als Lösung angesehen werden. Die Beispiele sind dann:

(a) $$G(w_1, w_2, w_3) = w_3 - \frac{w_2}{\varphi(w_1)},$$

wo $f_1(z) = z, \quad f_2(z) = u = 0, \quad f_3(z) = \frac{du}{dz}, \quad z_0 = 0;$

(b) $$G(w_1, w_2, w_3) = w_3 - \frac{w_2}{w_1},$$

wo $f_1(z) = \varphi(z), \; f_2(z) = u = 0, \; f_3(z) = \frac{du}{dz}, \quad z_0 = 0.$

Die einfachere Differentialgleichung $\frac{du}{dz} = \frac{u}{z}$ leistet im wesentlichen dasselbe.

Funktionalgleichungen (die auch insbesondere die Differentialgleichungen umfassen) werden sowohl von vornherein zur Definition analytischer Funktionen als auch zur Ermittelung der analytischen Fortsetzung einer in einem gewissen Bereich erklärten Funktion verwendet. Es sei beispielsweise an die verschiedenen Definitionen der Exponentialfunktion erinnert:

(α) $f(z_1 + z_2) = f(z_1) \cdot f(z_2), \qquad \lim\limits_{z=0} \frac{f(z) - 1}{z} = 1;$

(β)[100]) $f'(z) = f(z), \qquad f(0) = 1.$

Wie hier, so hat man auch im allgemeinen zur vollständigen Definition der Funktion ausser der Funktionalgleichung selbst noch gewisse Nebenbedingungen nötig. — Die Gammafunktion kann man zunächst für Werte von z, deren reeller Teil positiv ist, durch das bestimmte Integral:

---

100) Zu dieser Definition sind die allgemeinen Existenzsätze bezügl. der Lösung einer Differentialgleichung nicht nötig; vgl. etwa *Demartres*, Cours d'an. 2, p. 12, wo eine elementare Behandlung der Funktion nach dieser Definition gegeben ist. — *Moore* hat eine Definition der Funktion $\sin z$ auf Grund der Funktionalgleichungen $f(2z) f\left(\frac{1}{2}\right) = 2 f(z) f\left(z + \frac{1}{2}\right)$, $f(-z) = -f(z)$ und gewisser Nebenbedingungen gegeben; Ann. of Math. 9 (1895), p. 43.

$$\Gamma(z) = \int_0^\infty t^{z-1} e^{-t} dt,$$

wo t nur reelle positive Werte durchläuft, definieren, um dann für solche Werte des Arguments die Funktionalgleichung $\Gamma(z+1) = z\Gamma(z)$ zu konstatieren. Damit werden alle analytischen Fortsetzungen bestimmt. — Die doppeltperiodischen Funktionen werden nebst den elementaren Funktionen dadurch charakterisiert, dass sie allein ein algebraisches Additionstheorem zulassen:

$$G(f(z_1 + z_2), f(z_1), f(z_2)) = 0,$$

wo $G(w_1, w_2, w_3)$ eine ganze rationale Funktion von w_1, w_2, w_3 bedeutet (II B 6 a). Endlich sei noch der Rolle gedacht, welche die Monodromiegruppe in der Theorie der linearen Differentialgleichungen spielt (II B 4).

Die Ideen der *Galois*'schen Theorie werden auf die Funktionentheorie übertragen, indem man an Stelle der algebraischen Gleichung eine Funktionalgleichung treten lässt [100a]).

Näheres über diesen Gegenstand findet man in II B 8.

17. Bestimmte und Schleifenintegrale. Durch das bestimmte Integral

$$\int_p^q f(t, z)\, dt$$

wird bei geeigneten Voraussetzungen bezüglich der Funktion $f(t, z)$

100a) Man vgl. II B 4, sowie *Hölder,* Math. Ann. 28 (1887), p. 1, wo gezeigt ist, dass keine analytische Funktion, welche der Funktionalgleichung $\Gamma(z+1) = z\Gamma(z)$ genügt, eine Lösung einer algebraischen Differentialgleichung mit Koeffizienten, die rationale Funktionen von z sind, sein kann. *Moore* knüpft an die *Hölder*'sche Untersuchung an, giebt eine systematische Darlegung des Begriffs des Rationalitätsbereiches, findet allgemeine Bedingungen für „transcendentally transcendental" Funktionen und stellt neue Beispiele solcher Funktionen auf; Math. Ann. 48 (1896), p. 49.

Eisenstein hat den folgenden Satz ausgesprochen: Ist eine Lösung einer algebraischen Gleichung durch eine Reihe $y = c_0 + c_1 x + c_2 x^2 + \cdots$ darstellbar, wo $c_0, c_1, c_2, \ldots$ rationale Zahlen in reduzierter Form sind, so kommt in den Nennern dieser Koeffizienten nur eine endliche Anzahl verschiedener Primzahlen vor und es ist stets möglich, x durch ein solches ganzzahliges Vielfache hx zu ersetzen, dass alle Koeffizienten in ganze Zahlen übergehen; *Eisenstein,* Berl. Ber. 1852, p. 441; *Heine,* J. f. Math. 48 (1854), p. 268; *Hermite,* Lond. Math. Proc. 7 (1876), p. 173. Im Anschluss daran zeigt *A. Hurwitz,* dass gewisse Potenzreihen mit rationalen Koeffizienten Funktionen definieren, die keiner algebraischen Differentialgleichung genügen, Ann. éc. norm. (3) 6 (1889), p. 327. Vgl. auch *Pincherle,* J. f. Math. 103 (1888), p. 84.

eine analytische Funktion von z definiert (Nr. 6). Der Konvergenzbereich dieses Integrals kann jedoch beschränkter sein als der Definitionsbereich der Funktion, indem für die Punkte des letzten Bereiches nicht stets bis in den Punkt p resp. q integriert werden kann. Diesem Übelstand wird in einer wichtigen Klasse von Fällen dadurch abgeholfen, dass das obige Integral durch ein *Schleifenintegral* ersetzt wird. Es möge $f(t, z)$, als Funktion von t betrachtet, in den Punkten p, q Verzweigungspunkte haben und nach Umkreisung eines dieser Punkte sich nur um einen in Bezug auf t konstanten Faktor $e^{2\pi i\sigma}$ resp. $e^{2\pi i\tau}$ ändern. Lässt man den Punkt t einen *Doppelumlauf* beschreiben, d. h. einen Weg, der die Punkte p, q abwechselnd umkreist, und zwar einen jeden zuerst im positiven und dann im negativen Sinne, so kehrt die Funktion zum ursprünglichen Wert zurück; auf der *Riemann*'schen Fläche der Funktion $f(t, z)$ ist der Weg ein geschlossener.

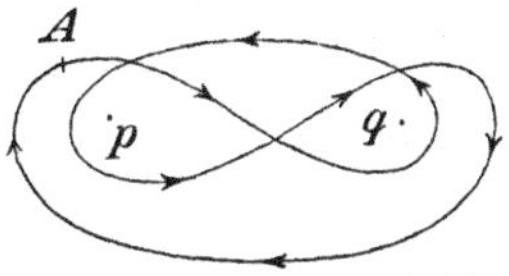

Fig. 2.

Das längs dieses Weges erstreckte Integral $\int\limits^{(q, p, q^-, p^-)} f(t, z)\, dt$ hat stets einen Sinn. Konvergiert auch das frühere Integral, so ist

$$\int\limits^{(q, p, q^-, p^-)} f(t, z)\, dt = (1 - e^{2\pi i\sigma})(1 - e^{2\pi i\tau}) \int\limits_p^q f(t, z)\, dt.$$

Es wird also in der That, falls das Doppelumlaufintegral gleichmässig konvergiert, mittelst desselben eine analytische Fortsetzung der durch das frühere Integral definierten Funktion dargestellt[101]). Durch ein solches Integral wird insbesondere die hypergeometrische Funktion für alle Werte ihres Arguments dargestellt[102]). Im Falle, dass $\sigma = \tau$

101) Schleifenintegrale sind zuerst von *Riemann* gebraucht worden, der die Periodicitätsmoduln *Abel*'scher Integrale durch bestimmte Integrale definierte, welche längs eines auf der betr. *Riemann*'schen Fläche geschlossenen Weges, also längs eines *Schleifenweges* geführt werden. Aber auch Schleifenintegrale in dem hier betrachteten Sinne waren ihm geläufig; vgl. Gött. Abh. 7 (1857), p. 21 = Werke, 1. Aufl., p. 77, 2. Aufl., p. 82; Berl. Ber. 1859, p. 671 = Werke, 1. Aufl., p. 137, 2. Aufl., p. 146; Nachlass, Werke, 1. Aufl., p. 404, 2. Aufl., p. 428; ferner bei Riemann's Schülern *H. Hankel,* Zeitschr. Math. Phys. 9 (1864), p. 1 und *J. Thomae,* ibid. 14 (1869), p. 48. In neuerer Zeit sind solche Integrale auf die Darstellung der Lösung einer linearen Differentialgleichung, sowie auf die Behandlung der *Euler*'schen B- und Γ-Funktionen, von *C. Jordan,* Cours d'anal. 3, p. 241; *L. Pochhammer,* Math. Ann. 35 (1890), p. 470 und *P. A. Nekrassoff,* Math. Ann. 38 (1891), p. 509 angewandt worden. Den Doppelumlauf haben *Jordan* und *Pochhammer* unabhängig von einander erfunden (vgl. II A 3, Nr. 15).

102) Vgl. *Schellenberg,* Gött. Diss. 1892. Hier wird auch prinzipieller Gebrauch von homogenen Variabeln (Nr. 49) gemacht.

ist, genügt schon eine einmalige Umkreisung eines jeden der Punkte p, q und es ist dann[103])

$$\int^{(q,p^-)} f(t,z)\,dt = (1 - e^{2\pi i \sigma}) \int_p^q f(t,z)\,dt,$$

wofern das letzte Integral konvergiert.

Es sei noch auf einen anderen von *Weierstrass* gegebenen analytischen Ausdruck verwiesen, durch welchen eine analytische Fortsetzung der durch das bestimmte Integral $\int_p^q f(t,z)\,dt$ definierten Funktion ebenfalls dargestellt werden kann[104]).

18. Die Umkehrfunktion und die konforme Abbildung im Grossen. Eine in einem Bereich T analytische Funktion $w = f(z)$ definiert eine ein-eindeutige Abbildung eines Bereiches T_1' auf einen Bereich $\mathfrak{T}_1'$ einer über die w-Ebene ausgebreiteten *Riemann*'schen Fläche. Verschwindet $f'(z)$ in T_1' nirgends, so wird die Abbildung der Umgebung eines beliebigen Punktes z_0 von T_1' auf die Umgebung des entsprechenden Punktes w_0 konform sein. Dieser Umstand reicht jedoch noch nicht zum Schlusse aus, dass $\mathfrak{T}_1'$ nicht über sich selbst greift, m. a. W. dass die Umkehrfunktion $z(w)$ für die in Betracht kommenden Werte von w eindeutig ist[105]). Eine dazu hinreichende Bedingung gibt der Satz[106]): Ist $w = f(z)$ eine in einem Bereich B_1 (Nr. **1**) stetige und innerhalb B_1 analytische Funktion von z, die auf der Begrenzung C von B_1 ein und denselben Wert in zwei verschiedenen Punkten niemals annimmt, so geht C in eine geschlossene sich selbst nicht schneidende *Jordan*'sche Kurve[107]) Γ der w-Ebene

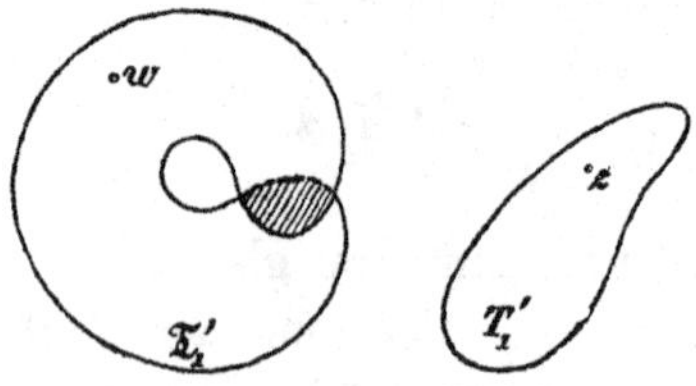

Fig. 3.

103) Mittelst eines solchen Integrals lässt sich beispielsweise die Γ-Funktion darstellen [101]), [102]).

104) *Weierstrass,* Progr. Braunsberg 1848/49, § 3 = Werke 1, p. 122.

105) *Klein,* Math. Ann. 21 (1883), p. 214; Differentialgleichungen (lith.) 1891, p. 78. Ein lückenhafter Beweis der eindeutigen Umkehrung der elliptischen Integrale erster Gattung beruht auf einer Verkennung der hier hervorgehobenen Sachlage; *Briot* et *Bouquet,* 1. Aufl., § 62; 2. Aufl., § 219; strenger Beweis bei *Picard,* Darb. Bull. (2) 14 (1890), p. 107 = Traité 2, p. 334.

106) *Darboux,* Leçons sur la théorie générale des surfaces etc. 1, Paris 1887, p. 173; *Picard,* Traité 2, p. 280.

107) Unter einer geschlossenen *Jordan*'schen Kurve ohne mehrfachen Punkt

über; der von Γ abgegrenzte schlichte Bereich der w-Ebene wird ein-eindeutig und stetig auf B_1, das Innere dieses Bereiches ausserdem noch konform auf das Innere von B_1 bezogen[108]). Die Umkehrfunktion $z(w)$ ist für die in Betracht kommenden Werte von w eindeutig. Der Satz kann so erweitert werden, dass der Bereich B_1 und dessen Abbildung beliebig auf den entsprechenden Kugeln (Nr. 8) liegen.

Eine vielfach angewandte Methode zur Untersuchung der durch eine explicite Formel definierten konformen Abbildung besteht darin, dass man von gewissen Kurven der einen Ebene (häufig der reellen Achse), deren Abbildung sich in der anderen Ebene leicht verfolgen lässt, ausgeht und diese Kurven so zusammenfasst, dass sie Bereiche $B_1^{(1)}$, $B_1^{(2)}$ abgrenzen, deren Abbildung man dann mittels des vorhergehenden Satzes bestimmen kann[109]). Eine grosse Anzahl durch die elementaren Funktionen und das elliptische Integral erster Gattung definierter konformer Abbildungen sind von *Holzmüller*[110]) untersucht worden.

Wegen der konformen Abbildung einfach resp. mehrfach zusammenhängender Bereiche auf einander vgl. Nr. **19** u. **21** resp. Nr. **23**.

II. Die geometrische Funktionentheorie.

19. Riemann's neue Grundlage für die Funktionentheorie. Von Alters her war bekannt[25]), dass der reelle (resp. der rein imaginäre)

---

verstehe ich die allgemeinste geschlossene Kurve ohne mehrfachen Punkt, deren Punkte sich ein-eindeutig und stetig auf die Peripherie eines Kreises abbilden lassen; vgl. *C. Jordan,* Cours d'anal. 1, 2. Aufl. 1893, p. 90, VIII; *A. Hurwitz,* Kongr. Zürich 1898, p. 101. Eine solche Kurve zerlegt die Ebene in äussere und innere Punkte [2a]). Dieser *Jordan*'sche Satz ist für den Satz des Textes wesentlich. — Ob Γ die allgemeinste *Jordan*'sche Kurve sein kann, ist noch nicht entschieden; vgl. Nr. **19**.

108) Auch in einem Randpunkte bleiben die Winkel erhalten, selbst wenn die Begrenzung nicht analytisch ist, falls Γ in der Umgebung des betr. Randpunktes eine reguläre Kurve [1]) ist; vgl. *Painlevé,* Par. C. R. 112 (1891), p. 653.

109) *Klein,* Leipziger Vorlesung 1881/82, wo die Umkehrung einer rationalen Funktion an Beispielen erläutert ist; im Anschluss daran *Bouton,* Ann. of Math. 12 (1898), p. 1. Die Umkehrung des elliptischen Integrals 1. Gattung haben *Appell* und *Goursat* nach dieser Methode behandelt: Fonctions algébriques, Paris 1895, p. 442. Vgl. ferner *Klein-Fricke,* Modulfunktionen 1, p. 69. In der Theorie der *Schwarz*'schen s-Funktion kommt das Prinzip auch zur Geltung (II B 4). — Wegen der linearen Transformation $w = (\alpha z + \beta)/(\gamma z + \delta)$ vgl. die gebräuchlichen Lehrbücher.

110) Vgl. das Litteraturverzeichnis.

Teil einer analytischen Funktion von z der *Laplace*'schen Differentialgleichung $\Delta u = 0$ (II A 7 b) genügt. Für die Theorie dieser Gleichung im Raume von drei Dimensionen, wie sie den Anforderungen der mathematischen Physik entsprechend entwickelt worden war[111]), war der Gesichtspunkt massgebend gewesen, die Lösung nicht durch arithmetische Formeln, sondern durch Grenz- und Unstetigkeitsbedingungen zu bestimmen, also Funktionaleigenschaften an Stelle des Rechnens treten zu lassen. Diesen Gesichtspunkt übertrug *Riemann* auf die Theorie der Funktionen einer komplexen Veränderlichen, indem er den Gedanken an die Spitze stellte, eine Funktion so durch ihre Eigenschaften zu definieren, dass möglichst wenig Überflüssiges in die Definition mit aufgenommen wird. Als vermittelndes Element, wenigstens für eine ausgedehnte Klasse von Funktionen[112]), diente die *Laplace*'sche Differentialgleichung selbst, indem *Riemann* den Gedanken von neuem aufgriff, dass auch umgekehrt jede Lösung dieser Gleichung den reellen Teil einer analytischen Funktion $u + vi$ liefert, welche dann, und zwar durch eine Quadratur[113]):

$$v = \int_{(x_0, y_0)}^{(x, y)} \left(-\frac{\partial u}{\partial y} dx + \frac{\partial u}{\partial x} dy\right) + C$$

bis auf eine additive Konstante völlig bestimmt ist. Wenn sich auch die Anfänge der *Cauchy*'schen Theorie in seinen frühesten Arbeiten finden, so war *Cauchy* doch erst in den späten Jahren seiner wissenschaftlichen Thätigkeit zu der Idee einer *allgemeinen Funktionentheorie* durchgedrungen. Diese Idee nahm *Riemann* von vornherein auf; er ging aus von der Definition[15]): „$w = u + vi$ soll eine analytische Funktion von $z = x + yi$ heissen, wenn w eine Ableitung nach z besitzt“, und stellte die sogenannten *Cauchy-Riemann*'schen Differentialgleichungen (vgl. Nr. 2)

---

111) Es sei an die Untersuchungen von *Gauss, Green, Dirichlet* und *Thomson* erinnert; man vgl. auch [255]).

112) Namentlich für die algebraischen Funktionen und deren Integrale; vielleicht auch schon für gewisse Fälle der automorphen Funktionen; vgl. den Bericht von *Brill* und *Noether,* p. 258 unten; sowie *Noether,* Zeitschr. Math. Phys. 27 (1882), hist.-litt. Abt., p. 201. — Doch sei auch andererseits an den prinzipiellen Gebrauch erinnert, den *Riemann* von *Funktionalgleichungen* machte; vgl. etwa die Arbeit über die *Gauss*'sche Reihe (1857).

113) *Riemann* [15]). Dass die zu einer Lösung u der *Laplace*'schen Gleichung konjugierte Lösung v auf diese Weise erhalten wird, hatte *Liouville* bereits gezeigt: J. de math. 8 (1843), p. 265. Vgl. aber auch [11]).

$$\frac{\partial u}{\partial x} = \frac{\partial v}{\partial y}, \qquad \frac{\partial u}{\partial y} = -\frac{\partial v}{\partial x}$$

nebst der *Laplace*'schen Gleichung an die Spitze seiner Theorie.

Jede Lösung dieser Gleichungen lässt sich auch ansehen als die Lösung eines Problems der Attraktion, der statischen Elektrizität, der stationären[114]) Strömung von Wärme, Elektrizität, oder von einer inkompressiblen Flüssigkeit mit Geschwindigkeitspotential, sowie auch der konformen Abbildung zweier Flächen auf einander; und umgekehrt entspricht der Lösung eines jeden solchen Problems der Physik oder Geometrie eine analytische Funktion $w = u + vi$ von $z = x + yi$. Die hiermit in die Funktionentheorie eingeführten heuristischen Mittel haben sich auch in hohem Masse bewährt[115]).

Als erste Anwendung seiner Methoden (wenn man von der in Nr. **11** erwähnten absieht) giebt *Riemann* den Beweis des Satzes, dass zwei einfach zusammenhängende Flächen ein-eindeutig und konform auf einander abgebildet werden können, indem jede sich so auf einen Kreis beziehen lässt[15]). Sein Beweis stützt sich auf eine später von *Weierstrass* als lückenhaft erkannte Schlussweise (das sogenannte *Dirichlet*'sche Prinzip) (II A 7 b, Nr. **24**), welche zuerst von *Schwarz* und *Neumann* durch strenge Methoden anderer Art ersetzt wurde, neuerdings aber von *Hilbert*[116]) unter Aufrechterhalten des ursprünglichen Gedankengangs zu einem einwandfreien Beweisverfahren vervollständigt ist. Das Problem, einen vorgelegten Bereich auf einen Kreis konform abzubilden, zerfällt nach den bisherigen Methoden in zwei Teile: a) die *Green*'sche Funktion des Bereiches (II A 7 b, Nr. **18**) wird gebildet; damit wird das *Innere* des Bereiches ein-eindeutig und konform auf das *Innere* des Kreises abgebildet; b) der Nachweis für den stetigen Anschluss an die Randwerte wird geführt; dabei handelt es sich darum zu zeigen, dass der aus den innern und Randpunkten bestehende Bereich ein-eindeutig und stetig auf den Kreis, incl. Rand abgebildet wird.

---

114) In dem Sinne, dass der Bewegungszustand sich mit der Zeit nicht ändert.

115) Wegen *Riemann*'s physikalischer Anschauungen von Anbeginn seiner wissenschaftlichen Thätigkeit vgl. man *F. Klein,* Riemann's Theorie der algebr. Funktionen und ihrer Integrale; *Noether*[112]); *Burkhardt,* Bernhard Riemann, Göttingen 1892; *Klein,* Ges. Deutsch. Naturforscher u. Ärzte 1894, p. 3.

116) Deutsche Math.-Ver. 8 (1900), p. 184. Der Fehler beim *Dirichlet*'schen Prinzip besteht bekanntlich in der Annahme der Existenz einer Funktion, die ein gewisses Doppelintegral zum Minimum macht. *Hilbert* weist die Existenz der betr. Funktion direkt nach.

Diese Fragestellung lässt sich aber erweitern. Bisher war nämlich a) die Existenz der *Green*'schen Funktion nur für einen Bereich B_1 (Nr. **1**) nachgewiesen und für solche Bereiche ist dann b) auch der stetige Anschluss an den Rand festgestellt[117]). Nun giebt es aber einfach zusammenhängende Bereiche T, deren Begrenzung keine *Jordan*'sche Kurve[107]) ist. Die Punkte einer solchen Begrenzung lassen sich also den Punkten des Kreisrandes sicher nicht ein-eindeutig und stetig zuordnen, sodass von der Erfüllung der Forderung b) keine Rede sein kann. Trotzdem existiert die *Green*'sche Funktion selbst für den allgemeinsten einfach zusammenhängenden Bereich T, womit denn die ein-eindeutige und konforme Abbildung eines solchen Bereiches auf das Kreisinnere gegeben ist[118]). Die Frage, ob die konforme Abbildung des allgemeinsten von einer *Jordan*'schen Kurve begrenzten Bereiches T auf das Kreisinnere den stetigen Anschluss an den Rand nach sich zieht, ist wahrscheinlich zu bejahen. — Sowohl das ursprüngliche als auch das erweiterte Abbildungsproblem hängt von drei reellen Parametern ab[119]).

Bei den Abbildungs- und Existenzfragen der geometrischen Funktionentheorie spielt der zweite *Harnack*'sche Satz (II A 7 b, Nr. **30**, Ende) eine wichtige Rolle[119a]). Es sei auch auf den ersten *Harnack*'schen

---

117) In diesem Umfang von *Poincaré* und *Paraf*; vgl. II A 7 b, Nr. **31**, ferner *Painlevé*[108]).

118) *Osgood*, Am. Trans. 1 (1900), p. 310; 2 (1901), p. 484. Unter einem Begrenzungs- oder Randpunkt eines Bereiches T versteht man einen Punkt, der dem Bereiche nicht angehört, in dessen Nähe aber Punkte von T liegen. Es giebt Bereiche T, welche Randpunkte besitzen, denen man sich längs einer in T gelegenen stetigen Kurve nicht nähern kann, wie ein einfaches Beispiel zeigt. Der Bereich T soll aus der positiven Hälfte der $z = x + iy$-Ebene (also $y > 0$) mit Ausnahme folgender Punkte bestehen. In jedem der Punkte $y = 0$, $x = 0$, $\pm 1/n$ ($n = 1, 2, \ldots$) errichte man ein Lot auf der reellen Achse. Die Punkte z dieser Lote, wofür $0 < y \leqq 1$ ist, sollen nicht zu T gehören. Der so definierte Bereich T ist sogar ein einfach zusammenhängender. Einem innern Punkte des Lotes $x = 0$, etwa dem Punkte $A: x = 0,\ y = \frac{1}{2}$, kann sich ein beweglicher Punkt P längs einer in T gelegenen stetigen Kurve nicht nähern. Denn, um von einem beliebigen Punkte O von T in eine *nach* der Annahme von O genügend klein gewählte Nachbarschaft von A zu gelangen, muss der bewegliche Punkt P um mehr als die Entfernung $\frac{1}{2}$ vom Punkte A abweichen. Die Randpunkte von T können übrigens eine Menge von positivem Inhalt bilden; vgl. [198]). *Harnack* hat sich mit dem Beweise des Satzes befasst, ohne jedoch den allgemeinen Fall zu erledigen; Log. Potential, Leipzig 1887; § 39.

119) Die allgemeinste ein-eindeutige und konforme Abbildung des *Kreisinnern* auf sich selbst ist nämlich auch durch eine lineare Transformation gegeben, wie man leicht zeigt.

119a) Vgl. auch *Poincaré*[175]), sowie *Harnack*'s Bemerkung, l. c. p. 121.

Satz (ebenda), sowie wegen des stetigen Anschlusses an den Rand auf die *Painlevé*'schen Lemmata verwiesen [119b]).

20. Das Prinzip der Symmetrie; analytische Fortsetzung. Das Prinzip lautet, wie folgt: Es sei $f(z)$ eine Funktion von z, welche oberhalb einer Strecke (a, b) der reellen Achse analytisch ist und deren rein imaginärer Teil in den Punkten dieser Strecke sich dem Randwert 0 stetig anschliesst. Der reelle Teil schliesst sich dann von selbst in den Punkten dieser Strecke einer stetigen Folge von Randwerten stetig an. Innerhalb eines passend gewählten, an die Strecke (a, b) stossenden Streifens der positiven Halbebene wird $f(z)$ also eindeutig und analytisch sein. Sei P ein beliebiger Punkt dieses Streifens, P' der in Bezug auf die reelle Achse zu P symmetrisch gelegene Punkt. Ordnet man dem Punkte P' den zu dem Werte $u + iv$ von $f(z)$ in P konjugiert imaginären Wert $u - iv$ zu und definiert man $f(z)$ in den Punkten der Strecke (a, b) durch die Grenzwerte, denen $f(z)$ sich dort nähert, so wird $f(z)$ zu einer Funktion ergänzt, die in einem die Strecke (a, b) umfassenden Streifen analytisch ist und es findet eine analytische Fortsetzung von $f(z)$ über die Strecke (a, b) hinaus statt [120]).

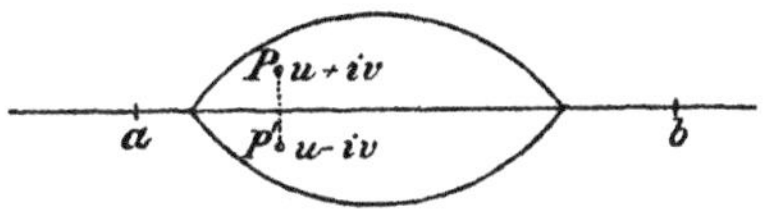

Fig. 4.

Dieses Prinzip der Symmetrie lässt sich in folgender Weise verallgemeinern [121]): Es möge die analytische Kurve C durch die Gleichungen $x = \varphi(t)$, $y = \psi(t)$ dargestellt werden, wo die reellen Funktionen φ, ψ für jeden reellen Wert von t im Intervall $\alpha \leqq t \leqq \beta$ analytisch [122]) sind und $\varphi'(t)^2 + \psi'(t)^2$ dort nicht verschwindet. Für

---

119b) Par. Thèse 1887 = Toul. Ann. 2 (1888), ch. 1, 2 und [108]).

120) Das Prinzip der Symmetrie spielt in der Theorie der Minimalflächen, sowie bei Untersuchungen über konforme Abbildungen eine Hauptrolle. Vgl. *Riemann*, Gött. Abh. 13 (1867), p. 1, § 13 = Werke, p. 296 der 1. Aufl.; *Schwarz*, Berl. Preisschrift 1867 = Werke 1, p. 12 (s. auch Anmerk. p. 109); sowie J. f. Math. 70 (1869), p. 106 = Werke 2, p. 66; man sehe auch [121]). — Der *Schwarz*'sche Beweis setzt die Stetigkeit der Werte von $f(z)$ in der Strecke (a, b) voraus. Diese Annahme, sowie die Notwendigkeit, den *Cauchy*'schen Integralsatz für den Fall eines Bereiches B (Nr. 3) zu beweisen, lässt sich vermeiden, indem man sich des logarithmischen Potentials bedient; vgl. *Picard*, Traité 2, ch. X.

121) *Schwarz*, Berl. Ber. 1870, p. 773 = Werke 2, p. 149—151; *Picard* [120]).

122) Eine reelle Funktion heisst in einem Punkte analytisch, wenn sie in der Umgebung dieses Punktes durch die *Taylor*'sche Reihe dargestellt werden kann. Sie heisst in einem Intervall analytisch, wenn sie in jedem Punkte des

die komplexe Umgebung eines Punktes t_0 des Intervalls (α, β) sollen $\varphi(t)$, $\psi(t)$ durch die zugehörigen *Taylor*'schen Reihen definiert werden. Setzt man $z = x + yi = \varphi(t) + i\psi(t)$ und erteilt man t komplexe Werte, so wird ein die Kurve C umfassender Streifen der z-Ebene auf einen die Strecke (α, β) der reellen Achse der t-Ebene umfassenden Streifen konform abgebildet. Zwei Punkte P, P' des ersten Streifens heissen in Bezug auf C *symmetrisch*, wenn die entsprechenden Punkte Q, Q' des zweiten Streifens in Bezug auf die Gerade (α, β)

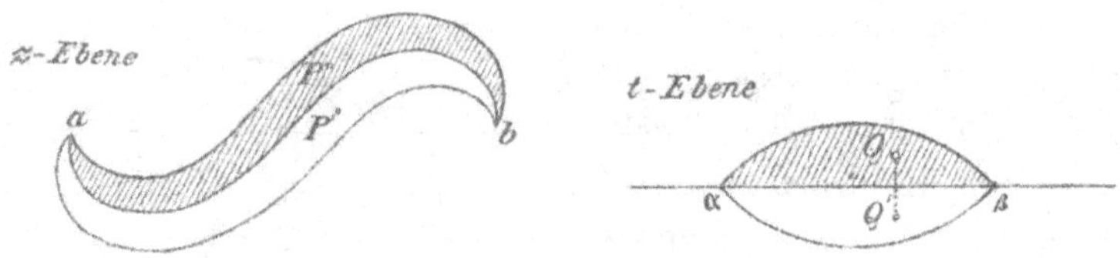

Fig. 5.

symmetrisch liegen. Die Kurve C darf sich auch schneiden; dann wird man sich den Streifen in einer *Riemann*'schen Fläche denken. Diese Zuordnung der Punkte P, P' bleibt bei konformer Abbildung des Streifens invariant. Ist C insbesondere ein Kreisbogen, so ist P' der *Spiegelpunkt* (III A 7) von P. — Satz[123]): Sei $f(z)$ eine auf der einen Seite von C analytische Funktion von z, die in den Punkten von C nur reelle Werte annimmt[123a]), und sei P ein auf dieser Seite von C beliebig gelegener Punkt des Streifens; ordnet man dem zu P symmetrischen Punkte P' den zu dem Werte $u + vi$ von $f(z)$ in P konjugiert imaginären Wert $u - vi$ zu, so wird $f(z)$ zu einer Funktion ergänzt, die im ganzen Streifen analytisch ist, und es findet eine analytische Fortsetzung von $f(z)$ über C hinaus statt.

Es ergiebt sich der allgemeine Satz[124]): Ist $f(z)$ eine an der einen Seite der analytischen Kurve C analytische Funktion, so besteht

Intervalls analytisch ist. — Eine Kurve heisst analytisch, wenn sie die Parameterdarstellung des Textes zulässt.

123) Ein spezieller Fall dieses Satzes, wo die Kurve C ein Kreisbogen ist, hat sich in *Riemann*'s Nachlass gefunden; Werke, 1. Aufl., Fragment XXV, p. 415, 2. Aufl., Fragment XXVI, p. 440.

123a) Vorauszusetzen braucht man ja nur, dass der rein imaginäre Teil von $f(z)$ dem Werte 0 zustrebt, wenn der Punkt z sich einem beliebigen Punkte von C nähert. Der reelle Teil von $f(z)$ wird sich dann von selbst einer stetigen Folge von Randwerten stetig anschliessen, welche man dann als den Wert der Funktion in den Punkten von C definieren wird.

124) *Schwarz*[121]); *Picard*[120]); *Painlevé*, Par. Thèse 1887 = Toul. Ann. 2 (1888), p. B 1.

die notwendige und hinreichende Bedingung dafür, dass $f(z)$ über C hinaus analytisch fortgesetzt werden kann, darin, dass der reelle (resp. der rein imaginäre) Teil von $f(z)$ längs C Werte annimmt, die von t analytisch abhängen. Auf Grund dieses Satzes lässt sich die Möglichkeit einer natürlichen Grenze[125]) (Nr. **13**) nachweisen.

21. Die konforme Abbildung analytisch begrenzter Bereiche auf den Kreis; geradlinige und Kreisbogenpolygone. Für die Zwecke der Funktionentheorie reicht vorläufig die Lösung des Abbildungsproblems von Nr. **19** in wesentlich beschränktem Umfang aus. Es genügt nämlich, nur solche Bereiche B_1 in Betracht zu ziehen, welche von einer endlichen Anzahl analytischer Kurven begrenzt sind, die entweder unter nicht verschwindenden Winkeln zusammenstossen oder doch in einer Spitze nicht gleich gekrümmt sind. Der Existenzbeweis für die *Green*'sche Funktion des Bereiches B_1 lässt sich hier nach den kombinatorischen Methoden von *Murphy*, *Schwarz* und *Neumann* (II A 7b, Nr. **28**) führen, indem die Randwertaufgabe zunächst für schmale an die Begrenzungskurven stossende Streifen gelöst wird, und zwar mittelst konformer Abbildungen und des *Poisson*'schen Inte-

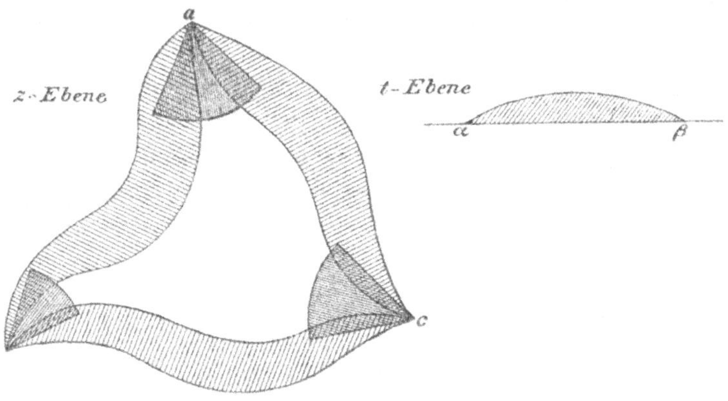

Fig. 6.

grals. Als Streifen ab wird nämlich, falls keine Spitze vorhanden ist, ein Bereich genommen, dessen Abbild in der t-Ebene ein Kreisabschnitt ist. Dieser Bereich lässt sich konform auf den Kreis ab-

125) *Schwarz*[121]). Vgl. auch [65]). Es giebt Funktionen, die den Einheitskreis zur natürlichen Grenze haben, nebst allen Ableitungen innerhalb und auf diesem Kreise stetig sind und eine eindeutige Umkehrung zulassen; vgl. das *Fredholm*'sche Beispiel, Acta math. 15 (1891), p. 279 und Verhandl. Kongr. Zürich 1898, p. 109 u. [99]).

bilden[126]), und für den Kreis löst man die Randwertaufgabe mittelst des *Poisson*'schen Integrals. In die Ecken werden dann Kreissektoren gelegt, deren konforme Abbildung auf den Kreis ebenfalls bekannt ist. Die so übereinander greifenden Bereiche werden dann durch das

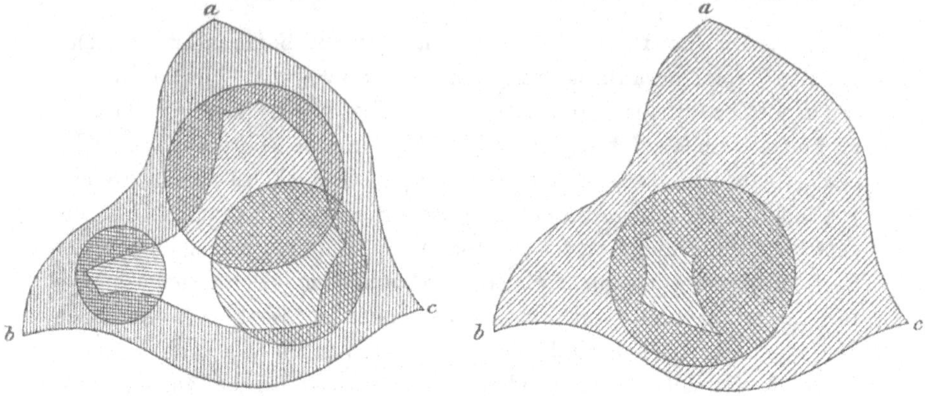

Fig. 7.

alternierende Verfahren zu einem Ring zusammengeschmolzen und das Innere dieses Ringes wird durch eine endliche Anzahl von Kreisen „dachziegelartig überdeckt"[127]). Im Falle einer Spitze a verwendet man zwei übereinander greifende Streifen, wovon der eine als Abbild in der t-Ebene ein Kreisbogendreieck hat, dessen eine Seite mit einem Stück $\alpha\gamma$ des Intervalls (α, β) zusammenfällt, während

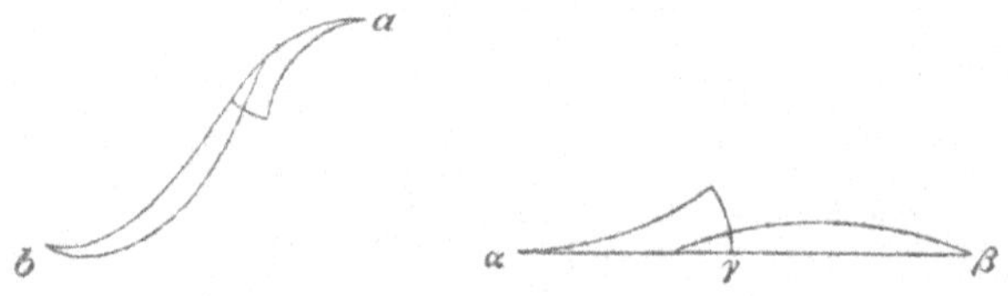

Fig. 8.

eine zweite Seite die erste im Punkte α berührt. Die dritte Seite steht senkrecht auf den beiden ersten. An Stelle des Kreissektors wird ein Kreisbogendreieck mit den Winkeln $\left(0, \frac{\pi}{2}, \frac{\pi}{2}\right)$ in die Ecke a gelegt. — Der stetige Anschluss an den Rand ergiebt sich in der Nähe eines gewöhnlichen Randpunktes mittelst des Symmetrie-

126) *Schwarz* [121]), Werke 2, p. 148—149.

127) *Schwarz*, Berl. Ber. 1870, p. 784 = Werke 2, p. 161; *Picard*, Traité 2, p. 288—291.

prinzips; in der Nähe einer Ecke ist eine besondere Überlegung nötig[128]). Das Verfahren lässt sich auch auf einen endlich-vielblättrigen einfach zusammenhängenden Bereich $\mathfrak{B}_1$ anwenden.

Dieser allgemeinen *Schwarz*'schen Methode, welche die Aufgabe mit verhältnismässig geringen Hülfsmitteln völlig erledigt, gingen Untersuchungen von *Schwarz* und *Christoffel* (II A 7b, Nr. **26**) über gradlinige und Kreisbogenpolygone[129]) voraus. Im ersten Fall entspricht die die Abbildung vermittelnde Funktion $w = f(z)$ der Differentialinvariante w''/w' und hat somit die Form

$$w = C\int_{z_0}^{z} (z-a)^{\alpha-1}(z-b)^{\beta-1}\dots(z-l)^{\lambda-1}\,dz + C'.$$

Im zweiten Falle genügt w der Differentialgleichung

$$\{w, z\} = F(z),$$

wo $\{w, z\}$ die Differentialinvariante[130])

$$\frac{w'''}{w'} - \frac{3}{2}\left(\frac{w''}{w'}\right)^2$$

und $F(z)$ eine rationale Funktion von z bedeutet. Dieser Differentialgleichung dritter Ordnung (A) entspricht eine lineare homogene Differentialgleichung zweiter Ordnung mit rationalen Koeffizienten (B), die zu (A) in folgender Beziehung steht: Irgend zwei linear unabhängige Lösungen y_1, y_2 von (B) liefern eine Lösung $w = y_1/y_2$ von (A); und umgekehrt liefert jede Lösung w von (A) (die nur keine Konstante ist) zwei linear unabhängige Lösungen von (B). Man vgl II B 4.

22. Die Riemann'sche Fläche als definierendes Element; algebraischer Fall. Dem in der Dissertation aufgestellten Programm zufolge entwickelte *Riemann* die Theorie der algebraischen Funktionen und ihrer Integrale auf neuer Grundlage, indem er dieselben direkt von einer beliebig gegebenen n-blättrigen über die ganze Ebene bez. Kugel ausgebreiteten Fläche $\mathfrak{T}$ aus definierte[131]) (II B 2). Auf einer

---

128) *Picard*, Traité 2, p. 277.

129) *Christoffel*, Ann. di mat. (2) 1 (1867), p. 97; *Schwarz*, J. f. Math. 70 (1869), p. 117 = Werke 2, p. 80. Wegen der Möglichkeit der Konstantenbestimmung für ein beliebiges Polygon vgl. II A 7b, Nr. **26**.

130) „Schwarzian Derivative" nach *Cayley*. Geschichtliches über diese Differentialinvariante findet sich bei *Schwarz*, Werke 2, p. 351 ff. Vgl. I B 2, Nr. **20**.

131) J. f. Math. 54 (1857), p. 101 = Werke 1. Aufl., p. 81; 2. Aufl., p. 88.

solchen Fläche mögen n Punkte $a_1, \ldots, a_n$ willkürlich angenommen und die n Funktionen

$$\varphi_\nu(z) = A_\nu \log(z - a_\nu) + \sum_{i=1}^{m_\nu} B_\nu^{(i)} (z - a_\nu)^{-i}, \qquad \nu = 1, 2, \ldots, n,$$

wobei nur $\sum_{\nu=1}^{n} A_\nu = 0$ ist, beliebig gegeben sein. Man zerlege $\mathfrak{T}$ durch ein Querschnittsystem in einen einfach zusammenhängenden Bereich $\mathfrak{T}_1$. Den $2p$ Querschnitten $(\mathfrak{A}_1, \ldots, \mathfrak{A}_p, \mathfrak{A}_{p+1}, \ldots, \mathfrak{A}_{2p})$ entsprechend seien $2p$ reelle Grössen $h^{(1)} \ldots, h^{(2p)}$ beliebig gegeben. Dann existiert stets eine Funktion $f(z)$, die sich in den Punkten a_ν so verhält, wie $\varphi_\nu(z)$, sonst aber allenthalben auf der Fläche analytisch ist, und ferner an dem Querschnitt $\mathfrak{A}_i$ einen Periodizitätsmodul mit reellem Teil $h^{(i)}$ aufweist. Die Funktion $f(z)$ ist so bis auf eine additive Konstante eindeutig bestimmt. Dies ist das *Riemann*'sche Existenztheorem. Die Ableitung von $f(z)$ ist eine auf $\mathfrak{T}$ eindeutige Funktion, die keine anderen Singularitäten als Pole besitzt. Der Fläche $\mathfrak{T}$ entsprechen somit algebraische Funktionen und $f(z)$ wird entweder selbst eine solche oder das Integral einer solchen sein. Den Beweis des Existenztheorems stützte *Riemann* auch auf das *Dirichlet*'sche Prinzip. Strenge Beweise wurden von *Schwarz* und *Neumann* durch die kombinatorischen Methoden geliefert; vgl. Nr. **19**. *Neumann* verfährt folgendermassen[132]). Es sei P ein beliebiger Punkt von $\mathfrak{T}$, T' eine Kreisfläche mit Mittelpunkt P, die, falls P ein einfacher Punkt ist, keinen Verzweigungspunkt enthalten soll; ist aber P selbst ein Verzweigungspunkt, so soll T' eine mehrblättrige Kreisfläche mit Mittelpunkt P sein, die keinen weiteren Verzweigungspunkt enthält; ferner sei $F(z)$ irgend eine Funktion von z, die längs der Begrenzung C von T' eindeutig und analytisch ist; innerhalb T' darf $F(z)$ beliebige singuläre Stellen haben. Dann wird mittelst kombinatorischer Methoden bewiesen, indem die ganze Fläche $\mathfrak{T}$ mit T' und mit einer endlichen Anzahl weiterer ein- oder mehrblättriger Kreise dachziegelartig überdeckt[127]) wird, dass es ein logarithmisches Potential u giebt, das ausserhalb T' überall auf $\mathfrak{T}$ eindeutig ist und sich regulär verhält, und das ferner so beschaffen ist, dass die daraus hervorgehende analytische Funktion $u + vi$ (welche ja ausserhalb T' überall auf $\mathfrak{T}$ analytisch, nicht aber notwendig eindeutig ist) sich innerhalb T' wie $F(z)$ verhält; d. h. dass die Differenz $F(z) - (u + vi)$ innerhalb T' sich zu einer ausnahmlos analytischen Funktion ergänzen lässt. Daraus ergiebt sich sofort die Existenz von *Abel*'schen

132) Abel'sche Integrale, 2. Aufl., 1884, 18. Kap.

Integralen dritter Gattung, wofern die logarithmischen Unstetigkeitspunkte (a, b), (a', b') beide innerhalb einer solchen Kreisfläche liegen; sonst schaltet man eine endliche Anzahl von Punkten $(a_1, b_1), \ldots, (a_k, b_k)$ auf der Verbindungslinie so ein, dass je zwei aufeinander folgende Punkte in einer derartigen Kreisfläche liegen. Die *Abel*'schen Integrale erster Gattung ergeben sich dann durch geeignete Zusammenfügung zweier Integrale dritter Gattung (*Neumann*). *Schwarz*[133]) hat eine Methode mitgeteilt, wodurch die Integrale erster Gattung direkt hergestellt werden können.

Anstatt als mehrfach überdeckte Ebene oder Kugel kann man sich die *Riemann*'sche Fläche, wofern es sich um eine geschlossene Fläche vom Geschlecht p (II B 2) handelt, auch als eine frei im Raum gelegene geschlossene Fläche, — etwa als eine Ringfläche oder als eine Kugel mit p Henkeln[134]), — denken. Diese Art, die *Riemann*'sche Fläche sich vorzustellen, rührt auch von *Riemann* her und ist zuerst von *Tonelli* publiziert, der sie aber selbständig erdacht hat[135]). Eine neue Art *Riemann*'scher Fläche hat *Klein*[136]) noch eingeführt, welche den Zusammenhang des Geschlechts mit den reellen Zügen der algebraischen Kurve hervortreten lässt. Während alle diese Flächen sich im Sinne der analysis situs (III A 4) in einander stetig verwandeln lassen, wofern sie nur denselben Zusammenhang besitzen[137]), wird im allgemeinen — vom Falle $p = 0$ abgesehen — eine konforme Abbildung zweier derselben auf einander nicht möglich sein. *Klein*[134]) machte auf physikalische Weise evident, dass eine beliebige Ringfläche sich auf eine mehrfach überdeckte Ebene oder Kugel konform abbilden lässt, und die *Schwarz-Neumann*'schen Methoden ermöglichen einen strengen analytischen Beweis dieses Satzes, wofern die vorgelegte Fläche in eine endliche Anzahl von Bereichen sich zerlegen lässt, welche die ganze Fläche „dachziegelartig" überdecken und einzeln

---

133) Math. Ann. 21 (1883), p. 157 = Werke 2, p. 303.

134) *Klein,* Über Riemann's Theorie u. s. w.

135) *Tonelli,* Linc. Atti (2) 2 (1875), p. 594 und Linc. Rend. (5) 4 (1895), p. 300; *Klein,* Math. Ann. 45 (1894), p. 142 und ibid. 46 (1895), p. 77. Vgl. auch *Clifford,* Lond. Math. Soc. Proc. 8 (1877), p. 292 = Werke, p. 241.

136) Math. Ann. 7 (1874), p. 558. — Diese Fläche dient allerdings nicht als definierendes Element für ein algebraisches Gebilde, sondern bezweckt bloss die Veranschaulichung des Verlaufs eines durch eine algebraische Gleichung definierten algebraischen Gebildes, wovon ein Teil durch reelle Kurvenzüge in der projektiven Ebene zur Darstellung gelangt.

137) Vgl. *Fr. Hofmann,* Methodik der stetigen Deformation von 2-blättrigen Riemann'schen Flächen, Halle 1888; sowie *Forsyth,* Th. of F., § 190.

auf eine Kreisscheibe konform abbildbar sind[138]). Es ist nicht bekannt, wie man umgekehrt von der mehrfach überdeckten Ebene (Kugel) ausgehend, dieselbe auf eine einfach gestaltete Ringfläche konform abbilden kann, falls $p > 1$ (und auch wenn $p = 1$ ist, im allgemeinen nicht). Es giebt jedoch eine Klasse von Raumflächen — allerdings sind es keine im Endlichen geschlossenen — auf welche sich eine solche Fläche konform abbilden lässt, nämlich die *Minimalflächen*[139]) (III D 5).

23. Die konforme Abbildung mehrfach zusammenhängender Bereiche auf einander; algebraischer Fall. Ist B_n ein einblättriger Bereich der z-Ebene, der von n geschlossenen, je aus einer endlichen Anzahl analytischer Stücke bestehenden Kurven $C_1, \ldots, C_n$ völlig begrenzt ist, so lässt sich B_n auf eine über die positive Hälfte der w-Ebene ausgebreitete n-blättrige *Riemann*'sche Fläche S, die in $2n - 2$ Verzweigungspunkten zusammenhängt, ein-eindeutig und im allgemeinen konform abbilden. Die Fläche S kann dann durch Spiegelung an der reellen Achse zu einer (symmetrischen (Nr. 27)) algebraischen Fläche $\overline{S}$ ergänzt werden, die in $4n - 4$ Verzweigungspunkten zusammenhängt und somit das Geschlecht $p = n - 1$ besitzt (II B 2). Eine ähnliche Verallgemeinerung auf einen mehrfach überdeckten Bereich $\mathfrak{B}_n$, wie in Nr. **21**, ist auch hier zulässig. Der Fall, in dem die Kurven $C_1, \ldots, C_n$ Kreise sind, ist von *Riemann*[140]) behandelt worden, der aus der die Abbildung vermittelnden Funktion eine zur Fläche $\overline{S}$ gehörige (Nr. **12**) algebraische Funktion s durch Differentiation ableitet. s und w sind automorphe, zu dem durch B_n mittelst Spiegelung definierten Doppelbereich (Nr. **27**) gehörige Funktionen, durch die sich jede weitere zum Doppelbereich gehörige algebraische automorphe Funktion rational ausdrücken lässt. *Noether*'s[112]) Ansicht nach gehört diese Note zu den frühesten Arbeiten *Riemann*'s, oder es bildet doch ihr Grundgedanke den Ausgangspunkt für *Riemann*'s Arbeiten über Funktionentheorie[140a]).

Damit zwei gegebene Bereiche B_n, B_n' ein-eindeutig und konform

---

138) *Klein,* Riemann'sche Flächen 1 (1892), p. 26; dort wird auch über die bisher bekannten Fälle, wo eine solche Abbildung möglich ist, berichtet. Vgl. dazu noch *Darboux*[106]), 4 (1896), Note von *Picard,* p. 353.

139) *Klein*[138]), p. 31.

140) Werke (1. Aufl., 1876), p. 413. Es handelt sich dabei in erster Linie um die Ermittlung der *Green*'schen Funktion zur Lösung eines elektrischen Problems.

140a) Vgl. auch *Riemann*'s eigene Angabe, Werke, 1. Aufl., p. 95; 2. Aufl., p. 102.

aufeinander bezogen werden können, ist also notwendig und hinreichend, dass die entsprechenden algebraischen Flächen $\overline{S}$, $\overline{S}'$ eine solche Abbildung zulassen, und das ist gleichbedeutend damit, dass die beiden den Flächen $\overline{S}$, $\overline{S}'$ entsprechenden algebraischen Gebilde zur selben Klasse gehören, d. h. rational in einander transformierbar sind (II B 2) (Satz von *Schottky*). Nach diesem Gesichtspunkt ist das Problem von *Schottky*[141]) behandelt worden und zwar durchaus im *Riemann*'schen Sinne. Ist insbesondere $n = 2$, so lässt sich B_2 auf die Hälfte einer zweiblättrigen elliptischen Fläche und somit auf eine einblättrige Ringfläche, deren Begrenzung aus zwei konzentrischen Kreisen besteht, konform abbilden. Zwei Flächen B_2, B_2' sind also dann und nur dann konform auf einander abbildbar, wenn die Moduln der entsprechenden elliptischen Gebilde in der bekannten Beziehung zu einander stehen, resp. wenn das Verhältnis der Radien der entsprechenden Ringfläche für beide Flächen denselben bezw. den reziproken Wert hat.

24. Funktionen mit Transformationen in sich; periodische Funktionen. Die analytische Funktion $f(z)$ lässt eine Transformation in sich zu, wenn folgende Bedingungen erfüllt sind: a) Es giebt eine analytische Funktion $z' = \varphi(z)$, die den Definitionsbereich der Funktion $f(z)$ im allgemeinen ein-eindeutig und konform auf sich selbst abbildet; b) sind z_0, z_0' zwei Punkte des Definitionsbereiches, deren Umgebungen also konform auf einander bezogen sind und bedeuten z, z' irgend zwei einander entsprechende Punkte dieser Umgebungen, so ist $f(z) = f(z')$. Diese Beziehung kann auch in der Form ausgedrückt werden

$$f(z) = f(\varphi(z)).$$

Dabei müssen nur solche Zweige der Funktionen zusammengefasst werden, wie die vorhergehende Erklärung es verlangt. Diese Funktionalgleichung wird dann für alle analytischen Fortsetzungen von $f(z)$ erhalten bleiben, also für den Gesamtverlauf der Funktion $f(z)$ gelten. Die periodischen Funktionen, allgemeiner die automorphen Funktionen, und gewisse algebraische Funktionen sind die einfachsten Beispiele von Funktionen mit Transformationen in sich (II B 6). Ausserdem sei auf die Funktionen verwiesen, die Funktionalgleichungen von der Form $f(z) = Af(\varphi(z))$ resp. $f(z) = f(\varphi(z)) + C$, wo A, C Konstante bedeuten, genügen (II B 6).

Ist $\varphi(z) = z + \omega$ (ω eine Konstante), so heisst $f(z)$ eine *perio-*

---

141) Diss. Berl. 1875; J. f. Math. 83 (1877), p. 300.

dische Funktion. Sei $f(z)$ eine eindeutige Funktion. Die Grösse ω heisst dann eine *primitive Periode*[142]), wenn keine der Grössen ω/n $(n = 2, 3, \ldots)$ eine Periode von $f(z)$ ist. Hat $f(z)$ keine weiteren Perioden als nur die Grössen $k\omega$, $(k = \pm 1, \pm 2, \ldots)$, so heisst $f(z)$ eine einfach periodische Funktion; $f(z)$ nimmt den ganzen Vorrat ihrer Werte in einem *Periodenstreifen*[143]) an. Hat $f(z)$ dagegen ausser der primitiven Periode ω noch eine weitere Periode Ω, so wird der rein imaginäre Teil von Ω/ω von Null verschieden sein[144]). Es lässt sich dann eine zweite Periode ω' so bestimmen, dass eine beliebige Periode Ω von $f(z)$ sich in der Form $\Omega = m\omega + m'\omega'$ $(m, m' = 0, \pm 1, \pm 2, \ldots)$ darstellen lässt, denn sonst könnte man die Existenz von unendlich kleinen Perioden nachweisen (*Jacobi*); die Perioden ω, ω' bilden dann ein *primitives Periodenpaar.* Es ergiebt sich somit, dass eine n-fach periodische eindeutige Funktion einer einzigen unabhängigen Veränderlichen, welche keine Konstante ist, nicht existiert, wofern $n > 2$ ist[145]). Sollen $\Omega = \mu\omega + \mu'\omega'$, $\Omega' = \nu\omega + \nu'\omega'$ ein zweites primitives Periodenpaar bilden, so ist notwendig und hinreichend, dass $\mu\nu' - \mu'\nu = \pm 1$. Der Flächeninhalt des durch ω, ω' (oder allgemeiner durch ein beliebiges primitives Periodenpaar) bestimmten Periodenparallelogramms ist numerisch gleich $\alpha\beta' - \alpha'\beta$, wo $\omega = \alpha + \beta i$, $\omega' = \alpha' + \beta' i$ gesetzt sind. $f(z)$ nimmt den ganzen Vorrat ihrer Werte im Periodenparallelogramm an.

Um Eigenschaften der doppeltperiodischen Funktionen zu erschliessen, ging *J. Liouville*[146]) von dem Verhalten der Funktion in einem Periodenparallelogramm aus, indem er zeigte, dass in diesem Raume der Vorrat und die Verteilung der Werte eine ähnliche ist, wofern die Funktion eindeutig ist und keine anderen singulären

---

142) Index proprius, *Jacobi*, J. f. Math. 13 (1835), p. 55; primitive Periode, *Weierstrass,* Vorlesungen. — Das *Forsyth*'sche Werk enthält eine ausführliche Behandlung der einfach und doppelt periodischen Funktionen; vgl. aber [150]).

143) Die beiden Endpunkte des dem Periodenstreifen entsprechenden sichelförmigen Bereiches auf der Kugel muss man als zwei von einander verschiedene Punkte auffassen. Der Bereich greift also im Nordpol der Kugel über sich.

144) *Jacobi*[142]), p. 56.

145) *Jacobi*[142]), p. 61; geometrischer Beweis bei *Briot* et *Bouquet*, 1. Aufl., p. 76; streng gemacht in der 2. Aufl., p. 233; dieses elegante Verfahren für die Feststellung eines primitiven Periodenpaares bei den doppelt periodischen Funktionen kann auch mit Vorteil auf den entsprechenden Existenzbeweis für eine erste primitive Periode angewandt werden.

146) Vorlesung von Jahre 1847, herausgegeben von *Borchardt*, J. f. Math. 88 (1879), p. 277; *Liouville,* Par. C. R. 32 (1851), p. 450; *Briot* et *Bouquet,* 1. Aufl., livre 2, ch. 4.

Stellen im Parallelogramm als Pole hat, wie bei den rationalen Funktionen auf der schlichten Ebene bezw. bei den algebraischen Funktionen auf der zugehörigen *Riemann*'schen Fläche. Es sei beispielsweise an den *Liouville*'schen Satz erinnert, dass eine solche Funktion $f(z)$, die im Parallelogramm keine Pole[147]) oder höchstens einen Pol[146]) besitzt, eine Konstante sein muss; sowie an die Sätze, a) dass die Summe der Residuen der Funktion $f(z)$ im Parallelogramm gleich 0 ist[148]); b) dass die Funktion $f(z)$ jeden Wert im Parallelogramm gleich oft annimmt[146]), und c) dass zwischen zwei solchen Funktionen $f(z)$, $\psi(z)$, die zu demselben Parallelogramm gehören, eine algebraische Beziehung besteht[149]): $G(f(z), \psi(z)) = 0$. Das Geschlecht dieses algebraischen Gebildes wird entweder 0 oder 1 sein. Durch zwei geeignet gewählte Funktionen lässt sich jede andere Funktion der hier betrachteten Art rational ausdrücken[146]). Ähnliche Sätze lassen sich auch für die einfach periodischen Funktionen in ähnlicher Weise beweisen[150]).

Die periodischen Funktionen lassen sich in einfacher Weise behandeln, indem man den Fundamentalraum auf eine algebraische *Riemann*'sche Fläche konform abbildet. So lässt sich beispielsweise der Periodenstreifen einer eindeutigen Funktion $f(z)$ mit Periode ω durch die Transformation $w = e^{\frac{2\pi i}{\omega} z}$ auf die etwa längs der positiven reellen Achse aufgeschnittene w-Ebene abbilden, wodurch denn $f(z)$ in eine eindeutige Funktion von w, $\varphi(w)$ übergeht[151]). Ist $f(z)$ im Endlichen, höchstens mit Ausnahme von Polen, analytisch und nähert sich $f(z)$ einem Grenzwert A resp. B (dabei können A, B auch $= \infty$ sein), wenn z, stets im Periodenstreifen bleibend, nach der einen resp. nach der entgegengesetzten Richtung ins Unendliche rückt, so wird

---

147) Par. C. R. 19 (1844), p. 1262.

148) *Hermite*, Par. C. R. 32 (1851), p. 447.

149) *Briot* et *Bouquet*[146]). Die Funktion $f(z)$ wird insbesondere mit ihrer Ableitung $f'(z)$ durch eine solche Relation verknüpft; Satz von *Méray*, *Briot* et *Bouquet*[146]).

150) *Briot* et *Bouquet*, 1. Aufl., Nr. 57—59, wobei jedoch durch ungenügende Berücksichtigung des Verhaltens der Funktion in den unendlich fernen Punkten des Periodenstreifens eine zum Teil falsche Formulierung der Sätze sich ergeben hat und von späteren Autoren weiter gedruckt ist; vgl. *Forsyth*, Th. of Functions, ch. X; in der 2. Aufl. (1900) hat *Forsyth* die meisten Fehler verbessert. Richtige Darstellung bei *Méray*, Leçons nouv. s. l'anal. inf. u. s. w., 2 (1895), ch. VII, sowie bei *Burkhardt*, Anal. Funktionen, 1, 4. Abschn. (nach Vorlesungen von *H. A. Schwarz*).

151) *Burkhardt*[150]).

$\varphi(w)$ eine rationale Funktion von w sein, und umgekehrt[152]). Im wesentlichen beruht auf dieser Methode der Beweis des Satzes, dass eine eindeutige Funktion $f(z)$, die für alle endlichen Werte von z analytisch ist, in eine für alle Werte von z konvergente *Fourier*'sche Reihe entwickelt werden kann[151]):

$$f(z) = \sum_{n=-\infty}^{\infty} A_n e^{n \frac{2\pi i}{\omega} z} = \sum_{n=0}^{\infty} B_n \cos \frac{2n\pi z}{\omega} + \sum_{n=1}^{\infty} C_n \sin \frac{2n\pi z}{\omega}.$$

Setzt man nur voraus, dass die Funktion $f(z)$ für reelle Werte von z reell und analytisch ist und eine reelle Periode ω zulässt, so beweist man auf dieselbe Weise, dass $f(z)$ sich durch eine *Fourier*'sche Reihe mit reellen Koeffizienten B_n, C_n darstellen lässt. Die Reihe konvergiert innerhalb eines die reelle Achse umgebenden Streifens, also insbesondere für alle reellen Werte von z gleichmässig. Durch eine doppeltperiodische Funktion $w = f(z)$, die im Endlichen nur Pole aufweist, wird das Periodenparallelogramm auf eine algebraische *Riemann*'sche Fläche vom Geschlecht $p = 1$ abgebildet. Setzt man $W = f'(z)$, so liefert W eine zur Fläche gehörige Funktion. Es entsteht so eine ein-eindeutige Beziehung zwischen Sätzen über doppeltperiodische Funktionen, die die Periode von $f(z)$ zulassen, und eindeutigen Funktionen auf einem algebraischen Gebilde vom Geschlecht 1.[153])

Durch Umkehrung *Abel*'scher Integrale (II B 2) entstehen ein- und mehrdeutige periodische Funktionen. Ist $p > 1$, so kann die Umkehrfunktion niemals eindeutig sein[154]).

Die periodischen Funktionen werden auch dadurch untersucht, dass man sie durch gewisse Hülfsfunktionen (etwa durch e^z resp. durch die ϑ- und σ-Funktionen (II B 6, 7) (Nr. **31**)), deren Eigenschaften direkt aus den sie definierenden Formeln abgeleitet werden, explicite darstellt. — Endlich sei noch auf die Untersuchungen von *Rausenberger*[155]) verwiesen.

---

152) Es entsprechen so den Sätzen über einfach periodische Funktionen, wie sie von *Briot* et *Bouquet* und *Méray* entwickelt worden sind, wohlbekannte Sätze über rationale resp. über eindeutige Funktionen, die höchstens in den Punkten $w = 0, \infty$ wesentliche Singularitäten aufweisen, woraus sich dann auch umgekehrt jene Sätze sofort ergeben. Vgl. *Burkhardt*[150]).

153) Vgl. *Appell* et *Goursat*, Fonct. alg., p. 450. Die Methode ist im wesentlichen in der Arbeit von *Klein* enthalten, Math. Ann. 21 (1883), p. 141.

154) *Appell* et *Goursat*[153]), p. 435.

155) *Rausenberger*, Periodische Funktionen, Leipzig, 1884.

25. Der Fundamentalbereich; zunächst der Bereich $\mathfrak{T}$; die Ecken. Die Beispiele der periodischen, sowie der elliptischen Modul- und der *Schwarz*'schen s-Funktionen gaben den Anstoss zu einer Ideenbildung, die als Verallgemeinerung des Begriffs der algebraischen *Riemann*'schen Fläche, sei dieselbe als mehrfach überdeckte Ebene oder Kugel, sei sie als Ringfläche gedacht, bezeichnet werden kann[156]). Es handelt sich um die Auffassung eines begrenzten ein- oder mehrblättrigen Bereiches $\mathfrak{T}$, dessen Begrenzungskurven einander paarweise zugeordnet sind, als eine längs eines solchen Paares von Begrenzungskurven im Sinne der analysis situs geschlossene Fläche[157]). Demnach soll eine Kurve als auf $\mathfrak{T}$ stetig verlaufend angesehen werden, wenn sie, nach Austritt am Randpunkte P aus $\mathfrak{T}$, am kongruenten Punkte P' wieder in $\mathfrak{T}$ eintritt. Verbindet sie P' mit P, so ist sie als geschlossen anzusehen. In den einfachsten Fällen[158]) wird $\mathfrak{T}$ schlicht oder doch endlich vielblättrig sein, in einer endlichen

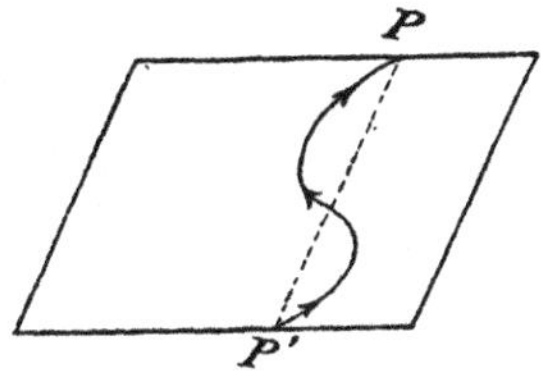

Fig. 9.

156) Die in den Nrn. **25—27** zu besprechenden Begriffe und Methoden bilden eine Weiterführung der *Riemann*'schen Funktionentheorie und sind zuerst von *Klein* in systematischer Weise dargelegt worden, Math. Ann. 21 (1883), p. 141; daselbst ausführliche Litteraturangaben. Dieser Abhandlung war eine Reihe von Noten und Arbeiten in den Math. Ann. vom 9. Bande (1875) an vorausgegangen (vgl. insbesondere Bd. 14 (1878), p. 111); ferner die Schrift „Über Riemann's Theorie" u. s. w. Aus neuerer Zeit sind zu erwähnen: *Klein-Fricke,* Modulfunktionen 1; *Ritter,* Gött. Diss. 1892 = Math. Ann. 41 (1892), p. 1; sowie eine Reihe autographierter Vorlesungshefte, Göttingen, von 1890 an; Selbstanzeigen in den Math. Ann. 45 (1894), p. 140, und 46 (1895), p. 77. *Fricke-Klein,* Automorphe Funktionen 1 (1897) u. 2 (1901). Endlich die Lehrbücher von *Picard,* Traité d'anal. 2 und *Burkhardt,* Funktionentheorie und elliptische Funktionen. Vgl. auch II B 6 c.

157) Noch allgemeiner sieht *Klein* (Math. Ann. 21, p. 146) von der Forderung ab, dass $\mathfrak{T}$ ein ebener Bereich sei, indem er bloss eine zweidimensionale geschlossene „Riemann'sche Mannigfaltigkeit" voraussetzt, auf welcher ein Differentialausdruck (resp. Differential*gleichung*) zweiten Grades gegeben ist. Die Umgebung einer beliebigen (regulär vorausgesetzten) Stelle derselben muss sich auf ein Stück der Ebene konform abbilden lassen. — Andererseits beschränkt sich *Klein* in dieser Abhandlung auf *algebraische* Fundamentalbereiche (Nr. **27**).

158) Ausser den oben erwähnten sei noch an folgende Fälle erinnert: a) der in Nr. **23** besprochene *Riemann*'sche Doppelbereich; b) durch ein nicht spezialisiertes überall endliches *Abel*'sches Integral wird die n-blättrige algebraische Fläche auf einen aus p übereinander liegenden, in $2p-2$ Verzweigungspunkten zusammenhängenden Parallelogrammen bestehenden Bereich abgebildet. Ein solcher Bereich kann auch als Bereich $\mathfrak{T}$ dienen; dabei sind die Transforma-

Anzahl von Verzweigungspunkten zusammenhängen und durch $2n$ Kurven (C_i, C_{n+i}, wo C_i und C_{n+i} sich gegenseitig entsprechen) begrenzt sein, die sämtlich als analytisch angenommen werden dürfen[159]). Des weiteren setzt man eine Transformation voraus:

$$S_i = (z, \varphi_i(z)) \qquad (i = 1, 2, \ldots, n),$$

welche C_i ein-eindeutig in C_{n+i} überführt, dergestalt, dass die Umgebungen zweier entsprechender innerer Punkte von C_i, C_{n+i} ein-eindeutig und konform auf einander abgebildet werden, während durch analytische Fortsetzung der Funktion $\varphi_i(z)$ der ganze Bereich $\mathfrak{T}$ in einen ähnlich beschaffenen längs C_{n+i} an $\mathfrak{T}$ grenzenden Bereich $\mathfrak{T}S_i$ übergeht. Ferner wird verlangt, a) dass jede der Funktionen $\varphi_i(z)$ sich über jeden der Bereiche $\mathfrak{T}S_k$ hin ($k = 1, 2, \ldots, n$) analytisch fortsetzen lasse und dass das so entstehende an $\mathfrak{T}S_k$ stossende Abbild $\mathfrak{T}S_kS_i$ ähnlich wie $\mathfrak{T}$ beschaffen sei; b) dass durch die inverse Transformation

$$S_i^{-1} = (z, \varphi_i^{-1}(z))$$

der Bereich $\mathfrak{T}$ auf einen ähnlich beschaffenen längs C_i an $\mathfrak{T}$ grenzenden Bereich $\mathfrak{T}S_i^{-1}$ konform abgebildet werde. Durch weitere Fortsetzungen der Funktionen $\varphi_i(z)$ sowie ihrer Inversion $\varphi_i^{-1}(z)$ sollen die immer neu entstandenen Bereiche durchweg ähnlich wie $\mathfrak{T}$ beschaffen sein. Die n ursprünglichen Funktionen $\varphi_i(z)$ erzeugen dann eine Gruppe[160]), durch deren Transformationen die aus allen den Teilbereichen sich zusammensetzende *Riemann*'sche Fläche $\mathfrak{S}$ stets in sich selbst übergeführt wird[161]). Die Teilbereiche sind alle gleichberechtigt in Bezug auf die Gruppe.

---

tionen S_i (unten) Translationen. Vgl. *Riemann,* J. f. Math. 54 (1857), p. 135 = Werke (1. Aufl.), p. 114, wo dieser Bereich der Definition des algebraischen Gebildes zu Grunde gelegt wird.

159) Die einander entsprechenden Paare von Kurven C_i, C_{n+i} können, wie die auf einer gewöhnlichen *Riemann*'schen Fläche gezogenen Querschnitte, beliebig (wenigstens innerhalb vernünftiger Grenzen) verschoben werden; auf die ihre Punkte einander zuordnende *Transformation* $(z, \varphi_i(z))$ (vgl. unten) kommt es allein an. — Übrigens braucht die Anzahl dieser Kurven durchaus keine endliche zu sein. Über diesen allgemeineren Fall liegen noch keine Untersuchungen vor.

160) Dieser auf *Riemann* zurückgehende Begriff der Gruppe ist erst von *Klein* und — allerdings nicht unmittelbar von dieser Seite her — von *Poincaré* zu einem Hauptmoment erhoben worden; vgl. [165]).

161) Ist eine Transformation S_i periodisch: $S^m = 1$, so lässt man gewöhnlich den Bereich $\mathfrak{T}S_i^m$ mit dem Bereich $\mathfrak{T}$ zusammenfallen.

Schneiden sich zwei Begrenzungskurven, so entsteht eine *reguläre*[162]) Ecke A von $\mathfrak{T}$, wenn, kurz gesagt, die Umgebung von A sich eineindeutig und konform auf die Umgebung eines Punktes O einer Ebene abbilden lässt. Ausführlicher: Stossen zunächst in A zwei einander entsprechende Kurven C_i, C_{n+i} zusammen, so nehme man auf denselben zwei einander entsprechende in der Nähe von A gelegene Punkte P, P' an und verbinde P, P' mit einander. Das so gebildete krummlinige Dreieck APP' muss sich dann auf einen schlichten längs einer analytischen Kurve OQ (die stets als Gerade angenommen werden darf) aufgeschnittenen Bereich einer Ebene eineindeutig und konform abbilden lassen und zwar so, dass die Seiten AP, AP' in die doppeltzählende Linie OQ in der Weise übergehen, dass zwei entsprechende Punkte dieser Seiten in übereinander liegende Punkte von OQ übergeführt werden. Stossen dagegen in der Ecke A zwei Kurven C_i, C_{n+k} zusammen, die einander nicht entsprechen, so wird noch ein in der Umgebung von A gelegenes Stück des benachbarten Bereiches $\mathfrak{T}S_k$ herangezogen. Entsprechen die Punkte der nicht mit C_{n+k} zusammenfallenden Begrenzung dieses Stückes den Punkten von C_i noch nicht, so geht man weiter, bis man schliesslich nach Heranziehung einer endlichen Anzahl solcher Stücke zu einem gelangt, dessen eine Begrenzung der Kurve C_i entspricht. Dann verbindet man zwei zusammengehörige Punkte P, P' dieser Begrenzungen miteinander und stellt bezüglich dieses krummlinigen Dreiecks APP' dieselbe Forderung wie vorhin. — Durch diese Abbildung wird die Umgebung der Ecke A in ihren *einblättrigen Zustand* versetzt.

26. Fortsetzung; Funktionen auf $\mathfrak{T}$; Definition des Fundamentalbereiches. Wird $f(z)$ als eine Funktion auf $\mathfrak{T}$ aufgefasst, so wird $f(z)$ in einer regulären Ecke A als analytisch bezeichnet, wenn a) $f(z)$ innerhalb des Bereiches APP' (Nr. **25**) analytisch ist und b) nachdem die Umgebung von A in ihren einblättrigen Zustand versetzt ist, $f(z)$ in eine im einblättrigen Bereich eindeutige und analytische Funktion übergeht[163]). Verschwindet $f(z)$ in A, so wird die Ordnung des Nullpunktes als die Ordnung des Nullpunktes der transformierten Funktion im entsprechenden Punkte des einblättrigen Bereiches definiert. Eine ähnliche Definition gilt auch für Pole.

Als eine zum Bereich $\mathfrak{T}$ gehörige Funktion $f(z)$ wird jede analytische Funktion definiert, die überall da auf $\mathfrak{T}$ eindeutig ist, wo sie

162) Auf die Existenz nicht regulärer Ecken hat *Klein* in dem besonderen Fall der *hyperbolischen Ecken* aufmerksam gemacht, Math. Ann. 40 (1892), p. 130.

163) *Klein*, Math. Ann. 21 (1883), p. 149.

definiert ist, und jede der n Transformationen $\varphi_i(z)$ in sich (Nr. **24**) zulässt. Dazu genügt, dass $f(z)$ in $\mathfrak{T}$ eindeutig und im allgemeinen analytisch ist, und ausserdem in zusammengehörigen Randpunkten von $\mathfrak{T}$ den nämlichen Wert annimmt. Eine solche Funktion ist invariant in Bezug auf die Gruppe.

Existiert eine zum Bereich $\mathfrak{T}$ gehörige Funktion $f(z)$ und erstreckt sich der Definitionsbereich von $f(z)$ (Nr. **13**) nicht über $\mathfrak{S}$ (Nr. **25**) hinaus, so bildet $\mathfrak{T}$ einen *Fundamentalbereich*[164]) für die Funktion $f(z)$.

Der Theorie der automorphen Funktionen (II B 6 c), wie sie von der Göttinger Schule entwickelt wird, liegt der Begriff des Fundamentalbereiches als definierendes Element zu Grunde[165]). In der Theorie der Minimalflächen, namentlich im symmetrischen Falle (Nr. **27**), spielt dieser Begriff auch eine Hauptrolle[166]).

Im *Gauss*'schen Nachlass[167]) hat sich die Figur für die elliptische Modulfunktion $i^{-1}k^2(\omega)$ nebst Bemerkungen gefunden, aus welchen man ersieht, dass *Gauss* den Begriff des Fundamentalraumes für die Funktion gehabt hat. Auch die analytische Fortsetzung durch Aneinanderreihung solcher Räume ist durch die den Kreisbogendreiecken mit den Winkeln $\left(\frac{\pi}{4}, \frac{\pi}{4}, \frac{\pi}{4}\right)$ zugehörige Figur angedeutet[168]). *Schwarz*

---

164) *Klein*[163]). Die Bezeichnung *Fundamentalpolygon* hatte *Klein* auch früher gebraucht, Math. Ann. 14 (1878), p. 133. — Dass die letztere Bedingung nicht notwendig eine Folge der ersteren ist, beweist das Beispiel von *Klein*[162]), Art. II.

165) Einem Bericht von *Poincaré* über seine auf automorphe Funktionen sich beziehenden Untersuchungen hat *Klein* die Note beigefügt: „Vielleicht ist es gut, diesen kleinen Bemerkungen noch eine allgemeinere zuzugesellen und bei vorliegender Gelegenheit zu konstatieren, dass alle die hier in Frage kommenden Untersuchungen, und zwar sowohl diejenigen, welche ein geometrisches Gepräge besitzen, als auch die mehr analytischen, die sich auf die Lösungen linearer Differentialgleichungen beziehen, auf *Riemann*'sche Ideenbildungen zurückgehen. Der Zusammenhang ist ein so enger, dass man behaupten kann, es handele sich bei Untersuchungen im Sinne des Hrn. *Poincaré* geradezu um die weitere Durchführung des allgemeinen funktionentheoretischen Programms, welches *Riemann* in seiner Doktordissertation aufgestellt hat"; Math. Ann. 19 (1881), p. 564. Vgl. dazu *Poincaré*'s Zustimmungserklärung, Math. Ann. 20 (1882), p. 53; ferner den Brief von *Schottky* an *Klein*, Math. Ann. 20 (1882), p. 299 und *Klein*, Math. Ann. 21 (1883), p. 143, Fussnote.

166) *Riemann*, Werke, 1. Aufl., p. 283; *Weierstrass*, Berl. Ber. 1866, p. 612 u. p. 855; Vorlesungen an der Berliner Universität von 1860 an. *Schwarz*[120]).

167) Werke 3 (1866), p. 477—478.

168) Werke 8 (1900), p. 99. Ein demnächst erscheinendes *Riemann*'sches Vorlesungsheft über lineare Differentialgleichungen vom S.-S. 1859 enthält eine

legte seinen Untersuchungen über die hypergeometrische Reihe[169]) die geometrische Methode des Fundamentalbereiches zu Grunde und entdeckte somit durch die Betrachtung des Kreisbogendreiecks und dessen Reproduktion durch Symmetrie die eindeutig umkehrbaren Dreiecksfunktionen; damit gab er auch zugleich die Grundlage für die geometrische Theorie des speziellen Falles der elliptischen Modulfunktionen.

27. Der algebraische Fall; symmetrische Riemann'sche Flächen. Hat $\mathfrak{T}$ eine endliche Anzahl von Blättern, die in einer endlichen Anzahl von Verzweigungspunkten zusammenhängen, und sind ferner die Ecken, falls welche vorhanden sind, alle regulär, so lässt sich $\mathfrak{T}$ in ähnlicher Weise wie früher die n-blättrige im gewöhnlichen Sinne geschlossene algebraische Fläche (Nr. 22) durch eine endliche Anzahl von Kalotten „dachziegelartig überdecken“ (Nr. 21) und somit weist man durch die kombinatorischen Methoden[170]) die Existenz von Funktionen nach, die in einer ähnlichen Beziehung zu $\mathfrak{T}$ stehen wie früher die *Abel*'schen Integrale und die algebraischen Funktionen zu jener algebraischen Fläche, indem sie sich auf $\mathfrak{T}$, abgesehen von Polen und logarithmischen Singularitäten, allenthalben analytisch verhalten. Die zu $\mathfrak{T}$ gehörigen Funktionen darunter entsprechen den durch die Fläche von Nr. 22 definierten algebraischen Funktionen und jede derselben bildet den Bereich $\mathfrak{T}$ auf eine gewöhnliche mehrblättrige algebraische Fläche ein-eindeutig und im allgemeinen konform ab[171]). Es liegt nahe, einen solchen Bereich $\mathfrak{T}$ als *algebraischen Fundamentalbereich* und die zugehörigen Funktionen, die keine anderen Singularitäten als Pole besitzen, als *algebraische Funktionen auf* $\mathfrak{T}$ aufzufassen, wobei denn die anderen soeben erwähnten Funktionen die Rolle von *Abel*-

---

Figur, die die Aneinanderreihung dreizipfeliger Kreisbogendreiecke zeigt; vgl. *Klein,* Gött. Nachr. 1897, p. 190.

169) J. f. Math. 75 (1873), p. 292 = Werke 2, p. 211. — Wegen des dreizipfeligen Kreisbogendreiecks vgl. p. 241.

170) Vgl. *Ritter*[156]). *Picard,* Traité d'anal. 2, ch. 16. — Vgl. auch die Untersuchungen von *Ritter* über „die Stetigkeit der automorphen Funktionen bei stetiger Abänderung des Fundamentalbereiches“, Math. Ann. 45 (1894), p. 473 u. 46 (1895), p. 200.

171) Bezüglich solcher Funktionen lassen sich ähnliche Sätze aussprechen und durch Herumintegrieren beweisen, wie bei den periodischen Funktionen, Nr. 24. Während jedoch dort die Funktion als von vornherein vorhanden angesehen und der Fundamentalraum hinterher der Funktion angepasst wurde, bildet dagegen hier der Fundamentalbereich geradezu das definierende Element, aus dem die Funktion erst entwächst, und das ist eben das wesentliche an dem *Riemann*'schen Begriff der *Riemann*'schen Fläche.

schen Integralen auf $\mathfrak{T}$ spielen. Das Geschlecht dieses Fundamentalbereiches ist von *Klein* [172]) berechnet worden.

Gestattet der Bereich $\mathfrak{T}$ eine mit Umlegung der Winkel konforme ein-eindeutige Transformation in sich, die einmal wiederholt zur Identität zurückführt, so heisst $\mathfrak{T}$ ein *symmetrischer* [173]) Fundamentalbereich. Ein derartiger Bereich entsteht insbesondere dadurch, dass man von einem durch Kreisbogen (resp. Vollkreise) begrenzten Bereich ausgeht und denselben an jedem Begrenzungskreis spiegelt. Jeder der neuen Bereiche wird dann wiederum an jedem neuen Begrenzungskreis gespiegelt, u. s. w. Fasst man irgend zwei benachbarte der so entstandenen Bereiche zu einem einzigen Bereiche $\mathfrak{T}$ zusammen, so bildet $\mathfrak{T}$ einen symmetrischen automorphen Fundamentalbereich. Die Existenzbeweise lassen sich auf symmetrischen algebraischen Fundamentalbereichen dadurch führen, dass die Hälfte des Doppelbereiches etwa auf die obere, falls $p > 0$, mehrfach überdeckte Halbebene konform abgebildet wird (vgl. Nr. **21, 23**).

28. Parameterdarstellung durch eine uniformisierende Variable. Von *Poincaré* und *Klein* ist der Satz [174]) entdeckt und bewiesen worden, dass sich irgend zwei durch eine irreducible algebraische Gleichung verknüpfte Grössen durch zwei *eindeutige* (automorphe) Funktionen eines Parameters t: $z = \varphi(t)$, $w = \psi(t)$ darstellen lassen, und zwar so, dass die *Riemann*'sche Fläche für die Funktion $w = f(z)$ auf einen den Funktionen $\varphi(t)$, $\psi(t)$ eigenen Fundamentalraum der t-Ebene eineindeutig und, abgesehen von Verzweigungspunkten resp. regulären Ecken (wofern der Fundamentalraum überhaupt Ecken aufweist), konform abgebildet wird.

Ein ähnliches Theorem für eine beliebige mehrdeutige Funktion anzustreben, war der Zweck einer Untersuchung von *Poincaré* [175]), der den Satz bewies: Es sei $w = f(z)$ eine beliebige analytische Funktion von z; dann existieren stets zwei Funktionen, $\varphi(t)$, $\psi(t)$ eines Parameters t, die wie folgt beschaffen sind: a) die Funktion $\varphi(t)$ ist eindeutig und ihr Definitionsbereich T liegt innerhalb des Einheitskreises der t-Ebene; in T verschwindet $\varphi'(t)$ nirgends; b) in T ist $\psi(t)$ analytisch; c) setzt man

---

172) Math. Ann. 21 (1883), p. 152.

173) *Klein,* Über Riemann's Theorie u. s. w., p. 72 und [172]), p. 168.

174) Vgl. II B 6 c. Litteraturangaben bei *Klein,* Math. Ann. 21 (1883), p. 142—143.

175) *Poincaré,* Bull. soc. math. 11 (1883), p. 112; *Osgood,* N. Y. Bull. (2) 5 (1898), p. 69, und Amer. Trans. 1 (1900), p. 314, wo *Poincaré*'s Resultate genauer präzisiert sind.

$$z = \varphi(t), \qquad w = \psi(t),$$

so stellen diese Gleichungen das ganze analytische Gebilde $w = f(z)$, höchstens mit Ausnahme gewisser isolierter Punkte, dar. Genauer gesagt: Sei t_0 ein beliebiger Punkt von T; dem Punkte t_0 wird eine Stelle z_0 der *Riemann*'schen Fläche für die Funktion $f(z)$ durch die erste Gleichung zugeordnet, deren Umgebung schlicht und auf die Umgebung des Punktes t_0 konform bezogen ist, während die den Punkten dieser Umgebung entsprechenden Funktionswerte w durch die zweite Gleichung dargestellt werden. Umgekehrt, sei z_0 eine beliebige Stelle der *Riemann*'schen Fläche für $f(z)$; dann lässt sich $f(z)$ in der Umgebung dieser Stelle im allgemeinen durch die vorhergehenden Gleichungen darstellen, indem es im allgemeinen einen oder mehrere Werte t_0 giebt, welche gleichzeitig den Gleichungen genügen: $z_0 = \varphi(t)$, $f(z_0) = \psi(t)$. Ausnahmen treten nie ein, wenn es mindestens drei Punkte auf der Kugel giebt: $z = a, b, c$, in denen kein Zweig von $f(z)$ analytisch ist. Sonst wird es einen Wert $z = a$ (bezw. zwei oder drei solche Werte) geben, in dem mindestens ein Zweig von $f(z)$ analytisch ist, während die Gleichungen $a = \varphi(t)$, $f(a) = \psi(t)$ doch nicht gleichzeitig befriedigt werden können.

Durch dieses Verfahren wird die Umgebung eines Verzweigungspunktes oder Poles von $f(z)$ niemals auf die Umgebung eines innern Punktes von T bezogen. Über die Abbildung in der Umgebung einer Ecke von T giebt der Satz keinen Aufschluss.

Der Beweis des Satzes beruht auf der Möglichkeit, eine unendlich vielblättrige *Riemann*'sche Fläche, in welcher $f(z)$ analytisch ist, auf einen schlichten, innerhalb des Einheitskreises gelegenen einfach zusammmenhängenden Bereich T ein-eindeutig und konform abzubilden. Da jeder schlichte einfach zusammenhängende Bereich T auf das Innere eines Kreises ein-eindeutig und konform abgebildet werden kann (Nr. **19** [118])), so kann man die Funktion $\varphi(t)$ stets so bestimmen, dass ihr Definitionsbereich aus dem Innern eines Kreises besteht. Diese Funktion wird dann im allgemeinen eine automorphe sein und zwar stets dann, wenn einer einzigen Stelle des analytischen Gebildes der Funktion $w = f(z)$ unendlich viele Punkte von T entsprechen.

Picard [176]) hat folgenden Satz gefunden: Genügen die eindeutigen Funktionen $\varphi(z)$, $\psi(z)$ einer irreduziblen algebraischen Gleichung vom Geschlecht $p > 1$: $G(\varphi(z), \psi(z)) = 0$, so können dieselben keinen isolierten wesentlichen singulären Punkt haben.

---

176) Darb. Bull. (2) 7 (1883), p. 107; der Beweis ist ungenügend. Acta math. 11 (1887), p. 1.

29. Der Picard'sche Satz. Nachdem *Weierstrass*[28]) gezeigt hatte, dass eine ganze transcendente Funktion in der Nähe des Punktes $z = \infty$ jedem Wert beliebig nahe kommt, bewies *E. Picard*[177]) zunächst den Satz: Ist $G(z)$ eine ganze Funktion von z, die keine Konstante ist, so kann es höchstens einen Wert geben, den $G(z)$ nirgends annimmt. Diesen Satz hat er dann wie folgt verallgemeinert: In der Umgebung des Punktes $z = a$ soll die Funktion $f(z)$, vom Punkte a selbst und eventuell von Polen abgesehen, eindeutig und analytisch sein. Hat $f(z)$ dort unendlich viele Pole, so kann es höchstens zwei Werte geben, die $f(z)$ in der Umgebung des Punktes a nicht annimmt. Sind dagegen keine Pole vorhanden, während $f(z)$ im Punkte a eine wesentliche singuläre Stelle besitzt, so kann es höchstens einen Wert geben, den $f(z)$ in der Umgebung von a nicht annimmt.

Durch die Untersuchungen von *Hadamard* und *Borel* hat der Satz neuerdings noch eine weitere Verallgemeinerung erfahren[178]).

III. Untersuchung der analytischen Funktionen mittelst ihrer Darstellung durch unendliche Reihen und Produkte.

30. Weierstrass. Bereits *Lagrange,* durch den in der damaligen Infinitesimalrechnung herrschenden Mangel an Strenge veranlasst, eine neue Grundlage für die Analysis zu suchen, hatte sich zu diesem Zweck der Methode der Potenzreihen bedient. Zu der Zeit fehlte jedoch jede scharfe Umgrenzung des Funktionsbegriffs, sowie der Grundbegriffe in der Analysis überhaupt, nicht weniger, als alle strengen Untersuchungen über die unendlichen Reihen, und dieses unentbehrliche Substrat für seine Theorie versäumte *Lagrange* herzustellen. Fast ein halbes Jahrhundert später nahm *Weierstrass* denselben Ausgangspunkt, wie damals *Lagrange,* und das Resultat seiner Forschung war eine neue Theorie der analytischen Funktionen, die in Bezug auf die genaue Fassung der Grundbegriffe und die Strenge der Methoden den Anforderungen der Jetztzeit völlig entspricht[179]).

---

177) Par. C. R. 88 (1879), p. 1024 und 89 (1879), p. 745; Ann. éc. norm. 1880, p. 145.

178) *Hadamard,* J. de math. (4) 9 (1893), p. 188, Nr. 15—17; *Borel,* Acta math. 20 (1897), p. 357; Fonctions entières, ch. V.

179) Verschiedene Andeutungen finden sich in den bereits zitierten Abhandlungen. Die Theorie ist jedoch erst durch die Vorlesungen an der Berliner Universität von 1860 an bekannt geworden; vergl. die Darstellung bei *Pincherle,* Giorn. d. mat. 18 (1880), p. 178 u. 317; sowie *Biermann,* Analytische Funktionen,

Aber auch in der Theorie der Funktionen reeller Veränderlicher lenkte *Weierstrass*'s durchgreifende Kritik die Aufmerksamkeit auf manche ungenaue Auffassung und lückenhafte Schlussweise[180]), während er konstruktiv die Analysis durch das Prinzip der gleichmässigen Konvergenz (Nr. **6**) bereicherte. Seinem Einfluss verdankt man in hohem Masse die strenge Begründung der Infinitesimalrechnung, deren wir uns heute freuen und durch welche es allein möglich war, die *Cauchy-Riemann*'sche Funktionentheorie einwandfrei zu entwickeln[181]).

Mit besonderem Erfolg hatte *Weierstrass* die Methode der Reihen- und Produktentwicklungen auf die Untersuchung eindeutiger Funktionen einer und mehrerer Veränderlichen angewandt. Aus einer Abhandlung vom Jahre 1876 ist eine Reihe wichtiger Arbeiten hervorgegangen, die in der Folge besprochen werden.

31. Der Weierstrass'sche Satz. Eine ganze rationale Funktion $G(z)$ mit den Nullpunkten $z_1, \ldots, z_m$ kann durch die Formel

$$\frac{G(z)}{G(a)} = \prod_{n=1}^{m} \frac{z - z_n}{a - z_n}$$

dargestellt werden. Diese Formel auf ganze transcendente Funktionen

---

und die beiden Werke von *Harkness* und *Morley*. Der 3. und 4. Band der ges. Werke sollen diese Vorlesungen enthalten. — Wegen *Weierstrass*'s wissenschaftlicher Leistungen vgl. *Hilbert*, Gött. Nachr. (geschftl. Mitt.) 1897, p. 60; *Poincaré*, Acta math. 22 (1898), p. 1; *Lampe*, Gedächtnisrede, Verhandl. phys. Ges. Berl. 5. März 1897 = Jahresber. Deutsch. Math.-Vereinig. 6 (1899), p. 27; *Killing*, Rede, Natur und Offenbarung 43 (1897); ferner Fortschritte der Math. 28 (1897), p. 32.

Unabhängig von *Weierstrass* hat auch *C. Méray* (vgl. Litteraturverzeichnis) in Frankreich die Theorie der analytischen Funktionen auf Grund ihrer Definition durch die Potenzreihe entwickelt. Vgl. *A. Hurwitz*, Verhdlgn. Kongr. Zürich 1898, p. 106.

180) Man vgl. insbesondere seine Vorlesungen über Variationsrechnung.

181) Trotzdem konnte *Weierstrass* selbst sich mit dieser Theorie nicht zufrieden geben. Die Integration erschien ihm als ein zum Zweck des systematischen Aufbaus der Funktionentheorie unbefriedigender Prozess; vgl. Werke 2, p. 235. Indem er seiner Theorie die Methode der Potenzreihen zu Grunde legte, wurde die Anzahl der Grenzprozesse, auf denen dieselbe ruhte, allerdings eine beschränktere. Allein das konnte nur auf Kosten einer naturgemässen Entwicklung der Theorie geschehen, denn es liegt einmal im Wesen der Sache, dass gewisse Teile der Theorie sich der Behandlung mittelst des Grenzprozesses der Integration leichter und natürlicher fügen. Es sei beispielsweise an den Beweis des *Laurent*'schen Satzes, sowie des Satzes, dass auf dem Konvergenzkreis einer Potenzreihe mindestens ein singulärer Punkt der Funktion liegen muss; ferner an den *Simart*'schen Beweis des *Weierstrass*'schen Satzes von Nr. **45** erinnert.

mit unendlich vielen Nullpunkten zu verallgemeinern, ist *Cauchy*[182]) in gewissen Fällen vermittelst des Residuenkalkuls gelungen. Das von *Gauss* untersuchte unendliche Produkt:

$$\frac{1}{\Gamma(z)} = z \prod_{n=1}^{\infty} \left\{ \left(1 + \frac{z}{n}\right) e^{-z \log \frac{1+n}{n}} \right\}$$

gab *Weierstrass* den Schlüssel zur Lösung des allgemeinen Problems. Indem dieser erkannte, dass der zweite Faktor $e^{-z \log \frac{1+n}{n}}$ die Konvergenz erzeugt, bewies er den Satz[27]): Wird eine beliebige Reihe von Grössen $z_1, z_2, \ldots$, vorgelegt, die nur keine im Endlichen gelegene Häufungsstelle haben, so existiert stets eine ganze Funktion $G(z)$, die in jedem dieser Punkte einen Nullpunkt beliebiger Ordnung besitzt und sonst nirgends verschwindet. Die allgemeinste solche Funktion $G_1(z)$ wird durch die Formel gegeben:

$$G_1(z) = G(z)\, e^{\overline{G}(z)},$$

wo $\overline{G}(z)$ eine ganze Funktion bedeutet. Der Beweis lässt sich führen, indem $G(z)$ durch ein unendliches Produkt von Primfunktionen[183]):

$$G(z) = \prod_{n=1}^{\infty} E\left(\frac{z}{z_n}, m_n\right); \; E(z, 0) = 1 - z, \; E(z, m) = (1 - z)\, e^{\sum\limits_{r=1}^{m} \frac{z^r}{r}}$$

definiert wird, welches in jedem endlichen Bereich gleichmässig[184])

182) Exerc. de math. 4 (1829), p. 174. Es ergab sich, dass zu dem Produkt rechts im allgemeinen noch ein Faktor von der Form $e^{\overline{G}(z)}$ hinzutritt. Die direkte Veranlassung zu diesen Untersuchungen bildete bei *Cauchy* die Darstellung der trigonometrischen Funktionen durch unendliche Produkte. Bei *Weierstrass* kamen noch die ϑ- und σ-Funktionen dazu.

183) „Ich nenne *Primfunktion* nach x jede eindeutige Funktion dieser Grösse, welche nur eine (wesentliche oder ausserwesentliche) singuläre Stelle und entweder nur eine oder gar keine Nullstelle hat. Der allgemeinste Ausdruck einer solchen Funktion ist, wenn die singuläre Stelle mit c bezeichnet wird, $\left(\frac{k}{x-c} + l\right) e^{G\left(\frac{1}{x-c}\right)}$, wo k, l Konstanten bedeuten, und zu beachten ist, dass k auch gleich Null und $G\left(\frac{1}{x-c}\right)$ eine Konstante sein kann.“ *Weierstrass*[27]) § 1. — Der Einfachheit halber wird angenommen, dass keine der Grössen z_n verschwindet.

184) Das unendliche Produkt $f_1(z)\, f_2(z) \ldots$, wo die Funktionen $f_n(z)$ in jedem Punkte eines Bereiches T eindeutig definiert sein mögen, konvergiert in T *gleichmässig,* wenn einer beliebig kleinen positiven Grösse ε eine von z unabhängige positive ganze Zahl m sich so zuordnen lässt, dass für alle Werte von z in T

$$| f_{n+1}(z) \cdot \ldots \cdot f_{n+r}(z) - 1 | < \varepsilon, \qquad (r = 1, 2, \ldots)$$

konvergiert. Das Produkt konvergiert auch unbedingt. Um eine brauchbare Reihe von Grössen m_n zu erhalten, genügt es, m_n so anzunehmen, dass die Reihe $\sum_{n=1}^{\infty} r_n^{-(m_n+1)}$, wo $r_n = |z_n|$ ist, konvergiert. Konvergiert diese Reihe insbesondere, wenn m_n gleich der konstanten ganzen Zahl (inkl. 0) E gesetzt wird, während die Reihe $\sum_{n=1}^{\infty} r_n^{-E}$ divergiert, und ist $\overline{G}(z)$ eine ganze rationale Funktion vom Grade P, so heisst die grösste der beiden Zahlen E, P die *Höhe*[185]) der Funktion $G_1(z)$. — Die Funktion

$$\sin \pi z = \pi z \prod_{-\infty}^{\infty}{}' \left\{ \left(1 - \frac{z}{n}\right) e^{\frac{z}{n}} \right\}$$

hat die Höhe 1, während die Funktion

$$\frac{\sin \pi z}{\pi z} = \prod_{n=1}^{\infty} \left(1 - \frac{z^2}{n^2}\right),$$

als Funktion von z^2 betrachtet, die Höhe 0 hat. In seinen Untersuchungen über die Anzahl der Primzahlen unter einer gegebenen

---

ist, wenn nur $n > m$ ist. *Weierstrass*[27]) § 2. Für die gleichmässige Konvergenz des Produktes ist notwendig und hinreichend, dass die unendliche Reihe $\sum_{n=n'}^{\infty} \log f_n(z)$ gleichmässig konvergiere. Sind die Funktionen $f_n(z)$ alle in T analytisch, so wird die durch das Produkt dargestellte Funktion ebenfalls in T analytisch sein. Vgl. *Stolz*, Allg. Arithm. 2, p. 245.

Die Definition der gleichmässigen Konvergenz eines Produktes weicht demnach von der allgemeinen Definition der gleichmässigen Konvergenz einer Funktion $s(z, \alpha)$ (Nr. **6**) insofern ab, dass Produkte, deren Rest $f_{n+1}(z) \cdot \ldots \cdot f_{n+r}(z)$ gegen 0 konvergiert, wenn r ins Unendliche wächst, wie gross die feste Zahl n auch nur angenommen sein mag, nicht zugelassen sind. Solche Produkte sind in der komplexen Funktionentheorie unbrauchbar und von der Betrachtung auszuschliessen, sei es von vornherein durch die Definition, sei es durch spätere Festsetzung. Vgl. I A 3, Nr. **42**.

185) *Genre* nach *Laguerre*, der die Bezeichnung eingeführt hat, ohne sie jedoch explicite zu erklären; vgl. Par. C. R. 94 (1882), p. 160 u. 635 = Oeuvres 1, p. 167, 171. Eine Reihe von Sätzen über solche Funktionen sind von ihm und anderen abgeleitet worden; Litteraturangaben bei *Forsyth*, Th. of F., p. 92. Das Wort *genre* giebt *v. Schaper* mit *Höhe* wieder, Gött. Diss. 1898. Die Dichtigkeit der Nullstellen wird durch die *Borel*'sche „wirkliche Ordnung" ϱ (*ordre réel; Borel*, Acta math. 20 (1896), p. 357; von *v. Schaper* als *Konvergenzexponent* bezeichnet) noch schärfer gekennzeichnet. ϱ ist nämlich diejenige Grösse, für welche bei beliebiger Annahme einer positiven Grösse ε die Reihe $\sum_{n=1}^{\infty} r_n^{-(\varrho+\varepsilon)}$ konvergiert, während die Reihe $\sum_{n=1}^{\infty} r_n^{-(\varrho-\varepsilon)}$ divergiert.

Grösse nahm *Riemann*[186]) an, dass die von ihm eingeführte Funktion $\xi(z)$, als Funktion von z^2 betrachtet, die Höhe 0 habe. Die Richtigkeit dieser Annahme hat zuerst *Hadamard* (Nr. **36**) nachgewiesen. Die *Weierstrass*'schen σ- und die *Jacobi*'schen ϑ-Funktionen haben die Höhe 2.

Aus dem *Weierstrass*'schen Satze ergiebt sich, dass auch die Pole einer eindeutigen Funktion, die sich sonst im Endlichen analytisch verhalten soll, beliebig[187]) vorgeschrieben werden dürfen. Die allgemeinste solche Funktion $f(z)$, deren Nullstellen ebenfalls beliebig vorgeschrieben werden können, wird durch die Formel gegeben:

$$f(z) = \frac{G_1(z)}{G_2(z)} e^{\overline{G}(z)},$$

wo $G_1(z)$, $G_2(z)$ ganze Funktionen sind, die nur in den Nullpunkten resp. Polen von $f(z)$ verschwinden, und $\overline{G}(z)$ eine beliebige ganze Funktion ist[188]).

32. Der Mittag-Leffler'sche Satz[189]). Es möge $\alpha_1, \alpha_2, \ldots,$ eine beliebige Reihe von Grössen sein, die nur keine im Endlichen gelegene Häufungsstelle haben; ferner sei $G_n\left(\frac{1}{z-\alpha_n}\right)$ irgend eine Funktion von z, die im Punkte α_n eine (wesentliche oder ausserwesentliche) singuläre Stelle hat und sich sonst überall analytisch verhält. Dann existiert stets eine eindeutige Funktion von $f(z)$, die, von den Punkten $\alpha_1, \alpha_2, \ldots$ abgesehen, allenthalben im Endlichen analytisch ist und in jedem der Punkte α_n unstetig wird, wie $G_n\left(\frac{1}{z-\alpha_n}\right)$, indem die Funktion $f(z) - G_n\left(\frac{1}{z-\alpha_n}\right)$ sich im Punkte α_n analytisch verhält. Die allgemeinste solche Funktion $f_1(z)$ wird durch die Formel gegeben: $f_1(z) = f(z) + G(z)$, wo $G(z)$ eine ganze Funktion von z bedeutet.

---

186) Berl. Ber. 1859 = Werke, 1. Aufl., p. 136; 2. Aufl., p. 145. Vgl. *Ch. J. de la Vallée-Poussin,* Sur la fonction $\zeta(s)$ de Riemann, etc., Brüssel 1899; Sonderdruck aus den Brux. Mém. cour. 59 (1899), p. 3.

187) Zunächst bloss ihrer Lage und ihrer Ordnung nach; dass auch ihr Hauptteil beliebig angenommen werden kann, besagt eben der *Mittag-Leffler*'sche Satz (Nr. **32**).

188) *Weierstrass*[27]), der den allgemeineren Fall einer eindeutigen Funktion mit einer endlichen Anzahl wesentlicher singulärer Stellen behandelt und explicite Formeln für die Darstellung einer solchen Funktion gegeben hat.

189) *Mittag-Leffler* bewies den Satz zunächst nur für den Fall, dass G_n eine rationale Funktion ist; Stockh. Öfv. 34 (1877). Seinen Beweis hat *Weierstrass* vereinfacht, Berl. Ber. Aug. 1880 = Werke 2, p. 189. — Vgl. ferner [194]).

33. Verallgemeinerungen der Sätze von Nr. 31 u. 32. *E. Picard*[190]) zeigte zunächst, dass der *Weierstrass*'sche Satz unter Anwendung derselben Beweismethode auf den Fall ausgedehnt werden kann, dass bloss $\lim_{n=\infty} |a_n| = 1$, $|a_n| \neq 1$. Ist insbesondere stets $|a_n| < 1$, während sich die Punkte a_n in der Nähe eines jeden Punktes des Einheitskreises häufen, so bildet dieser Kreis eine natürliche Grenze für die Funktion[191]). Es sei an dieser Stelle auch auf die *Poincaré*'schen Θ-Reihen verwiesen[192]). Alsdann hat *Mittag-Leffler*[193]) den allgemeinen Satz bewiesen: Es sei eine beliebige isolierte Punktmenge Q mit den Punkten $a_1, a_2, \ldots$ vorgelegt, die nebst ihrer abgeleiteten Menge Q' die Begrenzung eines Bereiches T bilden möge; und es seien $n_1, n_2, \ldots$ eine beliebige Reihe positiver oder negativer ganzer Zahlen. Dann existiert stets eine Funktion, die in T analytisch ist und dort nicht verschwindet, in der Umgebung des Punktes a_i durch die Formel $(z - a_i)^{n_i} e^{\mathfrak{P}(z-a_i)}$ darstellbar ist, und somit in jedem Punkte von Q' einen wesentlichen singulären Punkt aufweist.

Den Satz von Nr. 32 hat *Mittag-Leffler*[194]) wie folgt verallgemeinert: Es sei eine beliebige isolierte Punktmenge Q vorgelegt, deren Punkte mit $\alpha_1, \alpha_2, \ldots$ bezeichnet seien; ferner sei $G_n\left(\frac{1}{z-\alpha_n}\right)$ $(n = 1, 2, \ldots)$ irgend eine Funktion, die nur im Punkte α_n eine singuläre Stelle besitzt. Dann lässt sich stets ein analytischer Ausdruck bilden, welcher für jeden weder der Menge Q noch deren Ableitung Q' (I A 5, Nr. **1**) angehörigen Wert z' von z eine Funktion von z definiert, die sich im Punkte z' analytisch verhält und ausserdem im Punkte α_n unstetig wird, wie $G_n\left(\frac{1}{z-\alpha_n}\right)$, indem die Differenz zwischen ihr und dieser Funktion sich dort analytisch verhält. In verschiedenen Bereichen kann jedoch der Ausdruck Funktionen darstellen, die nicht in einander analytisch fortsetzbar sind[195]). *Mittag-*

190) Par. C. R. 92 (1881), p. 690.

191) Vgl. auch *E. Picard*, Par. C. R. 94 (1882), p. 1405.

192) Verschiedene Noten in den Par. C. R. 92, 93 (1881); vgl. II B 6 c.

193) Acta math. 4 (1884), p. 32.

194) *Mittag-Leffler*[193]), p. 8. Einen ähnlichen Satz hat *Goursat* in den Par. C. R. 96 (1883), p. 567 ausgesprochen. Vgl. auch *Appell*, Acta math. 1 (1882), p. 145.

195) *Weierstrass* hatte bereits gezeigt, dass ein und derselbe analytische Ausdruck in verschiedenen Bereichen verschiedene analytische Funktionen darzustellen vermag; vergl. Berl. Ber. 12. Aug. 1880, § 3, sowie ibid. 21. Febr. 1881 = Werke 2, p. 208, § 3, u. p. 231. *E. Schroeder* war auf eine Reihe gestossen:

Leffler behandelt ferner den Fall, dass die singulären Stellen (resp. ein Teil davon) einer eindeutigen analytischen Funktion durch die Zahlen der ersten oder zweiten Zahlenklasse (I A 5) abzählbar sind und leitet Formeln für die Darstellung einer solchen Funktion ab. Dabei findet die *Cantor*'sche Theorie der Punktmengen eine Anwendung in der Analysis[196]). — Auf eindeutige Funktionen auf einer algebraischen *Riemann*'schen Fläche sind die in dieser Nummer besprochenen Sätze[197]) von *P. Appell* ausgedehnt.

34. Funktionen mit vorgegebenem Definitionsbereich. *Weierstrass* hat den Satz ausgesprochen[198]): Gegeben sei ein beliebiger Bereich T; dann existieren stets eindeutige Funktionen, die in jedem Punkte von T analytisch sind und in jedem Begrenzungspunkte von T einen singulären Punkt haben. Beweise sind unter gewissen einschränkenden Voraussetzungen von *H. Poincaré* und *E. Goursat* gegeben worden[199]). In seiner vollen Allgemeinheit ist der Satz erst von *Runge*[200]) bewiesen worden. Die *Runge*'sche Methode beruht

---

$\sum_{n=0}^{\infty} 1/(z^{2^n} - z^{-2^n})$, die gegen den Grenzwert $z/(z-1)$ resp. $1/(z-1)$ konvergiert, je nachdem $|z|<1$ oder $|z|>1$ ist; Zeitschr. Math. Phys. 22 (1876), p. 184. Diese Reihe kommt bereits bei *A. de Morgan*, Diff. and Int. Calculus, London 1842, p. 229 vor und ist mit einem speziellen Fall der später von *J. Tannery* gegebenen Reihe eng verwandt; *Weierstrass* a. a. O. 21. Febr. 1881. Andererseits hatte *Hermite* bemerkt, dass die Cauchy'sche Integralformel, welche innerhalb C die Funktion $f(z)$ darstellt, ausserhalb C stets den Wert 0 ergiebt; vgl. auch die Arbeit von *Runge*[200]). Mit dem Auftreten natürlicher Grenzen ist das soeben erwähnte Verhalten analytischer Ausdrücke nicht notwendig verknüpft. — Litteraturangaben über diesen Gegenstand bei *Hurwitz*[179]).

196) Über diese Untersuchungen referiert *Hurwitz*[179]).

197) Acta math. 1 (1882), p. 109, 132.

198) Berl. Ber. 12. Aug. 1880, § 6 = Werke 2, p. 223. Von dem Grad der Allgemeinheit dieses Theorems bekommt man einen Begriff, wenn man bedenkt, dass die Begrenzung eines Bereiches T nicht einmal vom Inhalt Null zu sein braucht und dass sie Punkte enthalten kann, denen man sich längs einer stetigen in T gelegenen Kurve nicht nähern kann[118]). Einfache Beispiele von Punktmengen ersterer Art habe ich im Cambridger Colloquium angeführt, N. Y. Bull. (2) 5 (1898), Lecture VI, p. 82.

199) *Poincaré*, Fenn. Acta 12 (1881), p. 341; wieder abgedruckt im Amer. J. of Math. 14 (1892); vgl. auch *Hermite*, Cours d'anal, 4. Aufl., p. 171; *Goursat*, Par. C. R. 94 (1882), p. 715; sowie Darb. Bull. 22 (1887), p. 109. Diese Beweise, welche im Grunde mit einander identisch sind, lassen sich leicht verallgemeinern; vgl. *Osgood*, N. Y. Bull. (2) 5 (1898), p. 14.

200) Acta math. 6 (1885), p. 229. Ein von *Stäckel* gegebener Beweis ist lückenhaft; J. f. Math. 112 (1893), p. 262. — Mittelst der *Runge*'schen Methode

darauf, eine Funktion, die in einem gewissen Bereich eindeutig und analytisch ist, annäherungsweise durch eine rationale Funktion darzustellen[201]); durch eine geeignete Reihe rationaler Funktionen wird dann die betreffende Funktion definiert.

Ob ein ähnliches Theorem für eine beliebige *Riemann*'sche Fläche als Definitionsbereich einer als vorhanden nachzuweisenden Funktion existiert, ist noch nicht entschieden. Durch die *Poincaré*'schen Untersuchungen (Nr. **28**) wird der Existenzbeweis in gewissen sehr allgemeinen Fällen geliefert[202]).

35. Auf dem Konvergenzkreis gelegene singuläre Punkte, insbesondere Pole, und die Koeffizienten der Potenzreihe. Ist

$$a_0 + a_1 z + a_2 z^2 + \cdots$$

eine beliebig angesetzte Potenzreihe und betrachtet man die erste Ableitung der Punktmenge $|\sqrt[n]{a_n}|$, so ist der Maximalwert dieser abgeleiteten Menge gleich dem reciproken Wert des Radius R des Konvergenzkreises[203]) der Reihe. Soll die Reihe insbesondere für alle Werte von z konvergieren, so ist notwendig und hinreichend, dass[204]) $\lim\limits_{n=\infty} |\sqrt[n]{a_n}| = 0$. Damit ein auf dem Konvergenzkreise beliebig gelegener Punkt z_0 ein singulärer Punkt der Funktion sein soll, ist notwendig und hinreichend, dass der Konvergenzkreis der *Taylor*'schen Reihe: $\sum\limits_{n=0}^{\infty} f^{(n)}(z_1)\,\frac{(z-z_1)^n}{n!}$, wo z_1 einen innern Punkt des Radius $(0, z_0)$ bedeutet, den Radius $R - |z_1|$ habe. Daraus hat *Hadamard*[205]) eine

---

lässt sich auch eine Reihe von Sätzen über die Darstellbarkeit eindeutiger Funktionen durch Reihen beweisen; so z. B. der Satz: Besteht die Begrenzung des Definitionsbereiches der eindeutigen Funktion $f(z)$ aus einem Stück (d. h. aus einer zusammenhängenden Punktmenge) und ist a ein beliebiger Punkt der Begrenzung, so ist $f(z)$ durch eine Reihe darstellbar: $f(z) = \sum\limits_{n=1}^{\infty} G_n\left(\frac{1}{z-a}\right)$, wo $G_n(w)$ eine ganze rationale Funktion von w bedeutet. Leichte Verallgemeinerung für eine beliebige Funktion.

201) Dazu bietet die *Cauchy*'sche Integralformel die Mittel; vgl. Nr. **38**.

202) Vgl. *Osgood* [198]), p. 73.

203) Unter „Konvergenzkreis" soll hier stets der *wahre Konvergenzkreis* [38]) verstanden werden.

204) *Cauchy*, Anal. alg. (1821), p. 59, 143, 151 = Oeuvres (2) 3, p. 63, 129, 136; Resumés anal. (1833), p. 47 = Oeuvres (2) 10, p. 57. Vgl. auch I A 3, Nr. **23**. Der Satz ist von *Hadamard* [205]) von neuem entdeckt.

205) J. de math. (4) 8 (1892), p. 101; Anwendung auf die *Weierstrass*'sche Funktion, $\sum\limits_{n=0}^{\infty} b^n z^{c^n}$. Eine allgemeinere Bedingung ist später von *Fabry* ent-

hinreichende Bedingung abgeleitet, dass die singulären Punkte von $f(z)$ auf dem Konvergenzkreise überall dicht liegen und somit diese Kurve ganz ausfüllen. Die von *Fabry* ausgesprochene Ansicht, dass die durch eine Potenzreihe definierten Funktionen ihren Konvergenzkreis im allgemeinen zur natürlichen Grenze haben, ist später von *Borel* und *Fabry* bestätigt worden[205a]).

Nachdem *Darboux*[206]) den Koeffizienten der Potenzreihe eine notwendige Bedingung entnommen hatte, dass die Funktion $f(z)$ auf dem Konvergenzkreise einen Pol, aber keinen weiteren singulären Punkt dort besitze, leitete *Hadamard*[207]) eine durch die Koeffizienten ausgedrückte notwendige und hinreichende Bedingung ab, dass $f(z)$ eine beliebige Anzahl von Polen je beliebiger Ordnung, sonst aber keinen singulären Punkt auf dem Konvergenzkreise aufweise. Diese Bedingung dehnte er dann auf den Fall aus, dass $f(z)$ noch in einem grösseren Kreise, insbesondere überhaupt im Endlichen keine anderen singulären Punkte als Pole haben soll, und er bestimmte[208]) die Pole durch die Koeffizienten der Reihe.

36. Die Nullpunkte einer analytischen Funktion, insbesondere einer ganzen Funktion. Ist eine analytische Funktion $\psi(z)$ durch die Reihe gegeben:

$$\psi(z) = C_0 + C_1 z + C_2 z^2 + \cdots \qquad (C_0 \neq 0),$$

so entsprechen den im Konvergenzkreise gelegenen Nullpunkten von $\psi(z)$ die in demselben Kreise gelegenen Pole der reciproken Funktion:

$$f(z) = 1/\psi(z) = a_0 + a_1 z + a_2 z^2 + \cdots,$$

wo die a's sich rational durch die C's ausdrücken lassen. Es lassen

---

wickelt worden, Ann. éc. norm. (3) 13 (1896), p. 367. Weitere Litteraturangaben bei *Hurwitz*[179]). Ausführliches über den Gegenstand dieses und der folgenden Paragraphen nebst Litteraturangaben findet sich bei *Hadamard,* La série de Taylor et son prolongement analytique, Paris 1901.

205a) *Fabry*[205]), p. 399; *Borel,* Par. C. R. 123 (1896), p. 1051; *Fabry,* Acta 22 (1899), p. 65.

206) J. de math. (3) 4 (1878), p. 5. *Darboux* behandelt ferner den Fall eines Poles n^{ter} Ordnung, sowie gewisser Verzweigungspunkte.

207) *Hadamard*[205]); vgl. auch *v. Schaper*'s Dissertation[185]), wo ein einfacher Beweis *Hilbert*'s mitgeteilt wird. Der allgemeinste Fall wird von *v. Schaper* nicht behandelt. Ferner *Van Vleck,* Amer. Trans. 1 (1900), p. 293.

208) Es handelt sich dabei durchweg um die Häufungsstellen gewisser Punktmengen, deren Punkte explicite von den a's abhängen. Will man die Pole aus diesen Formeln wirklich berechnen, so fehlt vorläufig jede Abschätzung des Fehlers.

sich somit die Nullpunkte von $\psi(z)$ durch die C's bestimmen (Nr. **35** und [208]).

Diese Resultate wendet *Hadamard* an, um den Satz[209]) zu beweisen: Es sei

$$F(z) = a_0 + a_1 z + a_2 z^2 + \cdots$$

eine beliebige ganze Funktion. Man bestimme eine Funktion $\chi(n)$ derart, dass, sobald $n > m$ ist,

$$(\alpha) \quad |a_n| \leq \frac{1}{\chi(n)}; \qquad (\beta) \quad \frac{\chi(n+2)}{\chi(n+1)} \geq \frac{\chi(n+1)}{\chi(n)},$$

und setze $\varphi(n) = \sqrt[n]{\chi(n)}$. Andererseits mögen die Nullstellen $z_1, z_2, \ldots$ von $F(z)$ so bezeichnet werden, dass $r_{n+1} \geq r_n$, $(|z_n| = r_n)$. Dann lässt sich jeder positiven Grösse ε eine ganze Zahl μ so zuordnen, dass

$$r_n > (1 - \varepsilon)\,\varphi(n), \qquad n > \mu,$$

wofern $F(z)$ überhaupt unendlich viele Nullpunkte besitzt.

Es ist somit eine obere Grenze für die Anzahl der Nullpunkte einer ganzen Funktion gegeben, die in einem Kreise von beliebigem (genügend grossem) Radius liegen. Mit der Frage, ob diese obere Grenze nicht zu hoch ist, hat sich *E. Borel*[210]) beschäftigt.

Von der Stärke des Unendlichwerdens der Funktion $F(z)$, wenn $z = \infty$ wird, ausgehend ist *Schou*[211]) zu einem Satze gelangt, der ebenfalls eine obere Grenze für die Anzahl der Nullpunkte in einem grossen Kreise ergiebt: Satz: Ist $F(z)$ eine ganze Funktion von z, die der Bedingung genügt:

$$|F(z)| < e^{V(r)},$$

wo $V(r)$ eine positive mit r selbst unbegrenzt wachsende Funktion von r ist, so gilt für grosse Werte von n die Ungleichung:

$$n \log(s - 1) < V(s r_n),$$

wo s eine beliebige Grösse > 2 ist.

37. Die Stärke des Unendlichwerdens einer ganzen Funktion, die Koeffizienten der Taylor'schen Reihe und die Höhe der Funktion. *Poincaré* bewies die beiden Sätze[212]): a) Ist $F(z)$ eine ganze Funktion von der Höhe E und lässt man $z = re^{\varphi i}$ längs eines beliebigen Halbstrahles $\varphi = \varphi_0$ ins Unendliche rücken; nimmt man

---

209) J. de math. (4) 9 (1893), p. 202.

210) Acta math. 20 (1897), p. 357. *Borel* bemerkt ferner, dass in der *Hadamard*'schen Formel $r_n > (1 - \varepsilon)\,\varphi(n)$, $\varepsilon < (\log n)^{-\frac{1}{2}}$ ist.

211) Par. C. R. 125 (1897), p. 763.

212) Bull. soc. math. de France 11 (1883), p. 136.

ferner β so an, dass, wenn z so unendlich wird, $\lim e^{\beta z^{E+1}} = 0$ ist, so wird zugleich auch $\lim F(z) e^{\beta z^{E+1}} = 0$. b) Ist $F(z) = \sum_{n=0}^{\infty} a_n z^n$ eine ganze Funktion von der Höhe E, so ist $\lim_{n=\infty} a_n n!^{\frac{1}{E+1}} = 0$. Es ist somit im wesentlichen für die Funktionen endlicher Höhe a) eine obere Grenze (nämlich $e^{\beta r^{E+1}}$, $|z| = r$) für die Stärke des Unendlichwerdens von $|F(z)|$, wenn $z = \infty$; b) eine obere Grenze für die Stärke des Nullwerdens von $|a_n|$, wenn $n = \infty$, gegeben worden.

Diese Sätze unter passenden Einschränkungen umzukehren resp. ihnen eine genauere Fassung zu geben, war die Veranlassung zu einer Reihe neuerer Arbeiten hauptsächlich französischer Mathematiker. *Hadamard*[213]) schätzte zunächst die Stärke des Unendlichwerdens einer beliebigen ganzen Funktion $F(z) = \sum_{n=0}^{\infty} a_n z^n$, wenn $z = \infty$, ab, indem er zeigte, dass für alle Werte von $r > r_1$

$$|F(z)| < A r^{\varepsilon} e^{\int_{r_0}^{r} \frac{\psi(r)}{r} dr}, \qquad \begin{cases} |z| = r; \quad r_1, A, \varepsilon = \text{const.}, \\ \varepsilon, \text{ beliebig klein,} \end{cases}$$

wo die Funktion $\psi(r)$ lediglich von den Koeffizienten a_n abhängt. Ist insbesondere $|a_n| \leqq (n!)^{-\alpha}$, $(n > m)$, so ist

$$|F(z)| < e^{H r^{\frac{1}{\alpha}}} \qquad (H = \text{const.}).$$

Andererseits leitete *Hadamard* für ganze Funktionen endlicher Höhe eine untere[214]) Grenze für den Wert von $|F(z)|$ ab, wenn $r = R_i$, $i = 1, 2, \ldots$, und $\lim_{i=\infty} R_i = \infty$[215]).

Umgekehrt, sei $|F(z)| < e^{V(r)}$. Dann zeigt die *Cauchy*'sche Formel: $a_n = \frac{1}{2\pi i} \int_C \frac{F(z)}{z^{n+1}} dz$, dass $|a_n| < r^{-n} e^{V(r)}$ und man erhält eine Abschätzung für $|a_n|$, indem man r einen solchen Wert beilegt, dass $r^{-n} e^{V(r)}$ zum Minimum wird. Ist insbesondere $V(r) = r^{\frac{1}{\alpha}}$, so ergiebt sich, dass

$$|a_n| \leqq \frac{e^{\alpha n}}{(\alpha n)^{\alpha n}} < \frac{\varepsilon}{n!^{\alpha - \delta}}, \qquad n > m, \qquad \varepsilon, \delta \text{ beliebig klein.}$$

Nun geht *Hadamard* weiter, indem er den Satz beweist: Ist $F(z) = \sum_{n=0}^{\infty} a_n z^n$

---

213) *Hadamard*[209]), p. 172—178.

214) a. a. O. p. 204.

215) Über eine ähnliche Abschätzung im allgemeinen Fall hat *Borel*[210]) Untersuchungen angestellt. Vgl. auch *v. Schaper*'s Dissertation[185]).

eine beliebige ganze Funktion von z, deren Koeffizienten an die Bedingung $|a_n| \leqq n!^{-\alpha}$, $n > m$, geknüpft sind, so ist die Höhe von $F(z)$ endlich und nicht grösser als $1/\alpha$. Damit ist die Umkehrung des zweiten *Poincaré*'schen Satzes geleistet, während die Umkehrung seines ersten Satzes sich wie folgt aussprechen lässt: Ist $F(z)$ eine ganze Funktion von z, die nicht stärker unendlich wird, wenn $r = \infty$, als e^{r^λ}, d. h. $|F(z)| < e^{r^\lambda}$, $r > r_1$, so ist die Höhe von $F(z)$ endlich und nicht grösser als λ.[216])

Auf Grund der soeben zitierten Sätze zeichnet sich eine besondere Klasse ganzer transcendenter Funktionen aus, die *Hadamard'schen Funktionen*[217]), deren Koeffizienten den Bedingungen genügen:

$$1)\ |a_n| \leqq 1/n!^{\alpha-\delta}, \quad n > m; \qquad 2)\ |a_n| > 1/n!^{\alpha+\delta}, \quad n = m_1, m_2, \ldots$$

wo $\alpha > 0$ als *Ordnung* der Funktion definiert wird und $\delta > 0$ beliebig angenommen werden darf. Sie sind Funktionen endlicher Höhe und *vom Typus* e^{r^λ}, d. h. es gilt:

$$|F(z)| < e^{r^{\lambda+\varepsilon}}, \quad r > r_1; \quad |F(z_i)| > e^{r_i^{\lambda-\varepsilon}}, \qquad \lim_{i=\infty} z_i = \infty,$$

wo $\alpha\lambda = 1$ und $\varepsilon > 0$ beliebig angenommen wird. Die zwischen λ, der Höhe, und dem Konvergenzexponenten ϱ herrschenden Beziehungen sind auch von *v. Schaper*[185]) ermittelt worden.

38. Annäherungsformeln; Reihenentwicklungen nach Polynomen. Bei der Frage nach der angenäherten Darstellung einer analytischen Funktion $f(z)$ verlangt man in der Funktionentheorie[218]) entweder a) dass die Annäherungsfunktion $f_n(z)$ in einem oder mehreren Punkten $z_0, z_1, \ldots$ des Definitionsbereiches von $f(z)$ sich dieser Funktion möglichst eng anschmiegt, derart dass die *Taylor*'sche Reihenentwicklung für den Fehler $f(z) - f_n(z)$ im Punkte z_i mit dem Terme $(N_i + 1)^{\text{ten}}$ Grades anfängt, wo N_i bei gegebenem n möglichst hoch gemacht, bez. vorgeschrieben wird; oder b) dass $f_n(z)$ in einem ganzen Bereich T' eine gleichmässige Annäherung liefert, indem der Fehler $f(z) - f_n(z)$ in jedem Punkte z von T' dem absoluten Betrage nach

216) Diese Sätze hat *v. Schaper*[185]) unter einer genaueren Fassung bewiesen.

217) Die Benennung ist von *Hilbert* vorgeschlagen worden; vgl. *v. Schaper* a. a. O. Alle ganzen transcendenten Funktionen, die bisher in der Analysis eine Rolle gespielt haben, sind *Hadamard*'sche Funktionen.

218) Annäherungsformeln anderer Art (z. B. die semikonvergenten Reihen) erfüllen einen rechnerischen, aber keinen funktionentheoretischen Zweck. Übrigens dürfen unter den Punkten $z_0, z_1, \ldots$ auch isolierte Singularitäten von $f(z)$ auftreten, wobei dann die Definition der Anschmiegung in leicht ersichtlicher Weise abgeändert werden muss. Vgl. unten *Mittag-Leffler* und *Van Vleck*.

kleiner als eine beliebige von z unabhängige positive Grösse ε bleibt. Notwendig und hinreichend für b) ist, dass $f_n(z)$ in T' gleichmässig gegen $f(z)$ konvergiert, wenn n ins Unendliche wächst. Die Forderung b) braucht im Falle a) selbst in einer sehr kleinen von n unabhängigen Umgebung des Punktes z_i nicht erfüllt zu sein, wie Beispiele aus der Lehre der Kettenbrüche zeigen[219]). In der That kann der Kreis um z_i, innerhalb dessen der Fehler die Grösse ε nicht übersteigt, bei abnehmendem ε und zugleich zunehmendem n gegen den Punkt z_i zusammenschrumpfen.

Die einfachsten analytischen Funktionen sind die ganzen und die gebrochenen rationalen Funktionen und die einfachste Annäherung der ersten Art geschieht mit Hülfe eines Polynoms $f(z)$[220]). Hier kann man stets erreichen, indem man die $n+1$ Koeffizienten von $P_n(z)$ so bestimmt, dass

$$f^{(i)}(z_0) = P_n^{(i)}(z_0), \qquad i = 0, 1, \ldots, n,$$

dass die Reihenentwicklung für den Fehler in der Umgebung des Punktes z_0 mindestens mit dem Terme $(n+1)^{\text{ter}}$ Dimension anfängt:

$$f(z) - P_n(z) = c_{n+1}(z - z_0)^{n+1} + \cdots.$$

In diesem Fall wird auch der Forderung b) in jedem innerhalb des Konvergenzkreises gelegenen Bereich T' genügt, und $P_n(z)$ nähert sich der Funktion $f(z)$ in T' gleichmässig. — Nähert man $f(z)$ mittelst einer gebrochenen rationalen Funktion $P(z)/Q(z)$ an, so wird man auf Kettenbruchentwicklungen geführt (vgl. Nr. **39**). Der Forderung a) kann man dann stets gerecht werden, der Forderung b) wird dagegen im allgemeinen nicht genügt.

Für die eindeutigen analytischen Funktionen bez. für einen Zweig einer mehrdeutigen Funktion hat *Mittag-Leffler*[221]) im Fall a) Annäherungsformeln gegeben, indem er unendlich viele Punkte z_i zu-

---

219) Mit Hülfe des *Runge*'schen Verfahrens (Nr. **34**) kann man Beispiele zum Belege dieser Behauptung auch direkt aufstellen.

220) Dieser Gedanke geht auf *Newton*, Analysis per aequationes numero terminorum infinitas, zurück; vgl. *H. Padé*, Par. Thèse 1892, p. 7 = Ann. éc. norm. (3) 9 (1892), p. S 7. An die Lagrange'sche Interpolationsformel knüpften *Cauchy* (Anal. alg., p. 528 = Oeuvres (2) 3, p. 431) und *Jacobi* (J. f. Math. 30 (1846), p. 127) an, indem sie statt Polynome gebrochene rationale Funktionen verwendeten. Die Beziehungen, welche zwischen mehreren Annäherungsbrüchen dieser Art bestehen, sind von *Frobenius* (J. f. Math. 90 (1880), p. 1) untersucht worden.

221) Vgl. [193]). Wir haben die Funktion $f(z)$ als gegeben angesehen und dieselbe dann mittelst rationaler Funktionen angenähert. Umgekehrt kann man

lässt, in deren jedem N_i einen beliebig vorgeschriebenen Wert hat; allgemeiner dürfen auch Pole von $f(z)$ in beliebiger Anzahl unter den Punkten z_i mit auftreten.

Eine allgemeine Lösung des Problems b), sowohl für eindeutige als auch für mehrdeutige Funktionen, wofern der Bereich T' der zugehörigen *Riemann*'schen Fläche nirgends über sich selbst greift, ist von *Runge*[200]) gegeben worden. Er geht von der *Cauchy*'schen Integralformel aus, die er, wie folgt, umformt:

$$f(z) = \frac{1}{2\pi i}\int\limits_C \frac{f(t)\,dt}{t-z} = \frac{1}{2\pi i}\lim_{n=\infty}\sum_{i=1}^{n}\frac{f(t_i)(t_{i+1}-t_i)}{t_i - z}$$

$$= s_1(z) + \sum_{n=1}^{\infty}\left[s_{n+1}(z) - s_n(z)\right],$$

wo

$$s_n(z) = \sum_{i=1}^{n}\frac{f(t_i)(t_{i+1}-t_i)}{t_i - z}.$$

Dabei wird das Integral längs des Randes $\overline{C}$ eines Bereiches $\overline{T'}$ erstreckt, der T' enthält, und die Punkte t_i werden schliesslich auf $\overline{C}$ überall dicht. Die Terme dieser Reihe, die ja rationale Funktionen sind, werden durch Polynome angenähert und es ergiebt sich somit eine Darstellung von $f(z)$ im Bereich T' durch eine gleichmässig konvergente Reihe von Polynomen. Die Summe der ersten n Glieder dieser Reihe liefert die Funktion $f_n(z)$. Die *Runge*'sche Lösung des Problems b) setzt die Kenntnis der Werte der Funktion in einer abzählbaren überall dichten auf $\overline{C}$ gelegenen Menge voraus. *Mittag-Leffler*[80]) hat das Problem behandelt, indem er die Funktion als durch die Koeffizienten einer Potenzreihe — also wiederum durch eine abzählbare Menge von Konstanten — gegeben ansieht.

Insbesondere geht aus diesen Methoden hervor, dass jede eindeutige analytische Funktion von z, deren Definitionsbereich T der Punkt $z = \infty$ nicht angehört, sich in eine Reihe von Polynomen entwickeln lässt, die in einem beliebigen Bereich T' gleichmässig konvergiert. Die Reihe ist so nicht eindeutig bestimmt, denn es ist beispielsweise

---

sich, wie *Mittag-Leffler* ausführt, die rationale Funktion $R_i(z) = \sum_{n=M_i}^{N_i-1} a_n(z-z_i)^n$ geben und dieselbe dann durch einen analytischen Ausdruck $f(z)$ [Reihe oder Produkt] annähern, derart, dass in der Nähe des Punktes z_i die Beziehung gilt: $f(z) - R_i(z) = C_{N_i}(z-z_i)^{N_i+1} + \cdots$. Vgl. auch *E. Schering*, Gött. Abh. 27 (1881), p. 1. Inwiefern der Forderung b) genügt wird, ist nicht untersucht.

$$0 = \lim_{n=\infty} \frac{z^n}{n!} = z + \sum_{n=1}^{\infty} \left[\frac{z^{n+1}}{(n+1)!} - \frac{z^n}{n!} \right].$$

Noch eine andere Lösung hat *Hilbert*[222]) gegeben, indem er $f_n(z)$ durch die Reihe darstellt:

$$f_n(z) = \sum_{i=1}^{\infty} G_i(z) [G(z)]^i,$$

wo $G_i(z)$, $G(z)$ Polynome vom Grade $m-1$ resp. m sind. Die Reihe konvergiert in einem beliebigen innerhalb einer „Lemniscate" gelegenen Bereich gleichmässig.

Wegen anderer Entwicklungen nach Polynomen vgl. Nr. **39.** Ferner sei auf die Entwicklungen verwiesen, welche *Appell*[194]) und *Painlevé*[222a]) aufgestellt haben.

39. Kettenbruchentwicklungen[223]). Eine solche Entwicklung entsteht, indem man $f_n(z) = P_N(z)/Q_N(z)$ setzt, wo $P_N(z)$, $Q_N(z)$ Polynome vom m^{ten} Grade sind, wenn $N = 2m$ ist; vom $(m+1)^{\text{ten}}$ resp. vom m^{ten}, wenn $N = 2m + 1$ ist[224]). Es ist stets möglich, P_N, Q_N so zu bestimmen, dass in der Umgebung des Punktes $z_0 = 0$

$$f(z) - \frac{P_N(z)}{Q_N(z)} = C z^{N+1} + \cdots.$$

Im allgemeinen wird $C \neq 0$ sein. Setzt man

$$Q_N f(z) - P_N = c_1^{(N)} z^{N+1} + c_2^{(N)} z^{N+2} + \cdots,$$

so ergiebt sich, dass

$$P_{N+2} = z P_N + a_{N+2} P_{N+1},$$
$$Q_{N+2} = z Q_N + a_{N+2} Q_{N+1},$$

wo $a_{N+2} = -c_1^{(N)}/c_1^{(N+1)}$ ist; ferner sei $Q_0 = 1$, $a_0 = P_0 = f(0)$, $Q_1 = f'(0)^{-1} = a_1$, $P_1 = a_0 a_1 + z$. Dann ist

$$\begin{vmatrix} Q_{N+1} & Q_N \\ P_{N+1} & P_N \end{vmatrix} = (-z)^{N+1}.$$

---

222) Gött. Nachr. 1897, p. 63. Mit der formalen Seite dieses Problem hatte sich *Jacobi* bereits beschäftigt, J. f. Math. 53 (1857), p. 103.

222a) Par. Thèse 1887 = Toul. Ann. 2 (1888), p. 1 B.

223) Vgl. auch I A 3, insbes. Nr. **55**, II B 4, 4 b, sowie *Van Vleck*, Gött. Diss. 1893 = Amer. J. of Math. 16 (1894), p. 1, wo zahlreiche Litteraturangaben sich finden und auch die Gruppeneigenschaften gewisser Kettenbrüche nach dem Vorbild *Heun*'s, Math. Ann. 33 (1889), p. 180 besprochen werden. — Zwischen den Kettenbrüchen und den divergenten Reihen besteht ein enger Zusammenhang. Man vgl. die Darstellung bei *Borel*, Séries divergentes, 1901; sowie *H. Padé*, Acta 18 (1894), p. 97.

224) N ist somit gleich der Summe der Grade von P_N, Q_N. Andere Festsetzungen bezüglich dieser Grade werden später erwähnt.

Der Übergang zu einer Form des Kettenbruchs geschieht nun, indem man $\varphi_N(z)$ durch die Gleichung einführt:

$$f(z) = \frac{P_{N+1} + P_N \varphi_N}{Q_{N+1} + Q_N \varphi_N}; \quad \text{also} \quad \varphi_N(z) = \frac{z}{a_{N+2} + \varphi_{N+1}(z)},$$

wofern nicht $\varphi_N(z) = 0$ ist;

$$f(z) = a_0 + \cfrac{z}{a_1 + \cfrac{z}{\ddots \, \cfrac{}{a_N + \cfrac{z}{a_{N+1} + \varphi_N(z)}}}}.$$

Eine hinreichende Bedingung für die Kettenbruchentwicklung ergiebt sich sofort: Konvergiert P_N/Q_N gegen einen Grenzwert $F(z)$; konvergiert ferner $Q_N\varphi_N/Q_{N+1}$ gegen irgend einen von -1 verschiedenen Grenzwert (incl. ∞), so ist $F(z) = f(z)$.

Es gilt die Formel:

$$\frac{P_{N+1}}{Q_{N+1}} - \frac{P_N}{Q_N} = \frac{-(-z)^{N+1}}{Q_N\, Q_{N+1}}.$$

Daraus geht folgendes hervor: Konvergiert die Reihe

$$\sum_{N=1}^{\infty} (-z)^{N+1} / Q_N\, Q_{N+1}$$

in einem Bereich T gleichmässig, so konvergiert P_N/Q_N in T gleichmässig gegen eine analytische Funktion $F(z)$, die jedoch mit $f(z)$ nicht identisch zu sein braucht[225]). Ist aber der Punkt $z = 0$ im Bereich T enthalten, so ist $F(z) = f(z)$. Der Grenzwert von P_N/Q_N ist nämlich nach Nr. **6** eine analytische Funktion, deren Ableitungen im Punkte $z = 0$ im letzteren Fall sämtlich mit den entsprechenden Ableitungen von $f(z)$ dort übereinstimmen.

Ähnliche Formeln gelten, wenn $f(z)$ in der Umgebung des Punktes $z = \infty$ durch den Bruch $P_N(z)/Q_N(z)$ angenähert wird, indem man sich der Entwicklung bedient[226]):

$$f(z) = a_0 + \cfrac{a_1}{b_1 z + c_1 + \cfrac{a_2}{b_2 z + c_2 + \cfrac{a_3}{\ddots}}}$$

Setzt man formal eine Reihe $\sum_{i=0}^{\infty} c_i z^{-i}$ an, so wird im allgemeinen

225) Vgl. *Padé* [220]).

226) Vgl. *Possé*, Sur quelques applications des fractions continues algébriques, Petersburg 1886. *T. J. Stieltjes*, Toul. Ann. 8 (1894), J 1; (Fortsetzung) 9 (1895) A 1. Es sei auch auf verschiedene Untersuchungen von *Tschebyscheff* und *Markoff* verwiesen, worüber zum Teil von *Possé* referiert ist.

ein zugehöriger Kettenbruch dieser Form eindeutig bestimmt. Es kann nun vorkommen: a) dass der Kettenbruch gleichmässig konvergiert und somit eine analytische Funktion darstellt, obwohl die Reihe beständig divergiert[227]; b) dass der Kettenbruch divergiert, obwohl die Reihe konvergiert[228].

Der Gedanke, eine vorgelegte analytische Funktion der Forderung a) Nr. **38** gemäss mittelst gebrochener rationaler Funktionen anzunähern, geht auf *Lagrange*[229]) zurück. Das Problem ist von *Frobenius*[229a]) und erst neuerdings eingehend von *Padé*[220]) untersucht worden. An Stelle von $P_N(z)$, $Q_N(z)$ treten jetzt Polynome $P(z)$, $Q(z)$ vom m^{ten} resp. n^{ten} Grade, die so bestimmt werden, dass die *Taylor*'sche Reihenentwicklung für $f(z) - P(z)/Q(z)$ womöglich mit einer höheren als der $(m+n+1)^{\text{ten}}$ Potenz von z anfängt. (Nach *Padé*'s Bezeichnungsweise ist $m = p - \omega_{pq}$, $n = q - \omega_{pq}$.) *Padé* untersucht Kettenbrüche von den beiden Formen:

$$\text{(I)} \qquad a_1 + \frac{\alpha_2}{a_2} \dotplus \frac{\alpha_3}{a_3} \dotplus \cdots$$

$$\text{(II)} \qquad \frac{\alpha_1}{a_1} \dotplus \frac{\alpha_2}{a_2} \dotplus \cdots,$$

wobei α_1 eine nicht verschwindende Konstante, die übrigen α's Monome in z und die a's Polynome sind, die für den Wert $z = 0$ nicht verschwinden. Bei dieser Festsetzung reduziert sich nämlich die Formel

$$U_i V_{i+1} - U_{i+1} V_i = (-1)^i \alpha_2 \alpha_3 \ldots \alpha_{i+1} \qquad \text{im Fall (I)}$$

$$\text{resp.} \quad U_i V_{i+1} - U_{i+1} V_i = (-1)^{i+1} \alpha_1 \alpha_2 \alpha_3 \ldots \alpha_{i+1} \qquad \text{„ „ (II)}$$

rechter Hand auf ein Monom in z. Es stellt sich heraus, dass es im allgemeinen Fall überhaupt nur drei Typen von regulären Kettenbrüchen giebt, nämlich die folgenden:

---

227) Die divergente Reihe $\sum_{n=1}^{\infty}(-1)^{n+1} n!\, z^{-n}$ führt beispielsweise auf die Kettenbruchentwicklung für $\int_{-\infty}^{0} \frac{e^{\xi} d\xi}{z - \xi}$; vgl. *Stieltjes*[226]).

228) *Halphen,* Par. C. R. 100 (1885), p. 1451; ibid. 106 (1888), p. 1326; Fonctions elliptiques 2, Paris 1888, chap. XIV.

229) Berl. Nouv. Mém. 1776 = Oeuvres 4, p. 301; vgl. auch die Besprechung *Euler*'s, *Lambert*'s und *Lagrange*'s diesbezüglicher Leistungen bei *Padé*[220]), p. 38.

229a) Vgl. [220]). *Frobenius* stellt übrigens die Formeln dort auf, welche die Koeffizienten des Kettenbruchs mit denjenigen der zugehörigen Reihe, $\sum_{i=0}^{\infty} c_i z^{-i}$ verknüpfen.

$$\mathfrak{A} = 1 + az + \cfrac{\alpha z}{1 + bz + \cfrac{\beta z}{1 + cz + \cfrac{\gamma z}{\ddots}}} \qquad \mathfrak{B} = 1 + \cfrac{\alpha z}{1 + \cfrac{\beta z}{1 + \cfrac{\gamma z}{\ddots}}}$$

$$\mathfrak{C} = 1 + az + \cfrac{\alpha z^2}{1 + bz + \cfrac{\beta z^2}{1 + cz + \cfrac{\gamma z^2}{\ddots}}}$$

Die Theorie wird auf die Funktion e^z angewandt[229b]).

Über verallgemeinerte Kettenbrüche liegen Arbeiten von *Pincherle, Hermite* und *Padé* vor[229c]).

Besondere Funktionen sind schon früh in Kettenbrüche entwickelt (I A 3, Nr. **55** und [229]). Eine viele dieser Entwicklungen als spezielle Fälle umfassende Formel ist der von *Gauss* gegebene und von *Riemann* und *Thomé* in Bezug auf Konvergenz behandelte Kettenbruch für

$$\frac{F(\alpha, \beta+1, \gamma+1, z)}{F(\alpha, \beta, \gamma, z)}.$$ [230])

Auf die Exponentialfunktion hat *Hermite*[231]) die Methode der Kettenbrüche angewandt. Hyperelliptische und ähnliche Integrale hat *Van Vleck* mittelst mehrdeutiger Funktionen angenähert, die sich zugleich in mehreren Verzweigungspunkten des Integrals demselben bis auf eine additive Konstante anschmiegen. Die homogenen Variabeln (Nr. **49**) werden dabei prinzipiell angewandt.

Die Kettenbruchentwicklung einer durch die Formel

$$f(z) = \int_\alpha^\beta \frac{\varphi(\xi)\, d\xi}{z - \xi}$$

229b) Vgl. *Padé,* Ann. éc. norm. (3) 16 (1899), p. 395, wo die verschiedenen Kettenbruchentwicklungen der Exponentialfunktion in einer solchen Weise dargestellt werden, dass sie als eine Einleitung in die Theorie der allgemeinen Kettenbrüche dienen können.

229c) *Pincherle,* Bologna Mem. (4) 10 (1890), p. 513; Ann. di mat. (2) 19 (1891), p. 75; *Hermite,* Ann. di mat. (2) 21 (1893), p. 289; *Padé,* J. de math. (4) 10 (1894), p. 291.

230) *Gauss,* Disquis. gen. circa seriem inf., 1812 = Werke 3, p. 134. *Riemann,* Nachlass, Werke, 1. Aufl., p. 400, 2. Aufl., p. 424; der Beweis stützt sich auf ein längs eines komplexen Weges erstrecktes Integral (Nr. **17**) und ist von *H. A. Schwarz* ergänzt worden. *Thomé,* J. f. Math. 66, 67 (1866, 1867). Die Formel enthält insbesondere die Kettenbrüche für $(1+z)^m$, $\log(1+z)$, $\log\frac{z+1}{z-1}$, e^z. Ferner *Van Vleck,* Ann. of math. (2) 3 (1901), p. 1.

231) Par. C. R. 77 (1873), p. 18, 74, 226, 285; Sur la fonction exponentielle, Paris 1874. Vgl. ferner *Padé* [220]) u. [229b]).

darstellbaren Funktion ist Gegenstand eingehender Untersuchungen gewesen. Sind α, β, ξ reell und ist $\varphi(\xi)$ eine reelle Funktion von ξ, die im Intervall $\alpha \leqq \xi \leqq \beta$ nirgends negativ wird, so konvergiert der Kettenbruch in einem beliebigen keinen Punkt dieses Intervalls enthaltenden Bereich T' gleichmässig. Eine der Integrationsgrenzen darf auch unendlich werden[232]).

Setzt man insbesondere $\alpha = -1$, $\beta = 1$, $\varphi(\xi) = 1$, so ist $f(z) = \log \frac{z+1}{z-1}$. Die Nenner dieses Kettenbruchs sind Kugelfunktionen erster, die Reste solche zweiter Art[233]). Die Entwicklung einer beliebigen analytischen Funktion nach Kugelfunktionen ist formal von *Heine*[234]) behandelt worden; das entsprechende Problem der Entwicklung nach den Nennern des Kettenbruches für

$$\int_{-\infty}^{0} \frac{\varphi(\xi)\, d\xi}{z - \xi}$$

hat *O. Blumenthal*[235]) völlig erledigt.

A. Markoff[235a]) untersucht die Funktion

$$F(z) = \int_a^b \frac{g(y)}{z-y}\, dy - \xi \int_c^d \frac{f(y)}{z-y}\, dy,$$

wo $a < b < c < d$ ist und $g(y)$, $f(y)$ positiv sind, auf die Nullstellen der Nenner ihrer Kettenbruchentwicklung hin. Bei geeigneter Wahl von g, f, ξ sind diese Nenner *Lamé*'sche Polynome.

Pincherle[235b]) findet folgende Sätze. Der Kettenbruch

---

232) *Heine*, Berl. Ber. 1866, p. 436; Kugelfunktionen 1, 2. Aufl., Berlin 1878, p. 286; *Laguerre*, J. de math. (4) 1 (1885), p. 135; *Possé*[226]); *Markoff*, Acta math. 19 (1895), p. 93; *Stieltjes*[226]); *O. Blumenthal*, Gött. Diss. 1898. Einen speziellen Fall dieses Integrals hat bereits *Gauss* untersucht; vgl. [233]).

233) *Gauss*, Methodus nova integralium valores u. s. w., 1814 = Werke 3, p. 163.

234) Kugelfunktionen 1, p. 292. *Pincherle* hat das Problem der Entwicklung einer analytischen Funktion nach Polynomen, welche einer linearen Differenzengleichung r^{ter} Ordnung genügen, in welcher z linear vorkommt, behandelt: Linc. Atti (4) 5 (1889), p. 640; Ann. di mat. 12 (1884), p. 11 u. 107; Acta math. 16 (1893), p. 341; vgl. auch den kurzen Auszug in „Papers read at the Intern. Congress" Chicago, 1893 (erschienen 1896), p. 278. Auf Grund der *Poincaré*schen Sätze, Am. J. of Math. 7 (1885), p. 203, lässt sich der Konvergenzbereich der Entwicklung nach Kugelfunktionen angeben. Vgl. II B 4 b.

235) Vgl. [232]). *Blumenthal* behandelt auch das Problem der Entwicklung einer reellen nicht analytischen Funktion nach denselben Nennern.

235a) Math. Ann. 27 (1886), p. 143, 177.

235b) Linc. Rend. (4) 5 (1889), p. 640; ferner Ann. éc. norm. (3) 6 (1889),

$$\sigma = \cfrac{1}{\alpha_0 - \cfrac{1}{\alpha_1 - \cfrac{1}{\alpha_2 - \cdots}}}$$

konvergiert, falls durchweg $|\alpha_n| > 2 + \eta$ $(\eta > 0)$ ist; sonst darf aber α_n eine beliebige komplexe Zahl sein. Es ist $|\sigma| < 1$. Er setzt $\alpha_n = b_n z - a_n$, wo a_n, b_n bei wachsendem n Grenzwerten zustreben, und bestimmt in Anlehnung an *Poincaré*[234]) den Konvergenzbereich bezw. einen Teil davon.

Sätze über die Konvergenz des allgemeinen Kettenbruchs

$$\cfrac{1}{a_1 z + \cfrac{1}{a_2 + \cfrac{1}{a_3 z + \cfrac{1}{a_4 + \cdots}}}}$$

waren bisher noch nicht bekannt. Den Fall, dass die a's sämtlich reelle positive Grössen sind, hat *Stieltjes*[226]) untersucht. Er findet folgendes: a) Divergiert die Reihe $\sum_{n=0}^{\infty} a_n$, so konvergiert der Kettenbruch in einem beliebigen keinen Punkt der negativen reellen Achse (incl. $z = 0$) enthaltenden Bereich T' gleichmässig. Die so definierte Funktion $f(z)$ lässt sich auch durch die Formel darstellen:

$$f(z) = \int_{-\infty}^{0} \frac{\varphi(\xi)\, d\xi}{z - \xi},$$

wo längs der negativen reellen Achse integriert wird und $\varphi(\xi)$ eine reelle nirgends negative Funktion von ξ ist. b) Konvergiert dagegen diese Reihe, so konvergieren die geraden sowie die ungeraden Teilzähler $P_{2n}(z)$, $P_{2n+1}(z)$ und Teilnenner $Q_{2n}(z)$, $Q_{2n+1}(z)$ in jedem endlichen Bereich gleichmässig gegen ganze Funktionen $p(z)$, $p_1(z)$, $q(z)$, $q_1(z)$, die alle von der Höhe 0 (Nr. **31**) sind, deren Nullpunkte alle einfach sind und auf der negativen reellen Achse liegen, und zwischen denen die Beziehung gilt:

$$q(z) p_1(z) - q_1(z) p(z) = 1.$$

Die geraden sowie die ungeraden Annäherungsbrüche konvergieren

---

p. 145, wo einige allgemeine funktionentheoretische Sätze aufgestellt sind. *A. Pringsheim* hat neuerdings ein weitergehenderes Konvergenzkriterium gefunden: Münch. Ber. 28 (1898), p. 311.

somit im vorbezeichneten Bereich T' gleichmässig; ihre Grenzwerte $p(z)/q(z)$ resp. $p_1(z)/q_1(z)$ stimmen jedoch nicht miteinander überein. Ferner zeigt *Stieltjes*: die notwendige und hinreichende Bedingung, dass der Kettenbruch

$$\cfrac{b_1 z}{1+\cfrac{b_2 z}{1+\cfrac{b_3 z}{1+\cdots}}}$$

wo b_i eine reelle positive Grösse bedeutet, eine analytische Funktion von z mit keinen anderen als nur ausserwesentlichen singulären Punkten im Endlichen darstelle, besteht darin, dass $\lim\limits_{i=\infty} b_i = 0$ ist.

Die *Stieltjes*'schen Sätze sind zum Teil von *Van Vleck* neu bewiesen und verallgemeinert worden. *Van Vleck* findet u. a. folgenden Satz[235c]): Gegeben sei der Kettenbruch

$$\cfrac{1}{b_1 z + c_1 - \cfrac{1}{b_2 z + c_2 - \cfrac{1}{b_3 z + c_3 - \cdots}}}$$

wo die reellen Grössen $b_1, b_2, \ldots$ entweder alle positiv oder alle negativ und $c_1, c_2, \ldots$ zunächst beliebige reelle Grössen sind; a) dann werden die Nullstellen der Teilzähler und der Teilnenner sämtlich auf der reellen Achse liegen; b) konvergieren die Reihen $\sum\limits_{n=0}^{\infty} b_n$, $\sum\limits_{n=0}^{\infty} |c_n|$, so konvergieren die geraden, sowie die ungeraden Teilzähler und Teilnenner in jedem endlichen Bereich gleichmässig gegen ganze Funktionen, deren Nullstellen auf der reellen Achse liegen; c) divergiert die Reihe $\sum\limits_{n=0}^{\infty} b_n$ und hat $|c_n|/|b_n|$ eine obere Grenze, so konvergiert der Kettenbruch in jedem endlichen Bereich T', dem kein Punkt der reellen Achse angehört, gleichmässig und stellt somit in jeder Halbebene eine analytische Funktion dar. Ob diese beiden Funktionen zusammenfallen, bleibt dahingestellt. In einer zweiten Arbeit erweitert *Van Vleck*[235d]) den *Stieltjes*'schen Satz bezüglich des Kettenbruchs

235c) Amer. Trans. 2 (1901), p. 232. Allgemeine Kriterien für die Konvergenz von Kettenbrüchen werden entwickelt und insbes. zu funktionentheoretischen Zwecken verwendet.

235d) Amer. Trans. 2 (1901), p. 476. — Wegen einer anderen Verallgemeinerung eines *Stieltjes*'schen Satzes vgl. *H. v. Koch*, Bull. Soc. Math. de France 23 (1895), p. 33.

$$\cfrac{b_1 z}{1+\cfrac{b_2 z}{1+\cdots}}$$

und zeigt insbesondere, dass der Kettenbruch noch konvergiert, wenn $b_1, b_2, \ldots$ beliebige von Null verschiedene komplexe Zahlen sind, wofür nur $\lim_{n=\infty} b_n = 0$ ist und die Reihe $\sum_{n=0}^{\infty} b_n$ divergiert.

Wegen der Verwendung von Kettenbrüchen zur Lösung von Differentialgleichungen vgl. II B 4.

IV. Analytische Funktionen mehrerer komplexen Grössen.

40. Die Bereiche (T), (B), (T'); analytische Funktionen[236]. Die n unabhängigen Variabeln $z_1, \ldots, z_n$ mögen in n verschiedenen Zahlenebenen gedeutet werden. Der Komplex von n Werten $(z_1, \ldots, z_n)$ — oder kurz (z) — heisst ein *Punkt*; $z_1, \ldots, z_n$ heissen die *Koordinaten* des Punktes (z). In jeder Ebene wird ein Bereich $T^{(i)}$ resp. $B^{(i)}$ (Nr. **1**) angenommen. Die Gesamtheit der Punkte (z), deren Koordinaten z_i je dem Bereich $T^{(i)}$ resp. $B^{(i)}$ $(i = 1, \ldots, n)$ angehören, soll als Bereich (T) resp. (B) bezeichnet werden. Wird je ein Bereich $B^{(i)}$ in $T^{(i)}$ $(i = 1, \ldots, n)$ beliebig angenommen, so wird der entsprechende Bereich (B) als ein Bereich (T') definiert; man sagt: (T') *liegt in* (T). Jede der n Ebenen wird durch den Punkt ∞ (Nr. **8**) geschlossen; die unendlich fernen Punkte (z) sind solche, für welche mindestens eine Koordinate unendlich ist; sie bilden eine $(2n-2)$-fach ausgedehnte Mannigfaltigkeit. Unter der *Umgebung* eines Punktes (a) versteht man einen Bereich (T) von der Beschaffenheit, dass die Koordinaten z_i ihrer Punkte je der Umgebung des Punktes a_i angehören[236a]. Der Punkt (z) konvergiert gegen den Punkt (a), wenn die Koordinaten von (z) gleichzeitig gegen die Koordinaten von (a) konvergieren. Zu manchen Zwecken empfiehlt es sich, den Punkt (z) als Punkt eines $2n$-fach ausgedehnten Raumes zu deuten, dessen Koordinaten x_i, y_i sind, wo $z_i = x_i + iy_i$ gesetzt ist.

---

236) Vgl. II A 1, Nr. **21—24**.

236a) Allgemeiner darf an Stelle des einzelnen Punktes (a) eine Punktmenge P treten, die etwa aus den Punkten von (T) besteht, welche auf einer oder mehreren Mannigfaltigkeiten $\omega_k(x_1, \ldots x_n, y_1, \ldots, y_n) = 0$, $(k = 1, 2, \ldots)$ liegen. Die *Umgebung von P* wird dann von denjenigen Punkten z von (T) gebildet, welche der Beziehung $|z_i - t_i| < \varepsilon$ $(i = 1, \ldots, n)$ genügen, wobei ε eine zweckmässig anzunehmende positive Konstante und (t) einen beliebigen veränderlichen Punkt von P bedeutet.

Es sei eine Funktion

$$f = f(z_1, \ldots, z_n) = u + vi$$

in jedem Punkte (z) von (T) eindeutig erklärt. Sie heisst in (T) *stetig*, wenn u, v beide als Funktionen der $2n$ reellen Veränderlichen $(x_1, \ldots, x_n, y_1, \ldots, y_n)$ betrachtet, für die in Betracht kommenden Wertsysteme stetig sind. Sie heisst in (T) *analytisch*, wenn sie folgenden Bedingungen genügt: a) $f(z_1, \ldots, z_n)$ soll eine in $T^{(i)}$ analytische Funktion von z_i sein, wenn man jedem anderen Argument z_k einen in $T^{(k)}$ beliebig gelegenen festen Wert beilegt; b) $f(z_1, \ldots, z_n)$ soll in (T) stetig sein. Die Voraussetzung b) lässt sich durch eine weniger umfangreiche ersetzen, etwa durch die Annahme, dass f in (T) bezw. in jedem (T') endlich bleibt; die Frage, ob ausser der Forderung a) überhaupt noch eine weitere b) gestellt werden muss, ist noch nicht entschieden[237]). Diese auf das Verhalten der analytischen Funktion im Kleinen sich beziehende Definition wird im Grossen durch das Prinzip der analytischen Fortsetzung (Nr. **13**) ergänzt[238]).

41. Der Cauchy'sche Integralsatz; das Residuum. Es möge $f(z_1, z_2)$ eine in (T) stetige Funktion von (z) sein — der Einfachheit halber wird $n = 2$ gesetzt. Unter dem Integral von $f(z_1, z_2)$, längs der Begrenzung (C) eines Bereiches (T') erstreckt,

$$\int\limits_{C_2} dz_2 \int\limits_{C_1} f(z_1, z_2)\, dz_1 \quad \text{oder} \quad \iint\limits_{(C)} f(z_1, z_2)\, dz_1\, dz_2,$$

versteht man folgendes: Der Punkt z_2 wird auf der Kurve C_2 beliebig angenommen und festgehalten, während das Integral $\int f(z_1, z_2)\, dz$ längs der Kurve C_1 erstreckt wird; die so entstandene Funktion von z_2 wird dann längs der Kurve C_2 integriert; sowohl C_1 als C_2 können aus mehreren Stücken bestehen. Der Wert des Integrals hängt nicht von der Reihenfolge der Integrationen ab (Beweis durch Zerlegung in einen reellen und rein imaginären Teil).

Das Doppelintegral der Funktion $f(z_1, z_2)$ ist von *Poincaré*[239])

---

237) *Osgood*, Math. Ann. 52 (1899), p. 462; 53 (1900), p. 461.

238) *Weierstrass*, Vorlesungen; vgl. das *Biermann*'sche Werk § 42, 44, sowie das 8. Kapitel.

239) Par. C. R. 102 (1886), p. 202; Acta math. 9 (1887), p. 321, wo auf frühere, die Gegenstände dieses Paragraphen teilweise betreffende Arbeiten von *Marie* und *Picard* verwiesen ist. *Poincaré* vermeidet die Geometrie eines vierdimensionalen Raumes R_4, indem er den in Betracht kommenden Teil desselben auf einen R_3 bezieht. Ferner vgl. man *Picard*, Traité 2, ch. IX; sowie *Picard* et *Simart*, Théorie des fonct. alg., etc. (Litteraturverzeichnis). — Einer ähnlichen

wie folgt definiert worden. Der Punkt (z) wird in einem R_4 gedeutet und durch die 4 Gleichungen $x_i = \varphi_i(s, t)$, $y_i = \psi_i(s, t)$, $i = 1, 2$, wo φ_i, ψ_i reelle Funktionen der reellen Parameter (s, t) bedeuten, wird bei geeigneten Einschränkungen bezüglich dieser Funktionen eine Fläche S definiert. Dann wird das komplexe Doppelintegral dadurch erklärt, dass man

$$\iint_S f(z_1, z_2)\, dz_1\, dz_2 = \iint_S f(z_1, z_2) \frac{\partial(z_1, z_2)}{\partial(s, t)}\, ds\, dt$$

setzt und die rechter Hand auftretenden reellen Doppelintegrale über die Fläche S hin erstreckt. Das vorhin eingeführte Integral ist ein spezieller Fall eines Doppelintegrals. Die Fläche S heisst *geschlossen*, falls jeder Punkt des R_4, in dessen Nähe Punkte der Fläche sich befinden, ein regulärer Punkt der Fläche ist und die Fläche stetig auf einen Punkt resp. eine reguläre Kurve zusammengezogen werden kann.

Der Cauchy'sche Integralsatz: Ist die Funktion $f(z_1, z_2)$ in (T) analytisch und wird das Integral $\iint f(z_1, z_2)\, dz_1\, dz_2$ längs der Begrenzung (C) eines beliebigen (T') erstreckt, so hat das Integral den Wert 0:

$$\iint_{(C)} f(z_1, z_2)\, dz_1\, dz_2 = 0.$$

Bei Einführung des *Poincaré*'schen Begriffs des Doppelintegrals erhält der Satz folgende Formulierung[240]: Es sei $f(z_1, z_2)$ in einem Bereich (T) analytisch, dem ein Bereich (R) des R_4 entspricht; ferner sei S eine geschlossene Fläche, welche, ohne aus (R) auszutreten, stetig auf einen in (R) gelegenen Punkt resp. eine reguläre Kurve zusammengezogen werden kann. Dann ist der Wert des über S erstreckten Doppelintegrals von $f(z_1, z_2)$ gleich Null:

$$\iint_S f(z_1, z_2)\, dz_1\, dz_2 = 0.$$

Dem *Residuum* einer Funktion einer Veränderlichen in einem Punkte entspricht hier das über eine geschlossene Fläche hin erstreckte Doppelintegral, die sich auf einen isolierten Punkt der Begrenzung von (T) bezw. auf eine reguläre Kurve, die einen isolierten Teil der Begrenzung von (T) bildet, zusammenziehen lässt. Es giebt jedoch hier, den zweierlei Arten geschlossener Flächen entsprechend, sowohl

---

Definition des n-fachen Integrals einer Funktion $f(z_1, \ldots, z_n)$ steht keine prinzipielle Schwierigkeit im Wege.

240) *Poincaré* [239]).

Punkt- als *Kurvenresiduen.* Ist insbesondere $f(z_1, z_2)$ eine gebrochene rationale Funktion, so führen diese Integrale auf die Periodicitätsmoduln *Abel*'scher Integrale. *Poincaré* erstreckt das Doppelintegral auch über solche geschlossene Flächen, bei denen der Integrand in isolierten Punkten einfach unendlich wird. Derartige Integrale führen auf *Abel*'sche Integrale, die nicht längs eines geschlossenen Weges zu erstrecken sind; ihr Wert ändert sich stetig mit einer stetigen Verschiebung der Fläche S. — Des weiteren wendet *Poincaré* das Doppelintegral an, um *Stieltjes'* Resultate bezüglich der Verallgemeinerung der *Lagrange*'schen Reihe (Nr. **15**, Ende) einwandfrei zu begründen. Es sei noch erwähnt, dass man hier bereits mit der engeren Definition des Doppelintegrals zum Ziele kommt.

42. Die Cauchy'sche Integralformel; singuläre Punkte. Ist $f(z_1, \ldots, z_n)$ in (T) analytisch, so lässt sich der Wert von f in einem beliebigen innern Punkte (z) eines (T') durch die Formel ausdrücken [241]:

$$f(z_1, \ldots, z_n) = \frac{1}{(2\pi i)^n} \int\limits_{C_n} \frac{dt_n}{t_n - z_n} \cdots \int\limits_{C_1} \frac{f(t_1, \ldots, t_n)\, dt}{t_1 - z_1}.$$

Ferner ist

$$\frac{\partial^{k_1 + \cdots + k_n} f}{\partial z_1^{k_1} \cdots \partial z_n^{k_n}} = \frac{k_1! \ldots k_n!}{(2\pi i)^n} \int\limits_{C_n} \frac{dt_n}{(t_n - z_n)^{k_n+1}} \cdots \int\limits_{C_1} \frac{f(t_1, \ldots, t_n)\, dt_1}{(t_1 - z_1)^{k_1+1}}.$$

Darum sind alle Ableitungen von f auch in (T) analytische Funktionen. Ist (a) ein beliebiger Punkt von (T) und wird die Begrenzung C von (T) durch die Kreise $|z_i - a_i| = r_i$ gebildet; ist ferner in allen diesen Begrenzungspunkten $|f(z_1, \ldots, z_n)| \leqq M$, so ist

$$\left| \left(\frac{\partial^{k_1 + \cdots + k_n} f}{\partial z_1^{k_1} \cdots \partial z_n^{k_n}} \right)_{(z)=(a)} \right| \leqq k_1! \cdots k_n!\, M r_1^{-k_1} \cdots r_n^{-k_n}.$$

Die Funktionen u, v (Nr. **40**) genügen zunächst der *Laplace*'schen und den *Cauchy-Riemann*'schen Differentialgleichungen. Durch Elimination von v aus den Relationen:

---

241) Aus dem Beweis des „2ᵉ Théorème", Exerc. d'anal. 2 (1841), p. 55 (= Turiner Abh. (1831), vgl. Monographieen), geht hervor, dass *Cauchy* diese Verallgemeinerung der Integralformel als unmittelbar einleuchtend ansah. Die Formel findet sich bei *C. Jordan,* Cours d'anal. 1, 2. Aufl., § 206; ohne jedoch zu wissen, dass das Integral gleichmässig konvergiert (Nr. **6**), kann man nicht viel mit ihr anfangen. — Die Integralformel lässt im Falle $n = 2$ eine Verallgemeinerung zu, indem man das Doppelintegral der Funktion $(2\pi i)^{-2} f(t_1, t_2)/(t_1 - z_1)(t_2 - z_2)$ über eine geschlossene Fläche S erstreckt, die, ohne aus dem (R), in welchem der Integrand analytisch ist, auszutreten, stetig in die besondere bei der obigen Formulierung vorkommende Fläche umgeformt werden kann.

$$\frac{\partial^2 u}{\partial x_i \partial x_k} = \frac{\partial^2 v}{\partial x_i \partial y_k}, \ldots \frac{\partial^2 u}{\partial y_i \partial y_k} = -\frac{\partial^2 v}{\partial x_i \partial y_k}$$

ergiebt sich, dass u ausser den n *Laplace*'schen noch anderen Differentialgleichungen genügen muss. Ist insbesondere $n = 2$, so sind es im Ganzen folgende vier Gleichungen[242]:

$$\frac{\partial^2 u}{\partial x_1^2} + \frac{\partial^2 u}{\partial y_1^2} = 0, \qquad \frac{\partial^2 u}{\partial x_2^2} + \frac{\partial^2 u}{\partial y_2^2} = 0,$$

$$\frac{\partial^2 u}{\partial x_1 \partial x_2} + \frac{\partial^2 u}{\partial y_1 \partial y_2} = 0, \qquad \frac{\partial^2 u}{\partial x_1 \partial y_2} - \frac{\partial^2 u}{\partial x_2 \partial y_1} = 0.$$

Diese Bedingungen, nebst geeigneten Stetigkeitsannahmen, sind auch ausreichend, damit u den reellen Teil einer in (T) analytischen Funktion $f(z_1, z_2)$ liefere. Es stellen sich hiernach einer ähnlichen Behandlung der Funktionen mehrerer komplexen Veränderlichen, wie sie vorhin bei den Funktionen einer Veränderlichen auf Grund der *Laplace*'schen Gleichung mit Erfolg durchgeführt ist, erhebliche Schwierigkeiten entgegen, indem bereits im Falle $n = 2$ *vier* partiellen Differentialgleichungen genügt werden muss. Der reelle (bezw. der imaginäre) Teil u genügt offenbar der *Laplace*'schen Gleichung in $2n$ Variabeln: $\Delta u = \sum_{i=1}^{n} \left(\frac{\partial^2 u}{\partial x_i^2} + \frac{\partial^2 u}{\partial y_i^2}\right) = 0$, sodass u eine harmonische Funktion in $2n$ Veränderlichen ist. Genügt u noch den weiteren Bedingungen des Textes, so nennt es *Poincaré* eine *biharmonische* Funktion. Davon ausgehend hat *Poincaré* die Methoden der Potentialtheorie auf Funktionen mehrerer komplexen Veränderlichen ausgedehnt[242a]).

Eine Funktion $f(z_1, \ldots, z_n)$, die in allen endlichen Punkten analytisch ist und dem absoluten Betrage nach unterhalb einer festen Grösse bleibt, ist eine Konstante. Eine Funktion $f(z_1, \ldots, z_n)$ kann keine isolierte singuläre Stelle haben, in deren Umgebung sie eindeutig ist, falls $n > 1$ und von einer hebbaren Unstetigkeit abgesehen wird[243]). In einem Teil der Umgebung des Punktes (a) möge f eindeutig und analytisch sein, nicht aber im Punkte (a) selbst. Existieren zwei im Punkte (a) analytische Funktionen $P(z_1, \ldots, z_n) \not\equiv 0$, $P(a_1, \ldots, a_n) = 0$; $Q(z_1, \ldots, z_n)$, welche so beschaffen sind, dass in allen Punkten der Umgebung von (a), in denen $P(z_1, \ldots, z_n)$ nicht verschwindet, die Relation

242) *Poincaré,* Par. C. R. 96 (1883), p. 238; Acta math. 2 (1883), p. 99; *Picard,* Traité 2, p. 236.

242a) *Poincaré,* Acta math. 2 (1883), p. 97; ibid. 22 (1898), p. 89; im Anschlusse daran *H. Baker*, Cambr. Trans. 18 (1900), p. 403.

243) Der Satz lässt sich mittelst der *Cauchy*'schen Integralformel direkt beweisen.

$$P(z_1, \ldots, z_n) f(z_1, \ldots, z_n) = Q(z_1, \ldots, z_n)$$

besteht, so heisst der Punkt (a) eine *ausserwesentliche singuläre Stelle* der Funktion. Solche Stellen zerfallen in zwei Klassen: a) lassen sich P, Q so annehmen, dass $Q(a_1, \ldots, a_n) \neq 0$ ist, so wird f unendlich, wie auch immer (z) gegen (a) konvergiert; b) im anderen Falle nimmt f jeden vorgegebenen Wert in jeder Nähe von (a) an; vgl. ferner Nr. **45**. Genügt f dagegen keiner solchen Relation und wird f in der Umgebung von (a) nicht mehrdeutig, so heisst (a) eine *wesentliche singuläre Stelle* von f.[244])

43. Gleichmässige Konvergenz; die Cauchy-Taylor'sche Reihe. Die Sätze von Nr. **6** lassen sich ohne weiteres auf Funktionen mehrerer Veränderlichen ausdehnen[245]). Dabei treten an Stelle von z, α die Wertsysteme $(z_1, \ldots, z_n) = (z)$, $(\alpha_1, \ldots, \alpha_m) = (\alpha)$. Der *Cauchy-Taylor*'sche Lehrsatz lautet wie folgt: Ist $f(z_1, \ldots, z_n)$ in (T) analytisch und ist (a) ein beliebiger Punkt von (T), so lässt sich f durch die Reihe darstellen:

$$f(z_1, \ldots, z_n) = \sum_{k_1=0, \ldots, k_n=0}^{\infty} a_{k_1, \ldots, k_n} (z_1 - a_1)^{k_1} \ldots (z_n - a_n)^{k_n},$$

$$a_{k_1, \ldots, k_n} = \frac{1}{k_1! \ldots k_n!} \left(\frac{\partial^{k_1 + \cdots + k_n} f}{\partial z_1^{k_1} \ldots \partial z_n^{k_n}} \right)_{(z) = (a)},$$

wo (z) einen innern Punkt eines (T') bedeutet, dessen Begrenzung C aus den Kreisen $|z_i - a_i| = r_i$ besteht. Die Grössen $r_1, \ldots, r_n$ haben obere Grenzen $\varrho_1, \ldots, \varrho_n$, die im allgemeinen von einander abhängen, wie das Beispiel

$$f = (1 - z_1 - \cdots - z_n)^{-1}, \qquad (a) = (0), \qquad \varrho_1 + \cdots + \varrho_n = 1$$

zeigt. — Ist $f(z_1, \ldots, z_n)$ im Punkte (a) analytisch und verschwindet sie in allen Punkten der Umgebung von (a) bezw. für alle Punkte einer geeigneten abzählbaren Punktmenge[246]), so verschwinden alle Koeffizienten $a_{k_1, \ldots, k_n}$ und f verschwindet identisch.

---

244) *Weierstrass*, J. f. Math. 89 (1880), p. 1 = Werke 2, p. 128. Eine Reihe von Sätzen über analytische Funktionen mehrerer Veränderlichen, nebst Beweisen, sind von *Dautheville* zusammengestellt worden; Ann. éc. norm. (3) 2 (1885), suppl. — Hat jede der $m > n$ Funktionen $f_i = Q_i / P_i$, $i = 1, \ldots, m$, in (a) eine ausserwesentliche singuläre Stelle, so werden die m Grenzwerte, denen sich die m Grössen f_i nähern, wenn (z) gegen (a) konvergiert, einen gewissen geometrischen Ort bilden. Dieser Ort ist von *L. Autonne* untersucht worden, Acta math. 21 (1897), p. 249.

245) *Weierstrass* bewies seinen Reihensatz von vornherein für Funktionen mehrerer Veränderlichen.

246) Dazu kann beispielsweise die Menge dienen: $(z_1^{(i_1)}, \ldots, z_n^{(i_n)})$, wo

44. Implicite Funktionen. Hauptsatz: Es möge jede der Funktionen $F_i(w_1, \ldots, w_p, z_1, \ldots, z_n)$, $i = 1, \ldots, p$, im Punkte $(b_1, \ldots, b_p, a_1, \ldots, a_n)$ analytisch sein und dort verschwinden:

$$F_i(b_1, \ldots, b_p, a_1, \ldots a_n) = 0, \qquad i = 1, \ldots, p;$$

während die *Jacobi*'sche Determinante (I B 1b, **19—21**)

$$J = \Sigma \pm \frac{\partial F_1}{\partial w_1}, \ldots, \frac{\partial F_p}{\partial w_p}$$

in diesem Punkte von Null verschieden ist. Im Falle $p = 1$ versteht man unter J die Funktion $\partial F_1/\partial w_1$. Dann existieren stets p und nur p Funktionen:

$$w_j = f_j(z_1, \ldots z_n), \qquad j = 1, \ldots p,$$

die alle im Punkte $(a_1, \ldots, a_n)$ analytisch sind, in diesem Punkte resp. die Werte $b_1, \ldots, b_p$ annehmen, und, indem man in jeder der Funktionen $F_i(w_1, \ldots, w_p, z_1, \ldots, z_n)$ das Argument w_j durch die Funktion $f_j(z_1, \ldots, z_n)$ ersetzt, diese Funktionen identisch zum Verschwinden bringen:

$$F_i(w_1, \ldots, w_p, z_1, \ldots, z_n) = 0, \qquad i = 1, \ldots, p.$$

Durch die p Funktionen $w_j = f_j(z_1, \ldots, z_n)$ werden auch alle Werte $(w_1, \ldots, w_p, z_1, \ldots, z_p)$ der $p + n$ Argumente erschöpft, welche in der Nähe des Punktes $(b_1, \ldots, b_p, a_1, \ldots, a_n)$ liegen und die p Funktionen $F_i(w_1, \ldots, w_p, z_1, \ldots, z_n)$ zum Verschwinden bringen. M. a. W.: Bei den obigen Voraussetzungen definieren diese p Gleichungen auf eindeutige Weise p Funktionen $w_j = f_j(z_1, \ldots, z_n)$, die in der Umgebung des Punktes $(a_1, \ldots, a_n)$ analytisch sind und in diesem Punkte resp. die Werte $b_1, \ldots, b_p$ annehmen[247]).

$i_1, \ldots, i_n$ unabhängig von einander die Werte $0, 1, 2, \ldots$ durchlaufen und die Menge $z_k^{(i_k)}$, $i_k = 0, 1, 2, \ldots$, bei festem k die Häufungsstelle a_k hat; vgl. *Stolz*, Allgemeine Arithmetik 1, p. 294.

247) *Cauchy* verallgemeinerte eine auf dem Residuenkalkul basierende Methode, die er für die *Lagrange*'sche Reihe (Monographieen, *Cauchy*, (5), (6)) ersonnen hatte, und erhielt so einen Beweis des Satzes für den Fall $p = 1$; Turiner Abh., Monographieen (7) = Exerc. d'anal. 2, p. 65. *C. Neumann* bediente sich derselben Methode, Leipz. Ber. 35 (1883), p. 85 = Abel'sche Integrale, 2. Aufl., 6. Kap. Einen zweiten auf dem Existenzsatz für die Lösung einer Differentialgleichung beruhenden Beweis geben *Briot* et *Bouquet*, 2. Aufl. 1873, p. 336; der Beweis ist nur für den Fall $n = 1$ durchgeführt (vgl. unten). Ein dritter Beweis stützt sich auf die *Dini*'schen Existenzsätze für die Lösungen reeller Gleichungen [80]); vgl. *C. Jordan*, Cours d'anal. 1, 2. Aufl., § 191. *Weierstrass* hat wieder andere Beweise gegeben; für den Fall $p = 1$ vgl. Nr. **45**; im allgemeinen Fall hat sich *Weierstrass* der Methode der successiven Annäherungen bedient. Diesen Beweis führte er zunächst für den Fall, dass $p = 1$ und F

Verschwindet dagegen J identisch, so lassen sich die p Gleichungen $F_i = 0$ bei willkürlicher Annahme eines Punktes $(z_1, \ldots, z_n)$ der Umgebung von $(a_1, \ldots, a_n)$ im allgemeinen durch keine Werte $(w_1, \ldots, w_p)$ der Umgebung von $(b_1, \ldots, b_p)$ befriedigen. Wenn gewisse weitere Bedingungen erfüllt sind, giebt es eine Lösung, die aber niemals eindeutig bestimmt ist.

Zusatz: Es sei insbesondere

$$z_i = \varphi_i(w_1, \ldots, w_p), \qquad i = 1, \ldots, p,$$

wo φ_i eine im Punkte $(b_1, \ldots, b_p)$ analytische Funktion von $(w_1, \ldots, w_p)$ bedeutet. Ist die *Jacobi*'sche Determinante

$$J = \Sigma \pm \frac{\partial \varphi_1}{\partial w_1}, \ldots, \frac{\partial \varphi_p}{\partial w_p}$$

im Punkte (b) von Null verschieden, so lassen sich diese Gleichungen eindeutig umkehren:

$$w_j = f_j(z_1, \ldots, z_p), \qquad j = 1, \ldots, p,$$

wo f_j im Punkte $(a_1, \ldots, a_p)$ analytisch ist und dort den Wert b_j annimmt. Verschwindet J dagegen identisch, so besteht zwischen den p Funktionen φ_i eine oder mehrere identische Beziehungen von der Form: $\Psi(\varphi_1, \ldots, \varphi_p) = 0$, wo $\Psi(z_1, \ldots, z_p)$ eine im Punkte $(a_1, \ldots, a_p)$ analytische, dort verschwindende Funktion der p unabhängigen Argumente $(z_1, \ldots, z_p)$ bedeutet[248]. — Des weiteren vgl. Nr. **46.**

Verschwindet J im Punkte (b), ohne jedoch identisch zu verschwinden, während die übrigen Voraussetzungen des Zusatzes bestehen bleiben, so kann die Auflösung des Gleichungssystems nach $w_1, \ldots, w_p$, wie Beispiele zeigen, auf mehrdeutige Funktionen führen, die im Punkte $(z) = (a)$ nicht analytisch sind. Dies dürfte wohl stets der Fall sein.

Der Hauptsatz ergiebt sich aus dem Existenzsatz für die Lösung eines Systems totaler Differentialgleichungen (II A 4a, **12**) und wurde auch für den Fall $n = 1$ auf diese Weise begründet, *Briot* et *Bouquet*[247]). Ist $n > 1$, so wird man $z_2, \ldots, z_n$ zunächst als Parameter auffassen. Der Existenzbeweis für die Lösung des betr. Systems

---

ein Polynom ist, in einer Arbeit durch, die er in der Berliner Ak. d. Wiss. am 12. Dez. 1859 vorlegte; Werke 1, p. 247; allgemein bei *Biermann*, Anal. Funktionen, § 42. *Picard* beweist den allgemeinen Satz mittelst des *Weierstrass*schen Satzes von Nr. **45**; Traité 2, p. 247. Es sei noch auf *Méray,* Leçons nouvelles, 1, ch. XI und *E. Lindelöf,* Darb. Bull. (2) 23 (1899), p. 68 verwiesen.

248) Vgl. *Peano*[30]) = *C. Jordan*, Cours d'anal. 1, 2. Aufl., § 94, wo die entsprechenden Sätze für reelle Funktionen entwickelt wurden.

von Differentialgleichungen, den man nun wohl am bequemsten nach *Picard* führt, berechtigt noch immer zu denselben Schlüssen, da es sich um gleichmässig konvergente Reihen handelt, deren Glieder analytische Funktionen von $z_1, z_2, \ldots, z_n$ sind.

Für reelle Funktionen reeller Veränderlicher besteht ein dem Hauptsatz analoger Existenzsatz, wobei an Stelle der *analytischen* Funktionen F_i jetzt *stetige, mit stetigen Ableitungen ausgestattete* Funktionen treten (II A 2, **9**). Diesen Satz kann man ebenfalls mit Hülfe des *Picard*'schen Verfahrens auf den entsprechenden Existenzsatz für die Differentialgleichungen begründen. *Dini*[30]) hat zuerst einen direkten Beweis für denselben gegeben. Auf Grund dieses Satzes beweist man am einfachsten nach *Jordan* oder *Picard*[247]) den Hauptsatz dieses Paragraphen.

Über *Cauchy*'s erste Arbeiten betr. implicite Funktionen berichten *Brill* und *Noether*[249]). Vgl. auch Nr. **14, 42, 43.**

45. Der Weierstrass'sche Satz und die Teilbarkeit im Kleinen. Es möge $F(w, z_1, \ldots, z_n)$ eine im Punkte $(b, a_1, \ldots, a_n)$ analytische Funktion sein, die dort verschwindet, ohne dass $F(w, a_1, \ldots, a_n)$, als Funktion von w betrachtet, identisch Null ist; sei m die Ordnung des Nullpunktes $w = b$. Dann lässt sich F in der Form darstellen:

$$F(w, z_1, \ldots, z_n) = f(w, z_1, \ldots, z_n)\, \Phi(w, z_1, \ldots, z_n),$$

$$f(w, z_1, \ldots, z_n) = w^m + \sum_{i=1}^{m} A_i(z_1, \ldots, z_n)\, w^{m-i},$$

wo A_i eine im Punkte $(a_1, \ldots, a_n)$ analytische Funktion von $(z_1, \ldots, z_n)$ und Φ eine im Punkte $(b, a_1, \ldots, a_n)$ analytische, dort nicht verschwindende Funktion von $(w, z_1, \ldots, z_n)$ bedeutet. Ferner ist $f(w, a_1, \ldots, a_n) = (w - b)^m$.

Im Falle dass $F(w, a_1, \ldots, a_n)$ identisch verschwindet, lassen sich die Argumente $(w, z_1, \ldots, z_n)$ mittelst einer linearen Transformation durch andere $(w', z_1', \ldots, z_n')$ ersetzen derart, dass für F, als Funktion von $(w', z_1', \ldots, z_n')$ betrachtet, der Satz besteht[250]).

Auf Grund des *Weierstrass*'schen Satzes lässt der Algorithmus des grössten gemeinsamen Teilers eine Ausdehnung auf analytische Funktionen mehrerer Veränderlichen zu, die in einem Punkte verschwinden[251]). Es mögen $F, \Phi \equiv\!\!\!|\; $ zwei Funktionen von $(z_1, \ldots, z_n)$ sein,

---

249) Bericht, p. 183.

250) *Weierstrass*, Vorlesungen an der Berliner Universität von 1860 an; Abhandlungen aus der Funktionenlehre, p. 105, § 1 = Werke 2, p. 135. Ein einfacher Beweis rührt von *Simart* her, *Picard*, Traité 2, p. 241.

251) *Weierstrass*[250]), § 2; *Dautheville*[244]).

die im Punkte $(a_1, \ldots, a_n)$ analytisch sind. F heisst im Punkte (a) durch Φ *teilbar*, wenn F und Φ der Relation genügen: $F = Q\Phi$, wo Q ebenfalls in (a) analytisch ist. Ist in (a) sowohl F durch Φ als auch Φ durch F teilbar, so mögen F und Φ im Punkte (a) *äquivalent* heissen. Verschwindet F in (a), so heisst F in (a) *reducibel*, wenn $F = F_1 F_2$ ist, wo F_1, F_2 in (a) analytisch sind und beide dort verschwinden. Es besteht der Satz: Eine Funktion F, die im Punkte (a) analytisch ist und dort verschwindet, lässt sich stets auf eine und nur auf eine Weise in das Produkt einer endlichen Anzahl irreducibler Faktoren zerlegen, wofern zwei solche Faktoren als identisch angesehen werden, wenn sie äquivalent sind. Sind F und Φ zwei Funktionen, die in (a) analytisch sind und dort verschwinden, und haben F und Φ in (a) keinen gemeinsamen Faktor, so werden sie auch in keiner Stelle der Umgebung von (a), in welcher sie beide verschwinden, einen gemeinsamen Faktor haben. Solche Stellen bilden eine $2n - 4$fach ausgedehnte Mannigfaltigkeit. Haben sie dagegen in (a) einen gemeinsamen Faktor G, so werden sie auch in allen Stellen der Umgebung von (a), in denen G verschwindet, sonst aber nirgends, einen gemeinsamen Faktor, nämlich G, haben.

Zu den in Nr. **42** angeführten Sätzen kann man noch den folgenden Satz hinzufügen: Ist (a) eine ausserwesentliche singuläre Stelle 1ter resp. 2ter Art der Funktion $F(z_1, \ldots, z_n)$, so bilden die Stellen der Umgebung von (a), in denen $F = \infty$ resp. F völlig unbestimmt wird, eine $2n - 2$fach resp. (falls $n > 2$) eine $2n - 4$fach ausgedehnte Mannigfaltigkeit.

In der Algebra spielt der folgende Satz eine wichtige Rolle[252]: Verschwindet das Polynom $F(z_1, \ldots, z_n)$ für alle Punkte (z) der Umgebung eines Punktes (a) bezw. für alle Punkte einer geeigneten endlichen Menge (vgl.[246]), für welche ein zweites irreducibles Polynom $\Phi(z_1, \ldots, z_n)$ verschwindet, so ist F durch Φ teilbar. Setzt man dabei die Irreducibilität von Φ nicht voraus, so folgt, dass F und Φ einen gemeinsamen Faktor haben. Dieser Satz lässt sich auch auf die Teilbarkeit zweier analytischer Funktionen im Kleinen übertragen.

46. Die Parameterdarstellung im Kleinen; implicite Funktionen. Verschwindet die im Punkte (a) analytische Funktion $F(z_1, \ldots, z_n)$ in diesem Punkte, während von den Ableitungen $\partial F/\partial z_1, \ldots, \partial F/\partial z_n$ mindestens eine dort von Null verschieden ist, so lassen sich die Koordinaten aller derjenigen Punkte (z) der Umgebung von (a), in

252) *O. Hölder* hat wohl den ersten Beweis des Satzes veröffentlicht: Math.-naturwiss. Mitteil. 1 (1884).

welchen F verschwindet, mittelst $n-1$ Parametern $u_1, \ldots, u_{n-1}$ darstellen, indem man

$$z_i = \varphi_i(u_1, \ldots, u_{n-1}), \qquad i = 1, \ldots, n,$$

setzt, wo φ_i eine geeignete, im Punkte $(0, \ldots, 0)$ analytische Funktion von $(u_1, \ldots, u_{n-1})$ bedeutet. Zwischen den in Betracht kommenden Punkten (z) und den Punkten (u) der Umgebung des Punktes $(u) = (0)$ besteht eine ein-eindeutige Beziehung[253]). Die Frage, ob der Satz auch dann noch gilt, wenn alle die ersten Ableitungen in (a) verschwinden, wobei jedoch dann an Stelle des einen Gleichungssystems $z_i = \varphi_i$ mehrere solche Gleichungssysteme treten können, ist wahrscheinlich zu bejahen[253a]); für den Fall $n = 3$ ist er richtig[254]).

Auf Grund dieses Satzes lassen sich die Koordinaten aller Punkte $(z_1, \ldots, z_n)$ der Umgebung der Stelle $(a_1, \ldots, a_n)$, wofür die p Gleichungen gleichzeitig bestehen:

$$F_i(z_1, \ldots, z_n) = 0, \qquad i = 1, 2, \ldots, p < n,$$

wo F_i eine in (a) analytische, dort verschwindende Funktion von (z) bedeutet, mittelst $m \geqq n - p$ Parameter $u_1, \ldots, u_m$ darstellen, und zwar durch eine endliche Anzahl von Gleichungssystemen je von der Form

$$z_i = \varphi_i(u_1, \ldots, u_m), \qquad i = 1, \ldots, n,$$

wo φ_i eine im Punkte $(0, \ldots, 0)$ analytische Funktion von $(u_1, \ldots, u_m)$ bedeutet. Zwischen den in Betracht kommenden Punkten (z) und den Punkten (u) der Umgebung des Punktes $(u) = (0)$ besteht eine im allgemeinen ein-eindeutige Beziehung. — Sind insbesondere die Funktionen $F_i(z_1, \ldots, z_n)$ alle Polynome, so lässt sich das ganze durch die Gleichungen $F_i(z_1, \ldots, z_n) = 0$ definierte algebraische Gebilde durch eine *endliche* Anzahl solcher Formeln darstellen. Vgl. Nr. **11**, Ende.

47. Das analytische Gebilde. Der Begriff der analytischen Fortsetzung einer zunächst in einem Bereich (T) definierten ana-

253) Der Beweis ergiebt sich sowohl aus dem Satze von Nr. **44** als auch aus dem *Weierstrass*'schen Satze Nr. **45**. Es genügt, $u_j = z_j$ zu setzen.

253a) Dem Punkte $(z) = (a)$ werden aber im allgemeinen unendlich viele Punkte (u) entsprechen.

254) Mit dem Beweise dieses Satzes (oder, genauer gesagt, mit dem speziellen Fall desselben, wo F ein Polynom ist) hat sich *G. Kobb,* J. de math. (4) 8 (1892), p. 385 beschäftigt. Seine Untersuchung weist jedoch wesentliche Lücken auf; vgl. *B. Levi,* Ann. di mat. (2) 26 (1897), p. 219. Ein strenger Beweis für den Fall $n = 3$ ist von *C. Black* durchgeführt worden; Harvard Thesis 1901 = Am. Ac. of Arts and Sci. Proc. 37 (1901).

lytischen Funktion mehrerer Veränderlichen $f(z_1, \ldots, z_n)$ über diesen Bereich hinaus lässt sich in analoger Weise festlegen, wie früher im Falle $n = 1$, Nr. **13**, indem man in der Ebene der Grösse z_k einen zweiten Bereich $\overline{T}_k$ in Betracht zieht, welcher am Bereich T_k längs einer regulären Kurve C_k angrenzt und den Bereich T_k also zu einem neuen Bereich $\mathfrak{T}_k$ ergänzt. Eine solche Ausdehnung des Bereiches T_k kann in jeder Ebene: $k = 1, 2, \ldots, n$, oder auch nur in einigen dieser Ebenen geschehen. Der erweiterte Bereich sei mit $(\mathfrak{T})$ bezeichnet. Kann man den Punkten von $(\mathfrak{T})$ solche Werte zuordnen, dass eine in $(\mathfrak{T})$ analytische Funktion entsteht, die in (T) mit der ursprünglichen Funktion $f(z_1, \ldots, z_n)$ zusammenfällt, so sagt man, dass $f(z_1, \ldots, z_n)$ über (T) hinaus analytisch fortgesetzt werden kann. Der Definitionsbereich der Funktion $f(z_1, \ldots, z_n)$ besteht nun aus dem Ausgangsbereich (T) nebst allen Erweiterungen, welche analytischen Fortsetzungen der Funktion entsprechen und ist, falls die Funktion vieldeutig ist, als mehrfacher *Riemann*'scher Raum[255]) aufzufassen. Die Gesamtheit der zugehörigen Funktionswerte bildet die analytische Funktion[256]).

Um bei den analytischen Funktionen mehrerer Veränderlichen eine analytische Fortsetzung zu konstatieren, bedient sich *Weierstrass* der Methode der Potenzreihen. Es sei $f(z_1, \ldots, z_n)$ eine im Punkte $(a_1, \ldots, a_n)$ analytische Funktion. Vom Punkte (a) aus wird eine reguläre Kurve $\mathfrak{L}$ beschrieben:

$$z_1 = \varphi_1(t), \qquad z_2 = \varphi_2(t), \qquad \ldots z_n = \varphi_n(t),$$

wo der reelle Parameter t das Intervall: $t_0 \leq t \leq t_1$ durchläuft und $a_i = \varphi_i(t_0)$, $b_i = \varphi_i(t_1)$ ist. Längs der Kurve $\mathfrak{L}$ wird $f(z_1, \ldots, z_n)$ in analoger Weise analytisch fortgesetzt, wie im Falle $n = 1$ (Nr. **13**). Kann $f(z_1, \ldots, z_n)$ sowohl längs $\mathfrak{L}$ als auch längs einer zweiten solchen die Punkte (a) und (b) verbindenden Kurve $\mathfrak{L}'$ in (b) hinein analytisch festgesetzt werden (vgl. Nr. **13**), so erhält f beide Mal in (b) denselben Wert, wofern $\mathfrak{L}'$ stetig in $\mathfrak{L}$ verwandelt werden kann,

---

255) Durch die mathematische Physik wird der Begriff eines mehrfachen Raumes nahe gelegt. Vgl. die Citate bei *Brill* und *Noether,* Bericht, p. 254, 255, auf *Kirchhoff* (1847) und *Helmholtz.* Die analytische Fortsetzung einer Potentialfunktion im R_3 ist von *Stahl* behandelt; J. f. Math. 79 (1875), p. 265. Ein einfaches Beispiel einer mehrwertigen Potentialfunktion im R_3 hat *Appell* gegeben; Math. Ann. 30 (1887), p. 155. Derartige Funktionen sind von *Sommerfeld* untersucht; Lond. Math. Proc. 28 (1897), p 397. Daran schliesst sich eine Arbeit von *Carslaw*, ebenda, Bd. 30 (1899), p. 121.

256) Nach *Weierstrass* eine *monogene analytische Funktion.* Wegen des analytischen Gebildes vgl. unten.

ohne dass für die Zwischenlagen dieser Kurve die analytische Fortsetzung der Funktion f von (a) bis (b) unmöglich wird.

Wenn insbesondere die Funktionen $\varphi_i(t)$ alle *analytisch* sind, kann die analytische Fortsetzung längs $\mathfrak{L}$ auch dadurch geschehen, dass man $f(\varphi_1(t), \ldots, \varphi_n(t))$, als Funktion von t betrachtet, längs der reellen Achse von t_0 bis t_1 analytisch fortsetzt. Es wäre aber ein Fehler zu glauben, dass alle Punkte (b), bis in welche man $f(z_1, \ldots, z_n)$ *auf diese Weise* analytisch fortsetzen kann, zum Definitionsbereich von f gehören. Als Beleg dafür diene folgendes Beispiel. Es sei die Funktion $\psi(z)$ im Einheitskreise analytisch und von 0 verschieden und lasse keine analytische Fortsetzung über diesen Kreis hinaus zu. Bildet man die Funktion

$$f(z_1, z_2) = z_1 \frac{\psi(z_1)}{\psi(z_2)},$$

so ist dieselbe nur in demjenigen Bereich (T) definiert, wo $|z_1| < 1$, $|z_2| < 1$ ist. Die Kurve $z_1 = t$, $z_2 = t$, $(0 \leq t)$ führt über diesen Bereich hinaus, wenn t genügend wächst. Längs dieser Kurve hat f den Wert t und lässt sich somit unbegrenzt analytisch fortsetzen. Diesen Sachverhalt kann man geometrisch so erklären, dass man die Gleichung

$$w = z_1 \frac{\psi(z_1)}{\psi(z_2)}$$

als Fläche deutet und dann bemerkt, dass die Kurve $z_1 = t$, $z_2 = t$, $w = t$ eine Zeit lang auf der Fläche verläuft, später aber eine natürliche Grenze der Fläche überschreitet und von da ab von der Fläche getrennt verläuft. Allgemein kann man also sagen: Die analytische Fläche

$$w = f(z_1, \ldots, z_n)$$

deckt sich nicht mit der Gesamtheit der analytischen Kurven:

$$z_i = \varphi_i(t), \qquad w = f(\varphi_1(t), \ldots, \varphi_n(t)),$$

die zum Teil auf der Fläche liegen.

Eine analytische Funktion $f(z_1, \ldots, z_n)$ hängt von einer abzählbaren Menge von Bestimmungsstücken ab. In der That wird $f(z_1, \ldots, z_n)$ zunächst in der Umgebung eines Punktes $(a_1, \ldots, a_n)$ durch die abzählbare Menge von Koeffizienten der *Taylor*'schen Reihenentwicklung festgelegt, und nun genügt es, um alle möglichen analytischen Fortsetzungen zu beherrschen, bloss eine abzählbare Menge davon in Betracht zu ziehen. Es sei der Einfachheit halber $n = 2$ gesetzt und man bezeichne die zusammengehörigen Konvergenzradien der Potenzreihe:

$$f(z_1, z_2) = \sum_{i=0,\,k=0}^{\infty,\,\infty} A_{ik} (z_1 - a_1)^i (z_2 - a_2)^k$$

mit r_1, r_2. Ferner sei R_1 die obere Grenze von r_1, wenn r_2 gegen Null konvergiert. Jedem rationalen Werte von r_1 $(< R_1)$ sei der grösstmögliche Wert von r_2 zugeordnet. Die rationalen Punkte des Bereiches $|z_1 - a_1| < r_1, |z_2 - a_2| < r_2$ bilden eine abzählbare Menge und die Gesamtheit dieser den verschiedenen rationalen Werten von r_1 entsprechenden Mengen liefert eine abzählbare Menge von Punkten (α_j, β_j), die wie folgt beschaffen sind: Ist $(\bar{\alpha}, \bar{\beta})$ ein beliebiger innerer Punkt des Konvergenzbereiches der obigen Potenzreihe, so giebt es einen Punkt (α_j, β_j) derart, dass die aus jener Potenzreihe unmittelbar (d. h. durch algebraische Umformung der Reihe) abgeleitete Potenzreihe $\sum A'_{ik} (z_1 - \alpha_j)^i (z_2 - \beta_j)^k$ den Punkt $(\bar{\alpha}, \bar{\beta})$ im Innern ihres Konvergenzbezirks birgt. Die Menge (α_j, β_j) bildet demnach die naturgemässe Verallgemeinerung der Menge der im Konvergenzkreise der ersten *Taylor*'schen Reihe gelegenen rationalen Punkte im Falle $n = 1$ (Nr. **13**). Eine ähnliche weitere Überlegung wie in jenem Fall führt dann zu einem analogen Resultat, was der Inhalt der vorhin ausgesprochenen Behauptung ist.

Es mögen jetzt r analytische Funktionen

$$z_{n+i} = f_i(z_1, \ldots, z_n), \qquad i = 1, \ldots, r,$$

vorgelegt sein, die auch durch implicite Gleichungen:

$$F_i(z_1, \ldots, z_n, z_{n+1}, \ldots, z_{n+r}) = 0, \qquad i = 1, \ldots, r,$$

definiert werden können und welche sich alle im Punkte $(a_1, \ldots, a_n)$ analytisch verhalten. Diese Funktionen werden gleichzeitig analytisch fortgesetzt. Ein Punkt $(\alpha_1, \ldots, \alpha_n)$, der sich auch nur für eine einzige derselben als singulär erweist, gilt als ein singulärer Punkt des Systems, vgl. Nr. **13**, Ende. Man wird also wie im Falle $r = 1$ zu einem Definitionsbereich des Systems geführt. Die zugehörigen Funktionenwerte bilden ein *analytisches Funktionensystem* [257]). Die Gesamtheit der so erhaltenen Punkte $(z_1, \ldots, z_n, z_{n+1}, \ldots, z_{n+r})$ bildet unter Hinzunahme gewisser sogleich zu besprechenden Grenzpunkte *das analytische Gebilde* n^{ter} *Stufe im Gebiet von* $n + r$ *Veränderlichen* (*Weierstrass*). Die Stelle $(a_1, \ldots, a_n, a_{n+1}, \ldots, a_{n+r})$ heisst eine *Grenzstelle* des analytischen Gebildes, falls die r Funktionen $f_i(z_1 \ldots, z_n)$ sich bezw. den Werten a_{n+i} nähern, wenn der Punkt $(z_1, \ldots, z_n)$ dem

257) Nach *Weierstrass* ein *monogenes* System. Das *monogene analytische Gebilde* wird hier in ähnlicher Weise definiert, wie in Nr. **13** für den Fall $n = r = 1$.

Grenzpunkte $(a_1, \ldots, a_n)$ des Definitionsbereiches zustrebt. Sie wird dann und nur dann zum analytischen Gebilde gerechnet, wenn sie als die naturgemässe Verallgemeinerung einer der Singularitäten angesehen werden kann, die die *algebraischen* Gebilde n^{ter} Stufe im Gebiet von $n + r$ Veränderlichen aufweisen, d. h. wenn die in Betracht kommenden Bestimmungen der r Funktionen $z_{n+i} = f_i(z_1, \ldots, z_n)$ in der Umgebung des Punktes $(z_1, \ldots, z_n)$ einem bezw. mehreren Gleichungssystemen von der Form genügen:

$$\Phi_i(z_1, \ldots, z_n, z_{n+1}, \ldots, z_{n+r}) = 0, \qquad i = 1, \ldots, r,$$

wo die Funktionen Φ_i in der Umgebung des Punktes $(a_1, \ldots, a_n, a_{n+1}, \ldots, a_{n+r})$ alle analytisch sind und dort verschwinden. Dabei spielt der unendlich ferne Bereich keine besondere Rolle, die Koordinaten $a_1, \ldots, a_{n+r}$ dürfen zum Teil oder alle unendlich sein.

Das so definierte analytische Gebilde ist im allgemeinen unabhängig von der besonderen Wahl der unabhängigen Veränderlichen $(z_1, \ldots, z_n)$. Greift man nämlich irgend n andere aus den $n + r$ Veränderlichen $z_1, \ldots, z_{n+r}$ heraus: $z_1', \ldots, z_n'$ und bildet man die Funktionaldeterminante

$$J = \Sigma \pm \frac{\partial \Omega_1}{\partial z_1''} \cdots \frac{\partial \Omega_r}{\partial z_r''},$$

wo

$$\Omega_i = z_{n+i} - f_i(z_1, \ldots, z_n)$$

gesetzt ist und die übrigen Veränderlichen durch $z_1'', \ldots, z_r''$ bezeichnet sind, so wird J im allgemeinen nicht identisch verschwinden; alsdann lassen sich die r Gleichungen $\Omega_i = 0$, $i = 1, \ldots, r$, in der Umgebung eines nicht spezialisierten Punktes $(a_1', \ldots, a_n', a_1'', \ldots, a_r'')$ nach $z_1'', \ldots, z_r''$ auflösen und das aus diesen neuen Funktionen:

$$z_{n+i}'' = \bar{f}_i(z_1', \ldots, z_n'), \qquad i = 1, \ldots, r,$$

entspringende analytische Gebilde fällt mit dem ursprünglichen zusammen (*Weierstrass*). Der Übergang von den $z_1, \ldots, z_n$ zu den $z_1', \ldots, z_n'$ ist dagegen unmöglich, wenn J identisch verschwindet.

Das Prinzip der Funktionalgleichungen gilt in derselben Formulierung wie in Nr. **16** auch für Funktionen mehrerer Veränderlichen.

48. Einige Sätze über das Verhalten im Grossen. Hat eine analytische Funktion $F(z_1, \ldots, z_n)$ keine anderen als nur ausserwesentliche singuläre Stellen, so lässt sich dieselbe als eine rationale Funktion darstellen[258]); hat sie bloss im Endlichen keine anderen

---

258) Dieser Satz ist zuerst von *Weierstrass*[244]) ausgesprochen und von *A. Hurwitz*, J. f. Math. 95 (1883), p. 201 mittelst Potenzreihen bewiesen worden.

als ausserwesentliche singuläre Stellen, so lässt sie sich als der Quotient zweier ganzer (rationaler oder transcendenter) Funktionen darstellen, die im Endlichen höchstens in singulären Punkten der Funktion gleichzeitig verschwinden[259]).

Da eine analytische Funktion von $n > 1$ Argumenten keine isolierte singuläre Stelle haben kann (Nr. **42**), so ist eine unmittelbare Ausdehnung des Satzes von Nr. **34** auf solche Funktionen nicht möglich. Es besteht jedoch nach *Weierstrass*[260]) der engere Satz: Einem beliebigen Bereich (T) des Punktes $(z_1, \ldots, z_n)$ entsprechen eindeutige Funktionen, die in (T) keine anderen als nur ausserwesentliche singuläre Stellen haben und in jedem Begrenzungspunkte von (T) einen wesentlichen singulären Punkt aufweisen.

49. Homogene Variable. Die homogenen Variabeln, welche in der Formentheorie eine Hauptstellung einnehmen, sind in die Funktionentheorie von *Aronhold* eingeführt und von *Clebsch, Klein* und anderen vielfach verwendet worden[261]). Sie bezwecken einmal die Beseitigung der Sonderstellung, welche dem unendlich fernen Bereich sonst zufällt; dann aber wird darüber hinaus eine Symmetrie der Formeln erzielt, in welcher die Äquivalenz im Grunde gleichberechtigter Dinge ihren analytischen Ausdruck findet. Unter einer *analytischen Form* versteht man eine homogene analytische Funktion von n Veränderlichen, d. h. eine Funktion $f(z_1, \ldots, z_n)$, welche für alle Punkte der Umgebung eines Punktes $(a_1, \ldots, a_n)$ des Definitionsbereiches von f und für alle Punkte t der Umgebung des Punktes $t = 1$ der Gleichung genügt:

$$f(tz_1, \ldots, tz_n) = t^\lambda f(z_1, \ldots, z_n),$$

wo λ eine konstante Grösse, die sogenannte *Dimension* der Form, bedeutet und unter t^λ derjenige Zweig dieser Funktion verstanden ist,

259) Der Satz ist zuerst von *Poincaré* für den Fall $n = 2$ mit Hülfe der partiellen Differentialgleichungen, denen der reelle Teil der Funktion genügt (Nr. **42**), bewiesen worden[242]); *Poincaré* spricht daselbst noch folgenden Satz aus: Si Y est une fonction quelconque de X, non uniforme, qui ne présente pas de point singulier essentiel à distance finie et qui ne puisse pas, pour une même valeur de X, prendre une infinité de valeurs finies infiniment voisines les unes des autres; elle pourra être considerée comme la solution d'une équation: $G(X, Y) = 0$, où G est une fonction entière. Einen Beweis für den allgemeinen Fall — und zwar zugleich unter Erweiterung der Voraussetzungen des Satzes — hat *P. Cousin* gegeben; Par. Thèse 1894 = Acta math. 19 (1895), p. 1.

260) *Weierstrass*[244]). Es ist mir kein Beweis dieses Satzes bekannt.

261) *Aronhold,* J. f. Math. 61 (1863), p. 95; *Clebsch* und *Gordan,* Abel'sche Funktionen, 1866; *Klein,* vgl. unten.

welcher für $t=1$ den Wert 1 annimmt[262]). Es sei insbesondere $n=2$.[263]) Setzt man $t=z_2^{-1}$, $z=z_1/z_2$, so ergiebt sich, dass

$$f(z_1, z_2) = z_2^\lambda f(z, 1) = (zu)^\lambda (u_2 z - u_1)^{-\lambda} f(z, 1),$$

wo $(zu) = u_2 z_1 - u_1 z_2$ und u_1, u_2 willkürliche Grössen bedeuten; es lässt sich somit die Form $f(z_1, z_2)$, welche als Funktion zweier unabhängiger Variabeln aufzufassen ist, auf die Änderung hin, welche sie erleidet, wenn der Punkt (z_1, z_2) in dem vierdimensionalen Raum dieser Veränderlichen einen beliebigen geschlossenen Weg beschreibt, dadurch untersuchen, dass man *einzeln* die Änderungen a) der Funktion $(u_2 z - u_1)^{-\lambda} f(z, 1)$ und b) der Funktion $(zu)^\lambda$ bestimmt, wenn z resp. $t = (zu)$ unabhängig von einander den entsprechenden Weg in seiner Ebene durchläuft[264]).

Das Integral

$$\int_{(a)}^{(b)} f(z_1, z_2)\,(z\,dz),$$

wo $f(z_1, z_2)$ eine analytische Form $(-2)^{\text{ter}}$ Dimension ist, wird definiert, indem man im vierdimensionalen Raum der Variabeln (z_1, z_2) den Punkt (a_1, a_2) mit dem Punkt (b_1, b_2) durch einen Weg verbindet, der ganz im Definitionsbereich der Funktion $f(z_1, z_2)$ verläuft:

$$z_1 = \varphi_1(t) + i\psi_1(t), \quad z_2 = \varphi_2(t) + i\psi_2(t), \quad t_a \leqq t \leqq t_b;$$

262) Diese Definition stützt sich auf das Verhalten der Funktion im Kleinen; mittelst analytischer Fortsetzung bestimmt man dann im Grossen, welche Zweige $f(tz_1, \ldots, tz_n)$, $f(z_1, \ldots, z_n)$ zusammengehören. Ein bemerkenswerter Fall kommt in der Variationsrechnung vor. Es handelt sich um die reelle homogene Funktion 0ter Dimension $F(x', y') = \dfrac{\alpha x' + \beta y'}{\sqrt{f_2(x', y')}}$, wo f_2 eine positive definite quadratische Form bedeutet, die Quadratwurzel positiv genommen wird und α, β reelle Konstante sind. $F(x', y')$ ist daher eine reelle eindeutige stetige Form 0ter Dimension in den reellen homogenen Variabeln x', y'. Trotzdem ist $F(-x', -y')$ nicht $= F(x', y')$, sondern $= -F(x', y')$. Daraus ersieht man, dass die stetige Fortsetzung von $F(x', y')$ im Reellen und die analytische Fortsetzung von $t^\lambda F(x', y')$ im Komplexen zu verschiedenen Resultaten führen können.

263) Bei der Anwendung der *Abel*'schen Integrale auf Kurvengeometrie (II B 2) ist häufig $n > 2$ zu nehmen; doch sei auch in diesem Fall an die Untersuchungen von *Klein* erinnert, bei denen das algebraische Gebilde, wie im hyperelliptischen Fall, auf einem binären Gebiet behandelt wird; Math. Ann. 36 (1890), p. 1.

264) *Burkhardt*, Math. Ann. 32 (1888), p. 410; *Ritter* [156]), p. 17. Man trifft gewöhnlich noch die Übereinkunft, dass z_1, z_2 niemals unendlich werden und auch nicht gleichzeitig verschwinden. Endlich kann man $(zu) = 1$ setzen, indem man z den Wert u_1/u_2 nicht anzunehmen gestattet.

und das Integral längs dieses Weges erstreckt:

$$\int_{(a)}^{(b)} f(z_1, z_2)\,(z\,dz) = \int_{t_a}^{t_b} f(z_1, z_2)\,(z_2 z_1' - z_1 z_2')\,dt = \int_a^b f(z, 1)\,dz,$$

wo $z = z_1/z_2$, und $a = a_1/a_2$, $b = b_1/b_2$ ist. Zwei solchen Wegen, welche stetig in einander umgeformt werden können, entsprechen gleiche Werte des Integrals. — Von solchen Integralen ist beispielsweise bei der Behandlung der hypergeometrischen Funktionen mittelst des bestimmten resp. Schleifenintegrals ausgiebiger Gebrauch gemacht worden[265]. Die homogenen Variabeln finden fernerhin eine Anwendung in der Theorie der automorphen Funktionen (II B 6 c), sowie der linearen Differentialgleichungen (II B 4)[266].

---

265) Vgl. *Schellenberg*[102]. *Klein,* Hypergeometrische Funktionen, Vorlesung vom W.-S. 1893/94 (lithographiert), Göttingen 1894.

266) *Ritter*[156]; ferner Math. Ann. 44 (1894), p. 261 u. 47 (1896), p. 157; *Klein,* Gött. Nachr. 1890, p. 85; Math. Ann. 38 (1891), p. 144; sowie *Pick,* ibid., p. 139.

(Abgeschlossen im August 1901.)

II B 2. ALGEBRAISCHE FUNKTIONEN UND IHRE INTEGRALE

VON

WILHELM WIRTINGER

IN INNSBRUCK.

Inhaltsübersicht.

Litteratur.

Lehrbücher.

C. Neumann, Vorlesungen über Riemann's Theorie der Abel'schen Integrale, Leipzig, 1. Aufl. 1865, 2. Aufl. 1884.

A. Clebsch und *P. Gordan,* Theorie der Abel'schen Funktionen, Leipzig 1866.

L. Koenigsberger, Vorlesungen über die Theorie der hyperelliptischen Integrale, Leipzig 1878.

Ch. Briot, Fonctions abéliennes. Paris 1879.

F. Klein, Autographierte Vorlesungen über Riemann'sche Flächen 1, 2, Göttingen 1891/92.

P. Appell und *E. Goursat*, Théorie des fonctions algébriques et de leurs intégrales, Paris 1895.

H. Stahl, Theorie der Abel'schen Funktionen, Leipzig 1896.

H. F. Baker, Abel's Theorem and the allied Theory, Cambridge 1897.

E. Picard et *G. Simart*, Théorie des fonctions algébriques de deux variables indép., Paris 1897.

K. Hensel u. *G. Landsberg*, Vorlesungen über algebraische Funktionen und ihre Integrale, Leipzig 1901.

Historische Darstellungen.

R. L. Ellis, Report of the British Association 1847, p. 34.

A. Brill und *M. Nöther*, Jahresber. der deutschen Mathem.-Vereinigung, 3, Berlin 1894.

H. Hancock, Report of the British Association 1898, p. 560.

Ausserdem enthalten mehr oder weniger hierhergehöriges die Lehrbücher über elliptische Funktionen von *Briot* und *Bouquet*, *Koenigsberger*, der Funktionentheorie von *Forsyth*, *Harkness* and *Morley*. Auszugsweise Darstellungen bei *Picard*, Traité d'anal., Paris 1893, p. 348 ff.; *Klein* und *Fricke*, Elliptische Modulfunktionen, Leipzig 1890, 1892, 1, p. 493—571; 2, 476—554.

Bei der engen Verbindung mit der Theorie der algebraischen Kurven und der *Abel*'schen Funktionen ist ausser II B 1 auch die Litteratur von II B 6 b und III C 2, 8 heranzuziehen. In Bezug auf die Beziehungen zur Kurventheorie bes. *Clebsch-Lindemann*, Vorlesungen über Geometrie 1, Leipzig 1876.

Für die *arithmetische* Behandlung der algebraischen Funktionen vergleiche man den folgenden Artikel II B 2 a.

A. Allgemeines.

1. Definition. Ist eine komplexe Veränderliche y Wurzel einer algebraischen Gleichung, deren Koeffizienten ganze rationale Funktionen einer Veränderlichen x sind, und hat diese Gleichung $f(xy) = 0$ keinen in x und y ganzen rationalen Teiler, so heisst y eine algebraische Funktion von x. Das erste Auftreten solcher allgemeinen algebraischen Funktionen geht auf die Geometrie des *Cartesius* [1]) und auf *Newton* [2]) zurück. *Euler* [3]) gab ihre formelle Definition. *Abel* [4]) zog sie zum erstenmal in den Bereich eines Satzes und wird darum mit Recht als der Begründer ihrer Theorie bezeichnet. Für die Geschichte der algebraischen Funktionen und ihren Zusammenhang mit

---

1) *René Descartes*, Geometrie 1637, deutsch von *Schlesinger* 1894, 2. Buch am Anfang.

2) *I. Newton*, Methodus fluxionum (Opusc. coll. Castillioneus, Lausanne & Genf 1744).

3) *L. Euler*, Introductio in Analysin infin. 1754, 1. Buch, 1. Kap. § 7.

4) Näheres über *Abel* s. unten Nr. 41.

der Entwicklung der Funktionentheorie und der Theorie der algebraischen Kurven sehe man den Bericht von *Brill* und *Nöther* im Jahresbericht der deutschen Math.-Vereinig. 3 (1892—93), erschienen 1894[5]).

2. Die algebraische Funktion in der Umgebung einer einzelnen Stelle. Ist $f(xy)$ vom Grade n in y, so gehören zu jedem Werte von x auch n Werte von y. Diese heissen Zweige[6]) der Funktion. Durchläuft x einen geschlossenen Weg, so geht entweder jeder einzelne Zweig in sich über, oder aber es verteilen sich die einzelnen Zweige in Teilsysteme, Cyklen[7]) genannt, deren einzelne Elemente sich beim Umlauf cyklisch unter einander vertauschen. Ein solcher Cyklus kann auch nur ein Element enthalten. Die Zweige eines aus mehreren Elementen bestehenden Teilsystems nehmen an bestimmten Stellen gleiche Werte an und hängen so miteinander zusammen. Diese Stellen heissen daher Verzweigungsstellen[8]) jener dem Cyclus angehörigen Zweige, die x-Werte selbst Verzweigungswerte. Sie sind nur in endlicher Anzahl vorhanden, da in ihnen die Diskriminante von $f(xy)$ nach y verschwinden muss. Die Umgebung des unendlich fernen Punktes ist besonders durch Einführung von x^{-1} statt x zu untersuchen. Unendlich können einer oder mehrere Zweige nur dann werden, wenn entweder x selbst unendlich wird, oder der Koeffizient der höchsten Potenz von y verschwindet. Die Zahl der Unendlichkeitsstellen ist also ebenfalls endlich. Ist a keine Verzweigungsstelle eines bestimmten Zweiges, so ist dieser in der Umgebung von a nach ganzen Potenzen von $x - a$ entwickelbar, und zwar treten negative Potenzen nur in endlicher Zahl und nur an einer endlichen Zahl von Stellen auf. Gehen in der Umgebung einer Verzweigungsstelle k Zweige in einander über, so heisst diese eine $k - 1$-fache, oder von der $k - 1^{\text{ten}}$ Ordnung. In der Umgebung einer solchen werden sämtliche k in ihr zusammenhängende Zweige durch eine und

5) Im folgenden kurz mit Ber. und Seitenzahl citiert.

6) *Riemann,* Abel'sche Funktionen, J. f. Math. 54 (1857) = Werke, hsgg. von *H. Weber,* Leipzig 1892 (2. Aufl.), p. 90; künftig mit R. A. F. citiert.

7) *Puiseux,* Recherches sur les fonctions algébriques, J. de math. 15 (1850), Nr. 19 (auch deutsch von *Fischer,* Halle 1861). Vgl. *Briot* u. *Bouquet,* Fonctions elliptiques, deux. édition, Paris 1875, p. 39.

8) R. A. F. p. 90, point critique bei *Briot* u. *Bouquet* l. c. und anderen. Einzelne Autoren, wie *Picard* (Traité d'anal. 2, p. 349) gebrauchen letzteren Ausdruck überhaupt für solche Stellen, an denen zwei oder mehr Werte von y einander gleich werden, während die Verzweigungspunkte points de ramification heissen.

dieselbe nach ganzen Potenzen von $(x - a)^{1/k}$ fortschreitende Reihe dargestellt. Negative Potenzen treten auch hier nur in endlicher Zahl auf. Im Unendlichen tritt x^{-1} an die Stelle von $x - a$ in den Reihen, was in Zukunft nicht mehr besonders erwähnt werden soll. Die Reihen konvergieren bis zur nächsten Verzweigungs- oder Unendlichkeitsstelle des oder eines der dargestellten Zweige[9]). Diese Eigenschaften sind für die algebraischen Funktionen auch charakteristisch, d. h. eine Funktion, welche überall n Werte annimmt und deren Entwicklungen das eben beschriebene Verhalten zeigen, wobei Verzweigungs- und solche Stellen, in deren Umgebung eine Entwicklung nach negativen Potenzen auftritt, nur in endlicher Zahl vorkommen dürfen, ist Wurzel einer algebraischen Gleichung mit rationalen Funktionen von x als Koeffizienten[10]). Ist es überdies möglich, auf geeigneten Wegen von x jeden Zweig in jeden andern überzuführen ohne dass auf dem dabei benützten Wege zwei oder mehr derselben einander gleich werden, so ist diese algebraische Gleichung auch unzerlegbar. Im Gegenfalle lässt sie sich in eine endliche Anzahl solcher zerlegen.

3. Das algebraische Gebilde. *Weierstrass*[11]) bezeichnet die Gesamtheit der Wertepaare x, y, welche einer algebraischen Gleichung $f(xy) = 0$ genügen, als ein algebraisches Gebilde, das einzelne Wertepaar xy als eine Stelle[12]) des Gebildes. Ist a, b eine solche Stelle, so heisst sie regulär, wenn $f(a + \xi, b + \eta)$ in ξ und η lineare Glieder hat, sonst aber singulär. Die Anzahl der singulären Stellen, welche wohl zu unterscheiden sind von den singulären Stellen einer

---

9) Die Reihenentwicklungen beginnen mit *Newton* (l. c.) u. *Cramer*, Analyse des lignes courbes algébr., Genève 1750; *Lagrange*, Th. des fonctions analytiques, Paris 1796; Berl. Mém. 24 (1768) = Oeuvres 3, p. 5; ibid. 1776 = Oeuvres 4, p. 301). *Lacroix*'s Traité 1, p. 104 (2. éd. 1810) giebt Erläuterungen hierzu. *Cauchy* giebt den Satz von der Stetigkeit der einzelnen Zweigfunktionen (Exercices d'anal. 2, p. 109; Par. C. R. 12, 1841; seine allgemeinen Entwicklungen über implicite Funktionen siehe II B 1); *Minding* (J. f. Math. 23, 1841) die Entwicklung im Unendlichen, *Puiseux* den obigen Satz (l. c.). Eine andere Art der Entwicklung bei *Hermite*, J. f. Math. 116. Siehe auch Nr. **3**. — Ältere Litteratur bei *S. Günther*, Vermischte Untersuchungen zur Geschichte etc., Leipz. 1876, Kap. III; *A. Lechthaler*, Progr. Gymn. Melk 1885; Zusammenstellung bei *Harkness* u. *Morley*, Treatise (1893), p. 127.

10) R. A. F., p. 108. *Briot* et *Bouquet*, J. éc. pol., cah. 36 (1856); Fonctions elliptiques, 2. éd., p. 217. Hierher gehört auch *L. Kronecker*, Berl. Ber. 1884, Werke 1, p. 543. Man sehe auch II B 1, Nr. **12**.

11) Zuerst in Vorlesungen. Vgl. Werke 2, p. 235. Auch *G. Hettner*, Gött. Nachr. 1880.

12) Point analytique bei *Appell* und anderen (Par. C. R. 94, 95; Acta math. 1).

Funktion, ist endlich. Sie geben zugleich die singulären Stellen[13]) der algebraischen Kurve $f(xy) = 0$. Alle Werte von x und y, welche in einer genügend kleinen Umgebung von a resp. b liegen und dem Gebilde angehören, lassen sich durch eine endliche Anzahl von Reihenpaaren, die nach ganzen Potenzen eines Parameters fortschreiten, darstellen[14]). Negative Potenzen treten dabei nur in endlicher Anzahl auf. In der Umgebung einer regulären Stelle reicht stets ein einziges Paar aus. Dabei ist wesentlich, dass die Wahl des Parameters so getroffen werden kann, dass jeder Stelle in der Nähe von a, b auch nur *ein* Wert des Parameters in der zugehörigen Entwicklung entspricht. Ein solcher kann sogar für die Umgebung einer bestimmten Stelle (a, b) als rationale Funktion von x, y gewählt werden, und soll in Zukunft mit t bezeichnet werden. Ein solches Reihenpaar nennt *Weierstrass* ein *Element* des algebraischen Gebildes. Zur Darstellung des ganzen Gebildes reicht stets eine endliche Anzahl von Elementen aus und sämtliche gehen aus einem unter ihnen durch analytische Fortsetzung hervor, wenn die definierende Gleichung unzerlegbar ist. Diese Eigenschaft des Gebildes bezeichnet *Weierstrass* als die *Monogeneität* des algebraischen Gebildes. Die in Nr. 2 erwähnten Reihenentwicklungen liefern unmittelbar Elemente, wenn als Parameter $x - a$ resp. $(x - a)^{1/k}$ gewählt wird.

4. Die Riemann'sche Fläche. Eine klare und übersichtliche Vorstellung von dem Gesamtverlauf der Werte einer algebraischen Funktion hat *Riemann*[15]) durch folgende Darstellung erreicht. Denkt man sich in n übereinanderliegenden Exemplaren der Ebene der komplexen Zahlen die Verzweigungswerte markiert und sämtlich durch einander nicht schneidende, in allen Blättern gleichverlaufende Linien mit einer Stelle, an der sämtliche Zweige der Funktion verschiedene Werte annehmen, verbunden, so ist in jedem Blatt der einzelne Zweig der Funktion eindeutig, wenn diese Linien als nicht überschreitbare Grenzen festgesetzt werden. Dabei werden zu beiden Seiten der Linien gleiche oder verschiedene Werte auftreten, je nachdem das

---

13) Litteratur hierzu Ber. p. 367 und III C 2.

14) *M. Hamburger,* Zeitschr. Math. Phys. 16 (1871); *L. Koenigsberger,* Vorles. über ellipt. Funkt. (1874); *O. Stolz,* Math. Ann. 8 (1875); *O. Biermann,* Funktionentheorie § 39—41; *O. Stolz*, Grundz. d. Diff.- u. Integralrechnung 1, p. 177 ff.; einen andern Weg giebt *M. Ch. Méray,* Leçons sur l'analyse infinitésimale 2, Paris 1895, p. 121—167. Für die Behandlung auf arithmetischer Grundlage *Kronecker,* J. f. Math. 91 (1881); *Hensel,* Berl. Ber. 1895; siehe I B 1 c von *Hensel* u. *Landsberg,* Vorles.

15) Diss. Gött. 1851, Nr. 5 (Werke, p. 7); A. F. 1 (Werke, p. 88).

Ende der Linie Verzweigungsstelle des betrachteten Zweiges ist oder nicht. Ordnet man nun jedem Zweig ein bestimmtes Blatt zu, so finden sich die Werte auf einer Seite einer der Linien auf der entgegengesetzten Seite derselben Linie oder einer gleichverlaufenden in einem andern Blatt. Durchschneidet man daher sämtliche Blätter längs dieser Linien, und verbindet die einzelnen Blätter längs dieser Schnitte (Verzweigungsschnitte) in der Weise, dass solche Schnittränder, welche gleiche Funktionswerte tragen, miteinander verschmolzen werden, so erhält man eine die Ebene n-fach überdeckende Fläche, auf welcher die Funktion y eindeutig ausgebreitet ist, die *Riemann'sche Fläche.* Ihre Konstruktion kann auf mannigfache Art abgeändert werden. Wesentlich ist dabei nur, dass die Verbindung der einzelnen Blätter den Übergang der einzelnen Zweige der Funktion ineinander richtig wiedergiebt. Die Konstruktion kann ebenso an die Ausbreitung der komplexen Zahlen auf der Kugelfläche geknüpft werden[16]). Damit wurde zum erstenmal die Zuordnung des gesamten Wertevorrats der einzelnen algebraischen Funktion zu den Werten der unabhängigen Veränderlichen und der Zusammenhang aller Funktionswerte untereinander klar erfasst. Die Gruppe der Vertauschungen, welche die Funktionswerte bei geschlossenen Wegen der unabhängigen Variablen erleiden, heisst die *Monodromiegruppe*[17]) der Gleichung $f(y, x) = 0$. Aus der Verzweigungsart hat *Frobenius*[18]) Kriterien für die Auflösbarkeit von $f(y, x) = 0$ nach y durch Wurzelzeichen hergeleitet. Eine *Riemann*'sche Fläche ist durch Angabe der Verzweigungswerte und der Cyklen um diese noch nicht vollständig bestimmt, vielmehr muss auch der Zusammenhang der einzelnen Zweige von einem Verzweigungspunkt zum andern gegeben sein[19]). Die Anzahl der *Riemann*schen Flächen bei gegebenen Verzweigungswerten und ihren Cyklen und die Gruppe dieses Problems hat *Hurwitz*[20]) bestimmt, nachdem schon früher *Thomae*[21]) für 3- und 4-blättrige Flächen mit transcendenten Mitteln die zugehörigen Funktionen angegeben hatte.

---

16) Ausführliches über die Konstruktion solcher Flächen in den Lehrbüchern von *C. Neumann, Durège, Koenigsberger, Petersen, Burkhardt, Appell* et *Goursat, Harkness* and *Morley, Baker.* Die ersten ausführlichen Anweisungen hierzu haben wohl *Prym* (Wien. Denkschr. 1864) und *Durège* gegeben; vgl. zur ganzen Nr. auch II B 1, Nr. **10**, **11**.

17) *Ch. Hermite,* Par. C. R. 32; *A. Kneser,* Math. Ann. 28 (1886).

18) J. f. Math. 74 (1872).

19) *J. Thomae,* J. f. Math. 75 (1873).

20) Math. Ann. 39 (1891), 55 (1901). Hierher gehört auch *Hoyer,* Math. Ann. 42 (1892); 47 (1896). Auch *Kasten,* Diss. Göttingen 1876.

21) Math. Ann. 18 (1881).

In einer mehr an *Puiseux*[22]) anschliessenden Weise haben *Clebsch* und *Gordan*[23]) den Übergang der Funktionswerte ineinander längs geschlossener Wege (Cyklen, Schleifen, Umgänge) ihrer Darstellung zu Grunde gelegt.

5. Zusammenhang und Geschlecht der Riemann'schen Fläche. Ist $f(xy)$ unzerlegbar, so bildet die *Riemann*'sche Fläche ein einziges zusammenhängendes Ganzes[24]), sonst liefert jeder Faktor von $f(xy)$ eine solche Fläche, welche mit den andern nicht zusammenhängt. Nur zu unzerlegbaren Gleichungen gehörige *Riemann*'sche Flächen sollen weiterhin in Betracht gezogen werden. Eine solche ist von bestimmtem Zusammenhang im Sinn der Analysis situs (III A 4) und zwar als geschlossene Fläche $2p+1$-fach zusammenhängend. Die Zahl p, bei *Weierstrass* mit ϱ bezeichnet, heisst das Geschlecht[25]) der *Riemann*'schen Fläche und der algebraischen Funktion, bei *Weierstrass* der Rang des algebraischen Gebildes. Sie hängt mit der Blätterzahl und den Ordnungszahlen der Verzweigungspunkte der *Riemann*'schen Fläche durch die Formel $w - 2n = 2p - 2$[26]) zusammen, wo w die Summe der Ordnungszahlen der Verzweigungspunkte bedeutet. Ist $f(xy)$ in y vom Grade n, in x vom Grade m, und hat die Kurve $f(xy) = 0$ nur einfache Doppelpunkte im Endlichen, so ist $p = (m-1)(n-1) - r$,[26]) wo r die Anzahl der im Endlichen gelegenen Doppelpunkte bedeutet[27]). Für die nähere Bestimmung des Geschlechtes aus den Singularitäten der Kurve $f(xy) = 0$ sehe man III C 2.

6. Zerschneidung der Riemann'schen Fläche; Querschnitte. Nach den Lehren der Analysis situs[28]) lässt sich die *Riemann*'sche Fläche auf mannigfache Art durch geeignete Quer- und Rückkehrschnitte in eine einfach zusammenhängende verwandeln. Die folgende

---

22) *P.* stellt sich geradezu die Aufgabe, den Wert der algebr. Funktion zu bestimmen, wenn die unabh. Variable einen bestimmten Weg durchläuft. *C. Runge* erledigt diese Frage mit algebr. Mitteln, J. f. Math. 97 (1884).

23) *A. Clebsch* u. *P. Gordan,* Abel'sche Funktionen (1866); *Schläfli,* J. f. Math. 76 (1873); *F. Casorati,* Ann. di mat. (2) 3 (1869); (2) 15 (1887), 16 (1888).

24) *L. Koenigsberger* leitet mit Hülfe der Verzweigung der Riemann'schen Fläche Kriterien für die Unzerlegbarkeit der Gleichung $f(y, x) = 0$ her, Berl. Ber. 46 (1898); J. f. Math. 115.

25) Der Name zuerst bei *A. Clebsch,* J. f. Math. 64 (1865).

26) *Riemann,* A. F., Art. 7 (Werke, p. 114).

27) Auf diesen Fall kann der allgemeine immer zurückgeführt werden; vgl. Nr. **10** und III C 2, III C 8. Allgemeine Vorschriften bei *Hensel* u. *Landsberg,* Vorles. 1901.

28) III A 4.

Art der Zerschneidung wird als *kanonische*[29]) bezeichnet. Man legt p sich selbst und einander nicht schneidende Rückkehrschnitte, die Schnitte A, hierauf p weitere ebensolche Querschnitte, Schnitte B, von denen jeder die beiden Ränder eines Schnittes A verbindet. Endlich verbindet man die p so erhaltenen Schnittepaare durch p Schnitte C, welche von dem Rand eines Schnittepaares A, B zu dem eines nächsten führen, zu einem Ganzen. Die Schnitte C können ganz erspart werden, wenn man die Schnitte A, B von einem und demselben Punkt der *Riemann*'schen Fläche aus zieht, und kommen hier auch sonst nicht weiter in Betracht. Es darf jedoch kein Schnitt weder einzeln noch mit den andern zusammen die Fläche zerstücken[30]).

7. Spezialfälle und Normalformen. Die zweiblättrigen *Riemann*'schen Flächen, welche die Ausbreitung einer Quadratwurzel aus einer ganzen rationalen Funktion wiedergeben, werden hyperelliptische[31]) Flächen genannt, wenn der Grad der ganzen rationalen Funktion grösser als 4 ist. Ist der Grad der ganzen rationalen Funktion gerade, so ist er $2p + 2$, sonst $2p + 1$. Im letzteren Fall hat die Fläche ausser den $2p + 1$ im Endlichen gelegenen Verzweigungspunkten, an denen die ganze rationale Funktion verschwindet, noch den unendlichen fernen Punkt zum Verzweigungspunkt, im ersten Fall aber liegen alle $2p + 2$ Verzweigungspunkte im Endlichen, so dass also ein wesentlicher Unterschied zwischen beiden Fällen nicht besteht. Die *Riemann*'sche Fläche wird hier einfach dadurch hergestellt,

---

29) *Riemann*, A. F., Art. 19.

30) Man sehe insbesondere das Lehrbuch von *C. Neumann*. Auch die kanonische Zerschneidung kann auf mannigfache Weise vollzogen werden. Der Zusammenhang der verschiedenen Arten der Zerschneidung ist für die Theorie der linearen Transformation der Abel'schen Funktionen wichtig; *Thomae*, Zeitschr. f. Math. u. Phys. 12; J. f. Math. 75 (1873); *Klein-Burkhardt*, Math. Ann. 35 (1889), p. 210, neuerdings *Wellstein*, Math. Ann. 52 (1899), siehe II B 6b; *Clebsch* und *Gordan* ersetzen die Theorie der Querschnitte durch bestimmte Kombinationen von Schleifen, siehe Note 23, 32 und *Briot*, fonctions abéliennes, Paris 1879.

31) Deren Integrale waren die ersten über die elliptischen hinausgehenden Integrale algebraischer Funktionen, welche *Abel* in Betracht zog (vgl. Nr. 42). Der Name rührt von *Legendre* her (Traité des fonctions elliptiques 3, p. 181); *Jacobi* schlug den Namen Abel'sche vor (J. f. Math. 8 (1832), Werke 1, p. 379). Beide Namen sind in der älteren Litteratur synonym; z. B. *Richelot*, J. f. Math. 12, 16, 23, 25; *Weierstrass*, J. f. Math. 47 (1854)); *A. Göpel* (J. f. Math. 35, Ostwald's Klassiker Nr. 67) machte zuerst den Vorschlag, die Benennung hyperelliptische Integrale in dem obigen Sinne zu gebrauchen, den Namen *Abel*'sche Integrale aber den Integralen allgemeiner algebraischer Funktionen vorzubehalten.

dass man die Verzweigungspunkte in $p+1$ Paare ordnet, die Punkte jedes Paares mit einander durch je einen Verzweigungsschnitt verbindet, und längs dieser $p+1$ Verzweigungsschnitte die beiden Blätter kreuzweise mit einander verbindet[32]). Die Zerschneidung der Fläche in eine einfach zusammenhängende kann so vorgenommen werden, dass man die p Schnitte A, von einem Punkt des ersten Verzweigungschnittes ausgehend, im ersten Blatte bis zu je einem Punkte eines der p übrigen Verzweigungsschnitte führt, und nach Überschreitung des letzteren im zweiten Blatt zum Ausgangspunkt zurückkehrt. Die Schnitte B sind dann einfache Umläufe im ersten Blatt um die Paare von Verzweigungspunkten, ausgenommen das erste Paar. Die hyperelliptischen Flächen und algebraischen Funktionen für $p = 2, 3, 4$ etc. werden als von der ersten, zweiten, dritten etc. Ordnung bezeichnet, bei $p = 2$ die Ordnung häufig weggelassen. Wenn eine *Riemann*'sche Fläche nur einfache Verzweigungspunkte hat, so lässt sie sich durch geeignete Anordnung der Verzweigungsschnitte derart umformen, dass zwei Blätter nach Art der hyperelliptischen Fläche in $2p+2$ Verzweigungspunkten zusammenhängen, während die übrigen $n-2$ Blätter je in einem Paar von Verzweigungspunkten mit einem der ersten beiden zusammenhängen. Die Zerschneidung der ersten zwei Blätter nach Art der hyperelliptischen ist dann auch zugleich eine kanonische Zerschneidung der ganzen Fläche[32]).

8. Funktionen am algebraischen Gebilde und der Riemann'schen Fläche. Funktionen des Wertepaares x, y, welche in der Umgebung einer bestimmten Stelle des Gebildes analytische Funktionen des Parameters t sind, also auf der *Riemann*'schen Fläche solche von $x-a$ oder $(x-a)^{1/k}$, werden als analytisch in der Umgebung dieser Stelle am Gebilde bezeichnet, zeigen sie dieses Verhalten in der Umgebung jeder Stelle, so heissen sie analytische Funktionen am Gebilde oder der *Riemann*'schen Fläche; je nach ihrem Verhalten als Funktionen von t wird die Stelle als wesentlich oder ausserwesentlich singulär, als regulär, die Funktion selbst als ein- oder mehrdeutig in der Umgebung der Stelle bezeichnet. Die Ordnung des Null- oder Unendlich-werdens bei eindeutigen Funktionen ist eben durch dieselben Ordnungen bestimmt, die ihnen als Funktionen des Parameters t zukommen. Damit stimmt die Erklärung der bez. Ordnungen bei *Riemann* durch die Anderung des

32) *J. Lüroth,* Math. Ann. 3 (1871); Münch. Abh. 15 (1885), 16 (1887), dort auch weitere Litteratur; *Clebsch*, Math. Ann. 6 (1873); vgl. auch das Lehrbuch von *H. Stahl.*

Logarithmus der Funktion[33]) bei vollständiger Umlaufung der Stelle auf der *Riemann*'schen Fläche überein. Die Funktion heisst unverzweigt am ganzen algebraischen Gebilde oder auf der *Riemann*'schen Fläche, wenn sie es in der Umgebung jeder Stelle ist. Dies zieht jedoch keineswegs Eindeutigkeit am ganzen Gebilde nach sich, weil durch analytische Fortsetzung auf solchen Wegen, welche Querschnitte überschreiten, ev. vom Ausgangselement verschiedene Elemente erhalten werden können[34]). Eine Funktion, welche am ganzen algebraischen Gebilde oder der *Riemann*'schen Fläche eindeutig ist und nur ausserwesentlich singuläre Stellen besitzt, ist eine rationale Funktion von x und y und umgekehrt. Eine solche nimmt jeden Wert gleich oft am algebraischen Gebilde oder der *Riemann*'schen Fläche[35]) an.

9. Der Körper der rationalen Funktionen, Transformation des Gebildes und die Riemann'schen Klassen. Erhaltung von p. Die Gesamtheit der rationalen Funktionen von x und y bildet einen Körper und gestattet daher die Anwendung der arithmetischen Methoden[36]). Die einzelne rationale Funktion z von x und y ist selbst Wurzel einer algebraischen Gleichung mit rationalen Koeffizienten in x. Der Grad dieser Gleichung ist entweder gleich n oder ein Teiler von n. Im ersten Fall ist y rational durch die neu eingeführte Funktion darstellbar, im zweiten Fall nicht. Nur im ersten Falle sind die zu z und y gehörigen *Riemann*'schen Flächen identisch, im zweiten Falle ist zwar z eindeutig auf der y zugehörigen *Riemann*'schen Fläche, nicht aber umgekehrt[37]). Das einfachste, jedoch triviale Beispiel solcher Funktionen sind die rationalen Funktionen von x allein.

Sind w und z zwei rationale Funktionen von x und y, von denen die erste jeden Wert r mal, die zweite s mal annimmt, so ergiebt die Elimination von x und y aus den drei Gleichungen $w = w(x, y)$,

33) *Riemann* hat wohl zuerst den Gedanken gefasst, ein algebraisches Gebilde als Träger von Funktionswerten aufzufassen, A. F. Art. 2.

34) Unverzweigt und eindeutig ist in der Litteratur nicht immer streng geschieden, da die unverzweigten Funktionen auf der durch Querschnitte zerschnittenen *Riemann*'schen Fläche eindeutig sind, jedoch nicht auf der unzerschnittenen.

35) *Briot* et *Bouquet*, J. d. éc. pol.. 1856; *Riemann*, A. F., Art. 5 (1857), doch unabhängig von *B.* et *B.*, s. Werke p. 102.

36) *Dedekind* u. *Weber*, J. f. Math. 92 (1882); die Arbeiten von *Kronecker*, *Hensel*, *Landsberg* siehe I B 1 c, Nr. **11**. Neuerdings der letztgenannte Math. Ann. 54 (1901). Ausgeführte Beispiele unter diesem Gesichtspunkt bei *L. Bauer*, Math. Ann. 41 (1893), 46 (1895). Eine systematische Darstellung unter diesem Gesichtspunkt *Hensel* u. *Landsberg*, Algebr. Funkt., Teubner 1901.

37) *Riemann*, A. F., Art. 5.

$z = z(x, y)$ und $f(x, y) = 0$ eine algebraische Gleichung zwischen w und z, welche in w vom s^{ten}, in z vom r^{ten} Grade ist: $F(w, z) = 0$. Diese ist entweder unzerlegbar oder Potenz einer unzerlegbaren Funktion. Im ersten Falle sind x und y selbst als rationale Funktionen von w und z darstellbar. Die beiden Gleichungen $f(x, y) = 0$ und $F(w, z) = 0$ gehen dann durch rationale Transformation in einander über, die zugehörigen Gebilde und *Riemann*'schen Flächen sind eineindeutig auf einander bezogen. Die *Riemann*'schen Flächen sind überdies konform auf einander abgebildet, und haben daher gleiches Geschlecht p. Die Gesamtheit aller Gleichungen, welche aus einer unter ihnen durch eine solche Transformation hervorgehen, nennt *Riemann* eine Klasse[38]) algebraischer Gleichungen. Die Gesamtheit der rationalen Funktionen von x und y, als Funktionen einer unter ihnen aufgefasst, bilden ein System gleichverzweigter algebraischer Funktionen. Die durch verschiedene Wahl der unabhängigen Veränderlichen entspringenden Systeme werden ebenfalls zu einer Klasse algebraischer Funktionen zusammengefasst, so dass jeder Klasse von Gleichungen eine Klasse von Funktionssystemen und umgekehrt entspricht.

10. Bedeutung des Klassenbegriffes. Aus der Zusammenfassung der algebraischen Funktionen in Klassen ergiebt sich die Forderung, die einzelne Funktion zu charakterisieren, unabhängig von ihrer Darstellung durch zwei besondere Funktionen der Klasse. Dies wird in der Theorie von *Weierstrass* dadurch erreicht, dass das Verhalten der Funktion in Bezug auf die zu den einzelnen Stellen gehörigen Parameter t zu ihrer Festlegung dient. Es ist hier das algebraische Gebilde aufgelöst in eine Anzahl von Bereichen der zu einer endlichen Anzahl von Stellen gehörigen Parameter t, welche durch die — die analytische Fortsetzung vermittelnden — Übergangssubstitutionen zu einem Ganzen verbunden sind. Die ursprüngliche algebraische Gleichung kann ebensogut durch jede andere der Klasse ersetzt werden. Auf ganz verschiedenem Weg erreichen *Dedekind* und *Weber*[39]) dieses Ziel mit den Hülfsmitteln der Idealtheorie. Der einzelne Punkt der *Riemann*'schen Fläche erscheint dann als Primideal. Ein dritter Weg führt zunächst zur Aufstellung von Funktionen, resp. Formen, welche selbst ihre Beziehung zum algebraischen Gebilde bei rationaler Transformation nicht ändern und Darstellung aller übrigen Funktionen

38) *Riemann*, A. F., Art. 12 (1857).

39) l. c. (Note 36), sowie die übrige dort angegebene Litteratur.

durch diese (invariante Darstellung)[40]. Ferner dient die rationale Transformation dazu, aus den Gleichungen einer Klasse nach verschiedenen Gesichtspunkten Repräsentanten (kanonische Formen, Normalformen)[41] auszuscheiden, eine Aufgabe, welche mit der Festlegung der Klasse durch eine endliche Anzahl von Konstanten (Moduln der Klasse) aufs engste zusammenhängt.

11. Die Integrale der algebraischen Funktionen; ihre Perioden. Wird eine algebraische Funktion integrirt und das Integral als Funktion der Grenzen — meist der oberen — aufgefasst, so entstehen neue, zum algebraischen Gebilde gehörige Funktionen, welche *Abel*'sche Integrale[42] genannt werden. Ausser den bei algebraischen Funktionen möglichen Unendlichkeitsstellen können bei ihnen auch logarithmische vorkommen, in deren Umgebung sie in der Form $A \log t + P(t)$ dargestellt werden, wenn $P(t)$ eine nach ganzen Potenzen von t fortschreitende Reihe mit höchstens einer endlichen Anzahl negativer Potenzen bedeutet. Sie sind ferner am Gebilde und der *Riemann*'schen Fläche zwar unverzweigt, aber unendlich vieldeutig, wenn sie sich nicht auf algebraische Funktionen reduzieren. Die sämtlichen Werte eines Integrals gehen aus einem unter ihnen durch Hinzufügen einer linearen Verbindung gewisser Konstanten (Perioden oder Periodizitätsmoduln) mit ganzzahligen Koeffizienten hervor. Die Perioden sind von zweierlei Art, die der ersten (logarithmische Perioden) treten zu dem Funktionswert nach Umlauf einer logarithmischen Unstetigkeitsstelle, die der zweiten Art (Perioden oder Periodizitätsmoduln schlechtweg) treten hinzu, wenn der Integrationsweg auf der *Riemann*'schen Fläche solche geschlossene Wege durchläuft, welche sich nicht ohne Überschreiten von Verzweigungspunkten auf einen Punkt zusammenziehen lassen (Periodenwege). Alle Perioden-

---

40) *A. Brill* und *M. Nöther,* Math. Ann. 7 (1874), auch Gött. Nachr. 1873; *Nöther,* Erl. Ber. 1880, Math. Ann. 17 (1880). Neuerdings in allgemeiner Fassung *Wellstein,* Math. Ann. 54 (1901).

41) Siehe unter Nr. 30. Hierher gehört auch die Verwendung der rationalen Transformationen zur Auflösung von singulären Stellen, insbesondere zur Überführung der Gleichung $f(x, y) = 0$ in eine solche, deren zugehörige Kurve nur mehr einfache Doppelpunkte enthält. *L. Kronecker,* J. f. Math. 91 (1881); *M. Nöther,* Math. Ann. 9 (1875); 23 (1883); 34 (1889); weitere Litteratur in *Brill* und *Nöther*'s Bericht, p. 367 ff. Man sehe auch III, C, 2, 8. Neuerdings zeigt *E. Vessiot,* Toul. Ann. 1896, dass die in endlicher Zahl wiederholte Anwendung der Transformation $\xi = x$, $\eta = \frac{dy}{dx}$ auf $f(x, y) = 0$ auf eine Kurve mit lauter einfachen Doppelpunkten führt.

42) Siehe Note 31.

wege lassen sich aus $2p$ geeigneten unter ihnen zusammensetzen und darum die Perioden im engern Sinn sich durch $2p$ unter ihnen linear und homogen mit ganzzahligen Koeffizienten ausdrücken. Die Querschnitte der *Riemann'*schen Fläche einer kanonischen Zerschneidung bilden immer ein dazu geeignetes Wegesystem[43]). Auf der zerschnittenen *Riemann'*schen Fläche sind die Integrale, abgesehen von logarithmischen Perioden, eindeutig, nehmen aber an beiden Seiten eines Querschnittes um eine längs des Schnittes konstante Grösse verschiedene Werte an. Wird an den Schnitten A beliebig eine positive und eine negative Seite festgesetzt, an den Schnitten B aber so, dass bei positiver Umlaufung der ganzen *Riemann'*schen Fläche man auf der positiven Seite der Schnitte B von der positiven Seite der Schnitte A auf die negative Seite kommt, so wird der Funktionswert auf der positiven Seite, vermindert um den auf der negativen Seite eines Querschnittes, als Periode an diesem Querschnitt bezeichnet und ist bei einem Schnitt A gegeben durch das Integral längs des zugehörigen Schnittes B, genommen in derjenigen Integrationsrichtung, welche von negativer Seite von A auf die positive führt. Das entsprechende gilt von den Schnitten B. Wird also das Integral in der *Riemann'*schen Fläche zunächst ohne Überschreitung der Querschnitte überallhin fortgesetzt, so wird überall ein bestimmter Wert erhalten. Für einen Integrationsweg, welcher die Querschnitte beliebig oft überschreitet, wird dann der Wert des Integrals aus diesem erhalten, indem man die den einzelnen Querschnitten zugehörigen Perioden so oft positiv hinzufügt, als der Querschnitt von

---

43) Die mehrfache Periodizität bei hyperelliptischen Integralen scheint zuerst *Abel* (Oeuvr. éd. S. et L. 2 p. 40) wohl 1826 bemerkt zu haben. Auch bei *Galois* finden sich (1832) Bemerkungen, welche zeigen, dass ihm diese Erscheinung bekannt war (Oeuvres éd. *Picard,* p. 29). Für hyperelliptische Integrale hat durch Rechnung *Jacobi* (J. f. Math. 9 (1832), 13 (1835) = ges. Werke 2, p. 5, 23) diese Eigenschaft dargelegt. Die Konsequenzen *Jacobi's* für die Umkehrungsfunktionen, welche für die Theorie der *Abel'*schen Funktionen wichtig wurden, siehe II B 6 b und II B 7; s. auch die Bemerkung *Weber's* zur Ausgabe der *Jacobi'*schen Abhandlung (J. f. Math. 13) in Ostwald's Klassikern Nr. 64. Aus der Theorie der komplexen Integrationswege wurde die Existenz der Perioden wohl schon von *Cauchy* (Par. C. R. 32 (1851) Oeuvres 11, p. 292, 300, 304) und bei algebraischen Funktionen von *Puiseux* (l. c.) (II B 1) erkannt, ohne dass ihm die Bestimmung der endlichen Zahl der linear unabhängigen gelungen wäre. Dies leisten auf *Puiseux'*scher Grundlage erst *Clebsch* und *Gordan* (1866) (Note 23); man sehe auch *Briot,* Fonctions abéliennes, Paris 1879. Die Periodizität des Integrals aus der Beschaffenheit des Bereiches erkannt zu haben und sie auf $2p$ zurückzuführen, ist das Verdienst *Riemann's* (A. F., 1857).

der. positiven zur negativen Seite überschritten wird und so oft negativ, als die entgegengesetzte Überschreitung stattfindet[44]). Funktionen, welche am algebraischen Gebilde oder der *Riemann*'schen Fläche ausser logarithmischen nur ausserwesentlich singuläre Stellen in endlicher Anzahl besitzen, auf der *Riemann*'schen Fläche unverzweigt sind, und längs der Querschnitte konstante Wertdifferenzen aufweisen, sind Integrale rationaler Funktionen von x und y, so dass also die angegebenen Eigenschaften für die Funktionen auch charakteristisch sind. Diese Funktionen enthalten die algebraischen als spezielle Fälle bei Wegfall der logarithmischen Unstetigkeiten und Verschwinden der Perioden[45]).

12. Riemann's Problemstellung. Man kann nun unabhängig von jeder algebraischen Gleichung eine die Ebene mehrfach überdeckende Fläche mit einer endlichen Anzahl von Verzweigungspunkten, durch welche die einzelnen Blätter in bestimmter Weise zu einem zusammenhängenden Ganzen verbunden sind, vorgeben und fragen, ob es algebraische Funktionen giebt, deren *Riemann*'sche Fläche die vorgelegte Fläche ist. Dies ist der Ausgangspunkt *Riemann*'s[46]), welcher diese Frage im bejahenden Sinne beantwortete. Wenn auch das von *Riemann* zum Beweis benützte *Dirichlet*'sche Prinzip[47]) der Kritik von *Weierstrass* nicht Stand halten konnte, so haben doch die späteren Arbeiten von *Schwarz* und *C. Neumann* die Richtigkeit der *Riemann*'schen Sätze in dem hier in Betracht kommenden Umfang dargethan. Insbesondere hat *C. Neumann* den Existenzbeweis für die bisher allein erwähnte Form der *Riemann*'schen Fläche ausführlich dargestellt[48]).

13. Verallgemeinerung der Riemann'schen Fläche. Aber die *Riemann*'sche Fläche selbst ist noch einer erheblichen Verallgemeinerung fähig, welche zum Teil schon von *Riemann* selbst benutzt

---

44) Die Festsetzungen über positive und negative Richtung sind bei verschiedenen Autoren verschieden, was bei Vergleich der Formeln zu beachten ist.

45) *Riemann*, l. c., Art. 9.

46) *Riemann*, l. c., Art. 3—5.

47) *Riemann*, Dissertation, p. 30; A. F., Nr. 3, 4, Art. 1.

48) *H. A. Schwarz*, Berl. Ber. 1870 (ges. Abh., p. 133 und Noten, p. 356); *C. Neumann*, sächsiche Berichte 1870; Abel'sche Integrale, 2. Aufl. Auszugsweise Darstellung des Gedankenganges bei *Klein-Fricke*, Modulfunktionen 1, p. 508ff.; *Forsyth*, Theory of funct.; *Picard*, Traité 2. Die weitere Litteratur und näheres über das *Dirichlet*'sche Prinzip siehe II A 7b und II B 1. Neuerdings hat *D. Hilbert*, D. M. V. 1899 wieder auf die Minimalbetrachtungen zurückgegriffen und sie vervollständigt.

wurde. Zunächst lassen sich aus derselben im Sinne der Analysis situs äquivalente Flächen ableiten, auf welche das algebraische Gebilde punktweise eindeutig bezogen ist, und welche die Zusammenhangsverhältnisse einfach übersehen lassen[49]). *Clifford* und *Tonelli* geben der Fläche die Gestalt einer Kugel mit p angesetzten Henkeln[50]).

Auch ist es nicht notwendig, dass die Fläche als geschlossene. vorgegeben ist, sondern es genügt, wenn die Fläche durch punktweise Zuordnung der Ränder im idealen Sinn eine geschlossene Mannigfaltigkeit wird. Solche Bereiche werden als *Riemann*'sche Bereiche oder auch Fundamentalbereiche bezeichnet[51]). Hierher gehören die Polygonnetze in der Ebene, in welchen jedes Blatt der *Riemann*'schen Fläche auf ein einzelnes Polygon bezogen ist und diese *neben* einander so angeordnet sind, wie die Blätter der *Riemann*'schen Fläche *über* einander[52]). Weiteres hierüber sehe man II B 6c. Noch in anderer Weise hat *Klein*[53]) die Tangenten algebraischer Kurven benützt, um das algebraische Gebilde abzubilden, indem er den reellen Tangenten ihren Berührungspunkt, den komplexen aber den einzigen reellen Punkt derselben zuweist und so eine *Riemann*'sche Fläche direkt an der Kurve konstruiert. Über die Beziehung zu Minimalflächen III D 5[54]).

14. Die allgemeinsten Riemann'schen Mannigfaltigkeiten, welche auf algebraische Funktionen führen, lassen sich erklären als wenigstens

---

49) Solche Umformungen giebt *Hoffmann,* Methodik der Deformation der Riemann'schen Fläche, 1887.

50) *Clifford*, Proc. of the Lond. Math. Society 8 (1877); *F. Klein*, Über Riemann's Theorie der algebraischen Funktionen und ihrer Integrale (1882), dazu die Note *Klein*'s, Math. Ann. 45 (autogr. Vorles.) und *Tonelli*, Linc. Rend. (5) 4 (1895).

51) *F. Klein,* Math. Ann. 21 (1883). Spezielle Fälle früher bei *Riemann,* Werke, p. 440 u. *Schottky,* J. f. Math. 83 (1876); *Schwarz,* J. f. Math. 75 (1872); *Dedekind,* J. f. Math. 83 (1877).

52) *F. Klein,* Math. Ann. 14 (1878); *W. Dyck,* Math. Ann. 17 (1880); 20 (1881). Diese Methoden erweisen sich insbesondere zur Untersuchung algebraischer Gebilde im Sinne der *Galois*'schen Theorie förderlich. Siehe Nr. **53** über Gebilde mit eindeutigen Transformationen in sich. Über ihre Bedeutung in der Theorie der automorphen Funktionen II B 6c.

53) Erl. Ber. 1874; Math. Ann. 7 (1874); 9 (1876). Ferner die autographierten Vorlesungshefte über *Riemann*'sche Flächen (p. 198 ff.), wo noch weitergehende Verallgemeinerungen zur Sprache kommen. Einzelausführungen bei *Harnack,* Math. Ann. 9 (1875); *Haskell,* Amer. J. of math. 13 (1890). Auch *Clebsch-Lindemann,* Vorles. über Geometrie 1, p. 610 ff.

54) *Riemann,* ges. Werke, p. 301; *K. Weierstrass,* Berl. Ber. 1866. Für die Beziehung zu unserm Gegenstand, *F. Klein* autographierte Vorlesungen, Riemann'sche Flächen, I (1892), p. 28, 153 ff.

in idealem Sinne geschlossene, zweifach ausgedehnte Mannigfaltigkeiten mit nicht umkehrbarer Indikatrix, auf welchen eine binäre, positive, quadratische Differentialform derart eindeutig gegeben ist, dass zufolge derselben die Umgebung jeder Stelle der Mannigfaltigkeit konform (im Sinne der durch die Differentialform an jeder Stelle der Mannigfaltigkeit gegebenen Massbestimmung) auf ein ebenes Flächenstück abgebildet werden kann und welche so mit einer endlichen Anzahl von Bereichen, deren jeder konform auf eine Kreisfläche abgebildet werden kann, überdeckt werden kann, dass jede Stelle der Mannigfaltigkeit dem Innern, nicht nur der Grenze, wenigstens eines dieser Bereiche angehört.

Ist die Mannigfaltigkeit als gewöhnliche Fläche gegeben, so kann das Quadrat des Bogenelementes als zugehörige Differentialform benützt werden, doch ist dies keineswegs notwendig, wie die am Schluss der vorigen Nummer erwähnten *Klein*'schen Flächen zeigen.

Auf solchen Mannigfaltigkeiten lässt sich nicht nur der Zusammenhang der Stellen des algebraischen Gebildes darstellen, sondern sie definieren geradezu eine Klasse algebraischer Funktionen[55]), wie sogleich näher zu erläutern ist.

Eine ausführliche Darstellung dieser allgemeinsten Fälle steht noch aus. Die Ausdrucksweise im folgenden knüpft an die Vorstellung gewöhnlicher Flächen des dreidimensionalen Raumes oder ebener, einfach oder mehrfach überdeckter Bereiche an.

15. Potentiale und Funktionen auf der allgemeinen Riemannschen Fläche. Der Beweis dafür, dass eine solche Mannigfaltigkeit eine Klasse algebraischer Funktionen definiert, erfordert die Herstellung solcher Potentiale (II A 7 b) auf der Fläche, welche an den Querschnitten gegebene Wertdifferenzen und auf der Fläche[56]) selbst nur solche Unstetigkeitsstellen in endlicher Anzahl haben, welche durch Subtraktion des reellen Teils einer Funktion von der Form

---

55) *F. Klein*, Autogr. Vorles. über Riemann'sche Flächen (1892), p. 16—28. Einzelne einfach zusammenhängende Flächenstücke versieht bereits *E. Beltrami* mit einer quadratischen Differentialform und studiert die so entstehenden Funktionen. Über die Mannigfaltigkeiten mit umkehrbarer Indikatrix (nach *Dyck*, Math. Ann. 32), zu denen auch die Doppelflächen gehören (siehe Analysis situs III A 4) und ihre Beziehung zu berandeten Flächen und deren Einordnung in die vorliegende Fragestellung sehe man *Klein*, Über Riemann's Theorie (1882), p. 78 ff.

56) *F. Klein* hat in der Schrift über Riemann's Theorie (1882) auf Grund physikalischer Vorstellungen von stationären Strömen auf einer *Riemann*'schen Fläche die Hauptzüge der Theorie anschaulich dargestellt und für die Theorie der konformen Abbildung verwertet. Man sehe *Picard*, Traité d'anal. 2, p. 459 ff.

$$A \log r + c_1 r^{-1} + c_2 r^{-2} + c_3 r^{-3} + \cdots + c_k r^{-k}$$

für die Umgebung der einzelnen Stelle behoben werden können. Dabei bedeutet r eine komplexe Funktion des Ortes auf der Fläche, welche an der Unstetigkeitsstelle von der ersten Ordnung verschwindet.

Werden diese Potentiale durch Hinzufügen der mit i multiplizierten konjugierten Potentiale zu komplexen Funktionen des Ortes auf der Fläche ergänzt, so erhält man ein System von solchen Funktionen auf der Fläche, welche nur logarithmische und ausserwesentlich singuläre Stellen und an den Querschnitten konstante Wertdifferenzen haben. Unter diesen sind die auf der ganzen unzerschnittenen Fläche eindeutigen besonders ausgezeichnet und heissen algebraische Funktionen auf der Fläche. Als Funktionen einer unter diesen aufgefasst bilden nämlich alle Funktionen des Systems ein System gleichverzweigter algebraischer Funktionen und ihrer Integrale. Jede einzelne solche Funktion bildet die ganze Fläche eindeutig und konform auf eine gewöhnliche, die Ebene mehrfach überdeckende *Riemann*sche Fläche ab und alle diese *Riemann*'schen Flächen gehören zur selben Klasse. Die Tragweite dieser Auffassung geht darin über die rein algebraische Behandlung hinaus, dass sie die Klasse algebraischer Funktionen unter sehr allgemeinen, von jeder speziellen Art der analytischen Darstellung unabhängigen Bedingungen zu erkennen und festzulegen gestattet, sowie das Verhalten der ganzen Klasse bei Abänderung einzelner Bestimmungsstücke zu untersuchen die Möglichkeit bietet[57]).

16. Die drei Gattungen von Integralen. Ist eine Funktion auf der *Riemann*'schen Fläche überall endlich und sind die reellen Teile ihrer Perioden an sämtlichen Querschnitten oder die Perioden an p Querschnitten A (oder B) gleich Null, so ist die Funktion eine Konstante. Die überall endlichen Funktionen mit nicht verschwindenden Perioden heissen *Funktionen erster Gattung.* Eine solche ist bis auf eine additive Konstante durch die reellen Teile ihrer Perioden an den Querschnitten vollständig bestimmt. Alle diese Funktionen

---

57) Den hier skizzierten Gedankengang, welcher eine Erweiterung des ursprünglich *Riemann*'schen auf allgemeine Mannigfaltigkeiten darstellt, hat *Klein* in den soeben zitierten Schriften eingehender entwickelt. Hierher gehören auch für den Fall ebener Polygone die Untersuchungen von *E. Ritter*, Math. Ann. 45, 46 (1894, 1895), in denen auch die Stetigkeit der Potentiale und Funktionen bei stetiger Abänderung des Fundamentalbereiches untersucht wird. Diese letztere bildet eines der meist stillschweigend gemachten Postulate für alle Untersuchungen, bei denen die Verzweigungspunkte abgeändert werden. Hierüber II B 3 und II B 6 b, c.

sind (bis auf eine additive Konstante) durch p geeignet gewählte unter ihnen linear mit konstanten Koeffizienten darstellbar.

Als *Funktionen zweiter Gattung* werden solche Funktionen bezeichnet, welche nur an einer Stelle der *Riemann*'schen Fläche unendlich von der ersten Ordnung werden. Die *Funktionen dritter Gattung* sind solche, welche an zwei Stellen der *Riemann*'schen Fläche logarithmisch unendlich werden, und zwar wie $-\log t_1$ an der einen und wie $+\log t_2$ an der zweiten, wenn t_1, t_2 zwei an den beiden Stellen von der ersten Ordnung verschwindende Funktionen sind. Die Funktionen zweiter und dritter Gattung sind durch Angabe ihrer Unstetigkeiten erst bis auf eine Funktion erster Gattung bestimmt. Die Funktionen der drei Gattungen werden mit Rücksicht auf ihre Darstellung durch Integrale algebraischer Funktionen in der Regel als *Integrale 1., 2., 3. Gattung* bezeichnet. Die hier gegebenen Definitionen sind zuerst von *Riemann*[58]) aufgestellt, doch wird als Integral zweiter Gattung häufig auch eine Funktion bezeichnet, welche nur an weniger als $p+1$ Stellen so unendlich wird, dass die Summe der Ordnungszahlen $\leqq p$ ist. Solche Funktionen können aus dem gewöhnlichen Integral zweiter Gattung durch Differentiation nach dem Unstetigkeitspunkt erhalten werden. Ebenso kann das Integral zweiter Gattung aus dem dritter erhalten werden[59]). Aus dem reellen Teil eines geeigneten Integrals zweiter Gattung lassen sich alle Funktionen der drei Gattungen herleiten[60]).

17. Relationen zwischen den Perioden. Sind U und V zwei Integralfunktionen, so ergiebt die Integration des Differentials UdV über die Begrenzung der *Riemann*'schen Fläche durch die Querschnitte einerseits, andererseits um die etwa vorhandenen Unstetigkeitsstellen Relationen von der Gestalt

$$(1) \qquad \sum_{i=1}^{p}(P_i Q_{p+i} - P_{p+i} Q_i) = \sum R,$$

wo P_i, P_{p+i} die Perioden von U resp. an den Querschnitten A_i, B_i und Q_i, Q_{p+i} die analogen Perioden von V bedeuten, R aber die aus der Integration um die einzelnen Unstetigkeitsstellen entspringenden Beiträge[61]). Sind U und V beide erster Gattung, so ist die rechte

58) *Riemann,* A. F., Art. 4, 5, 6.

59) *Riemann,* A. F., Art. 4; *F. Franklin,* Math. Ann. 41 (1892); *Clebsch* und *Gordan,* A. F., § 8.

60) *Klein,* Math. Ann. 21 (1883); ausführlicher bei *Klein-Fricke,* Modulf. 1.

61) *Riemann,* A. F., Art. 20, 22, 26; *Clebsch* und *Gordan,* A. F., § 25, 33, 37; *F. Prym,* J. f. Math. 71 (1870); vgl. auch die Lehrbücher von *C. Neumann* und

Seite von (1) Null. Ist U von der zweiten, V von der ersten Gattung, so ist die rechte Seite von (1) ein lineares Aggregat der Werte der Differentialquotienten von V an der Unstetigkeitsstelle von U. Ist endlich U von der dritten Gattung, V von der ersten, so wird die rechte Seite von (1)

$$-2\pi i\int_{x_1}^{x_2} dV,$$

wo x_1, x_2 die beiden logarithmischen Unstetigkeitsstellen von U bedeuten[62]). Wird U konstant und für V eine beliebige Integralfunktion oder der Logarithmus einer algebraischen Funktion genommen, so ergiebt (1), dass die Summe der logarithmischen Residuen für eine solche gleich Null ist, resp. die algebraische Funktion jeden Wert gleich oft annimmt. Wird für U der reelle, für V der imaginäre Teil eines Integrales erster Gattung genommen, so ergiebt die Umwandlung von $\int U dV$ in ein Doppelintegral und der Vergleich mit dem um die ganze Begrenzung der *Riemann*'schen Fläche erstreckten Integral, dass

$$\sum_{i=1}^{p}(P_i' P_{p+i}'' - P_{p+i}' P_i'')$$

einen positiven Wert hat, wenn P', P'' den reellen und imaginären Teil der Perioden bedeuten.

18. Die transcendent normierten Integrale. Unter den Integralen erster Gattung lassen sich p so auswählen, dass jedes unter ihnen nur an je einem der Schnitte A die Periode 1 hat, an den übrigen Schnitten A aber die Periode Null. Diese werden als transcendent normierte Integrale erster Gattung[63]) bezeichnet und zwar soll mit v_k dasjenige Integral bezeichnet werden, welches am Querschnitt A_k die Periode 1 hat. Die Periode von v_k am Querschnitt B_i soll mit $\tau_{k,i}$ bezeichnet werden. Dann geben die Sätze der vorigen Nr. $\tau_{k,i} = \tau_{i,k}$. Ferner ist der imaginäre Teil der Summe

$$\sum_{i,k} n_i n_k \tau_{ik},$$

F. Stahl. Die Randintegration in dieser Weise ist seit *Riemann* ein vielverwendetes Hülfsmittel geworden.

62) Dieses sind die sogenannten *Bilinearrelationen* in der *Riemann*'schen Form. Für die äquivalenten *Weierstrass*'schen Relationen siehe Nr. **34**.

63) *Riemann*, A. F., Art. 18. Dort und auch bei anderen Autoren haben die v_k die Perioden πi an den Schnitten A_k. Die Einführung von 1 als Periode erfolgte mit Rücksicht auf die *Weierstrass*'sche Form der Thetareihen (II B 6, c; II B 7) und die Transformationstheorie.

in welcher die n_i ganze Zahlen bedeuten, wesentlich positiv. Diese Sätze über die τ_{ik} bilden die Grundlage für die Verwendung der Thetafunktionen[64]).

Die Integrale zweiter Gattung können durch Hinzufügen einer geeigneten Linearkombination von Integralen erster Gattung so normiert werden, dass sie an sämtlichen Schnitten A die Perioden Null haben. Beginnt die Entwicklung des Integrals in der Nähe der Unstetigkeitsstelle mit at^{-1}, so sind seine Perioden an den Querschnitten B_k gegeben durch

$$-2\pi i a\left(\frac{dv_k}{dt}\right)_{t=0}.$$

Solche Integrale werden als transcendent normierte Integrale zweiter Gattung bezeichnet[65]).

In gleicher Weise wird das Integral dritter Gattung[66]) normiert durch die Forderung, an den Querschnitten A verschwindende Perioden zu haben, an den Unstetigkeitsstellen x_1, x_2 aber sich zu verhalten wie resp. $-\log t_1$, $+\log t_2$. Die Perioden an den Schnitten B_k sind dann gleich

$$2\pi i\int_{x_1}^{x_2} dv_k.$$

19. Darstellung der Funktionen der Fläche durch die Integrale der drei Gattungen. Jede Funktion mit nur ausserwesentlichen und logarithmischen singulären Stellen lässt sich als ein lineares Aggregat von Integralen der drei Gattungen darstellen. Insbesondere sind die Funktionen mit verschwindenden Perioden und ohne logarithmische Unstetigkeiten als lineare Verbindungen von Normalintegralen zweiter Gattung, resp. als Grenzfälle von solchen darstellbar[67]).

Sind m Stellen gegeben, an denen allein die Funktion unendlich von erster Ordnung werden darf, ohne es zu müssen, so ergiebt die Untersuchung der Perioden, dass eine solche Funktion noch von $m-p+\tau+1$ Konstanten homogen und linear abhängt. Dabei bedeutet τ die Anzahl der linear-unabhängigen Differentiale erster Gattung, welche an den gegebenen m Stellen verschwinden (*Riemann-Roch*'scher Satz)[68]). Für ein Unendlichwerden höherer Ordnung ist

64) Siehe II B 7.

65) *G. Roch*, J. f. Math. 64 (1865).

66) *Clebsch* und *Gordan*, A. F., § 34 (1866).

67) *Riemann*, A. F., Art. 5.

68) *Riemann*, l. c. giebt den ersten Teil des Satzes ohne Rücksicht auf die durch das Eintreten der τ gegebene Modifikation. Diese fügt erst *G. Roch*

für m die Summe der Ordnungszahlen des Unendlichwerdens zu setzen und für τ die Anzahl der linear unabhängigen Differentiale erster Gattung, welche an den gegebenen Stellen je von derselben Ordnung verschwinden, wie die Funktion unendlich werden darf. Dabei ist zu beachten, dass man so zwar alle Funktionen erhält, welche nirgends anders und nicht von höherer Ordnung als die gegebene unendlich werden, keineswegs aber an den gegebenen Stellen das vorgegebene Unendlichwerden wirklich einzutreten braucht[68a]).

B. Besondere Darstellungen und Funktionen.

20. Darstellung der Integranden als rationale Funktionen von x, y. Die *Riemann*'sche Definition der drei Gattungen von Integralen lässt dieselben zwar als die einfachsten Elemente zum additiven Aufbau der übrigen Funktionen erkennen, giebt jedoch nicht unmittelbar ihre Darstellung als Integrale algebraischer Funktionen des Gebildes. Für die hyperelliptischen Gebilde war bereits von *Abel*[69]) eine Reduktion der Integrale auf drei Gattungen gegeben. Er zeigt nämlich analog wie bei den elliptischen Integralen, dass, abgesehen von algebraischen und logarithmischen Summanden, jedes Integral von der Form

$$\int \frac{P}{Q} \frac{dx}{\sqrt{\varphi(x)}},$$

wo P und Q ganze rationale Funktionen von x bedeuten und $\varphi(x)$ eine solche vom Grade $2p+2$, sich darstellen lasse durch Integrale von der Form

$$\int \frac{x^a dx}{\sqrt{\varphi(x)}}, \quad \int \frac{x^{p+a} dx}{\sqrt{\varphi(x)}} \quad (0 \leqq a \leqq p-1) \quad \text{und} \quad \int \frac{dx}{(x-\alpha)\sqrt{\varphi(x)}}.$$

Die ersten beiden Formen und lineare Kombinationen der unter einer von ihnen enthaltenen Integrale werden von ihm und den Autoren bis *Riemann*, vereinzelt auch noch später, als Integrale erster, resp. zweiter Gattung bezeichnet. Ebenso die dritte Form als Integral

---

(J. f. Math. 64 (1865)) hinzu. Vgl. auch Nr. **22**, **23**, **25**—**29**. In der arithmetischen Theorie der algebraischen Funktionen (I B 1 c, Nr. **11**) erscheint der Satz als Konsequenz einer Relation zwischen einer Basis und ihrer reziproken; *G. Landsberg*, Math. Ann. 50 (1897); *H. Hensel*, Math. Ann. 54 (1901). Vgl. auch den folgenden Artikel von *Hensel*; sowie *Hensel* u. *Landsberg*, Vorles. Eine Erweiterung des Satzes bei *Nöther*, Math. Ann. 15 (1879); siehe auch *Klein*, Autogr. Vorles. über Riemann'sche Flächen, p. 91 ff.

68a) Siehe unten Nr. **23**.

69) Oeuvres (éd. S. et L.), p. 450 ff.; J. f. Math. 3 (1828). Ausführlicher bei *Legendre*, Traité des fonctions elliptiques etc. 3, p. 181 (1832); auch *Ch. Hermite*, Cours lithogr., 4. éd., p. 28.

dritter Gattung. Mit der seit *Riemann* allgemein üblichen Benennung stimmt dies wohl für die erste und dritte Gattung (so lange nicht $\varphi(\alpha) = 0$) überein, nicht aber für die zweite. Für die zweite und dritte Gattung hat *Koenigsberger*[70]) die algebraischen Formen mitgeteilt für den hyperelliptischen Fall. Für allgemeine algebraische Funktionen hat *Riemann*[71]) die Darstellung der Integrale der drei Gattungen begonnen. Er giebt für die erste Gattung die Form

$$\int \frac{\varphi\left(\overset{m-2}{x}, \overset{n-2}{y}\right)}{\frac{\partial f}{\partial y}},$$

wo φ eine ganze rationale Funktion von x und y bedeutet und n und m die resp. Grade von $f(x, y)$ in y und x. Dabei ist vorausgesetzt, dass $f(x, y) = 0$ als Kurve im Endlichen nur einfache Doppelpunkte hat, an welchen dann $\varphi(x, y)$ verschwinden muss. Wird von vornherein eine algebraische Gleichung der Theorie zu Grunde gelegt, so muss die Übereinstimmung der Anzahl der linear unabhängigen Integrale erster Gattung mit der anderweitig definierten Zahl p besonders gezeigt werden. Dies geschieht bei *Christoffel*[72]) unter vereinfachenden Voraussetzungen für die singulären Stellen von $f(x, y) = 0$, bei *Elliot*[73]) unter allgemeinen Annahmen; der erstere giebt überdies Formen für die zweite und dritte Gattung[74]).

Allgemeine Rechenvorschriften zur Bildung der Integrale der drei Gattungen bei beliebigen Singularitäten der Grundkurve liefert die arithmetische Theorie[74a]).

21. Fortsetzung. Homogene Variable. Die Formen φ. Die von *Aronhold*[75]) für Gleichungen zweiten und dritten Grades zur Untersuchung der Integrale verwendeten homogenen Variablen werden von *Clebsch* und *Gordan*[76]) auch für die allgemeinen *Abel*'schen Inte-

---

70) Vorlesungen über hyperelliptische Integrale, Lpz. 1878. Explicite Formeln auch bei *Schirdewahn,* Zeitschr. Math. Phys. 34 (1889); *E. Goursat,* Par. C. R. 97 (1883); *E. Picard,* Darb. Bull. (2) 14 (1890); *P. Appell,* Toul. Ann. 7 (1893). Die *Weierstrass*'schen Normierungen siehe unten Nr. **23**.

71) A. F., Art. 9.

72) Ann. d. mat. (2) 10 (1881).

73) Ann. éc. norm. (2) 5 (1876); auch *Ch. Briot,* F. abél.; *L. Raffy,* Ann. éc. norm. (1) 12 (1883).

74) Man sehe unten Nr. **32** ff.

74a) Man sehe die in Note 68 angeführten Arbeiten von *Hensel* u. *Landsberg*; vgl. auch unten Note 81.

75) Berl. Ber. 1861; J. f. Math. 61 (1862).

76) *A. Clebsch,* J. f. Math. 63 (1863); 64 (1864), p. 43 ff.; *Clebsch* und *Gordan,* A. F., § 4—8.

grale herangezogen. Ist $f(x_1, x_2, x_3) = 0$ die homogen gemachte Gleichung, welche das algebraische Gebilde definiert, so ergeben sich die Integrale erster Gattung in der Form

$$\int \frac{\varphi}{\sum_{i=1}^{3} c_i \frac{\partial f}{\partial x_i}} (cx\,dx),$$

wo φ eine ganze rationale homogene Form der x_1, x_2, x_3, von der $n-3^{\text{ten}}$ Ordnung bedeutet, welche zur Kurve $f(x_1, x_2, x_3) = 0$ adjungiert ist, d. h. in jedem h-fachen Punkt derselben einen $h-1$-fachen hat, wobei aber mehrere Punkte verschiedener Vielfachheit in einem vereinigt liegen können[77]. Unter $(cx\,dx)$ ist die Determinante $\sum \pm c_1 x_2 dx_3$ verstanden. Von c wird das Integral ganz unabhängig. Das Integral dritter Gattung nimmt hier die Form an:

$$\int \frac{\Omega}{(x\,\xi\,\eta) \sum_{i=1}^{3} c_i \frac{\partial f}{\partial x_i}} (cx\,dx),$$

wo Ω eine adjungierte Form $n-2^{\text{ter}}$ Ordnung bedeutet, welche an den von ξ und η verschiedenen Stellen, in denen die Gerade $(x\,\xi\,\eta) = 0$ die Kurve $f = 0$ schneidet, verschwindet. Das Integral zweiter Gattung kann aus dem dritter Gattung nun durch Grenzübergang oder Differentiation nach einer der Unstetigkeitsstellen hergeleitet werden[78]. Über algebraische Normierung der zweiten und dritten Gattung wird später zu berichten sein (Nr. **32** ff.).

22. Definition des Geschlechtes auf Grund der Formen φ. Wird die algebraische Gleichung zum Ausgangspunkt der Theorie genommen, so kann man auch von vornherein die Anzahl der linear unabhängigen Formen φ als Geschlecht definieren (*Brill* und *Nöther*)[79]. Dabei erweisen sich die Formen φ selbst als invariant gegenüber rationaler Transformation. Beim Beweise dieses Satzes tritt dann als „Fundamentalsatz"[80] die Angabe der notwendigen und hinreichenden Bedingungen dafür auf, dass der Quotient zweier ganzer rationaler Funktionen von x und y zufolge der Gleichung $f(x, y) = 0$ als ganze rationale Funktion von x und y darstellbar ist. Endlich können die

77) So, dass der Quotient mit der ersten Polare eines veränderlichen Punktes im singulären Punkt nicht unendlich wird. *Brill* und *Nöther*, Math. Ann. 7 (1874); *M. Nöther*, Math. Ann. 8, 9 (1875, 1876). Arithmetische Definition bei *Hensel* u. *Landsberg*, Vorles.; siehe auch den folgenden Artikel von *Hensel*.

78) *Clebsch* und *Gordan*, l. c.

79) Math. Ann. 7 (1874); vgl. auch *Brill* und *Nöther*, Ber., p. 360 f.

80) *M. Nöther*, Math. Ann. 6 (1873); siehe I B 1 c, Nr. **20**.

Formen φ für jede Gleichung $f = 0$ lediglich durch rationale Operationen in endlicher Anzahl ermittelt werden[81]). Die einzelne φ verschwindet an $2p-2$ Stellen des Gebildes ausser den singulären. Diese sind es, an welchen das mit φ gebildete Differential erster Gattung verschwindet[82]).

23. Die Theorie von Weierstrass. Auf einer von transcendenten Hülfsmitteln freien und in algebraischer Hinsicht völlig allgemeinen Grundlage hat *Weierstrass*[83]) seine Theorie der algebraischen Funktionen aufgebaut. Seine wesentlichsten Hülfsmittel sind dabei die Entwicklung der rationalen Funktionen eines Paares nach Potenzen des Parameters t und der ohne Integralbetrachtungen abgeleitete Residuensatz, dem er die Form giebt:

$$\sum \left[F(x,y)\frac{dx}{dt}\right]_{t^{-1}} = 0, \tag{2}$$

wo unter dem Summenzeichen der Koeffizient der -1ten Potenz in der Entwicklung des eingeklammerten Ausdruckes steht und die Summation über alle Stellen des Gebildes, an welchen negative Potenzen von t in der Entwicklung auftreten, zu erstrecken ist.

Das Geschlecht (bei *Weierstrass*: Rang ϱ) wird definiert als diejenige Zahl fester Stellen (a_α, b_α), $(\alpha = 1, 2, 3, \ldots, p)$, für welche zwar keine algebraische Funktion am Gebilde ausschliesslich und nur von der ersten Ordnung unendlich wird, wohl aber solche Funktionen existieren, welche an diesen Stellen und einer frei veränderlichen Stelle (x', y') und sonst nirgends von der ersten Ordnung[84]) unend-

---

81) *M. Nöther*, Math. Ann. 17 (1880), 23 (1884); *L. Raffy*, Ann. éc. norm. (2) 12 (1883); Math. Ann. 23 (1884). Vom Standpunkt der arithmetischen Theorie der algebraischen Funktionen aus hat *K. Hensel*, J. f. Math. 117 (1896) die Aufstellung der φ erledigt und ihre Anzahl mit den Dimensionen der in einem Fundamentalsystem auftretenden Funktionen in Zusammenhang gebracht (I B 1 e, Nr. **11**). *Hensel* u. *Landsberg*, Vorles. Vgl. auch *F. Baker*, Abelian Theorem, London 1897, chap. IV.

82) *Riemann*, A. F., Art. 9, 10. — Da *Brill* und *Nöther* und die anschliessenden Entwicklungen die an die Ausdrucksweise der algebraischen Kurve anschliessende Darstellung in den Vordergrund stellen, so ist für Näheres III C 2 heranzuziehen.

83) In Vorlesungen. Eine authentische Darstellung seiner Theorie wird seit 1897 in nahe Aussicht gestellt und soll demnächst erfolgen. Mir stand ein von *P. Günther* stammender Auszug aus einer solchen Vorlesung zur Verfügung. Eine kurze Skizze von *Weierstrass* selbst in dem Briefe an *Schwarz* (1875), Werke 2, p. 235. Einen zusammenhängenden ausführlicheren Bericht in *Brill* und *Nöther*'s Bericht, p. 403 ff.

84) *F. Schottky*, J. f. Math. 83 (1877).

lich werden. Wird eine solche Funktion noch ausserdem so normiert, dass, wenn (x, y) und (x', y') demselben Element des Gebildes angehören, die Entwicklung mit $(x - x')^{-1}$ beginnt, und die Funktion an einer beliebig zu wählenden Stelle (x_0, y_0) verschwindet, so ist sie dadurch eindeutig bestimmt und wird mit $H(x, y, x', y')$[85]) bezeichnet. Durch Entwicklung nach Potenzen des Parameters t in der Umgebung einer der Stellen (a_α, b_α) in Bezug auf (x, y) erhält man

$$(3)\quad H(x, y, x', y') = t^{-1} H(x', y')_\alpha + H^0(x', y')_\alpha - t H(x', y')_{\alpha+p} + \cdots,$$

und hier erweisen sich die Funktionen $H(x', y')_\alpha$ als p Integranden erster Gattung, die Funktionen $H(x', y')_{\alpha+p}$ als p zugehörige Integranden zweiter Gattung, die Funktion $H(x, y, x', y')$ selbst aber als ein Integrand dritter Gattung. Bezeichnet (x'_t, y'_t) das zur Stelle (x', y') gehörige Reihenpaar, so liefert die Entwicklung

$$(4)\qquad H(x, y; x'_t, y'_t)\frac{dx'}{dt} = -\sum_\mu H(x, y; x', y')_\mu t^\mu$$

in den Koeffizienten $H(x, y; x', y')_\mu$ solche Funktionen von (x, y), welche an der Stelle (x', y') von der $\mu + 1^{\text{ten}}$ Ordnung und zwar wie $t^{-\mu-1}$ unendlich werden, an den Stellen (a, b) dagegen nur von der ersten, sonst aber überall endlich bleiben.

Damit sind die wesentlichen Hülfsmittel für die Darstellung und Untersuchung der algebraischen Funktionen gegeben. Die Vergleichung der Anzahl der Null- und Unendlichkeitsstellen in den Integranden erster Gattung ergiebt die Bestimmung von p. Der Residuensatz liefert die Darstellung der allgemeinsten algebraischen Funktion als lineares Aggregat der Funktionen $H(x, y; x', y')$ und $H(x, y; x', y')_\mu$, wenn für die Variablen x', y' die Unendlichkeitsstellen der vorgegebenen Funktion eintreten. Die weiteren Bedingungen an den Stellen (a_α, b_α) endlich zu bleiben, ergeben den *Riemann-Roch*'schen Satz und treten an die Stelle der aus dem Verhalten der Perioden der Integrale zweiter Gattung hergeleiteten Bedingungen bei *Riemann*. In Verbindung damit ergiebt sich die weitere Definition des Geschlechtes als der grössten Zahl, für welche an einer frei veränderlichen Stelle eine Funktion, welche ausschliesslich an dieser Stelle und von dieser Ordnung unendlich wird, nicht existiert. Diese wird ergänzt und ver-

85) Die Definition von H und das Folgende nach *G. Hettner*, Gött. Nachr. 1880. Implicite tritt eine solche Funktion für hyperelliptische Gebilde schon in den Arbeiten von *Weierstrass*, J. f. Math. 47, 52 (1854, 1856) auf. Für $p = 4$ siehe *A. Wiman*, Diss. Upsala 1895; *O. Biermann*, Wien. Ber. 87 (1883); Monatshefte 3 (1892).

schärft durch den sogenannten Lückensatz[85a]), demzufolge in der Reihe der Funktionen, welche ausschliesslich an einer gegebenen Stelle unendlich werden, immer genau p Lücken, entsprechend p in der Reihe der Ordnungszahlen des Unendlichwerdens fehlenden Zahlen, auftreten. Diese p Zahlen stimmen im allgemeinen mit den Zahlen $1, 2, 3, \ldots, p$ überein und nur für eine endliche Anzahl von Stellen (*Weierstrass*-Stellen)[86]) sind sie von ihnen verschieden. Diese fehlenden p Ordnungszahlen lassen sich auch definieren als die möglichen Ordnungszahlen des Verschwindens eines Integrales erster Gattung an der betrachteten Stelle. Sind die in der Reihe der Ordnungszahlen des Unendlichwerdens an einer Stelle fehlenden Zahlen r_i $(i = 1, 2, 3, \ldots, p)$, so verschwindet die Determinante

$$\left| \frac{d^\lambda u_k}{du^\lambda} \right| \qquad (k, \lambda = 1, 2, 3, \ldots, p),$$

wo u_k p unabhängige Integrale erster Gattung und u irgend ein solches bedeutet, an dieser Stelle von der Ordnung $\sum r_i - \frac{1}{2} p (p + 1)$, und die Summe der Ordnungszahlen ihres Verschwindens beträgt $(p + 1) p (p - 1)$[87]). Endlich liefert noch die Existenz solcher Funktionen, welche nur an einer Stelle des Gebildes unendlich werden, bei Einführung derselben als unabhängige Veränderliche den Beweis der Monogeneität des Gebildes. Über die Theorie der Integrale und die Normalformen siehe Nr. **32, 33, 34.**

24. Die Fälle $p = 0, 1$. Wird für ein algebraisches Gebilde $p = 0$, so existieren rationale Funktionen am Gebilde, welche jeden Wert nur einmal annehmen. Alle diese Funktionen sind linear gebrochen durch eine unter ihnen darstellbar. Ist x eine solche Funktion, so sind alle rationalen Funktionen am Gebilde auch gewöhnliche rationale Funktionen von x. Die Integrale erster Gattung entfallen, die Integrale zweiter Gattung reduzieren sich auf x oder linear gebrochene Funktionen von x, die Integrale dritter Gattung auf $\log (x - \xi)/(x - \eta)$[88]). Für diese Funktionen sehe man auch I B 1, III C 2, 3; für die Integrale II A 2.

Ist bei einem algebraischen Gebilde $p = 1$, so heisst es ellip-

---

85a) *M. Nöther,* J. f. Math. 92 (1882), 97 (1884), 99 (1886); *Baker,* Abel. Theor., p. 31 ff.

86) *Weierstrass*, Werke 4, p. 238 ff.; *A. Hurwitz,* Math. Ann. 41 (1892); *M. Haure*, Ann. éc. norm. (3) 13 (1896); *C. Segre,* Lincei Rend. ser. 5a, 8, 1899.

87) *Brill,* Math. Ann. 4, p. 530; *Brill* und *Nöther,* Math. Ann. 7 (1874); *A. Hurwitz,* l. c.

88) *A. Clebsch,* J. f. Math. 64 (1865).

tisch, und alle zugehörigen algebraischen Funktionen sind rationale Funktionen zweier unter ihnen, welche durch eine Gleichung von der Gestalt $y^2 = f(x)$ verbunden sind, wo $f(x)$ eine ganze rationale Funktion 4. Grades in x bedeutet. Über diese sehe man II B 6 a. Auf diese Fälle wird im folgenden nicht mehr besonders Rücksicht genommen.

25. Äquivalente Systeme von Stellen, Scharen von Stellen und Funktionen. Zwei Systeme von gleichviel Stellen der *Riemann*'schen Fläche (des algebraischen Gebildes, der ebenen Kurve etc.) heissen äquivalent[89]) oder auch korresidual[90]), wenn es eine algebraische Funktion giebt, welche an den Stellen je eines der beiden Systeme denselben Wert annimmt, also z. B. in denen des ersten Systems gleich Null, in denen des zweiten unendlich wird. Dabei sind die beiden Systeme von Stellen als völlig verschieden vorausgesetzt. Im Falle zwei Systeme von Stellen einzelne Stellen gemeinsam haben, wird der Begriff der Äquivalenz dahin verallgemeinert, dass zwei Systeme von Stellen allgemein als äquivalent gelten, wenn die nicht gemeinsamen Stellen es im oben definierten Sinne sind[91]). Die Gesamtheit der zu einem gegebenen System äquivalenten Systeme bildet eine Schar, in welcher als feste Stellen des einzelnen Systems die allen Systemen der Schar gemeinsamen Stellen bezeichnet werden, die übrigen Stellen aber als beweglich. Die beweglichen Stellen der Schar können auch erklärt werden als die Systeme der Nullstellen derjenigen Funktionen, welche an jeder der gegebenen Stellen nicht von höherer Ordnung unendlich werden, als die Anzahl der in ihr vereinigt gelegenen Stellen des gegebenen Systems, woraus ersichtlich ist, dass zwei zu einem dritten äquivalente Systeme auch untereinander äquivalent sind. Nach dem *Riemann-Roch*'schen Satz wird die einzelne Funktion und damit auch das einzelne System der Schar durch $m - p + \tau + 1$ homogene lineare Parameter bestimmt, wenn m die Zahl der Stellen eines Systems ist. Eine solche Schar wird daher als $m - p + \tau$-fach unendliche Vollschar bezeichnet. Sie enthält immer und nur dann r feste Stellen, wenn es r von einander linear unabhängige Integranden erster Gattung giebt, welche zwar an den $m - r$ übrigen Stellen eines der Schar angehörigen Systems, nicht aber an den r festen Stellen verschwinden (Reduktionssatz)[92]). Wird

89) Nach *Dedekind* und *Weber*, J. f. Math. 92 (1882).

90) *Brill* und *Nöther*, Math. Ann. 7. Beide Begriffe decken sich nur bei gleichviel Stellen.

91) Solche feste Stellen zuerst bei *Brill* und *Nöther* l. c.

92) *J. Bacharach*, Erl. Ber. 1879, Math. Ann. 26; *M. Nöther*, J. f. Math. 92 (1882), Math. Ann. 37 (1890), p. 417.

aus der Vollschar durch eine oder mehrere algebraische Bedingungen ein Teil ausgesondert, so wird dieser als Teilschar bezeichnet, insbesondere bei linearen Bedingungen als lineare Teilschar[93]). Ist für eine Schar das τ des *Riemann-Roch*'schen Satzes (der Überschuss) von Null verschieden, so heisst die Schar eine Spezialschar, die zugehörigen Funktionen Spezialfunktionen. Für eine Spezialschar und die Spezialfunktionen ist die Wertigkeit m notwendig kleiner oder gleich $2p-2$, und die Spezialfunktionen sind sämtlich als Quotienten von Integranden erster Gattung (φ-Quotienten) darstellbar[94]).

26. Die algebraischen Kurven im Raume von q Dimensionen. Wählt man aus der Gesamtheit der an m Stellen des Gebildes höchstens von der ersten Ordnung unendlichen Funktionen $q+1$ linear unabhängige aus und zwar solche, von denen wenigstens eine lineare Verbindung an den m Stellen wirklich unendlich wird, und setzt diese $q+1$ Funktionen proportional den $q+1$ homogenen Punktkoordinaten $x_1, x_2, \ldots, x_{q+1}$ eines linearen Raumes von q Dimensionen, so erhält man eine Raumkurve der Ordnung m und des Geschlechtes p, welche ebenso als Träger des algebraischen Gebildes verwendet werden kann, wie die ebene Kurve oder die *Riemann*'sche Fläche[95]). Dabei ist zu beachten, dass die Raumkurve unter Umständen mehrfach überdeckt werden kann[96]), wenn die unabhängige Variable die ganze *Riemann*'sche Fläche durchläuft, und bei Bestimmung von Ordnung und Geschlecht dieser Umstand in Rechnung gezogen werden muss. Speziell für $q=1$ erscheint als „Kurve" des Raumes von einer Dimension die mehrfach und zusammenhängend überdeckte Gerade, welche, wenn man die Gesamtheit ihrer reellen und komplexen Stellen auf die Ebene der komplexen Zahlen abbildet, die gewöhnliche *Riemann*sche Fläche liefert[97]). Für $q=2$ tritt die gewöhnliche eventuell mehrfach überdeckte ebene algebraische Kurve ein. Die Schnittpunkte

93) *Brill* und *Nöther*, Math. Ann. 7, p. 275. Zur ganzen Nummer sehe man *Brill* und *Nöther*, Ber., p. 347 ff., sowie *C. Segre*, Ann. di mat. (2) 22 (1894) mit weiteren Litteraturangaben; *E. Bertini*, ebd.; *S. Macaulay*, Proc. of Lond. Math. Soc. 29, 31 (1898/99); *F. Klein*'s autogr. Vorlesung über Riemann'sche Flächen und *Klein-Fricke*, Modulfunktionen 1, Abschn. III; *E. Bertini*, Ann. di mat. (2) 22 (1894).

94) *Riemann*, A. F., Art. 10; *E. Netto*, Diss. Berl. 1870, siehe auch Nr. 29.

95) *A. Brill*, Gött. Nachr. 1870; Math. Ann. 2, 3, 4; *W. K. Clifford*, Phil. Trans. 1878 (Coll. Papers, p. 385).

96) Von *F. Klein*, Math. Ann. 11 (1877) für $p=3$ und den hyperelliptischen Fall wohl zuerst herangezogen.

97) *F. Klein*, Math. Ann. 17 (1881) und autogr. Vorl. über Riemann'sche Flächen.

der Kurve mit den linearen Räumen von $q-1$ Dimensionen geben eine q-fach unendliche lineare Schar äquivalenter Stellen, welche, je nachdem sie Vollschar oder Teilschar ist, die Kurve als Vollkurve oder Teilkurve charakterisiert[98]).

27. Die Darstellung der algebraischen Funktionen an der Raumkurve. Ist die betrachtete Kurve nur einfach überdeckt, so lassen sich die algebraischen Funktionen als Quotienten ganzer rationaler homogener Funktionen der X_i $(i=1, 2, \ldots, q, q+1)$ darstellen. Jedoch sind, im Falle die Kurve singuläre Stellen hat, Zähler und Nenner bestimmten Bedingungen unterworfen, wenn sie zur Darstellung der allgemeinsten algebraischen Funktion geeignet sein sollen, welche für $q=2$ die Bedingungen für „adjungiertes Verhalten" in den singulären Stellen der ebenen Kurve sind. Für grösseres q und allgemeinere Singularitäten als gewöhnliche Doppelpunkte ist noch wenig bekannt[99]). Als ganze algebraische Funktion ist hier eine solche zu definieren, welche nur für $x_{q+1}=0$ unendlich wird. Aus diesen entspringen die ganzen algebraischen Formen k^{ter} Dimension durch Multiplikation mit x_{q+1}^k, wo k so gewählt sein muss, dass das Produkt nirgends mehr unendlich wird. Die ganzen rationalen Formen sind im allgemeinen nur ein Teil der ganzen algebraischen[100]). Wenn jedoch in besonderen Fällen die ganzen algebraischen Formen bereits durch die ganzen rationalen sämtlich dargestellt sind, so heisst die Kurve eine „elementare"[101]). Beispiele elementarer Kurven sind die ebene singularitätenfreie Kurve, der vollständige singularitätenfreie Schnitt von $q-1$ Mannigfaltigkeiten von $q-1$ Dimensionen des Raumes von q Dimensionen[102]).

28. Die Normalkurve der φ. Von besonderer Bedeutung unter den zum algebraischen Gebilde gehörigen Raumkurven ist diejenige Kurve $2p-2^{\text{ter}}$ Ordnung des Raumes von $p-1$ Dimensionen, deren Koordinaten den Formen φ oder, was dasselbe ist, den Integranden

---

98) Zur ganzen Nummer sehe man *F. Klein,* Autogr. Vorl. über Riemann-sche Flächen; *Klein-Fricke,* Modulfunktionen 1, Kap. 3, sowie 3, Kap. 2, 7.

99) Für $q=3$ insbesondere *Nöther,* J. f. Math. 93 und Berl. Abh. 1882. Für das Verhalten nicht adjungierter Formen siehe *Nöther,* Math. Ann. 15 (1879), wo insbesondere der Riemann-Roch'sche Satz auf solche Formen ausgedehnt ist.

100) Man sehe *F. Klein*'s autogr. Vorl. über Riemann'sche Flächen, wo auch die Verbindung mit den arithmetischen Theorien eingehender dargelegt ist, sowie III C 2; ferner den folgenden Artikel von *Hensel.*

101) *F. Klein,* Math. Ann. 36 (1890).

102) *H. White,* Nova Acta Leop. 57 (1891).

erster Gattung proportional sind[103]). Den eindeutigen Transformationen des Gebildes entsprechen kollineare Umformungen dieser Kurve. Für ein hyperelliptisches Gebilde degeneriert sie in eine doppelt überdeckte rationale Normalkurve[103a]). Von diesem Fall abgesehen ist die Kurve immer eine elementare, und die Darstellung einer Funktion als projektive Invariante an der Normalkurve der φ ist von selbst eine invariante Darstellung gegenüber den eindeutigen Transformationen des algebraischen Gebildes. Die Zahl der linear unabhängigen Relationen n^{ter} Ordnung zwischen den Formen φ beträgt — den hyperelliptischen Fall ausgenommen —

$$\frac{p(p+1)(p+2)\cdots(p+m-1)}{m!}-(2m-1)(p-1).$$

Im besonderen tritt für $p=3$ die ebene singularitätenfreie Kurve vierter Ordnung, für $p=4$ der vollständige Schnitt einer Fläche zweiter mit einer der dritten Ordnung in allgemeiner Lage, für $p=5$ der vollständige Schnitt dreier Mannigfaltigkeiten zweiter Ordnung von drei Dimensionen im Raum von vier Dimensionen als Normalkurve auf[104]). Doch reichen bereits bei $p=5$ die quadratischen Relationen zwischen den Integranden erster Gattung nicht immer aus, um die Normalkurve algebraisch ohne Restschnitt darzustellen[104a]).

29. Spezialfunktionen und Spezialscharen. Als solche wurden in Nr. 25 diejenigen Scharen bezw. Funktionen bezeichnet, deren Überschuss von 0 verschieden ist. Diese sind zu Paaren zusammengeordnet durch den Reciprocitätssatz von *Brill* und *Nöther*[105]), nach welchem zu einer m-punktigen Vollschar mit dem Überschuss τ stets eine zweite m'-punktige mit dem Überschuss τ' gehört, so dass

$$m+m'=2p-2$$
$$m-m'=2\tau'-2\tau.$$

Das Problem der Aufsuchung der Spezialscharen fällt mit der Aufsuchung der die vorerwähnte Normalkurve in m Punkten schneidenden linearen Räume von $p-1-\tau$ Dimensionen zusammen[106]).

---

103) Die ersten Andeutungen schon bei *Riemann*, Vorlesungen = Werke, p. 490, 491; *H. Weber*, Math. Ann. 13 (1878); *L. Kraus*, Math. Ann. 16 (1880); *Nöther*, Math. Ann. 17 (1880).

103a) *L. Kraus* [103]), p. 251.

104) Die quadratischen Relationen bei *Riemann* l. c.; siehe die vorige Note. Näheres für $p=5, 6, 7$ *Nöther*, Math. Ann. 26 (1885).

104a) *L. Kraus* [103]), p. 252, 259. Ein einfaches Beispiel hierfür mit $p=5$ ist die Kurve $xy(x+y)+(x^2+y^2)^2(x^2+xy+y^2)=0$.

105) Math. Ann. 7. Eine Erweiterung bei *Study*, Leipz. Ber. 42 (1890) *Brill* u. *Nöther* (Math. Ann. 7) bezeichnen diesen Satz als *Riemann-Roch*'schen Satz

106) *G. Castelnuovo*, R. Acc. d. Linc. 1889.

Für die $\tau' - 1 = m - p + \tau$-fach unendlichen Spezialscharen von m Punkten, für welche bei gegebenen τ' die Anzahl m am kleinsten wird, d. i. also für die Kurven niedrigster Ordnung im Raum von $\tau' - 1$ Dimensionen, ergiebt sich

$$p = \tau\tau' + h \qquad (0 \leqq h < \tau'),$$

und die Existenz von ∞^h Scharen von $m = p + \tau' - \tau - 1$ Stellen. Die Anzahl der verschiedenen Systeme hat für $\tau' = 2$ *Brill*[107]) bestimmt und zwar ist sie für

$$p = 2\tau \text{ gleich } \frac{1}{\tau}\binom{2\tau}{\tau - 1}, \text{ für } p = 2\tau + 1 \text{ gleich } \frac{2}{\tau}\binom{2\tau + 1}{\tau - 1}.$$

Für $h = 0$ hat *Castelnuovo*[108]) die Anzahl der verschiedenen Systeme gleich

$$\frac{1!\,2!\,3!\ldots\ldots(\tau-1)!\,1!\,2!\,3!\,(\tau'-1)!}{1!\,2!\,3!\,4!\ldots\ldots(\tau+\tau'-1)!}$$

gefunden. Diese Zahlen gelten jedoch nur für allgemeine algebraische Gebilde und können in speziellen Fällen in mannigfacher Art ausarten[109]).

30. Normalformen. Die Kenntnis von Spezialscharen mit einer möglichst geringen Anzahl beweglicher Stellen und der zugehörigen Funktionen wird zur Aufstellung von Normalformen der definierenden algebraischen Gleichung benutzt. *Riemann*[110]) sucht den Grad in jeder Veränderlichen möglichst niedrig zu erhalten und findet für $p = 2$ in der einen 2, in der andern 3 als niedrigsten Grad. Für $p = 2m - 2$ oder $2m - 3$ dagegen m als niedrigsten Grad in jeder Veränderlichen. *Brill* und *Nöther*[111]) verwenden als Normalkurve die ebene Kurve niedrigster Ordnung, also diejenige von der Ordnung $p - m + 2$, wenn $p = 3m$, $3m + 1$, $3m + 2$ ist. *Weierstrass* führt in die das Gebilde definierende Gleichung zwei solche Funktionen ein, welche nur an einer einzigen der in Nr. **23** erwähnten *Weierstrass*-Stellen von möglichst niedriger Ordnung unendlich werden, jedoch mit der Beschränkung, dass sie zur rationalen Darstellung sämtlicher

107) *Brill* u. *Nöther,* Math. Ann. 7; *A. Brill,* Math. Ann. 36 (1890); auch *E. Ritter,* Math. Ann. 44 (1894).

108) l. c. Zu *Castelnuovo*'s Verfahren vgl. *Klein*'s autogr. Vorl. über Riemann'sche Flächen 2, p. 110 ff.; zur ganzen Nummer: *H. Burkhardt,* Gött. Nachr. 1896 und III C 2, 7, 10.

109) *L. Kraus,* Math. Ann. 16 (1880); dazu *G. Wiman,* Stockh. Handl. Bihang 1895.

110) A. F., Art. 5. Von *Weierstrass*'scher Grundlage aus *E. Netto,* Dissert. Berlin 1870.

111) Math. Ann. 7, p. 293

Funktionen des Gebildes noch geeignet sind. Durch Diskussion an der Hand des Lückensatzes erhält man so eine Reihe von Gleichungsformen, von denen jede ein Gebilde vom Geschlechte p definiert, und welche in einer Variablen der Reihe nach vom Grade $2, 3, 4, \ldots, p$ sind und resp. $2p - 1, 2p, 2p + 1, \ldots, 3p - 3$ noch willkürliche, durch rationale Transformation nicht mehr abzuändernde Konstante enthalten[112]). Doch kann man sämtliche Gleichungsformen aus der letzten durch geeignete Grenzübergänge erhalten. Auch die von *Christoffel*[113]) benützten Normalformen beruhen wesentlich auf der Einführung von Integranden erster Gattung in die Grundgleichung[114]).

31. Die Moduln einer Klasse von algebraischen Gebilden. Innerhalb der Gesamtheit aller algebraischen Gebilde vom Geschlechte $p > 1$ ist eine einzelne Klasse durch $3p - 3$ Parameter bestimmt, oder anders ausgedrückt, das algebraische Gebilde hat gegenüber rationaler Transformation $3p - 3$ absolute und charakteristische, von einander unabhängige Invarianten. Diese Zahl wurde zuerst von *Riemann*[114a]) durch Abbildung der *Riemann*'schen Fläche mit Hülfe eines Integrals erster Gattung gefunden. Man erhält so ein System von p Parallelogrammen, welche durch $2p - 2$ Verzweigungspunkte mit einander zusammenhängen, also im Ganzen von $4p - 2$ Parametern abhängt. Da das Integral erster Gattung aber $p + 1$ willkürliche Parameter enthält, so verbleiben $3p - 3$ für die Klasse charakteristische frei. Die gleiche Zahl findet man, wenn man von der Bemerkung ausgeht, dass die m-blättrigen *Riemann*'schen Flächen einer Klasse von $2m - p + 1$ Parametern abhängen, dagegen die allgemeinste m-blättrige Fläche durch die $2m + 2p - 2$ Verzweigungswerte endlich vieldeutig bestimmt ist[115]). Diese Betrachtungen bedürfen der wesentlichen Ergänzung durch den Nachweis, dass nicht ein algebraisches Gebilde mit $p > 1$ Transformationen in sich selbst mit ein oder mehreren frei veränderlichen Parametern zulässt[116]). In

112) Brief an *Schwarz*, Werke 2, p. 235; *Brill* und *Nöther*, Math. Ann. 7, p. 302; *F. Schottky*, J. f. Math. 83 (1877), p. 317 ff., früher als Dissertation, Berlin 1875; *G. Valentin*, Diss., Berlin 1879; *F. de Brun*, Diss. Upsala (1895), Stockh. Öfvers. 1896; *F. Klein*, autogr. Vorl. Riemann'sche Flächen, p. 90 ff.

113) Ann. di mat. (2) 9 (1878).

114) *L. Raffy*, Ann. éc. norm. (2) 12 (1883) stellt die Bedingung dafür auf, dass in $f(s, z) = 0$ s ein Integrand erster Gattung sei.

114a) A. F., Art. 12. Diese Abbildung erörtert *F. Klein* in der autogr. V. über Riemann'sche Flächen.

115) *Riemann* l. c.; *F. Klein* über Riemann's Theorie der algebr. Funktionen (1882).

116) *H. A. Schwarz*, J. f. Math. 87 (1875); *Weierstrass* Brief an *Schwarz*,

einer auch für $p = 0, 1$ gültigen Weise kann der Satz in der Form ausgesprochen werden: Die Anzahl der Moduln beträgt $3p - 3 + r$, wo r die Anzahl der variablen Parameter bedeutet, von welchen die allgemeinste Transformation des Gebildes in sich selbst abhängt. Bekanntlich ist $r = 3$ für $p = 0$, $r = 1$ für $p = 1$ und nach dem eben angeführten Satz $r = 0$ in allen höheren Fällen[117]). Die so gefundene Zahl der Moduln bestätigt sich auch durch Abzählung an den verschiedenen Normalformen[118]). Aus den *Riemann*'schen Betrachtungen zieht *Klein*[117]) noch den Schluss, dass die Gesamtheit der algebraischen Gebilde vom Geschlechte p eine zusammenhängende $3p - 3 + r$-fach ausgedehnte Mannigfaltigkeit bilden.

In jeder der im vorigen erwähnten Normalformen können die noch willkürlichen Parameter als Moduln angesehen werden. Ebenso $3p - 3$ absolute unabhängige projektive Invarianten der Normalkurve der φ. Andere Festlegungen der Moduln entspringen aus der Theorie der *Abel*'schen und der automorphen Funktionen (II B 6c).

32. Vertauschung von Parameter und Argument. Wird das transcendent normierte Integral dritter Gattung mit den Unstetigkeitspunkten ξ und η zwischen den Grenzen y und x genommen bezeichnet mit

$$\int_y^x d\Pi_{\xi\eta} = \Pi_{\xi\eta}^{xy}$$

so ergiebt die in Nr. **17** angeführte Randintegration von $\Pi_{\xi\eta}^{z,u}\, d\Pi_{xy}^{z,u}$ nach z die Gleichung

$$\Pi_{\xi\eta}^{xy} = \Pi_{xy}^{\xi\eta}. \tag{5}$$

Die Stellen ξ und η werden als die Parameter, x und y als die Argumente des Integrals bezeichnet, das in (5) ausgesprochene Theorem als der Satz von der Vertauschung von Parameter und Argument[118a]).

Werke 2, p. 235; *G. Hettner,* Gött. Nachr. 1880; *F. Klein,* l. c. 1883; *M. Nöther,* Math. Ann. 20, 21 (1882); *F. Klein* bei *H. Poincaré,* Acta math. 7 (1884); *A. Hurwitz,* Gött. Nachr. 1887 = Math. Ann. 32; Math. Ann. 41 (1892); *E. Picard,* J. d. Math. (4) 5 (1889); Bull. Soc. Math. Fr. 21 (1893).

117) *F. Klein* l. c.

118) *Brill* u. *Nöther,* Math. Ann. 7; *A. Cayley* hatte die Zahl $3p - 3$ zuerst bezweifelt (Proc. Lond. Math. Soc. 1865).

118a) Zuerst bei elliptischen Integralen von *Legendre* entdeckt (II B 6a); *Abel* (Oeuvres ed. S. u. L. 1 (1826), p. 40; 2, p. 43, 47); *É. Galois,* Oeuvr. éd. *Picard* (1832), p. 30; *C. G. J. Jacobi,* J. f. Math. 32 (1846) = Werke 2, p. 121. Die angedeutete Ableitung nach *Clebsch* u. *Gordan,* Abel'sche F. (1866), p. 112 ff.; vgl. unten Nr. **34**.

Das allgemeinste Integral dritter Gattung, welches auch als Funktion der Parameter betrachtet ein solches ist, hat demnach die Form

$$(6) \qquad \Pi_{\xi\eta}^{xy} + \sum_{\alpha,\beta} c_{\alpha\beta} v_\alpha^{xy} v_\beta^{\xi\eta} \quad (\alpha, \beta = 1, \ldots, p),$$

wo die v_α^{xy}, $v_\beta^{\xi\eta}$ die zwischen den Grenzen y, x resp. η, ξ genommenen Integrale erster Gattung bedeuten und die $c_{\alpha\beta}$ von x, y und ξ, η unabhängig sind. Ist das System der $c_{\alpha\beta}$ ein symmetrisches, so erhält man das allgemeinste Integral dritter Gattung, welches Vertauschung von Parameter und Argument gestattet, wenn aber dies nicht der Fall ist, so ändert sich (6) bei Vertauschung von x, y mit ξ, η nur um eine alternierende Bilinearform der v_α^{xy}, $v_\beta^{\xi\eta}$.

33. Integrale zweiter Gattung, Normalkombinationen. Durch Differentiation nach ξ entsteht aus dem Integral $\Pi_{\xi\eta}^{xy}$ ein Integral zweiter Gattung, welches nach (5) eine algebraische Funktion des Parameters ξ ist und mit E_ξ^{xy} bezeichnet werden soll. Die gleiche Eigenschaft in Bezug auf ξ kommt auch den aus (6) durch Differentiation nach ξ hergeleiteten Integralen zu, welche wir mit E_ξ^{xy} bezeichnen. Indem wir noch vorübergehend die Differentialquotienten der transcendent normierten Integrale erster Gattung v_α^{xy} nach x mit $\psi_\alpha(x)$ bezeichnen, die eines beliebigen Systems linear unabhängiger Integrale u_α^{xy} dagegen mit $g_\alpha(x)$, zeigt sich, dass die Determinante

$$(7) \qquad \begin{vmatrix} \mathsf{E}_\xi^{xy}, & \mathsf{E}_{\xi(1)}^{xy}, & \mathsf{E}_{\xi(2)}^{xy}, & \ldots, \mathsf{E}_{\xi(p)}^{xy} \\ \psi_1(\xi) & \psi_1(\xi_1) & \psi_1(\xi^{(2)}), & \ldots, \psi_1(\xi^{(p)}) \\ \psi_2(\xi) & \psi_2(\xi^{(1)}) & \psi_2(\xi^{(2)}), & \ldots, \psi_2(\xi^{(p)}) \\ \vdots & & & \\ \psi_p(\xi), & & & \ldots, \psi_p(\xi^{(p)}) \end{vmatrix}$$

welche mit $p+1$ Stellen $\xi, \xi^{(1)}, \ldots, \xi^{(p)}$ gebildet ist, eine algebraische Funktion von x, y und den Stellen $\xi, \xi^{(1)}, \ldots, \xi^{(p)}$ ist und sich nur um einen von diesen unabhängigen Faktor ändert, wenn die Integrale E_ξ^{xy}, $\mathsf{E}_{\xi(\lambda)}^{xy}$ durch die allgemeineren E_ξ^{xy}, $E_{\xi(\lambda)}^{xy}$ und die ψ_α durch die g_α ersetzt werden. Die Entwicklung der so umgestalteten Determinante nach der ersten Vertikalreihe führt zu der Gleichung

$$(8) \quad E_\xi^{xy} = F(x, y; \xi, \xi^{(1)}, \xi^{(2)}, \ldots, \xi^{(p)}) + g_1(\xi)\, Y_1^{xy} + g_2(\xi)\, Y_2^{xy} + g_3(\xi)\, Y_3^{xy} + \cdots + g_p(\xi)\, Y_p^{xy}.$$

Dabei sind die Y_α^{xy} lineare Kombinationen von Integralen zweiter Gattung, deren Perioden von den Stellen $\xi^{(1)}, \ldots, \xi^{(p)}$ gänzlich unabhängig sind, und nur von der Auswahl des Integrales dritter Gattung und der Integranden erster Gattung abhängen. Sie heissen Normalkombinationen. Die Perioden von Y_α^{xy} an den Schnitten A_k, B_k sollen mit $-\eta_{\alpha,k}$, $-\eta_{\alpha,p+k}$ bezeichnet werden. Die Funktion F ist nur in der Bezeichnung von der *Weierstrass*'schen Funktion H verschieden[119]). Ebenso bilden die *Weierstrass*'schen Integrale zweiter Gattung ein System von Normalkombinationen zum System erster Gattung, und zwar ein solches, in welchem jede Normalkombination nur einen einzigen Unstetigkeitspunkt hat.

34. Fortsetzung, die Weierstrass'schen Periodenrelationen. Die obige Darstellung setzt die Kenntnis der Periodeneigenschaften der Integrale zweiter und dritter Gattung voraus. Im Gegensatz dazu hat *Weierstrass*[120]) anknüpfend an eine Formel von *Abel*[121]) die Vertauschbarkeit von Parameter und Argument aus algebraischen Identitäten erschlossen und diese dann zur Erforschung der Periodeneigenschaften und zur Reduktion der Integrale benutzt. Durch Anwendung des Residuensatzes auf die Funktion

$$\frac{d}{d\xi} H(\xi, \eta; x, y) \cdot H(\xi, \eta; x', y')$$

als Funktion von (ξ, η), wobei wir die Bezeichnung von Nr. **23** wieder aufnehmen, findet er die Vertauschungsgleichung

$$\text{(9)} \quad \frac{d}{dx} H(x, y; x', y') - \frac{d}{dx'} H(x', y'; x, y) = -\sum_{\alpha=1}^{p} \left(H(x, y)_\alpha H(x', y')_{p+\alpha} - H(x', y')_\alpha H(x, y)_{p+\alpha}\right).$$

Indem man diese Formel nach x und x' über geschlossene Wege integriert, erhält man durch genauere Diskussion die Existenz von $2p$ Wegen, welche in den wesentlichen Eigenschaften mit den Schnittepaaren eines kanonischen Querschnittsystems übereinstimmen, und durch Ausführung der Integration die folgenden Relationen zwischen den Perioden der Integrale erster und den Perioden der zugehörigen Integrale zweiter Gattung, welche in gleicher Weise auch für Normalkombinationen gelten:

$$\text{(10)} \qquad \sum_{1}^{p} {}^{\alpha} (\omega_{\alpha\beta}\, \eta_{\alpha\gamma} - \omega_{\alpha\gamma}\, \eta_{\alpha\beta}) = 2\pi i \cdot \delta_{\beta\gamma},$$

---

119) Siehe *F. Klein*, Math. Ann. 36 (1890); vgl. auch die Darstellung bei *Baker*, Abel. Theor. p. 176 ff.; *O. Bolza*, Chicago Congr. Mathem. Papers 1 (1896).

120) Braunsberger Programm 1849 = Werke 1, p. 111 (für hyperelliptische Integrale), später in Vorlesungen; siehe *Brill* und *Nöther*, Ber., p. 426 ff.; *O. Biermann*, Wien. Ber. 87 (1883).

121) Siehe Note 118.

wo $\delta_{\beta\gamma} = 0$ oder ± 1 ist, je nachdem $|\beta - \gamma| \mp p$ oder $\beta - \gamma = \pm p$ ist.

Aus diesen kann man wieder die *Riemann*'schen Bilinearrelationen herleiten, sowie das Nichtverschwinden der Determinante der ersten Hälfte des Systems der Perioden erster Gattungen, und die übrigen Ungleichungen unter denselben [122]).

Wird nun gesetzt:

$$(11)\quad G(x, y; x', y') = \sum_1^p{}^{\alpha} H(x, y)_\alpha H(x', y')_{p+\alpha} - \frac{d}{dx'} H(x, y; x', y'),$$

so zeigt Formel (9), dass

$$(12)\qquad G(x, y; x', y') = G(x', y'; x, y)$$

und zugleich erweist sich $G(x, y; x', y')$ als ein Integrand zweiter Gattung. An den Eigenschaften von G wird nichts wesentliches geändert, wenn noch eine symmetrische Bilinearform der $H_\alpha(x, y)$, $H_\beta(x', y')$ hinzugefügt wird. Die Gleichung (12) enthält den Satz von der Vertauschung von Parameter und Argument in algebraischer Form, und er geht aus ihr durch Integration in Bezug auf x und x' hervor.

35. Die Reduktion der allgemeinsten algebraischen Integrale. Durch Anwendung des Residuensatzes auf

$$F(x_t, y_t)\, H(x_t, y_t; x, y)\, \frac{dx_t}{dt}$$

und Transformation des Resultates mit Hülfe des Vertauschungssatzes (9) und der durch Reihenvergleichung daraus hervorgehenden Gleichungen gewinnt *Weierstrass* [123]) die folgende Darstellung der rationalen Funktion $F(x, y)$:

$$(13)\quad F(x, y) = \sum_1^r{}^{\nu} C_\nu H(x_\nu, y_\nu; x, y)$$
$$- \sum_1^p{}^{\alpha} (g_{p+\alpha} H(x, y)_\alpha - g_\alpha H(x, y)_{p+\alpha}) + \frac{d}{dx} \sum_1^r{}^{\nu} F(x, y)_\nu.$$

---

122) *G. Frobenius,* J. f. Math. 89 (1880); *H. Burkhardt,* Math. Ann. 32, p. 400 ff. (1888). Die oft behandelte Determinantenrelation zwischen den Perioden der Integrale erster und zweiter Gattung (*Haedenkamp,* J. f. Math. 12 (18); *L. Fuchs,* J. f. Math. 71 (1870) u. a.) ist eine arithmetische Konsequenz der Relationen (10). Für die Untersuchung der Perioden als Funktionen der Moduln des algebraischen Gebildes II B 4.

123) *G. Hettner,* Diss., Berlin 1877; *G. Humbert,* Acta math. 10 (1887); für hyperelliptische Integrale siehe *L. Fuchs,* J. f. Math. 71 (1870), p. 103 ff.

Sind $\overset{\nu}{x}_t, \overset{\nu}{y}_t \, (\nu = 1, 2, \ldots, r)$ diejenigen Elemente, für welche $F(\overset{\nu}{x}_t, \overset{\nu}{y}_t) \frac{d\overset{\nu}{x}_t}{dt}$ negative Potenzen von t in der Entwicklung aufweist, so ist hier gesetzt:

$$F(\overset{\nu}{x}_t, \overset{\nu}{y}_t) \frac{dx_\nu}{dt} = C_\nu t^{-1} + \sum_\lambda^\lambda c_{\nu\lambda} t^{\lambda-1},$$

wo unter dem Summenzeichen der Wert $\lambda = 0$ auszuschliessen ist. Dann ist

$$F(x, y)_\nu = -\sum_{n>0} c_{\nu, -n} \left[H(x, y; \overset{\nu}{x}_t, \overset{\nu}{y}_t) \frac{d\overset{\nu}{x}_t}{dt} \right],$$

$$g_\alpha = \sum_1^r{}^\nu \sum_{n>0} c_{\nu, -n} \left[H(\overset{\nu}{x}_t, \overset{\nu}{y}_t)_\alpha \frac{d\overset{\nu}{x}_t}{dt} \right]_{t^{n-1}},$$

$$g_{p+\alpha} = - F(a_\alpha, b_\alpha) + \sum_1^r{}^\nu \sum_{n>0} c_{\nu, -n} \left[H(\overset{\nu}{x}_t, \overset{\nu}{y}_t)_{p+\alpha} \frac{d\overset{\nu}{x}_t}{dt} \right]_{t^{n-1}}.$$

Diese Formeln geben die Zerlegung einer algebraischen Funktion in Integranden erster, zweiter und dritter Gattung und den Differentialquotienten einer algebraischen Funktion, und zwar treten nur p bestimmt normierte Integranden zweiter Gattung ein. Diese Zerlegung ist überdies eine eindeutige bestimmte und giebt durch Integration unmittelbar die Reduktion eines allgemeinen Integrals auf die Integrale der drei Gattungen und eine algebraische Funktion.

Ausgehend von der Theorie der Formen φ und unter Voraussetzung einer Gleichung in homogenen ternären Variablen hat *Nöther*[124]) den Vertauschungssatz, sowie die anschliessenden Probleme der Darstellung und Reduktion algebraischer Funktionen ausführlich behandelt.

36. Die Integration durch algebraische Funktionen und Logarithmen solcher haben *Abel* und *Liouville* in Angriff genommen. *Abel*[125]) giebt den Satz, dass das Integral einer algebraischen Funktion y, wenn es überhaupt durch algebraische Funktionen und Logarithmen solcher ausdrückbar ist, nur die Form haben kann:

$$(14) \qquad \int y\,dx = P(x, y) + \sum_1^r{}^\nu A_\nu \log P_\nu(x, y),$$

wo $P(x, y)$ und $P_\nu(x, y)$ rationale Funktionen von x und y bedeuten.

---

124) Erl. Ber. 1884; Math. Ann. 37 (1890); vgl. auch *A. Cayley*, Amer. J. of math. 5, 7 (1882, 1885).

125) Brief an *Legendre* 1828 (Oeuvres 2, p. 277) 1, p. 545 (1829); 2, p. 206; vgl. *Stickelberger*, J. f. Math. 82 (1876).

Die Bedingungen dafür, dass das Integral einer algebraischen Funktion selbst algebraisch sei, hat *Liouville*[126]) zuerst näher untersucht. Sie ergeben sich mit Formel (13) nach *Weierstrass* einfach in der Weise, dass alle Grössen $C_\nu, g_\alpha, g_{p+\alpha}$ verschwinden müssen, damit das Integral $\int F(x,y)\,dx$ eine algebraische Funktion sei; zugleich entnimmt man aus (13) auch unmittelbar den Ausdruck des Integrals in algebraischer Form. Ein anderes Verfahren giebt *Ptaszycki*[127]).

Schwieriger ist die Entscheidung, wenn auch Logarithmen algebraischer Funktionen zugelassen werden, da es dann auf die arithmetische Beschaffenheit der Koeffizienten C_ν in (13) ankommt. Auch sind hier nur elliptische und hyperelliptische Integrale genauer bearbeitet[128]).

37. Klein's kanonische Kurven[129]). Eine besonders einfache Darstellung gestatten die Integrale und weitere aus ihnen herzuleitende transcendente Formen, wenn das algebraische Gebilde als ein- oder mehrfach überdeckte Kurve des Gebietes von n homogenen Variablen $z_1, z_2, \ldots, z_n$ (für $n = 2$ also als *Riemann*'sche Fläche) von solcher Beschaffenheit gegeben ist, dass man die Differentiale erster Gattung du_α proportional p ganzen algebraischen (nicht notwendig rationalen) Formen φ_α von der Dimension d setzen kann, welche keine Nullstelle gemeinsam haben. Durch den von α unabhängigen Quotienten

$$(15) \qquad d\omega_z = \frac{du_\alpha}{\varphi_\alpha}$$

ist dann eine kanonische Differentialform definiert, mit der Eigenschaft, dass in der Entwicklung eines Differentials nach dem Parameter t in der Umgebung einer Stelle z

$$X\,d\omega_z = dt\,(t^\nu \mathfrak{P}(t)),$$

wo X eine Form von der Dimension d und $\mathfrak{P}(t)$ eine Potenzreihe mit nicht verschwindendem ersten Glied ist, der Exponent ν lediglich die Ordnung des Null- oder Unendlichwerdens der Form X angiebt.

126) Par. sav. [étr.] 5 (1838). Er führt den *Abel*'schen Satz auf *Leibniz* und *Laplace* zurück. Es sind wohl die Bemerkungen in der Einleitung zum ersten Buch der Th. anal. des probab. gemeint.

127) Acta math. 11 (1888).

128) *Abel*, Oeuvres 1 (1826), p. 104 = J. f. Math. 1; *Weierstrass*, Berl. Ber. 1857 (Werke 1, p. 227); *Tschebyscheff*, J. f. Math. (1) 18, (2) 2; *L. Raffy*, Ann. éc. norm. (3) 2 (1885); *C. Guichard*, Ann. éc. norm. (3) 5 (1888); *G. Pick*, Math. Ann. 32 (1888); *E. Goursat*, Par. C. R. 118 (1894); *L. Koenigsberger*, Math. Ann. 11 (1877); vgl. dazu *Ptaszycki*, Math. Ann. 16 (1880).

129) Math. Ann. 36 (1890).

Die Dimension d ist dann ein Teiler von $2p-2$ und jede ganze Form der Dimension d auch eine Form φ. Das kanonische Differential lässt sich schreiben

$$(16)\qquad d\omega_z = \frac{\alpha_z\beta_{dz} - \alpha_{dz}\beta_z}{\Gamma_{d+2}(z_1, \ldots, z_n)},$$

wo $\Gamma_{d+2}(z_1, \ldots, z_n)$ eine bestimmte ganze Form von der Dimension $d+2$ bedeutet.

Das Integral dritter Gattung lässt sich in der Form

$$(17)\qquad P_{\xi\eta}^{xy} = \int_y^x d\omega_z \int_\eta^\xi d\omega_\zeta \frac{\psi(z, \zeta; \alpha\beta)}{(\alpha_z\beta_\zeta - \alpha_\zeta\beta_z)^2}$$

darstellen, wo $\psi(z, \zeta; \alpha\beta)$ in z und ζ eine ganze Form von der Dimension $d+2$ bedeutet, welche von der zweiten Ordnung verschwindet, wenn $(\alpha_z\beta_\zeta - \alpha_\zeta\beta_z)$ Null ist, ohne dass z mit ζ zusammenfällt und welche für $z = \zeta$ mit $\Gamma_{d+2}^2(z_1, z_2, \ldots, z_n)$ identisch wird. Die hienach in ψ noch willkürlichen Grössen hat man in den bisher ausgeführten Fällen so zu bestimmen gesucht, dass ψ eine ganze rationale Kovariante der zur Definition des Gebildes verwendeten Formen im gewöhnlichen Sinne wird, also auch rational ganz in den Koeffizienten dieser Formen ist[130]).

Solche kanonische Kurven sind in erster Linie die Normalkurve der φ auch im hyperelliptischen Fall, der vollständige singularitätenfreie Schnitt von $n-2$ algebraischen Mannigfaltigkeiten von $n-2$ Dimensionen im Gebiet von n homogenen Variablen[131]), die ebene singularitätenfreie Kurve n^{ter} Ordnung[132]) und gewisse durch binomische Gleichungen definierte Gebilde[133]), sowie insbesondere die gewöhnliche Form des hyperelliptischen Gebildes[134]), also die zweiblättrigen *Riemann*'schen Flächen. Im letzterwähnten Fall lautet das normierte Integral dritter Gattung

$$(18)\qquad Q_{\xi\eta}^{xy} = \int_y^x d\omega_z \int_\eta^\zeta d\omega_\zeta \frac{\sqrt{a_z^{2p+2}}\sqrt{a_\zeta^{2p+2}} + a_z^{p+1}a_\zeta^{p+1}}{2(z\zeta)^2},$$

wo a_z^{2p+2} diejenige binäre Form, deren Nullstellen die Verzweigungs-

---

130) *G. Pick*, Math. Ann. 29 (1886); *F. Klein* l. c.; *E. Pascal*, Ann. di mat. (2) 17 (1889).

131) *H. White*, Acta Leop. 57 (1891) (= Göttinger Diss.); Math. Ann. 36.

132) *G. Pick* l. c.

133) *W. F. Osgood*, Diss. Erlangen 1890.

134) *F. Klein*, Math. Ann. 27 (1886), 32 (1888); *H. Burkhardt*, Math. Ann. 32 (1888).

stellen des hyperelliptischen Gebildes definieren, bedeutet, und die kanonische Differentialform

$$d\omega_z = \frac{(z\,dz)}{\sqrt{a_z^{2p+2}}}$$

ist. Das hieraus zu entwickelnde Formelsystem hat genauen Anschluss an die *Weierstrass*'sche Theorie der elliptischen Funktionen. Das Heranziehen invariantentheoretischer Gesichtspunkte findet seine weitere Verwertung in der Theorie der zugehörigen Theta- und Sigmafunktionen (II B 6 b).

38. Primfunktionen und Primformen[135]. Während die Darstellung der algebraischen Funktionen als Aggregate von Integralen zweiter Gattung nur die Unendlichkeitsstellen zur Geltung bringt, erfordert die Darstellung derselben als Produkt von einzelnen Faktoren, deren jeder nur an einer Stelle Null oder unendlich wird, eine Erweiterung der Hülfsmittel, weil eindeutige Funktionen dieser Art ohne wesentlich singuläre Stellen für $p > 0$ am algebraischen Gebilde nicht existieren. Diese kann auf zweierlei Art vorgenommen werden, indem man entweder mit *Weierstrass* wesentliche Singularitäten an p bestimmten festgewählten Stellen — welche auch vereinigt liegen können — zulässt, oder aber wie *Klein* unter Einführung homogener Variablen Formen bildet, welche dann keine wesentliche Singularität mehr zeigen, jedoch mehrdeutig sind. In beiden Fällen müssen noch gewisse accessorische Bildungen hinzutreten, um die Darstellung der algebraischen Funktionen zu leisten.

Weierstrass[136]) erklärt als „Primfunktion"

$$E(x, y;\, x_1, y_1 \,|\, x_0, y_0) = e^{\int_{x_0 y_0}^{x_1 y_1} H(x,y;x',y')\,dx'}, \tag{19}$$

welcher Ausdruck eindeutig von der Stelle (x, y) abhängt, in (x_1, y_1) von der ersten Ordnung Null, in (x_0, y_0) von der ersten Ordnung unendlich wird und die Stellen (a_α, b_α) zu wesentlich singulären hat. Von den Stellen (x_0, y_0), (x_1, y_1) ist dagegen E nicht eindeutig abhängig, sondern ändert sich bei Durchlaufung eines Periodenweges um Faktoren, welche als Funktionen von (x, y) betrachtet nirgends verschwinden und sich, entsprechend den $2p$ Periodenwegen, durch $2p$ unter ihnen als Produkte ganzer Potenzen darstellen lassen. Diese

135) Siehe auch I B 1 c, Nr. 9.

136) Brief an *Schwarz* (1875), Werke 2, p. 235; *Brill* und *Nöther,* Berl. Ber. p. 429; *Schottky,* J. f. Math. 101; vgl. auch *Baker,* Abel. Theor., ch. 7, 12; *O Biermann,* Wien. Ber. 87 (1883), 105 (1896); Wien. Monatsh. 3 (1892).

letzteren — mit $E_\alpha(x, y)$ bezeichnet ($\alpha = 1, \ldots, 2p$) — heissen nichtverschwindende Primfunktionen. Die Integrale der drei Gattungen lassen sich durch Logarithmen solcher Primfunktionen darstellen, die algebraischen Funktionen als Produkte von Funktionen der Form (19), deren jede nur eine Null- und eine Unendlichkeitsstelle der gegebenen algebraischen Funktion zu ebensolchen hat, und nicht verschwindenden Funktionen E, welche übrigens durch passende Wahl des Integrationsweges in (19) mit den andern vereinigt werden können. Diese letzteren spielen hier die Rolle von „Einheiten", während die durch (19) definierten Funktionen den Primidealen analog gesetzt werden können. *Weierstrass* giebt auch Andeutungen über die Reihenentwicklung der Primfunktionen, deren weitere Bearbeitung erwünscht wäre. Auf Grund der *Weierstrass*'schen Bildungen, welche noch verschiedener Modifikationen fähig sind, hat *Günther*[137]) die Sätze von *Weierstrass* und *Mittag-Leffler* über die Darstellung eindeutiger Funktionen[138]) auf solche Funktionen ausgedehnt, welche auf einem algebraischen Gebilde eindeutig sind, nachdem schon früher *Appell*[139]) die gleiche Aufgabe in anderer Weise behandelt hatte.

39. Fortsetzung. *Klein*[140]) führt eine Primform ein durch die Formel

$$\Omega(x, y) = \lim_{dx=0,\, dy=0} \sqrt{d\omega_x\, d\omega_y\, e^{-P_{xy}^{x+dx,\, y+dy}}},$$

wobei wieder die Bezeichnung von Nr. **37** aufgenommen ist und insbesondere das einzelne Wertsystem $x_1, \ldots, x_n$ mit einem Buchstaben x bezeichnet ist, und $P_{\xi\eta}^{xy}$ irgend ein Integral dritter Gattung von der Form (6) in Nr. **32** ist. Sie verschwindet nur für $x = y$ und ist sonst überall endlich und bestimmt. Bei Durchlaufung eines Periodenweges seitens x oder y ändert sie sich um einen Exponentialfaktor von der Form

$$(21) \qquad \pm e^{\sum_\alpha \tilde{\eta}_\alpha \left(u_\alpha^{xy} + \frac{\tilde{\omega}_\alpha}{2}\right)},$$

wo das Vorzeichen von dem Periodenweg abhängt und $-\tilde{\eta}_\alpha$, $\tilde{\omega}_\alpha$ die auf diesem Weg erlangten Zuwächse der Normalkombinationen und der zugehörigen Integrale erster Gattung sind. Ebenso kann die

137) J. f. Math. 109 (1892). Vgl. auch *K. Ott,* Wien. Monatsh. 4 (1893).

138) II B 1.

139) Acta math. 1 (1883). Vgl. auch *G. Vitali,* Rend. Pal. 1900.

140) Math. Ann. 36 (1890). Früher für hyperelliptische Gebilde, s. Note 134. Siehe auch *G. Pick,* Math. Ann. 29 (1887).

Primform durch Modifikation des Integrationsweges in (20) um Faktoren von der Form (21) geändert werden, welche also hier die Rolle von „Einheiten" spielen.

Der in (20) angedeutete Grenzübergang kann in verschiedener Weise ausgeführt werden und ergiebt z. B. für ein kanonisches Gebilde [141]):

$$(22)\quad \Omega(x,y)=\frac{\alpha_x\beta_y-\alpha_y\beta_x}{\sqrt{\Gamma_{d+2}(x_1,\ldots,x_n;\alpha\beta)\,\Gamma_{d+2}(y_1,\ldots,y_n;\alpha\beta)}}\,e^{\frac{1}{2}\Sigma P_{xy}^{x^{(i)}y^{(i)}}}$$

in der Bezeichnung von Nr. **37**, wobei noch $x^{(i)}$, $y^{(i)}$ diejenigen Stellen bedeuten, an welchen $\alpha_x\beta_z-\alpha_z\beta_x$ resp. $\alpha_y\beta_z-\alpha_z\beta_y$, als Formen von z betrachtet, ausser x resp. y noch verschwinden. Die so erhaltene Primform stimmt für $p=1$ genau mit der Funktion $\sigma(u^{xy})$ überein.

Zu dieser Primform tritt noch eine „Mittelform", welche am algebraischen Gebilde ebenfalls unverzweigt ist, aber nirgends verschwindet. Sie wird für $2p-2=md$ definiert durch

$$(23)\qquad \mu(x)^m=\frac{\Pi\,\Omega(x,c^{(i)})}{C_1x_1+C_2x_2+C_3x_3+\cdots+C_nx_n},$$

wo die $c^{(i)}$ die Nullstellen des Nenners bedeuten, von dessen spezieller Wahl die Mittelform selbst abgesehen von Einheiten unabhängig ist. Ihre Änderung bei Durchlaufung eines Periodenweges ergiebt sich aus (21). Diese Mittelform erlaubt dann auch die Darstellung algebraischer Formen als ein Produkt von Prim- und Mittelformen.

Die *Klein*'schen Ansätze werden von *Ritter*, *Fricke* und neuerdings von *Wellstein* weiter verfolgt [141a]) und präzisiert. Insbesondere giebt der letztere eine explicite Darstellung der in Betracht kommenden Funktionen bei beliebiger irreducibler Gleichung $f(x,y)=0$.

40. Wurzelfunktionen und -Formen. Multiplikative Funktionen und Formen. Schon *Riemann* [142]) hat für die Untersuchung der Umkehrungsfunktionen der *Abel*'schen Integrale auch solche Funktionen betrachtet, welche am algebraischen Gebilde zwar überall unverzweigt sind, jedoch auf Periodenwegen sich mit n^{ten} Einheitswurzeln multiplizieren. Diese lassen sich als n^{te} Wurzeln algebraischer Funktionen darstellen und heissen daher Wurzelfunktionen [142a]), die entsprechenden homo-

---

141) Math. Ann. 36 (1890); eine andere Formel in den autogr. Vorles. über Riemann'sche Flächen.

141a) *E. Ritter,* Math. Ann. 41, 44 (1892, 94); *R. Fricke,* Gött. Nachr. 1900; *J. Wellstein,* Gött. Nachr. 1900.

142) A. F., Art. 27. Die Multiplikatoren ± 1 auch bei *Roch,* Habilit.-Schr., Halle 1863.

142a) Nach *Weber,* Abel'sche Funktionen, für $p=3$.

genen Formen Wurzelformen[142b]). Näheres über sie wird in II B 6 a beigebracht werden. Allgemeinere Multiplikatoren hat dann *Prym*[143]) zugelassen und auch die Integrale derselben herangezogen. *Appell*[144]) hat diese Funktionen eingehend untersucht. *Hurwitz*[145]) hat auch solche Funktionen in Betracht gezogen, welche ausserdem in bestimmter Weise auf dem Gebilde verzweigt sind. *Ritter*[146]) hat die multiplikativen Formen mit Hülfe der *Klein*'schen Prim- und Mittelformen eingehend untersucht. Die Stellung der algebraischen Formen[147]) innerhalb der Gesamtheit der multiplikativen Formen erhält dadurch eine neue Beleuchtung. Die wichtigsten hier gewonnenen Ergebnisse betreffen die Erweiterung des *Riemann-Roch*'schen Satzes und die Theorie der automorphen Funktionen (II B 6 c)[148]). Von Anwendungen sind *Appell*'s[144]) Entwicklungen der hyperelliptischen Integrale in trigonometrische Reihen zu nennen.

C. Das Abel'sche Theorem.

41. Das Abel'sche Theorem. Anschliessend an das Additionstheorem der elliptischen Integrale unterzog *Abel*[149]) Summen von Interalen von gleichen Integranden, zwischen deren Grenzen aber algebraische Relationen bestehen, der Untersuchung. Er legt eine algebraische Gleichung $f(x, y) = 0$ zu Grunde, neben welche er eine zweite $g(x, y) = 0$ stellt, von deren Koeffizienten er sich einige $a_1, a_2, \ldots, a_\varkappa$ veränderlich denkt. Die gemeinsamen Lösungen $(x_\nu y_\nu)$ $(\nu = 1, \ldots r)$ der Gleichungen $f = 0$, $g = 0$ können dann als Funktionen der a aufgefasst werden. Wird nun — unter $R(x, y)$ eine rationale Funktion von x, y verstanden — die Summe

$$(24)\qquad \sum_1^r R(x_\nu y_\nu)\, dx_\nu = \sum_{\lambda=1}^{\varkappa} G(a)\, da_\lambda$$

142b) *M. Nöther,* Math. Ann. 28.

143) J. f. Math. 71 (1870).

144) Acta math. 13 (1890); *E. Picard,* J. d. math. 1889; Amer. J. of math. 1894; *E. Landfriedt,* Toul. Ann. 9 G (1895).

145) Gött. Nachr. 1892; Math. Ann. 41 (1892).

146) Math. Ann. 46 (1895), 47 (1896).

147) Nach anderer Richtung geht *G. Pick,* Gött. N. 1894, Math. Ann. 1898.

148) Vgl. *Klein-Fricke,* Automorphe Funktionen II 1 (1901).

149) Par. sav. [étr.] 7 (1841), (prés. 1826) (= Oeuvres S. u. L. 1, p. 145), J. f. Math. 3 (1828) (= Oeuvres 1, p. 444), J. f. Math. 4 (1829) (= Oeuvres 1, p. 515). Den Namen führt das Theorem nach *Jacobi*'s Vorschlag J. f. Math. 8 (Werke 1, p. 373) und J. f. Math. 9 (Werke 2, p. 7); hier anschliessend *Rowe,* Phil. Trans. 1881; *A. Cayley,* ebenda; *F. Baker,* Cambr. Trans. 15, Math. Ann. 45.

als Differential nach den Grössen a dargestellt, so sind die $G(a)$ rationale Funktionen der a und darum die Summe rechts in (24) das Differential eines algebraisch logarithmischen Ausdruckes. Werden hier die a wieder durch die $x_\nu y_\nu$ ausgedrückt, und zwischen zwei solchen Wertsystemen der $x_\nu y_\nu$ integriert, welche zwei verschiedenen Wertsystemen der a_λ entsprechen, so ergiebt sich aus (24):

$$(25) \qquad \sum_{\nu=1}^{r} \int_{(x_\nu y_\nu)}^{(x'_\nu y'_\nu)} R(x, y)\, dx$$

$$= \text{algebr. logar. Funktionen von } (x_1 y_1, x_2 y_2, \ldots ; x'_\nu y'_\nu, \ldots, x'_r y'_r).$$

Dieser Satz giebt das *Abel'sche Theorem* in seiner ursprünglichen Form. *Abel* selbst hat den Inhalt dieses Theorems wesentlich vertieft durch die Untersuchung, wie viele von den oberen Grenzen in (25) noch willkürlich bleiben, wenn die unteren Grenzen gegeben sind. Er findet, dass die Anzahl der durch die übrigen bestimmten oberen Grenzen eine nur von der Beschaffenheit von $f(x, y) = 0$ abhängige Zahl ist, welche mit dem späteren *Riemann*'schen Geschlecht p übereinstimmt. In der That, schreibt man die Gleichung $g(x, y) = 0$ in der Form $g_1(x, y)/g_2(x, y) = a$, wo nun a als einziger variabler Koeffizient genommen ist, so erkennt man sofort, dass die oberen und unteren Grenzen in (25) lediglich zu einander äquivalente Systeme von Stellen des algebraischen Gebildes zu sein brauchen, und hier sind in allen Fällen höchstens p Stellen eines Systems durch die übrigen mitbestimmt. Damit ergiebt die Gleichung (25) die Reduktion einer Summe von beliebig vielen Integralen mit demselben Integranden, aber verschiedenen Grenzen, auf eine Summe von höchstens p Integralen der gleichen Art und gegebenen unteren Grenzen, deren obere Grenzen algebraisch durch die Grenzen der vorgelegten Integrale bestimmt sind, und algebraisch-logarithmische Summanden. Als ein solches Reduktionstheorem hat auch *Abel* selbst sein Theorem in erster Linie aufgefasst und ist eben dadurch dazu geführt worden, die Abhängigkeit äquivalenter Systeme von Stellen zu erkennen und der Hauptsache nach festzulegen, eine Erkenntnis, welche den Schlüssel zum Verständnis der Theorie der algebraischen Funktionen bildet, welche überdies bei *Abel* zum ersten Mal einer Untersuchung unterworfen werden. *Abel* hat weiter sein Augenmerk auf diejenigen Bedingungen gerichtet, unter denen in (25) der algebraisch logarithmische Teil wegfällt, und gefunden, dass mindestens p solche linearunabhängige Funktionen $R(x, y)$ existieren. Die Einteilung der Integrale, je nachdem in der zugehörigen Gleichung (25) rechts eine

Konstante, eine algebraische Funktion, oder nur ein Logarithmus steht, in Integrale erster, zweiter, dritter Gattung ist für die ältere Litteratur bis *Riemann* und vereinzelt auch noch später massgebend geblieben, trifft aber nicht völlig mit der *Riemann*'schen zusammen[150]). Für hyperelliptische und eine allgemeine Klasse binomischer Gleichungen hat *Abel* selbst sein Theorem ins einzelne dargelegt.

42. Das Abel'sche Theorem für die drei Gattungen der Integrale; spätere Beweise. Sind x_ν, y_ν $(\nu = 1, \ldots, r)$ zwei Systeme äquivalenter Stellen und r eine algebraische Funktion, welche die Stellen x zu Nullstellen, die Stellen y zu Unendlichkeitsstellen hat, bezeichnet ferner wie bisher $u_\alpha^{x,y}$ $(\alpha = 1, \ldots, p)$ ein System von p linear unabhängigen Integralen erster Gattung genommen zwischen den Grenzen y, x, so gilt das System von Gleichungen

$$(26) \qquad \sum_{\nu=1}^{r} u_\alpha^{x_\nu y_\nu} = \sum_{\varkappa=1}^{2p} m_\varkappa \omega_{\alpha\varkappa} \qquad (\alpha = 1, \ldots, p),$$

wo die m ganze Zahlen bedeuten, welche von dem Integrationsweg in den einzelnen Summanden aber nicht von den Stellen x_ν, y_ν abhängen.

Für die Integrale dritter Gattung von der Form (6) gilt ferner die Gleichung

$$(27) \qquad \sum_{\nu=1}^{r} P_{\xi\eta}^{x_\nu, y_\nu} = \log \frac{r(\xi)}{r(\eta)} + \sum_{\varkappa=1}^{2p} m_\varkappa P_\varkappa,$$

wenn mit P_ν die Perioden des Integrals an den Querschnitten bezeichnet werden. Hieraus ergiebt sich durch Differentiation nach ξ

$$(28) \qquad \sum_{\nu=1}^{r} E_\xi^{x_\nu y_\nu} = \frac{dr(\xi)}{d\xi} \cdot \frac{1}{r(\xi)} + \sum_{\varkappa=1}^{2p} m E_\varkappa$$

für die Integrale zweiter Gattung.

Der Beweis dieser Gleichungen ist auf verschiedenen Wegen erbracht worden, und zwar durch direkte algebraische Umformung der Differentialsumme links[151]), durch funktionentheoretische Untersuchung der Integralsumme links unter Einführung von r als unabhängiger

150) Vgl. *Brill* und *Nöther*, Ber., p. 217.

151) *Clebsch* u. *Gordan*, A. F., p. 34 ff. auf Grund einer *Jacobi*'schen Identität, J. f. Math. 14 (1835) = Werke 3, p. 285; *A. Harnack*, Math. Ann. 9 (1875); *A. Brill* bei *Clebsch-Lindemann*, p. 812 ff. Für hyperelliptische Integrale *Jacobi*, J. f. Math. 30 (1845); über *Minding*, *Broch*, *Jürgensen*, *Rosenhain* siehe *Brill* u. *Nöther*, Ber. p. 229; *Boole*, Phil. Trans. 1857; *Cayley*, Amer. J. of math. 5 (1882); *A. R. Forsyth*, Phil. Trans. 1883; *M. Nöther*, Math. Ann. 37 (1890).

Variablen[152]), durch Integration von $U d \log r$[153]) um die ganze Begrenzung der *Riemann*'schen Fläche ($U =$ einem allgemeinen *Abel*schen Integral), durch Anwendung des Residuensatzes auf[154])

$$\frac{dU}{dx} \frac{d \log r}{dt},$$

wovon die letzten beiden Wege ohne Weitläufigkeiten auch bei allgemeinem U die explicite Darstellung der rechten Seite in (25) geben; endlich aus den Bedingungen regulären Verhaltens an den Stellen $(a b)$ in der *Weierstrass*'schen Darstellung von r durch Primfunktionen für die erste und zweite Gattung, während für die dritte Gattung diese Darstellung selbst bei Übergang zu den Logarithmen das Theorem liefert[155]).

43. Die Differentialgleichungen des Abel'schen Theorems. Anschliessend an *Euler*'s Ansatz für das Additionstheorem der elliptischen Integrale hat *Jacobi*[156]) im hyperelliptischen Fall das System von Differentialgleichungen in Betracht gezogen:

$$(29) \qquad \sum_{\nu=1}^{p+1} \frac{x_\nu^\lambda \, dx_\nu}{\sqrt{f(x_\nu)}} = 0 \qquad (\lambda = 0, 1, \ldots, p-1),$$

wo $f(x)$ eine ganze rationale Funktion vom Grade $2p + 2$ bedeutet, und auf Grund des *Abel*'schen Theorems vollständig integriert. Setzt man nämlich bei direkter Integration die rechts auftretenden willkürlichen Konstanten in die Form einer Summe von p Integralen der gleichen Form wie links, und nimmt nun die oberen Grenzen dieser als Integrationskonstante, so ergiebt das *Abel*'sche Theorem unmittelbar diese oberen Grenzen als algebraische Funktionen der x, und damit die Integration des Systems in algebraischer Form. Indem nun *Jacobi* diese algebraischen Integralgleichungen des Systems (29) direkt herleitet, gelangt er zu einem neuen Beweise des *Abel*'schen Theorems[157]). Über die Anwendungen der so erhaltenen Formeln auf

---

152) *Riemann*, A. F., Art. 14.

153) *Riemann*, A. F., Art. 26; *Clebsch* u. *Gordan*, A. F., § 37; *H. Weber*, Math. Ann. 8 (1874); vgl. das Lehrbuch von *Stahl*, p. 143.

154) *Cauchy*, Par. C. R. 23 (1846), p. 321 = Werke (1) 10, p. 80; *Weierstrass* (in Vorlesungen). Siehe auch *Baker*, Abelian Funct.

155) *Weierstrass* Brief an Schwarz = Werke 1, p. 235.

156) J. f. Math. 9 (1832) = Werke 2, p. 5; J. f. Math. 13 (1835) = Werke 2, p. 23.

157) J. f. Math. 24 (1842) = Werke 2, p. 65. Dazu *Haedenkamp*, J. f. Math. 25 (1843); *Richelot*, J. f. Math. 23, 25 (1842/43). Ferner *Jacobi*, J. f. Math. 32 (1846) = Werke 2, p. 135; *Hermite*, Par. C. R. 18 = J. de math. 9; *Weierstrass*,

Geometrie und Mechanik[158]) siehe III C 4, III D 9, 10. Diese Auffassung des *Abel*'schen Theorems war es auch, welche *Jacobi* zur erfolgreichen Formulierung des Umkehrproblems der *Abel*'schen Integrale führte (II B 6 b). Allgemein hat *Riemann*[159]) auf Grund des *Abel*'schen Theorems gezeigt, dass das mit den Differentialen erster Gattung gebildete System von Differentialgleichungen

$$(30) \qquad \sum_{\nu=1}^{p+1} du_\alpha(x_\nu) = 0 \qquad (\alpha = 1, 2, \ldots, p)$$

vollständig integriert wird durch die zu beliebigen $p+1$ Stellen äquivalenten Stellen, wo bei besonderen Lagen der angenommenen Stellen auch eine oder mehrere fest sein können, sowie dass insbesondere das System

$$(31) \qquad \sum_{\nu=1}^{2p-2} du_\alpha(x_\nu) = 0 \qquad (\alpha = 1, \ldots, p)$$

durch die $2p-2$ beweglichen Nullstellen einer φ integriert wird, wenn diese als Funktionen der $p-1$ willkürlichen Konstanten der φ aufgefasst werden. Solche Stellen heissen dann durch eine φ verknüpft.

44. Die Umkehrung des Abel'schen Theorems und die Erweiterung der Umkehrung. Auf Grund der eben berichteten Auffassung hat wohl allgemein zuerst *Clebsch*[160]) ausgesprochen, dass umgekehrt das Bestehen der p Relationen (26) zwischen zwei Systemen von je r Stellen x_ν und y_ν $(\nu = 1, \ldots, r)$ auch zur Folge hat, dass die beiden Systeme äquivalent sind, das *Abel*'sche Theorem also auch umkehrbar ist. Die Relationen (27), (28) sind daher eine Folge des Bestehens von (26). Dies ergiebt sich auch direkt aus der Untersuchung der Summe links in (27) oder aus der Darstellung einer Funktion, welche die Stellen x zu Null-, die Stellen y zu Unendlichkeitsstellen hat. Dieses Theorem bildet die Grundlage der ergebnissreichen Anwendungen, welche *Clebsch* von dem *Abel*'schen Theorem auf die Theorie der algebraischen Kurven gemacht hat[161]). Die alge-

Werke 1, p. 267; *Cauchy*, Par. C. R. 40 (1855); *Brioschi*, J. f. Math. 55 (1858); *Henrici*, 7. f. Math. 65 (1865); *Salvert*, Par. C. R. 116 (1893); Brux. Soc. 18 (1894).

158) *Jacobi*, Vorles. über Dynamik, p. 231; *Haedenkamp* l. c.

159) *Riemann*, A. F., Art. 14, 15, 16, 23.

160) J. f. Math. 63 (1864), 64 (1865). Spezielle Fälle bereits bei *Riemann* (Note 159). Das Theorem selbst tritt zuerst meist als Durchgangspunkt in der Theorie des *Jacobi*'schen Umkehrproblems auf (II B 6 c).

161) III C 2. Eine Übersicht bei *Clebsch-Lindemann*, Vorlesungen über Geometrie.

braische Begründung der so erhaltenen Schnittpunktsätze war auch der Anstoss für die Arbeiten von *Brill* und *Nöther*.

Die Umkehrung des *Abel*'schen Theorems kann erweitert werden, indem man auch Integrale zweiter und dritter Gattung heranzieht. Bezeichnet man mit $dw_\lambda(x)$ $(\lambda = 1, 2, 3, \ldots, m + p - 1)$ die $m + p - 1$ linear unabhängigen Differentiale, welche an m Stellen höchstens von der ersten Ordnung unendlich werden, wenn diese Stellen sämtlich getrennt sind, und welche, falls einige vereinigt liegen sollten, an einer solchen Stelle nicht von höherer Ordnung unendlich werden als Stellen daselbst vereinigt sind, so geben die Gleichungen

$$(32)\quad \sum_{\nu=1}^{r} \int_{y_\nu}^{x_\nu} dw_\lambda = \sum_{\varkappa=1}^{2p} m_\varkappa P_{\lambda,\varkappa} + 2\pi i \sum_{\nu=1}^{m} n_\nu Q_\nu \quad (\lambda = 1, 2, \ldots, m+p-1)$$

die notwendigen und hinreichenden Bedingungen dafür, dass das System der r Stellen x_ν und der r Stellen y_ν einer Schar äquivalenter Stellen angehört, in welcher auch ein System existiert, von welchem die gegebenen m Stellen einen Teil bilden. Dabei bedeuten $P_{\lambda,\varkappa}$ die Perioden der w_λ an den Querschnitten, $2\pi i Q_\nu$ die eventuell vorhandenen logarithmischen Perioden. Das Theorem ergiebt sich unmittelbar durch Untersuchung der zu (27) analogen Summe von Integralen dritter Gattung als Funktionen der Unstetigkeitsstellen[162]). Es lässt sich aber auch als Grenzfall des blos auf Integrale erster Gattung bezogenen Theorems auffassen. Bei geeignetem Zusammenrücken von Verzweigungspunkten, sodass damit eine Erniedrigung des Geschlechtes verbunden ist, geht nämlich ein Teil der Integrale in solche dritter, resp. zweiter Gattung[163]) über. Das nämliche geschieht beim Auftreten neuer Doppel- oder Rückkehrpunkte bei Kurven. Die Erweiterung der Umkehrung wurde zuerst im Anschluss an das erweiterte Umkehrproblem[164]) entwickelt und für die Schnittpunktsysteme nicht adjungierter Kurven verwertet.

45. Anwendungen und Erweiterungen des Abel'schen Theorems. Die wichtigste analytische Anwendung des *Abel*'schen Theorems wurde bereits von *Jacobi*[165]) gemacht, nämlich die Herleitung eines Additions-

---

162) Vgl. *Nöther*, Math. Ann. 37 (1890), p. 475; *G. Humbert*, J. de math. (4) 3 (1887).

163) *Klein* (1874) nach Math. Ann. 36, p. 61; *Clebsch-Lindemann*, Vorles., p. 807. Für $p = 2$ erläutert den Grenzübergang ausführlich *Burkhardt*, Math. Ann. 36, p. 380ff.

164) II B 6 c. *Clebsch*, J. f. Math. 64 (1895); *Brill* ebenda; *Clebsch* u. *Gordan*, A. F., p. 270ff.; *Clebsch-Lindemann*, Vorlesungen über Geometrie, p. 867.

165) J. f. Math. 13 (1834) = Werke 2, p. 38.

theorems für die *Abel*'schen Funktionen. Von geometrischen Anwendungen ist ausser den bereits genannten von *Clebsch* auf Schnittpunktsätze und von *Jacobi* [166]) und *Liouville* [167]) auf konfokale Mannigfaltigkeiten noch hervorzuheben die Bestimmung von Translationsmannigfaltigkeiten von *Lie* [168]) und die metrischen Sätze über algebraische Kurven von *Humbert* [169]).

Numerische Beispiele hat *Legendre* [170]) gegeben. Mit einer diophantischen Aufgabe bringt es *Jacobi* [171]) in Verbindung.

Inwieweit analoge Theoreme für andere Funktionsklassen — insbesondere durch Differentialgleichungen definierte — gelten, hat *Königsberger* [172]) untersucht. Eine Ausdehnung auf Doppelintegrale hat *Jacobi* [173]) beabsichtigt, doch ist hier nichts näheres überliefert. Auf vollständige Differentiale mehrerer Variablen von besonderer Art hat *Poincaré* [174]) das Theorem erweitert.

D. Ergänzungen.

46. Die Abel'schen Reduktionstheoreme. Die Betrachtung möglichst allgemeiner Beziehungen zwischen *Abel*'schen Integralen, das Problem der Vergleichung von Transcendenten der Integralrechnung, führte *Abel* [175]) zu dem Nachweis, dass in der allgemeinsten algebraischen Relation zwischen solchen Integralen und algebraischen Funktionen die Integrale nur linear mit konstanten Koeffizienten auftreten können. Ein zweites allgemeines Theorem in dieser Richtung, welches *Abel* [176]) der Theorie der elliptischen Funktionen zu Grunde legte, sagt aus, dass, wenn das Integral eines vollständigen algebraischen Differentials

---

166) Siehe Note 158. *R. Lipschitz,* J. f. Math. 74 (1872).

167) J. de math. (11) 12 (1847); *Haedenkamp,* J. f. Math. 25 (1843); *F. Klein,* Math. Ann. 28 (1887); *O. Staude,* Math. Ann. 22 (1883); *F. Sommer,* Math. Ann. 53 (1900).

168) Par. C. R. 114 (1892); Sächs. Ber. 1896, 1897.

169) J. de math. (4) 3, 5, 6 (1887—1890); auch für Doppelintegrale, neuerdings *Ch. Michel,* Ann. éc. norm. (3) 18 (1901).

170) Traité etc. 3, p. 207 ff.

171) J. f. Math. 13 = Werke 2, p. 51.

172) J. f. Math. 90 (1880), 100, 101 (1886, 1887); Münch. Ber. 1885.

173) J. f. Math. 8, p. 415; *Rosenhain,* J. f. Math. 40 (Briefwechsel mit Jacobi); *Scheibner,* Math. Ann. 34 (1889); *M. Nöther,* Math. Ann. 2 (1870); *Picard* et *Simart,* Fonct. algébr. d. deux variables 1 (1897), p. 190. Siehe auch Note 169.

174) Par. C. R. 100 (1885); Amer. J. of Math. 8 (1886).

175) Oeuvres ed. S. et L. 2, p. 206.

176) ibid. 2 (1828), p. 278; 1, p. 546 = J f. Math. 4 (1829).

$$\int \sum_{\nu=1}^{n} P_\nu \, dx_\nu,$$

wo die x unabhängige Veränderliche, die P aber rationale Funktionen von $y_1, y_2, \ldots, y_\varkappa$ und den x sind, während die y algebraische Funktionen der x sind, durch algebraische und logarithmische Funktionen und elliptische Integrale darstellbar ist, dass dann stets auch eine Reduktion in der Art möglich ist, dass der algebraische Teil, die Logarithmanden und die oberen Grenzen der elliptischen Integrale rational von den x und y abhängen. Dieses Ergebnis kann leicht dahin verallgemeinert werden, dass beim Auftreten von Integralen höheren Geschlechtes in der Reduktion gleichartige Integrale eines bestimmten Geschlechtes p nur in Summen von p solchen auftreten, sodass die symmetrischen Funktionen der oberen Grenzen rational in den x und y sind[177]).

47. Das Problem der Transformation der Abel'schen Integrale. Die letzten Sätze bilden den Ausgangspunkt für die Erweiterung der Probleme der Transformation der elliptischen Integrale. Die Aufgabe verlangt, zwei algebraische Gebilde gleichen Geschlechtes so zu bestimmen, dass die symmetrischen Funktionen von p Stellen des ersten Gebildes rational abhängig sind von p Stellen des zweiten Gebildes[178]). Doch ist dieses Problem vorwiegend von der Theorie der *Abel*'schen Funktionen[179]) aus behandelt worden. Unter welchen Bedingungen eine solche Transformation für $p > 3$ überhaupt stattfindet, ist noch unbekannt[179a]). Die algebraischen Formulierungen sind nur für $p = 2$ ausführlicher diskutiert[180]). Eine mehrdeutige Beziehung algebraischer Gebilde bei *Weber*[180a]).

Das Problem der Teilung und der Multiplikation der *Abel*'schen Integrale liesse ebenfalls auf Grund des *Abel*'schen Theorems eine algebraische Behandlung zu, da es sich hier um die Beziehung zwischen den auf der rechten und linken Seite der Gleichungen

$$n \sum_{i=1}^{r} \int_{y_i}^{x_i} du_\varkappa \equiv \sum_{i=1}^{r} \int_{y'_i}^{x'_i} du_\varkappa \quad \text{(modd Perioden)}$$

auftretenden Grenzen handelt. Auch hier ist auf die Theorie der *Abel*'schen Funktionen zu verweisen (II B 6 b).

177) *Koenigsberger,* Math. Ann. 13, 15, 17; J. f. Math. 85, 86, 90.

178) *Hermite,* Par. C. R. 40 (1855), p. 250.

179) Siehe II B 6 b und II B 7.

179a) Vgl. *F. de Brun,* Stockh. Öfversigt 1897.

180) *Klein-Burkhardt,* Math. Ann. 35 (1889).

180a) J. f. Math. 76 (1873).

In algebraischer Form wird das Problem diskutiert von *Hermite*[181]), für hyperelliptische Integrale bei *Koenigsberger*[182]). In geometrischer Hinsicht führt die Aufgabe auf die Theorie der Berührungskurven[183]), in analytischer auf die Theorie der Wurzelfunktionen. Fallen die Grenzen auf der rechten Seite zusammen, so heisst das Teilungsproblem ein spezielles[184]).

48. Spezielle Reduktionsuntersuchungen. Auch die allgemeine Theorie der Reduktion *Abel*'scher Integrale auf solche niedrigeren Geschlechtes ist vom algebraischen Standpunkt aus noch wenig bearbeitet. Hierher gehören die Sätze, dass die Möglichkeit für eine solche Reduktion bei einem nicht durch algebraisch-logarithmische Funktionen ausdrückbaren Integral auch eine solche für die Integrale erster Gattung nach sich zieht[185]). Ferner, dass wenn ein Integral erster Gattung vom Geschlechte p reduzierbar ist auf ein einzelnes Integral erster Gattung niedrigeren Geschlechtes p', dass dann p' solche Integrale erster Gattung reduzierbar sind[186]). Der Körper des Gebildes vom Geschlechte p enthält dann einen solchen vom Geschlechte p'. Die Untersuchungen vom transcendenten Standpunkt aus — den Periodeneigenschaften — führen nur im Fall der Reduktion auf elliptische Integrale zu völlig abschliessenden Resultaten. Einen Bericht über die Litteratur der Reduktion auf elliptische Integrale giebt *Enneper-Müller*[187]).

Von allgemeinen Untersuchungen heben wir hervor, dass *F. de Brun*[188]) gezeigt hat, wie man durch eine endliche Anzahl von algebraischen Operationen bei einem vorgelegten Gebilde entscheiden kann, ob Reduktion auf elliptische Integrale möglich ist, und dass *Poincaré*[189]) gezeigt hat, dass jedes algebraische Gebilde einem solchen, dessen sämtliche Integrale erster Gattung auf elliptische reduzierbar sind, unendlich benachbart ist. Von Einzelresultaten führen wir an:

Die Reduktion des Integrals

$$\int \frac{(\alpha+\beta x)\,dx}{\sqrt{x(1-x)(1-\varkappa x)(1-\lambda x)(1-\varkappa\lambda x)}}$$

181) Par. C. R. 17 (1843).

182) Vorles. über hyperellipt. Integrale 1878.

183) *Clebsch-Lindemann,* Vorles. über Geometrie, p. 838 ff.

184) *Clebsch* u. *Gordan,* A. F. § 67 ff.; vgl. auch I B 3 c, d, Nr. **29**.

185) *K. Weierstrass* bei *S. v. Kowalewski,* Acta math. 4, p. 394 für $p'=1$.

186) *W. Wirtinger,* Thetafunktionen, Leipzig 1895, p. 73.

187) Elliptische Funktionen, 2. Aufl., Halle 1890, p. 501 ff.

188) Stockh. Öfversigt 1897.

189) Amer. J. of math. 8 (1886).

auf die Summe zweier elliptischer mit verschiedenem Modul durch *Jacobi*[190]), die zusammenfassende Arbeit von *Röthig*[191]), sowie die Arbeiten von *Goursat*[192]) und *Bolza*[193]) als auf algebraischer Grundlage entwickelt. Für die auf transcendenter Grundlage stehenden Untersuchungen von *Weierstrass*, *Picard*, *Poincaré*, *Kowalewski* und die anschliessende Litteratur verweisen wir auf *Baker*[194]).

49. Binomische Integrale, das sind solche, denen eine algebraische Gleichung von der Form

$$y^m = f(x)$$

— unter $f(x)$ eine rationale Funktion verstanden — zu Grunde liegt, sind schon von *Abel*[195]) besonders in Betracht gezogen worden Weitere Untersuchungen bei *Netto*[196]), *Hettner*[197]), *Thomae*[198]), *Pick* und *Ungar*[199]), *Rink*[200]), *Biermann*[201]), *Pick*[202]), *Osgood*[203]), *Ptaszycki*[204]), *Burkhardt*[204a]), *Wellstein*[205]).

50. Hyperelliptische Integrale. Die ältere Behandlungsweise der hyperelliptischen Integrale bevorzugt im Anschluss an *Legendre*'s Entwicklung für elliptische Integrale und mit Rücksicht auf die numerische Berechnung eine Reduktion der ersten Gattung auf die Form

$$\int \frac{A + B \sin^2 \varphi}{\sqrt{(1 - \varkappa^2 \sin^2 \varphi)(1 - \lambda^2 \sin^2 \varphi)(1 - \mu^2 \sin^2 \varphi)}}\, d\varphi,$$

und analog für die übrigen Gattungen. Die Grössen $\varkappa^2$, λ^2, μ^2 können

---

190) J. f. Math. 8 = Werke 1, p. 380.

191) Diss. Berlin 1847; J. f. Math. 56.

192) Darb. Bull. (2) 19 (1895).

193) Math. Ann. 50 (1898), 51 (1899); dort auch weitere Litteratur. Auch *J. C. Kluyver*, Amsterd. Versl. 7 (1898/99).

194) Abel's Theorem etc. 1897, p. 657 ff., auch *A. Krazer* in der Festschrift der Univ. Strassburg 1901.

195) Oeuvres ed. S. et L. 2, p. 209, 272.

196) Berl. Diss. 1870.

197) Berl. Diss. 1877.

198) Über eine spezielle Klasse Abel'scher F., Halle 1877.

199) Wien. Ber. 82 (1880).

200) Zeitschr. Math. Phys. 20 (1884); Quart. J. 19 (1883).

201) Wien. Ber. 87 (1883); Wien. Monatsh. 3 (1892).

202) Wien. Ber. 94 (1886); Math. Ann. 50 (1898).

203) Erlanger Diss. 1890 (Göttingen).

204) Praze mat. fiz. 2 (1890).

204a) Math. Ann. 42, 1892.

205) Math. Ann. 51 (1899); Nova Acta Leop. 74 (1899).

durch geeignete Wahl der Transformation absolut kleiner als Eins gemacht werden, und heissen die *Richelot*'schen Moduln[206]). Sie sind die Doppelverhältnisse, welche drei Verzweigungspunkte mit den drei nach Null, 1, ∞ transformierten bilden.

Dies ist eingehend bei *Richelot*[207]) durchgeführt. *Jacobi*[208]) hat eine Transformation zweiten Grades zur Reduktion auf die Normalform gegeben, welche das hyperelliptische Integral auf die Summe zweier anderer transformiert. *Richelot*[209]) hat ferner eine der *Landen*schen analoge Transformation angegeben, und zur numerischen Berechnung der Integrale ausgebildet.

Die Reihenentwicklung des hyperelliptischen Integrals und seiner Umkehrung in begrenztem Gebiet hat neuerdings *A. Söderblom*[210]) ausführlich behandelt und auch Tabellen für die auftretenden Zahlenkoeffizienten beigefügt.

Rechnerische Bearbeitung der Integrale bei *Roberts*[211]), Kettenbruchentwicklungen bei *Van Vleck*[212]). Eine Verallgemeinerung der *Gauss*'schen Theorie des arithmetisch-geometrischen Mittels bei *Borchardt*[213]) und *Hettner*[214]).

Für die Berechnung der Perioden aus den von *Fuchs* aufgestellten Differentialgleichungen und deren Verwendung zur Auflösung von Gleichungen siehe II B 3, 4; I B 3 f, Nr. **19**, Note 95. Formelsammlung bei *Thomae*[215]).

E. Korrespondenz und singuläre Gebilde.

51. Korrespondenzen auf dem algebraischen Gebilde. Geometrische Probleme führten dazu, den Punkten einer Kurve C diejenigen einer andern C' so algebraisch zuzuordnen, dass einem Punkt von C

---

206) J. f. Math. 12 (1834), 16 (1837); über die *Borchardt*'schen Moduln Berl. Ber. 1876 = Werke p. 327; J. f. Math. 83 (1877)) s. I B 3 f, Note 98.

207) l. c.; vgl. auch den Bericht *Koenigsberger*'s über *R.*'s Nachlass in *K.*'s Repertorium 1 (1877).

208) J. f. Math. 55 (1858) = Werke 2, p. 365.

209) Astr. Nachr. 13 (1836); Par. C. R. 2, p. 622; J. f. Math. 16 (1837).

210) Göteborgs Vetensk. Samh. Handlingar 1899 (2), p. 127 ff.

211) Ann. di mat. (2) 3, 4 (1869, 1871); Lond. Math. Soc. Proc. 12 (1881); Dubl. Trans. 1881; Abstract on the Add. of ell. and hyperell. integr., Dublin 1871.

212) Amer. J. of math. 16 (1894).

213) J. f. Math. 58 (1861) = Werke, p. 119; Berl. Ber. 1876 = Werke, p. 327; Berl. Abh. 1878 = Werke, p. 373. Coll. in memoriam *Chelini* 1881.

214) J. f. Math. 112 (1893).

215) Sammlung von Formeln, welche bei Anwendung der elliptischen und

α Punkte von C' und umgekehrt einem von C' β von C entsprechen. Eine solche Zuordnung heisst eine Korrespondenz (α, β). Liegen im besondern Fall C und C' vereinigt, so können sich selbst entsprechende Punkte auftreten, *Koincidenzen* genannt. Dieser Ansatz und die Benennung überträgt sich auf jede Form des algebraischen Gebildes. Ist in diesem Fall C vom Geschlecht Null, so liefert das *Chasles*'sche Korrespondenzprinzip [216]) die Anzahl der Koincidenzen gleich $\alpha + \beta$.

Cayley [217]) hat durch Induktion und *Brill* [218]) durch algebraische Untersuchungen die Anzahl der Koincidenzen unter gewissen Bedingungen auf einem Gebilde höheren Geschlechtes zu bestimmen gelehrt. Hierüber und über die Arbeiten von *Zeuthen* und *Bertini* III C 2, 8, 10.

52. Die allgemeine Korrespondenztheorie von Hurwitz und die singulären Gebilde. Die in der Theorie der elliptischen Modulfunktionen auftretenden Modularkorrespondenzen und die aus ihnen fliessenden Klassenzahlrelationen für quadratische Formen [219]), welche ausserhalb der *Cayley-Brill*'schen Formel stehen, waren für *Hurwitz* [220]) der Anlass zur Entwicklung einer systematischen Theorie, welche die Gesamtheit der auf einem algebraischen Gebilde möglichen Korrespondenzen umfasst. Seine Darstellung bedient sich der Thetafunktionen, kann aber ebenso mit Primfunktionen durchgeführt werden [221]).

Die allgemeinste Korrespondenz kann definiert werden als eine analytische Abhängigkeit zwischen zwei Stellen desselben Gebildes vom Geschlechte p, sodass jeder Stelle x nur α mit x bewegliche und im allgemeinen von x verschiedene Stellen y: $y^{(1)}, y^{(2)}, \ldots, y^{(\alpha)}$ entsprechen. Dann ergeben sich die p Gleichungen

$$(33) \qquad \sum_{r=1}^{\alpha} u_k(y^{(r)}) = \sum_{i=1}^{p} \pi_{ki} u_i(x) + \pi_k \qquad (k = 1, 2, \ldots, p).$$

Rosenhain'schen Funktionen gebraucht werden, Halle 1876. Korrekturen hierzu Zeitschr. Math. Phys. 29 (1884).

216) III C 8, 10. Historische Darstellung bei *C. Segre,* Bibliotheca mathem. 1892. *Brill* u. *Noether,* Ber., p. 530 ff.

217) Par. C. R. 62 (1866) = Coll. Papers 5, Nr. 377; Phil. Trans. 158 (1868) = Papers 6, Nr. 407.

218) *A. Brill,* Math. Ann. 6 (1872).

219) II B 6 c, I C 3, 6.

220) Leipz. Ber. 1885; Math. Ann. 28 (1886).

221) *Klein-Fricke,* Modulfunktionen 2, p. 518; *H. F. Baker,* Abel. Theorem 1897, p. 639 ff.

Werden für die u die transcendent normierten Integrale erster Gattung gewählt, so ergiebt sich hieraus das Bestehen von p^2 Relationen

$$(34)\quad \sum_{l=1}^{p} h_{ki}\tau_{il} + \sum_{i=1}^{p} g_{mi}\tau_{km}\tau_{il} = H_{kl} + \sum_{i=1}^{p} G_{il}\tau_{ki} \qquad (k,l=1,2,\ldots,p).$$

Dabei bedeuten die g, h, G, H ganze Zahlen. Je nachdem diese Relationen für die τ_{ik} identisch erfüllt sind oder nicht, scheiden sich die Korrespondenzen in Wertigkeitskorrespondenzen und in singuläre Korrespondenzen. Die erstern sind auf jedem algebraischen Gebilde möglich und unterliegen der *Cayley-Brill*'schen Formel, die letzteren sind dagegen nur auf Gebilden mit spezialisierten Moduln, den *singulären* Gebilden möglich.

Für Wertigkeitskorrespondenzen nehmen die Gleichungen (33) die Gestalt an

$$(35)\qquad \sum_{r=1}^{\alpha} u_k(y^{(r)}) + \gamma u_k(x) = \pi_k,$$

wo die ganze Zahl γ die Wertigkeit der Korrespondenz genannt wird.

Die Korrespondenz kann nun vollständig definiert werden durch die Gleichung

$$(36)\qquad \prod_{r=1}^{\alpha} \Omega(y, y^{(r)}) = 0$$

und die Relationen (33), (34) ermöglichen eine vollständige Diskussion dieser Gleichung.

Hieraus ergiebt sich die Zahl der Koincidenzen allgemein als

$$\alpha + \beta - \sum_{i=1}^{h}(h_{ii} + g_{ii}),$$

welche für Wertigkeitskorrespondenzen in die *Cayley-Brill*'sche Formel

$$\alpha + \beta + 2\gamma p$$

übergeht[222a]).

Ferner folgt, dass jede Korrespondenz von nicht negativer Wertigkeit durch Nullsetzen einer einzigen algebraischen Funktion von x und y definiert werden kann, Korrespondenzen von negativer Wertigkeit hingegen und singuläre Korrespondenzen durch gleichzeitiges Verschwinden zweier algebraischer Funktionen. Auch über die Form dieser Funktionen lassen sich nähere Angaben machen.

Endlich lassen sich alle Korrespondenzen aus nicht mehr als $2p^2$ singulären und Wertigkeitskorrespondenzen mit positiver Wertigkeit zusammensetzen.

222a) 2γ ist stets $< \alpha + \beta$; *H. Burkhardt,* Par. C. R. 126 (1898), p. 1854.

Diese Reduktion auf eine endliche Anzahl von Fundamentalkorrespondenzen lässt es wünschenswert erscheinen, auch auf algebraischem Wege über das Vorhandensein singulärer Korrespondenzen entscheiden zu können. In dieser Richtung fehlt bisher jeder Ansatz.

53. Gebilde mit eindeutigen Transformationen in sich. Bereits in Nr. **31** war der Satz herangezogen, dass ein algebraisches Gebilde mit $p > 1$ eindeutigen Transformationen in sich, d. i. Korrespondenzen $(1, 1)$ nur in endlicher Anzahl besitzen kann. *Hurwitz*[222]) hat dem folgende Sätze hinzugefügt:

1) Jede eindeutige Transformation eines Gebildes in sich ist periodisch mit einer Periode gleich oder kleiner als $10(p-1)$. *A. Wiman*[223]) hat als genauere Grenze $2(2p+1)$ gegeben.

2) Jedes Gebilde mit einer solchen Transformation von der Periode n kann auf die Form $F(s^n, z) = 0$ gebracht werden.

3) Die Anzahl der verschiedenen Transformationen in sich ist immer kleiner oder höchstens gleich $84(p-1)$. Diese Zahl wird erreicht bei der zu einer G_{168} gehörigen Gleichung

$$x_1^3 x_2 + x_2^3 x_3 + x_3^3 x_1 = 0.$$

4) Zu einer vorgelegten endlichen Gruppe k^{ter} Ordnung giebt es immer algebraische Gebilde, welche eine holoedrisch isomorphe Gruppe von eindeutigen Transformationen in sich gestatten. Einer solchen Gruppe entspricht dann auch eine holoedrisch isomorphe Gruppe von linearen homogenen Transformationen der Integrale erster Gattung. Auch die Mittel, das kleinste Geschlecht, für welches eine solche Gruppe möglich ist zu finden, werden angegeben[224]).

Die *Riemann*'schen Flächen mit eindeutigen Transformationen in sich werden nach *Klein*[225]) auch als reguläre bezeichnet und können aufgefasst werden als zu *Galois*'schen Resolventen von Gleichungen mit einem Parameter gehörig. Sie sind unter diesem Gesichtspunkt von *W. Dyck*[226]) studiert. Die zugehörigen Kollineationsgruppen sind von *Wiman*[227]) bis $p = 6$ untersucht.

Hurwitz[228]) hat auch solche Gebilde untersucht, auf denen sich algebraische Funktionen bei geschlossenen Wegen in vorgegebener Weise linear gebrochen substituieren.

---

222) Gött. Nachr. 1887; Math. Ann. 32 (1888); 41 (1893).

223) Stockh. Bih. 21 (1895), p. 4.

224) Math. Ann. 41 (1893).

225) Math. Ann. 14 (1878).

226) Math. Ann. 17 (1880).

227) Stockh. Bih. 21^1 (1895); vgl. auch I B 3 f., Nr. **24**.

228) Math. Ann. 39 (1891).

54. Symmetrie und Realität. Den Flächen mit Transformationen in sich sind diejenigen anzureihen, welche konforme Abbildung auf sich selbst, jedoch mit Umlegung der Winkel gestatten. Solche *Riemann*'sche Flächen heissen symmetrische [229]) und unter den zugehörigen algebraischen Gebilden sind stets solche vorhanden, welche durch algebraische Gleichungen mit reellen Koeffizienten definiert werden können und umgekehrt. Im besondern liefern Doppelflächen und berandete Flächen solche Gebilde, wenn sie doppelt überdeckt und die Doppelüberdeckungen längs der eventuellen Randkurven zusammenhängend gedacht werden [230]). Linien, welche bei symmetrischer Umformung in sich übergehen, heissen *Symmetrielinien*. Deren Zahl und Art giebt den Einteilungsgrund für diese Flächen in Arten. Diesen Symmetrielinien entsprechen bei der Darstellung des algebraischen Gebildes als Kurve die reellen Züge. Je nachdem die Fläche nach Zerschneidung längs sämtlicher Symmetrielinien in Stücke zerfällt oder nicht, heisst sie orthosymmetrisch oder diasymmetrisch. Man hat dann bei gegebenem Geschlecht p im Ganzen $p+1$ Arten von diasymmetrischen und $\left[\frac{p+2}{2}\right]$ Arten von orthosymmetrischen Flächen. Die Fläche und damit das einzelne algebraische Gebilde einer Art hängt von $3p-3+\sigma$ reellen Parametern ab, wo σ die Anzahl der Parameter in den reellen Transformationen der Fläche in sich bedeutet. Für Flächen mit h Randlinien und vom Geschlechte π ergiebt sich damit die Anzahl der Moduln gleich $6\pi+3h-6+\sigma$. Die Realitätsverhältnisse für die Perioden der Integrale erster Gattung [231]) und unter Zuziehung der Theta für Berührungsformen hat *Klein* [232]) untersucht. Die Anzahl der verschiedenen *Riemann*schen Flächen bei einem sich selbst konjugierten System von Verzweigungswerten, welche ebenfalls sich selbst konjugiert sind, hat *Hurwitz* [233]) bestimmt. Eine Aufzählung der regulärsymmetrischen Flächen für $p=3$ bei *Dyck* [234]).

229) *F. Klein,* Über Riemann's Theorie, Leipzig 1882; autogr. Vorles. über Riemann'sche Flächen 2, p. 118; Math. Ann. 42 (1892).

230) Die ersten Ansätze in dieser Richtung bei *F. Schottky,* J. f. Math. 83; *H. A. Schwarz,* Berl. Ber. 1865; J. f. Math. 70, 75 (Abh. 1, p. 1; 2, p. 65, 211). Die allgemeine Formulierung und die Klassifikation der Flächen und algebr. Gebilde nach ihren Symmetrielinien bei *F. Klein,* Über R. Th., p. 79.

231) *G. Weichold*, Leipz. Diss. 1883; Zeitschr. Math. Phys. 28.

232) Math. Ann. 42 (1892) und autogr. Vorles. l. c.; Gött. Nachr. 1892.

233) Math. Ann. 39 (1891).

234) Math. Ann. 17 (1880).

F. Mehrere Variable.

55. Algebraische Funktionen mehrerer Variablen. Für diese liegen trotz mannigfacher Ansätze kaum nach irgend einer Richtung völlig abgeschlossene Resultate vor. Was das Verhalten solcher Funktionen in der Nähe einer einzelnen Stelle angeht, so ist von *G. Kobb*[235]) gezeigt worden, dass man auch hier den ganzen Wertevorrat der einer algebraischen Gleichung $f(x, y, z) = 0$ genügenden x, y, z durch eine endliche Anzahl von Potenzreihen darstellen kann. Jedoch ist hier ein wesentlicher Unterschied gegen die gleiche Darstellung bei einer Variablen darin begründet, dass singuläre Stellen, z. B. gewöhnliche mehrfache Punkte stets an der Grenze des Geltungsgebietes mehrerer Elemente und nicht im Innern eines derselben liegen. Das Beispiel eines Kegels lässt den Sachverhalt bereits übersehen.

In anderer Weise hat *K. Hensel*[236]) Entwicklungen längs ganzer algebraischer Gebilde erster Stufe gegeben. Er hat auch die Ausdehnung der Idealtheorie[236a]) auf dieses Gebiet in Angriff genommen.

Die Untersuchung der einzelnen Stelle und die Auflösung singulärer Stellen durch Transformation ist von *Nöther*[237]) in Angriff genommen worden. Hierüber III C 5, 8 und *Castelnuovo* und *Enriques*[238]).

Nach diesen Untersuchungen genügt es, im allgemeinen eine Fläche mit blos einer einfachen Doppelkurve und einer endlichen Anzahl von dreifachen Punkten zu Grunde zu legen[235]). Durch Aufsteigen in einen Raum von genügend vielen Dimensionen kann man auch zu einem völlig singularitätenfreien Gebilde gelangen, und zwar genügen nach *Picard* 5 Dimensionen für zwei Variable[239]).

Die Untersuchung wird hier wesentlich erschwert durch den Umstand, dass die birationalen Transformationen nicht ausnahmslos eindeutig umkehrbar sind, sondern Punkte in Kurven und umgekehrt überführen können. Die Existenz solcher Ausnahmekurven zieht ein in gewissem Sinn irreguläres Verhalten der Fläche nach sich. Endlich sind eindeutige Transformationen des Gebildes in sich nicht not-

---

235) J. de math. (4) 8 (1892). Dazu *B. Levi,* Ann. di mat. (2) 26 (1897) Tor. Atti 33 (1897). Siehe auch II B 1, Nr. **46**, Note 254.

236) I B 1 c, Nr. **11**. Jahresber. d. deutschen Math.-Ver. 1898, 1899. Acta Math. 23 (1900).

236a) *G. Landsberg,* Berl. Ber. 1900.

237) Gött. Nachr. 1869; Math. Ann. 2 (1870); 8 (1875).

238) Math. Ann. 48 (1897).

239) *E. Picard* et *G. Simart*, Théorie des fonctions algébriques de deux variables indépendantes 1, Paris 1897, p. 82 ff. Siehe auch 243a).

wendig birational[240]). Aus ihrem Vorhandensein folgen auch hier weitgehende Spezialisierungen der Fläche[241]).

56. Die Geschlechtszahlen der Fläche. *Clebsch*[242]) und in weiterem Sinne *Nöther* haben gezeigt, dass die Anzahl der linear unabhängigen zu einer gegebenen Fläche m^{ter} Ordnung adjungierten Flächen $m-4^{\text{ter}}$ Ordnung bei birationaler Transformation der Fläche invariant bleibt, und der letztere hat auch die Invarianz der adjungierten Formen $m-4^{\text{ter}}$ Ordnung Φ_{m-4} selbst dargethan. Dabei ist unter einer adjungierten Fläche eine solche verstanden, die in den singulären Stellen das Verhalten einer ersten Polare zeigt. Die Anzahl der linear-unabhängigen Φ_{m-4} wird als Flächengeschlecht bezeichnet.

Dazu fügt *Nöther* das Kurvengeschlecht, nämlich das Geschlecht einer nicht speziellen Schnittkurve einer adjungierten Fläche $m-4^{\text{ter}}$ Ordnung mit der gegebenen Fläche. Zwei weitere invariante Zahlen, das numerische Flächengeschlecht und die Anzahl der beweglichen Schnittpunkte zweier $\Phi_{m-4}=0$ mit der gegebenen Fläche siehe III C 5, 8.[243a])

Nöther[244]) hat auch die Anzahl der unabhängigen Invarianten gegenüber birationaler Transformation bestimmt als $10(p+1)-2p'$, wo p und p' das Flächen- und Kurvengeschlecht bedeuten. Er hat auch die Ausdehnung des *Riemann-Roch*'schen Satzes in Angriff genommen[245]).

57. Untersuchungen nach transcendenter Richtung. Hier kommt zu den erwähnten Schwierigkeiten noch hinzu, dass die Theorie der Funktionen mehrerer Variablen überhaupt noch wenig ausgebildet ist. Es ist im besondern noch nicht gelungen, das einzelne algebraische Gebilde durch eine endliche Anzahl von Bestimmungsstücken in ähnlicher Weise festzulegen, wie dies bei den verschiedenen Formen der *Riemann*'schen Fläche möglich ist.

Die Untersuchungen selbst setzen eine eingehende Bearbeitung der Analysis situs[246]) für mehrere Dimensionen voraus. Sie ziehen

240) *Picard*, J. de math. (4) 5 (1889), p. 203 ff.

241) *Castelnuovo* und *Enriques* l. c.

242) Par. C. R. 1868.

243) l. c.

243a) Siehe neuerdings *Castelnuovo* u. *Enriques,* Ann. di mat. (3) 6 (1901).

244) Berl. Ber. 1886.

245) Par. C. R. 1886; siehe auch Note 243a.

246) *E. Picard* et *Simart* l. c., p. 19 ff., dort auch die frühere Litteratur (*Betti*, *Riemann*, *Poincaré*); dazu *Heegard,* Diss. Kopenhagen 1898; *H. Poincaré,* Rend. Pal. 1899.

ferner eine Verallgemeinerung des *Cauchy*'schen Satzes auf mehr Variable heran [247]).

Auf Grund dessen werden behandelt:

1) einfache Integrale vollständiger Differentiale [248]). Diese werden analog den *Abel*'schen Integralen in drei Gattungen geteilt, je nachdem sie überall endlich bleiben, algebraisch oder logarithmisch unendlich werden. Integrale der ersten Gattung existieren nur auf speziellen Flächen und die Existenz zweier unabhängiger solcher Integrale hat zur Folge, dass die Koordinaten der Fläche rational durch hyperelliptische Funktionen darstellbar sind. Auch die Existenz eines solchen Integrals spezialisiert die Fläche in hohem Grade. Auch die Integrale zweiter Gattung reduzieren sich im allgemeinen auf rationale Funktionen.

Die Anzahl der linear unabhängigen Integrale ist um Eins kleiner als der Linienzusammenhang (connexion lineaire) der vierfach ausgedehnten Mannigfaltigkeit, auf welche das algebraische Gebilde von zwei Variablen bezogen wird [249]).

2) Doppelintegrale. Sie wurden zuerst von *Nöther* [250]) herangezogen und namentlich von *Picard* [251]) studiert. Sie liefern nicht eigentlich Funktionen zweier Variablen, sondern es sind vorwiegend die Integranden und die Integrale über geschlossene Mannigfaltigkeiten, welche in den Vordergrund treten. Als Doppelintegrale erster Gattung werden Integrale von der Form

$$\iint \frac{\Phi_{m-4}\, dx\, dy}{f'z}$$

bezeichnet, wo Φ_{m-4} dieselbe Bedeutung wie in Nr. 56 hat. Sind Integrale vollständiger Differentiale erster Gattung vorhanden, so können aus diesen immer Doppelintegrale hergeleitet werden [252]).

Für die Doppelintegrale zweiter Gattung und eine damit zusammenhängende neue invariante Zahl verweisen wir auf *Picard* [253]).

247) *Poincaré*, Acta math. 2 (1883); *Picard*, Traité d'anal. 2, p. 256.

248) *E. Picard*, J. de math. (4) 2 (1886); (4) 5 (1889); Par. C. R. 1897; *Nöther*, Math. Ann. 29 (1887).

249) *Picard* et *Simart* l. c., p. 145 ff.

250) Math. Ann. 2 (1870).

251) l. c.

252) *Picard* l. c.; *Hakon Grönwall*, Stockh. Öfversigt 1896.

253) J. de math. (5) 5 (1899); Par. C. R. 125, 126, 127 (1897—1899); *H. Poincaré*, Par. C. R. 125 (1897).

(Abgeschlossen im Oktober 1901.)

II B 3. ELLIPTISCHE FUNKTIONEN.

MIT BENUTZUNG VON VORARBEITEN UND AUSARBEITUNGEN DER HERREN **J. HARKNESS** IN MONTREAL, CANADA, UND **W. WIRTINGER** IN WIEN

VON

R. FRICKE

IN BRAUNSCHWEIG.

Inhaltsübersicht.

Literatur.

I. Gesammelte Werke.

N. H. Abel, Oeuvres (2. Ausg. von *L. Sylow* und *S. Lie*), 2 Bde., Christiania 1881.

G. Eisenstein, Mathematische Abhandlungen, besonders aus dem Gebiete der höheren Arithmetik und der elliptischen Funktionen, mit einer Vorrede von *C. F. Gauß,* Berlin 1847.

L. Euler, Opera omnia, ser. I vol. XX, herausg. von *A. Krazer,* Leipzig und Berlin 1912.

G. C. di Fagnano, Opere matematiche, pubbl. dai *V. Volterra, G. Loria, D. Gamboli*, 3 Bde., Milano-Roma-Napoli 1911 u. 1912.

C. F. Gauß, Ges. Werke, Bde. 3 u. 8, Göttingen 1866 u. 1900.

Ch. Hermite, Oeuvres publ. par E. Picard, 3 Bde., Paris 1905 ff.

C. G. J. Jacobi, Ges. Werke, 1, 2, Berlin 1881—1882.

II. Lehrbücher.

P. Appell et *E. Lacour,* Théorie des fonctions elliptiques, Paris 1897.

L. Bianchi, Lezioni sulla teoria delle funzioni di variabile complessa e delle funzioni ellittiche, 2 Bde. (autogr.), Pisa 1898 u. 1899.

K. Bobek, Einleitung in die Theorie der elliptischen Funktionen, Leipzig 1884.

K. Boehm, Elliptische Funktionen, 2 Bde., Leipzig 1908 u. 1910.

Ch. Briot et *J. C. Bouquet,* Théorie des fonctions elliptiques, 2ᵉ éd., Paris 1875 (1. Aufl. 1859, deutsch von *H. Fischer,* Halle 1862).

O. J. Broch, Traité élémentaire des fonctions elliptiques, Christiania 1867.

H. Burkhardt, Elliptische Funktionen, Leipzig 1899, 2. Aufl. 1906.

A. Cayley, An elementary treatise on elliptic functions, Cambridge 1876.

J. Dienger, Theorie der elliptischen Integrale und Funktionen, Stuttgart 1865.

A. C. Dixon, Elliptic functions, London 1894.

H. Durège, Theorie der elliptischen Funktionen, Leipzig 1861, 5. Aufl., bearb. von *L. Maurer,* Leipzig 1908.

A. Enneper, Elliptische Funktionen. Theorie und Geschichte, Halle 1876; 2. Aufl. von *F. Müller,* Halle 1890.

A. G. Greenhill, The applications of Elliptic functions, 1892 (französ. Übersetzung von *J. Griess,* Paris 1895).

G. H. Halphen, Traité des fonctions elliptiques, 3 vols., Paris 1886, 1888, 1891.

H. Hancock, Lectures on the the theory of elliptic functions, Bd. 1, New York u. London 1910.

Ch. Hermite, Note sur la théorie des fonctions elliptiques (in der 6. Aufl. von *Lacroix*'s Calcul différentiel), Paris 1862.

Ch. Hermite, Sur quelques applications des fonctions elliptiques, Paris 1885.

L. Koenigsberger, Die Transformation, die Multiplikation und die Modulargleichungen der elliptischen Funktionen, Leipzig 1868.

L. Koenigsberger, Vorlesungen über die Theorie der elliptischen Funktionen, 2 Bde., Leipzig 1874.

M. Krause, Theorie der doppeltperiodischen Funktionen einer veränderlichen Größe, 2 Bde., Leipzig 1895, 1897.

A. M. Legendre, Traité des fonctions elliptiques, 3 vols., Paris 1825—1828.

A. M. Legendre, Exercices de calcul intégral etc., 2 vols., Paris 1811, 1819.

L. Lévy, Précis élémentaire de la théorie des fonctions elliptiques, Paris 1898.

E. Pascal, Teoria delle funzioni ellitiche, Milano 1896.

O. Rausenberger, Lehrbuch der Theorie der periodischen Funktionen einer Variabeln mit einer endlichen Anzahl wesentlicher Diskontinuitätspunkte, Leipzig 1884.

B. Riemann, Elliptische Funktionen, Vorles. mit Zusätzen herausg. von *H. Stahl,* Leipzig 1899.

K. H. Schellbach, Die Lehre von den elliptischen Integralen und den Thetafunktionen, Berlin 1864.

H. A. Schwarz, Formeln und Lehrsätze zum Gebrauche der elliptischen Funktionen. Nach Vorlesungen und Aufzeichnungen des Herrn Prof. *K. Weierstraß,* Göttingen 1881—1883, 2. Aufl. 1. Abt., Berlin 1893.

J. Tannery et *J. Molk,* Élements de la théorie des fonctions elliptiques, 4 Bd., Paris 1893—1902.

J. Thomae, Abriß einer Theorie der Funktionen einer komplexen Veränderlichen und der Thetafunktionen, Halle 1870, 3. Aufl. 1890.

J. Thomae, Sammlung von Formeln, welche bei Anwendung der elliptischen und Rosenhainschen Funktionen gebraucht werden, Halle 1876.

J. Thomae, Elementare Theorie der analytischen Funktionen einer komplexen Veränderlichen, Halle 1880 (die ellpt. Funkt. nicht mehr in der 2. Aufl. von 1898),

J. Thomae, Sammlung von Formeln und Sätzen aus dem Gebiet der elliptischen Funktionen nebst Anwendungen, Leipzig 1905.

M. Tichomandritzky, Theorie der elliptischen Integrale und der elliptischen Funktionen, (russisch) Charkow 1895.

P. V. Verhulst, Traité élémentaire des fonctions elliptiques, Brüssel 1841.

H. Weber, Elliptische Funktionen und algebraische Zahlen, Braunschweig 1891, 2. Aufl. 1908 als Bd. 3 des Lehrbuchs der Algebra.

Außerdem zahlreiche kompendiöse Darstellungen innerhalb der Lehrbücher über Differential- und Integralrechnung, höhere Analysis usw. von *J. Bertrand, R. Fricke, C. Jordan, E. Picard, O. Schlömilch, J. A. Serret* und vielen anderen.

III. Monographien.

G. Bellacchi, Introduzione storica alla teoria delle funzioni ellittiche, Firenze 1894.

C. A. Bjerknes, Niels-Henrik Abel, Tableau de sa vie et de son action scientifique, Paris 1885.

C. W. Borchardt, Correspondance mathématique entre *Legendre* et *Jacobi,* J. f. Math. 80 (1875), p. 205—279.

F. Casorati, Notizie storiche (erster Teil einer Teorica delle Funzioni di variabili complesse, Bd. 1, Pavia 1868).

L. Koenigsberger, Zur Geschichte der Theorie der elliptischen Transzendenten in den Jahren 1826—29, Leipzig 1879.

L. Koenigsberger, Biographie von *C. G. J. Jacobi,* Leipzig 1904.

P. Mansion, Théorie de la multiplication et de la transformation des fonctions elliptiques, Paris 1870.

F. Richelot, Die *Landen*sche Transformation, Königsberg 1868.

L. Schlesinger, Über Gauß' Arbeiten zur Funktionentheorie, Gött. Nachr. von 1912, Beiheft (Heft III der von *F. Klein* und *M. Brendel* herausgegebenen „Materialien für eine wissenschaftliche Biographie von Gauß").

E. Study, Sphärische Trigonometrie, orthogonale Substitutionen und elliptische Funktionen, Leipzig 1893.

I. Ältere Theorie der elliptischen Integrale.

Die erste Periode in der geschichtlichen Entwicklung der Theorie der elliptischen Funktionen kann man von den Anfängen bis zum Erscheinen von *A. M. Legendres* „Traité des fonctions elliptiques" (Paris, 1825—28) rechnen. Charakteristisch für diese Periode ist, daß die Betrachtung der Integrale wesentlich vorherrscht.

1. Definition und erstes Auftreten der elliptischen Integrale.[1]) Integrale von der Gestalt $\int R\left(x, \sqrt{f(x)}\right) dx$, wo R eine rationale Funk-

1) Vgl. *M. Cantor,* „Gesch. d. Math." 3 (1898), p. 462, 843 ff.; 4 (1908),

tion und $f(x)$ eine ganze Funktion dritten oder vierten Grades bedeutet, heißen jetzt allgemein elliptische Integrale.

Ausdrücke, die die Differentiale solcher Integrale sind, treten zuerst bei *J. Wallis*[2]) in der Zeit von 1655—59 auf, und zwar bei Untersuchungen über die Bogenlänge der Ellipse sowie der verlängerten und verkürzten Zykloide. Aus der Gestalt jener Bogendifferentiale zog *Wallis* Folgerungen über die Beziehung der Bogenlänge der Zykloide zu derjenigen einer gewissen Ellipse und gelangte zu Sätzen, an denen auch *Wren* und *Pascal* beteiligt sind.[2]) Auch die kubische Parabel, deren Rektifizierbarkeit *Neil* entdeckt hatte, gab *Wallis* beim Suchen nach Verallgemeinerungen Anlaß zur Bildung von Differentialen elliptischer Integrale.

Jak. Bernoulli[3]) wurde 1691 und später zu elliptischen Integralen geführt bei der Rektifikation der elastischen Kurve und der Lemniskate sowie der parabolischen Spirale („parabola helicoidis" oder „spiralis parabolica"). Er fand, daß zwar diese Kurve nicht rektifizierbar sei, daß sich indessen auf ihr unendlich viele Paare gleich langer Bogen angeben lassen. Im Anschluß hieran stellte *Joh. Bernoulli*[4]) allgemeine Untersuchungen über Paare von Kurvenbogen an, deren Differenz sich durch einen Kreisbogen oder durch eine gerade Strecke messen lassen. Dies sei z. B. bei den parabolischen Kurven der Fall, unter denen die kubische $y = x^3$ schon *Pascal*, *Wallis* und *Wren* beschäftigt hatte (s. oben).

Mit diesen geometrischen Problemen, in denen der Keim zu den Additionstheoremen der elliptischen Integrale enthalten ist, beschäftigte sich von 1714 an sehr erfolgreich *Fagnano*.[5]) Neben den parabolischen Kurven sowie der Ellipse und Hyperbel ist es namentlich die Lemniskate, welche Fagnanos Aufmerksamkeit fesselte. Er lehrte

p. 790 ff.; *Enneper-Müller*, „Ell. Funkt." (1890), p. 1 ff. [weiterhin durch „E-M" zitiert]; *A. Krazer*, „Zur Gesch. des Umkehrprobl. der Integr.", Jahresb. d. D. M.-V. 18, p. 44 ff.

2) Vgl. *W. Kutta*, „Ell. u. andere Integr. bei Wallis", Bibl. math. (3) 2, p. 230 ff. (1901).

3) Acta Erud. Lips., Jan. 1691, p. 13, Jan. 1694, p. 262, 276, Sept. 1694, p. 336, Dez. 1695, p. 537; s. auch „Opera" 1, p. 431, 576, 601, 608, 639.

4) Acta Erud. Lips., Aug. 1695, p. 374, Oct. 1698, p. 462; s. auch „Opera" 1, p. 142, 249.

5) Giorn. de'letterati d' Italia 19, p. 438; 22, p. 229; 24, p. 363; 26, p. 266; 29, p. 258; 30, p. 87; 34, p. 197. S. auch „Produzioni matematiche del Conte Giulio Carlo di Fagnano, Marchese de'Toschi etc.", 2, Pesaro (1750). Über Fagnano siehe *F. Siacci*, „Sul teorema del Conte di Fagnano" Boncamp. Bull. 3, p. 1; (1870) *G. Bellacchi*, „Introduzione storica alla teoria delle funzioni ellittiche", Florenz (1894), p. 35; „E-M" p. 514, 524 und *Krazer*, a. a. O. p. 47.

zunächst die Halbierung des Lemniskatenquadranten, sodann die 3- und 5-Teilung, endlich die Teilung in 2^m, $3 \cdot 2^m$, $5 \cdot 2^m$ gleiche Teile.

2. Eulers Entdeckung der Additionstheoreme. *Fagnano* sandte sein Werk „Produzioni matematiche" an die Berliner Akademie, wo dasselbe am 23. Dezember 1751 zur Begutachtung an *Leonhard Euler* gegeben wurde. Diesen Tag bezeichnete *Jacobi*[6]) als den Geburtstag der elliptischen Funktionen; in der Tat gab das Studium des genannten Werkes *Euler* die Anregung zu seinen wichtigsten Untersuchungen über elliptische Integrale, insbesondere zur Entdeckung der Additionstheoreme.

An der Spitze dieser Untersuchungen steht eine vom 27. Januar 1752 datierte Abhandlung[7]), welche sich mit dem Bogen der Lemniskate und also dem Integral erster Gattung $\int \frac{dx}{\sqrt{1-x^4}}$ im Anschluß an *Fagnano* beschäftigte. Im nächsten Jahre wurde *Euler*[8]) durch Auffindung des allgemeinen Integrals der Differentialgleichung:

$$\frac{dx}{\sqrt{1-x^4}} + \frac{dy}{\sqrt{1-y^4}} = 0$$

zum Additionstheorem für das eben genannte Integral geführt. Auch der Betrachtung des Ellipsenbogens und damit des Integrals zweiter Gattung wandte sich *Euler* seit 1754 zu[9]).

Im Laufe seiner Untersuchungen benutzte *Euler* gewisse Normalformen der elliptischen Integrale, die sich nur wenig von den später durch *A. M. Legendre* verwendeten unterscheiden. Er fand[10]) das all-

---

6) S. *P. Stäckel* u. *H. Ahrens*, „Der Briefwechsel zwischen *C. G. J. Jacobi* und *P. H. v. Fuß* über d. Herausg. der Werke L. Eulers", Leipzig (1908), p. 23.

7) „Observ. de comparatione arcuum curvarum irrectif.", Novi Comment. Petrop. 6, p. 58, Op. omn. (1) 20, p. 80. S. auch „E-M." p. 533.

8) „De integr. aeq. differ.

$$\frac{m\,dx}{\sqrt{1-x^4}} = \frac{n\,dy}{\sqrt{1-y^4}}\text{"}$$

Novi Comment. Petrop. 6, p. 37, Op. omn. (1) 20, p. 58.

9) S. die drei Abh. *Eulers* über die Vergleichung von Kurvenbogen in den Novi Comment. Petrop. 7, p. 3, 83, 128 (zusammengefaßt in „Op. post." 1 (1862), p. 452), abgedr. in Op. omn. (1) 20, p. 153, 108 u. 201.

10) Neben der in Note 8 gen. Abh. kommen die beiden weiteren in Betracht „Integratio aequationis etc." u. „Evolut. generalior formularum comparationi curvarum inservientium", Novi Comment. Petrop. 12, p. 3, 42, Op. omn. (1) 20, p. 302, 318. Vgl. hierzu *A. Brill* u. *M. Noether*, „Entw. der Theor. der algebr. Funkt.", Jahresb. d. D. M.-V. 3, p. 107, wo der Einfluß Eulers auf Abel abgeschätzt wird. S auch „E-M" p. 524.

gemeine Integral der Differentialgleichung:

$$(1)\quad \frac{dx}{\sqrt{A+2Bx+Cx^2+2Dx^3+Ex^4}}+\frac{dy}{\sqrt{A+2By+Cy^2+2Dy^3+Ey^4}}=0$$

in der Gestalt:

$$(2)\quad \left(\frac{\sqrt{A+2Bx+\cdots}-\sqrt{A+2By+\cdots}}{x-y}\right)^2=2D(x+y)+E(x+y)^2+F$$

und verlieh dem Ergebnis (mit unwesentlichen Abänderungen) auch die Formen[11]):

$$(3)\quad \int_0^x\frac{dt}{\sqrt{(1-t^2)(1-k^2t^2)}}+\int_0^y\frac{dt}{\sqrt{(1-t^2)(1-k^2t^2)}}=\int_0^z\frac{dt}{\sqrt{(1-t^2)(1-k^2t^2)}},$$

$$(4)\quad \begin{cases} z=\dfrac{x\sqrt{(1-y^2)(1-k^2y^2)}+y\sqrt{(1-x^2)(1-k^2x^2)}}{1-k^2x^2y^2}, \\ \sqrt{1-z^2}=\dfrac{\sqrt{1-x^2}\sqrt{1-y^2}-xy\sqrt{1-k^2x^2}\sqrt{1-k^2y^2}}{1-k^2x^2y^2}, \\ \sqrt{1-k^2z^2}=\dfrac{\sqrt{1-k^2x^2}\sqrt{1-k^2y^2}-k^2xy\sqrt{1-x^2}\sqrt{1-y^2}}{1-k^2x^2y^2}. \end{cases}$$

Über die Entstehung der Normalformen elliptischer Integrale sind diejenigen Abhandlungen *Eulers*[12]) zu vergleichen, welche an gewisse mit elliptischen Integralen verwandte Untersuchungen von *Maclaurin* und *d'Alembert*[13]) anknüpfen. In diesen Abhandlungen kommt die Auffassung *Eulers*, daß die elliptischen Integrale als selbständige Transzendente einzuführen seien, zur klaren Erkenntnis.[14]) Diese Integrale brachte *Euler*[15]) insgesamt auf die Gestalt zurück:

$$(5)\quad \int\frac{R(x^2)\,dx}{\sqrt{1+mx^2+nx^4}},$$

11) „Instit. calc. integr. 1", sect. secunda, cap. 6. S. auch „E-M" p. 188.

12) „Consider. formularum, quarum integratio per arcus sectionum conic. absolvi potest" u. „De reduct. formularum integr. ad rectificationes ellip. ac hyperbolae" Novi Comment. Petrop. 8, p. 129; 10, p. 3, Op. omn. (1) 20, p. 235, 256; s. auch Novi Comment. Petrop. 5, p. 71.

13) Vgl. *Krazer*, a. a. O., p. 52, auch *Cantor*, „Gesch. d. Math." 3, p. 843 ff.

14) Eulers Worte in den „Novi Comment. Petrop." 10, p. 4: „. . . Imprimis autem hic idoneus signandi modus desiderari videtur, cujus ope arcus elliptici aeque commode in calculo exprimi queant, ac jam logarithmi et arcus circulares ad insigne Analyseos incrementum per idonea signa in calculum sunt introducti. Talia signa novam quandam calculi speciem suppeditabunt, cujus hic quasi prima elementa exponere constitui. . . ."

15) „Plenior explicatio etc.", Act. Ac. Petrop. p. a. 1761, 1785. S. auch „E-M" p. 539.

wo $R(x^2)$ eine rationale Funktion von x^2 ist und die Gleichung $1 + mx^2 + nx^4 = 0$ ungleiche Wurzeln hat.

Speziell für die Integrale:

$$(6)\qquad \Pi(x) = \int_0^x \frac{a + bx^2}{a' + b'x^2} \frac{dx}{\sqrt{1 + mx^2 + nx^4}}$$

gewann *Euler*[16]) die Gleichung:

$$(7)\quad \Pi(x) + \Pi(y) - \Pi(z) = \int_0^u \frac{z(ab' - a'b)du}{a'^2 + a'b'z^2 + 2a'b'\varDelta u + (b'^2 + a'b'nz^2)u^2},$$

wo zur Abkürzung $\sqrt{1 + mz^2 + nz^4} = \varDelta$ geschrieben und nach der Integration $u = xy$ zu setzen ist. Hierin ist das Additionstheorem für die Integrale zweiter und dritter Gattung enthalten. Daraus zieht *Euler* bereits den Schluß, daß die Summe irgendeiner Anzahl elliptischer Integrale derselben Gattung abgesehen von additiven algebraischen oder logarithmischen Gliedern durch ein einziges Integral dieser Gattung ausgedrückt werden kann, dessen obere Grenze algebraisch von den oberen Grenzen der einzelnen Integrale abhängt. *Euler* erscheint hier als Vorläufer *Abels*.

Die Lösung (2) der Differentialgleichung (1) gibt rational gemacht eine symmetrische biquadratische Gleichung:

$$(8)\quad a + 2hx + gx^2 + 2y(h + 2bx + fx^2) + y^2(g + 2fx + cx^2) = 0.$$

Euler hat den Gegenstand auch von der anderen Seite angefaßt und gelöst.[17]) Aus einer Gleichung der Gestalt (8) leitet er durch geeignete Wahl der Konstanten $a, b \ldots$ eine Differentialgleichung (1) ab, in der der biquadratische Ausdruck unter dem Wurzelzeichen vorgegebene Koeffizienten $A, B, \ldots$ hat; ein Koeffizient in (8) bleibt für die Integrationskonstante frei. Entsprechend kann, wenn eine beliebige unsymmetrische Relation der Art (8) zwischen x und y vorgelegt ist, aus ihr eine Differentialgleichung von gleichem Aussehen wie die *Euler*sche Gleichung abgeleitet werden, in der jedoch die beiden Polynome unter den Quadratwurzeln verschiedene Koeffizienten haben.[18])

3. Beziehungen zwischen Euler und Lagrange. *Euler* hatte die Mathematiker aufgefordert, die unter (2) angegebene Lösung der

16) Cf. Note 15 u. „Inst. calc. integr.“ 4, p. 446 ff.

17) Euler berichtet über seine hier in Betracht kommenden Untersuchungen in den „Inst. cal. integr.“ 1, sect. secund., cap. 6. S. auch „E-M“ p. 185.

18) Weitere Klarlegung dieser Entwicklungen bei *G. H. Halphen*, „Traité d. fonct. ell.“ 2 (1888), p. 329 ff., und *A. Cayley*, „An elem. treat. on ell. funct.“ (1876), chap. 14.

Differentialgleichung (1), die er „potius tentando vel divinando" gefunden hatte, auf direktem Wege herzuleiten.[19]) Dies leistete *J. L. Lagrange*[20]) mittelst einer Entwicklung, die Eulers Bewunderung erregte und von ihm selbst[21]) noch in vereinfachte Gestalt gesetzt wurde. Nennt man die beiden Polynome unter den Wurzelzeichen in (1) kurz X und Y, so läßt sich die Differentialgleichung (1) in

$$\frac{dx}{dt} = \sqrt{X}, \quad \frac{dy}{dt} = -\sqrt{Y}$$

spalten. Schreibt man außerdem $x + y = p$, $x - y = q$, so gelingt es, eine leicht integrierbare Differentialgleichung mit t als unabhängiger Variabelen zu gewinnen, die unmittelbar zur Lösung (2) führt (vgl. „E-M" p. 189). Der Ansatz ist darum bemerkenswert, weil hier zum ersten Male, wenn auch implizite, das elliptische Integral als unabhängige Variabele t eingeführt ist. *Lagrange*[22]) bemerkte übrigens bereits die Beziehung des Additionstheorems zur sphärischen Trigonometrie, welche seither vielfach betrachtet wurde.[23])

Übrigens sind *Euler* und nach ihm *Lagrange* bei Gelegenheit einer mechanischen Aufgabe bereits an das allgemeine Transformationsproblem herangeführt.[24]) Es handelt sich um die Aufgabe, die Bahn

19) „Novi Comment. Petrop." 6, p. 20.

20) „Sur l'integr. de quelq. équat. diff. etc." Misc. Taur. 4 (1768—69) oder „Oeuvres" 2, p. 5. Vgl. hierzu eine Note von *G. Darboux,* „Ann. de l'éc. norm." (1) 4 (1867), p. 85; *E. Catalan,* „Sur l'add. des fonct. ell. etc.", Bull. de l'Ac. d. Belgique (2) 27 (1869), p. 145; *A. Genocchi,* „Rassegna d'alcuni scritti relativi all'add. degl'integr. ell. etc.", Boncamp. Bull. 3 (1870), p. 47; *A. Cayley,* „An elem. treat. on ell. funct." chap. 2; *F. Richelot,* „Über die Integration eines merkw. Syst. von Diffgln.", J. f. Math. 23 (1842), p. 354.

21) Act. Acad. Petrop. 2, p. 20; „Instit. calc. integr." 4, p. 465.

22) „Théorie des fonct. analyt." chap. 11, §§ 69 ff.; „Oeuvres" 9, p. 134.

23) Vgl. *H. Durège,* „Ell. Funct." 3. Aufl., p. 118; *J. W. L. Glaisher,* „On the conn. between ell. funct. and spher. trigon.", Quart. Journ. Cambr. 17 (1881), p. 353; *A. G. Greenhill,* „Ell. Funct." p. 131; *G. Bellacchi,* „Introduzione storica etc." p. 50; *A. R. Forsyth,* „Geodesics on an oblate spheroid", Mess. of math. (2) 25 (1895), p. 81. S. auch „E-M" p. 559. Die Beziehungen zwischen sphärischer Trigonometrie, orthogonalen Substitutionen und ellipt. Funkt. sind studiert von *E. Study,* Leipz. Abh. von 1893, p. 87.

24) Cf. *Euler,* „Problème: Un corps étant attiré en raison récipr. quarrée des dist. vers deux points fix. donn., trouver le cas ou la courbe décr. par ce corps sera algébr.", Mém. de Berl. 16 (1760), p. 228; „De motu corporis ad duo centra virium attr." Novi Comment. Petrop. 10 (1766), p. 207 u. 11 (1767), p. 144. Nach Mitteilung *Jacobis* wurden zwei Abhandl. dieses Titels in der Berliner Akad. am 5. April 1759 bzw. am 15. Juli 1763 gelesen. S. weiter *Lagrange,* „Rech. sur le mouv. d'un corps qui est attiré vers deux centr. fixes", Misc. Taur. 4 (1766) oder „Oeuvr." 2, p. 67.

eines materiellen Punktes zu bestimmen, der von zwei festen Zentren nach dem *Newton*schen Gesetze angezogen wird. Die Lösung dieser Aufgabe wird auf die Integration einer Differentialgleichung von der Form:

$$\frac{dp}{\sqrt{a+bp+cp^3}} = \frac{M\,dq}{\sqrt{a'+b'q+c'q^3}}$$

zurückgeführt, wo M zwar von den Variabelen p und q unabhängig ist, aber eine algebraische Funktion der Koeffizienten $a, b, \ldots$ bedeutet. Die p, q sind im wesentlichen elliptische Koordinaten in der Ebene in bezug auf die beiden festen Punkte als Brennpunkte. *Euler* hat sich mit dem Problem beschäftigt, alle Fälle zu finden, in denen die Bahnkurve algebraisch wird; auch hat er einzelne Lösungen angegeben, in welchen die Differentiale auf beiden Seiten der zu integrierenden Gleichung im wesentlichen übereinstimmen. Sieht man von Spezialisierungen des Multiplikators M ab, so hat man hier im wesentlichen das Problem der allgemeinen Transformation vor sich, d. h. die Aufgabe, alle Fälle festzustellen, in denen die obige Gleichung algebraisch integrierbar ist.

4. A. M. Legendres Bedeutung für die Theorie der elliptischen Funktionen. *Legendre*s Arbeiten über elliptische Integrale beginnen in den achtziger Jahren des 18. Jahrhunderts[25]) und ziehen sich von dort durch vier Jahrzehnte[26]) bis zum Erscheinen des großen Werkes „Traité des fonctions elliptiques et des intégrales eulériennes".[27]) *Legendre* hat die Tradition *Euler*s, die elliptischen Integrale als selbständige Gebilde in die Analysis einzuführen (vgl. Note 14), aufgenommen, und er durfte im Vorwort zu seinem „Traité" behaupten, daß abgesehen von *J. Landen*[28]), der durch sein (unten zu nennendes) Theorem neue Wege hätte eröffnen können, er allein den Standpunkt *Euler*s übernommen und zur Durchführung gebracht habe.[29])

*Legendre*s „fonctions elliptiques" sind im Gegensatz zu der seit *Abel* und *Jacobi* üblich gewordenen Sprechweise die Integrale selber

25) „Mém. sur les intégrations par d'arcs d'ellipse", Mém. de l'acad. d. sc. de Paris, 1786, p. 616 ff.

26) „Mém. sur les Transcendantes elliptiques", Paris 1793; „Exerc. de calcul intégral sur divers ordre de Transcendentes et sur les Quadratures", Paris 1811—1819.

27) 2 Bde. u. 3 Suppl., Paris 1825—1828.

28) *Landen* hat sich bereits 1771 mit der Rektifikation der Ellipse und Hyperbel beschäftigt; vgl. Phil. Trans. von 1771 p. 298 und von 1775 p. 285. S. die nähere Ausführung in Nr. 7.

29) Vorwort zum „Traité d. fonct. ell.", p. 7.

(nicht die Umkehrfunktionen). Indem *Legendre* diese Integrale in drei Gattungen teilte, jede Gattung einer sorgfältigen Untersuchung unterwarf und viele ihrer bis dahin unbekannten Eigenschaften entdeckte, schaffte er diesen Gebilden die von *Euler* vorausgesehene selbständige Stellung in der Analysis und legte so den Grund, auf dem insbesondere die weiteren Arbeiten von *Abel* und *Jacobi* erwachsen konnten.[30])

5. Legendres Normalintegrale. Nach einer vorläufigen Reduktion der allgemeinen elliptischen Integrale auf die Gestalten[31]):

$$\int (A + Bx + Cx^2) \frac{dx}{\sqrt{f(x)}}, \quad \int \frac{dx}{(1+nx)\sqrt{f(x)}}$$

schafft *Legendre* die ungeraden Potenzen in $f(x)$ weg, und zwar erstens durch eine von *Lagrange* herrührende Substitution, welche im wesentlichen lautet:

$$y = \sqrt{\frac{(x-x_1)(x-x_2)}{(x-x_3)(x-x_4)}},$$

unter x_1, x_2, x_3, x_4 die vier Wurzeln von $f(x) = 0$ verstanden, und zweitens durch eine bereits von *Euler* verwendete lineare Substitution:

$$x = \frac{p + qy}{1 + y}.$$

Sodann transformiert er das Differential $\frac{dx}{\sqrt{f(x)}}$ durch eine Substitution der Gestalt[32]):

$$x^2 = \frac{A + B \sin^2 \varphi}{C + D \sin^2 \varphi}$$

bis auf einen konstanten Faktor auf die Form:

$$(9) \qquad \frac{d\varphi}{\sqrt{1 - c^2 \sin^2 \varphi}}$$

unter sorgfältiger Unterscheidung der sechs Fälle, welche ein reelles Polynom $f(x) = \alpha + \beta x^2 + \gamma x^4$ darbieten kann, und zwar so, daß $0 \leqq c^2 < 1$ wird. Hierbei bedeutet c^2 das Doppelverhältnis der vier Wurzeln x_1, x_2, x_3, x_4 des ursprünglichen Polynoms $f(x)$. Für $\sqrt{1 - c^2 \sin^2 \varphi}$ schreibt Legendre abkürzend $\Delta(c, \varphi)$. Die sämtlichen elliptischen Integrale reduzieren sich nun auf drei Gestalten, für welche

30) Vgl. *P. L. Dirichlet*, „Gedächtnisrede auf *Jacobi*", Berl. Abh. 1852, J. f. Math. Bd. 52 p. 193 oder Jacobis Werke Bd. 1, p. 1 und *L. Koenigsberger*, „Zur Gesch. d. Theor. der ell. Transz. usw." (Leipzig 1879), p. 4 ff.

31) „Traité d. fonct. ell." 1, p. 4 ff.

32) „Traité d. fonct. ell." 1, p. 9 ff.

Legendre schreibt[33]):

$$(10)\quad \begin{cases} F(c,\varphi)=\int\limits_0^{\varphi}\frac{d\varphi}{\sqrt{1-c^2\sin^2\varphi}}, \quad E(c,\varphi)=\int\limits_0^{\varphi}d\varphi\sqrt{1-c^2\sin^2\varphi}, \\ \Pi(n,c,\varphi)=\int\limits_0^{\varphi}\frac{d\varphi}{(1+n\sin^2\varphi)\sqrt{1-c^2\sin^2\varphi}}; \end{cases}$$

dieselben heißen die Legendreschen Normalintegrale erster, zweiter und dritter Gattung.[34])

Die Integrale:

$$(11)\qquad \int\limits_0^{\frac{\pi}{2}}\frac{d\varphi}{\Delta(c,\varphi)}, \qquad \int\limits_0^{\frac{\pi}{2}}\Delta(c,\varphi)\,d\varphi$$

werden vollständige elliptische Integrale erster bzw. zweiter Gattung genannt und mit $F^1(c)$, $E^1(c)$ bezeichnet. Das entsprechend gebildete vollständige Integral dritter Gattung wird auf jene zurückgeführt.[35])

Neben die Integrale mit dem „Modul" c werden auch die mit dem Modul $b=\sqrt{1-c^2}$ gestellt und als „komplementäre" bezeichnet.[36]) Für c wird, wie auch hier weiterhin geschehen soll, in der späteren Literatur im Anschluß an *Jacobi* k geschrieben und der komplementäre Modul mit k' bezeichnet, so daß $k^2+k'^2=1$ gilt. Da es vorwiegend auf die zweite Potenz k^2 ankommt, so wird gewöhnlich k^2 (bzw. c^2) als „Legendrescher Modul" bezeichnet. Derselbe ist, falls man die Reduktion auf die Normalform mittelst einer linearen Transformation vollzieht, einem der sechs Werte des Doppelverhältnisses der Wurzeln von $f(x)=0$ gleich.

6. Legendres Gestalt der Additionstheoreme. Die Eulersche Differentialgleichung kleidet sich bei Gebrauch der Legendreschen Bezeichnungen in die Gestalt:

$$(12)\qquad \frac{d\varphi}{\Delta\varphi}+\frac{d\psi}{\Delta\psi}=0$$

Eulers Additionstheorem nimmt für die Integrale erster Gattung die

---

33) „Traité d. fonct. ell." 1, p. 14 ff.

34) Von diesen Integralen ist nur das erste auch in Riemanns Sinne ein Normalintegral erster Gattung. Dagegen stellt das zweite und dritte noch kein Normalintegral in Riemanns Sinne dar, da E an *zwei* Stellen der zu $\sqrt{f(x)}$ gehörenden Riemannschen Fläche (den beiden Punkten $x=\infty$) unendlich wird, Π sogar in *vier* Stellen dieser Fläche (vgl. unten Nr. 48).

35) „Traité d. fonct. ell." 1, p. 132 ff.

36) „Traité d. fonct. ell." 1, p. 185 ff.

Form an:

$$(13)\qquad \begin{cases} F(\varphi)+F(\psi)=F(\mu), \\ \cos\mu=\cos\varphi\cos\psi-\sin\varphi\sin\psi\Delta\mu, \end{cases}$$

wo μ die Integrationskonstante ist.[37]) Aus (13) leitet *Legendre* die ebenfalls unmittelbar aus den Eulerschen Formeln hervorgehenden Regeln ab[38]):

$$(14)\qquad \begin{cases} \sin\mu=\dfrac{\sin\varphi\cos\psi\Delta\psi+\cos\varphi\sin\psi\Delta\varphi}{1-k^2\sin^2\varphi\sin^2\psi}, \\ \cos\mu=\dfrac{\cos\varphi\cos\psi-\sin\varphi\sin\psi\Delta\varphi\Delta\psi}{1-k^2\sin^2\varphi\sin^2\psi}, \\ \Delta\mu=\dfrac{\Delta\varphi\Delta\psi-k^2\sin\varphi\sin\psi\cos\varphi\cos\psi}{1-k^2\sin^2\varphi\sin^2\psi}. \end{cases}$$

Dazu treten die Additionstheoreme für die Integrale zweiter und dritter Gattung[39]):

$$(15)\qquad E(\varphi)+E(\psi)=E(\mu)+k^2\sin\varphi\sin\psi\sin\mu,$$

$$(16)\qquad \Pi(\varphi)+\Pi(\psi)$$

$$=\Pi(\mu)+\frac{1}{\sqrt{(1+n)\left(1+\frac{k^2}{n}\right)}}\operatorname{arctg}\frac{n\sqrt{(1+n)\left(1+\frac{k^2}{n}\right)}\sin\varphi\sin\psi\sin\mu}{1+n-n\cos\varphi\cos\psi\cos\mu}$$

$$=\Pi(\mu)+\frac{1}{2\sqrt{-(1+n)\left(1+\frac{k^2}{n}\right)}}\cdot$$

$$\log\frac{1+n-n\cos\varphi\cos\psi\cos\mu+n\sqrt{-(1+n)\left(1+\frac{k^2}{n}\right)}\sin\varphi\sin\psi\sin\mu}{1+n-n\cos\varphi\cos\psi\cos\mu-n\sqrt{-(1+n)\left(1+\frac{k^2}{n}\right)}\sin\varphi\sin\psi\sin\mu}.$$

7. Die Landensche Transformation und die numerische Berechnung der Integrale bei Legendre. *J. Landen* war der erste, der elliptische Integrale mit verschiedenen Moduln ineinander überführte.[40]) Er benutzte seine Transformation zur Herleitung des nach

37) S. die in Note 25 gen. Abh., ferner den „Traité d. fonct. ell.“ 1, p. 19 ff. und „Mém. sur les travaux etc. de Legendre“, Bibliothèque univ. 1833, Note zu p. 15.

38) „Mém. sur les Transc. ell.“, Paris 1793, oder „Traité d. fonct. ell.“ 1, p. 22.

39) „Traité d. fonct. ell.“ 1, p. 43 u. 74 ff.

40) „An investig. of a gen. theorem for finding the length of any arc of any conic hyperb. by means of two ell. arcs etc.“ Philos. Transact. 65 (1775), p. 285 oder Math. Mem. 1, p. 33 (London 1780). S. auch „E-M“ p. 524 und *A. Cayley,* Art. „Landen“ der „Enc. Brit.“ (9 ed.) 14 (1882), p. 271. Über die geometrische Bedeutung der Landenschen Transformation vgl. *Jacobi,* „Brief an Hermite“, J. f. Math. 32 (1845), p. 176; *Jacobi,* Werke 2, p. 118; *Küpper,* „Dém. géom. de

ihm benannten Theorems, daß der Bogen einer gleichseitigen Hyperbel sich durch die Differenz zweier Ellipsenbögen ausdrücken lasse.

Lagrange[41]) hat diese Transformation selbständig wiedergefunden und zur numerischen Berechnung der elliptischen Integrale benutzt. Auch hatte er schon neben die Landensche Transformation ihre inverse, genauer komplementäre gestellt.

Legendre[42]) hat die Landenschen Resultate aufs neue hervorgehoben, bearbeitet und besonders für die numerische Rechnung geeignet gemacht. Er hat schon bei dieser Gelegenheit die Aufgabe gestellt und gelöst, aus dem gegebenen Werte des Integrals erster Gattung die obere Grenze zu berechnen[43]), also tatsächlich die Umkehr dieses Integrals ausgeführt, ohne indessen die Bedeutung dieses Problems zu erkennen oder dasselbe allgemein zu formulieren. Gegen die Einführung der Umkehrfunktionen in die Bezeichnung verhält er sich sogar ablehnend.[44]) Er gab der fraglichen Transformation die folgende Gestalt:

$$(17)\quad \begin{cases} k_1 = \dfrac{1-k'}{1+k'}, \quad k^2 + k'^2 = 1, \\ \sin\varphi_1 = \dfrac{(1+k')\sin\varphi\cos\varphi}{\Delta\varphi} \\ \text{und also} \\ \cos\varphi_1 = \dfrac{1-(1+k')\sin^2\varphi}{\Delta\varphi}, \\ \sqrt{1-k_1^{\,2}\sin^2\varphi_1} = \dfrac{1-(1-k')\sin^2\varphi}{\Delta\varphi}. \end{cases}$$

Es ist daher:

$$(18)\quad \int_0^{\varphi_1} \frac{d\varphi_1}{\sqrt{1-k_1^{\,2}\sin^2\varphi_1}} = (1+k')\int_0^{\varphi} \frac{d\varphi}{\sqrt{1-k^2\sin^2\varphi}}$$

und, falls wir für das vollständige Integral erster Gattung statt der

---

cette propos., que toute fonct. ell. de prem. espèce peut être remplac. par deux fonct. ell. de seconde esp. etc." J. f. Math." 55 (1858), p. 89; *Durège*, „Ell. Funkt.", 3. Aufl., p. 188.

41) Mém. d. l'ac. d. sc. 1784—85 oder *Lagrange*, „Oeuvres" 2, p. 253; s. auch „E-M" p. 358. Über die Bedeutung der Lagrangeschen Darstellung vgl. *F. J. Richelot*, „Die Landensche Transformation usw." (Königsberg 1868); *G. Mittag-Leffler*, „En metod. att. komma etc." (Helsingfors 1876), p. 22; „E-M" p. 353 u. 365.

42) In der in Note 25 gen. Abh.; s. auch „Traité d. fonct. ell." 1, p. 89 ff.

43) „Traité d. fonct. ell." 1, p. 92.

44) Die in Betracht kommenden Stellen der Korrespondenz zwischen Legendre und Jacobi sind zusammengestellt bei *Koenigsbergers* Jacobi-Biographie (Leipzig 1904), p. 103 ff.

Legendreschen Bezeichnung F^1 die Jacobische K benutzen:

(19) $$K_1 = \frac{1+k'}{2} K.$$

Weiter ergibt sich noch:

$$\operatorname{tg}(\varphi_1 - \varphi) = k' \operatorname{tg} \varphi, \qquad \sin(2\varphi - \varphi_1) = k_1 \sin \varphi_1,$$

(20) $$k = \frac{2\sqrt{k_1}}{1+k_1}.$$

Daneben ist die Umkehrung dieser Transformation zu stellen, d. h. der Übergang von k, φ zu k_{-1}, φ_{-1} auf Grund der Gleichungen:

$$k_{-1} = \frac{2\sqrt{k}}{1+k}, \qquad \sin(2\varphi_{-1} - \varphi) = k \sin \varphi.$$

Die wiederholte Anwendung der beiden Transformationen führt zu einer nach beiden Seiten fortschreitenden Kette von Moduln ..., $k_{-2}, k_{-1}, k, k_1, k_2, \ldots$ und Argumenten ..., $\varphi_{-2}, \varphi_{-1}, \varphi, \varphi_1, \varphi_2, \cdots$, von denen die ersteren nach links gegen 1 und nach rechts gegen 0 konvergieren. Man findet:

(21) $$\begin{cases} \dfrac{2K}{\pi} = (1+k_1)(1+k_2)(1+k_3)\cdots \\ F(\varphi, k) = \dfrac{2K}{\pi} \cdot \lim\limits_{\nu=\infty} \dfrac{\varphi_\nu}{2^\nu}, \end{cases}$$

sowie andererseits:

$$F(\varphi, k) = \frac{k_{-\nu}}{\sqrt{k}} \sqrt{k_{-1} k_{-2} \ldots k_{-\nu+1}}\, F(\varphi_{-\nu}, k_{-\nu}).$$

Diese Formeln, in denen entgegen der Schreibweise *Legendres* bei der Berechnung von $F(\varphi, k)$ usw., wie jetzt üblich, das Argument φ vor den Modul k gestellt ist, bilden die Grundlage für die numerische Berechnung der elliptischen Integrale, welche *Legendre* durchgeführt hat.[45])

Auch für die Integrale zweiter und dritter Gattung entwickelte *Legendre* die entsprechenden Formeln und benutzte dieselben zu numerischen Berechnungen.

45) S. „Traité d. fonct. ell.“ 1, p. 19 ff. und die Tafeln a. a. O. in Bd. 2. Über numerische Berechnung der elliptischen Funktion auf Grund der Landenschen und Gaußschen Transformation vgl. man *O. J. Broch,* „Fonct. ell.“ ch. 11 (1867), p. 218; *K. H. Schellbach,* „Ell. Int.“ (1864), p. 53; *H. Durège,* „Ell. Funkt.“, 3. Aufl., p. 204; *H. Burkhardt,* „Ell. Funkt.“, Kap. 13, p. 292; *Schwarz-Weierstraß,* „Formeln und Lehrsätze“, § 45 ff., p. 61 ff.; *Klein-Sommerfeld,* „Theor. d. Kreisels“ p. 259; *C. Jordan,* „Cours d'analyse“ 2, p. 419; *H. Weber,* „Ell. Funkt.“ p. 142. Auszüge aus Legendres Tafeln bei *A. G. Greenhill,* „Les fonct. ellipt. etc.“ (Trad. franç.) (Paris 1895); ferner bei *J. Bertrand,* „Traité de calc. diff. et de calc. integr.“, 2 (Paris 1870), p. 711 und *J. Houël,* „Cours de calc. infin.“, 4 (Paris 1881).

Der Übergang zu der nach *Gauß* benannten Transformation (s. die Angaben über den Algorithmus des arithmetisch-geometrischen Mittels unten in Nr. **34**) wird durch die Substitution $i \operatorname{tg} \varphi = \sin \varphi'$ vollzogen. Es folgt:

$$i \frac{d\varphi}{\sqrt{1-k^2 \sin^2 \varphi}} = \frac{d\varphi'}{\sqrt{1-k'^2 \sin^2 \varphi'}},$$

und die erste Gleichung (17), sowie der Quotient der zweiten und dritten liefern als neue Schreibweise der Transformation (17):

$$(22) \qquad k_1' = \frac{2\sqrt{k'}}{1+k'}, \qquad \sin \varphi_1' = \frac{(1+k') \sin \varphi'}{1+k' \sin^2 \varphi'}.$$

Dies sind aber im wesentlichen die Formeln der *Gauß*schen Transformation.

8. Die vollständigen Integrale und die Legendresche Relation. Differentialgleichungen und Reihen.[46]) *Legendre* gibt für die vollständigen Integrale erster und zweiter Gattung bereits die Differentialgleichungen:

$$\frac{dE}{dk} = \frac{1}{k}(E-K), \qquad \frac{dK}{dk} = \frac{1}{kk'^2}(E-k'^2 K)$$

und die analogen Gleichungen für die zum komplementären Modul gehörenden Integrale K' und E'. Hieraus zieht er die nach ihm benannte Relation:

$$(23) \qquad \frac{\pi}{2} = KE' + K'E - KK',$$

sowie die Differentialgleichungen:

$$(24) \qquad (1-k^2)\frac{d^2 y}{dk^2} + \frac{1-3k^2}{k}\frac{dy}{dk} - y = 0,$$

welcher K und K' genügen, und:

$$(25) \qquad (1-k^2)\frac{d^2 z}{dk^2} + \frac{1-k^2}{k}\frac{dz}{dk} + z = 0,$$

die durch E und E' befriedigt wird. Er erweitert diese Differentialgleichungen zu:

$$(1-k^2)\frac{d^2 Y}{dk^2} + \frac{1-3k^2}{k}\frac{dY}{dk} - Y + \frac{\sin\varphi \cos\varphi}{\Delta^3(\varphi)} = 0,$$

$$(1-k^2)\frac{d^2 Z}{dk^2} + \frac{1-k^2}{k}\frac{dZ}{dk} + Z - \frac{\sin\varphi \cos\varphi}{\Delta(\varphi)} = 0,$$

von denen die erste zur allgemeinen Lösung hat:

$$Y = E(\varphi, k) + CK + C'K',$$

die zweite aber:

$$Z = E(\varphi, k) + CE + C'E'.$$

46) „Traité d. fonct. ell.“ 1, p. 62.

Aus den Differentialgleichungen gewinnt *Legendre* folgende Reihendarstellungen der vollständigen Integrale erster Gattung[47]):

$$(26)\begin{cases} K = \frac{\pi}{2}\left(1 + \frac{1^2}{2^2}k^2 + \frac{1^2\cdot 3^2}{2^2\cdot 4^2}k^4 + \frac{1^2\cdot 3^2\cdot 5^2}{2^2\cdot 4^2\cdot 6^2}k^6 + \cdots\right) \\ K' = \log\left(\frac{4}{k}\right) + \frac{1^2}{2^2}k^2\left(\log\frac{4}{k} - 1\right) + \frac{1^2\cdot 3^2}{2^2\cdot 4^2}k^4\left(\log\frac{4}{k} - 1 - \frac{2}{3\cdot 4}\right) \\ \qquad + \frac{1^2\cdot 3^2\cdot 5^2}{2^2\cdot 4^2\cdot 6^2}k^6\left(\log\frac{4}{k} - 1 - \frac{2}{3\cdot 4} - \frac{2}{5\cdot 6}\right) + \cdots, \end{cases}$$

sowie entsprechend für die vollständigen Integrale zweiter Gattung:

$$(27)\begin{cases} E = \frac{\pi}{2}\left(1 - \frac{1^2}{2^2}k^2 - \frac{1^2}{2^2\cdot 4^2}\cdot 3k^4 - \frac{1^2\cdot 3^2}{2^2\cdot 4^2\cdot 6^2}\cdot 5k^6 - \cdots\right), \\ E' = 1 + \frac{1}{2}k^2\left(\log\frac{4}{k} - \frac{1}{1\cdot 2}\right) + \frac{1^2}{2^2}\cdot\frac{3}{4}k^4\left(\log\frac{4}{k} - 1 - \frac{1}{3\cdot 4}\right) \\ \qquad + \frac{1^2\cdot 3^2}{2^2\cdot 4^2}\cdot\frac{5}{6}k^6\left(\log\frac{4}{k} - 1 - \frac{2}{3\cdot 4} - \frac{1}{5\cdot 6}\right) + \cdots. \end{cases}$$

Bei *Legendre* sind die zweiten Formeln (26) und (27) als Darstellungen von K und E in $k' = \sqrt{1-k^2}$ geschrieben und dienen zur Berechnung von K und E, falls k nahe bei 1 liegt. Die Entwicklungen unterscheiden sich von den heute üblichen, von *Gudermann* und *Weierstraß* herrührenden (vgl. Nr. **59**), nur in der Schreibweise.

9. Die Vertauschung von Parameter und Argument bei Legendre. Bei der Untersuchung des Integrals dritter Gattung in bezug auf die als Parameter bezeichnete Größe n gibt *Legendre* insbesondere die Formel[48]):

$$(28)\begin{cases} \operatorname{ctg}\theta\,\Delta(\theta)[\Pi(n,\varphi) - F(\varphi)] = \operatorname{ctg}\varphi\,\Delta(\varphi)\,[\Pi(n',\theta) - F(\theta)] \\ \qquad + E(\theta)F(\varphi) - F(\theta)E(\varphi); \end{cases}$$

hierbei ist $n = -k^2\sin^2\theta$, $n' = -k^2\sin^2\varphi$. Ähnliche Formeln stellt *Legendre* für positive Werte von n auf, in denen aber auch die Integrale mit komplementärem Modul auftreten.

Diese Formeln enthalten den sogenannten „Satz von der Vertauschung von Argument und Parameter". Die Beweismittel sind völlig analog den heute üblichen (nur auf reelle Größen beschränkt), nämlich zweimalige Integration einer geeigneten Identität. Auch entgeht es Legendre nicht (vgl. a. a. O., p. 135), daß hieraus aufs neue die Relation (23) folgt, welche den sogenannten Weierstraßschen Periodenrelationen in der Theorie der Abelschen Integrale entspricht.

---

47) „Traité d. fonct. ell." 1, p. 65 ff.; s. auch „Mém de l'ac. d. sc. 1786", p. 630.

48) „Traité d. fonct. ell." 1, p. 141.

10. Reduktion höherer Integrale auf elliptische und Transformation dritter Ordnung. Das Bestreben, die Verwendbarkeit der elliptischen Integrale möglichst vielseitig darzutun, führt *Legendre* dazu, eine große Anzahl von Integralen, welche nicht die Gestalt von elliptischen haben, durch höhere Transformationen auf solche zurückzuführen.[49]) Es seien von solchen Integralen besonders die folgenden:

$$\int \frac{R(x)\,dx}{\sqrt{\alpha + \beta x^2 + \gamma x^4 + \delta x^6}}$$

erwähnt und andere meist sogenannte binomische Integrale.

Im Verlaufe dieser Entwicklungen fand Legendre neben der bis dahin allein bekannten Landenschen Transformation noch folgende Transformation dritten Grades[50]): Ist:

$$k^2 = \frac{(m-1)^3(m+3)}{16m}, \quad l^2 = \frac{(m-1)(m+3)^3}{16m^3}$$

und gilt:

$$\sin\psi = \frac{\sin\varphi\,(m + \frac{1}{4}(m-1)^2 \sin^2\varphi)}{1 + \frac{1}{4}(m-1)(m+3)\sin^2\varphi},$$

so hat man für das Integral erster Gattung:

$$F(\psi, l) = m \cdot F(\varphi, k).$$

Legendre bringt die Gleichung zwischen m und k^2 in die Form:

$$m^4 - 6m^2 + (8 - 16k^2)\,m - 3 = 0; \tag{29}$$

die Relation zwischen k und l aber gewinnt die Gestalt[51]):

$$\sqrt{kk'} + \sqrt{ll'} = 1. \tag{30}$$

Hier hat man die ersten Multiplikator- und Modulargleichungen vor sich.[52])

II. Die elliptischen Funktionen bei Abel, Jacobi und Gauß.

Legendre schrieb unter dem 12. August 1828 in der Vorrede zum ersten Supplement seines „Traité“: „. . . à peine mon ouvrage avait-il vu le jour . . ., que j'appris avec autant d'étonnement que de satis-

49) „Traité d. fonct. ell.“ 1, p. 165 u. 259.

50) „Traité d. fonct. ell.“ 1, p. 222.

51) „Traité d. fonct. ell.“ 1, p. 229.

52) Die Anwendungen der elliptischen Funktionen bei *Legendre* beziehen sich auf die Berechnung der Oberfläche eines Kegels zweiten Grades und eines Ellipsoids, auf die geodätischen Linien des Sphäroids, die Bewegung eines starren Körpers um einen festen Punkt, die Bewegung eines von zwei festen Punkten angezogenen Körpers, die Anziehung eines homogenen Ellipsoids und auf die Bewegung eines von einem festen Zentrum angezogenen materiellen Punktes. Vgl. hierzu unten Abschn. VI.

faction, que deux jeunes géomètres, MM. *Jacobi* de Koenigsberg et *Abel* de Christiania, avaient réussi à perfectionner considérablement la théorie des fonctions elliptiques dans des points les plus élevés.“ Die Inversion des Integrals erster Gattung und die Entdeckung der doppelten Periodizität der hierbei zu gewinnenden Umkehrfunktionen sind die grundlegenden Gesichtspunkte der Entwicklungen von *N. H. Abel* und *C. G. J. Jacobi*, die im übrigen das ganze Gebiet der elliptischen Funktionen umspannen.

*Abel*s Abhandlungen sind beginnend mit 1826 in den fünf ersten Bänden des J. f. M., vereinzelt auch in den Astron. Nachr. erschienen.[53]) Über seine Bedeutung vgl. man die in Note 1 an zweiter und dritter Stelle sowie in Note 30 gegebenen Nachweise.[54])

*Jacobi*s erste Untersuchungen sind im Jahre 1828 in den Astron. Nachr. und im Journ. f. Math. erschienen, die „Fundamenta nova theor. funct. ellipt.“ gab *Jacobi* 1829 als selbständige Schrift heraus.[55]) Auch über *Jacobi*s Bedeutung vgl. man die Nachweise in Note 1 und 30.[56])

Die Untersuchungen von *C. F. Gauß* über elliptische Funktionen sind zwar in ihren wesentlichen Errungenschaften bereits zu Ende des vorletzten Jahrhunderts ausgeführt; indessen hat *Gauß* selbst seine Ergebnisse nur zum kleinsten Teile veröffentlicht.[57]) Ein äußerst reichhaltiges Material fand sich indessen in *Gauß*' Nachlaß, das größtenteils in *Gauß*' Werken Bd. 3[58]) und Bd. 8[59]) veröffentlicht ist. Einen Versuch, die wichtigsten Ergebnisse, welche sich in *Gauß*' Nachlaß finden, in Gestalt einer Einleitung in die Theorie der elliptischen

---

53) Späterhin gesammelt als „Oeuvres compl. de N. H. Abel, réd. par Holmboe“ (Kristiania 1839); „Nouv. édition, publ. par L. Sylow et S. Lie“, (Kristiania 1881). Den folgenden Zitaten liegt letztere Ausgabe zugrunde.

54) Außerdem *C. A. Bjerknes,* „Niels Henrik Abel etc.“, Mém. de Bord. (3) 1 (1885), p. 1; „N. H. Abel, Mémorial publié à l'occasion du centenaire de sa naissance“ (Kristiania 1902).

55) Zusammengestellt in den Bdn. 1 u. 2 von *C. G. J. Jacobi,* „Gesammelte Werke“ (Berlin 1881 ff.).

56) S. außerdem *Poisson,* „Rapport sur l'ouvrage d. M. Jacobi intitulé Fundamenta etc.“, Mém. de l'ac. d. sc. de Paris 10, p. 73; *F. Casorati,* „Teorica delle funz. di var. compl.“, 1 (Pavia 1868); „Correspondance mathématique entre Legendre et Jacobi“, herausg. von *C. W. Borchardt* im J. f. M. 80; *Koenigsberger,* „Biographie von Jacobi“ (Leipzig 1904).

57) S. die Art. 14 ff. der 1818 veröffentl. Abh. „Determinatio attractionis etc.“, *Gauß,* „Werke“ 3. p. 530 ff. sowie die Anzeige dieser Abh., Gött. gel. Anz. v. 1818, „Werke“ 3, p. 357 ff.

58) p. 361—490.

59) p. 84—87, 93—94, 96, 99—102.

Funktionen zusammenhängend darzustellen, hat *Th. Pépin*[60]) gemacht. Fast gleichzeitig hat *P. Günther* Gauß' Untersuchungen über elliptische Funktionen zu durchforschen begonnen.[61]) Neuestens hat *L. Schlesinger* weitere Nachlaßstücke veröffentlicht[62]) und in einer abschließenden Arbeit den Entwicklungsgang der Gaußschen Untersuchungen unter Heranziehung aller noch zur Verfügung stehenden Hilfsquellen dargelegt.[63]) Über den Entwicklungsgang von *Gauß'* Entdeckungen in den Jahren 1796—1814 gibt ein von ihm selbst geführtes Tagebuch[64]) Aufschluß.

11. Die Umkehrung des Integrals erster Gattung und die doppelte Periodizität bei Abel. Bereits 1823[65]) hatte *Abel* begonnen, die Umkehrung des elliptischen Integrals erster Gattung zu betrachten, und zweifellos war er schon 1825[66]) im Besitze des Prinzips der doppelten Periodizität. Die umfassende und grundlegende Arbeit „Recherches sur les fonctions elliptiques"[67]) veröffentlichte er 1827.

Abel schreibt abweichend von Legendre:

$$\alpha = \int_0 \frac{dx}{\sqrt{(1-c^2x^2)(1+e^2x^2)}},$$

unter c und e reelle Größen verstanden; er bezeichnet x als Funktion von α durch $x = \varphi(\alpha)$ und stellt von vornherein als sein Ziel hin, die Eigenschaften dieser Funktion zu untersuchen. Daneben setzt er:

$$f(\alpha) = \sqrt{1 - c^2\varphi^2(\alpha)}, \qquad F(\alpha) = \sqrt{1 + e^2\varphi^2(\alpha)}.$$

Die Einführung der inversen Funktion des Integrals erster Gattung war damit vollzogen und der erste und wichtigste Schritt zur weiteren Entwicklung gegeben, welche in der ganzen Folgezeit die Untersuchung der elliptischen Integrale und der mit ihnen zusammenhängenden Größen als „Funktionen des Integrals erster Gattung" als eine Hauptaufgabe betrachtet.

60) „Introd. à la théor. des fonct. ell. d'après les œuvr. posth. de Gauss", Rom. Acc. Pontif. d. N. L. 9, Teil 2 (1893), p. 1.

61) S. dessen Habilitationsvortrag „Die Unters. von Gauß in der Theor. d. ellipt. Funkt." Gött. Nachr. von 1894.

62) „C. F. Gauß: Fragm. zur Theor. des arithm.-geom. Mittels aus den Jahren 1797—1799", herausg. u. erläut. von *L. Schlesinger,* Gött. Nachr. 1912.

63) „Über Gauß' Arbeiten zur Funktionentheorie", Gött. Nachr. 1912.

64) Mit Anmerkungen herausg. von *F. Klein* in der „Festschrift zur Feier des 150jähr. Besteh. d. Kgl. Ges. d. Wiss. in Göttingen" (Berlin 1901).

65) S. den Beginn des am 3. Aug. 1823 geschriebenen Briefes an Holmboe in *Abel,* „Oeuvres", 2, p. 254.

66) S. *Koenigsberger,* „Jacobi-Biographie" p. 37.

67) J. f. Math. 2 u. 3 oder *Abel,* „Oeuvres" 1, p. 263.

Abel hat seine Funktionen sogleich auch für rein imaginäre Argumente und sodann auf Grund des Additionstheorems, welches bei ihm die Gestalt annimmt:

$$\varphi(\alpha+\beta)=\frac{\varphi(\alpha)f(\beta)F(\beta)+\varphi(\beta)f(\alpha)F(\alpha)}{1+e^2c^2\varphi^2(\alpha)\varphi^2(\beta)},$$
$$f(\alpha+\beta)=\frac{f(\alpha)f(\beta)-c^2\varphi(\alpha)\varphi(\beta)F(\alpha)F(\beta)}{1+e^2c^2\varphi^2(\alpha)\varphi^2(\beta)},$$
$$F(\alpha+\beta)=\frac{F(\alpha)F(\beta)+e^2\varphi(\alpha)\varphi(\beta)f(\alpha)f(\beta)}{1+e^2c^2\varphi^2(\alpha)\varphi^2(\beta)},$$

auch für komplexe Werte der unabhängigen Veränderlichen in Betracht gezogen. Auf derselben Grundlage hat er erschlossen[68]), daß bei Einführung der Bezeichnung:

$$(31)\qquad \frac{\omega}{2}=\int_0^{\frac{1}{c}}\frac{dx}{\sqrt{(1-c^2x^2)(1+e^2x^2)}},\qquad \frac{\varpi}{2}=\int_0^{\frac{1}{e}}\frac{dx}{\sqrt{(1-e^2x^2)(1+c^2x^2)}}$$

aus der Gleichung $\varphi(x)=\varphi(\alpha)$ als allgemeine Lösung nach x folgt:

$$x=(-1)^{m+n}\alpha+m\omega+n\varpi i,$$

wo m und n irgendwelche ganze Zahlen bedeuten.

Die analogen Gleichungen für $f(\alpha)$ und $F(\alpha)$ ergeben:

$$x=\pm\alpha+2m\omega+n\varpi i \quad\text{und}\quad x=\pm\alpha+m\omega+2n\varpi i.$$

Auch die Null- und Untetigkeitsstellen dieser drei Funktionen bestimmt *Abel*, wobei die letzteren für alle drei Funktionen die nämlichen sind.

Vor allem war erkannt, daß die elliptischen Funktionen *zwei* Perioden haben, was später von *Jacobi*[69]) als das „Prinzip der doppelten Periodizität" bezeichnet wurde. Die gewonnene Erkenntnis ergab die Möglichkeit, die sich zunächst in sehr verwickelter Gestalt darbietenden algebraischen Probleme der weiteren Theorie vollständig durchsichtig darzustellen.

12. Die Multiplikation und die allgemeine Teilung der elliptischen Funktionen bei Abel. Die Bedeutung des gewonnenen Prinzips zeigt sich sogleich bei Abels Behandlung der Multiplikation und Teilung der elliptischen Funktionen.

Das erste Problem verlangt die Darstellung von $\varphi(m\beta)$, $f(m\beta)$, $F(m\beta)$ durch $\varphi(\beta)$, $f(\beta)$, $F(\beta)$, unter m eine ganze positive Zahl verstanden, und läßt sich für die niedersten Werte der Zahl m auf Grund

68) *Abel*, „Oeuvres" 1, p. 266, 267 u. 278.

69) S. Art. 19 der „Fundamenta nova", *Jacobi*, „Werke" 1, p. 85.

des Additionstheorems unmittelbar lösen.[70]) Rekursionsrechnungen führen zu allgemeinen Angaben über die fraglichen Darstellungen. Ist speziell m eine ungerade Zahl $m = 2n + 1$, so ergibt sich:

$$\varphi((2n+1)\beta) = \frac{P_{2n+1}}{Q_{2n+1}}, \tag{32}$$

wo Zähler und Nenner ganze rationale Funktionen von $\varphi(\beta)$ vom Grade $(2n+1)^2$ sind. Dies Resultat bestätigt *Abel* dadurch, daß er $\varphi(\beta) = x$ in (32) einsetzt und diese Gleichung als eine solche für x betrachtet. Er zeigt, daß die Wurzeln x sämtlich gegeben sind durch:

$$x = \varphi\left((-1)^{m+n}\beta + \frac{m}{2n+1}\omega + \frac{\mu}{2n+1}\varpi i\right),$$

wo m und μ unabhängig voneinander die $(2n+1)$ ganzen Zahlen $0, \pm 1, \pm 2, \ldots, \pm n$ durchlaufen sollen; man hat also in der Tat $(2n+1)^2$ Lösungen x. *Abel* gibt auch die analogen Durchführungen für einen geraden Grad und für die Funktionen $f(\alpha)$ und $F(\alpha)$.

Abel entwickelt weiter die Auflösung der eben betrachteten jetzt als „allgemeine Teilungsgleichung" bezeichneten Gleichung (32) für x im Falle einer Primzahl $(2n+1)$, indem er setzt:

$$\varphi_1(\beta) = \sum_{m=-n}^{+n} \varphi\left(\beta + \frac{2m\omega}{2n+1}\right),$$

sowie weiter:

$$\psi(\beta) = \sum_{\mu=-n}^{+n} \theta^\mu \varphi_1\left(\beta + \frac{2\mu\varpi i}{2n+1}\right), \qquad \psi_1(\beta) = \sum_{\mu=-n}^{+n} \theta^\mu \varphi_1\left(\beta - \frac{2\mu\varpi i}{2n+1}\right),$$

wo $\theta^{2n+1} = 1$ gilt. Das Additionstheorem erweist sofort diese drei Funktionen als rationale Funktionen von $\varphi(\beta)$, $f(\beta)$, $F(\beta)$ und die Ausdrücke $\psi(\beta)\cdot\psi_1(\beta)$, $(\psi(\beta))^{2n+1} + (\psi_1(\beta))^{2n+1}$ als symmetrische Funktionen sämtlicher Wurzeln der Teilungsgleichung und folglich als rationale Funktionen von $\varphi((2n+1)\beta)$. Damit sind zunächst $\psi(\beta)$ und $\psi_1(\beta)$ durch Wurzelzeichen ausgedrückt. Hieraus ergeben sich die Werte von $\varphi_1(\beta)$ durch ein lineares System, wenn man für θ der Reihe nach alle $(2n+1)^{\text{ten}}$ Wurzeln der Einheit einsetzt. Aus den bekannten Werten von $\varphi_1(\beta)$ finden sich nun die Werte von $\varphi(\beta)$ durch Einführung von:

$$\psi_2(\beta) = \sum_{m=-n}^{+n} \theta^m \varphi\left(\beta + \frac{2m\omega}{2n+1}\right), \qquad \psi_3(\beta) = \sum_{m=-n}^{+n} \theta^m \varphi\left(\beta - \frac{2m\omega}{2n+1}\right).$$

70) Vgl. Art. 9 ff. der „Recherches sur l. fonct. ell.". *Abel*, „Oeuvres" 1, p. 279 ff.

Bildet man:

$$\psi_2(\beta)\cdot\psi_3(\beta) = \chi(\varphi(\beta)), \quad (\psi_2(\beta))^{2n+1} + (\psi_3(\beta))^{2n+1} = \chi_1(\varphi(\beta)),$$

so sind $\chi(\varphi(\beta))$ und $\chi_1(\varphi(\beta))$ rationale Funktionen von $\varphi_1(\beta)$ zufolge der Gleichung $(2n+1)^{\text{ten}}$ Grades:

$$\varphi_1(\beta) = \varphi(\beta) + \sum_{m=1}^{n} \frac{2\varphi(\beta) f\left(\frac{2m\omega}{2n+1}\right) F\left(\frac{2m\omega}{2n+1}\right)}{1 + e^2c^2\varphi^2\left(\frac{2m\omega}{2n+1}\right)\varphi^2(\beta)},$$

und damit ergeben sich schließlich die Lösungen $x = \varphi(\beta)$ der allgemeinen Teilungsgleichung durch Wurzelzeichen in $\varphi((2n+1)\beta)$ ausgedrückt.

Es wird also hier die allgemeine Teilungsgleichung im Falle einer ungeraden Primzahl $(2n+1)$ als eine zweifach zyklische Gleichung[71]) in der heutigen Ausdrucksweise erkannt. Dabei ist jedoch diese Eigenschaft wesentlich an die Kenntnis der Werte $\varphi\left(\frac{m\omega + \mu\varpi i}{2n+1}\right)$, also der sogenannten „speziellen Teilwerte" geknüpft, so daß die allgemeine Teilungsgleichung erst nach Adjunktion dieser Werte zu einer Abelschen Gleichung wird.

13. Die spezielle Teilung der elliptischen Funktionen bei Abel. Die speziellen Teilwerte werden durch Auflösung der Gleichung $P_{2n+1} = 0$ gefunden[72]), welche später als „spezielle Teilungsgleichung" bezeichnet wird. *Abel* untersucht nun auch die spezielle Teilung, wobei der Teilungsgrad $(2n+1)$ auch weiter als Primzahl gilt. Man übersieht sogleich, daß durch Einführung von:

$$x = \varphi^2\left(\frac{m\omega + \mu\varpi i}{2n+1}\right) \tag{33}$$

die Gleichung sich auf den Grad $\frac{1}{2}((2n+1)^2 - 1) = n(2n+2)$ reduziert. Die Auflösung dieser Gleichung kommt auf diejenige einer Gleichung n^{ten} Grades und einer zweiten vom Grade $(2n+2)$ zurück.

Diese Zerlegung des Problems wird durch die Anordnung aller Wurzeln in $(2n+2)$ Reihen von je n begründet, nämlich:

1. $\varphi^2\left(\frac{m\omega}{2n+1}\right), \quad m = 1, 2, \ldots, n,$

2. $\varphi^2\left(m\frac{\mu\omega + \varpi i}{2n+1}\right), \quad \begin{cases} m = 1, 2, \ldots, n, \\ \mu = -n, \ldots, +n. \end{cases}$

---

71) Vgl. Ref. I B 3 c, d Nr. 8 und 23. *Abels* Arbeit über die späterhin nach ihm benannten Gleichungen wurde nach den „Recherches" publiziert, so daß man seine Ergebnisse in der Theorie der elliptischen Funktionen wohl als vorbildlich für die dort entwickelte allgemeine Theorie annehmen darf.

72) S. Art. 19 ff. der „Rech. sur les fonct. ell."; *Abel*, „Oeuvr." 1, p. 305 ff.

Bezeichnet man die Größen der ersten Reihe mit x_m, die der übrigen $2n+1$ Reihen mit $x_{\mu,m}$, und versteht man unter g eine primitive Wurzel der Primzahl $(2n+1)$, so folgt aus dem Additionstheorem die Existenz einer bestimmten rationalen Operation θ, so daß:

$$x_{g^\varkappa} = \theta^\varkappa(x_1), \qquad x_{\mu,g^\varkappa} = \theta^\varkappa(x_{\mu,1})$$

ist; hierbei ist $\theta^\varkappa$ die $\varkappa$-malige Wiederholung von θ, und der Index $g^\varkappa$ von x ist mod. n zu nehmen. Hieraus folgt, daß die $(2n+2)$ Gleichungen n^{ten} Grades für die Teilwerte φ^2 der einzelnen Reihen nach derselben Methode auflösbar sind, nach welcher *Gauß* die Kreisteilungsgleichungen behandelt hat.[73]) Die Herstellung dieser $(2n+2)$ Gleichungen setzt aber die Kenntnis der symmetrischen Funktionen jeweils der n Teilwerte φ^2 der einzelnen Reihe voraus; und betreffs dieser symmetrischen Funktionen findet *Abel*, daß sich dieselben erst nach Auflösung einer einzigen Gleichung $(2n+2)^{\text{ten}}$ Grades aus den Koeffizienten der speziellen Teilungsgleichung berechnen lassen (s. die Ausführungen unten in Nr. **70**). Diese Gleichung $(2n+2)^{\text{ten}}$ Grades ist im allgemeinen nicht algebraisch (d. h. durch Wurzelzeichen) lösbar; jedoch tritt algebraische Lösbarkeit der fraglichen Gleichung in unendlich vielen besonderen Fällen ein, welche späterhin als solche charakterisiert wurden, die komplexe Multiplikation zulassen.[74]) *Abel* bemerkt schon hier die niedrigsten Fälle und insbesondere, daß die Lemniskatenteilung dazu gehört. Später kommt er ausführlich darauf zurück und beweist die Gaußsche Behauptung[75]), daß die Teilung der Lemniskate in denselben Fällen mit Zirkel und Lineal durchgeführt werden kann, in denen dies beim Kreise möglich ist.[76])

Übrigens stehen die Gleichungen $(2n+2)^{\text{ten}}$ Grades in nächster Beziehung zu den Transformations-, Modular- und Multiplikatorgleichungen der späteren Entwicklung der Theorie, die jedoch in ihren Grundzügen gleichfalls schon von *Abel* gefunden wurden.[77])

14. Abels allgemeine Formeln für die Multiplikation der elliptischen Funktionen.[78]) *Abel* drückt nun ähnlich wie *Euler*[79]) bei den trigonometrischen Funktionen die Funktionen von $(2n+1)\beta$ durch

73) Sect. septima der „Disquis. arithmet.“; *Gauß*, „Werke“ 1, p. 412 ff.

74) Vgl. Ref. I C 6 Nr. **1**. S. auch unten Nr. **18**.

75) Vgl. *Gauß*, „Disq. arithm.“ (Leipzig 1801) Nr. 335 oder „Werke“ 1, p. 413.

76) S. Art. 40 der „Rech. sur les fonct. ell.“; *Abel*, „Oeuvr.“ 1, p. 362.

77) Vgl. unten Nr. **17**.

78) S. Art. 23 der „Rech. sur les fonct. ell.“; *Abel*, „Oeuvr.“ 1, p. 315.

79) S. z. B. „Introd. in anal. infinit“ 1, Kap. 14 (Lausanne 1748).

diejenigen von β aus, und zwar dadurch, daß er in der Gleichung:

$$\varphi((2n+1)\beta) = \frac{P_{2n+1}(\varphi(\beta))}{Q_{2n+1}(\varphi(\beta))}$$

und in den analogen für $f(\beta)$ und $F(\beta)$ die Koeffizienten mit Hilfe der Wurzeln darstellt. Von den so erhaltenen Formeln sei angeführt:

$$(34)\begin{cases} \varphi((2n+1)\beta) = \dfrac{1}{2n+1}\displaystyle\sum_{m=-n}^{+n}\sum_{\mu=-n}^{+n}(-1)^{m+\mu}\varphi\left(\beta+\frac{m\omega+\mu\varpi i}{2n+1}\right), \\ \varphi((2n+1)\beta) = (2n+1)\varphi(\beta) \\ \cdot\displaystyle\prod_{m,\mu}{}' \frac{1-\dfrac{\varphi^2(\beta)}{\varphi^2\left(\frac{m\omega+\mu\varpi i}{2n+1}\right)}}{1-\dfrac{\varphi^2(\beta)}{\varphi^2\left(\frac{\omega+\varpi i}{2}+\frac{m\omega+\mu\varpi i}{2n+1}\right)}}\cdot\frac{1-\dfrac{\varphi^2(\beta)}{\varphi^2\left(\frac{m\omega-\mu\varpi i}{2n+1}\right)}}{1-\dfrac{\varphi^2(\beta)}{\varphi^2\left(\frac{\omega+\varpi i}{2}+\frac{m\omega-\mu\varpi i}{2n+1}\right)}}. \end{cases}$$

Dabei ist das Produkt über alle nicht negativen Werte von m und μ zu erstrecken, welche kleiner als n sind, ausgenommen die Kombination $m=0$, $\mu=0$. Übrigens ist die Schreibweise *Abels* etwas anders; er faßt zuerst die Faktoren mit $\mu=0$ zusammen, sodann diejenigen mit $m=0$ und ordnet das verbleibende Doppelprodukt erst nach μ und dann nach m.

15. Unendliche Doppelreihen und Doppelprodukte für die elliptischen Funktionen.[80]) Nach derselben Methode wie *Euler* a. a. O. gewinnt nun *Abel* aus den vorstehend besprochenen Formeln durch Grenzübergang Darstellungen der elliptischen Funktionen selbst durch unendliche Doppelreihen und Doppelprodukte. Er setzt $(2n+1)\beta=\alpha$ und vollzieht auf der rechten Seite der Formeln den Grenzübergang zu $n=\infty$. Er gelangt so zu Formeln wie:

(35) $\varphi(\alpha) =$

$$\frac{1}{ec}\sum_{\mu=0}^{\infty}\left[(-1)^{\mu}\sum_{m=0}^{\infty}(-1)^m\left(\frac{(2\mu+1)\varpi}{(\alpha-(m+\frac{1}{2})\omega)^2+(\mu+\frac{1}{2})^2\varpi^2}-\frac{(2\mu+1)\varpi}{(\alpha+(m+\frac{1}{2})\omega)^2+(\mu+\frac{1}{2})^2\varpi^2}\right)\right]$$

und:

$$(36)\quad \varphi(\alpha) = \alpha\prod_{\mu=1}^{\infty}\left(1+\frac{\alpha^2}{\mu^2\varpi^2}\right)\prod_{m=1}^{\infty}\left(1-\frac{\alpha^2}{m^2\omega^2}\right)$$

$$\cdot\prod_{m=1}^{\infty}\left(\prod_{\mu=1}^{\infty}\frac{1-\dfrac{\alpha^2}{(m\omega+\mu\varpi i)^2}}{1-\dfrac{\alpha^2}{((m-\frac{1}{2})\omega+(\mu-\frac{1}{2})\varpi i)^2}}\cdot\prod_{\mu=1}^{\infty}\frac{1-\dfrac{\alpha^2}{(m\omega-\mu\varpi i)^2}}{1-\dfrac{\alpha^2}{((m-\frac{1}{2})\omega-(\mu-\frac{1}{2})\varpi i)^2}}\right),$$

80) S. Art. 24—27 der „Rech. sur les fonct. ell.“; *Abel*, „Oeuvr.“ 1, p. 323 ff.

für welche allerdings der Konvergenzbeweis den neueren Anforderungen nicht genügt, aber mit Berücksichtigung der Reihenfolge der Summation bzw. der Produktbildung ohne Schwierigkeit nachgetragen werden kann.

16. Abels einfach unendliche Reihen und Produkte für die elliptischen Funktionen. Durch Ausführung der Addition bzw. Multiplikation nach einem Index gelangte *Abel* weiter zur Darstellung der elliptischen Funktionen in der Gestalt[81]):

$$(37)\qquad \varphi(\alpha) = \frac{\varpi}{\pi i} \sin\frac{\alpha\pi i}{\varpi} \cdot \prod_{m=1}^{\infty} \frac{1 - \dfrac{\sin^2 \frac{\alpha\pi i}{\varpi}}{\sin^2 \frac{m\omega\pi i}{\varpi}}}{1 - \dfrac{\sin^2 \frac{\alpha\pi i}{\varpi}}{\cos^2 \frac{(2m-1)\omega\pi i}{2\varpi}}}$$

und zu Reihendarstellungen der Form:

$$(38)\qquad \varphi\left(\alpha\frac{\omega}{2}\right) = \frac{4}{ec}\,\frac{\pi}{\omega} \sum_{n=0}^{\infty} \frac{(-1)^n \sin\frac{(2n+1)\alpha\pi}{2}}{\varrho^{2n+1} + \varrho^{-2n-1}}, \qquad \left(\varrho = e^{\frac{\pi\varpi}{2\omega}}\right),$$

von denen er namentlich die ersteren mannigfach verwendete. Er gab ihnen bald darauf die Gestalt[82]):

$$(39)\qquad \lambda(\alpha) = A \cdot \frac{1-t^2}{1+t^2} \prod_{n=1}^{\infty} \frac{(1-t^2 r^{2n})(1-t^{-2} r^{2n})}{(1+t^2 r^{2n})(1+t^{-2} r^{2n})},$$

unter Benutzung folgender Abkürzungen:

$$(40)\qquad t = e^{-\frac{\alpha\pi}{\varpi}}, \quad r = e^{-\frac{\omega\pi}{\varpi}}, \quad A = \prod_{n=1}^{\infty} \left(\frac{1+r^{2n+1}}{1-r^{2n+1}}\right)^2 = \frac{1}{\sqrt{c}}.$$

Hier bedeutet $\lambda(\alpha)$ die Umkehrungsfunktion des Integrals:

$$\alpha = \int_0^{\lambda} \frac{dx}{\sqrt{(1-x^2)(1-c^2x^2)}}.$$

Es treten hier bei *Abel* zum ersten Male im Zähler und Nenner der unendlichen Produkte jene Funktionen auf, welche bald darauf durch *Jacobi* als Thetafunktionen in den Mittelpunkt der ganzen Theorie gestellt werden sollten.[83]) Die weitere Ausgestaltung und die

81) S. Formel (181) der „Rech. sur les fonct. ell.“; *Abel*, „Oeuvr.“ 1, p. 345.
82) S. Formel (34) in *Abel*, „Oeuvr.“ 1, p. 435.
83) S. unten Nr. 27 ff.

Verwendung dieser Formeln für die Transformationstheorie vollzieht *Abel* im Wetteifer mit *Jacobi.*

17. Abels Transformation der elliptischen Funktionen. *Abel* erweitert unter Hinweis auf die von *Legendre* aufgefundenen Einzelfälle die Lösung des Problems, ein elliptisches Integral erster Gattung in ein anderes von verschiedenem Modul zu transformieren. Er gibt folgendes Theorem[84]):

Die fragliche Transformation des Integrals erster Gattung

$$(41) \qquad \int \frac{dy}{\sqrt{(1-c_1{}^2y^2)(1+e_1{}^2y^2)}} = \pm a \int \frac{dx}{\sqrt{(1-c^2x^2)(1+e^2x^2)}}$$

wird geleistet durch:

$$(42) \qquad y = f \cdot x \prod_{k=1}^{n} \frac{\varphi^2(k\alpha) - x^2}{1 + c^2 e^2 \varphi^2(k\alpha) x^2},$$

wo f eine unbestimmte Konstante ist, α die Bedeutung:

$$(43) \qquad \alpha = \frac{(m+\mu)\omega + (m-\mu)\varpi i}{2n+1}$$

hat und von den beiden ganzen Zahlen m, μ mindestens eine relativ prim gegen die ungerade Zahl $(2n+1)$ sein soll. Hierbei ergeben sich für die Koeffizienten c_1 und e_1 (Moduln) des transformierten Integrals die Darstellungen:

$$\frac{1}{c_1} = \frac{f}{c}\left(\prod_{k=1}^{n} \varphi\left(\frac{\omega}{2} + k\alpha\right)\right)^2, \qquad \frac{1}{e_1} = \frac{f}{e}\left(\prod_{k=1}^{n} \varphi\left(\frac{\varpi i}{2} + k\alpha\right)\right)^2,$$

für den Multiplikator a aber:

$$a = f \cdot \left(\prod_{k=1}^{n} \varphi(k\alpha)\right)^2.$$

Abel weißt bereits darauf hin, daß e_1 und c_1, wenn $(2n+1)$ eine Primzahl ist, mit Hilfe einer algebraischen Gleichung vom Grade $(2n+2)$ bestimmt werden können, und diskutiert die Realitätsverhältnisse.

Abel bemerkt bereits hier, daß durch Kombination der von ihm entdeckten Transformationen mit den von *Legendre* angegebenen alle möglichen Transformationen gefunden werden können, und daß man so zu der allgemeinsten zwischen elliptischen Integralen bestehenden, Relation gelangt.[85])

84) Vgl. Art. 41 der „Rech. sur les fonct. ell.“; *Abel,* „Oeuvr.“ 1, p. 363.
85) Vgl. Art. 49 der „Rech. sur les fonct. ell.“; *Abel,* „Oeuvr.“ 1, p. 376.

18. Abels Entdeckung der komplexen Multiplikation.[86]) Die gefundenen Ansätze geben *Abel* die Hilfsmittel zum Beweise, daß die Differentialgleichung:

$$\frac{dy}{\sqrt{(1-y^2)(1+e^2y^2)}} = a\frac{dx}{\sqrt{(1-x^2)(1+e^2x^2)}}$$

nur dann algebraische Integrale hat, wenn a entweder eine rationale Zahl oder von der Gestalt $(m \pm \sqrt{-1}\sqrt{n})$ ist, wo m und n rationale Zahlen sind.[87])

Nach Durchrechnung der Beispiele $a = \sqrt{-3}$, $a = \sqrt{-5}$ bemerkt er, daß für $a = \sqrt{-(2n+1)}$ der Wert von e gegeben ist durch:

$$(44) \qquad e = \frac{4\pi}{\omega}\sum_{k=0}^{\infty}\frac{1}{\varrho^{2k+1}+\varrho^{-2k-1}}, \quad \left(\varrho = e^{\frac{\pi}{2\sqrt{2n+1}}}\right),$$

während für:

$$\omega = 2\int_0^1 \frac{dx}{\sqrt{(1-x^2)(1+e^2x^2)}}$$

die Darstellung gilt:

$$(45) \qquad \omega = 4\pi\sqrt{2n+1}\sum_{k=1}^{\infty}\frac{1}{\sigma^{2k+1}+\sigma^{-2k-1}}, \quad \left(\sigma = e^{\frac{\pi}{2}\sqrt{2n+1}}\right).$$

19. Die weiteren Untersuchungen Abels. Das allgemeine Transformationsproblem. Die Untersuchungen *Abels*[88]) vollzogen sich weiterhin in inniger Wechselwirkung mit *Jacobis* Publikationen, auf welche er schon in einem Zusatze zu den „Recherches" Bezug nimmt. Außerdem führt *Abel* einen Teil seines allgemeinen Programms, die „Vergleichung der aus der Integralrechnung entspringenden Transzendenten"[89]) besonders an den elliptischen Integralen aus.

Er stellt sich die Aufgabe, alle möglichen Fälle zu finden, in denen man ein lineares Aggregat von elliptischen Integralen erster, zweiter und dritter Gattung mit konstanten Koeffizienten, wo zwischen den oberen Grenzen der Integrale algebraische Relationen bestehen, ausdrücken kann durch eine algebraische Funktion der Grenzen und

86) S. das Ref. I C 6, Nr. 1.

87) S. Art. 50—52 der „Rech. sur les fonct. ell."; *Abel*, „Oeuvr." 1, p. 377 ff. Vgl. auch die Abh. „Solution d'un probl. gen. concern. la transform. etc." Astron. Nachr. 6 (1828) und „Addit. au mém. précéd." Astron. Nachr. 7 (1829) oder *Abel*, „Oeuvr." 1, p. 403 u. 429.

88) S. „Précis d'une théor. des fonct. ell."; J. f. Math. 4 (1829) oder *Abel*, „Oeuvr." 1, p. 518.

89) Vgl. das Ref. II B 2, Nrn. 41, 46, 47.

ein lineares Aggregat von Logarithmen algebraischer Funktionen, deren Koeffizienten ebenfalls konstant sind. Daß überhaupt jede algebraische Relation zwischen algebraischen Integralen diese Gestalt haben muß, hat er ebenfalls erkannt.[90]) Sein Hilfsmittel bei dieser Untersuchung ist in erster Linie der Irreduzibilitätsbegriff algebraischer Gleichungen.

In der Einleitung zum „Précis" gibt *Abel* eine Übersicht über die erlangten Resultate. Die Ausführung erfolgte jedoch nur teilweise, da er am 6. April 1829 starb.

Der ausgeführte Teil des „Précis" ist auch deshalb besonders bemerkenswert, weil hier das algebraische Problem der Transformation mit rein algebraischen Mitteln außerordentlich weit gefördert wird im Gegensatze zu den „Recherches", wo der transzendente Gesichtspunkt der doppelten Periodizität den Leitfaden für die algebraische Untersuchung abgibt.

Die von *Abel* angekündigten Ergebnisse sind folgende: Die Aufstellung der allgemeinsten linearen Relation zwischen elliptischen Integralen der drei Gattungen (mit gleichen oder verschiedenen Moduln und algebraisch verknüpften oberen Grenzen) und algebraischen sowie logarithmischen Funktionen läßt sich zurückführen auf die Aufsuchung aller Fälle, in denen die Differentialgleichung:

$$\frac{dy}{\sqrt{(1-y^2)(1-c'^2y^2)}} = \varepsilon \frac{dx}{\sqrt{(1-x^2)(1-c^2x^2)}}$$

durch eine rationale Funktion y von x befriedigt wird. Diese Aufgabe wird wesentlich mit algebraischen Mitteln gelöst, indem sie zurückgeführt wird auf die Aufgabe, alle Lösungen der Gleichung:

$$(1-y^2)(1-c'^2y^2) = p^2(1-x^2)(1-c^2x^2)$$

in y und p anzugeben, welche rationale Funktionen von x sind. Der allgemeine Fall wird auf den besonderen zurückgeführt, daß Zähler und Nenner von y in x von Primzahlgrade m sind. In diesem Falle besteht zwischen c' und c eine algebraische Gleichung vom Grade $(m+1)$ mit ganzzahligen Koeffizienten, die „Modulargleichung".

Von den übrigen Ausführungen, welche im „Précis" geplant waren, seien hier nur die über die „Recherches" hinausgehenden erwähnt. *Abel* definiert jetzt die Funktion $\lambda(\theta)$ durch:

$$\theta = \int_0^{\lambda(\theta)} \frac{dx}{\Delta(x,c)}$$

90) S. den Brief an Legendre vom 25. Nov. 1828; *Abel*, „Oeuvr." 2, p. 275.

und die ω, ϖ durch:

$$\frac{\varpi}{2} = \int_0^1 \frac{dx}{\Delta(x, c)}, \quad \frac{\omega}{2} = \int_0^1 \frac{dx}{\Delta(x, b)}, \quad (b = \sqrt{1-c^2})$$

und konstatiert die Periodizitätseigenschaft:

$$\lambda(\theta + 2\varpi) = \lambda(\theta), \qquad \lambda(\theta + 2\omega i) = \lambda(\theta).$$

Er verleiht dem Additionstheorem die Gestalt:

$$\lambda(\theta' + \theta)\,\lambda(\theta' - \theta) = \frac{\lambda^2(\theta') - \lambda^2(\theta)}{1 - c^2\lambda^2(\theta)\,\lambda^2(\theta')}$$

und gibt der Produktentwicklung der Funktion λ die Form:

$$(46) \qquad \lambda(\theta\varpi) = \frac{2}{\sqrt{c}}\sqrt[4]{q}\,\sin(\pi\theta)\prod_{n=1}^{\infty}\frac{1 - 2q^{2n}\cos(2\theta\pi) + q^{4n}}{1 - 2q^{2n-1}\cos(2\theta\pi) + q^{4n-2}},$$

wobei er die Bezeichnung q im Sinne *Jacobis* gebraucht:

$$q = e^{-\frac{\omega}{\varpi}\pi}.$$

Er stellt das nach ihm benannte Abelsche Theorem für elliptische Funktionen in der später viel verwendeten Gestalt auf: Wenn die Gleichung:

$$(\lambda(\theta))^{2n} + a_{n-1}(\lambda(\theta))^{2n-2} + \cdots + a_1(\lambda(\theta))^2 + a_0$$
$$= (b_0\lambda(\theta) + b_1(\lambda(\theta))^3 + \cdots + b_{n-2}(\lambda(\theta))^{2n-3})\,\Delta(\theta)$$

durch die $2n$ Werte $\theta_1, \theta_2, \ldots, \theta_{2n}$ befriedigt wird, so gilt:

$$\lambda(\theta_1 + \theta_2 + \cdots + \theta_{2n}) = 0,$$
$$-\lambda(\theta_{2n}) = +\lambda(\theta_1 + \theta_2 + \cdots + \theta_{2n-1}) = \frac{-a_0}{\lambda(\theta_1)\,\lambda(\theta_2)\ldots\lambda(\theta_{2n-1})}.$$

Es erscheinen ferner die späterhin als Abelsche Relationen bezeichneten Gleichungen für zwei beliebige positive ganze Zahlen m, μ:

$$(47) \qquad \begin{cases} \displaystyle\sum_{n=0}^{2\mu}\lambda\left(\frac{2m\varpi + n\omega i}{2\mu+1}\right)\delta^{nk} = 0, \\ \displaystyle\sum_{n=0}^{2\mu}\lambda\left(\frac{2n\varpi + m\omega i}{2\mu+1}\right)\delta^{nk'} = 0, \end{cases} \qquad \left(\delta = e^{\frac{2i\pi}{2\mu+1}}\right),$$

sowie die transzendente Lösung der Modulargleichungen mit Hilfe unendlicher Produkte und eine Skizze der Transformationstheorie bei reellen Moduln. Endlich aber findet sich als letzter Punkt die Angabe der Darstellung:

$$(48) \qquad \lambda(\theta) = \frac{\theta + a\theta^3 + a'\theta^5 + \cdots}{1 + b'\theta^4 + b''\theta^6 + \cdots} = \frac{\varphi(\theta)}{f(\theta)},$$

wo im Zähler und Nenner beständig konvergente Potenzreihen stehen, welche die Relationen erfüllen:

$$\varphi(\theta'+\theta)\,\varphi(\theta'-\theta) = (\varphi(\theta)f(\theta'))^2 - (\varphi(\theta')f(\theta))^2,$$
$$f(\theta'+\theta)\,f(\theta'-\theta) = (f(\theta)f(\theta'))^2 - c^2(\varphi(\theta)\,\varphi(\theta'))^2.$$

Hieraus ergibt sich leicht, daß die Koeffizienten der Reihen für φ und f ganze rationale Funktionen von c^2 mit rationalen Zahlenkoeffizienten werden. An diese Entwicklungen schließen sich späterhin *Weierstraß* u. a. an.

20. Jacobis erste Arbeiten. Die erste Publikation *Jacobis* über elliptische Funktionen[91]) fällt zeitlich nahe mit den „Recherches" von *Abel* zusammen und befaßt sich mit der Lösung des Transformationsproblems im unmittelbaren Anschlusse an *Legendre* und mit Anwendung auf die numerische Berechnung der elliptischen Integrale erster Gattung. Die zweite Veröffentlichung[92]) gibt den Beweis des Satzes, daß durch die Substitution $y = \frac{U}{V}$ das Differential:

$$\frac{dy}{\sqrt{(1-\alpha y)(1-\alpha' y)(1-\alpha'' y)(1-\alpha''' y)}}$$

transformiert wird in

$$\frac{dx}{M\sqrt{(1-\beta x)(1-\beta' x)(1-\beta'' x)(1-\beta''' x)}},$$

wo M konstant ist, wenn U, V, T als rationale ganze Funktionen von x so bestimmt werden, daß:

$$(V-\alpha U)(V-\alpha' U)(V-\alpha'' U)(V-\alpha''' U)$$
$$= T^2(1-\beta x)(1-\beta' x)(1-\beta'' x)(1-\beta''' x)$$

identisch gilt.

Außerdem bringt diese Arbeit zum ersten Male die später maßgebend gewordenen Bezeichnungen sin am, cos am der elliptischen Funktionen. Schreibt man:

$$(49) \qquad F(\varphi) = \int_0^{\varphi} \frac{d\varphi}{\sqrt{1-k^2\sin^2\varphi}} = u$$

(in der genannten Arbeit benutzt *Jacobi* an Stelle seiner späteren Schreibweise u die Bezeichnung Ξ), so wird:

$$(50) \qquad \begin{cases} \varphi = \operatorname{am}(u,k) & \text{(Amplitudo)}, \\ x = \sin\varphi = \sin\operatorname{am}(u,k) & \text{(Sinus amplitudinis)} \end{cases}$$

---

91) Briefe *Jacobis* an Schumacher vom 13. Juni und 2. Aug. 1827; „Astron. Nachr." 6, Nr. 123 oder *Jacobis* „Werke" 1, p. 29.

92) „Astron. Nachr." 6, Nr. 127 (Dez. 1827) oder *Jacobi*, „Werke" 1, p. 39.

gesetzt, wobei also:

$$u = \int_0^x \frac{dx}{\sqrt{(1-x^2)(1-k^2x^2)}} \tag{51}$$

gilt. Weiter schreibt *Jacobi*:

$$K = \int_0^{\frac{\pi}{2}} \frac{d\varphi}{\sqrt{1-k^2\sin^2\varphi}}, \qquad \operatorname{am}(K-u) = \operatorname{co am}(u, k). \tag{52}$$

Der Modul k wird, wenn es ohne Mißverständnis geschehen kann, weggelassen. An $\sin \operatorname{am} u$ reihen sich weiter:

$$\cos \operatorname{am} u = \sqrt{1-x^2}, \qquad \Delta \operatorname{am} u = \sqrt{1-k^2x^2}. \tag{53}$$

Mit Hilfe dieser Bezeichnungen schreibt *Jacobi* dann die Lösung des zuerst nach der Methode der unbestimmten Koeffizienten behandelten Transformationsproblems in expliziter Form hin.

21. Die einführenden Abschnitte der „Fundamenta nova". Die nun folgende zusammenhängende Darstellung *Jacobis* „Fundam. nova theoriae funct. ellipt."[93]) hat das System der Bezeichnungen auf lange hinaus festgelegt und das ganze bisher bekannte Gebiet systematisch in eingehender rechnerischer Ausführung bearbeitet. Dabei treten viele neue Gesichtspunkte hervor, von denen als einer der wichtigsten die Darstellung auch der Integrale zweiter und dritter Gattung als Funktionen des Integrals erster Gattung schon hier hervorgehoben sei.

Der Ausgangspunkt der „Fundamenta" ist wieder das Problem der rationalen Transformation, welches zunächst rein algebraisch für den 2., 3. und 5. Grad eingehend durchgerechnet wird. Insbesondere wird die Reduktion des Integrales erster Gattung auf die *Legendre*sche Normalform mit Hilfe einer Transformation zweiten Grades entwickelt, und weiter werden für die Transformationen 3. und 5. Grades die algebraischen Gleichungen zwischen dem ursprünglichen und dem transformierten Modul aufgestellt. Diese Gleichungen werden später als „Jacobische Modulargleichungen" bezeichnet.

Nun folgt eine systematische Einführung der Umkehrfunktionen in den schon in Nr. **20** genannten, seither maßgeblich gewordenen Bezeichnungen $\sin \operatorname{am} u$, $\cos \operatorname{am} u$, $\Delta \operatorname{am} u$. Diese Funktionen werden von *Jacobi* als „elliptische Funktionen" bezeichnet, woran für die Folge festgehalten wurde, und was (gegenüber späteren Verallgemeinerungen des Begriffs der elliptischen Funktionen) durch den Zusatz

93) Königsberg 1829; *Jacobi*, „Werke" 1, p. 49 ff.

„Jacobische elliptische Funktionen" noch besonders hervorgehoben wurde.[94])

Neben die Funktionen mit dem Modul k treten diejenigen des (nach *Legendre*) komplementären Moduls $k' = \sqrt{1-k^2}$. Die Substitution $\sin\varphi = i \operatorname{tg}\psi$ führt auf die Gleichung:

$$\frac{d\varphi}{\sqrt{1-k^2\sin^2\varphi}} = \frac{i\,d\psi}{\sqrt{1-k'^2\sin^2\psi}},$$

aus der *Jacobi*[95]) die Gleichungen entnimmt:

$$(54)\quad \begin{cases} \sin\operatorname{am}(iu,k) = i\operatorname{tg}\operatorname{am}(u,k'), \\ \cos\operatorname{am}(iu,k) = \sec\operatorname{am}(u,k'), \\ \operatorname{tg}\operatorname{am}(iu,k) = i\sin\operatorname{am}(u,k'), \\ \Delta\operatorname{am}(iu,k) = \dfrac{\Delta\operatorname{am}(u,k')}{\cos\operatorname{am}(u,k')}. \end{cases}$$

Wird entsprechend der Formel (52):

$$(55)\quad K' = \int_0^{\frac{\pi}{2}} \frac{d\varphi}{\sqrt{1-k'^2\sin^2\varphi}}$$

gesetzt, so entspringen aus den vorstehenden Gleichungen in Verbindung mit dem Additionstheoreme, das von *Legendre* übernommen wurde, und dem *Jacobi*[96]) nicht weniger als 33 Gestalten gibt, sofort die Regeln:

$$(56)\quad \begin{cases} \dfrac{1}{\sin\operatorname{am} iK'} = 0, \quad \sin\operatorname{am} 2iK' = 0, \\ \sin\operatorname{am}(u+2iK') = \sin\operatorname{am} u, \\ \cos\operatorname{am}(u+2iK') = -\cos\operatorname{am} u, \\ \Delta\operatorname{am}(u+2iK') = -\Delta\operatorname{am} u \end{cases}$$

und damit die Existenz der zweiten Periode. Daraufhin wird das „principium duplicis periodi" von *Jacobi* ausdrücklich formuliert. Es gelten die Formeln:

$$(57)\quad \begin{cases} \sin\operatorname{am}(u+4mK+2m'iK') = \sin\operatorname{am} u, \\ \cos\operatorname{am}(u+4mK+2m'(K+iK')) = \cos\operatorname{am} u, \\ \Delta\operatorname{am}(u+2mK+4m'iK') = \Delta\operatorname{am} u, \end{cases}$$

wo m und m' beliebige ganze Zahlen sind.

---

94) Die Legendresche Bezeichnung der Integrale als „elliptischer Funktionen" (vgl. Nr. 4) wurde jedoch von *Legendre* selbst noch festgehalten; vgl. den Brief *Legendres* an Jacobi vom 16. Juli 1829; *Jacobis* „Werke" 1, p. 451.

95) S. Art. 19 der „Fundamenta"; *Jacobi*, „Werke" 1, p. 85.

96) S. Art. 18 der „Fundamenta"; *Jacobi*, „Werke" 1, p. 83.

22. Jacobis Behandlung der Transformationstheorie auf Grund der Umkehrfunktion.[97]) Die gewonnenen Ergebnisse werden nun in ganz ähnlicher Weise wie bei *Abel* zur Lösung des Transformationsproblems benutzt. *Jacobi* stellt folgendes Theorem auf: Setzt man

$$\omega = \frac{mK + m'iK'}{n}, \tag{58}$$

worin n eine positive ungerade Zahl bedeutet und m, m' als beliebige ganze Zahlen so gewählt sind, daß n, m, m' keinen von 1 verschiedenen Teiler gemeinsam haben, so wird die Differentialgleichung:

$$\frac{dy}{\sqrt{(1-y^2)(1-\lambda^2 y^2)}} = \frac{1}{M}\frac{dx}{\sqrt{(1-x^2)(1-k^2x^2)}} \tag{59}$$

mit der Anfangsbedingung $y = 0$ für $x = 0$ befriedigt, wenn man setzt:

$$\tag{60}\left\{\begin{aligned} y &= \sin\operatorname{am}\left(\frac{u}{M}, \lambda\right) \\ &= \frac{\sin\operatorname{am} u\cdot\sin\operatorname{am}(u+4\omega)\cdot\sin\operatorname{am}(u+8\omega)\cdots(\sin\operatorname{am} u + 4(n-1)\omega)}{(\sin\operatorname{co}\operatorname{am} 4\omega\cdot\sin\operatorname{co}\operatorname{am} 8\omega\cdots\sin\operatorname{co}\operatorname{am} 2(n-1)\omega)^2}, \\ \lambda &= k^n(\sin\operatorname{co}\operatorname{am} 4\omega\cdot\sin\operatorname{co}\operatorname{am} 8\omega\cdots\sin\operatorname{co}\operatorname{am} 2(n-1)\omega)^4, \\ M &= (-1)^{\frac{n-1}{2}}\left(\frac{\sin\operatorname{co}\operatorname{am} 4\omega\cdot\sin\operatorname{co}\operatorname{am} 8\omega\cdots\sin\operatorname{co}\operatorname{am} 2(n-1)\omega}{\sin\operatorname{am} 4\omega\cdot\sin\operatorname{am} 8\omega\cdots\sin\operatorname{am} 2(n-1)\omega}\right)^2. \end{aligned}\right.$$

23. Die supplementären Transformationen und die Multiplikation.[98]) Indem sich *Jacobi* weiter auf den Fall beschränkt, daß der Transformationsgrad n eine Primzahl sei, hebt er unter den gesamten $(n+1)$ wesentlich verschiedenen Ansätzen (58) zur Transformation dieses Grades diejenigen beiden besonders heraus, welche einen reellen Modul stets wieder in einen reellen überführen. Sie entsprechen den Ansätzen:

$$\omega = \frac{K}{n}, \quad \omega' = \frac{iK'}{n} \tag{61}$$

und werden von *Jacobi* als „erste" und „zweite" Transformation unterschieden. Die beiden zugehörigen transformierten Werte des Moduls k bezeichnet *Jacobi* durch λ und λ_1, die den Integralen K, K' entsprechenden Integrale für den Modul λ heißen Λ, Λ', für λ_1 aber Λ_1, Λ_1', desgleichen die Multiplikatoren M, M_1. Bei reellem k ergeben sich die Beziehungen:

$$\tag{62}\left\{\begin{aligned} \Lambda &= \frac{K}{nM}, & \Lambda' &= \frac{K'}{M}, \\ \Lambda_1 &= \frac{K}{M_1}, & \Lambda_1' &= \frac{K'}{nM_1}, \end{aligned}\right.$$

97) S. Art. 20 der „Fundamenta"; *Jacobi*, „Werke" 1, p. 87.

98) S. Art. 24 der „Fundamenta"; *Jacobi*, „Werke" 1, p. 100.

woraus folgt:

(63) $$\frac{\Lambda'}{\Lambda} = n\frac{K'}{K}, \quad \frac{\Lambda_1'}{\Lambda_1} = \frac{1}{n}\frac{K'}{K}.$$

Falls man die Moduln in Abhängigkeit voneinander auffaßt, ergibt sich:

$$\lambda(\lambda_1(k)) = k \quad \text{und} \quad \lambda_1(\lambda(k)) = k.$$

Faßt man auch die Multiplikatoren als Funktionen der Moduln auf, so heißt die dritte Formel (62):

$$\Lambda_1 = \frac{K}{M_1(k)}.$$

Ersetzt man hier k durch λ, wodurch K in Λ und Λ_1 in K übergeht:

$$K = \frac{\Lambda}{M_1(\lambda)},$$

so zeigt der Vergleich mit der ersten Formel (62):

$$\frac{1}{M(k)\,M_1(\lambda)} = n.$$

Somit ergibt die sukzessive Anwendung der ersten und zweiten Transformation die Multiplikation, d. h. sin am (nu, k) ausgedrückt durch sin am (u, k). Beide Transformationen werden zueinander supplementär genannt. Überhaupt aber wird zu jeder Transformation diejenige als supplementär bezeichnet, welche mit ihr zusammen die Multiplikation ergibt.

24. Die Differentialgleichung der Modulargleichung. Die arithmetischen Relationen zwischen K und K' sowie Λ und Λ'.[99] *Jacobi* wendet sich wieder der Modulargleichung zu, welche er als algebraisches Integral der Differentialgleichung:

(64) $$2\,dk\,d\lambda(d\lambda\cdot d^3\varkappa - dk\cdot d^3\lambda) - 3(d\lambda^2(d^2k)^2 - dk^2(d^2\lambda)^2) + dk^2 d\lambda^2\left\{\left(\frac{1+k^2}{k-k^3}\right)^2 dk^2 - \left(\frac{1+\lambda^2}{\lambda-\lambda^3}\right)^2 d\lambda^2\right\} = 0$$

erkennt. Diese Differentialgleichung wird erhalten aus der Gleichung:

$$M^2 = \frac{1}{n}\,\frac{\lambda(1-\lambda^2)}{k(1-k^2)}\,\frac{dk}{d\lambda},$$

einer Folgerung aus der *Legendre*schen Differentialgleichung für K und K' und der analogen Gleichung für die entsprechenden zu λ gehörigen Größen Λ, Λ'.

Hier ergeben sich die Gleichungen:

(65) $$\alpha\Lambda + i\beta\Lambda' = \frac{aK + ibK'}{nM}, \quad \alpha'\Lambda' + i\beta'\Lambda = \frac{a'K' + ib'K}{nM},$$

99) S. Art. 32 ff. der „Fundamenta"; *Jacobi*, „Werke" 1, p. 129 ff.

wobei a, a', α, α' ungerade Zahlen, b, b', β, β' gerade Zahlen mit den Bedingungen:

$$aa' + bb' = n, \qquad \alpha\alpha' + \beta\beta' = 1 \tag{66}$$

sind. Die genauere Bestimmung der Zahlen a, a' usw. für jede Transformation erscheint *Jacobi* zu schwierig, und er verweist auf ein genaueres Studium der komplexen Moduln. Dieser Zusammenhang zwischen den Perioden der ursprünglichen und denen der transformierten Funktionen, welcher auch schon bei *Abel* angedeutet ist, wird dann in der späteren Entwicklung der Theorie geradezu als Grundlage derselben erkannt. *Jacobi* hat schon selbst darauf hingewiesen durch die Bemerkung, daß der Modul k, als Funktion des Verhältnisses $\frac{K'}{K}$ betrachtet, unverändert bleibt, wenn man diesen Quotienten ersetzt durch:

$$\frac{1}{i}\,\frac{bK + ib'K'}{aK + ia'K'}, \tag{67}$$

wo die a, a', b, b' irgendwelche ganze die Bedingung $ab' - a'b = 1$ befriedigende Zahlen sind und a ungerade, b gerade ist. Dies ist wohl die erste Publikation, in welcher diese Fundamentaleigenschaft der Modulfunktionen erwähnt wird.[100])

25. Jacobis Darstellung der elliptischen Funktionen als Quotienten einfach unendlicher Produkte.[101]) Bei Anwendung der ersten Transformation ergibt sich:

$$\lambda = k^n \left\{\sin\operatorname{co}\operatorname{am}\frac{2K}{n}\cdot\sin\operatorname{co}\operatorname{am}\frac{4K}{n}\cdot\cdots\cdot\sin\operatorname{co}\operatorname{am}\frac{(n-1)K}{n}\right\}^4,$$

so daß λ zunächst unter der Annahme eines reellen $k < 1$ mit wachsendem n gegen Null konvergiert. Der Übergang zur Grenze für $n = \infty$ ergibt:

$$\lambda = 0, \qquad \Lambda = \frac{\pi}{2} = \frac{K}{nM}, \qquad \Lambda' = \frac{K'}{M},$$

also:

$$nM = \frac{2K}{\pi}, \qquad \frac{\Lambda'}{n} = \frac{\pi K'}{2K}.$$

Wird nun in der zur ersten supplementären Transformation zur Grenze übergegangen, so erhält man nach einigen Umformungen die Formeln:

100) Vgl. „Suite des notices sur les fonct. ell." (Ausz. aus einem Bfe. an Crelle vom 21. Jul. 1828), *Jacobi,* „Werke" 1, p. 268.

101) S. Art. 35 ff. der „Fundamenta"; *Jacobi,* „Werke" 1, p. 141 ff.

$$(68)\quad\begin{cases}\sin\operatorname{am}\dfrac{2Kx}{\pi}=\dfrac{1}{\sqrt{k}}\,\dfrac{2\sqrt[4]{q}\sin x\prod\limits_{n=1}^{\infty}(1-2q^{2n}\cos 2x+q^{4n})}{\prod\limits_{n=1}^{\infty}(1-2q^{2n-1}\cos 2x+q^{4n-2})},\\[2ex] \cos\operatorname{am}\dfrac{2Kx}{\pi}=\sqrt{\dfrac{k'}{k}}\,\dfrac{2\sqrt[4]{q}\cos x\prod\limits_{n=1}^{\infty}(1+2q^{2n}\cos 2x+q^{4n})}{\prod\limits_{n=1}^{\infty}(1-2q^{2n-1}\cos 2x+q^{4n-2})},\\[2ex] \Delta\operatorname{am}\dfrac{2Kx}{\pi}=\sqrt{k'}\,\dfrac{\prod\limits_{n=1}^{\infty}(1+2q^{2n-1}\cos 2x+q^{4n-2})}{\prod\limits_{n=1}^{\infty}(1-2q^{2n-1}\cos 2x+q^{4n-2})},\end{cases}$$

wo $q=e^{-\frac{\pi K'}{K}}$ ist.

Die Durchführung der Umformungen ergibt eine Fülle von Entwicklungen von k, k', K in unendliche Produkte, von denen folgende angeführt seien:

$$(69)\quad\begin{cases}k=4q^{\frac{1}{2}}\left\{\prod\limits_{n=1}^{\infty}\dfrac{1+q^{2n}}{1+q^{2n-1}}\right\}^4,\quad k'=\left\{\prod\limits_{n=1}^{\infty}\dfrac{1-q^{2n-1}}{1+q^{2n-1}}\right\}^4,\\[2ex] \dfrac{\sqrt{k}\,K}{\pi}=q^{\frac{1}{4}}\left\{\prod\limits_{n=1}^{\infty}\dfrac{1-q^{2n}}{1-q^{2n-1}}\right\}^2.\end{cases}$$

Die Konvergenz dieser und der vorigen Formeln ist lediglich an die Bedingung $|q|<1$ gebunden. Diese Formeln, welche nicht bloß k und k', sondern auch noch $\sqrt[4]{k}$ und $\sqrt[4]{k'}$ eindeutig durch den Quotienten von K' und K ausdrücken, sind später von großer Bedeutung geworden.

Jacobi bemerkt ähnlich wie *Abel* (vgl. z. B. „Oeuvres" 1, p. 474), daß durch die Formel für k alle Wurzeln der Modulargleichung der Transformation n^{ten} Grades bei primzahligen n geliefert werden, wenn q der Reihe nach ersetzt wird durch:

$$q^n,\ q^{\frac{1}{n}},\ \alpha q^{\frac{1}{n}},\ \alpha^2 q^{\frac{1}{n}},\ \ldots,\ \alpha^{n-1}q^{\frac{1}{n}},$$

unter α eine primitive n^{te} Einheitswurzel verstanden.[102]) Auch berechnet er bei zusammengesetztem n die Anzahl wesentlich verschiedener Transformationen n^{ten} Grades und damit den Grad der Modulargleichung richtig als Teilersumme der Zahl n und charakterisiert die Besonderheiten, welche eintreten, wenn n quadratische Teiler hat.

102) S. *Jacobi*, „Werke" 1, p. 101, 110 u. 252.

Speziell führt *Jacobi* die von *Gauß* bereits publizierte Theorie des arithmetisch-geometrischen Mittels und die *Landen-Gauß*sche Transformation genauer aus.[103])

Die erhaltenen Formeln benutzt *Jacobi* nun weiter zur Entwicklung der elliptischen Funktionen in trigonometrische Reihen und erhält durch logarithmische Differentiation und geeignete Umformungen[104]):

$$
(70)\quad \begin{cases}
\dfrac{2kK}{\pi}\sin\operatorname{am}\dfrac{2Kx}{\pi} = \sum\limits_{n=1}^{\infty}\dfrac{4q^{\frac{2n-1}{2}}}{1-q^{2n-1}}\sin(2n-1)x, \\[2ex]
\dfrac{2kK}{\pi}\cos\operatorname{am}\dfrac{2Kx}{\pi} = \sum\limits_{n=1}^{\infty}\dfrac{4q^{\frac{2n-1}{2}}}{1+q^{2n-1}}\cos(2n-1)x, \\[2ex]
\dfrac{2K}{\pi}\Delta\operatorname{am}\dfrac{2Kx}{\pi} = 1+\sum\limits_{n=1}^{\infty}\dfrac{4q^{n}}{1+q^{2n}}\cos 2nx.
\end{cases}
$$

Für komplexes x ist (k als reell vorausgesetzt) das Konvergenzgebiet dieser Reihen beschränkt auf einen längs der reellen x-Achse sich erstreckenden symmetrisch zu dieser Achse verlaufenden Parallelstreifen von der Breite $\frac{2K'}{K}$.

Auch hieraus zieht *Jacobi* eine Fülle von Formeln, bei denen eigenartige arithmetische Gesetze auftreten.

26. Die Integrale zweiter und dritter Gattung bei Jacobi.[105]) Statt des Legendreschen Integrals zweiter Gattung:

$$
E(\varphi) = \int_0^{\varphi}\sqrt{1-k^2\sin^2\varphi}\,d\varphi = \int_0^{u}(1-k^2\sin^2\operatorname{am}u)\,du
$$

führt *Jacobi*, durch die Reihenentwicklungen veranlaßt, das folgende ein:

$$
(71)\quad \frac{2K}{\pi}\,\mathrm{Z}\left(\frac{2Kx}{\pi}\right) = \frac{2Kx}{\pi}\left(\frac{2K}{\pi}-\frac{2E}{\pi}\right) - \left(\frac{2kK}{\pi}\right)^2\int_0^{x}\sin^2\operatorname{am}\frac{2Kx}{\pi}\,dx,
$$

welches mit den Legendreschen Integralen $E(\varphi)$ und $F(\varphi)$ durch die Gleichung verknüpft ist:

$$
\mathrm{Z}(u) = \frac{K\cdot E(\varphi) - E\cdot F(\varphi)}{K}.
$$

103) S. *Jacobi*, „Werke" 1, p. 150.

104) S. *Jacobi*, „Werke" 1, p. 157.

105) S. Art. 47 ff. der „Fundamenta", *Jacobi*, „Werke" 1, p. 187 ff.

Statt des Legendreschen Integrales dritter Gattung führt *Jacobi* das Integral ein:

$$(72)\qquad \Pi(u,a) = \int_0^u \frac{k^2 \sin\operatorname{am} a \cdot \cos\operatorname{am} a \cdot \Delta\operatorname{am} a \cdot \sin^2\operatorname{am} u}{1 - k^2 \sin^2\operatorname{am} a \cdot \sin^2\operatorname{am} u}\, du$$

und spricht das Theorem von der Vertauschung von Parameter und Argument in der Gestalt aus:

$$(73)\qquad \Pi(u,a) - \Pi(a,u) = u\,\mathrm{Z}(a) - a\,\mathrm{Z}(u).$$

27. Jacobis Thetafunktionen.[106]) Nun erfolgt der entscheidende Schritt, die Transzendente:

$$(74)\qquad \Theta(u) = \Theta(0)\cdot e^{\int_0^u \mathrm{Z}(u)\,du}$$

als selbständiges Element in die Theorie einzuführen. Die voraufgehenden Entwicklungen liefern für dieselbe die Darstellung:

$$(75)\qquad \Theta\left(\frac{2Kx}{\pi}\right) = \Theta(0)\cdot \frac{\prod_{n=1}^{\infty}(1 - 2q^{2n-1}\cos 2x + q^{4n-2})}{\prod_{n=1}^{\infty}(1 - q^{2n-1})^2},$$

wobei jedoch die Bestimmung von $\Theta(0)$ noch vorbehalten bleibt.

28. Die Integrale zweiter und dritter Gattung ausgedrückt durch die Thetafunktion. Das Prinzip, das Integral erster Gattung u überall als unabhängige Variabele einzuführen, bringt *Jacobi* nun auch bei der Darstellung der Integrale zweiter und dritter Gattung zur Geltung; er gibt mittelst der Θ-Funktion die Darstellungen:

$$(76)\qquad \mathrm{Z}(u) = \frac{\Theta'(u)}{\Theta(u)},\qquad \Pi(u,a) = u\,\frac{\Theta'(a)}{\Theta(a)} + \frac{1}{2}\log\frac{\Theta(u-a)}{\Theta(u+a)}.$$

Ferner ergeben sich hieraus leicht die Additionstheoreme für die Integrale Z und Π in der Gestalt:

$$(77)\qquad \mathrm{Z}(u) + \mathrm{Z}(a) - \mathrm{Z}(u+a) = k^2 \sin\operatorname{am} u \cdot \sin\operatorname{am} a \cdot \sin\operatorname{am}(u+a),$$

$$(78)\qquad \begin{aligned} &\Pi(u,a) + \Pi(v,a) - \Pi(u+v,a)\\ &= \frac{1}{2}\log\frac{\Theta(u-a)\,\Theta(v-a)\,\Theta(u+v+a)}{\Theta(u+a)\,\Theta(v+a)\,\Theta(u+v-a)}\\ &= \frac{1}{2}\log\frac{1 - k^2\sin\operatorname{am} a\cdot\sin\operatorname{am} u\cdot\sin\operatorname{am} v\cdot\sin\operatorname{am}(u+v-a)}{1 + k^2\sin\operatorname{am} a\cdot\sin\operatorname{am} u\cdot\sin\operatorname{am} v\cdot\sin\operatorname{am}(u+v+a)}.\end{aligned}$$

---

106) S. Art. 52 ff. der „Fundamenta", *Jacobi*, „Werke" 1, p. 197 ff.

29. Die elliptischen Funktionen selbst ausgedrückt durch die Funktionen Θ, H.[107]) Bei Einführung der Bezeichnung:

$$(79)\qquad \frac{H\left(\frac{2Kx}{\pi}\right)}{\Theta(0)} = \frac{2\sqrt[4]{q}\sin x \prod\limits_{u=1}^{\infty}(1-2q^{2n}\cos 2x + q^{4n})}{\prod\limits_{n=1}^{\infty}(1-q^{2n-1})^2}$$

wird nun:

$$(80)\qquad \begin{cases} \sin \operatorname{am} u = \frac{1}{\sqrt{k}}\frac{H(u)}{\Theta(u)}, \\ \cos \operatorname{am} u = \sqrt{\frac{k'}{k}}\frac{H(u+K)}{\Theta(u)}, \\ \Delta \operatorname{am} u = \sqrt{k'}\frac{\Theta(u+K)}{\Theta(u)}. \end{cases}$$

Hier sind die elliptischen Funktionen nach heutiger Sprechweise als Quotienten ganzer transzendenter Funktionen dargestellt. Weiter gilt:

$$(81)\qquad \sqrt{k} = \frac{H(K)}{\Theta(K)}, \quad \sqrt{k'} = \frac{\Theta(0)}{\Theta(K)}.$$

30. Die fundamentalen Eigenschaften der Funktionen $H(u)$ und $\Theta(u)$. Es gilt:

$$(82)\qquad \Theta(-u) = \Theta(u), \quad H(-u) = -H(u),$$

$$(83)\qquad \Theta(u+2K) = \Theta(u), \quad H(u+2K) = -H(u).$$

Ferner lassen sich die Funktionen H und Θ gegenseitig durcheinander darstellen:

$$(84)\qquad \begin{cases} \Theta(u+iK') = i\cdot e^{\frac{\pi(K'-2iu)}{4K}}H(u), \\ H(u+iK') = i\cdot e^{\frac{\pi(K'-2iu)}{4K}}\Theta(u). \end{cases}$$

Hieraus folgt weiter:

$$(85)\qquad \begin{cases} \Theta(u+2iK') = -e^{\frac{\pi(K'-iu)}{K}}\Theta(u), \\ H(u+2iK') = -e^{\frac{\pi(K'-iu)}{K}}H(u), \end{cases}$$

womit sich allgemein ergibt:

$$e^{\frac{\pi u^2}{4KK'}}\Theta(u) = (-1)^m e^{\frac{\pi(u+2miK')^2}{4KK'}}\Theta(u+2miK'),$$

$$e^{\frac{\pi u^2}{4KK'}}H(u) = (-1)^m e^{\frac{\pi(u+2miK')^2}{4KK'}}H(u+2miK').$$

107) S. Art. 61 ff. der „Fundamenta", *Jacobi*, „Werke" 1, p. 224 ff.

Insbesondere ist:

$$\Theta(u)=0 \quad \text{für} \quad u=2mK+(2m'+1)iK',$$
$$H(u)=0 \quad \text{für} \quad u=2mK+2m'iK'.$$

31. Die Reihenentwicklungen von $\Theta(u)$ und $H(u)$.[108]) Auf Grund der Gleichungen (83) und (84) gewinnt *Jacobi* Entwicklungen für die Funktionen $\Theta(u)$ und $H(u)$ in trigonometrische Reihen, wobei die Bestimmung eines gemeinsamen konstanten Faktors zu der Normierung führt:

(86) $$\Theta(0)=\sqrt{\frac{2k'K}{\pi}}.$$

Diese Reihen lauten:

(87) $$\begin{cases} \Theta\left(\frac{2Kx}{\pi}\right)=1-2q\cos 2x+2q^4\cos 4x-2q^9\cos 6x+\cdots, \\ H\left(\frac{2Kx}{\pi}\right)=2q^{\frac{1}{4}}\sin x-2q^{\frac{9}{4}}\sin 3x+2q^{\frac{25}{4}}\sin 5x \\ \qquad\qquad -2q^{\frac{49}{4}}\sin 7x+\cdots, \end{cases}$$

neben welche sich noch die Formeln stellen:

(88) $$\begin{cases} \Theta(0)=\sqrt{\frac{2k'K}{\pi}}=1-2q+2q^4-2q^9+2q^{16}-\cdots, \\ \Theta(K)=\sqrt{\frac{2K}{\pi}}=1+2q+2q^4+2q^9+2q^{16}+\cdots, \\ H(K)=\sqrt{\frac{2kK}{\pi}}=2q^{\frac{1}{4}}+2q^{\frac{9}{4}}+2q^{\frac{25}{4}}+2q^{\frac{49}{4}}+\cdots, \\ \frac{2K}{\pi}H'(0)=\frac{2K}{\pi}\sqrt{\frac{2kk'K}{\pi}}=2q^{\frac{1}{4}}-6q^{\frac{9}{4}}+10q^{\frac{25}{4}}-14q^{\frac{49}{4}}+\cdots. \end{cases}$$

Die grundlegende Gleichung:

(89) $$\prod_{n=1}^{\infty}(1-2q^{2n-1}\cos 2x+q^{4n-2})\prod_{n=1}^{\infty}(1-q^{2n})$$
$$=1-2q\cos 2x+2q^4\cos 4x-2q^9\cos 6x+\cdots$$

beweist *Jacobi* schon hier außer durch die Ansätze aus der Theorie der elliptischen Funktionen auch durch direkte Umformung und verweist wegen gewisser Einzelergebnisse auf *Euler* und besonders auf *Gauß*.

Mit der Reihenentwicklung der Thetafunktion und der Darstellung sämtlicher auftretender Funktionen, auch des Moduls und der

108) S. Art. 62 ff. der Fundamenta", *Jacobi*, „Werke" 1, p. 228 ff.

Größe K, mit Hilfe der Thetafunktion war ein erster Abschluß der Theorie erreicht.

32. Die Theorie der elliptischen Funktionen aus den Eigenschaften der Thetareihen abgeleitet. Während die Funktionen $\Theta(u)$ und $H(u)$ in den „Fundamenten" am Schlusse gewonnen werden, hat *Jacobi* später in Vorlesungen, den historischen Gang umkehrend, den entgegengesetzten Weg eingeschlagen und in unabhängiger Weise die Thetareihen an die Spitze der Entwicklung gestellt. In *Jacobis* Auftrag hat 1838 *C. W. Borchardt* diese Vorlesungen ausgearbeitet.[109])

Jacobi bemerkt, daß die beiden von ihm eingeführten Transzendenten Θ und H sich als unendliche Reihen der Gestalt:

$$\sum_{n=-\infty}^{+\infty} e^{an^2+2bn+c}$$

darstellen lassen, und stellt sich nun die Aufgabe, direkt von diesen Reihen aus die Theorie der elliptischen Funktionen zu begründen. Dieser Ansatz führte nicht nur einen großen Fortschritt in der Theorie der elliptischen Funktionen herbei, sondern war auch eine Vorbedingung für die weitere Entwicklung der Theorie der Abelschen Funktionen und der mehrfach periodischen Funktionen überhaupt.

Jacobi setzt:

$$(90)\quad \begin{cases} \vartheta(x) = \sum_{n=-\infty}^{+\infty} (-1)^n q^{n^2} e^{2nxi} \\ \qquad = 1 - 2q\cos 2x + 2q^4 \cos 4x - 2q^9 \cos 6x + \cdots \\ \vartheta_1(x) = -\sum_{n=-\infty}^{+\infty} i^{2n+1} q^{\frac{1}{4}(2n+1)^2} e^{(2n+1)xi} \\ \qquad = 2\sqrt[4]{q}\sin x - 2\sqrt[4]{q^9}\sin 3x + 2\sqrt[4]{q^{25}}\sin 5x - \cdots \\ \vartheta_2(x) = \sum_{n=-\infty}^{+\infty} q^{\frac{1}{4}(2n+1)^2} e^{(2n+1)xi} \\ \qquad = 2\sqrt[4]{q}\cos x + 2\sqrt[4]{q^9}\cos 3x + 2\sqrt[4]{q^{25}}\cos 5x + \cdots \\ \vartheta_3(x) = \sum_{n=-\infty}^{+\infty} q^{n^2} e^{2nxi} \\ \qquad = 1 + 2q\cos 2x + 2q^4\cos 4x + 2q^9\cos 6x + \cdots \end{cases}$$

und erhält zunächst durch Vermehrung von x um $\frac{\pi}{2}$ und um $\frac{1}{2} i \log q$

109) Aus Jacobis Nachlaß herausg. von *K. Weierstraß*. S. *Jacobi*, „Werke" 1, p. 497.

die schon früher angegebenen Formeln, welche die in (90) rechter Hand stehenden Reihen ineinander überführen, und die Funktionalgleichungen, welche den Perioden π und $\log q$ entsprechen.

Aus der letzten Formel (90) folgt:

$$\vartheta_3(w)\vartheta_3(x)\vartheta_3(y)\vartheta_3(z) = \Sigma q^{n^2+n'^2+n''^2+n'''^2} e^{2i(wn+xn'+yn''+zn''')}.$$

Jacobi setzt hier:

$$w' = \tfrac{1}{2}(w+x+y+z), \qquad x' = \tfrac{1}{2}(w+x-y-z),$$
$$y' = \tfrac{1}{2}(w-x+y-z), \qquad z' = \tfrac{1}{2}(w-x-y+z),$$

und gewinnt durch Zerlegung des Exponenten rechter Hand:

$$\text{(91)} \quad \begin{aligned} &\vartheta_3(w)\vartheta_3(x)\vartheta_3(y)\vartheta_3(z) + \vartheta_2(w)\vartheta_2(x)\vartheta_2(y)\vartheta_2(z) \\ &= \vartheta_3(w')\vartheta_3(x')\vartheta_3(y')\vartheta_3(z') + \vartheta_2(w')\vartheta_2(x')\vartheta_2(y')\vartheta_2(z'), \end{aligned}$$

woraus sich durch Vermehrung um Halbperioden weitere zehn Relationen ergeben. Durch Spezialisierungen, wie z. B.:

$$w = y,\ z = x,\ w' = x+y,\ x' = 0,\ y' = -x+y,\ z' = 0$$

ergeben sich Gleichungen wie die folgenden:

$$\text{(92)} \quad \begin{cases} \vartheta_3^2(0)\vartheta_3(x+y)\vartheta_3(x-y) = \vartheta_3^2(x)\vartheta_3^2(y) + \vartheta_1^2(x)\vartheta_1^2(y) \\ \qquad = \vartheta^2(x)\vartheta^2(y) + \vartheta_2^2(x)\vartheta_2^2(y), \\ \vartheta_3(0)\vartheta_2(0)\vartheta_1(x\pm y)\vartheta(x\mp y) = \vartheta(x)\vartheta_1(x)\vartheta_3(y)\vartheta_2(y) \\ \qquad \pm \vartheta_3(x)\vartheta_2(x)\vartheta(y)\vartheta_1(y), \\ \vartheta(0)\vartheta_2(0)\vartheta(x\pm y)\vartheta_2(x\mp y) = \vartheta(x)\vartheta_2(x)\vartheta(y)\vartheta_2(y) \\ \qquad \pm \vartheta_1(x)\vartheta_3(x)\vartheta_1(y)\vartheta_3(y), \\ \vartheta(0)\vartheta_3(0)\vartheta(x\pm y)\vartheta_3(x\mp y) = \vartheta(x)\vartheta_3(x)\vartheta(y)\vartheta_3(y) \\ \qquad \pm \vartheta_1(x)\vartheta_2(x)\vartheta_1(y)\vartheta_2(y), \\ \vartheta^2(0)\vartheta(x+y)\vartheta(x-y) = \vartheta_3^2(x)\vartheta_3^2(y) - \vartheta_2^2(x)\vartheta_2^2(y). \end{cases}$$

Trägt man insbesondere $y = 0$ in die erste Gleichung (92) und die entsprechenden Darstellungen von $\vartheta_3^2(0)\,\vartheta(x+y)\,\vartheta(x-y)$, $\vartheta_3^2(0)\,\vartheta_2(x+y)\,\vartheta_2(x-y)$ und $\vartheta_3^2(0)\,\vartheta_1(x+y)\,\vartheta_1(x-y)$ ein, so folgt:

$$\text{(93)} \quad \begin{cases} \vartheta_3^2(0)\vartheta_3^2(x) = \vartheta^2(0)\vartheta^2(x) + \vartheta_2^2(0)\vartheta_2^2(x), \\ \vartheta_3^2(0)\vartheta^2(x) = \vartheta^2(0)\vartheta_3^2(x) + \vartheta_2^2(0)\vartheta_1^2(x), \\ \vartheta_3^2(0)\vartheta_2^2(x) = \vartheta_2^2(0)\vartheta_3^2(x) - \vartheta^2(0)\vartheta_1^2(x), \\ \vartheta_3^2(0)\vartheta_1^2(x) = \vartheta_2^2(0)\vartheta^2(x) - \vartheta^2(0)\vartheta_2^2(x), \end{cases}$$

woraus für $x = 0$ hervorgeht:

$$\text{(94)} \qquad \vartheta_3^4(0) = \vartheta^4(0) + \vartheta_2^4(0).$$

Wird nun gesetzt:

$$\sqrt{k} = \frac{\vartheta_2(0)}{\vartheta_3(0)}, \qquad \sqrt{k'} = \frac{\vartheta(0)}{\vartheta_3(0)}, \tag{95}$$

so ist:

$$k^2 + k'^2 = 1. \tag{96}$$

Jacobi setzt weiter in Übereinstimmung mit den Relationen (93) und den Erklärungen (95):

$$\begin{cases} \frac{1}{\sqrt{k}} \frac{\vartheta_1(x)}{\vartheta(x)} = \sin\varphi, \quad \sqrt{\frac{k'}{k}} \frac{\vartheta_2(x)}{\vartheta(x)} = \cos\varphi, \\ \sqrt{k'} \frac{\vartheta_3(x)}{\vartheta(x)} = \sqrt{1 - k^2 \sin^2\varphi} = \Delta\varphi. \end{cases} \tag{97}$$

Dividiert man die zweite, dritte und vierte Formel (92) durch die fünfte, so erhält man die Additionstheoreme der Thetaquotienten bzw. der Funktionen $\sin\varphi$, $\cos\varphi$, $\Delta\varphi$ in der bekannten Gestalt.

Durch Differentiation dieser Additionsformeln nach y und nachherige Einsetzung von $y = 0$ erhält man nach Einführung der in (97) erklärten Funktionen die Differentialgleichung:

$$\frac{d\varphi}{dx} = \frac{\vartheta_3(0)}{\vartheta(0)} \cdot \frac{\vartheta_1'(0)}{\vartheta_2(0)} \cdot \Delta\varphi$$

und damit:

$$\frac{\vartheta_3(0)\vartheta_1'(0)}{\vartheta(0)\vartheta_2(0)}\, x = \int_0^{\varphi} \frac{d\varphi}{\sqrt{1 - k^2 \sin^2\varphi}}. \tag{98}$$

Mit Hilfe der Relation:

$$\vartheta_1'(0) = \vartheta(0)\vartheta_2(0)\vartheta_3(0)$$

geht die letzte Gleichung über in:

$$\vartheta_3^2(0) \cdot x = \int_0^{\varphi} \frac{d\varphi}{\sqrt{1 - k^2 \sin^2\varphi}}. \tag{99}$$

Eine genaue Untersuchung lehrt, daß wenigstens bei reellem absolut unterhalb 1 gelegenen Werte von q schließlich:

$$\vartheta_3^2(0) \cdot \frac{\pi}{2} = \int_0^{\frac{\pi}{2}} \frac{d\varphi}{\sqrt{1 - k^2 \sin^2\varphi}} = K \tag{100}$$

wird, und damit ist der Anschluß an die Formeln der „Fundamenta" erreicht.

33. Der Zusammenhang zwischen q und k^2.[110]) Es bleibt noch die Frage offen, ob sich auch bei beliebigem k^2 stets wenigstens ein

110) S. § 6 der in Note 109 gen. nachgelassenen Schrift *Jacobis*; „Werke" 1, p. 520.

q bestimmen lasse, so daß $\sqrt{k} = \frac{\vartheta_2(0)}{\vartheta_3(0)}$ wird. Diese Frage wird nur für reelle zwischen 0 und 1 gelegene k von *Jacobi* durch den Nachweis, daß:

$$q = e^{-\pi \frac{K'}{K}} \tag{101}$$

gilt, bejahend beantwortet. *Jacobi* beweist zunächst, daß der Quotient

$$\frac{K \cdot \log q}{K'}$$

ungeändert bleibt, wenn man q durch q^4 ersetzt. Die Wiederholung dieses Verfahrens leitet einen Grenzübergang ein, bei dem *Jacobi* vermittelst eines von *Euler* auf das Integral zweiter Gattung angewandten Verfahrens die Gleichung (101) gewinnt.[111])

34. Gauß' Entwicklungen über das arithmetisch-geometrische Mittel.[112]) Sind a und b zwei reelle und positive Zahlen, so bildet *Gauß* nach dem Gesetze:

$$\begin{cases} a' = \tfrac{1}{2}(a+b), & b' = \sqrt{ab}, \\ a'' = \tfrac{1}{2}(a'+b'), & b'' = \sqrt{a'b'}, \\ \ldots\ldots\ldots\ldots & \end{cases} \tag{102}$$

eine unendliche Kette von Paaren (a', b'), (a'', b''), ... gleichfalls reeller positiver Zahlen und zeigt, daß eine endliche Grenze:

$$\lim_{n=\infty} a^{(n)} = \lim_{n=\infty} b^{(n)} = M(a, b) \tag{103}$$

existiert, welche er das „arithmetisch-geometrische Mittel" zwischen a und b nennt.[113])

---

111) Die Verallgemeinerung des Jacobischen Ergebnisses auf beliebige Werte von k gab *Weierstraß*. S. Berl. Ber. von 1883 oder *Weierstraß'* Werke 2, p. 257 ff.

112) S. neben den Nachweisen in Note 57 ff. auch noch *Schlesinger*, „Über die Gaußsche Theor. d. arithm.-geom. Mittels usw.". Berl. Ber. von 1898, d. 346 ff.

113) Der Algorithmus (102) hat *Gauß* angeblich bereits 1791 beschäftigt; die grundlegenden Entwicklungen über das arithm.-geom. Mittel fallen in die Jahre 1797—1799. Diese Entwicklungen haben zunächst außer Beziehung zu den in Nr. **35** u. f. zu besprechenden Untersuchungen über Inversion des elliptischen Integrals erster Gattung gestanden. Erst im Mai 1799 (vgl. Nr. **36**) entdeckte *Gauß* den Zusammenhang des arith.-geom. Mittels mit dem lemniskatischen Integrale, und in dem darauf folgenden Winter erkannte er den Zusammenhang mit dem allgemeinen elliptischen Integrale erster Gattung. Gerade von hieraus wurde er auf die Bedeutung des allgemeinen Integrals erster Gattung hingewiesen, während seine Untersuchungen bis dahin dem lemniskatischen Spezialfalle gegolten hatten, zu dem er durch Verallgemeinerung des Arcsin-Integrals

Der Zusammenhang mit dem elliptischen Integral erster Gattung ist durch:

$$(104)\qquad \int_0^{2\pi} \frac{dT}{\sqrt{a^2\cos^2 T + b^2\sin^2 T}} = \frac{2\pi}{M(a,b)}$$

gegeben. Das Integral zweiter Gattung betreffend gilt der Satz, daß die Peripherie der Ellipse von den Halbachsen a und b gleich ist mit der Summe der schnell konvergierenden Reihe[114]):

$$(105)\qquad \frac{2\pi}{M(a,b)}\{a'^2 - 2(a''^2 - b''^2) - 4(a'''^2 - b'''^2) - 8(a''''^2 - b''''^2) - \cdots\}.$$

Die Gleichung (104) folgert *Gauß* mit Benutzung des Gesetzes (103) aus einer a. a. O. angegebenen Transformation des Differentials erster Gattung. Setzt man unter Gebrauch der Bezeichnung k für den Modul:

$$(106)\qquad \frac{dT}{\sqrt{a^2\cos^2 T + b^2\sin^2 T}} = \frac{1}{a}\,\frac{dT}{\sqrt{1 - k^2\sin^2 T}},\qquad k^2 = \frac{a^2 - b^2}{a^2}$$

und führt neben k den komplementären Modul:

$$k' = \sqrt{1 - k^2} = \frac{b}{a}$$

ein, so liefert die von *Gauß* angegebene und nach ihm benannte Transformation:

$$(107)\qquad \sin T = \frac{2a\sin T_1}{(a+b) + (a-b)\sin^2 T_1}$$

als Beziehung zwischen dem ursprünglichen und dem transformierten Differential:

$$(108)\qquad \frac{dT_1}{\sqrt{1 - k_1{}^2\sin^2 T}} = \frac{a'}{a}\,\frac{dT}{\sqrt{1 - k^2\sin^2 T}} = \frac{1 + k'}{2}\,\frac{dT}{\sqrt{1 - k^2\sin^2 T}},$$

wo k_1 der Modul des transformierten Differentials ist. Hierbei folgt aus (102):

$$(109)\qquad k_1 = \frac{1 - k'}{1 + k'},\quad k = \frac{2\sqrt{k_1}}{1 + k_1},$$

womit die Formeln (17) und (20) der *Landen*schen Transformation in der von *Legendre* angegebenen Gestalt erhalten sind. Zur näheren Kennzeichnung der Beziehung gebrauchen wir die Bezeichnung k_{-1} im Sinne von Nr. 7 und nennen T_{-1} den bei Inversion der Transformation (107) aus T entstehenden Winkel. Aus (109) und (107)

---

geführt wurde. Die im Text gegebene Darstellung der fraglichen Beziehung folgt sogleich der reiferen Gestalt, welche *Gauß* dem Gegenstande in seiner aus dem Jahre 1818 stammenden Abhandlung „Determinatio attractionis etc.", Gött. Abh. 4 (1818) oder „Werke" 3, p. 331 gegeben hat.

114) S. *Gauß*, „Werke" 3, p. 352 u. 358 ff.

folgt dann:

$$k_{-1} = \frac{2\sqrt{k}}{1+k}, \quad \sin T_{-1} = \frac{(1+k)\sin T}{1+k\sin^2 T},$$

womit die Formeln (22) wiedergewonnen sind. Die *Gauß*sche Transformation ist hiernach die Inversion der auf k' als Modul und φ' als Winkel umgerechneten *Landen*schen Transformation. Jedenfalls handelt es sich hier also um eine selbständige Wiederauffindung der *Landen*schen Transformation durch *Gauß*.[115])

Einen anderen Weg, das arithmetisch-geometrische Mittel mit dem elliptischen Integral erster Gattung in Beziehung zu setzen, hat *Gauß*[116]) durch Reihenentwicklungen gewonnen. Er gibt die Darstellung:

$$(110) \qquad \frac{1}{M(1+x, 1-x)} = 1 + \left(\frac{1}{2}\right)^2 x^2 + \left(\frac{1}{2}\cdot\frac{3}{4}\right)^2 x^4 + \left(\frac{1}{2}\cdot\frac{3}{4}\cdot\frac{5}{6}\right)^2 x^6 + \cdots$$

und zeigt mittelst derselben, daß:

$$y = \frac{1}{M(1+x, 1-x)}$$

ein Integral der Differentialgleichung:

$$(111) \qquad (x^3 - x)\frac{d^2y}{dx^2} + (3x^2 - 1)\frac{dy}{dx} + xy = 0$$

sei, deren allgemeines Integral mittelst zweier Konstanten $\mathfrak{A}$, $\mathfrak{B}$ in der Gestalt sich darstelle:

$$\frac{\mathfrak{A}}{M(1+x, 1-x)} + \frac{\mathfrak{B}}{M(1, x)}.$$

Ist so der Zusammenhang des arithmetisch-geometrischen Mittels mit Integralen bereits begründet, so entnimmt *Gauß* andererseits aus der leicht zu bestätigenden Formel:

$$\int_0^\pi \left(1 + \frac{1}{2}x^2\cos^2\varphi + \frac{1}{2}\cdot\frac{3}{4}x^4\cos^4\varphi + \cdots\right) d\varphi$$
$$= \pi\left\{1 + \left(\frac{1}{2}\right)^2 x^2 + \left(\frac{1}{2}\cdot\frac{3}{4}\right)^2 x^4 + \cdots\right\}$$

als Beziehung zwischen $M(1+x, 1-x)$ und dem elliptischen Integral:

$$(112) \qquad \int_0^\pi \frac{d\varphi}{\sqrt{1 - x^2\cos^2\varphi}} = \frac{\pi}{M(1+x, 1-x)}.$$

---

115) S. hierzu die Schlußbemerkung in der Anzeige der Abh. „Determinatio attractionis etc.", Gött. gel. Anz. vom 9. Febr. 1818 oder *Gauß*, „Werke" 3, p. 360.

116) S. die nachgel. aus dem Jahre 1800 stammende Abh. „De orig. proprietatibusque general. numerorum mediorum arith.-geom.", *Gauß*, „Werke" 3, p. 367.

Über die Beziehung des arithmetisch-geometrischen Mittels zur Theorie der Modulfunktionen, deren Hauptsätze *Gauß* bereits 1800 auffand, ist im Ref. II B 4 zu berichten. Doch sei hier bemerkt, daß *Gauß* bereits 1794 die Beziehung des arithmetisch-geometrischen Mittels zu Potenzreihen, deren Exponenten nach Quadratzahlen fortschreiten, gekannt haben soll.[117]) Im Nachlaß[118]) fanden sich z. B. folgende Darstellungen der fraglichen Reihen:

$$(113)\qquad \begin{cases} p(y) = 1 + 2y + 2y^4 + 2y^9 + 2y^{16} + \cdots, \\ q(y) = 1 - 2y + 2y^4 - 2y^9 + 2y^{16} - \cdots, \\ r(y) = 2y^{\frac{1}{4}} + 2y^{\frac{9}{4}} + 2y^{\frac{25}{4}} + 2y^{\frac{49}{4}} + \cdots. \end{cases}$$

Gauß setzt alsdann:

$$c = \sqrt{a^2 - b^2} \quad \text{und} \quad y = e^{-\pi \frac{M(a,\, b)}{M(a,\, c)}}$$

und gibt die Darstellungen:

$$(114)\qquad a = M(a,b)\cdot p(y)^2,\quad b = M(a,b)\cdot q(y)^2,\quad c = M(a,b)\cdot r(y)^2.$$

Die p, q, r sind identisch mit den Nullwerten der drei geraden *Jacobi*schen Thetafunktionen.[119]) Die Bedeutung dieser Reihen für die elliptischen Funktionen war *Gauß* selbstverständlich bei Auffindung ihrer Beziehung zum arithm.-geom. Mittel unbekannt. Diese Beziehung wird *Gauß* der Erkenntnis verdanken, daß sich die fraglichen Reihen gegenüber der Transformation $y' = y^2$ selber nach dem Algorithmus des arithm.-geometrischen Mittels transformieren. Ob *Gauß* bereits 1794 das frühere Auftreten von Reihen der fraglichen Art (z. B. bei *Euler*) gekannt hat, ist unentschieden.

35. Gauß' Entwicklungen über die lemniskatische Funktion. Ein zunächst außer Zusammenhang mit dem arithmetisch-geometrischen Mittel stehender Eingang in die Theorie der elliptischen Funktionen wird von *Gauß* im September 1796 dadurch eröffnet, daß er die Umkehrfunktionen des Integrals:

$$\int \frac{dx}{\sqrt{1 - x^3}}$$

---

117) S. die betreffende Bemerkung von *Schering* in *Gauß'* Werken 3, p. 493.

118) S. *Gauß*, „Werke“ 3, p. 383.

119) In den Jacobischen Bezeichnungen lauten die Formeln (114):

$$K = \frac{\pi}{2}\vartheta_3{}^2(0),\qquad Kk' = \frac{\pi}{2}\vartheta^2(0),\qquad Kk = \frac{\pi}{2}\vartheta_2{}^2(0);$$

vgl. *Jacobi*, „Werke“ 1, p. 519.

betrachtet und in eine Potenzreihe entwickelt.[120]) Bereits im folgenden Jahre beginnen tiefergehende Untersuchungen über das „lemniskatische“ (den Bogen der Lemniskate messende) Integral $\int \frac{dx}{\sqrt{1-x^4}}$ und die zugehörige Umkehrfunktion

(115) $$x = \sin\operatorname{lemn}\left(\int\limits_0^x \frac{dx}{\sqrt{1-x^4}}\right),$$

den „Sinus lemniscaticus“, dessen eine (reelle) Periode *Gauß* durch ϖ bezeichnet und mittelst der Gleichung:

(116) $$\frac{1}{2}\varpi = \int\limits_0^1 \frac{dx}{\sqrt{1-x^4}}$$

erklärt. Bereits in dem gleichen Jahre (1797) hat aber *Gauß* auch schon die zweite (imaginäre) Periode der lemniskatischen Funktion entdeckt, ausgehend von der Tatsache, daß der Grad der Teilungsgleichung für Teilung des Lemniskatenbogens in n gleiche Teile nicht (wie bei den Kreisfunktionen) gleich n, sondern gleich n^2 ist.[121])

Aus dem von *Euler* übernommenen Additionstheoreme leitet *Gauß* die Nullpunkte und Pole der Funktionen sin lemn und cos lemn her und stellt diese Funktionen als Quotienten von Funktionen dar, die er durch die Symbole P, Q, p, q bezeichnet und sowohl durch einfach unendliche sowie durch doppelt unendliche Produkte darstellt.[122]) Wird:

$$\int\limits_0^x \frac{dx}{\sqrt{1-x^4}} = \varphi, \qquad x = \sin\operatorname{lemn}\varphi = \cos\operatorname{lemn}\left(\frac{1}{2}\varpi - \varphi\right)$$

gesetzt, so gilt:

(117) $$\sin\operatorname{lemn}\varphi = \frac{P(\varphi)}{Q(\varphi)}, \qquad \cos\operatorname{lemn}\varphi = \frac{p(\varphi)}{q(\varphi)}.$$

Als Potenzreihen der P, Q, p, q gibt *Gauß*[123]):

(118) $$\begin{cases} P(\varphi) = \varphi - \frac{2}{5!}\varphi^5 - \frac{36}{9!}\varphi^9 + \frac{552}{13!}\varphi^{13} + \frac{5136}{17!}\varphi^{17} + \frac{5146848}{21!}\varphi^{21} + \cdots, \\ Q(\varphi) = 1 + \frac{2}{4!}\varphi^4 - \frac{4}{8!}\varphi^8 + \frac{408}{12!}\varphi^{12} + \frac{13584}{16!}\varphi^{16} + \cdots, \\ \left.\begin{matrix} p(\varphi) \\ q(\varphi) \end{matrix}\right\} = 1 \mp \frac{1}{2}\varphi^2 - \frac{1}{24}\varphi^4 \mp \frac{1}{240}\varphi^6 + \frac{17}{40320}\varphi^8 \mp \frac{1}{403200}\varphi^{10} \\ \qquad + \frac{37}{159667200}\varphi^{12} \pm \frac{113}{4151347200}\varphi^{14} + \frac{4171}{6974263296000}\varphi^{16} + \cdots \end{cases}$$

120) S. die Notiz 32 des in Note 64 genannten Tagebuches, sowie *Gauß*, „Werke“ 8, p. 93, endlich die in Note 63 genannte Arbeit *Schlesingers*, p. 11.

121) Vgl. die Notiz Nr. 60 „Cur ad aequationem perveniatur gradus nn^{ti}

und sagt von diesen Reihen, daß sie „quavis convergentia data citius convergunt". In der Tat hat man hier mit „ganzen transzendenten Funktionen" zu tun, und zwar handelt es sich, wie *Koenigsberger*[124]) hervorgehoben hat, um die für den lemniskatischen Fall spezialisierten Weierstraßschen Al-Funktionen (vgl. die Note 211, p. 246). Auch für die Funktionen sin lemn und cos lemn selbst werden Potenzreihen angegeben, deren beschränkte Konvergenz *Gauß* ausdrücklich hervorhebt.

Als Darstellungen durch trigonometrische Reihen gibt *Gauß*[125]):

$$(119)\quad \begin{cases} \sin\operatorname{lemn}\psi = \sqrt{\dfrac{4}{e^{\frac{1}{2}\pi}}}\cdot\dfrac{\sin\varphi - e^{-2\pi}\sin 3\varphi + e^{-6\pi}\sin 5\varphi - \cdots}{1 + 2e^{-\pi}\cos 2\varphi + 2e^{-4\pi}\cos 4\varphi + \cdots}, \\ P(\psi) = 2^{\frac{3}{4}}\sqrt{\dfrac{\pi}{\varpi}}\left\{e^{-\frac{1}{4}\pi}\sin\varphi - e^{-\frac{9}{4}\pi}\sin 3\varphi + e^{-\frac{25}{4}\pi}\sin 5\varphi - \cdots\right\}, \\ Q(\psi) = \dfrac{1}{2^{\frac{1}{4}}}\sqrt{\dfrac{\pi}{\varpi}}\,\{1 + 2e^{-\pi}\cos 2\varphi + 2e^{-4\pi}\cos 4\varphi + \cdots\}, \end{cases}$$

wo $\psi = \varphi\dfrac{\varpi}{\pi}$ ist; die in den beiden letzten Klammern rechts stehenden Reihen sind identisch mit *Jacobis* Reihen für $\frac{1}{2}\vartheta_1(\varphi)$ und $\vartheta_3(\varphi)$, spezialisiert für den lemniskatischen Fall. Hieran schließen sich für die Periode ϖ die Formeln:

$$(120)\quad \begin{cases} 1 - 2e^{-\pi} + 2e^{-4\pi} - 2e^{-9\pi} + \cdots = \sqrt{\dfrac{\varpi}{\pi}}, \\ e^{-\frac{1}{4}\pi} + e^{-\frac{9}{4}\pi} + e^{-\frac{25}{4}\pi} + \cdots = \dfrac{1}{2}\sqrt{\dfrac{\varpi}{\pi}}. \end{cases}$$

An diese Gleichungen knüpft *Gauß* sehr genaue numerische Rechnungen für den Zahlwert der Periode ϖ.[126])

36. Die allgemeinen elliptischen Funktionen bei Gauß. Zufolge der Notiz Nr. 98 des in Note 64 genannten Tagebuches hat *Gauß* im Mai 1799 die Gleichung:

$$(121)\quad \frac{\pi}{\varpi} = M(\sqrt{2}, 1)$$

---

dividendo curvam lemniscatam in *n* partes" in dem in Note 64 genannten Tagebuche von *Gauß* sowie die Angaben bei *Schlesinger* a. a. O. p. 18. Über die Teilungsgleichungen bei *Gauß* s. unten Nr. 37.

122) S. *Gauß*, „Werke" 3, p. 415f., sowie die Angaben bei *Schlesinger*, a a. O. p. 19.

123) S. *Gauß*, „Werke" 3, p. 405 f.

124) in der in Note 30 genannten Schrift, p. 95.

125) S. *Gauß*, „Werke" 3, p. 418, und *Schlesinger* a. a. O. p. 23.

126) S. *Gauß*, „Werke" 3, p. 426 ff.

numerisch bestätigt, die eine erste Beziehung zwischen dem arithmetisch-geometrischen Mittel und der lemniskatischen Funktion ergab, und die bei der Weiterentwicklung zur Gewinnung der oben angegebenen allgemeinen Relationen (104) und (112) führte. Unter weiterem Zusammenfluß der Untersuchungen über das arithmetisch-geometrische Mittel und die lemniskatische Funktion folgen in diesem und dem nächsten Jahre die meisten Entdeckungen von *Gauß* über die allgemeinen elliptischen Funktionen sowie auch bereits über die elliptischen Modulfunktionen.

Eine unmittelbare Inversion des Integrals erster Gattung:

$$\int \frac{dx}{\sqrt{(1-x^2)(1-\mu x^2)}} = \varphi \tag{122}$$

vollzieht *Gauß*[127]) durch Einführung des Integrals zweiter Gattung:

$$u = \int \frac{\mu x^2 dx}{\sqrt{(1-x^2)(1-\mu x^2)}}, \tag{123}$$

indem er:

$$P(\varphi) = e^{-\int d\varphi \int \frac{d\varphi}{x^2}}, \quad Q(\varphi) = e^{-\int u\, d\varphi} \tag{124}$$

setzt.[128]) Dann gilt:

$$x = \frac{P(\varphi)}{Q(\varphi)}, \tag{125}$$

womit die Inversion geleistet ist. Aus Differentialrelationen, welche *Gauß* a. a. O. aufstellt, ergeben sich für die P, Q, welche mit den allgemeinen Weierstraßschen Funktionen Al_1 und Al identisch sind (vgl. unten Note 211), die Reihenentwicklungen:

$$\begin{cases} P = \varphi - \frac{1}{6}(1+\mu)\varphi^3 + \frac{1}{120}(1+4\mu+\mu^2)\varphi^5 - \cdots, \\ Q = 1 + * - \frac{1}{12}\mu\varphi^4 + \frac{1}{90}(\mu+\mu^2)\varphi^6 \\ \qquad\qquad - \frac{1}{10080}(8\mu + 17\mu^2 + 8\mu^3)\varphi^8 - \cdots, \end{cases} \tag{126}$$

wo durch den Stern in der letzten Formel noch besonders hervorgehoben ist, daß das Glied mit φ^2 in der Darstellung von $Q(\varphi)$ ausfällt.

Einen wesentlich tiefer greifenden, vom Integral erster Gattung unabhängigen Aufbau der elliptischen Funktionen vollzieht *Gauß* in fol-

127) S. *Gauß*, „Werke“ 8, p. 96, und *Schlesinger* a. a. O. p. 41.

128) Vgl. hiermit die Gleichung (74) in Nr. 27, durch welche *Jacobi* seine Funktion $\Theta(u)$ einführt.

gender Art[129]): Nach Analogie von (121) werden die beiden Perioden[130]) ϖ, ϖ' als arithmetisch-geometrische Mittel gegeben:

$$(127)\qquad \frac{\pi}{M(1,\sqrt{1+\mu^2})}=\varpi,\qquad \frac{\pi}{\mu M\left(1,\sqrt{1+\frac{1}{\mu^2}}\right)}=\varpi'.$$

Gauß erklärt dann als „sinus lemniscaticus universalissime acceptus“:

$$(128)\qquad S(\psi\varpi)=\frac{\pi}{\mu\varpi}\left\{\frac{4\sin\psi\pi}{e^{\frac{1}{2}\frac{\varpi'}{\varpi}\pi}+e^{-\frac{1}{2}\frac{\varpi'}{\varpi}\pi}}-\frac{4\sin 3\psi\pi}{e^{\frac{3}{2}\frac{\varpi'}{\varpi}\pi}+e^{-\frac{3}{2}\frac{\varpi'}{\varpi}\pi}}+\cdots\right\},$$

den er unter Gebrauch der Abkürzung $\varphi=\psi\varpi$ als Quotienten der beiden Funktionen:

$$(129)\qquad \begin{cases} T(\varphi)=\sqrt{\frac{\pi}{\varpi}}\sqrt[4]{\frac{1}{\mu^2(1+\mu^2)}}\left\{\frac{2\sin\psi\pi}{e^{\frac{1}{4}\frac{\varpi'}{\varpi}\pi}}-\frac{2\sin 3\psi\pi}{e^{\frac{9}{4}\frac{\varpi'}{\varpi}\pi}}+\cdots\right\} \\ W(\varphi)=\sqrt{\frac{\pi}{\varpi}}\sqrt[4]{\frac{1}{1+\mu^2}}\left\{1+\frac{2\cos 2\psi\pi}{e^{\frac{\varpi'}{\varpi}\pi}}+\frac{2\cos 4\psi\pi}{e^{4\frac{\varpi'}{\varpi}\pi}}+\cdots\right\}. \end{cases}$$

darstellt. Diese Funktionen unterscheiden sich von den *Jacobi*schen Funktionen ϑ_1 und ϑ_3 nur um die vor den Klammern stehenden konstanten (d. i. von ψ unabhängigen) Faktoren.

In den im handschriftlichen Nachlaß weiter sich anschließenden Formeln findet sich eine an *Lagrange* angelehnte Herleitung des Additionstheorems für das allgemeine Integral erster Gattung[131]); es folgen Rechnungen zur Transformation zweiten Grades der Funktionen T und W (Thetafunktionen), welche die deutliche Verwendung eines Prinzips enthalten, das später von *Hermite* allgemein für die Transformation der Thetafunktionen aufgestellt und nach ihm benannt wurde.[132])

Die aus späterer Zeit stammenden Formeln[133]):

---

129) S. *Gauß*, „Werke“ 3, p. 433, und *Schlesinger* a. a. O. p. 42.

130) Die zweite Periode ist übrigens nicht ϖ', sondern $\varpi' i$. Daß die Eigenart der Perioden, einen nicht-reellen Quotienten zu besitzen, *Gauß* um 1800 noch vorübergehend Schwierigkeiten machte, geht aus einer von *Schlesinger* a. a. O. p. 40 besprochenen Notiz hervor.

131) S. *Schlesinger* a. a. O. p. 43.

132) Vgl. unten Nr. 40.

133) S. *Gauß*, „Werke“ 3, p. 399.

$$(130)\quad \begin{cases} P(y,\eta) = 1 + y(\eta + \eta^{-1}) + y^4(\eta^2 + \eta^{-2}) + y^9(\eta^3 + \eta^{-3}) \\ \qquad\qquad + y^{16}(\eta^4 + \eta^{-4}) + \cdots, \\ Q(y,\eta) = 1 - y(\eta + \eta^{-1}) + y^4(\eta^2 + \eta^{-2}) - y^9(\eta^3 + \eta^{-3}) \\ \qquad\qquad + y^{16}(\eta^4 + \eta^{-4}) - \cdots, \\ R(y,\eta) = y^{\frac{1}{4}}\left(\eta^{\frac{1}{2}} + \eta^{-\frac{1}{2}}\right) + y^{\frac{9}{4}}\left(\eta^{\frac{3}{2}} + \eta^{-\frac{3}{2}}\right) + y^{\frac{25}{4}}\left(\eta^{\frac{5}{2}} + \eta^{-\frac{5}{2}}\right) \\ \qquad\qquad + y^{\frac{49}{4}}\left(\eta^{\frac{7}{2}} + \eta^{-\frac{7}{2}}\right) + \cdots, \\ S(y,\eta) = y^{\frac{1}{4}}\left(\eta^{\frac{1}{2}} - \eta^{-\frac{1}{2}}\right) - y^{\frac{9}{4}}\left(\eta^{\frac{3}{2}} - \eta^{-\frac{3}{2}}\right) + y^{\frac{25}{4}}\left(\eta^{\frac{5}{2}} - \eta^{-\frac{5}{2}}\right) \\ \qquad\qquad - y^{\frac{49}{4}}\left(\eta^{\frac{7}{2}} - \eta^{-\frac{7}{2}}\right) + \cdots \end{cases}$$

enthalten unmittelbar die Reihen, durch welche späterhin *Jacobi* seine Funktionen $\vartheta_3, \vartheta, \vartheta_2, i\vartheta_1$ erklärte. *Gauß* stellt die elliptischen Funktionen als Quotienten jener Reihen dar und zeigt a. a. O., daß diese Funktionen tatsächlich die Inversion des elliptischen Integrals erster Gattung leisten. Die in Nr. **31** unter (89) gegebene grundlegende Formel *Jacobis*[134]), welche zwischen der Produktdarstellung und der Reihenentwicklung der Thetafunktionen vermittelt, hat *Gauß* bereits im Jahre 1800 besessen.[135])

37. Multiplikation, Division und Transformation der elliptischen Funktionen bei Gauß. Aus dem von *Euler* übernommenen Additionstheoreme leitete *Gauß* die rationalen Ausdrücke für sin lemn 2φ, sin lemn $3\varphi, \ldots$, cos lemn $2\varphi, \ldots$ in sin lemn φ und cos lemn φ ab, er führt also die Multiplikation des Argumentes für diese Funktionen in niederen Fällen durch.[136]) Von hier aus ging er frühzeitig zu den Teilungsgleichungen des Lemniskatenbogens über, welche er als analoge Gebilde den Kreisteilungsgleichungen anreihte.[137]) Daß er alsbald auch bereits in den Auflösungsprozeß dieser Gleichungen tief eingedrungen war, geht aus seiner bezüglichen Andeutung in Art. 335 der „Disquis. arithm.“ hervor, welche *Abels* Aufmerksamkeit erregte.[138]) Die Multiplikation des Argumentes dehnte *Gauß* gleichfalls auf die lemnis-

134) Über das Auftreten eines speziellen Falles dieser Formel bei *Euler* sehe man die Angaben von *Schlesinger* a. a. O. p 8.

135) S. *Gauß*, „Werke“ 3, p. 434, 440, 464.

136) S. *Gauß*, „Werke“ 3, p. 405.

137) Die Notiz Nr. 60 des in der Note 64 genannten Tagebuches gibt als Zeit dieser Untersuchungen März 1797 an; vgl. Note 121.

138) S. *Gauß*, „Werke“ 1, p. 412 f. Vgl. auch oben Nr. **13**, p. 201.

katischen Funktionen $P(\varphi)$, $Q(\varphi)$, $p(\varphi)$, $q(\varphi)$ aus, und zwar auch für den Fall der „komplexen Multiplikation".[139])

Die lineare Transformation der drei durch (113) gegebenen Funktionen (Nullwerte der geraden Thetafunktionen) hat *Gauß* frühzeitig betrachtet und dabei die sechs mod. 2 verschiedenen Fälle unterschieden.[140]) Hieran reihen sich die Entdeckungen von *Gauß* über die Modulfunktionen, über welche in Art. II B 4 zu berichten sein wird.

Höchst ausgedehnte Rechnungen haben sich endlich über die Transformationen niederen, insbesondere dritten und fünften Grades der mit den Jacobischen Thetafunktionen identischen Funktionen (113) und (130) in *Gauß*' Nachlaß gefunden.[141]) Zahlreiche hier aufgestellte algebraische Beziehungen greifen den noch neuerdings vielfach betrachteten „Relationen zwischen transformierten ϑ-Nullwerten" vor.[142])

Die vorstehenden Darlegungen zeigen, daß *Gauß* die Resultate *Abels* und *Jacobis* vielfach antizipiert hat; im übrigen ist er durch seine klare Einsicht in das Wesen der elliptischen Modulfunktionen (vgl. II B 4 Nr. 2) beiden überlegen gewesen.

III. Die elliptischen Funktionen in der Zeit zwischen Abel und Riemann.

Nach dem Erscheinen der Untersuchungen von *Abel* und *Jacobi* folgt in der Theorie der elliptischen Funktionen eine Entwicklungsperiode, welche man bis zu dem Auftreten *Riemanns* rechnen kann. Die wichtigste Neuerung dieser Zeit ist die planmäßige Ausbildung einer Theorie der Funktionen einer komplexen Variabelen und die Anwendung dieser Theorie auf die elliptischen Funktionen. Der Grund zu dieser Entwicklung ist durch die Arbeiten *A. Cauchys* gelegt.[143]) Die weitere Durchbildung nach der algebraischen Seite ist von *V. Pui-*

---

139) Vgl. die Zusammenstellung zahlreicher Rechnungsergebnisse in *Gauß*' Werken 3, p. 410 ff.

140) S. *Gauß*, „Werke" 3, p. 386 u. 477.

141) Vgl. die Entwicklungen in *Gauß*' Werken 3, p. 447—477

142) S. darüber *Klein-Fricke*, „Vorles. über Modulf." 2, p. 158.

143) Der Beginn der Arbeiten *Cauchys* liegt weit vor der Zeit Abels und Jacobis; Spezialfälle des Residuensatzes treten bereits 1814 auf, die nach *Cauchy* benannte Integralformel 1822 (vgl. II B 1 Nr. 3 ff.). Grundlegend ist namentlich die 1825 erschienene Abhandlung „Mémoire sur les intégrales définies, prises entre des limites imaginaires", wieder abgedruckt in Darb. Bull. 7, p. 265, und 8, p. 43 und 448; *Cauchys* gesammelte Werke werden seit 1882 von der Pariser Akademie herausgegeben.

seux[144]) geleistet; im Sinne der *Cauchy*schen Methoden, aber auch mit selbständigen Ideen hat *J. Liouville*[145]) die unmittelbare Betrachtung der doppeltperiodischen Funktionen gefördert, während die vielseitigen Untersuchungen von *Ch. Hermite*[146]) außer durch *Cauchy* insbesondere auch durch *Jacobis* „Fundamenta nova" stark beeinflußt sind. Eine zusammenfassende Darstellung der Theorie der elliptischen Funktionen auf der fraglichen Grundlage gaben *Briot* und *Bouquet.*[147])

Neben diesen wesentlich neuen Entwicklungen gehen vornehmlich auf deutscher Seite zahlreiche Untersuchungen weiter, welche mehr oder minder unmittelbar eine Fortbildung des durch die „Fundamenta nova" erreichten Standpunktes zum Ziele haben. Hierher gehören zunächst die späteren Arbeiten *Jacobis*[148]); im übrigen seien die Untersuchungen von *Chr. Gudermann*[149]) und *F. Richelot*[150]) genannt. Einen durch zahlentheoretische Untersuchungen wesentlich mit beeinflußten Standpunkt nimmt *G. Eisenstein*[151]) ein, der zugleich als Vorläufer von *Weierstraß* anzusehen ist. Zusammenhängende Darstellungen, welche der in Rede stehenden Richtung entstammen, gaben *K. H. Schellbach*[152]), auch *A. Cayley.*[153])

38. Das Periodenparallelogramm und die eindeutigen doppeltperiodischen Funktionen. *Liouville* hielt im Jahre 1847 vor *C. W. Borchardt* und *F. Joachimsthal* eine Vorlesung, die von *Borchardt* ausgearbeitet und später veröffentlicht wurde.[154]) *Liouville* gibt in dieser

---

144) S. vor allem dessen *„Recherches sur les fonctions algébriques"* im Journ. de mathém. 15 (1850), p. 365 sowie den Bericht von *Cauchy,* C. R. 32 (1851), p. 453.

145) Erste Mitteilung in den C. R. 19 (1844), p. 1261.

146) Beginnend mit den Briefen an *Jacobi* von 1843 u. 44; eine Gesamtausgabe der Werke *Hermites* besorgte *E. Picard,* Paris 1905 ff.

147) „Théorie des fonctions doublement périodiques etc.", Paris (1859). In der stark erweiterten 2. Aufl. (Paris 1875) nähern sich *Briot* und *Bouquet* mehr der späteren *Jacobi*schen Darstellung, indem sie zuerst doppelt-periodische Funktionen von den Thetafunktionen aus erklären.

148) Vgl. namentlich *Jacobi,* „Werke" 2.

149) Im J. f. Math. 18—21, 23, 25, 41 (1838—51).

150) Im J. f. Math. 32, 34, 38, 44, 50 (1846—55); s. auch Note 192.

151) Im J. f. Math. 30, 32, 35 (1846—47); gesammelt herausgegeben von *Gauß,* Berlin (1847).

152) „Die Lehre von den elliptischen Integralen und den Thetafunktionen", Berlin (1864).

153) „An elementary treatise on elliptic functions", Cambridge (1876). Einen Rückfall in *Legendres* Zeiten erleidet *P. V. Verhulst* in seinem Buche „Traité élémentaire des fonctions elliptiques", Brüssel (1841), das, ohne mit *Jacobi* unbekannt zu sein, in der Hauptsache eine Behandlung der wieder als „fonctions elliptiques" bezeichneten Integrale gibt.

Vorlesung die von ihm aufgestellten Grundsätze einer unmittelbaren Betrachtung der eindeutigen doppeltperiodischen Funktionen. Der Begriff des „*Periodenparallelogramms*" wird hier vermutlich zum ersten Male deutlich an die Spitze der Betrachtung gestellt. Als Grundsatz, auf dem die weiteren Folgerungen beruhen, wird bewiesen, daß eine im Periodenparallelogramm überall endliche eindeutige doppeltperiodische Funktion mit einer Konstanten identisch ist. Mittelst einer „méthode d'exhaustion" wird weiter gezeigt, daß eine von einer Konstanten verschiedene eindeutige doppeltperiodische Funktion in mindestens zwei Punkten des Periodenparallelogramms unendlich wird, daß ferner eine solche Funktion mit n Unendlichkeitsstellen auch n Nullstellen habe[155]); auch wird eine Darstellung der eindeutigen doppeltperiodischen Funktionen mit beliebig vielen Unendlichkeitsstellen in Form von Produkten sowie auch von Summen ebensolcher Funktionen mit nur zwei Unendlichkeitsstellen entwickelt. Der Anschluß an die elliptischen Integrale folgt leicht durch Betrachtung des Differentialquotienten einer Funktion mit nur zwei Unendlichkeitsstellen.

Die einfachsten Beweise dieser *Liouville*schen Sätze gewinnt man durch Ausführung der Integrale $\int d \log f(z)$, $\int f(z) dz$ usw. über den Rand des Periodenparallelogramms. So hat denn auch *Cauchy*[156]) unmittelbar darauf hinweisen können, wie die fraglichen Sätze aus den allgemeinen Ansätzen seines „Calcul des résidus" als spezielle Folgerungen entspringen.[157])

39. Fortbildung der algebraischen Grundlage unter Cauchys Einfluß. Die Anwendung der Anschauungen *Cauchys* auf die algebraischen Funktionen hat *Puiseux*[158]) durchgeführt. Ist die Funktion u der komplexen Variabelen z mit letzterer durch eine algebraische Gleichung $f(u, z) = 0$ verbunden, so ist zunächst das Hauptproblem der *Puiseux*schen Untersuchung festzustellen, wie sich die verschiedenen Werte (Zweige) dieser Funktion u bei Umlaufung solcher Stellen der z-Ebene austauschen, welche jetzt nach *Riemann* als „Verzweigungspunkte" bezeichnet werden.

---

154) „Leçons sur les fonct. doublem. périod. faites en 1847 par M. J. Liouville", J. f. Math. 88 (1879), p. 277.

155) Nach Angabe *Cauchys* (s. die folg. Note) ist dieser Satz auch von *Hermite* selbständig gefunden und in Vorlesungen dargestellt.

156) „Note de M. A. Cauchy relative aux observations présentées à l'Académie par M. Liouville", C. R. 32 (1851), p. 452.

157) Vgl. auch C. R. 19 (1844), p. 1378.

158) Vgl. die in Note 144 genannte Abhandlung; eine deutsche Darstellung derselben gab *H. Fischer* (Halle 1861).

Darüber hinaus betrachtet *Puiseux* die Integrale algebraischer Funktionen $\int u\,dz$, und zwar speziell in den bekannten niederen Fällen; er gelangt dabei zur Erklärung der Perioden der Umkehrfunktionen in Gestalt von Integralen über geschlossene Umläufe um „Verzweigungspunkte". Für das elliptische Integral erster Gattung knüpft *Puiseux* an die Gestalt:

$$\int \frac{h\,dz}{\sqrt{(z-a)(z-a')(z-a'')}}, \tag{131}$$

unter h eine Konstante verstanden, und findet die Darstellung aller zugehörigen Perioden in zwei unabhängigen. Für die durch:

$$(1-z^2)(1-k^2z^2)\,u^2 = 1 \tag{132}$$

erklärte Funktion u von z gelangt er von seinen Ansätzen aus leicht zum Verständnis der *Jacobi*schen Größen:

$$\int_0^1 \frac{dz}{\sqrt{(1-z^2)(1-k^2z^2)}} = K, \qquad \int_0^1 \frac{dz}{\sqrt{(1-z^2)(1-k'^2z^2)}} = K', \tag{133}$$

und gewinnt durch Fortführung seiner Betrachtung für die Umkehrfunktionen die bekannten Formeln:

$$\left\{\begin{aligned} &\sin\operatorname{am}\left(v+4lK+2l'K'\sqrt{-1}\right) = \sin\operatorname{am} v,\\ &\cos\operatorname{am}\left(v+4lK+2l'(K+K'\sqrt{-1})\right) = \cos\operatorname{am} v,\\ &\Delta\operatorname{am}\left(v+2lK+4l'K'\sqrt{-1}\right) = \Delta\operatorname{am} v. \end{aligned}\right. \tag{134}$$

Eine Beschränkung liegt indes auch hier insofern noch vor, als k^2 reell und zwischen 0 und 1 gelegen angenommen wird', so daß K reell und $K'\sqrt{-1}$ rein imaginär wird.

Den Standpunkt *Puiseux*s befolgen sehr genau *Briot* und *Bouquet* in der ersten Auflage ihres in Note 147 genannten Buches. Indem sie an die Differentialgleichung:

$$\frac{du}{dz} = \sqrt{G\cdot(u-a)(u-b)(u-c)(u-d)} \tag{135}$$

anknüpfen, unter G einen konstanten Faktor verstanden, wahren sie jedoch ihrer Darstellung insofern die Allgemeinheit, als jetzt a, b, c, d beliebige komplexe Konstante sind. Der Schluß auf die Eindeutigkeit der Umkehrfunktion ist freilich bei ihnen noch nicht bindend, wie *E. Picard*[159]) unter Ergänzung der Überlegung später dargetan hat.[160])

159) „Sur l'inversion de l'intégrale elliptique etc.", Darb. Bull. (2) 14 (1890), p. 107.

160) Die zweite Auflage des Werkes von *Briot* und *Bouquet* stellt die Thetafunktionen an die Spitze und gelangt so zu einer einwurfsfreien Begründung der Theorie der eindeutigen doppeltperiodischen Funktionen.

40. Hermites erste Arbeiten über elliptische Funktionen. Da *Hermite* mit der Kenntnis der *Cauchy*schen Methoden zugleich eine Beherrschung der „Fundamenta nova" verband, so drangen bereits seine ersten Arbeiten über elliptische Funktionen tiefer als die etwa gleichzeitigen Untersuchungen von *Liouville.* Zu nennen ist vornehmlich der zweite Brief an *Jacobi* vom August 1844, in welchem freilich *Cauchys* Einfluß noch nicht in Erscheinung tritt.[161]) *Hermite* knüpft an Untersuchungen, welche *Jacobi* unter dem Titel „Suite des notices sur les fonctions elliptiques" hatte erscheinen lassen.[162]) Insbesondere beabsichtigt er die von *Jacobi* angegebenen Formeln betreffend die Darstellung von $\sin \operatorname{am}(u, \varkappa)$ durch $\sin \operatorname{am}\left(\frac{u}{M}, \lambda\right)$ zu beweisen. Die Untersuchung gründet sich auf den Gebrauch der Thetafunktionen und die Darstellung derselben durch Fouriersche Reihen. Mittels der letzteren zeigt *Hermite,* daß sich eine den Bedingungen:

$$(136)\quad \Phi(x+4K)=\Phi(x),\quad \Phi(x+2iK')=-e^{-\frac{i\pi}{K}(x+iK')}\Phi(x)$$

genügende, für alle endlichen Argumente endliche und stetige Funktion allemal als eine lineare Kombination:

$$(137)\qquad \Phi(x)=AH(x)+B\Theta(x)$$

der beiden ursprünglichen Jacobischen Thetafunktionen darstellt (vgl. Nr. 27ff.) Mit $2n$ willkürlichen Konstanten $A, B, \ldots, J, A', B', \ldots$ stellt *Hermite* aus den $H(x)$, $\Theta(x)$ die Funktion her:

$$(138)\quad \begin{aligned} \Pi(x) &= AH^n(x)+BH^{n-1}(x)\Theta(x)+\cdots+J\Theta^n(x) \\ &+(H'(x)\Theta(x)-H(x)\Theta'(x))\,(A'H^{n-2}(x)+B'H^{n-3}(x)\Theta(x)+\cdots), \end{aligned}$$

welche wie $H(x)$ und $\Theta(x)$ für alle endlichen Argumente endlich und stetig ist und die Bedingungen befriedigt:

$$(139)\quad \Pi(x+4K)=\Pi(x),\quad \Pi(x+2iK')=(-1)^n e^{-n\frac{i\pi}{K}(x+iK')}\Pi(x).$$

Die hierdurch erklärten Funktionen fraglicher Art werden jetzt als „Thetafunktionen" oder „Jacobische Funktionen n^{ter} Ordnung" oder auch als „fonctions intermédiaires" bezeichnet. *Hermite* beweist, daß sich die allgemeinste, durch (139) erklärte Funktion linear und homogen aus $2n$ partikulären Funktionen aufbaut, und daß insofern in (138) bereits die allgemeinste Funktion dieser Art vorliegt. Das hiermit gewonnene Prinzip, dem man Hermites Namen gegeben hat[163]),

161) Siehe *Jacobi,* „Werke" 2, p. 96 oder auch *Hermite,* „Werke" 1, p. 18.

162) Im J. f. Math. 4 (1829), p. 185ff. oder *Jacobi,* „Werke" 1, p. 266.

163) Algebraisch stellt sich das Hermitesche Prinzip als der für die Rie-

erweist sich nun nicht nur für die Gewinnung der obengenannten Formeln *Jacobis*, sondern überhaupt für die Transformationstheorie der elliptischen Funktionen als sehr wertvoll.

Wenige Jahre später legte *Hermite* der Pariser Akademie eine Behandlung der elliptischen Funktionen vor, welche wesentlich auf Cauchyschen Methoden beruht.[164]) Diese Abhandlung ist zwar niemals gedruckt, aber man kennt aus einem Berichte *Cauchys*[165]) über dieselbe ihren wesentlichen Inhalt. *Hermite* knüpft an die allgemeinste eindeutige nur mit polaren Unstetigkeitspunkten ausgestattete doppeltperiodische Funktion an, deren Perioden, von ihm durch a und b bezeichnet, irgendwelche komplexe Zahlen eines nicht reellen Quotienten sind. Die Untersuchung gipfelt alsdann in dem Theorem, daß diese Funktion abgesehen von einer additiven Konstanten allemal darstellbar sei als eine Summe von Termen, deren einzelner das Produkt eines konstanten Koeffizienten mit einer gewissen Funktion $\theta(z-a)$ sei oder sich entsprechend durch eine Ableitung von $\theta(z)$ darstelle. Von dieser Funktion $\theta(z)$ zeigt *Hermite*, daß, wenn man:

$$\frac{d\theta(z)}{dz} = \varphi(z) \tag{140}$$

setzt, diese Ableitung der Differentialgleichung:

$$\left(\frac{d\varphi(z)}{dz}\right)^2 = C\cdot\left(\varphi(z)-\varphi\left(\frac{a}{2}\right)\right)\left(\varphi(z)-\varphi\left(\frac{b}{2}\right)\right)\left(\varphi(z)-\varphi\left(\frac{a+b}{2}\right)\right) \tag{141}$$

genügt. Diese Funktion $\varphi(z)$ ist also bis auf einen konstanten Faktor mit der *Weierstraß*schen Funktion $\wp(z)$ identisch, und Hermites Satz kommt auf die Darstellung der doppeltperiodischen Funktion durch das Integral zweiter Gattung:

$$Z(z) = \int \wp(z)\,dz \tag{142}$$

und dessen Ableitungen hinaus.

41. Hermites Normalform des elliptischen Integrals erster Gattung. Die späterhin von *Weierstraß* bevorzugte Normalgestalt des elliptischen Integrals erster Gattung ist bereits vollständig in der Abhandlung „Sur la théorie des fonctions homogènes à deux indéterminées"[166]) aufgestellt. Durch *Cayley* und *Boole*[167]) war die Invariantentheorie der bi-

mannschen Flächen des Geschlechtes $p = 1$ spezialisierte Riemann-Rochsche Satz dar.

164) Siehe die C. R. 29 (1849), p. 594.

165) „Rapport sur un mémoire présenté par M. Hermite et relatif aux fonctions à double période", C. R. 32 (1851), p. 442.

166) J. f. Math. 52 (1854), p. 1 oder *Hermites* Werke 1, p. 350.

167) Cambr. Math. Journ. 4 (1845), p. 193 u. 209 oder *Cayley*, „Coll. math. papers" 1, p. 80.

quadratischen Form:

$$(143)\qquad f(x, y) = ax^4 + 4bx^3y + 6cx^2y^2 + 4b'xy^3 + a'y^4$$

begründet; neben die beiden Invarianten:

$$(144)\qquad i = aa' - 4bb' + 3c^2, \quad j = aca' + 2bcb' - ab'^2 - a'b^2 - c^3$$

treten als Kovarianten die Hessesche Form $g(x, y)$ vom 4ten Grade und die Funktionaldeterminante 6ten Grades $h(x, y)$ von f und g, wobei folgende Relation identisch besteht:

$$(145)\qquad 4g^3 - if^2g - jf^3 = h^2.$$

Nun setzt *Hermite* $y = 1$ und geht von x zu z mittels der Transformation 4ten Grades:

$$(146)\qquad z = \frac{g(x, 1)}{f(x, 1)};$$

so gewinnt er:

$$(147)\qquad \int \frac{dz}{\sqrt{4z^3 - iz - j}} = M \int \frac{dx}{\sqrt{ax^4 + 4bx^3 + 6cx^2 + 4b'x + a'}},$$

wobei er unter M eine Konstante versteht, die übrigens den Wert 2 hat. Die links gewonnene Normalform des Integrals geht durch die weitere Substitution:

$$(148)\qquad z = z'\frac{j}{i}, \quad \frac{4j^2}{i^3} = \varrho$$

in die Normalform:

$$(149)\qquad \int \frac{dz}{\sqrt{\varrho z^3 - z - 1}}$$

mit einem einzigen Parameter ϱ über, der eine absolute und rationale Invariante der ursprünglichen biquadratischen Form ist.

42. Spätere Arbeiten Hermites über doppeltperiodische Funktionen. Die weiteren Arbeiten *Hermites* über doppeltperiodische Funktionen reichen bis in die achtziger Jahre des vorigen Jahrhunderts hinein. Besonders zu nennen ist eine zusammenfassende Darstellung seiner Auffassung der Theorie der elliptischen Funktionen „Note sur la théorie des fonctions elliptiques"[168]), sowie eine ausgedehnte Reihe von Untersuchungen „Sur quelques applications des fonctions elliptiques".[169]) Im Verlaufe der letzteren Untersuchungen, welche an die Aufgabe der Lösung der *Lamé*schen Differentialgleichung:

$$(150)\qquad \frac{d^2y}{dx^2} = [n(n+1)\,k^2 \sin \operatorname{am}^2 x + h]\,y$$

168) Extrait de la 6ᵉ édition du „Calcul différentiel et Calcul intégral" de *Lacroix* (Paris 1862); siehe auch *Hermites* „Werke" 2, p. 125 ff.

169) In den C. R. 85—94 (1877—82), „Werke" 3, p. 266 ff.

anknüpfen, gelangt *Hermite* zu einer deutlichen Erklärung des Begriffs der doppeltperiodischen Funktionen zweiter und dritter Art“[170]), welche seither allgemeine Aufnahme gefunden hat.[171]) Sind 2ω, $2\omega'$ die beiden Perioden, so heißt $\varphi(x)$ eine doppeltperiodische Funktion zweiter Art, falls sie die Bedingungen:

$$(151)\qquad \varphi(x+2\omega)=\mu\cdot\varphi(x),\quad \varphi(x+2\omega')=\mu'\cdot\varphi(x)$$

mit konstanten Faktoren μ, μ' befriedigt. An Stelle dieser Bedingungen treten bei den Funktionen dritter Art die beiden:

$$(152)\qquad \varphi(x+2\omega)=e^{ax+b}\varphi(x),\quad \varphi(x+2\omega')=e^{a'x+b'}\varphi(x).$$

Die doppeltperiodischen Funktionen im engeren Sinne lassen sich für $\mu=1$, $\mu'=1$ unter die Funktionen der zweiten Art rechnen, die Thetafunktionen gehören zu den Funktionen dritter Art. *Hermite* hat von früh an bei der Untersuchung der Funktionen zweiter und dritter Art mit Entwicklungen derselben in Fouriersche Reihen gearbeitet und im übrigen jene Funktionen in Gestalt geeigneter Thetaquotienten aufgebaut. Man vgl. z. B. einen Brief *Hermites* an Liouville, in welchem *Hermite* aus den Reihenentwicklungen gewisser Funktionen dritter Art analytische Hilfsmittel entnimmt, um die von *Kronecker* 1857 entdeckten Klassenzahlrelationen zu beweisen.[172])

43. Hermites Arbeiten über die Transformationstheorie. Die Untersuchungen *Hermites* über Transformationstheorie beginnen mit einer Arbeit „Sur quelques formules relatives à la transformation des fonct. ell.“[173]), in welcher *Hermite* die bei der linearen Transformation der Thetafunktionen auftretende multiplikative 8te Einheitswurzel vollständig bestimmt. *Jacobi* hat bereits früher (in Vorlesungen) die Theorie der „unendlich vielen Formen der Transzendenten Θ“ (lineare Transfor-

---

170) Vgl. *Hermites* „Werke“ 2, p. 329.

171) Vgl. etwa *P. Appell* u. *E. Lacour,* „Principes de la théor. des fonct. ell. etc.“ (Paris 1897), p. 327 u. 354; *Briot* u. *Bouquet* bezeichnen in der 2. Aufl. ihres in Note 147 genannten Werkes die Funktionen dritter Art als „fonctions intermédiaires“. Reihenentwicklungen der Funktionen dritter Art betrachtet *Ch. Biehler* in der Abh. „Sur les fonct. doubl. périod. considérées comme des limites de fonct. algébr.“, J. f. Math. 83 (1879), p. 185. Über Zerlegung der Funktionen dritter Art in einfache Elemente s. mehrere unter dem Titel „Sur les fonct. doubl. périod. de troisième espèce“ erschienene Abh. von *Appell* in den Ann. de l'école norm. (3) 1, p. 135; 2, p. 9 u. 67; 3, p. 9; 5, p. 211 (1884—88).

172) „Lettre adressée à M. Liouville sur la théor. des fonct. ell. et ses applic. à l'arithm.“, C. R. 53 (1861), p. 214, auch J. de math. (2) 7, p. 25 und *Hermites* Werke 2, p. 109.

173) C. R. 46 (1858), p. 171 und ausführlicher im J. de math. (2) 3 (1858), p. 26; s. auch *Hermite,* „Werke“ 1, p. 482 u. 487.

mation derselben) behandelt[174]) und das Vorzeichen einer dabei auftretenden Quadratwurzel durch das der Theorie der quadratischen Reste entstammende Legendresche Zeichen $\left(\frac{a}{b}\right)$ bestimmt.[175]) *Hermite* konnte diese letztere Angabe *Jacobis* unmittelbar aus seinen genannten Entwicklungen durch eine auf die „Gaußschen Summen" gegründete Rechnung bestätigen. S. übrigens die näheren Ausführungen über die „lineare Transformation der Jacobischen Funktionen" unten in Nr. 64.

Diesen Entwicklungen am nächsten stehen die Untersuchungen *Hermites* über das Verhalten der 8ten Wurzeln aus dem Integralmodul k^2 und dem komplementären Modul k'^2 gegenüber linearer Transformation.[176]) Diese Größen hatte bereits *Jacobi* als eindeutige Funktionen des Periodenquotienten $\frac{iK'}{K}$ dargestellt; so gilt z. B.[177]):

$$(153) \qquad \sqrt[4]{k'} = \frac{(1-q)(1-q^3)(1-q^5)\cdots}{(1+q)(1+q^3)(1+q^5)\cdots}.$$

Hermite bezeichnet den Periodenquotienten durch ω und schreibt:

$$(154) \qquad \sqrt[4]{k} = \varphi(\omega), \quad \sqrt[4]{k'} = \psi(\omega).$$

Sind dann a, b, c, d vier ganze Zahlen der Determinante $ad - bc = 1$, so bestimmt *Hermite* in jedem der sechs modulo 2 zu unterscheidenden Fälle das Verhalten von $\varphi\left(\frac{c+d\omega}{a+b\omega}\right)$ und $\psi\left(\frac{c+d\omega}{a+b\omega}\right)$; so wird z. B. für $a \equiv d \equiv 1$, $b \equiv c \equiv 0 \pmod{2}$:

$$(155) \qquad \varphi\left(\frac{c+d\omega}{a+b\omega}\right) = \varphi(\omega)\cdot e^{\frac{i\pi}{8}(d(c+d)-1)}.$$

Über die wahre Bedeutung der fraglichen Funktionen von ω hat erst die neuere Theorie der elliptischen Modulfunktionen vollen Aufschluß gegeben.[178])

Die Untersuchungen *Hermites* über Modulargleichungen betreffen vornehmlich die drei Resolventen 5ten, 7ten und 11ten Grades, welche

---

174) Vgl. *Jacobis* Werke 2, p. 189 (Note).

175) Mitgeteilt im Verlaufe der Abh. „Über die Differentialgleichung, welcher die Reihen $1 \pm 2q + 2q^4 \pm \cdots$, $2\sqrt[4]{q} + 2\sqrt[4]{q^9} + \cdots$ Genüge leisten", J. f. Math. 36 (1847), p. 97 oder *Jacobis* „Werke" 2, p. 171.

176) „Sur la résolution de l'équation du cinquième degré", C. R. 46 (1858), p. 508 oder „Werke" 2, p. 5; s. auch den Brief *Hermites* an J. Tannery vom 24. Sept. 1900, *Hermites* „Werke" 2, p. 13.

177) Siehe Nr. 36 der „Fundamenta nova", *Jacobis* „Werke" 1, p. 145; vgl. auch die weiteren Darstellungen in der ersten in Note 176 genannten Arbeiten.

178) Siehe *F. Klein*, „Zur Theorie der elliptischen Modulfunktionen", Münch. Ber. vom Dez. 1879 oder Math. Ann. 17 (1879), p. 62 und *Klein-Fricke*, „Vorles. über Modulfunkt." 1 (Leipzig 1890), p. 663.

die bei den Transformationsgraden 5, 7, 11 eintretenden Jacobischen Modulargleichungen 6ten, 8ten und 12ten Grades nach einem Satze von *E. Galois*[179]) besitzen.[180]) Zur Gewinnung dieser Resolventen stellt *Hermite* allgemeine Untersuchungen über die Diskriminante der Modulargleichung an, von welcher aus er zugleich nach dem Vorgange von *Kronecker*[181]) Anwendungen auf die arithmetische Theorie der ganzzahligen binären quadratischen Formen negativer Determinante findet. An die Resolvente 5ten Grades, welche als „Normalgleichung" für die allgemeine Gleichung 5ten Grades benutzt wird, fügen sich *Hermites* ausgedehnte Untersuchungen über Gleichungen 5ten Grades und ihre Lösung durch elliptische Funktionen an.[182]) Auch die wirkliche Herstellung der Resolvente 7ten Grades gelang *Hermite,* nicht jedoch die endgültige Aufstellung der Resolvente 11ten Grades.[183])

44. Arbeiten Jacobis und seiner Schüler. Die Weiterentwicklung, welche die Theorie der elliptischen Funktionen während der in Frage kommenden Periode in Deutschland gefunden hat, steht wesentlich unter dem Einfluß *Jacobis.* In einer größeren Reihe von Arbeiten des Titels: „Theorie der Modularfunktionen und der Modularintegrale"[184]) hat *Chr. Gudermann* den damals erreichten Stand der Theorie der elliptischen Funktionen zusammenhängend dargestellt. Von ihm rühren die Abkürzungen $\operatorname{sn} u$, $\operatorname{cn} u$, $\operatorname{dn} u$ für Jacobis Funktionen $\sin \operatorname{am} u$, $\cos \operatorname{am} u$, $\Delta \operatorname{am} u$ her, Bezeichnungen, die auch hier hinfort verwendet werden sollen. *Gudermann* ist der erste gewesen, welcher Potenzreihenentwicklungen für die Funktionen $\operatorname{sn} u$, $\operatorname{cn} u, \ldots$ untersucht hat; so gibt er z. B.[185]):

$$(156) \qquad \operatorname{cn} u = 1 - \frac{u^2}{2!} + \frac{1+4k^2}{4!} u^4 - \frac{1+44k^2+16k^4}{6!} u^6 + \cdots$$

unter vollständiger Angabe der Koeffizienten bis zur Potenz u^{12} einschließlich.[186])

179) Siehe *Galois'* Brief an A. Chevalier in der Revue encyclop. von 1832, wieder abgedr. im J. de math. 11 (1846). Vgl. auch *Betti,* „Sopra l'abassamento della equazione modulari etc.", Ann. di mat. 3 (1853).

180) „Sur la théorie des équat. modulaires", C. R. 48 (1859), p. 940, 1079, 1096; 49, p. 16, 110, 141 oder „Werke" 2, p. 38. „Sur l'abaissement de l'équation modul. du huitième degré", Ann. di mat. (2) 2 (1859), p. 59 oder „Werke" 2, p. 83.

181) Erste Mitteilung *Kroneckers* über seine acht Klassenzahlrelationen in den Berl. Ber. von 1857 sowie im J. f. Math. 57 (1860).

182) S. das Nähere und die Literaturnachweise in Nr. 24 des Ref. I B 3 c, d.

183) Dies erreichte erst *Klein* in der Abh. „Über die Transformation 11ter Ordnung der elliptischen Funktionen", Math. Ann. 15 (1879), p. 533.

184) J. f. Math. 18, 19, 20, 21, 23 u. 25 (1838 ff.).

185) J. f. Math. 19 (1839), p. 80.

Das Transformationsproblem in der ursprünglichen algebraischen Gestalt der Lösung der Differentialgleichung:

$$(157)\qquad \frac{dx}{\sqrt{(1-x^2)(1-k^2x^2)}} = M\frac{dy}{\sqrt{(1-y^2)(1-l^2y^2)}}$$

vermittelst einer rationalen Funktion y von x:

$$(158)\qquad y = \frac{a_0 + a_1x + a_2x^2 + \cdots + a_mx^m}{b_0 + b_1x + b_2x^2 + \cdots + b_mx^m}$$

war bei *Jacobi* nur in den niedersten Fällen einer direkten algebraischen Durchführung zugänglich gewesen. In der „Suite des notices sur les fonctions elliptiques"[187]) sucht *Jacobi* jenen algebraischen Ansatz dadurch zu fördern, daß er eine partielle Differentialgleichung aufstellt, welcher Zähler und Nenner der rationalen Funktion (158) in bezug auf x und k^2 genügen. Hieran schließen sich die Entwicklungen *Gudermanns* in § 164 sowie am Ende seiner genannten Abhandlungenreihe.[188])

In Verbindung hiermit sei auch eine Untersuchung *Jacobis* über die allgemeinere Bedeutung der Differentialgleichung der Θ-Funktion:

$$(159)\qquad -4q\frac{\partial\Theta}{\partial q} = \frac{\partial^2\Theta}{\partial x^2}$$

genannt[189]) sowie weiter eine Abhandlung *Jacobis* über eine gewöhnliche Differentialgleichung dritter Ordnung, der die Reihen

$$1 \pm 2q + 2q^4 \pm 2q^9 + \cdots \quad \text{und} \quad 2(\sqrt[4]{q} + \sqrt[4]{q^9} + \sqrt[4]{q^{25}} + \cdots)$$

in bezug auf $\log q$ als unabhängiger Variabelen genügen.[190])

Auf die Fundamentalsätze über ϑ-Funktionen, vermittelst deren *Jacobi* durch diese Funktionen die Theorie der elliptischen Funktionen begründete (vgl. Nr. **32**), ist *G. Rosenhain* gelegentlich zurückgekommen.[191]) Unter zahlreichen Arbeiten *F. Richelots* dürfte vornehmlich diejenige über Landensche Transformation zu nennen sein.[192])

---

186) Eine Untersuchung *Jacobis* über Potenzreihen der vier Thetafunktionen ist aus dessen Nachlaß durch *Borchardt* herausgegeben; s. J. f. Math. 54, p. 82 oder *Jacobis* „Werke" 2, p. 383.

187) J. f. Math. 4 (1829), p. 185ff. oder *Jacobis* „Werke" 1, p. 267.

188) J. f. Math. 19, p. 282; 25, p. 391.

189) „Über die part. Diffgl., welcher die Zähler und Nenner der ellipt. Funkt. Genüge leisten", J. f. Math. 36 (1847), p. 80 oder *Jacobis* „Werke" 2, p. 163.

190) S. die in Note 175 gen. Arbeit.

191) In der Einleitung zu der den hyperelliptischen Funktionen gewidmeten Abh. „Mém. sur les fonct. de deux var. et à quatre périodes etc." Mém. des sav. étr. 11 (1851), p. 361.

192) „Die Landensche Transformation in ihrer Anwendung auf die Entwickelung der elliptischen Funktionen", Königsberg 1868.

Während *Jacobi* selbst die Modulargleichungen nur für die Transformationsgrade 3 und 5 (in den „Fund. nov.") angab, hat auf seinen Anlaß *L. A. Sohncke* diese Gleichungen auch noch für die Grade 7, 11, 13, 17 und 19 berechnet.[193]) Die Gleichungen werden recht bald kompliziert; z. B. hat man beim 11ten Grade unter Gebrauch der Jacobischen Abkürzung $\sqrt[4]{k} = u$, $\sqrt[4]{l} = v$:

$$
\begin{aligned}
(160)\qquad & v^{12} - v^{11}u^3(22 - 32u^8) + 44v^{10}u^6 + 22v^9u(1 + 4u^8) + 165v^8u^4 \\
& + 132v^7u^7 + 44v^6u^2(1 - u^8) - 132v^5u^5 - 165v^4u^8 \\
& - 22v^3u^3(4 + u^8) - 44v^2u^6 - vu(32 - 22u^8) - u^{12} = 0.
\end{aligned}
$$

Den Modulargleichungen analoge Transformationsgleichungen für $\sqrt[4]{kk'}$ und $\sqrt[12]{kk'}$ haben *P. Joubert*[194]) und *L. Schläfli*[195]) aufgestellt.

Eine an die Legendresche Gleichung (30) in Nr. **10** sich anreihende irrationale Gestalt der Modulargleichung für den Transformationsgrad 7:

$$
(161)\qquad \sqrt[4]{kl} + \sqrt[4]{k'l'} = 1
$$

entdeckte *Gützlaff*[196]); die Bedeutung dieser Gleichung hellte erst die Theorie der Modularkorrespondenzen auf.[197]) Trägt man in solche irrationale Gestalten von Modulargleichungen die Ausdrücke der Integralmoduln als Quotienten von Thetanullwerten ein (vgl. (95) in **Nr. 32**), so ergeben sich Relationen zwischen transformierten und ursprünglichen Thetanullwerten. Solche „Thetarelationen" sind in allgemeinerer Form zuerst von *H. Schröter*[198]) und nach ihm von mehreren anderen Autoren untersucht (vgl. Note 142). Daß der bei der Transformation n^{ten} Grades des Differentials erster Gattung auftretende Multiplikator M (vgl. Gleichung (157)) einer mit der Modulargleichung nahe verwandten algebraischen Relation genügt, zeigte *Jacobi*[199]) und gab für $n = 5$

193) „Aequationes modulares pro transformatione functionum ellipticarum", J. f. Math. 16 (1836), p. 97.

194) „Sur divers équations analogues aux équations modulaires etc.", C. R. 48 (1858), p. 341.

195) In der Abh. „Bew. der Hermiteschen Verwandlungstafeln der ellipt. Modularfunktionen", J. f. Math. 72 (1870), p. 360.

196) „Aequatio modularis pro transf. funct. ellipt. septimi ordinis", J. f. Math. 12 (1832), p. 173.

197) S. *Klein,* „Zur Theorie der Modulfunkt.", Münch. Ber. vom Dez. 1879 oder Math. Ann. 17, p. 62; vgl. auch das Ref. II B 4 Nr. **27**.

198) „De aequationibus modularibus", Regiomonti 1854; s. auch Act. math. 5, p. 208. Für die Grade 23, 29 und 31 hat *Schröter* die irrationalen Modulargleichungen in der Abh. „Über Modulargleich. der ellipt. Funkt.", J. f. Math. 58 (1860), p. 378 ff. angegeben.

199) „Suite des notices sur les fonct. ell.", J. f. Math. 3 (1828), p. 303 oder *Jacobis* „Werke" 1, p. 261.

als Multiplikatorgleichung:

$$x^6 - 10kx^5 + 35k^2x^4 - 60k^3x^3 + 55k^4x^2 \qquad (162)$$
$$- [26k^5 + 256(k - k^3)]x + 5k^6 = 0,$$

wobei $x = \frac{l}{M}$ ist. Unter Zuhilfenahme von Sätzen über komplexe Multiplikation hat *H. Weber*[200]) die bereits von *Schläfli* betrachteten Transformationsgleichungen in besonders einfache Gestalten gesetzt und für die Grade $n = 23$ und 47 zum ersten Male aufgestellt. Über die auf der Grundlage der Theorie der Modulfunktionen erwachsene neuere Behandlung der Modular- und Multiplikatorgleichungen vgl. man das Ref. II B 4 Nr. **26** ff.

45. Untersuchungen von Eisenstein. Zu einem Teile seiner Untersuchungen über elliptische Funktionen ist *Eisenstein* durch Anregungen von *Jacobis* „Fundam. nov." und *Gauß'* zahlentheoretischen Schöpfungen gelangt. Jacobis algebraischer Ansatz des Transformationsproblems ist von *Eisenstein* für den lemmiskatischen Fall der elliptischen Funktionen genauer untersucht.[201]) Die Differentialgleichung:

$$\frac{dy}{\sqrt{1-y^4}} = (a+ib)\frac{dx}{\sqrt{1-x^4}}, \qquad (163)$$

unter $(a+ib)$ eine ungerade komplexe ganze Zahl der Norm $p = a^2 + b^2$ verstanden, ist hier durch eine Gleichung:

$$y = x\frac{A_0 + A_1x^4 + \cdots + A_{\frac{1}{4}(p-1)}x^{p-1}}{1 + B_1x^4 + \cdots + B_{\frac{1}{4}(p-1)}x^{p-1}} \qquad (164)$$

zu lösen. Die Untersuchung führt in die Arithmetik der ganzen komplexen Zahlen $(a+ib)$, und ein Hauptziel derselben ist, von hier aus das Reziprozitätsgesetz der biquadratischen Reste zu gewinnen. In einer späteren Arbeit (vgl. Note 205) hat *Eisenstein* entsprechend in demjenigen Falle der elliptischen Funktionen, welchen man jetzt als „äquianharmonischen" bezeichnet, der Transformationstheorie einen Beweis für das Reziprozitätsgesetz der kubischen Reste entnommen. In der Abhandlung „Neuer Beweis der Summationsformeln"[202]) leitet

200) „Zur Theorie der elliptischen Funkt.", Act. math. 6 (1885), p. 329 u. 11 (1888), p. 333; „Ein Beitrag zur Transformationsth. der ell. Funkt. usw.", Math. Ann. 43 (1893), p. 185. S. auch *H. Weber*, „Ell. Funkt." (Braunschweig 1891), in 2. Aufl. als Bd. 3 des „Lehrb. der Algebra" (Braunschweig 1908) erschienen.

201) „Ableitung des biquadrat. Fundamentaltheor. aus der Theor. der Lemniskatenfunkt. etc.", J. f. Math. 30 (1846), p. 185 oder *Eisensteins* „Math. Abh.", p. 129.

202) J. f. Math. 30 (1846), p. 211 oder *Eisensteins* „Math. Abh.", p. 155.

Eisenstein im Anschluß an die Differentialgleichung:

$$\frac{dx}{dt} = \sqrt{1 - \alpha x^2 + x^4} \tag{165}$$

allein durch Differentiationen und Benutzung des Taylorschen Lehrsatzes die Additionstheoreme ab.[203]) Auch den Differentialgleichungen *Jacobis* für Zähler und Nenner der Transformationsformeln hat *Eisenstein* eine Untersuchung gewidmet, in der er diese Differentialgleichungen aus neuen Prinzipien ableitet[204]).

In der Abhandlung „Genaue Unters. der unendl. Doppelprodukte, aus welchen die ellipt. Funkt. als Quotienten zusammenges. sind"[205]) erscheint *Eisenstein* als Vorläufer von *Weierstraß*. Die Entwicklung knüpft an das unendliche Produkt:

$$\prod \left\{1 - \frac{x}{\alpha m + \beta n + \gamma}\right\}, \tag{166}$$

in welchem m, n alle Paare ganzer Zahlen durchlaufen; α, β, γ sind komplexe Konstante, von denen γ nur eine Nebenrolle spielt, während von α und β (den beiden Perioden) zu fordern ist, daß ihr Quotient $\frac{\beta}{\alpha}$ nicht reell ist. Um die Konvergenz zu untersuchen, verwandelt *Eisenstein* unter Benutzung der Abkürzung $\alpha m + \beta n + \gamma = u$ den Logarithmus des Produktes (166) in die Reihe:

$$\log \prod = -x \sum \frac{1}{u} - \frac{x^2}{2} \sum \frac{1}{u^2} - \frac{x^3}{3} \sum \frac{1}{u^3} - \cdots \tag{167}$$

und zeigt die unbedingte Konvergenz der Doppelsummen $\sum \frac{1}{u^\mu}$, freilich erst von $\mu = 3$ an, während die beiden in den ersten Gliedern der Reihe (167) enthaltenen Doppelsummen nur bedingt konvergieren. Das Verhalten dieser beiden ersten Doppelsummen bei Umordnung ihrer Glieder wird sodann festgestellt und die Konvergenz der Reihe (167) bewiesen. *Eisenstein* hat hiermit den Ansatz zur Herstellung der *Weierstraß*schen σ-Funktion entwickelt (vgl. Nr. 55), und es fehlt zur wirklichen Gewinnung dieser Funktion nur noch der allerdings sehr wesentliche Schritt des Zusatzes der die Konvergenz erzeugenden Exponentialfaktoren im Produkte (166).[206])

---

203) Siehe auch *Eisensteins* Abh. „Über einen allgem. Satz, welcher das Additionsth. für ellipt. Funkt. als speziellen Fall enthält", J. f. Math. 35 (1847), p. 137 oder „Math. Abh.", p. 197.

204) „Über die Differentialgl., welchen der Zähler und der Nenner bei den ellipt. Transformationsformeln genügen", J. f. Math. 35 (1847), p. 147 oder „Math. Abh.", p. 207.

205) J. f. Math. 35 (1847), p. 153 oder *Eisensteins* „Math. Abh.", p. 213.

206) Bereits zwei Jahre vor *Eisenstein* ist das Produkt (166) für $\gamma = 0$ von

Demgegenüber sind in § 5 der genannten Arbeit die später von *Weierstraß* mit $\wp$ und $\wp'$ bezeichneten Funktionen vollständig vorweggenommen, in ihrer gegenseitigen Beziehung untersucht und als elliptische Funktionen erkannt. *Eisenstein* benutzt hier zur Erzeugung elliptischer Funktionen in der Gestalt doppelt unendlicher Summen aus rationalen Gliedern ein Prinzip, das später (von einer unwesentlichen Änderung abgesehen) von *H. Poincaré*[207]) allgemein zur Erzeugung automorpher Funktionen verwendet wurde. *Eisenstein* setzt unter Benutzung der Abkürzung $\alpha m + \beta n = w$:

$$(168) \qquad \sum \frac{1}{(x+w)^g} = (g, x).$$

Die beiden Reihen $((2, x) - (2^*, 0))$ und $(3, x)$, wo im ersten Falle durch den Stern angedeutet sein soll, daß die Kombination $m = 0$, $n = 0$ bei der Summierung auszulassen ist, liefern im wesentlichen die Funktionen $\wp$ und $\wp'$. Durch geschickte Benutzung einiger einfacher algebraischer Identitäten ergibt sich die Relation zwischen beiden Funktionen in der Gestalt:

$$(169) \quad (3, x)^2 = \{(2, x) - (2^*, 0)\}^3 - 15\,(4^*, 0)\,\{(2, x) - (2^*, 0)\} + 10\,\{c - (2^*, 0)\,(4^*, 0)\}$$

oder auch:

$$(170) \quad (3, x)^2 = \left\{(2, x) - \left(2, \frac{\alpha}{2}\right)\right\}\left\{(2, x) - \left(2, \frac{\beta}{2}\right)\right\}\left\{(2, x) - \left(2, \frac{\alpha+\beta}{2}\right)\right\}.$$

Die aus (168) sich ergebende Relation:

$$(171) \qquad \frac{d(g, x)}{dx} = -\,g(g+1, x)$$

liefert insbesondere:

$$(172) \qquad \frac{d\,\{(2, x) - (2^*, 0)\}}{dx} = -\,2(3, x).$$

Schreibt man abkürzend $(2, x) - (2^*, 0) = y(x)$ und setzt $y\left(\frac{\alpha}{2}\right) = a$,

---

Cayley in der Abh. „Mémoire sur les fonct. doubl. périod.“, J. d. Math. 10 (1845), p. 385 bearbeitet und zur Begründung der Theorie der elliptischen Funktionen benutzt. Die bedingte Konvergenz des Produktes erfordert die Vorschrift eines Gesetzes, nach dem die ganzen Zahlen m, n ins Unendliche zunehmen. Grundlage der Untersuchung wird die Tatsache, daß bei Abänderung jenes Gesetzes der Wert des Produktes sich um einen Exponentialfaktor ändert, dessen Exponent eine ganze Funktion zweiten Grades von x ist.

207) Vgl. den Art. II B 4 Nr. 22. S. auch die in ihrem zweiten Kapitel an *Eisenstein* sich anschließende Dissertation von *A. Hurwitz*, „Grundlagen einer independ. Theor. der ell. Modulf. usw.“, Math. Ann. 18 (1881), p. 528.

$y\left(\frac{\beta}{2}\right) = a'$, $y\left(\frac{\alpha+\beta}{2}\right) = a''$, so folgt aus (170):

$$\left(\frac{dy}{dx}\right)^2 = 4(y-a)(y-a')(y-a''), \tag{173}$$

womit der Anschluß an das Integral erster Gattung gewonnen ist.

IV. Grundlagen der Theorie der elliptischen Funktionen nach neueren Anschauungen.

Während in den Entwicklungen, welche als unmittelbare Fortsetzung der ursprünglichen Untersuchungen von *Abel* und *Jacobi* zu gelten haben, die Theorie der elliptischen Funktionen vielfach in immer kompliziertere analytische Rechnungen verwickelt wurden, hat dieselbe etwa seit den sechziger Jahren des vorigen Jahrhunderts durch Auftreten neuer Auffassungen eine Gestalt angenommen, die ihre wahre Einfachheit erkennen ließ und nunmehr wohl als dauernd vorherrschend angesehen werden darf. Grundlegend waren in dieser Hinsicht einerseits die Arbeiten *Riemanns* „Grundlage für eine allgemeine Theorie der Funkt. einer veränderl. komplexen Größe“[208]) und „Theorie der Abelschen Funktionen“.[209]) *Riemann* selbst hat die Theorie der elliptischen Funktionen seit dem Winter 1855/56 wiederholt in Vorlesungen behandelt.[210]) Andererseits brachte *Weierstraß*, welcher bereits im Jahre 1840 eine Untersuchung über elliptische Funktionen angestellt hatte[211]), die Theorie dieser Funktionen seit dem

208) Gött. Diss. 1851, abgedr. in *Riemanns* „Gesammelt. mathem. Werken“, herausg. von *H. Weber* (Leipzig 1876), p. 1.

209) „J. f. Math.“ 54 (1857) oder *Riemanns* „Werke“ p. 81.

210) „Ellipt. Funkt.“, Vorles. von *B. Riemann*, mit Zusätzen herausg. von *H. Stahl*, Leipzig 1899.

211) „Über die Entwicklung der Modularfunktionen“, teilweise veröffentl. m J. f. Math. 52, p. 346 ff., vollständig in *Weierstraß*' „Mathematischen Werken“ 1 (Berlin 1894), p. 1. Die Arbeit schließt sich in Benennungen und Bezeichnungen an *Gudermann*, den Lehrer *Weierstraß*', an; es gilt, die Bemerkung *Abels* (im „Précis“, J. f. Math. 4, p. 244), die Funktion $\lambda(u)$ ($=\operatorname{sn} u$) könne als Quotient zweier beständig konvergenten Reihen dargestellt werden, weiter zu verfolgen. *Weierstraß* gelangt zu den später von ihm zu Ehren von *Abel* durch $Al_1(u)$, $Al_2(u)$, $Al_3(u)$, $Al(u)$ bezeichneten Reihen:

$$Al_1(u) = u - (1+k^2)\frac{u^3}{3!} + (1+4k^2+k^4)\frac{u^5}{5!} - \cdots,$$

$$Al_2(u) = 1 - \frac{u^2}{2!} + (1+2k^2)\frac{u^4}{4!} - (1+6k^2+8k^4)\frac{u^6}{6!} + \cdots,$$

$$Al_3(u) = 1 - k^2\frac{u^2}{2!} + (2k^2+k^4)\frac{u^4}{4!} - (8k^2+6k^4+k^6)\frac{u^6}{6!} + \cdots,$$

$$Al(u) = 1 - 2k^2\frac{u^4}{4!} + 8(k^2+k^4)\frac{u^6}{6!} - (32k^2+68k^4+32k^6)\frac{u^8}{8!} + \cdots,$$

Winter 1862/63 in seinen Berliner Vorlesungen[212]) in einer grundsätzlich neuen Gestalt zum Vortrage. In der 1882 erschienenen Abhandlung „Zur Theorie der elliptischen Funktionen“[213]) setzt *Weierstraß* die Grundlagen seiner neuen Gestalt der Theorie als bekannt voraus; jedoch ist diese Gestalt durch *Weierstraß* selbst der Allgemeinheit nicht zugänglich gemacht. Ersatz wurde geschaffen durch die seit 1881 bogenweise erscheinenden „Formeln und Lehrsätze zum Gebrauche der elliptischen Funktionen“[214]); auch die „Theorie der analytischen Funktionen“ von *O. Biermann*[215]) trug zur Verbreitung der Weierstraßschen Theorie bei. In einer systematischen Theorie der elliptischen Funktionen hat die *Weierstraß*sche Darstellung ihren Platz vor der *Jacobi*schen. Die Beziehung beider Darstellungen zueinander findet in der von *Klein* auf Grund gruppentheoretischer Erwägungen aufgestellten „Stufentheorie“ ihren klarsten Ausdruck[216]); die von *Klein* vertretene Auffassung eröffnet zugleich den Ausblick auf eine Kette stufenweise angeordneter Darstellungen der fraglichen Theorie, unter denen diejenigen von *Weierstraß* und *Jacobi* die beiden ersten Glieder sind.

46. Zweiblättrige Riemannsche Flächen mit vier Verzweigungspunkten; Verzweigungsform. Über der Ebene (oder Kugel) der komplexen Variabelen z lagere eine zweiblättrige Riemannsche Fläche F_2 mit vier Verzweigungspunkten bei $z = e^{(1)}, e^{(2)}, e^{(3)}, e^{(4)}$. F_2 stellt ein dreifach zusammenhängendes Gebiet dar[217]) oder ist eine Rie-

---

deren Quotienten die doppeltperiodischen Funktionen sind:

$$\operatorname{sn} u = \frac{Al_1(u)}{Al(u)}, \qquad \operatorname{cn} u = \frac{Al_2(u)}{Al(u)}, \qquad \operatorname{dn} u = \frac{Al_3(u)}{Al(u)}.$$

Über die Beziehung der Funktionen $Al_1(u), \ldots$ zu den vier *Jacobi*schen Thetafunktionen vgl. man die §§ 6ff. der *Weierstraß*schen Abhandlung.

212) Vgl. *E. Lampe*, „Gedächtnisrede auf K. Weierstraß“, Jahresb. d. Deutsch. Math. Ver. von 1897 p. 40.

213) Berl. Ber. vom 27. April 1882 oder *Weierstraß*, „Werke“ 2, p. 245.

214) Nach Vorles. und Aufzeichn. des Hrn. *K. Weierstraß* bearb. u. herausg. von *H. A. Schwarz*, Göttingen 1881 ff. (bis 1885 sind 12 Bogen erschienen); 2. Aufl. 1. Abt. 1893 in Berlin bei Springer erschienen; eine französ. Übersetzung besorgte *M. H. Padé*, Paris 1894.

215) Leipzig 1887; s. insbes. den ersten Abschn. des 7. Kapitels.

216) S. *Kleins* Abhandlgn. „Über unendl. viele Normalf. des ellipt. Int. erster Gattg.“, Münch. Ber. von 1880 oder Math. Ann. 17 (1880), p. 133; „Zur Theorie der ellipt. Funkt. n^{ter} Stufe“, Leipz. Ber. von 1884, p. 61; „Über die ellipt. Normalkurven der n^{ten} Ordnung und zugeh. Modulf. der n^{ten} Stufe“, Leipzig Abh. 13 (1885), p. 339. Vgl. auch *Klein-Fricke*, „Vorles. über Modulf.“ 2 (Leipzig 1892), p. 1.

217) Vgl. das Ref. II B 1 Nrn. 11 u. 22 sowie II B 2 Nr. 4.

mannsche Fläche vom Geschlechte 1; sie wird durch einen Rückkehrschnitt und einen vom einen Ufer dieses Schnittes zum gegenüberliegenden Uferpunkt führenden Querschnitt in einen einfach zusammenhängenden Bereich verwandelbar.[218]) Diese beiden Querschnitte stellen auf F_2 zwei geschlossene Wege W_1 und W_2 dar, die sich bei stetiger und ohne Zerreißen vor sich gehender Umformung nicht auf Punkte zusammenziehen lassen. Durch solche Umformung ineinander überführbare Wege mögen als nicht verschieden angesehen werden. Dann gilt der Satz: Aus einem ersten von einem Anfangspunkte A zu einem Endpunkte E der Fläche F_2 führenden Wege geht jeder andere diese Punkte verbindende Weg hervor, indem man dem ersten Wege vor Erreichen von E eine Anzahl von Wegen W_1 und W_2 einhängt, und zwar etwa m_1 Wege W_1, m_2 Wege W_2, dann wieder m_1' Wege W_1, m_2' Wege W_2 usw. Die m sind dabei irgendwelche ganze Zahlen, wobei ein negativer Wert m_i bedeutet, daß W_i in der der erst gewählten Richtung entgegengesetzten Richtung $(-m_i)$ Male zu durchlaufen sei.[219])

Zur Einführung homogener Schreibweise setze man:

$$z = z_1 : z_2, \qquad e^{(i)} = e_1^{(i)} : e_2^{(i)}. \tag{174}$$

Dann ist:

$$f(z_1, z_2) = (z_1 e_2^{(1)} - z_2 e_1^{(1)})(z_1 e_2^{(2)} - z_2 e_1^{(2)})(z_1 e_2^{(3)} - z_2 e_1^{(3)})(z_1 e_2^{(4)} - z_2 e_1^{(4)}) \tag{175}$$

oder in ausmultiplizierter Gestalt:

$$f(z_1, z_2) = a z_1^4 + 4 b z_1^3 z_2 + 6 c z_1^2 z_2^2 + 4 d z_1 z_2^3 + e z_2^4 \tag{176}$$

eine biquadratische binäre Form, deren vier Nullpunkte die Verzweigungspunkte von F_2 sind; sie heiße die „Verzweigungsform" der Riemannschen Fläche.[220])

47. Normalgestalten der Verzweigungsform. An sich könnte statt F_2 jede auf F_2 birational bezogene Riemannsche Fläche F_n, die also insbesondere auch das Geschlecht 1 hat, als Grundlage dienen. Statt beliebiger birationaler Transformationen sollen hier indes nur lineare:

$$z_1' = \alpha z_1 + \beta z_2, \qquad z_2' = \gamma z_1 + \delta z_2 \tag{177}$$

---

218) S. das Ref. II B 2 Nr. **6**.

219) S. *Klein*, „Über Riemanns Theorie der algebraischen Funktionen und ihrer Integrale" (Leipzig 1882), wo F_2 durch eine dieselben Zusammenhangsverhältnisse darbietende Ringfläche ersetzt ist.

220) Unter den Lehrbüchern haben *L. Koenigsbergers* „Vorlesungen über die Theor. d. ellipt. Funkt." (Leipzig 1874) zum ersten Male die Riemannschen Flächen konsequent zur Grundlage genommen.

betrachtet werden, und zwar in der Absicht, der Verzweigungsform einfache Normalgestalten zu verleihen. Die Invariantentheorie der biquadratischen binären Formen gibt hierzu die Handhabe.[221]) Übrigens sei daran erinnert, daß in der älteren Theorie die Herstellung der fraglichen Normalgestalten keineswegs nur mittelst linearer Transformationen geschieht; so ist z. B. nur die zweite der in Nr. **5** erwähnten von *Legendre* angewendeten Transformationen linear, die *Hermite*sche Transformation (146) in Nr. **41** ist vom vierten Grade.

Schreibt man zur Abkürzung:

$$e_1^{(i)}e_2^{(k)} - e_2^{(i)}e_1^{(k)} = (i, k), \tag{178}$$

so hat man in:

$$A = (1, 2) \cdot (3, 4), \quad B = (1, 3) \cdot (4, 2), \quad C = (1, 4) \cdot (2, 3) \tag{179}$$

die einfachsten irrationalen Invarianten; sie genügen der Gleichung:

$$A + B + C = 0. \tag{180}$$

Die negativ genommenen sechs Quotienten der A, B, C sind absolute Invarianten und stellen die sechs Gestalten des „Doppelverhältnisses" der vier Verzweigungspunkte e dar. Aus einer ersten Gestalt:

$$-\frac{A}{B} = \lambda \tag{181}$$

dieses Doppelverhältnisses stellen sich mit Rücksicht auf (180) alle sechs Gestalten wie folgt dar:

$$\lambda, \quad \frac{1}{\lambda}, \quad \frac{\lambda - 1}{\lambda}, \quad \frac{\lambda}{\lambda - 1}, \quad \frac{1}{1 - \lambda}, \quad 1 - \lambda. \tag{182}$$

Bei Vertauschungen der Linearfaktoren in (175) erleiden die A, B, C einfache Transformationen, aus denen hervorgeht, daß die drei Differenzen:

$$\mathsf{A} = B - C, \quad \mathsf{B} = C - A, \quad \Gamma = A - B \tag{183}$$

gerade die sechs möglichen Permutationen erfahren. Da deren Summe verschwindet, so sind ihre einfachsten symmetrischen Verbindungen:

$$\mathsf{B}\Gamma + \Gamma\mathsf{A} + \mathsf{AB}, \quad \mathsf{AB}\Gamma;$$

sie sind bis auf numerische Faktoren die in (144) Nr. **41** erklärten beiden rationalen Invarianten i und j, für welche wir fortan die seit

---

221) Vgl. die Lehrbücher der Invariantenth. z. B. *A. Clebsch*, „Theorie der binären algebraischen Formen" (Leipzig 1872), p. 134; weitere Ausführungen zu den Angaben des Textes bei *Klein-Fricke*, „Vorles. über Modulfunkt." 1 (Leipzig 1890), p. 4 ff.

Weierstraß gebräuchliche Bezeichnung:

$$(184)\qquad \begin{cases} g_2 = ae - 4bd + 3c^2, \\ g_3 = ace + 2bcd - ad^2 - b^2e - c^3 \end{cases}$$

benutzen. Die Diskriminante:

$$(\mathsf{B} - \Gamma)(\Gamma - \mathsf{A})(\mathsf{A} - \mathsf{B}) = -27ABC$$

ist eine rationale ganze Funktion von g_2 und g_3; man findet dieselbe in der Gestalt dargestellt:

$$(185)\qquad \Delta = g_2^3 - 27g_3^2.$$

Als absolute rationale Invariante wählt man die durch:

$$(186)\qquad J = \frac{g_2^3}{\Delta}, \quad J - 1 = \frac{27g_3^2}{\Delta}$$

oder:

$$(187)\qquad J : J - 1 : 1 = g_2^3 : 27g_3^2 : \Delta$$

gegebene Größe J.

Zur Gewinnung einer ersten Normalgestalt der Verzweigungsform übe man eine solche Transformation (177) aus[222]), daß einer der Verzweigungspunkte nach $z = \infty$ fällt, während die drei endlich verbleibenden Werte e in Summa 0 geben sollen. Demnach ist in (176) zu setzen $a = 0$ und $c = 0$, und man nehme der Einfachheit halber $b = 1$. Die Eintragung dieser Werte in (184) liefert $g_2 = -4d$, $g_2 = -e$; die erste Normalgestalt der Verzweigungsform ist also:

$$(188)\qquad f(z_1, z_2) = z_2(4z_1^3 - g_2z_1z_2^2 - g_3z_2^3).$$

Zu einer zweiten Normalform führt eine Substitution (177), welche die Verzweigungspunkte $e^{(1)}, e^{(2)}, e^{(4)}$ nach $z = 0, 1, \infty$ verlegt; dementsprechend ist zu setzen:

$$(189)\quad e_1^{(1)} = 0,\quad e_2^{(1)} = 1,\quad e_1^{(2)} = 1,\quad e_2^{(2)} = 1,\quad e_1^{(4)} = 1,\quad e_2^{(4)} = 0.$$

Die Eintragung dieser Werte in (179) gibt $A = e_2^{(3)}$, $B = -e_1^{(3)}$ und damit als zweite Normalgestalt der Verzweigungsform:

$$(190)\qquad f(z_1, z_2) = z_1(z_1 - z_2)(Az_1 + Bz_2)z_2.$$

Zu einer dritten Normalgestalt gelangt man so: Es gibt vier wesentlich verschiedene Transformationen (177) einer Form $f(z_1, z_2)$ in sich; drei unter ihnen vertauschen die vier Punkte $e^{(i)}$ in den drei möglichen Arten von Paaren, als vierte Transformation ist die identische

---

222) Die Substitutionen (177) stellen diejenigen Transformationen der z-Ebene in sich dar, welche *A. F. Möbius* als „Kreisverwandtschaften" bezeichnete; s. Leipzig Abh. 2 (1855), p. 529 oder *Möbius'* „Werke" 2 (Leipzig 1885), p. 243.

mitgezählt. Diese vier Substitutionen bilden eine „Vierergruppe“[223]) und können durch lineare Transformation auf die Gestalt gebracht werden:

(191) $$z_1' = \pm z_1,\ z_2' = z_2 \quad \text{und} \quad z_1' = \pm z_2,\ z_2' = z_1.$$

Damit die Form (176) durch diese vier Substitutionen in sich übergeführt wird, ist erforderlich $a = e$, $b = d = 0$; man kann sie alsdann auch so schreiben:

(192) $$f(z_1, z_2) = (\mu_2^2 z_1^2 - \mu_1^2 z_2^2)(\mu_1^2 z_1^2 - \mu_2^2 z_2^2),$$

womit die dritte Normalgestalt erreicht ist.[224])

48. Die algebraischen Funktionen und Integrale der Fläche F_2. Setzt man

(193) $$w = \sqrt{f(z,1)} = \sqrt{az^4 + 4bz^3 + 6cz^2 + 4dz + e},$$

so ist jede rationale Funktion von w und z auf der Fläche F_2 eindeutig und nur mit polaren Unstetigkeitspunkten behaftet, und umgekehrt ist jede solche Funktion der F_2 als rationale Funktion $R(w, z)$ darstellbar. Hat die einzelne solche Funktion auf F_2 m einfache Nullpunkte, so nimmt sie jeden komplexen Wert genau m Male an und heißt m-wertig. Die niederste auftretende Wertigkeit ist $m = 2$; einwertige Funktionen $R(w, z)$ existieren auf der F_2 nicht.[225]) Je zwei unter den auf F_2 eindeutigen algebraischen Funktionen $R(w, z)$ sind durch eine algebraische Relation aneinander gebunden.

Ein Integral einer algebraischen Funktion von F_2:

(194) $$J(z) = \int_{z_0}^{z} R(w, z)\, dz,$$

wo im Argument links und in den Grenzen rechts z, z_0 nicht nur Werte z, sondern bestimmte Stellen auf F_2 bedeuten sollen, kann neben polaren auch logarithmische Unstetigkeitspunkte aufweisen. Fehlen die letzteren, so ist die Vieldeutigkeit von J leicht angebbar. Das Integral möge über die beiden geschlossenen Wege W_i (vgl.

---

223) S. das Ref. I B 3f Nr. 2.

224) Berechnet man nach (184) die Invarianten g_2, g_3 für die Form (192) und trägt die gewonnenen Ausdrücke in (187) ein, so erscheint $\mu = \frac{\mu_1}{\mu_2}$ durch eine Gleichung 24sten Grades an J gebunden, welche als „Oktaedergleichung“ bezeichnet wird (vgl. Ref. I B 2 Nr. 5 und I B 3f Nr. 2, wo die Literatur genannt ist). *Abel* gibt bereits die 24 Gestalten von μ bzw. die 6 Gestalten von μ^4; vgl. „Werke“ 1, p. 459.

225) Vgl. das Ref. II B 1 Nr. 12 und II B 2 Nrn. 8 u. 24.

Nr. **46**) ausgedehnt werden und dabei die beiden Werte:

$$(195) \qquad \int_{(W_i)} R(w, z)\,dz = P_i$$

liefern. Ändert man daraufhin nach Nr. **46** den Integrationsweg von z_0 nach z durch Einhängung von Wegen W_1 und Wegen W_2 ab und kommen in Summa m_1 Wege W_1 und m_2 Wege W_2 zur Verwendung, so gelangt man an Stelle von $J(z)$ zum Integralwerte:

$$(196) \qquad J'(z) = J(z) + m_1 P_1 + m_2 P_2;$$

P_1 und P_2 heißen die Perioden des Integrals $J(z)$. Liegen auch logarithmische Unstetigkeitspunkte vor, so kommen noch weitere den Umläufen um diese Punkte entsprechende „Perioden" hinzu.

Die von *Riemann*[226]) allgemein für die „Abelsche Integrale" (vgl. II B 2 Nr. **11**) durchgeführte Einteilung in drei Gattungen entspricht im wesentlichen der seit *Legendre* bei den elliptischen Funktionen befolgten Sprechweise. Die Reduktion eines beliebigen Integrals (194) auf Integrale der drei Gattungen findet man in den Lehrbüchern der elliptischen Funktionen.[227]) Diese Reduktion kann entweder mit Hilfe der allgemeinen von *Riemann* eingeführten funktionentheoretischen Schlußweise ausgeführt werden, wobei insbesondere die Periodeneigenschaften unserer Integrale mit in Betracht kommen, oder aber durch algebraische Umformung von $R(w, z)$, wo alsdann solche additiven Bestandteile, welche algebraische Funktionen der F_2 oder Logarithmen rationaler Funktionen von z sind, als elementar abgespalten werden. Genau an die *Riemann*schen Festsetzungen schließt sich folgende Einteilung an:

I. Das bis auf eine multiplikative und eine additive Konstante eindeutig bestimmte, auf F_2 überall endliche „Integral erster Gattung":

$$(197) \qquad \int \frac{dz}{w} = \int \frac{dz}{\sqrt{az^4 + 4bz^3 + 6cz^2 + 4dz + e}}.$$

II. Die „Integrale zweiter Gattung", deren einzelnes einen einzigen an irgendeiner Stelle der F_2 gelegenen Pol erster Ordnung hat und durch diesen Pol bis auf einen konstanten Faktor und ein additives Integral erster Gattung bestimmt ist. Je zwei solche Integrale zweiter Gattung lassen sich mittelst des Integrals erster Gattung und algebraischer Funktionen der F_2 aufeinander reduzieren; z. B. kann

---

226) „Theor. der Abelschen Funkt." erste Abt. Nr. 4, J. f. Math. 54 (1857) oder *Riemanns* „Werke" p. 98.

227) Z. B. *Briot-Bouquet,* 2. Aufl., p. 417 ff.; *Koenigsberger* 1, p. 242 ff.; *Weber* p. 23; *Burkhardt* p. 15 ff.

man in dieser Weise alle Integrale zweiter Gattung reduzieren auf das Integral:

$$(198)\qquad \int \frac{dz}{(z-e^{(1)})w} = \int \frac{dz}{(z-e^{(1)})\sqrt{az^4+4bz^3+6cz^2+4dz+e}},$$

dessen Pol im Verzweigungspunkte $e^{(1)}$ liegt.

III. Die „Integrale dritter Gattung“, deren einzelnes an irgend zwei Stellen der F_2 logarithmisch unstetig wird und hierdurch bis auf einen konstanten Faktor und ein additives Integral erster Gattung eindeutig bestimmt ist. Liegen die Unstetigkeitspunkte auf der F_2 an der von einem Verzweigungspunkte verschiedenen Stelle $z = \alpha$ übereinander, so gelangt man zur Darstellung:

$$(199)\qquad \int \frac{dz}{(z-\alpha)w} = \int \frac{dz}{(z-\alpha)\sqrt{az^4+4bz^3+6cz^2+4dz+e}}.$$

49. Gestalten der Normalintegrale. Den in Nr. 47 eingeführten Normalgestalten der biquadratischen binären Form $f(z_1, z_2)$ entsprechen die gebräuchlichen „Normalintegrale“. Die der ersten Gestalt (188) Nr. 47 entsprechenden Normalintegrale:

$$(200)\qquad \int \frac{dz}{\sqrt{4z^3-g_2z-g_3}},\quad \int \frac{z\,dz}{\sqrt{4z^3-g_2z-g_3}},\quad \int \frac{dz}{(z-\alpha)\sqrt{4z^3-g_2z-g_3}}$$

kommen zwar schon bei *Hermite* (vgl. Nr. 41) und *Eisenstein* (vgl. Nr. 45) vor, werden indes nach *Weierstraß* benannt, weil sich dessen Darstellung der Theorie der elliptischen Funktionen auf diese Integralgestalten gründet. Der Pol des Integrals zweiter Gattung liegt im Verzweigungspunkte $z = \infty$.

Führt man in der zweiten Normalgestalt (190) Nr. 47 nach (181) Nr. 47 das Doppelverhältnis λ ein, so erscheinen als Normalintegrale der drei Gattungen:

$$(201)\quad \int \frac{dz}{\sqrt{z(1-z)(1-\lambda z)}},\quad \int \frac{(1-\lambda z)\,dz}{\sqrt{z(1-z)(1-\lambda z)}},\quad \int \frac{dz}{(z-\alpha)\sqrt{z(1-z)(1-\lambda z)}},$$

wo bei der zweiten Gattung der Pol wieder in dem Verzweigungspunkte $z = \infty$ gelegen ist. Diese Normalintegrale sollen nach *Riemann* benannt werden, da sie in dessen Vorlesungen (vgl. Note 210) zugrunde gelegt sind, wenn dieselben natürlich auch bereits früher gelegentlich auftreten.

Die *Legendre*schen Normalintegrale sollten eigentlich von der dritten Normalgestalt (192) Nr. 47 aus eingeführt werden. Indessen gelangen wir tatsächlich zu den von *Legendre* eingeführten Integralen, indem wir die Riemannschen Integrale durch die nicht mehr lineare Transformation $z = z'^2$ umformen. Ein hierbei auftretender Faktor 2, dessen eigentliche Bedeutung unten hervortritt, werde unterdrückt; indem übrigens $\alpha = \beta^2$ geschrieben und für z' wieder z gesetzt wird, ergeben sich die *Legendre*schen Normalintegrale:

$$(202)\quad \int \frac{dz}{\sqrt{(1-z^2)(1-\lambda z^2)}}, \quad \int \sqrt{\frac{1-\lambda z^2}{1-z^2}}\,dz, \quad \int \frac{dz}{(z^2-\beta^2)\sqrt{(1-z^2)(1-\lambda z^2)}}.$$

50. Abbildung der Fläche F_2 durch das Integral erster Gattung. Obschon die Abbildung der Riemannschen Fläche F_2 durch das Integral erster Gattung der wichtigste Schritt in der Theorie der elliptischen Funktionen ist, wird dieser Gegenstand in den Lehrbüchern nicht mit der nötigen Gründlichkeit behandelt.[228]) Als Integralgestalt benutzen wir die Weierstraßsche, da dieselbe die „rationalen" Invarianten g_2, g_3 enthält; die drei im Endlichen liegenden Verzweigungspunkte seien e_1, e_2, e_3 mit der Relation $e_1 + e_2 + e_2 = 0$. Es mögen zunächst weder e_1, e_2, e_3 in einer Geraden liegen, noch auch zwei unter den drei in Fig. 1 mit α_1, α_2, α_3 bezeichneten, am Nullpunkte liegenden Winkeln einander gleich sein. Die Indizes seien so verteilt, daß α_3 der größte Winkel ist. Die drei in der Figur stark ausgezogenen Geraden von e_1, e_2, e_3 nach ∞ mögen zunächst als Verzweigungsschnitte dienen. Die drei mit W_i bezeichneten Wege sollen nach außen hin mittelst eines Umlaufs um den Punkt ∞ geschlossen sein. Über W_i in der Pfeilrichtung ausgedehnt möge das Integral den Betrag ω_i liefern; dann gilt:

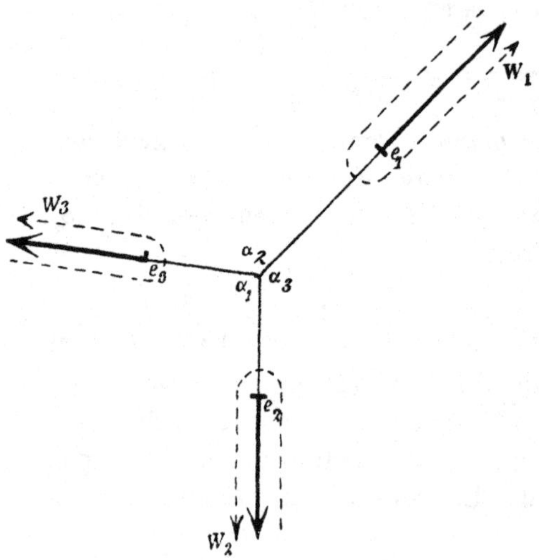

Fig. 1.

$$(203)\qquad \omega_1 + \omega_2 + \omega_3 = 0.$$

Das Integral erster Gattung selbst sei endgültig erklärt durch:

$$(204)\qquad u = \int_{\infty}^{z} \frac{dz}{2\sqrt{(z-e_1)(z-e_2)(z-e_3)}},$$

wobei die Wurzel als eindeutige Funktion in der F_2 definiert sein soll.

228) Einwurfsfreie Ergebnisse lassen sich jedoch aus der allgemeineren Zwecken dienenden Abhandl. von *Schwarz*, „Konforme Abbild. der Oberfl. eines Tetraeders auf die Oberfl. einer Kugel", J. f. Math. 70 (1868), p. 121 oder „Werke" 2, p. 84 entnehmen.

Das einzelne etwa obere Blatt der F_2 soll jetzt zunächst auf die u-Ebene abgebildet werden. Durch die drei vom Nullpunkt O ausgehenden Strahlen $Oe_1\infty$, $Oe_2\infty$, $Oe_3\infty$ wird dasselbe in die durch (α_1), (α_2), (α_3) zu bezeichnenden Bereiche zerlegt, von denen der zum größten Winkel gehörende dritte Bereich (α_3) zunächst abgebildet werde. Im Innern von (α_3) ist u überall endlich und eindeutig und bildet die Umgebung jeder Stelle konform auf die Umgebung der entsprechenden Stelle u ab. Bezeichnet man mit $A(z)$ die Amplitude der komplexen Zahl z, so ist $A(dz)$ längs des Randes $\infty e_2 O$ konstant; ferner ist $A((z-e_2)^{-\frac{1}{2}})$ längs ∞e_2 und auch längs $e_2 O$ konstant, längs der letzteren Strecke aber um $\frac{\pi}{2}$ kleiner als längs der ersteren. Endlich nimmt die Amplitude $A[(z-e_1)^{-\frac{1}{2}}(z-e_3)^{-\frac{1}{2}}]$ längs ∞e_2 beständig und stetig ab und ändert sich um den Gesamtbetrag $\frac{\alpha_3-\alpha_1}{2}$. Indem man den Rand $Oe_1\infty$ von (α_3) entsprechend behandelt, ergibt sich als Abbild von (α_3) ein schlichtes Viereck der u-Ebene mit den Ecken 0, $\frac{\omega_2}{2}$, $u(0)$, $-\frac{\omega_1}{2}$ und den Winkeln $\frac{\alpha_3}{2}$, $\frac{\pi}{2}$, α_3, $\frac{\pi}{2}$, dessen Seiten durchweg nach außen konvex sind; die Gesamtbiegung der beiden Seiten $\left(0, \frac{\omega_2}{2}\right)$, $\left(\frac{\omega_2}{2}, u(0)\right)$ ist $\frac{\alpha_3-\alpha_1}{2}$, die der beiden anderen Seiten aber $\frac{\alpha_3-\alpha_2}{2}$.

Zieht man im erhaltenen Viereck die Geraden $\left(0, \frac{\omega_2}{2}\right)$, $\left(\frac{\omega_2}{2}, -\frac{\omega_1}{2}\right)$ und $\left(-\frac{\omega_1}{2}, 0\right)$, wie in Fig. 2, so bilden dieselben ein spitzwinkliges Dreieck der Seitenlängen $\frac{1}{2}|\omega_1|$, $\frac{1}{2}|\omega_2|$, $\frac{1}{2}|\omega_3|$. Es gelten demnach die drei Ungleichungen:

$$(205)\qquad |\omega_i|^2 + |\omega_k|^2 > |\omega_l|^2.$$

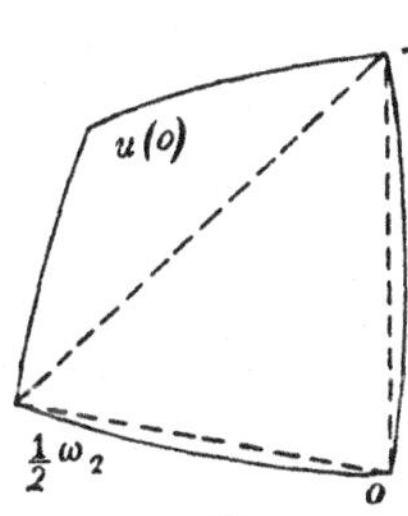

Fig. 2.

Schreibt man für den Quotienten ω der beiden Perioden ω_1, ω_2 unter Trennung des reellen und imaginären Bestandteils:

$$(206)\qquad \frac{\omega_1}{\omega_2} = \omega = \xi + i\eta,$$

so gilt infolge der Fig. 2 erstlich $\eta > 0$, weiter liefern die Ungleichungen (205) die neuen Gestalten:

$$(207)\qquad -1 < \xi < 0, \quad \xi^2 + \eta^2 + \xi > 0,$$

so daß der Wert ω in der ξ, η- oder ω-Ebene seinen Bildpunkt innerhalb des in Fig. 3 eingegrenzten, von zwei Halbgeraden und einem

Halbkreise eingeschlossenen dreieckigen Bereiches[229]) findet. Übrigens folgt aus $\alpha_3 > \alpha_1$, $\alpha_3 > \alpha_2$, wie man durch Kontinuitätsbetrachtung zeigt,

$$|\omega_3| > |\omega_1| \quad \text{und} \quad |\omega_3| > |\omega_2|$$

oder:

$$(208) \qquad 2\xi + 1 > 0, \quad \xi^2 + \eta^2 + 2\xi > 0,$$

so daß der Bildpunkt von ω des näheren in demjenigen Drittel des eben gewonnenen Bereiches liegt, welcher in Fig. 3 schraffiert ist.

Es soll nun eine neue und endgültige Zerschneidung der F_2 vorgenommen werden. Man bilde die Geraden $\left(-\frac{\omega_1}{2}, 0\right)$ und $\left(\frac{\omega_2}{2}, 0\right)$ des Vierecks Fig. 2 auf (α_3) ab und findet zwei neue Linien (e_1, ∞), (e_2, ∞), welche man an Stelle der bisherigen Geraden von e_1 und e_2 noch ∞ als Verzweigungsschnitte benutzen darf. Längs dieser beiden Linien sollen beide Blätter von F_2 durchschnitten werden. Der dritte Verzweigungsschnitt von e_3 nach ∞ darf wie bisher gradlinig beibehalten werden; in ihm sollen beide Blätter zusammenhängen. Die so zerschnittene Fläche F_2' ist einfach zusammenhängend; die acht Schnittufer setzen den geschlossenen Rand von F_2' zusammen. Das Abbild dieses Randes in der u-Ebene ist das geradlinige Parallelogramm der Ecken $0, -\omega_1, -\omega_1 + \omega_2, \omega_2$; F_2' selbst überträgt sich konform auf die schlichte Fläche dieses Parallelogramms.

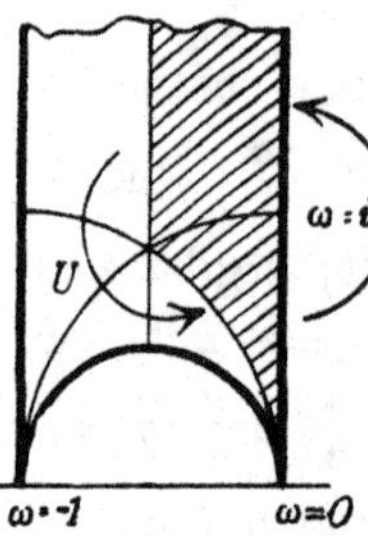

Fig. 3.

Besondere Fälle, die sich sämtlich durch stetigen Übergang vom allgemeinen Falle erreichen lassen, sind erstlich $\alpha_3 = \alpha_1$ und $\alpha_3 = \alpha_2$, wo ω auf den Rand $2\xi + 1 = 0$ bzw. $\xi^2 + \eta^2 + 2\xi = 0$ des schraffierten Bereiches tritt; zweitens der Fall, daß e_1, e_2, e_3 auf einer Geraden liegen, wo ω auf den Rand $\xi = 0$ tritt und das eben gewonnene Periodenparallelogramm ein Rechteck wird. Rücken zwei Verzweigungspunkte zusammen, so liegt allemal eine Ausartung vor, wobei ω entweder in die Spitze 0 des fraglichen Bereiches oder in die „Spitze“ ∞ rückt.

Gestattet man der oberen Grenze z im Integral (204) freies Überschreiten der beiden angebrachten Querschnitte, so wird $u(z)$ unendlich vieldeutig, und die unendlich vielen „Zweige“ dieser Funktion stellen sich nach (196) Nr. 48 in demjenigen Zweige u, mittelst dessen

229) Die beiden Halbgeraden $\xi = 0$ und $\xi + 1 = 0$ berühren sich in der dritten bei $\omega = \infty$ liegenden Ecke.

wir F_2' auf das geradlinige Parallelogramm abbildeten, in der Gestalt:

$$u' = u + m_1\omega_1 + m_2\omega_2 \tag{209}$$

dar, wo m_1, m_2 alle Paare ganzer Zahlen durchlaufen. Die Abbilder, welche alle diese Zweige von der Fläche F_2 liefern, sind lauter kongruente geradlinige Parallelogramme, welche sich in der u-Ebene glatt aneinanderreihen und dieselbe lückenlos und einfach mit einem „Parallelogrammnetze" bedecken. Die Eckpunkte $u = m_1\omega_1 + m_2\omega_2$ werden als „Gitterpunkte" des Netzes bezeichnet. In jeder Umgebung des Punktes $u = \infty$ finden unendlich viele Parallelogramme Platz.[230])

51. Die Funktionen der Fläche F_2 in Abhängigkeit von u betrachtet. Die einfache und vollständige Bedeckung der u-Ebene mit dem Parallelogrammnetze ist die fundamentale Tatsache in der Theorie der elliptischen Funktionen. Des näheren gelten die Sätze:

Ein in der u-Ebene gelegener Weg von einem Punkte u zu einem homologen Punkte des Netzes überträgt sich auf einen „geschlossenen" Weg auf F_2. Ein geschlossener Weg in der u-Ebene liefert auf F_2 einen solchen geschlossenen Weg, der sich ohne Zerreißen stetig auf einen Punkt zusammenziehen läßt.

Verpflanzen wir die Werte der Funktionen der Fläche (vgl. Nr. 48) auf die u-Ebene, so ergeben sich die Sätze: Jede algebraische Funktion der F_2 wird eine „eindeutige" Funktion von u mit den beiden von F_2 gelieferten Perioden ω_1, ω_2. Jede so erhaltene doppeltperiodische Funktion $\varphi(u)$ von u ist im einzelnen Periodenparallelogramm nur mit polaren Unstetigkeitspunkten behaftet und besitzt an der Stelle $u = \infty$ einen wesentlich singulären Punkt. War die algebraische Funktion auf F_2 m-wertig, so nennen wir $\varphi(u)$ eine m-wertige doppeltperiodische Funktion; sie nimmt im Parallelogramm jeden komplexen Wert m Male an.

Einwertige doppeltperiodische Funktionen existieren nicht. Eine zweiwertige Funktion $\varphi(u)$ wird von z selbst, eine dreiwertige Funktion von w geliefert; dieselben mögen $\wp(u)$ und $\wp'(u)$ heißen, zwischen denen zufolge (204) die Beziehungen gelten:

$$\begin{cases} \wp'(u) = \dfrac{d\wp(u)}{du} = 2\sqrt{(\wp(u) - e_1)(\wp(u) - e_2)(\wp(u) - e_3)}, \\ \wp'(u)^2 = 4\wp(u)^3 - g_2\wp(u) - g_3. \end{cases} \tag{210}$$

Jede unserer doppeltperiodischen Funktionen $\varphi(u)$ ist als eine ratio-

---

230) Zur Versinnlichung dieses Satzes denke man in bekannter Weise an Stelle der Ebene eine Kugeloberfläche als Trägerin der komplexen Werte u.

nale Funktion von $\wp(u)$ und $\wp'(u)$ darstellbar:

$$(211) \qquad \varphi(u) = R(\wp(u), \wp'(u));$$

irgend zwei dieser Funktionen $\varphi(u)$, $\psi(u)$ sind durch eine algebraische Gleichung verknüpft[231]):

$$(212) \qquad F(\varphi(u), \psi(u)) = 0.$$

Das Integral zweiter Gattung möge gegenüber (200) Nr. **49** im Zeichen gewechselt werden und danach:

$$(213) \qquad \zeta = -\int \frac{z\,dz}{\sqrt{4z^3 - g_2 z - g_3}}$$

genannt werden; die Wahl der Integrationskonstanten sei vorbehalten. Als Funktion von u nimmt ζ die Gestalt an:

$$(214) \qquad \zeta(u) = -\int \wp(u)\,du$$

und erweist sich auf Grund des über die geschlossenen Wege in der u-Ebene angegebenen Satzes gleichfalls als eindeutige Funktion von u. Die geschlossenen Wege W_i mögen für das Integral ζ die Beträge η_i liefern; dann gilt allgemein:

$$(215) \qquad \zeta(u + m_1\omega_1 + m_2\omega_2) = \zeta(u) + m_1\eta_1 + m_2\eta_2,$$

unter m_1, m_2 ganze Zahlen verstanden. In den Gitterpunkten des Parallelogrammnetzes hat $\zeta(u)$ Pole erster Ordnung.

Das einzelne Integral dritter Gattung der in Nr. **49** unter (200) gegebenen Gestalt hat als Funktion von u:

$$(216) \qquad \Pi(u) = \int \frac{du}{\wp(u) - \alpha}$$

im Periodenparallelogramm zwei logarithmische Unstetigkeitspunkte und bleibt dieserhalb auch als Funktion von u unendlich-vieldeutig.[232])

---

231) Es sei nochmals betont, daß die Funktionen $\varphi(u)$ des Textes begrifflich hier als die von den algebraischen Funktionen der F_2 gelieferten Funktionen gedacht sind.

232) Die Funktionen $\wp(u)$ und $\wp'(u)$ sind die von *Weierstraß* eingeführten und von ihm so bezeichneten doppeltperiodischen Funktionen (vgl. Noten 214). Die Perioden bezeichnet *Weierstraß* in der Regel nicht durch ω_1, ω_2, sondern durch 2ω, $2\omega'$, so daß ω und ω' die längs geradliniger Bahnen genommenen Integrale:

$$\omega = \int_\infty^{e_1} \frac{dz}{\sqrt{4z^3 - g_2 z - g_3}}, \quad \omega' = \int_\infty^{e_2} \frac{dz}{\sqrt{4z^3 - g_2 z - g_3}}$$

sein würden, woraus sich ergeben würde:

$$e_1 = \wp(\omega) = \wp\left(\frac{\omega_1}{2}\right), \quad e_2 = \wp(\omega') = \wp\left(\frac{\omega_2}{2}\right).$$

52. Analytische Darstellungen für $\wp(u)$, $\wp'(u)$ und $\zeta(u)$. Aus (204) folgt, daß $z = \wp(u)$ eine gerade Funktion von u ist, sowie daß:

$$\lim_{u=0} (u^2 \wp(u)) = 1$$

ist. Man setze daraufhin:

$$\wp(u) = \frac{1}{u^2} + a_0 + a_1 u^2 + a_2 u^4 + \cdots$$

an und kann aus der durch Differentiation der Gleichung (210) entstehenden Gleichung:

$$(217) \qquad 2\wp''(u) = 12\wp(u)^2 - g_2$$

Rekursionsformeln zur Bestimmung der $a_0, a_1, a_2, \ldots$ gewinnen. Die entspringenden Potenzreihen:

$$(218) \begin{cases} \wp(u) = \frac{1}{u^2} + \frac{g_2}{2^2 \cdot 5} u^2 + \frac{g_3}{2^2 \cdot 7} u^4 + \frac{g_2^2}{2^4 \cdot 3 \cdot 5^2} u^6 + \frac{3 g_2 g_3}{2^4 \cdot 5 \cdot 7 \cdot 11} u^8 + \cdots \\ \wp'(u) = -\frac{2}{u^3} + \frac{g_2}{2 \cdot 5} u + \frac{g_3}{7} u^3 + \frac{g_2^2}{2^3 \cdot 5^2} u^5 + \frac{3 g_2 g_3}{2 \cdot 5 \cdot 7 \cdot 11} u^7 + \cdots, \end{cases}$$

deren Koeffizienten ganze rationale Funktionen von g_2, g_3 sind, konvergieren innerhalb eines Kreises um $u = 0$, dessen Peripherie durch den an $u = 0$ nächst gelegenen Gitterpunkt läuft.[233]) Für das durch (214) gegebene Integral zweiter Gattung $\zeta(u)$ bestimmen wir jetzt die noch nicht ausgewählte Integrationskonstante so, daß für die Umgebung der Stelle $u = 0$ die Entwicklung gilt:

$$(219) \qquad \zeta(u) = \frac{1}{u} - \frac{g_2}{2^2 \cdot 3 \cdot 5} u^3 - \frac{g_3}{2^2 \cdot 5 \cdot 7} u^5 - \frac{g_2^2}{2^4 \cdot 3 \cdot 5^2 \cdot 7} u^7 - \frac{g_2 g_3}{2^4 \cdot 3 \cdot 5 \cdot 7 \cdot 11} u^9 - \cdots.$$

Für alle endlichen u konvergenten Teilbruchreihen sind:

$$(220) \begin{cases} \wp(u) = \frac{1}{u^2} + \sum_{m_1, m_2}' \left[\left(\frac{1}{u - (m_1, m_2)} \right)^2 - \left(\frac{1}{(m_1, m_2)} \right)^2 \right], \\ \wp'(u) = -2 \sum_{m_1, m_2} \left(\frac{1}{u - (m_1, m_2)} \right)^3, \end{cases}$$

wo (m_1, m_2) zur Abkürzung für $m_1 \omega_1 + m_2 \omega_2$ geschrieben ist und die Summen sich auf alle Paare ganzer Zahlen m_1, m_2 beziehen; nur in der Summe bei $\wp(u)$ soll die Kombination $m_1 = 0$, $m_2 = 0$ ausge-

Im Texte sind, der *Riemann*schen Auffassung entsprechend, die Werte ω_1, ω_2 der über die „geschlossenen" Wege W_1, W_2 ausgedehnten Integrale als die ursprünglichen Größen angesehen. Siehe übrigens *Burkhardt*, „Ellipt. Funkt." (Leipzig 1899), Vorwort, p. VII.

233) Vgl. *Schwarz*, p. 11 des in Note 214 gen. Werkes „Formeln und Lehrsätze usw."

lassen werden, was durch den Index am Summenzeichen angedeutet sei. Für $\zeta(u)$ gilt entsprechend:

$$(221)\qquad \zeta(u) = \frac{1}{u} + \sum_{m_1, m_2}{}' \left[\frac{1}{u-(m_1, m_2)} + \frac{1}{(m_1, m_2)} + \frac{u}{(m_1, m_2)^2}\right].$$

Man erkennt hier die *Eisenstein*schen Ansätze wieder (vgl. Nr. **45**), jedoch in der von *Weierstraß* vervollkommneten Gestalt, daß die Zusatzglieder:

$$-\frac{1}{(m_1, m_2)^2}, \quad \frac{1}{(m_1, m_2)} + \frac{u}{(m_1, m_2)^2}$$

in die Summe bei $\wp(u)$ und $\zeta(u)$ aufgenommen sind. Hierdurch erzielte *Weierstraß* die unbedingte Konvergenz der fraglichen Reihen.[234])

Wandelt man die in (220) für $\wp'(u)$ angegebene Summe in eine nach ansteigenden Potenzen von u geordnete Reihe um, so ergibt der Vergleich mit (218):

$$(222)\qquad g_2 = 60 \sum_{m_1, m_2}{}' \frac{1}{(m_1, m_2)^4}, \quad g_3 = 140 \sum_{m_1, m_2}{}' \frac{1}{(m_1, m_2)^6}.$$

Mit Rücksicht auf die Tatsache, daß der Quotient ω der Perioden ω_1, ω_2 (vgl. Gleichung (206)) einen positiven imaginären Bestandteil hat, folgt die unbedingte Konvergenz dieser Reihen schon aus den *Eisenstein*schen Untersuchungen. Durch eine Rechnung, welche sich auf die Benutzung der Teilbruchreihe für $\operatorname{ctg} \pi u$ gründet[235]), lassen sich vorstehende Doppelsummen in die folgenden einfachen Summen verwandeln:

$$(223)\qquad \left\{\begin{aligned} g_2 &= \left(\frac{2\pi}{\omega_2}\right)^4 \left[\frac{1}{12} + 20 \sum_{n=1}^{\infty} \frac{n^3 q^{2n}}{1-q^{2n}}\right], \\ g_3 &= \left(\frac{2\pi}{\omega_2}\right)^6 \left[\frac{1}{216} - \frac{7}{3} \sum_{n=1}^{\infty} \frac{n^5 q^{2n}}{1-q^{2n}}\right], \end{aligned}\right.$$

wo q die *Jacobi*sche Entwicklungsgröße:

$$(224)\qquad q = e^{\pi i \omega} = e^{\pi i \frac{\omega_1}{\omega_2}}$$

ist. Auch die Reihen (223) sind unter der hier zutreffenden Bedingung $|q| < 1$ unbedingt konvergent. *Weierstraß* wandelt a. a. O.

234) Vgl. *Weierstraß*, „Zur Theorie der eindeut. anal. Funkt.", Abh. d. Berl. Akad. von 1876 oder „Werke" 2, p. 77 ff., sowie „Zur Funktionenlehre", Berl. Monatsber. vom 12. Aug. 1880 oder „Werke" 2, p. 201.

235) S. Nr. 4 der zweiten eben genannten Arbeit von *Weierstraß*, sowie *A. Hurwitz*, „Grundl. einer indep. Theor. d. ellipt. Modulf. usw.", Math. Ann. 18, (1881), p. 528 ff.

die Reihe (221) für $\zeta(u)$ in die Gestalt um:

$$(225)\qquad \zeta(u) = \frac{\eta_2 u}{\omega_2} + \frac{\pi}{\omega_2}\operatorname{ctg}\frac{\pi u}{\omega_2} + \frac{\pi}{\omega_2}\sum_{n=1}^{\infty}\left[\operatorname{ctg}\left(\frac{\pi u}{\omega_2} + n\pi\omega\right) + \operatorname{ctg}\left(\frac{\pi u}{\omega_2} - n\pi\omega\right)\right],$$

wobei die Bedeutung von η_2 aus:

$$(226)\qquad \frac{\eta_2}{\omega_2} = 2\sum_{m_2=1}^{\infty}\left(\frac{1}{m_2\omega_2}\right)^2 + 2\sum_{m_1=1}^{+\infty}\sum_{m_2=-\infty}^{+\infty}\left(\frac{1}{(m_1, m_2)}\right)^2$$

hervorgeht. Aus (225) folgt, daß diese Größe η_2 mit der zweiten Periode des Integrals zweiter Gattung identisch ist. Den Gleichungen (223) reiht sich an[236]):

$$(227)\qquad \eta_2 = \frac{\pi^2}{3\omega_2}\left[1 - 24\sum_{n=1}^{\infty}\frac{nq^{2n}}{1-q^{2n}}\right].$$

Die Reihe (225) ist leicht umwandlungsfähig in folgende *Fourier*sche Reihe der Funktion $\zeta(u)$:

$$(228)\qquad \zeta(u) = \frac{\eta_2 u}{\omega_2} + \frac{\pi}{\omega_2}\operatorname{ctg}\frac{\pi u}{\omega_2} + \frac{4\pi}{\omega_2}\sum_{m=1}^{\infty}\frac{q^{2m}}{1-q^{2m}}\sin\frac{2m\pi u}{\omega_2},$$

aus welcher sich durch Differentiation die weiteren Reihen ergeben[237]):

$$(229)\qquad \begin{cases} \wp(u) = -\dfrac{\eta_2}{\omega_2} + \left(\dfrac{\pi}{\omega_2}\right)^2\dfrac{1}{\sin^2\dfrac{\pi u}{\omega_2}} - \dfrac{8\pi^2}{\omega_2{}^2}\displaystyle\sum_{m=1}^{\infty}\dfrac{mq^{2m}}{1-q^{2m}}\cos\dfrac{2m\pi u}{\omega_2}, \\ \wp'(u) = -2\left(\dfrac{\pi}{\omega_2}\right)^3\dfrac{\cos\dfrac{\pi u}{\omega_2}}{\sin^3\dfrac{\pi u}{\omega_2}} + \dfrac{16\pi^3}{\omega_2{}^3}\displaystyle\sum_{m=1}^{\infty}\dfrac{m^2q^{2m}}{1-q^{2m}}\sin\dfrac{2m\pi u}{\omega_2}. \end{cases}$$

53. Allgemeinste Zerschneidung der Fläche F_2 und lineare Transformation der Perioden. Die Teilbruchreihen (220) zeigen nicht nur die Eindeutigkeit und doppelte Periodizität der Funktionen $\wp(u)$ und $\wp'(u)$ an, sondern die unbedingte Konvergenz dieser Reihen ergibt überdies noch die Invarianz dieser Funktionen gegenüber „linearer Transformation der Perioden". Um diesen Gegenstand auf Grund *Riemann*scher Ideen zu begründen, denken wir die Fläche F_2 durch ein willkürlich gewähltes Paar von Querschnitten W_1', W_2' in eine

236) Vgl. *Hurwitz*, a. a. O.

237) S. hierüber z. B. *Halphen*, „Traité des fonct. ell. etc.", 1, p. 426 oder *Fricke*, „Kurzgef. Vorles. über versch. Gebiete der höh. Math." (Leipzig 1900), p. 195 ff., wo man das Nähere über den Konvergenzbereich der im Texte mitgeteilten Fourierschen Reihen findet.

einfach zusammenhängende Fläche F_2'' zerschnitten und behalten uns nur vor, nötigenfalls die Bezeichnungen W_1', W_2' der Querschnitte auszutauschen. Der bequemeren Ausdrucksweise halber denke man die Kreuzungsstelle der Schnitte W_1', W_2' bei $z = \infty$ gelegen, was man, wenn es nicht gleich anfangs der Fall sein sollte, durch stetige Verschiebung des Schnittpaares über F_2 hin erzielen kann.

Das Integral erster Gattung u über W_i' ausgedehnt gebe ω_i'; da die W_i' geschlossene Wege sind, so gilt:

$$\omega_1' = \alpha\omega_1 + \beta\omega_2, \quad \omega_2' = \gamma\omega_1 + \delta\omega_2, \tag{230}$$

wo $\alpha, \beta, \gamma, \delta$ ganze Zahlen sind. Man bilde nun F_2'' durch u ab und findet als Gegenbild dieser zerschnittenen Fläche F_2'' einen einfach zusammenhängenden Bereich der u-Ebene, welcher, wie auch die Schnitte gezogen sein mögen, niemals auch nur einen Punkt der u-Ebene doppelt bedecken kann; denn wäre u_0 doppelt bedeckt, so würden dieser Stelle zwei verschiedene Punkte der Fläche F_2 entsprechen, während wir doch wissen, daß zum einzelnen Punkte u stets nur ein Punkt der F_2 gehört.

Das Abbild von F_2'' in der u-Ebene hat vier bei $u = 0$, ω_2', $\omega_1' + \omega_2'$, ω_1' gelegene Ecken. Man denke die Bezeichnungen W_i' auf die beiden Schnitte so verteilt, daß man die eben angegebene Eckenanordnung bei Umlaufung des Abbildes im positiven Sinne (so daß man die Fläche des Abbildes zur Linken hat) findet. Die Gegenseiten des Abbildes korrespondieren miteinander durch die Translationen $u' = u + \omega_1'$, $u' = u + \omega_2'$. Die einzelne Seite des Abbildes, z. B. die von $u = 0$ nach $u = \omega_2'$ laufenden, wird im allgemeinen nicht gerade sein. Denken wir aber diese Seite stetig in eine Gerade verwandelt, so entspricht dem eine stetige Wandlung des Schnittes W_2' bei Festhaltung des Ursprungs $z = \infty$, wobei man übrigens, damit während der Wandelung stets ein brauchbares Schnittpaar vorliegt, W_1' nötigenfalls stetig dem Schnitte W_2' ausweichen lassen muß. Nach Ausführung der bezeichneten Umwandlung gehe man ebenso mit dem Schnitte W_1' vor. Wie auch das Schnittpaar W_i' gewählt war, es läßt sich unter Festhaltung des Kreuzungspunktes bei ∞ derart stetig zurechtrücken, daß das Abbild der zerschnittenen Fläche F_2'' das „geradlinige" Parallelogramm der Ecken 0, ω_2', $\omega_1' + \omega_2'$, ω_1' wird.

Dieses Parallelogramm ist durch Vermittlung von F_2 auf das in Nr. **50** erhaltene Parallelogramm der Ecken 0, ω_2, $\omega_1 + \omega_2$, ω_1 eindeutig bezogen, und zwar korrespondieren die Umgebungen zweier einander entsprechenden Punkte u und u' stets durch eine Translation:

$$u' = u + m_1\omega_1 + m_2\omega_2.$$

Die Folge ist, daß beide Parallelogramme gleichen Inhalt haben, woraus sich mit Rücksicht auf die Anordnung der Ecken $0, \omega_2', \omega_1' + \omega_2', \omega_1'$ auf dem Rande des Parallelogramms ergibt, daß die vier ganzen Zahlen $\alpha, \beta, \gamma, \delta$ die Determinante:

$$\alpha\delta - \beta\gamma = 1 \tag{231}$$

haben.

Die Betrachtung ist umkehrbar. Sind $\alpha, \beta, \gamma, \delta$ irgend vier ganze Zahlen der Determinante 1, so setze man:

$$\omega_1' = \alpha\omega_1 + \beta\omega_2, \quad \omega_2' = \gamma\omega_1 + \delta\omega_2 \tag{232}$$

und findet umgekehrt:

$$\omega_1 = \delta\omega_1' - \beta\omega_2', \quad \omega_2 = -\gamma\omega_1' + \alpha\omega_2'. \tag{233}$$

Hieraus geht hervor, daß, wenn wir mit allen Paaren ganzer Zahlen m_1, m_2 die Kombinationen $(m_1\omega_1 + m_2\omega_2)$ bilden, jede derselben in der Gestalt $(m_1'\omega_1' + m_2'\omega_2')$ mit ganzzahligen m_i' darstellbar ist, wie auch umgekehrt jede Kombination $(m_1'\omega_1' + m_2'\omega_2')$ einer bestimmten $(m_1\omega_1 + m_2\omega_2)$ gleich ist.

Heißen zwei Punkte der u-Ebene äquivalent, wenn sie derselben Stelle von F_2 entsprechen, so sind mit einem Punkt u alle Punkte $u' = u + m_1\omega_1 + m_2\omega_2$, die wir auch $u' = u + m_1'\omega_1' + m_2'\omega_2'$ schreiben können, äquivalent. Die homologen Punkte in dem zu den Perioden ω_1', ω_2' gehörenden Parallelogrammnetze sind danach allemal äquivalente Punkte, und umgekehrt sind zwei äquivalente Punkte auch stets homologe Punkte im eben genannten Netze. Das geradlinige Parallelogramm der Ecken $0, \omega_2', \omega_1' + \omega_2', \omega_1'$ enthält demnach für jeden Punkt der Ebene einen und nur einen äquivalenten Punkt. Dieses Parallelogramm ist also gerade ein eindeutiges Abbild der Fläche F_2 und wird durch die Funktion $z = \wp(u)$ auf die F_2 abgebildet, wobei sich die Gegenseiten des Parallelogramms zu zwei Querschnitten der F_2 zusammenlegen. Durch zwei geeignet gewählte Querschnitte W_1', W_2' können wir demnach auch jede Kombination von vier ganzen Zahlen $\alpha, \beta, \gamma, \delta$ der Determinante 1 in (232) erreichen.

Der Übergang von ω_1, ω_2 zu ω_1', ω_2' vermöge einer Substitution (232) mit ganzzahligen Koeffizienten $\alpha, \beta, \gamma, \delta$ der Determinante 1 heißt „lineare Transformation der Perioden". Schreibt man, um die Abhängigkeit der in (220) und (221) rechts stehenden Summen von ω_1, ω_2 hervorzuheben, ausführlicher $\wp(u|\omega_1, \omega_2), \ldots$, so folgt aus dem Umstande, daß die Kombinationen $(m_1\omega_1 + m_2\omega_2)$ insgesamt mit den $(m_1'\omega_1' + m_2'\omega_2')$ übereinstimmen, und daß die genannten Reihen unbedingt konvergent sind, der Satz: Die Funktionen $\wp$, $\wp'$ und ζ

bleiben bei linearer Transformation der Perioden unverändert:

$$(234)\quad \begin{cases} \wp(u \mid \alpha\omega_1 + \beta\omega_2, \gamma\omega_1 + \delta\omega_2) = \wp(u \mid \omega_1, \omega_2), \\ \wp'(u \mid \alpha\omega_1 + \beta\omega_2, \gamma\omega_1 + \delta\omega_2) = \wp'(u \mid \omega_1, \omega_2), \\ \zeta(u \mid \alpha\omega_1 + \beta\omega_2, \gamma\omega_1 + \delta\omega_2) = \zeta(u \mid \omega_1, \omega_2). \end{cases}$$

Die zu den ω_1', ω_2' gehörenden Perioden η_1', η_2' von $\zeta(u)$ entsprechen den Wegen W_1', W_2'; es gilt also:

$$(235)\quad \eta_1' = \alpha\eta_1 + \beta\eta_2, \quad \eta_2' = \gamma\eta_1 + \delta\eta_2.$$

Man sagt, daß sich die η_1, η_2 mit den ω_1, ω_2 kogredient substituieren.

54. Independente Erklärung doppeltperiodischer Funktionen. Gruppentheoretische Auffassung. Während ω_1, ω_2 bisher als Integralperioden erklärt waren, mögen nunmehr ω_1, ω_2 irgend zwei willkürlich gewählte endliche, von 0 verschiedene komplexe Größen sein. Wir fragen nach der Existenz eindeutiger Funktionen $\varphi(u)$ mit den beiden Perioden ω_1, ω_2:

$$(236)\quad \varphi(u + \omega_1) = \varphi(u), \quad \varphi(u + \omega_2) = \varphi(u).$$

Soll es sich um eine eigentliche doppeltperiodische Funktion handeln, so darf der Quotient $\omega = \frac{\omega_1}{\omega_2}$ nicht reell sein.[238]) Man darf dann auch voraussetzen, daß der Wert ω positiven imaginären Bestandteil hat, oder daß der Punkt ω der „positiven ω-Halbebene" angehört, was nötigenfalls durch Austausch der Bezeichnungen ω_1, ω_2 erzielbar ist.

Jedes durch lineare Transformation aus ω_1, ω_2 gewinnbare Paar ω_1', ω_2' heißt ein „Paar primitiver Perioden" von $\varphi(u)$, insofern nicht nur $\varphi(u + \omega_i') = \varphi(u)$ gilt, sondern jede der Perioden $(m_1\omega_1 + m_2\omega_2)$ von $\varphi(u)$ sich auch als ganzzahlige Kombination der ω_1', ω_2' darstellen läßt. Jedem Paare ω_1', ω_2' entspricht ein geradliniges Parallelogramm $(0, \omega_2', \omega_1' + \omega_2', \omega_1')$ und damit ein die ganze u-Ebene überspannendes Netz von Parallelogrammen, das man der Untersuchung der Funktion $\varphi(u)$ zugrunde legen kann. Die zu allen diesen Parallelogrammen gehörenden Quotienten $\omega' = \omega_1' : \omega_2'$ gehen aus dem zuerst gewählten ω nach (231) u. f. durch die lineare ganzzahligen Substitutionen von der Determinante 1:

$$(237)\quad \omega' = \frac{\alpha\omega + \beta}{\gamma\omega + \delta}, \qquad \alpha\delta - \beta\gamma = 1$$

hervor.

238) Wäre er nämlich reell und rational, so wäre $\varphi(u)$ nur einfach periodisch; wäre er aber reell und irrational, so würde $\varphi(u)$ entweder konstant oder total unstetig sein. Vgl. *Briot-Bouquet*, „Théor. d. fonct. ell.", 2. Ausg., p. 231, sowie *A. Pringsheim*, „Über einen Fundamentalsatz usw.", Math. Ann. 27 (1886), p. 151.

Die vorliegenden Verhältnisse faßt man zweckmäßig gruppentheoretisch auf. Die gesamten Substitutionen:

$$u' = u + m_1 \omega_1 + m_2 \omega_2, \tag{238}$$

wo m_1, m_2 alle Kombinationen ganzer Zahlen durchlaufen, bilden eine Gruppe $\Gamma^{(u)}$, die sich aus den beiden Substitutionen $u' = u + \omega_1$, $u' = u + \omega_2$, aber auch aus $u' = u + \omega_1'$, $u' = u + \omega_2'$ erzeugen läßt. Den ersten beiden Erzeugenden entspricht es, als Diskontinuitätsbereich[239]) von $\Gamma^{(u)}$ das Parallelogramm $(0, \omega_2, \omega_1 + \omega_2, \omega_1)$ zu wählen, dem zweiten Erzeugendenpaar würde entsprechend das Parallelogramm $(0, \omega_2', \ldots)$ zugehören. Um unter diesen unendlich vielen Gestalten des Diskontinuitätsbereiches (den unendlich vielen Paaren primitiver Perioden) eine bestimmte (ein bestimmtes Paar) herauszugreifen, benutze man den Begriff eines zu einem Zentrum C_0 gehörenden normalen Diskontinuitätsbereiches.[240]) Ein solcher Bereich ist erklärt als Inbegriff aller Punkte u, die dem Punkte C_0 näher oder doch nicht ferner liegen als irgendeinem mit C_0 äquivalenten Punkte

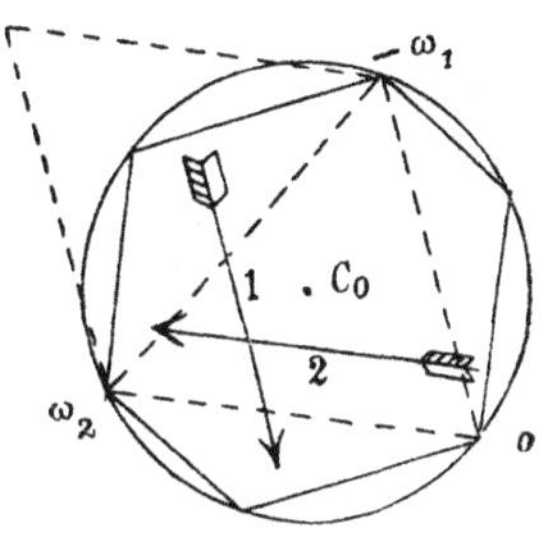

Fig. 4.

$$(C_0 + m_1 \omega_1 + m_2 \omega_2).$$

Der normale Bereich, der unabhängig von der Auswahl des Zentrums C_0 bei der $\Gamma^{(u)}$ eindeutig bestimmt ist, hat einfach die Gestalt eines im Kreise liegenden Sechsecks mit gleichen Gegenseiten, die durch die drei Erzeugenden der $\Gamma^{(u)}$:

$$u' = u + \omega_1, \quad u' = u + \omega_2, \quad u' = u + \omega_3 \tag{239}$$

aufeinander bezogen sind.[241]) Man denke die Bezeichnungen so verteilt, daß weder $|\omega_1|$ noch $|\omega_2|$ größer als $|\omega_3|$ ist. Das weitere lehre Fig. 4, in welcher die beiden Pfeile 1 und 2 die beiden ersten Transformationen (239) versinnlichen sollen. Der Übergang zum Periodenparallelogramm ist punktiert angedeutet; wir denken die Figur so gelagert, daß in den Ecken $u = 0, -\omega_1, -\omega_1 + \omega_2, \omega_2$ gilt. Das Zentrum C_0 liegt notwendig im Dreieck $(0, -\omega_1, \omega_2)$ oder doch auf

239) S. hierzu das folgende Ref. II B 4, insbes. Nr. 5 ff.

240) S. den Art. II B 4, Nr. 9, sowie *Fricke-Klein*, „Vorles. über die Theor. der autom. Funkt." 1, p. 108, 216 ff., (Leipzig 1897).

241) Das Sechseck des Textes zur Gewinnung eines „reduzierten Periodenparallelogramms" tritt zuerst bei *Dirichlet*, „Über die Reduktion der pos. quadr. Formen usw." J. f. Math. 40 (1850), p. 209 auf.

dem Rande desselben. Wir kommen also zu den Bedingungen (207) und (208) zurück. Unter den unendlich vielen Paaren primitiver Perioden, die durch lineare Transformation auseinander hervorgehen, gibt es ein und im allgemeinen[242]) nur ein Paar, für welches der Quotient ω der beiden Perioden einen Punkt des schraffierten Bereiches der Fig. 3, Nr. **50** darstellt.

Das erhaltene Resultat ist einer zweiten gruppentheoretischen Deutung fähig. Alle Substitutionen (237) bilden eine Gruppe $\Gamma^{(\omega)}$, welche „Modulgruppe" heißt.[243]) Heißen zwei Punkte der positiven ω-Halbebene, die durch Substitutionen (237) der $\Gamma^{(\omega)}$ ineinander überführbar sind, bezüglich der $\Gamma^{(\omega)}$ äquivalent, so weist der schraffierte Bereich der Fig. 3 zu jedem Punkte der Halbebene einen und nur einen äquivalenten Punkt auf, abgesehen von den Randpunkten, welche durch die in Fig. 3 mit den Symbolen T und U bezeichneten Transformationen:

$$(240) \qquad (T) \quad \omega' = \frac{-1}{\omega}, \qquad (U) \quad \omega' = \frac{-1}{\omega + 1}$$

ineinander überführbar sind. Der fragliche schraffierte Bereich der Fig. 3 ist ein Diskontinuitätsbereich der Modulgruppe $\Gamma^{(\omega)}$, welche demnach aus den beiden Substitutionen (240) erzeugbar ist. Statt der zweiten braucht man gewöhnlich die weiterhin mit S bezeichnete Substitution TU: Alle linearen Transformationen (237) lassen sich aus den beiden speziellen:

$$(241) \qquad (S) \quad \omega' = \omega + 1, \quad (T) \quad \omega' = \frac{-1}{\omega}$$

durch Wiederholung und Kombination herstellen.[244])

Die doppeltperiodische Funktion $\varphi(u)$ soll nun der Bedingung unterworfen sein, im Periodenparallelogramm abgesehen von endlich vielen Polen überall regulär zu sein. Dann gelten die *Liouville*schen Sätze von Nr. 38, nach welchen zunächst eine Funktion $\varphi(u)$ mit m getrennt liegenden oder irgendwie koinzidierenden Polen im Parallelogramm jeden komplexen Wert immer genau m Male annimmt. Diese Anzahl m heißt die Wertigkeit von $\varphi(u)$, und $\varphi(u)$ heißt m-wertig. Einwertige Funktionen gibt es nicht. Hieran schließt sich der weitere Satz: Sind die m Nullpunkte einer m-wertigen doppeltperiodischen

---

242) Zwei nur dann, wenn die zugehörigen ω Randpunkte des schraffierten Bereiches der Fig. 3, p. 256, liefern; vgl. die weiteren Angaben im Texte.

243) Insofern man an Stelle von k^2 auch wohl den Periodenquotienten ω als „Modul" des Integrals erster Gattung bezeichnet.

244) Gewöhnlich zeigt man diesen Satz durch Kettenbruchentwicklung der Substitution (237).

Funktion $\varphi(u)$ im Parallelogramm bei $\alpha_1, \alpha_2, \ldots, \alpha_m$ gelegen, die m Pole bei $\beta_1, \beta_2, \ldots, \beta_m$, so sind die Summen $\alpha_1 + \alpha_2 + \cdots + \alpha_m$ und $\beta_1 + \beta_2 + \cdots + \beta_m$ abgesehen von einem Multiplum der Perioden ω_1, ω_2 einander gleich:

$$(242) \qquad \alpha_1 + \alpha_2 + \cdots + \alpha_m \equiv \beta_1 + \beta_2 + \cdots + \beta_m, \qquad (\text{mod. } \omega_1, \omega_2).$$

Ist endlich A_k der Koeffizient von $(u - \beta_k)^{-1}$ in der Entwicklung von $\varphi(u)$ für die Umgebung von β_k, so verschwindet die auf alle im Periodenparallelogramm gelegenen Pole bezogene Summe jener Koeffizienten A_k (Residuensatz; vgl. Art. II B 1, Nr. **3**).

Die Existenz von Funktionen $\varphi(u)$ unserer Art kann man auf direktem Wege mittelst funktionentheoretischer Methoden beweisen, welche allgemein in der Theorie der automorphen Funktionen üblich sind.[245]) Kürzer ist es, für das vorliegende Periodenpaar ω_1, ω_2 die unbedingt konvergenten Reihen (220) anzusetzen und mittelst derselben zwei doppeltperiodischen Funktionen $\wp(u), \wp'(u)$ zu erklären, die sich als 2- bzw. 3-wertig erweisen. Indem wir unter g_2 und g_3 die durch die Summen (222) gegebenen Werte verstehen, können wir von (220) rückwärts zu den Anfangsgliedern der Potenzreihen:

$$(243) \qquad \begin{cases} \wp(u) = \frac{1}{u^2} + \frac{g_2}{2^2 \cdot 5} u^2 + \frac{g_3}{2^2 \cdot 7} u^4 + \cdots, \\ \wp'(u) = -\frac{2}{u^3} + \frac{g_2}{2 \cdot 5} u + \frac{g_3}{7} u^3 + \cdots \end{cases}$$

gelangen, während andererseits aus (220) direkt folgt:

$$(244) \qquad \wp'(u) = \frac{d\wp(u)}{du}.$$

Man bilde nun aus $\wp(u)$ und $\wp'(u)$ die doppeltperiodische Funktion $(\wp'^2 - 4\wp^3 + g_2\wp)$ und findet aus (243) als Entwicklung bei $u = 0$:

$$\wp'^2(u) - 4\wp(u)^3 + g_2\wp(u) = -g_3 + \cdots,$$

wo die rechts ausgelassenen Glieder die Potenzen $u^2, u^4, \ldots$ enthalten. Nun kann aber die hier links stehende Funktion im Parallelogramm nur bei $u = 0$ (und damit natürlich auch in den drei anderen Ecken) ∞ werden; da sie jedoch für $u = 0$ den Wert $-g_3$ hat, so ist sie polfrei und demnach konstant, d. h. mit $-g_3$ identisch. Zwischen $\wp$ und $\wp'$ besteht also die Relation:

$$(245) \qquad \wp'(u)^2 = 4\wp(u)^3 - g_2\wp(u) - g_3.$$

---

245) S. Ref. II B 4, Nr. **14**.

Mit Rücksicht auf (244) folgt weiter:

$$u = \int_{\infty}^{\wp} \frac{d\wp}{\sqrt{4\wp^3 - g_2\wp - g_3}}. \tag{246}$$

Im Periodenparallelogramm der Ecken $0, \omega_2, \omega_1 + \omega_2, \omega_1$ tragen je zwei diametrale Punkte u und $u' = -u + \omega_1 + \omega_2$ gleiche Werte $\wp$. Im geradlinigen Dreieck $(0, \omega_2, \omega_1)$ ist demnach $\wp(u)$ einwertig, abgesehen davon, daß auf der einzelnen Seite dieses Dreiecks je zwei Punkte, die von der Seitenmitte gleichweit abstehen, dieselben Werte $\wp$ tragen. Setzen wir:

$$\wp\left(\frac{\omega_1}{2}\right) = e_1, \quad \wp\left(\frac{\omega_2}{2}\right) = e_2, \quad \wp\left(\frac{\omega_1 + \omega_2}{2}\right) = e_3, \tag{247}$$

so wird das Dreieck $(0, \omega_2, \omega_1)$ durch $\wp(u)$ auf die einfach und vollständig bedeckte $\wp$-Ebene abgebildet, wobei die beiden Hälften der einzelnen Dreiecksseite sich zu einer von dem zugehörigen Punkte e_i nach ∞ laufenden Linien zusammenlegen. Das ganze Periodenparallelogramm liefert durch $\wp(u)$ abgebildet eine zweiblättrige Fläche F_2 mit den vier Verzweigungspunkten e_1, e_2, e_3, ∞. Man merke noch die aus (246) und (245) folgenden Formeln an:

$$\wp'\left(\frac{\omega_1}{2}\right) = 0, \quad \wp'\left(\frac{\omega_2}{2}\right) = 0, \quad \wp'\left(\frac{\omega_1 + \omega_2}{2}\right) = 0, \tag{248}$$

$$e_1 + e_2 + e_3 = 0. \tag{249}$$

Hiermit sind wir vollständig zum algebraischen Ausgangspunkte zurückgelangt und merken die beiden Sätze an: Für die doppeltperiodischen Funktionen eines beliebigen Periodenpaars ω_1, ω_2 gelten uneingeschränkt die über die algebraischen Beziehungen aufgestellten Sätze (denn die fraglichen Funktionen werden erklärungsgemäß auf der eben gewonnenen F_2 algebraische Funktionen). Nicht nur liefert jede wie in Fig. 1, Nr. **50**, zerschnittene F_2 einen bestimmten Periodenquotienten ω des Diskontinuitätsbereiches Fig. 3, Nr. **50**, der Modulgruppe $\Gamma^{(\omega)}$, sondern umgekehrt entspricht dem einzelnen ω dieses Bereiches allemal auch eine bestimmte Fläche F_2.

55. Die Weierstraßsche Funktion $\sigma(u)$. Um die seit *Gauß*, *Jacobi* usw. stets betrachtete Spaltung der elliptischen Funktionen in Quotienten ganzer transzendenter Funktionen durchzuführen, erklärt *Weierstraß* die von ihm mit $\sigma(u)$ bezeichnete Funktion durch das unendliche Produkt[246]):

$$\sigma(u) = u \prod_{m_1, m_2}{}' \left(1 - \frac{u}{(m_1, m_2)}\right) e^{\frac{u}{(m_1, m_2)} + \frac{1}{2}\frac{u^2}{(m_1, m_2)^2}}, \tag{250}$$

---

246) S. *Schwarz*, „Formeln und Lehrsätze usw.", p. 5.

welches infolge des im einzelnen Faktor zugesetzten Exponentialfaktors unbedingt konvergent ist[247]); m_1, m_2 und das Symbol (m_1, m_2) haben wieder dieselbe Bedeutung wie in Nr. 52, der Index am Produktzeichen bedeutet, daß die Kombination $m_1 = 0$, $m_2 = 0$ auszulassen ist.

Der Vergleich mit (221) zeigt die Möglichkeit, die σ-Funktion durch das Integral zweiter Gattung darzustellen:

$$(251)\qquad \sigma(u) = u \cdot e^{\int\limits_0^u \left(\zeta(u) - \frac{1}{u}\right) du},$$

eine Formel, welche an die Einführung (74), Nr. 27, der Θ-Funktion bei *Jacobi* erinnert. Trägt man für $\zeta(u)$ in (251) rechts die Reihe (219) ein und ordnet nach Potenzen von u an, so folgt[248]):

$$(252)\quad \sigma(u) = u + * - \frac{g_2}{2^4 \cdot 3 \cdot 5} u^5 - \frac{g_3}{2^3 \cdot 3 \cdot 5 \cdot 7} u^7 - \frac{g_2^{\,2}}{2^9 \cdot 3^2 \cdot 5 \cdot 7} u^9 - \cdots,$$

wo der Stern darauf aufmerksam macht, daß die Potenz u^3 fehlt. $\sigma(u)$ ist eine ganze transzendente Funktion, welche in den Gitterpunkten des Parallelogrammnetzes einfache Nullpunkte hat, übrigens aber allenthalben endlich und von 0 verschieden ist.

Trägt man die Reihe (225), Nr. 52, für $\zeta(u)$ in (251) ein, so ergibt sich leicht:

$$(253)\qquad \sigma(u) = \frac{\omega_2}{\pi} e^{\frac{\eta_2 u^2}{2\omega_2}} \sin\frac{\pi u}{\omega_2} \prod_{n=1}^{\infty} \frac{\sin\left(n\pi\omega + \frac{\pi u}{\omega_2}\right) \cdot \sin\left(n\pi\omega - \frac{\pi u}{\omega_2}\right)}{\sin^2 n\pi\omega}$$

als Darstellung von $\sigma(u)$ durch ein einfach unendliches Produkt[249]); man kann dasselbe auch umformen in:

$$(254)\qquad \sigma(u) = \frac{\omega_2}{\pi} e^{\frac{\eta_2 u^2}{2\omega_2}} \sin\frac{\pi u}{\omega_2} \prod_{n=1}^{\infty} \frac{1 - 2q^{2n}\cos\frac{2\pi u}{\omega_2} + q^{4n}}{(1 - q^{2n})^2}.$$

Das Verhalten der σ-Funktion bei Vermehrung von u um Perioden ist:

$$(255)\qquad \begin{cases} \sigma(u + \omega_1) = - e^{\eta_1\left(u + \frac{\omega_1}{2}\right)} \sigma(u), \\ \sigma(u + \omega_2) = - e^{\eta_2\left(u + \frac{\omega_2}{2}\right)} \sigma(u), \end{cases}$$

wie man aus (251) oder (254) leicht schließt. Die Perioden η_1, η_2 des

247) Vgl. den Art. II B 1, Nr. 31.

248) Bei *Schwarz* a. a. O. findet man die Glieder der Reihe (252) bis u^{35}.

249) Vgl. *Schwarz* a. a. O., p. 8.

Integrals zweiter Gattung sind mit den ω_1, ω_2 verknüpft durch:

$$(256) \qquad \omega_1 \eta_2 - \omega_2 \eta_1 = 2i\pi,$$

wie man durch Ausführung des Integrals $\int \zeta(u)\,du$ über den Rand eines den Punkt $u = 0$ enthaltenden Parallelogramms (u_0, $u_0 + \omega_2$, $u_0 + \omega_1 + \omega_2$, $u_0 + \omega_1$) folgert.[250])

Gegenüber linearer Transformation zeigt $\sigma(u)$ dasselbe Verhalten, wie es in (234), Nr. **53**, für die Funktionen $\wp$, $\wp'$ und ζ ausgesprochen wurde, d. h. $\sigma(u)$ ist bei linearer Transformation unveränderlich:

$$(257) \qquad \sigma(u \mid \alpha\omega_1 + \beta\omega_2,\ \gamma\omega_1 + \delta\omega_2) = \sigma(u \mid \omega_1, \omega_2).$$

56. Darstellung der doppeltperiodischen Funktionen durch $\sigma(u)$, $\zeta(u)$ usw. Aus (251) Nr. **55**, und (214) Nr. **51**, folgt:

$$(258) \quad \zeta(u) = \frac{d \log \sigma(u)}{du}, \quad \wp(u) = -\frac{d^2 \log \sigma(u)}{du^2}, \quad \wp'(u) = -\frac{d^3 \log \sigma(u)}{du^3}.$$

Für eine beliebige doppeltperiodische Funktion $\varphi(u)$ der Perioden ω_1, ω_2 ergeben sich zweierlei Darstellung, eine erste durch Partialbrüche, eine zweite in Produktform. Für die Partialbruchzerlegung bezeichnen wir die unterschiedenen Pole von $\varphi(u)$ im Parallelogramm mit $\beta_1, \beta_2, \ldots, \beta_\nu$, lassen aber zu, daß sich an der einzelnen Stelle β_k ein Pol höherer Ordnung findet. Durch geeignete Auswahl der Koeffizienten A_k, B_k, C_k, ... kann man einen Ausdruck:

$$A_k\, \zeta(u - \beta_k) + B_k\, \wp(u - \beta_k) + C_k\, \wp'(u - \beta_k) + D_k\, \wp''(u - \beta_k) + \cdots$$

herstellen, der bei $u = \beta_k$ genau so ∞ wird wie $\varphi(u)$. Da die Summe aller dieser Ausdrücke über $k = 1$ bis ν wegen des Residuensatzes (vgl. Nr. **54**, p. 267) doppeltperiodisch ist, andrerseits aber die Differenz von $\varphi(u)$ und dieser Summe als polfreie doppeltperiodische Funktion einer Konstanten gleich ist, so gilt die Darstellung[251]):

$$(259) \quad \varphi(u) = A_0 + \sum_{k=1}^{\nu} \{A_k \zeta(u - \beta_k) + B_k \wp(u - \beta_k) + C_k \wp'(u - \beta_k) + \cdots\}.$$

Zur Gewinnung der Produktdarstellung seien die m Nullpunkte von $\varphi(u)$ wie in Nr. **54** durch $\alpha_1, \alpha_2, \ldots, \alpha_m$ bezeichnet, wobei jeder Nullpunkt so oft genannt sei, als seine Multiplizität erfordert, entsprechend seien $\beta_1, \beta_2, \ldots, \beta_m$ die Pole von $\varphi(u)$ im Parallelogramm. Nach Nr. 54, p. 267 ist $\sum_{k=1}^{m} \beta_k - \sum_{k=1}^{m} \alpha_k$ eine ganzzahlige Kombina-

---

250) Gleichung (256) entspricht der *Legendre*schen Relation (23), Nr. 8. Vgl. für den Nachweis der Gleichung (256) auch *Klein-Fricke*, „Vorles. über Modulfunkt." 1, p. 117.

251) Vgl. *Schwarz* a. a. O., p. 20.

tion $(\mu\omega_1 + \nu\omega_2)$ der Perioden. Der Ausdruck:

$$\frac{\sigma(u-\alpha_1)\cdot\sigma(u-\alpha_2)\cdots\sigma(u-\alpha_m)}{\sigma(u-\beta_1)\cdot\sigma(u-\beta_2)\cdots\sigma(u-\beta_m)}$$

hat dieselben Nullpunkte und Pole wie $\varphi(u)$, geht jedoch, falls man u um ω_i ändert, in sich selbst multipliert mit:

$$e^{\eta_i\left(\sum\limits_{k=1}^{m}\beta_k - \sum\limits_{k=1}^{m}\alpha_k\right)} = e^{(\mu\omega_1+\nu\omega_2)\eta_i}$$

über. Hierauf gründet sich die Darstellung:

$$\varphi(u) = C\cdot e^{-(\mu\eta_1+\nu\eta_2)u}\cdot\frac{\sigma(u-\alpha_1)\cdot\sigma(u-\alpha_2)\cdots\sigma(u-\alpha_m)}{\sigma(u-\beta_1)\cdot\sigma(u-\beta_2)\cdots\sigma(u-\beta_m)}, \tag{260}$$

wo C eine Konstante ist.

57. Darstellung des Integrals dritter Gattung durch die σ-Funktion. Das in (200) Nr. **49** angegebene Integral dritter Gattung hat an zwei in der *Riemann*schen Fläche F_2 übereinander liegenden Stellen logarithmische Unstetigkeitspunkte. Jedoch waren bei der a. a. O. unter III gegebenen allgemeinen *Riemann*schen Erklärung eines Integrals dritter Gattung Π die beiden logarithmischen Unstetigkeitspunkte an zwei beliebigen Stellen der Fläche F_2 gelegen. Entsprechen diese beiden Stellen den Punkten v_1 und v_2 des Periodenparallelogramms der u-Ebene, so möge das zwischen den Punkten u_1 und u_2 des Parallelogramms als Grenzen ausgedehnte Integral Π genauer $\Pi^{u_1,u_2}_{v_1,v_2}$ genannt werden. Durch das Integral zweiter Gattung läßt sich dasselbe so darstellen:

$$\Pi^{u_1,u_2}_{v_1,v_2} = \int\limits_{u_1}^{u_2}(\zeta(u-v_1)-\zeta(u-v_2))\,du. \tag{261}$$

Mittelst der ersten Gleichung (258), Nr. **56**, folgt hieraus:

$$\Pi^{u_1,u_2}_{v_1,v_2} = \log\frac{\sigma(u_2-v_1)\,\sigma(u_1-v_2)}{\sigma(u_2-v_2)\,\sigma(u_1-v_1)}. \tag{262}$$

Nennt man u_1, u_2 die Argumente, v_1, v_2 die Parameter des Integrals, so folgt aus (262) der „Satz von der Vertauschbarkeit von Parameter und Argument“:

$$\Pi^{v_1,v_2}_{u_1,u_2} = \Pi^{u_1,u_2}_{v_1,v_2}. \tag{263}$$

Man vgl. Nrn. **9** und **26**.[252])

252) *Weierstraß* (vgl. *Schwarz* a. a. O., p. 88) gibt im Anschluß an *Jacobi* als Normalintegral dritter Gattung:

$$\int\frac{1}{2}\,\frac{\wp'(u)+\wp'(v)}{\wp(u)-\wp(v)}\,du = \log\frac{\sigma(v-u)}{\sigma(u)\,\sigma(v)} + \frac{\sigma'(v)}{\sigma(v)}\cdot u + C.$$

58. Die elliptischen Funktionen, betrachtet als Funktionen von drei Argumenten. Da die ω_1, ω_2 nur der Beschränkung unterliegen, daß der Quotient $\omega = \omega_1 : \omega_2$ eine komplexe Größe mit positivem imaginären Bestandteil sein soll, so kann man die ω_1, ω_2 übrigens als willkürlich variabel ansehen. So werden die betrachteten Größen zu Funktionen von drei Argumenten u, ω_1, ω_2 und werden, um dies hervorzuheben, durch:

$$\sigma(u \,|\, \omega_1, \omega_2), \quad \zeta(u \,|\, \omega_1, \omega_2), \quad \wp(u \,|\, \omega_1, \omega_2), \ \ldots$$

bezeichnet. Will man die durch (222) p. 260 gegebene Abhängigkeit der Invarianten g_2, g_3 von ω_1, ω_2 hervorheben, so schreibt man:

$$g_2(\omega_1, \omega_2), \quad g_3(\omega_1, \omega_2).$$

Die in (185) p. 250 gegebene Diskriminante Δ der biquadratischen Form wird durch Vermittlung von g_2, g_3 ebenfalls eine Funktion $\Delta(\omega_1, \omega_2)$ der ω_1, ω_2. Dasselbe gilt von der absoluten Invariante J (vgl. (186) p. 250), sowie nach (226), (227) p. 261 und (256) p. 270 von den Perioden η_1, η_2 des Integrals zweiter Gattung. Vielfach drückt man die Funktionen $\sigma, \zeta, \ldots$ auch dadurch als Funktionen von u, ω_1, ω_2 aus, daß man sie im Anschluß an die Potenzreihen (218), (219), p. 259 und (252) p. 269 in der Gestalt schreibt:

$$\sigma(u; g_2, g_3), \quad \zeta(u; g_2, g_3), \quad \wp(u; g_2, g_3), \quad \wp'(u; g_2, g_3), \ \ldots.$$

Als Hauptsatz ist hierbei zu nennen: Die betrachteten Größen sind homogene Funktionen ihrer drei Argumente u, ω_1, ω_2, welche gegenüber den Operationen der aus den beiden Gruppen $\Gamma^{(u)}$ und $\Gamma^{(\omega)}$ der Nr. **54** zusammengesetzten ternären Gruppe $\Gamma^{(u,\omega)}$:

$$(264) \qquad \begin{cases} u' = u + m_1\omega_1 + m_2\omega_2, \\ \omega_1' = \qquad \alpha\omega_1 + \beta\omega_2, & \alpha\delta - \beta\gamma = 1, \\ \omega_2' = \qquad \gamma\omega_1 + \delta\omega_2 \end{cases}$$

entweder unmittelbar invariant sind ($\wp, \wp', g_2, g_3, \Delta, J$) oder ein charakteristisches kovariantes Verhalten zeigen ($\sigma, \zeta, \eta_1, \eta_2$). Über die Bedeutung der ganzzahligen Koeffizienten $m_1, m_2, \alpha, \beta, \gamma, \delta$ sehe man Nr. **54**.

In Abhängigkeit von ω_1, ω_2 heißen die fraglichen Größen „elliptische Modulfunktionen“ (vgl. Note 243). Insbesondere werden mit diesem Namen die von u freien Funktionen bezeichnet, welche in ω_1, ω_2 homogen von 0ter Dimension sind und also nur von Periodenquotienten $\omega = \omega_1 : \omega_2$ abhängen (bei unserer Darstellung einstweilen nur die Funktion $J(\omega)$ allein). Die von u freien homogenen Funktionen der ω_1, ω_2 mit einer von 0 verschiedenen Dimension heißen im speziellen „elliptische Modulformen“.[253])

In der Literatur[254]) finden sich zwei Differentiationsprozesse, von denen der eine einen unmittelbar ersichtlichen Sinn hat, während die Bedeutung des anderen erst im Anschluß an die vorstehenden gruppentheoretischen Ansätze einleuchtend wird. Die beiden Differentiationen $\frac{\partial}{\partial \omega_1}, \frac{\partial}{\partial \omega_2}$ liefern, auf irgendeine gegenüber der Modulgruppe $\Gamma^{(\omega)}$ invariante Funktion angewandt, zwei Größen, die sich zu ω_1, ω_2 kontragredient substituieren:

$$\left(\frac{\partial}{\partial \omega_1}\right)' = \delta \frac{\partial}{\partial \omega_1} - \beta \frac{\partial}{\partial \omega_2}, \quad \left(\frac{\partial}{\partial \omega_2}\right)' = -\gamma \frac{\partial}{\partial \omega_1} + \alpha \frac{\partial}{\partial \omega_2}.$$

Daher werden die beiden Differentiationsprozesse:

$$(265) \qquad D_\omega = \omega_1 \frac{\partial}{\partial \omega_1} + \omega_2 \frac{\partial}{\partial \omega_2}, \quad D_\eta = \eta_1 \frac{\partial}{\partial \omega_1} + \eta_2 \frac{\partial}{\partial \omega_2}$$

aus einer gegenüber $\Gamma^{(\omega)}$ invarianten Funktion stets wieder ebensolche Funktionen herstellen.

Der erste Prozeß führt einfach zur Homogeneitätsrelation, z. B.:

$$(266) \qquad \begin{cases} D_\omega(g_2) = -4g_2, \qquad D_\omega(g_3) = -6g_3, \\ u\frac{\partial \wp}{\partial u} + D_\omega(\wp) = -2\wp, \text{ usw.} \end{cases}$$

Ehe wir auf D_η weiter eingehen, mögen beide Prozesse (265) in algebraische Gestalt umgesetzt werden. Aus:

$$\frac{\partial}{\partial \omega_1} = \frac{\partial}{\partial g_2}\frac{\partial g_2}{\partial \omega_1} + \frac{\partial}{\partial g_3}\frac{\partial g_3}{\partial \omega_1}, \quad \frac{\partial}{\partial \omega_2} = \frac{\partial}{\partial g_2}\frac{\partial g_2}{\partial \omega_2} + \frac{\partial}{\partial g_3}\frac{\partial g_3}{\partial \omega_2}$$

folgt mit (266) leicht:

$$(267) \qquad D_\omega = -4g_2\frac{\partial}{\partial g_2} - 6g_3\frac{\partial}{\partial g_3}.$$

Zur Umrechnung von D_η knüpfen wir an die unten zu zeigende „Produktdarstellung der Diskriminante“:

$$(268) \qquad \Delta(\omega_1, \omega_2) = \left(\frac{2\pi}{\omega_2}\right)^{12} q^2 \prod_{n=1}^{\infty} (1 - q^{2n})^{24},$$

aus der man mit Rücksicht auf (227) p. 261 folgert:

$$\frac{\partial \log \Delta}{\partial \omega_1} = \frac{2i\pi}{\omega_2}\left(1 - 24\sum_{n=1}^{\infty}\frac{nq^{2n}}{1-q^{2n}}\right) = \frac{6i}{\pi}\eta_2.$$

253) S. wegen alles Weiteren über die Modulfunktionen das folgende Referat II B 4.

254) S. insbes. *Weierstraß*, „Zur Theorie der ellipt. Funkt.“, Berlin. Sitzungsber. v. 27. April 1882 oder „Werke“ 2, p. 245, sowie *Halphen*, „Traité des fonct. ellipt.“ 1, Kap. IX.

Unter Benutzung von (256), p. 270, und der Homogeneitätsgleichung:

$$D_\omega(\log\Delta) = -12$$

folgt:

(269) $$\eta_1 = \frac{\pi i}{6}\cdot\frac{\partial \log\Delta}{\partial\omega_2}, \quad \eta_2 = -\frac{\pi i}{6}\cdot\frac{\partial\log\Delta}{\partial\omega_1}.$$

Trägt man diese Ausdrücke von η_1 und η_2 in D_η ein, so folgt:

$$\Delta\cdot D_\eta = \frac{\pi i}{6}\left(\frac{\partial}{\partial\omega_1}\frac{\partial\Delta}{\partial\omega_2} - \frac{\partial}{\partial\omega_2}\frac{\partial\Delta}{\partial\omega_1}\right) = \frac{\pi i}{6}\begin{vmatrix}\frac{\partial}{\partial g_2}, & \frac{\partial}{\partial g_3}\\ \frac{\partial\Delta}{\partial g_2}, & \frac{\partial\Delta}{\partial g_3}\end{vmatrix}\cdot\begin{vmatrix}\frac{\partial g_2}{\partial\omega_1}, & \frac{\partial g_3}{\partial\omega_1}\\ \frac{\partial g_2}{\partial\omega_2}, & \frac{\partial g_3}{\partial\omega_2}\end{vmatrix}.$$

Die erste Determinante gibt die algebraische Gestalt von D_η, während die zweite eine vom Differentiationsprozeß unabhängige Modulform -12ter Dimension ist, in welcher man leicht $\frac{2}{3 i\pi}\cdot\Delta$ erkennt.[255] Zufolge der Darstellung (185), p. 250, der Diskriminante Δ in g_2, g_3 ist demnach die algebraische Gestalt des zweiten Prozesses durch:

(270) $$-2D_\eta = 12 g_3\frac{\partial}{\partial g_2} + \frac{2}{3}g_2^2\frac{\partial}{\partial g_3}$$

gegeben. In dieser Gestalt herrscht derselbe in der Literatur vor.

Die bei der Berechnung des Prozesses D_η im Einzelfalle anzuwendenden Schlüsse gehören, falls u nicht auftritt, der Theorie der Modulfunktionen an. Kommt u vor, so reicht man gelegentlich auch schon mit den Schlußweisen der Theorie der doppeltperiodischen Funktionen. Ein Beispiel liefere $D_\eta(\wp(u))$. Aus:

$$\wp(u+\omega_1\,|\,\omega_1, \omega_2) = \wp(u\,|\,\omega_1, \omega_2)$$

folgt sofort:

$$\eta_1\wp'(u) + \varphi(u+\omega_1) = \varphi(u),$$

falls zur Abkürzung $D_\eta(\wp(u)) = \varphi(u)$ gesetzt wird. Schreibt man hier $\eta_1 = \zeta(u+\omega_1) - \zeta(u)$, so folgt:

$$\varphi(u+\omega_1) + \zeta(u+\omega_1)\wp'(u+\omega_1) = \varphi(u) + \zeta(u)\wp'(u).$$

Die rechts stehende Funktion hat also die Periode ω_1, und ebenso erkennt man, daß sie auch die Periode ω_2 hat. Nun findet man aus den Potenzreihen:

$$D_\eta(\wp(u)) + \zeta(u)\wp'(u) = -\frac{2}{u^4} + \frac{2}{15}g_2 + \cdots,$$

woraus durch Zusatz von $2\wp^2(u)$:

$$D_\eta(\wp(u)) + \zeta(u)\wp'(u) + 2\wp^2(u) = \frac{1}{3}g_2 + \cdots$$

---

255) Vgl. z. B. *Klein-Fricke,* „Modulfunkt.“ 1, p. 120.

sich ergibt. Nun kann die links stehende doppeltperiodische Funktion nur bei $u = 0$ im Parallelogramm einen Pol haben. Da sie hier endlich bleibt, so ist sie konstant gleich $\frac{1}{3} g_2$:

$$(271) \qquad D_\eta(\wp(u)) = -\zeta(u)\wp'(u) - 2\wp^2(u) + \frac{1}{3} g_2,$$

somit die Darstellung von $D_\eta(\wp(u))$ geleistet ist.

Durch ähnliche Schlußweise oder durch Integration von (271) nach u folgt:

$$(272) \qquad D_\eta(\zeta(u)) = \zeta(u)\wp(u) + \frac{1}{2}\wp'(u) - \frac{1}{12} g_2 u.$$

Nochmalige Integration in bezug auf u liefert:

$$(273) \qquad D_\eta(\log \sigma(u)) = -\frac{1}{2}\zeta^2(u) + \frac{1}{2}\wp(u) - \frac{1}{24} g_2 u^2.$$

Schreibt man D_η ausführlich in der Gestalt (270) und benutzt für $\zeta(u)$ und $\wp(u)$ die Darstellungen (258) p. 270, so folgt:

$$(274) \qquad \frac{\partial^2 \sigma(u)}{\partial u^2} - 12 g_3 \frac{\partial \sigma(u)}{\partial g_2} - \frac{2}{3} g_2^2 \frac{\partial \sigma(u)}{\partial g_3} + \frac{1}{12} g_2 u^2 \sigma(u) = 0$$

als lineare partielle Differentialgleichung der σ-Funktion. Diese Gleichung benutzt *Weierstraß* a. a. O.[256]) zur Entwicklung von $\sigma(u)$ nach Potenzen von u.

59. Die Differentialgleichungen der Perioden. Nach Nr. 8 hat bereits *Legendre* Differentialgleichungen für die vollständigen Integrale K, K', E, E' als Funktionen des Moduls k^2 aufgestellt, aus denen er Darstellungen dieser Funktionen in der Gestalt von Potenzreihen nach k^2 entnimmt. Entsprechende Entwicklungen kehren späterhin bei *Gudermann* und *Weierstraß*[257]) wieder. Eine folgerechte Durchführung des *Weierstraß*schen Standpunktes darf freilich nicht die vollständigen Integrale K, K', E, E' als Funktionen von k^2 betrachten, sondern die Perioden $\omega_1, \omega_2, \eta_1, \eta_2$ als Funktionen von g_2, g_3 bzw. als solche der absoluten Invariante J. Um Abhängigkeit allein von J zu erreichen, muß man die Perioden ω_1, ω_2 durch Zusatz eines Faktors $(-1)^{\text{ter}}$ Dimension, die Perioden η_1, η_2 (welche in den ω_1, ω_1 von der Dimension (-1) sind) durch Zusatz eines Faktors $(+1)^{\text{ter}}$ Dimension zu Größen nullter Dimension „normieren". *H. Bruns*[258]) wendet

256) S. auch *Schwarz*, „Formeln u. Lehrsätze usw.", p. 6.

257) Vgl. die in Nr. 44 (Note 184) gen. Arbeit von *Gudermann*, § 91 ff., J. f. Math. 18 (1838), p. 350 ff. und § 102 ff., J. f. Math. 19 (1839), p. 51 ff. sowie *Schwarz* a. a. O., p. 53.

258) „Über die Perioden der elliptischen Integrale erster und zweiter Gattung", Dorpat (1875), abgedr. Math. Ann. 27, p. 234.

zu einer solchen Normierung $\frac{\sqrt[6]{g_3^5}}{g_2}$ an, *Klein*[259]) benutzt $\sqrt[12]{\Delta}$, worin ihm *Halphen* folgt.[260]) Auch der Zusatzfaktor $\sqrt{\frac{g_3}{g_2}}$ führt zu einfachen Ergebnissen.[261])

Wir schreiben für $i = 1$ und 2:

$$(275) \qquad \Omega_i = \omega_i \cdot \sqrt[12]{\Delta}, \quad H_i = \eta_i \cdot \frac{1}{\sqrt[12]{\Delta}}$$

und können die Differentialgleichungen, denen Ω_i und H_i als Funktionen von J genügen, sehr leicht durch Vermittlung des Prozesses D_η gewinnen (vgl. *Halphen* a. a. O.).

Erstlich gilt, da nach (270) offenbar $D_\eta(\Delta) = 0$ ist:

$$D_\eta(\Omega_i) = \sqrt[12]{\Delta} \cdot D_\eta(\omega_i) = \sqrt[12]{\Delta} \cdot \eta_i.$$

Faßt man zweitens Ω_i als Funktion von J allein, so gilt:

$$D_\eta(\Omega_i) = \frac{d\Omega_i}{dJ} \cdot D_\eta(J).$$

Setzt man aber $J = g_2^3 : \Delta$ und berücksichtigt wieder $D_\eta(\Delta) = 0$, so ist:

$$D_\eta(J) = \frac{1}{\Delta} D_\eta(g_2^3) = -18 \frac{g_2^2 g_3}{\Delta} = -2\sqrt{3} \cdot \sqrt[3]{J^2}\sqrt{J-1} \cdot \sqrt[6]{\Delta}.$$

Durch Gleichsetzung beider Ausdrücke von $D_\eta(\Omega_i)$ folgt:

$$(276) \qquad \frac{d\Omega_i}{dJ} = -\frac{1}{2\sqrt{3}} \cdot \frac{1}{\sqrt[3]{J}\sqrt{J-1}} \cdot H_i.$$

Aus $\eta_i = \zeta(u + \omega_i) - \zeta(u)$ folgt mit Rücksicht auf (272) leicht:

$$(277) \qquad D_\eta(\eta_i) = -\frac{1}{12} g_2 \omega_i.$$

Im übrigen folgt durch Wiederholung des gleichen Schlußverfahrens:

$$(278) \qquad \frac{dH_i}{dJ} = \frac{1}{24\sqrt{3}} \cdot \frac{1}{\sqrt[3]{J^2}\sqrt{J-1}} \cdot \Omega_i.$$

Indem man einmal H_i, sodann Ω_i zwischen (276) und (278) elimi-

---

259) „Über die Transf. der ell. Funkt. u. die Aufl. der Gleich. 5ten Grades", Math. Ann. 14 (1878), p. 111.

260) „Traité des fonct. ell." 1, Kap. IX u. X. *Halphen* verwendet daselbst auch Normierungen mit $\sqrt[6]{g_3}$ und $\sqrt[4]{g_2}$.

261) S. die Leipz. Diss. von *P. Nimsch*, „Über die Perioden der ell. Integr. 1ter u. 2ter Gattung" (Leipzig 1886), sowie *Klein-Fricke*, „Modulfunkt." 1, p. 33. Die Gewinnung der Differentialgleichungen geschieht dort (im Gegensatze zum Texte) aus der Erklärung der Perioden durch bestimmte Integrale.

niert, folgen als Differentialgleichungen der normierten Perioden:

$$(279)\quad \begin{cases} J(J-1)\dfrac{d^2\Omega_i}{dJ^2}+\dfrac{1}{6}(7J-4)\dfrac{d\Omega_i}{dJ}+\dfrac{1}{144}\Omega_i=0, \\ J(J-1)\dfrac{d^2H_i}{dJ^2}+\dfrac{1}{6}(5J-2)\dfrac{dH_i}{dJ}+\dfrac{1}{144}H_i=0. \end{cases}$$

In beiden Fällen hat man mit hypergeometrischen Differentialgleichungen zu tun, so daß man zur entwickelten Darstellung der Perioden in der absoluten Invariante J die hypergeometrischen Funktionen $F(\alpha, \beta, \gamma; J)$ zur Verfügung hat. Z. B. für die erste der Gleichungen (279) gewinnt man in der Umgebung des Punktes $J=0$ aus der Theorie der hypergeometrischen Differentialgleichung[262]) die beiden partikulären Integrale:

$$F\left(\frac{1}{12}, \frac{1}{12}, \frac{2}{3}; J\right), \quad J^{\frac{1}{3}}\cdot F\left(\frac{5}{12}, \frac{5}{12}, \frac{4}{3}; J\right),$$

so daß man die Ansätze hat:

$$(280)\begin{cases} \Omega_1=\omega_1\sqrt[12]{\Delta}=A\cdot F\left(\frac{1}{12}, \frac{1}{12}, \frac{2}{3}; J\right)+B\cdot\sqrt[3]{J}\,F\left(\frac{5}{12}, \frac{5}{12}, \frac{4}{3}; J\right), \\ \Omega_2=\omega_2\sqrt[12]{\Delta}=C\cdot F\left(\frac{1}{12}, \frac{1}{12}, \frac{2}{3}; J\right)+D\cdot\sqrt[3]{J}\,F\left(\frac{5}{12}, \frac{5}{12}, \frac{4}{3}; J\right). \end{cases}$$

Die Bestimmung der Integrationskonstanten erfordert weitergehende Rechnungen, auf die wir nicht eingehen.[263])

60. Kleins Prinzip der Stufenteilung. Das Verhältnis der vorstehend skizzierten *Weierstraß*schen Behandlung der elliptischen Funktionen zu der älteren insbesondere durch *Jacobi* begründeten Theorie findet seinen deutlichsten Ausdruck in dem von *Klein* aufgestellten Prinzip der Stufenteilung.[264]) Während die Funktionen der *Weierstraß*schen Theorie Invarianten bzw. Kovarianten der durch (264) p. 272 gegebenen ternären Gruppe $\Gamma^{(u,\omega)}$ sind, fordert *Klein*, daß man allgemein auch die Untergruppen dieser $\Gamma^{(u,\omega)}$ heranziehen und entsprechend die ihnen als Invarianten bzw. Kovarianten zugehörigen Funktionen von u, ω_1, ω_2 untersuchen soll.

Klein bezeichnet als eine „Kongruenzuntergruppe n^{ter} Stufe" jede Untergruppe, welche durch Kongruenzen nach dem Modul n definierbar ist, denen die Substitutionskoeffizienten m_1, m_2, α, β, γ, δ genügen müssen. Diesen Kongruenzgruppen n^{ter} Stufe kommt als gemeinsame Untergruppe die „Hauptkongruenzgruppe n^{ter} Stufe" zu,

262) Vgl. *Gauß*, „Werke" 3, p. 125, 207.
263) Vgl. z. B. *Halphen* a. a. O., Kap. X.
264) S. p. 247. insbes. Note 216.

welche durch die Kongruenzen:

$$(281)\qquad m_1 \equiv 0,\quad m_2 \equiv 0,\quad \alpha \equiv \delta \equiv 1,\quad \beta \equiv \gamma \equiv 0 \qquad (\text{mod. } n)$$

erklärt ist. Diese Untergruppe läßt sich zusammensetzen aus der durch $m_1 \equiv m_2 \equiv 0$ (mod. n) erklärten Untergruppe der $\Gamma^{(u)}$ und der durch $\alpha \equiv \delta \equiv 1$, $\beta \equiv \gamma \equiv 0$ (mod. n) definierten Untergruppe der Modulgruppe $\Gamma^{(\omega)}$. Ein Diskontinuitätsbereich (s. Note 239, p. 265) der ersteren Untergruppe ist in der u-Ebene aus n^2 Parallelogrammen zusammengesetzt, die einem System von n^2 modulo n inkongruenten Zahlenpaaren m_1, m_2 entsprechen. Über den Diskontinuitätsbereich der zweiten Untergruppe in der ω-Halbebene vgl. man das Ref. II B 4, Nr. **13** und die dort gegebenen Nachweise.

Als „elliptische Funktion n^{ter} Stufe" bezeichnet *Klein* jede eindeutige homogene Funktion der u, ω_1, ω_2, welche gegenüber den Substitutionen der Hauptkongruenzgruppe invariant bzw. kovariant ist, als doppeltperiodische Funktion, d. i. als Funktion von u, im Diskontinuitätsbereich der n^2 Parallelogramme frei von wesentlich singulären Punkten ist und endlich als Modulform, d. i. als Funktion von ω_1, ω_2, im zugehörigen Diskontinuitätsbereiche der ω-Halbebene gleichfalls keine wesentlich singuläre Stellen aufweist. Diese letzten Forderungen kann man auch dahin aussprechen, daß die Funktion n^{ter} Stufe als doppeltperiodische Funktion eine algebraische Funktion von $\wp(u)$, als Modulform eine algebraische Funktion von g_2 und g_3 sein soll.

Zur Darstellung der Funktionen n^{ter} Stufe bedient sich *Klein* der Größen:

$$(282)\quad \sigma_{\lambda,\mu}(u\,|\,\omega_1,\omega_2) = e^{\frac{\lambda\eta_1+\mu\eta_2}{n}\left(u-\frac{\lambda\omega_1+\mu\omega_2}{2n}\right)}\cdot\sigma\!\left(u-\frac{\lambda\omega_1+\mu\omega_2}{n}\,\Big|\,\omega_1,\omega_2\right),$$

wo λ und μ ganze Zahlen sind, die auf ein System von n^2 modulo n inkongruenten Zahlenpaare beschränkt werden dürfen.[265]) Für jede Stufe n hat man hiernach n^2 Funktionen zur Verfügung. Für $n = 1$ kommt die ursprüngliche σ-Funktion, für $n = 2$ vier Funktionen,

265) Die Eigenschaften der Funktionen $\sigma_{\lambda\mu}(u\,|\,\omega_1, \omega_2)$ findet man am ausführlichsten entwickelt in *Klein-Fricke*, „Modulfunktionen" 2, p. 22 ff. Bei Gebrauch der *Jacobi*schen ϑ-Funktionen (vgl. Nr. **32** und **63**) gelangt man entsprechend zu den „ϑ-Funktionen mit gebrochener Charakteristik":

$$\vartheta_\alpha\begin{bmatrix} g \\ h \end{bmatrix}(v) = e^{\frac{2\pi i g v}{n}+\frac{\pi i g}{n}\left(\frac{g\omega+2h}{n}\right)}\,\vartheta_\alpha\!\left(v+\pi\frac{g\omega+h}{n}\right).$$

Vgl. über diese Funktionen *M. Krause*, „Doppeltp. Funkt." 1, p. 264; *Burkhardt*, „Ell. Funkt.", p. 107: *A. Krazer*, „Lehrb. der Thetafunkt." (Leipzig 1903), p. 29, 239, 318.

welche unmittelbar zu den *Jacobi*schen Thetafunktionen hinführen, usw. In der Tat ordnet sich die *Jacobi*sche Behandlung der elliptischen Funktionen als Theorie der Funktionen „zweiter Stufe" der *Weierstraß*schen Darstellung an, wie nun kurz zu skizzieren ist.

61. Die Wurzelfunktionen $\sqrt{\wp(u)-e_k}$ und die drei Weierstraßschen Funktionen $\sigma_k(u)$. Auf der *Riemann*schen Fläche F_2 sind die drei Funktionen $\sqrt{z-e_k}$ zwar unverzweigt, aber nicht eindeutig. Nach *H. Weber*[266]) heißen derartige Größen „Wurzelfunktionen". In Abhängigkeit von u liefern sie drei eindeutige homogene Funktionen $(-1)^{\text{ter}}$ Dimension:

$$(283)\qquad \varphi_k(u|\omega_1, \omega_2) = \sqrt{\wp(u)-e_k} = \sqrt{\wp(u)-\wp\left(\frac{\omega_k}{2}\right)}.$$

Dieselben stellen sich nämlich in den drei von *Weierstraß* eingeführten eindeutigen Funktionen[267]):

$$(284)\qquad \sigma_k(u|\omega_1, \omega_2) = -e^{\frac{\eta_k u}{2}} \frac{\sigma\left(u-\frac{\omega_k}{2}\right)}{\sigma\left(\frac{\omega_k}{2}\right)}$$

wie folgt dar:

$$(285)\qquad \varphi_k(u) = \frac{\sigma_k(u)}{\sigma(u)},$$

womit zugleich das bei der Definition der Wurzelfunktionen φ_k als eindeutiger Funktionen von u zunächst noch unbestimmte Vorzeichen bestimmt ist. Für $k=3$ ist in (284) entsprechend der Relation:

$$\omega_1+\omega_2+\omega_3=0$$

$\eta_3=-\eta_1-\eta_2$ zu setzen[268]); übrigens folgen die Darstellungen (285) leicht aus dem allgemeinen Ansatze (260) p. 271.

Gegenüber Vermehrung von u um Perioden stellt man leicht folgendes Verhalten der $\varphi_k(u)$ fest:

$$(286)\qquad \begin{cases} \varphi_1(u+\omega_1) = +\varphi_1(u), & \varphi_1(u+\omega_2) = -\varphi_1(u),\\ \varphi_2(u+\omega_1) = -\varphi_2(u), & \varphi_2(u+\omega_2) = +\varphi_2(u),\\ \varphi_3(u+\omega_1) = -\varphi_3(u), & \varphi_3(u+\omega_2) = -\varphi_3(u). \end{cases}$$

266) S. dessen „Theor. der *Abel*schen Funkt. vom Geschl. 3" (Berlin 1876), Abschn. III. Vgl. auch Art. II B 2, Nr. **40**.

267) Die Beziehung der drei *Weierstraß*schen $\sigma_k(u)$ zu den drei bei $n=2$ eintretenden Funktionen $\sigma_{\lambda\mu}(u)$ ist gegeben durch:

$$\sigma_1(u) = \frac{\sigma_{10}(u)}{\sigma_{10}(0)},\quad \sigma_2(u) = \frac{\sigma_{01}(u)}{\sigma_{01}(0)},\quad \sigma_3(u) = \frac{\sigma_{11}(u)}{\sigma_{11}(0)}.$$

268) S. über die Funktionen $\sigma_k(u)$ *Schwarz*, „Formeln u. Lehrs.", p. 21 ff. In der Abh. „Zur Theorie der ell. Funkt." (Berl. Ber. vom 27. Apr. 1882, Werke 2, p. 245) stellt *Weierstraß* partielle Differentialgl. für die $\sigma_k(u; g_2, g_3)$ auf, welche sich an die Gleichung (274) p. 275 des Textes anschließen.

Neben der durch $m_1 \equiv 0$, $m_2 \equiv 0$ (mod. 2) erklärten Hauptkongruenzgruppe des Index 4 in der Gruppe $\Gamma^{(u)}$ gibt es drei gleichberechtigte Kongruenzgruppen zweiter Stufe, definiert der Reihe nach durch:

$$m_2 \equiv 0, \quad m_1 \equiv 0, \quad m_1 \equiv m_2 \qquad (\text{mod. } 2),$$

welche je vom Index zwei in $\Gamma^{(u)}$ sind, und deren Diskontinuitätsbereiche sich aus je zwei ursprünglichen Periodenparallelogrammen aufbauen lassen. Wir gelangen dabei zu den vergrößerten Parallelogrammen der Ecken:

$$(0,\ 2\omega_2,\ 2\omega_2 + \omega_1,\ \omega_1),$$
$$(0,\ \omega_2,\ \omega_2 + 2\omega_1,\ 2\omega_1),$$
$$(0,\ -\omega_1 + \omega_2,\ 2\omega_2,\ \omega_1 + \omega_2).$$

Zu diesen drei Gruppen gehören die drei Funktionen $\varphi_k(u)$ als „elliptische Funktionen zweiter Stufe", und zwar ist jede in ihrem Diskontinuitätsbereiche zweiwertig.

62. Produktdarstellungen für die Funktionen $\sigma_k(u)$ und für die Diskriminante Δ. Setzt man in (254) p. 269 für u die Periodenhälften ein, so folgt:

$$(287)\quad \begin{cases} \sigma\left(\frac{\omega_1}{2}\right) = i\frac{\omega_2}{2\pi} e^{\frac{\eta_1\omega_1}{8}} q^{-\frac{1}{4}} \prod_{n=1}^{\infty}\left(\frac{1-q^{2n-1}}{1-q^{2n}}\right)^2, \\ \sigma\left(\frac{\omega_2}{2}\right) = \frac{\omega_2}{\pi} e^{\frac{\eta_2\omega_2}{8}} \prod_{n=1}^{\infty}\left(\frac{1+q^{2n}}{1-q^{2n}}\right)^2, \\ \sigma\left(\frac{\omega_3}{2}\right) = \frac{1+i}{\sqrt{2}}\frac{\omega_2}{2\pi} e^{\frac{\eta_3\omega_3}{8}} q^{-\frac{1}{4}} \prod_{n=1}^{\infty}\left(\frac{1+q^{2n-1}}{1-q^{2n}}\right)^2. \end{cases}$$

Daraufhin findet man auf Grund der Erklärungen (284) der Funktionen $\sigma_k(u)$ von (254) p. 269 aus als Produktdarstellungen:

$$(288)\quad \begin{cases} \sigma_1(u) = e^{\frac{\eta_2 u^2}{2\omega_2}} \prod_{n=1}^{\infty} \frac{1 - 2q^{2n-1}\cos\frac{2\pi u}{\omega_2} + q^{4n-2}}{(1-q^{2n-1})^2}, \\ \sigma_2(u) = e^{\frac{\eta_2 u^2}{2\omega_2}} \cos\frac{\pi u}{\omega_2} \prod_{n=1}^{\infty} \frac{1 + 2q^{2n}\cos\frac{2\pi u}{\omega_2} + q^{4n}}{(1+q^{2n})^2}, \\ \sigma_3(u) = e^{\frac{\eta_2 u^2}{2\omega_2}} \prod_{n=1}^{\infty} \frac{1 + 2q^{2n-1}\cos\frac{2\pi u}{\omega_2} + q^{4n-2}}{(1+q^{2n-1})^2}. \end{cases}$$

Nun folgt aus (283) und (285):

$$\sqrt{e_2-e_1}=\frac{\mathfrak{S}_1\left(\frac{\omega_2}{2}\right)}{\mathfrak{S}\left(\frac{\omega_2}{2}\right)},\quad \sqrt{e_2-e_3}=\frac{\mathfrak{S}_3\left(\frac{\omega_2}{2}\right)}{\mathfrak{S}\left(\frac{\omega_2}{2}\right)},\quad \sqrt{e_3-e_1}=\frac{\mathfrak{S}_1\left(\frac{\omega_3}{2}\right)}{\mathfrak{S}\left(\frac{\omega_3}{2}\right)}$$

und hieraus nach (288) und einigen Zwischenrechnungen:

$$(289)\qquad \begin{cases} \sqrt{e_2-e_1}=\frac{\pi}{\omega_2}\prod_{n=1}^{\infty}(1-q^{2n})^2\cdot\prod_{n=1}^{\infty}(1+q^{2n-1})^4, \\ \sqrt{e_2-e_3}=\frac{\pi}{\omega_2}\prod_{n=1}^{\infty}(1-q^{2n})^2\cdot\prod_{n=1}^{\infty}(1-q^{2n-1})^4, \\ \sqrt{e_3-e_1}=4\frac{\pi}{\omega_2}q^{\frac{1}{2}}\prod_{n=1}^{\infty}(1-q^{2n})^2\cdot\prod_{n=1}^{\infty}(1+q^{2n})^4. \end{cases}$$

Die durch (185) p. 250 gegebene Diskriminante Δ stellt sich in den e_1, e_2, e_3 so dar:

$$(290)\qquad \Delta=16\,[(e_2-e_1)(e_2-e_3)(e_3-e_1)]^2.$$

Für Δ als Modulform $(-12)^{\text{ter}}$ Dimension $\Delta(\omega_1,\omega_2)$ gewinnt man demnach aus (289):

$$(291)\qquad \Delta(\omega_1,\omega_2)=\left(\frac{2\pi}{\omega_2}\right)^{12}q^2\prod_{n=1}^{\infty}(1-q^{2n})^{24}$$

als Produktdarstellung.[269])

269) Vgl. *Schwarz* a. a. O., p. 24ff. *Weber* benutzt für die in (289) auftretenden Produkte die Bezeichnungen:

$$f(\omega)=q^{-\frac{1}{24}}\prod_{n=1}^{\infty}(1+q^{2n-1}),$$

$$f_1(\omega)=q^{-\frac{1}{24}}\prod_{n=1}^{\infty}(1-q^{2n-1}),$$

$$f_2(\omega)=\sqrt{2}\,q^{\frac{1}{12}}\prod_{n=1}^{\infty}(1+q^{2n}),$$

sowie im Anschluß an die Arbeiten von *R. Dedekind* („Erläuterungen zu Riemanns Fragmenten über die Grenzfälle der ellipt. Modulf.“, *Riemanns* Werke, p. 438 und „Schreiben an Hrn. Borchardt über die Theor. d. ell. Modulf“ J. f. Math. 83 (1877), p. 265):

$$\eta(\omega)=q^{\frac{1}{12}}\prod_{n=1}^{\infty}(1-q^{2n}).$$

Erwähnt sei noch, daß *Weber* an Stelle von $J(\omega)$ die Funktion $j(\omega)=1728\cdot J(\omega)$ gebraucht, was deshalb zweckmäßig ist, weil die Werte $j(\omega)$ für die in der komplexen Multiplikation auftretenden singulären Moduln ω „ganze“ algebraische Zahlen werden (vgl. Art. I C 6).

63. Rückgang auf die Jacobischen Bezeichnungen. Der Vergleich der vorstehenden Formeln mit denen von Nr. **25** ff. zeigt, daß wir in den Funktionen zweiter Stufe die *Jacobi*schen Funktionen wiedergewonnen haben. Die beiden ersten Formeln (69), p. 214, und die Gleichungen (289) liefern:

$$(292) \qquad k = \sqrt{\frac{e_3 - e_1}{e_2 - e_1}}, \quad k' = \sqrt{\frac{e_2 - e_3}{e_2 - e_1}}$$

für die Integralmoduln.[270]) Die dritte Formel (69) verglichen mit den Formeln von Nr. **62** ergibt die Beziehung zwischen der Periode ω_2 und dem vollständigen Integrale K in Gestalt der zweiten Gleichung:

$$(293) \qquad \omega_1 \sqrt{e_2 - e_1} = 2iK', \quad \omega_2 \sqrt{e_2 - e_1} = 2K;$$

die erste Gleichung folgt aus der zweiten wegen $\omega = \frac{iK'}{K}$.

Weiter folgt aus (68) p. 214, (254) p. 269 und (288) p. 280 für die *Jacobi*schen Funktionen sn, cn und dn:

$$(294) \quad \operatorname{sn} w = \frac{\sqrt{e_2 - e_1}}{\sqrt{\wp(u) - e_1}}, \quad \operatorname{cn} w = \frac{\sqrt{\wp(u) - e_2}}{\sqrt{\wp(u) - e_1}}, \quad \operatorname{dn} w = \frac{\sqrt{\wp(u) - e_3}}{\sqrt{\wp(u) - e_1}},$$

wo $w = u\sqrt{e_2 - e_1}$ gilt.

Mit Rücksicht auf (97) p. 221 gewinnt man aus den vorstehenden Formeln leicht die Proportion:

$$\vartheta_1\left(\frac{\pi u}{\omega_2}\right) : \vartheta\left(\frac{\pi u}{\omega_2}\right) : \vartheta_2\left(\frac{\pi u}{\omega_2}\right) : \vartheta_3\left(\frac{\pi u}{\omega_2}\right)$$

$$= \frac{\sqrt[8]{\Delta}}{\sqrt{2}}\sigma(u) : \sqrt[4]{e_2 - e_3}\cdot\sigma_1(u) : \sqrt[4]{e_3 - e_1}\cdot\sigma_2(u) : \sqrt[4]{e_2 - e_1}\cdot\sigma_3(u).$$

Da nun in (89) p. 218 rechts $\vartheta(x)$ steht, so liefert der Vergleich dieser Gleichung mit (288) p. 280 unter Benutzung von (289):

$$\vartheta\left(\frac{\pi u}{\omega_2}\right) = e^{\frac{\eta_2 u^2}{2\omega_2}} \sqrt{\frac{\omega_2}{\pi}} \cdot \sqrt[4]{e_2 - e_3}\cdot \sigma_1(u).$$

Die vorstehende Proportion ergibt jetzt als Beziehung der *Jacobi*schen ϑ-Funktionen[271]) zu den *Weierstraß*schen σ_k-Funktionen:

---

270) Soll demnach k^2 unmittelbar mit dem in (181) p. 249 durch λ bezeichneten „Doppelverhältnis" identisch werden, so muß man (wie auch daselbst unter (188) geschah) den Verzweigungspunkt $e^{(1)}$ nach ∞ legen und die damaligen Verzweigungspunkte $e^{(4)}$, $e^{(2)}$, $e^{(3)}$ der Reihe nach mit den jetzigen Bezeichnungen e_1, e_2, e_3 belegen.

271) Die Thetafunktionen betreffend sei hier noch auf zahlreiche Arbeiten *J. W. L. Glaisher*s („Quart. Journ." 20 (1885), p. 313, „Camb. Proceed." 3 (1878), p. 61, 6 (1889), p. 96, 129, „Mess. of math.", Reihe 2, 17 (1888), p. 152) hingewiesen, der die Thetafunktionen in Potenzreihen entwickelt, auch sonst eine große Reihe von Einzelentwicklungen gibt, z. B. Darstellung der Thetafunktionen durch be-

$$(295)\quad \begin{cases} \vartheta_1\left(\frac{\pi u}{\omega_2}\right) = \sqrt{\frac{\omega_2}{2\pi}}\sqrt[8]{\Delta}\cdot e^{-\frac{\eta_2 u^2}{2\omega_2}}\sigma(u), \\ \vartheta\left(\frac{\pi u}{\omega_2}\right) = \sqrt{\frac{\omega_2}{\pi}}\sqrt[4]{e_2 - e_3}\cdot e^{-\frac{\eta_2 u^2}{2\omega_2}}\sigma_1(u), \\ \vartheta_2\left(\frac{\pi u}{\omega_2}\right) = \sqrt{\frac{\omega_2}{\pi}}\sqrt[4]{e_3 - e_1}\cdot e^{-\frac{\eta_2 u^2}{2\omega_2}}\sigma_2(u), \\ \vartheta_3\left(\frac{\pi u}{\omega_2}\right) = \sqrt{\frac{\omega_2}{\pi}}\sqrt[4]{e_2 - e_1}\cdot e^{-\frac{\eta_2 u^2}{2\omega_2}}\sigma_3(u). \end{cases}$$

Infolge des rechts zugesetzten Exponentialfaktors hat das Verhalten der ϑ-Funktionen bei Abänderungen von u um ω_1 und ω_2 nicht mehr den Charakter der Symmetrie, welcher bei der σ-Funktion vorlag. So folgt z. B. für die ϑ_1-Funktion aus (255) und (256) p. 269 u. f.:

$$\vartheta_1\left(\frac{\pi u}{\omega_2} + \pi\omega\right) = -e^{-i\pi\left(\frac{2u}{\omega_2}+\omega\right)}\vartheta_1\left(\frac{\pi u}{\omega_2}\right),$$

$$\vartheta_1\left(\frac{\pi u}{\omega_2} + \pi\right) = -\vartheta_1\left(\frac{\pi u}{\omega^2}\right).$$

64. Lineare Transformation der Jacobischen Funktionen. Das Verhalten der *Jacobi*schen Funktionen bei linearer Transformation (230) der Perioden hängt von den Resten ab, die die ganzzahligen Substitutionskoeffizienten $\alpha, \beta, \gamma, \delta$ modulo 2 ergeben. Da $\alpha\delta - \beta\gamma = 1$ gilt, hat man 6 Fälle mod. 2 als inkongruent zu unterscheiden:

$$\begin{array}{rllll} \text{I.} & \alpha\equiv 1, & \beta\equiv 0, & \gamma\equiv 0, & \delta\equiv 1, \\ \text{II.} & \alpha\equiv 1, & \beta\equiv 0, & \gamma\equiv 1, & \delta\equiv 1, \\ \text{III.} & \alpha\equiv 0, & \beta\equiv 1, & \gamma\equiv 1, & \delta\equiv 0, \\ \text{IV.} & \alpha\equiv 0, & \beta\equiv 1, & \gamma\equiv 1, & \delta\equiv 1, \\ \text{V.} & \alpha\equiv 1, & \beta\equiv 1, & \gamma\equiv 1, & \delta\equiv 0, \\ \text{VI.} & \alpha\equiv 1, & \beta\equiv 1, & \gamma\equiv 0, & \delta\equiv 1. \end{array}$$

Die e_1, e_2, e_3 sind als Modulformen durch die Gleichungen (247) p. 268 gegeben. Eine lineare Transformation führt dieselbe über in:

$$e_1' = \wp\left(\frac{\alpha\omega_1 + \beta\omega_2}{2}\right),\quad e_2' = \wp\left(\frac{\gamma\omega_1 + \delta\omega_2}{2}\right),\quad e_3' = \wp\left(\frac{(\alpha+\gamma)\omega_1 + (\beta+\delta)\omega_2}{2}\right).$$

Aus der doppelten Periodizität von $\wp(u)$ folgt, daß den 6 Fällen I,

---

stimmte Integrale. Merkwürdige asymptotische Formeln für die Differentialquotienten der Thetareihen nach ω entwickelt *T. J. Stieltjes* in einem Briefe an *Hermite* vom 1. Juli 1889, veröffentlicht in der „Correspondance d'Hermite et de Stieltjes" durch *B. Baillaud* und *H. Bourget* (Paris 1905).

..., VI folgende 6 Transformationen der e entsprechen:

$$\begin{array}{llll} \text{I.} & e_1' = e_1, & e_2' = e_2, & e_3' = e_3, \\ \text{II.} & e_1' = e_1, & e_2' = e_3, & e_3' = e_2, \\ \text{III.} & e_1' = e_2, & e_2' = e_1, & e_3' = e_3, \\ \text{IV.} & e_1' = e_2, & e_2' = e_3, & e_3' = e_1, \\ \text{V.} & e_1' = e_3, & e_2' = e_1, & e_3' = e_2, \\ \text{VI.} & e_1' = e_3, & e_2' = e_2. & e_3' = e_1. \end{array}$$

Der durch (292) p. 282 gegebene Integralmodul k^2 transformiert sich demnach den 6 Fällen entsprechend in:

$$(296) \qquad k^2, \quad \frac{1}{k^2}, \quad 1-k^2, \quad \frac{1}{1-k^2}, \quad \frac{k^2-1}{k^2}, \quad \frac{k^2}{k^2-1},$$

womit die 6 Gestalten (182) p. 249 des Doppelverhältnisses $\lambda\,(=k^2)$ gewonnen sind.

Das Verhalten der Funktionen $\operatorname{sn} w$, $\operatorname{cn} w$, $\operatorname{dn} w$ ist in gleicher Weise leicht festzustellen. Schreibt man ausführlicher:

$$(297) \qquad \operatorname{sn}(w,k) = \operatorname{sn}\left(u\sqrt{e_2-e_1},\ \sqrt{\frac{e_3-e_1}{e_2-e_1}}\right) = \frac{\sqrt{e_2-e_1}}{\sqrt{\wp(u)-e_1}},$$

so liefert z. B. der Fall IV:

$$\operatorname{sn}\left(u\sqrt{e_2'-e_1'},\ \sqrt{\frac{e_3'-e_1'}{e_2'-e_1'}}\right) = \operatorname{sn}\left(u\sqrt{e_3-e_2},\ \sqrt{\frac{e_1-e_2}{e_3-e_2}}\right)$$

$$= \frac{\sqrt{e_2'-e_1'}}{\sqrt{\wp(u)-e_1'}} = \frac{\sqrt{e_3-e_2}}{\sqrt{\wp(u)-e_2}}$$

$$\operatorname{sn}\left(w\sqrt{\frac{e_3-e_2}{e_2-e_1}},\ \sqrt{\frac{e_1-e_2}{e_3-e_2}}\right) = \sqrt{\frac{e_3-e_2}{e_2-e_1}}\cdot\frac{\sqrt{e_2-e_1}}{\sqrt{\wp(u)-e_1}}\cdot\frac{\sqrt{\wp(u)-e_1}}{\sqrt{\wp(u)-e_2}}.$$

$$\operatorname{sn}\left(ik'w,\ \frac{1}{k'}\right) = ik'\cdot\frac{\operatorname{sn}(w,k)}{\operatorname{cn}(w,k)}.$$

Auf diese Weise gewinnt man, während im Falle I die Funktion sn unverändert bleibt, in den übrigen Fällen die Transformationen:

$$(298) \qquad \begin{cases} \text{II.} & \operatorname{sn}\left(kw,\ \frac{1}{k}\right) = k\operatorname{sn}(w,k), \\ \text{III.} & \operatorname{sn}(iw,k') = i\,\frac{\operatorname{sn}(w,k)}{\operatorname{cn}(w,k)}, \\ \text{IV.} & \operatorname{sn}\left(ik'w,\ \frac{1}{k'}\right) = ik'\,\frac{\operatorname{sn}(w,k)}{\operatorname{cn}(w,k)}, \\ \text{V.} & \operatorname{sn}\left(ikw,\ \frac{ik'}{k}\right) = ik\,\frac{\operatorname{sn}(w,k)}{\operatorname{dn}(w,k)}, \\ \text{VI.} & \operatorname{sn}\left(k'w,\ \frac{ik}{k'}\right) = k'\,\frac{\operatorname{sn}(w,k)}{\operatorname{dn}(w,k)}. \end{cases}$$

Entsprechende Formeln für cn und dn ergeben sich hieraus leicht. *Jacobi*[272]) hat diese Formeln bei der algebraischen Transformation ersten Grades des Integrals erster Gattung gewonnen. Setzt man z. B. dem Falle III. entsprechend:

$$z' = \frac{iz}{\sqrt{1-z^2}}, \qquad z'^2 = \frac{z^2}{z^2-1},$$

wobei also z'^2 als „lineare Funktion" z^2 erscheint, so findet man:

$$\frac{dz'}{\sqrt{(1-z'^2)(1-k'^2z'^2)}} = i\,\frac{dz}{\sqrt{(1-z^2)(1-k^2z^2)}},$$

woraus Formel III. folgt.[273])

Die lineare Transformation der Funktionen $\sigma(u)$, $\sigma_1(u)$, ... ist nicht schwierig. Erstlich ist $\sigma(u)$, wie schon bemerkt, überhaupt gegenüber linearer Transformation invariant. Weiter werden sich die drei Funktionen

$$\sigma_k(u) = \sigma(u)\sqrt{\wp(u) - e_k}$$

von Vorzeichenwechseln abgesehen gegenüber den 6 linearen Transformationen I., ..., IV. in den 6 Arten permutieren. Die Vorzeichenbestimmung läßt sich unter Rückgang auf die Erklärung (284) p. 279 aus dem Verhalten der σ-Funktion bei Vermehrung des Argumentes um ein Periodenmultiplum $(m_1\omega_1 + m_2\omega_2)$ ableiten.

Der Übergang zu den ϑ-Funktionen führt hingegen zu einem besonderen Probleme. Setzt man z. B. in der ersten Gleichung (295) p. 283 zur Abkürzung $\frac{\pi u}{\omega_2} = v$ und schreibt ausführlicher $\vartheta_1(v, q)$, so liefert eine beliebige lineare Transformation:

$$(299) \qquad \vartheta_1(v', q') = \varepsilon\sqrt{\gamma\omega + \delta}\cdot e^{-\frac{\gamma v v'}{\pi i}}\cdot\vartheta_1(v, q),$$

wo v' und q' die transformierten v und q sind und ε eine 8te Wurzel der Einheit bedeutet. Der vorliegende Ansatz erfordert zunächst die eindeutige Bestimmung der Wurzel $\sqrt{\gamma\omega + \delta}$, und sodann ist ε diejenige multiplikative 8te Wurzel der Einheit, um welche sich $\sqrt[8]{\Delta}$ bei der ausgeübten linearen Transformation ändert. Bereits *Jacobi*[274]) hat die Bestimmbarkeit dieser bei der linearen Transformation der ϑ-Funktionen auftretenden 8ten Einheitswurzel durch *Gauß*sche Summen und damit durch die Theorie der quadratischen Reste gekannt. *Hermite*

---

272) Vgl. „Fund. nov." § 19 u. 31, *Jacobis* „Werke" 1, p. 85, 125.

273) Aus Formel III. schloß *Jacobi* auf die Existenz der zweiten Periode; vgl. „Fund. nov." § 19, *Jacobis* „Werke" 1, p. 86.

274) Vgl. die Andeutungen am Schluß der in Note 175, p. 239 genannten Abhandlung.

(vgl. Note 173) hat die Bestimmung von ε auf diesem Wege selbständig durchgeführt und zum ersten Male veröffentlicht.[275])

Von den Wurzeln der Diskriminante Δ sind nur die folgenden:

$$(300)\qquad \sqrt{\Delta},\ \sqrt[3]{\Delta},\ \sqrt[4]{\Delta},\ \sqrt[6]{\Delta},\ \sqrt[12]{\Delta}$$

eindeutige Modulformen. Das Verhalten von $\sqrt[12]{\Delta}$ gegenüber linearer Transformation stellte *A. Hurwitz*[276]) fest. Dagegen ist auch noch:

$$(301)\qquad \sqrt{\frac{\omega_2}{2\pi}}\sqrt[24]{\Delta} = q^{\frac{1}{12}}\prod_{n=1}^{\infty}(1-q^{2n}),$$

ja sogar der Logarithmus dieser Größe eine eindeutige Funktion von ω. Das Verhalten von $\sqrt[24]{\Delta}$ gegenüber linearer Transformation untersuchte *Th. Molien*[277]), dasjenige von $\log\left(\sqrt{\frac{\omega_2}{2\pi}}\sqrt[24]{\Delta}\right)$ schon vorher *R. Dedekind.*[278]) Die in Nr. **43** erwähnten Formeln *Hermite*s über das Verhalten der von ihm mit $\varphi(\omega)$, $\psi(\omega)$ bezeichneten Funktionen bei linearer Transformation lassen sich aus dem Verhalten von $\sqrt[12]{\Delta}$ ableiten. Mit der Bestimmung der Konstanten, die bei linearer Transformation der ϑ-Funktionen auftritt, beschäftigen sich auch *P. Gordan*[279]), *G. Landsberg*[280]) und *F. Mertens.*[281])

65. Gegenüberstellung aller elliptischen Gebilde und aller algebraischen Gebilde des Geschlechtes 1. Spezialfälle und Ausartungen. Werden linear ineinander transformierbare Periodenparallelogramme als nicht wesentlich verschieden angesehen[282]), so ist die Ge-

275) S. die ausführliche Darstellung bei *Koenigsberger*, „Vorles. usw." 2, p. 53 ff., auch *Thomae*, „Abriß einer Theor. der kompl. Funkt. usw.", 2. Aufl., (Halle 1873), p. 183.

276) „Grundl. einer indep. Theor. der ellipt. Modulf. usw.", Abschn. II, Kap. I, § 3, „Math. Ann." 18 (1881), p. 564. S. auch *Klein-Fricke*, „Modulfunkt." 1, p. 627.

277) „Über gewisse in der Theor. d. ell. Funkt. auftretende Einheitswurzeln", Leipz. Ber. vom 12. Jan. 1885.

278) S. dessen „Erläuterungen" zu *Riemann*s „Fragmenten über die Grenzfälle der elliptischen Modulfunktionen" in *Riemann*s Werke, p. 438 ff. (1. Aufl.).

279) „Über die Transformation der θ-Funktionen", Habilitationsschrift, (Gießen 1863).

280) „Zur Theor. der *Gauß*schen Summen u. der lin. Transf. der Thetaf.", J. f. M. 111 (1893), p. 234.

281) „Zur linearen Transf. der ϑ-Reihen", Amer. M. S. Transact. 2, (1901), p. 331. Sonstige Literatur bei „E.-M.", p. 409.

282) Auch eine Ähnlichkeitstransformation $u' = \mu u$ ist unwesentlich; man beachte die Homogeneität der elliptischen Funktionen:

$$\sigma(\mu u \mid \mu\omega_1, \mu\omega_2) = \mu\cdot\sigma(u\mid\omega_1, \omega_2),$$
$$\wp(\mu u \mid \mu\omega_1, \mu\omega_2) = \mu^{-2}\cdot\wp(u\mid\omega_1, \omega_2),$$
$$\cdots\cdots\cdots\cdots$$

samtheit verschiedener Parallelogramme oder, wie man sagen kann, die Gesamtheit der Gruppen $\Gamma^{(u)}$ eindeutig auf die Punkte des in Fig. 3, p. 256, schraffierten Bereiches bezogen. Statt des unteren durch den Einheitskreis abgetrennten Kreisbogendreiecks benutzt man gewöhnlich das zum oberen bezüglich der imaginären ω-Achse symmetrische, in welches jenes durch die mit T bezeichnete lineare Transformation $\omega' = \frac{-1}{\omega}$ übergeht. Auf diese Art gewinnen wir den in Fig. 5 schraffierten Bereich als Gegenbild der Gesamtheit aller wesentlich verschiedenen Parallelogramme. Die Randpunkte sind dabei zu Paaren durch die linearen Transformationen S und T (vgl. p. 266) miteinander äquivalent; etwa nur der in Fig. 5 stark markierte Rand soll dem Bereiche zugehören, damit ausnahmslos eindeutige Beziehung der Punkte desselben auf die Gesamtheit wesentlich verschiedener Parallelogramme statthat.

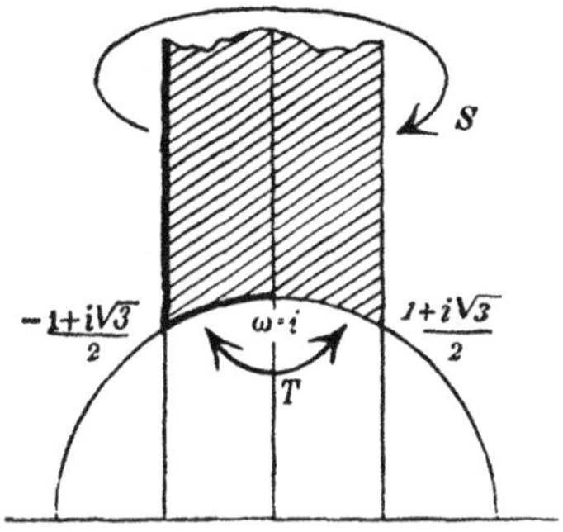

Fig. 5.

Auf der anderen Seite ist die Gesamtheit aller wesentlich verschiedenen Riemannschen Flächen F_2 eindeutig auf alle reellen und komplexen Werte der Variabelen J, der absoluten Invariante der biquadratischen Form, bezogen. Da nun nach p. 268 die Gesamtheit der F_2 auf diejenige der Parallelogramme (der Gruppen $\Gamma^{(u)}$) eindeutig bezogen ist, so ist der Bereich der Fig. 5 ein eindeutiges Abbild der Ebene der Variabelen J, und es wird umgekehrt der dreieckige Bereich der Fig. 5 durch die „Modulfunktion" $J(\omega)$ auf die schlichte J-Ebene abgebildet.[283])

Die Systeme aller zu einer F_2 gehörenden Funktionen bezeichnet man als ein (durch F_2 als definiert anzusehendes) „algebraisches Gebilde vom Geschlechte 1", welches, falls man die Abhängigkeit von u hervorkehrt, als „elliptisches Gebilde" zu bezeichnen ist. Zur Darstellung der Gesamtheit aller dieser Gebilde haben wir auf der einen Seite die Punkte der J-Ebene und auf der anderen Seite die Punkte des Bereiches der Fig. 5 zur Verfügung.

Die Spezialfälle elliptischer Gebilde, welche hier zu erwähnen sind, werden von den reellen Werten J oder von dem im Bereiche

283) Dies ist ein Grundtheorem der Modulfunktionen (vgl. II B 4 Nr. **6** u. **20**). S. darüber *R. Dedekind*, „Schreiben an Hrn. Borchardt über die Theor. der ell. Modulf.", J. f. Math. 83 (1877), p. 265 und *Klein*, „Amtl. Bericht der Naturforschervers. in München" (1877) und die in Note 259 gen. Abh.

der Fig. 5 gelegenen Teile der imaginären ω-Achse und dem stark markierten Rande geliefert. Um dieselben betrachten zu können, ist die Beziehung zwischen der rationalen Invariante J und dem in (181) p. 249 eingeführten Doppelverhältnis (Integralmodul) $\lambda = k^2$ aufzustellen. Indem man für die Normalform (190) p. 250 die g_2, g_3 berechnet und (181) p. 249 benutzt, ergibt sich:

$$2^8 \cdot 3^3 \cdot g_2{}^3 = 4(\lambda^2 - \lambda + 1)^3 \cdot B^6,$$
$$2^8 \cdot 3^3 \cdot 27 g_3{}^2 = (2\lambda^3 - 3\lambda^2 - 3\lambda + 2)^2 \cdot B^6,$$

woraus mit Benutzung von (187) p. 250 die Beziehung folgt:

$$(302) \quad J : J-1 : 1 = 4(\lambda^2-\lambda+1)^3 : (2\lambda^3-3\lambda^2-3\lambda+2)^2 : 27\lambda^2(1-\lambda)^2.$$

Ist erstlich ω rein imaginär, so ist das Periodenparallelogramm ein Rechteck mit den Seiten $|\omega_2|$ und $|\omega_1|$ $(>|\omega_2|)$. Die Verzweigungspunkte e_k der F_2 liegen auf einem Kreise. Die Bezeichnungen e_k sind in der allgemeinen Bedeutung der $e^{(k)}$ von p. 247 gebraucht; indessen sei zur Vorbereitung auf die Weierstraßschen e_k sogleich $e_1 = \infty$ gesetzt und hernach e_1 für e_4 geschrieben. Man lege e_2 nach $z = 0$ und e_1 nach $z = 1$, worauf e_3 reell ist und im Intervalle $\frac{1}{2} \leqq e_3 \leqq 1$ liegt.[284]) Aus (181) p. 249 folgt $\lambda = k^2 = 1 - e_3$, so daß, falls ω die imaginäre Achse von $+i\infty$ bis i beschreibt und damit e_3 von 1 bis $\frac{1}{2}$ abnimmt, λ als reelle Variabele von 0 bis $\frac{1}{2}$ wächst. Benutzen wir noch (302), so folgt für eine erste Art spezieller Gebilde: Die elliptischen Gebilde mit Periodenrechteck haben reelle λ und J, die sich in den Intervallen:

$$(303) \qquad 0 \leqq \lambda \leqq \tfrac{1}{2}, \qquad \infty \geqq J \geqq 1$$

bewegen; insbesondere für $\omega = i$ (lemniskatischer oder harmonischer Fall) ist $\lambda = \frac{1}{2}$ und $J = 1$.

Wandert zweitens ω längs des Einheitskreises von $\omega = i$ am Rande des Bereiches von Fig. 5 nach $\omega = \frac{-1 + i\sqrt{3}}{2}$, so wandelt sich das bei $\omega = i$ erhaltene Periodenquadrat zu einem Rhombus, dessen am Punkte $u = 0$ gelegener Winkel von $\frac{\pi}{2}$ bis $\frac{2\pi}{3}$ wächst. Jetzt brauchen wir die e_1, e_2, e_3 unmittelbar in der Weierstraßschen Bedeutung (vgl.

284) Das ein Viertel des ursprünglichen Parallelogramms darstellende Parallelogramm der Ecken $0, \frac{\omega_2}{2}, \frac{\omega_1 + \omega_2}{2}, \frac{\omega_1}{2}$ wird auf eine z-Halbebene in der Art abgebildet, daß der Rand die reelle z-Achse liefert, auf der den Ecken in der eben genannten Reihenfolge die Punkte ∞, e_2, e_3, e_1 entsprechen.

Fig. 1, p. 254) und setzen etwa:

$$e_3 = 1, \quad e_2 = -\tfrac{1}{2} + i\varepsilon, \quad e_1 = -\tfrac{1}{2} - i\varepsilon,$$

wo ε dem Intervall $\infty > \varepsilon \geqq \frac{1}{2}\sqrt{3}$ angehört.[285]) Man findet:

$$\lambda = k^2 = \frac{1}{2} - \varepsilon' i, \quad 0 \leqq \varepsilon' \leqq \frac{\sqrt{3}}{2} \tag{304}$$

und berechnet aus (302), daß J als reelle Größe von 1 bis 0 abnimmt, falls ω den bezeichneten Weg beschreibt und damit ε' von 0 bis $\frac{1}{2}\sqrt{3}$ wächst: Die Periodenrhomben ($|\omega_1| = |\omega_2|$) mit einem am Nullpunkt gelegenen Winkel $A(\omega)$ [Amplitude der komplexen Zahl ω] des Intervalls:

$$\frac{\pi}{2} \leqq A(\omega) \leqq \frac{2\pi}{3}$$

haben reelle J des Intervalls $1 \geqq J \geqq 0$, während $\lambda = k^2$ die Werte (304) annimmt; insbesondere für $\omega = \frac{-1 + i\sqrt{3}}{2}$ (äquianharmonischer Fall) ist $J = 0$ und $\lambda = k^2 = \frac{1 - i\sqrt{3}}{2}$.

Beschreibt endlich ω den Rest des Randes vom Bereiche der Fig. 5, p. 287, d. h. die zur imaginären Achse parallele Gerade von $\omega = \frac{-1 + i\sqrt{3}}{2}$ nach $\omega = i\infty$, so führe man zur Untersuchung der hier eintretenden Gebilde neben ω_1, ω_2 wieder $\omega_3 = -\omega_1 - \omega_2$ ein und setze etwa:

$$\omega_2 = 1, \quad \omega_1 = -\frac{1}{2} + \varepsilon i, \quad \omega_3 = -\frac{1}{2} - \varepsilon i, \quad \varepsilon \geqq \frac{\sqrt{3}}{2}. \tag{305}$$

Jetzt ist also das Parallelogramm $(0, \omega_1, -\omega_2, \omega_3)$ ein Rhombus mit einem bei $u = 0$ gelegenen Winkel $A\left(\frac{\omega_3}{\omega_1}\right)$ des Intervall $\frac{2\pi}{3} \leqq A\left(\frac{\omega_3}{\omega_1}\right) \leqq \pi$. Die Fläche F_2 können wir so anordnen, daß

$$e_2 = 1, \quad e_1 = -\frac{1}{2} + i\varepsilon', \quad e_3 = -\frac{1}{2} - i\varepsilon', \quad \frac{\sqrt{3}}{2} \geqq \varepsilon' \geqq 0$$

wird. Man findet unter Benutzung von (302): Die jetzt vorliegenden Gebilde haben:

$$\lambda = 1 - \frac{3 + 2i\varepsilon'}{3 - 2i\varepsilon'}, \quad \frac{\sqrt{3}}{2} \geqq \varepsilon' \geqq 0, \tag{306}$$

d. h. $\lambda = k^2$ beschreibt das zwischen $\lambda = \frac{1 - i\sqrt{3}}{2}$ und $\lambda = 0$ gelegene

285) Im Grenzfall $\varepsilon = \infty$ (lemniskatischen Falle) versagt diese Darstellung, ohne daß eine Ausartung des elliptischen Gebildes vorliegt.

Sechstel des Kreises vom Radius 1 um $\lambda = 1$, während J die negativen reellen Werte von 0 bis $-\infty$ durchläuft.[286])

Am Schlusse haben wir dieselbe Ausartung gewonnen wie beim Übergang zu $\omega = i\infty$ längs der imaginären Achse. Wir dürfen und wollen bei der Ausartung $\omega_2 = \pi$ und $\omega_1 = i\infty$ setzen, so daß das Parallelogramm in einen Halbstreifen der Breite π ausartet. Bei der Riemannschen Fläche F_2 ist die Ausartung durch Zusammenfall zweier Verzweigungspunkte in verschiedenen, jedoch miteinander projektiv verwandten und deshalb invariantentheoretisch nicht unterscheidbaren Arten zu erzielen. Wir haben also als Resultat: Es gibt nur eine Ausartung der elliptischen Gebilde, nämlich für $J = \infty$ und $\lambda = k^2 = 0$, wo man $\omega_1 = i\infty$ und $\omega_2 = \pi$ setzen darf. Die elliptischen Funktionen werden dann zu trigonometrischen. In der Tat findet man, da in der Ausartung $q = 0$ wird, aus den Formeln (225 ff.) folgende Darstellungen der ausgearteten Funktionen:

$$(307) \quad \eta_2 = \frac{\pi}{3}, \quad \eta_1 = \infty, \quad \zeta(u) = \frac{1}{3}u + \operatorname{ctg} u, \quad \wp(u) = -\frac{1}{3} + \frac{1}{\sin^2 u}, \cdots,$$

während die Funktionen $\sigma(u)$, $\sigma_1(u)$, ... übergehen in:

$$(308) \quad \sigma(u) = e^{\frac{1}{6}u^2} \sin u, \quad \sigma_2(u) = e^{\frac{1}{6}u^2} \cos u, \quad \sigma_1(u) = \sigma_3(u) = e^{\frac{1}{6}u^2}.$$

Das Legendresche Normalintegral erster Gattung geht in das arc sin-Integral über, und da zufolge (289) p. 281

$$\sqrt{e_2 - e_1} = 1, \qquad w = u\sqrt{e_2 - e_1} = u$$

gilt, so folgt weiter:

$$(309) \qquad \operatorname{sn} w = \sin u, \quad \operatorname{cn} w = \cos u, \quad \operatorname{dn} w = 1.$$

Für die folgenden Entwicklungen stellen wir noch mittelst des Symmetrieprinzips aus den obigen Ergebnissen über die Werte von $\lambda = k^2$ am Rande des Bereiches der Fig. 5, p. 287, den Satz fest: Das unter den sechs Werten (182) p. 249 ausgewählte Doppelverhältnis $\lambda = k^2$ bildet, als Funktion von ω aufgefaßt, den Bereich der Fig. 5, p. 287, auf den in Fig. 6, p. 291, dargestellten Bereich der λ-Ebene ab.

286) Die besprochenen besonderen Gebilde kann man auch in der Weise zugänglich machen, daß man den Begriff einer „symmetrischen" Riemannschen Fläche voranstellt (vgl. II B 2, Nr. **54** und die dort gegebenen Nachweise). Macht man im Falle einer F_2 die Symmetrielinie zur reellen z-Achse, so hat man zunächst drei Fälle, je nachdem alle vier Verzweigungspunkte e_k reell oder zwei reell und zwei konjugiert komplex oder alle vier zu Paaren konjugiert komplex sind. Der letzte Fall läßt sich aber auf den ersten zurückführen, da dann die vier Punkte e_k auf einem Kreise liegen, den man durch lineare Transformation in die reelle z-Achse überführen kann. Es bleiben also nur die beiden im Texte behandelten Fälle, daß entweder alle vier Verzweigungspunkte reell sind, oder daß zwei reell und die beiden anderen konjugiert komplex sind.

66. Numerische Berechnungen. In der älteren Literatur waren K und K' positive reelle Größen und k (bei *Legendre* c genannt) reell und zwischen 0 und 1 gelegen. Es kam also nur der Fall des Periodenrechtecks in Betracht, und man fand keinen Anlaß, die infolge der linearen Transformation gebotene Möglichkeit der Beschränkung auf den Fall $K' \geqq K$ zu benutzen. Die von *Legendre* (in Bd. 2 des „Traité") berechneten Tafeln für die Integrale erster und zweiter Gattung $F(k, \varphi)$ und $E(k, \varphi)$ setzen $k = \sin \alpha$ und schreiten sowohl für α als für φ im Intervall von 0^0 bis 90^0 von Grad zu Grad fort. Die Werte der Integrale sind auf 10 bzw. 9 Dezimalstellen, die der vollständigen Integrale auf 12 Stellen angegeben. *Jacobi*[287]) hat eine fünfstellige Tafel für $\log q$ mitgeteilt, in welcher α nach Zehnteln eines Grades fortschreitet.

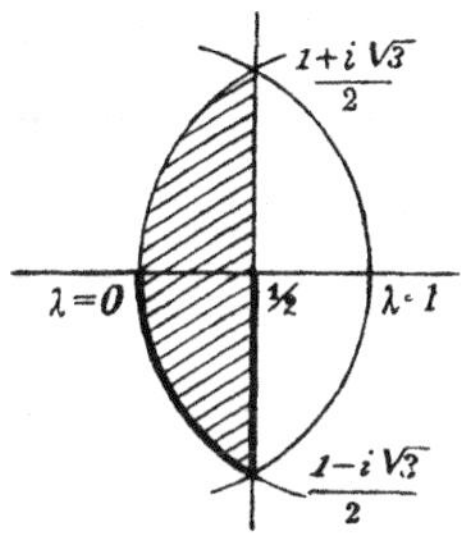

Fig. 6.

Sieht man von diesem besonderen Falle eines rein imaginären ω ab, so ist man für numerische Berechnungen auch heute noch auf die Reihenentwicklungen angewiesen und muß dieselben so gestalten, daß sie tunlichst rasch konvergieren. Im Anschluß an *Weierstraß* gibt *Schwarz*[288]) eine Reihe von Regeln, welche diesem Zwecke dienen.

Zunächst wird bei der Berechnung des Integrals erster Gattung folgender Gedankengang dem genannten Ziele entsprechen.[289]) Ein zu berechnendes Integral bringe man in der Art auf die Riemannsche Normalform, daß an Stelle des in Nr. **65** benutzten Doppelverhältnisses λ das in (182) p. 249 an letzter Stelle genannte $(1 - \lambda)$ tritt. Schreibt man statt $(1 - \lambda)$ wieder λ, so kommt dies (vgl. Fig. 6) darauf hinaus, daß für λ:

$$(310) \qquad |\lambda| \leqq 1, \quad \Re(\lambda) \geqq \tfrac{1}{2}$$

gilt, unter $\Re(\lambda)$ den reellen Bestandteil von λ verstanden. Das Riemannsche Integral wird jetzt (vgl. p. 253) durch $z = z'^2$, abgesehen vom Faktor 2, in das Legendresche Integral transformiert, wobei man die z-Ebene durch $z' = \sqrt{z}$ auf die z'-Halbebene mit „positivem" reellen Bestandteile von z' abbilde. Zur Ausführung einer zweiten

287) Am Schlusse der Abhandl. „Über die zur numer. Berechn. der ellipt. Funkt. zweckmäßigsten Formeln", J. f. Math. 26 (1843), p. 93 oder *Jacobis* Werke 1, p. 343.

288) S. *Schwarz*, „Formeln u. Lehrs. usw." p. 53 u. 67 ff.

289) S. auch die ausführliche Darlegung bei *H. Burkhardt*, „Elliptische Funktionen", Abschn. XIII.

Transformation wähle man $\sqrt[4]{\lambda}$ so, daß die Amplitude von $\sqrt[4]{\lambda}$ im Intervall:

$$-\frac{\pi}{12} \leqq A(\sqrt[4]{\lambda}) \leqq +\frac{\pi}{12}$$

gelegen ist. Man setze weiter:

$$l = \frac{1-\sqrt[4]{\lambda}}{1+\sqrt[4]{\lambda}} \tag{311}$$

und findet (über die Einzelheiten der Rechnung s. *Burkhardt* a. a. O.), daß $|l| \leqq \operatorname{tg}\frac{\pi}{24}$ und also:

$$|l^4| < 0{,}003005 \tag{312}$$

gilt. Durch die Transformation:

$$z' = \frac{1+l}{1-l} \cdot \frac{1-lZ}{1+lZ} \tag{313}$$

geht das Integral wieder von einem Faktor abgesehen in ein neues Legendresches Integral:

$$\int \frac{dZ}{\sqrt{(1-Z^2)(1-l^4Z^2)}} \tag{314}$$

mit einem absolut unter 0,003005 gelegenen Modul über, während die oben bezeichnete rechts von der imaginären Axe gelegene z'-Halbebene in der Z-Ebene die Fläche des Kreises vom Radius $|l^{-1}|$ um $Z=0$ ergibt. Durch binomische Entwicklung von $(1-l^4Z^2)^{-\frac{1}{2}}$ wird nun das Integral (314) mittelst der schnell konvergierenden Reihe dargestellt:

$$\begin{aligned}\int \frac{dZ}{\sqrt{1-Z^2}} + \frac{1}{2} l^4 \int \frac{Z^2 dZ}{\sqrt{1-Z^2}} + \frac{1}{2}\cdot\frac{3}{4} l^8 \int \frac{Z^4 dZ}{\sqrt{1-Z^2}} \\ + \frac{1}{2}\cdot\frac{3}{4}\cdot\frac{5}{6} l^{12} \int \frac{Z^6 dZ}{\sqrt{1-Z^2}} + \cdots,\end{aligned} \tag{315}$$

die man auch so nach Potenzen von Z ordnen kann:

$$\begin{aligned}\int \frac{dZ}{\sqrt{(1-Z^2)(1-l^4Z^2)}} = L_0 \int \frac{dZ}{\sqrt{1-Z^2}} - \sqrt{1-Z^2}\Big\{L_{01}Z \\ + \frac{2}{3} L_{02} Z^3 + \frac{2}{3}\cdot\frac{4}{5} L_{03} Z^5 + \cdots\Big\},\end{aligned} \tag{316}$$

wobei $L_0, L_{01}, L_{02}, \ldots$ folgende Bedeutung haben:

$$\left\{\begin{aligned} L_0 &= 1 + \sum_{n=1}^{\infty} \left(\frac{1}{2}\cdot\frac{3}{4}\cdot\frac{5}{6}\cdots\frac{(2n-1)}{2n}\right)^2 l^{4n}, \\ L_{0\varkappa} &= \sum_{n=\varkappa}^{\infty} \left(\frac{1}{2}\cdot\frac{3}{4}\cdot\frac{5}{6}\cdots\frac{(2n-1)}{2n}\right)^2 l^{4n}. \end{aligned}\right. \tag{317}$$

Zur Berechnung von K und K' bei gegebenem Modul $k^2 = \lambda$ dienen die bereits von Legendre aufgestellten Formeln (26) p. 194, in deren zweiter der natürliche Logarithmus seinen Hauptwert haben soll, dessen imaginärer Bestandteil zwischen $-\pi i$ und $+\pi i$, unter Einschluß der einen Grenze, liegen soll. Der Wert $k^2 = \lambda$ sei wieder im Anschluß an Fig. 6 an:

$$(318) \qquad |1-\lambda| \leqq 1, \quad \Re(\lambda) \leqq \tfrac{1}{2}$$

gebunden. Für $\frac{K'\pi}{K}$ folgt:

$$(319) \qquad \frac{K'\pi}{K} = 2\log\frac{k}{4} + \frac{1}{2}k^2 + \frac{13}{2^6}k^4 + \frac{23}{2^6\cdot 3}k^6 + \cdots,$$

und zwar liefert $\omega = \frac{iK'}{K}$ denjenigen zu k^2 gehörenden Wert ω, welcher dem Bereiche der Fig. 5, p. 287, angehört. Für q und $q^{\frac{1}{4}}$ ergibt sich weiter:

$$(320) \qquad \begin{cases} q = \frac{1}{16}k^2 + \frac{1}{32}k^4 + \frac{21}{1024}k^6 + \frac{31}{2048}k^8 + \cdots, \\ q^{\frac{1}{4}} = \frac{\sqrt{k}}{2} + 2\left(\frac{\sqrt{k}}{2}\right)^5 + 15\left(\frac{\sqrt{k}}{2}\right)^9 + 150\left(\frac{\sqrt{k}}{2}\right)^{13} + \cdots. \end{cases}$$ [290]

Zur Berechnung der elliptischen Funktionen selbst bei gegebenen Argumenten u, ω_1, ω_2 bedient man sich der ϑ-Reihen. Eine eingehende Abschätzung der Schnelligkeit ihrer Konvergenz findet man bei *Burkhardt* a. a. O. § 126. Folgender Gedankengang liegt dieser Abschätzung zugrunde. Den Periodenquotienten ω hat man im Bereiche der Fig. 5, p. 287, anzunehmen, so daß, falls man $\omega = \xi + i\eta$ setzt, $\eta \geqq \frac{\sqrt{3}}{2}$ ist. Somit gilt:

$$(321) \qquad |q| = |e^{\pi i(\xi + i\eta)}| = e^{-\pi\eta} \leqq e^{-\frac{1}{2}\pi\sqrt{3}} < 0{,}07.$$

Das Argument v der ϑ-Reihen (p. 219 mit x bezeichnet) ist zunächst in der v-Ebene auf ein Periodenparallelogramm, etwa das der Ecken $-\frac{\pi}{2} \pm \frac{\pi\omega}{2}, \frac{\pi}{2} \pm \frac{\pi\omega}{2}$ beschränkbar. Da aber die ϑ-Funktionen bei Vermehrung von v um Periodenhälften $\frac{\pi}{2}, \frac{\pi\omega}{2}$ ein leicht angebbares Verhalten zeigen[291]), so genügt es, die ϑ-Funktionen nur für diejenigen Argumente v zu berechnen, welche dem Parallelogramm der

290) Vgl. *Schwarz*, „Formeln u. Lehrs. usw.“ p. 54, wo auch Fehlergrenzen für die letzte Reihe (320) bei Abbrechen derselben nach dem 2ten, 3ten, 4ten ... Gliede angegeben sind. S. auch *Burkhardt* a. a. O. § 125.

291) Diese Regeln lassen sich aus (284) p. 279 und (295) p. 283 ableiten; s. darüber die Lehrbücher z. B. *Burkhardt*, „Ell. Funkt.“ § 45.

Ecken $-\frac{\pi}{4} \pm \frac{\pi\omega}{4}, \frac{\pi}{4} \pm \frac{\pi\omega}{4}$ angehören. Man setze demnach, unter σ und τ zwei zwischen $+1$ und -1 gelegene Zahlen verstanden:

(322) $$v = \sigma\frac{\pi}{4} + \tau\frac{\pi\omega}{4} = (\sigma + \tau\xi)\frac{\pi}{4} + i\frac{\tau\eta\pi}{4}, \qquad |\sigma| \leqq 1, |\tau| \leqq 1.$$

Nun gilt z. B. für das allgemeine Glied der ϑ_3-Reihe:

$$\left|2q^{n^2}\cos 2nv\right| = \left|q^{n^2}(e^{2nvi} + e^{-2nvi})\right| \leqq 2\left|q^{n^2}e^{\pm 2n\frac{\tau\eta\pi}{4}}\right| \leqq 2\cdot(0{,}07)^{n(n-\frac{1}{2})}.$$

Setzen wir also:

$$\vartheta_3(v) = 1 + 2q\cos 2v + \cdots + 2q^{(n-1)^2}\cos 2(n-1)v + R_n,$$

so ergibt der Vergleich mit der geometrischen Reihe:

(323) $$|R_n| < 2{,}2\cdot(0{,}07)^{n(n-\frac{1}{2})}.$$

Setzt man z. B. $n = 3$, d. h. benutzt man den Näherungswert:

$$\vartheta_3(v) = 1 + 2q\cos 2v + 2q^4\cos 4v,$$

so ist zufolge (323) der Fehler absolut $< 0{,}000000019$, so daß der erhaltene Wert bereits bis zur siebenten Stelle genau ist.[292])

V. Addition, Multiplikation, Division und allgemeine Transformation der elliptischen Funktionen.

Über die ältere Geschichte der Additionstheoreme seit *Eulers* Entdeckung vgl. man die Nrn. **2**, **6** usw. Die *Weierstraßsche* Theorie[293]) nimmt von den Additionstheoremen geradezu den Ausgangspunkt der Entwicklung, indem sie folgenden Satz an die Spitze stellt: Eine analytische Funktion $\varphi(u)$, welche in dem Sinne ein Additionstheorem besitzt, daß zwischen $\varphi(u)$, $\varphi(v)$, $\varphi(u+v)$ eine algebraische Relation mit von u und v unabhängigen Koeffizienten besteht, ist eine algebraische Funktion einer Funktion $s = \wp(u)$, die mit zwei passend gewählten Konstanten g_2, g_3 durch:

$$\left(\frac{ds}{du}\right)^2 = 4s^3 - g_2 s - g_3$$

292) Über numerische Berechnungen vgl. man auch noch *K. Schellbach*, „Ellipt. Funkt. und Thetafunkt.“ § 159 (1864); *J. Tannery et J. Molk*, „Éléments de la théor. d. fonct. ell.“ 3, p. 168 ff. S. auch *C. Runge*, „Über eine numerische Berechnung der Argum. der zykl., hyperb. u. ell. Funkt.“, Act. math. 15 (1891), p. 221 mit einer Bemerkung von *Th. Lohnstein*, „Notiz über eine Methode usw.“, Act. math. 16 (1892), p. 141. Über die Bedeutung der Landenschen Transformation und des arithmetisch-geometrischen Mittels für numerische Berechnungen s. Nr. **7** und **34**.

293) in der Darstellung bei *Schwarz*, „Formeln u. Lehrs. usw.“ p. 1.

definiert werden kann.[294]) Soll überdies $\varphi(u)$ eindeutig sein, so ist diese Funktion rational in $\wp(u)$ und $\wp'(u)$ darstellbar.

Die Sätze über Multiplikation (des Argumentes) der elliptischen Funktionen, welche als Folgen der Additionssätze angesehen werden können, findet man, was die ältere Theorie angeht, in den Nrn. **12**, **14**, **23** usw. behandelt. In der neueren Theorie hat sich die Multiplikation insbesondere mit dem Problem beschäftigt, die Funktion $\wp(nu)$, unter n eine positive ganze Zahl verstanden, als rationale Funktion von $\wp(u)$ darzustellen. Die Umkehrung der Multiplikation, die Division, stellt dann entsprechend die Aufgabe, $\wp(u)$ aus $\wp(nu)$ oder (was auf dasselbe hinausläuft) $\wp\left(\frac{u}{n}\right)$ aus $\wp(u)$ zu berechnen. Über den algebraischen Charakter der hier auftretenden Teilungsgleichungen sind die grundlegenden Sätze von *Abel*, *Galois* u. a. aufgestellt.[295])

Über die Transformation höheren Grades der elliptischen Funktionen, welche zunächst in der algebraischen Gestalt als rationale Transformation eines normalen Differentials erster Gattung wieder in ein solches auftritt, dann aber in den Arbeiten von *Jacobi* und *Abel* durch Aufnahme der Umkehrfunktionen in transzendente und damit verallgemeinerungsfähige Form[296]) gekleidet wird, vgl. man, was die ältere Theorie angeht, die Nrn. **17**, **19**, **22** usw. Aus dem Bestehen einer algebraischen Relation zwischen zwei doppeltperiodischen Funktionen läßt sich sehr kurz ein Schluß auf die Beziehung zwischen den beiderseitigen Periodenpaaren ziehen. Diese Wendung wird zum ersten Male bei *Briot* und *Bouquet*[297]) an die Spitze der Transforma-

---

294) Spezialfälle bzw. Ausartungen sind erstens eine algebraische Funktion von u (für $g_2 = 0$, $g_3 = 0$), zweitens eine algebraische Funktion von $e^{\frac{\pi i u}{\omega_2}}$ (für verschwindende Diskriminante $\Delta = g_2{}^3 - 27 g_3{}^2$).

295) Vgl. Nr. **12** u. **13** sowie Note 179. Über *Gauß* s. Nr. **37**. Eine Abh. *Jacobis*, „De divis. integr. ellipticarum in n partes aequales" gab Borchardt aus dem Nachlaß heraus; s. *Jacobis* „Werke" 1, p. 483.

296) S. jedoch die weitgehenden Entwicklungen der „algebraischen" Theorie der Transformation bei *Abel* in Kap. IV u. V des „Précis d'une théor. d. f. ell." „Werke" 1, p. 565ff. *Abels* Ansatz ist insofern allgemeiner als derjenige *Jacobis*, als *Abel* der Gleichung:

$$\frac{dy}{\sqrt{(1-y^2)(1-l^2y^2)}} = a\frac{dx}{\sqrt{(1-x^2)(1-k^2x^2)}}$$

mittelst einer algebraischen Funktion y von x genügen will, während bei *Jacobi* y in x rational ist. Durch das Additionstheorem führt *Abel* den allgemeinen Fall auf den Jacobischen zurück.

297) In dem in Note 147, p. 232 gen. Werke § 76ff. der ersten Aufl., §§ 177 u. 391ff. der zweiten Aufl.

tionstheorie gestellt. In dieser Weise ist auch *Weierstraß* bei der Behandlung der Transformationstheorie vorgegangen.[298]) Die sich hier anschließenden Vorstellungen kann man auch in ein algebraisches Gewand kleiden, wo es sich dann um solche Überdeckungen der Riemannschen Fläche F_2 ohne neue Verzweigungspunkte handelt, bei denen auch die durch die Überdeckung entspringenden Flächen dem Geschlechte $p = 1$ angehören.[299]) Jedoch ist das Operieren mit den Parallelogrammen in der u-Ebene bequemer.

67. Die Additionstheoreme. Ist $\varphi(u \mid \omega_1, \omega_2)$ eine m-wertige doppeltperiodische Funktion der Perioden ω_1, ω_2 und ist v irgendein endlicher komplexer Wert, so ist auch $\psi(u) = \varphi(u + v)$ eine m-wertige doppeltperiodische Funktion mit denselben Perioden ω_1, ω_2.[300]) Nach (212) p. 258 besteht demnach eine algebraische Relation $F(\psi(u), \varphi(u)) = 0$ oder $F(\varphi(u+v), \varphi(u)) = 0$ vom Grade m sowohl in $\varphi(u)$ als $\varphi(u+v)$ mit Koeffizienten, die von u unabhängig sind. Dagegen wird v in den Koeffizienten auftreten; und zwar zeigt der Austausch von u und v, daß die fragliche Relation die Gestalt:

$$F(\varphi(u+v), \varphi(u), \varphi(v)) = 0 \tag{324}$$

hat, in $\varphi(u)$ und $\varphi(v)$ symmetrisch ist und also in allen drei Argumenten $\varphi(u+v)$, $\varphi(u)$, $\varphi(v)$ den Grad m erreicht. Hiermit ist (in dem allgemeinen, von *Weierstraß* festgelegtem Sinne) die Existenz eines „Additionstheorems" für die doppeltperiodischen Funktionen bewiesen.[301])

Um das Additionstheorem für $\wp(u)$ aufzustellen, knüpfe man an die aus (260) p. 271 folgende Gleichung:

$$\wp(u) - \wp(v) = -\frac{\sigma(u+v)\sigma(u-v)}{\sigma^2(u)\sigma^2(v)}. \tag{325}$$

Durch logarithmische Differentiation einmal nach u, sodann nach v

298) S. hierüber *F. Müller*, „De transform. funct. ellipticarum", Diss., Berlin 1867, und die Ausführungen bei „E-M" p. 483 ff. Vgl. auch *H. J. S. Smith*, „Notes on the theor. of ell. transf.", Mess. of math. (2) 12 (1882), p. 49.

299) Vgl. hierzu die Ausführungen von *H. Jung*, „Über die Transf. algebr. Körper vom Range 1", J. f. Math. 127 (1904), p. 103; s. auch *Weber*, „Zur Theor. der Transform. algebr. Funktionen", J. f. M. 76 (1873), p. 345.

300) Das einzelne elliptische Gebilde gestattet demnach eine eindeutige Transformation in sich, welche durch $u' = u + v$ darstellbar ist, unter v irgendeine komplexe Konstante verstanden. Die Gesamtheit dieser Transformationen (für alle Werte v) bildet eine kontinuierliche Gruppe.

301) Da kein algebraisches Gebilde mit $p > 1$ eine kontinuierliche Gruppe von Transformationen in sich zuläßt (vgl. II B 2, Nr. 53), so ist die Existenz eines algebraischen Additionstheorems (in Übereinstimmung mit *Weierstraß'* Satz) für die elliptischen Funktionen (und ihre Ausartungen) charakteristisch.

und Addition beider Gleichungen folgt:

$$(326)\qquad \zeta(u+v)-\zeta(u)-\zeta(v)=\frac{1}{2}\,\frac{\wp'(u)-\wp'(v)}{\wp(u)-\wp(v)}.$$

Durch nochmalige Differentiation nach u ergibt sich das fragliche Theorem in der Gestalt:

$$(327)\qquad \wp(u+v)=\frac{2(\wp(u)\wp(v)-\frac{1}{4}g_2)(\wp(u)+\wp(v))-g_3-\wp'(u)\wp'(v)}{2(\wp(u)-\wp(v))^2},$$

aus welcher die der Gleichung (324) entsprechende Gestalt leicht herstellbar ist.[302])

Bemerkenswert ist eine invariante Darstellung[303]) der rechten Seite von (327). Man setze $\wp(u)=x$, $\wp(v)=y$, so daß hier x und y komplexe Variabele sind, und bezeichne mit $f(z_1, z_2)$ die homogen geschriebene Weierstraßsche Normalform:

$$f(z_1, z_2)=4z_1^3 z_2-g_2 z_1 z_2^3-g_3 z_2^4.$$

Versteht man alsdann unter $F(x_1, x_2; y_1, y_2)$ die durch 12 geteilte zweite Polare von $f(x_1, x_2)$ in bezug auf y_1, y_2:

$$(328)\qquad 12F(x_1, x_2; y_1, y_2)=\frac{\partial^2 f(x_1, x_2)}{\partial x_1^2}y_1^2+2\frac{\partial^2 f(x_1, x_2)}{\partial x_1\,\partial x_2}y_1 y_2+\cdots,$$

so gilt für den im Zähler der rechten Seite von (327) zunächst stehenden Ausdruck:

$$2(\wp(u)\wp(v)-\tfrac{1}{4}g_2)(\wp(u)+\wp(v))-g_3=x_2^{-2}y_2^{-2}\cdot F(x_1, x_2; y_1, y_2).$$

Setzt man demnach $\wp(u+v)$ einer Konstanten C gleich, so ist:

$$(329)\qquad \frac{F(x_1, x_2; y_1, y_2)-\sqrt{f(x_1, x_2)}\sqrt{f(y_1, y_2)}}{2(x_1 y_2-x_2 y_1)^2}=C$$

ein Integral der homogen geschriebenen Eulerschen Gleichung[304]):

$$(330)\qquad \frac{x_1\,dx_2-x_2\,dx_1}{\sqrt{f(x_1, x_2)}}+\frac{y_1\,dy_2-y_2\,dy_1}{\sqrt{f(y_1, y_2)}}=0.$$

---

302) Vgl. *Schwarz*, „Formeln u. Lehrs. usw.“ p. 13.

303) Vgl. *Klein*, „Über hyperell. Sigmafunktionen“, Math. Ann. 27 (1886), p. 431, § 12; s. auch die ausführliche Betrachtung der Beziehungen zwischen der Invariantentheorie und den Weierstraßschen elliptischen Funktionen bei *Burkhardt*, „Bezieh. zwischen der Invariantenth. und der Theor. der algebr. Integr. u. ihrer Umkehrungen“, Diss. München (1887).

304) Kleidet man das in (261) p. 271 dargestellte Integral dritter Gattung auf Grund von (214) p. 258 in die Gestalt:

$$\Pi_{v_1 v_2}^{u_1 u_2}=\int_{u_1}^{u_2}\int_{v_1}^{v_2}\wp(u-v)\,dv\,du,$$

so nimmt dasselbe auf der Riemannschen Fläche auf Grund von (329) die

Wegen der invarianten Gestalt gilt das Integral (329) auch dann, wenn f eine beliebige biquadratische Form:

(331) $f(x_1, x_2) = a_0 x_1^4 + 4a_1 x_1^3 x_2 + 6a_2 x_1^2 x_2^2 + 4a_3 x_1 x_2^3 + a_4 x_2^4$

ist. Hier findet man, wenn $F(x, 1; y, 1)$, $f(x, 1)$, $f(y, 1)$ kurz $F(x, y)$, $f(x)$, $f(y)$ genannt werden:

$$F(x, y) = a_0 x^2 y^2 + 2a_1 xy(x + y) + a_2(x^2 + 4xy + y^2) + 2a_3(x + y) + a_4,$$

$$2F(x, y) = f(x) + f(y) - a_0(x^2 - y^2)^2 - 4a_1(x^2 - y^2)(x - y) - 4a_2(x - y)^2.$$

Die mit 4 multiplizierte Gleichung (329) liefert somit:

$$\frac{f(x) + f(y) - 2\sqrt{f(x)}\sqrt{f(y)}}{(x - y)^2} - a_0(x + y)^2 - 4a_1(x + y) - 4a_2 = 4C,$$

woraus das von *Euler* entdeckte Integral (2) p. 184:

$$(332) \qquad \left(\frac{\sqrt{f(x)} - \sqrt{f(y)}}{x - y}\right)^2 = a_0(x + y)^2 + 4a_1(x + y) + C'$$

wieder gewonnen wird.

Die Verallgemeinerung der Gleichung (327) auf die Darstellung von $\wp(u_1 + u_2 + \cdots + u_n)$[305]) kann man nach einem Gedankengange

---

Gestalt an:

$$\int_x^{x'}\!\!\int_y^{y'} \frac{(x, dx)}{\sqrt{f(x_1, x_2)}} \cdot \frac{(y, dy)}{\sqrt{f(y_1, y_2)}} \cdot \frac{\sqrt{f(x_1, x_2)}\sqrt{f(y_1, y_2)} + F(x_1, x_2; y_1, y_2)}{2(x_1 y_2 - x_2 y_1)^2},$$

wo zur Abkürzung $x_1 dx_2 - x_2 dx_1 = (x, dx)$ gesetzt ist. Es ist dies die von *Klein* verwendete invariante Gestalt des Integrals dritter Gattung; s. die in Note 303 gen. Abhandl. von *Klein*, in der insbesondere auch die σ-Funktion eine invariante Darstellung auf der Riemannschen Fläche findet. Über die Geschichte der Formel (329) vgl. *W. Scheibner*, „Über den Zusammenhang der Thetafunkt. mit den ell. Integr.", Math. Ann. 34 (1889), p. 530; auch *W. Biermann*, „Problemata quaedam mechanica funct. ellipticarum ope soluta", Diss. Berlin 1864. Einen merkwürdig einfachen Ausdruck für das Integral der Eulerschen Differentialgleichung entwickelt *E. Laguerre* in der Abh. „Sur les diff. formes que l'on peut donner à l'intégr. de l'équat. d'Euler", Bull. soc. math. de France 3 (1875), p. 101 oder „Oeuvres" 1, p. 377. Zerlegt man die ganze Funktion $f(x)$ in beliebiger Art in das Produkt $\varphi(x) \cdot \psi(x)$ zweier Funktionen zweiten Grades, so ist der Laguerresche Ausdruck des fraglichen Integrals:

$$\frac{\sqrt{\varphi(x)\psi(y)} - \sqrt{\varphi(y)\psi(x)}}{x - y} = c.$$

305) Was die ältere Theorie angeht, so ist betreffs dieser allgemeinen Additionstheoreme vor allem auf den ersten Abschnitt von *Abels* „Précis d'une théor. etc.", insbesondere Kap. I § 2, „Werke" 1, p. 532 zu verweisen.

von *Abel* durchführen, der sich, angewandt auf $\wp(u)$ und mit Zuhilfenahme neuerer Schlußweisen, so skizzieren läßt: Die n Funktionen $\wp(u)$, $\wp'(u)$, ..., $\wp^{(n-1)}(u)$, deren letzte $(n+1)$-wertig ist, sind (zufolge ihrer Potenzreihen) linear unabhängig. Nach dem Riemann-Rochschen Satze[306]) (Hermiteschen Prinzipe) ist jede $(n+1)$-wertige Funktion $\varphi(u \mid \omega_1, \omega_2)$ mit einem Pole $(n+1)^{\text{ter}}$ Ordnung bei $u = 0$ linear in den $\wp(u)$, $\wp'(u)$, ..., $\wp^{(n-1)}(u)$ darstellbar. Gilt insbesondere, wie wir mit Rücksicht auf die Verwendung von $\varphi(u)$ annehmen, bei $u = 0$ die Entwicklung:

$$\varphi(u) = \frac{i^{n+1}}{u^{n+1}} + \cdots,$$

so hat die fragliche Darstellung die Gestalt:

$$(333) \quad i^{n+1} n!\, \varphi(u) = \wp^{n-1}(u) + a_1 \wp^{n-2}(u) + \cdots + a_{n-1}\wp(u) + a_n.$$

Gibt man die $(n+1)$ Nullstellen $u_0, u_1, \ldots, u_n$ von $\varphi(u)$, so ist nach p. 268 damit $\varphi(u)$ eindeutig bestimmt. Von diesen Nullstellen sind n, etwa $u_1, u_2, \ldots, u_n$, willkürlich wählbar, während die $(n+1)^{\text{te}}$ nach (242), p. 267 durch die Bedingung:

$$u_0 + u_1 + \cdots + u_n \equiv 0 \quad (\text{mod. } \omega_1, \omega_2)$$

bestimmt ist. Man denke die $a_1, a_2, \ldots, a_n$ berechnet[307]) und damit $\varphi(u)$ als bekannt. Nach (217) p. 259 kann man weiter $\wp''(u)$, $\wp'''(u)$, ... rational und ganz durch $\wp(u)$ und $\wp'(u)$ ausdrücken und damit $\varphi(u)$ auf eine ganze Funktion von $\wp(u)$ und $\wp'(u)$ umrechnen; insbesondere ergibt sich für $\varphi(u) \cdot \varphi(-u)$ eine ganze Funktion $(n+1)^{\text{ten}}$ Grades in $\wp(u)$:

$$(334) \quad \varphi(u) \cdot \varphi(-u) = \wp(u)^{n+1} + A_1 \wp(u)^n + A_2 \wp(u)^{n-1} + \cdots + A_n \wp(u) + A_{n+1}.$$

Für diese Funktion gilt andererseits die Produktzerlegung:

$$(335) \quad \varphi(u)\varphi(-u) = (\wp(u) - \wp(u_1 + u_2 + \cdots + u_n)) \prod_{\nu=1}^{n} (\wp(u) - \wp(u_\nu)).$$

Durch Gleichsetzung der rechten Seiten von (334) und (335) folgt

306) Vgl. Note 163, p. 235, sowie das Ref. II B 2, Nr. 19.

307) Sind die $u_1, u_2, \ldots, u_n$ durchweg verschieden, so gewinnt man durch Eintragung von $u_1, u_2, \ldots, u_n$ in (333) n Gleichungen zur Bestimmung von $a_1, a_2, \ldots, a_n$ durch $\wp(u_1)$, $\wp(u_2)$, ..., $\wp(u_n)$, $\wp'(u_1)$, $\wp'(u_2)$, ... Über den Fall, daß die $u_1, u_2, \ldots, u_n$ nicht alle von einander verschieden sind, vgl. man *P. Günther*, „Das Additionstheorem der ell. Funkt.", J. f. Math. 109 (1892), p. 213.

das allgemeine Additionstheorem der $\wp$-Funktion in der Gestalt[308]):

$$(336)\quad \wp(u_1+u_2+\cdots+u_n)$$
$$= \wp(u) - \frac{\wp(u)^{n+1}+A_1\wp(u)^n+\cdots+A_n\wp(u)+A_{n+1}}{(\wp(u)-\wp(u_1))(\wp(u)-\wp(u_2))\cdots(\wp(u)-\wp(u_n))},$$

wo also (vgl. Note 307) die $A_1, A_2, \ldots, A_n$ als ausgerechnete rationale Funktionen der $\wp(u_1), \wp(u_2), \ldots, \wp(u_n), \wp'(u_1), \wp'(u_2), \ldots$ anzuzusehen sind.

An die Additionstheoreme der $\wp(u)$-Funktion schließen sich diejenigen der Sigmafunktion an. Diese Theoreme begründete *Weierstraß*[309]) dadurch, daß er aus der identischen Gleichung:

$$(\wp(u)-\wp(u_1))(\wp(u_2)-\wp(u_3))+(\wp(u)-\wp(u_2))(\wp(u_3)-\wp(u_1))$$
$$+(\wp(u)-\wp(u_3))(\wp(u_1)-\wp(u_2))=0$$

durch Benutzung von (325) die dreigliedrige σ-Relation herleitete:

$$(337)\quad \sigma(u+u_1)\sigma(u-u_1)\sigma(u_2+u_3)\sigma(u_2-u_3)$$
$$+\sigma(u+u_2)\sigma(u-u_2)\sigma(u_3+u_1)\sigma(u_3-u_1)$$
$$+\sigma(u+u_3)\sigma(u-u_3)\sigma(u_1+u_2)\sigma(u_1-u_2)=0,$$

in welcher u, u_1, u_2, u_3 vier von einander unabhängige Variabele sind. Statt der u, u_1, u_2, u_3 kann man auch:

$$u+u_1=a,\quad u-u_1=b,\quad u_2+u_3=c,\quad u_2-u_3=d$$

als unabhängige Variabele benutzen. Schreibt man dann die vier Argumente in den Faktoren des zweiten Gliedes von (337) entsprechend a', b', c', d', die im dritten Gliede a'', b'', c'', d'', so stellen sich die $a', b', \ldots$ und ebenso die $a'', b'', \ldots$ als lineare Kombinationen der a, b, c, d dar, und es gilt:

$$(338)\quad a^2+b^2+c^2+d^2=a'^2+b'^2+c'^2+d'^2=a''^2+b''^2+c''^2+d''^2.$$

Aus der auf die $a, \ldots, d''$ umgeschriebenen Relation (337) leitet dann *Weierstraß* (vgl. *Schwarz* a. a. O.) zunächst durch Abänderung der a, b, c, d um Periodenhälften ein System von Additionstheoremen für die vier Funktionen $\sigma, \sigma_1, \sigma_2, \sigma_3$ ab, welche sich auf Grund von

308) Die Gestalten, in denen dies Additionstheorem auftritt, sind sehr zahlreich. Vgl. neben den in den Noten 305 u. 307 gen. Abh. noch *Cayley*, „Note sur l'addition des fonct. ell.", J. f. Math. 41 (1851), p. 57; *Hermite* in der in Note 168 gen. Schrift; *F. Brioschi*, „Sur quelques formules pour la multipl. des fonct. ell.", Paris C. R. 59 (1864), p. 999; *W. E. Story*, „The add.-theor. for elliptic functions", Amer. Journ. 7 (1885), p. 364; *G. Fontené*, „Expression de la quantité $\wp(u_1+u_2+\cdots+u_n)$ au moyen d'un pfaffien," Ann. de l'Éc. Norm. (3) 13 (1896), p. 469.

309) Vgl. *Schwarz*, „Formeln u. Lehrs. usw." p. 47.

(295), p. 283, in Additionstheoreme der Thetafunktionen umrechnen. Erwähnt seien etwa die beiden Formeln:

$$(339)\quad \begin{cases} \vartheta_2(w)\,\vartheta_2(x)\,\vartheta_2(y)\,\vartheta_2(z) - \vartheta_2(w')\,\vartheta_2(x')\,\vartheta_2(y')\,\vartheta_2(z') \\ \qquad\qquad + \vartheta_1(w'')\,\vartheta_1(x'')\,\vartheta_1(y'')\,\vartheta_1(z'') = 0, \\ \vartheta_3(w)\,\vartheta_3(x)\,\vartheta_3(y)\,\vartheta_3(z) - \vartheta_3(w')\,\vartheta_3(x')\,\vartheta_3(y')\,\vartheta_3(z') \\ \qquad\qquad - \vartheta_1(w'')\,\vartheta_1(x'')\,\vartheta_1(y'')\,\vartheta_1(z'') = 0, \end{cases}$$

in denen $\frac{\pi a}{\omega_2} = w, \ldots, \frac{\pi d''}{\omega_2} = z''$ gesetzt ist, weil durch ihre Addition die *Jacobi*sche Fundamentalformel (91) p. 220 gewonnen wird, aus welcher sich *Jacobi*s Theorie der elliptischen Funktionen vollständig entwickeln läßt.

E. Study[310]) hat die in Rede stehenden Additionstheoreme durch sorgfältige Beachtung der Symmetrieverhältnisse und der zugrunde liegenden Gruppe von Substitutionen übersichtlich dargestellt. Er zeigt, daß die 256 Additionstheoreme durch eine Gruppe von ebenso vielen involutorischen (und also vertauschbaren) Substitutionen ineinander übergehen; er teilt die 256 Formeln in 16 Familien zu je 16, wobei die erste Familie alle jenen Relationen enthält, in denen die zu einem Produkt verbundenen σ-Funktionen alle den gleichen Index haben und die 16 entsprechenden Substitionen eine Untergruppe der G_{256} bilden.[311])

Über Additionstheoreme für die Integrale zweiter und dritter Gattung vgl. man die Formeln (15) und (16) p. 190 von *Legendre* und die Gleichung (326) p. 297 für das Weierstraßsche Normalintegral.[312])

68. Die Multiplikationstheoreme. Setzt man in einem allgemeinen Additionstheoreme mit n-gliedriger Summe $(u_1 + u_2 + \cdots + u_n)$ alle Summanden gleich $u_1 = u_2 = \cdots = u_n = u$, so entspringt ein Multiplikationstheorem über den algebraischen Zusammenhang einer

310) „Sphärische Trigonometrie, orthogon. Subst. u. ell. Funkt.", Leipz. Abh. 20 (1893), p. 83. Vgl. hierzu *F. Caspary*, „Sur les relat., qui lient les éléments d'un syst. orthog. aux fonct. théta etc.", J. d. Math. (4) 6 (1890), p. 367, wo aus den Relationen, welche zwischen den neun Koeffizienten einer orthogonalen Substitution von drei Variabelen bestehen, die Additionstheoreme sowie überhaupt die Grundformeln der ϑ-Funktionen abgeleitet werden.

311) Über die 256 Additionsformeln vgl. man auch noch *Briot-Bouquet*, „Théor. d. f. ell.", 2 Aufl., livre 7; *Fr. Meyer* im amtl. Ber. der Straßb. Naturforscherv. von 1885, p. 354; *Scheibner*, „Über die Produkte von 3 und 4 Thetaf.", J. f. Math. 102 (1887), p. 255; *L. Kronecker*, „Bemerkungen über die Jacobischen Thetaformeln", J. f. Math. 102 (1887), p. 260.

312) Über *Jacobis* Herleitung dieser Theoreme aus seiner Thetarelation s. dessen Werke 1, p. 530 ff.

doppeltperiodischen Funktion für n-faches Argument nu mit der gleichen Funktion gebildet für u. Auch direkt erkennt man, falls eine m-wertige Funktion $\varphi(u|\omega_1, \omega_2)$ vorgelegt ist, in $\varphi(nu)$ eine $m \cdot n^2$-wertige Funktion derselben Perioden, so daß man auf eine das Multiplikationstheorem zum Ausdruck bringende algebraische Relation:

$$(340) \qquad F(\varphi(nu), \varphi(u)) = 0$$

vom Grade m in $\varphi(nu)$ und vom Grade $m \cdot n^2$ in $\varphi(u)$ schließt.

In den neueren Untersuchungen[313]) ist dieser Ansatz namentlich für die Funktion $\wp(u)$ durchgeführt worden, wo die Gleichung (340) reduzibel wird und $\wp(nu)$ als eine rationale Funktion:

$$(341) \qquad \wp(nu) = R(\wp(u))$$

vom Grade n^2 in $\wp(u)$ sich darstellt.[314])

Zur wirklichen Aufstellung des in (341) rechts stehenden Ausdrucks bedient man sich der Funktion:

$$(342) \qquad \psi_n(u) = \frac{\sigma(nu)}{\sigma^{nn}(u)},$$

welche die Perioden ω_1, ω_2 und die Wertigkeit $(n^2 - 1)$ hat. Aus dem nach (325) gebildeten Ausdruck für $(\wp(nu) - \wp(u))$ folgt nämlich:

$$(343) \qquad \wp(nu) = \wp(u) - \frac{\psi_{n-1}(u)\,\psi_{n+1}(u)}{(\psi_n(u))^2}.$$

Sind die Funktionen ψ_2, ψ_3, ψ_4 in $\wp(u)$, $\wp'(u)$ dargestellt, so kann man sich zur Berechnung der weiteren Funktionen $\psi_n(u)$ der Re-

---

313) Vgl. *F. Müller* in der in Note 298 gen. Abh.; *M. Simon*, „Ganzzahl. Multipl. der ell. Funkt. in Verbindung mit dem Schließungsprobl.", Straßburg i. E. (1875); *L. Kiepert*, „Wirkl. Ausführ. der ganzzahl. Multipl. der ell. Funkt.", J. f. Math. 76 (1875), p. 21; „Über Teilung u. Transf. der ell. Funkt.", Math. Ann. 26 (1885), p. 369. S. auch *Schwarz*, „Formeln u. Lehrs. usw." p. 18.

314) Die Reduktion der Gleichung (340) auf die besondere Gestalt (341), in der rechts eine rationale Funktion von $\wp(u)$ allein steht, findet ihre Begründung in folgender der allgemeinen Theorie der eindeutigen automorphen Funktionen entnommenen Überlegung (vgl. II B 4, Nr. **11** undd **14**). Die Gruppe $\Gamma^{(u)}$ aller Substitutionen (238) p. 265 ist eine Gruppe des Geschlechts $p = 1$, und $\wp(u)$, $\wp'(u)$ liefern ein System zugehöriger Funktionen, in denen alle automorphen Funktionen der $\Gamma^{(u)}$ rational darstellbar sind. Diese $\Gamma^{(u)}$ ist nun der Erweiterung mittelst der Substitution $u' = -u$ auf eine Gruppe $\bar{\Gamma}^{(u)}$ fähig, in welcher $\Gamma^{(u)}$ eine ausgezeichnete Untergruppe des Index 2 ist (vgl. II B 4, Nr. **11**). Aber diese $\bar{\Gamma}^{(u)}$ ist vom Geschlechte $p = 0$, und $\wp(u)$ ist eine zugehörige „Hauptfunktion". Alle geraden doppeltperiodischen Funktionen, die also bei der Substitution $u' = -u$ unverändert bleiben und demnach automorphe Funktionen der Gruppe $\bar{\Gamma}^{(u)}$ sind, werden somit schon in $\wp(u)$ allein rational darstellbar sein.

kursionsformeln[315]) bedienen:

$$(344)\quad \begin{cases} \psi_{2n+1}(u) = \psi_{n+2}(u)\cdot\psi_n(u)^3 - \psi_{n-1}(u)\cdot\psi_{n+1}(u)^3, \\ \psi_{2n}(u) = -\dfrac{\psi_n(u)}{\wp'(u)}\left(\psi_{n+2}(u)\cdot\psi_{n-1}(u)^2 - \psi_{n-2}(u)\cdot\psi_{n+1}(u)^2\right). \end{cases}$$

Eine Darstellung von $\psi_n(u)$ in Determinantenform[316]) gewinnt man auf folgende Art. Man bilde mittelst der in (282) p. 278 erklärten Funktion den Quotienten:

$$(345)\qquad f_{\lambda\mu}(u) = \frac{\sigma_{\lambda\mu}(u)}{\sigma(u)},$$

λ und μ sollen ganze Zahlen der Reihe $0, 1, 2, \ldots, n-1$ sein; doch soll die Kombination $\lambda = 0$, $\mu = 0$ ausgeschlossen sein. Aus (255) und (256) p. 269 u. f. folgt:

$$(346)\quad f_{\lambda\mu}(u+\omega_1) = e^{\frac{2i\pi}{n}\mu} f_{\lambda\mu}(u),\quad f_{\lambda\mu}(u+\omega_2) = e^{-\frac{2i\pi}{n}\lambda} f_{\lambda\mu}(u),$$

so daß $f_{\lambda\mu}(u)$ eine doppeltperiodische Funktion n^{ter} Stufe ist; ihre n^{te} Potenz ist von der ersten Stufe, und zwar ist dieselbe n-wertig mit einem Pole n^{ter} Ordnung bei $u = 0$ und einem Nullpunkte der gleichen Ordnung bei $v = \frac{\lambda\omega_1 + \mu\omega_2}{n}$. Nach einem bereits p. 299 benutzten Schlusse gilt demnach eine Darstellung:

$$(347)\quad (f_{\lambda\mu}(u))^n = a_0 + a_1\wp(u) + a_2\wp'(u) + \cdots + a_{n-1}\wp^{(n-2)}(u),$$

in welcher (da die Kombination $\lambda = 0$, $\mu = 0$ ausgeschlossen war) die $a_1, a_2, \ldots, a_{n-1}$ nicht durchweg 0 sind. Da die $(n-1)$ ersten Ableitungen von $f_{\lambda\mu}(u)^n$ für $v = \frac{\lambda\omega_1+\mu\omega_2}{n}$ auch noch verschwinden, so gilt:

$$\begin{aligned} a_1\wp'(v) &+ a_2\wp''(v) + \cdots + a_{n-1}\wp^{(n-1)}(v) = 0, \\ a_1\wp''(v) &+ a_2\wp'''(v) + \cdots + a_{n-1}\wp^{(n)}(v) = 0, \\ &\cdots\cdots\cdots\cdots \\ a_1\wp^{(n-1)}(v) &+ a_2\wp^{(n)}(v) + \cdots + a_{n-1}\wp^{(2n-3)}(v) = 0, \end{aligned}$$

und da die $a_1, \ldots, a_{n-1}$ nicht alle gleich 0 sind, so verschwindet:

$$(348)\qquad D_{n-1}(u) = \begin{vmatrix} \wp'(u), & \wp''(u), & \ldots, & \wp^{(n-1)}(u) \\ \wp''(u), & \wp'''(u), & \ldots, & \wp^{(n)}(u) \\ \cdot & \cdot & \cdot & \cdot \\ \wp^{(n-1)}(u), & \wp^{(n)}(u), & \ldots, & \wp^{(2n-3)}(u) \end{vmatrix}$$

---

315) Vgl. *Simon* a. a. O. S. auch *Halphen*, „Traité etc." 1, p. 101 ff. und *Burkhardt*, „Ell. Funkt." p. 72.

316) S. *Kiepert* in der ersten in Note 313 genannten Arbeiten; die betreffende Determinante hat für den gleichen Zweck bereits *F. Brioschi* weit früher benutzt; s. dessen Note „Sur quelques formules pour la multipl. des fonct. ell.", C. R. 59 (1864), p. 999.

für v, d. h. für alle (n^2-1) Stellen $\frac{\lambda\omega_1+\mu\omega_2}{n}$ des Periodenparallelogramms. Bei $u=0$ liegt ein Pol der Ordnung (n^2-1) der doppeltperiodischen Funktion $D_{n-1}(u)$, die (n^2-1)-wertig ist. Sie hat also mit $\psi_n(u)$ alle Nullpunkte und Pole gemein und stimmt demnach mit $\psi_n(u)$ bis auf einen konstanten Faktor überein. Letzterer wird durch Reihenentwicklung nach u bestimmt; die Determinantengestalt von $\psi_n(u)$ ist schließlich[317]):

$$\psi_n(u)=\frac{(-1)^{n-1}}{\{1!\,2!\,3!\ldots(n-1)!\}^2}\cdot D_{n-1}(u). \tag{349}$$

Setzt man für $\wp''(u)$, $\wp'''(u)$, ... ihre ganzen ganzzahligen Ausdrücke in $\wp(u)$, $\wp'(u)$, $\frac{1}{2}g_2$, g_3 ein, so wird für $D_{n-1}(u)$ bei ungeradem n die Darstellung:

$$D_{n-1}(u)=G(\wp(u),\tfrac{1}{2}g_2,g_3)_{\frac{n^2-4}{2}}, \tag{350}$$

bei geradem n die Darstellung:

$$D_{n-1}(u)=\wp'(u)\,G(\wp(u),\tfrac{1}{2}g_2,g_3)_{\frac{n^2-1}{2}} \tag{351}$$

gelten, wo G beide Male eine ganze ganzzahlige Funktion der angegebenen Argumente vom Grade $\frac{n^2-1}{2}$ bzw. $\frac{n^2-4}{2}$ in $\wp(u)$ ist. Dabei ist G zugleich in u,ω_1,ω_2 homogen von der Dimension n^2-1 bzw. n^2-4, so daß z. B. für ungerades n die Funktion G eine lineare ganzzahlige Kombination der Ausdrücke $\wp^{\frac{n^2-1}{2}}$, $\frac{1}{2}g_2\wp^{\frac{n^2-5}{2}}$, $g_3\wp^{\frac{n^2-7}{2}}$, $(\frac{1}{2}g_2)^2\wp^{\frac{n^2-9}{2}}$, ... ist. Statt (343) kann man übrigens zur Darstellung von $\wp(nu)$ auch die aus (342) und (258), p. 270, folgende Gleichung benutzen:

$$\wp(nu)=\wp(u)-\frac{1}{n^2}\frac{d^2\log\psi_n(u)}{du^2}=\wp(u)-\frac{1}{n^2}\frac{d^2\log D_{n-1}(u)}{du^2}. \tag{352}$$

Nach Vorgang von *Abel*[318]) hat sich *Jacobi*[319]) mit der Kettenbruchentwicklung der Quadratwurzel $\sqrt{f(z)}$ einer ganzen Funktion vierten Grades $f(z)$ beschäftigt und dabei einen Zusammenhang mit den Multiplikationstheoremen der zu $\sqrt{f(z)}$ gehörenden elliptischen Funktionen

317) Über eine andere Art des Beweises der Formel (349) sehe man *Schwarz*, „Formeln u. Lehrs. usw." p. 16 ff., oder *Burkhardt*, „Ellipt. Funkt." p. 68 ff.

318) „Sur l'intégr. de la formule diff. $\frac{\varrho\,dx}{\sqrt{R}}$, etc.", J. f. Math. 1 (1826), p. 33; *Abels* „Werke" 1, p. 104.

319) „Note sur une nouv. appl. de l'anal. des fonct. ell. à l'algèbre", J. f. Math. 7 (1831), p. 41; *Jacobis* „Werke" 1, p. 329.

(ohne Beweis) mitgeteilt.[320]) Eine Ableitung der Jacobischen Angaben lieferte *Borchardt*.[321]) Späterhin sind *G. Frobenius* und *L. Stickelberger*[322]) auf diesen Gegenstand zurückgekommen und haben den fraglichen Ansatz auch mit den Additionstheoremen in Verbindung gebracht. Die Grundgedanken dieser Entwicklung sind folgende:

Ist v eine Konstante und n eine ganze Zahl > 1, so ist:

$$(353)\qquad W_n(u) = \frac{1}{2}\frac{\wp'(u)-\wp'(nv)}{\wp(u)-\wp(nv)} - \frac{1}{2}\frac{\wp'(v)-\wp'(nv)}{\wp(v)-\wp(nv)}$$

eine zweiwertige doppeltperiodische Funktion, deren Pole bei $u = 0$ und $u = -nv$ liegen. Da der eine Nullpunkt bei $u = v$ liegt, so ist $u = -(n+1)v$ der zweite (vgl. (242)). Ist $n > 2$, so haben die beiden zweiwertigen Funktionen $\frac{\wp(u)-\wp(v)}{W_{n-1}(u)}$ und $W_n(u)$ gleiche Pole; und da ihre Differenz bei $u = 0$ endlich bleibt, so ist:

$$(354)\qquad \frac{\wp(u)-\wp(v)}{W_{n-1}(u)} - W_n(u) = k_n$$

eine von u unabhängige Konstante, für welche man durch die Substitution $u = -v$ gewinnt:

$$(355)\qquad k_n = -W_n(-v) = \frac{\wp'(v)}{\wp(v)-\wp(nv)}.$$

Für $n = 1$ setze man:

$$(356)\qquad W_1(u) = \frac{1}{2}\frac{\wp'(u)-\wp'(v)}{\wp(u)-\wp(v)} - \frac{1}{2}\frac{\wp''(v)}{\wp'(v)},\quad k_1 = \frac{1}{2}\frac{\wp''(v)}{\wp'(v)},$$

dann gilt (354) auch für $n = 2$. Aus vorstehenden Gleichungen folgt die Kettenbruchentwicklung:

$$(357)\qquad \frac{1}{2}\frac{\wp'(u)-\wp'(v)}{\wp(u)-\wp(v)} = k_1 + \cfrac{\wp(u)-\wp(v)}{k_2 + \cfrac{\wp(u)-\wp(v)}{k_3 + \ddots + \cfrac{\wp(u)-\wp(v)}{k_n + W_n}}},$$

welche bei Gebrauch der Bezeichnungen $\wp(u) = x$, $\wp(v) = y$, $\wp'(u) = \sqrt{f(x)}$, $\wp'(v) = \sqrt{f(y)}$ in algebraischer Gestalt so lautet:

$$(358)\qquad \frac{1}{2}\frac{\sqrt{f(x)}-\sqrt{f(y)}}{x-y} = k_1 + \cfrac{x-y}{k_2 + \cfrac{x-y}{k_3 + \ddots + \cfrac{x-y}{k_n + W_n}}}.$$

320) Übrigens vgl. man auch die algebr. Gestalt der Multiplikationssätze für sn $2u$, sn $3u$, ... bei *Jacobi*, „Suite des not. sur les fonct. ell.“ II, J. f. Math. 4 (1829), p. 185, „Werke“ 1, p. 268.

321) „Appl. des transc. abéliennes à la théor. des fract. cont.“, J. f. Math. 48 (1852), p. 69.

322) „Über die Add. u. Mult. d. ell. F.“, J. f. Math. 88 (1879), p. 146.

Nun gilt andererseits:

$$(359)\quad \begin{cases} \frac{1}{2}\frac{\sqrt{f(x)}-\sqrt{f(y)}}{x-y} = a_0 + a_1(x-y) + a_2(x-y)^2 + \cdots, \\ n!\, 2a_{n-1} = \frac{d^n\sqrt{f(y)}}{dy^n}. \end{cases}$$

Wendet man demnach auf die Umwandlung der hier rechts stehenden Potenzreihe in einen Kettenbruch die von *Jacobi* u. a.[323]) gegebenen Regeln an, so gelangt man zu Ausdrücken von k_n in y und damit also von $\wp(nv)$ in $\wp(v)$.[324])

Kronecker[325]) erörterte gelegentlich die Erscheinung, daß bei Ableitung der Multiplikationsformeln aus den allgemeinen Additionssätzen die für sn nu sich ergebenden rationalen Funktionen nicht immer in reduzierter Gestalt herauskommen, sondern noch gemeinsame Faktoren in Zähler und Nenner aufweisen.[326])

69. Die Divisionstheoreme. Setzt man in (340) statt u den Wert $\frac{u}{n}$ ein, so gilt:

$$(360)\qquad F\left(\varphi(u),\ \varphi\left(\frac{u}{n}\right)\right) = 0$$

als algebraische Relation des Grades mn^2 in $\varphi\left(\frac{u}{n}\right)$. Die Berechnung von $\varphi\left(\frac{u}{n}\right)$ aus $\varphi(u)$ durch Lösung dieser Gleichung ist das Problem der Division der elliptischen Funktionen. Für die Funktionen der älteren Theorie (Funktionen der zweiten Stufe) sind die Divisionstheoreme bereits von *Abel* entdeckt (vgl. Nrn. **12** und **13**).[327]) Für diese Funktionen ist die leicht zu erledigende Teilung durch 2 besonders zu behandeln, worauf alsdann n auf ungerade Zahlen beschränkt werden darf.

---

323) S. die Nachweise bei *Frobenius* und *Stickelberger* a. a. O. in der Einleitung sowie die Darstellung der fraglichen Regeln in § 1 daselbst. Vgl. auch den Art. I A 3 Nr. **53**.

324) Eine Beziehung zwischen dem Multiplikationstheoreme und gewissen Kettenbruchentwicklungen betrachtet auch *E. Laguerre;* s. dessen Abh. „Sur la multipl. des fonct. ell." Bull. soc. math. 6 (1877) oder „Oeuvres" 1 (1898), p. 391.

325) „Bemerk. über die Mult. der ell. Funkt.", Berlin Ber. von 1883, p. 717 ff. u. 949 ff.

326) S. auch *C. Runge,* „Algebr. Abl. der Mult. von cs u", J. f. Math. 94 (1883), p. 349. Übrigens vgl. man betreffs der sich hier einfügenden „komplexen Multiplikation" der ellipt. Funkt. den Art. I C 6.

327) S. auch für den Prozeß der Auflösung der „allgemeinen Teilungsgleichung" *Jacobi,* „Suite des notices sur les fonct. ell.", J. f. Math. 4 (1829), p. 185 ff., oder „Werke" 1, p. 273.

Die neueren Darstellungen der Divisionstheoreme knüpfen an die aus (341) entspringende „allgemeine Teilungsgleichung“ [328]) für die $\wp$-Funktion:

$$R\left(\wp\left(\frac{u}{n}\right)\right) - \wp(u) = 0 \tag{361}$$

vom Grade n^2 an, bei welcher eine Fallunterscheidung zwischen geraden und ungeraden n nicht nötig ist. Benutzt man die Bezeichnung:

$$\wp_{\lambda\mu}(u) = \wp_{\lambda\mu}(u \,|\, \omega_1, \omega_2) = \wp\left(u - \frac{\lambda\omega_1 + \mu\omega_2}{n} \,\middle|\, \omega_1, \omega_2\right), \tag{362}$$

so sind hierdurch für gegebenes n im ganzen n^2 verschiedene Funktionen erklärt, welche man erhält, wenn man die ganzen Zahlen λ, μ je auf ein Restsystem modulo n beschränkt. Durch Abänderung des Argumentes in (361) von u zu $u - \lambda\omega_1 - \mu\omega_2$ folgt: Die n^2 Lösungen der allgemeinen Teilungsgleichung (361) sind $\wp_{\lambda\mu}\left(\frac{u}{n}\right)$; diese Gleichung ist irreduzibel.

Die $\wp_{\lambda\mu}\left(\frac{u}{n}\right)$ erkennt man sofort als doppeltperiodische Funktionen n^{ter} Stufe (vgl. Nr. 60). Man verfolge zunächst allein die Abhängigkeit von u, wo die $\wp_{\lambda\mu}\left(\frac{u}{n}\right)$ Funktionen der durch $m_1 \equiv m_2 \equiv 0 \pmod{n}$ erklärten Hauptkongruenzuntergruppe $\Gamma^{(u)}_{n^2}$ der n^{ten} Stufe von $\Gamma^{(u)}$ sind. Der Diskontinuitätsbereich dieser $\Gamma^{(u)}_{n^2}$ ist ein Parallelogramm der Ecken $u = 0$, $n\omega_2$, $n(\omega_1 + \omega_2)$, $n\omega_1$, bestehend aus n^2 aneinander gereihten Parallelogrammen des ursprünglichen Netzes. Die Abbildung mittelst der Funktion $z = \wp(u)$ liefert von jenem Bereiche aus eine die Fläche F_2 n^2-fach überlagernde Riemannsche Fläche F_{2n^2} welche die zur algebraischen Funktion $w = \wp\left(\frac{u}{n}\right)$ von z bzw. zur Teilungsgleichung $R(w) - z = 0$ gehörende Fläche ist.

Die „Monodromiegruppe“ der Teilungsgleichung (vgl. I B 3 c, d Nr. 5), auf welche sich die „Galoissche Gruppe“ dieser Gleichung nach Bekanntgabe gewisser noch zu bestimmender Irrationalitäten reduziert, und die man durch geschlossene Umläufe von z auf der F_2 herstellt, besteht aus denjenigen n^2 Permutationen der Wurzeln $w = \wp_{\lambda\mu}\left(\frac{u}{n}\right)$, die man durch die n^2 nach dem Modul n inkongruenten Substitutionen $u' = u + m_1\omega_1 + m_2\omega_2$ erzeugt. Die etwa $G^{(u)}_{n^2}$ zu nennende Gruppe

328) Im Gegensatze zu der unten zu erklärenden „speziellen“ Teilungsgleichung.

der n^2 Operationen:

$$u' \equiv u + m_1\omega_1 + m_2\omega_2 \pmod{n}, \tag{363}$$

auf welche sich die $\Gamma^{(u)}$ mod. n reduziert, ist demnach der Monodromiegruppe isomorph oder stellt, was die Struktur angeht, diese Gruppe dar. Die Gruppe $G_{n^2}^{(u)}$ ist kommutativ (vgl. I B 3 c, d Nr. **20**), so daß sich die Teilungsgleichung durch Wurzelzeichen lösen läßt.[329])

Dieses Ergebnis kann man auch so gewinnen: Indem man in $\wp_{\lambda\mu}(u)$ den Wert $u = 0$ setzt, gewinnt man die „Teilwerte" der $\wp$-Funktion, die kurz durch $\wp_{\lambda\mu}$ bezeichnet werden; entsprechend werde $\wp_{\lambda\mu}^{(\nu)}(0)$ kurz $\wp_{\lambda\mu}^{(\nu)}$ geschrieben. Die $\wp''_{\lambda\mu}, \wp'''_{\lambda\mu}, \ldots$ sind rational und ganz in $\wp_{\lambda\mu}, \wp'_{\lambda\mu}$ und übrigens g_2 und g_3[330]) darstellbar. Nach den Additions- und Multiplikationstheoremen sind weiter $\wp_{\lambda\mu}$ und $\wp'_{\lambda\mu}$ rational in $\wp_{10}$, $\wp'_{10}, \wp_{01}, \wp'_{01}$. Demnach ergibt sich auf Grund der gleichen Theoreme für $\wp_{\lambda\mu}\left(\frac{u}{n}\right)$ eine rationale Darstellung in $\wp_{00}\left(\frac{u}{n}\right) = \wp\left(\frac{u}{n}\right), \wp'\left(\frac{u}{n}\right)$, $\wp_{10}, \wp'_{10}, \wp_{01}, \wp'_{01}$. Übrigens folgt aus (361) durch Differentiation:

$$R'\left(\wp\left(\frac{u}{n}\right)\right)\wp'\left(\frac{u}{n}\right) - n\wp'(u) = 0, \tag{364}$$

so daß $\wp'\left(\frac{u}{n}\right)$ rational in $\wp\left(\frac{u}{n}\right)$ und $\wp'(u)$ ist. Also gilt eine rationale Darstellung:

$$\wp_{\lambda\mu}\left(\frac{u}{n}\right) = R_{\lambda\mu}\left(\wp\left(\frac{u}{n}\right), \wp'(u), \wp_{10}, \wp'_{10}, \wp_{01}, \wp'_{01}\right), \tag{365}$$

d. h. nachdem man zu den Koeffizienten der Teilungsgleichung noch die Irrationalitäten $\wp'(u), \wp_{10}, \wp'_{10}, \wp_{01}, \wp'_{01}$ adjungiert hat, wird $\wp_{\lambda\mu}\left(\frac{u}{n}\right)$ eine rationale Funktion $R_{\lambda\mu}$ der Wurzel $\wp\left(\frac{u}{n}\right)$. Setzt man in die Gleichung (365) statt u den Ausdruck $(u - \lambda'\omega_1 - \mu'\omega_2)$ ein, so folgt:

$$\wp_{\lambda+\lambda';\,\mu+\mu'}\left(\frac{u}{n}\right) = R_{\lambda\mu}\left[R_{\lambda'\mu'}\left(\wp\left(\frac{u}{n}\right), \wp'(u), \ldots\right), \wp'(u), \ldots\right].$$

Hieraus erkennt man die rationalen Funktionen $R_{\lambda\mu}$ und $R_{\lambda'\mu'}$ als kommutativ, so daß die allgemeine Teilungsgleichung (nach Adjunktion der genannten Irrationalitäten) eine Abelsche Gleichung ist.[331])

Der Prozeß der Auflösung der Teilungsgleichung (361) ist mehrfach mit Hilfe der von *Abel* aufgestellten Prinzipien behandelt, wenn

329) S. die Darlegungen in I B 3 c, d Nr. **23**.

330) Was weiterhin nicht mehr besonders hervorgehoben werden soll, da die g_2 und g_3 von vornherein als bekannt gelten.

331) S. den dritten Satz in I B 3 c, d Nr. **21**.

auch nicht immer in erschöpfender Weise.[332]) Es besteht der Satz, daß die allgemeine Teilungsgleichung nach Adjunktion von $\wp'(u)$, $\wp_{10}$, $\wp'_{10}$, $\wp_{01}$, $\wp'_{01}$ mittelst zweier zyklischen Gleichungen (vgl. I B 3 c, d Nr. 8) vom Grade n und also durch Ausziehen zweier Wurzeln n^{ten} Grades lösbar ist. Da nämlich $\wp\left(\frac{u}{n}\right)$, auf dessen Berechnung es zufolge (365) allein ankommt, gleich $n^2 \cdot \wp(u \mid n\omega_1, n\omega_2)$ ist, so kann man als die zu lösende Aufgabe auch die Berechnung von $\wp(u \mid n\omega_1, n\omega_2)$ aus $\wp(u \mid \omega_1, \omega_2)$ ansehen. Schaltet man $\wp(u \mid n\omega_1, \omega_2)$ ein, so ist die Berechnung dieser Größe aus $\wp(u \mid \omega_1, \omega_2)$ (als „Transformation n^{ten} Grades" in Nr. **71** zu behandeln) durch Lösung einer ersten zyklischen Gleichung n^{ten} Grades zu vollziehen. Die zweite Gleichung dieser Art stellt sich bei der Berechnung von $\wp(u \mid n\omega_1, n\omega_2)$ aus $\wp(u \mid n\omega_1, \omega_2)$ ein.[333])

Die Hauptpunkte der Durchführung sind folgende: Setzt man (vgl. (282) p. 278) für $\sigma_{\lambda\mu}(0)$ kurz $\sigma_{\lambda\mu}$ und schreibt $e^{\frac{2i\pi}{n}} = \varepsilon$, so wird die Funktion:

$$\varphi_{\lambda\mu}(u) = \frac{\sigma_{\lambda\mu}(u)}{\sigma_{\lambda\mu} \cdot \sigma(u)}, \tag{366}$$

welche der Gleichung $\lim_{u=0}(u \cdot \varphi_{\lambda\mu}(u)) = 1$ genügt, (vgl. (346) p. 303) die Bedingungen:

$$\varphi_{\lambda\mu}(u + \omega_1) = \varepsilon^{\mu}\varphi_{\lambda\mu}(u), \quad \varphi_{\lambda\mu}(u + \omega_2) = \varepsilon^{-\lambda}\varphi_{\lambda\mu}(u) \tag{367}$$

befriedigen. Die einzelne der $(n-1)$ für $\mu = 1, 2, \ldots, (n-1)$ zu bildenden Funktionen $\varphi_{0\mu}(u)$ ist demnach eine n-wertige doppeltperiodische Funktion der Perioden $n\omega_1$, ω_2 mit den n einfachen Polen bei $u = 0, \omega_1, 2\omega_1, \ldots, (n-1)\omega_1$ im zugehörigen Parallelogramm. Der Ansatz (vgl. (259) p. 270):

$$\varphi_{0\mu}(u) = A_0 + \sum_{k=0}^{n-1} A_{k+1}\zeta(u - k\omega_1 \mid n\omega_1, \omega_2)$$

erfordert $A_1 = 1$ (wegen des Verhaltens bei $u = 0$); und man finde durch Ausübung der Substitution $u' = u - \omega_1$ wegen (367):

$$\varphi_{0\mu}(u) = \frac{\eta_1'}{\varepsilon^{\mu} - 1} + \sum_{k=0}^{n-1} \varepsilon^{k\mu} \cdot \zeta(u - k\omega_1 \mid n\omega_1, \omega_2), \tag{368}$$

---

332) S. *Kiepert*, „Auflösung der Transformationsgleich. u. Divis. der ellipt. Funkt.", J. f. Math. 76 (1873), p. 34. S. auch die Lehrbücher, z. B. *Burkhardt*, „Ell. Funkt." p. 277 ff., oder *C. Jordan*, „Cours d'analyse" 2. Aufl., 2, p. 490 ff.

333) S. über *Jacobis* Herstellung der Multiplikation durch zwei Transformationen oben Nr. **23**.

wo η_1' die erste Periode von $\zeta(u\,|\,n\omega_1, \omega_2)$ ist. Durch Differentiation folgt:

$$(369)\qquad -\varphi'_{0\mu}(u) = \sum_{k=0}^{n-1} \varepsilon^{k\mu}\wp(u - k\omega_1\,|\,n\omega_1, \omega_2), \quad (\mu = 1, 2, \ldots, n-1).$$

Auf Grund derselben Ansätze findet man:

$$(370)\qquad \wp(u) + \sum_{k=1}^{n-1}\wp(k\omega_1\,|\,n\omega_1, \omega_2) = \sum_{k=0}^{n-1}\wp(u - k\omega_1\,|\,n\omega_1, \omega_2).$$

Die links stehende Summe läßt sich durch die $\wp_{\lambda\mu}$ darstellen. Da nämlich $\wp(nu\,|\,n\omega_1, \omega_2)$ eine Funktion der Perioden ω_1, ω_2 mit n Polen zweiter Ordnung bei $u = 0, \frac{\omega_2}{n}, \ldots, (n-1)\frac{\omega_2}{n}$ ist, so gewinnt man mittelst der schon befolgten Schlußweise leicht:

$$(371)\qquad n^2 \cdot \wp(nu\,|\,n\omega_1, \omega_2) = \wp(u) + \sum_{\mu=1}^{n-1}(\wp_{0\mu}(u) - \wp_{0\mu})$$

und damit:

$$(372)\qquad \wp(\lambda\omega_1\,|\,n\omega_1, \omega_2) = \frac{1}{n^2}\left\{\sum_{\mu=0}^{n-1}\wp_{\lambda\mu} - \sum_{\mu=1}^{n-1}\wp_{0\mu}\right\}.$$

Da die Summe aller (n^2-1) Teilwerte $\wp_{\lambda\mu}$ verschwindet[334]), so folgt:

$$(373)\qquad \sum_{\lambda=1}^{n-1}\wp(\lambda\omega_1\,|\,n\omega_1, \omega_2) = -\frac{1}{n}\sum_{\mu=1}^{n-1}\wp_{0\mu}.$$

---

334) Dies folgt leicht aus der Eigenschaft der $\wp_{\lambda\mu}$ als „ganzer Modulformen". Es läßt sich auch so zeigen: Aus den Formeln von Nr. 68 folgt, daß die höchsten Glieder der Teilungsgleichung die Gestalt haben

$$w^{n^2} + azw^{n^2-1} + bg_2w^{n^2-2} + (cg_2z + dg_3)w^{n^2-3} + \cdots = 0,$$

wo $a, b, c, \ldots$ numerische Koeffizienten sind. Demnach ist die Summe aller n^2-Lösungen $w = \wp_{\lambda\mu}\left(\frac{u}{n}\right)$ mit $z = \wp(u)$ bis auf einen konstanten Faktor identisch. Des näheren gilt:

$$(374)\qquad \sum_{\lambda,\mu}\wp_{\lambda\mu}\left(\frac{u}{n}\right) = n^2\wp(u).$$

Entwickelt man nach Potenzen von u und vergleicht rechts und links die Absolutglieder, so folgt, wie behauptet,

$$(375)\qquad \sum_{\lambda,\mu}{}'\,\wp_{\lambda\mu} = 0,$$

wo der Index am Summenzeichen die Auslassung der Kombination $\lambda = 0, \mu = 0$ andeuten soll.

Die Addition der $(n-1)$ Gleichungen (369) und der Gleichung (370) liefert jetzt:

$$\wp(u\,|\,n\omega_1, \omega_2) = \frac{1}{n}\left\{\wp(u) - \frac{1}{n}\sum_{\mu=1}^{n-1}\wp_{0\mu} - \sum_{\mu=1}^{n-1}\varphi_{0\mu}'(u)\right\} \tag{376}$$

Andererseits ist $(\varphi_{01}(u))^n$ eine n-wertige Funktion der Perioden ω_1, ω_2, die bei $u=0$ wie u^{-n} unendlich wird und bei $\frac{\omega_2}{n}$ verschwindet; also gilt der Ansatz:

$$(\varphi_{01}(u))^n = \sum_{k=0}^{n-2} a_k(\wp^{(k)}(u) - \wp_{01}{}^{(k)}), \qquad a_{n-2} = \frac{(-1)^n}{(n-1)!}.$$

Da bei $\frac{\omega_2}{n}$ sogar ein n-facher Nullpunkt liegt, so folgt:

$$\sum_{k=0}^{n-2} a_k \wp_{01}{}^{(k+\nu)} = 0, \qquad \nu = 1, 2, \ldots, n-1.$$

Die Determinante $D_{n-1}\left(\frac{\omega_2}{n}\right)$ dieses Gleichungssystems (vgl. (348) p. 303) verschwindet; dagegen verschwindet die Unterdeterminante des letzten Elementes $D_{n-2}\left(\frac{\omega_2}{n}\right)$ nicht. Da a_{n-2} bestimmt und eine numerische Konstante ist, so berechnen sich die übrigen a als rationale Funktionen der $\wp_{01}^{(k)}$ und also der $\wp_{01}, \wp_{01}'$. Drückt man noch $\wp''(u), \wp'''(u), \ldots$ durch $\wp(u)$ und $\wp'(u)$ aus, so folgt:

$$\varphi_{01}(u) = \sqrt[n]{R(\wp(u),\ \wp'(u),\ \wp_{01},\ \wp_{01}')}, \tag{377}$$

wo R eine rationale und insbesondere in $\wp(u)$ und $\wp'(u)$ ganze Funktion ist.

Ferner gilt für die Funktion:

$$\varphi_{0\mu}(u)\,(\varphi_{01}(u))^{-\mu} = \frac{\sigma_{01}^{\mu}}{\sigma_{0\mu}} \cdot \frac{\sigma_{0\mu}(u)\,\sigma(u)^{\mu-1}}{\sigma_{01}(u)^{\mu}},$$

welche wieder die Perioden ω_1, ω_2 hat, der Ansatz:

$$\varphi_{0\mu}(u)\,(\varphi_{01}(u))^{-\mu} = \sum_{k=0}^{\mu-2} b_k(\wp_{01}{}^{(k)}(u) - \wp_{01}{}^{(k)});$$

und da diese Funktion bei $u=0$ wie $u^{\mu-1}$ verschwindet, so gelten die $(\mu-1)$ Gleichungen:

$$\sum_{k=0}^{\mu-2} b_k \wp_{01}{}^{(k+\nu)} = 0, \qquad \nu = 1, 2, \ldots, \mu-2,$$

$$\sum_{k=0}^{\mu-2} b_k \wp_{01}{}^{(k+\mu-1)} = (\mu-1)!$$

Da die Determinante $D_{\mu-1}\left(\frac{\omega_2}{n}\right)$ wegen $\mu < n$ nicht verschwindet, so berechnen sich die b_k wieder als rationale Funktionen von $\wp_{01}, \wp_{01}'$, was zu einer Darstellung führt:

$$(378) \quad \varphi_{0\mu}(u) = \overline{R}_\mu(\wp(u), \wp'(u), \wp_{01}, \wp_{01}') \left(\sqrt[n]{R(\wp(u), \wp'(u), \wp_{01}, \wp_{01}')}\right)^\mu.$$

Bei Differentiation nach u wird sich:

$$\frac{d\overline{R}_\mu}{du} + \frac{\mu}{n}\cdot\frac{\overline{R}_\mu}{R}\cdot\frac{dR}{du} = R_\mu(\wp(u), \wp'(u), \wp_{01}, \wp_{01}')$$

wieder als rationale Funktion ihrer Elemente berechnen. Für $\varphi_{0\mu}'(u)$ folgt dann:

$$(379) \quad \varphi_{0\mu}'(u) = R_\mu(\wp(u), \wp'(u), \wp_{01}, \wp_{01}') \left(\sqrt[n]{R(\wp(u), \wp'(u), \wp_{01}, \wp_{01}')}\right)^\mu,$$

und also ergibt sich aus (376) in Übereinstimmung mit der obigen Angabe:

$$(380) \quad \wp(u \,|\, n\omega_1, \omega_2) = \frac{1}{n}\left\{\wp(u) - \frac{1}{n}\sum_{\mu=1}^{n-1}\wp_{0\mu} - \sum_{\mu=1}^{n-1} R_\mu\cdot(\sqrt[n]{R})^\mu\right\}.$$

Durch Differentiation nach u folgt:

$$(381) \quad \wp'(u \,|\, n\omega_1, \omega_2) = \frac{1}{n}\left\{\wp'(u) - \sum_{\mu=1}^{n-1} S_\mu\cdot(\sqrt[n]{R})^\mu\right\},$$

wo S_μ die durch:

$$S_\mu(\wp(u), \wp'(u), \wp_{01}, \wp_{01}') = \frac{dR_\mu}{du} + \frac{\mu}{n}\cdot\frac{R_\mu}{R}\frac{dR}{du}$$

zu erklärende rationale Funktion ist.

Durch eine entsprechende Rechnung oder auch durch Ausübung der linearen Transformation $\omega_1 = -\omega_2'$, $\omega_2 = \omega_1'$ auf (380) folgt:

$$(382) \quad \wp(u \,|\, \omega_1, n\omega_2) = \frac{1}{n}\left\{\wp(u) - \frac{1}{n}\sum_{\lambda=1}^{n-1}\wp_{\lambda 0} - \sum_{\lambda=1}^{n-1} P_\lambda\cdot(\sqrt[n]{P})^\lambda\right\},$$

wo P_λ und P aus den rationalen Funktionen R_λ und R hervorgehen, indem man die Teilwerte $\wp_{01}, \wp_{01}'$ durch $\wp_{10}, \wp_{10}'$ ersetzt. Schreibt man in der letzten Gleichung $n\omega_1$ statt ω_1, so folgt mit Benutzung von (373) und Übergang zu $\wp\left(\frac{u}{n}\right)$:

$$(383) \quad \wp\left(\frac{u}{n}\right) = n\cdot\wp(u \,|\, n\omega_1, \omega_2) + \frac{1}{n}\sum_{\mu=1}^{n-1}\wp_{0\mu} - n\sum_{\lambda=1}^{n-1} Q_\lambda(\sqrt[n]{Q})^\lambda,$$

wo Q und Q_λ die Funktionen P und P_λ gebildet für die Argumente:

$$\wp(u \,|\, n\omega_1, \omega_2), \quad \wp'(u \,|\, n\omega_1, \omega_2), \quad \wp(\omega_1 \,|\, n\omega_1, \omega_2), \quad \wp'(\omega_1 \,|\, n\omega_1, \omega_2)$$

sind. Die ersten beiden Argumente sind nach (380) und (381) auszudrücken; für die beiden letzten folgen aus (372) und (371) die linearen Ausdrücke:

$$(384)\quad \begin{cases} \wp(\omega_1 | n\omega_1, \omega_2) = \dfrac{1}{n^2}\left(\wp_{10} + \sum\limits_{\mu=1}^{n-1}(\wp_{1\mu} - \wp_{0\mu})\right), \\ \wp'(\omega_1 | n\omega_1, \omega_2) = -\dfrac{1}{n^3}\left(\wp'_{10} + \sum\limits_{\mu=1}^{n-1}\wp'_{1\mu}\right) \end{cases}$$

in den ursprünglichen Teilwerten $\wp_{\lambda\mu}$, $\wp'_{\lambda\mu}$ und demnach rationale Ausdrücke in $\wp_{10}$, $\wp'_{10}$, $\wp_{01}$, $\wp'_{01}$. In $\sqrt[n]{Q}$ haben wir also die zweite zur Berechnung von $\wp\left(\frac{u}{n}\right)$ noch zu ziehende Wurzel vor uns.

70. Die speziellen Teilungsgleichungen. Die Teilwerte $\wp_{\lambda\mu}$, $\wp'_{\lambda\mu}$ gehören als ganze Modulformen n^{ter} Stufe in die Theorie der Modulfunktionen (vgl. II B 4, Nr. 25 ff.). „Eigentlich" zur n^{ten} Stufe, d. h. nicht bereits zu einer niederen Stufe, gehören nur die Teilwerte, bei denen der größte gemeinschaftliche Teiler von λ und μ relativ prim gegen n ist. Bezeichnet man mit $f(u)$ zunächst irgendeine doppeltperiodische Funktion erster Stufe, so werden alle eigentlich zur n^{ten} Stufe gehörenden Teilwerte $f_{\lambda\mu}$ aus dem besonderen Teilwerte f_{10} durch lineare Transformation (vgl. Nr. **54**) hervorgehen oder, wie man sagt, bezüglich der Modulgruppe $\Gamma^{(\omega)}$ mit f_{10} gleichberechtigt seien. Sind nämlich α, β zwei Zahlen, deren größter gemeinsamer Teiler relativ prim gegen n ist, so gibt es sicher zwei weitere der Kongruenz:

$$(385)\qquad \alpha\delta - \beta\gamma \equiv 1, \qquad (\text{mod. } n)$$

genügende ganze Zahlen γ, δ. Eine mit $\begin{pmatrix}\alpha, & \beta \\ \gamma, & \delta\end{pmatrix}$ kongruente Substitution der (homogenen) Gruppe $\Gamma^{(\omega)}$ transformiert also f_{10} in $f_{\alpha,\beta}$. Die Anzahl inkongruenter Lösungen von (385) ist leicht abzählbar.[335]) Ist die Primfaktorenzerlegung von n durch $n = q_1^{\nu_1} \cdot q_2^{\nu_2} \ldots$ gegeben, und sind $\varphi(n)$ und $\psi(n)$ die bekannten zahlentheoretischen Funktionen:

$$(386)\qquad \varphi(n) = n \prod \left(1 - \frac{1}{q}\right), \quad \psi(n) = n \prod \left(1 + \frac{1}{q}\right),$$

so gibt es $n\varphi(n)\psi(n)$ inkongruente Lösungen (385), und es reduziert sich die (homogene) $\Gamma^{(\omega)}$ modulo n auf eine endliche Gruppe $G^{(\omega)}_{n\varphi\psi}$ der Ordnung $n\varphi(n)\psi(n)$. Man kann auch sagen, die Hauptkongruenzuntergruppe n^{ter} Stufe von $\Gamma^{(\omega)}$ (vgl. Nr. **60** sowie II B 4, Nr. **13**)

335) Vgl. *C. Jordan*, „Traité des substitutions etc.", (Paris 1870), p. 93 ff. und *Galois'* „Brief an *A. Chevalier*", Rev. encycl. von 1832, p. 568 oder J. d. M. 11 (1846), p. 408. S. auch *Klein-Fricke*, „Modulf." 1, p. 395 und den Art. II B 4, Nr. **13**.

sei eine innerhalb der Gesamtgruppe $\Gamma^{(\omega)}$ ausgezeichnete Untergruppe des Index $n\varphi(n)\psi(n)$. Da nun f_{10} zu der durch $\alpha \equiv 1$, $\beta \equiv 0 \pmod{n}$ erklärten Kongruenzuntergruppe gehört, welche (wegen des willkürlich bleibenden γ) eine $G_n^{(\omega)}$ in der $G_{n\varphi\psi}^{(\omega)}$ liefert, so existieren $n\varphi\psi : n = \varphi\psi$ mit f_{10} gleichberechtigte, d. h. eigentlich zur n^{ten} Stufe gehörende Teilwerte $f_{\lambda\mu}$.

Hieraus folgt (auf Grund der Theorie der Modulfunktionen), daß die $f_{\lambda\mu}$ einer algebraischen Gleichung $\varphi\psi^{\text{ten}}$ Grades:

$$(387)\qquad \begin{aligned} f^{\varphi\psi} + R_1(g_2, g_3) f^{\varphi\psi-1} + R_2(g_2, g_3) f^{\varphi\psi-2} + \cdots \\ \cdots + R_{\varphi\psi}(g_2, g_3) = 0 \end{aligned}$$

mit rational von g_2 und g_3 abhängenden Koeffizienten genügen. Dies ist die „spezielle Teilungsgleichung" der Funktion $f(u)$ für den n^{ten} Teilungsgrad. Für die $\wp$-Funktion tritt, weil sie eine gerade Funktion ist, noch eine Reduktion auf den Grad $\frac{1}{2}\varphi\psi$ ein. Da übrigens die $\wp_{\lambda\mu}$ und $\wp'_{\lambda\mu}$ „ganze" Modulformen der Dimensionen -2 und -3 in den ω_1, ω_2 sind, so hat man hier die Ansätze[336]):

$$(388)\qquad \begin{cases} \wp^{\frac{1}{2}\varphi\psi} + G_4 \wp^{\frac{1}{2}\varphi\psi-2} + G_6 \wp^{\frac{1}{2}\varphi\psi-3} + \cdots + G_{\varphi\psi} = 0, \\ \wp'^{\varphi\psi} + G_6' \wp'^{\varphi\psi-2} + G_{12}' \wp'^{\varphi\psi-4} + \cdots + G'_{3\varphi\psi} = 0, \end{cases}$$

wo die G_ν, G_ν' ganze rationale Funktionen von g_2, g_3 der Dimension $-\nu$ in ω_1, ω_2 sind (also $G_4 = a g_2$, $G_6 = b g_3, \ldots$).

Die Teilungsgleichungen (388) sind im Rationalitätsbereiche g_2, g_3 irreduzibel. Ihre Monodromiegruppe (für Umläufe der g_2, g_3 bzw. der absoluten Invariante J) ist mit der $G_{n\varphi\psi}^{(\omega)}$ isomorph oder wird, was die Struktur angeht, durch diese Gruppe dargestellt. Auch über die *Galois*sche Gruppe dieser Gleichungen oder vielmehr der entsprechenden Gleichungen der älteren Theorie sind Untersuchungen angestellt.[337]) Es zeigte sich dabei (was übrigens auch für die Funktionen erster Stufe gilt), daß die *Galois*sche Gruppe nach Adjunktion der n^{ten} Einheitswurzel ε sich auf die vorgenannte Monodromiegruppe reduziert.[338])

---

336) Vgl. etwa *Klein-Fricke,* „Modulf." 2, p. 14.

337) S. *L. Sylow,* „Om den Gruppe af Substitutioner etc.". Vidensk.-Selsk. von 1871 (Cristiania); *Kronecker,* „Über die algebr. Gleich., von denen die Teil. der ell. Funkt. abhängt," Berl. Ber. von 1875, p. 498; *H. Weber,* „Zur Theorie der ell. Funkt." Act. mat. B. 6 (1885), p. 329.

338) Hierbei sind gewisse von *Abel* aufgefundene und nach ihm benannte Relationen von Wichtigkeit gewesen; s. *Abel,* „Précis d'une théorie etc.", Einleit. Nr. 6, Werke 1, p. 523 und „Fragmens sur les fonct. ell.", Werke 2, p. 251, sowie etwa *Weber,* „Ell. Funkt.", p. 216. Für die *Weierstraß*schen Funktionen lauten

Die speziellen Teilungsgleichungen sind von den niedersten Fällen $n = 2, 3, 4$ abgesehen nicht durch Wurzelzeichen lösbar. Für Primzahlgrad n ist die Gruppe $G^{(\omega)}_{n(n^2-1)}$ vollständig in ihre Untergruppen zerlegt (vgl. II B 4, Nr. **13**). Die niederste Resolvente ist im allgegemeinen die Modulargleichung, welche bei beliebigem n den Grad $\psi(n)$, also bei Primzahlen n den Grad $(n+1)$ hat. Für die primzahligen n existieren nur in den drei Fällen $n = 5, 7, 11$ zufolge des *Galois*schen Satzes (vgl. Note 179 und II B 4, Nr. **13**) Resolventen von noch niedrigerem, nämlich n^{ten} Grade. An Stelle der Modulargleichung kann man auch andere „Transformationsgleichungen", z. B. die „Multiplikatorgleichungen" (vgl. II B 4, Nr. **27**) als Resolventen der speziellen Teilungsgleichung benutzen. Der einzelnen der $\psi(n)$ Wurzeln der Modulargleichung sind dann immer $\varphi(n)$ bzw. im Falle der $\wp$-Funktion $\frac{1}{2}\varphi(n)$ Wurzeln der speziellen Teilungsgleichung zugeordnet, welche man nach Adjunktion jener Wurzel der Modulargleichung durch Radikale einzeln berechnen kann. So gehören z. B. die $\varphi(n)$ Teilwerte $\wp_{\lambda 0}$ (die einander gleichen $\wp_{\lambda,0}$ und $\wp_{n-\lambda,0}$ sind beide besonders gezählt) zusammen, zu deren Berechnung man etwa im Falle einer ungeraden Primzahl n so verfahren würde. Es sei g eine primitive Wurzel von n und η eine primitive $(n-1)^{\text{te}}$ Einheitswurzel. Die $(n-1)$ Funktionen:

$$\Phi_\sigma = \left(\sum_{\nu=0}^{n-2} \eta^{\sigma\nu} \wp_{g^\nu,0}\right)^{n-1}, \quad (\sigma = 0, 1, 2, \ldots, n-2) \tag{389}$$

gehören zu der durch $\gamma \equiv 0$ definierten Kongruenzgruppe n^{ter} Stufe, deren Funktionen nach Adjunktion der zugehörigen Wurzel der Modulargleichung rational bekannt sind. Die $\wp_{\lambda,0}$ werden sich demnach durch die $(n-1)$ Wurzeln $\sqrt[n-1]{\Phi_\sigma}$, die sich übrigens auf eine unter ihnen reduzieren lassen, ausdrücken.[389])

Außer unmittelbarem Zusammenhange mit den vorstehenden aus der „Monodromiegruppe" folgenden Angaben über Auflösung der speziellen Teilungsgleichungen steht die Berechnung der Teilwerte für

---

die *Abel*schen Relationen:

$$\sum_{\mu=0}^{n-1} \frac{\varepsilon^{2\lambda\mu}}{\wp'_{\lambda\mu}} = 0, \quad \sum_{\mu=0}^{n-1} \frac{\varepsilon^{2\lambda\mu}\wp_{\lambda\mu}}{\wp'_{\lambda\mu}} = 0;$$

s. darüber *F. Engel*, „Über die *Abel*schen Rel. usw.", Leipz. Ber. von 1884, p. 32 und *Klein*, „Über die ellipt. Normalkurven usw.", Leipz. Abh. 13 (1885), p. 379.

389) Über die Teilwerte der *Weierstraß*schen Funktionen und ihre Beziehung zur Transformation vgl. man noch *Kiepert*, „Über Teilung und Transf. der ell. Funkt.", Math. Ann. 26 (1885), p. 369.

solche konstante ω_1, ω_2, bei denen komplexe Multiplikation stattfindet. Man vgl. hierüber den Art. I C 6, Nr. **11** und die ausführlichere Darstellung bei *Weber*, „Ell. Funkt.“, p. 480 ff. Die hier eintretenden speziellen Teilungsgleichungen sind im Rationalitätsbereiche der zugehörigen „singulären Moduln“ *Abel*sche und also durch Radikale lösbare Gleichungen. Speziell ist die Teilung der Lemniskate[340]) immer mit Zirkel und Lineal durchführbar, wenn es die entsprechende Kreisteilung ist.[341])

71. Die Transformationstheorie der doppeltperiodischen Funktionen. Das Transformationsproblem in allgemeinster Fassung kann man so formulieren: Sind $f(u\,|\,\omega_1, \omega_2)$ und $\bar{f}(\bar{u}\,|\,\bar{\omega}_1, \bar{\omega}_2)$ irgend zwei doppeltperiodische Funktionen, so soll untersucht werden, unter welchen Bedingungen aus einer Gleichung $\bar{u} = mu$ mit konstantem m das identische Bestehen einer algebraischen Relation zwischen beiden Funktionen folgt.[342]) Sind, wie vorausgesetzt werden soll, die f und $\bar{f}$ homogene Funktionen erster Stufe, so können wir aus $\bar{f}(mu\,|\,\bar{\omega}_1, \bar{\omega}_2)$ den Faktor m herausnehmen und schreiben hernach für $\frac{\bar{\omega}_i}{m}$ wieder $\bar{\omega}_i$; wir können demnach $m = 1$ setzen. Da $f(u\,|\,\bar{\omega}_1, \bar{\omega}_2)$ und $\bar{f}(u\,|\,\bar{\omega}_1, \bar{\omega}_2)$ als doppeltperiodische Funktionen gleicher Argumente u und gleicher Perioden $\bar{\omega}_1, \bar{\omega}_2$ sicher algebraisch zusammenhängen, so ist es weiter

340) S. *Gauß*' Bemerkung in der Sectio sept. der „Disq. arith.“ (1801), Werke 1, p. 413, welche *Abel* in den „Recherches“ Nr. 40, „Werke“ 1, p. 361 bewiesen hat. Vgl. auch *Jacobi*s nachgelassene Schrift „De divis. integr. ellipt. in *n* partes aequal.“, Werke 1, p. 485.

341) Geometrisches über die Fünf- und Siebzehnteilung der Lemniskate findet man bei *Wichert*, „Die Fünf- und Siebzehnteilung der Lemn.“, Programmabh. Conitz (1846) und *Kiepert*, „Siebzehnteilung des Lemniskatenumfangs usw.“, J. f. M. 75 (1873), p. 255. Sonstige Nachweise bei „E. M.“, p. 384. S. auch noch *K. Schwering*, „Zerfällung der lemnisk. Teilungsgl. in 4 Faktoren“, J. f. M. 110 (1891), p. 42 und „Zur Aufl. der lemn. Teilungsgl.“, J. f. M. 111 (1893), p. 170; *Hurwitz*, „Über die Entwicklungskoeff. der lemn. Funkt.“, Gött. Nachr. von 1897, p. 273; *G. B. Mathews*, „The compl. mult. of the Weierstr. lemn. funct.“, Quart. Journ. 32 (1900), p. 257; *P. Meyer*, „Über Siebenteilung der Lemn.“, Straßb. Diss. 1900; *R. Bricard*, „Sur l'arc de la lemn.“, Nouv. Ann. (4) 2 (1902), p. 150.

342) Setzt man $f(u\,|\,\omega_1, \omega_2) = z$, $\bar{f}(\bar{u}\,|\,\bar{\omega}_1, \bar{\omega}_2) = \bar{z}$, so gelten für u und $\bar{u}$ Darstellungen in Gestalt überall endlicher elliptischer Integrale:

$$u = \int R(z, w)\, dz, \quad \bar{u} = \int \bar{R}(\bar{z}, \bar{w})\, d\bar{z},$$

wo w und $\bar{w}$ gewisse algebraische Funktionen von z und $\bar{z}$ sind. In algebraischer Gestalt ist also das Problem des Textes, die Bedingungen allgemein anzugeben, unter denen das Differential $R(z, w)\, dz$ mittelst einer algebraischen Funktion $\bar{z}$ von z derart wieder in ein elliptisches Differential $\bar{R}(\bar{z}, \bar{w})\, d\bar{z}$ transformiert wird, daß $\bar{R}\, d\bar{z} = mR\, dz$ gilt.

keine Beschränkung, unsere Frage auf die beiden Funktionen $f(u|\omega_1, \omega_2)$ und $f(u|\bar{\omega}_1, \bar{\omega}_2)$ zu beziehen.

Man bilde die beiden Gruppen $\Gamma^{(u)}$ und $\bar{\Gamma}^{(u)}$ unserer Funktionen und übe auf u die Substitutionen von $\Gamma^{(u)}$ aus (vgl. Nr. **54**). Hierbei bleibt $f(u|\omega_1, \omega_2)$ unverändert, und also kann $f(u|\bar{\omega}_1, \bar{\omega}_2)$ nur eine endliche Anzahl verschiedener Werte annehmen. Es folgt leicht: $\Gamma^{(u)}$ und $\bar{\Gamma}^{(u)}$ müssen kommensurabel sein, d. h. eine Untergruppe $\Gamma'^{(u)}$ gemein haben, welche in beiden vorgenannten Gruppen endliche Indizes hat. Diese $\Gamma'^{(u)}$ hat als Diskontinuitätsbereich ein Parallelogramm, dessen Ecken $u = 0$, ω_2', $\omega_1' + \omega_2'$, ω_1' seien und eine solche Lage haben mögen, daß der Quotient $\omega' = \omega_1' : \omega_2'$ positiven imaginären Bestandteil hat. Da $\Gamma'^{(u)}$ in $\Gamma^{(u)}$ enthalten ist, so gibt es vier ganze Zahlen a, b, c, d derart, daß

$$\omega_1' = a\omega_1 + b\omega_2, \quad \omega_2' = c\omega_1 + d\omega_2 \tag{390}$$

gilt; und zwar ist wegen der über ω' getroffenen Festsetzung die Determinante $ad - bc = n$ eine ganze Zahl > 0. Entsprechendes wird für $\bar{\Gamma}^{(u)}$ gelten.[343])

Man schalte nun zwischen $f(u|\omega_1, \omega_2)$ und $f(u|\bar{\omega}_1, \bar{\omega}_2)$ die Funktion:

$$f(u|\omega_1', \omega_2') = f(u|a\omega_1 + b\omega_2, c\omega_1 + d\omega_2) \tag{391}$$

ein. Ist $f(u|\omega_1, \omega_2)$ m-wertig, so besteht jetzt in der Tat eine algebraische Relation:

$$G(f(u|\omega_1', \omega_2'), f(u|\omega_1, \omega_2)) = 0 \tag{392}$$

$m \cdot n^{\text{ten}}$ bzw. m^{ten} Grades identisch, und zwar auch für variable ω_1, ω_2. Indem eine entsprechende Relation auch für $f(u|\omega_1', \omega_2')$ und $f(u|\bar{\omega}_1, \bar{\omega}_2)$ besteht, schließen wir auf die Gültigkeit einer algebraischen Gleichung auch für die beiden ursprünglich vorgelegten Funktionen.[344])

Man sagt nun, die Funktion (391) entstehe durch Transformation n^{ten} Grades oder n^{ter} Ordnung aus $f(u|\omega_1, \omega_2)$. Mit der Untersuchung dieser Funktionen und ihrer Relationen (392) ist das Transformationsproblem in der ursprünglichen Gestalt mit erledigt.[345])

---

343) Der Schluß auf das Bestehen der Relationen (390) findet sich im Prinzip bereits bei *Abel* im „Précis etc.", Introduct. Nr. 8, „Werke" 1, p. 524. Über den Gebrauch des im Texte entwickelten Ansatzes bei *Briot* und *Bouquet* s. Note 297 und zugehörigen Text. Auch *Weierstraß* benutzt die Schlußweise des Textes zum Eingang in die Transformationstheorie, s. darüber „E. M.", p. 483 ff. und die dort genannten Nachweise. S. auch *Riemann-Stahl,* „Ell. Funkt.", p. 51.

344) Betreffs der Zurückführung der algebraischen Relation in zwei je nach der einen Seite hin rationale Relationen s. die Bemerkung über *Abel* und *Jacobi* in Note 296, p. 295.

345) Für $n = 1$ stellt sich die schon oben (in Nr. **53**) erledigte „lineare" Transformation ein, bei welcher im Falle des Textes $f(u|\omega_1', \omega_2') = f(u|\omega_1, \omega_2)$ gilt.

Der erste Hauptsatz der Transformationstheorie lautet: Es gibt insgesamt $\Phi(n)$ verschiedene aus $f(u \mid \omega_1, \omega_2)$ durch Transformation n^{ten} Grades entstehende Funktionen, unter $\Phi(n)$ die Teilersumme der Zahl n verstanden. Bezeichnet man die Transformation (390) durch das Symbol $\begin{pmatrix} a, & b \\ c, & d \end{pmatrix}$ und versteht unter $\begin{pmatrix} \alpha, & \beta \\ \gamma, & \delta \end{pmatrix}$ eine beliebige Substitution der Modulgruppe $\Gamma^{(\omega)}$ (lineare Transformation), so ist, da f von erster Stufe ist, $f(u \mid \alpha\omega_1' + \beta\omega_2', \gamma\omega_1' + \delta\omega_2') = f(u \mid \omega_1', \omega_2')$, d. h. alle Transformationen n^{ten} Grades:

$$(393) \qquad \begin{pmatrix} A, & B \\ C, & D \end{pmatrix} = \begin{pmatrix} \alpha a + \beta c, & \alpha b + \beta d \\ \gamma a + \delta c, & \gamma b + \delta d \end{pmatrix},$$

wo $\begin{pmatrix} \alpha, & \beta \\ \gamma, & \delta \end{pmatrix}$ die Modulgruppe durchläuft, liefern ein und dieselbe transformierte Funktion. Um unter den unendlich vielen Transformationen (393) eine als „Repräsentanten" zu wählen, verstehe man unter τ den (positiv genommenen) größten gemeinsamen Teiler von a und c. Setzt man dann $\gamma = -\frac{c}{\tau}$, $\delta = \frac{a}{\tau}$, so gibt es noch unendlich viele zugehörige Zahlenpaare α, β, die in einem unter ihnen α_0, β_0 in der Gestalt:

$$\alpha = \alpha_0 - \nu\frac{c}{\tau}, \qquad \beta = \beta_0 + \nu\frac{a}{\tau}, \quad (\nu = 0, \pm 1, \pm 2, \ldots)$$

darstellbar sind. Diese Auswahl liefert:

$$C = 0, \quad D = \frac{n}{\tau}, \quad A = \tau, \quad B = (\alpha_0 b + \beta_0 d) + \nu\frac{n}{\tau} = B_0 + \nu D,$$

wo nun die ganze Zahl ν so gewählt werden soll, daß B eine der Zahlen $0, 1, 2, \ldots, D-1$ ist. Als Repräsentanten für Transformation n^{ten} Grades gewinnt man so:

$$(394) \qquad \begin{pmatrix} A, & B \\ 0, & D \end{pmatrix}, \quad AD = n, \quad B = 0, 1, 2, \ldots, D-1,$$

so daß in der Tat jeder Teiler D von n im ganzen D Repräsentanten liefert.[346])

Als „eigentlich" zum Grade n gehörig bezeichnet man die Transformationen, bei denen a, b, c, d keinen Teiler > 1 gemeinsam haben. Liegt aber ein von 1 verschiedener größter gemeinsamer Teiler t von

346) Über das Auftreten dieser Repräsentanten s. *Hermite* in der ersten in Note 176 genannten Abhandl., „Werke" 2, p. 9; *Koenigsberger*, „Transf. u. Mult. der ell. Funkt." (1868), p. 70 und „Vorl. über die Theor. d. ell. F." 2, p. 47. Vgl. auch *P. Joubert*, „Sur les équat. qui se rencontrent dans la théor. d. f. ell.", Bull. des sc. math. (2) 1 (1876), p. 249 und *P. Bonaventura*, „Sulle formule gener. di molt. compl.", Annali di Pisa 7 (1895).

a, b, c, d vor (wo also n den quadratischen Teiler t^2 aufweisen wird), so handelt es sich um die Teilung des Grades t in Verbindung mit einer „eigentlich" zum Grade $\frac{n}{t^2}$ gehörenden Transformation.

Der zweite Hauptsatz der Transformationstheorie lautet: Es gibt im ganzen $\psi(n)$ (vgl. Gleichung (386) p. 313) eigentlich zum Grade n gehörende transformierte Funktionen (391), welche „gleichberechtigte" doppeltperiodische Funktionen bzw. Modulfunktionen n^{ter} Stufe sind, d. h. aus einer unter ihnen mittelst geeigneter auf ω_1, ω_2 auszuübender Substitutionen von $\Gamma^{(\omega)}$ herstellbar sind. Der Satz beruht auf einer zweiten Auswahl der Repräsentanten. Ist (394) eigentlich zum Grade n gehörig, so ist der größte gemeinsame Teiler σ von A und B relativ prim gegen D. Man schreibe $A = \sigma A_0$, $B = \sigma B_0$ und löse $\beta' A_0 - \alpha' B_0 = 1$ in ganzen Zahlen, wobei sich die allgemeinste Lösung α', β' in einer speziellen α_0, β_0 mittelst aller ganzen Zahlen ν in der Gestalt:

$$\alpha' = \alpha_0 + \nu A_0, \quad \beta' = \beta_0 + \nu B_0$$

darstellt. Da α_0 und A_0 relativ prim sind, so kann man ν so wählen, daß α' relativ prim gegen σ wird. Demnach sind auch $\alpha = \alpha' D$ und $\beta = \sigma$ relativ prim, so daß man zwei weitere ganze Zahlen γ und δ in Übereinstimmung mit $\alpha\delta - \beta\gamma = 1$ wählen kann. Die so erhaltene Substitution $\begin{pmatrix}\alpha, & \beta\\ \gamma, & \delta\end{pmatrix}$ wende man nunmehr auf $\omega_1' = A\omega_1 + B\omega_2$, $\omega_1' = D\omega_2$ an und gelangt, wenn man noch $\gamma A = \gamma'$, $\gamma B + \delta D = \delta'$ setzt, zu:

$$\begin{pmatrix}\alpha A, & \alpha B + \beta D\\ \gamma B, & \gamma B + \delta D\end{pmatrix} = \begin{pmatrix}n\alpha', & n\beta'\\ \gamma', & \delta'\end{pmatrix} \tag{395}$$

als dieselbe transformierte Funktion wie (394) liefernd. Da die Determinante gleich n ist, so genügen die vier ganzen Zahlen α', β', γ', δ' der Gleichung $\alpha'\delta' - \beta'\gamma' = 1$, so daß die transformierte Funktion aus:

$$f(u \mid n\omega_1, \omega_2) \tag{396}$$

durch Ausübung der Substitution $\begin{pmatrix}\alpha', & \beta'\\ \gamma', & \delta'\end{pmatrix}$ auf ω_1, ω_2 entsteht. Aber $f(u \mid n\omega_1, \omega_2)$ erkennt man sofort als doppeltperiodische Funktion n^{ter} Stufe, und zwar gehört sie als Modulfunktion n^{ter} Stufe zu der durch $\gamma \equiv 0 \pmod{n}$ erklärten Kongruenzgruppe n^{ter} Stufe vom Index $\psi(n)$. Wir erhalten demnach alle eigentlich zum Grade n gehörenden transformierten Funktionen in der Gestalt:

$$f(u \mid n(\alpha_\nu\omega_1 + \beta_\nu\omega_2), \gamma_\nu\omega_1 + \delta_\nu\omega_2), \tag{397}$$

wenn $\begin{pmatrix}\alpha_\nu, & \beta_\nu\\ \gamma_\nu, & \delta_\nu\end{pmatrix}$ ein System bezüglich der genannten Kongruenzgruppe inäquivalenter Substitutionen durchläuft (vgl. II B 4, Nr. **13**). Die neue Darstellung der $\psi(n)$ Repräsentanten ist:

$$(398)\qquad \begin{pmatrix}n\alpha_\nu, & n\delta_\nu\\ \gamma_\nu, & \delta_\nu\end{pmatrix},\quad \nu = 0, 1, 2, \ldots, \psi(n)-1,$$

wobei für $\nu = 0$ die als eine „Haupttransformation"[347]) benannte Transformation (396), d. h. also $\alpha_0 = \delta_0 = 1$, $\beta_0 = \delta_0 = 0$ zutreffe.[348])

Durchläuft t^2 alle quadratischen Teiler von n und bildet man im Einzelfalle $\frac{n}{t^2}$ alle $\psi\left(\frac{n}{t^2}\right)$ eigentlich zugehörigen transformierten Funktionen, so ergeben sich alle $\Phi(n)$ aus den Repräsentanten (394) hervorgehenden Funktionen:

$$(399)\qquad \sum_t \psi\left(\frac{n}{t^2}\right) = \Phi(n).$$

Sieht man die Wirkung linearer Transformation als bekannt an, so ist nur noch die für die „Haupttransformation" eintretende Funktion $\bar{f}(u) = f(u \mid n\omega_1, \omega_2)$ zu berechnen, wobei die ursprüngliche Funktion $f(u) = f(u \mid \omega_1, \omega_2)$ als bekannt gilt und ihr, um eine rationale Darstellung aller Funktionen erster Stufe zu ermöglichen, etwa die Ableitung $f'(u)$ adjungiert wird. Dann ist $\bar{f}$ die Wurzel einer Gleichung n^{ten} Grades:

$$(400)\qquad \bar{f}^n + R_1(f, f')\bar{f}^{n-1} + R_2(f, f')\bar{f}^{n-2} + \cdots + R_n(f, f') = 0,$$

deren Koeffizienten rational in f und f' sind, und deren Wurzeln die n Funktionen:

$$(401)\qquad \bar{f}_\nu(u) = f(u + \nu\omega_1 \mid n\omega_1, \omega_2),\quad \nu = 0, 1, 2, \ldots, n-1$$

sind. In der Tat haben die symmetrischen Funktionen der $\bar{f}_\nu$ die Perioden ω_1, ω_2. Die Theorie dieser Gleichung (400) ist bereits in Nr. **69** angedeutet; Gleichung (400) ist zyklisch und also (nach Adjunktion geeigneter von u unabhängiger Größen) mittelst einer einzigen Wurzel n^{ten} Grades lösbar.

---

347) Als „Haupttransformationen" n^{ten} Grades werden von den älteren Autoren die beiden $\begin{pmatrix}n, & 0\\ 0, & 1\end{pmatrix}$ und $\begin{pmatrix}1, & 0\\ 0, & n\end{pmatrix}$ bezeichnet.

348) Man benennt die Transformationen (398) als die „funktionentheoretischen" Repräsentanten und ihnen gegenüber die in (394) als die „arithmetischen". S. hierzu *Klein*, „Über die Transf. der ell. Funkt. usw.", Math. Ann. 14 (1878), p. 111, *Dedekind*, „Schreiben an Herrn Borchardt über die Theor. der ell. Modulf.", J. f. M. 83 (1877), p. 265, sowie die ausführliche Darstellung bei *Klein-Fricke*, „Modulf." 2, p. 36 ff.

Für die $\wp$-Funktion ist die Lösung der Gleichung (400) bereits in (380) angegeben. Um die Gleichung selbst aufzustellen, hat man:

$$\wp(u \mid \omega_1, \omega_2) = \wp\left(u \,\middle|\, \frac{\omega_1'}{n}, \omega_2'\right)$$

in $\wp(u \mid n\omega_1, \omega_2) = \wp(u \mid \omega_1', \omega_2')$ darzustellen. Man arbeitet hier am bequemsten mit den transformierten Perioden und kann also (unter Fortlassung der oberen Indizes) die zu behandelnde Aufgabe dahin aussprechen, daß $\wp\left(u \,\middle|\, \frac{\omega_1}{n}, \omega_2\right)$ als rationale Funktion des n^{ten} Grades in $\wp(u) = \wp(u \mid \omega_1, \omega_2)$ auszudrücken ist (cf. Note 314). Man kann die Lösung dieser Aufgaben an die σ-Funktion anknüpfen und verstehe unter $\bar\eta_1, \bar\eta_2$ die zu den $\bar\omega_1 = \frac{\omega_1}{n}$, $\bar\omega_2 = \omega_2$ gehörenden Perioden zweiter Gattung (vgl. (269) p. 274). Aus der *Legendre*schen Relation (256) folgt:

$$(402) \qquad \frac{\bar\eta_1}{2\bar\omega_1} - \frac{n\eta_1}{2\omega_1} = \frac{\bar\eta_2}{2\bar\omega_2} - \frac{n\eta_2}{2\omega_2}.$$

Schreibt man für den gemeinsamen Wert dieser Ausdrücke (wie üblich[349])) G_1, so erweist sich wenigstens im Falle eines *ungeraden* n, der allein weiter verfolgt werde:

$$(403) \qquad e^{-G_1 u^2} \cdot \frac{\sigma\left(u \,\middle|\, \frac{\omega_1}{n}, \omega_2\right)}{\sigma(u \mid \omega_1, \omega_2)^n}$$

als doppeltperiodische Funktion von u mit den Perioden ω_1, ω_2. Dabei liefert (260), p. 271 sofort:

$$(404) \qquad e^{-G_1 u^2} \cdot \frac{\sigma\left(u \,\middle|\, \frac{\omega_1}{n}, \omega_2\right)}{(\sigma(u))^n} = \prod_{\lambda=1}^{n-1} \frac{\sigma_{\lambda 0}(u)}{\sigma_{\lambda 0}\sigma(u)},$$

wo beim Fehlen einer Angabe der Perioden stets ω_1, ω_2 als solche zu setzen sind. Geht man von:

$$\sigma\left(u \,\middle|\, \frac{\omega_1}{n}, \omega_2\right) = e^{G_1 u^2}\sigma(u) \prod_{\lambda=1}^{n-1} \frac{\sigma_{\lambda 0}(u)}{\sigma_{\lambda 0}}$$

nach (258) p. 270 zur $\wp$-Funktion, so folgt:

$$(405) \qquad \wp\left(u \,\middle|\, \frac{\omega_1}{n}, \omega_2\right) = -2G_1 + \wp(u) + \sum_{\lambda=1}^{n-1} \wp_{\lambda,0}(u),$$

woraus sich durch Reihenentwicklung bei $u = 0$ ergibt:

$$(406) \qquad 2G_1 = \sum_{\lambda=1}^{n-1} \wp_{\lambda 0} = 2\sum_{\lambda=1}^{\frac{1}{2}(n-1)} \wp_{\lambda 0}.$$

349) S. *F. Müller* in der in Note 298 genannten Arbeit und *Klein*, „Über die ell. Normalkurven usw.“, Leipz. Abh. 13 (1885), p. 343.

Trägt man diesen Ausdruck für $2G_1$ in (405) ein, so folgt durch Benutzung des Additionstheorems (327) p. 297:

$$(407)\quad \wp\left(u \,\middle|\, \frac{\omega_1}{n}, \omega_2\right) = \wp(u) + \sum_{\lambda=1}^{\frac{1}{2}(n-1)} \frac{\wp(u)(6\wp_{\lambda 0}^2 - \frac{1}{2}g_2) - 2\wp_{\lambda 0}^3 - \frac{1}{2}g_2\wp_{\lambda 0} - g_3}{(\wp(u) - \wp_{\lambda 0})^2},$$

eine Gleichung, die man auf die Gestalt umrechnen kann:

$$(408)\quad \wp\left(u \,\middle|\, \frac{\omega_1}{n}, \omega_2\right) = \frac{\wp(u)^n + a_1\wp(u)^{n-1} + \cdots + a_n}{\prod\limits_{\lambda=1}^{\frac{1}{2}(n-1)} (\wp(u) - \wp_{\lambda 0})^2},$$

wo die a_ν ganze ganzzahlige Funktionen der $\wp_{\lambda,0}$, $\frac{1}{2}g_2$, g_3 von der Dimension (-2ν) in ω_1, ω_2 sind. Dies ist die gewünschte Gleichung, aus der man übrigens durch Ersatz von ω_1 durch $n\omega_1$ unmittelbar die Gleichung (400) für die $\wp$-Funktion gewinnen kann.[350])

Für die Transformation n^{ten} Grades einer doppeltperiodischen Funktion von einer Stufe $s > 1$ gelten analoge Regeln.[351]) Am einfachsten gestalten sich die Verhältnisse, wenn n gegen die Stufenzahl s relativ prim ist; nur hat man dabei, wenn $\mu(s)$ der Index der zur vorgelegten Funktion gehörenden Kongruenzgruppe s^{ter} Stufe ist, immer $\mu(s)$ verschiedene gleichberechtigte (d. i. durch lineare Transformation ineinander überführbare) Fälle der Transformation n^{ten} Grades zu unterscheiden. Die höchste in der älteren Theorie auftretende Stufenzahl ist $s = 16$ (bei den Größen $\sqrt[4]{k}$, $\sqrt[4]{k'}$; vgl. *Hermite*s Entwicklungen über die von ihm mit $\varphi(\omega)$ und $\psi(\omega)$ bezeichneten Funktionen.[352])) Hier hat man seit lange für einen der μ in Betracht kommenden Fälle die Repräsentanten gebraucht[353])

$$(409)\quad \begin{pmatrix} A, & 16B \\ 0, & D \end{pmatrix}, \quad AD = n, \quad B = 0, 1, 2, \ldots, D-1.$$

Komplizierter gestalten sich die allgemeinen Verhältnisse, falls n gegen die Stufenzahl s nicht relativ prim ist. Der niederste Spezialfall der Transformation zweiten Grades der *Jacobi*schen Funktionen bietet freilich noch keine Schwierigkeit; hier stellen sich die Formeln der *Gauß*schen und der *Landen*schen Transformation ein.[354])

---

350) S. „E. M.", p. 483ff.

351) Ausführliche Entwicklung des Ansatzes für den besonderen Fall der Modulfunktionen bei *Klein-Fricke,* „Modulf." 2, p. 83 ff.

352) S. Nr. **43** und die dort gegebenen Nachweise.

353) S. auch *Koenigsberger,* „Ell. Funkt." 2, p. 96.

354) Vgl. Nr. **7** u. **34**; s. übrigens die Lehrbücher, z. B. *Krause,* „Doppeltp. Funkt." 1, p. 120.

72. Die Transformation n^{ten} Grades der Thetafunktionen. Die Thetafunktionen n^{ter} Ordnung. Die Transformation der Thetafunktionen gründet man auf die Theorie derjenigen doppeltperiodischen Funktionen dritter Art (vgl. Nr. **42**), welche ganze transzendente Funktionen sind. Hat eine solche Funktion n einfache Nullpunkte im Periodenparallelogramm, so heißt sie von der n^{ten} Ordnung. Man zeigt leicht[355]), daß eine solche Funktion stets in der Gestalt:

$$(410) \qquad e^{Au^2+Bu+C}\prod_{\varkappa=1}^{n}\sigma(u-\alpha_\varkappa)$$

darstellbar ist. Um die in der Literatur vorliegenden Bezeichnungen zu gewinnen, knüpfe man an die gerade Funktion $\sigma_3(u)$ an, welche den Gleichungen:

$$(411) \quad \sigma_3(u+\omega_1)=e^{\eta_1\left(u+\frac{\omega_1}{2}\right)}\sigma_3(u), \quad \sigma_3(u+\omega_2)=e^{\eta_2\left(u+\frac{\omega_2}{2}\right)}\sigma_3(u)$$

genügt (vgl. Nr. **61**), und bilde analog der Funktion (282) p. 278:

$$(412) \qquad \sigma_{g,h}(u)=e^{-\frac{g\eta_1-h\eta_2}{2}\left(u+\frac{g\omega_1-h\omega_2}{4}\right)}\sigma_3\left(u+\frac{g\omega_1-h\omega_2}{2}\right).$$

Indem man g, h als reelle Größen des Intervalls $-1<g,\ h\leqq+1$ faßt, kann man durch richtige Auswahl von g und h den Nullpunkt der Funktion (412) an jede vorgeschriebene Stelle des Periodenparallelogramms verlegen. Wählt man jetzt n solche Paare $(g_1, h_1), \ldots, (g_n, h_n)$ und schreibt:

$$(413) \quad g_1+g_2+\cdots+g_n=g, \quad h_1+h_2+\cdots+h_n=h,$$

so wird:

$$(414) \qquad \varphi_{gh}(u)=\prod_{\varkappa=1}^{n}\sigma_{g_\varkappa,h_\varkappa}(u)$$

eine „erste“ ganze doppeltperiodische Funktion dritter Art mit n willkürlich vorgeschriebenen Nullpunkten und also von n^{ter} Ordnung sein, in der sich alle „weiteren“ Funktionen dieser Art der gleichen Nullpunkte mittels eines Exponentialfaktors wie in (410) darstellen. Aus (411), (413) und der *Legendre*schen Relation (256) p. 270 folgt:

$$(415) \qquad \begin{cases} \varphi_{gh}(u+\omega_1)=e^{\pi ih+n\eta_1\left(u+\frac{\omega_1}{2}\right)}\varphi_{gh}(u), \\ \varphi_{gh}(u+\omega_2)=e^{\pi ig+n\eta_2\left(u+\frac{\omega_2}{2}\right)}\varphi_{gh}(u). \end{cases}$$

Eine besondere Auswahl des Exponentialfaktors führt jetzt vermittelst der Substitution $u=\omega_2 v$ zur Erklärung einer „Thetafunktion

355) S. z. B. *Halphen,* „Traité des f. ell.“ 1, p. 462.

n^{ter} Ordnung der Charakteristik (g, h)“ [356]):

$$(416) \qquad \theta_{gh}^{(n)}(v) = e^{-\frac{n\eta_2}{2\omega_2}u^2}\varphi_{gh}(u) = e^{-\frac{n\eta_2}{2\omega_2}u^2}\prod_{\varkappa=1}^{n}\sigma_{g_\varkappa, h_\varkappa}(u),$$

für welche aus (415) das Verhalten folgt:

$$(417) \quad \theta_{gh}^{(n)}(v+1) = e^{\pi i g}\cdot\theta_{gh}^{(n)}(v), \quad \theta_{gh}^{(n)}(v+\omega) = e^{\pi i h - n\pi i(2v+\omega)}\cdot\theta_{gh}^{(n)}(v).$$

Die Charakteristik (g, h) besteht gemäß (414) zunächst aus irgend zwei reellen Zahlen g, h des Intervalls $-n < g,\ h \leqq +n$. Da indessen die einzelne in (414) enthaltene Zahl $g_\varkappa$ oder $h_\varkappa$ ohne Änderung der Nullpunkte von $\varphi_{gh}(u)$ um eine gerade ganze Zahl abgeändert werden kann, so können wir uns auch bei beliebigen n (wie bei $n=1$) die g, h als irgendwelche reelle dem Intervalle $-1 < g,\ h \leqq +1$ angehörende Zahlen denken.

Die vier Funktionen $\theta_{01}^{(1)}(v)$, $\theta_{11}^{(1)}(v)$, $\theta_{10}^{(1)}(v)$, $\theta_{00}^{(1)}(v)$ sind bis auf von v unabhängige Faktoren die vier *Jacobi*schen Funktionen $\vartheta_0(v)$, $\vartheta_1(v)$, $\vartheta_2(v)$, $\vartheta_3(v)$.[357]) Man kann diese Faktoren durch die Forderung bestimmen, daß die Differentialgleichung:

$$(418) \qquad \frac{\partial^2\vartheta_\alpha}{\partial v^2} = 4i\pi\frac{\partial\vartheta_\alpha}{\partial\omega}$$

gelten soll (vgl. (159), Nr. **44**).

Für die Thetafunktionen n^{ter} Ordnung gilt das *Hermite*sche Prinzip [358]) (der *Riemann-Roch*sche Satz), daß bei gegebener Charakteristik (g, h) stets n linear-unabhängige Funktionen existieren, in welchen sich jede weitere linear-homogen darstellen läßt. Man beweist dies nach Vorgang von *Hermite* gewöhnlich in der Art, daß man die Gleichungen (417) als Definition für eine Thetafunktion n^{ter} Ordnung der Charakteristik (g, h) ansieht und von hieraus eine Darstellung der allgemeinsten Funktion dieser Art in Gestalt einer Fourierschen Reihe

356) Die „Charakteristiken“ der ϑ-Funktionen treten zuerst bei *Hermite,* „Transformation des fonct. abéliennes“, C. R. 40 (1855) oder „Werke“ 1, p. 444 sowie bei *Riemann* in der „Theorie der *Abel*schen Funkt.“, J. f. M. 54 (1857) oder „Werke“, p. 121 ff.; s. auch *J. Thomae,* „Beitr. zur Theor. d. *Abel*schen Funkt.“ J. f. M. 75 (1873), p. 224, *A. Krazer*s Hab.-Schrift „Über Thetaf., deren Charakt. aus Dritteln ganzer Zahlen gebildet sind“ (Würzburg 1883), dessen „Lehrb. der Thetaf.“ (Leipzig 1903) und *R. Voß,* „Theorie der Thetaf. usw.“, Arch. f. Math. 4 (1886), p. 385.

357) Unter $\vartheta_\alpha(v, \omega)$ soll im Texte, neuerem Brauche entsprechend, die Funktion verstanden sein, welche nach der oben (in Nr. **32**) im Anschluß an *Jacobi* gebrauchten Bezeichnung $\vartheta_\alpha(\pi v, q)$ heißen würde; ϑ_0 ist die a. a. O. mit ϑ bezeichnete Funktion.

358) S. Nr. **40**, sowie die Lehrbücher z. B. *Burkhardt,* „Ell. Funkt.“, p. 101 ff. oder *Krause,* „Doppeltp. Funkt.“ 1, p. 63.

entwickelt. Auf der anderen Seite beachte man, daß der Quotient zweier Thetafunktionen n^{ter} Ordnung der Charakteristik (g, h) eine n-wertige doppeltperiodische Funktion liefert, worauf dann eben die Abzählungen des Riemann-Rochschen Satzes zum Hermitschen Prinzip hinführen.

Für die besonderen Charakteristiken (0, 1), (1, 1), (1, 0), (0, 0) hat man die Produkte der vier $\vartheta_\alpha(v)$ zu je n Faktoren zur Hand, welche sich wegen der zwischen den $\vartheta_\alpha(v)$ bestehenden quadratischen Relationen (93) auf die $4n$ Produkte:

$$(419)\qquad \begin{cases} \vartheta_0(v)^{n-\varkappa}\vartheta_1(v)^{\varkappa}, & \vartheta_0(v)^{n-\varkappa}\vartheta_1(v)^{\varkappa-1}\vartheta_2(v), \\ \vartheta_0(v)^{n-\varkappa}\vartheta_1(v)^{\varkappa-1}\vartheta_3(v), & \vartheta_0(v)^{n-\varkappa}\vartheta_1(v)^{\varkappa-2}\vartheta_2(v)\vartheta_3(v) \end{cases}$$

reduzieren lassen. Je n gehören zur einzelnen der genannten Charakteristiken und erweisen sich leicht als linear-unabhängig; so gehören für ungerades n z. B. zur Charakteristik (1, 1) die n Produkte:

$$\vartheta_0(v)^{n-1}\vartheta_1(v),\ \vartheta_0(v)^{n-3}\vartheta_1(v)^3, \ldots, \vartheta_1(v)^n,$$
$$\vartheta_0(v)^{n-2}\vartheta_2(v)\vartheta_3(v),\ \vartheta_0(v)^{n-4}\vartheta_1(v)^2\vartheta_2(v)\vartheta_3(v), \ldots, \vartheta_0(v)\vartheta_1(v)^{n-3}\vartheta_2(v)\vartheta_3(v).$$

Man faßt nun das Problem der Transformation n^{ten} Grades für die Thetafunktionen so, daß die einzelne Funktion ϑ_α für die transformierten Argumente $u' = nu$, $\omega_1' = a\omega_1 + b\omega_2$, $\omega_2' = c\omega_1 + d\omega_2$ im Falle eines ungeraden n mit $ad - bc = n$, d. h. also die Funktion:

$$(420)\qquad \vartheta_\alpha(v', \omega') = \vartheta_\alpha\left(\frac{nv}{c\omega + d}, \frac{a\omega + b}{c\omega + d}\right) = \bar{\vartheta}_\alpha(v, \omega)$$

durch die ursprünglichen Funktionen ausgedrückt werden soll. Beruft man sich auf die linearen Transformation der $\vartheta_\alpha(v)$ (vgl. Nr. **64**), so ist die Beschränkung auf die Haupttransformationen (sogar auf eine unter ihnen) statthaft, welche die Berechnung von $\vartheta_\alpha(nv, n\omega)$ und $\vartheta_\alpha\left(v, \frac{\omega}{n}\right)$ erfordern.

Die Lösung dieser Aufgabe beruht auf den Sätzen über Thetafunktionen n^{ter} Ordnung. So erweist sich z. B. für ungerades n die Funktion $\vartheta_1(nv, n\omega)$ sofort als eine Funktion $\theta_{11}^{(n)}(v)$; da sie überdies eine ungerade Funktion von v ist, so ist sie linear und homogen in der Gestalt:

$$(421)\qquad \vartheta_1(nv, n\omega) = c_0\vartheta_1(v)^n + c_1\vartheta_1(v)^{n-2}\vartheta_0(v)^2 + \cdots$$
$$\cdots + c_{\frac{n-1}{2}}\vartheta_1(v)\vartheta_0(v)^{n-1}$$

durch die Produkte $\vartheta_1(v)^{n-2\varkappa}\vartheta_0(v)^{2\varkappa}$ mit von v unabhängigen Koeffizienten darstellbar. Durch Rückgang auf die Potenzreihen der Jacobischen Funktionen $\operatorname{sn} u$, $\operatorname{cn} u$, $\operatorname{dn} u$ gelingt es, die hierbei auftretenden

Koeffizienten c rational durch die Nullwerte der ursprünglichen und transformierten ϑ-Funktionen auszudrücken.[359]) Bei diesen Rechnungen ergeben sich Relationen zwischen diesen ϑ-Nullwerten in großer Zahl.[360])

73. Die Modular- und Multiplikatorgleichungen. Die von *Jacobi* bei der algebraischen Durchführung der Transformation dritten und fünften Grades mittels eines Eliminationsverfahrens gewonnenen Gleichungen vierten und sechsten Grades zwischen der achten Wurzel $u = \sqrt[4]{k}$ des ursprünglichen Integralmoduls k^2 und der entsprechenden transformierten Größe $v = \sqrt[4]{l}$ werden nach ihm als „Modulargleichungen" bezeichnet. S. darüber sowie über die an *Jacobi* sich anschließenden weiteren Untersuchungen Nr. **44**.

Die absolute Invariante J, in Abhängigkeit vom Periodenquotienten ω die „Modulfunktion erster Stufe" $J(\omega)$, ist zufolge (302) eine Funktion sechsten Grades von $\lambda = k^2$, also eine rationale Funktion 48ten Grades von u. Die „Modulargleichungen erster Stufe", d. h. die algebraischen Relationen, welche bei den verschiedenen Graden n der Transformation zwischen $J\left(\frac{a\omega + b}{c\omega + d}\right)$ und $J(\omega)$ bestehen, werden demnach äußerlich genommen weit komplizierter ausfallen als die *Jacobi*schen „Modulargleichungen sechzehnter Stufe". Demgegenüber gestaltet sich bei der ersten Stufe die Entwicklung der arithmetischen Grundlagen für die Modulargleichungen am einfachsten. Für eigentliche Transformation n^{ten} Grades hat man die $\psi(n)$ transformierten Funktionen:

$$J'(\omega) = J\left(\frac{A\omega + B}{D}\right), \tag{422}$$

welche als gleichberechtigte Modulfunktionen n^{ter} Stufe die Lösungen einer in J' und J auf den Grad $\psi(n)$ steigenden in beiden Größen symmetrischen Gleichung $f(J', J) = 0$ sind.

Das Nähere über diese Gleichungen gehört in die Theorie der Modulfunktionen (vgl. Ref. II B 4, Nr. **26**). Auch über die Theorie der „Modularkorrespondenzen", welche als natürliche Fortsetzungen der Modulargleichungen erscheinen, ist auf II B 4 (Nr. **27**) zu verweisen.[361])

---

359) S. die Lehrbücher z. B. *Krause,* „Doppeltp. Funkt." 1, p. 175. Vgl. auch die Produktdarstellungen der transformierten Theta bei *Weber,* „Ell. Funkt.", p. 83 und übrigens die Nachweise in „E. M.", p. 427.

360) Diese Relationen sind namentlich durch *Krause* und seine Schüler betrachtet; s. wegen weiterer Nachweise sowie über die algebraische Bedeutung dieser Relationen *Klein-Fricke,* „Modulf." 2, p. 158.

361) Erwähnt sei noch, daß im Anschluß an *Klein* Modulargleichungen zweiter bis fünfter Stufe *G. Friedrich* in seiner Leipz. Diss. von 1886 „Die Modulargl. der *Galois*schen Moduln zweiter bis fünfter Stufe" Arch. der Math. u. Phys. (2) 4, p. 113 mittels invariantentheoretischer Methoden entwickelt.

Über die Modulargleichungen als die im allgemeinen niedersten Resolventen der speziellen Teilungsgleichungen siehe oben Nr. 70.[362])

Für die $\psi(n)$ Werte, welche bei der algebraischen Transformation n^{ten} Grades des *Legendre*schen Integrals erster Gattung, den $\psi(n)$ wesentlich verschiedenen Transformationen entsprechend, als Multiplikatoren des transformierten Integrals auftreten, gilt der Satz, daß sie die Wurzeln einer Gleichung $\psi(n)^{\text{ten}}$ Grades mit Koeffizienten sind, die in k^2 rational sind. Diese sogenannten „Multiplikatorgleichungen" sind von *Jacobi*[363]) eingeführt; explizite berechnet er a. a. O. die Gleichung sechsten Grades für $n = 5$. Der Zusammenhang dieser Multiplikatoren M mit dem ursprünglichen und dem transformierten Modul (Wurzel der Modulargleichung) ist angegeben durch[364]):

$$M^2 = \frac{n(k-k^3)\,dl}{(l-l^3)\,dk}. \tag{423}$$

Klein[365]) braucht den Ausdruck „Multiplikatorgleichungen" für diejenigen Gleichungen $\psi(n)^{\text{ten}}$ Grades, denen die transformierten Werte von $\sqrt[12]{\Delta}$ genügen und deren Koeffizienten ganze rationale Funktionen von g_2, g_3 und der zwölften Wurzel aus der ursprünglichen Diskriminante sind. Die Benennung rechtfertigt sich insofern, als er $\sqrt[12]{\Delta}$ als Multiplikator zur Normierung des Integrals erster Gattung u brauchte. Ausführlicher sind diese Multiplikatorgleichungen von *Hurwitz*[366]) untersucht. Allgemeiner versteht *Klein* unter Multiplikatorgleichungen überhaupt Transformationsgleichungen für Modulformen. Auf seine Veranlassung betrachtete *P. Biedermann*[367]) solche „Multiplikatorgleichungen" für Teilwerte der Sigmafunktion. Schon früher wurden Transformationsgleichungen für die Modulformen erster Stufe g_2, g_3 von *F. Müller*[368]) untersucht (s. übrigens den Art. II B 4, Nr. 27).

---

362) Betreffs des Übergangs von der Modulargleichung erster Stufe zur Gleichung für die Klasseninvarianten innerhalb der „komplexen Multiplikation" ist auf den Art. I C 6, Nr. 3 zu verweisen.

363) „Suite des not. sur les f. ell.", J. f. M. 3 (1828), p. 308 oder „Werke" 1, p. 261.

364) Weiteres über hierher gehörige Differentialrelationen bei „E. M.", p. 449.

365) „Über Multiplikatorgl." (Auszug aus einem Briefe an *Brioschi*), „Rend. d. Ist. Lomb." 2. Jan. 1879 oder „Math. Ann." 15, p. 86.

366) „Grundl. einer indep. Theor. der ell. Modulf. usw.", Math. Ann. 18 (1881), p. 528.

367) „Über Multiplikatorgl. höherer Stufe usw.", Leipz. Diss. 1887, Arch. d. Math. u. Phys. (2) 5, p. 1.

368) In der in Note 298 gen. Diss. S. auch die verwandten Untersuchungen *Kieperts* „Zur Transformationstheor. d. ell. Funkt.", J. f. Math. 82 (1879), p. 199; 83 (1879), p. 205 und 95 (1883), p. 218.

VI. Anwendungen der elliptischen Funktionen.

74. Anwendungen auf die Theorie der Kurven. *Clebsch* untersuchte die Beziehung der Kurven des Geschlechtes $p = 1$ zu den elliptischen Funktionen und verwertete die letzteren zum Beweise der *Steiner*schen Sätze über Punktgruppen auf der C_3.[369]) Setzt man $x = \wp(u)$, $y = \wp'(u)$, so liefert die zwischen x und y bestehende Relation bis auf projektive Transformationen die allergemeinste singularitätenfreie ebene Kurve dritten Grades C_3, so daß die Koordinaten der Punkte dieser C_3 mittelst des „Parameters" u als eindeutige elliptische Funktionen darstellbar sind. Die einzige absolute Invariante der C_3, die sich in den *Aronhold*schen Invarianten S und T oder in den ihnen bis auf numerische Faktoren gleichen g_2, g_3 in der Gestalt $g_2^3 : g_3^2$ oder $J = g_2^3 : \Delta$ darstellt, hängt dabei in einfacher Weise mit dem Doppelverhältnis der vier von einem beliebigen Punkte der C_3 an diese laufenden Tangenten zusammen (vgl. (302) p. 288 sowie das Ref. III C 5, Nr. 4, 21).

Diese Parameterdarstellung läßt sich sofort auf ebene Kurven n^{ten} Grades des Geschlechtes 1 übertragen, wenn man die homogenen Punktkoordinaten x_1, x_2, x_3 proportional setzt mit drei n-gliedrigen σ-Produkten[370]):

$$(424)\qquad x_1 : x_2 : x_3 = \prod_{k=1}^{n} \sigma(u - a_{1k}) : \prod_{k=1}^{n} \sigma(u - a_{2k}) : \prod_{k=1}^{n} \sigma(u - a_{3k})$$

gleicher Summen $\sum_{k=1}^{n} a_{ik}$. Man erreicht dasselbe, wenn man die x_i zu irgend drei linear-unabhängigen n-wertigen doppeltperiodischen Funktionen mit denselben n Polen proportional setzt, und hat dabei für $n > 3$ mit „Teilscharen" von Funktionen im Sinne der allgemeinen Theorie (vgl. den Art. II B 2, Nr. 25) zu tun. Durch zweckmäßige Einführung von u ist immer die Darstellung:

$$(425)\qquad \varrho x_i = c_i + c_{i0}\wp(u) + c_{i1}\wp'(u) + \cdots + c_{i,n-2}\wp^{(n-2)}(u)$$

erreichbar; das *Hermite*sche Prinzip geht dabei in den *Riemann*-

369) „Über einen Satz von *Steiner* usw.", J. f. M. 63 (1864), p. 94. Die erste Anwendung der elliptischen Funktionen auf die C_3 lieferte *S. Aronhold* in den Berl. Ber. vom 25. April 1861. S. überdies *G. Humbert*, „Sur les courbes de genre un", Par. Thèse (1885), *O. Schlesinger*, „Über die Verwertung der ϑ-Funktionen für die Kurven 3. Ordn. usw.", Math. Ann. 31 (1888), p. 183.

370) Vgl. *Clebsch*, „Über diej. Kurven, deren Koord. sich als ell. F. usw.", J. f. M. 64 (1865), p. 210. Vgl. übrigens *Halphen*, „Fonct. ell." 2, p. 416.

*Roch*schen Satz über die Mächtigkeit der betreffenden Vollscharen über.[371])

Will man mit „Vollscharen" arbeiten[372]), so hat man n linear-unabhängige n-wertige Funktionen einzuführen, welche n vorgeschriebene Pole haben, und die n homogenen Koordinaten $x_1, x_2, \ldots, x_n$ eines Raumes R_{n-1} von $(n-1)$ Dimensionen diesen Funktionen proportional zu setzen. Am einfachsten ist es:

$$(426) \qquad \varrho x_i = \prod_{k=1}^{n} \sigma(u - a_{ik}), \qquad i = 1, 2, \ldots, n$$

mittelst eines Proportionalitätsfaktors ϱ anzusetzen, wobei die n Summen $\sum_{k=1}^{n} a_{ik}$ einander gleich sein müssen. Durchläuft n das Periodenparallelogramm, so beschreibt im R_{n-1} der Punkt $(x_1, x_2, \ldots, x_n)$ eine „elliptische Normalkurve" n^{ten} Grades, also für $n = 2$ eine doppelt überdeckte Gerade (*Riemann*sche Fläche) mit vier Verzweigungspunkten, für $n = 3$ eine ebene C_3 ohne Doppelpunkt, für $n = 4$ eine Raumkurve C_4 erster Spezies usw.[373]) An die Darstellung der C_3 durch die „Koordinaten" $x = \wp(u)$, $y = \wp'(u)$ würde sich diejenige der C_4 durch:

$$(427) \qquad x = \operatorname{sn} w, \quad y = \operatorname{cn} w, \quad z = \operatorname{dn} w$$

anschließen; algebraisch erscheint die C_4 dabei als Schnitt der beiden Flächen 2ten Grades:

$$(428) \qquad x^2 + y^2 = 1, \quad k^2 x^2 + z^2 = 1.$$

Über die eindeutigen Transformationen der elliptischen Normalkurven in sich, insbesondere die Kollineationen vgl. man die zweite eben genannte Abhandlung von *Klein*.[374])

---

371) Vgl. *A. Harnack*, „Über die Verwert. der ell. F. für die Geom. der Kurven 3. Gr.", Math. Ann. 9 (1875), p. 1; *Hermite*, „Extr. d'une lettre à *M. Fuchs*", J. f. M. 82 (1876), p. 343; *F. Lindemann*, „Extr. d'une lettre à *M. Hermite*", J. f. M. 84 (1877), p. 294; *Clebsch-Lindemann*, „Vorl. über Geom." (1. Aufl.) 1 (Leipzig 1876), p. 602 ff.

372) Vgl. hierzu auch *Klein-Fricke*, „Modulf." 1, p. 547 ff. sowie die dort angegebenen Nachweise.

373) S. *Klein*, „Über unendl. viele Normalf. des ell. Int. 1. Gttg.", Münch. Ber. vom 3. Juli 1880 oder Math. Ann. 17, p. 133, „Über die ell. Normalk. usw.", Leipz. Abh. 13 (1885), p. 339. Über die C_4 siehe *G. Pick*, „Über Raumkurven 4. Ordn. erster Art usw.", Wien. Ber. 98 (1889), p. 536. Vgl. auch *Brill-Noether*, „Die Entw. der Theor. der alg. Funkt. usw.". Jahresb. d. D. Math.-Ver. 3 (1894), p. 546.

374) S. auch *C. Segre*, „Remarques sur les transf. unif. des courbes ell. en elles-mêmes", Math. Ann. 27 (1886), p. 295 u. *Klein-Fricke*, „Modulf." 2, p. 237 ff.

Die sich hier anschließenden Anwendungen betreffen in erster Linie die Geometrie der Punktsysteme auf den Normalkurven, insbesondere den Kurven C_3 und C_4. Die Grundlage bildet das *Abel*sche Theorem und seine Umkehrung (vgl. Ref. II B 2, Nr. **41** u. **44**).[375] Die „Parameter" u_i der Schnittpunkte einer $(n-2)$-fach ausgedehnten Mannigfaltigkeit ν^{ten} Grades mit einer Normalkurve des n^{ten} Grades C_n genügen (bei geeigneter Auswahl des Parameters u) der nachfolgenden Bedingung:

$$(429) \qquad \sum_{i=1}^{n\nu} u_i \equiv 0 \qquad (\text{mod. } \omega_1, \omega_2);$$

und umgekehrt kann durch νn Punkte, deren Parameter u_i dieser Kongruenz genügen, eine solche Mannigfaltigkeit gelegt werden. Hieraus entspringt für $n = 3$ die Theorie der *Steiner*schen Polygone[376]) und eine Reihe von Schnittpunktsätzen, Sätzen über konjugierte Punkte, Tangentialpunkte usw. Für $\nu = 1$, $n = 3$ resultiert die Lage der Wendepunkte aus den allgemeinen Sätzen über einfach bzw. mehrfach berührende Mannigfaltigkeiten ν^{ten} Grades, für $\nu = 2$, $n = 3$ die Lage der sextaktischen Punkte[377]), für $\nu = 1$, $n = 4$ die Lage der 16 Oskulationspunkte usw.[378])

Übrigens können die elliptischen Normalkurven n^{ten} Grades auch umgekehrt für die Theorie der elliptischen Funktionen selbst verwertet werden, indem man sie zur Grundlage für das Studium der elliptischen Funktionen n^{ter} Stufe macht.[379]) Die von *Klein* a. a. O.

---

375) Von hieraus hat *Clebsch* auch den Zugang zu den analogen Problemen für höheres Geschlecht gewonnen.

376) Vgl. *J. Steiner*, „Geom. Lehrsätze", J. f. M. 32 (1846), p. 182 oder „Werke" 2, p. 371; *Clebsch* in der in Note 369 gen. Abh. und in den „Vorles. über Geometr." (erste Aufl.) 1, p. 602 ff. S. auch *Hurwitz*, „Über unendl.-vieldeut. geom. Aufgaben usw.", Math. Ann. 15 (1879), p. 8 und „Über die Anw. der ell. F. auf Probl. der Geom.", Math. Ann. 19 (1881), p. 56, endlich „Über die *Schröter*sche Konstr. der eb. Kurve 3. Ordn.", J. f. M. 107 (1890), p. 141.

377) S. *Halphen*, „Recherch. sur les courb. planes du 3ième dégré", Math. Ann. 15 (1879), p. 359; *H. Picquet*, „Appl. de la représ. des courb. du 3ième dégré à l'aide des f. ell.", J. éc. polyt. 54 (1884), p. 31.

378) S. *Harnack* in der in Note 371 gen. Abh. sowie „Über die Darst. der Raumkurven 4. Ordn. 1. Sp. usw.", Math. Ann. 12 (1877), p. 47. Vgl. auch *G. Westphal*, „Über das simult. Syst. zweier quatern. Formen 2. Gr. usw.", Diss. 1876, abgedr. Math. Ann. 13, p. 1 und *E. Lange*, „Die 16 Wendeberührungspunkte einer Raumk. 4. Ordn. 1. Sp.", Leipz. Diss. (1881) oder Zeitsch. f. M. u. Phys. 28, p. 1 und 65.

379) Man vgl. *Klein*, „Über unendl. viele Normalf. des ell. Integr. erster Gttg.", Münch. Ber. v. 3. Juli 1880 oder Math. Ann. 17, p. 133, sowie hier an-

als „singuläre" Koordinaten für die Darstellung der C_n eingeführten Funktionen $X_\alpha(u | \omega_1, \omega_2)$ und die aus ihnen hervorgehenden Modulfunktionen (s. auch II B 4, Nr. **25** u. *Klein-Fricke*, „Modulf." 2, p. 250ff.) kann man sogar zur Grundlage für eine geometrisch eingekleidete Behandlung der allgemeinen Probleme der Teilung und Transformation machen.

75. Anwendungen auf die Zahlentheorie. Die Vergleichung verschiedener Darstellungen einer und derselben Größe (elliptischen Funktion oder Modulfunktion) durch ϑ-Reihen ist zu einer Quelle von Theoremen geworden, welche die Darstellung ganzer Zahlen durch quadratische Formen betreffen. *Jacobi* beweist auf diese Art am Schlusse der „Fundamenta nova" den Satz *Fermats*, daß sich jede Zahl als Summe von vier Quadraten darstellen lasse, und gibt später[380]) für den Fall, daß die darzustellende Zahl das Vierfache einer ungeraden Zahl n ist, als Anzahl solcher Darstellungen die Teilersumme von n an. Sätze über Darstellung einer gegebenen Zahl als Summe von zwei Quadraten, also Darstellung durch die binäre quadratische Form $x^2 + y^2$ hat *Jacobi* gleichfalls früh erkannt.[381]) Spätere Verallgemeinerungen betreffen Darstellungen durch die binären Formen $x^2 + 2y^2$, $x^2 + 8y^2$, $x^2 + 16y^2$, $x^2 + 5y^2$, $2x^2 + 7y^2$ usw., wie sie sich in der Transformationstheorie der betreffenden Grade ergeben.[382])

Durch dieselben Methoden hat *Hermite*[383]) eine Reihe *Liouville*scher Resultate über Anzahlen von Darstellungen ganzer Zahlen durch quadratische Formen und verwandte Sätze hergeleitet. Auch Relationen zwischen Klassenzahlen quadratischer Formen[384]) waren hieraus

---

schließend *L. Bianchi*, „Über die Normalf. 3ter u. 5ter Stufe des ellipt. Integr. erster Gttg.", Math. Ann. 17 (1880), p. 234; ferner die Arbeiten *Kleins* über Modulf., insbes. „Über gewisse Teilwerte der θ-Funkt.", Math. Ann. 17 (1881), p. 565, „Zur Theor. der ell. Funkt. n^{ter} Stufe", Leipz. Ber. v. 14. Nov. 1884 und die zweite der in Note 373 gen. Abhandl.

380) „Note sur la décompos. d'un nomb. donné en quatre carrés", J. f. M. 3 (1828), p. 191 oder *Jacobis* „Werke" 1, p. 247.

381) S. den Brief *Jacobis* an *Legendre* vom 9. Sept. 1828 und Nr. 40 der „Fundam. nova", *Jacobis* Werke 1, p. 424 und 159ff.

382) S. *Jacobi*, „Über unendliche Reihen, deren Expon. zugleich in zwei versch. quadr. Formen enth. sind", J. f. M. 37 (1848), p. 61 und 221 oder „Werke" 2, p. 217.

383) „Sur la théor. des f. ell. et ses appl. à l'arithm." (Bf. an *Liouville*), J. d. M. (2) 7 (1862), p. 25 oder *Hermites* „Werke" 2, p. 109. S. auch *Hermite*, Remarques arith. sur quelques formules de la théor. des f. ell.", J. f. M. 100 (1886), p. 51.

384) Vgl. das Ref. I C 6, Nr. **12** und II B 4, Nr. 28.

gewinnbar. Darstellungszahlen fraglicher Art spielen auch eine grundlegende Rolle[385]) bei denjenigen „Klassenzahlrelationen höherer Stufen", welche *J. Gierster* und *Hurwitz* aus Modulargleichungen und Modularkorrespondenzen ableiteten.[386]) Die allgemeinsten Ansätze, d. h. diejenigen, bei denen beliebige ganzzahlige binäre quadratische Formen negativer Determinante in Betracht kommen, entwickelte *Hurwitz.*[387]) Es handelt sich hierbei um Ausdrücke folgender Art:

$$(430) \qquad \frac{2\pi}{\omega_2} e^{\frac{\eta_2}{\omega_2} f(u,v)} \sum_{x,y} q^{\frac{2f(x,y)}{n}} e^{\frac{2\pi i}{\omega_2}(yu - xv)},$$

wo $f(x, y)$ irgendeine gegebene ganzzahlige binäre quadratische Form der Determinante $(-n)$ ist und x, y alle Paare ganzer Zahlen durchlaufen. In ω_1, ω_2 sind Ausdrücke dieser Art Modulformen n^{ter} Stufe der Dimension -1. Für $u = 0$, $v = 0$ treten Modulformen ein, die nach ansteigenden Potenzen von $q^{\frac{2}{n}}$ entwickelt als Koeffizienten offenbar Darstellungsanzahlen erhalten.[388])

Eine größere Reihe hierher gehöriger merkwürdiger Entwicklungen, welche mit den Thetafunktionen und mit den elliptischen Funktionen überhaupt im engsten Zusammenhange stehen, hat *Kronecker* gegeben.[389]) Er wurde hierzu von seinen Untersuchungen über elliptische Funktionen mit singulären Moduln geführt und verfolgte vorwiegend zahlentheoretische Ziele, während der analytische Charakter der Formeln in den Hintergrund trat. Das wichtigste Resultat, die sogenannte „*Kronecker*sche Grenzformel", ist später von *H. Weber*[390]) in dem besonders wichtigen Falle der Realität gewisser dabei auf-

385) Und zwar zunächst als Entwicklungskoeffizienten gewisser Integrale erster Gattung (vgl. das Ref. II B 4, Nr. 27).

386) S. das Nähere und die Nachweise im Ref. II B 4, Nr. 27 und 28 sowie die zusammenfassende Darstellung bei *Klein-Fricke,* „Modulf." 2, p. 558 ff.

387) „Über endl. Gruppen lin. Substitutionen, welche in der Theor. der ell. Transcend. auftreten", Math. Ann. 27 (1885), p. 183.

388) Vgl. auch *P. Bachmann,* „Ergänzung zu einer Untersuchung von *Dirichlet*", Math. Ann. 16 (1880), p. 537 sowie *H. Weber,* „Zahlentheor. Unters. aus dem Geb. der ell. F.", Gött. Nachr. von 1893, p. 46, 138 und 245 insbes. die Entwicklungen in § 7, ferner *R. Lipschitz,* „Sur les sommes des div. des nombr.", C. R. 100 (1885), p. 845 und „Sur une formule de M. Hermite", J. f. M. 100 (1886), p. 66.

389) „Zur Theorie der elliptischen Funktionen", „Berl. Ber." von 1883, p. 497 und 761, von 1885, p. 701, von 1886, p. 53, von 1889, p. 123 und p. 199. Eine ausführliche Darstellung der *Kronecker*schen Untersuchungen gibt *J. de Séguier,* „Formes quadratiques et multipl. complexe" (Berlin 1894).

390) „Ell. Funkt.", p. 456 ff. S. auch „Vier Briefe von *A. Cayley* über ellipt. Modulf.", herausg. u. erläutert von *Weber,* Math. Ann. 47 (1895), p. 1.

tretender Größen a, b, c in einfacherer Weise hergeleitet. Zur Charakteristik dieser Entwicklungen sei erstlich die Funktion:

$$(431) \quad \log \varDelta(\sigma, \tau, w_1, w_2) = \frac{-|\sqrt{-D}|}{2\pi} \cdot \lim_{\varrho=0} \sum_{m,n} \frac{e^{2(m\sigma+n\tau)\pi i}}{(am^2+bmn+cn^2)^{1+\varrho}}$$

angegeben, wo $D = b^2 - 4ac$ ist, w_1 und $-w_2$ die Lösungen der quadratischen Gleichung $a + bw + cw^2 = 0$ sind und m, n alle Paare ganzer Zahlen durchlaufen. Diese Funktion stellt *Kronecker* in folgender Weise durch die Funktion $\vartheta(v, \omega)$ dar:

$$(432) \quad \varDelta = (4\pi^2)^{\frac{1}{3}} e^{\tau^2(w_1+w_2)\pi i} \cdot \frac{\vartheta(\sigma+\tau w_1, w_1)\,\vartheta(\sigma-\tau w_2, w_2)}{(\vartheta'(0, w_1)\,\vartheta'(0, w_2))^{\frac{1}{3}}}.$$

Die Grenzformel selber lautet:

$$(433) \quad \lim_{\varrho=0}\left\{-\frac{1}{\varrho} + \frac{1}{2\pi}\sum_{m,n}\left(\frac{\sqrt{-D}}{am^2+bmn+cn^2}\right)^{1+\varrho}\right\}$$
$$= -2\Gamma'(1) + \log\left(\frac{c}{\sqrt{-D}}\right) - 2\log(\eta(w_1)\cdot\eta(w_2)),$$

wo im ersten Gliede die *Euler*sche Γ-Funktion gemeint ist und $\eta(\omega)$ die von *Dedekind*[391]) einführte Bezeichnung für:

$$(434) \quad \eta(\omega) = \sqrt{\frac{\omega_2}{2\pi}}\sqrt[24]{\Delta(\omega_1, \omega_2)} = q^{\frac{1}{12}}\prod_{n=1}^{\infty}(1-q^{2n})$$

ist (vgl. (291), p. 281). In (433) linker Hand steht in der Klammer an zweiter Stelle diejenige Reihe, welche *Dirichlet*[392]) seinen Untersuchungen über Klassenanzahlen quadratischer Formen zugrunde gelegt hat. Während aber bei *Dirichlet* im Grunde nur der Umstand zur Geltung kommt, daß (wie man sagen kann) die nach ansteigenden Potenzen von ϱ umgeordnete Reihe mit dem Gliede ϱ^{-1} beginnt, kann man als Leistung *Kronecker*s ansehen, daß er in der Formel (433) das Absolutglied der fraglichen Potenzreihe bestimmt hat.[393])

Über Anwendungen auf die Lehre von der Äquivalenz und Reduktion ganzzahliger binärer quadratischer Formen negativer oder positiver Determinante vgl. man *Klein-Fricke,* „Modulf." I, p. 243 und

391) In den „Erläuter. zu Riemanns Fragm. über die Grenzfälle der ell. Modulf.", *Riemann*s „Werke" (1. Aufl.), p. 438.

392) S. *Dirichlet*s „Vorl. über Zahlentheor.", herausg. von *Dedekind,* 3. Aufl., (Braunschweig 1894), p. 213.

393) Neue Ableitungen der *Kronecker*schen Grenzformel gaben *M. Lerch,* „Sur un théorème de *Kronecker*", Prag. Ber. von 1893 und *H. Brix,* „Über spez. Dirichletsche Reihen u. die Kroneckersche Grenzf.", Monatsh. f. M. u. Ph. 21 (1910), p. 309; s. auch *M. Lerch,* „Beiträge zur Theor. der ell. Funkt. usw." (Böhmisch) Rozpravy IV (1895).

die dort gegebenen Nachweise, über die „komplexe Multiplikation" die Ref. I C 4a, Nr. 18 und I C 6. Eine Ableitung der Reziprozitätsgesetze für die biquadratischen und die kubischen Reste mittelst der elliptischen Funktionen des harmonischen (lemniskatischen) und des äquianharmonischen Falles entwickelte *Eisenstein* (vgl. Nr. **45**).

76. Konforme Abbildungen, durch elliptische Funktionen vermittelt. Es gibt zahlreiche Abbildungsaufgaben, die mit Hilfe der elliptischen Funktionen gelöst werden. *Jacobi*[394]) hat mittelst des elliptischen Integrals dritter Gattung die Oberfläche eines dreiachsigen Ellipsoids derart auf eine Ebene konform abgebildet, daß die durch die vier Nabelpunkte gehende Ellipse den Rand eines Rechtecks, die eine durch diese Ellipse abgetrennte Flächenhälfte das Innere des Rechtecks und die vier Nabelpunkte selbst die Ecken liefern.

C. S. Peirce[395]) gibt eine Abbildung der Vollkugel auf ein Quadrat, bei welcher der „Nordpol" den Mittelpunkt des Quadrates, der „Südpol" die vier Ecken und der Äquator das durch die Verbindungsgeraden der Seitenmitten eingeschriebene Quadrat liefern. Die Abbildung setzt sich in der Ebene des Quadrates doppeltperiodisch fort.[396]) Es handelt sich hierbei einfach um die Abbildung der Riemannschen Fläche des lemniskatischen Falles durch das Integral erster Gattung.[397])

Eine Reihe von Abbildungsaufgaben hat *Schwarz* mittelst elliptischer Funktionen bearbeitet. Hierher gehört zunächst die Abbildung der Fläche eines Quadrates auf diejenige eines Kreises[398]), sodann die Abbildung der Rechtecksfläche auf die Kreisfläche[399]), der Fläche einer Ellipse auf die Kreisfläche[400]); auch die in Note 228 genannte Arbeit

394) S. die nachgelassene von *S. Cohn* herausgegebene Abh. „Über die Abb. eines ungleichax. Ellipsoids auf eine Eb. usw.", J. f. M. 59, p. 74 oder *Jacobis* „Werke" 2, p. 400.

395) „A quincuncial projection of the sphere", Amer. Journ. 2 (1879), p. 394.

396) *Th. von Oppolzer* hat diese Abbildung als Karte verwendet (Syzygientafel für den Mond), vgl. Publik. der astron. Gesellsch. (Leipzig 1881). S. auch *N. Herz*, „Lehrb. der Kartenprojektion" (Leipzig 1885) und *E. Schering* „Über die konf. Abbild. des Ellipsoids auf der Ebene", Gött. Preisschrift von 1858 oder „Werke" 1, p. 49.

397) Betreffs des Integr. 2. Gttg. vgl. man noch *Wirtinger*, „Über die konf. Abb. der Riemannschen Fl. durch Abelsche Integr., bes. bei $p = 1$ und 2", Wien. Denkschr. 85 (1909), p. 91.

398) „Über einige Abbildungsaufg.", J. f. M. 70 (1869), p. 105 u. 121; 75 (1873), p. 292 oder „Werke" 2, p. 65 ff.

399) „Zur konf. Abb. der Fl. eines Rechtecks auf die Fl. einer Halbkugel", Gött. Nachr. v. 1883, p. 51.

400) „Notizia sulla rappres. conf. di un' area ellitica sopra un' area circolare", Ann. di mat., (2) 3 (1869), p. 166 oder „Werke" 2, p. 102.

über die Abbildung der Oberfläche eines Tetraeders auf die Kugelfläche betrachtet in Spezialfällen Abbildungen durch die elliptischen Integrale erster Gattung. Man vgl. auch die Verwendung der elliptischen Funktionen in *Schwarz'* Arbeit „Bestimmung der scheinbaren Größe des Ellipsoids für einen beliebigen Punkt des Raumes".[401])

F. H. Siebeck[402]) diskutiert die Kurven $u =$ const. und $v =$ const., die sich aus $x + iy = \operatorname{sn}(u + iv)$ ergeben; sie bilden Systeme von bizirkularen Kurven vierten Grades.[403]) Die entsprechenden aus

$$x + iy = \wp(u + iv)$$

sich ergebenden Kurven sind Systeme konfokaler kartesischer Ovale.[404])

77. Ponceletsche Polygone. Eine weitere geometrische Anwendung der elliptischen Funktionen bezieht sich auf das unter dem Namen des „Problems der *Poncelet*schen Polygone" bekannte Schließungsproblem. Dasselbe besteht darin, zu ermitteln, ob es Polygone geben kann, die zugleich einem Kegelschnitt eingeschrieben und einem anderen umgeschrieben sind.[405]) Die Lösung mit elliptischen Funktionen wurde im Spezialfalle zweier Kreise von *Jacobi* gegeben.[406]) Sie beruht auf der Abbildung der reellen w-Achse vermittelst der Funktion $\operatorname{am} w$ bei reellem dem Intervall $0 < k^2 < 1$ angehörenden Modul k^2 auf die Peripherie des größeren Kreises. Dabei ergibt sich leicht aus dem Additionstheorem, daß zwei Punkte gleichen Abstandes s auf der w-Achse allemal Peripheriepunkte liefern, deren verbindende Sehne einen inneren von s und k^2 abhängenden Kreis berührt. Das genannte Problem läßt entweder gar keine oder unendlich viele Lösungen zu. Nur wenn bei vorgegebener Anzahl n der Polygonseiten eine gewisse Relation zwischen dem Abstand der Kreiszentren und den Radien be-

---

401) „Gött. Nachr." von 1883, p. 39 oder „Werke" 2, p. 312.

402) „Über eine Gattg. von Kurv. 4. Gr., welche mit den ell. F. zusammenhängen", J. f. M. 57 (1860), p. 359 u. 59 (1861), p. 173.

403) S. auch *Schwarz,* „Über ebene algebr. Isothermen", J. f. M. 77 (1874), p. 38 oder „Werke" 2, p. 260.

404) Vgl. *A. G. Greenhill,* „The applic. of ellipt. functions" (London 1892), p. 267.

405) S. *J. V. Poncelet,* „Traité des propriétés proj. des figures" (Paris 1822), p. 361 und „Applications d'analyse et de géometrie" 1 (1862), p. 535 bis 560. *Halphen* sagt (im Bd. 2 seines „Traité", p. 410) von dieser Arbeit „L'étude de ce mémoire ne saurait être trop recommandée, . . . on trouve dans ce mémoire les formules de la multiplication données, pour la première fois, sous leur véritable forme".

406) „Über die Anw. der ell. F. auf ein bekanntes Probl. der Elementargeom.", J. f. M. 3 (1828), p. 376 oder Werke 1, p. 279. Über Beziehungen zu *Gauß* Fragment über das „Pentagramma mirificum" s. *Gauß'* „Werke" 8, p. 114.

steht, finden Lösungen statt. Für die Fälle $n = 3$ bis 9 wurde diese Relation durch spezielle Methoden berechnet.[407])

Im allgemeinen Falle zweier Kegelschnitte kann man auch in folgender Weise eine Beziehung zu den elliptischen Funktionen gewinnen. Entsprechen einander zwei Punkte des einen Kegelschnitts, die durch eine Tangente des anderen ausgeschnitten werden, so ist hierdurch auf dem ersteren Kegelschnitt eine 2-2-deutigen Punktkorrespondenz erklärt, die zu einer symmetrischen doppeltquadratischen Gleichung für die Koordinaten bzw. den Parameter des Kegelschnitts führt. Diese läßt sich nun zu der unter (8) in Nr. 2 gegebenen doppeltquadratischen Relation *Eulers* in Beziehung setzen.[408]) *Halphen* hat im zehnten Kapitel des zweiten Bandes seines Werkes „Traité des fonct. ell." eine Menge zerstreuter Resultate bearbeitet und zu einem Ganzen vereinigt; hier ist die Diskussion der Schließungsprobleme in engste Beziehung zur genannten *Euler*schen Gleichung gesetzt.[409])

78. Das sphärische und das einfache Pendel. Schon *Lagrange* hat bemerkt, daß die Bewegung des sphärischen Pendels, d. h. die reibungslose Bewegung eines schweren Punktes auf einer festen Kugelfläche, auf elliptische Integrale führt.[410]) Eine Durchführung der

---

407) Vgl. *A. R. Forsyth*, „Porism of the in- and circumscribed polygon", Mess. of math. (2) 12 (1882), p. 100. Verallgemeinerung auf beliebiges n in *Brioschis* Übersetzung von *Cayleys* „Treatise on ell. f." (Mailand 1880), p. 366.

408) S über den Fall zweier Kegelschnitte auch *W. K. Clifford*, „On the transf. of ell. funct.", Lond. M. S. Proc. 7 (1875), p. 29 und 225. Für zwei konfokale Kegelschnitte ist das einzelne Ponceletsche Polygon der Grenzfall einer geschlossenen geodätischen Linie eines Ellipsoids mit unendlich klein werdender dritter Achse; s. darüber *Wirtinger*, „Geodät. Linien und Ponceletsche Polygone", Jahresb. d. D. M. Ver. 9 (1900), p. 130.

409) Verallgemeinerungen sind nach verschiedenen Richtungen möglich. *Poncelet* selbst ließ zu, daß jede folgende Polygonecke auf einer anderen Ellipse liegt; *Halphen* hat die entsprechende Untersuchung mit elliptischen Funktionen für den Fall mehrerer Kreise durchgeführt. Ein System zweier Kegelschnitte bildet eine (zerfallende) Kurve vierten Grades, vierter Klasse. Es gibt indessen auch nicht-zerfallende Kurven vierten Grades, vierter Klasse, nämlich die Kurven vierten Grades mit zwei Rückkehrpunkten und einem Doppelpunkte. Die Existenzbedingungen für ein Polygon, das einer solchen Kurve gleichzeitig ein- und umbeschrieben ist, behandelt *R. A. Roberts*, „On certain quartic curves of the fourth class and the porism of the inscr. and circumscr. pol.", Lond. M. S. Proc. 23 (1892), p. 202. Verallgemeinerungen auf den Raum gibt *A. R. Forsyth*, „On in- and circumscribed polyhedra", Lond. M. S. Proc. 14 (1883), p. 35. Über die allgemeine Theorie der *Poncelet*schen Polygone vgl. man noch *G. Loria*, „I polygoni di *Poncelet*" (Turin 1889).

410) Vgl. *Lagrange*, „Mécanique analytique", 2ᵉ partie, 2ᵉ chap., nº 15, § 1; vgl. dazu in der Ausgabe von 1855 die Note *Bravais'* p. 352 des 2. Bds.

Rechnung mittelst der Funktionen *Jacobis* gaben *Richelot*[411]) und *A. Tissot.*[412])

Hat die Kugeloberfläche in einem rechtwinkligen Koordinatensystem mit vertikal aufwärts gerichteter z-Achse die Gleichung $x^2 + y^2 + z^2 = a^2$, so sind die Differentialgleichungen für die Bewegung des schweren Punktes leicht angesetzt und aus ihnen zwei Integrale („Flächensatz" und „Satz von der lebendigen Kraft") gewinnbar. Ist t die Zeit und g die Beschleunigung durch die Schwere, so führen die Rechnungen für die z-Koordinate als Funktion von t auf die Differentialgleichung:

$$(435) \qquad a^2\left(\frac{dz}{dt}\right)^2 = (h - 2gz)(a^2 - z^2) - c^2,$$

wo h und c die Konstanten der beiden vorgenannten Integrale sind. Hiernach ist z eine elliptische Funktion von t.

Des näheren zeigt sich, daß die Wurzeln der ganzen Funktion dritten Grades in (435) rechts reell sind, und daß für zwei von ihnen, z_1 und z_2, die Ungleichung $-a \leqq z_1 \leqq z_2 \leqq +a$ gilt. Wird die Zeit t von einem Augenblick ab gezählt, wo z das Minimum z_1 erreicht hat, so gelangt man bei zweckmäßiger Einführung der elliptischen Funktionen zu folgender Darstellung von z:

$$(436) \qquad z = \frac{h}{6g} + \frac{2a^2}{g}\wp\left(t + \frac{\omega_1}{2}\right);$$

ω_2 ist die reelle Periode der Bewegung, während ω_1 rein imaginär ist. Das Maximum z_2 tritt bei $t = \frac{\omega_2}{2}$ ein.[413])

Setzt man weiter $x = r\cos\varphi$, $y = r\sin\varphi$, so stellt sich die „Länge" φ als elliptisches Integral dritter Gattung dar (vgl. Nr. 57). Man hat hierbei noch zwei spezielle Werte u_1 und u_2 nötig, deren erster auf der Verbindungsgeraden von 0 nach $\frac{\omega_1}{2}$ liegt, der zweite auf derjenigen von $\frac{\omega_2}{2}$ nach $\frac{\omega_1 + \omega_2}{2}$. Längs dieser beiden Geraden ist

$$z = \frac{h}{6g} + \frac{2a^2}{g}\wp(u)$$

gleichfalls reell; und zwar gilt längs der ersten Geraden $-\infty \leqq z \leqq z_1$, längs der zweiten $z_2 \leqq z \leqq z_3$. An den Stellen u_1 und u_2 soll $z = -a$ bzw. $z = +a$ zutreffen. Wählen wir das Koordinatensystem so, daß

411) „Bemerkungen zur Theor. des Raumpendels", J. f. Math. 45 (1852), p. 233.

412) „Thèse de mécanique", J. d. Math. 17 (1852), p. 88.

413) S. d. Darstellung bei *Halphen*, „Fonct. ell." 2, p. 129.

$\varphi = 0$ zur Zeit $t = 0$ gilt, so gewinnt man mittelst der Weierstraßschen σ_1-Funktion die Darstellung:

$$\varphi = \frac{1}{2i} \log \left\{ \frac{\sigma_1(t+u_1)\,\sigma_1(t+u_2)}{\sigma_1(t-u_1)\,\sigma_1(t-u_2)} \right\} + it[\zeta(u_1) + \zeta(u_2)]. \tag{437}$$

Für $Z = x + iy$ hat *Hermite*[414]) die Differentialgleichung:

$$\frac{d^2 Z}{du^2} = (6\wp(u) + B)\,Z \tag{438}$$

bzw. die entsprechende Gleichung in den *Jacobi*schen Funktionen aufgestellt; es ist dies ein Spezialfall der in Nr. **80** zu besprechenden *Lamé*schen Gleichung.[415])

Ist in der Formel des „Flächensatzes" (d. i. im Integrale

$$x \cdot dy - y \cdot dx = c \cdot dt$$

der ursprünglichen Differentialgleichungen) die Konstante $c = 0$, so ist $y : x$ konstant, d. h. die Bewegung erfolgt in einer Vertikalebene; man hat dann den Fall des „einfachen Pendels". Zwei von den drei Wurzeln des in (435) rechts stehenden Ausdrucks dritten Grades liegen bei $\pm a$, und man hat zu unterscheiden, ob die dritte Wurzel $z = \frac{h}{2g} < a$ oder $= a$ oder $> a$ ist.[416]) Im Übergangsfalle, d. h. wenn jene dritte Wurzel $= a$ ist, (sogen. „asymptotische" Bewegung des Pendels) gelangt man zu elementaren, nämlich hyperbolischen Funktionen. Die beiden anderen Fälle sind leicht durch elliptische Funktionen erledigt.

Ist z. B., dem ersten Falle entsprechend, $h < 2ag$, so nenne man ψ den Ausschlagswinkel des Pendels gegen seine Ruhelage (tiefste Lage) und α das Maximum von ψ:

$$z = -a \cos\psi, \qquad h = -2ag \cos\alpha. \tag{439}$$

Gleichung (435) [mit $c = 0$] liefert:

$$\sqrt{\frac{2g}{a}}\, dt = \frac{d\psi}{\sqrt{\cos\psi - \cos\alpha}}. \tag{440}$$

414) S. die Notenreihe „Sur quelques applic. des fonct. ell." in den C. R. von 1877 bis 82, Abschn. 41 oder *Hermites* Werke 3, p. 379.

415) Vgl. übrigens noch *Gudermann*, „De pendulis sphaericis etc.", J. f. Math. 38 (1846), p. 185. Über verwandte Probleme sehe man *Clebsch*, „Über die Gleichgewichtsfigur eines biegsamen Fadens", J. f. Math. 57 (1860), p. 93; *W. Biermann*, „Probl. quaedam mech. funct. ellipt. ope solute", Berlin Diss. von 1864; *P. Appell*, „Sur la chaînette sphérique", Bull. Soc. math. de Fr. 13 (1885), p. 65; *R. Marcolongo*, „Alcune appl. delle funz. ell. alla teor. dell' equilibrio dei fili flessibili", Neapel Rendic. (2) 6 (1892), p. 71 u. 89.

416) Ausführliche Diskussion aller drei Fälle bei *Greenhill*, „The applications etc." p. 1 ff.

Wenn man demnach einen neuen Winkel χ durch:

(441) $$\sin\frac{\psi}{2} = \sin\frac{\alpha}{2}\cdot\sin\chi$$

einführt, so ergibt sich:

(442) $$d\left(t\sqrt{\frac{g}{a}}\right) = \frac{d\chi}{\sqrt{1-\sin^2\frac{\alpha}{2}\sin^2\chi}}.$$

Man hat demnach zu setzen:

(443) $$t\sqrt{\frac{g}{a}} = w, \quad \sin\frac{\alpha}{2} = k,$$

und gewinnt dann aus (442) sofort $\chi = \operatorname{am}(w, k)$ sowie als Darstellung der Pendelbewegung:

(444) $$\sin\frac{\psi}{2} = k\,\operatorname{sn}(w, k), \quad \cos\frac{\psi}{2} = \operatorname{dn} w.$$

Mittelst der reellen Periode $2K$ folgt für die „Schwingungsdauer“:

(445) $$T = 2K\sqrt{\frac{a}{g}}$$

und also aus (26) p. 194 die bekannte Reihenentwicklung derselben.[417])

79. **Dynamik starrer Körper. Kreiselbewegung.** Die Dynamik der starren Körper hat vielfach behandelte Beispiele für die Anwendung der elliptischen Funktionen gegeben, seitdem *Euler* durch Aufstellung der berühmten nach ihm benannten drei Differentialgleichungen erster Ordnung für die Winkelgeschwindigkeiten zu diesem Teile der Mechanik den Grund gelegt hatte.[418]) Bereits *Legendre*[419]) gelangte zu Ausdrücken der Zeit und des einen Eulerschen Drehungswinkels in Gestalt von elliptischen Integralen erster bzw. dritter Gattung. Nachdem zwischendurch in den klassischen Untersuchungen französischer Mechaniker[420]) die Bewegungsvorgänge insbesondere des kräftefreien starren Körpers zu durchsichtigen geometrischen Vorstellungen geführt waren (vgl. die mittelst des Trägheitsellipsoids und der invariabelen Ebene dargestellte „Poinsotbewegung“), wurde die analytische Darstellung des zeitlichen Verlaufs der Bewegung sowohl bei

417) Eine Interpretation der imaginären Periode gab *Appell*, „Sur une interpr. des valeurs imagin. du temps en mécanique“, C. R. 87 (1878), p. 1074.

418) Vgl. *Euler*, „Mouvement de rotat. des corps solides autour d'un point fixe“, Abh. d. Berl. Akad. von 1758.

419) Unter den Anwendungen auf die Mechanik behandelt *Legendre* die Drehungen eines starren Körpers um einen festen Punkt an erster Stelle, s. „Traité des fonct. ell.“ 1, p. 366.

420) S. insbesondere *L. Poinsot*, „Théor. nouv. de la rotation des corps“ (Paris 1834); s. übrigens die ausführliche Darstellung im Ref. IV 6, Nr. 26.

einem kräftefreien starren Körper wie auch bei einem schweren in einem Punkte der Achse unterstützten Rotationskörper (Kreisel) mittelst der elliptischen Funktionen vornehmlich durch *Jacobi* wesentlich gefördert.[421]) Von ihm rührt insbesondere die Entdeckung her, daß die letztere Bewegung als Relativbewegung zweier Poinsotbewegungen aufgefaßt werden kann.

Um wenigstens im kräftefreien Falle das Eingreifen der elliptischen Funktionen kurz anzudeuten, so sind, wenn A, B, C die Hauptträgheitsmomente des Körpers sind und p, q, r die Winkelgeschwindigkeiten bedeuten, bezogen auf das durch die Hauptachsen des Körpers gegebene und also mit diesem fest verbundene Koordinatensystem, die Eulerschen Gleichungen:

$$(446)\qquad \begin{cases} A\dfrac{dp}{dt} = (B - C)qr, \\ B\dfrac{dq}{dt} = (C - A)rp, \\ C\dfrac{dr}{dt} = (A - B)pq. \end{cases}$$

Dieselben liefern sofort die beiden Integrale:

$$(447)\qquad \begin{cases} Ap^2 + Bq^2 + Cr^2 = D\mu^2, \\ A^2p^2 + B^2q^2 + C^2r^2 = D^2\mu^2. \end{cases}$$

Die Elimination von q und r aus (447) und der ersten Gleichung (446) liefert als Ausdruck für t in p ein elliptisches Integral erster Gattung, und dasselbe gilt für t in Abhängigkeit von q und r. Umgekehrt sind p, q, r abgesehen von gewissen konstanten Faktoren die Funktionen $\operatorname{cn}(\lambda t)$, $\operatorname{sn}(\lambda t)$, $\operatorname{dn}(\lambda t)$, wo λ eine Konstante ist, die sich wie auch der Modul k^2 in einfacher Weise durch A, B, C und die beiden Integrationskonstanten D und μ ausdrückt.

Bei diesen dynamischen Problemen kommen zwei Achsensysteme in Betracht; das eine (eben bereits erwähnte) ist im Körper fest, das andere ist fest im Raume. Die neun Richtungskosinus sind Funktionen der Zeit; sie sind nicht unabhängig, sondern Funktionen von nur drei unabhängigen Parametern. Diese drei Parameter können die „*Euler*schen Winkel" oder die auch bereits bei *Euler* auftretenden Koordinaten von *O. Rodrigues*[422]) sein; indessen hat *Klein* hervorge-

421) S. *Jacobi*, „Sur la rotat. d'un corps" (Estr. d'une lettre adr. à l'acad. des sc. de Paris), J. f. Math. 39 (1849), p. 293 sowie das von *E. Lottner* herausgegebene „Fragment sur la rot. d'un corps", *Jacobis* „Werke" 2, p. 290 und 426.

422) S. dessen Abh. „Des lois géométriques qui régissent le déplacement etc.", J. d. Math. 5 (1840), p. 405.

hoben, daß man bei einer anderen Wahl der Parameter weit größere Einfachheit erhält. Bekanntlich kann irgendeiner Drehung einer Kugel um ihren Mittelpunkt eine lineare Substitution zugeordnet werden.[423]) Die vier Koeffizienten einer solchen Substitution geben (in ihren Verhältnissen) die gewünschten drei Parameter. *Klein* und *Sommerfeld*[424]) stellen jene vier Koeffizienten in Abhängigkeit von der Zeit als einfache ϑ-Quotienten dar.[425])

80. Die Lamésche Gleichung. *Hermite* hat gezeigt, wie eine Differentialgleichung durch elliptische Funktionen zu integrieren ist, die in *G. Lamés* Untersuchung eines Problems der Wärmelehre auftrat.[426]) Mittelst der *Weierstraß*schen $\wp$-Funktion wird die von *Hermite* benutzte Gestalt der Laméschen Differentialgleichung:

$$\frac{d^2y}{du^2} = [n(n+1)\wp(u) + B]y, \tag{448}$$

wo n eine positive ganze Zahl bedeutet und B eine Konstante ist.[427])

---

423) S. *Klein*, „Vorles. über das Ikosaeder usw." (Leipzig 1884), p. 32 ff.

424) „Über die Theorie des Kreisels" (Leipzig 1897/1910), p. 417 ff. S. übrigens das ganze Kapitel VI dieses Werkes, insbesondere auch über die Verwertung der ϑ-Darstellungen für die praktischen Zwecke numerischer Rechnungen (p. 440 ff.). Wie *Klein* und *Sommerfeld* p. 511 ihres Werkes mitteilen, hat bereits *Weierstraß* im Jahre 1879 in einer (nicht veröffentlichten) Vorlesung die vier im Texte besprochenen Substitutionskoeffizienten bei der Behandlung des schweren freien Kreisels benutzt. Die erste Mitteilung von *Klein* über den Gebrauch jener Koeffizienten in der Kreiseltheorie findet sich in der Note „Über die Bewegung des Kreisels", Gött. Nachr. vom 11. Jan. 1896, p. 3. Der einfache Zusammenhang der Substitutionskoeffizienten mit den von *Euler* und *Rodrigues* gebrauchten Größen ist auch in *Fricke-Klein* „Automorphe Funkt." p. 17 ff. behandelt.

425) Von sonstiger einschlägiger Literatur sei noch erwähnt *Clebsch*, „Zur Theor. der Trägheitsmomente u. der Drehung um einen Punkt", J. f. Math. 57 (1859), p. 73; *Hermite*, „Sur quelques applic. des fonct. ell.", Abschn. X ff., C. R. von 1877 ff. oder Werke 3, p. 289 ff., sowie mehrere Arbeiten von *F. Caspary*, „Sur les expressions des angles d'Euler etc.", Darb. Bull. (3) 13 (1889), p. 89 ff., und „Sur les relations qui lient les éléments d'un système orthogonal aux fonctions thêta etc.", J. d. M. (4) 6 (1890), p. 367, wo der Verf. an der Diskussion der neun Koeffizienten eines „orthogonalen Systems" und ihrer Darstellung durch die ϑ-Funktionen die Grundformeln der Theorie der elliptischen Funktionen entwickelt. Zusammenfassende Darstellungen über die Verwendung der elliptischen Funktionen in der Dynamik der starren Körper findet man z. B. bei *Halphen*, „Traité des fonct. ell." 2 (Paris 1888), p. 1 ff., oder *A. G. Greenhill*, „The appl. of ell. funct." (London 1892), p. 101 ff.

426) *G. Lamé*, „Sur l'équilibre des températures dans un ellipsoide etc.", J. d. Math. 4 (1839), p. 126 ff.; „Leçons sur les fonctions inverses des transcendentes et les surf. isoth." (Paris 1857), 18me leçon p. 277.

427) Die Fälle $n = 1$ und $n = 2$ kommen bei der kräftefreien Bewegung eines starren Körpers und beim sphärischen Pendel (vgl. Gleichung (438)) zur

In speziellen Fällen wurde diese Gleichung durch *Lamé* mittelst elliptischer Funktionen (erster Art) integriert. *Hermite*s Verallgemeinerung bestand darin, die Konstante B willkürlich zu nehmen; die allgemeine Lösung $(c_1 y_1 + c_2 y_2)$ baute er mit partikulären Integralen y_1, y_2 auf, die doppeltperiodische Funktionen zweiter Art (oder in Spezialfällen solche erster Art) sind.[428]) Zahlreiche weitere Untersuchungen und Darstellungen des Gegenstandes haben sich hier angeschlossen.[429])

E. Picard[430]) hat gezeigt, daß analoge Entwicklungen bei jeder linearen homogenen Differentialgleichung n^{ter} Ordnung mit elliptischen Funktionen als Koeffizienten auftreten, vorausgesetzt, daß das allgemeine Integral eine eindeutige Funktion der unabhängigen Variabelen ist; jede solche Gleichung hat mindestens eine elliptische Funktion zweiter (oder erster) Art als Lösung.[431])

H. Gylden[432]) hat eine Anwendung dieser Prinzipien auf eine Gleichung gemacht, die in der Himmelsmechanik auftritt. Der Grund-

---

Verwendung. Bei passender Führung der Rechnung kommt man bei diesen Anwendungen mit dem Falle $n = 1$ aus.

428) Das Auftreten von doppeltperiodischen Funktionen zweiter Art an dieser Stelle ist aus den allgemeinen Sätzen über das Verhalten der Integrale linearer homogener Differentialgleichungen bei Umläufen der unabhängigen Variabelen leicht ersichtlich; s. etwa *Burkhardt,* „Ell. Funkt.“ p. 337 ff.; *Hermites* Untersuchungen über die Lamésche Differentialgleichung beginnen 1872 (s. die aus diesem Jahre stammenden „Feuilles lithogr. de l'Ecole Polyt.“); s. übrigens die in Note 414 genannte Artikelreihe, insbesondere die Einleitung sowie die Art. VI und XXXIX. Vgl. auch *E. Heine,* „Handbuch der Kugelfunkt.“, 2. Aufl. 1 (Berlin 1878), p. 347 ff. und das Ref. II A 10, Nr. 33 ff.

429) Vgl. z. B. *Halphen,* „Traité des fonct. ell.“ 2, p. 457 ff., und *Krause,* „Theor. d. doppeltper. Funkt.“ 2, p. 265 ff. S. ferner die auch der gruppentheoretisch-geometrischen Seite der Laméschen Gleichungen gerecht werdende Behandlung von *Klein* in den autogr. Vorlesungen über lineare Differentialgleich. 2. Ordn. aus dem Wintersem. 1890/91, p. 194 ff. und aus dem Sommersem. 1894, p. 323 ff. Im Anschluß hieran diskutiert *M. F. Winston,* „Über den Hermiteschen Fall der Laméschen Diffgl.“ (Gött. Diss. von 1897) die Gestalten der reellen Kurven, welche durch die Lösungen der Laméschen Gleichung insbesondere in den Fällen $n = 1$ und $n = 2$ bestimmt sind.

430) „Sur une génćral. des fonct. périod. et sur cert. équat. diff. lin.“, C. R. 89 (1879), p. 140; „Sur les équat. diff. lin. à coeff. doubl. périod.“, C. R. 90 (1880), p. 293 u. J. f. Math. 90 (1881), p. 281.

431) Vgl. über die *Picard*schen Differentialgl. auch *Halphen,* „Traité des f. ell.“ 2, p. 532, und *Krause,* „Theor. d. doppeltper. Funkt.“ 2, p. 181. S. auch *E. Goursat,* „Cours d'anal.“ 2 (Paris 1905), p. 428.

432) „Undersökningar af theorien för himlakropparnas rörelser“, Bihang till K. svenska vetens. akad. handlingar 6, Nrn. 8 u. 16, 7, Nr. 2 (1881—82); s. auch den kurzen Bericht in den „Astron. Nachr.“ 100, p. 97, sowie die Darstellung bei *H. Poincaré,* „Méc. céleste“ 2 (1893), p. 251.

gedanke ist, daß eine gewisse Differentialgleichung in x und t in die Gleichung:

$$\frac{d^2x}{dt^2} = (a + b\,\mathrm{cn}^2 t)\,x \tag{449}$$

verwandelt werden kann, indem k so klein angenommen wird, daß $\mathrm{cn}\,t$ die Funktion $\cos t$ ersetzen kann. *Burkhardt*[433]) hat auf die Mängel der Gyldénschen Methode, die auftretenden Differentialgleichungen künstlich auf die *Lamé*sche Form zurückzuführen, hingewiesen.

81. Auftreten elliptischer Integrale in anderen Gebieten. Als „pseudoelliptisch" bezeichnet man nach *Malet*[434]) Integrale der Gestalt $\int \frac{R(z)\,dz}{\sqrt{f(z)}}$ mit rationalem $R(z)$ und einem Polynom dritten oder vierten Grades $f(z)$ ohne mehrfache Linearfaktoren, falls sich diese Integrale ausschließlich durch algebraische Funktionen und Logarithmen solcher Funktionen ausdrücken lassen. Durch Differentiation von Ausdrücken $R(z, \sqrt{f(z)})$ und $\log R(z, \sqrt{f(z)})$ gewinnt man sofort pseudoelliptische Integrale; umgekehrt ist es ziemlich umständlich, allgemeine Regeln anzugeben, wann $\int \frac{R(z)\,dz}{\sqrt{f(z)}}$ pseudoelliptisch ist.

Grundlegend ist eine Arbeit *Abels*[435]), welche sich auf Integrale $\int \frac{(z-\alpha)\,dz}{\sqrt{f(z)}}$ bezieht. Es wird gezeigt, daß es besondere lineare Funktionen $(z - \alpha)$ gibt, welche pseudoelliptische Integrale liefern, falls die Kettenbruchentwicklung von $\sqrt{f(z)}$ (vgl. Nr. **68**) periodisch ist und die Periode Symmetrie zeigt. Ausgedehnte Untersuchungen über diese Kettenbruchentwicklungen und die Frage ihrer Periodizität für den Fall ganzzahliger Koeffizienten von $f(z)$ sind angestellt von *P. Tschebycheff*[436]) und *G. Zolotareff*.[437]) Auch *Weierstraß*[438]) hat eine

433) „Über einige mathematische Result. neuerer astron. Unters. usw.", Math. congr. papers (Chicago 1893), p. 13 ff.

434) *J. C. Malet*, „Two theorems in integration", Ann. di mat. (2) 6 (1874), p. 252; s. auch *S. Günther*, „Sur l'évaluation de certaines intégr. pseudo-ell.", Bull. soc. math. de Fr. 10 (1882), p 88.

435) „Sur l'intrégation de la formule diff. $\frac{\varrho\,dx}{\sqrt{R}}$ etc.", J. f. Math. 1 (1826), p. 185, oder Werke 1, p. 104; s. auch Kap. I und II der nachgelassenen Abhandlung „Théor. des transcendantes elliptiques", *Abels* „Werke" 2, p. 87.

436) „Sur l'intégration des différentielles irrationelles", J. d. Math. 18 (1853), p. 87, und (2) 9 (1864), p. 225 u. 242.

437) „Sur la méthode d'intégr. de M. Tchébicheff", Math. Ann. 5 (1872), p. 560, und J. d. Math. (2) 19 (1874), p. 161.

438) „Über die Integr. algebr. Differentiale vermittelst Logarithmen", Berlin Ber. vom 26. Febr. 1857 oder „Werke" 1, p. 227.

Untersuchung über Darstellbarkeit des Integrals $\int \frac{R(z)\,dz}{\sqrt{f(z)}}$ durch Logarithmen angestellt. Die umfänglichen Entwicklungen *Halphens*[439]) beziehen sich auf den allgemeinen Fall, daß $R(z)$ unter dem Integral eine beliebige rationale Funktion ist. Spezielle Methoden, um pseudoelliptische Integrale zu behandeln, haben *E. Goursat*[440]) und *L. Raffy*[441]) entwickelt; auch *Greenhill*[442]) hat eine größere Abhandlung hierüber veröffentlicht.

Nicht minder ausgedehnt ist die Literatur über das entgegengesetzte Problem der Reduktion Abelscher, insbesondere hyperelliptischer Integrale auf elliptische. Bereits *Legendre* hat (im dritten Teil seines „Traité“) das hyperelliptische Integral:

$$\int \frac{dx}{\sqrt{x(1-x^2)(1-n^2x^2)}}$$

als Summe zweier elliptischen Integrale mit gleichen Amplituden und komplementären Moduln dargestellt. Im Anschluß hieran hat *Jacobi*[443]) allgemeiner das Integral:

$$\int \frac{dx}{\sqrt{x(1-x)(1-\varkappa\lambda x)(1+\varkappa x)(1+\lambda x)}}$$

als Summe zweier elliptischen Integrale erster Gattung dargestellt. Betreffs weiterer Beispiele solcher Zerlegungen hyperelliptischer Integrale findet man Nachweise bei „E-M“ p. 510.

Koenigsberger[444]) hat die Möglichkeit der Transformation hyperelliptischer Integrale des Geschlechts $p = 2$ allgemeiner untersucht und findet, daß diese Möglichkeit vorliegt, falls das Polynom sechsten Grades unter dem Wurzelzeichen, gleich 0 gesetzt, drei Punktepaare einer Involution liefert. Dies ist bei dem eben genannten Jacobischen Integrale der Fall.[445]) Späterhin hat *Koenigsberger*[446]) weiter die Reduktion beliebiger Abelscher Integrale auf elliptische untersucht

439) „Traité des f. ell.“ 2 Kap. XIV, p. 575 ff.

440) „Note sur quelq. intégr. pseudo-ell.“, Bull. soc. math. de Fr. 15 (1887), p. 106.

441) „Sur les transf. invariantes des différ. ell.“, Bull. soc. math. de Fr. 12 (1884), p. 57.

442) „Pseudo-ell. integrals and their dynamical appl.“, Lond. math. soc. Proceed. 25 (1894), p. 195.

443) Nachschrift zur Anzeige von *Legendres* „Traité“, J. f. Math. 8 (1832), p. 413, oder „Werke“ 1, p. 380.

444) „Reduktion ultraellipt. Integr. auf ellipt.“, J. f. Math. 67 (1867), p. 57.

445) S. auch hierüber die weiteren Nachweise bei „E-M“ p. 510.

446) „Über die Redukt. Abelscher Integr. auf niedere Integralformen, speziell auf ellipt. Int.“, J. f. Math. 89 (1880), p. 89.

und insbesondere gezeigt, daß die allgemeine Untersuchung auf die Reduzierbarkeit allein der Integrale erster Gattung zurückgeführt werden könne. Von algebraischer Seite hat ferner *Goursat* 447) das Problem der Transformierbarkeit hyperelliptischer Integrale in elliptische in Angriff genommen und allgemeine Sätze über diese Möglichkeit aufgestellt.

Im Anschluß an *Weierstraß* hat *S. Kowalevsky* 448) die Reduzierbarkeit der Integrale erster Gattung vom Geschlechte $p = 3$ auf elliptische wesentlich mit transzendenten Hilfsmitteln untersucht. *Picard* 449) hat die Reduktion der Zahl der Perioden der hyperelliptischen Integrale mit $p = 2$ untersucht und die Perioden der Normalintegrale im Falle der Reduzierbarkeit näher charakterisiert.450) An neueren Untersuchungen sind noch zu nennen die Dissertation von *J. J. Hutchinson* 451), die zusammenfassende Darstellung *Krazers* 452) und ein Werk *H. F. Bakers* 453), in welchem sich ausführliche Literaturangaben finden.

82. Sonstige Anwendungen der elliptischen Funktionen. Sehr groß ist die Zahl sonstiger z. T. vereinzelt stehender Anwendungen der elliptischen Funktionen. In die ersten Anfänge reichen die Beziehungen der „elastischen Kurve" zur Theorie der elliptischen Integrale zurück.454) Ein Spezialfall ist die Lemniskate, die *Gauß* ursprünglich „curva elastica" nannte. Ausführliche moderne Behandlungen dieser Beziehung gaben *M. Levy* 455) und *Halphen* 456).

---

447) „Sur la réduct. des integr. hyperell.", Bull. soc. math. de Fr. 13 (1885), p. 143.

448) „Über die Redukt. einer bestimmten Klasse Abelscher Integr. dritten Ranges auf ell. Int.", Gött. Diss., abgdr. Act. math. 4 (1884), p. 393.

449) „Remarque sur la réduct. des intég. abél. aux intég. ell.", Bull. soc. math. de Fr. 12 (1884), p. 153.

450) Vgl. auch *Poincaré*, „Sur la réduct. des intég. abél.", Bull. soc. math. de Fr. 12 (1884), p. 124, sowie namentlich den Abschn. V in der Abhandlung *Burkhardts*, „Unters. aus dem Gebiete der hyperell. Modulf.", Math. Ann. 36 (1889), p. 410.

451) „On the reduct. of hyperell. funct. ($p = 2$) to ellipt. funct. by a transform. of the second degree" (Göttingen 1897).

452) „Die Reduzierbarkeit Abelscher Integ." Festschrift zur 46 Philol.-Vers. (Straßburg 1901). S. auch *Krazers* „Lehrb. der Thetaf." (Leipzig 1903), p. 477 ff.

453) „Abel's theor. and the allied theor. includ. the theor. of the theta-funct." (Cambridge 1897).

454) S. die historischen Angaben bei „E-M" p. 525 ff.

455) „Sur un nouveau cas intégrable du problème de l'élastique etc.", C. R. 97 (1883), p. 694, und J. d. Math. (3) 10 (1884), p. 5.

456) „Sur une courbe élastique", C. R. 99 (1884), p. 422 u. J. de l'Ec. pol. 54e cah. (1884), p. 183; s. auch *Halphen*, „Traité des f. ell." 2, p. 192.

Die Theorie der geodätischen Linien auf dem Ellipsoid ist von früh an mit den elliptischen Integralen in Beziehung gesetzt. In Betracht kommt namentlich *Legendres*[457]) Behandlung dieses Gegenstandes, eine nachgelassene Schrift von *Jacobi*[458]) sowie Arbeiten von *Weierstraß*[459]), *Cayley*[460]) u. a.[461]) Über sonstige zahlreiche geometrische Anwendungen von *S. Roberts, G. Floquet, H. Hart* und vielen anderen vgl. man „E-M" p. 559 ff. sowie die Ausführungen in *Greenhills* „Ellipt. funct." und bei *G. Bellacchi*[462]).

Die bereits von *Lagrange* (vgl. Note 22, p. 186) bemerkte Beziehung der elliptischen Funktionen zur sphärischen Trigonometrie gewinnt man, indem man aus den Additionstheoremen:

$$\operatorname{cn}(u-v) = \frac{\operatorname{cn} u \operatorname{cn} v + \operatorname{sn} u \operatorname{sn} v \operatorname{dn} u \operatorname{dn} v}{1 - k^2 \operatorname{sn}^2 u \operatorname{sn}^2 v},$$

$$\operatorname{dn}(u-v) = \frac{\operatorname{dn} u \operatorname{dn} v + k^2 \operatorname{sn} u \operatorname{sn} v \operatorname{cn} u \operatorname{cn} v}{1 - k^2 \operatorname{sn}^2 u \operatorname{sn}^2 v}$$

unter Gebrauch der Abkürzung $u - v = w$ die Gleichung herstellt:

$$\operatorname{cn} w = \operatorname{cn} u \operatorname{cn} v + \operatorname{sn} u \operatorname{sn} v \operatorname{dn} w. \tag{450}$$

Sie entspricht dem Kosinussatze:

$$\cos c = \cos a \cos b + \sin a \sin b \cos \gamma \tag{451}$$

eines sphärischen Dreiecks der Seiten a, b, c und der Winkel α, β, γ, wobei also:

$$a = \operatorname{am} u, \quad b = \operatorname{am} v, \quad c = \operatorname{am} w \tag{452}$$

zu setzen sein würde und zufolge der Gleichung $\cos \gamma = \operatorname{dn} w$ für den Modul k die Darstellung folgt:

$$k = \frac{\sin \alpha}{\sin a} = \frac{\sin \beta}{\sin b} = \frac{\sin \gamma}{\sin c}. \tag{453}$$

Über die weitere Entwicklung dieser Beziehung sehe man die Nachweise in Note 23, p. 186 sowie das Ref. III AB 9 „Elementare Geometrie vom Standpunkt der neueren Analysis aus", Nr. 27.

Nach Vorgang von *Euler, Lagrange* und *Legendre* hat *Jacobi*[463])

---

457) Im „Traité" 1, p. 360.

458) „Solution nouvelle d'un probl. fondam. de géodésie", (1849) Werke 2, p. 419.

459) „Über die geodät. Linien auf dem dreiachsigen Ell.", Berl. Ber. von 1861, p. 986, „Werke" 1, p. 257.

460) „Note on the geod. lines on an ell.", Phil. mag. 41 (1871), p. 534.

461) Ausführliche Darstellung z. B. bei *Halphen,* „Traité des f. ell." 2, p. 237 ff. u. 286 ff.

462) „Introduz. storica alla teor. della f. ell." (Florenz 1894).

463) S. die von *Clebsch* herausgegeb. „Vorlesungen über Dynamik", Vorles. 29, p. 221, Supplementband zu *Jacobis* Werken.

das Problem der Bewegung eines von zwei festen Zentren nach dem Gravitationsgesetz angezogenen Punktes auf elliptische Integrale zurückgeführt.[464]) Hieran schließen sich Untersuchungen von *Koenigsberger* (Berl. Dissert. von 1860) und *F. Lindemann*[465]).

Eine Anwendung der elliptischen Funktionen auf die Theorie des ebenen Gelenkvierecks entwickelte *G. Darboux.*[466]) Neuerdings ist dieser Gegenstand von *Krause*[467]) weiter verfolgt.[468]) Umgekehrt verwendet *N. Delaunay*[469]) kinematische Mechanismen zur Berechnung elliptischer Funktionen.

Eine elektromagnetische Anwendung der Integrale dritter Gattung bei der Berechnung der gegenseitigen Induktion zweier koaxialen Schraubenlinien verfolgte *Greenhill*[470]) bis zu Formeln, die für Zwecke numerischer Rechnungen brauchbar sind.

Neuere umfassendere Darstellungen der Anwendungen der elliptischen Funktionen gaben *E. Mathy*[471]) und *Greenhill*[472]).

---

464) Über *Euler* und *Lagrange* vgl. oben den Schluß von Nr. 3; *Legendre* behandelt das fragliche Problem im „Traité“ 1, p. 411.

465) „Über gewisse Umkehrprobl. aus der Theor. der ell. Integrale“, München. Ber. 28 (1898), p. 37.

466) „De l'emploi des fonct. ell. dans la théor. du quadrilatère plan“, C. R. 88 (1879), p. 1183 u. 1252, oder Darb. Bull. (2) 3 (1879), p. 109.

467) „Anwend. der ell. F. auf die Theor. der Kurbelbeweg.“, Leipzig Ber. 56 (1904), p. 273; „Zur Theor. der Gelenksysteme I u. II“, Leipzig. Ber. 59 (1907), p. 313, und 60 (1908), p. 132.

468) S. auch *A. Emch*, „Illustr. of the ell. integr. of the first kind by a certain linkwork“, Ann. of math. (2) 1 (1900), p. 81, und „An appl. of ell. funct. to Peaucelliers linkwork“, Ann. of math. (2) 2 (1901), p. 60, sowie *O. Bolduan*, „Zur Theor. der übergeschlossenen Gelenkmechanismen“, Diss. (Halle 1908), und *E. Weiße*, „Anwend. der ell. F. auf ein Probl. der Gelenkmechanismen“, Diss. (Rostock 1907).

469) „Sur le calc. graph. des f. ell. etc.“, Bull. soc. math. de Fr. 30 (1902), p. 113; „Sur les calculateur cinématique des f. ell.“, Darb. Bull. (2) 26 (1902), p. 177, und „Graph. Berechn. der ell. F. mit einigen Anwend.“, Zeitsch. Math. Phys. 53 (1906), p. 403.

470) „The ell. integr. in electromagnetic theory“, Amer. M. S. Trans. 8 (1907), p. 447.

471) „Appl. des f. ell. à la mécanique, à la géométrie et à la physique“ (Gent 1903).

472) „The third ell. integr. and the ellipsotomic problem“, London R. S. Trans. 203 (1904), p. 217.

Ergänzungen: Folgende Arbeiten sind noch zu nennen:

1) Betreffs der analytischen Funktionen, welche ein algebraisches Additionstheorem zulassen (Nr. 67):

E. Phragmén, „Sur un théorème concernant les fonctions elliptiques;" Act. math. 7 (1885), p. 33.

P. Koebe, „Über diejenigen analytischen Funktionen eines Arguments, welche ein algebraisches Additionstheorem besitzen," Berl. Diss. 1905.

M. Falk, „Über die Haupteigenschaften derjenigen analytischen Funktionen eines Arguments, welche ein Additionstheorem besitzen," Nov. act. soc. Upsal. (4) 1 (1907) Nr. 8.

2) Betreffs der konformen Abbildungen, welche elliptische Integrale und Funktionen vermitteln (Nr. 76):

G. Holzmüller, „Einführung in die Theorie der isogonalen Verwandtschaften und der konformen Abbildungen" (Leipzig 1882), Kap. 15, p. 256 ff.; in § 106, p. 280 daselbst weitere Literaturangaben.

Über die Entstehung des Referates II B 3 (Elliptische Funktionen) ist folgendes zu bemerken: Eine erste, von den Herren *J. Harkness* und *W. Wirtinger* besorgte Bearbeitung ist im Jahre 1906 in Fahnen gesetzt; von diesem Fahnensatz habe ich Abzüge in sechs Exemplaren in Verwahrung genommen. An diese Bearbeitung lehnt sich der Abschnitt VI der vorliegenden Darstellung (Anwendungen der elliptischen Funktionen) in einer redaktionell umgearbeiteten sowie sachlich und literarisch mannigfach ergänzten Gestalt an. Außerdem habe ich sämtliche Literaturnachweisungen der genannten Bearbeitung benutzt.

Dem Abschnitt I (Ältere Theorie der elliptischen Funktionen) und dem größten Teile des Abschnittes II (Die elliptischen Funktionen bei Abel, Jacobi und Gauß) liegt ein Manuskript zugrunde, welches Herr *Wirtinger* mit Unterstützung von Herrn *A. Berger* nach 1907 verfaßt hat. Für den Zweck der Veröffentlichung ist dieses Manuskript von mir redaktionell und sachlich überarbeitet.

Der Rest des Abschnittes II (Nr **34** ff., Gauß' Untersuchungen betreffend) sowie die Abschnitte III (Die elliptischen Funktionen in der Zeit zwischen Abel und Riemann), IV (Grundlagen der Theorie der elliptischen Funktionen nach neueren Anschauungen) und V (Addition, Multiplikation, Division und allgemeine Transformation der elliptischen Funktionen) sind von mir in den Jahren 1912 und 13 neu verfaßt.

R. F.

(Abgeschlossen im Oktober 1913.)

II B 4. AUTOMORPHE FUNKTIONEN MIT EINSCHLUSS DER ELLIPTISCHEN MODULFUNKTIONEN.

VON

ROBERT FRICKE

IN BRAUNSCHWEIG.

Inhaltsübersicht.*)

---

*) Die vier ersten Nummern geben eine kurze historische Einführung; die sachliche Darstellung der Theorie der automorphen Funktionen beginnt mit Nr. 5.

Literatur.

Selbständige Werke.

R. Fricke und *F. Klein,* Vorlesungen über die Theorie der automorphen Funktionen, Bd. 1, Leipzig 1897 Bd. 2, Leipzig 1900 bis 1912. Dies Werk wird mit „Aut." zitiert.

G. Fubini, Introduzione alla teoria dei gruppi discontinui e delle funzioni automorphe, Pisa 1908.

G. H. Halphen, Traité des fonctions elliptiques, Bd. 3, Paris 1900.

F. Klein, Vorlesungen über das Ikosaeder, Leipzig 1884. Dies Werk wird mit „Ikos" zitiert.

— Vorlesungen über die Theorie der elliptischen Modulfunktionen, ausgearbeitet und vervollständigt von *R. Fricke,* 2 Bde., Leipzig 1890 u. 92. Dies Werk wird mit „Mod." zitiert.

— Lineare Differentialgleichungen 2. Ordnung, 2 Hefte, Göttingen 1891.

— Über die hypergeometrische Funktion, Göttingen 1894.**)

— Lineare Differentialgleichungen 2. Ordnung, Göttingen 1894.**)

L. K. Lachtine, Die algebraischen Gleichungen, die in den hypergeometrischen Funktionen auflösbar sind (russisch), Moskau 1893.

**) Autographierte Vorlesungen, im Kommissionsverlag von B. G. Teubner, Leipzig.

B. Riemann, Vorlesungen über die hypergeometrische Reihe (gehalten 1859), herausgegeben von *W. Wirtinger* in *Riemanns* Werken, Nachträge, Leipzig 1902.
L. Schlesinger, Handbuch der Theorie der linearen Differentialgleichungen, 2. Bd., Leipzig 1896.
G. Vivanti, Elementi della teoria delle funcioni poliedriche e modulari, Milano 1906.

Zur Ergänzung des vorliegenden Referates in historischer und sachlicher Hinsicht ziehe man die nachfolgenden Encyklopädiereferate heran:

I B 3f., *A. Wiman*, Endliche Gruppen linearer Substitutionen.
I C 6, *H. Weber*, Komplexe Multiplikation.
II B 1, *W. F. Osgood*, Allgemeine Theorie der analytischen Funktionen einer und mehrerer komplexer Größen.
II B 2, *W. Wirtinger*, Algebraische Funktionen und ihre Integrale.
II B 3, *R. Fricke* (*J. Harkness, W. Wirtinger*), Elliptische Funktionen.

---

1. Begriff der automorphen Funktionen. Es sei $\zeta = \xi + i\eta$ eine komplexe Variabele. Es sei ferner ein System analytischer Transformationen von ζ vorgelegt, welche symbolisch durch $\zeta_1 = V_1(\zeta)$, $\zeta_2 = V_2(\zeta)$, $\zeta_3 = V_3(\zeta), \ldots$ bezeichnet werden sollen. Ist $z = \varphi(\zeta)$ eine analytische Funktion von ζ, welche ihren Wert behält, wenn man auf ζ irgendeine jener Transformationen ausübt:

$$(1) \qquad \varphi[V_k(\zeta)] = \varphi(\zeta), \qquad k = 1, 2, 3, \ldots,$$

so heißt $\varphi(\zeta)$ eine zu jenen Transformationen gehörende „*automorphe Funktion*“[1]).

Aus der Gleichung:

$$\varphi[V_k(V_l(\zeta)] = \varphi[V_l(\zeta)] = \varphi(\zeta)$$

folgt, daß man $\varphi(\zeta)$ als zugehörig zu derjenigen „*Gruppe*“ analytischer Transformationen anzusehen hat, welche sich aus $V_1, V_2, V_3, \ldots$ durch Wiederholung und Kombination erzeugen läßt. Dieser Gruppe, welche mit Γ bezeichnet werde, wird mit jeder Transformation V auch deren inverse V^{-1} angehören; denn aus $\varphi[V(\zeta)] = \varphi(\zeta)$ folgt, daß die analytische Funktion $\varphi(\zeta)$ auch bei Ausübung der Transformation V^{-1} ihren Wert behält. Γ enthält natürlich auch die „identische Transformation“ $\zeta_0 = \zeta$; letztere bekomme das Symbol V_0.

Dieser Ansatz hat eine weitgehende Entwicklung für den Fall gefunden, daß Γ eine Gruppe „*linearer Substitutionen*“ ist:

$$(2) \qquad \zeta_0 = \zeta, \quad \zeta_1 = \frac{\alpha_1 \zeta + \beta_1}{\gamma_1 \zeta + \delta_1}, \quad \zeta_2 = \frac{\alpha_2 \zeta + \beta_2}{\gamma_2 \zeta + \delta_2}, \quad \zeta_3 = \frac{\alpha_3 \zeta + \beta_3}{\gamma_3 \zeta + \delta_3}, \ldots .$$

---

1) Der Name „automorphe Funktion“ ist von *F. Klein* am Schlusse der Note „Zur Theorie der Laméschen Funktionen“, Gött. Nachr. von 1890, p. 94, eingeführt.

Die einzelne Substitution einer solchen Gruppe bezeichnen wir kurz durch $V_k = \begin{pmatrix}\alpha_k, & \beta_k \\ \gamma_k, & \delta_k\end{pmatrix}$. Der Gruppeneigenschaft halber wird mit V_i und V_k in Γ auch die Substitution:

$$(3) \qquad V_i \cdot V_k = \begin{pmatrix}\alpha_i\alpha_k + \beta_i\gamma_k, & \alpha_i\beta_k + \beta_i\delta_k \\ \gamma_i\alpha_k + \delta_i\gamma_k, & \gamma_i\beta_k + \delta_i\delta_k\end{pmatrix}$$

enthalten sein. Eine zu einer solchen Γ gehörende Funktion $f(\zeta)$ heißt auch wohl genauer eine *„linear-automorphe Funktion“ einer Variabelen* ζ.

Alle *ganzzahligen unimodularen* Substitutionen, d. h. alle Substitutionen $V = \begin{pmatrix}\alpha, & \beta \\ \gamma, & \delta\end{pmatrix}$ mit gewöhnlichen ganzen Zahlen $\alpha, \beta, \gamma, \delta$ der Determinante Eins ($\alpha\delta - \beta\gamma = 1$) bilden eine solche Gruppe Γ. Die ihr und ihren Untergruppen zugehörigen automorphen Funktionen sind die *„elliptischen Modulfunktionen“* oder kurz *„Modulfunktionen“*. Die Gruppe Γ heißt dementsprechend *„Modulgruppe“*[2]).

Es ist dies die im Ref. II B 3 (*Fricke*), Nr. **53** und **54** gewonnene und daselbst mit $\Gamma^{(\omega)}$ bezeichnete Gruppe der „linearen Transformationen“ des Periodenquotienten ω des elliptischen Integrals erster Gattung. Diese Transformationen ergaben sich bei dem Übergange von einem ersten kanonischen Schnittsystem der damaligen *Riemann*schen Fläche F_2 zu den übrigen Schnittsystemen dieser Art; in der Ebene des Integrals erster Gattung u vermittelten die fraglichen Transformationen aber den Übergang von einem ersten Periodenparallelogramm zu allen übrigen dem gleichen elliptischen Gebilde zugehörenden Parallelogrammen primitiver Periodenpaare.

Das vorliegende Referat beschränkt sich auf *eindeutige* linear-automorphe Funktionen *einer* Variabelen. Verallgemeinerungen sind auch bereits im Gebiete der linear-automorphen Funktionen möglich sowohl nach Seiten *mehrdeutiger* automorpher Funktionen einer Veränderlichen, wie auch nach Seiten der automorphen Funktionen mehrerer Variabelen; man vgl. die beiden Schlußnummern des vorliegenden Referates.

Übrigens beachte man, daß sich bereits die einfachperiodischen Funktionen (Expontential- und trigonometrische Funktionen) sowie die doppeltperiodischen oder elliptischen Funktionen des Argumentes ζ

---

2) Der Name „elliptische Modulfunktion“ rührt von *R. Dedekind* her; siehe dessen „Erläuterungen zu Riemanns Fragmenten über die Grenzfälle der elliptischen Modulfunktionen“ in *Riemanns* „Gesammelten mathemat. Werken“, (Leipzig 1876) p. 438.

und der Perioden ω_1, ω_2 als automorphe Funktionen auffassen lassen, letztere insofern sie unverändert bleiben gegenüber der Gruppe der linearen Substitutionen $\zeta' = \zeta + m_1 \omega_1 + m_2 \omega_2$, wo m_1, m_2 alle Paare ganzer Zahlen durchlaufen[3]). Ebenso sind die Abelschen Funktionen automorphe Funktionen mehrerer Variabeln.

Andererseits sind einige rationale automorphe Funktionen wohl bekannt. Hierher gehören die in der „Theorie der regulären Körper" auftretenden Funktionen (cf. „Ikos.", p. 47ff.), welche gegenüber „endlichen" Gruppen linearer Substitutionen invariant sind[4]). Auch die symmetrischen Funktionen von n Variabelen kann man als rationale automorphe Funktionen auffassen, insofern sie gegenüber denjenigen linearen Substitutionen unveränderlich sind, welche Permutationen der n Variabelen darstellen.

2. Auftreten von Modulfunktionen in der Theorie der elliptischen Funktionen bei Gauß, Abel usw. *C. F. Gauß* wurde bei seinen Untersuchungen über elliptische Funktionen (vgl. II B 3, Nr. **34**) sehr früh[5]) zur funktionentheoretischen Erfassung der unter dem Namen des „Legendreschen Integralmoduls" bekannten Modulfunktion geführt, deren Gruppe Γ eine Kongruenzuntergruppe 2. bzw. 4. Stufe (vgl. Nr. **13**) der Modulgruppe ist[6]). *Gauß* konstruierte das durch diese Funktion $z = f(\zeta)$ gelieferte konforme Abbild der Ebene der Variabelen z auf ein Kreisbogenviereck der ζ-Ebene, dessen Vervielfältigung zu einem ganzen Vierecksnetze vermöge der Transformation durch reziproke Radien (Symmetrieprinzip) er deutlich erkannt und figürlich sowie rechnerisch dargestellt hat[7]). Auch den Zusammenhang dieser Entwicklungen mit der Reduktionstheorie der binären quadratischen Formen von negativer Determinante hat *Gauß* frühzeitig erkannt[8]). Man darf endlich aus einer im Nachlaß vorgefundenen Zeichnung, welche ein spezielles Netz von Kreisbogendreiecken (nämlich solchen

3) S. das Ref. II B 3 (*Fricke*), Nr. **54**, wo man die gruppentheoretische Auffassung der Theorie der doppeltperiodischen Funktionen entwickelt findet. An Stelle der Variabelen ζ tritt daselbst das Argument u der doppeltperiodischen Funktionen; die im Texte gemeinte Gruppe ist die a. a. O. mit $\Gamma^{(u)}$ bezeichnete.

4) Wir betrachten diese „endlichen" Gruppen linearer Substitutionen einer Variabelen im folgenden nur beiläufig; s. darüber das Ref. I B 3 f (*Wiman*).

5) Vgl. hierzu *L. Schlesinger*, „Über Gauß' Arbeiten zur Funktionentheorie", Gött. Nachr. von 1912, Beiheft, insbes. p. 59ff., sowie das Ref. II B 3 (*Fricke*), Nr. **34** ff.

6) *Gauß*, Werke 3, p. 361 ff., insbesondere p. 477.

7) *Gauß*, Werke 8, p. 99 ff., insbesondere p. 105.

8) *Gauß*, Werke 3, p. 386; 8, p. 100.

mit drei Winkeln $\frac{\pi}{4}$) darstellt, den Schluß ziehen, daß *Gauß* an eine auf geometrische Maßnahmen gegründete Verallgemeinerung seiner speziellen, die genannte Modulfunktion betreffenden Ergebnisse gedacht hat [9]).

Insofern die Theorie der doppeltperiodischen Funktionen in denjenigen Größen, welche nur vom Periodenquotienten ω allein abhängen, zahlreiche Beispiele von Modulfunktionen liefert, haben auch *N H. Abel* und *C. G. J. Jacobi* wesentliche Beiträge zur späteren Theorie der Modulfunktionen geliefert [10]), und insbesondere sind die Jacobischen *Thetareihen* noch bis in die neueste Zeit ein wertvolles Hilfsmittel zur Fortentwicklung der Theorie der automorphen Funktionen gewesen. Indessen ist *Gauß* in der selbständigen Auffassung der aus der Theorie der elliptischen Funktionen entspringenden Modulfunktionen *Abel* und *Jacobi* dauernd überlegen geblieben.

Weiter sind hier die Untersuchungen *Ch. Hermites* [11]) über das Verhalten der Wurzeln $\sqrt[4]{k}$, $\sqrt[4]{k'}$ aus den Integralmoduln gegenüber den linearen Substitutionen des Periodenquotienten zu nennen. *Hermite* erkannte, daß diese Größen „eindeutige" Funktionen des Periodenquotienten sind; er nannte sie als solche $\varphi(\omega)$, $\psi(\omega)$ und stellte ihr Verhalten gegenüber beliebigen Substitutionen der Modulgruppe fest (vgl. II B 3, Nr. **43**). Im Sinne der unten zu erklärenden Sprechweise (vgl. auch II B 3, Nr. **60**) handelt es sich um gewisse *„Hauptmoduln 16. Stufe"*.

G. Eisenstein [12]) bedient sich zur Darstellung der doppeltperiodischen Funktionen unendlicher Reihen, welche die Invarianz der dargestellten Größen gegenüber linearen Substitutionen der Perioden leicht erkennen läßt. Auch berühren *Eisensteins* Rechnungen diese Invarianz gelegentlich sehr nahe, ohne daß die grundsätzliche Bedeutung derselben erkannt wäre.

K. Weierstraß' Darstellung der Theorie der doppeltperiodischen

---

9) *Gauß,* Werke 8, p. 104.

10) Vgl. auch das Ref. II B 3 (*Fricke*), Nr. **24**, am Schluß, wo eine Bemerkung *Jacobis* über die Invarianz des Integralmoduls gegenüber Substitutionen des Periodenquotienten erwähnt ist.

11) „Sur la résolution de l'équation du cinquième degré", Paris. C. R. 46 (1858), p. 508 oder *Hermites* Werke 2, p. 5. Man vgl. auch einen Brief *Hermites* an *J. Tannery,* veröff. in *Hermites* Werken 2, p. 13.

12) „Genaue Untersuchung der unendlichen Produkte, aus welchen die elliptischen Funktionen als Quotienten zusammengesetzt sind", J. f. M. 35 (1847), p. 153 oder *Eisensteins* Mathem. Abh. (Berlin 1847), p. 213. Vgl. übrigens betreffs Eisenstein das Ref. II B 3, Nr. **45**.

Funktionen[13]), die in den Grundlagen mit der *Eisenstein*schen Theorie nahe verwandt ist, geht in ihrer Durchbildung wesentlich über die letztere hinaus. Die der *Weierstraß*schen Theorie entstammenden Modulfunktionen sind diejenigen, welche wir unten als *zur 1. Stufe gehörig* bezeichnen. Insbesondere treten hier neben den Funktionen des Periodenquotienten ω zum ersten Male *homogene Funktionen beider Perioden* ω_1, ω_2, sogenannte *„Modulformen“* (vgl. Nr. **21** und **25**) auf.

3. Riemanns Bedeutung für die Theorie der automorphen Funktionen. Auf *B. Riemanns* Schöpfungen weist die Theorie der automorphen Funktionen und der Modulfunktionen in den verschiedensten Hinsichten zurück. Von ihm rührt das für die genannte Theorie allgemein grundlegende Prinzip her, Funktionen aus konformen Abbildungen, welche sie vermitteln sollen, [aus den *„Fundamentalbereichen“* (vgl. Nr. **14**)] zu definieren[14]).

Er lieferte ferner durch seine *Theorie der P-Funktion* einen Ausbau der Lehre von den hypergeometrischen Funktionen und legte damit den Grund zur Theorie der (eindeutigen sowie vieldeutigen) *„Dreiecksfunktionen“*, die durch Inversion der P-Quotienten entspringen[15]). Es kommt hierbei zugleich der Zusammenhang zur Geltung, in welcher jene speziellen automorphen Funktionen zur Theorie der linearen Differentialgleichungen 2. Ordnung stehen. Die oben in der Zusammenstellung der Literatur genannten Vorlesungen *Riemanns* über die hypergeometrische Reihe aus dem Jahre 1859, von welchen vor ihrer Herausgabe durch *W. Wirtinger* (1902) nur vereinzelte Abschriften in Privatbesitz existierten, entwickeln diese Ansätze nach der geometrischen Seite. Hier findet sich u. a. eine Darstellung und nähere Diskussion des Netzes der Kreisbogendreiecke, welches der Theorie der Modulfunktionen zugrunde liegt (siehe unten Fig. 2). Auch die Ansätze, welche *Riemann* in der nachgelassenen Abhandlung „Zwei allgemeine Sätze über lineare Differentialgleichungen mit algebraischen Koeffizienten“[16]) entwickelt hat, kommen mittelbar für die Theorie der automorphen Funktionen zur Geltung.

In der Theorie der Minimalflächen verfolgte *Riemann* diejenigen automorphen Funktionen weiter, welche zu *sphärischen Dreiecken* ge-

---

13) S. die Nachweise im Ref. II B 3, Einleit. zu Abschn. IV.

14) „Grundl. für eine allgem. Theor. der Funkt. einer veränderl. komplexen Größe“, Gött. Diss. 1851, *Riemanns* Werke, herausg. von *H. Weber*, Leipzig 1876 (1. Aufl.), p. 3.

15) „Beiträge zur Theor. der durch die Gaußsche Reihe $F(\alpha, \beta, \gamma; x)$ darstellb. Funkt.“, Gött. Abh. 7 (1857); *Riemann*, Werke, p. 62.

16) Datiert vom 20. Febr. 1857, *Riemanns* Werke, p. 357.

hören (Dreiecksfunktionen erster Art), und machte zum Zwecke der analytischen Fortsetzung dieser Funktionen vom sogenannten *„Prinzip der Symmetrie“* Gebrauch [17]).

Besonders reich an verschiedenen, die Theorie der automorphen Funktionen betreffenden Gesichtspunkte ist die nachgelassene Untersuchung *Riemanns* „Gleichgewicht der Elektrizität auf Zylindern mit kreisförmigem Querschnitt und parallelen Achsen“ [18]). Es handelt sich hierbei um einen von n Vollkreisen begrenzten Fundamentalbereich, und *Riemann* gibt (zur Lösung des genannten physikalischen Problems) eine weitgehende Entwicklung des Begriffs, der Eigenschaften in bezug auf Fortsetzung und der Differentialrelationen der zugehörigen automorphen Funktionen.

Für sich stehen die Untersuchungen *Riemanns* über die Grenzwerte gewisser durch Reihen definierter Modulfunktionen, falls sich das Argument einem rationalen Zahlenwerte annähert [19]).

4. Selbständige Ausbildung des Begriffs der automorphen Funktionen. *H. A. Schwarz* lieferte in seinen Untersuchungen über die hypergeometrische Reihe eine wesentliche Förderung der Theorie der Dreiecksfunktionen und speziell der rationalen automorphen Funktionen. Seine diesen Gegenstand betreffende Hauptarbeit ist: „Über diejenigen Fälle, in welchen die Gaußische hypergeometrische Reihe eine algebraische Funktion ihres vierten Elementes darstellt“ [20]). Hier erscheint das *„Prinzip der Symmetrie“* allseitig entwickelt, wir finden die Einteilung der Dreiecksfunktionen in drei Arten, und speziell für die Funktionen der dritten Art wird eine deutliche Darlegung der *„natürlichen Grenze“* (Kreis) gegeben, deren Existenz, wie vorhin ausgeführt wurde, vermutlich allerdings schon *Gauß* und unzweifelhaft *Riemann* erfaßt hatten.

L. Fuchs wurde von seiten der allgemeinen Theorie der linearen Differentialgleichungen in die Nähe der Dreiecksfunktionen erster Art geführt. Es handelt sich hierbei um die Arbeiten „Über die linearen Differentialgleichungen 2. Ordnung, welche algebraische Integrale be-

---

17) „Über die Fläche vom kleinsten Inhalt bei gegeb. Begrenz.“ ausgearb. von *K. Hattendorf,* Gött. Abh. 13 (1867) oder *Riemanns* Werke, p. 283. S. auch die von *Weber* aus dem Nachlaß herausg. Arbeit „Beispiele von Flächen kleinsten Inhalts bei gegeb. Begrenz.“, *Riemanns* Werke, p. 417.

18) *Riemanns* Werke, p. 413.

19) „Fragmente über Grenzfälle der elliptischen Modulf.“, mit Erläuterungen von *R. Dedekind, Riemanns* Werke, p. 427.

20) J. f. Math. 75 (1872), p. 292; siehe auch die Abh. „Über einige Abbildungsaufgaben“, J. f. Math. 70 (1869), p. 105.

sitzen, und eine neue Anwendung der Invariantentheorie" und „Über die linearen Differentialgleichungen 2. Ordnung, welche algebraische Integrale besitzen"[21]).

In einigen weiter folgenden Untersuchungen[22]) beschäftigt sich *Fuchs* beiläufig mit der Frage, wann die unabhängige Variable x der Differentialgleichung 2. Ordnung

$$\frac{d^2y}{dx^2} + P(x)\frac{dy}{dx} + Q(x)y = 0 \tag{4}$$

mit rationalen Koeffizienten eine eindeutige Funktion des Integralquotienten ist. Die an sich nicht einwurfsfreien Betrachtungen von *Fuchs* über diese Frage haben historisch dadurch eine große Bedeutung gewonnen, als sie für *H. Poincaré* zum Ausgangspunkt seiner gleich zu nennenden Untersuchungen wurden.

Von seiten der Arithmetik werden *R. Dedekind* und *H. St. Smith* zu den Modulfunktionen geführt. *Dedekind* definiert (nach *Riemanns* funktionentheoretischen Grundsätzen) die von ihm als „*Valenz*" bezeichnete Modulfunktion erster Stufe (unten durch $J(\omega)$ bezeichnet), weist auf deren Bedeutung für die Reduktionstheorie der quadratischen Formen $ax^2 + 2bxy + cy^2$ negativer Determinante hin und entwickelt die Grundzüge einer Transformationstheorie für die Funktion $J(\omega)$.[23]) Die Untersuchungen von *Smith* betreffen die schwierigere Reduktionstheorie der Formen $ax^2 + 2bxy + cy^2$ von positiver Determinante; andrerseits hat *Smith* an *Hermites* Untersuchungen über die aus dem Integralmodul entspringenden Größen $\sqrt[4]{k}$, $\sqrt[4]{k'}$ angeknüpft und in der Auffassung dieser Größen als „eindeutiger Modulfunktionen" wesentliche Fortschritte gemacht[24]).

F. Schottky hat 1875 in seiner Berliner Dissertation „Über conforme Abbildung mehrfach zusammenhängender ebener Flächen"[25]) dieselben automorphen Funktionen untersucht, zu welchen bereits früher

---

21) Gött. Nachr. von 1875, p. 568 und 612; J. f. Math. 81 (1876), p. 97; 85 (1878), p. 1.

22) Siehe insbesondere die Abhandlung „Über eine Klasse von Funktionen mehrerer Variabelen, welche durch Umkehr der Integrale von Lösungen der linearen Differentialgleichungen mit rationalen Koeffizienten entstehen", Gött. Nachr. von 1880, p. 170 und J. f. Math. 89 (1880), p. 150.

23) „Schreiben an Herrn Borchardt über die Theorie der elliptischen Modulfunktionen", J. f. Math. 83 (1877), p. 265.

24) „Sur les équations modulaires", 1874 der Par. Akad. vorgelegt, veröffentl. in den Atti d. Ac. d. Linc. (3) 1 (1877), p. 68; „Report on the theory of numbers, Part. VI": Rep. of the Br. Assoc. for the advanc. of sc. (1865).

25) Umgearbeitet veröffentlicht im J. f. Math. 83 (1877), p. 300.

Riemann in einer damals noch nicht veröffentlichten Untersuchung[26]) geführt war. Es handelt sich im Sinne der Klassifikation in Nr. **15** um automorphe Funktionen ohne Hauptkreis und mit isoliert liegenden Grenzpunkten.

Als die eigentlichen Begründer der Theorie der Modulfunktionen und der automorphen Funktionen sind *F. Klein* und *H. Poincaré* anzusehen, deren Arbeiten unten im einzelnen zu nennen sind.

Klein gelangte zu automorphen Funktionen zunächst von seiten der Aufgabe, alle *endlichen Gruppen linearer Substitutionen einer Variabelen und die zugehörigen invarianten Formen* aufzustellen[27]). Man sehe hierüber das Referat I B 3 f (*Wiman*). Die sich hier darbietende „*Theorie der regulären Körper*" hat *Klein* späterhin in dem Werke „Vorlesungen über das Ikosaeder und die Auflösung der Gleichungen 5. Grades" (Leipzig 1884) ausführlich dargestellt. Im Herbst 1874 erkannte *Klein* den Zusammenhang seiner Untersuchungen mit *Schwarz'* Theorie der Dreiecksfunktionen (Kreisbogendreiecke erster Art) und wurde zugleich aufmerksam auf die Dreiecksnetze mit Grenzkreis. Hierdurch sowie andrerseits durch die Beziehung der Gleichungen 5. Grades zur Transformationstheorie der elliptischen Funktionen wurde *Klein* zu den elliptischen Modulfunktionen geführt, denen er eine längere Reihe grundlegender Arbeiten widmete[28]). Von hier bis zur allgemeinen Theorie der automorphen Funktionen war nur noch ein kurzer Weg. Sehr wesentlich war dabei für *Klein* das volle Eingehen auf die Grundgedanken von *Riemanns* Theorie der algebraischen Funktionen, insbesondere die Gewöhnung, eine willkürlich gegebene *Riemann*sche Fläche und sogar eine beliebige geschlossene Fläche im Raume als Definition eines algebraischen Gebildes anzusehen[29]).

26) „Gleichgew. der Elektrizität auf Zylinder mit kreisförm. Querschnitt und parall. Axen", *Riemanns* Werke, p. 413.

27) „Über binäre Formen mit linearen Transformationen in sich", Math. Ann. 9 (1875), p. 183; die hauptsächlichen Ergebnisse dieser Abh. sind bereits im Juni 1874 in den „Erlanger Berichten" veröffentlicht. „Weitere Untersuchungen über das Ikosaeder", Math. Ann. 12 (1877), p. 503. Keime zu diesen Entwicklungen liegen bereits vor in § 6 von *Klein*s „Erlanger Programm" von 1872 „Vergleichende Betrachtungen über neuere geometrische Forschungen", abgedr. in Math. Ann. 43.

28) Siehe namentlich „Über die Transformation der elliptischen Funktionen und die Auflösung der Gleichungen 5. Grades", Math. Ann. 14 (1878), „Über Transformation 7. Ordnung der elliptischen Funktionen", Math. Ann. 14 (1878), sowie „Zur Theorie der elliptischen Modulfunktionen", Math. Ann. 17 (1879).

29) Vgl. *Klein*, „Über Riemanns Theor. der algebr. Funkt. und ihrer Integrale" (Leipzig 1882), ferner die beiden Noten „Über eindeutige Funktionen mit linearen Transformationen in sich", Math. Ann. 19 (1882), p. 565 und 20

Die in den „Vorlesungen über das Ikosaeder" durch *Klein* angebahnte systematische Darstellung der Gesamttheorie der elliptischen Modulfunktionen und der automorphen Funktionen wurde 1887 von *R. Fricke* aufgenommen und in den oben in der Literaturübersicht genannten Spezialwerken fortgesetzt und abgeschlossen.

Poincaré empfing seine ursprünglichen Anregungen aus der oben genannten *Fuchs*schen Arbeit von 1880 sowie andrerseits aus *Hermite*s arithmetischen Arbeiten über quadratische Formen. Indessen hat sich *Poincaré* alsbald auch die *Riemann*schen Auffassungen zu eigen gemacht und ist sofort zu großer Allgemeinheit der Auffassung (*alle* Gruppen mit Hauptkreis) aufgestiegen. Die ersten *Poincaré*schen Mitteilungen finden sich in den Bänden 93 und 94 der Comptes rendus (1881 u. 82), an welche sich der Aufsatz „Sur les fonctions uniformes, qui se reproduisent par des substitutions linéaires" in den Math. Ann. 19 (1881), p. 553 anschließt; seine zusammenfassenden Hauptarbeiten sind in den ersten Bänden der Acta mathematica erschienen[30]). Der gruppentheoretische Ausgangspunkt *Poincaré*s sowie seine Hilfsmittel zum Existenzbeweise der automorphen Funktionen (die in Nr. **22** zu besprechenden unendlichen Reihen) bringen es mit sich, daß seine Betrachtungen auf *eindeutige* automorphe Funktionen eingeschränkt bleiben, während die Methoden *Klein*s auch bei den mehrdeutigen automorphen Funktionen brauchbar blieben. *Poincaré* bedient sich der Personalbenennungen der „Fuchschen Funktionen" (automorphe Funktionen mit Hauptkreis) und „Kleinschen Funktionen" (a. F. ohne Hauptkreis). Historisch sind diese Benennungen nicht zutreffend; sie entsprechen dem subjektiven Entwicklungsgange *Poincaré*s.

Die zu den automorphen Funktionen inversen Funktionen bezeichnen wir unten (vgl. Nr. **31**) als *„polymorphe Funktionen"*. Invertiert man die oben in Nr. **1** angesetzte Funktion $z = \varphi(\zeta)$, so gelangt man zu einer polymorphen Funktion $\zeta = f(z)$, die bei Umläufen in der z-Ebene oder auf einer gewissen über dieser Ebene lagernden *Riemann*schen Fläche in lineare Funktionen $V_1(\zeta)$, $V_2(\zeta)$, ... ihrer selbst übergeht. Eben dieser Eigenschaft halber heißt die Funktion *„polymorph"* oder genauer *„linear-polymorph"*. Bei dem Probleme, ob

(1882), p. 206 und die zusammenfassende Abhandl. „Neue Beiträge zur *Riemann*schen Funktionentheorie", Math. Ann 21 (dat. 2. Okt. 1882), p. 141.

30) „Théorie des groupes fuchsiens", Act. math. 1 (1882), p. 1; „Mémoire sur les fonctions fuchsiennes", Act. math. 1 (1882), p. 193; „Mémoire sur les groupes kleinéens", Act. math. 3 (1883), p. 49; „Sur les groupes des équations linéaires", Act. math. 4 (1883), p. 201; „Mémoire sur les fonctions zétafuchsiennes", Act. math. 5 (1884), p. 209.

auf beliebig gegebener *Riemann*scher Fläche immer polymorphe Funktionen dieser Art mit geeigneten speziellen Eigenschaften existieren, berührten sich die Untersuchungen von *Klein* und *Poincaré* am engsten. Man vgl. hierüber unten Nr. **36** ff., wo wir dann auch weiteres über die geschichtliche Abfolge der fraglichen Untersuchungen von *Klein* und *Poincaré* nachtragen werden. Die Theoreme über die Existenz polymorpher Funktionen auf Riemannschen Flächen („Fundamentaltheoreme“) sind zwar bereits Anfang der achtziger Jahre von *Klein* und *Poincaré* aufgestellt worden. Erschöpfende Beweise sind indessen erst während der letzten zehn Jahre geliefert, und zwar vornehmlich durch eine größere Reihe von Arbeiten *P. Koebes*, über welche unten (in Nr. **37** ff.) zu berichten sein wird.

5. Äquivalenz und Diskontinuitätsbereich bei einer Substitutionsgruppe. Der *„gruppentheoretische“* Aufbau der Theorie der *„eindeutigen automorphen Funktionen“* knüpft an folgende Definition an. Eine Gruppe Γ von linearen ζ-Substitutionen $V_0, V_1, V_2, \ldots$ sei vorgelegt. Zwei Punkte der ζ-Ebene heißen *„äquivalent bezüglich Γ“*, falls der eine in den anderen durch eine jener Substitutionen V_k von Γ transformierbar ist.

Um den Charakter dieser Punktäquivalenz in der ζ-Ebene besser zu übersehen, hat man eine geometrische Theorie der Substitutionen $\zeta' = \frac{\alpha\zeta + \beta}{\gamma\zeta + \delta}$ ausgebildet (cf. „Mod.“ 1, p. 165 ff.). Der Hauptsatz ist hierbei, daß die einzelne Substitution eine solche konforme Beziehung der ζ-Ebene auf sich selbst liefert, *bei der ein Kreis jedesmal wieder in einen Kreis übergeht.* Es handelt sich also um eine Beziehung, die von *Möbius*[31]) als eine *„Kreisverwandtschaft“* bezeichnet wurde. Bei der einzelnen Substitution gibt es zwei Punkte, deren jeder sich selbst zugeordnet ist; man findet sie, indem man $\zeta' = \zeta$ setzt, durch Lösung der Gleichung:

$$\gamma\zeta^2 + (\delta - \alpha)\zeta - \beta = 0 \tag{5}$$

und nennt sie die *„Fixpunkte“* der Substitution. Liegen die Fixpunkte getrennt, und zwar bei ζ_1 und ζ_2, so kann man die Substitution auf die Normalform bringen:

$$\frac{\zeta' - \zeta_1}{\zeta' - \zeta_2} = re^{\vartheta i} \cdot \frac{\zeta - \zeta_1}{\zeta - \zeta_2}, \tag{6}$$

wo $re^{\vartheta i} = \mu$ der „Multiplikator“ der Substitution genannt wird. Ist

31) „Die Theorie der Kreisverwandtschaft in rein geometrischer Darstellung“, Abhandl. der Kgl. Sächs. Ges. der Wiss. 2 (1855), p. 529; *Möbius,* Ges. Werke 2, p. 243.

weder $r=1$ noch $\vartheta=0$, so heißt die Substitution V „loxodromisch"; ist $\vartheta=0$, also μ reell und positiv, so heißt V „hyperbolisch", und endlich hat man für $r=1$ und einen von 0 verschiedenen Winkel ϑ eine „elliptische" Substitution, während für $\mu=1$ die identische Substitution vorliegt. Koinzidieren die Fixpunkte, so heißt V „parabolisch" und läßt sich, wenn ζ_0 der Fixpunkt ist, auf die Form bringen:

$$(7) \qquad \frac{1}{\zeta'-\zeta_0}=\frac{1}{\zeta-\zeta_0}+\gamma.$$

In „Mod." a. a. O. werden zur weiteren Veranschaulichung die sogenannten „Bahn- und Niveaukurven" der Substitutionen verwendet[32]).

Ist der zu ζ konjugiert komplexe Wert $\bar{\zeta}$ und übt man auf $\bar{\zeta}$ die Substitution $\begin{pmatrix}\alpha, & \beta\\ \gamma, & \delta\end{pmatrix}$ aus, so heißt der Übergang von ζ zu:

$$(8) \qquad \zeta'=\frac{\alpha\bar{\zeta}+\beta}{\gamma\bar{\zeta}+\delta}$$

eine Substitution *„zweiter Art"*. Solche Substitutionen stellen konforme Abbildungen „mit Umlegung der Winkel" (indirekte Kreisverwandtschaften) dar und sollen allgemein durch das Symbol $\zeta'=\bar{V}(\zeta)$ bezeichnet sein. Die „Inversionen" oder „Transformationen durch reziproke Radien" (Spiegelungen) an Kreisen der ζ-Ebene gehören hierher.

Weiter ist folgende Erklärung grundlegend: *Ein aus einem oder mehreren Stücken bestehender Bereich der ζ-Ebene heißt ein „Diskontinuitätsbereich" (abgekürzt „DB") der Gruppe Γ, falls derselbe für jeden Punkt der ζ-Ebene (abgesehen freilich von gewissen sogenannten „Grenzpunkten" der Gruppe) einen und nur einen bezüglich Γ äquivalenten Punkt aufweist*[33]).

Poincaré entwickelte in den Act. math. 3, p. 53 eine Maßregel,

---

32) Die Benennungen „elliptische", „parabolische", „hyperbolische" Substitutionen hat *Klein* bei seinen ersten Untersuchungen über Modulfunktionen (1878) eingeführt (vgl. Math. Ann. 14, p. 122). Loxodromische Substitutionen sind in der Modulgruppe noch nicht enthalten; dieser Benennung hat sich *Klein* demnach auch erst später bei den allgemeinen automorphen Funktionen bedient (vgl. Math. Ann. 21 (1882), p. 173); sie rührt daher, daß die Bahnkurven auf der Kugeloberfläche sog. „Loxodromen" werden.

33) Die selbständige Ausbildung des Begriffs des „DB" einer Gruppe geschah am Beispiele der Modulgruppe (vgl. Nr. 6), und zwar bei *Dedekind* in der Abhandlung „Schreiben an Herrn Borchardt über die Theorie der elliptischen Modulfunktionen" J. f. Math. 83 (1877), p. 265 und in allgemeinerer Form bei *Klein* in der Abhandlung „Über die Transformation der elliptischen Funktionen und die Auflösung der Gleichungen 5. Grades", Math. Ann. 14 (1878), p. 133. Es werden hier für gewisse bei der Transformation der elliptischen Funktionen auftretende Untergruppen der Modulgruppe die „DB" hergestellt.

den oberhalb der horizontal zu denkenden ζ-Ebene gelegenen „ζ-Halbraum“ an der einzelnen durch $\zeta' = V(\zeta)$ dargestellten Transformation teilnehmen zu lassen. Die Maßregel läuft daraus hinaus, daß mit den Kreisen der ζ-Ebene zugleich die über ihnen stehenden Halbkugeln des Halbraumes ineinander transformiert werden. Die Begriffe der Punktäquivalenz und des Diskontinuitätsbereiches übertragen sich dabei auf den ζ-Halbraum.

Da die Koeffizienten α, β, γ, δ der einzelnen Substitution nur bis auf einen gemeinsamen Faktor bestimmt sind, so können wir über letzteren so verfügen, daß $\alpha\delta - \beta\gamma = 1$ wird, daß also V *„unimodular“* geschrieben ist. Man sagt, Γ enthalte *„infinitesimale“* Substitutionen, falls nach Auswahl einer beliebig kleinen Zahl $\varepsilon > 0$ in der Gruppe dieser unimodular geschriebenen Substitutionen stets noch von der „Identität“ $V_0 = 1$ verschiedene Substitutionen nachweisbar sind, für welche die Beträge $|\alpha - \delta|$, $|\beta|$, $|\gamma|$ zugleich $< \varepsilon$ sind. Bei einer Gruppe mit infinitesimalen Substitutionen liegen sowohl in der ζ-Ebene als im ζ-Halbraume in jeder noch so klein gewählten Umgebung eines Punktes stets zu ihm äquivalente Punkte: *eine Gruppe mit infinitesimalen Substitutionen kann weder in der ζ-Ebene noch im ζ-Halbraume einen „DB“ von endlicher Ausdehnung haben.*

Poincaré stellte (Act. math. 3, a. a. O.) die Umkehrung dieses Satzes auf: *Eine Gruppe Γ ohne infinitesimale Substitutionen hat jedenfalls im ζ-Halbraum einen „DB“ von nichtverschwindendem Rauminhalt; vielfach, und zwar u. a. immer dann, wenn die Substitutionen von Γ ausschließlich reelle Koeffizienten haben, besitzt Γ bereits in der ζ-Ebene einen „DB“ von nichtverschwindendem Flächeninhalte.* Γ heißt je nachdem erst im ζ-Halbraume oder bereits in der ζ-Ebene „eigentlich diskontinuierlich“.

6. Der Diskontinuitätsbereich der Modulgruppe. Zur Erläuterung diene die in Nr. **1** erklärte Modulgruppe, bei welcher man nach *Hermite* statt ζ die Bezeichnung ω (Quotient der Perioden des elliptischen Integrals 1. Gattung) braucht, und welche in der ω-Ebene „eigentlich diskontinuierlich“ ist. Die reelle ω-Achse geht durch die Substitutionen dieser Γ stets in sich über, und da sich die Verhältnisse in den beiden durch diese Achse abgetrennten „Halbebenen“ („positive“ und „negative“ H.) übereinstimmend verhalten, so beschränkt man sich auf die positive Halbebene. Für letztere ist durch den in Fig. 1 (p. 363) schraffierten Bereich ein „DB“ der Modulgruppe gegeben; wir fassen diesen Bereich als „Kreisbogendreieck“ mit zwei Winkeln $\frac{\pi}{3}$ bei $\omega = \frac{\pm 1 + i\sqrt{3}}{2}$ und einem Winkel 0 im Punkte ∞ oder, wie wir im

Anschluß an die Gestalt des „DB" sagen wollen, bei $\omega = i\infty$. Setzt man $\omega = \xi + i\eta$, so gilt $\eta > 0$, und man kann den gewonnenen Bereich festlegen durch die Bedingungen[34]):

(9) $-\frac{1}{2} \leqq \xi \leqq +\frac{1}{2}, \quad \xi^2 + \eta^2 \geqq 1.$

Durch die imaginäre ω-Achse wird der „DB" in zwei einander symmetrische „Elementardreiecke" der Winkel $\frac{\pi}{2}, \frac{\pi}{3}, 0$ zerlegt; man bezeichnet den „DB" der Fig. 1 demnach auch wohl genauer als „Doppeldreieck" oder als „Kreisbogenviereck", indem man die bei $\omega = i$ gelegene Ecke des Winkels π (Fixpunkt der gleich zu nennenden Substitution V_2) als solche mitzählt.

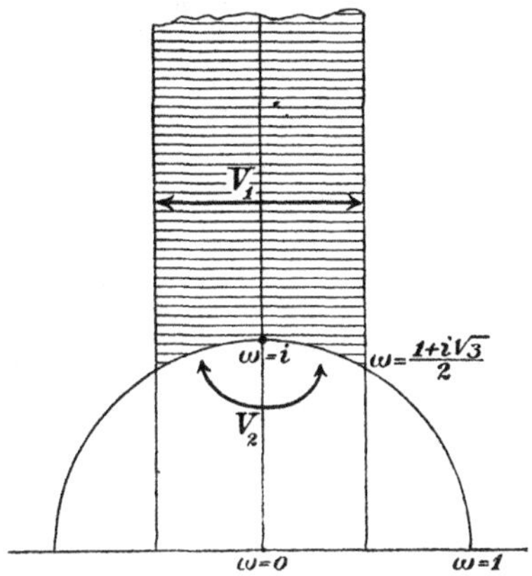

Fig. 1.

Während im Innern dieses „DB" keine zwei äquivalente Punkte nachweisbar sind, findet sich zu jedem Randpunkte ein mit ihm äquivalenter. Die Seiten des „DB" sind, wie in Fig. 1 angezeigt, in der Tat vermöge der Substitutionen $V_1 = \begin{pmatrix}1, & 1\\ 0, & 1\end{pmatrix}$ und $V_2 = \begin{pmatrix}0, & -1\\ 1, & 0\end{pmatrix}$ äquivalent.[35])

Übt man auf den gewonnenen „DB" alle Substitutionen der Modulgruppe Γ aus, so entspringt ein *zusammenhängendes Netz von Kreisbogendreiecken, die alle untereinander äquivalent sind, und die die ω-Halbebene vollständig und lückenlos bedecken.* Fig. 2 (p. 364) veranschaulicht die Beschaffenheit dieses Netzes; hier ist die eben erwähnte Teilung des ursprünglichen „DB" durch die imaginäre ω-Achse in *zwei symmetrische Kreisbogendreiecke der Winkel* $\frac{\pi}{2}, \frac{\pi}{3}, 0$ vollzogen und auf alle übrigen Bereiche übertragen. *Das einzelne „Elementardreieck" ist ein „DB" für diejenige Gruppe „zweiter Art" $\overline{\Gamma}$, welche aus der Modulgruppe Γ durch Zusatz der Spiegelung an der imaginären Achse entspringt.*[36])

34) Siehe hierüber die in Note 33 genannte Abhandlung von *Dedekind.*

35) Man vgl. hiermit die Darlegungen im Ref. II B 3, Nr. **50** und **54** (sowie auch die Fig. 5 a. a. O. in Nr. **65**), wo der „DB" der Modulgruppe auf anderem Wege gewonnen wird.

36) Die reellen rationalen Punkte ω sind sämtlich untereinander äquivalent; an sie reichen die Dreiecke des Netzes mit ihren Spitzen heran. Die reellen irrationalen Punkte ω sind die „Grenzpunkte" der Modulgruppe im Sinne der oben gegebenen Definition des „DB".

Man mache sich deutlich, wie das ganze Netz der Fig. 2 vom einzelnen Dreieck aus durch fortgesetzte Spiegelung (Inversion) an den Dreiecksseiten erzeugbar ist. Arbeitet man indes mit den Doppeldreiecken, so wird man durch Ausübung der Substitutionen V_1, V_1^{-1}, V_2

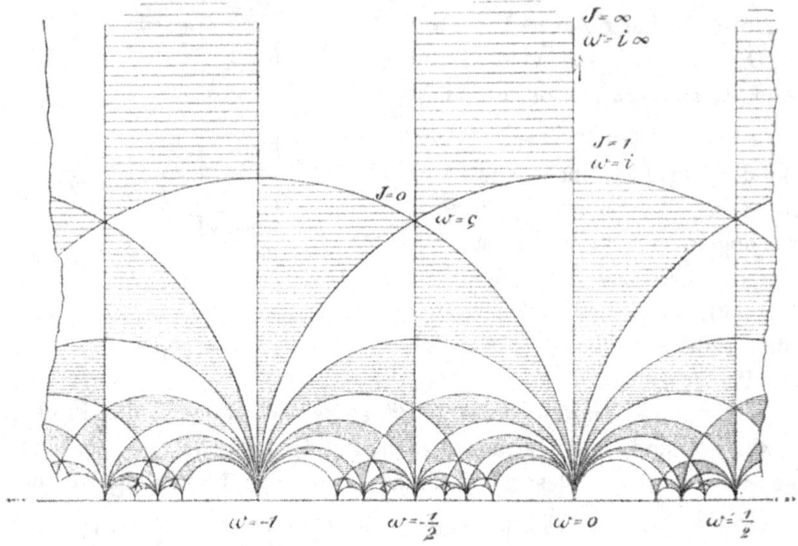

Fig. 2.

neben den „DB" drei äquivalente Bereiche reihen und in entsprechender Art mit der Anreihung von Doppeldreiecken fortfahren. *Dieser Herstellungsart des ganzen Netzes entspricht die Erzeugung der gesamten Modulgruppe Γ aus den beiden sogenannten „erzeugenden" Substitutionen*

$$V_1 = \begin{pmatrix} 1, & 1 \\ 0, & 1 \end{pmatrix}, \quad V_2 = \begin{pmatrix} 0, & -1 \\ 1, & 0 \end{pmatrix}.$$

Man beachte endlich, daß man, wenn ein „DB" für die *ganze* ω-Ebene angegeben werden soll, dem Doppeldreieck der Fig. 1 das bezüglich der reellen Achse symmetrische Dreieck anreihen wird. Der Herstellung der Gruppe Γ entspricht dann die Erzeugung zweier symmetrischer Dreiecksnetze, die beide Halbebenen füllen[37]).

Alle diese Verhältnisse sind bis zum gewissen Grade typisch für jede in der ζ-Ebene eigentlich diskontinuierliche Gruppe.

Beiläufig erwähnen wir als Beispiel einer erst im ζ-Halbraum eigentlich diskontinuierlichen Gruppe die sogenannte *„Picardsche Gruppe"*, welche aus allen Substitutionen $\begin{pmatrix} \alpha, & \beta \\ \gamma, & \delta \end{pmatrix}$ mit ganzen kom-

37) Ausführlich dargestellt in „Mod." 1, p. 208 ff.

plexen Koeffizienten der Gestalt $a + ib$ und der Determinanten

$$\alpha\delta - \beta\gamma = 1 \quad \text{oder} \quad \alpha\delta - \beta\gamma = i$$

besteht.[38]) Diese Gruppe enthält die Modulgruppe offenbar als Untergruppe in sich. Man findet in „Aut." 1, p. 77ff. eine ausführliche Theorie der Picardschen Gruppe, deren „DB" ein von Kugelschalen eingegrenztes Pentaeder des ζ-Halbraumes ist.

7. Projektiv-geometrische Auffassungen und Methoden. Beziehung zur nichteuklidischen Geometrie. Bei der geschichtlichen Entwicklung der Lehre von den Substitutionen und Diskontinuitätsbereichen haben von Anfang an projektiv-geometrische Vorstellungen eine wesentliche Rolle gespielt. Es beruht dies auf dem von *Klein* sehr früh[39]) benutzten Umstande, *daß, wenn man statt der ζ-Ebene nach Riemann eine Kugel zur Trägerin der komplexen Werte ζ macht, unsere gesamten linearen ζ-Substitutionen gerade von allen denjenigen Raumkollineationen geliefert werden, welche die Kugel in sich überführen.*

Um den projektiven Charakter allgemeiner hervortreten zu lassen, ersetzen wir die Kugel sogleich durch eine mit ihr kollineare Fläche, z. B. durch irgendein Ellipsoid E. Die Variabele ζ gewinnt man alsdann von E aus in der Art, daß man ζ und $\bar{\zeta}$ als die Parameter der beiden Geradenscharen auf E einführt; im einzelnen reellen Punkte von E schneiden sich zwei konjugiert imaginäre Geraden, dem zugehörigen ζ und dem dazu konjugiert komplexen Parameterwerte $\bar{\zeta}$ entsprechend[40]).

Als weiterer wichtiger Gesichtspunkt kommt hinzu: Gründet man auf die Fläche 2. Grades E eine projektive (Cayleysche oder nichteuklidische) Maßbestimmung, so werden die fraglichen Raumkollineationen und mithin unsere ζ-Substitutionen gerade *von den gesamten Bewegungen (ζ-Substitutionen erster Art) und Umlegungen (ζ-Substitutionen zweiter Art) des Raumes,* im Sinne dieser projektiven Maßbestimmung gesprochen, geliefert.

Diese Vorstellungen werden uns unten Klassifikationsprinzipien unserer Gruppen liefern. Nur vorläufig sei hier über den geschichtlichen Hergang noch folgendes hinzugefügt.

---

38) Vgl. *Picard,* „Sur un groupe des transformations des points de l'espace situés du même côté d'un plan". Bull. soc. math. de France 12 (1884), p. 43.

39) S. das Erlanger Programm von *Klein,* „Vergleichende Betrachtungen über neuere geometrische Forschungen" (1872), abgedr. in Math. Ann. 43, sowie die Abh. „Über binäre Formen mit linearen Transformationen in sich", Math. Ann. 9 (1875), p. 183.

40) Die projektiven Auffassungen des Textes sind ausführlich dargestellt in „Aut." 1, Einleitung.

Die *endlichen* Gruppen linearer ζ-Substitutionen stellten sich jetzt bei *Klein*[41]) als Bewegungsgruppen *mit einem festbleibenden Punkt im Innern von E* dar (endliche Gruppen von Drehungen der ζ-Kugel um ihren Mittelpunkt).

Von hieraus ist später *Poincaré* (nach mündlicher Mitteilung an *Klein*) durch einen Analogieschluß zu den allgemeinsten *Gruppen mit einem festbleibenden Punkte „außerhalb“ E* übergegangen. Indem aber mit jenem Punkte immer auch seine Polarebene bezüglich E und also auch der Schnitt dieser Ebene mit dem Ellipsoid E, welcher auf der ζ-Kugel bzw. in der ζ-Ebene ein Kreis ist, in sich übergeführt wird, gelangte *Poincaré* auf diesem Wege zu den als „Hauptkreisgruppen“ zu bezeichnenden Gruppen.

Zur Erläuterung diene wieder die Modulgruppe. Stellt man das Ellipsoid in homogenen Raumkoordinaten z_1, z_2, z_3, z_4 mittels der Gleichung:

$$z_4^2 + z_2^2 - z_1 z_3 = 0 \tag{10}$$

dar, so haben wir die komplexe Variabele ω zu erklären durch:

$$\omega = \frac{z_2 + i z_4}{z_3}. \tag{11}$$

Wir können natürlich die Beziehung zwischen der ω-Ebene und der gerade gedachten Polarebene des festbleibenden Punktes auch direkt, d. h. ohne Benutzung des Ellipsoides E leicht darstellen. Ist nämlich die Polarebene etwa durch $z_4 = 0$ gegeben, so ist die Schnittellipse dieser Polarebene mit dem Ellipsoid durch die Gleichung $z_1 z_3 - z_2^2 = 0$ dargestellt, und die Beziehung dieser Ebene auf die ω-Halbebene wird durch:

$$\omega = \frac{z_2 \pm \sqrt{z_2^2 - z_1 z_3}}{z_3} \tag{12}$$

geliefert. Wir wollen uns auf die positiven Werte der Quadratwurzel beschränken; *dann erscheint das Ellipseninnere auf die positive ω-Halbebene eindeutig bezogen, wobei die Ellipsenperipherie der reellen ω-Achse entspricht.* Die einzelne ω-Substitution $\begin{pmatrix}\alpha, & \beta \\ \gamma, & \delta\end{pmatrix}$ liefert nun in der „projek-

41) Die Aufzählung der hierher gehörigen Gruppen (vgl. die Zusammenstellung in Nr. **11** unter II, 1 gab *Klein* in der zweiten der in Note 39 genannten Arbeiten. Eine auf die Theorie der definiten *Hermite*schen Formen gegründete Aufzählung der fraglichen Gruppen gab *E. H. Moore* in der Abh. „An universal invariant for finite groups of linear substitutions: with application to the theory of the canonical form of a linear substitution of finite period“, Math. Ann. 50 (1898), p. 213. [Übrigens ist diese Abhandlung dem allgemeineren Problem gewidmet, die endlichen Gruppen (homogener) linearer Substitutionen von n Variabelen aufzufinden.]

tiven Ebene" die Kollineation:

$$(13)\qquad \begin{cases} z_1' = \alpha^2 z_1 + 2\alpha\beta z_2 + \beta^2 z_3, \\ z_2' = \alpha\gamma z_1 + (\alpha\delta + \beta\gamma) z^2 + \beta\delta z_3, \\ z_3' = \gamma^2 z_1 + 2\gamma\delta z_2 + \delta^2 z_3. \end{cases}$$

Das die positive ω-Halbebene füllende Netz der Fig. 2 (p. 364) überträgt sich dabei auf das in Fig. 3 dargestellte *Netz unendlich vieler geradliniger Dreiecke, welches das Innere der Ellipse überall lückenlos und einfach bedeckt* (vgl. „Mod." 1, p. 239). Im Sinne der auf diese Ellipse gegründeten projektiven (nichteuklidischen) Maßbestimmung in der Ebene sind alle Dreiecke dieses geradlinigen Netzes untereinander kongruent[42]).

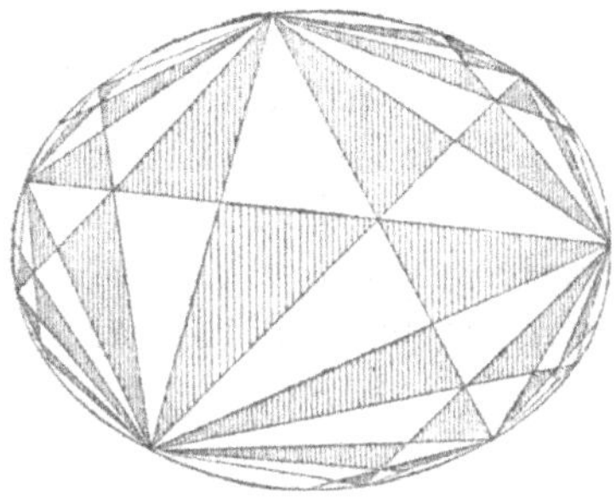

Fig. 3.

Diese am Beispiele der Modulgruppe erläuterten Verhältnisse sind von typischer Bedeutung für alle diejenigen Gruppen, welche wir als „Hauptkreisgruppen" bezeichnen werden. *Poincaré*, welcher diesen Gruppen seine erste große Arbeit in den Acta mathem. widmete, vermeidet übrigens den Gebrauch der projektiven Ebene und hat demnach auch die projektive (nichteuklidische) Maßbestimmung nicht in ihrer ursprünglichen Gestalt sondern in derjenigen benutzt, welche dieselbe in der ζ-Ebene annimmt[43]).

Für die erst im ζ-Halbraume „eigentlich diskontinuierlichen" Gruppen wird man bei der projektiven Betrachtung statt dieses Halbraumes das Innere der ζ-Kugel oder des Ellipsoids E zugrunde legen. Hier mag die am Schluß von Nr. **6** erwähnte *Picard*sche Gruppe als Beispiel dienen, welche im Innern von E ein ebenflächiges Pentaeder als „DB" besitzt.[44])

8. Allgemeines über die Gestalt ebener Diskontinuitätsbereiche in der ζ-Ebene. Am ausführlichsten sind die „DB" der in der ζ-Ebene eigentlich diskontinuierlichen Gruppen untersucht. Nach *Poincaré* kann man bei einer solchen Gruppe den „DB" in der ζ-Ebene immer

---

42) Diese Figur, welche auch in der projektiven Geometrie eine wichtige Rolle spielt, hat *Klein* seit 1877 wiederholt in Vorlesungen behandelt (vgl. „Mod." 1, p. 242).

43) S. *Poincarés* „Theorie der groupes fuchsiens" Act. math. 1, p. 1 (1882).

44) Vgl. hierzu *W. Dyck*, „Über die durch Gruppen linearer Transformationen gegebenen regulären Gebietseinteilungen des Raumes", Leipz. Ber. (1883), p. 61.

durch Kreise eingrenzen, die sich zu Kreisbogenketten aneinanderreihen oder auch Vollkreise darstellen. Die Randpunkte des Kreisbogenpolygons sind zu Paaren äquivalent. Die Seiten dieses Polygons erscheinen somit zu Paaren durch gewisse Substitutionen V_1, $V_2, \ldots, V_\nu$ der Γ aufeinander bezogen; diese $V_1, V_2, \ldots, V_\nu$ bilden ein System von Erzeugenden der Γ[45]). Sind zwei einander benachbarte Seiten des „DB" einander durch die unter den Erzeugenden enthaltene Substitution V_k zugeordnet, so ist der diesen beiden Seiten gemeinsame Eckpunkt des „DB" Fixpunkt der V_k, welche alsdann entweder elliptisch oder parabolisch ist[46]); ein solcher Punkt heißt eine *„feste"* Polygonecke. Ihnen entgegengesetzt sind die *„beweglichen"* oder *„zufälligen"* Ecken (vgl. die gleich folgende Besprechung der kanonischen „DB"), welche auf Grund der Seitenzuordnung in *„Zyklen"* angereiht erscheinen. Der Polygonwinkel an einer festen Ecke ist ein aliquoter Teil von 2π $\left(\text{nämlich } \frac{2\pi}{l}\right.$, wenn l die Periode der zugehörigen elliptischen V ist$\left.\right)$ oder gleich 0 (bei einer „parabolischen Ecke"); die Winkelsumme bei einem Zyklus zufälliger Ecken ist 2π. Übrigens kann es je nach Wahl des „DB" auch vorkommen, daß mehrere feste Ecken zu einem Zyklus mit der Winkelsumme $\frac{2\pi}{l}$ bzw. 0 zusammengehören. Dies trifft z. B. bei den beiden Ecken $\omega = \frac{\pm 1 + i\sqrt{3}}{2}$ des in Fig. 1, p. 363, dargestellten „DB" der Modulgruppe zu (s. übrigens die Beispiele in „Aut." 1, p. 185 ff.).

Klein faltet das einzelne zusammenhängende Stück eines ebenen „DB" unter stetiger Deformation desselben durch Zusammenbiegen einander zugeordneter Randkurven zu einer im Raume gelegenen geschlossenen Fläche F zusammen. Indem man die Forderung kreisförmiger Randkurven einstweilen aufgibt, liefert jede mögliche Zerschneidung der Fläche F in eine einfach zusammenhängende Fläche nach Zurück-

45) Die Anzahl ν der Erzeugenden und damit die Anzahl 2ν der das Polygon begrenzenden Kreise kann sowohl endlich als auch unendlich groß sein. Indessen gilt im Texte weiterhin ν als endlich.

46) Es ist dies so zu verstehen, daß man den in der ζ-Ebene gelegenen „DB" stets so auswählen kann, daß er keine hyperbolischen oder loxodromischen Fixpunkte als Ecken hat; s. darüber „Aut." 1, p. 125. Es ist dies nicht gleich anfangs beachtet, und insbesondere führte die Annahme hyperbolischer Eckpunkte am „DB" gelegentlich zu funktionentheoretischen Schwierigkeiten; s. über dieselben und über ihre Hebung *Klein*, „Über den Begriff des funktionentheoretischen Fundamentalbereichs", Math. Ann. 40 (1891), p. 130, sowie die Ausführungen in „Aut." 2, p. 7.

verlegung in die ζ-Ebene eine besondere Gestalt des ebenen „DB“. Abänderungen der Zerschneidung liefern „erlaubte Abänderungen“ des „DB“. Indem *Klein* auf der Fläche F nach *Riemann* ein kanonisches Schnittsystem einführte, gelangte er zum Begriffe des „*kanonischen DB*“. Das Schema eines solchen kanonischen Schnittsystems ist in Fig. 4 dargestellt. Hier sollen die Stellen e_1, e_2, e_3 von „festen“ Polygonecken herrühren; der Punkt E entspricht einem Zyklus von zufälligen Polygonecken, und ebenso liefern die übrigen Schnittendpunkte und Kreuzungsstellen zufällige Ecken. Die entsprechende Gestalt des kanonischen „DB“ selbst ist durch die gleichfalls schematisch zu verstehende Fig. 5 dargestellt.

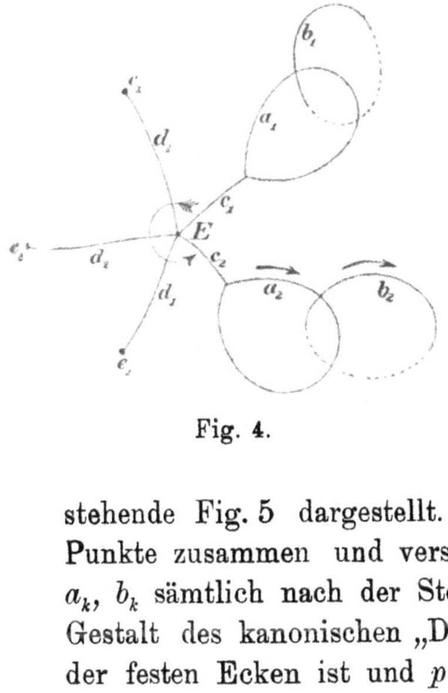

Fig. 4.

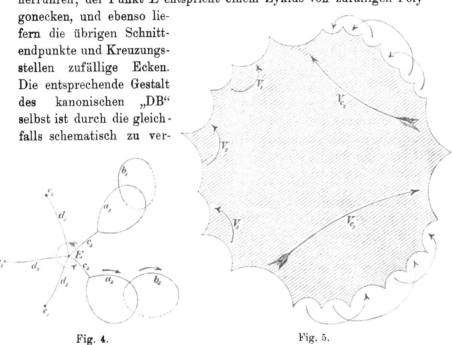

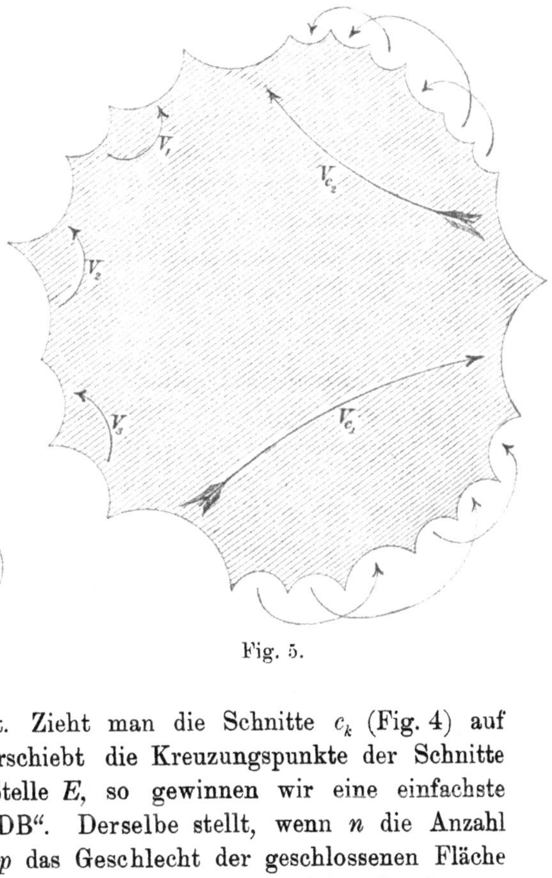

Fig. 5.

Zieht man die Schnitte c_k (Fig. 4) auf Punkte zusammen und verschiebt die Kreuzungspunkte der Schnitte a_k, b_k sämtlich nach der Stelle E, so gewinnen wir eine einfachste Gestalt des kanonischen „DB“. Derselbe stellt, wenn n die Anzahl der festen Ecken ist und p das Geschlecht der geschlossenen Fläche bedeutet, ein Polygon von $(2n + 4p)$ paarweise aufeinander bezogener Randkurven dar. Entsprechend hat Γ die $(n + 2p)$ Erzeugende $V_1, \ldots, V_n, V_{a_1}, V_{b_1}, \ldots, V_{a_p}, V_{b_p}$; die ersten n sind elliptisch oder parabolisch, und zwar sei l_i die Periode von V_i ($l_i = \infty$ für eine parabolische V_i eingeschlossen). Wir bezeichnen (p, n), insofern in der Zusammenstellung der Zahlen p, n ein besonders wichtiges Attribut von Γ zu erblicken ist, als „*Charakter*“ und $(p, n; l_1, l_2, \ldots, l_n)$ als „*Signatur*“ des Polygons und damit der Gruppe Γ.

Denkt man sich das ganze Polygonnetz N hergestellt, so wird jede geschlossene Kette von Polygonen eine auf die identische Substitution $V_0 = 1$ führende Anreihung von erzeugenden Substitutionen liefern. Solcher *„Relationen zwischen den Erzeugenden“* hat man nur so viele, als inäquivalente Polygonketten im Netze N der „DB“ möglich sind [47]). Zu nennen sind erstlich die $(n+1)$ sogenannten *„primären Relationen“*:

$$(14) \quad \begin{cases} V_1^{l_1} = 1, \quad V_2^{l_2} = 1, \ldots, V_n^{l_n} = 1, \\ V_1 \cdot V_2 \cdots V_n \cdot V_{a_1}^{-1} V_{b_1} V_{a_1} V_{b_1}^{-1} \cdots V_{a_p}^{-1} V_{b_p} V_{a_p} V_{b_p}^{-1} = 1. \end{cases}$$

Hierüber hinaus treten noch *„sekundäre Relationen“* auf, falls das Netz N der „DB“ einen mehrfach zusammenhängenden Bereich darstellt. Letzteres kann eintreten, auch wenn der einzelne „DB“ einfachen Zusammenhang darbietet, tritt aber stets ein, wenn der „DB“ dadurch mehrfach zusammenhängend wird, daß die Ufer eines oder mehrerer Querschnitte auch bei Fortgang zur ζ-Ebene in Deckung bleiben [48]).

9. Ausführliche Polygontheorie der Hauptkreisgruppen in projektiver Darstellung. Eine bis zum gewissen Grade erschöpfende Theorie der „DB“ ist von *Fricke* [49]) entwickelt und in „Aut.“ 1 zusammenhängend dargestellt. Es kam hierbei namentlich der Fall zur Behandlung, daß Γ nur *reelle* Substitutionen V enthielt. Bei einer solchen Γ wird die reelle Achse stets in sich transformiert; Γ ist im Sinne der Klassifikation von Nr. **11** eine *„Hauptkreisgruppe“*. Man hat entweder zwei Netze N, welche die beiden ζ-Halbebenen bedecken und bezüglich der reellen Achse symmetrisch sind (vgl. die Modulgruppe), oder ein über die ganze ζ-Ebene gespanntes, bezüglich der reellen Achse sich selbst symmetrisches Netz. Bei der projektiven Auffassung (vgl. Nr. 7) kommt diese Fallunterscheidung darauf hinaus, daß der „DB“ entweder gänzlich innerhalb der fundamentalen Ellipse der Maßbestimmung verläuft oder mit einem oder mehreren „hyperbolischen Zipfeln“ darüber hinausragt [50]). Für die ausführliche Polygontheorie ist dieser Unterschied, sobald man sich nur entschließt mit den projektiven Gestalten der Polygone zu arbeiten, ohne wesentliche Bedeutung; dem

47) Vgl. „Aut.“ 1, p. 168 ff.

48) Vgl. „Aut.“ 1, p. 187 ff.

49) „Über die Diskontinuitätsbereiche der Gruppen reeller linearer Substitutionen einer komplexen Variabelen“, Gött. Nachr. 1895, p. 360.

50) Letztere sowie das ganze Ellipsenäußere kommen bei Übergang zur ζ-Ebene durch „Imaginärwerden“ in Fortfall.

entspricht der bei der ausführlichen Darstellung in „Aut.“ 1, p. 241 ff. befolgte Standpunkt.[51])

Fricke unterscheidet a. a. O. drei ausgezeichnete Gestalten der projektiven „DB“, die er als *„normale“*, *„natürliche“* und *„kanonische“* bezeichnet; die letzteren ordnen sich den schon in Nr. 8 eingeführten kanonischen „DB“ unter.

Die Entstehung eines normalen „DB“ ist durch Fig. 6 angedeutet. Mit einem im Ellipseninnern willkürlich gewählten Punkte C_0 seien die Punkte $C_0, C_1, C_2, \ldots$ bezüglich Γ äquivalent. Man denke um alle diese Punkte $C_0, C_1, \ldots$ im Sinne der projektiven Maßbestimmung kongruente kleine Kreise konstruiert. Alsdann lasse man diese Kreise gleichzeitig und gleichmäßig wachsen, bis sie sich (vgl. Fig. 6) gegenseitig flachdrücken und nach keiner Richtung hin weiter wachsen können. *Der so entstehende „normale“ „DB“ besteht aus dem Inbegriff aller Punkte, welche im Sinne unserer Maßbestimmung an C_0 näher als an irgend einem anderen der mit C_0 äquivalenten Punkte $C_m, C_n, C_p, \ldots$ liegen;* dieser „DB“ besteht aus einem *„geradlinigen“* Polygon mit lauter *„konkaven“* Winkeln und hat C_0 zum Mittelpunkte (vgl. „Aut.“ 1, p. 241 ff.).

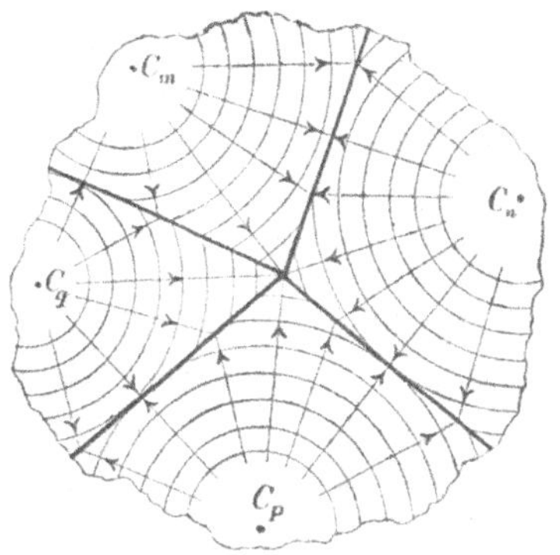

Fig. 6.

Faßt man alle Gruppen von gleichem Charakter (p, n) in eine *„Gattung“* zusammen, so gibt es bei der einzelnen Gattung eine gewisse endliche Anzahl von verschiedenen Typen solcher Normalbereiche. Im allgemeinen ist die Seitenanzahl $(12p + 4n - 6)$ und man hat nur dreigliedrige Zyklen zufälliger Ecken. Die „Spezialtypen“ haben geringere Seitenanzahlen und höhere Gliederzahlen der Zyklen.

Ändert man C_0 stetig ab, jedoch nur so weit, daß der Typus des „DB“ und damit das Erzeugendensystem unverändert bleiben, so erscheint der Punkt C_0 auf einen Bereich B beschränkt, der keine zwei äquivalente Punkte enthält, und dessen Rand, abgesehen von etwaigen Segmenten der fundamentalen Ellipse, entweder aus *geraden Strecken* oder aus *Stücken von Kurven dritten Grades* besteht. Kommen insgesamt μ Typen von normalen „DB“ bei Γ vor, so können wir ein zusammen-

51) Betreffs der Abänderung, welche Charakter und Signatur erfahren, je nachdem man den „DB“ in der ζ-Ebene oder in der projektiven Ebene wählt, ist auf „Aut.“ 2, p. 396 ff. zu verweisen.

hängendes Netz von μ solchen Bereichen B bilden, wobei die Randkurven dieser B die Zentren der Polygone von Spezialtypen liefern. *Diese μ Bereiche B setzen einen „natürlichen“ „DB“ der Gruppe Γ zusammen* (vgl. „Aut.“ 1, p. 275 ff.).

Auf Grund dieser Ergebnisse und durch Ausbildung einer *„Kompositionstheorie“* der Gruppen Γ bzw. ihrer „DB“ konnte endlich die Theorie der *„kanonischen“* „DB“ wesentlich weiter entwickelt werden. Als Hauptsatz ergab sich hierbei: *Wie man auch auf der geschlossenen Fläche F ein kanonisches Schnittsystem ziehen mag, dasselbe liefert nötigenfalls nach einer unwesentlichen (stetigen) Verschiebung der einzelnen Schnitte auf der Fläche F in der projektiven Ebene stets ein „geradliniges“ Polygon von $(2n + 4p)$ Seiten und lauter „konkaven“ Winkeln, unter (p, n) den Charakter der Gruppe verstanden* (vgl. „Aut.“ 1, p. 319).

10. Transformations- und Invariantentheorie der Hauptkreispolygone. Der am Schlusse von Nr. 9 angegebene Satz liefert die Grundlage für die *Transformationstheorie* und *Invariantentheorie* der „DB“ der Hauptkreisgruppen.

Die Aufgabe der ersteren Theorie ist, die Abänderung des „DB“ zu charakterisieren, welche dem Übergange zu einem neuen kanonischen Schnittsysteme entspricht. Man findet diese Theorie, welche der linearen Transformation der Abelschen Funktionen korrespondiert, in ihren Grundzügen in „Aut.“ 1, p. 320 ff. entwickelt.

Was zweitens die Invariantentheorie der Substitutionen V und Gruppen Γ angeht, so ist dieselbe in folgender Art zu begründen. Ist $\zeta' = T(\zeta)$ irgend eine lineare Transformation, so liefert ein einzelnes V bei Einführung von ζ' an Stelle von ζ die Substitution:

$$V'(\zeta') = TVT^{-1}(\zeta').$$

Alle aus dem einzelnen V durch irgendwelche T entspringenden Substitutionen TVT^{-1} fassen wir zu einer „Klasse“ von Substitutionen zusammen. Die Transformation einer Gruppe Γ (d. h. aller ihrer Substitutionen V) durch ein und dasselbe T liefert die transformierte Gruppe:

$$\Gamma' = T\Gamma T^{-1}.$$

Alle aus einer Γ durch Transformation entstehenden Γ' bilden eine „Klasse“ von Gruppen. Der „DB“ der einzelnen transformierten Gruppe entsteht aus dem von Γ einfach durch Ausübung der Transformation T.

Es ist nun zunächst die einzelne Klasse von Substitutionen V durch *eine „Invariante“* charakterisierbar; man kann als solche die Summe

$j = \alpha + \delta$ einer in der Klasse enthaltenen V wählen, die als „Invariante" für alle V der Klasse den gleichen Wert hat[52]). Für die einzelne Klasse von Gruppen kann man ein *„System von Invarianten"* oder *„Moduln"* $j_1, j_2, \ldots, j_\nu$ aus dem Erzeugendensysteme eines für eine der Γ gewählten „DB" herstellen, wobei die j teils direkt Invarianten von Erzeugenden, teils solche einfacher Kombinationen der Erzeugenden sind. Zur Vermeidung von Irrationalitäten ist es zweckmäßig, die Anzahl ν der Moduln nicht so klein als möglich zu wählen, sondern überschüssige Moduln zuzulassen. Die Folge wird sein, daß zwischen den j gewisse Gleichungen bestehen:

$$(15)\qquad \begin{cases} G_1(j_1, j_2, \ldots, j_\nu) = 0, \\ G_2(j_1, j_2, \ldots, j_\nu) = 0, \\ \cdots\cdots\cdots \end{cases}$$

Außerdem ergibt sich aus der Natur der „DB" ein System von Ungleichungen:

$$(16)\qquad \begin{cases} H_1(j_1, j_2, \ldots, j_\nu) > 0, \\ H_2(j_1, j_2, \ldots, j_\nu) > 0, \\ \cdots\cdots\cdots \end{cases}$$

Das Ziel der *„Invariantentheorie der Γ"* ist, *diese Gleichungen und Ungleichungen in erschöpfender Weise derart zu behandeln, daß jedem hiernach zulässigen Systeme reeller Zahlen $j_1, j_2, \ldots, j_\nu$ eine und nur eine Klasse von Gruppen Γ entspricht.* Man findet diese Theorie für die Hauptkreisgruppen in „Aut." 1, p. 335 vollständig entwickelt[53]).

Die Ergebnisse der genannten Untersuchungen gestatten, den vollen Überblick über die Mannigfaltigkeit der Hauptkreisgruppen zu gewinnen. Der einzelne „DB" vom Charakter (p, n) möge $m \leqq n$ feste Ecken auf oder innerhalb der fundamentalen Ellipse haben (parabolische und elliptische Ecken), während $(n - m)$ hyperbolische Zipfel ausserhalb liegen. Die *„Signatur"* des „DB" $(p, n; l_1, l_2, \ldots, l_m)$ erklären wir dann wie oben; die l sind entweder gleich ∞ oder stellen

52) Die Substitutionen V sind hierbei stets als „unimodular" geschrieben vorausgesetzt.

53) Geht man durch Abänderung des Querschnittsystems auf der geschlossenen Fläche zu einem wesentlich neuen kanonischen „DB", so liefert letzterer ein neues Modulsystem $j_1', j_2', \ldots, j_\nu'$, welches mit dem System $j_1, j_2, \ldots, j_\nu$ birational zusammenhängt. Es gehört so zu jeder Gattung (p, n) eine „Modulgruppe" birationaler Transformationen in derselben Art, wie die oben im speziellen als „Modulgruppe" bezeichnete Gruppe zu der den doppeltperiodischen Funktionen zugrunde liegenden Gruppe der Substitutionen $u' = u + m_1\omega_1 + m_2\omega_2$ gehört. Vgl. *Fricke* „Über die Theorie der automorphen Modulgruppen", Gött. Nachr. von 1896, p. 91, oder „Aut." 1, p. 389 ff.

die Perioden der elliptischen Erzeugenden dar. Es gilt der Satz: *„Die „Gattung" der Hauptkreisgruppen vom Charakter (p, n) zerfällt, allen möglichen Kombinationen von m ganzen Zahlen $l > 1$ ($l = \infty$ eingeschlossen) mit $0 \leq m \leq n$ entsprechend, in unendlich viele „Familien" der Signaturen $(p, n; l_1, l_2, \ldots, l_m)$; die einzelne Familie stellt ein einziges $(3n - m + 6p - 6)$-fach unendliches Kontinuum von Gruppenklassen vor. Die Reihenfolge der Zahlen l ist hierbei gleichgültig*[54]).

11. Einteilungsprinzipien auf Grund der Bereichnetze. Eine sachgemäße *Klassifikation* aller Gruppen Γ gewinnt man aus der Gestalt der „DB" und ihrer Netze. Zum Zwecke einer ersten Einteilung knüpfen wir wieder an die projektive Maßbestimmung im Raume, der ein Ellipsoid E zugrunde liege. (Den nicht an diese Darstellung gewöhnten Leser erinnern wir daran, daß die Oberfläche von E der ζ-Ebene, das Innere von E aber dem über der ζ-Ebene gelegenen Halbraume eindeutig entspricht.) Wir unterscheiden in Übereinstimmung mit der in „Aut." 1. p. 164 f. gegebene Aufzählung:

I. *Rotations- und Schraubungsgruppen mit festbleibender Achse.*

II. *Rotationsgruppen mit festbleibendem Zentrum.*

III. *Nichtrotationsgruppen, die auf E eigentlich diskontinuierlich sind.*

IV. *Nichtrotationsgruppen, die erst innerhalb E eigentlich diskontinuierlich sind.*

Nach IV. gehören die sogenannten *„Polyedergruppen"* (z. B. die *Picard*sche Gruppe, vgl. Schluß von Nr. **6**). Alle übrigen Gruppen sind *„Polygongruppen"*. Letztere gestatten folgende weitere Einteilung:

I. Gruppen mit festbleibender Achse. Mit einer Achse bleibt immer auch die ihr bezüglich E konjugierte Polare fest.

1. *Zyklische Gruppen.* Dieselben haben je eine Erzeugende V, deren Fixpunkte auf E durch eine der beiden eben genannten Achsen ausgeschnitten werden[55]).

a) *Zyklische Rotationsgruppen.* Die Operationen von Γ haben für die eine Achse den Charakter von Drehungen, für die andere den von Translationen.

α) Die „Rotationsachse" schneidet E in zwei getrennten Punkten. Die Erzeugende V ist *elliptisch* von endlicher ganzzahliger Periode l. Γ hat die endliche Ordnung l. Der „DB" ist

54) In „Aut." 2, p. 288 ff. ist die Invariantentheorie der Hauptkreisgruppen freilich unter Aufgabe der Symmetrie in eine wesentlich vereinfachte Gestalt gebracht.

55) Ist V parabolisch (Fall a, γ), so berühren beide Achsen das Ellipsoid im Fixpunkte von V.

in der ζ-Ebene eine Kreissichel der Winkel $\frac{2\pi}{l}$, deren Eckpunkte die Fixpunkte von V sind (vgl. Fig. 7).

β) Die „Rotationsachse“ verläuft gänzlich außerhalb E. V ist *hyperbolisch*, und die Fixpunkte von V sind hier, wie in den fol-

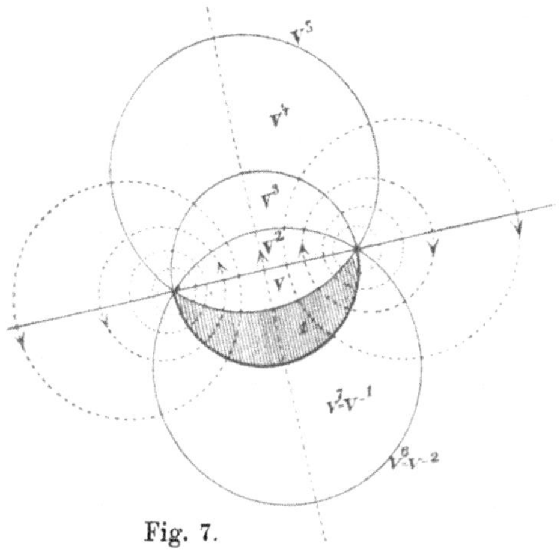

Fig. 7.

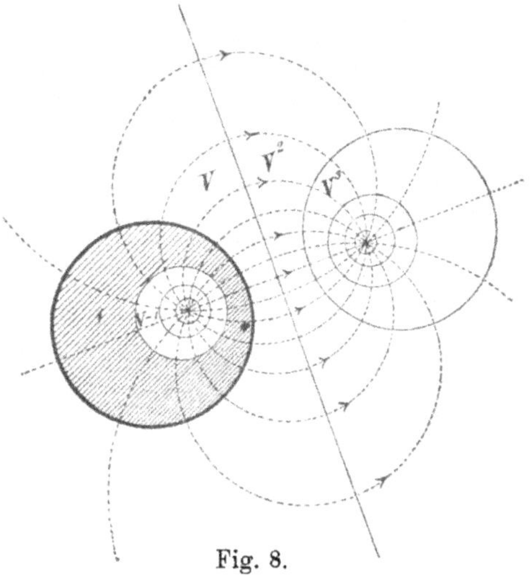

Fig. 8.

genden Fällen, „Grenzpunkte“ von Γ. Der „DB“ kann in der ζ-Ebene als Kreisring durch zwei vermöge V einander zugeordnete „Niveaukreise“ eingegrenzt werden (vgl. Fig. 8).

γ) Die „Rotationsachse“ berührt E. Grenzübergang zwischen α und β. V ist *parabolisch* (vgl. „Mod.“ 1, p. 188).

b) *Zyklische Schraubungsgruppen.* Die Operationen haben für beide Achsen den Charakter von Schraubungen. V ist *loxodromisch.* Der „DB“ kann als Kreisring gewählt werden (vgl. „Aut.“ 1, p. 66).

2. *Schraubungsgruppen mit zwei Erzeugenden V_1, V_2 der gleichen Fixpunkte.* Legt man die beiden Fixpunkte (Grenzpunkte der Gruppe) nach $\zeta = 0$ und ∞, so besteht Γ aus allen Substitutionen:

$$\zeta' = e^{m_1 \omega_1 + m_2 \omega_2} \zeta, \tag{17}$$

wo m_1 und m_2 alle Paare ganzer Zahlen durchlaufen und ω_1, ω_2 zwei komplexe Konstante mit nicht-reellen Quotienten sind, die überdies noch eine gewisse Bedingung erfüllen müssen[56]). Die Transformation $\zeta_0 = \log \zeta$ liefert eine „parabolische Rotationsgruppe“ (vgl. II, 2). Die erschöpfende Behandlung dieser Schraubungsgruppen und ihrer möglichen Erweiterungen findet man in „Aut.“ 1, p. 234 ff.

56) S. darüber „Aut.“ 1, p. 236.

II. Rotationsgruppen mit festbleibendem Zentrum. Die Operationen von Γ transformieren auch die zum Zentrum bezüglich E gehörende Polarebene in sich. In dieser Ebene gewinnt man das Polygonnetz der Γ in projektiver Darstellung.

1. *Das Zentrum liegt innerhalb E: „Elliptische" Rotationsgruppen oder „Gruppen der regulären Körper."* Eine solche Gruppe läßt sich stets durch geeignete Spiegelungen erweitern. Der „DB" der so erweiterten Gruppe ist in der ζ-Ebene ein *Kreisbogendreieck*, und zwar eines der *ersten* Art nach *Schwarz'* Klassifikation. Die ζ-Ebene läßt sich stereographisch in der Art auf die ζ-Kugel projizieren, daß der „DB" ein gewöhnliches *sphärisches Dreieck* wird.

Fig. 9.

Außer den zyklischen elliptischen Gruppen sind dies *die einzigen Gruppen von endlicher Ordnung;* die in den folgenden einzelnen Fällen angegebenen Ordnungen beziehen sich stets auf die „Gruppen erster Art"; die Ordnung der durch Spiegelungen erweiterten Gruppe ist jeweils doppelt so groß. Die Winkel des einzelnen Kreisbogendreiecks sind aliquote Teile von π; sie seien durch $\frac{\pi}{l_1}, \frac{\pi}{l_2}, \frac{\pi}{l_3}$ bezeichnet und in der folgenden Übersicht durch Angabe der ganzen Zahlen l_1, l_2, l_3 charakterisiert.

a) *Diedergruppen.* Winkel: $l_1 = 2,\ l_2 = 2,\ l_3 = n$, wo n eine beliebige ganze Zahl $\geqq 2$ ist. Ordnung $= 2n$.

b) *Tetraedergruppe.* Winkel: $l_1 = 2,\ l_2 = 3,\ l_3 = 3$. Ordnung $= 12$.

c) *Oktaedergruppe.* Winkel: $l_1 = 2,\ l_2 = 3,\ l_3 = 4$. Ordnung $= 24$.

d) *Ikosaedergruppe.* Winkel: $l_1 = 2,\ l_2 = 3,\ l_3 = 5$. Ordnung $= 60$.

Als Beispiel diene die Ikosaedergruppe. Fig. 9 zeigt das die „ζ-Kugel" umspannende Netz der 60 „Doppeldreiecke", Fig. 10 (p. 377) die projektive Darstellung des Netzes in der „elliptischen" Ebene[57]).

---

57) Soll die elliptische Ebene ein-eindeutig auf die ζ-Kugel bezogen sein, so muß man erstere als „Doppelfläche" auffassen; siehe „Aut." 1, p. 39. Die

2. *Das Zentrum liegt auf E: „Parabolische“ Rotationsgruppen oder „Gruppen der doppeltperiodischen Funktionen“.* Die projektive Dar-

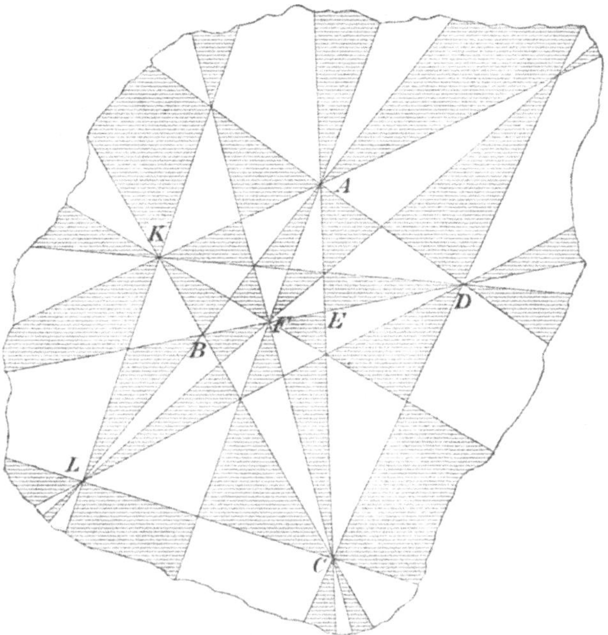

Fig. 10.

stellung des Netzes in der „parabolischen“ oder „euklidischen“ Ebene ist hier mit der Darstellung in der ζ-Ebene identisch. Die einzelne hierher gehörige Γ besteht aus den Substitutionen:

$$\zeta' = \zeta + m_1\omega_1 + m_2\omega_2, \tag{18}$$

zu bilden für alle Paare ganzer Zahlen m_1, m_2 [58]). Der „DB“ ist das zu ω_1, ω_2 gehörende *„Periodenparallelogramm“* (vgl. Fig. 11, p. 378); das Netz hat *einen* bei $\zeta = \infty$ gelegenen *„Grenzpunkt“*. Erzeugende sind die beiden parabolischen Substitutionen $\begin{pmatrix}1, & \omega_1\\ 0, & 1\end{pmatrix}$ und $\begin{pmatrix}1, & \omega_2\\ 0, & 1\end{pmatrix}$. Jede solche Gruppe ist durch Zusatz der elliptischen Substitution $\zeta' = -\zeta$ erweiterungsfähig zur Γ aller Substitutionen:

$$\zeta' = \pm\zeta + m_1\omega_1 + m_2\omega_2. \tag{19}$$

Diese erweiterte Gruppe läßt sich aus den drei elliptischen Substitutionen

$$\begin{pmatrix}-1, & 0\\ 0, & 1\end{pmatrix}, \begin{pmatrix}-1, & \omega_1\\ 0, & 1\end{pmatrix}, \begin{pmatrix}-1, & \omega_2\\ 0, & 1\end{pmatrix}$$

Bezeichnungen A, B, ... in Fig. 10 beziehen sich auf die projektive Erzeugung dieser Figur, welche man in „Aut.“ 1, p. 73 erörtert findet.

58) Siehe hierzu das Ref. II B 3, Nr. **54**, wo die im Text besprochenen Gruppen mit $\Gamma^{(u)}$ bezeichnet sind.

erzeugen[59]). Sonstige Erweiterungen durch elliptische Substitutionen oder solche durch Substitutionen zweiter Art sind nur möglich, wenn zum Periodenquotienten $\frac{\omega_1}{\omega_2}$ ein *elliptisches Gebilde von harmonischem*

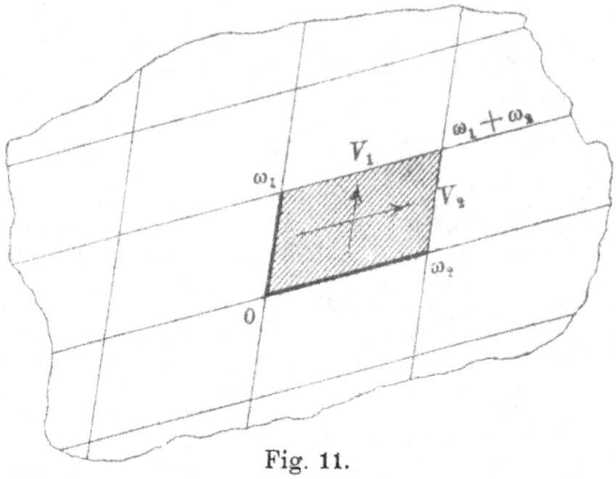

Fig. 11.

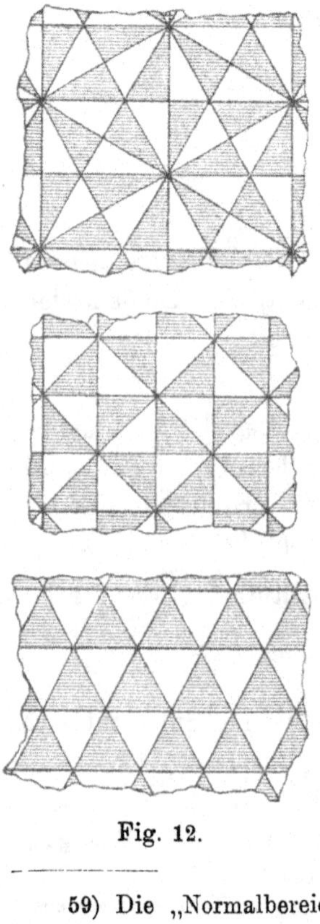

Fig. 12.

oder äquianharmonischem Doppelverhältnis gehört. Eine volle Aufzählung der hier eintretenden Gruppen findet man in „Aut." 1, p. 222 ff.; speziell gehören hierher die zu den drei *Kreisbogendreiecken zweiter Art* gehörenden Γ, deren Netze in Fig. 12 zusammengestellt sind.

3. *Das Zentrum liegt außerhalb E: „Hyperbolische" Rotationsgruppen oder „Hauptkreisgruppen".* Die zum Zentrum gehörende Polarebene schneidet E in einer reellen Ellipse, welche in der ζ-Ebene den „Hauptkreis" liefert; letzterer wird durch alle Operationen von Γ in sich transformiert. Macht man den Hauptkreis zur reellen ζ-Achse, so bekommen die Substitutionen von Γ lauter reelle Koeffizienten. Die Hauptkreisgruppen bilden die wichtigste und am meisten durchforschte Gruppenart, und auf sie beziehen sich die Spezialeinteilungen in *„Gattungen"*, *„Familien"* und *„Klassen"*, von denen in Nr. **10** die Rede

59) Die „Normalbereiche" der ursprünglichen und der durch $\zeta' = -\zeta$ erweiterten Gruppen sind in „Aut." 1, p. 216 ff. besprochen.

war. Bei der Darstellung der Bereichnetze in der ζ-Ebene kann man folgende Fälle unterscheiden:

a) *Hauptkreisgruppen mit isoliert liegenden Grenzpunkten.* Der „DB" besteht aus einem bezüglich des Hauptkreises symmetrisch gestalteten Polygon (vgl. Fig. 13). Man hat *ein* die ganze ζ-Ebene

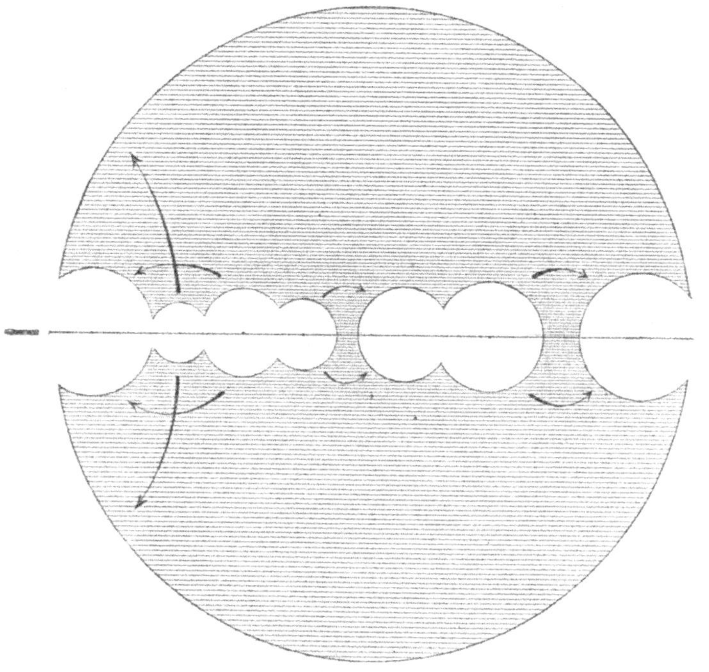

Fig. 13.

bedeckendes Polygonnetz mit unendlich vielen, den Hauptkreis nirgends dicht bedeckenden Grenzpunkten; diese Grenzpunkte stellen eine „perfekte" Punktmenge dar.

b) *Grenzkreisgruppen.* Der „DB" besteht aus zwei getrennten bezüglich des Hauptkreises symmetrischen Teilen. Man hat *zwei* durch den Hauptkreis („Grenzkreis") getrennte Netze; der Hauptkreis ist überall dicht von Grenzpunkten besetzt. Die einfachsten Fälle werden von den *Kreisbogendreiecken dritter Art* geliefert; hierher gehört auch die „Modulgruppe".

III. Nichtrotationsgruppen, die in der ζ-Ebene eigentlich diskontinuierlich sind.

1. *Gruppen mit „einem" oder „zwei" Polygonnetzen.*

a) *Gruppen mit einem die ganze ζ-Ebene überspannende Netze.* Die Grenzpunkte erfüllen keinen Teil der ζ-Ebene überall dicht, obschon jeder Grenzpunkt eine Häufungsstelle unendlich vieler weiterer Grenzpunkte ist; ein Hauptkreis liegt nicht vor. Die Grenzpunkte liefern in ihrer Gesamtheit wieder eine „perfekte“ Menge. Die einfachsten Beispiele sind Gruppen, die aus n (> 3) Spiegelungen mit solchen auseinander liegenden Symmetriekreisen entspringen, welche keinen gemeinsamen Orthogonalkreis haben (vgl. Fig. 14, wo $n = 4$ ist).

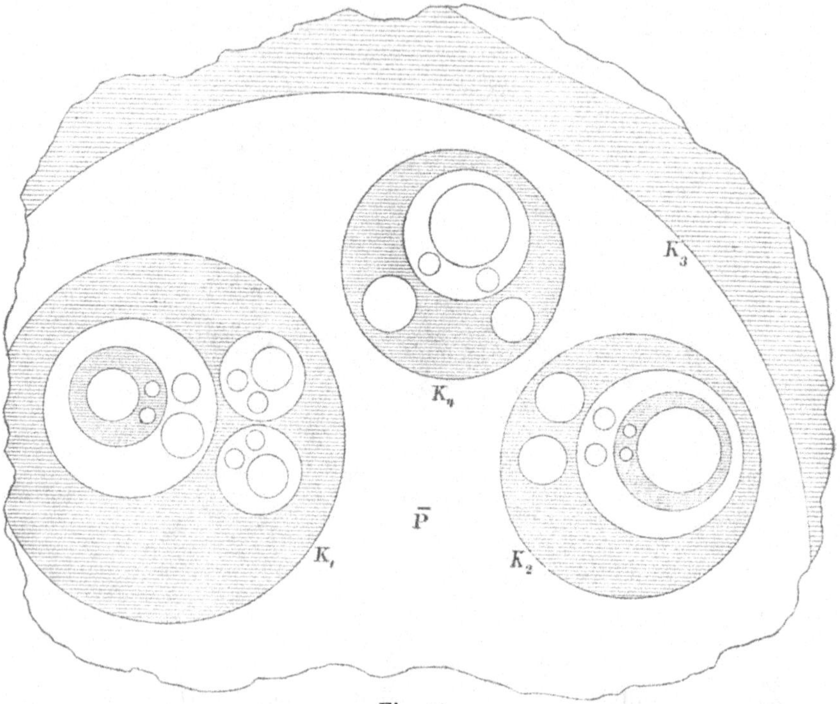

Fig. 14.

b) *Gruppen mit zwei Polygonnetzen, die durch eine nichtanalytische „Grenzkurve“ getrennt sind.* Man findet approximative Vorstellungen über den Verlauf der Grenzkurve in „Aut.“ B. 1, p. 415 ff. entwickelt. Fig. 15 (p. 381) liefert ein Beispiel, bei dem der „DB“ aus zwei Kreisbogenvierecken besteht, die durch eine Kette von vier einander berührenden Vollkreisen eingegrenzt sind; eines dieser beiden Vierecke ist in der Figur durch P bezeichnet.

2. *Gruppen mit unendlich vielen Polygonnetzen.*

a) *Alle unendlich vielen Polygonnetze haben „Grenzkreise“.* Ein hierher gehöriges Beispiel liefert die aus vier Spiegelungen erzeugbare Gruppe, deren Netze in Fig. 16 (p. 382) dargestellt sind, und deren „DB“ aus den drei in Fig. 16 mit $\bar{P}, \bar{P}', \bar{P}''$ bezeichneten Stücken besteht. Nach der von *Klein*[60]) aufgestellten „Methode der Ineinanderschiebung" kann man durch Kombinierung von Grenzkreisgruppen weitere hierher gehörige Beispiele gewinnen.

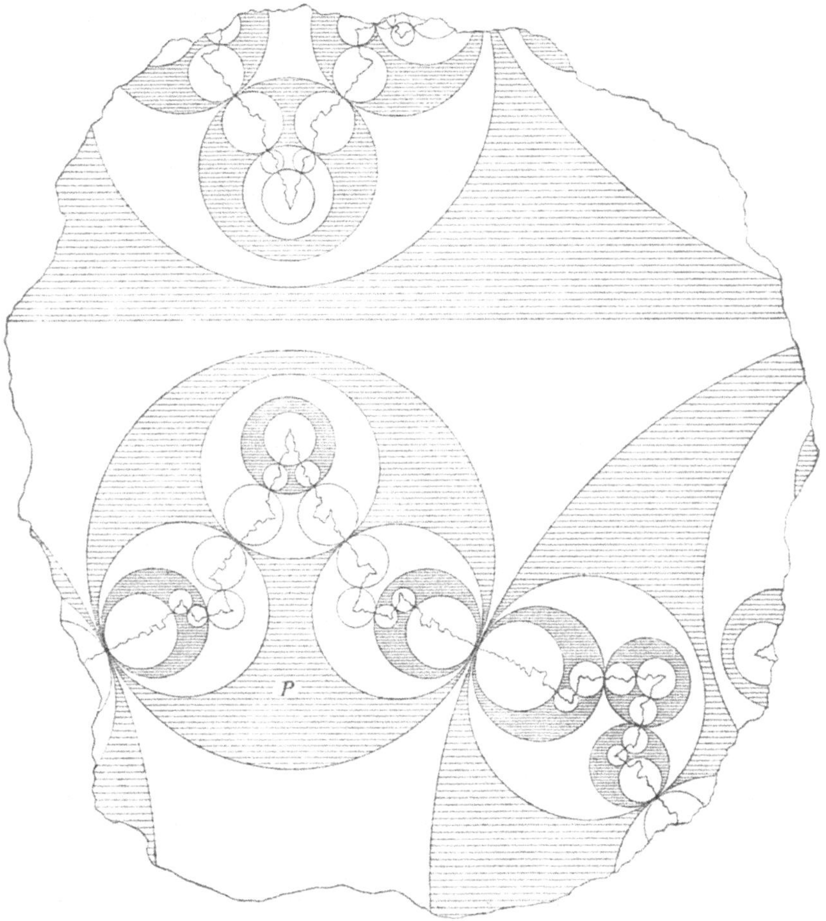

Fig. 15.

b) *Die Polygonnetze haben teilweise oder durchgängig „nicht-analytische" Grenzkurven.* Hier diene das Beispiel der Fig. 17 (p. 383), wo der „DB" wieder aus den drei Stücken $\overline{P}, \overline{P}', \overline{P}''$ besteht. Auch durch Ineinanderschiebung von Gruppen III, 1, b gewinnt man hierher gehörige Beispiele.

60) Im Verlaufe der Arbeit „Neue Beiträge der *Riemann*schen Funktionentheorie" (Abschn. III § 16) Math. Ann. 21 (1882), p. 200.

Außer den Gruppen endlicher Ordnung (I, 1, *a*, *α* und II, 1 der vorstehenden Klassifikation) dürfen in der Folge auch diejenigen als elementar gelten, welche zu einfach- oder doppelt-periodischen Funk-

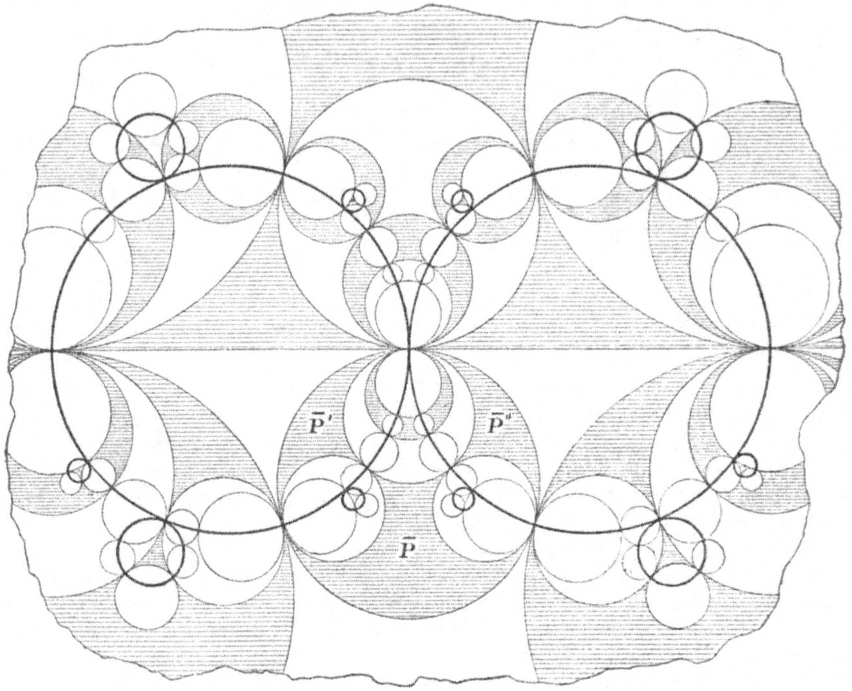

Fig. 16.

tionen führen. Hierzu gehören außer den sonstigen unter I genannten Gruppen noch die parabolischen Rotationsgruppen (II, 2). Das Hauptinteresse schließt sich weiterhin an die hyperbolischen Rotationsgruppen und die unter III genannten Nichtrotationsgruppen.

12. Arithmetische Definition der Gruppen. An das Problem, eine einzelne Gruppe Γ durch Erklärung der *arithmetischen Beschaffenheit ihrer Substitutionskoeffizienten* zu definieren, ist man von Seiten der Theorie der „ganzzahligen quadratischen Formen" herangeführt[61]).

---

61) Einen Versuch, eigentlich diskontinuierliche Gruppen Γ unmittelbar arithmetisch zu erklären, hat *O. Rausenberger* unternommen; s. dessen Abhandlungen „Theorie der allgemeinen Periodizität", Math. Ann. 18 (1881), p. 379, „Zur Theorie der Funktionen mit mehreren nicht vertauschbaren Perioden", Math. Ann. 20 (1882), p. 47, „Über eindeutige Funktionen mit mehreren nicht vertauschbaren Perioden I, II und III", Math. Ann. 20 (1882), p. 187, 21 (1883), p. 59 und 25 (1884), p. 222. Bei der Schwierigkeit des Gegenstandes dringen die Ergebnisse

Es sei $f(x, y, z)$ eine „irreducibele indefinite ternäre Form“ mit „ganzzahligen“ Koeffizienten; bei geeigneter Auswahl des Koordinatensystems liefert $f(x, y, z) = 0$ in der Ebene eine Ellipse E.

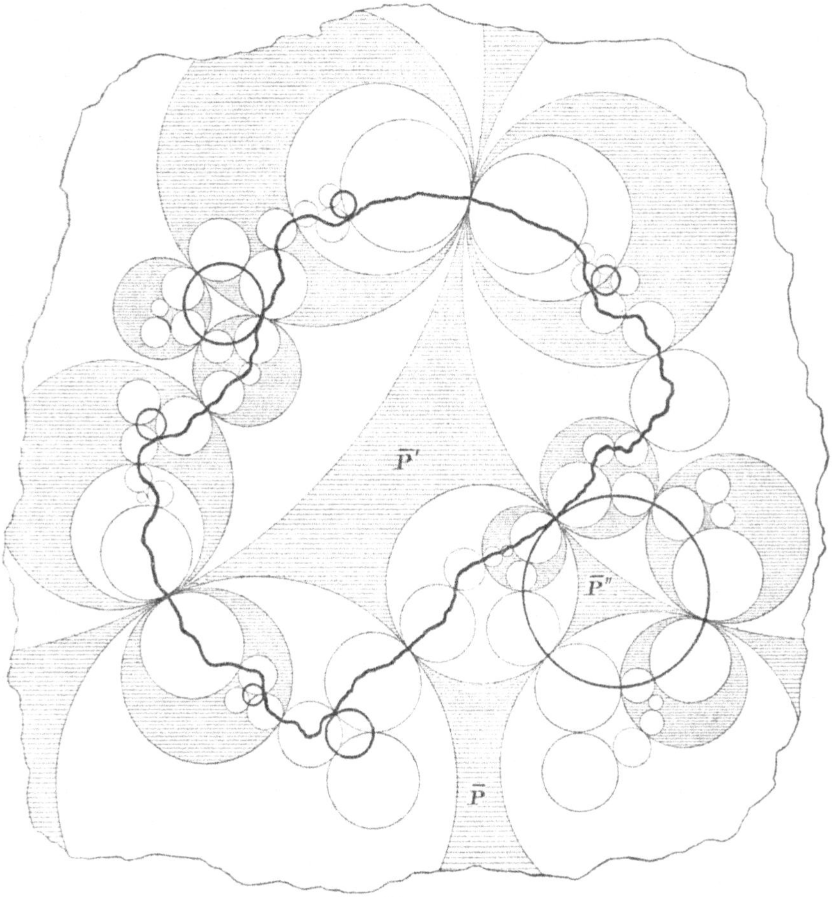

Fig. 17.

Alle ganzzahligen ternären Substitutionen:

$$(20) \qquad \begin{cases} x' = \alpha_1 x + \beta_1 y + \gamma_1 z, \\ y' = \alpha_2 x + \beta_2 y + \gamma_2 z, \\ z' = \alpha_3 x + \beta_3 y + \gamma_3 z \end{cases}$$

---

noch nicht sehr tief; insbesondere erweisen sich die aus zwei Erzeugenden $\begin{pmatrix}1, & 1\\ 0, & 1\end{pmatrix}$, $\begin{pmatrix}0, & -a\\ 1, & b\end{pmatrix}$ herstellbaren Gruppen als mit der Modulgruppe kommensurabel. S. betreffs der letzteren Gruppen auch *A. Hurwitz*, „Über eine Reihe neuer Funktionen, welche die absoluten Invarianten gewisser Gruppen ganzzahliger linearer Transformationen bilden“, Math. Ann. 20 (1881), p. 125.

der Determinante 1, *welche* $f(x, y, z)$ *in sich transformieren, liefern in der projektiven Gestalt eine innerhalb der Ellipse E und nur dort eigentlich diskontinuierliche Gruppe* Γ. Dieser Ansatz liefert somit „Grenzkreisgruppen" der nach II, 3, b obiger Klassifikation gehörenden Kategorie.

Die namentlich von *Hermite*[62]) und *E. Selling*[63]) begründete Theorie der Äquivalenz und Reduktion der Formen $f(x, y, z)$ liefert eine geeignete Grundlage für das Studium der zugehörigen Grenzkreisgruppen und ihrer Polygonnetze[64]). Es handelt sich um Entwicklungen, welche sich dem Gedankengange nach genau anschließen an die „Theorie der indefiniten binären Formen und der *Pell*schen Gleichung, begründet auf das Dreiecksnetz der Modulgruppe"[65]).

Poincaré kannte die Bedeutung der ternären Formen $f(x, y, z)$ für die Gewinnung einzelner Beispiele von Grenzkreisgruppen schon zu Beginn seiner Beschäftigung mit den automorphen Funktionen, und er ist 1887 auf diesen arithmetischen Ansatz ausführlich zurückgekommen[66]).

Noch einige Jahre früher gab *Picard* eingehende Untersuchungen von verwandter Art, welche sich unmittelbar an *Hermite* anschließen[67]).

---

62) „Sur la théorie des formes quadratiques ternaires", J. f. Math. 40 (1850), p. 173 oder *Hermites* Werke 1, p. 94 und „Sur la théorie des formes quadratiques ternaires indéfinies", J. f. Math. 47 (1853), p. 307 oder *Hermites* Werke 1, p. 193.

63) „Über binäre und ternäre quadratische Formen", J. f. Math. 77 (1874), p. 143.

64) Ausführliches Referat in „Aut." 1, p. 525 ff.

65) Vgl. hierüber „Mod." 1, p. 250 ff., sowie die dort genannte Arbeit von *H. S. Smith;* siehe wegen letzterer auch die zweite in Note 24 genannte Abhandlung.

66) „Les fonctions fuchsiennes et l'aritmétique", J. de math., (4) 3 (1887), p. 405.

67) *Picard* behandelt in ausgedehnten Untersuchungen die sich selbst konjugierten, sogenannten *Hermite*schen Formen von der Gestalt:

$$a x\bar{x} + b x\bar{y} + \bar{b}\bar{x}y + c y\bar{y},$$

wobei a und c reelle ganze Zahlen sind, und b und $\bar{b}$ zwei konjugierte complexe ganze Zahlen der Gestalt $(m + ni)$ bedeuten; x und $\bar{x}$ sind konjugierte Variabele, ebenso y und $\bar{y}$. Auch über die entsprechenden ternären Formen hat *Picard* gearbeitet. Vgl. „Mémoire sur les formes quadratiques binaires indéfinies", Ann. école norm., sér. (3) 1 (1884), p. 9, „Sur les formes quadratiques ternaires indéfinies etc." Act. math. 5 (1884), p. 121. Die Theorie der ganzzahligen indefiniten binären *Hermite*schen Formen ist in „Aut." 1, p. 452 ff. in einer Gestalt entwickelt, die der Theorie der indefiniten „*Gauß*schen Formen" auf Grund der Modulgruppe genau entspricht. Man findet arithmetisch definierte Grenzkreisgruppen, bei denen der durch Nullsetzen der einzelnen Form in der ζ-Ebene

Fricke lieferte zunächst Einzelausführungen, welche in jedem Falle bis zur Konstruktion des „DB" hingeführt wurden[68]); so ergab sich für die Form $(x^2 + y^2 - 3z^2)$ das Netz der Kreisbogendreiecke der Winkel $\frac{\pi}{2}, \frac{\pi}{4}, \frac{\pi}{6}$, für $(x^2 + y^2 - 11z^2)$ ein Netz von Vierecken der Winkel $\frac{\pi}{2}, \frac{\pi}{2}, \frac{\pi}{3}, \frac{\pi}{4}$ usw. *Fricke* untersuchte sodann allgemeiner das Bildungsgesetz der Substitutionen $\zeta' = \frac{\alpha\zeta + \beta}{\zeta\gamma + \delta}$, welche aus dem ternären Ansatze entspringen[69]). Die quadratische Form wurde erstlich durch rationale Transformation auf die Gestalt $(px^2 - qy^2 - rz^2)$ gebracht, unter p, q, r drei positive ganze Zahlen verstanden. Die zugehörigen ζ-Substitutionen bilden dann eine endliche Anzahl verschiedener Typen, welche alle vom „Haupttypus" aus leicht verständlich sind; letzterer hat folgende Gestalt:

$$\zeta' = \frac{(a + b\sqrt{pr})\,\zeta + (c\sqrt{r} + d\sqrt{p})\sqrt{q}}{(-c\sqrt{r} + d\sqrt{p})\sqrt{q}\,\zeta + (a - b\sqrt{pr})}, \tag{21}$$

wo a, b, c, d ganze Zahlen sind und die Determinante gleich 1 ist. Man kann hier auch unmittelbar leicht einsehen, daß alle zu einem einzelnen Zahlentripel p, q, r gehörenden Substitutionen dieser Art eine Grenzkreisgruppe bilden[70]). Die Kombination jener Substitutionen führt auf eine Regel, welche eine Analogie zur Multiplikationsregel der Quaternionen $(a + bi + cj + dk)$ besitzt; dieserhalb sind die genannten ζ-Substitutionen auch gelegentlich als solche vom „Quaternionentypus" bezeichnet.

Diese Ergebnisse wurden von *Fricke* in der Art verallgemeinert, daß die gewonnene Bauart der Substitutionen beibehalten wurde, die p, q, r, sowie die a, b, c, d jedoch als *ganze Zahlen aus reellen Zahlkörpern höherer Grade* entnommen wurden. Es sind dann freilich, damit dieser Ansatz „eigentlich" diskontinuierliche Gruppen liefert,

---

dargestellte Kreis:

$$a\zeta\bar{\zeta} + b\zeta + \bar{b}\bar{\zeta} + c = 0$$

der Grenzkreis ist. Vgl. übrigens unten Nr. 42.

68) „Über eine besondere Klasse diskontinuierlicher Gruppen reeller linearer Substitutionen" I und II, Math. Ann. 38 (1890), p. 50 und 461.

69) Die allgemeinste Gestalt der Ergebnisse ist zusammengestellt in der Note „Über indefinite quadratische Formen mit drei und vier Variabelen," Gött. Nachr. 1893, p. 705.

70) Vgl. „Aut." 1, p. 501 ff. S. auch die Ausführungen über die besondere hierher gehörige Gruppe des Kreisbogendreiecks der Winkel $\frac{\pi}{2}, \frac{\pi}{4}, \frac{\pi}{5}$ in „Aut." 2, p. 559 ff.

komplizierte und bisher nur teilweise durchforschte Zusatzbedingungen nötig, die z. T. der *Dirichlet*schen Einheitentheorie entstammen[71]).

Als Beispiel diene die Gruppe der Kreisbogendreiecke der Winkel $\frac{\pi}{2}, \frac{\pi}{3}, \frac{\pi}{7}$. Dieser Gruppe liegt der im Kreisteilungskörper 7. Grades enthaltene reelle kubische Körper zugrunde, der durch die Gleichung:

$$x^3 + x^2 - 2x - 1 = 0 \tag{22}$$

definierbar ist, und man hat speziell zu setzen $p = 2\cos\frac{2\pi}{7}$, $q = 1$, $r = 1$.

Auch *X. Stouff* hat mit Hilfe von reellen Kreisteilungskörpern einen Ansatz zur Definition von Grenzkreisgruppen ausgebildet. Die niedersten, wirklich zur Durchführung gelangenden Fälle lieferten hier Gruppen, die nach einer Ausdrucksweise *Poincarés* mit der Modulgruppe kommensurabel sind, d. h. mit letzterer eine Untergruppe von „endlichem" Index gemein haben[72]).

Ausgedehnte Untersuchungen über *Polyedergruppen*, bei denen die Substitutionkoeffizienten *ganze komplexe Zahlen imaginärer quadratischer Zahlkörper* sind, hat *L. Bianchi* angestellt[73]). Als Prototyp kann hierbei die *Picard*sche Gruppe gelten (vgl. oben Nr. **6**). Zu den von *Bianchi* untersuchten Gruppen gelangt man übrigens, falls man den vorhin für die ternären Formen entwickelten Ansatz auf solche *indefinite ganzzahlige quaternäre Formen* $f(x, y, z, t)$ überträgt, welche gleich 0 gesetzt, reelle, *nicht-geradlinige* Flächen 2. Grades liefern[74]).

13. Untergruppen, speziell Kongruenzuntergruppen der Modulgruppe. Die Aufgabe, die in einer vorgelegten Gruppe Γ enthaltenen *„Untergruppen"* aufzufinden, ist für zyklische Gruppen sowie die Gruppen endlicher Ordnung (elliptische Rotationsgruppen oder Gruppen

---

71) „Über den arithmetischen Charakter der zu den Verzweigungen (2, 3, 7) und (2, 4, 7) gehörenden Dreiecksfunktionen", Math. Ann. 41 (1892), p. 443 ff. Die allgemeinste Fassung der Resultate findet sich in der Note „Eine Anwendung der Idealtheorie auf die Substitutionsgruppen der automorphen Funktionen", Gött. Nachr. 1894, p. 106, S auch „Aut." 1, p. 558.

72) „Sur certains groupes fuchsiens formés avec les racines d'équations binomes", Toulouse Ann. 4 P (1890), p. 1; „Sur différents points de la théorie des fonctions fuchsiennes", Toulouse Ann. 8 D (1893), p. 1.

73) Siehe die zahlreichen Abhandlungen *Bianchis* „Sui gruppi di sostituzioni lineari a coefficienti interi complessi" in den Math. Ann. 38 ff., den Rend. d. Linc. 6 ff. und den Ann. di mat. 21 ff. (1890 ff.).

74) Siehe hierüber „Aut." 1, p. 513 ff. Eine Erweiterung der *Hermite-Selling*schen Prinzipien auf die quaternären Formen hat *L. Charve* begonnen in der Arbeit „De la réduction des formes quadratiques quaternaires positives", Ann. école. norm. (2) B. 11 (1882), p. 119.

der regulären Körper) leicht zum Abschluß zu bringen[75]). Diese für die algebraische Theorie der fraglichen Gruppen wichtigen Entwicklungen begründen z. B. im Falle der Ikosaedergruppe die Beziehung der letzteren zu den Gleichungen 5. Grades.

Für alle übrigen Gruppen, abgesehen allein von den parabolischen Rotationsgruppen (Gruppen der doppeltperiodischen Funktionen[76])), ist die Aufgabe der Auffindung aller Untergruppen eine sehr schwierige, zu deren allgemeiner Lösung man nur erst einen geometrischen Ansatz besitzt. Derselbe besteht darin, daß man in dem zur Gruppe Γ gehörenden Netze der „DB" auf geeignete Art eine Anzahl μ von Bereichen zu einem neuen „DB" zusammenfaßt; letzterer liefert alsdann eine in Γ enthaltene Untergruppe Γ_μ des Index μ. Die bei der Zusammenfassung der ursprünglichen „DB" zu befolgenden Vorschriften sind durch einen „*Verzweigungssatz*" gegeben, der für die Modulgruppe von *Klein*[77]) aufgestellt ist und sich mutatis mutandis auf alle Gruppen Γ überträgt.

Der ursprüngliche „DB" liefere durch Zusammenbiegung seiner aufeinander bezogenen Randkurven die geschlossene Fläche F (vgl. oben p. 368), der „DB" der Untergruppe Γ_μ entsprechend F_μ. Diese beiden Flächen sind 1-μ-deutig aufeinander bezogen, insofern F_μ eine Einteilung in μ Bereiche trägt, die einzeln F eindeutig zugeordnet sind. Man kann demnach umgekehrt F_μ *als μ-blättrige Riemannsche Fläche über F* anordnen, deren Verzweigung einen bestimmten, durch den „Verzweigungssatz" näher festgestellten Charakter hat. Ist insbesondere Γ_μ eine *ausgezeichnete* Untergruppe, so trägt F_μ eine „*reguläre*" Einteilung in μ Bereiche, und die *Riemann*sche Fläche F_μ heißt dann bezüglich der Fläche F „*regulär verzweigt*". Eine solche reguläre Fläche gestattet μ eindeutige Transformationen in sich, bei denen sich die μ Blätter permutieren[78]).

---

75) S. wegen der letzteren Gruppen „Ikos.", p. 12 ff.

76) Die hier eintretenden Untergruppen sind die im Ref. II B 3 in Nr. **60** erklärten „Kongruenzgruppen innerhalb der daselbst mit $\Gamma^{(u)}$ bezeichneten Gruppe". S. auch a. a. O. Nr. **69** und **71**.

77) In der Abh. „Über die Transformation der elliptischen Funktionen usw." Math. Ann. 14 (1878), p. 128. S. auch „Mod." 1, p. 346.

78) Eine allgemeine Theorie der Riemannschen Flächen mit eindeutigen Transformationen in sich entwickelte *Hurwitz*, s. dessen Abh. „Über diejenigen algebraischen Gebilde, welche eindeutige Transformationen in sich zulassen", Gött. Nachr. von 1887, p. 85 oder Math. Ann. 32, p. 290; s. übrigens betreffs der in Betracht kommenden früheren Arbeiten von *Schwarz*, *Weierstraß*, *Noether* u. a. die näheren Angaben im Ref. II B 2 (Wirtinger) Nr. **31** und **53**. Über die eindeutigen Transformationen der Riemannschen Flächen der Geschlechter 0 und 1

Dieser auf den Gebrauch der dem „Verzweigungssatze" entsprechenden Riemannschen Flächen F_μ gegründete Ansatz führt zwar zu allen Untergruppen, ist indessen in seiner praktischen Anwendbarkeit wesentlich auf niedere Fälle beschränkt. In den meisten behandelten Fällen ist das Geschlecht p von F gleich 0, und man hat es insbesondere auf die Auffindung ausgezeichneter Untergruppen abgesehen. Soll erstlich die in diesem Falle reguläre Fläche F_μ gleichfalls das Geschlecht 0 haben, so kommt man auf die regulären Kugelteilungen zurück. Für reguläre Flächen F_μ mit $p > 0$ war *Kleins* Untersuchung der bei der Transformation 7. Ordnung der elliptischen Funktionen auftretenden F_{168} und Γ_{168}, für welche $p = 3$ zutraf, vorbildlich[79]). Im Anschluß hieran hat alsdann *W. Dyck* das Problem der ausgezeichneten Untergruppen in weiteren Spezialfällen behandelt und von hieraus den Versuch der Verallgemeinerung unternommen. Für $p = 3$, als Geschlecht von F_μ, hat *Dyck* eine F_{96} untersucht, die bei der Transformation 8. Grades der elliptischen Funktionen auftritt[80]); darüber hinaus hat er eine bei beliebigem primzahligen Transformationsgrade q auftretende Fläche $F_{\frac{1}{2}q(q^2-1)}$ (vgl. die sogleich zu nennende Hauptkongruenzgruppe $\Gamma_{\frac{1}{2}q(q^2-1)}$) übersichtlich darzustellen unternommen[81]). Zwei weitere Beispiele regulärer Flächen sind von *Fricke*[82]) untersucht, nämlich eine F_{360} und F_{504}; die zugehörigen Gruppen G_{360} und G_{504} der Transformationen dieser Flächen in sich sind die bekannten *einfachen* Gruppen dieser Ordnungen 360 bzw. 504[83]).

---

in sich siehe die in Note 29 an erster Stelle genannte Schrift von *Klein*, p. 66 ff. sowie *H. Weyl*, „Die Idee der Riemannschen Fläche" (Leipzig 1913). § 21, p. 159 ff.

79) „Über Transformation 7. Ordnung der elliptischen Funktionen", Math. Ann. 14 (1878), p. 428.

80) „Über eine reguläre Riemannsche Fläche vom Geschlechte 3 und die zugehörige Normalkurve 4. Ordnung", Math. Ann. 17 (1880), p. 510.

81) „Über Untersuchung und Aufstellung von Gruppe und Irrationalität regulärer *Riemann*scher Flächen", Math. Ann. 17 (1880), p. 472; „Versuch einer übersichtlichen Darstellung der *Riemann*schen Fläche, welche der *Galois*schen Resolvente der Modulargleichung für primzahlige Transformation entspricht," Math. Ann. 18 (1881), p. 507; „Gruppentheoretische Studien", Math. Ann. 20 (1881), p. 1. S. auch *Dyck*, „Über regulär verzweigte Riemannsche Flächen und die durch sie definierten Irrationalitäten", Münch. Diss. von 1879.

82) „Über eine einfache Gruppe von 360 Operationen", Gött. Nachr. 1896, p. 199; „Über eine einfache Gruppe von 504 Operationen", Math. Ann. 52 (1898), p. 321.

83) Den Fall, daß beide Flächen F und F_μ das Geschlecht $p = 1$ haben, betrachtete *Fricke* in der Arbeit „Über die ausgezeichneten Untergruppen vom Geschlechte $p = 1$, welche in der Gruppe der linearen ω-Substitutionen enthalten sind", Math. Ann. 30 (1887), p. 345.

Bei solchen Gruppen Γ, deren Koeffizienten ganze algebraische Zahlen sind, kann man zweitens Untergruppen durch Kongruenzen, denen die Substitutionskoeffizienten nach einem festen Modul n genügen sollen, arithmetisch erklären. Man gelangt so zum Begriff der „*Kongruenzuntergruppen* n^{ter} *Stufe*"[84]). Diese Untergruppen sind grundlegend für die Transformationstheorie der zu Γ gehörenden automorphen Funktionen. Wir kommen auf diese Theorie, was insbesondere die elliptischen Modulfunktionen angeht, ausführlicher in Nr. **26** zurück.

Ausführlich sind die *Kongruenzuntergruppen der Modulgruppe* untersucht. Alle der Bedingung:

$$(23) \qquad \alpha \equiv \delta \equiv \pm 1, \; \beta \equiv \gamma \equiv 0 \pmod{n}$$

genügenden Substitutionen $\begin{pmatrix}\alpha, & \beta \\ \gamma, & \delta\end{pmatrix}$ bilden nach *Kleins* Ausdrucksweise die „*Hauptkongruenzgruppe*" n^{ter} Stufe; dieselbe ist eine ausgezeichnete Untergruppe Γ_μ des Index:

$$(24) \qquad \mu = \frac{n^3}{2} \prod \left(1 - \frac{1}{q^2}\right),$$

wo sich das Produkt auf die verschiedenen in n enthaltenen Primzahlen q bezieht[85]). Ist $n = q$ selbst eine Primzahl, so hat man demnach $\mu = \frac{1}{2} q(q^2 - 1)$; nur gilt für $q = 2$ nicht $\mu = 3$, sondern $\mu = 6$.

Alle übrigen Kongruenzuntergruppen n^{ter} Stufe der Modulgruppe Γ enthalten jene Gruppe Γ_μ in sich. Die Gewinnung aller dieser Gruppen für die einzelne Stufe n kann demnach so vollzogen werden: Man reduziere die Substitutionskoeffizienten mod. n auf ihre kleinsten nicht-negativen Reste und damit die Gesamtgruppe Γ auf eine *Gruppe von* μ *inkongruenten symbolisch durch*:

$$(25) \qquad \omega' \equiv \frac{\alpha\omega + \beta}{\gamma\omega + \delta} \pmod{n} \qquad \text{mit} \qquad \alpha\delta - \beta\gamma \equiv 1 \pmod{n}$$

zu bezeichnenden Operationen. Diese Gruppe G_μ der endlichen Ordnung μ ist alsdann in ihre sämtlichen Untergruppen zu zerlegen. Einem System von gleichberechtigten Untergruppen $G_{\frac{\mu}{\nu}}$ der Ordnung $\frac{\mu}{\nu}$ gehören dann innerhalb Γ ebensoviele gleichberechtigte Kongruenzgruppen Γ_ν des Index ν zu.

---

84) Der Unterschied von Untergruppen schlechtweg und „Kongruenzuntergruppe" ist für die Modulgruppe zuerst von *Klein* in der Note „Zur Theorie der elliptischen Modulfunktionen", Münch. Ber. vom 6. Dez. 1879 oder Math. Ann. 17 (1879), p. 62 aufgestellt und in seiner Tragweite für die Transformation der elliptischen Funktionen charakterisiert worden. S. übrigens betreffs des Stufenprinzips das Ref. II B 3, Nr. **60**.

85) S. über den Beweis der Gleichung (24) *C. Jordan*, „Traité des substitutions etc." (Paris 1870), p. 93 ff. oder „Mod." 1, p. 395.

Die Zerlegung von G_μ ist vollständig durchgeführt für den Fall, daß *n eine beliebige ungerade Primzahl q* ist[86]). An *zyklischen* Untergruppen dieser $G_{\frac{1}{2}q(q^2-1)}$ sind zu nennen:

1. $q+1$ gleichberechtigte G_q der Ordnung q,

2. $\frac{1}{2}q(q+1)$ gleichberechtigte $G_{\frac{1}{2}(q-1)}$ der Ordnung $\frac{1}{2}(q-1)$,

3. $\frac{1}{2}q(q-1)$ gleichberechtigte $G_{\frac{1}{2}(q+1)}$ der Ordnung $\frac{1}{2}(q+1)$[87]).

Keine zwei unter diesen zyklischen Gruppen haben außer der Identität 1 eine Substitution gemein. An verschiedenen Substitutionen enthalten sie somit:

$$1+(q+1)(q-1)+\tfrac{1}{2}q(q+1)\cdot\tfrac{1}{2}(q-3)+\tfrac{1}{2}q(q-1)\cdot\tfrac{1}{2}(q-1) = \tfrac{1}{2}q(q^2-1),$$

womit die ganze $G_{\frac{1}{2}q(q^2-1)}$ erschöpft ist. Es folgen als *nicht-zyklische* Untergruppen:

1. $q+1$ sogenannte „halbmetazyklische" $G_{\frac{1}{2}q(q-1)}$; ein Beispiel wird geliefert von der Gruppe aller Substitutionen:

$$\omega' \equiv \frac{\alpha\omega+\beta}{\alpha^{-1}} \pmod{q}, \tag{26}$$

2. $\frac{1}{2}q(q+1)$ Diedergruppen G_{q-1}, den zyklischen $G_{\frac{1}{2}(q-1)}$ entsprechend,

3. $\frac{1}{2}q(q-1)$ Diedergruppen G_{q+1}, den zyklischen $G_{\frac{1}{2}(q+1)}$ entsprechend,

4. $\frac{1}{24}q(q^2-1)$ Tetraedergruppen G_{12}, die für $q\equiv\pm 3 \pmod{8}$ alle gleichberechtigt sind, für $q\equiv\pm 1 \pmod{8}$ zwei Systeme von je $\frac{1}{48}q(q^2-1)$ gleichberechtigten Gruppen bilden,

5. zwei Systeme von $\frac{1}{48}q(q^2-1)$ gleichberechtigten Oktaedergruppen G_{24}, jedoch nur wenn $q\equiv\pm 1 \pmod{8}$ ist,

6. zwei Systeme von je $\frac{1}{120}q(q^2-1)$ gleichberechtigten Ikosaedergruppen G_{60}, jedoch nur wenn $q\equiv\pm 1 \pmod{10}$ ist.[88])

Diese Zusammensetzung der G_μ liefert den Satz: *Bei ungeraden Primzahlstufen q sind die Kongruenzgruppen von „niederstem" Index im allgemeinen die von den halbmetazyklischen* $G_{\frac{1}{2}q(q-1)}$ *herrührenden* Γ_{q+1}; *nur bei* $q=5$, 7 *und* 11 *kommen auch Untergruppen* Γ_q *des Index q vor, welche bzw. von den* G_{12}, G_{24} *und* G_{60} *geliefert werden.*

Bei beliebiger *zusammengesetzter Stufenzahl n* seien nur die *halbmetazyklischen Gruppen* genannt, von denen eine erste durch $\gamma\equiv 0$

86) Vgl. die erschöpfende Darstellung in „Mod." 1, p. 419ff.

87) Zu denen dann natürlich noch die in diesen zyklischen Gruppen enthaltenen Untergruppen kommen.

88) Die bekannte in diesen Gruppen enthaltenen Untergruppen sind wieder nicht besonders genannt.

(mod. n) definiert ist; sie enthält somit die Substitutionen:

$$(27) \qquad \omega' \equiv \frac{\alpha\omega + \beta}{\alpha^{-1}} \pmod{n}.$$

Man hat $n\prod\left(1+\frac{1}{q}\right)$ gleichberechtigte Gruppen dieser Art von der Ordnung $\frac{1}{2}n\prod\left(1-\frac{1}{q}\right)$.

Die Gruppe $G_{\frac{1}{2}q(q^2-1)}$ ist zuerst von *Galois*[89]) bei seinen algebraischen Untersuchungen betrachtet worden, nämlich als *„Galoissche Gruppe der Modulargleichung“*, welche bei Transformation q^{ten} Grades der elliptischen Funktionen auftritt. Diese Gleichung ist von $(q+1)^{\text{ten}}$ Grade; sie gehört, wie in Nr. **26** zu besprechen ist, zu den $(q+1)$ Kongruenzgruppen Γ_{q+1}. Von *Galois* ist auch der Satz ausgesprochen, daß eine Resolvente von niederem als $(q+1)^{\text{ten}}$ Grade, nämlich vom q^{ten}, nur in den drei Fällen $q = 5$, 7 und 11 existiere.[90]) Diese drei Ausnahmefälle werden durch die drei oben genannten besonderen Systeme von Gruppen Γ_q geliefert. Den ersten Beweis dieses *Galois*schen Satzes lieferte *E. Betti*[91]). Die zyklischen und halbmetazyklischen Untergruppen der $G_{\frac{1}{2}q(q^2-1)}$ untersuchte *J. A. Serret*[92]). *J. Gierster*[93]) löste das Problem der vollständigen Zerlegung der $G_{\frac{1}{2}q(q^2-1)}$ in alle ihre Untergruppen und gab damit eine volle Aufklärung des *Galois*schen Satzes. Auch für den Fall einer beliebigen Potenz q^ν irgend einer ungeraden Primzahl hat *Gierster*[94]) die Zerlegung der zugehörigen G_μ vollständig durchführen können.[95])

---

89) Vgl. *Galois* Brief vom 29. Mai 1832 an *A. Chevalier*, veröffentlicht in der Revue encyclopédique von 1832, abgedruckt im J. de math. 11 (1846), p. 408, deutsche Übersetzung von *H. Maser* in den Buche „Abhandlungen über die algebraische Auflösung der Gleichungen von *N. H. Abel* und *E. Galois*“ (Berlin 1889), p. 108.

90) S. über die Aufstellung der drei Resolventen q^{ten} Grades unten Nr. **30**, sowie das Ref. II B 3, Nr. **43**.

91) „Sobra l'abassamento della equazione modulari della funzione ellitiche“, Ann. di mat. 3 (1853).

92) „Cours d'algèbre supérieure“, 2, p. 363 ff., siehe auch die Mitteilungen *Serrets* in den Pariser C. R. von 1859 u. 1860.

93) „Die Untergruppen der *Galois*schen Gruppe der Modulargleichung für den Fall eines primzahligen Transformationsgrades“, Math. Ann. 18 (1881), p. 319.

94) „Über die *Galois*sche Gruppe der Modulargleichung, wenn der Transformationsgrad die Potenz einer Primzahl > 2 ist“, Math. Ann. 26 (1885), p. 309.

95) Über Verallgemeinerungen auf die Gruppe der ganzzahligen homogenen unimodularen Substitutionen von n Variabelen und die in ihr enthaltenen Kongruenzuntergruppen vgl. man *C. Jordan*, „Traité des substitutions etc.“, (Paris 1870), p. 92 ff.

Daß nicht alle Untergruppen der Modulgruppe Kongruenzgruppen sind, bemerkte *Klein* (vgl. Note 84). Z. B. sind alle Wurzeln aus dem *Legendre*schen Integralmodul k^2 eindeutige Modulfunktionen. Aber nur $k^2, k, \sqrt{k}, \sqrt[4]{k}$ gehören zu Kongruenzuntergruppen der Stufen 2, 4, 8 und 16 und werden deshalb als „Kongruenzmoduln" eben dieser Stufen bezeichnet[96]); dagegen liefern alle übrigen Wurzeln aus k^2, wie gleichzeitig durch *G. Pick*[97]) und *Fricke*[98]) bewiesen ist, Untergruppen, die nicht durch Kongruenzen erklärbar sind. Neben den Wurzeln ist auch noch der Logarithmus des Integralmoduls $\log k(\omega)$ eine eindeutige Modulfunktion, welcher eine in allen vorgenannten Untergruppen gemeinsam enthaltene Untergruppe des Index ∞ zugehört.[99])

Nahe verwandt hiermit sind Untersuchungen über die Modulform $(-12)^{\text{ter}}$ Dimension $\Delta(\omega_1, \omega_2)$, ihre Wurzeln und ihren Logarithmus.[100]) Unter diesen Wurzeln sind nur $\sqrt{\Delta}, \sqrt[3]{\Delta}, \sqrt[4]{\Delta}, \sqrt[6]{\Delta}, \sqrt[12]{\Delta}$ eindeutige Modulformen und zwar „Kongruenzmoduln" der Stufen 2, 3, 4, 6 und 12.[101]) Bei der Form $\sqrt[24]{\Delta}$ von der gebrochenen Dimension $-\frac{1}{2}$ erfordert die Untersuchung des Verhaltens gegenüber den homogenen Substitutionen der ω_1, ω_2 (vgl. Nr. **18**) genaue Festlegung der Wege, welche ω_1, ω_2 beschreiben sollen.[102]) An Stelle des Logarithmus von Δ betrachtet man zweckmäßig denjenigen der Funktion:[103])

$$\eta(\omega) = \left(\frac{\omega_2}{2\pi}\right)^{12} \cdot \Delta(\omega_1, \omega_2). \tag{28}$$

Das Verhalten von $\log \eta(\omega)$ gegenüber den Substitutionen der Modulgruppe Γ untersuchte *Dedekind* in der in Note 2 genannten Arbeit.

14. Existenzbeweis der automorphen Funktionen. Es sei Γ eine beliebige „Polygongruppe" (in der ζ-Ebene eigentlich diskon-

96) *Hermite* bezeichnete bei seinen in Note 11 genannten Untersuchungen $\sqrt[4]{k}$ und $\sqrt[4]{k'}$ als eindeutige Funktionen von ω durch $\varphi(\omega)$ und $\psi(\omega)$; dieselben sind also wie überhaupt alle in der älteren Theorie der elliptischen Funktionen auftretenden Modulfunktionen „Kongruenzmoduln".

97) „Über gewisse ganzzahlige lineare Substitutionen, welche sich nicht durch algebraische Kongruenzen erklären lassen", Math. Ann. 28 (1886), p. 119.

98) „Über die Substitutionsgruppen, welche zu den aus dem *Legendre*schen Modul gezogenen Wurzeln gehören", Math. Ann. 28 (1886), p. 99.

99) Auch über diese Γ_∞ sehe man die eben gen. Arb. von *Pick* und *Fricke*.

100) S. über den Begriff der Modulform und speziell über $\Delta(\omega_1, \omega_2)$ unten Nr. **20** und **25**. Vgl. auch das Ref. II B 3, Nr. 58.

101) S. *A. Hurwitz*, „Grundl. einer independenten Theor. der ellipt. Modulf. usw.", Math. Ann. 18 (1881), p. 561 oder auch „Mod." 1, p. 623.

102) Vgl. hierzu *Th. Molien*, „Über gewisse in der Theor. der ellipt. Funkt. auftretende Einheitswurzeln", Leipz. Ber. von 1885, p. 25. S. auch *L. Kiepert*, „Über Teilung und Transform. der ellipt Funkt.", Math. Ann. 26 (1885), p. 369.

103) Vgl. die Nachweise im Ref. II B 3, Nr. 64.

tinuierliche Gruppe). Vom „DB“ derselben werde (wenn anders derselbe aus mehreren Teilen besteht) ein einzelnes zusammenhängendes Stück aufgegriffen, dessen Randkurven einander zugeordnet sind. Dieses Stück, welches nicht notwendig den ganzen „DB“ ausmacht, heißt, insofern es funktionentheoretisch betrachtet werden soll, nach *Klein*[104]) „*Fundamentalbereich*“ (abgekürzt „FB“). Dieser „FB“ gehört einem zusammenhängenden Netze N an, welches entweder die ganze ζ-Ebene (bis auf isoliert liegende Grenzpunkte) bedeckt oder eine Grenzkurve hat.

In den Begriff einer zu Γ bzw. zum „FB“ gehörenden automorphen Funktion (vgl. Nr. **1**) werde noch die Bedingung aufgenommen, *daß dieselbe im „FB“ überall unverzweigt, eindeutig und frei von wesentlichen Singularitäten sein soll.* Es soll somit in der Umgebung jeder Stelle ζ_0 des „FB“ für die einzelne automorphe Funktion $\varphi(\zeta)$ eine konvergente Darstellung:

$$\varphi(\zeta) = t^m(a_0 + a_1 t + a_2 t^2 + a_3 t^3 + \cdots) \tag{29}$$

mit $a_0 \neq 0$ und mit endlicher positiver oder negativer ganzer Zahl m gelten, wobei die Entwicklungsgröße t im allgemeinen $= \zeta - \zeta_0$ bzw. $= \frac{1}{\zeta}$ ist, je nachdem ζ_0 endlich oder gleich ∞ ist. Ist jedoch ζ_0 eine elliptische Ecke des Winkels $\frac{2\pi}{l}$ oder eine parabolische Ecke, so hat man:

$$t = \left(\frac{\zeta - \zeta_0}{\zeta - \zeta_0'}\right)^l \text{ bezw. } t = e^{\frac{2i\pi}{\gamma} \cdot \frac{1}{\zeta - \zeta_0}} \tag{30}$$

zu setzen, wobei ζ_0' den zweiten Fixpunkt der fraglichen elliptischen Substitution bedeutet und γ im Sinne der Schreibweise (7), p. 360 der parabolischen Substitution gebraucht ist[105]). Die damit aufgestellten Einschränkungen sind deshalb von grundlegender Bedeutung, weil sie uns den Anschluß an die Theorie der algebraischen Funktionen vermitteln werden.

Den Existenzbeweis der automorphen Funktionen erledigte *Klein*[106])

104) „Neue Beiträge zur Riemannschen Funktionentheorie“ Math. Ann. 21 (1882), p. 149.

105) Die Bedeutung von t ist die, daß jedesmal die betreffende Polygonecke auf einen einfach bedeckten Vollkreis um $t = 0$ konform abgebildet wird. Vgl. „Aut.“ 2, p. 5 ff.

106) „Neue Beiträge zur *Riemann*schen Funktionentheorie“, Math. Ann. 21 (1882), p. 146. Eine den Charakter hyperbolischer Polygonecken betreffende Ergänzung seiner ursprünglichen Darstellung gab *Klein* in der Abhandl. „Über den Begriff des funktionenth. Fundamentalbereiches“, Math. Ann. 40 (1891), p. 130; s. die näheren Angaben in Note 46.

durch Berufung auf die *Riemann*schen Existenztheoreme, welche zuerst durch die Methoden von *Schwarz* und *C. Neumann* vollständig bewiesen sind (vgl. das Ref. II A 7b, Nr. **26** ff.)[107]). Hierzu ist nach der Wiederbelebung des Dirichletschen Prinzips durch *D. Hilbert*[108]) auch dieses von *Riemann* ursprünglich angewandte Beweisprinzip der Existenztheoreme wieder hinzugetreten.[109]) Die von *Klein* benutzten Methoden ergeben zunächst ein zum „FB" gehöriges *„automorphes Elementarpotential zweiter Gattung"*; dasselbe werde $u(\xi, \eta)$ genannt, wenn $\zeta = \xi + i\eta$ gesetzt wird. Von hier aus findet man in:

$$Z = u(\xi, \eta) + i \int_{(\xi_0, \eta_0)}^{(\xi, \eta)} \left(\frac{\partial u}{\partial \xi} d\eta - \frac{\partial u}{\partial \eta} d\xi \right) \tag{31}$$

ein *„Elementarintegral zweiter Gattung"*. Die Kombination verschiedener Integrale in der Gestalt:

$$c_1 Z_1 + c_2 Z_2 + \cdots + c_\mu Z_\mu \tag{32}$$

führt endlich bei geeigneter Auswahl der $c_1, c_2, \ldots c_\mu$ zu Funktionen, welche in korrespondierenden Randpunkten des Bereiches jeweils dieselben Werte annehmen; und diese Funktionen erweisen sich auf Grund des Prinzips der analytischen Fortsetzung als automorphe Funktionen $\varphi(\zeta)$.

Es gilt der Satz: *Ist μ die Gesamtmultiplizität der Pole der Funktion $\varphi(\zeta)$ im „FB", so nimmt sie einen beliebig vorgeschriebenen komplexen Wert im „FB" immer gerade μ Male an und heiße μ-wertig.*

Durch $z = \varphi(\zeta)$ wird der „FB" konform auf eine die z-Ebene überlagernde, geschlossene *Riemann*sche Fläche abgebildet, die μ Blätter aufweist und F_μ heiße. Fundamental ist der Satz: *Alle zur Γ bzw. zum „FB" gehörenden automorphen Funktionen $\varphi(\zeta)$ werden von den gesamten zur Riemannschen Fläche F_μ gehörenden algebraischen Funktionen von z geliefert.* Die Bezeichnung „algebraisches Gebilde vom

107) Darlegung der Methode in „Mod." 1, p. 508 ff.; Anwendung auf die automorphen „FB" in der Diss. von *E. Ritter* „Die eindeutigen automorphen Formen von Geschlechte null", Gött. Nachr. von 1892, p. 283 und Math. Ann. 41 (1892), p. 1 oder in „Aut." 2, p. 8 ff. Siehe auch das Ref. II B 1, Nr. **22** ff. und II B **2**, Nr. **15**, sowie die ausführlichen Darstellung der Existenzsätze bei *F. Prym* und *G. Rost*, „Theorie der Prymschen Funktionen erster Ordnung im Anschluß an die Schöpfungen Riemanns", (Leipzig 1911), Teil I.

108) „Über das Dirichletsche Prinzip", Jahresber. der D. Math.-Ver. 8 (1900), p. 184.

109) S. auch die weitere Durchbildung und Vereinfachung dieses Beweisverfahrens bei *H. Weyl,* „Die Idee der Riemannschen Fläche" (Göttinger Vorles. V), Leipzig 1913, Kap. 2.

Geschlecht p" übertragen wir auf die Funktionen $\varphi(\zeta)$ und sprechen von einem *„automorphen Gebilde des Geschlechtes p"*.

Ist $p = 0$, so gibt es ∞^3 einwertige Funktionen, *„Hauptfunktionen"* genannt, welche alle in einer unter ihnen, $\varphi(\zeta)$, als lineare Funktionen $\frac{a\varphi(\zeta)+b}{c\varphi(\zeta)+d}$ darstellbar sind. *Die Funktionen des automorphen Gebildes decken sich mit den rationalen Funktionen von* $\varphi(\zeta)$. Für $p > 0$ ist $\mu \geqq 2$. Haben $\varphi_1(\zeta)$ und $\varphi_2(\zeta)$ die Wertigkeit μ_1 und μ_2, so besteht zwischen ihnen eine algebraische Relation $G(\varphi_1, \varphi_2) = 0$, in welcher φ_1 auf den Grad μ_2 und φ_2 auf den Grad μ_1 ansteigt. *Ist diese Relation irreduzibel, so werden die gesamten Funktionen des Gebildes von den rationalen Funktionen* $R(\varphi_1, \varphi_2)$ *geliefert.* Diese Sätze sind unmittelbare Folgen der Theorie der algebraischen Funktionen.

Bei Fortsetzung über den Rand des „FB" entspringt schließlich der Satz: *Die automorphen Funktionen* $\varphi(\zeta)$ *des Gebildes sind im ganzen Bereiche des Netzes N „eindeutige" Funktionen von* ζ, *die jeden Grenzpunkt des Netzes zum wesentlich singulären Punkt und eine etwaige Grenzkurve zur natürlichen Grenze haben.* Die algebraischen Funktionen der Riemannschen Fläche F_μ werden demnach, *als Funktionen von* ζ *betrachtet, eindeutig,* oder sie werden, wie man sagt, *durch* ζ *„uniformisiert"*; über die Bedeutung dieses Ergebnisses vgl. unten Nr. **16** und **36**.

Poincaré ist bei der Herstellung der automorphen Funktionen einen anderen Weg gegangen, indem er direkt analytische Ausdrücke für diese Funktionen herstellte und der weiteren Entwicklung zugrunde legte; wir kommen hierauf in Nr. **22** zurück.

15. Klassifikation der automorphen Funktionen. Die *Klassifikation* der automorphen Funktionen gründet man auf diejenige der Gruppen Γ (vgl. Nr. **11**) unter Hinzunahme funktionentheoretischer Gesichtspunkte. Man unterscheidet[110]):

I. „Elementare" automorphe Funktionen.

1. *Rationale automorphe Funktionen* (zyklische elliptische Gruppen, Gruppen der regulären Körper (vgl. „Ikos.")),
2. *Funktionen mit einem Grenzpunkte* (parabolische zyklische Gruppen, Funktionen mit zwei „additiven" Perioden),
3. *Funktionen mit zwei Grenzpunkten* (hyperbolische und loxodromische zyklische Gruppen, Funktionen mit zwei „multiplikativen" Perioden);

110) Die nachfolgende systematische Klassifikation ist in „Aut." 2, p. 21 ff. durchgeführt. Die ursprüngliche Klassifikation *Poincarés* in Fuchssche und Kleinsche Funktionen nebst Zerlegung in allerlei Familien hatte nur provisorischen Charakter.

II. „Höhere“ automorphe Funktionen.

1. *Hauptkreisfunktionen,*
   a) *Grenzkreisfunktionen,*
   b) *Hauptkreisfunktionen mit isoliert liegenden Grenzpunkten,*
2. *Funktionen ohne Hauptkreis,*
   a) *Funktionen mit unendlich vielen isoliert, aber „nicht auf einem Kreise“ liegenden Grenzpunkten,*
   b) *Funktionen mit einer „nicht-analytischen“ natürlichen Grenze,*
   c) *Funktionen mit unendlich vielen (kreisförmigen oder nicht-analytischen) natürlichen Grenzen.*

Die eindeutigen einfachperiodischen, sowie die doppeltperiodischen oder elliptischen Funktionen ordnen sich hier unter I, 2 ein. Die Hauptkreisfunktionen sind diejenigen, welche *Poincaré* als „Fuchssche Funktionen“ bezeichnete, während er die Funktionen ohne Hauptkreis mit dem Namen der „Kleinschen Funktionen“ belegte. In den Arbeiten einiger neuerer Autoren werden hie und da allein die Grenzkreisfunktionen als „Fuchssche Funktionen“ bezeichnet. Die von Schottky betrachteten Funktionen (vgl. die Note 25) gehören nach II, 2, a, bzw. wenn ein Hauptkreis vorliegt, nach II, 1, b.

16. Sonstige Funktionen der Riemannschen Fläche F_μ, die durch ζ uniformisiert werden. Zu höchst bedeutsamen Sätzen führt die Idee, die gesamten auf der über der Ebene von $z = \varphi(\zeta)$ konstruierten Riemannschen Fläche F_μ betrachteten Funktionen in ihrer Abhängigkeit von ζ zu untersuchen.

In dieser Hinsicht sahen wir schon oben, daß die sämtlichen algebraischen Funktionen der *Riemann*schen Fläche F_μ *eindeutige* Funktionen von ζ werden oder durch ζ „uniformisiert“ werden, indem sie sich geradezu mit den automorphen Funktionen $\varphi(\zeta)$ decken.

Es ist dies aber nur der einfachste Fall allgemeinerer Eindeutigkeitssätze. So gilt für den Fall, daß das Polygonnetz in der ζ-Ebene *eine* Grenzkurve hat: *Die Abelschen Integrale erster und zweiter Gattung sind in ζ eindeutig, sowie auch diejenigen der dritten Gattung, wenn die logarithmischen Unstetigkeitspunkte sämtlich in „parabolische“ Zipfel des „FB“ fallen.* Ein weiterer „Uniformisierungssatz“ ist: *Die Lösungssysteme linearer Differentialgleichungen:*

$$(33) \qquad \frac{d^m Z}{d z^m} + P_1 \frac{d^{m-1} Z}{d z^{m-1}} + P_2 \frac{d^{m-2} Z}{d z^{m-2}} + \cdots + P_m Z = 0,$$

deren Koeffizienten $P_1, \ldots$ algebraische Funktionen der F_μ sind, werden in ζ z. B. stets dann eindeutige Funktionen, wenn die singulären Punkte *der Differentialgleichung sämtlich in „parabolische“ Zipfel des „FB“ fallen.*

Gegenüber den Substitutionen von Γ ändern sich die Abelschen Integrale um additive Konstanten (Perioden), während sich die Lösungssysteme der Differentialgleichungen linear-homogen substituieren („homomorphe“ Funktionen, vgl. unten Nr. **35**).

Der allgemeinste Uniformisierungssatz (vgl. „Aut“ 2, p. 40) im Falle eines *Polygonnetzes mit nur einer Grenzkurve* ist: *Jede Funktion der Fläche F_μ, welche abgesehen von den n den festen Polygonecken entsprechenden Punkten $e_1, e_2, \ldots, e_n$ von F_μ in der Umgebung jeder anderen Stelle von F_μ eindeutig ist, ist eine eindeutige Funktion von ζ, falls sie sich nach l Umläufen um jeden solchen Punkte e reproduziert, der einer elliptischen ζ-Substitution der Periode l entspricht.* Hier reihen sich für den niedersten Spezialfall $p = 0$, $n = 3$ die unten in Nr. **34** folgenden Entwicklungen an.

Die in Rede stehenden Eindeutigkeitssätze sind in umfassender Form zum ersten Male bei *Poincaré* aufgestellt. Indessen wurde ein besonderes zu $p = 0$, $n = 3$ gehörendes Theorem, auf das wir in Nr. **34** zurückkommen, von *Klein* bereits 1878 ausgesprochen[111]). Dasselbe ist auch *Riemann* bekannt gewesen, wie sich aus den neuerdings veröffentlichten Stücken des Riemannschen Nachlasses ergeben hat[112]).

17. Exkurs über homogene Variabele und Formen auf Riemannschen Flächen. Eine grundlegende Rolle hat der Gebrauch *homogener* Variabelen und Funktionen in der Theorie der automorphen Funktionen gespielt. Bei den endlichen Gruppen bewerkstelligte *Klein* durch Einführung zweier homogener Variabeln ζ_1, ζ_2 an Stelle der einen ζ unmittelbaren Anschluß an die *binäre Invariantentheorie.* Bei den Modulfunktionen lieferte die *Theorie der elliptischen Funktionen* bei *Weierstraß* und schon vor ihm bei *Gauß* homogene Funktionen oder „Formen“ der beiden Variabeln ω_1, ω_2. Für die allgemeine Theorie der automorphen Funktionen hat daraufhin *Klein* den Gebrauch homogener Variabeler durchweg empfohlen, wodurch in der Tat die Darstellung zahlreicher Sätze die einfachste Gestalt gewinnt. Da nicht

---

111) Es handelt sich um den in Nr. **34** zu behandelnden Satz, daß alle hypergeometrischen Funktionen durch Vermittlung der Modulfunktion zweiter Stufe $k^2(\omega)$ (des Integralmoduls) zu eindeutigen Modulfunktionen gemacht werden können. Vgl. *Klein*, „Über die Transformation der elliptischen Funktionen und die Auflösung der Gleichung 5. Grades“, Math. Ann. 14 (1878), p. 159.

112) Vgl. *B. Riemanns* „Gesammelte math. Werke“, Nachträge, herausg. von M. Nöther und W. Wirtinger (Leipzig 1902), p. 93.

alle Autoren von diesem Hilfsmittel Gebrauch machen, müssen wir einige vorbereitende Erläuterungen betreffend die formentheoretische Weiterbildung der Riemannschen Theorie vorausschicken.

Wir bringen zunächst einen Exkurs über homogene Variabele und Formen auf Riemannschen Flächen, wobei über die Grundlagen dieser Theorie auf das Referat II B 2 (*Wirtinger*) Nr. **38**ff. zu verweisen ist.

Hat die Riemannsche Fläche das Geschlecht $p = 0$ und ist z eine „Hauptfunktion", so ist die schlichte z-Ebene als Riemannsche Fläche zu benutzen. Man setze $z = \frac{z_1}{z_2}$ und führe an Stelle von z die „homogenen Variabelen" z_1, z_2 mit der Bestimmung ein, daß diese Variabelen immer endlich bleiben und nicht zugleich verschwinden sollen. Ist alsdann $a = \frac{a_1}{a_2}$ irgend ein Wert von z, so stellt der Ausdruck $z_1 a_2 - z_2 a_1$, wofür die Abkürzung (z, a) gebraucht wird, eine *„Primform" auf der Fläche* dar, *d. i. eine Form, welche überall endlich ist und nur an der einen willkürlich wählbaren Stelle a einen Nullpunkt erster Ordnung hat.*

Hat man eine Fläche F_μ mit μ Blättern und von beliebigem Geschlechte p über der z-Ebene, so spalte man z wie eben in z_1, z_2; hier hat dann z. B. die Variabele z_2 im ganzen μ Nullpunkte, welche die μ unendlich fernen Punkte $\infty_1, \infty_2, \ldots, \infty_\mu$ von F_μ sind. Die von *Klein* konstruierte Primform auf der Fläche F_μ ist im Ref. II B 2, Nr. **39** besprochen. Diese Primform hat einen an der Stelle a von F_μ gelegenen Nullpunkt erster Ordnung und ist übrigens auf F_μ überall endlich und von 0 verschieden.

Es genügt für den vorliegenden Zweck, den folgenden Aufbau vorzunehmen, der sich an die Darstellung in „Mod." 2, p. 502ff. anlehnt. Neben z sei auch die Stelle a auf der F_μ veränderlich, (z, dz) bedeute das Differential $z_1\, dz_2 - z_2\, dz_1$, und (a, da) habe die entsprechende Bedeutung. Dann ist

$$(34) \qquad \Omega(z, a) = \sqrt{-(z, dz)(a, da)\cdot e^{-\Pi_{z,a}^{z+dz,\, a+da}}}$$

unter Π das „Normalintegral dritter Gattung" verstanden (cf. „Mod." 2, p. 478), eine mit der *Klein*schen nahe verwandte Primform, welche wie jene bei Umläufen Exponentialfunktionen von Integralen erster Gattung als Faktoren annimmt, bei $z = a$ einen Nullpunkt erster Ordnung besitzt, aber allerdings noch überflüssige Nullpunkte in den Verzweigungspunkten von F_μ hat. Man kann indessen diese Nullpunkte in der Weise entfernen, daß man nach *E. Ritter*[113]) aus $\Omega(z, a)$

113) S. dessen Abh. „Die multiplikativen Formen auf algebraischen Gebilden

die durch $P(z_1, z_2; a_1, a_2)$ oder kurz $P(z, a)$ zu bezeichnende Primform herstellt:

$$(35) \qquad P(z, a) = \Omega(z, a) \sqrt[\mu]{\frac{z_2}{\Omega(z, \infty_1)\,\Omega(z, \infty_2) \ldots \Omega(z, \infty_\mu)}}.$$

Diese „Rittersche Primform", welche in den z_1, z_2 *die Dimension* $\frac{1}{\mu}$ *aufweist, ist auf* F_μ *überall stetig und hat nur einen an der willkürlich wählbaren Stelle a gelegenen Nullpunkt erster Ordnung.* Der Logarithmus der Primform $\log P(z, a)$ zeigt gegenüber jedem wohldefinierten Umlaufe auf F_μ eindeutig bestimmtes, ziemlich leicht angebbares Verhalten, aus dem insbesondere hervorgeht, daß sich $P(z, a)$ bei Umläufen auf der F_μ nur um *konstante Faktoren* ändert, was für die folgende Theorie der „multiplikativen" und der „automorphen" Formen wesentlich ist.[114]) Übrigens bemerken wir, daß man von $P(z, a)$ zur *Klein*schen Primform gelangt, indem man die Quadratwurzel:

$$\sqrt{-P(z, a)\,P(a, z)}$$

bildet.[115])

Man bezeichnet ein Differential an einer einzelnen Stelle der Fläche F_μ als endlich und nicht verschwindend, wenn es mit dem Differential einer solchen Funktion, welche die Umgebung jener Stelle auf einen schlichten ebenen und endlichen Bereich abbildet, an der fraglichen Stelle einen endlichen und nicht-verschwindenden Quotienten bildet. So ist im Falle der F_1, d. h. für $p = 0$ das Differential dz selbst zwar im Endlichen überall endlich und nicht-verschwindend, doch hat es einen Pol bei $z = \infty$. Dagegen ist das homogene Differential 2. Dimension:

$$z_1 dz_2 - z_2 dz_1 = -z_2{}^2 dz$$

auf der F_1 allenthalben endlich und nicht verschwindend und heißt dieserhalb ein „überall endliches Differential" der Fläche. Bei beliebigem p erweist sich der Ausdruck $(z_1 dz_2 - z_2 dz_1)$ zwar bei $z = \infty$ als endlich, jedoch treten jetzt noch Nullpunkte in den Verzweigungspunkten der F_μ auf, und zwar ein Nullpunkt $(\varkappa - 1)^{\text{ter}}$ Ordnung, falls im Verzweigungspunkte $\varkappa$ Blätter zusammenhängen. Um demnach jetzt wieder

beliebigen Geschlechtes mit Anwendung auf die Theorie der automorphen Funktionen", Math. Ann. 44 (1893), p. 261.

114) Die einfachste Darstellung findet man bei *Fricke*, „Die Rittersche Primform auf einer beliebigen Riemannschen Fläche" Gött. Nachr. 1900, p. 314 und in „Aut." 2, p. 502 ff.

115) Neben der im Ref. II B 2, Nr. 38 und 39 genannte Literatur über Herstellung von Primfunktionen und Primformen vgl. man noch die neuere Darstellung bei *Prym* und *Rost* in dem in Note 107 genannten Werke, Teil 2, p. 165 ff.

zu einem „überall endlichen Differential" (das wir in Nr. **31** zu benutzen haben) zu gelangen, ziehen wir die Primform heran; in der Tat können wir mittelst derselben zu einem durch $d\omega_z$ zu bezeichnenden Differential gewünschter Art durch die Gleichung:

$$(36) \qquad d\omega_z = \frac{z_1\,dz_2 - z_2\,dz_1}{P(z, v_1)^{\varkappa_1 - 1}\cdot P(z, v_2)^{\varkappa_2 - 1}\ldots}$$

gelangen, wo $v_1, v_2, \ldots$ die Verzweigungspunkte der Fläche sind, in denen bzw. $\varkappa_1, \varkappa_2, \ldots$ Blätter zusammenhängen. Dieses Differential $d\omega_z$ hat in den z_1, z_2 die Dimension $2 - 2p$.

Mit Hilfe seiner Primform hat *Ritter* die Formentheorie auf den Riemannschen Flächen F_μ weiter fortgebildet in der ausgesprochenen Absicht, die Lehre von den automorphen Formen und namentlich die Theorie der unten zu besprechenden *Poincaré*schen Reihen auf eine neue Grundlage zu bringen. Die hauptsächlichen von *Ritter* betrachteten Größen sind die folgenden:

Als eine *„multiplikative Form"* bezeichnet *Ritter* in der in Note 113 genannten Arbeit jede homogene analytische Funktion von z_1, z_2, welche sich bei Umläufen auf F_μ bis auf konstante Faktoren reproduziert und auf F_μ allenthalben von wesentlichen Singularitäten frei ist. Jede solche Form läßt sich abgesehen von einem Faktor, der die Exponentialfunktion eines Integrals erster Gattung ist, durch ein Produkt von *Ritter*schen Primformen darstellen. Unter diesen Formen werden insbesondere die *„unverzweigten"* betrachtet[116]; sind überdies alle bei Umläufen auftretenden Faktoren 1, d. h. ist die unverzweigte Form gegenüber allen Umläufen unveränderlich, so heißt dieselbe *„algebraisch"*.

Ritter bezeichnet zwei multiplikative Formen als *„reziprok"*, wenn ihr Produkt eine algebraische Form der Dimension $(2p - 2)$ ist. Für solche Formenpaare wird ein Anzahltheorem aufgestellt, welches *Ritter* als *„erweiterten Riemann-Rochschen Satz"* bezeichnet, weil dasselbe den gewöhnlichen Riemann-Rochschen Satz als niedersten Spezialfall umfaßt. Jenes Theorem gestattet auf der Riemannschen Fläche die Anzahl linear-unabhängiger Formen mit gegebenen Polen zu bestimmen. Wir werden unten erkennen, daß diese Begriffe bei der Besprechung der *Poincaré*schen Reihen unmittelbar zur Verwendung kommen.

In einer weiteren Abhandlung *Ritters*[117], die erst nach seinem Tode veröffentlicht wurde, sind entsprechend *linear-polymorphe Formen-*

---

116) Die Formen der Dimension 0, welche bei Umläufen Einheitswurzeln als Faktoren annehmen, sind die sogen. „Wurzelfunktionen".

117) „Über Riemannsche Formenscharen auf einem beliebigen algebraischen Gebilde", Math. Ann. 47 (1895), p. 187.

scharen auf einer beliebigen Riemannschen Fläche betrachtet, d. h. Systeme homogener Funktionen gleicher Dimension, welche sich gegenüber Umläufen auf der Fläche linear und homogen substituieren. Die Integrale einer linearen homogenen Differentialgleichung von der in Nr. **16** genannten Gestalt bilden eine solche Formenschar nullter Dimension, d. h. in der hier angewandten Sprechweise eine „Funktionenschar".

18. Die homogenen ζ-Substitutionen. Zur Begründung der Theorie der *automorphen Formen* setze man $\zeta = \frac{\zeta_1}{\zeta_2}$ und führe an Stelle von ζ die *„homogenen" Variablen* ζ_1, ζ_2 ein. *Dabei sollen die* ζ_1 *und* ζ_2 *stets endlich sein und niemals gleichzeitig verschwinden.* Überdies setzen wir fest, *daß* $\zeta_1 : \zeta_2 = \zeta$ *stets dem gerade vorliegenden Netze N der „FB" angehören soll.* Hierdurch ist der Inbegriff der *„erlaubten Wertepaare"* ζ_1, ζ_2 erklärt.

Die einzelne Substitution V liefert nun immer *zwei „unimodulare" homogene Substitutionen*:

$$\zeta_1' = \alpha\zeta_1 + \beta\zeta_2, \quad \zeta_2' = \gamma\zeta_1 + \delta\zeta_2;$$

denn es ist noch ein gemeinsamer Zeichenwechsel der vier Koeffizienten $\alpha, \beta, \gamma, \delta$ möglich, ohne daß $\alpha\delta - \beta\gamma = 1$ ungültig wird. Eine beliebige Gruppe Γ wird hierdurch auf die zugehörige *„homogene Gruppe"* 1-2-*deutig homomorph* bezogen sein. Zuweilen ist in letzterer eine mit der nicht-homogenen Γ isomorphe Untergruppe enthalten.

Ein kanonischer „DB" der Gruppe Γ liefere erstlich die elliptischen oder parabolischen Erzeugenden $V_1, V_2, \ldots, V_n$ (vgl. p. 369), und es sei l_k die Periode von V_k. Die entsprechenden Erzeugenden der homogenen Γ sollen $U_1, U_2, \ldots, U_n$ genannt werden. Um dieselben eindeutig zu wählen, verfahren wir so:

Ist V elliptisch von der Periode l und sind ε und ε' die Fixpunkte von V, so spalte man auch ε und ε' in $\varepsilon_1 : \varepsilon_2$ und $\varepsilon_1' : \varepsilon_2'$, und gebrauche die Abkürzung:

$$\zeta_1\varepsilon_2 - \zeta_2\varepsilon_1 = (\zeta, \varepsilon). \tag{37}$$

Die homogene Substitution sei alsdann (vgl. (6) p. 360):

$$(\zeta', \varepsilon) = e^{\frac{\pi i}{l}}(\zeta, \varepsilon), \quad (\zeta', \varepsilon') = e^{-\frac{\pi i}{l}}(\zeta, \varepsilon'). \tag{38}$$

Ist V parabolisch mit dem Fixpunkte ε (vgl. (7) p. 361), so wähle man die Stelle ε' beliebig, aber von ε verschieden, und kann alsdann ε' in $\varepsilon_1' : \varepsilon_2'$ derart spalten (vgl. „Aut." 2, p. 65), daß U die Gestalt annimmt:

$$(\zeta', \varepsilon) = (\zeta, \varepsilon), \quad (\zeta', \varepsilon') = 2i\pi(\zeta, \varepsilon) + (\zeta, \varepsilon'). \tag{39}$$

Die hyperbolischen oder loxodromischen Erzeugenden bei $p > 0$ nennen wir $U_a, U_b, \dots$ Es ist nicht nötig, die Auswahl derselben näher zu beschränken.

Über die Umrechnung der oben (am Schlusse von Nr. 8) erwähnten Relationen zwischen den Erzeugenden auf homogene Gestalt sowie über die Frage, wann die U eine mit der ursprünglichen Γ genau isomorphe Gruppe erzeugen, findet man das Nähere bei *Ritter* in den in Note 107 und 113 gen. Abh. und in „Aut." 2, p. 65 u. f.

19. Begriff der automorphen Formen. Für eine beliebige Gruppe Γ geben wir nun die Erklärung: *Eine automorphe Form $\varphi_d(\zeta_1, \zeta_2)$ der Γ sei eine homogene (analytische) Funktion der ζ_1, ζ_2 von der ganzzahligen oder rational gebrochenen positiven oder negativen Dimension d, welche im Bereiche der erlaubten Wertepaare ζ_1, ζ_2 unverzweigt und frei von wesentlichen Singularitäten ist, und welche sich gegenüber einem beliebigen Wege von ζ_1, ζ_2 zu einem äquivalenten Wertepaare $\zeta_1' = \alpha\zeta_1 + \beta\zeta_2$, $\zeta_2' = \gamma\zeta_1 + \delta\zeta_2$ bis auf eine (vom Wege abhängende) multiplikative Konstante μ reproduziert:*

$$\varphi(\alpha\zeta_1 + \beta\zeta_2, \gamma\zeta_1 + \delta\zeta_2) = \mu \cdot \varphi(\zeta_1, \zeta_2). \tag{40}$$

Aus der Forderung der Unverzweigtheit folgt noch *nicht* die Eindeutigkeit $\varphi_d(\zeta_1, \zeta_2)$, und insbesondere ist jede Form gebrochener Dimension mehrdeutig (vgl. „Aut." 2, p. 67). Vielmehr gilt als weitere Erklärung: *Eine Form $\varphi_d(\zeta_1, \zeta_2)$ wird als „eindeutige" automorphe Form bezeichnet, falls der Faktor μ in:*

$$\varphi_d(\zeta_1', \zeta_2') = \mu \cdot \varphi_d(\zeta_1, \zeta_2)$$

stets ein und derselbe ist, auf welchem innerhalb des Bereiches erlaubter Wertepaare gelegenen Wege man auch von ζ_1, ζ_2 zum äquivalenten Paare ζ_1', ζ_2' gegangen ist. Eine eindeutige Form hat natürlich stets *ganzzahlige* Dimension.

Aus der Definition ergibt sich: Die Form $\varphi_d(\zeta_1, \zeta_2)$ gestattet in der Umgebung einer gewöhnlichen (d. i. von einer Polygonecke verschiedenen) Stelle ζ_0 die Darstellung:

$$\varphi_d(\zeta_1, \zeta_2) = (\zeta, \alpha)^d \cdot t^m(a_0 + a_1 t + a_2 t^2 + \cdots), \qquad a_0 \neq 0, \tag{41}$$

wo α eine beliebige von ζ_0 verschiedene Stelle ist, m eine ganze Zahl bedeutet und t dieselbe Bedeutung wie p. 393 hat. Für eine *elliptische* Ecke ε hat man statt dessen:

$$\varphi_d(\zeta_1, \zeta_2) = (\zeta, \varepsilon')^d \left(\frac{\zeta - \varepsilon}{\zeta - \varepsilon'}\right)^m \left[a_0 + a_1\left(\frac{\zeta - \varepsilon}{\zeta - \varepsilon'}\right)^l + \cdots\right], \quad a_0 \neq 0, \tag{42}$$

oder abgekürzt:

$$\varphi_d(\zeta_1, \zeta_2) = (\zeta, \varepsilon')^d \cdot t^{\frac{m}{l}}(a_0 + a_1 t + a_2 t^2 + \cdots). \tag{43}$$

Eine Einschränkung gegenüber der vorausgeschickten Definition bedeutet die sich als zweckmäßig erweisende Forderung, daß an einem *parabolischen* Zipfel ε die Entwicklung gilt:

$$(44)\qquad \varphi_d(\zeta_1, \zeta_2) = (\zeta, \varepsilon)^d \left(e^{\frac{(\zeta, \varepsilon')}{(\zeta, \varepsilon)}}\right)^{\frac{m}{l}} \left[a_0 + a_1 e^{\frac{(\zeta, \varepsilon')}{(\zeta, \varepsilon)}} + a_2 e^{2\frac{(\zeta, \varepsilon')}{(\zeta, \varepsilon)}} + \cdots\right],$$

oder abgekürzt:

$$(45)\qquad \varphi_d(\zeta_1, \zeta_2) = (\zeta, \varepsilon)^d t^{\frac{m}{l}} (a_0 + a_1 t + a_1 t^2 + \cdots), \qquad a_0 \neq 0,$$

wo l ganzzahlig > 0 und m ganzzahlig beliebig wählbar ist[118]). Man vgl. hiermit die Reihendarstellungen der automorphen Funktionen in Nr. **14**.

Ist in (42) ff. die ganze Zahl m von 0 verschieden, so sagt man, die automorphe Form $\varphi_d(\zeta_1, \zeta_2)$ habe an der gewöhnlichen Stelle ζ_0 einen Nullpunkt m^{ter} Ordnung (bzw. einen Pol $(-m)^{\text{ter}}$ Ordnung); man sagt ferner, $\varphi_d(\zeta_1, \zeta_2)$ habe, *gemessen im „FB"*, in der elliptischen oder parabolischen Spitze einen Nullpunkt $\left(\frac{m}{l}\right)$-ter Ordnung (Pol $\left(-\frac{m}{l}\right)$-ter Ordnung). Gegenüber einer elliptischen oder parabolischen Erzeugenden ändert sich $\varphi_d(\zeta_1, \zeta_2)$ dementsprechend jedesmal um eine bestimmte Einheitswurzel als Faktor (vgl. das Nähere im „Aut." 2, p. 70).

20. Theorie der automorphen Formen für $p = 0$. Bei der Durchführung der Theorie der automorphen Formen werden wir dahin streben, diese Formen mit den in Nr. **17** betrachteten Formen der Riemannschen Fläche F_μ in Beziehung zu setzen und insbesondere diese letzteren als automorphe Formen darzustellen. Zunächst bewerkstelligen wir die Bildung automorpher Formen von den automorphen Funktionen aus durch einen *„Differentiationsprozess"*, der darauf beruht, daß die „Differentialform zweiter Dimension":

$$(46)\qquad (\zeta, d\zeta) = \zeta_1 d\zeta_2 - \zeta_2 d\zeta_1 = -\zeta_2^2 d\zeta$$

gegenüber allen unimodularen Substitutionen absolut invariant ist. Ist demnach $z = \varphi(\zeta)$ irgend eine automorphe Funktion einer vorgelegten Gruppe Γ, so ist:

$$(47)\qquad \varphi_{-2}(\zeta_1, \zeta_2) = \frac{d\varphi(\zeta)}{(\zeta, d\zeta)} = -\zeta_2^{-2}\frac{d\varphi(\zeta)}{d\zeta}$$

118) Der bei Ausübung der parabolischen Substitution eintretende Multiplikator μ ist nämlich, wenn die Darstellung (45) gilt, stets eine Einheitswurzel, was an sich noch nicht in der Definition der automorphen Form gefordert war. Vgl. übrigens *Ritter*, „Die eindeutigen automorphen Formen vom Geschlechte 0", Math. Ann. **41** (1892)., p. 46 ff. und „Aut." 2, p. 68 ff.

eine zur homogenen Γ gehörende gegenüber allen Substitutionen absolut invariante automorphe Form $(-2)^{\text{ter}}$ *Dimension.*

Auf diesen Ansatz gründen wir hier erstlich eine ausführliche Theorie der automorphen Formen für den *Fall des Geschlechtes* $p = 0$. Haben wir hier in $z = \varphi(\zeta)$ eine Hauptfunktion, so wird $\varphi_{-2}(\zeta_1, \zeta_2)$ eine sogenannte *„Hauptform". Dieselbe besitzt Nullpunkte in den n festen Polygonecken, und zwar in der Ecke* ε_k *einen solchen der Ordnung* $\left(1 - \frac{1}{l_k}\right)$; *sie hat ferner einen Pol zweiter Ordnung im Pole von* $\varphi(\zeta)$ *und ist übrigens endlich und von 0 verschieden.*

Nimmt die Hauptfunktion $z = \varphi(\zeta)$ in den n festen Ecken des „FB" die Werte $e_1, e_2, \ldots, e_n$ an, so wird die Form:

$$\varphi_{-2}(\zeta_1, \zeta_2) \cdot \prod_{k=1}^{n} (z - e_k)^{-\left(1 - \frac{1}{l_k}\right)} \tag{48}$$

im „FB" frei von Nullpunkten sein und nur einen Pol der Ordnung

$$2 - \sum_{k=1}^{n} \left(1 - \frac{1}{l_k}\right) = \frac{2}{\nu} \tag{49}$$

aufweisen. Hiernach können wir im vorliegenden Fall $p = 0$ den Anschluß an die in Nr. **17** vollzogene Spaltung der Hauptfunktion z in den Quotienten $z_1 : z_2$ unmittelbar vollziehen. In der Tat ist:

$$z_2(\zeta_1, \zeta_2) = \left\{ \frac{dz}{(\zeta, d\zeta)} \prod_{k=1}^{n} (z - e_k)^{-\left(1 - \frac{1}{l_k}\right)} \right\}^{\left(-\frac{\nu}{2}\right)} \tag{50}$$

eine *polfreie Form ν-ter Dimension mit einem Nullpunkte erster Ordnung* im „FB"; wir haben hier somit die Primform z_2 als automorphe Form dargestellt und wollen sie in dieser Gestalt als „automorphe Primform" bezeichnen. Auch $z_1(\zeta_1, \zeta_2) = z(\zeta) \cdot z_2(\zeta_1, \zeta_2)$ ist eine solche Primform, und man gewinnt in $az_1(\zeta_1, \zeta_2) + bz_2(\zeta_1, \zeta_2)$ eine *„Schar von Primformen"*, wobei durch zweckmäßige Auswahl von a und b der Nullpunkt an jede Stelle des „FB" gebracht werden kann.

Bis hierher hatten wir auch in Nr. **17** die Bildung von Primformen treiben können. Man kann aber bei den automorphen Formen, ohne daß Verzweigungen und dadurch bedingte Mehrdeutigkeiten eintreten, noch einen Schritt weiter gehen. Bildet man nämlich für die k-te feste Ecke des Polygons die Primform (z, e_k), so kann man aus dieser noch die l_k-te Wurzel ziehen und hat auch noch in:

$$Z_k(\zeta_1, \zeta_2) = \sqrt[l_k]{(z, e_k)} \tag{51}$$

eine unverzweigte automorphe Form; hierbei soll gemäß der früheren Verabredung bei einer parabolischen Ecke nicht $l_k = \infty$ genommen werden, sondern statt dessen (jedoch nur für den vorliegenden Zweck) unter l_k eine beliebig wählbare endliche Zahl verstanden sein. Die Formen Z_k, welche die Dimensionen $\frac{\nu}{l_k}$ haben, heißen die *„Grundformen“* des „FB“. Je drei sind durch eine Relation verknüpft:

$$(52) \qquad (e_i, e_k) Z_h^{l_h} + (e_k, e_h) Z_i^{l_i} + (e_h, e_i) Z_k^{l_k} = 0.$$

Das Verhalten der Grundformen gegenüber den Gruppenerzeugenden findet man in „Aut.“ 2, p. 75ff. erörtert[119]).

Bei den Gruppen der regulären Körper werden die Grundformen *rationale ganze Formen.* Dieselben sind zuerst in nichthomogener Gestalt von *Schwarz*[120]) aufgestellt und als binäre Formen von *Klein*[121]) untersucht worden (siehe auch „Ikos.“, p. 47ff. und das Ref. I B 2, Nr. 5). Bei den höheren automorphen Gebilden sind die Prim- und Grundformen stets von *negativer* Dimension. Für die Dreiecksgruppen gelangte *G. H. Halphen*[122]) zu den fraglichen Formen, und bald darauf gab *Poincaré*[123]) die allgemeine Theorie für $p=0$. Übrigens findet sich der Gebrauch der „homogenen“ Variabelen und der „Formen“, wie schon oben (in Nr. **17**) bemerkt wurde, erst bei *Klein* und *Ritter.*

Bei den Dreiecksgruppen gibt es im ganzen nur *zehn* wesentlich verschiedene Gebilde, bei denen alle drei Grundformen von *ganzzahliger* negativer Dimension werden (vgl. „Aut.“ 2, p. 81). Als Beispiel diene die *Modulgruppe* (vgl. „Mod.“ 1, p. 118), wo die drei Grundformen $g_2(\omega_1, \omega_2)$, $g_3(\omega_1, \omega_2)$, $\varDelta(\omega_1, \omega_2)$ heißen (s. auch Ref. II B 3, Nr. 58ff.). Ihre Darstellungen in der Hauptfunktion $J(\omega)$ sind:

$$(53) \qquad \begin{cases} g_2(\omega_1, \omega_2) = \left(\dfrac{dJ(\omega)}{(\omega, d\omega)}\right)^2 \dfrac{\pi^2}{3J(1-J)}, \\[2ex] g_3(\omega_1, \omega_2) = \left(\dfrac{dJ(\omega)}{(\omega, d\omega)}\right)^3 \dfrac{\pi^3 i}{27J^2(1-J)}, \\[2ex] \varDelta(\omega_1, \omega_2) = \left(\dfrac{dJ(\omega)}{(\omega, d\omega)}\right)^6 \dfrac{\pi^6}{27J^4(1-J)^3}. \end{cases}$$

Diese drei *„Modulformen“* gehören den Dimensionen -4, -6, -12 an; sie sind gegenüber allen homogenen Modulsubstitutionen absolut invariant. $\Delta(\omega_1, \omega_2)$ hat, im „FB“ der Modulgruppe gemessen, in der parabolischen Spitze einen Nullpunkt erster Ordnung. Im Sinne obiger

119) Siehe auch die in Note 118 gen. Abh. von *Ritter* p. 41.

120) In der in Note 20 genannten Abhandlung im J. f. Math. 75 (1872), p. 292.

121) „Über binäre Formen mit linearen Transformation in sich“, Erlanger Ber. vom Juni 1874 oder Math. Ann. 9 (1875), p. 183.

122) „Sur les fonctions, qui proviennent de la série de Gauss,“ C. R. 92 (1881), p. 856.

123) „Mémoire sur les fonctions fuchsiennes“, Act. math. 1 (1882), p. 193.

Festsetzung würde jede Wurzel $\sqrt[\nu]{\Delta}$ als Grundform zugelassen werden können. Jedoch sind nur die Wurzeln $\sqrt{\Delta}, \sqrt[3]{\Delta}, \sqrt[4]{\Delta}, \sqrt[6]{\Delta}, \sqrt[12]{\Delta}$ von ganzzahliger Dimension; nur diese Wurzeln sind, wie schon in Nr. **13** (am Schluß) bemerkt wurde (s. auch das Ref. II B 3, Nr. **64**), „eindeutige" Modulformen, und zwar der Stufen 2, 3, 4, 6 und 12.

Der weitere Ausbau der Theorie der automorphen Formen bei $p = 0$ ist von folgendem Satze beherrscht: *Jede unverzweigte automorphe Form* $\varphi_d(\zeta_1, \zeta_2)$ *des Gebildes ist durch die Prim- und Grundformen in der Gestalt darstellbar:*

$$(54) \qquad \varphi_d(\zeta_1, \zeta_2) = C \frac{(z, x_1)(z, x_2) \ldots (z, x_\tau)}{(z, y_1)(z, y_2) \ldots (z, y_\sigma)} \prod_{k=1}^{n} (z, e_k)^{\frac{m_k}{l_k}},$$

wo C *eine Konstante ist und die* m_k *ganze Zahlen sind, die man der Bedingung* $0 \leqq m_k < l_k$ *unterwerfen kann.* Für eine parabolische Ecke hat man wieder statt $l_k = \infty$ eine beliebige endliche Zahl l_k einzutragen. Die einzelne Form erscheint durch ihre σ Pole $y_1, y_2, \ldots, y_\sigma$ und ihre Nullpunkte, die teils in den Ecken festliegen, teils an den τ beweglichen Stellen $x_1, \ldots, x_\tau$ gelegen sind, bis auf einen konstanten Faktor bestimmt.

Wir wenden uns weiter zur Betrachtung *eindeutiger* Formen bei $p = 0$. Eine solche Form hat nach Nr. **19** stets *ganzzahlige* Dimension d. Gegenüber „Kombination" der Substitutionen „multiplizieren" sich die Multiplikatoren μ. Den Erzeugenden $U_1, U_2, \ldots, U_n$ der Γ mögen bei einer vorgelegten eindeutigen Form $\varphi_d(\zeta_1, \zeta_2)$ die Multiplikatoren $\mu_1, \mu_2, \ldots, \mu_n$ angehören; aus ihnen entspringen dann alle übrigen Multiplikatoren der Form φ_d durch Multiplikation. Für die Erzeugenden bestehen die Relationen:

$$(55) \qquad \begin{cases} U_1^{l_1} = -1, \ U_2^{l_2} = -1, \ldots, U_n^{l_n} = -1, \\ U_1 U_2 \ldots U_n = (-1)^n, \end{cases}$$

wobei jedoch die auf parabolische Ecken bezogenen Gleichungen ausfallen müssen (vgl. „Aut." 1, p. 201 und 2, p. 85). Hieraus entspringen *für die „erzeugenden Multiplikatoren" die Gleichungen*:

$$(56) \qquad \begin{cases} \mu_1^{l_1} = (-1)^d, \ \mu_2^{l_2} = (-1)^d, \ldots, \mu_n^{l_n} = (-1)^d, \\ \mu_1 \mu_2 \ldots \mu_n = (-1)^{nd}, \end{cases}$$

unter Weglassung der auf die parabolischen Ecken bezogenen Gleichungen. Indessen sollen, entsprechend der bisherigen Behandlung der parabolischen Ecken, auch die parabolischen Multiplikatoren *Einheitswurzeln* sein, die jedoch keiner weiteren Beschränkung unterliegen. Jedes mit den vorstehenden Bedingungen in Übereinstimmung befindliche System $\mu_1, \mu_2, \ldots, \mu_n$ heißt ein *„theoretisch mögliches Multiplikatorsystem"*. Sobald mindestens zwei parabolische Erzeugende vorliegen, gibt es unendlich viele solche Systeme. Sind alle Erzeugenden elliptisch, so ist die Anzahl aller theoretisch möglichen Multiplikatorsysteme eine nicht ganz kurz angebbare endliche zahlentheoretische Funktion der $l_1, l_2, \ldots, l_n$[124]).

Durch Diskussion der Darstellung (54) der Form $\varphi_d(\zeta_1, \zeta_2)$ in der Gestalt eines Produktes aus Prim- und Grundformen gewinnt man den Satz: *Für jedes theoretisch mögliche Multiplikatorsystem existieren eindeutige automorphe Formen.*

Auf diese Sätze gründen sich weitergehende Entwicklungen, welche unter anderen Fragen diejenige nach der *Anzahl linear unabhängiger Formen von gegebenen Polen,* ferner diejenige nach dem Auftreten *ganzer, d. i. polfreier Formen* usw. betreffen. Die Resultate, welche man in „Aut." 2, p. 99 ff. hierüber entwickelt findet[125]), bilden ein unentbehrliches Hilfsmittel für eine genaue Theorie der in Nr. 22 zu besprechenden *Poincaré*schen Reihen.

21. Automorphe Formen für Gebilde beliebigen Geschlechtes[126]). Die Theorie der automorphen Formen bei einem *Gebilde mit* $p > 0$ schließt sich zwar in ihren Ergebnissen an die vorstehende Theorie an; indessen ist die Entwicklung etwas anders anzuordnen. Ist $z = \varphi(\zeta)$ eine Funktion des Gebildes, so ziehe man erstlich die *Riemannsche Fläche* F_μ heran, auf welche der „FB" durch $z = \varphi(\zeta)$ abgebildet wird. Auf dieser Fläche F_μ konstruierten wir oben (in Nr. 17) die nach *Ritter* benannte Primform $P(z, a)$, welche in den homogenen Variabelen z_1, z_2 der Fläche die Dimension $\frac{1}{\mu}$ hat, überall stetig ist und nur einen, an der willkürlich wählbaren Stelle a gelegenen Nullpunkt erster Ordnung aufweist.

Die Voranstellung der F_μ bedingt, daß wir zunächst ζ und ebenso die homogenen ζ_1, ζ_2 als Funktionen bzw. Formen auf der F_μ betrachten. Diese Auffassung wird uns unten ausführlich beschäftigen (in Nr. 31); insbesondere werden wir ζ_1, ζ_2 als *„polymorphe" Formen auf der Riemannschen Fläche* F_μ darstellen lernen. Durch Inversion dieser Dar-

124) Siehe darüber die in Note 118 gen. Abh. *Ritters*, p. 30 ff. und „Aut." 2, p. 87 ff.

125) In nicht-homogener und darum nicht so übersichtlicher Gestalt finden sich alle diese Entwicklungen zuerst bei *Poincaré* in Act. math. 1, p. 193 ff.; die homogene Darstellung bei *Ritter* (vgl. Note 124).

126) Vgl. die in Note 113 genannte Abhandlung *Ritters* sowie „Aut." 2, p. 228 ff.

stellungen gelangen wir von $P(z, a)$ aus zur „*automorphen Primform*“:

$$\varphi_\nu(\zeta_1, \zeta_2) = e^{W(z)} P(z, a), \tag{57}$$

wobei wir rechts der Allgemeinheit halber die überall endliche und nicht verschwindende Exponentialfunktion eines beliebigen Integrales erster Gattung $W(z)$ von F_μ als Faktor aufnahmen. Die Dimension ν dieser automorphen Primform in den ζ_1, ζ_2 ist aus der Gleichung:

$$2 - 2p - \sum_{k=1}^{n}\left(1 - \frac{1}{l_k}\right) = \frac{2}{\nu} \tag{58}$$

zu berechnen.

Hieran schließt sich, falls feste Polygonecken vorliegen, die Darstellung der zu diesen Ecken gehörenden „*Grundformen*“:

$$\varphi_{\frac{\nu}{l_k}}(\zeta_1, \zeta_2) = e^{W_k(z)} P(z, e_k)^{\frac{1}{l_k}}, \tag{59}$$

unter den $W_k(z)$ wieder irgend welche Integrale erster Gattung verstanden.

Auf dieser Grundlage gestaltet sich die Theorie der *eindeutigen* automorphen Formen bei beliebigem p analog wie bei $p = 0$. *Jede unverzweigte automorphe Form $\varphi_d(\zeta_1, \zeta_2)$ läßt sich durch die Prim- und Grundformen so darstellen:*

$$\varphi_d(\zeta_1, \zeta_2) = e^{W(z)} \frac{P(z, x_1) P(z, x_2) \ldots P(z, x_t)}{P(z, y_1) P(z, y_2) \ldots P(z, y_s)} \prod_{k=1}^{n} P(z, e_k)^{\frac{m_k}{l_k}}, \tag{60}$$

wo betreffs der Exponenten $\frac{m_k}{l_k}$ dasselbe wie bei $p = 0$ gilt und $W(z)$ wieder ein Integral erster Gattung ist.

Diese Darstellung der automorphen Formen in den Prim- und Grundformen ist insbesondere für die Theorie der *eindeutigen* automorphen Formen grundlegend. Man hat für die letzteren wie bei $p = 0$ den Begriff des „*Multiplikatorsystems*“ auszubilden und gewinnt im Verfolg der Untersuchung auch bei beliebigem p den Hauptsatz: *Zu jedem theoretisch möglichen Multiplikatorsysteme gibt es eindeutige automorphe Formen.*

Auch die weiteren Entwicklungen über die Anzahl linear unabhängiger Formen bei gegebenen Polen usw. gestalten sich ähnlich wie bei $p = 0$. Neu, gegenüber $p = 0$, ist das *Auftreten von p linear unabhängigen „eigentlich automorphen“ (gegenüber allen Substitutionen von Γ absolut invarianten) ganzen (polfreien) Formen (— 2)-ter Dimension $\Phi_{-2}(\zeta_1, \zeta_2)$.* Es sind dies die Formen, welche man aus den p linear unabhängigen *Integralen erster Gattung* $W(\zeta)$ unmittelbar vermöge des Differentiationsprozesses (vgl. Nr. 20, am Anfang) ableiten kann:

$$(61) \qquad \Phi_{-2}(\zeta_1, \zeta_2) = \frac{dW(\zeta)}{(\zeta, d\zeta)} = -\zeta_2^{-2}\frac{dW(\zeta)}{d\zeta}.$$

22. Die Poincaréschen Reihen. In *Poincarés* Theorie der automorphen Funktionen nehmen die nach ihm benannten Reihen[127]) die zentrale Stellung ein. Er lieferte durch Ansatz und Diskussion dieser Reihen den Existenzbeweis der automorphen Funktionen mittels unmittelbarer analytischer Darstellung derselben und entwickelte auf dieser Basis insbesondere die Theorie der Gebilde des Geschlechtes 0. Die zweite der in Note 30 (p. 359) genannten Abhandlungen betrifft die Gebilde mit Grenzkreis, die dritte diejenigen ohne Hauptkreis.

Die Poincaréschen Reihen werden, in homogene Gestalt umgeschrieben, zu automorphen *Formen.* Man versteht demnach die Theorie dieser Reihen am besten, wenn man, wie hier geschehen ist, den Begriff der automorphen Formen voranstellt. *Poincarés* eigene Entwicklungen betrafen übrigens nur „eigentlich automorphe“ Formen bzw. Funktionen, welche gegenüber den Substitutionen der Gruppe *absolut* invariant sind.

Ritter nahm in der in Note 118 genannten Arbeit die Untersuchung der *Poincaré*schen Reihen in homogener Schreibweise und also auf formentheoretischer Basis wieder auf, und zwar in der Erweiterung, daß er nicht nur eigentlich automorphe Formen, sondern sogleich Formen mit beliebigen Multiplikatorsystemen durch Reihen darstellte. Nur hat man freilich mit Rücksicht auf die Verwendbarkeit der Konvergenzbetrachtungen *Poincarés* für die durch Reihen darzustellenden Formen von vornherein die Beschränkung zu machen, daß nicht nur (was nach obigen Festsetzungen zutrifft) die den elliptischen und parabolischen Erzeugenden entsprechenden Multiplikatoren Einheitswurzeln sind, *sondern daß auch gegenüber den hyperbolischen und loxodromischen Erzeugenden die automorphe Form nur Multiplikatoren vom absoluten Betrage 1 annimmt.* Man nennt die Form in diesem Sinne wohl *„unimultiplikativ“*. Übrigens ordnen sich alle solche von *Ritter* betrachteten Reihen als Spezialfälle den unten (in Nr. 35) zur Sprache kommenden *Poincaré*schen Zetareihen unter.

Es sei eine homogene Gruppe Γ und ein zugehöriges Multiplikator-

---

127) *Poincaré* selbst nennt seine Reihen „*Thetareihen*“, weil dieselben bei nicht-homogener Schreibweise gegenüber den Substitutionen V der Gruppe ein an die *Jacobi*schen Thetafunktionen erinnerndes Verhalten zeigen; er unterscheidet *Fuchs*sche und *Klein*sche Thetareihen je nachdem es sich (in seinem Sprachgebrauch) um eine Fuchssche oder Kleinsche Gruppe handelt.

system vorgelegt, und zwar entspreche der in Γ enthaltenen Substitution:

$$\zeta_1^{(k)} = \alpha_k\zeta_1 + \beta_k\zeta_2,\quad \zeta_2^{(k)} = \gamma_k\zeta_1 + \delta_k\zeta_2$$

der Multiplikator μ_k. Es sei ferner $H_d(\zeta_1, \zeta_2)$ eine *rationale* Form der Dimension d, *welche in keinem Grenzpunkte von Γ einen Pol hat.* Als *Poincaré*sche Reihe bezeichnen wir alsdann die auf alle Substitutionen von Γ bezogene Summe:

$$\sum_k \mu_k^{-1} H_d(\alpha_k\zeta_1 + \beta_k\zeta_2,\ \gamma_k\zeta_1 + \delta_k\zeta_2). \tag{62}$$

Falls diese Reihe im Netze N der „FB" absolut und gleichmäßig konvergent ist und in etwaigen parabolischen Zipfeln das oben festgesetzte Verhalten einer automorphen Form (vgl. Gleichung (45) p. 403) darbietet, so stellt sie eine automorphe Form des vorgegebenen Multiplikatorsystems dar (vgl. „Aut." 2, p. 141).

Die Konvergenzuntersuchung hat *Poincaré* nach zwei Methoden durchgeführt, welche mit geometrischen auf das Bereichnetz N gegründeten Erwägungen arbeiten. Die erste Methode lehrte, *daß die Reihen innerhalb N in der Tat stets dann absolut und gleichmäßig konvergieren, wenn die Dimension $d \leqq -4$ ist.* Die zweite Methode bezieht sich allein auf *Hauptkreisgruppen* und gründet sich auf die Benutzung der zugehörigen hyperbolischen Maßbestimmung. Zugleich werden hier die Moduln (Invarianten) der Gruppe (vgl. Nr. **10**) als variabel angesehen. Das Ergebnis ist: *Ist $d \leqq -3$, so konvergieren die Reihen absolut und gleichmäßig innerhalb des Netzes N sowie bei Abänderung der Gruppe Γ innerhalb der zugehörigen Gruppenfamilie.*

Da die parabolischen Zipfel nicht innerhalb des Netzes N liegen, erfordern sie eine besondere Betrachtung. Diese wird in der Weise durchgeführt, daß man für die Umgebung eines solchen Zipfels durch Umrechnung der Reihe das für eine automorphe Form charakteristische Bildungsgesetz (vgl. (45) p. 403) unmittelbar nachweist.

Es besteht aber noch die Möglichkeit, daß die einzelne Reihe (62) im Falle der Konvergenz identisch verschwindet. Man kann demnach unter Vorbehalt näherer Untersuchung nur erst sagen: *Eine Poincarésche Reihe stellt, sofern sie nicht identisch verschwinden sollte, eine automorphe Form dar.*

Die Konvergenz der *Poincaré*schen Reihen $(-2)^{\text{ter}}$ *Dimension* ist von *F. Schottky*[128]) für solche „FB" untersucht, welche von n Paaren einander hyperbolisch oder loxodromisch zugewiesenen Vollkreisen be-

128) „Über eine spezielle Funktion, welche bei einer bestimmten linearen Transformation ihres Argumentes unverändert bleibt", J. f. Math., 101 (1887), p. 227.

grenzt sind (vgl. Fig. 14, p. 380). *Schottky* zeigte die Konvergenz der Reihen $(-2)^{\text{ter}}$ Dimension, sobald es möglich ist, *den „FB“ durch Zusatz weiterer Vollkreise in ein Aggregat „dreifach“ zusammenhängender Teilbereiche zu zerlegen.* Diese Zusatzkreise wie auch die Randkreise des „FB“ müssen sämtlich voneinander getrennt verlaufen. Die genannte Bedingung ist bei allen Hauptkreisgruppen der fraglichen Art erfüllt (vgl. „Aut.“ 2, p. 162), aber nicht bei allen hierher gehörigen Gruppen ohne Hauptkreis.

Ungefähr gleichzeitig haben dann *W. Burnside*[129]) und *Ritter*[130]) die *Konvergenz der Poincareschen Reihen* $(-2)^{\text{ter}}$ *Dimension für alle Hauptkreisgruppen mit isoliert liegenden Grenzpunkten* bewiesen. *Ritter* zeigte andrerseits, *daß die Reihen* $(-2)^{\text{ter}}$ *Dimension nicht mehr absolut konvergieren, wenn ein Netz N mit einer oder unendlich vielen „Grenzkurven“ vorliegt.* Die von *Burnside* benutzte Methode lieferte das Resultat, daß bei gewissen Gruppen mit isoliert liegenden Grenzpunkten *selbst noch die Poincaréschen Reihen* $(-1)^{\text{ter}}$ *Dimension konvergieren*[131]).

23. Darstellung automorpher Formen durch Poincarésche Reihen. Die *Poincaré*schen Reihen stellen (sofern sie nicht identisch verschwinden) stets *eindeutige* automorphe Formen dar. Um die umgekehrte Frage zu behandeln, ob eine gegebene eindeutige unimultiplikative Form $\varphi_d(\zeta_1, \zeta_2)$ einer Dimension d, für welche die Konvergenz der *Poincaré*schen Reihen zutrifft, durch eine solche Reihe darstellbar ist, stellt man erstlich *„einpolige“* Reihen her. Bei solchen Reihen ist die Befürchtung des identischen Verschwindens ausgeschlossen. Hat man ein Netz mit einer Grenzkurve, so hat man eine Reihe mit *einem* Pole an einer *beliebigen* Stelle ξ des „FB“ in:

$$(63)\qquad \sum_k \mu_k^{-1} \frac{H_{d+1}(\zeta_1^{(k)}, \zeta_2^{(k)})}{(\zeta^{(k)}, \xi)},$$

sofern die rationale Form $H_{d+1}(\zeta_1, \zeta_2)$ so gewählt wird, daß ihre Pole sämtlich außerhalb des Netzes N liegen. Bedeckt das Netz bis auf isoliert liegende Grenzpunkte die ganze ζ-Ebene, so wird der Ansatz komplizierter; man hat die Reihe:

$$(64)\qquad \sum_k \mu_k^{-1} \frac{a_1 \zeta_1^{(k)} + a_2 \zeta_2^{(k)}}{(\zeta^{(k)}, \xi) \cdot G_{-d}(\zeta_1^{(k)}, \zeta_2^{(k)})}$$

---

129) „On a class of automorphic functions“, Proc. Lond. math. Soc. 23 (1891), p. 49 und 281.

130) in der in Note 118 gen. Abh., Math. Ann. 41, p. 57.

131) Vgl. *Fricke*, „Über die *Poincaré*schen Reihen der (— 1)-ten Dimension“ Festschrift für *R. Dedekind* (Braunschweig 1901).

anzusetzen, wobei die $(-d)$ Nullpunkte der „ganzen“ Form $G_{-d}(\zeta_1, \zeta_2)$ in lauter äquivalenten Punkten zu wählen sind und die a_1, a_2 derart bestimmt werden können, daß sich die von diesen Nullpunkten herrührenden Pole in den verschiedenen Gliedern der Reihe gerade fortheben. Eine erschöpfende Theorie dieser einpoligen Reihen, welche insbesondere dem Pole ξ freie Beweglichkeit im „FB“, unter Einschluß der „elliptischen“ Ecken (vgl. unten) sichert, ist von *Fricke*[132]) durchgeführt. Das Resultat ist: *Für die Dimension* $d = -2$ *können keine „eigentlich automorphen“ einpoligen Reihen gebildet werden* (*Reihen, deren sämtliche Multiplikatoren gleich* 1 *sind*); *in allen übrigen Fällen gibt es einpolige Reihen*[133]). Weit einfacher ist die Herstellung von Reihen mit *Polen höherer Ordnung* (siehe „Aut.“ 2, p. 205).

Um zur Darstellung der automorphen Formen $\varphi_d(\zeta_1, \zeta_2)$ durch Reihen zu gelangen, sind noch folgende Gesichtspunkte zu beachten. Bei $p > 0$ wurde betreffs der den loxodromischen bzw. hyperbolischen Erzeugenden entsprechenden Multiplikatoren schon oben hervorgehoben, daß dieselben (wie auch die „elliptischen“ und „parabolischen Multiplikatoren“) durchgehends *Zahlen des absoluten Betrages* 1 sein müssen, d. h. daß wir uns auf die Reihendarstellung von *„unimultiplikativen“* Formen zu beschränken haben. Zweitens zeigt die oben (im Anschluß an Gleichung (62)) erwähnte Umgestaltung für die Umgebung eines parabolischen Zipfels, *daß jede Poincarésche Reihe im parabolischen Zipfel einen Nullpunkt hat.* Dasselbe werden wir also von den darzustellenden Formen $\varphi_d(\zeta_1, \zeta_2)$ fordern müssen.

Ist nun eine zulässige automorphe Form $\varphi_d(\zeta_1, \zeta_2)$ gegeben, so bilde man, sofern φ_d Pole besitzt, mittels der einpoligen Reihen[134]) eine Reihe, welche genau in derselben Art unendlich wird wie φ_d. Die Subtraktion derselben von φ_d liefert eine *ganze Form*, so daß man nur noch die Darstellung der ganzen Formen durch Reihen zu diskutieren hat.

Der „formale“ Ansatz *polfreier Reihen* hat keine Schwierigkeit. Hat man z. B. ein Netz mit Grenzkurve, so wähle man $H_d(\zeta_1, \zeta_2)$ in $\sum_k \mu_k^{-1} H_d(\zeta_1^{(k)}, \zeta_2^{(k)})$ so, daß alle Pole von H_d außerhalb N liegen. Hier aber liegt die schon erwähnte Möglichkeit vor, *daß die Reihe innerhalb N vielleicht identisch verschwindet*; und die damit zusammenhängende Schwierigkeit ist die größte gewesen, welche *Poincaré* in der Theorie seiner Reihen zu überwinden hatte[135]).

132) „Die automorphen Elementarformen“, Gött. Nachr. 1900, p. 303.

133) Siehe auch die in Note 118 gen. Abh. *Ritters*, Math. Ann. 41, p. 70.

134) Betreffs der Erledigung von Polen höherer Ordnung vgl. man „Aut.“ 2, p. 205.

Die Lösung ist in einer ausführlicheren Theorie der einpoligen Reihen enthalten. Die einzelne solche Reihe mit dem im „FB“ bei ξ gelegenen Pole werde (nötigenfalls durch Zusatz eines konstanten Faktors) so normiert, daß sie an der Stelle ξ unendlich wird, wie $(\zeta, \xi)^{-1} = (\zeta_1 \xi_2 - \zeta_2 \xi_1)^{-1}$. Man gelangt so (vgl. „Aut.“ 2, p. 186) zu einem durch $\Omega(\zeta_1, \zeta_2; \xi_1, \xi_2)$ zu bezeichnenden Ausdruck, *der eine automorphe Form der Dimension d in ζ_1, ζ_2 und eine (im allgemeinen nicht automorphe) Form der Dimension $\bar{d} = -d - 2$ in ξ_1, ξ_2 ist. Ritter* bezeichnet Ω als *„Elementarform“*, die entsprechenden Gebilde in *Poincarés* Theorie sind die von ihm so benannten *„éléments simples“*.

Ritter hat in seiner öfter genannten Abhandlung in Band 44 der Math. Ann. p. 323 die Elementarform auf der Riemannschen Fläche direkt erklärt und mittelst der Primform aufgebaut. Die Elementarform dient hier zur *Partialbruchzerlegung* der Formen[136]) ebenso wie die Primform selbst zu deren *Produktzerlegung* gebraucht wird. In einer ausführlichen Darstellung der Riemannschen Flächen und ihrer multiplikativen Formen werden die Elementarformen um so weniger fehlen dürfen, als sie für beliebiges p die Verallgemeinerung jener multiplikativen elliptischen Funktionen bei $p = 1$ (doppeltperiodische Funktionen zweiter Art) darstellen, welche *Hermite* eingeführt hat (vgl. das Ref. II B 3, Nr. **42**, sowie die auf $p = 1$ bezüglichen Ausführungen in der in Note 87 gen. Abh. *Ritters*, p. 333ff.).

Es besteht nun der Satz: *Soll die Elementarform auch in ξ_1, ξ_2 automorph sein, so muß $p = 0$ zutreffen, und man ist auf einige wenige Ausnahmefälle beschränkt, bei denen zufolge der Theorie der automorphen Formen ganze Formen und also auch polfreie Reihen überhaupt nicht auftreten* (vgl. „Aut.“ 2, p. 199 und 263). Z. B. gilt das Theorem: *Bei den Dreiecksgruppen sind die in ζ_1, ζ_2 eigentlich automorphen Ω der Dimension -4 auch in den ξ_1, ξ_2 eigentlich automorphe Formen, und zwar von der Dimension $\bar{d} = 2$; ihre Darstellung in den Prim- und Grundformen ist:*

$$\Omega(\zeta_1, \zeta_2; \xi_1, \xi_2) = C \frac{\prod_{k=1}^{3} (x, e_k)^{\frac{1}{l_k}} \cdot \prod_{k=1}^{3} (z, e_k)^{1 - \frac{2}{l_k}}}{(x, z)}, \tag{65}$$

unter C eine von x und z unabhängige Konstante verstanden.

135) Vgl. die zweite in Note 30 gen. Abh. *Poincarés* und im Anschluß daran *Ritter* (vgl. Note 91) sowie die Darstellung in „Aut.“ 2, p. 175ff. S. auch *Fricke*, „Zur Theorie der *Poincaré*schen Reihen“, Jahresber. d. D. Math.-Ver. 9 (1900), p. 78.

136) Es handelt sich dabei erstlich um Partialbruchzerlegungen, bei denen ζ_1, ζ_2 als Argumente der Form fungieren, weiterhin aber auch um solche Zerlegungen, in denen ξ_1, ξ_2 die Argumente der zu' zerlegenden automorphen Form sind; s. die weiteren Angaben des Textes sowie insbesondere die Gleichung (66).

Darüber hinaus aber gilt: *In allen übrigen Fällen ändert sich Ω bei Ausübung einer Substitution U_k der Γ auf ξ_1, ξ_2 erstlich um einen Multiplikator μ_k^{-1}, welcher reziprok zum Multiplikator μ_k ist, der bei Ausübung von U_k auf ζ_1, ζ_2 eintritt, zweitens aber um ein additives Glied, welches eine polfreie Poincarésche Reihe in ζ_1, ζ_2 darstellt.* Ω zeigt also als Form der ξ_1, ξ_2 ein Verhalten, welches dem eines *einpoligen Integrals zweiter Gattung* auf einer *Riemann*schen Fläche analog ist. Wie man letztere zur Darstellung der algebraischen Funktionen der Fläche benutzt, so kann man hier automorphe Formen von ξ_1, ξ_2 der positiven Dimension $\bar{d} = -d - 2$ und der Multiplikatoren μ_k^{-1} durch Aggregate:

$$(66) \quad B_1\Omega({}^{(1)}\zeta_1, {}^{(1)}\zeta_2; \xi_1, \xi_2) + B_2\Omega({}^{(2)}\zeta_1, {}^{(2)}\zeta_2; \xi_1, \xi_2) + \cdots + B_\sigma\Omega({}^{(\sigma)}\zeta_1, {}^{(\sigma)}\zeta_2; \xi_1, \xi_2)$$

darzustellen versuchen. Es würde hier, falls die B so bestimmbar sind, daß das Aggregat in ξ_1, ξ_2 automorph wird, eine automorphe Form der ξ_1, ξ_2 mit den σ Polen ${}^{(1)}\zeta, \ldots, {}^{(\sigma)}\zeta$ entspringen. Bei der Durchführung dieses Ansatzes gewinnt nun das oben (Nr. **17**, p. 400) als „*erweiterter Riemann-Rochscher Satz*" bezeichnete Theorem über die Formen der Dimension d und die zu ihnen „reziproken Formen" der Dimension $\bar{d} = -d - 2$ eine grundlegende Bedeutung (vgl. „Aut." 2, p. 102 und 255). Was aber das Wichtigste ist: Es entspringt bei der Darstellung der Formen der ξ_1, ξ_2 in der fraglichen Gestalt gewissermaßen als Nebenprodukt die Erkenntnis, *daß „alle" unimultiplikativen ganzen und damit überhaupt alle unimultiplikativen automorphen Formen mit Nullpunkten in den parabolischen Spitzen durch Poincarésche Reihen darstellbar sind*, vorausgesetzt natürlich, daß die Reihen der Dimension d überhaupt konvergieren (vgl. „Aut." 2, p. 204 und 273).

24. Schottkys Produktentwicklung der Primform. Konvergieren die Poincaréschen Thetareihen $(-2)^{\text{ter}}$ Dimension (vgl. Nr. **22**), so kann man aus den eigentlich automorphen zweipoligen Reihen dieser Dimension durch Integration *Reihenentwicklungen für die Integrale 2. und 3. Gattung des Gebildes* gewinnen. Aus den Integralen 2. Gattung gewinnt man durch Ausübung von Gruppenerzeugenden in eleganter Weise eine Darstellung der p Integrale 1. Gattung. Andererseits findet man von den Integralen 3. Gattung aus den Übergang zu einer *konvergenten Produktentwicklung der Primform* (s. das Nähere in „Aut." 2, p. 264—272). Solche Produktentwicklungen sind von *Schottky* in der Note 128 genannten Arbeit untersucht; in einem Spezialfalle stellte *H. Weber* durch Produktentwicklungen dieser Art eine algebraische Funktion der Fläche dar[137]).

Fehlen elliptische und parabolische Substitutionen, so gelangt *Schottky* a. a. O. im Falle der Konvergenz der Reihen (— 2)-ter Dimension zu folgender *Primfunktion*:

$$E(\zeta, \zeta_0) = (\zeta - \zeta_0) \prod_k \frac{(\zeta - \zeta_0^{(k)})(\zeta_0 - \zeta^{(k)})}{(\zeta - \zeta^{(k)})(\zeta_0 - \zeta_0^{(k)})}. \tag{67}$$

Hier ist ζ_0 irgend eine feste Stelle und die $\zeta_0^{(k)}$ sind die mit ζ_0 äquivalenten Stellen des Netzes; das Produkt ist so zu bilden, daß von je zwei einander inversen Substitutionen stets nur eine zugelassen wird. *Diese Primfunktion wird an den mit ζ_0 äquivalenten Stellen je einfach verschwinden und ist übrigens allenthalben endlich und von Null verschieden.* Über die Herleitung dieser Produktentwicklung und der Beziehung der Primfunktion $E(\zeta, \zeta_0)$ zur *Klein*schen Primform sehe man „Aut." 2, p. 270ff. sowie die Abhandlung von *Klein*, „Zur Theorie der *Abel*schen Funktionen", Math. Ann. 36 (1889), p. 13[138]).

Weitere Versuche von Produktdarstellungen automorpher Funktionen bzw. der Modulfunktionen sind angestellt von *H. v. Mangoldt*[139]) und *H. Stahl*[140]).

25. Analytische Darstellungen für Modulformen[141]). Vielseitig entwickelt ist die Lehre von den *analytischen Darstellungen der Modulfunktionen und -formen*, weil hier die Theorie der doppeltperiodischen Funktionen fördernd eingegriffen hat, welche Darstellungen von Modulfunktionen sozusagen als Nebenprodukte liefert. Es handelt sich dabei vornehmlich um Potenzreihen nach $q = e^{\pi i \omega}$, welche aus den *Jacobi*schen Thetareihen abgeleitet werden können.

Den *Poincaré*schen Reihen verwandt[142]) sind die Darstellungen der

---

137) „Ein Beitrag zu *Poincarés* Theorie der *Fuchs*schen Funktionen", Gött. Nachr. 1886 p. 359.

138) Auf die Bedeutung der Produktentwicklung (67) und die Idee, entsprechende Entwicklungen auch für sonstige Gruppen Γ aufzustellen, ist *Klein* in einem 1911 in Karlsruhe gehaltenen Vortrage über automorphe Funktionen ausführlich eingegangen; s. den Jahresber. d. D. Math. Verein. 21 (1912), p. 153.

139) „Über ein Verfahren zur Darstellung elliptischer Modulfunktionen durch unendliche Produkte usw.", Gött. Nachr. 1886, p. 1.

140) „Über die Darstellung der eindeutigen Funktionen, die sich durch lineare Substitutionen reproduzieren, durch unendliche Produkte", Math. Ann. 33 (1888), p. 291.

141) Es fehlt hier der Raum, auf *alle* insbesondere der älteren Theorie der doppeltperiodischen Funktionen entstammenden Darstellungsweisen der Modulformen einzugehen. Siehe darüber das Ref. II B 3, Nr. **15**, **16**, **25**, **31** usw.

142) Über die einfache Beziehung der Reihen (68) zu den entsprechenden Poincaréschen Reihen vgl. man *Rausenberger*, „Notiz zur Theorie der Modulfunktionen", Math. Ann. 20 (1882), p. 45.

Modulformen $g_2(\omega_1, \omega_2)$, $g_3(\omega_1, \omega_2)$:

$$(68)\qquad \frac{1}{60}\,g_2 = \sum\left(\frac{1}{m_1\omega_1 + m_2\omega_2}\right)^4,\quad \frac{1}{140}\,g_3 = \sum\left(\frac{1}{m_1\omega_1 + m_2\omega_2}\right)^6,$$

wo m_1, m_2 alle Paare ganzer Zahlen, außer der Kombination $m_1 = 0$, $m_2 = 0$, durchlaufen sollen (vgl. „II B 3" Nr. **52**). Reihen dieser Art sind zuerst durch *A. Cayley*[143]) und *G. Eisenstein*[144]) betrachtet.

A. Hurwitz[145]) zeigte die Möglichkeit, diese und ähnliche Reihen direkt in Potenzreihen nach q umzurechnen, und gelangte auf diesem Wege auch zu der aus der Theorie der elliptischen Funktionen (s. das Ref. II B 3, Nr. **58**) bekannten *Produktdarstellung der Diskriminante* $\Delta(\omega_1, \omega_2)$:

$$(69)\qquad \Delta(\omega_1, \omega_2) = \left(\frac{2\pi}{\omega_2}\right)^{12} q^2 \prod_{m=1}^{\infty}(1 - q^{2m})^{24}.$$

Die *Transformation* und die *Teilung* der elliptischen Funktionen liefern Größen, die als Funktionen der ω_1, ω_2 Modulfunktionen bzw. -formen höherer Stufen sind, d. h. zu Kongruenzgruppen höherer Stufen (vgl. Nr. **13**) gehören. Beispiele liefern die *„Teilwerte"* der Funktion $\wp(u|\omega_1, \omega_2)$:

$$(70)\qquad \wp_{\lambda\mu}(\omega_1, \omega_2) = \wp\left(\frac{\lambda\omega_1 + \mu\omega_2}{n}\,\middle|\,\omega_1, \omega_2\right)$$

(Wurzeln der „speziellen Teilungsgleichung"), welche *ganze Modulformen n-ter Stufe (— 2)-ter Dimension sind* (vgl. II B 3 Nr. **54**, **69** und **70**). Diese Teilwerte sind namentlich von *L. Kiepert*[146]) näher untersucht. Andererseits gründete *Hurwitz*[147]) auf dieselben die Theorie der Integrale erster Gattung, welche zur Hauptkongruenzgruppe n-ter Stufe gehören. Diese Theorie gipfelt in folgendem Satze, welcher jedoch allgemein nur für *Primzahlstufen* bewiesen wurde: *Es lassen sich p durch den Differentiationsprozeß aus den Integralen entstehende ganze*

143) „Mémoire sur les fonctions doublement périodiques", J. d. Math. 10 (1845), p. 385.

144) „Genaue Untersuchung der unendlichen Doppelprodukte, aus welchen die elliptischen Funktionen als Quotienten zusammengesetzt sind", Journ. f. Math. 35 (1847), p. 153.

145) „Grundlagen einer independenten Theorie der elliptischen Modulfunktionen und Theorie der Multiplikatorgleichungen usw.", Math. Ann. 18 (1881), p. 528.

146) „Über Teilung und Transformation der elliptischen Funktionen", Math. Ann. 26 (1885), p. 369. S. übrigens die Nachweise im Ref. II B 3, Nr. **70**, sowie die Darstellung in „Mod." 2, p. 1 ff.

147) Siehe darüber „Mod." 2, p. 557 ff., sowie *Hurwitz*, „Über die Klassenzahlrelationen und Modularkorrespondenzen primzahliger Stufe", Leipz. Ber. von 1885, 222.

Formen $\varphi_{-2}(\omega_1, \omega_2)$ derart auswählen, daß ihre Potenzreihen nach q durchweg „ganzzahlige“ Koeffizienten aufweisen. Auch die arithmetischen Gesetze dieser Koeffizienten betrachtete *Hurwitz*[148]) näher. Z. B. hat man für $n = 7$, d. h. für die Hauptkongruenzgruppe 7. Stufe das Geschlecht $p = 3$. Die drei Formen können hier so gewählt werden:

$$(71)\qquad \varphi^{(\alpha)}(\omega_1, \omega_2) = \left(\frac{2\pi}{\omega_2}\right)^2 \sum_{m \equiv \alpha} \psi(m)\, q^{\frac{2m}{7}},$$

wo α der Reihe nach gleich den drei quadratischen Resten 1, 2, 4 von 7 zu setzen ist und m jedesmal die mit α modulo 7 kongruenten positiven ganzen Zahlen durchläuft. Die „zahlentheoretische“ Funktion $\psi(m)$ ist gegeben durch:

$$(72)\qquad 4\psi(m) = \sum \left(\frac{x}{7}\right) x,$$

wo sich die Summe auf alle „Darstellungen“ von $4m$ durch die ganzzahlige binäre Form $x^2 + 7y^2$ bezieht und $\left(\frac{x}{7}\right)$ das *Legendre*sche Zeichen ist.

Als besonders geeignet für die Darstellung der Modulformen höherer Stufen empfiehlt *Klein*[149]) die *Teilwerte der Sigmafunktion* (vgl. das Ref. II B 3, Nr. **60**) in folgender Gestalt:

$$(73)\qquad \sigma_{\lambda\mu}(\omega_1, \omega_2) = -e^{-\frac{(\lambda\eta_1 + \mu\eta_2)(\lambda\omega_1 + \mu\omega_2)}{2n^2}}\, \sigma\left(\frac{\lambda\omega_1 + \mu\omega_2}{n} \,\middle|\, \omega_1, \omega_2\right).$$

Der Zusatz des Exponentialfaktors, in welchem η_1, η_2 die mit den ω_1, ω_2 „kogredienten“ Perioden des Integrals zweiter Gattung sind, macht diese Ausdrücke zu Modulformen und erzielt zugleich ein möglichst einfaches Verhalten gegenüber den Modulsubstitutionen[150]). Natürlich darf man λ, μ auf die mod. n inkongruenten Paare ganzer Zahlen beschränken; überdies ist das Paar $\lambda = 0$, $\mu = 0$ auszulassen, und zwei Paare λ, μ und λ', μ', für welche $\lambda' \equiv -\lambda$, $\mu' \equiv -\mu$ (mod. n) ist, geben keine wesentlich verschiedenen Teilwerte. Die Beziehung von $\sigma_{\lambda\mu}$ zur ϑ_1-Funktion (s. hierzu das Ref. II B 3, Nr. **63**) ist:

$$(74)\qquad \sqrt[8]{\Delta} \cdot \sigma_{\lambda\mu} = -\sqrt{\frac{2\pi}{\omega_2}} \cdot e^{\frac{\lambda i\pi(\lambda\omega + \mu)}{2n^2}}\, \vartheta_1\left(\frac{\lambda\omega + \mu}{n}\pi\right).$$

148) „Über Relationen zwischen Klassenzahlen binärer quadratischer Formen usw.“, Math. Ann. 25 (1884), p. 183.

149) „Über die elliptischen Normalkurven n^{ter} Ordnung und die zugehörigen Modulfunktionen n^{ter} Stufe“, Leipz. Abh. 13 (1884), p. 393.

150) Vgl. „Mod.“ 2, p. 24.

Hieraus folgen die Potenzreihe:

$$(75)\quad \sqrt[8]{\Delta}\cdot \sigma_{\lambda\mu} = i\sqrt{\frac{2\pi}{\omega_2}}\, e^{\frac{\pi i\mu(\lambda+n)}{n^2}} \sum_{m=-\infty}^{+\infty} (-1)^m e^{\frac{2i\pi\mu m}{n}} q^{\left(m+\frac{2\lambda+n}{2n}\right)^2}$$

und die Produktdarstellung:

$$(76)\quad \sqrt[12]{\Delta}\cdot \sigma_{\lambda\mu} = -ie^{\frac{\pi i\mu(\lambda-n)}{n^2}} q^{\frac{\lambda(\lambda-n)}{n^2}+\frac{1}{6}} \cdot \prod_{m=0}^{\infty}\left(1-e^{\frac{2i\pi\mu}{n}} q^{2m+\frac{\lambda}{2n}}\right) \prod_{m=1}^{\infty}\left(1-e^{-\frac{2i\pi\mu}{n}} q^{2m-\frac{\lambda}{2n}}\right),$$

welche beide im Innern der ω-Halbebene allenthalben konvergieren. Die Produktdarstellung zeigt: *Die Modulform n^{ter} Stufe $\sigma_{\lambda\mu}$ ist im zugehörigen „FB", abgesehen von den parabolischen Spitzen, überall endlich und von 0 verschieden.*

Es stellen sich z. B. die Wurzeln der Integralmoduln k, k' (vgl. über diese Modulfunktionen die Bemerkungen am Schlusse von Nr. **13**) in den zu $n = 2$ gehörenden Teilwerten der Sigmafunktion so dar[151]):

$$(77)\quad \begin{cases} \sqrt{k} = e^{\frac{\pi i}{4}} \dfrac{\sigma_{01}(\omega_1, \omega_2)}{\sigma_{11}(\omega_1, \omega_2)}, \\ \sqrt{k'} = e^{-\frac{\pi i}{4}} \dfrac{\sigma_{10}(\omega_1, \omega_2)}{\sigma_{11}(\omega_1, \omega_2)}. \end{cases}$$

Als weiteren Eingang in die Theorie der Modulformen höherer Stufe benutzt *Klein*[152]) die *elliptischen Normalkurven* n^{ter} Ordnung im Raume von $(n-1)$ Dimensionen, also die doppeltbedeckte Gerade (mit 4 Verzweigungspunkten) für $n = 2$, die singularitätenfreien ebenen C_3 für $n = 3$, die Raumkurven C_4 erster Spezies für $n = 4$ usw. (Vgl. II B 3 Nr. **74**). Zur Darstellung der fraglichen Kurven hat man allgemein die n homogenen Koordinaten irgendwelchen n linear-unabhängigen ϑ-Produkten derselben Residuensumme gleich zu setzen. Als *„singuläre" Koordinaten* zur Darstellung der C_n benutzt *Klein* n Größen $X_0(u\,|\,\omega_1, \omega_2), \ldots, X_{n-1}(u\,|\,\omega_1, \omega_2)$, welche sich im Falle einer ungeraden Zahl n so darstellen:

$$(78)\quad X_\alpha = (-1)^\alpha \sqrt{\frac{2n\pi}{\omega_2}}\, \Delta^{-\frac{n}{8}} \cdot e^{\frac{n\eta_2}{2\omega_2}u^2 - \frac{2\pi i\alpha}{\omega_2}u} \cdot q^{\frac{\alpha^2}{n}} \cdot \vartheta_1\left(\frac{nu-\alpha\omega_1}{\omega_2}\pi\right).$$

Diese n Funktionen substituieren sich gegenüber den Modulsubstitu-

151) Vgl. die entsprechenden in den Thetafunktionen geschriebenen Formeln (95) im Ref. II B 3, Nr. **32**.

152) Vgl. die in der Note 149 genannte Abhandl. und „Mod." 2, p. 236. S. auch *Klein*, „Über gewisse Teilwerte der Thetafunktion", Math. Ann. 17 (1881), p. 565.

tionen *homogen und linear* mit konstanten Koeffizienten und liefern dabei eine endliche *Gruppe, welche mit der mod. n reduzierten Modulgruppe isomorph ist* (vgl. Nr. 13). Den beiden Erzeugenden $\omega_1' = \omega_1 + \omega_2$, $\omega_2' = \omega_2$ und $\omega_1' = -\omega_2$, $\omega_2' = \omega_1$ der Modulgruppe entsprechen die Substitutionen:

$$(79)\qquad X_\alpha' = e^{-\frac{\pi i \alpha(n-\alpha)}{n}} X_\alpha, \quad X_\alpha'' = \frac{i^{\frac{n-1}{2}}}{\sqrt{n}} \sum_{\beta=0}^{n-1} e^{-\frac{2 i \pi \alpha \beta}{n}} X_\beta.$$

Indem *Klein* $u = 0$ einträgt, gewinnt er aus den n Funktionen X_α insbesondere $\frac{n-1}{2}$ Modulformen $z_1(\omega_1, \omega_2), \ldots, z_{\frac{n-1}{2}}(\omega_1, \omega_2)$ der Stufe n und der Dimension $\frac{3n-1}{2}$. Für dieselben ergeben sich die Darstellungen:

$$(80)\qquad z_\alpha = (-1)^{\alpha+1} \cdot i \sqrt{\frac{2n\pi}{\omega_2}}\, \Delta^{-\frac{n}{8}} \sum_{m=-\infty}^{+\infty} (-1)^m q^{\frac{((2m+1)n-2\alpha)^2}{4n}}.$$

Auch diese Funktionen substituieren sich gegenüber den Modulsubstitutionen *homogen und linear;* die Erzeugenden sind:

$$(81)\qquad \begin{cases} z_\alpha' = e^{-\frac{\pi i \alpha(n-\alpha)}{n}} z_\alpha, \\ z_\alpha' = -\frac{i^{\frac{n-1}{2}}}{\sqrt{n}} \sum_{\beta=1}^{\frac{n-1}{2}} \left(e^{\frac{2 i \pi \alpha \beta}{n}} - e^{-\frac{2 i \pi \alpha \beta}{n}}\right) z_\alpha. \end{cases}$$

Diese z_α geben für $n = 3, 5, 7, 11$ die einfachsten überhaupt vorhandenen Modulformen, speziell für $n = 3$ und 5 die Tetraeder- und Ikosaederirrationalität.

Hurwitz[153]) hat diese Theorie auf die geraden Stufenzahlen n erweitert, wobei für $n = 4$ die Oktaederirrationalität auftritt. Außerdem hat er durch Verallgemeinerung eines von *Klein*[154]) herrührenden gruppentheoretischen Prinzips aus den X_α neue Größensysteme von ähnlichem gruppentheoretischen Verhalten, jedoch von allgemeinerem analytischen Bildungsgesetze abgeleitet. Letzteres steht zu den binären ganzzahligen quadratischen Formen der Determinante n bzw. $4n$ in Beziehung[155]). Wegen der verschiedenen aus diesen Entwicklungen entspringenden Systeme von Modulformen siehe „Mod.“ 2, p. 355.

153) „Über endliche Gruppen linearer Substitutionen, die in der Theorie der elliptischen Transzendenten auftreten“, Math. Ann. 27 (1885), p. 183.

154) „Über Auflösung gewisser Gleichungen 7. und 8. Grades“, Math. Ann. 15 (1879), p. 252.

155) Hier fand *Hurwitz* die Verallgemeinerung seiner Sätze über die arith-

26. Transformationstheorie, speziell der Modulfunktionen. Modulargleichungen. Die Transformationstheorie ist insbesondere im Falle der Modulfunktionen ein vielseitig entwickeltes Kapitel, weil hier die Transformation und die mit ihr zusammenhängende Teilung der doppeltperiodischen Funktionen (vgl. II B 3, Nr. **70—73**) von vornherein viele Ansätze und Resultate lieferte. Dagegen ist die Transformationstheorie sonstiger automorpher Funktionen nur erst wenig behandelt.

An die Spitze stellen wir ein von *P. Stäckel*[156]) und *Fricke*[157]) für beliebige automorphe Funktionen aufgestelltes Prinzip: *Soll zwischen den Argumenten* ζ, ζ' *zweier automorpher Funktionen* $\varphi(\zeta)$, $\varphi'(\zeta')$ *eine „algebraische" Relation* $f(\zeta, \zeta') = 0$ *bestehen, welche eine gleichfalls „algebraische" Relation* $F(\varphi, \varphi') = 0$ *zwischen den Funktionen zur Folge hat, so hat* $f(\zeta, \zeta') = 0$ *notwendig die Gestalt:*

$$\zeta' = \frac{a\zeta + b}{c\zeta + d}. \tag{82}$$

Bezeichnet man diese Transformation durch T, die Gruppen von $\varphi(\zeta)$ und $\varphi'(\zeta')$ aber durch Γ und Γ', so müssen weiter die Gruppen Γ' und $T\Gamma T^{-1}$ *„kommensurabel"* sein, d. h. eine Untergruppe von „endlichem" Index gemein haben.

Dies trifft bei der *Modulgruppe* zu, falls man unter a, b, c, d *irgend vier ganze Zahlen einer Determinante* $n > 0$ versteht (vgl. „Mod." 2, p. 83). Ist $\varphi(\omega)$ eine Modulfunktion m^{ter} Stufe, so sagt man, $\varphi'(\omega) = \varphi\left(\frac{a\omega + b}{c\omega + d}\right)$ entstehe aus $\varphi(\omega)$ durch *Transformation* n^{ten} *Grades oder* n^{ter} *Ordnung*[158]); $\varphi'(\omega)$ *ist dann eine Modulfunktion der Stufe* $m \cdot n$, *und also besteht eine algebraische Relation* $F(\varphi, \varphi') = 0$.

Ist insbesondere $\varphi(\omega)$ die *„Hauptfunktion"* einer *Kongruenzuntergruppe des Geschlechtes* $p = 0$, so heißt die Relation $F(\varphi, \varphi') = 0$ eine *„Modulargleichung* m^{ter} *Stufe für Transformation* n^{ten} *Grades"*

---

metische Natur der Entwicklungskoeffizienten bei Integralen erster Gattung. S. übrigens als Beispiel den hierher gehörigen analytischen Ausdruck (430) in II B 3, Nr. **75**.

156) „Über algebraische Gleichungen zwischen eindeutigen Funktionen, welche lineare Substitutionen in sich zulassen", J. f. Math. 112 (1893), p. 287.

157) „Über die Transformationstheorie der automorphen Funktionen", Math. Ann. 44 (1893), p. 97.

158) Über die Art, wie der hier gewählte Ansatz der Transformation sich aus der Theorie der doppeltperiodischen Funktionen ergibt, sehe man II B 3, Nr. **71**. Die hier folgende Darstellung ist vom reinen Standpunkt der Modulfunktionen im Sinne des von *Klein* entwickelten Programms gegeben; s. dessen Abh. „Zur Theorie der elliptischen Modulfunktionen", Münch. Ber. vom Dez. 1879 oder Math. Ann. 17 (1880), p. 62.

(vgl. II B 3, Nr. **73**). Bei den zur Untersuchung gelangten Fällen setzte man der Einfachheit halber die Stufenzahl m und den Transformationsgrad n als relativ prim voraus. Die Modulargleichung erwies sich als symmetrisch in der ursprünglichen und transformierten Hauptfunktion, und ihr Grad in jeder derselben ist gleich der *Teilersumme* $\Phi(n)$ der Zahl n.

Alle unendlich vielen Transformationen des Grades n führen demnach nur auf $\Phi(n)$ unterschiedene transformierte Funktionen und können also durch $\Phi(n)$ *„Repräsentanten“* ersetzt werden. Als Repräsentanten für Transformation n^{ten} Grades einer Modulfunktion erster Stufe kann man z. B. die folgenden brauchen:

$$\omega' = \frac{A\omega + B}{D}, \quad AD = n, \quad 0 \leqq B < D.\tag{83}$$ [159])

Hat n quadratische Teiler, so ist die Modulargleichung reduzibel. Der *„eigentlichen“* Transformation n^{ten} Grades (bei welcher a, b, c, d keinen Teiler > 1 gemein haben) gehört dann ein irreduzibler Bestandteil des Grades:

$$\psi(n) = n \prod \left(1 + \frac{1}{q}\right)\tag{84}$$

an, wo sich das Produkt auf die verschiedenen Primteiler von n bezieht (vgl. „Mod.“ 2, p. 47 und 105, sowie II B 3, Nr. **73**).

Die ursprünglichen Modulargleichungen *Jacobis* [160]) sind in vorstehender Theorie solche der 16. Stufe (vgl. II B 3, Nr. **44** und **73**); denn sie betreffen die Hauptfunktionen $\sqrt[4]{k}(\omega)$ dieser Stufe.

Am ausführlichsten sind unter funktionentheoretischen Gesichtspunkten die *Modulargleichungen erster Stufe* für die Hauptfunktion $J(\omega)$ betrachtet [161]). Hier gilt: *Die transformierte Funktion* $J(n\omega)$ *gehört als Modulfunktion* n^{ter} *Stufe derjenigen durch* $\gamma \equiv 0$ *(mod. n) erklärten Kongruenzgruppe des Index* $\psi(n)$ *an, welche einer ersten unter den in Nr.* **13** *genannten „halbmetazyklischen“ Gruppen korrespondiert.* Diese Untergruppe liefert einen aus $\psi(n)$ Doppeldreiecken des Dreiecksnetzes der Modulgruppe gebildeten „FB“ und damit ein (automorphes) Gebilde, dem $J(\omega)$ und $J'(\omega) = J(n\omega)$ als $\psi(n)$-wertige Funktionen angehören. Die Symmetrie der Gleichung $F(J, J') = 0$ zeigt, *daß das fragliche Gebilde eine eindeutige Transformation in sich zuläßt, bei der* J *und* J' *ausgetauscht werden.*

159) S. hierzu die ausführlichen Darlegungen über die „arithmetischen“ und die „funktionentheoretischen“ Repräsentanten in II B 3, Nr. **71**.

160) Vgl. „Fundamenta nova etc.“, *Jacobis* Werke 1, p. 78 ff. u. 122 ff.

161) Vgl. neben den weiter folgenden Zitaten die in Note 23 genannte Arbeit von *Dedekind,* in der die Funktion $J(\omega)$ als „Valenz“ bezeichnet wird.

Die vorstehende von *Klein*[162]) herrührende Auffassung der Modulargleichungen gestattet immer dann einen einfachen Aufbau derselben, wenn das Geschlecht des genannten Gebildes *null* ist. Ist nämlich $\tau(\omega)$ eine Hauptfunktion des Gebildes, so ist J eine rationale Funktion $R(\tau)$ vom $\psi(n)^{\text{ten}}$ Grades in τ. Die eindeutige Transformation des Gebildes in sich wird durch $\omega' = -\frac{1}{n\omega}$ dargestellt. Dieselbe ist für die Hauptfunktion τ notwendig linear. Man hat also einmal für die Hauptfunktion:

$$(85)\qquad \tau'(\omega) = \tau(\omega') = \tau\left(-\frac{1}{n\omega}\right) = \frac{A\tau(\omega)+B}{C\tau(\omega)+D},$$

wobei, da es sich hier um eine Transformation der Periode 2 handelt, überdies noch $D = -A$ zu setzen ist; andrerseits gilt für J:

$$(86)\qquad J' = J(n\omega) = J\left(\frac{-1}{n\omega}\right) = R(\tau').$$

Kennt man demnach die Koeffizienten A, B, C, D $(= -A)$ und die rationale Funktion $R(\tau)$, so kann $f(J, J') = 0$ durch Elimination von τ gewonnen werden. *Klein schlägt nun die Angabe der Gleichungen:*

$$(87)\qquad J = R(\tau), \qquad \tau' = \frac{A\tau+B}{C\tau+D}$$

einfach als Ersatz der Modulargleichung vor und führt dies bei den zu $p = 0$ *gehörenden Primzahlgraden* n *durch.* Z. B. gilt bei $n = 7$:

$$(88)\qquad J : J-1 : 1 = (\tau^2+13\tau+49)(\tau^2+5\tau+1) : (\tau^4+14\tau^3+63\tau^2+70\tau-7)^2 : 1728\tau,$$

$$(89)\qquad \tau\cdot\tau' = 49.$$

Gierster[163]) behandelt die zum Geschlechte $p = 0$ gehörenden zusammengesetzten Grade n.[164])

Ist das Geschlecht des genannten Gebildes $p > 0$, so muß man zur Aufstellung der Modulargleichung in der *Klein*schen Gestalt Reihenentwicklung nach q und formentheoretische Betrachtungen zu Hilfe nehmen. Hierüber hat ausführlich *L. Kiepert*[165]) gearbeitet;

162) „Über die Transformation der elliptischen Funktionen und die Auflösung der Gleichungen 5. Grades", Math. Ann. 14 (1878), p. 111.

163) „Notiz über Modulargleichungen bei zusammengesetztem Transformationsgrade", Math. Ann. 14 (1878), p. 357

164) Vgl. auch „Mod." 2, p. 36 ff.

165) „Über die Transformation der elliptischen Funktionen bei zusammengesetztem Transformationsgrade", Math. Ann. 32 (1887), p. 1; „Über gewisse Vereinfachungen der Transformationsgleichungen in der Theorie der elliptischen Funktionen", Math. Ann. 37 (1890), p. 368.

Fricke[166]) untersuchte einige elliptische und hyperelliptische Fälle mit Bevorzugung von Primzahlgraden n. Im Falle $n = 11$ gilt $p = 1$, und man kann zwei Funktionen $\tau(\omega)$, $\sigma(\omega)$ aussuchen, die durch:

$$(90) \qquad \sigma^2 - 1 + 20\tau - 56\tau^2 + 44\tau^3 = 0$$

verknüpft sind. Dann gilt für $J(\omega)$:

$$(91) \qquad J = \frac{(2^5 \cdot 11\tau^2 - 2^4 \cdot 23\tau + 61 - 2^2 \cdot 3 \cdot 5\sigma)^3}{2^4 \cdot 3^3 \cdot \tau(2^3 \cdot 11\tau^2 - 3 \cdot 7\tau + 1 - \sigma(11\tau - 1))^2},$$

und der Übergang zu J' erfordert nur einen Zeichenwechsel von σ.

Modulargleichungen für die „*Goloisschen* Moduln" der Stufen 2 bis 5 (Hauptfunktionen der betreffenden Hauptkongruenzuntergruppen der Indizes 6, 12, 24 und 60) betrachtete *G. Friedrich* in seiner Leipz. Diss. von 1886[167]). Über die hierbei verwendete invariantentheoretische Methode vgl. man die folg. Nr., auch II B 3, Nr. **71** (vorletzter Absatz).

27. Fortsetzung: Modularkorrespondenzen, Multiplikatorgleichungen. Sei jetzt für beliebige Stufe m die Hauptkongruenzgruppe Γ_μ vorgelegt, deren Index $\mu = \mu(m)$ oben (in Nr. **13**) angegeben wurde. Der zugehörige „FB" liefere zusammengebogen die (*Riemann*sche) Fläche F_μ. Der Transformationsgrad n sei relativ prim zu m. Alle möglichen Transformationen n^{ten} Grades:

$$(92) \qquad T(\omega) = \frac{a\omega + b}{c\omega + d}, \qquad ad - bc = n,$$

bei denen a, b, c, d keinen gemeinsamen Faktor > 1 haben, liefern jetzt für den einzelnen Punkt ω des „FB" insgesamt $\mu(m) \cdot \psi(n)$ bezüglich Γ_μ inäquivalente $\omega' = T(\omega)$; *man hat also für eigentliche Transformation n^{ten} Grades $\mu(m) \cdot \psi(n)$ „Repräsentanten m^{ter} Stufe"*. Diese Repräsentanten ordnen sich zu $\psi(n)$ in $\mu(m)$ „*Klassen*" an, wobei die $\psi(n)$ Repräsentanten der einzelnen Klasse mod. m kongruente Zahlenquadrupel a, b, c, d aufweisen. *Auf der Fläche F_μ liefern die $\mu(m)$ Klassen oder $\mu(m)$ „Repräsentantensysteme" ebensoviele $\psi(n)$-$\psi(n)$-deutige irreduzibele algebraische Korrespondenzen, welche als die „Modularkorrespondenzen" m^{ter} Stufe für Transformation n^{ter} Ordnung bezeichnet werden* (vgl. „Mod." 2, p. 105).

Die Theorie dieser Modularkorrespondenzen, welche die natürliche Fortsetzung der Modulargleichungen darstellen, ist durch *Klein*[168])

---

166) „Neue Beiträge zur Transformationstheorie der elliptischen Funktionen", Math. Ann. 40 (1891), p. 469.

167) „Die Modulargleichungen der Galoisschen Moduln der 2. bis 5. Stufe", Arch. f. Math. (2) 4, p. 113.

168) S. die in Note 158 am Schlusse genannte Abhandlung.

begründet und durch *Gierster*[169]) und namentlich durch *Hurwitz*[170]) weiter ausgebildet. Hier wurde die eigentliche Natur der *„irrationalen Modulargleichungen“* von *Legendre, Gützlaff, Schröter* u. a. erkannt (vgl. II B 3, Nr. **44**, am Schluß, und „Mod.“ 2, p. 155 und 701). Z. B. ist die *Gützlaff*sche Gestalt der *Jacobi*schen Modulargleichung 8. Grades für $n = 7$ die folgende:

$$\sqrt[4]{k}\sqrt[4]{l} + \sqrt[4]{k'}\sqrt[4]{l'} = 1. \tag{93}$$

Die beiden Modulfunktionen $\sqrt[4]{k}$, $\sqrt[4]{k'}$ der Stufe 16 liefern eine ausgezeichnete Untergruppe, deren „FB“ vermöge jener beiden kurz durch $\sqrt[4]{k} = x$, $\sqrt[4]{k'} = y$ zu bezeichnenden Funktionen eindeutig auf die ebene Kurve 8. Grades:

$$x^8 + y^8 = 1 \tag{94}$$

bezogen ist. Auf dieser Kurve ist nun eine der 8-8-deutigen Modularkorrespondenzen durch die aus der *Gützlaff*schen Gleichung hervorgehende Relation $xx' + yy' = 1$ dargestellt. Innerhalb der allgemeinen von *Hurwitz*[171]) auf Grundlage der Integrale erster Gattung aufgestellten Korrespondenztheorie gehören die Modularkorrespondenzen zur Gattung der sogenannten *„singulären Korrespondenzen“* (vgl. auch „Mod.“ 2, p. 518 ff.).

Setzt man in die irrationalen Modulargleichungen für die Wurzeln der Integralmoduln ihre Ausdrücke als Thetaquotienten ein (vgl. die Formeln (95) in II B 3, Nr. **32**), so ergeben sich Relationen zwischen ursprünglichen und transformierten Theta-Nullwerten, wie sie aus Untersuchungen über Transformation der Thetafunktionen, nämlich durch die sehr ergiebigen und wichtigen Hilfsmittel der analytischen Rechnungen mit Potenzreihen[172]), in großer Zahl hervorgegangen sind. Diese Thetarelationen finden also ihre geometrisch-funktionentheoretische Deutung bzw. Begründung, indem man sie als Darstellungen von Modularkorrespondenzen auf der Kurve 8. Grades (94) auffaßt. Die *Legendre*sche Modulargleichung (vgl. (30) in II B 3, Nr. **10**) findet

169) „Über Relationen zwischen Klassenanzahlen binärer quadratischer Formen von negativer Determinante“, drei Abh., Math. Ann. 17 (1880), p. 71, 21 (1883), p. 1 und 22 (1883), p. 190.

170) „Zur Theorie der Modulargleichungen“, Gött. Nachr. von 1883, p. 350; „Über die Klassenzahlrelationen und Modularkorrespondenzen primzahliger Stufe“, Leipz. Ber. von 1885, p. 222.

171) „Über algebraische Korrespondenzen und das verallgemeinerte Korrespondenzprinzip“, Leipz. Ber. von 1886, p. 10 oder Math. Ann. 28 (1887), p. 561. S. auch das Ref. II B 2 (Wirtinger), Nr. **52**.

172) S. das Nähere im Ref. II B 3, Nr. **72** und die dort angegebene Literatur.

ihre einfachste Deutung als 4-4-deutige Korrespondenz auf derjenigen zur 8. Stufe gehörenden Kurve 4. Grades, welche man für $x = \sqrt{k}$, $y = \sqrt{k'}$ in der Gleichung:

$$(95) \qquad x^4 + y^4 = 1$$

darstellt. In niederen Fällen, z. B. für die Grade 3 und 5, kann man der funktionentheoretischen Deutung der Thetarelationen sogar Kongruenzgruppen *vom Geschlechte* 0 zu Grunde legen. Dann gestatten die ursprünglichen und die transformierten Theta rationale Darstellung in *einem* Parameter (der Hauptfunktion der betreffenden Gruppe); die Thetarelationen aber werden in diesem Parameter zu identischen Gleichungen[173]).

Die $\mu(m)$ verschiedenen Korrespondenzen des einzelnen Grades n gehen übrigens aus einer unter ihnen einfach dadurch hervor, daß man von den beiden einander entsprechenden Systemen zu je $\psi(n)$ Punkten ein System festhält und auf das andere alle $\mu(m)$ bezüglich der Γ_μ inäquivalenten Substitutionen ausübt. Wendet man auf beide Systeme gleichzeitig jene Substitutionen an, so ergibt sich, daß die einzelne Korrespondenz stets $\mu(m)$ eindeutige Transformationen in sich zuläßt. Dieser Ansatz gestaltet sich am einfachsten, wenn man auf der Riemannschen Fläche F_μ zur Darstellung der Korrespondenz ein Funktionssystem zugrunde legt, welches sich gegenüber jenen μ Substitutionen *linear* reproduziert. Dann wird die Korrespondenz durch eine Gleichung darstellbar sein, welche invariant ist gegenüber einer Gruppe von $\mu(m)$ linearen Substitutionenpaaren, angewandt gleichzeitig auf die ursprünglichen und die transformierten Funktionen. Zur Gewinnung der algebraischen Darstellung der Korrespondenzen kann man demnach die Methoden der linearen Invariantentheorie heranziehen.[174])

Transformationsgleichungen für Modul*formen* nennt *Klein* im Anschluß an eine von *Jacobi* herrührende Bezeichnungsweise „*Multiplikatorgleichungen*"[175]). Solche Gleichungen erster Stufe, und zwar für g_2 und g_3, betrachtete *F. Müller*[176]), während Multiplikatorgleichungen

173) Ausführliches bei *Fricke*, „Über Systeme elliptischer Modulfunktionen von niederer Stufenzahl", Leipz. Diss. (Braunschweig 1885) und „Die Kongruenzgruppen 6. Stufe", Math. Ann. 29 (1886), p. 97. Siehe auch „Mod." 2, p. 158.

174) Auf dieser Grundlage behandelte die Modularkorrespondenzen 16. Stufe *E. W. Fiedler*, „Über eine besondere Klasse irrationaler Modulargleichungen der elliptischen Funktionen", Leipz. Diss. von 1885 oder Züricher Vierteljahrsschrift 30, p. 129. S. auch die auf die 7. Stufe bezügliche Note von *Fricke*, „Zur Theorie der Modularkorrespondenzen", Gött. Nachr. von 1892, p. 272.

175) S. das Nähere in II B 3, Nr. 73.

176) „De transformatione functionem ellipticarum", Berl. Diss. 1867.

für die Wurzeln der Diskriminante Δ in ausgedehnten Arbeiten *Kiepert*[177]) und speziell diejenigen für $\sqrt[12]{\Delta}$ *Hurwitz*[178]) untersuchten. Multiplikatorgleichungen für die Teilwerte der Sigmafunktion behandelte *P. Biedermann.*[179])

28. Klassenzahlrelationen. In die „reduzible" Modulargleichung $F(J', J) = 0$ erster Stufe für „eigentliche" und „uneigentliche" Transformation n^{ten} Grades[180]) setze man $J' = J$ ein und bestimme den *Grad* der in J entspringenden Gleichung (Anzahl der „*Koinzidenzen*" der durch $F(J', J) = 0$ dargestellten Korrespondenz). Die Untersuchung dieser algebraischen Gleichung $F(J, J) = 0$ liefert als Grad $\Phi(n) + \Psi(n)$, wo $\Phi(n)$ die *Teilersumme von* n ist und $\Psi(n)$ die *Summe aller Teiler oberhalb* $\sqrt{n}$, *vermindert um diejenige aller Teiler von* n *unterhalb* $\sqrt{n}$, ist. Diese Gradbestimmung kann man nun aber auch „arithmetisch" ausführen, insofern das Zutreffen einer „Koinzidenz" $J' = J$ das Bestehen einer Gleichung:

$$(96)\qquad \frac{a\omega + b}{c\omega + d} = \omega, \quad c\omega^2 + (d - a)\omega - b = 0, \quad ad - bc = n$$

zur Voraussetzung hat. Auf der linken Seite der zweiten Gleichung steht eine *ganzzahlige binäre quadratische Form der negativen Determinante:*

$$(97)\qquad D = (d - a)^2 + 4bc = -4n + \varkappa^2, \quad \varkappa = a + d.$$

Die Durchführung dieses Ansatzes gibt die Koinzidenzenanzahl als *Summe von Klassenanzahlen.* Ist $H(-D)$ die Klassenanzahl der Formen negativer Determinante D, so findet man für jene Anzahl die Darstellung:

$$(98)\qquad \sum_{\varkappa = 0, \pm 1, \pm 2, \ldots} H(4n - \varkappa^2),$$

summiert für alle angegebenen Werte $\varkappa$, die absolut $< 2\sqrt{n}$ sind. Durch Gleichsetzung beider Darstellungen der fraglichen Anzahl entspringt die „*Klassenzahlrelation erster Stufe*" für den Grad n:

$$(99)\qquad \sum_{\varkappa = 0, \pm 1, \ldots} H(4n - \varkappa^2) = \Phi(n) + \Psi(n).$$

177) „Zur Transformationstheorie der elliptischen Funktionen", J. f. Math. 87 und 88 (1879), p. 199 bzw. 205, 95 (1883), p. 218; „Über Teilung und Transformation der elliptischen Funktionen", Math. Ann. 26 (1885), p. 369.

178) „Grundlagen einer independenten Theorie der elliptischen Modulfunktionen usw.", Math. Ann. 18 (1881), p. 528.

179) „Über Multiplikatorgleichungen höherer Stufe im Gebiete der elliptischen Funktionen", Leipz. Diss. von 1886 oder Arch. f. Math. (2) 5, p. 1.

180) Wie schon in Nr. **26** angegeben wurde, spricht man von einer „eigentlichen" Transformation n^{ten} Grades, falls die vier Koeffizienten a, b, c, d der Transformation keinen Faktor > 1 gemein haben.

Diese Idee der Gewinnung von Relationen zwischen Klassenanzahlen und Teilersummen von den Modulargleichungen aus rührt von *Kronecker*[181]) her. Doch mußte sich *Kronecker* auf den Gebrauch der *Jacobi*schen Modülargleichungen beschränken. *Gierster*[182]) entwickelte die allgemeine Theorie, nach der bei jeder Stufe m Klassenzahlrelationen für alle Grade n existieren, fand jedoch bei der Aufstellung dieser Relationen für die Stufen $m > 5$ Schwierigkeiten in dem *Auftreten neuer zahlentheoretischer Funktionen* außer den Teilersummen. Erst *Hurwitz*[183]) erkannte in diesen höheren zahlentheoretischen Funktionen die *Entwicklungskoeffizienten der Integrale erster Gattung nach Potenzen von* q und führte vermöge seiner auf diese Integrale (vgl. oben p. 416) gestützten Korrespondenztheorie (s. Note 171) auch die Theorie der Klassenanzahlrelationen zum Abschluß[184]).

Die Lösungen der Gleichung $F(J, J') = 0$, d. h. die besonderen Werte von $J(\omega)$ für solche Argumente ω, die ganzzahligen quadratischen Gleichungen negativer Determinanten genügen, sind die sogenannten *„singulären Moduln"* oder Moduln, für welche „komplexe Multiplikation" der doppeltperiodischen Funktionen stattfindet. Hierüber ist im Referat I C 6 von *H. Weber* besonders berichtet; man vergleiche auch die Ausführungen in „Mod." 2, p. 185 ff.

29. Transformation sonstiger automorpher Funktionen. Daß die Transformationstheorie nicht auf die Modulfunktionen beschränkt ist, legt das an die Spitze von Nr. **26** gestellte allgemeine Prinzip nahe. Insbesondere kann man ganz analoge Entwicklungen bei allen jenen Gruppen ausführen, deren Substitutionen $\zeta' = \frac{\alpha\zeta + \beta}{\gamma\zeta + \delta}$ unimodular mit ganzen algebraischen Zahlen $\alpha, \beta, \gamma, \delta$ eines bestimmten Bildungsgesetzes aufgebaut sind (vgl. die in Nr. **12** besprochenen Gruppen). Die transformierten Funktionen werden alsdann in der Gestalt $\varphi\left(\frac{a\zeta + b}{c\zeta + d}\right)$

---

181) „Über die Anzahl der verschiedenen Klassen quadratischer Formen von negativer Determinante", J. f. Math. 57 (1860), p. 248.

182) „Neue Relationen zwischen den Klassen der quadratischen Formen von negativer Determinante", Gött. Nachr. von 1879, p. 277 und die in Note 169 gen. Abh.

183) „Über Relationen zwischen Klassenanzahlen binärer quadratischer Formen usw.", Leipz. Ber. von 1884, p. 193; „Über die Anzahl der Klassen quadratischer Formen von negativer Determ.", J. f. Math. 99 (1885), p. 165 und die in Note 170 zuletzt genannte Abhandlung.

184) Die aus der Modulargleichung $F(J', J) = 0$ durch die Substitution $J = x + iy$, $J' = x - iy$ entspringende Gleichung $f(x - iy, x + iy) = 0$ der sogenannten „*Smith*schen Kurve" und die Beziehung der letzteren zu den binären quadratischen Formen *positiver* Determinante sind „Mod." 2, p. 166 ff. behandelt.

anzusetzen sein, wo die Koeffizienten a, b, c, d zwar das Gesetz der Gruppen befolgen, aber als Determinante $ad - bc$ eine „beliebige" ganze Zahl des betreffenden Zahlkörpers haben. Abgesehen von einigen allgemeinen Ansätzen[185]) sind in dieser Richtung weitergehende Untersuchungen über einige arithmetisch zugängliche Gruppen der Signaturen $(0, 3; l_1, l_2, l_3)$, d. h. Gruppen von Dreiecksfunktionen[186]), ausgeführt.

Es sind auch Untersuchungen über Transformation *mehrdeutiger* automorpher Funktionen angestellt, wie sie z. B. bei Kreisbogenpolygonen auftreten, deren Winkel in „festen" Ecken nicht oder doch nicht durchweg aliquote Teile von π sind. Hier sind für den Fall der Dreiecksfunktionen (hypergeometrischen Funktionen) von alters her einzelne Fälle bekannt; allgemeine Untersuchungen über Transformation der hypergeometrischen Funktionen sind durch *E. Goursat*[187]) angestellt. Auch die Untersuchungen von *O. Fischer*[188]) über Transformation der Ikosaederirrationalität gehören hierher.

30. Algebraische Probleme bei ausgezeichneten Untergruppen, insbesondere innerhalb der Modulgruppe. Die *Galois*sche Gruppe (Gruppe der Monodromie) der Modulargleichung $F(J', J) = 0$ für eigentliche Transformation n^{ter} Ordnung ist isomorph mit derjenigen durch:

$$\omega' \equiv \frac{\alpha\omega + \beta}{\gamma\omega + \delta}, \quad \alpha\delta - \beta\gamma \equiv 1 \pmod{n} \tag{100}$$

dargestellten G_μ, auf welche sich die Modulgruppe mod. n reduziert (vgl. Nr. **13**, sowie II B 3, Nr. **73**). Die in Note 93 genannte Untersuchung *Gierster*s liefert hiernach die vollständige Zerlegung der *Galois*schen Gruppe $G_{\frac{1}{2}n(n^2-1)}$ der Modulargleichung eines primzahligen Transformationsgrades n.

185) Vgl. *Poincaré*, „Les fonctions fuchsiennes et l'arithmétique", J. de math. (4) 3 (1887), p. 405 und *Fricke*, „Weitere Untersuchungen über automorphe Gruppen, deren Substitutionskoeffizienten Quadratwurzeln ganzer Zahlen enthalten", Abschn. III, Math. Ann. 39 (1891), p. 62.

186) Die Transformation 3. Grades der zur Signatur (0, 3; 2, 4, 5) gehörenden Dreiecksfunktion ist behandelt in „Aut." 2, p. 553 und den Noten von *Fricke*, „Zur Transformationstheorie der automorphen Funktionen", Gött. Nachr. von 1911, p. 518 und von 1912, p. 240; wir kommen hierauf am Schlusse von Nr. **30** zurück. S. auch *Fricke*, „Entwickl. zur Transform. 5. und 7. Ordnung einiger spezieller automorpher Funkt.", Act. math. 17 (1893), p. 345.

187) S. z. B. die 1884 verfaßte Abhandl. „Recherches sur l'équation de Kummer", Acta soc. Fennicae, 15 (1888), p. 45. Vgl. auch *E. Papperitz*, „Untersuchungen über die algebraische Transformation der hypergeometrischen Funktionen", Math. Ann. 27 (1886), p. 315.

188) „Konforme Abbildung sphärischer Dreiecke aufeinander mittels algebraischer Funktionen", Leipzig Diss. 1885.

Klein ordnet das Studium des zur korrespondierenden Hauptkongruenzgruppe Γ_μ der n^{ten} Stufe gehörenden automorphen Gebildes über dasjenige der Modulargleichung $F(J', J) = 0$. Man kann dies Gebilde vom „FB" der Γ_μ aus durch eine *„reguläre"*, die J-Ebene μ-blättrig überlagernde *Riemann*sche Fläche F_μ definieren, die der G_μ entsprechend *μ birationale Transformationen in sich* zuläßt. Die Auflösung der *Galois*schen Resolvente der Modulargleichung kommt darauf hinaus, bei gegebenem J die zugehörigen μ Punkte der F_μ, bzw. die Werte einer geeignet gewählten automorphen Funktion des Gebildes, zu berechnen. Dieses algebraische Problem μ^{ten} Grades heißt ein *„Galoissches", weil sich alle Lösungen in einer unter ihnen rational darstellen* (eben durch jene μ rationalen Transformationen des Gebildes in sich).

Bei den Transformationsgraden $n = 2, 3, 4, 5$ ist das Geschlecht der Γ_μ jedesmal $p = 0$, und man hat $\mu = 6, 12, 24, 60$. Das einzelne hier eintretende *Galois*sche Problem ist so zu lösen, daß man eine Hauptfunktion (einen *„Galoisschen Hauptmodul"*) $z(\omega)$ einführt, der aus J vermöge einer Gleichung μ^{ten} Grades berechenbar ist. Die μ Lösungen sind dann jedesmal *lineare Funktionen* von einer unter ihnen, und man kommt auf die Gleichungen des Dieders, Tetraeders, Oktaeders und Ikosaeders zurück, welche hiermit in der Theorie der elliptischen Modulfunktionen ihre Stelle erhalten[189]).

Das bei $n = 7$ eintretende *Galois*sche Problem hat den Grad $\mu = 168$, das automorphe Gebilde aber das Geschlecht $p = 3$. Auf Grund einer geometrisch-invariantentheoretischen Betrachtung gelang es *Klein*[190]), dieses *Galois*sche Problem ebenfalls vollständig zu lösen. Zur Darstellung des Gebildes benutzte er drei Größen, welche wir am einfachsten durch den Differentiationsprozeß (vgl. Nr. **20**) aus den drei Integralen erster Gattung $j_1(\omega), j_2(\omega), j_3(\omega)$ der Γ_{168} herstellen können in der Gestalt:

$$\varphi(\omega_1, \omega_2) = \frac{dj(\omega)}{\omega_1 d\omega_2 - \omega_2 d\omega_1}. \tag{101}$$

Diese drei Formen $\varphi_1, \varphi_2, \varphi_3$ haben den Vorzug, daß sie der G_{168} entsprechend *168 ternäre lineare Substitutionen* erfahren, und daß die zwischen ihnen bestehende algebraische Relation *eine singularitätenfreie ebene Kurve vierten Grades* darstellen muß, falls man $\varphi_1, \varphi_2,$

189) Vgl. *Klein*, „Über die Transformation der elliptischen Funktionen und die Auflösung der Gleichungen 5. Grades" (speziell Abschn. III), Math. Ann. **14** (1878), p. 111.

190) „Über die Transformation 7. Ordnung der elliptischen Funktionen", Math. Ann. 14 (1878), p. 428.

φ_3 als homogene Koordinaten in der Ebene deutet. *Klein* findet als Gleichung dieser Kurve:

$$\varphi_1^3\varphi_2 + \varphi_2^3\varphi_3 + \varphi_3^3\varphi_1 = 0 \tag{102}$$

und gibt a. a. O. eine ausführliche Theorie der 168 Kollineationen dieser Kurve in sich[191]). Die *Galois*sche Resolvente selbst stellt *Klein* in der Weise dar, daß er J als rationale Funktion auf der fraglichen Kurve anschreibt, was mit Hilfe invariantentheoretischer Methoden ohne weitgehende Rechnungen gelingt.

Auch das *Galois*sche Problem bei $n = 11$ hat *Klein*[192]) direkt (d. h. ohne Zuhilfenahme von Reihenentwicklungen, die von den Thetafunktionen geliefert werden) gelöst. Hier ist $\mu = 660$ und der „FB" hat das Geschlecht $p = 26$. Die Betrachtung wird auf fünf Modulformen $z_1, z_2, \ldots, z_5$ gegründet, welche, als homogene Koordinaten eines Raumes von vier Dimensionen aufgefaßt, den „FB" auf eine Kurve 20. Ordnung abbilden (siehe auch „Mod." 2, p. 401 ff.). Diese C_{20} gestattet 660 Kollineationen in sich.

Nach Abschluß dieser Untersuchung gewann *Klein*[193]) eine Darstellung sowohl der $\varphi_1, \varphi_2, \varphi_3$ für die 7. Stufe, als der fünf Modulformen z_α der 11. Stufe durch Thetareihen[194]) und konnte damit die Behandlung der *Galois*schen Probleme auf beliebige Transformationsgrade n verallgemeinern.

Die Lösung des einzelnen *Galois*schen Problems eröffnet den Zugang zu den *gesamten Resolventen* der Modulargleichung. Hier sind die Grade $n = 5, 7, 11$ deshalb besonders wichtig, *weil sie infolge des Galoisschen Satzes* (s. Nr. **13**, p. 391) *die einzigen Primzahlgrade sind, bei denen die Modulargleichung* $(n+1)^{ten}$ *Grades eine Resolvente niederen, nämlich* n^{ten} *Grades besitzt.* Die Resolvente 5. Grades findet ihre Theorie in „Ikos.", wo auch die ausgedehnte Literatur (insbesondere *Brioschi, Hermite, Kronecker*) nachgewiesen ist. Die einfachste Resolvente 7. Grades ist zuerst von *Hermite*[195]) aufgestellt und von *Klein*[196]) auf Grund

191) Vgl. über diese Kurve auch *M. W. Haskell*, „Über die zur Kurve $\lambda^3\mu + \mu^3\nu + \nu^3\lambda = 0$ im projektiven Sinne gehörende mehrfache Überdeckung der Ebene" (Gött. Diss.), Amer. J. 13 (1890), p. 1.

192) „Über die Transformation 11. Ordnung der elliptischen Funktionen", Math. Ann. 15 (1879), p. 533.

193) „Über gewisse Teilwerte der ϑ_1-Funktion", Math. Ann. 17 (1880), p. 565; vgl. auch Note 149.

194) Es handelt sich um die in Gleichung (80), p. 419, gegebenen $\frac{1}{2}(n-1)$ Modulformen z_α.

195) „Sur la théorie des équations modulaires", C. R. 48 (1859), p. 940, 1079, 1096 und 49 (1859), p. 16, 110, 141 oder *Hermites* Werke 2, p. 38. S. auch *Her-*

seiner Methode neu entwickelt. Bei $n = 11$ benutzte *Hermite* a. a. O. einen Ansatz, der sich an die *Jacobi*sche Modulargleichung (nicht an diejenige erster Stufe) anschloß; jedoch erwies sich die hierbei eintretende Resolvente 11. Grades als so kompliziert, daß ihre endgültige Berechnung nicht gelang. *Klein* gab die fertige Resolvente 11. Grades in ihrer einfachsten Gestalt in der in Note 192 genannten Abhandlung (siehe auch das Ref. II B 3, Nr. **43**, letzter Absatz, und „Mod." 2, p. 427).

Bei zusammengesetzten Stufenzahlen n ist die Untersuchung des Galoischen Problems $\mu(n)^{\text{ten}}$ Grades deshalb weit einfacher, weil die Gruppe G_μ zusammengesetzt ist. Untersucht ist der Fall $n = 6$ durch *Fricke*[197]) und die Fläche einer bei $n = 8$ auftretenden ausgezeichneten Γ_{96} durch *Dyck*[198]).

Außer diesen in das Gebiet der Modulfunktionen gehörenden Untersuchungen sind nur erst ganz vereinzelt algebraische Probleme der bezeichneten Art behandelt. Ausführlich betrachtet ist nur die Hauptkongruenzgruppe dritter Stufe in der zur Signatur (0, 3; 2, 4, 5) gehörenden Gruppe Γ. Diese Untergruppe hat den Index $\mu = 360$ und liefert eine „einfache" Gruppe G_{360} [199]). Durch eine nicht ganz einfache Schlußweise erkennt man, daß es ein System zugehöriger Funktionen gibt, durch welche die Riemannsche Fläche F_{360} auf eine ebene Kurve C_6 abgebildet wird, die, der G_{360} entsprechend, 360 Kollineationen in sich zuläßt. Diese Kollineationsgruppe ist unabhängig von der Theorie der automorphen Funktionen von *G. Valentiner*[200]) entdeckt und durch *A. Wiman*[201]) sowie *F. Gerbaldi*[202]) ausführlich untersucht. Die wichtigsten Resolventen des vorliegenden Galoisschen Problems sind zwei Resolventen 6ten Grades, eine Resolvente 10ten Grades (die den Modulargleichungen entsprechende

---

mite, „Sur l'abaissement de l'équation modulaire de huitième degré", Ann. di mat. 2 (1859), p. 59 oder *Hermites* Werke 2, p. 83.

196) „Über die Erniedrigung der Modulargleichungen", Math. Ann. 14 (1878), p. 417.

197) „Die Kongruenzgruppen der sechsten Stufe", Math. Ann. 29 (1886), p. 97.

198) „Notiz über eine reguläre Riemannsche Fläche vom Geschlechte 3 usw.", Math. Ann. 17 (1880), p. 510.

199) Ausführliche Behandlung in „Aut." 2, p. 553 ff.

200) „De endelige Transformations-Gruppers-Theorie", Kopenh. Abh. (6) 5 (1889), p. 64.

201) „Über eine einfache Gruppe von 360 ebenen Kollineationen", Math. Ann. 47 (1895), p. 531.

202) „Sul gruppo semplice di 360 collineazioni piane", Math. Ann. 50 (1897), p. 473 und R. C. di Palermo 12, 13, 14, 16 (1898—1902), p. 23, bzw. 161, 66, 129.

„Transformationsgleichung") und zwei Resolventen 15ten Grades. Mit den Methoden der Theorie der automorphen Funktionen sind diese Resolventen durch *Fricke*[203]) behandelt, im Anschluß an die ternäre G_{360} durch *Gerbaldi* (a. a. O.). Über weitere in Betracht kommende Literatur und die Beziehung der G_{360} zur allgemeinen Theorie der Gleichungen 6ten Grades vgl. man „Aut." 2, p. 616 ff.

Außer der eben besprochenen Γ_{360} ist nur noch eine ausgezeichnete Kongruenzgruppe 2ter Stufe in der Gruppe der Signatur (0, 3; 2, 3, 7), deren arithmetisches Bildungsgesetz bekannt ist (vgl. Note 71), untersucht[204]). Es handelt sich hier um eine Γ_{504}, die eine in der Gruppentheorie bereits seit lange bekannte „einfache" Gruppe G_{504} liefert[205]).

31. Die Variabelen ζ und ζ_1, ζ_2 als polymorphe Funktionen und Formen auf der Riemannschen Fläche[206]). Ein vorgelegter „FB" werde durch eine zugehörige automorphe Funktion $z = \varphi(\zeta)$ auf eine über der z-Ebene gelegene *Riemann*sche Fläche F abgebildet. Auf letzterer Fläche F liefert die zu $z = \varphi(\zeta)$ inverse Funktion $\zeta = f(z)$ eine vieldeutige Funktion von folgenden Eigenschaften: *$f(z)$ ist an n Stellen $e_1, e_2, \ldots, e_n$ der Fläche verzweigt; gegenüber irgend einem geschlossenen Wege auf der Fläche setzt sich die Funktion $\zeta = f(z)$ in eine lineare Funktion ihrer selbst:*

$$\zeta' = \frac{\alpha\zeta + \beta}{\gamma\zeta + \delta} \tag{103}$$

fort. Dieserhalb heißt $\zeta = f(z)$ eine *„linear-polymorphe"* oder kurz eine *„polymorphe"* Funktion der *Riemann*schen Fläche F[207]). Die Art der Verzweigung an den Stellen e, die Klassifikation dieser polymorphen Funktionen usw. entspringt aus den korrespondierenden Entwicklungen über automorphe Funktionen (vgl. „Aut." 2, p. 43 ff.).

Für das Geschlecht $p = 0$ wähle man z als Hauptfunktion und

203) „Über eine einfache Gruppe von 360 Operationen", Gött. Nachr. 1896, p. 199 und die in Note 186 gen. Mitteilungen in den Gött. Nachr. von 1911.

204) *Fricke*, „Über eine einfache Gruppe von 504 Operationen", Math. Ann. 52 (1898), p. 322.

205) Die G_{504} ist zuerst erwähnt von *E. Mathieu* im 2ten Kap. der Abh. „Mémoire sur l'étude des fonctions de plusieurs quantités etc.", J. de math. (2) 6 (1861), p. 241.

206) Die Entwicklungen der Nrn. **31** bis **35** berühren sich vielfältig mit dem folgenden Referate II B 5 (E. Hilb) über „Lineare Differentialgleichungen", welches demnach fortgesetzt zu vergleichen ist.

207) Die Benennung „polymorph" für Funktionen und Formen auf der Riemannschen Fläche, welche sich gegenüber Umläufen linear substituieren, ist von *Fricke* in „Aut." 2, p. 1 vorgeschlagen.

spalte z wie üblich derart in den Quotienten $z_1 : z_2$, daß z_1 und z_2 nie unendlich werden und nie zugleich verschwinden; die dann noch zulässigen z_1, z_2 sollen die *„erlaubten Wertepaare"* heißen. Die Inversion der automorphen Formen (vgl. (50) Nr. **20**) ergibt bei Durchführung der homogenen Schreibweise der Linearfaktoren $(z - e_k)$ in:

$$(104)\quad \begin{cases} \zeta_1 = f_1(z_1, z_2) = \dfrac{\zeta}{\sqrt{\dfrac{d\zeta}{dz}}} z_2 \prod\limits_{k=1}^{n} (z, e_k)^{-\frac{1}{2}\left(1-\frac{1}{l_k}\right)}, \\ \zeta_2 = f_2(z_1, z_2) = \dfrac{1}{\sqrt{\dfrac{d\zeta}{dz}}} z_2 \prod\limits_{k=1}^{n} (z, e_k)^{-\frac{1}{2}\left(1-\frac{1}{l_k}\right)}. \end{cases}$$

die Spaltung von $\zeta = \zeta_1 : \zeta_2$ *in ein Paar „polymorpher Formen"* $\zeta_1 = f_1(z_1, z_2)$, $\zeta_2 = f_2(z_1, z_2)$ *derart, daß erlaubte Wertepaare* z_1, z_2 *stets wieder nur erlaubte Wertepaare* ζ_1, ζ_2 *liefern.* Diese polymorphen Formen sind in z_1, z_2 von der Dimension:

$$(105)\qquad 1 - \tfrac{1}{2} \sum_{k=1}^{n} \left(1 - \frac{1}{l_k}\right).$$

Gegenüber Umläufen auf der z-Ebene substituieren sie sich linear: $\zeta_1' = \alpha\zeta_1 + \beta\zeta_2$, $\zeta_2' = \gamma\zeta_1 + \delta\zeta_2$; doch liefern sie hierbei im allgemeinen *nicht* die *unimodularen* homogenen Substitutionen (vgl. „Aut." 2, p. 109).

Bereits *Riemann*[208]) bediente sich der seither vielfach gebrauchten[209]) *„Formen nullter Dimension"*:

$$(106)\qquad Z_1 = \frac{\zeta}{\sqrt{\dfrac{d\zeta}{dz}}}, \qquad Z_2 = \frac{1}{\sqrt{\dfrac{d\zeta}{dz}}}.$$

Dieselben sind durch die Eigenschaft ausgezeichnet, *sich unimodular zu substituieren;* dagegen genügen sie *nicht* der Forderung, nur erlaubte Wertepaare anzunehmen. Z. B. tritt gleichzeitiges Verschwinden in einem elliptischen Verzweigungspunkte e_k ein, in welchem erst die Produkte:

$$(107)\quad (Z, \varepsilon_k)\cdot(z - e_k)^{-\frac{1}{2}\left(1+\frac{1}{l_k}\right)}, \qquad (Z, \varepsilon_k')\cdot(z - e_k)^{-\frac{1}{2}\left(1-\frac{1}{l_k}\right)}$$

endlich und von 0 verschieden sind; $\frac{1}{2}\left(1 + \frac{1}{l_k}\right)$ und $\frac{1}{2}\left(1 - \frac{1}{l_k}\right)$ heißen die zu diesem Verzweigungspunkte gehörenden *„Exponenten"*.

208) „Gleichgewicht der Elektrizität auf Zylindern mit kreisförmigem Querschnitt und parallelen Achsen", *Riemanns* Werke, p. 413.

209) Vgl. z. B. *Poincaré* in der zweiten in Note 30 genannten Arbeit p. 220.

Mit Hilfe beliebiger Konstanten A, B stelle man die *„lineare Funktionenschar"* $AZ_1 + BZ_2$ her. Dieselbe vereinigt in sich ein System von Größen, wie es *Riemann*[210]) durch das Symbol:

$$(108)\quad P\begin{Bmatrix} e_1, & e_2, & \ldots, & e_n, & \\ \frac{1}{2}\left(1+\frac{1}{l_1}\right), & \frac{1}{2}\left(1+\frac{1}{l_2}\right), & \ldots, & \frac{1}{2}\left(1+\frac{1}{l_n}\right), & z \\ \frac{1}{2}\left(1-\frac{1}{l_1}\right), & \frac{1}{2}\left(1-\frac{1}{l_2}\right), & \ldots, & \frac{1}{2}\left(1-\frac{1}{l_n}\right), & \end{Bmatrix}$$

bezeichnet. *Klein*[211]) gibt die Erweiterung auf polymorphe *Formenscharen* nicht verschwindender Dimension. Hier stellt sich zunächst die aus den oben erklärten ζ_1, ζ_2 herzustellende Schar $A\zeta_1 + B\zeta_2$ ein. Darüber hinaus bildet *Klein* mit beliebigen Exponenten $\lambda_1', \lambda_2', \ldots, \lambda_n'$ die Formen:

$$(109)\quad \zeta_1 \cdot (z, e_1)^{\lambda_1'} \cdot (z, e_2)^{\lambda_2'} \cdots (z, e_n)^{\lambda_n'}, \quad \zeta_2 \cdot (z, e_1)^{\lambda_1'} \cdot (z, e_2)^{\lambda_2'} \cdots (z, e_n)^{\lambda_n'}$$

und bezeichnet die ihnen entsprechende Schar im Anschluß an *Riemann* durch:

$$(110)\quad \Pi\begin{Bmatrix} e_1, & e_2, & \ldots, & e_n, & \\ \lambda_1', & \lambda_2', & \ldots, & \lambda_n', & z_1, z_2 \\ \lambda_1'', & \lambda_2'', & \ldots, & \lambda_n'', & \end{Bmatrix},$$

wobei die $\lambda_1'', \lambda_2'', \ldots, \lambda_n''$ zu bestimmen sind aus:

$$(111)\quad \lambda_1' - \lambda_1'' = \frac{1}{l_1}, \ldots, \lambda_n' - \lambda_n'' = \frac{1}{l_n}.$$

Die Dimension dieser Schar in z_1, z_2 ist:

$$(112)\quad 1 + \sum_{k=1}^{n} \frac{\lambda_k' + \lambda_k'' - 1}{2}.$$

Bei der Verallgemeinerung auf beliebiges p (vgl. die in Note **113** gen. Abh. *Ritter*s oder „Aut." 2, p. 229ff. und p. 263) behalten die *Riemann*schen Z_1, Z_2 ihre wesentlichen Eigenschaften, speziell die der *unimodularen* Substitutionen. Für die formentheoretischen Verallgemeinerung hat man sich der „Primform" $P(z, a)$ und des „überall endlichen Differentials" $d\omega_z$ zu bedienen (vgl. Nr. **17**). Die all-

210) „Beiträge zur Theorie der durch die *Gauß*sche Reihe $F(\alpha, \beta, \gamma; x)$ darstellbaren Funktionen", Gött. Abh. 7 (1857) oder *Riemanns* Werke, p. 62; „Zwei allgemeine Sätze über lineare Differentialgleichungen mit algebraischen Koeffizienten", *Riemanns* Werke, p. 357.

211) „Über Normierung der linearen Differentialgleichung 2. Ordnung" Math. Ann. 38 (1890), p. 144. S. auch die in der Literaturübersicht genannten autographierten Vorles. von *Klein* über „Lineare Differentialgleichungen 2. Ordnung" (Göttingen 1891), p. 40ff.

gemeinste Art, ζ in zwei Formen ζ_1, ζ_2 mit ausschließlich erlaubten Wertepaaren zu spalten, ist:

$$(113)\qquad \begin{cases} \zeta_1 = e^{W(z)} \dfrac{\zeta}{\sqrt{\dfrac{d\zeta}{d\omega_z}}} \prod\limits_{k=1}^{n} P(z, e_k)^{-\frac{1}{2}\left(1-\frac{1}{l_k}\right)}, \\ \\ \zeta_2 = e^{W(z)} \dfrac{1}{\sqrt{\dfrac{d\zeta}{d\omega_z}}} \prod\limits_{k=1}^{n} P(z, e_k)^{-\frac{1}{2}\left(1-\frac{1}{l_k}\right)}, \end{cases}$$

wobei $W(z)$ ein beliebiges Integral erster Gattung der Fläche ist Die Dimension dieser polymorphen Formen ist:

$$(114)\qquad 1 - p - \tfrac{1}{2}\sum_{k=1}^{n}\left(1 - \frac{1}{l_k}\right).$$

Aus ihnen erwächst dann wieder in der Gestalt $A\zeta_1 + B\zeta_2$ eine linear-polymorphe Formenschar.

32. Differentialgleichungen für polymorphe Funktionen und Formen. Die polymorphen Funktionen und Formen befriedigen auf der *Riemann*schen Fläche gewisse Differentialgleichungen dritter und zweiter Ordnung, über welche hier einige Andeutungen folgen (vgl. im übrigen das Ref. II B 5 (Hilb) über „Lineare Differentialgleichungen").

Der Differentialausdruck dritter Ordnung:

$$(115)\qquad [\zeta]_z = \frac{\zeta'''}{\zeta'} - \frac{3}{2}\left(\frac{\zeta''}{\zeta'}\right)^2$$

(unter $\zeta', \zeta'', \ldots$ die Ableitungen der polymorphen Funktion $\zeta = f(z)$ nach z verstanden) ist gegenüber einer beliebigen linearen Substitution von ζ invariant, so daß insbesondere:

$$(116)\qquad [V(\zeta)]_z = [\zeta]_z$$

für irgend eine Substitution der zugehörigen Γ gilt[212]). Somit ist $[\zeta]_z$ auf der Fläche eindeutig und erweist sich als algebraisch. *Die polymorphe Funktion $\zeta = f(z)$ befriedigt hiernach eine Differentialgleichung dritter Ordnung von der Gestalt:*

$$(117)\qquad [\zeta]_z = R(w, z),$$

wo rechts eine ihrer Gestalt nach leicht angebbare (cf. „Aut." 2, p. 49) algebraische Funktion der Fläche F steht. In ihr bleiben jedoch zunächst noch Konstante in einer gewissen Anzahl unbekannt, die man die *„akzessorischen Parameter"* nennt. Ist beispielsweise im Falle $p = 0$

212) Siehe die in Note 20 genannten Abhandlungen von *Schwarz*. Man bezeichnet $[\zeta]_z$ häufig als *„Schwarz*schen Differentialausdruck".

die Fläche F die einblättrige z-Ebene, so ist die Gestalt der Differentialgleichung:

(118) $$[\zeta]_z = \frac{2}{\prod_{k=1}^{n}(z-e_k)}$$

$$\left(G_{n-4}(z) + \sum_{k=1}^{n} \frac{\frac{1}{4}\left(1-\frac{1}{l_k^2}\right)}{z-e_k}(e_k-e_1)\cdots(e_k-e_{k-1})(e_k-e_{k+1})\cdots(e_k-e_n)\right).$$

Für $n=3$ fällt das erste Glied G_{n-4} aus; für $n>3$ ist $G_{n-4}(z)$ eine ganze Funktion $(n-4)$-ten Grades, deren Koeffizienten die $n-3$ „*akzessorischen Parameter*" der Differentialgleichung sind. Ihre Abhängigkeit von den Invarianten des „FB" ist noch nicht hinreichend erforscht.

Durch eine seit lange bekannte Umrechnung der Differentialgleichung dritter Ordnung (117) (vgl. „Ikos" p. 75 oder „Aut." 2, p. 118) zeigt man, daß die in Nr. **31** erklärten polymorphen Formen Z_1, Z_2 nullter Dimension *die lineare homogene Differentialgleichung zweiter Ordnung*:

(119) $$\frac{d^2 Z}{dz^2} + R(w, z)\cdot Z = 0$$

befriedigen[213]). Im Falle $p=0$, $n=3$ legt man die drei Verzweigungspunkte e_k gewöhnlich nach $z=0, 1, \infty$ und findet dann:

(120) $$\frac{d^2 Z}{dz^2} + \left(\frac{1-\frac{1}{l_1^2}}{4z^2} + \frac{1-\frac{1}{l_2^2}}{4(z-1)^2} + \frac{\frac{1}{l_1^2}+\frac{1}{l_2^2}-\frac{1}{l_3^2}-1}{4z(z-1)}\right) Z = 0.$$

Die Transformation:

(121) $$Z = H\cdot z^{\frac{1}{2}\left(1-\frac{1}{l_1}\right)}(z-1)^{\frac{1}{2}\left(1-\frac{1}{l_2}\right)}$$

führt von hier aus zur *hypergeometrischen Differentialgleichung* (vgl. die in Note 20 genannte Abhandl. von *Schwarz*):

(122) $$z(z-1)\frac{d^2 H}{dz^2} + [(\alpha+\beta+1)z-\gamma]\frac{dH}{dz} + \alpha\beta H = 0,$$

deren α, β, γ sich berechnen aus:

(123) $$\frac{1}{l_1} = 1-\gamma,\ \frac{1}{l_2} = \gamma-\alpha-\beta,\ \frac{1}{l_3} = \beta-\alpha.$$

Das allgemeine Integral der Differentialgleichung dritter Ordnung (117) ist in einem partikulären Integrale ζ in der Gestalt $\frac{A\zeta+B}{C\zeta+D}$ darstellbar, wobei die Quotienten der vier Koeffizienten A, B, C, D die drei Integrationskonstanten liefern. Entsprechend ist das allge-

213) Vgl. auch die in Note 208 genannte Arbeit von *Riemann*.

meine Integral der Differentialgleichung (119) in zwei partikulären, linear-unabhängigen Integralen Z_1, Z_2 in der Gestalt $AZ_1 + BZ_2$ mit den Integrationskonstanten A, B darstellbar. Die in Nr. **31** angeführte Formenschar $AZ_1 + BZ_2$ stellt demnach die Gesamtheit der Integrale von (119) dar, und also kann diese Differentialgleichung ihrerseits als eine begriffliche Definition der Formenschar angesehen werden.

Für die in Nr. **31** an die Spitze gestellten polymorphen Formen sind Differentialgleichungen zweiter Ordnung mit *invariantentheoretischen* Prinzipien untersucht, dem Umstande entsprechend, daß man wünschen wird, statt eines speziellen Argumentes z irgend eines unten den dreifach unendlich vielen $\frac{az+b}{cz+d}$, bezw. an Stelle eines speziellen Paares z_1, z_2 irgend zwei linear-unabhängige Kombinationen $az_1 + bz_2$, $cz_1 + dz_2$ zugrunde zu legen.

Das Ergebnis ist zunächst im Falle $p = 0$ bei beliebigem n *eine invariante Darstellung der Differentialgleichung für irgend eine etwa durch $f(z_1, z_2)$ zu bezeichnende Form der Schar $A\zeta_1 + B\zeta_2$ in der Gestalt*:

$$(124) \qquad (f, u)_2 + (f, v)_1 + (f, w)_0 = 0.$$

Hier ist u die rationale ganze Form n-ter Dimension $\prod_{k=1}^{n} (z, e_k)$; v ist eine gewisse ebensolche Form $(n-2)$-ter Dimension, welche die $l_1, l_2, \ldots, l_n$ liefert; endlich ist w eine rationale ganze Form $(n-4)$-ter Dimension, welche außer den e_k und l_k auch noch aus den „akzessorischen Parametern" aufgebaut ist. Es bedeutet dabei $(f, u)_2$ die zweite Überschiebung von f und u, entsprechend $(f, v)_1$ die erste und $(f, w)_0$ die nullte (Produkt von f und w). Die genannte invariante Gestalt der Differentialgleichung ist von *E. Wälsch*[214]) angegeben; der besondere Fall einer invarianten Darstellung der hypergeometrischen Gleichung wurde schon früher durch *D. Hilbert*[215]) betrachtet (vgl. „Aut." 2, p. 121 sowie das Ref. I B 2 [W. Fr. Meyer] Nr. **14**).

Für $p > 0$, wo $(n + 3p - 3)$ akzessorische Parameter auftreten, sind bei hyperelliptischen Fällen durch *Klein*[216]) und *Pick*[217]) Be-

214) „Zur Geometrie der linearen algebraischen Differentialgleichungen und binären Formen", Schrift. d. Deutsch. Prager math. Gesell. von 1892, p. 78.

215) „Über die Darstellungsweise der invarianten Gebilde im binären Formengebiete", Math. Ann. 30 (1887), p. 15.

216) Autogr. Vorles. „Über lineare Differentialgleichungen zweiter Ordnung", Göttingen 1894, p. 82 ff.; siehe auch den Bericht „Autographierte Vorlesungshefte II", Math. Ann. 46 (1894), p. 77.

217) „Über eine Normalform gewisser Differentialgleichungen zweiter und dritter Ordnung". Math. Ann. 38 (1890), p. 139; „Zur Theorie der zu einem algebraischen Gebilde gehörenden Formen", Math. Ann. 50 (1897), p. 381.

trachtungen über invariante Darstellung der Differentialgleichungen dritter und zweiter Ordnung angestellt; insbesondere sind für die hyperelliptischen Fälle mit $n = 0$ die Gleichungen wirklich angegeben (vgl. „Aut.“ 2 p. 234ff.). Den nicht-hyperelliptischen Fall $p = 3$, $n = 0$ betrachtete *Klein* in der in der Literaturübersicht genannten Vorlesung über lineare Differentialgleichungen 2. Ordnung (Sommer 1894)[218]). Da man die bei $p = 3$ zugrunde liegende Irrationalität zweckmäßig durch eine ebene Kurve 4. Grades darstellt, so entsteht die Aufgabe, der Differentialgleichung eine gegenüber ternären linearen Substitutionen invariante Gestalt zu erteilen. *P. Gordàn* gibt das sehr einfache sich hier darbietende Resultat[219]); von *G. Herglotz*[220]) ist dasselbe neu begründet und an der Hand von Mitteilungen *Kleins* auch für höhere p wesentlich weiter geführt[221]).

33. Analytische Darstellungen für polymorphe Formen. Die polymorphen Formen nullter Dimension Z_1, Z_2 lassen sich als Lösungen von Differentialgleichungen der in Nr. **32** angegebenen Gestalt in *Potenzreihen nach z* entwickeln auf Grund von Methoden, welche seit lange in der Theorie der linearen Differentialgleichungen gebräuchlich sind[222]). Diese Reihenentwicklungen haben auch insofern ein Interesse, als es möglich sein muß, von ihnen aus durch Reiheninversion zu Potenzreihen für automorphe Formen überzugehen. Solche Potenzreihen konnten wir oben (in den Gleichungen (41) ff., p. 402) zwar ihrer allgemeinen Gestalt nach angeben, ohne jedoch ein Mittel für die Berechnung der Koeffizienten im Einzelfalle zu besitzen.

Weiter ausgebildet sind die analytischen Darstellungen der polymorphen Formen nur erst in dem von akzessorischen Parametern noch freien Falle $p = 0$, $n = 3$, wo die vorhin mit H_1, H_2 bezeichneten Formen nullter Dimension Lösungen der *hypergeometrischen Differentialgleichung* sind. Was die Potenzreihen angeht, so kann man im vor-

218) S. den Bericht über diese Vorles. in den Math. Ann. 46, p. 80.

219) „Über unverzweigte lineare Differentialgleichungen zweiter Ordnung auf ebenen Kurven vierter Ordnung“, Math. Ann. 46 (1895), p. 606.

220) „Über die Gestalt der auf algebraischen Kurven nirgends singulären linearen Differentialgleichungen 2. Ordnung“, Math. Ann. 62 (1906), p. 329.

221) Für beliebiges p schließen sich noch an die Untersuchungen von *Pick*, „Über die zu einer ebenen algebraischen Kurve gehörigen transzendenten Formen und Differentialgleichungen“, Monatsh. f. Math. u. Phys. 18 (1907), p. 219 und *W. Groß*, „Zur invarianten Darstellung linearer Differentialgleichungen“, Monatsh. f. Math. u. Phys. 22 (1911), p. 317. Letztere Untersuchung gibt Ansätze für Differentialgleichungen höherer Ordnung.

222) Vgl. *Fuchs*, „Zur Theorie der linearen Differentialgleichungen“, J. f. Math. 66 (1866), p. 121.

liegenden Falle bekanntlich[223]) vermöge der *hypergeometrischen Reihe* $F(\alpha, \beta, \gamma; z)$ 24 Lösungen angeben, von denen sich je acht auf die Umgebung des einzelnen der singulären Punkte $0, 1, \infty$ beziehen. Für die Umgebung von $z = 0$ gelten z. B. die Reihendarstellungen (vgl. „Aut." 2, p. 129):

$$(125) \quad \begin{cases} H_1 = z^{1-\gamma} F(\alpha - \gamma + 1, \beta - \gamma + 1, 2 - \gamma; z), \\ H_2 = F(\alpha, \beta, \gamma; z). \end{cases}$$

Es gibt aber eine weitere sehr beachtenswerte Darstellung der bei $p = 0$, $n = 3$ auftretenden polymorphen Formen H_1, H_2, nämlich diejenige durch *bestimmte Integrale*. So befriedigt z. B. das Integral:

$$(126) \qquad \int w^{\beta-1}(1-w)^{\gamma-\beta-1}(1-zw)^{-\alpha}dw,$$

in welchem die Integrationsvariable w über einen „Doppelumlauf" (vgl. das Ref. II B 1 (Osgood), Nr. **17** oder auch „Aut." 2, p. 133) um die Verzweigungspunkte 0 und 1 in der w-Ebene zu führen ist, die hypergeometrische Differentialgleichung; und man kann insgesamt 48 solche Integrale als Lösungen der hypergeometrischen Differentialgleichung angeben[224]).

34. Die polymorphen Formen H_1, H_2 als eindeutige Modulformen. Unter den verschiedenen sich hier anschließenden Entwicklungen (vgl. „Aut." 2, p. 134) ist ein neuerdings von *Wirtinger*[225]) aufgefundener Ansatz zur *Darstellung der polymorphen Formen H_1, H_2 als Modulformen* bemerkenswert, weil die „uniformisierende Kraft" (vgl. Nr. **36**) der polymorphen Funktionen (im vorliegenden Falle der Variabelen ω) hier in einer übersichtlichen Endformel zum Ausdruck gelangt.

Man schreibe eine beliebige bei $p = 0$, $n = 3$ auftretende poly-

223) Vgl. hierzu *E. Goursat*, „Sur l'équation différentielle linéaire, qui admet pour intégrale la série hypergéométrique", Ann. de l'Éc. Norm. (2) 10, Suppl. p. 3 ff.; *Klein*, „Über die hypergeometrische Funktion", autogr. Vorles. (Göttingen, 1894); *Schlesinger*, „Handbuch der Theorie der linearen Differentialgleichungen" 1 (1895), p. 253 ff.. S. auch „Aut." 2, p. 127 ff. Die Originalliteratur findet man in diesen Büchern nachgewiesen.

224) Vgl. *Riemann*, „Beiträge zur Theorie der durch die *Gauß*sche Reihe darstellbaren Funktionen", Art. 7 und 8; *Riemanns* Werke, p. 76. Siehe auch *C. Schellenberg*, „Neue Behandlung der hypergeometrischen Funktion auf Grund ihrer Definition durch das bestimmte Integral", Gött. Diss. von 1892, sowie „Aut." 2, p. 132 ff., wo die weitere Literatur zusammengestellt ist.

225) „Zur Darstellung der hypergeometrischen Funktion durch bestimmte Integrale", Wiener Ber. 111 (1902), p. 894.

morphe Funktion ζ ausführlich:

$$\zeta = f\left(\frac{1}{l_1}, \frac{1}{l_2}, \frac{1}{l_3}; z\right) \tag{127}$$

und stelle neben dieselbe die durch Inversion der Modulfunktion $z = k^2(\omega)$ zweiter Stufe (*Legendre*scher Integralmodul, vgl. „Mod." 1, p. 276) entspringende spezielle polymorphe Funktion:

$$\omega = f(0, 0, 0; z). \tag{128}$$

Aus der Abbildung des Dreiecksnetzes der ζ-Ebene auf die ω-Halbebene ergibt sich auf Grund des allgemeinen Eindeutigkeitssatzes (vgl. Nr. **16**), *daß ζ eine eindeutige Funktion von ω und also eine Modulfunktion ist. Sie gehört als solche zu einer gewissen ausgezeichneten Untergruppe von unendlich hohem Index innerhalb der Modulgruppe.*

Dieser Satz ist von *Klein* in den Math. Ann. 14, p. 159 u. f. (1878) ausgesprochen; doch besaß denselben, wie nachträglich bekannt geworden ist, auch bereits *Riemann*[226]). Einen Versuch zur Darstellung von ζ bzw. der zugehörigen polymorphen Formen als eindeutiger Modulformen stellte dann zunächst *E. Papperitz*[227]) an, ohne indessen zu durchsichtigen Ergebnissen zu gelangen.

Hier setzt nun die *Wirtinger*sche Entwicklung ein, welche die gewünschte Darstellung endgültig und in klarer Gestalt leistet. Die Idee dieser Entwicklung ist die folgende: Im obigen bestimmten Integral (126) schreibe man die Exponenten $\beta - 1$, $\gamma - \beta - 1$, $-\alpha$ abgekürzt a, b, c; dieses Integral läßt sich dann in die Gestalt kleiden:

$$\int w^{a+\frac{1}{2}}(1-w)^{b+\frac{1}{2}}(1-zw)^{c+\frac{1}{2}} \cdot \frac{dw}{\sqrt{w(1-w)(1-zw)}}. \tag{129}$$

Zur Einführung von ω hat man das elliptische Integral:

$$v = \frac{1}{2}\int_0^w \frac{dw}{\sqrt{w(1-w)(1-zw)}} \tag{130}$$

anzusetzen, dessen Perioden K und iK' in üblicher Weise so definiert werden mögen:

$$K = \frac{1}{2}\int_0^1 \frac{dw}{\sqrt{w(1-w)(1-zw)}}, \quad iK' = \frac{1}{2}\int_1^{\frac{1}{z}} \frac{dw}{\sqrt{w(1-w)(1-zw)}}. \tag{131}$$

---

226) S. die von *Wirtinger* (1902) herausgegebenen Vorlesungen *Riemanns* über die hypergeometrische Reihe (von 1859), *Riemanns* Werke, Nachträge p. 93.

227) „Über die Darstellung der hypergeometrischen Transzendenten durch eindeutige Funktionen", Math. Ann. 34 (1889), p. 247.

Der Quotient ω der Perioden und die Entwicklungsgröße q sind:

(132) $$\omega = \frac{iK'}{K}, \quad q = e^{\pi i \omega}.$$

Man verlege nun die Darstellung des fraglichen Integrals vermöge der vorstehenden Formeln in die Ebene des Integrals v oder, was wegen der zu brauchenden ϑ-Funktionen vorzuziehen ist, in diejenige von $u = \frac{v}{2K}$. Die Transformation vollzieht sich durch:

(133) $$\begin{cases} \sqrt{w} = z^{-\frac{1}{4}} \cdot \frac{\vartheta_1(u)}{\vartheta_0(u)}, \\ \sqrt{1-w} = (1 - z^{-1})^{-\frac{1}{4}} \cdot \frac{\vartheta_2(u)}{\vartheta_0(u)}, \\ \sqrt{1-zw} = (1-z)^{\frac{1}{4}} \cdot \frac{\vartheta_3(u)}{\vartheta_0(u)}, \end{cases}$$

und das die Lösung der hypergeometrischen Differentialgleichung darstellende Integral selbst geht über in:

(134) $$4Kz^{\frac{b-a-1}{2}}(1-z)^{\frac{c-b}{2}} \int \vartheta_1^{2a+1}(u) \vartheta_2^{2b+1}(u) \vartheta_3^{2c+1}(u) \vartheta_0^{2d+1}(u) du$$

mit $a + b + c + d + 2 = 0$. Die Doppelumläufe auf der *Riemann*schen Fläche über der w-Ebene werden in der Ebene des Integrals u offene Wege zwischen gewissen äquivalenten Punkten des zugehörigen Parallelogrammnetzes. Man muß gewisse zwei Wege dieser Art auswählen, um zwei vorgelegte partikuläre Formen H_1, H_2 der Schar zu treffen. Setzt man in das Integral der Formel (134) die ϑ-Reihe ein und führt die Integration gliedweise aus, *so entspringen für die fraglichen Integrale und damit für unsere polymorphen Formen H Potenzreihenentwicklungen nach q, welche für $|q| < 1$, d. h. innerhalb der ganzen positiven ω-Halbebene (und damit im Gesamtbereiche unserer Funktionen) konvergent sind.*

35. Die homomorphen Formen und die Poincaréschen Zetareihen. Die eben betrachtete eindeutige Darstellung der polymorphen Funktion ζ (des Quotienten der Formen H_1, H_2) in ω ordnet sich dem in Nr. **16** genannten Uniformisierungssatze unter. Um jetzt das diesem Satze zugrunde liegende allgemeine Prinzip zu besprechen, bleiben wir zunächst noch im Bereich der Dreiecksfunktionen, wählen l_1, l_2, l_3 als ganzzahlige Vielfache der ganzen Zahlen m_1, m_2, m_3:

(135) $$l_1 = \sigma_1 m_1, \quad l_2 = \sigma_2 m_2, \quad l_3 = \sigma_3 m_3,$$

und bilden die beiden zu $p = 0$, $n = 3$ gehörenden polymorphen Funktionen von z:

(136) $$\eta = f\left(\frac{1}{m_1}, \frac{1}{m_2}, \frac{1}{m_3}; z\right), \quad \zeta = f\left(\frac{1}{l_1}, \frac{1}{l_2}, \frac{1}{l_3}; z\right).$$

Der Eindeutigkeitssatz lehrt: *η ist eine eindeutige Funktion von ζ, welche $\eta = F(\zeta)$ heiße.*

Bei Umläufen von z erfahren η und ζ gleichzeitig lineare Substitutionen. Ein einzelner Umlauf liefere:

$$(137) \qquad \eta' = U(\eta) = \frac{\alpha'\eta + \beta'}{\gamma'\eta + \delta'}, \quad \zeta' = V(\zeta) = \frac{\alpha\zeta + \beta}{\gamma\zeta + \delta}.$$

Die *eindeutige* Funktion $\eta = F(\zeta)$ hat somit die Eigenschaft, daß sie, falls man auf ζ irgend eine Substitution V der zugehörigen Γ ausübt, gleichfalls eine *eindeutig bestimmte* Substitution U erfährt:

$$(138) \qquad U(\eta) = F[V(\zeta)].$$

Die Gruppe Γ der Substitution V und die Γ' der U sind zueinander „homomorph"; sie sind 1-∞-*deutig aufeinander bezogen, indem einer V stets „eine" U, aber der einzelnen U stets unendliche viele V zugehören*[228]). Speziell der Identität $U = 1$ entspricht eine ausgezeichnete Untergruppe Γ_∞ des Index ∞ innerhalb Γ und dieser Γ_∞, welche das Geschlecht $p = 0$ hat, gehört $F(\zeta) = \eta$ gewissermaßen als „Hauptfunktion" an. Man nennt $\eta = F(\zeta)$ eine *„homomorphe Funktion"* von ζ und führt durch geeignete Spaltungen $\zeta = \zeta_1 : \zeta_2$ und $\eta = \eta_1 : \eta_2$ *„homomorphe Formen"*:

$$(139) \qquad \eta_1 = F^{(1)}(\zeta_1, \zeta_2), \quad \eta_2 = F^{(2)}(\zeta_1, \zeta_2)$$

ein, wobei der *Homomorphismus der homogenen Gruppen Γ, Γ'* allerdings noch besondere Untersuchungen erfordert[229]).

Man kennt nun einen Ansatz zur Herstellung analytischer Ausdrücke in ζ_1, ζ_2, welche das Verhalten dieser homomorphen Formen zeigen. Dieser Ansatz benutzt ein Prinzip, welches bei Gruppen *endlich* vieler Substitutionen von n Variablen durch *Klein*[230]) aufgestellt wurde. Für die hier in Frage kommenden Gruppen der Ordnung ∞ ist es *Poincaré*[231]) unter Benutzung des gleichen Prinzips gelungen, analytische Ausdrücke in Gestalt konvergenter Reihen anzugeben, welche gegenüber den Substitutionen V selber die zugehörigen Substitutionen U erfahren und also in dieser Hinsicht das Verhalten der

228) Sofern nicht der triviale Fall $\sigma_1 = \sigma_2 = \sigma_3 = 1$ vorliegt.

229) Vgl. die autogr. Vorl. von *Klein*, „Ausgewählte Kapitel aus der Theorie der linearen Differentialgleichungen zweiter Ordnung" (Göttingen 1891), p. 76 ff. des ersten Teiles. Man findet daselbst eine ausführliche Theorie des im Texte betrachteten Beispiels.

230) Siehe Abschn. I § 1 der Abhandlung „Über die Auflösung gewisser Gleichungen vom siebenten und achten Grade", Math. Ann. 15 (1879), p. 253.

231) „Mémoire sur les fonctions zétafuchsiennes", Act. math. 5 (1884), p. 209.

homomorphen Funktionen zeigen. Wir bezeichnen diese Reihen im Anschluß an die bei *Poincaré* vorliegende Benennung als „*Poincarésche Zetareihen*" (zum Unterschiede gegen die in Nr. 22 besprochenen von *Poincaré* selbst als „Thetareihen" bezeichneten Reihenentwicklungen[232])).

Die Idee dieser Entwicklungen, am obigen Beispiel erläutert, ist folgende: Die homogenen Substitutionen V, U sollen unimodular geschrieben werden. Unter v_1, v_2 möge ein zu η_1, η_2 „kontragredientes" Variablenpaar verstanden werden, d. h. die v_1, v_2 sollen sich simultan mit η_1, η_2 so transformieren, daß $v_1\eta_1 + v_2\eta_2$ invariant bleibt. Die oben mit U bezeichnete homogene Substitution ergibt danach:

$$(140) \qquad v_1' = \delta' v_1 - \beta' v_2, \quad v_2' = -\gamma' v_1 + \alpha' v_2,$$

d. h. auf v_1, v_2 ist jeweils die zu U inverse Substitution U^{-1} auszuüben. Eine beliebig gewählte lineare Form der v_1, v_2 sei $(a_1 v_1 + a_2 v_2)$; ferner sei $f_d(\zeta_1, \zeta_2)$ eine rationale Form ihrer Argumente von der Dimension d. Auf das Produkt $(a_1 v_1 + a_2 v_2) \cdot f_d(\zeta_1, \zeta_2)$ wende man die Substitutionen V_k der homogenen Γ an, wobei die v_1, v_2 jedesmal die zugehörige Substitution U_k^{-1} erfahren. Die durch Addition aller so zu gewinnenden Ausdrücke entspringende Reihe:

$$(141) \qquad \sum_k (a_1 v_1^{(k)} + a_2 v_2^{(k)}) \cdot f_d(\zeta_1^{(k)}, \zeta_2^{(k)})$$
$$= \sum_k [a_1(\delta_k' v_1 - \beta_k' v_2) + a_2(-\gamma_k' v_1 + \alpha_k' v_2)] \cdot f_d(\zeta_1^{(k)}, \zeta_2^{(k)})$$

ist gegenüber Γ formal invariant. Wir postulieren jetzt, daß diese Reihe absolut konvergiere und nicht identisch verschwinde. Ordnet man dann nach v_1, v_2:

$$v_1 \sum_k (a_1\delta_k' - a_2\gamma_k') \cdot f_d(\zeta_1^{(k)}, \zeta_2^{(k)}) + v_2 \sum_k (-a_1\beta_k' + a_2\alpha_k') \cdot f_d(\zeta_1^{(k)}, \zeta_2^{(k)}),$$

so sind die beiden Formen:

$$(142) \qquad \begin{cases} F_d^{(1)}(\zeta_1, \zeta_2) = \sum_k (a_1\delta_k' - a_2\gamma_k') \cdot f_d(\zeta_1^{(k)}, \zeta_2^{(k)}), \\ F_d^{(2)}(\zeta_1, \zeta_2) = \sum_k (-a_1\beta_k' + a_2\alpha_k') \cdot f_d(\zeta_1^{(k)}, \zeta_2^{(k)}), \end{cases}$$

mit den v_1, v_2 kontragredient und also mit den η_1, η_2 kogredient, d. h. sie zeigen gegenüber den ζ-Substitutionen in der Tat das homomorphe Verhalten der fraglichen Formen η_1, η_2. Bei der Untersuchung der Konvergenz gelangt *Poincaré*[233]) zu dem Ergebnis, daß jedenfalls

232) Wie letztere die elliptischen Thetafunktionen nachahmen, so erscheinen (mit Rücksicht auf Periodeneigenschaften) die homomorphen Funktionen der elliptischen Zetafunktion (Integral 2. Ordnung) analog. *Poincaré* selbst bezeichnet (für Hauptkreisgruppen) die fraglichen Reihen als „séries zétafuchsiennes".

233) S. die in Note 231 genannte Abhandl., p. 233 ff.

unterhalb einer gewissen oberen Grenze für d die Reihen (142) konvergent sind; auch das Bedenken des identischen Verschwindens der Reihen wird erledigt.

Durch die vorstehende Entwicklung ist nur erst bewiesen, daß sich die durch „*Poincarés* Zetareihen" (142) dargestellten Formenpaare gegenüber den ζ-Substitutionen mit den polymorphen Formen η_1, η_2 isomorph substituieren. Indessen ist es *Poincaré* gelungen, den Nachweis zu führen, *daß sich die* η_1, η_2 *als lineare Verbindungen solcher Zetareihen mit automorphen Koeffizienten darstellen lassen.* Die zu diesem Zwecke von *Poincaré* benutzten Methoden schließen sich ihrer Art nach denjenigen Überlegungen an, mittels deren er die Darstellbarkeit der automorphen Funktionen durch seine Thetareihen dartat.

Wir beschränkten uns der bequemeren Ausdrucksweise wegen bisher auf Dreiecksfunktionen. *Poincarés* eigene Entwicklung (vgl. Note 231) ist von vornherein weit allgemeiner angelegt. Es liege irgend ein automorphes Gebilde mit *Grenzkreis* und von beliebigen p, n vor. Eine zugehörige Funktion $z = \varphi(\zeta)$ ergebe als Abbild des „FB" eine *Riemann*sche Fläche, auf welcher die n festen Polygonecken die Stellen $e_1, e_2, \ldots, e_n$ liefern. Es sei eine lineare Differentialgleichung vorgelegt:

$$\frac{d^m\eta}{dz^m} + P_1(z)\frac{d^{m-1}\eta}{dz^{m-1}} + \cdots + P_m(z)\eta = 0, \tag{143}$$

deren Koeffizienten algebraische Funktionen der vorliegenden Fläche sind. Die singulären Punkte dieser Gleichung sollen ausschließlich an den Stellen e_k liegen; und die Vieldeutigkeit[234]) der Lösungen η an der einzelnen Stelle e_k soll derart sein, daß die η in der Umgebung der betreffenden Stelle *eindeutig* in ζ sind. *Unter diesen Umständen bildet ein Lösungssystem* $\eta_1, \eta_2, \ldots, \eta_m$ *ein System eindeutiger Funktionen von* ζ, *welches gegenüber einer beliebigen Substitution* V *der zugehörigen* Γ *selber eine eindeutig bestimmte Substitution:*

$$\left\{\begin{array}{l} \eta_1' = \alpha_{11}\eta_1 + \alpha_{12}\eta_2 + \cdots + \alpha_{1m}\eta_m, \\ \quad \cdot \quad \cdot \quad \cdot \quad \cdot \quad \cdot \quad \cdot \quad \cdot \quad \cdot \quad \cdot \quad \cdot \quad \cdot \quad \cdot \\ \eta_m' = \alpha_{m1}\eta_m + \alpha_{m2}\eta_2 + \cdots + \alpha_{mm}\eta_m \end{array}\right. \tag{144}$$

erfährt. Man gelangt hier wieder zu demselben 1-∞-deutigen Homomorphismus, der im oben betrachteten Beispiele vorlag. *Poincarés* analytische Ansätze beziehen sich nun sogleich auf die Herstellung derartiger Systeme von m homomorphen Funktionen bzw. Formen.

234) Die für den einzelnen Punkt e_k durch die „determinierende Fundamentalgleichung" von *Fuchs* festgelegt wird.

Es zeigt sich, daß hierbei keine neuen Gesichtspunkte gegenüber dem Spezialfalle der Dreiecksfunktionen hervortreten.

Ritter beabsichtigte bei einer neuen Durchforschung und Fortentwicklung der *Poincaré*schen Zetareihen einen ähnlichen Weg zu gehen, wie bei den „Thetareihen". Den „multiplikativen Formen" entsprechend hat er eine Theorie der „*Riemann*schen *Formenscharen auf einem beliebigen algebraischen Gebilde*" entwickelt[235]), welche sich unabhängig von den *Poincaré*schen Zetareihen auf algebraischer Basis aufbaut. Die Anwendung seiner Untersuchungen auf die letzteren Reihen hat *Ritter* nicht mehr ausführen können[236]).

36. Fundamentaltheoreme über die Existenz der eindeutig umkehrbaren polymorphen Funktionen auf gegebenen Riemannschen Flächen. Die bisherigen Entwicklungen knüpften an die Variabele ζ an, führten uns zu den automorphen Funktionen von ζ und lehrten uns, einzelnen Gebilde automorpher Funktionen durch Herausnahme einer speziellen Funktion $z = \varphi(\zeta)$ des Gebildes auf eine Riemannsche Fläche über der z-Ebene zu beziehen. Es hat sich hierbei gezeigt, daß zahlreiche Funktionen auf dieser Fläche in ζ eindeutig werden oder, wie man sagt, durch ζ „uniformisiert" werden können.

Indem wir uns jetzt allgemein auf den hierdurch angezeigten Standpunkt stellen, entsteht die umgekehrte Frage, *ob vielleicht auf jeder Riemannschen Fläche polymorphe Funktionen* $\zeta = f(z)$ *unserer Art existieren möchten,* die alsdann allemal zur Uniformisierung sonstiger Funktionen der Fläche gebraucht werden können. Die Antwort hierauf ist in einer Reihe von Sätzen enthalten, welche den Schlußstein der ganzen Theorie bilden und ihrer grundlegenden Bedeutung halber nach *Kleins* Ausdrucksweise „*Fundamentaltheoreme*" heißen. Folgende Theoreme stellen wir an die Spitze:

I. Grenzkreistheorem: *Sind auf einer beliebig gegebenen Riemannschen Fläche des Geschlechtes p über der z-Ebene n willkürlich gewählte Verzweigungsstellen* $e_1, e_2, \ldots, e_n$ *markiert (wo n beliebig* ≥ 0 *genommen werden kann), so gibt es eine und im wesentlichen*[237]) *nur*

235) Math. Ann. 47 (1895), p. 157.

236) Dieser Gegenstand ist aufgenommen von *M. Caspar* in der Tübinger Diss. von 1908 „Über die Darstellbarkeit der homomorphen Formenscharen durch *Poincaré*sche Zetareihen". Im Falle $p > 1$ und $n = 0$, d. h. beim Fehlen von Punkte e auf der *Riemann*schen Fläche, wird die Darstellbarkeit der homomorphen Formenscharen durch *Poincaré*sche Zetareihen für solche Dimensionen d bewiesen, bei denen Konvergenz der Reihen stattfindet.

237) D. h. von einer beliebigen linearen Substitution $\zeta' = \frac{a\zeta + b}{c\zeta + d}$ abgesehen.

eine linear-polymorphe Funktion $\zeta = f(z)$, *welche die kanonisch zerschnittene Fläche auf ein „Grenzkreispolygon" der Signatur* $(p, n; l_1, \ldots, l_n)$ *abbildet (vgl. p. 369), unter den l beliebig vorgeschriebene ganze Zahlen* > 1 *oder* ∞ *verstanden.*

II. Hauptkreistheorem: *Ist eine orthosymmetrische Riemannsche Fläche mit* μ $(\geqq 1)$ *Symmetrielinien gegeben und sind auf ihr n Paare symmetrisch liegender Punkte* $e_1, e_1', e_2, e_2' \ldots, e_n, e_n'$ *willkürlich markiert, so gibt es eine und im wesentlichen nur eine linear-polymorphe Funktion* $\zeta = f(z)$, *welche die geeignet zerschnittene Fläche auf ein sich selbst symmetrisches „Polygon mit Hauptkreis" abbildet. Dies Polygon ist der „DB" eines die ganze* ζ*-Ebene bedeckenden Netzes; es wird vom Hauptkreise in* μ *Symmetrielinien durchsetzt und hat n Paare fester Ecken mit beliebig vorgeschriebenen* $l_i > 1$[238]).

III. Rückkehrschnitttheorem: *Ist wieder eine beliebige Riemannsche Fläche jedoch mit* $p > 0$ *gegeben und ist dieselbe längs p Rückkehrschnitten, die getrennt voneinander verlaufen, zerschnitten, so gibt es eine und im wesentlichen nur eine polymorphe Funktion* $\zeta = f(z)$, *welche die zerschnittene Fläche auf einen „DB" mit 2p paarweise aufeinander bezogenen geschlossenen Randkurven abbildet* (vgl. Fig. 14 p. 380).

Der Wert dieser Sätze gründet sich, wie schon angedeutet, auf den in Nr. **16** aufgestellten Uniformisierungssatz: *Ist eine beliebige Riemannsche Fläche F gegeben, so haben wir in einer polymorphen Funktion* ζ, *welche F beispielsweise auf ein Grenzkreispolygon abbildet, eine Variabele, in welcher die algebraischen Funktionen von F, die Integrale der ersten beiden Gattungen, auch diejenigen der dritten Gattung mit logarithmischen Unstetigkeitspunkten an parabolischen Stellen* e_i, *die Integrale linearer Differentialgleichungen von F mit geeigneten an den Stellen* e_i *gelegenen singulären Punkten usw. „eindeutige" Funktionen werden.*

Wir hatten in Nr. **32** gesehen, daß sich die Differentialgleichung 3. Ordnung für ζ in jedem Falle bis auf eine gewisse Anzahl „akzessorischer Parameter" aufstellen lasse. Die „Fundamentaltheoreme" besagen, daß man diese Parameter immer auf eine und nur eine Weise so bestimmen kann, daß ein ζ des jeweils in Betracht kommenden Typus herauskommt.

Bei einer Fläche mit $p = 1$ und $n = 0$ tritt an Stelle der Grenzkreisfunktion ζ das elliptische Integral erster Gattung, und dem

238) Vereinzelte niedere Signaturen, bei denen noch keine Grenz- oder Hauptkreisnetze auftreten (z. B. $(0, 3; 2, 2, n)$ oder $(0, 3; 2, 3, 4)$), gelten bei den Theoremen I und II als ausgeschlossen.

Uniformisierungssatze entspricht hier das Theorem über eindeutige Darstellbarkeit der Funktionen des fraglichen elliptischen Gebildes in jenem Integrale (vgl. II B 3, Nr. **51**).

Auch das Rückkehrschnitttheorem ist für $p = 1$ elementar. Zieht man auf einer Fläche des Geschlechtes 1 irgend einen Rückkehrschnitt, so wird die so durchschnittene Fläche durch die Exponentialfunktion des geeignet normierten Integrals erster Gattung auf einen ringförmigen „DB" der im Theorem III gemeinten Art abgebildet.

Der einfachste und darum wichtigste Fall des Grenzkreistheorems entspricht der Annahme $n = 0$: *Hat man in* $f(w, z) = 0$ *eine algebraische Relation beliebigen Geschlechtes* p, *so gibt es einen „uniformisierenden Parameter"* ζ, *vermöge dessen man* $f(w, z) = 0$ *in die zwei Gleichungen* $w = \varphi(\zeta)$, $z = \psi(\zeta)$ *derart spalten kann, daß* $\varphi(\zeta)$, $\psi(\zeta)$ *auf der „Kurve"* $f = 0$ *„unverzweigte, eindeutige automorphe Funktionen" eines und desselben Polygonnetzes mit „Grenzkreis" sind.*

Die allmähliche Herausbildung der Fundamentaltheoreme setzt mit dem Frühjahr 1881 ein und zieht sich bis zur Gewinnung der allgemeinen Sätze bis in das folgende Jahr hinein.

Erstlich hat *Poincaré* mehrere Mitteilungen in den Bdn. 92 und 93 der Pariser Comptes Rendus (beginnend mit dem 30. Mai 1881) für den Fall $p = 0$, welche sich auf den Grenzkreisfall beziehen und zunächst nur parabolische Zipfel voraussetzen, alsbald aber im Gebiete der Grenzkreisgruppen allgemeinere Gestalt annehmen.

Sodann gelangte *Klein* zu den in Rede stehenden Theoremen für beliebiges p, indem er einmal über die genaue Kenntnis zahlreicher Fälle, welche den elliptischen Modulfunktionen entstammen, verfügte, andererseits aber die Theorie der *Riemann*schen Flächen in der unabhängigen Form durchdachte, die er bei *Riemann* selbst voraussetzte[239]). Von hieraus ergab sich namentlich die Grundtatsache, daß alle algebraischen Gebilde desselben Geschlechtes p ein einziges Kontinuum bilden.

Die persönliche Bezugnahme beider Forscher, *Klein* und *Poincaré*, miteinander beginnt im Sommer 1881 und gestaltete sich für beide höchst fruchtbringend. *Klein* entdeckte, von einer öfters genannten Arbeit *Schottkys* (vgl. Note 25 in Nr. **4**) angeregt, ein erstes Fundamentaltheorem für beliebiges p ohne singuläre Punkte (Polygonecken) und ohne Hauptkreis, welches er am 12. Januar 1882 veröffentlichte[240]);

---

239) Im Herbst 1881 verfaßte *Klein* seine Schrift „Über Riemanns Theorie der algebraischen Funktionen und ihrer Integrale" (Leipzig, B. G. Teubner).

240) „Über eindeutige Funktionen mit linearen Transformationen in sich", Math. Ann. 19, p. 565.

es ist das oben unter III genannte „Rückkehrschnitttheorem". Etwas später (am 27. März 1882) publizierte *Klein*[241]) das „Grenzkreistheorem", soweit $n = 0$ ist oder doch nur parabolische Ecken zugelassen werden. Hierbei war für ihn als Prototyp das bei Transformation 7. Grades der elliptischen Funktionen auftretende Polygon der Kurve vierter Ordnung $\lambda^3\mu + \mu^3\nu + \nu^3\lambda = 0$ maßgeblich. Anknüpfend hieran gab *Poincaré* am 10. April 1882 in Bd. 94 der Pariser Comptes Rendus das Grenzkreistheorem mit beliebigen singulären Punkten. Endlich hat *Klein* in der Abhandlung „Neue Beiträge zur *Riemann*schen Funktionentheorie"[242]) betreffs allgemeiner Erfassung der Theoreme den umfassendsten Standpunkt erreicht. Er unterwirft daselbst ν Grenzkreispolygone der „Charaktere" $(p_1, n_1), \ldots, (p_\nu, n_\nu)$ dem Prozeß der „Ineinanderschiebung" und erzeugt so einen ν-fach zusammenhängenden „DB" mit $p = \sum_{k=1}^{\nu} p_k$ und $n = \sum_{k=1}^{\nu} n_k$. Die Zusammenfaltung liefert eine *Riemann*sche Fläche mit ν Partial-Schnittsystemen von kanonischer Gestalt. Für so zerschnittene Flächen stellt *Klein* a. a. O. alsdann umgekehrt ein allgemeines Fundamentaltheorem auf, unter welches man alle obigen Theoreme als Spezialfälle unterordnen kann. *Nach demselben existiert auf jeder mit ν Partial-Schnittsystemen versehenen Riemannschen Fläche eine und im wesentlichen nur eine linearpolymorphe Funktion ζ, welche die Fläche auf ein Polygon abbildet, das man durch Ineinanderschiebung von ν Grenzkreispolygonen entstanden denken kann, und das demnach (für $\nu > 1$) zu einem Netze mit unendlich vielen „Grenzkreisen" hinführt.*

Betreffs ausführlicherer und zusammenfassender Darstellungen der Fundamentaltheoreme ist zu berichten, daß die zuletzt genannte mehr programmatisch gehaltene Abhandlung *Klein*s eine abgerundete und zusammenfassende Darstellung der von ihm erreichten Auffassung der automorphen Funktionen und speziell der Fundamentaltheoreme liefert. *Poincaré* hat neben einer ersten zusammenfassenden Abhandlung in den Mathematischen Annalen[243]) die Ergebnisse seiner Forschungen über die fraglichen Theoreme ausführlich dargestellt im Verlaufe der Abhandlung „Sur les groupes des équations linéaires"[244]). Gegenüber

---

241) „Über eindeutige Funktionen mit linearen Transformationen in sich", Math. Ann. 20, p. 206.

242) Math. Ann. 21 (dat. 2. Okt. 1882).

243) „Sur les fonctions uniformes, qui se reproduisent par des substitutions linéaires", Math. Ann. 19 (1882), p. 553.

244) Act. math. 4 (1884), p. 201.

den obengenannten Noten in den Comptes Rendus ist der sehr wesentliche Fortschritt dieser Abhandlung die Ausbildung eines Beweisverfahrens des Grenzkreistheorems, auf welches wir gleich zu sprechen kommen.

37. Die Kontinuitätsmethode zum Beweise der Fundamentaltheoreme. Die von *Klein* und *Poincaré* ursprünglich zum Beweise der Fundamentaltheoreme verwendeten Mittel bestehen in „*Kontinuitätsbetrachtungen*". Es gilt z. B. betreffs des Grenzkreistheorems (vgl. „Aut." 1, S. 389) der Satz, daß alle Grenzkreisgruppen gegebener Signatur eine kontinuierliche Mannigfaltigkeit M von $(2n + 6p - 6)$ Dimensionen liefern. Eine kontinuierliche Mannigfaltigkeit M' derselben Dimensionenanzahl wird von allen *Riemann*schen Flächen der gleichen Signatur geliefert. Nun gehört jedem Individuum von M eines und nur eines von M' zu (Existenzsatz der automorphen Funktionen, vgl. Nr. **14**). Diese Zuordnung ist eine stetige; denn die *Poincaré*schen Reihen und damit die „*Moduln*" der *Riemann*schen Fläche sind *stetige* Funktionen der Gruppeninvarianten (vgl. die zweite in Nr. 22 erwähnte Konvergenzbetrachtung *Poincarés*)[245]). Daß einem Individuum von M' höchstens *ein* solches von M entsprechen kann, ist der Inhalt des sogenannten „Unitätssatzes". Derselbe ist zunächst beim Grenz- und Hauptkreistheorem ziemlich leicht beweisbar, nämlich durch das Prinzip, daß, wenn die Innenfläche eines Kreises ausnahmslos konform auf die eines zweiten bezogen ist, diese Beziehung notwendig eine lineare ist. Für die übrigen Fundamentaltheoreme erforderte der Beweis des Unitätssatzes durch Zurückführung auf ein entsprechendes Prinzip über zwei konform aufeinander bezogene Kugelflächen allerdings wesentlich umständlichere Zurüstungen. Das Ziel der Kontinuitätsbetrachtung wird nach Erledigung des Unitätssatzes nunmehr sein, zu zeigen, daß jedem Individuum von M' auch sicher eines von M entspricht.

Klein hat in der in der Note 242 genannten Arbeit den so gegliederten Gedankengang seiner Kontinuitätsmethode nur erst skizziert. Die viel umfänglichere ein Jahr später erschienene Darstellung *Poincarés* (vgl. Note 244) beschränkt sich von vornherein auf den Grenzkreisfall und liefert hier in den Vorarbeiten zur Kontinuitätsbetrachtung wesentliche Fortschritte. Es hängt dies mit einem Unterschiede im

245) *Ritter* hat ohne Zuhilfnahme der *Poincaré*schen Reihen die Stetigkeit der automorphen Funktionen gegenüber Abänderung der Gruppenmoduln bewiesen; vgl. die beiden Abhandlungen: „Die Stetigkeit der automorphen Funktionen bei stetiger Abänderung des Fundamentalbereichs", Math. Ann. 45 (1894), p. 473 und 46 (1894), p. 200.

Ansatze beider Darstellungen zusammen. Während nämlich *Klein* mit kanonisch zerschnittenen *Riemann*schen Flächen und entsprechend mit irgendwelchen kanonischen Polygonen arbeitet, wobei jedes Gebilde in der Mannigfaltigkeit M' unendlich oft auftritt (den unendlich vielen kanonischen Schnittsystemen der einzelnen Fläche entsprechend), geht *Poincaré* von der unzerschnittenen Fläche aus. Dies erfordert, aus den gesamten kanonischen Polygonen, welche zur gleichen Gruppe gehören, eines (ein sogenanntes „reduziertes" Polygon) herauszugreifen. Die entwickeltere Theorie *Poincarés* bringt die hiermit gemeinte „Reduktion" der Polygone und damit die Herausarbeitung der Mannigfaltigkeit M der reduzierten Polygone oder, was auf dasselbe hinausläuft, der Mannigfaltigkeit der Gruppen.

Dieser Unterschied ist von grundlegender Bedeutung, wie bereits das elementare Beispiel der doppeltperiodischen Funktionen (Fall der parabolischen Rotationsgruppen, Klasse II, 2 in der Einteilung Nr. **11**) lehrt. Die Mannigfaltigkeit *aller* hier als „DB" eintretenden Parallelogramme ist geometrisch darstellbar durch die Punkte der positiven ω-Halbebene (vgl. Fig. 2, p. 363), diejenige der „reduzierten" Parallelogramme aber durch die Punkte eines einzelnen Doppeldreiecks der Modulgruppe, etwa des in Fig. 1, p. 362 angegebenen „DB" dieser Gruppe. Jene Mannigfaltigkeit ist eine offene, insofern sie an der reellen ω-Achse einen Rand besitzt, der, abgesehen von den rationalen Punkten, nicht mehr zu ihr gehört; diese ist (vermöge der Zuordnung der Seiten des Doppeldreiecks und der Hinzunahme seiner Spitze) eine geschlossene. Der Vergleich der ganzen ω-Halbebene mit der Mannigfaltigkeit aller irgendwie zerschnittenen Riemannschen Flächen des Geschlechtes $p=1$ ist erschwert durch die gegen den Rand (die reelle ω-Achse) hin eintretenden Ausartungen der Fläche oder auch nur des Querschnittsystems; der Vergleich des Doppeldreiecks mit der Ebene der absoluten Invariante J und der Schluß auf die eindeutige Beziehung beider aufeinander ist etwas sehr einfaches.

Die in „Aut." 2, p. 285 ff. von *Fricke* entwickelte neue Behandlung der Kontinuitätsmethode im Gebiete des Grenzkreis- und des Hauptkreistheorems[246]) folgt demnach der Poincaréschen Auffassung und liefert durch die inzwischen erfolgte Vertiefung der geometrischen und invariantentheoretischen Behandlung der Polygone brauchbare Ergebnisse wenigstens zunächst nach Seiten der Polygone bzw. Gruppen: *Die Mannigfaltigkeit der Gruppen (reduzierten Polygone) einer gegebenen*

246) S. auch *Fricke*, „Über die Theorie der automorphen Modulgruppen", Gött. Nachr. von 1896, p. 91.

Signatur bildet unter Hinzunahme der in derselben enthaltenen Gruppen niederer Signaturen ein geschlossenes Kontinuum von $(2n + 6p - 6)$ *Dimensionon.* In allen jenen niederen Fällen, wo die Lehre von den Moduln der Riemannschen Flächen einen deutlichen Überblick über das Kontinuum der Riemannschen Flächen gestattet, war demnach die Durchführung des Kontinuitätbeweises leicht[247]).

Neuerdings sind *L. E. J. Brouwer* und *P. Koebe* auf die Kontinuitätsmethode im allgemeinen Falle erfolgreich eingegangen, und zwar unter Zugrundelegung des *Klein*schen Ansatzes[248]); vorläufige Mitteilungen wurden auf der Karlsruher Versammlung am 27. September 1911 erstattet[249]). Zuvörderst hat *Brouwer* eine sehr wesentliche Grundlage für die Kontinuitätsmethode durch seinen Beweis der „Invarianz der Dimensionenanzahl" bei beliebiger stetiger Abbildung einer Mannigfaltigkeit geliefert[250]). Sodann hat *Brouwer* eine ausführliche Zergliederung der Kontinuitätsmethode für den Grenzkreisfall gegeben[251]), sowie im Anschluß hieràn ein noch unerledigtes Glied des Beweises bearbeitet, indem er zeigte, daß sich die Mannigfaltigkeit der mit einem kanonischen Querschnittsystem versehenen Riemannschen Flächen des Geschlechtes p in jedem ihrer Punkte wie eine „singularitätenfreie" $(6p - 6)$-dimensionale Mannigfaltigkeit verhält[252]). Die gleichzeitigen Untersuchungen *Koebes* haben zunächst einen vollständigen und einwurfsfreien Beweis des Rückkehrschnitttheorems mittelst der Kontinuitätsmethode geliefert[253]), wobei als wesentliches Hilfsmittel der

---

247) Vgl. *Fricke,* „Beiträge zum Kontinuitätsbeweise der Existenz linearpolymorpher Funktionen auf Riemannschen Flächen", Math. Ann. 59 (1904), p. 449. Vgl. auch „Neue Entwicklungen über den Existenzbeweis der polymorphen Funktionen", Verh. des 3. intern. Math.-Kongr. zu Heidelberg 1904, p. 246. S. auch „Aut." 2, p. 414 ff.

248) Es kommt hierbei in Betracht, daß beim Rückkehrschnitttheoreme und beim allgemeinsten *Klein*schen Fundamentaltheoreme eine Reduktionstheorie der Polygone und entsprechend eine Theorie der *Gruppen*mannigfaltigkeiten zurzeit noch fehlen.

249) S. den Bericht „Zu den Verhandlungen betreffend automorphe Funktionen", Jahresb. d. D. Math.-Ver. 21 (1912), p. 153.

250) „Beweis der Invarianz des n-dimensionalen Gebietes", Math. Ann. 71 (1911), p. 305.

251) „Über die topologischen Schwierigkeiten des Kontinuitätsbeweises der Existenztheoreme eindeutig umkehrbarer polymorpher Funktionen auf Riemannschen Flächen", Gött. Nachr. von 1912, p. 603.

252) „Über die Singularitätenfreiheit der Modulmannigfaltigkeit", Gött. Nachr. von 1912, p. 803.

253) „Begründung der Kontinuitätsmethode im Gebiete der konformen Abbildung und Uniformisierung", Gött. Nachr. von 1912, p. 879. S. auch die Vor-

Untersuchung der in Nr. **39** näher zu bezeichnende *Koebe*sche „Verzerrungssatz" dient. In einer demnächst in den Math. Ann. erscheinenden Abhandlung[254]) gibt *Koebe* eine ausführliche Darstellung seiner Auffassung des Kontinuitätsbeweises und behandelt das Rückkehrschnitttheorem, das Hauptkreistheorem, sowie das allgemeine *Klein*sche Fundamentaltheorem mittelst desselben.

38. Die Methode des Bogenelementes beim Beweise des Grenzkreistheorems. Eine andere Beweismethode, welche jedoch zunächst nur für das Grenzkreistheorem durchgebildet wurde, ist von *Schwarz*[255]) der Idee nach angegeben und von *Picard*[256]) und *Poincaré*[257]) zur Durchführung gebracht.

Man wähle den Grenzkreis als „Einheitskreis" der ζ-Ebene. Dann ist das Bogenelement $d\sigma$ derjenigen „hyperbolischen Maßbestimmung", in deren Sinne die äquivalenten „DB" eines im Innern jenes Kreises gelegenen Netzes „kongruent" sind, bei geeigneter Wahl der Einheit gegeben durch:

$$d\sigma = \frac{\sqrt{d\zeta \cdot d\bar{\zeta}}}{(1-\zeta\bar{\zeta})^2}, \tag{145}$$

wo $\bar{\zeta}$ zu ζ konjugiert komplex ist. Es handelt sich hierbei um eine Maßbestimmung, bei welcher man das Innere des Grenzkreises als eine „Fläche des konstanten negativen Krümmungsmaßes — 4" aufzufassen hat[258]).

Es werde nun durch eine zugehörige Funktion $z = \varphi(\zeta)$ der „DB" auf eine *Riemann*sche Fläche abgebildet, auf welcher das Bogenelement durch $ds = \sqrt{dz \cdot d\bar{z}}$ gegeben ist. Man schreibe $z = x + iy$ und bilde auf der *Riemann*schen Fläche die reelle Funktion

$$u(x, y) = 2 \log \frac{d\sigma}{ds}, \tag{146}$$

---

anzeige *Koebes*, „Zur Begründung der Kontinuitätsmethode", Leip. Ber. 1912, p. 59 ff.

254) „Über die Uniformisierung der algebraischen Kurven. IV", (Kontinuitätsmethode).

255) Vgl. die Anmerkungen und Zusätze zum 2. Bde. von *Schwarz*, „Gesammelte mathematische Abhandlungen" (1890), p. 356 ff.

256) „Mémoire sur la théorie des équations aux dérivées partielles et la méthode des approximations successives", J. d. math., (4) 6 (1890), p. 145; „De l'équation $\Delta u = ke^u$ sur une surface de *Riemann* fermée", J. d. math., (4) 9 (1893), p. 273.

257) „Les fonctions fuchsiennes et l'équation $\Delta u = e^u$", J. de math. (5) 4 (1898), p. 137.

258) Vgl. „Aut." 1, p. 31 sowie die Ausführungen über die „Methode des Bogenelementes" in „Aut." 2, p. 440.

d. h. den doppelt genommenen Logarithmus des Abbildungsmoduls der Riemannschen Fläche auf die Fläche des konstanten Krümmungsmaßes — 4. Aus der Gleichung:

$$(147) \qquad u(x, y) = \log \frac{d\zeta}{dz} + \log \frac{d\bar{\zeta}}{d\bar{z}} - 2 \log (1 - \zeta\bar{\zeta})$$

ergibt sich leicht[259]), daß $u(x, y)$ der sogenannten *Liouville*schen *partiellen Differentialgleichung 2ter Ordnung genügt:*

$$(148) \qquad \frac{\partial^2 u}{\partial x^2} + \frac{\partial^2 u}{\partial y^2} = 8e^u.$$

Diese Gleichung ist nun allgemein charakteristisch für den doppelten Logarithmus des Abbildungsmodulus einer Ebene auf einer Fläche des konstanten Krümmungsmaßes — 4. *Wenn man demnach umgekehrt auf einer beliebig gegebenen Riemannschen Fläche über der z-Ebene eine Lösung u jener Differentialgleichung besitzt, welche an den Stellen* $e_1, \ldots, e_n$, *in den Verzweigungspunkten der Fläche und an den Stellen* ∞ *die richtigen logarithmischen Unstetigkeitspunkte aufweist, so hat man damit zugleich eine Abbildung der zerschnittenen Fläche auf ein Grenzkreispolygon unserer Art in der ζ-Ebene, und das Grenzkreistheorem ist bewiesen.* Die Existenz der erforderlichen Lösungen *u* der Differentialgleichung (148) ist nun in der Tat von *Picard* und *Poincaré* a. a. O. bewiesen. Bei *Picard* liegt allerdings insofern noch eine Einschränkung der Allgemeinheit vor, als Punkte e_k von „parabolischem" Charakter ausgeschlossen sind[260]).

L. Bieberbach[261]) hat neuestens begonnen, die Methode des Bogenelementes so auszuarbeiten, daß sie auch beim Beweise des Hauptkreistheorems Verwendung findet. Es handelt sich dabei um ein Integral der Differentialgleichung (148) auf der einen Hälfte einer orthosymmetrischen Riemannschen Fläche, welches gegen jeden Punkt einer Symmetrielinie hin unendlich wird wie der Logarithmus der Normalen zu dieser Linie. *Bieberbach* hat den Beweis der Existenz und Unität eines solchen Integrales a. a. O. zunächst für einen endlichen, schlichten, von einer analytischen Kurve begrenzten Bereich erläutert und stellt weitere Veröffentlichungen in Aussicht.

---

259) S. darüber *L. Bianchi*, „Vorlesungen über Differentialgeometrie" (übersetzt von *M. Lukat*), Leipzig 1899, insbesondere Kap. 16, p. 418 ff.

260) S. übrigens betreffs der Lösung der Differentialgleichung (148) auch das Ref. II A 7 c, Nr. 12.

261) „$\Delta u = e^u$ und die automorphen Funktionen", Gött. Nachr. von 1912, p. 599.

39. Die Methode der Überlagerungsfläche zum Beweise aller Fundamentaltheoreme. Eine dritte Methode, diejenige der „*Überlage-lagerungsfläche*“, hat wieder allgemeine Bedeutung für die gesamten Fundamentaltheoreme, ja sogar für gewisse noch allgemeinere „*Uniformisierungssätze*“.

Im Keime liegen Ideen, die zu dieser Methode hinführen, bereits bei den „Ketten von Transformationen“ im Gaußschen arithmethisch-geometrischen Mittel (vgl. II B 3, Nr. **34**), sowie in *Jacobis* entsprechenden Untersuchungen[262]) vor. Ist $k'(\omega)$ der „komplementäre Integralmodul“ *Jacobis* und schreibt man abkürzend $k_n' = k'(2^n\omega)$, so gilt, der Transformation 2ten Grades entsprechend:

$$(149)\qquad k_n' = \frac{2\sqrt{k'_{n-1}}}{1+k'_{n-1}}.$$

Dies ist im wesentlichen *Gauß'* Algorithmus des arithmetisch-geometrischen Mittels. Schreibt man zur Abkürzung $\omega_n = 2^n\omega$ und $q_n = e^{\pi i \omega_n}$, so gilt $\lim\limits_{n=\infty} q_n = 0$, und also liefert die Darstellung des Integralmoduls k in der Entwicklungsgröße q (vgl. etwa (69) in II B 3, Nr. **25**):

$$(150)\qquad \lim_{n=\infty} k_n^2 = \lim_{n=\infty}(1-k_n'^2) = 16\cdot\lim_{n=\infty} e^{\pi i \omega_n},$$

woraus sich für ω ergibt:

$$(151)\qquad \omega = \frac{1}{\pi i}\cdot\lim_{n=\infty}\left(\frac{\log(1-k_n'^2)-4\log 2}{2^n}\right).$$

Diese Berechnung von ω aus gegebenem Werte von k' verallgemeinern wir zunächst in folgender Weise zur Berechnung von ζ bei gegebenem Werte einer automorphen Funktion $z = \varphi(\zeta)$ im Falle irgendeiner Grenzkreisgruppe Γ. Wir wollen innerhalb Γ eine Kette von Untergruppen $\Gamma^{(1)}, \Gamma^{(2)}, \ldots$ von immer größerem Index ausgesondert denken; und zwar sei allgemein $\Gamma^{(n)}$ in $\Gamma^{(n-1)}$ als Untergruppe des Index μ_n enthalten. Wir mögen uns vermöge der Durchlaufung der unendlichen Reihe jener Untergruppen der aus der Substitution 1 allein bestehenden Untergruppe $\Gamma^{(\infty)}$ als Grenze annähern, deren zugehörige Funktion ζ ist. Diesen Prozeß kann man nun auch an die zu den „DB“ der Gruppen gehörenden *Riemann*schen Flächen $F, F^{(1)}, F^{(2)}, \ldots$ knüpfen. Dabei entsteht $F^{(n)}$ aus $F^{(n-1)}$ durch μ_n-fache Überlagerung, und es handelt sich also beim Fortgang von $F^{(n-1)}$ zu $F^{(n)}$ jedesmal um *Lösung eines algebraischen Problemes μ_n^{ten} Grades.* Die Kette dieser algebraischen Probleme gestattet *die approximative Bestimmung der*

262) Vgl. *Jacobi,* Gesammelte Werke 1, p. 149 ff. Vgl. übrigens die ausführliche Darstellung in „Mod.“ 2, p. 111 ff.

Schlußfunktion ζ *von der Stelle* z *der durch die anfängliche Gruppe gegebenen Fläche* F *aus.*

Die sich hier anschließende Methode zum Beweise des Grenzkreistheorems geht nun von der Idee aus, eine entsprechende Kette von Überlagerungen bei Ausgang von einer *beliebig* vorgegebenen *Riemann*schen Fläche F zu vollziehen, um auf diese Weise die Existenz einer zugehörigen polymorphen Funktion ζ zu zeigen und ein Mittel für ihre approximative Berechnung zu besitzen. Dieser Ansatz ist in dem Spezialfalle, daß sämtliche Flächen $F^{(n)}$ das Geschlecht $p = 0$ haben und nur parabolische Punkte e_k aufweisen, von *L. Schlesinger*[263]) zur Ausführung gebracht. Ein Entwurf zu einer allgemeinen Durchführung der Methode ist schon vorher von *Poincaré*[264]) gegeben.

Es hat nun *Schwarz* bereits Anfang der achtziger Jahre in mündlichen Mitteilungen an *Klein* und *Poincaré* einen Beweisansatz für das Grenzkreistheorem skizziert, der mit den vorstehend bezeichneten Ideen nahe verwandt ist. Es sei irgendeine etwa der algebraischen Relation:

$$G(w, z) = 0 \tag{152}$$

entsprechende Riemannsche Fläche F des Geschlechtes p über der z-Ebene vorgelegt, und es seien auf F beliebig gewählte n Punkte $e_1, e_2, \ldots, e_n$ „signiert", denen ganze Zahlen $l_k \geq 2$ (den Fall $l = \infty$ eingeschlossen) zugeordnet seien Es ist dann möglich, *in eindeutig bestimmter Weise eine aus unendlich vielen Exemplaren dieser Fläche* F *zusammengesetzte sogenannte „Überlagerungsfläche"* F_∞ *von „einfachem" Zusammenhange herzustellen.* Man erkennt diese Möglichkeit am einfachsten in der Weise, daß man an irgendein Grenzkreispolygon der durch die obigen Zahlen p, n, l gegebenen Signatur $(p, n; l_1, l_2, \ldots, l_n)$ anknüpft und dieses Polygon mittels einer zugehörigen Funktion $z' = \varphi(\zeta)$ auf eine neue Riemannsche Fläche F' abbildet, auf welcher den n festen Polygonecken die Stellen $e_1', e_2', \ldots, e_n'$ entsprechen mögen. Diese F' kann man im Sinne der „Analysis situs" eindeutig stetig auf die Fläche F beziehen, und zwar so, daß der Punkt e_k' dem Punkte e_k zugeordnet ist. Man bilde nun das ganze zum ausgewählten Polygon gehörende Netz, welches das Innere des Grenzkreises schlicht ausfüllt und die Kreisperipherie zur Grenze hat, mittels der Funktion $z' = \varphi(\zeta)$ auf die z'-Ebene ab, und gewinnt eine aus unendlich vielen Exemplaren F' aufgebaute einfach zusammenhängende, nicht-abgeschlossene Überlagerungsfläche F_∞'. Die bei dieser F_∞ vorliegende Anreihung der unendlich vielen Exemplare F' hat man dann eben (vermöge der ein-

263) „Zur Theorie der *Fuchs*schen Funktionen", J. f. Math. 105 (1889), p. 181.

264) „Sur les groupes des équations linéaires", Act. math. 4 (1883), p. 201.

deutigen Beziehung von F' auf F) auf die Exemplare der Fläche F zu übertragen, um die ihr zugehörige F_∞ zu gewinnen[265]).

Nun war die Meinung von *Schwarz*, man solle auf der F_∞ die Existenz einer analytischen Funktion $\zeta = f(z)$ nachzuweisen versuchen, welche die F_∞ auf die „schlichte", d. h. einfach und vollständig bedeckte Fläche eines Kreises abbildet. Würde man ein solches ζ gewinnen („Existenzsatz der uniformisierenden Variabelen"), so wäre weiter zu zeigen, daß die unendlich vielen neben einander gelagerten Abbilder der Exemplare F durch lineare ζ-Substitutionen zusammenhängen („Linearitätssatz"), sowie daß es im wesentlichen, d. h. von linearer Transformation abgesehen, nur eine solche Funktion ζ gibt („Unitätssatz").

Der von *Schwarz* entwickelte Ansatz wurde von *Poincaré*[266]) sogleich (1883) dahin verallgemeinert, daß an Stelle der algebraischen Relation (152) eine beliebige „analytische" trat, so daß auch bereits die erste Fläche F unendlich-blättrig sein durfte. Doch konnte der Existenzbeweis der gewünschten Variabelen ζ einstweilen nicht zu Ende gebracht werden[267]).

Erst seit 1900 ist die Untersuchung neu in Fluß gekommen, indem zunächst die *Poincaré*sche Betrachtung von 1883 in einzelnen Punkten ergänzt wurde[268]), sodann aber durch *S. Johansson*[269]) Betrachtungen eingeleitet wurden, die für $p = 0$ zum Ziele führten, aber

---

265) Die Zuhilfenahme des Grenzkreispolygons diente nur der Anschaulichkeit. Nach der Ausführung eines (die Punkte e_k mit berücksichtigenden) kanonischen Querschnittsystems auf der signierten Fläche F kann man den Aufbau der Überlagerungsfläche aus unendlich vielen Exemplaren der zerschnittenen Fläche, indem man schrittweise immer weitere „Flächenkränze" anfügt, auch unmittelbar vollziehen.

266) „Sur un théorème de la théorie générale des fonctions", Bull. soc. math. de Fr. 11 (1883), p. 112.

267) Vgl. *Hilberts* Pariser Vortrag „Mathematische Probleme", Abschn. „Uniformisierung analytischer Beziehungen mittelst automorpher Funktionen", Gött. Nachr. von 1900, p. 253.

268) Vgl. *W. F. Osgood*, „On the existence of the Greens function for the most general simply connected plan region", Amer. M. S. Transact. 1 (1900), p. 310, sowie *T. Brodén*, „Bemerkung über die Uniformisierung analytischer Funktionen" (Lund 1905).

269) „Über die Uniformisierung Riemannscher Flächen mit endlicher Anzahl von Windungspunkten", Act. soc. Fenn. 33 (1908), Nr. 7; „Ein Satz über die konforme Abbildung einfach zusammenhängender Flächen auf den Einheitskreis", Math. Ann. 62 (1906), p. 177; „Beweis der Existenz linear-polymorpher Funktionen vom Grenzkreistypus auf Riemannschen Flächen", Math. Ann. 62 (1906), p. 184.

allerdings bei $p > 0$ sich noch nicht als stichhaltig erwiesen. Um einen auf F_∞ frei gewählten Ausgangspunkt O wird eine unendliche Schar von geschlossenen und sich nicht selbst überkreuzenden Kurven $C_1, C_2, C_3, \ldots$ derart beschrieben, daß jede C_ν ganz innerhalb $C_{\nu+1}$ liegt. Zugleich sind diese Kurven so gewählt, daß sich auch für jeden irgendwo im Innern von F_∞ gewählten Punkt ein endliches ν angeben läßt, für welches C_ν jenen Punkt umschließt. Die Kurve C_ν begrenzt einen einfach zusammenhängenden Bereich, dessen im Punkte O unstetig werdende Greensche Funktion u_ν heiße. Die Konvergenz der Funktionenreihe u_ν für $\lim \nu = \infty$ gegen eine Grenzfunktion u (aus der dann das gewünschte ζ herstellbar ist) sucht *Johansson* nach der „Methode der Majoranten" zu zeigen, d. h. mittels einer Funktion U, deren Existenz von vornherein feststeht, und für welche bei jedem ν die Ungleichung $u_\nu < U$ gilt. Eine solche Majorante wird für $p = 0$ durch einen gewissen Rekursionsprozeß gewonnen, der aber bei $p > 0$ versagt.

Mit ähnlichen Betrachtungen beginnend sind alsdann ungefähr gleichzeitig *Poincaré*[270]) und *Koebe*[271]) an den allgemeinen Ansatz des ersteren (cf. Note 266) herangegangen und haben das Grenzkreistheorem mit seiner Verallgemeinerung auf beliebige analytische Relationen (152) vollständig bewiesen. Schon etwas früher hatte *Koebe*[272]) das Hauptkreistheorem nach der Methode der Überlagerungsfläche bewiesen. Der Fall des Hauptkreises erwies sich deshalb als einfacher, weil man hier von vornherein im Besitze einer brauchbaren Majorante war. Man wolle nämlich die ursprüngliche unzerschnittene orthosymmetrische Fläche F längs ihrer Symmetrielinie durchschneiden, auf der einen Flächenhälfte den Punkt O wählen und die zu diesem Punkte O als Pol gehörende Greensche Funktion U der Flächenhälfte bilden. Die Überlagerungsfläche F_∞ ist hier aus lauter solchen Flächenhälften zusammengesetzt[273]). Die wie oben hergestellten Kurven C_ν grenzen Bereiche ein, auf welche man U übertragen wolle. Es handelt sich dann für jedes ν um eine Funktion U mit endlich vielen Polen im Bereiche, welche sich in der Tat als eine brauchbare Majorante erwies.

---

270) „Sur l'uniformisation des fonctions analytiques", Act. math. 31 (1907), p. 1.

271) „Über die Uniformisierung beliebiger analytischer Kurven", Gött. Nachr. von 1907, erste Mitteilung p. 191, zweite Mitteilung p. 633.

272) „Über die Uniformisierung reeller algebraischer Kurven", Gött. Nachr von 1907, p. 171.

273) Man erinnere sich der Bedeckung des Hauptkreisinneren durch „Halbpolygone".

Was ausführliche Darstellungen angeht, welche insbesondere das Hauptkreis- und das Grenzkreistheorem in der Fassung der Nr. **36** betreffen, so ist zu verweisen auf *Koebes* eigene Arbeit[274]) und auf die Behandlung in „Aut." 2, p. 445[275]). An allgemeinen Gesichtspunkten ist noch folgendes hervorzuheben. Die Bedeutung der Greenschen Funktion u_ν ist die, daß man aus ihr leicht eine analytische Funktion herstellt, welche den zugehörigen, von C_ν umrandeten Bereich der F_∞ auf einen schlichten, d. h. einblättrigen, Bereich abbildet. Außer den bekannten Eigenschaften der Greenschen Funktionen benutzt *Koebe* noch zwei von ihm aufgestellte Theoreme (vgl. „Aut." 2, p. 458), welche die Potenzreihenentwicklung der Greenschen Funktion für die Umgebung des Poles O betreffen, und zwar für das Absolutglied dieser Reihe eine obere Schranke aus der Gestaltung des Bereiches ableiten. Beachtenswert ist endlich, daß bei diesem Beweisgange im Grenzkreisfalle bis zuletzt unentschieden bleibt, ob die Grenzfunktion $u = \lim u_\nu$ eine Abbildung der F_∞ auf „eine schlichte Kreisfläche" oder aber auf „eine schlichte Vollebene, abgesehen von einem einzigen Punkte" begründet. Erst am Schlusse sieht man auf indirektem Wege, nämlich aus dem Linearitätssatze, daß die zweite Alternative auf die Signaturen der parabolischen Rotationsgruppen führt und eben deshalb nicht bei den Grenzkreissignaturen eintreten kann.

Eine Vereinfachung des eben besprochenen Beweises vom Grenzkreistheorem ist neuerdings *J. Plemelj*[276]) gelungen. Dieselbe schließt sich an eine erste, den Harnackschen Satz über positive Potentiale benutzende Darstellung *Koebes* an. Es werden wie bei *Koebe* die beiden Möglichkeiten unterschieden, daß F_∞ entweder auf eine schlichte Kreisfläche oder auf eine schlichte Vollebene, abgesehen von einem Punkte abgebildet wird. Im ersten Falle stellt *Plemelj* durch eine ziemlich einfache Abschätzung des Poissonschen Integrales alle wesentlichen Beweispunkte ins Klare, im zweiten Falle gelingt ihm die Vereinfachung mittelst eines Potenzreihensatzes, der mit dem gleich zu nennenden *Koebe*schen Verzerrungssatze nahe verwandt erscheint.

274) „Über die Uniformisierung der algebraischen Kurven I", Math. Ann. 67 (1909), p. 143. S. auch *Koebe*, „Über die Uniformisierung beliebiger analytischer Kurven. Zweiter Teil: Die zentralen Uniformisierungsprobleme", J. f. M. 139 (1911), p. 251 ff., insbes. p. 254 ff.

275) Man vgl. auch die Behandlung des Grenzkreistheorems in den dem Probleme der konformen Abbildung einfach zusammenhängender Bereiche gewidmeten „Vorles. über ausgewählte Gegenstände der Geometrie" von *E. Study*, Heft II unter Mitwirkung von *E. Blaschke* (Leipzig 1913).

276) „Die Grenzkreisuniformisierung analytischer Gebilde", Monatsh. f. Math. u. Phys. 23 (1912), p. 297.

Das Rückkehrschnitttheorem hat *Koebe* 1908 und zwar zunächst gleichfalls nach der Methode der Überlagerungsfläche bewiesen[277]). Daneben hat *Koebe* eine zweite Beweismethode ausgebildet, die auf einem „iterierenden Verfahren" beruht[278]). Bald darauf hat *R. Courant*[279]) einen neuen Beweis des Rückkehrschnittheorems gegeben. Derselbe erscheint als spezielle Anwendung von Abbildungstheoremen, welche *Courant* im Anschluß an eine Theorie von *Hilbert*[280]) über die Behandlung der allgemeinsten Probleme der konformen Abbildung auf Grund des Dirichletschen Prinzips ausführte[281]). Ausführliche Behandlungen des Rückkehrschnittheorems nach der Methode der Überlagerungsfläche findet man bei *Koebe*[282]) sowie in „Aut." 2, p. 446 ff.

Was die Hauptpunkte des Beweises angeht, so ist zunächst die Erklärung und Herstellung der Überlagerungsfläche F_∞ im Falle einer durch p getrennt verlaufende Rückkehrschnitte aufgeschnittenen Fläche F nicht schwierig. Auch die schrittweise zu vollziehende Annäherung an F_∞ durch eine Kette von Flächen $F_1, F_2, F_3, \ldots$, wobei F_n aus endlich vielen Exemplaren F besteht und endlich viele Randkurven aufweist, ist leicht vollzogen. Die Abbildung von F_n auf einen schlichten Bereich kann man in verschiedenen Arten vollziehen, z. B. so, daß man F_n durch Zudeckung der Randkurven zu einer geschlossenen Fläche von einfachem Zusammenhang ausgestattet und auf letzterer eine „Hauptfunktion" $\eta_n(z)$ konstruiert; diese Funktion liefert dann von F_n in der Tat ein einblättriges Abbild mit einer Anzahl von Randkurven. Indessen erforderte der Beweis der Konvergenz die Funktionenreihe $\eta_n(z)$ gegen eine Grenzfunktion:

$$\zeta(z) = \lim_{n=\infty} \eta_n(z) \tag{153}$$

weitergehende Zurüstungen, welche auf einem von *Koebe* aufgestellten

277) S. den Bericht der Gött. math. Gesell. vom 25. Febr. 1908 im Jahresber. der Deutschen Math. Vereinig. 17 (1908), p. *50*. Vgl. weiter *Koebe*, „Über die Uniformisierung der algebraischen Kurven durch automorphe Funktionen mit imaginären Substitutionsgruppen", Gött. Nachr. von 1909, p. 68.

278) „Die Uniformisierung der algebraischen Kurven. Mitteilung eines Grenzübergangs durch iterierendes Verfahren", Gött. Nachr. von 1908, p. 337.

279) „Über die Anwendung des Dirichletschen Prinzipes auf die Probleme der konformen Abbildung", Gött. Diss. von 1910 oder Math. Ann. 71, p. 145.

280) „Zur Theorie der konformen Abbildung", Gött. Nachr. von 1909, p. 314.

281) S. auch *Koebe*, „Über die Uniformisierung beliebiger analytischer Kurven", Vierte Mitteilung, Gött. Nachr. von 1909, p. 324. „Über die Hilbertsche Uniformisierungsmethode", Gött. Nachr. von 1910, p. 59.

282) „Über die Uniformisierung der algebraischen Kurven II", Math. Ann. 69 (1910), p. 1 und „Über die Uniformisierung beliebiger analytischer Kurven. Erster Teil: Das allgemeine Uniformisierungsprinzip", J. f. M. 138 (1910), p. 192.

fundamentalen Satze der konformen Abbildung, dem sog. „Verzerrungssatze“, beruhen. Der Satz bezieht sich auf einen endlichen, schlichten und von endlich vielen analytischen Kurven begrenzten Bereich B und eine in B eindeutige reguläre Funktion $f(z)$, die in B keinen Wert mehr als einmal annimmt. Dann existieren zwei von 0 verschiedene endliche positive Schranken m und M, so daß für die Ableitung $f'(z)$ in irgend zwei Punkte z_1 und z_2 innerhalb B die Ungleichung besteht:

$$m < \frac{|f'(z_1)|}{|f'(z_2)|} < M, \tag{154}$$

welche besondere Funktion $f(z)$ auch immer vorliegen mag. Über die Art, wie der Existenzbeweis der Grenzfunktion (153) auf dies Theorem gegründet werden kann, vgl. man „Aut.“ 2, p. 529 ff. Auch die Beweise des „Linearitätssatzes“ und des „Unitätssatzes“ gestalteten sich hier weit schwieriger als bei den Theoremen des Grenzkreises und Hauptkreises; die Durchführung gelang *Koebe* durch Heranziehung des Cauchyschen Integralsatzes.

Die Eigenart des „iterierenden Verfahrens“ von *Koebe* kann man in Anwendung auf das Rückkehrschnittheorem kurz so bezeichnen. Die mit p Rückkehrschnitten versehene Fläche F kann zunächst jedenfalls auf einen schlichten Bereich B_1 mit p Paaren von Randkurven abgebildet werden, wobei die Randkurven jedes Paares durch eine „analytische“ Transformation korrespondieren. Eines dieser Paare zeichnen wir aus und können (durch Vermittlung eines „elliptischen Gebildes“) B_1 so auf einen neuen schlichten Bereich B_2 abbilden, daß an B_2 die beiden ausgezeichneten Randkurven durch eine „*lineare*“ Transformation korrespondieren und demnach „schlichte“ Fortsetzung des Bereiches B_2 in die beiden Lücken hinein gestatten. An B_2 zeichnen wir jetzt ein zweites Paar von Randkurven aus und verfahren gerade so. Nach Durchlaufung aller Paare muß man den Prozeß am ersten Paare wieder beginnen und in gleicher Weise unbegrenzt fortsetzen. Der Konvergenzbeweis und damit der Beweis der Existenz einer uniformisierenden Variabelen beruht im Grunde auf denselben Betrachtungen wie bei der Überlagerungsfläche.

Mittels dieses iterierenden Verfahrens konnte *Koebe*[283]), indem er sich andrerseits auf das schon bewiesene Grenzkreistheorem stützte, endlich auch das allgemeine von *Klein* aufgestellte Fundamentaltheorem beweisen, welches in Nr. **36** am Schlusse ausgesprochen wurde.

283) „Über die Uniformisierung der algebraischen Kurven durch automorphe Funktionen mit imaginären Substitutionsgruppen“ (Fortsetzung und Schluß), Gött. Nachr. von 1910, p. 180 und „Über die Uniformisierung algebraischer Kurven III“, Math. Ann. 72 (1912), p. 437.

40. Anwendungen der Modulfunktionen in der allgemeinen Theorie der analytischen Funktionen. *Picard*[284]) hat mit Hilfe der Modulfunktionen einen Satz über die Werte einer eindeutigen Funktion $f(z)$ in der Umgebung eines isoliert liegenden wesentlich singulären Punktes bewiesen (wo die Funktion $f(z)$ jedem vorgeschriebenen komplexen Werte unendlich nahe kommt). Der *Picard*sche Satz lautet: *Eine eindeutige analytische Funktion $f(z)$ nimmt in der „Umgebung" eines bei $z = a$ isoliert gelegenen wesentlich singulären Punktes entweder alle komplexen Werte wirklich an, oder es gibt einen Ausnahmewert oder endlich zwei Ausnahmewerte, die in jener „Umgebung" von $f(z)$ nicht angenommen werden*[285]). Der Begriff „Umgebung" ist dabei so gefaßt, daß der Punkt $z = a$ selbst der Umgebung nicht zugerechnet ist.

Den Beweis seines Satzes führt *Picard* so, daß er aus der Annahme von mindestens drei Ausnahmewerten einen Widerspruch entwickelt, was ihm unter Zuhilfenahme der Modulfunktionen gelingt. Um das Eingreifen der Modulfunktionen zu beschreiben, nehme man das Beispiel einer ganzen transzendenten Funktion an. Dieselbe hat bei $z = \infty$ einen wesentlich singulären Punkt und nimmt im Endlichen nirgends den Wert ∞ an. Es darf demnach höchstens noch *einen* endlichen komplexen Wert a geben, welchen $f(z)$ gleichfalls nie annimmt. (Ein Beispiel ist die Funktion e^z, welche den Wert 0 nirgends annimmt.)

Diese Tatsache wird indirekt bewiesen, indem man von der Annahme ausgeht, daß neben a noch ein von a verschiedener endlicher Wert b existiere, dem $f(z)$ nirgends gleich wird. Unter dieser Annahme wird die ganze transzendente Funktion:

$$f_1(z) = \frac{f(z) - a}{b - a} \tag{155}$$

im Endlichen niemals einen der Werte 0, 1, ∞ annehmen können.

Nun sei $k^2(\omega)$ die vom Legendreschen Integralmodul gelieferte Modulfunktion 2. Stufe und $\omega = F(k^2)$ die ihr inverse Funktion, die wir in üblicher Weise so einführen, daß alle ihre Werte einen positiven imaginären Bestandteil haben. Diese Funktion ist abgesehen von den drei Stellen $k^2 = 0, 1, \infty$ der k^2-Ebene allenthalben regulär, und der von i befreite imaginäre Bestandteil des Zahlwertes ω ist

284) „Sur les fonctions analytiques uniformes dans le voisinage d'un point essentiel", Paris C. R. 88 (1879), p. 745; „Mémoire sur les fonctions entières", Ann. éc. norm. (2) 9 (1880), p. 147. Siehe auch *Picard,* Traité d'analyse 3 (Paris 1896), p. 347.

285) S. die ausführlichere Formulierung des Satzes im Ref. II B 1, Nr. 29.

stets > 0. Setzt man jetzt $k^2 = f_1(z)$, so wird:

$$\omega = F(k^2) = F(f_1(z)) = G(z) \tag{156}$$

eine Funktion von z, welche gegenüber irgendwelchen im Endlichen verlaufenden Wegen von z stets eindeutig und endlich fortsetzbar ist, da ja für endliche z einer der Werte $k^2 = 0, 1, \infty$ niemals eintritt. Eben deshalb ist auch irgendein geschlossener Weg im Endlichen der z-Ebene stets auf einen Punkt zusammenziehbar, ohne daß dabei der entsprechende geschlossene Weg von $f_1(z) = k^2$ über eine der Stellen $0, 1, \infty$ hinweggeschoben wird. Gegenüber jedem geschlossenen Umlaufe von z reproduziert sich demnach $\omega = G(z)$, so daß man in $G(z)$ eine ganze Funktion erkennt. Aber für die Werte $\omega = G(z)$ dieser Funktion ist der von i befreite imaginäre Bestandteil stets > 0, so daß dieselbe z. B. dem Werte $-i$ niemals nahe kommen kann. Das widerspricht jedoch der Tatsache, das jede (von einer Konstanten verschiedene) ganze Funktion einem beliebig vorgeschriebenen komplexen Wert unendlich nahe kommt. Die Annahme jenes zweiten von a verschiedenen Wertes b, dem $f(z)$ nie gleichkommen sollte, ist somit unhaltbar[286]).

Mittels des vorstehenden auf die Theorie der Modulfunktionen gegründeten *Picard*schen Gedankenganges[287]) hat *E. Landau* ein Theorem bewiesen, das man als eine Weiterbildung des *Picard*schen Satzes ansehen kann. Die ganze transzendente Funktion $f(z)$ sei durch die Potenzreihe:

$$f(z) = a_0 + a_1 z + a_2 z^2 + a_3 z^3 + \cdots \tag{157}$$

dargestellt, und es gelte die beschränkende Voraussetzung, daß der Koeffizient a_1 des linearen Gliedes nicht gleich 0 sei. *Dann gibt es eine nur von den beiden ersten Koeffizienten a_0 und a_1 abhängende Zahl $R = R(a_0, a_1)$ derart, daß im Kreise $|z| < R$ mindestens eine der beiden Gleichungen:*

$$f(z) = 0, \quad f(z) = 1 \tag{158}$$

eine Wurzel besitzt[288]). Dieser Satz ist als Spezialfall im folgenden noch etwas allgemeineren Theoreme enthalten: *Ist die analytische*

---

286) Über die an den Picardschen Satz sich anschließenden Arbeiten von *J. Hadamard* und *E. Borel* vgl. man II B 1, Nr. **29**. Insbesondere gelangt *Borel* zu einem Theorem, welches den *Picard*schen Satz einschließt, seinerseits aber einen weit allgemeineren Chrarakter besitzt.

287) Neben den auf *Borel* zurückgehenden Beweismethoden.

288) Vgl. *Landau*, „Über eine Verallgemeinerung des Picardschen Satzes“. Ber. d. Berl. Akad. von 1904, p. 1118.

Funktion $f(z)$ in der Umgebung der Stelle $z = 0$ regulär, und ist in der Entwicklung (158) *dieser Funktion $f(z)$ der Koeffizient a_1 des linearen Gliedes von 0 verschieden, so gibt es eine nur von den beiden ersten Koeffizienten a_0 und a_1 abhängende Zahl $R = R(a_0, a_1)$ derart, daß im Kreise $|z| < R$ die Funktion $f(z)$ entweder eine singuläre Stelle besitzt oder doch mindestens eine der Gleichungen* (158) *eine Wurzel aufweist.* Dieser Satz ist nach demselben Verfahren wie der voraufgehende beweisbar.

An den *Landau*schen Satz schließen sich weitergehende gleichfalls auf die Theorie der Modulfunktionen gegründete Untersuchungen verwandter Art von *Hurwitz*[289]) und von *C. Carathéodory*[290]) an. Insbesondere gelingt es *Carathéodory*, die Abhängigkeit der Zahl R von a_0 und a_1 aus der Funktion $\omega(k^2)$ und ihrer ersten Ableitung explicite in sehr einfacher Weise darzustellen. *Landau* hat in der Abhandlung „Über den Picardschen Satz"[291]) eine zusammenhängende Darstellung dieser, sowie mehrerer weiterer in Betracht kommender Untersuchungen gegeben; auch wegen genauerer Literaturnachweise sei auf diese Arbeit *Landaus* hingewiesen.

Weiter entwickelte *Landau*[292]) verschiedene Verallgemeinerungen seines Satzes und stellte gewisse Konstante auf, welche *Carathéodory*[293]) mit Hilfe der Dreiecksfunktionen näher bestimmte. Mit der in Note 290 genannten Arbeit *Carathéodorys* methodisch nahe verwandt erscheinen zwei Untersuchungen *E. Lindelöfs*[294]), welche im übrigen neben anderen neuen Sätzen einen neuen Beweis des Picardschen Satzes bringen[295]).

---

289) „Über die Anwendung der elliptischen Modulfunktionen auf einen Satz der allgemeinen Funktionentheorie", Züricher Vierteljahrsschrift 49 (1904), p. 242.

290) „Sur quelques généralisations du théorème de *M. Picard*", Pariser C. R. 141 (1905), p. 1213.

291) Züricher Vierteljahrsschrift 51 (1906), p. 252.

292) „Sur quelques généralisations du théorème de M. Picard", Ann. de l'Éc. Norm. (3) 24 (1907), p. 179.

293) „Sur quelques applications du théorème de Landau-Picard", C. R. 144 (1907), p. 1203.

294) „Mémoire sur certaines inégalités dans la théorie des fonctions monogènes etc.", Act. soc. Fennicae 35 (1909), Nr. 7; „Sur le théorème de M. Picard dans la théorie des fonctions monogènes", C. R. Congr. Stockholm (1909), p. 112.

295) S. ferner *Carathéodory* und *L. Fejér*, „Über den Zusammenhang der Extreme von harmonischen Funktionen mit ihren Koeffizienten und über den Picard-Landauschen Satz", R. C. di Palermo 32 (1911), p. 218 und die dort genannten früheren Arbeiten; *Carathéodory*, „Sur le théorème général de M. Picard", C. R. 154 (1912), p. 1690; *Carathéodory* und *Landau*, „Beiträge zur Konvergenz von Funktionenfolgen", Berl. Ber. 26 (1911), p. 587.

Eine Anwendung der automorphen Primformen auf die Theorie des Kreisels entwickelte *Klein*[296]). Bekanntlich führt die Behandlung des auf einer Horizontalebene spielenden Kreisels auf hyperelliptische Funktionen, und zwar solche, denen eine zweiblättrige Riemannsche Fläche mit 6 reellen Verzweigungspunkten zugrunde liegt[297]). *Klein* führt nun zur Uniformisierung der Funktionen dieser Fläche die zugehörige polymorphe Funktion ζ vom Grenzkreistypus ein, welche das einzelne Halbblatt der genannten Riemannschen Fläche auf ein von Symmetriekreisen begrenztes rechtwinkliges Kreisbogensechseck abbildet. Stellt man, wie dies im Ref. II B 3, Nr. **79** (am Ende) näher dargelegt ist, die Bewegung des Kreisels mittelst einer lineargebrochenen Substitution einer Variabelen dar, so werden hier, wie *Klein* a. a. O. zeigt, die vier Substitutionskoeffizienten und die Zeit t sich durch gewisse Quotienten von automorphen Primformen des vorhin genannten Gebildes darstellen. Es entspricht dies der im Ref. II B 3, Nr. **79** (am Ende) erwähnten Darstellung der damaligen Substitutionskoeffizienten in Gestalt von ϑ-Quotienten.

41. Mehrdeutige automorphe Funktionen. Die in den voraufgehenden Nrn. behandelte Theorie hat die *Eindeutigkeit* der betrachteten automorphen Funktionen zur wesentlichen Voraussetzung. Ein Teil der benutzten Methoden und Überlegungen bleibt jedoch verwendungsfähig bei Funktionen $\varphi(\zeta)$, die man als *„mehrdeutige" automorphe Funktionen einer Variabelen* ζ bezeichnen kann.

Betrachtet man z. B. auf einer *Riemann*schen Fläche über der z-Ebene eine *lineare homogene Differentialgleichung zweiter Ordnung*, deren Koeffizienten zu jener Fläche gehörende *algebraische* Funktionen von z sind, so ist der Quotient ζ zweier Partikularlösungen eine Funktion $f(z)$ von z, die sich bei Umläufen von z *„linear-polymorph"* (vgl. Nr. **31**) verhält. Umgekehrt wird die zu $\zeta = f(z)$ inverse Funktion $z = \varphi(\zeta)$ gegenüber den so entspringenden ζ-Substitutionen als *„automorph"* bezeichnet werden können. Jedoch ist es als eine Besonderheit anzusehen, wenn diese inverse Funktion $z = \varphi(\zeta)$ „eindeutig" ist.

Für diese mehrdeutigen automorphen Funktionen $\varphi(\zeta)$ bleibt der Satz bestehen, daß die geeignet zerschnittene *Riemann*sche Fläche, auf die ζ-Ebene abgebildet, dortselbst ein *Kreisbogenpolygon* liefert, dessen Seiten zu Paaren durch die zugehörigen erzeugenden ζ-Sub-

296) in den in Princeton 1896 gehaltenen Vorlesungen „The mathematical theory of the top", bearb. von H. B. Fine (New York, 1897).

297) S. darüber das Ref. IV 6 (*P. Stäckel*), Nr. 37 oder *Klein* und *Sommerfeld*, „Über die Theorie des Kreisels", Heft III (Leipzig 1903), Anhang zu Kapitel VI.

stitutionen aufeinander bezogen sind. Aber es braucht weder die Reproduktion des Polygons zu einem die ζ-Ebene nirgends mehr als einfach bedeckenden Netze hinzuführen, noch auch das Ausgangspolygon selbst überall nur einfach auf der ζ-Ebene zu lagern.

Man kann auch umgekehrt von Polygonen dieser Art ausgehen und ist dann imstande, die Existenz zugehöriger automorpher Funktionen $\varphi(\zeta)$ ohne weiteres nach den von *Klein* benutzten Methoden (vgl. Nr. **14**) zu beweisen, während der Existenzbeweis *Poincarés* mittels seiner nur bei eindeutigen automorphen Funktionen verwendbaren Reihen hier natürlich versagt.

Die bei den fraglichen Polygonen sich einstellenden geometrischen Betrachtungen sind keineswegs so einfach und leicht zugänglich wie die oben betrachteten Polygonnetze. Ausführliche geometrische Untersuchungen in der gekennzeichneten Richtung haben *F. Schilling*[298]) und *A. Schönflies*[299]) im Anschluß an gleich zu nennende Vorlesungen von *Klein* angestellt; über Kreisbogenvierecke insbesondere hat *W. Ihlenburg*[300]) gearbeitet.

Allgemein hat *Klein* in den in der Literaturübersicht genannten Vorlesungen über lineare Differentialgleichungen und über die hypergeometrische Funktion mit den geometrisch-funktionentheoretischen Methoden der Theorie der automorphen Funktionen die linearen Differentialgleichungen untersucht und hat die Theorie der letzteren mittelst jener Methoden nach verschiedenen Richtungen hin gefördert. Er hat auch erweiterte Fundamentaltheoreme aufgestellt, dahingehend, daß einer gegebenen *Riemann*schen Fläche immer solche Polygone entsprechend gesetzt werden können, die aus den Polygonen der eindeutigen automorphen Funktionen durch Anhängung einer gewissen Anzahl von „Kreisringen" oder „Kreisscheiben" entstehen (Obertheoreme). Späterhin ist *Klein* auf diese Fragen zurückgekommen[301]) und erörtert am Beispiel eines Gebildes vom Geschlechte $p = 0$ mit vier reellen singulären Stellen den Zusammenhang der genannten Betrachtungen mit den „*Oscillationstheoremen*" der linearen Differentialgleichungen, gibt auch die

---

298) „Beiträge zur geometrischen Theorie der Schwarzschen s-Funktion", Math. Ann. 44 (1894), p. 162. „Die geometrische Theorie der Schwarzschen s-Funktion für komplexe Exponenten", I und II, Math. Ann. 46 (1895), p. 62 und 529.

299) „Über Kreisbogenpolygone", Math. Ann. 42 (1893), p. 377. „Über Kreisbogendreiecke und Kreisbogenvierecke", Math. Ann. 44 (1894), p. 105.

300) „Über die geometrischen Eigenschaften der Kreisbogenvierecke" (Gött. Diss. 1909), Nova Acta Leop. 91, p. 5.

301) „Bemerkungen zur Theorie der linearen Differentialgleichungen 2. Ordnung", Math. Ann. 64 (1907), p. 175.

analytische Bedingung dafür, daß der Bereich in der ζ-Ebene einen Orthogonalkreis besitzt.

Eingehender hat sich mit diesen Problemen sodann *E. Hilb* beschäftigt[302]), worüber er selbst im Ref. II B 5 berichten wird. Hier werde nur bemerkt, daß in *Hilb*s Untersuchungen für den Fall $p = 0$ mit beliebig vielen reellen singulären Stellen ein *neuer Kontinuitätsbeweis des Grenzkreistheorems* enthalten ist[303]). Der Grundgedanke ist, die singulären Stellen $e_1, e_2, \ldots, e_n$ der z-Ebene festzuhalten, dafür aber die *akzessorischen Parameter* der Differentialgleichung sich ändern zu lassen, bis der Bereich, auf den ζ die z-Ebene abbildet, die Bedingungen des Grenzkreistheorems erfüllt.

42. Automorphe Funktionen mehrerer Veränderlichen. Eine andere Richtung der Verallgemeinerung ist diejenige auf eindeutige automorphe Funktionen von *mehr als einer Variabelen. Picard* hat ausgedehnte Untersuchungen über Gruppen solcher „ternärer" ganzzahliger Substitutionen angestellt, welche vorgelegte *ternäre Hermite*sche *Formen mit ganzzahligen Koeffizienten der Gestalt* $a + ib$ in sich transformieren[304]). Für die Erklärung und Untersuchung der zu solchen Gruppen gehörenden *„automorphen Funktionen zweier Variabelen"* sind die bei den Funktionen einer Variabelen gültigen Begriffsbestimmungen maßgeblich; insbesondere bedient sich *Picard* für die analytische Darstellung der Funktionen eines der Bildung der *Poincaré*schen Reihen analogen Ansatzes[305]).

---

302) „Neue Entwicklungen über lineare Differentialgleichungen", Gött. Nachr. von 1908, p. 231 und von 1909, p. 230; „Über Kleinsche Theoreme in der Theorie der linearen Differentialgleichung I und II", Math. Ann. 66 (1908), p. 215 und 68 (1909), p. 24.

303) S. insbesondere Math. Ann. 66, p. 246, Fußnote.

304) „Sur certaines formes quadratiques", Paris C. R. 95 (1882), p. 763; „Sur une classe de groupes discontinus de substitutions linéaires et sur les fonctions de deux variables indépendentes restant invariables par ces substitutions", Acta math. 1 (1882), p. 297; „Sur les formes quadratiques ternaires indéfinies à indéterminées conjugées et sur les fonctions hyperfuchsiennes correspondantes", Act. math. 5 (1884), p. 121.

305) Man sehe auch Kapitel 3 von *Picards* Abhandlung „Sur les intégrales de différentielles totales de seconde espèce", J. de math. (4) 2 (1886), p. 329. Weitergeführt sind die Untersuchungen Picards durch *R. Alezais*, „Sur une classe de fonctions hyperfuchsiennes et sur certaines substitutions qui s'y rapportent" (Paris. Thèse von 1901), Ann. de l'Éc. Norm. (3) 19, p. 261. „Sur les fonctions de deux variables analogues aux fonctions modulaires", C. R. 132 (1901), p. 403, sowie von *C. F. Craig*, „On a class of hyperfuchsian functions", Amer. Math. Soc. Trans. 11 (1910), p. 37.

Einen allgemeinen Ansatz für *automorphe Funktionen von n komplexen Variabelen* hat *Wirtinger* entwickelt[306]). Derselbe zeigt, daß unter gewissen Voraussetzungen betreffs der Gestalt des Fundamentalbereichs der Satz beweisbar ist, daß zwischen je $(n + 1)$ Funktionen der Gruppe eine algebraische Relation besteht[307]). Auch stellt *Wirtinger* einen allgemeinen Ansatz für die *partiellen linearen Differentialgleichungen* auf, denen die zugehörigen jenen automorphen Funktionen inversen *polymorphen* Funktionen genügen.

Eine Untersuchung über *Modulfunktionen von mehreren veränderlichen Größen* hat *O. Blumenthal* mit Benutzung von Ansätzen *Hilberts* ausgeführt[308]). Es wird ein reeller Zahlenkörper n^{ten} Grades zugrunde gelegt, dessen sämtliche konjugierte Körper gleichfalls reell sind. Diesen n Körpern werden n Variabele zugeordnet, welche gleichzeitig n hinsichtlich des Körpers konjugierten linearen Substitutionen unterworfen werden; und zwar sind die Koeffizienten der einzelnen Substitution ganze Zahlen des zugehörigen Körpers von einer Determinante, die eine positive Einheit ist. Die einzelne auf dieser Grundlage entspringende Gruppe besitzt, wie *Blumenthal* zeigt, im zugehörigen Raume von $2n$ Dimensionen einen endlich ausgedehnten Fundamentalbereich. Für die Herstellung der zugehörigen Funktionen benutzt *Blumenthal* dieselben Prinzipien, welche *Poincaré* zur Bildung der automorphen Funktionen mittelst seiner Reihen anwandte. Nach *Hilbert* lassen sich übrigens die fraglichen Modulfunktionen mehrerer Variabelen in derselben Weise als Quotienten von Nullwerten „*Jacobi*scher" Thetafunktionen mehrerer Variabelen darstellen, wie dies bei den elliptischen Modulfunktionen mittelst der gewöhnlichen Thetafunktionen zutrifft[309]).

Weiterhin sind mehrere arithmetisch-gruppentheoretische Untersuchungen, welche eine Theorie der eindeutigen automorphen Funk-

---

306) „Zur Theorie der automorphen Funktionen von n Veränderlichen", Wien. Berichte 108 (1899), p. 1239.

307) Entsprechend dem gleichlautenden Satze von *Weierstraß* über $2n$-fach periodische Funktionen, die man ja selbst, wenn man will, als automorphe Funktionen ansehen kann. Siehe übrigens die bezüglichen Bemerkungen *O. Blumenthals* in der Einleitung der sogleich zu nennenden Abhandlung.

308) „Über Modulfunktionen von mehreren Veränderlichen", Math. Ann. 56 (1902), p. 509 und 58 (1904), p. 497.

309) Eine Weiterführung der im Texte besprochenen Entwicklungen unternehmen die Untersuchungen von *E. Hecke*, „Höhere Modulfunktionen und ihre Anwendung auf die Zahlentheorie" (Gött. Diss. 1910), Math. Ann. 71, p. 1; „Über die Konstruktion der Klassenkörper reeller quadratischer Körper mit Hilfe von automorphen Funktionen", Gött. Nachr. von 1910, p. 619.

tionen von n Variabelen begründen sollen, von *G. Fubini*[310]) und *Hurwitz*[311]) angestellt. Um das Ziel dieser Untersuchungen zu kennzeichnen, knüpfe man an die in Nr. 7 entwickelten projektiv-geometrischen Vorstellungen an. Letztere kann man in folgende Gestalt kleiden:

Es sei $(a\zeta_1^2 + 2b\zeta_1\zeta_2 + c\zeta_2^2)$ eine *definite* und *positive* quadratische Form mit reellen Koeffizienten. Übt man auf ζ_1, ζ_2 eine beliebige reelle unimodulare Substitution $\binom{\alpha, \beta}{\gamma, \delta}$ aus, so entspringt eine neue positive Form $(a'\zeta_1'^2 + 2b'\zeta_1'\zeta_2' + c'\zeta_2')$, und zwar gilt dabei $b'^2 - a'c' = b^2 - ac$. Man betrachte nun a, b, c als homogene Koordinaten in der Ebene und zeichne in letzterer die durch $b^2 - ac = 0$ dargestellte Kurve, welche als Ellipse angenommen werden kann. Die Punkte (a, b, c) des Ellipseninneren liefern uns dann gerade die gesamten positiven Formen, so daß das Ellipseninnere auch als *„Raum der positiven binären quadratischen Formen"* bezeichnet werden kann. Auf dies Ellipseninnere bezogen wir in Nr. 7 die Punktäquivalenz der Hauptkreisgruppen und leiteten z. B. für die Modulgruppe das Dreiecksnetz der dortigen Figur 3 ab. Es besteht der Satz, *daß jede Gruppe „reeller" ζ-Substitutionen, unter denen keine „infinitesimale" Substitutionen* (vgl. Nr. 5) *vorkommen, im fraglichen Raume der positiven Formen eigentlich diskontinuierlich ist (endlich ausgedehnten „DB" besitzt).*

Um allgemeiner das in Nr. 7 zugrunde gelegte *„Ellipsoidinnere"* zu gewinnen, *in dem überhaupt jede reelle oder komplexe ζ-Gruppe ohne infinitesimale Substitutionen eigentlich diskontinuierlich ist* (vgl. Nr. 5), hat man entsprechend an die *definiten* und etwa wieder *positiven Hermite*schen Formen:

$$a\zeta_1\bar{\zeta}_1 + b\zeta_1\bar{\zeta}_2 + \bar{b}\bar{\zeta}_1\zeta_2 + c\zeta_2\bar{\zeta}_2$$

anzuknüpfen, in denen a und c reell, $b = b_1 + ib_2$ und $\bar{b} = b_1 - ib_2$

310) „Sulla teoria delle forme quadratiche Hermitiane e dei sistemi di tali forme", Atti dell' Ac. Gioenia (4) 17 (1903); „Sulla teoria dei gruppi discontinui", Ann. di mat. (3) 11 (1904), p. 159; „Sulla costruzione dei compi fondamentali di un gruppo discontinuo", Ann. di mat. (3) 12 (1906), p. 347; „Nuove ricerche intorno ad alcune classi di gruppi discontinui", C. R. d. circol. di Palermo 21 (1906), p. 177; „Sulla teoria delle funzioni automorfe e delle loro trasformazioni", Ann. di mat. (3) 14 (1907), p. 33. „Sulla discontinuità propria dei gruppi discontinui", Atti del Congr., Roma 1908, 2, p. 169. S. auch das 3. Kapitel des in der Literaturübersicht genannten Werkes von *Fubini.*

311) „Zur Theorie der automorphen Funktionen von beliebig vielen Variabelen", Math. Ann. 61 (1905), p. 325.

konjugiert komplex sind, während $\bar{\zeta}_1$ zu ζ_1 und $\bar{\zeta}_2$ zu ζ_2 konjugiert komplex sein soll. Nun deute man a, b_1, b_2, c als homogene Raumkoordinaten und wähle letztere so, daß:

$$b_1^2 + b_2^2 - ac = 0$$

ein Ellipsoid liefert. Der vom Ellipsoid umschlossene Raum stellt dann den „*Raum der positiven Hermiteschen Formen*" vor.

Die Untersuchungen von *Fubini* und *Hurwitz* stellen die Verallgemeinerung dieser Sätze von $n = 2$ auf beliebiges n dar. Es sei eine *Gruppe homogener unimodularer Substitutionen von n Variabelen* $\zeta_1, \zeta_2, \ldots, \zeta_n$ gegeben. Enthält die Gruppe *keine infinitesimale Substitutionen*, so ist sie *jedenfalls eigentlich diskontinuierlich im Raume der zugehörigen positiven Hermiteschen Formen.* Diese Diskontinuität findet insbesondere schon *im Raume der gewöhnlichen (reellen) positiven quadratischen Formen von n Variabelen* statt, falls *alle Substitutionskoeffizienten der Gruppe reell* sind. Den „DB" selbst kann man in jedem Falle durch ein System linearer homogener Ungleichungen charakterisieren, welche aus den Substitutionen der Gruppe explizite abgeleitet werden können.

Ergänzungen: Die von *Wirtinger* aufgefundene Darstellung (134), p. 441 der hypergeometrischen Funktionen als eindeutiger Modulfunktionen ist in der weiteren Abhandlung *Wirtingers* „Eine neue Verallgemeinerung der hypergeometrischen Integrale" (Wiener Berichte vom Dez. 1903, Bd. 112) in der Weise verallgemeinert, daß an Stelle der Produkte der vier Thetafunktionen Produkte aus den in Formel (73) p. 417 erklärten, zum n^{ten} Teilungsgrad gehörenden Funktionen $\sigma_{\lambda\mu}(u \mid \omega_1, \omega_2)$ gestellt werden. Die Integralgrenzen sind dabei Perioden-n-Teile. Die so zu gewinnenden Größen, welche ähnliche gruppentheoretische Eigenschaften wie die hypergeometrischen Funktionen haben, genügen einer Differentialgleichung der Ordnung n^2, deren Koeffizienten Modulformen n^{ter} Stufe sind. Ideen betreffs Verallgemeinerung für den Fall, daß an Stelle des zugrundeliegenden elliptischen Gebildes ein solches von höherem Geschlechte p, z. B. $p = 3$, tritt, deutet *Wirtinger* am Schlusse der genannten Arbeit an.

Der mit den $\sigma_{\lambda\mu}(u \mid \omega_1, \omega_2)$ gebildete Ansatz wird für $n = 3$ weiter verfolgt in der Abhandlung von *A. Berger*, „Über die zur dritten Stufe gehörenden hypergeometrischen Integrale am elliptischen Gebilde", Monatsh. f. Math. 17 (1906), p. 137 und 179.

An *Wirtinger* schließen sich ferner mehrere (böhmische) Abhandlungen von *Fr. Graf* an: „Über die Bestimmung der Gruppe der hypergeometrischen Differentialgleichung" (Casopis 36 (1907), p. 354), „Über die Bestimmung der Fundamentalsubstitutionen der hypergeometrischen Gruppe mit Hilfe der Wirtingerschen Formel" (Casopis 37 (1908), p. 8), „Über die allgemeine Bestimmung der numerischen Koeffizienten bei den Transformationen der Gruppe der hypergeometrischen Differentialgleichung" (Rozpravy 17 (1908), Nr. 32), „Über die Reihenentwickelung der hypergeometrischen Integrale" (Rozpravy 17 (1908), Nr. 32), „Über die Degeneration der Wirtingerschen Formel" (Rozpravy 19 (1910), Nr. 29); letzte Abhandlung auch in deutscher Übersetzung im Bull. intern. 15, p. 174.

Auf die invariante Darstellung der hypergeometrischen Differentialgleichung und der hypergeometrischen Formen ist im Anschluß an die Wirtingersche Formel *G. Pick* in der Abhandlung „Zur hypergeometrischen Differentialgleichung" (Wiener Ber. 117 (1908), p. 103) zurückgekommen.

(Abgeschlossen im November 1913.)

II B 5. LINEARE DIFFERENTIALGLEICHUNGEN IM KOMPLEXEN GEBIET.

Von

E. HILB

IN WÜRZBURG.

Inhaltsübersicht.*)

I. Integrationsmethoden.**)

II. Beziehungen zwischen linearen Differentialgleichungen.

---

*) Für die Mitwirkung bei der Korrektur dieses Referates und für eine große Anzahl von Verbesserungs- und Ergänzungsvorschlägen ist der Verfasser außer der Redaktion den Herren *Brouwer, Horn, Loewy, Pick, Schlesinger* und *v. Weber* zum wärmsten Dank verpflichtet.

) Über die Integration durch bestimmte Integrale vgl. Nr. **22, über die Integration durch Uniformisierung vermittels linear-polymorpher Funktionen vgl. das Ref. II B 4 (Fricke) Nr. **16** und **35**, ferner Nr. **14** des vorliegenden Artikels.

Literatur.

Th. Craig, A treatise on linear differential equations. New York 1889.

A. R. Forsyth, Theory of differential equations, Part III. Ordinary linear equations Vol. IV, Cambridge 1902.

L. Fuchs, Ges. Werke, herausgegeben von *R. Fuchs* und *L. Schlesinger* 1, 2, 3 Berlin 1904, 1906, 1909.

L. Heffter, Einleitung in die Theorie der linearen Differentialgleichungen. Leipzig 1894.

— Die neueren Fortschritte in der Theorie der linearen Differentialgleichungen. Math. papers read at the international mathematical Congress 1893, Chicago 1896, part. I, p. 96 ff.

J. Horn, Gewöhnliche Differentialgleichungen beliebiger Ordnung. Sammlung Schubert L, Leipzig 1905.

F. Klein, Vorlesungen über das Ikosaeder. Leipzig 1888.

— Autographierte Vorlesungshefte: a) Ausgewählte Kapitel aus der Theorie der linearen Differentialgleichungen 2ter Ordnung. Göttingen 1890—91 (nicht im Buchhandel).

— b) Über die hypergeometrische Funktion. Göttingen 1894.
c) Lineare Differentialgleichungen 2ter Ordnung. Göttingen 1894,
b) und c) im Kommissionsverlag bei B. G. Teubner, Leipzig.

L. Koenigsberger, Lehrbuch der Theorie der Differentialgleichungen. Leipzig 1889.

B. Riemann, Vorlesungen über die hypergeometrische Reihe (gehalten 1859). Auszugsweise herausgegeben von W. Wirtinger und M. Noether in *Riemanns* Werken, Nachträge. Leipzig 1902.

L. Sauvage, Théorie générale des systèmes d'équations differentielles linéaires et homogènes. Paris 1895.

L. Schlesinger, Handbuch der Theorie der linearen Differentialgleichungen. 2 Bände. Leipzig 1895—98.

— Differentialgleichungen. Sammlung Schubert XIII. Leipzig 1900, zweite Auflage 1903.
— Vorlesungen über lineare Differentialgleichungen. Leipzig 1908.
— Bericht über die Entwicklung der Theorie der linearen Differentialgleichungen seit 1865. Jahresbericht der Deutschen Mathematikervereinigung 1909.
Vgl. ferner *C. Jordan,* Cours d'Analyse III, 2. édit. Paris 1896. *E. Picard,* Traité d'Analyse III, 2. édit. Paris 1908. *M. Krause,* Theorie der doppeltperiodischen Funktionen II Leipzig 1897.

Der erste Abschnitt wird sich mit der Frage beschäftigen: Gegeben ist eine lineare Differentialgleichung, was läßt sich über den Charakter ihrer Integrale als Funktionen der unabhängigen Veränderlichen x aussagen, und wie kann man die Integrale darstellen?

Der zweite Abschnitt bringt die wichtigsten Beziehungen, die zwischen den Integralen verschiedener linearer Differentialgleichungen bestehen können.

Im dritten Abschnitte werden alle jene Untersuchungen besprochen, bei denen man von den Integralen der Differentialgleichung vorgegebene Eigenschaften fordert, so daß man also umgekehrt die Aufgabe hat, die Differentialgleichung bzw. die in dieser auftretenden Parameter zu bestimmen.

Im vierten Abschnitte werden Spezialfälle behandelt, in erster Linie die Differentialgleichung der hypergeometrischen Reihe, aus der bekanntlich die ganze Theorie hervorgegangen ist. Es erschien darum zweckmäßig, erst an dieser Stelle eine kurze Übersicht über die historische Entwicklung zu geben.

Eine gewisse Begrenzung des Referats ergab sich daraus, daß bestimmte die linearen Differentialgleichungen betreffende Fragen schon in anderen Referaten der Encyklopädie behandelt worden sind. Es sind hier in erster Linie zu nennen die Referate I B 3f (*A. Wiman*), Endliche Gruppen linearer Substitutionen; II A 4a (*P. Painlevé*), Gewöhnliche Differentialgleichungen, Existenz der Lösungen; II A 4b (*E. Vessiot*), Gewöhnliche Differentialgleichungen, Elementare Integrationmethoden; II B 4 (*R. Fricke*), Automorphe Funktionen mit Einschluß der elliptischen Modulfunktionen. Es wird an den geeigneten Stellen darauf aufmerksam gemacht werden.

I. Integrationsmethoden.

1. Existenzbeweise. Es seien $p_1(x), \ldots, p_n(x)$ in der Umgebung von $x = x_0$ analytische Funktionen der komplexen Veränderlichen x. Dann folgt aus den allgemeinen Existenzbeweisen (vgl. das Ref. II A 4a, (*Painlevé*) Nr. **3**, **9** und **11**) die Existenz von n in der Umgebung von x_0 analytischen Funktionen, die linear unabhängig, d. h. durch keine lineare homogene Relation mit konstanten Koeffizienten verknüpft sind, und die der homogenen linearen Differentialgleichung

$$(1) \qquad \frac{d^n y}{dx^n} + p_1(x)\frac{d^{n-1}y}{dx^{n-1}} + \cdots + p_n(x)y = 0$$

genügen. Ein System von n linear unabhängigen Lösungen $y_1, \ldots, y_n$ von (1) nennt man ein Fundamentalsystem von (1), und jede andere Lösung der Gleichung (1) läßt sich durch diese n Integrale linear und homogen mit konstanten Koeffizienten darstellen (vgl. das Ref. II A 4b (*Vessiot*), Nr. 20). Die Entwicklungen von $y_1, \ldots, y_n$ nach Potenzen von $x - x_0$ konvergieren innerhalb eines Kreises, der x_0 als Mittelpunkt besitzt und durch die nächstgelegene singuläre Stelle der Koeffizienten $p_1(x), \ldots, p_n(x)$ geht. Die singulären Punkte der Koeffizienten nennt man daher auch singuläre Punkte der Differentialgleichung, und nur in diesen können die Lösungen der Differentialgleichung singuläre Punkte besitzen; die Hauptdeterminante eines Fundamentalsystems

$$\left|\frac{d^l y_k}{dx^l}\right|, \quad \begin{pmatrix} l = 0, 1, \ldots, n-1 \\ k = 1, 2, \ldots, n \end{pmatrix},$$

welche den Wert $e^{-\int p_1(x)\,dx}$ besitzt, kann also nur in diesen Punkten verschwinden. Speziell ist $x = \infty$ eine singuläre Stelle für die Differentialgleichung, wenn nach der Substitution $x = \frac{1}{z}$ der Punkt $z = 0$ eine solche ist. *Fuchs*[1]) zeigte die Konvergenz der die Lösungen in der Umgebung von x_0 darstellenden Potenzreihen bis zur nächsten singulären Stelle der Differentialgleichungen vermittels geeigneter Anpassung der Majorantenmethode. Eine Vereinfachung des Konvergenzbeweises erzielte *Frobenius*[2]) durch direkte Heranziehung der Rekursionsformeln für die Koeffizienten der Potenzreihe, weitere Vereinfachungen finden sich bei *Kneser*[3]), *P. Günther*[4]), *Fejér*[5])

1) *L. Fuchs,* Zur Theorie der linearen Differentialgleichungen mit veränderlichen Koeffizienten. Jahresbericht über die städtische Gewerbeschule zu Berlin 1865 u. J. f. Math. 66 (1866) Ges. W. 1, p. 111f. bzw. 159f.

2) *Frobenius,* Über die Integration der linearen Differentialgleichungen durch Reihen. J. f. Math. 76 (1873), p. 214—235.

3) *Kneser,* Neue Beweise für die Konvergenz der Reihen. Math. Ann. 47 (1896), p. 408—422.

4) *P. Günther,* Neuer Beweis der Existenz eines Integrals, veröffentlicht von *M. Hamburger.* J. f. Math. 118 (1897), p. 351—353; vgl. auch *Gutzmer,* Zum Existenzbeweise von *P. Günther,* J. f. Math. 119 (1898), p. 82—85.

5) *Fejér,* Sur le calcul des limites. Paris C. R. 143, p. 957—959 (1906).

und *Plemelj.*[6]) *Sauvage*[7]) übertrug das Beweisverfahren von *Fuchs* auf Systeme linearer Differentialgleichungen erster Ordnung. Darstellungen der Lösungen der Differentialgleichung, welche in dem ganzen Holomorphiebereiche der Koeffizienten gelten, erhält man vermittels der Methode der sukzessiven Annäherung (vgl. das Ref. II A 4a, (*Painlevé*) Nr. **9**) und vermittels der *Cauchy-Lipschitz*schen Methode (vgl. das Ref. II A 4a, (*Painlevé*) Nr. **3**), die mit systematischer Benützung des Matrizenkalküls von *Volterra*[8]) und *Schlesinger*[9]) für Systeme linearer Differentialgleichungen erster Ordnung ausgebildet wurde.

2. Verhalten der Lösungen bei einem geschlossenen Umlauf der unabhängigen Veränderlichen um singuläre Punkte. Läßt man x in der komplexen Zahlenebene von einem nichtsingulären Punkte ausgehend um irgendwelche singuläre Punkte einen geschlossenen Umlauf, der keinen singulären Punkt trifft, derart machen, daß die Koeffizienten der Differentialgleichung (1) nach vollendetem Umlauf dieselben sind wie vor demselben, so gehen die Elemente $y_1, \ldots, y_n$ eines Fundamentalsystems vermittels analytischer Fortsetzung in andere Funktionen $\bar{y}_1, \ldots, \bar{y}_n$ über, welche, (vgl. das Ref. II b 1 (*Osgood*), Nr. **13**), der ursprünglichen Differentialgleichung genügen, sich also durch das Fundamentalsystem $y_1, \ldots, y_n$ linear darstellen lassen. Das Fundamentalsystem $y_1, \ldots, y_n$ erleidet also bei einem derartigen Umlauf eine lineare Substitution

$$(2) \qquad \bar{y}_j = \sum_{k=1}^{n} a_{jk} y_k, \quad (j = 1, 2, \ldots n).$$

Riemann[10]) und unabhängig von ihm *Fuchs*[11]) stellen sich die

6) *Plemelj,* Der Existenzbeweis für Lösungen linearer Differentialgleichungen. Monatsh. f. Math., XXII. Jahrg. (1911), p. 339—344.

7) *Sauvage,* Sur les solutions régulières d'un système d'équations différentielles. Ann. éc. norm. (3) III (1886), p. 391—404, wesentlich vereinfacht von *Schlesinger,* Vorlesungen über lineare Differentialgleichungen p. 89.

8) *Volterra,* Sui fondamenti della teoria delle equazioni diff. lin. Mem. della Società Italiana delle Scienze (3) 6 (1887) u. 12 (1899), ferner: Sulla teoria delle equazioni diff. lin. Palermo Rend. II (1888), p. 69—75.

9) *Schlesinger,* Sur la théorie des systèmes d'équations diff. lin. Paris C. R. 138 (1904), p. 955—956, ferner Vorlesungen p. 1—31 und 48—85.

10) *Riemann,* Zwei allgemeine Sätze über lineare Differentialgleichungen mit algebraischen Koeffizienten. Ges. W. 1. Aufl. (1876), p. 359, 2. Aufl. (1892), p. 381. Die im Nachlasse gefundene Arbeit ist vom 20. Februar 1857 datiert; die *Riemann*schen Untersuchungen sind also vor den *Fuchs*schen entstanden, aber erst 1876, also beträchtliche Zeit nach diesen, veröffentlicht.

11) *Fuchs,* a. a. O., Ges. W. 1 (1865), p. 124 u. (1866), p. 171.

Aufgabe, aus linearen Verbindungen des ursprünglichen Fundamentalsystems ein neues abzuleiten, dessen Elemente sich bei dem Umlaufe von x möglichst einfach verhalten und das mindestens ein Element enthält, welches sich dabei nur mit einem konstanten Faktor multipliziert. Die Bestimmung dieses Faktors führt auf die Fundamentalgleichung oder die charakteristische Gleichung der die beiden Fundamentalsysteme vor und nach dem Umlauf verknüpfenden Substitution (vgl. das Ref. I C 2b (*Vahlen*)); die Fundamentalgleichung wird durch die gleich Null gesetzte Determinante

$$|a_{jk} - \delta_{jk} w|, \quad \left(\begin{matrix} j = 1, \ldots, n \\ k = 1, \ldots, n \end{matrix} \text{ und } \delta_{jk} = 0, \text{ wenn } j \neq k, \ \delta_{jj} = 1\right)$$

dargestellt. Hat die Fundamentalgleichung n verschiedene Wurzeln $w_1, w_2, \ldots, w_n$, so besitzt die Differentialgleichung (1) ein Fundamentalsystem $Y_1, \ldots, Y_n$ von der Art, daß, wenn dieses nach dem Umlauf in $\overline{Y}_1, \ldots, \overline{Y}_n$ übergeht,

$$\overline{Y}_1 = w_1 Y_1, \ \overline{Y}_2 = w_2 Y_2, \ \ldots, \ \overline{Y}_n = w_n Y_n \tag{3}$$

ist. Hat allgemeiner die Fundamentalgleichung zusammenfallende Wurzeln und die Matrix $(a_{jk} - \delta_{jk} w)$ die Elementarteiler

$$(w - w_1)^{\mu_1}, \ (w - w_2)^{\mu_2}, \ \ldots, \ (w - w_m)^{\mu_m},$$

wobei $\mu_1 + \mu_2 + \cdots + \mu_m = n$ ist, während nicht alle $w_1, w_2, \ldots, w_m$ voneinander verschieden sein müssen, so kann man nach *M. Hamburger*[12]) ein kanonisches Fundamentalsystem $Y_{j,1}, Y_{j,2}, \ldots Y_{j,\mu_j}$ $(j = 1, 2, \ldots, m)$ einführen, für welches entsprechend zu (3)

$$\overline{Y}_{j,1} = w_j Y_{j,1}, \ \overline{Y}_{j,2} = w_j Y_{j,2} + Y_{j,1}, \ldots, \overline{Y}_{j,\mu_j} = w_j Y_{j,\mu_j} + Y_{j,\mu_j - 1} \tag{4}$$

ist. Nach *Fuchs* ist die Fundamentalgleichung, nach *Hamburger* sind auch die Elementarteiler der Matrix unabhängig von der Wahl des ursprünglich als Ausgangspunkt genommenen Fundamentalsystems. Allerdings ist der Zusammenhang mit der Elementarteilertheorie bei *Hamburger* nur angedeutet und wird auch bei *Jürgens*[13]), der die *Hamburger*sche Zerlegung auf andere Weise gewinnt, nicht weiter durchgeführt. Zur vollen Geltung kommt die Elementarteilertheorie bei der Untersuchung der Fundamentalgleichung in den Arbeiten von *Casorati*[14]),

12) *Hamburger,* Bemerkungen über die Form der Integrale der linearen Differentialgleichungen. J. f. Math. 76 (1873), p. 113—126.

13) *Jürgens,* Die Form der Integrale der linearen Differentialgleichungen. J. f. Math. 80 (1875), p. 150—168.

14) *Casorati,* Sur la distinction des intégrales des équations diff. lin. Paris C. R. 92 (1881), p. 175—178, 238—241.

Stickelberger[15]) und *Sauvage*[16]), der letztere führt auch die Übertragung auf Systeme linearer Differentialgleichungen erster Ordnung durch. Einführungen der Fundamentalgleichung abweichend von *Fuchs* finden sich bei *Casorati*[17]), *Schlesinger*[18]) und *Hamburger*.[19])

Die Auseinandersetzungen gelten insbesondere, wenn x einen Umlauf um irgendeine isolierte singuläre Stelle a der Differentialgleichung (1) macht, in deren Umgebung die Koeffizienten von (1) eindeutige Funktionen sind. Es sei nun

$$2\pi i r_j = \lg w_j, \tag{5}$$

dann multipliziert sich $(x-a)^{r_j}$ bei einem Umlaufe um a mit w_j, so daß sich entsprechend (3) Y_j in der Form

$$Y_j = (x-a)^{r_j}\varphi_j(x-a) \tag{6}$$

darstellen läßt, wobei $\varphi_j(x-a)$ eine in der Umgebung von a eindeutige Funktion ist, sich also, (vgl. das Ref. II b 1 (*Osgood*) Nr. 9), in eine *Laurent*sche Reihe nach steigenden und fallenden Potenzen von $x-a$ entwickeln läßt. Analog erhält man in dem allgemeinen Falle (4) entsprechend den Elementarteilern $(w-w_j)^{\mu_j}$ der zu einem Umlaufe um a gehörigen Fundamentalgleichung ein Fundamentalsystem

$$\begin{aligned} Y_{j,k} = (x-a)^{r_j}[\psi_{j,k} &+ \tbinom{k-1}{1}\psi_{j,k-1}\lg(x-a) + \cdots \\ &+ \tbinom{k-1}{k-1}\psi_{j,1}(\lg(x-a))^{k-1}] \quad \text{für } \begin{matrix} j=1,2,\ldots,m, \\ k=1,2,\ldots,\mu_j. \end{matrix} \end{aligned} \tag{7}$$

Dabei sind wiederum die Funktionen $\psi_{j,k}$ in der Umgebung von a in *Laurent*sche Reihen entwickelbar, die Größen r_j sind durch die Gleichungen (5) bestimmt. Speziell gehört also zu jedem Elementarteiler $(w-w_j)^{\mu_j}$ ein Integral

$$Y_{j,1} = (x-a)^{r_j}\psi_{j,1}; \tag{8}$$

im übrigen aber weicht das Fundamentalsystem (7), das in dieser Form wohl zuerst von *Jürgens*[20]) gegeben wurde, von dem in (4) gewählten

---

15) *Stickelberger,* Zur Theorie der linearen Differentialgleichungen. Leipzig (1881).

16) *Sauvage,* Théorie des diviseurs élémentaires. Ann. éc. norm. (3) 8 (1891), p. 312 u. f.

17) *Casorati,* Sull' equazione fondamentale. Rend. Ist. Lomb. (2) 13 (1880), p. 176—182.

18) *Schlesinger,* Bemerkungen zur Theorie der Fundamentalgleichung. J. f. Math. 114 (1894), p. 143—158.

19) *Hamburger,* Über die bei linearen Differentialgleichungen auftretende Fundamentalgleichung. J. f. Math. 115 (1895), p. 343—348.

20) *Jürgens,* a. a. O. Vgl. dazu die Zitate 11—16; bez. des Übergangs von dem Fundamentalsystem (4) zu dem von (7) siehe *Heffter,* Einleitung in die Theorie der linearen Differentialgleichungen p. 139.

ab; in der (4) entsprechenden Darstellung treten etwas kompliziertere Zahlenkoeffizienten auf.

Allgemeiner erhält man ein Fundamentalsystem der Form (7) innerhalb eines von zwei Kreisen, die a als Mittelpunkt haben, begrenzten Ringes, wenn die Koeffizienten der Differentialgleichung (1) innerhalb dieses Kreisringes durch *Laurent*sche Reihen nach $x - a$ darstellbar sind. Doch gab *Fuchs*[21]) noch eine andere Darstellung der analytischen Form eines Fundamentalsystems, welches aus der Fundamentalgleichung für einen beliebigen geschlossenen Umlauf entspringt; Spezialfälle hiervon finden sich schon bei *Picard*[22]) und *Schlesinger*[23]).

Durch die Gleichungen (7) ist nur das qualitative Verhalten der Lösungen in der Umgebung der singulären Stelle a gegeben. Die w_j bestimmende Fundamentalgleichung läßt sich im allgemeinen Falle nicht durch algebraische Prozesse allein aufstellen; die Bestimmung der Koeffizienten der *Laurent*schen Reihen in (7) führt im allgemeinen auf die Auflösung unendlich vieler linearer Gleichungen mit unendlich vielen Unbekannten (vgl. Nr. 6). Daher griffen sowohl *Riemann*[10]) als auch *Fuchs*[11]) zunächst einen Spezialfall heraus, der aber von grundlegender Bedeutung ist, weil es bei ihm gelingt, die Größen r_j auf algebraischem Wege aus den Koeffizienten der Differentialgleichung zu berechnen sowie die Koeffizienten der *Laurent*schen Reihe durch ein Rekursionsverfahren zu bestimmen.

3. Singuläre Stellen der Bestimmtheit. Der eben angedeutete Fall ist dadurch charakterisiert, daß alle Lösungen von (1) mit einer geeigneten Potenz von $x - a$ multipliziert in a endlich bleiben. Hat eine in der Form (7) dargestellte Funktion diese Eigenschaft, so kann man die zunächst nur abgesehen von ganzen Zahlen bestimmte dazu gehörige Zahl r_j so festlegen, daß die in (7) auftretenden *Laurent*schen Reihen nur positive Exponenten enthalten. Für eine solche Funktion heißt nach *Fuchs*[24]) die Stelle a eine *singuläre Stelle der Bestimmtheit*, *Thomé*[25]) sagt in diesem Falle, abweichend von der gewöhnlichen Ter-

21) *Fuchs*, Zur Theorie der linearen Differentialgleichungen. Berlin Ber. 1901, p. 34—48. Ges. W. 3, p. 319 u. f.

22) *Picard*, Traité d'Analyse 3 (1896), p. 403 f.

23) *Schlesinger*, Handbuch II, 2 (1898), p. 403 f.

24) *Fuchs*, Integralwerte in singulären Punkten. Berlin. Bericht 1886 Ges. W. 2, p. 394.

25) *Thomé*, Zur Theorie der linearen Differentialgleichungen. J. f. Math. 75 (1873), p. 266; vgl. auch *Klein*, Vorlesungen über die hypergeometrische Funktion p. 210.

minologie der Funktionentheorie, die Funktion verhalte sich an der Stelle a regulär. Verhalten sich alle Lösungen von (1) an der Stelle a bestimmt, so heißt a eine singuläre Stelle der Bestimmtheit oder eine reguläre singuläre Stelle für die Differentialgleichung.

Damit nun a eine singuläre Stelle der Bestimmtheit sei, ist notwendig und hinreichend, daß die lineare Differentialgleichung (1) sich auf die Form bringen läßt

$$(9) \qquad L(y) \equiv \frac{d^n y}{dx^n} + \frac{\mathfrak{P}_1(x-a)}{x-a}\frac{d^{n-1}y}{dx^{n-1}} + \cdots + \frac{\mathfrak{P}_n(x-a)}{(x-a)^n}\, y = 0;$$

$\mathfrak{P}_1(x-a), \ldots, \mathfrak{P}_n(x-a)$ sind dabei in a analytische Funktionen.

Speziell ist $x = \infty$ eine singuläre Stelle der Bestimmtheit, wenn die Differentialgleichung in der Form

$$(10) \qquad \frac{d^n y}{dx^n} + \frac{1}{x}\mathfrak{P}_1\left(\frac{1}{x}\right)\frac{d^{n-1}y}{dx^{n-1}} + \cdots + \frac{1}{x^n}\mathfrak{P}_n\left(\frac{1}{x}\right) y = 0$$

geschrieben werden kann und die Funktionen $\mathfrak{P}_1\left(\frac{1}{x}\right), \ldots, \mathfrak{P}_n\left(\frac{1}{x}\right)$ im Punkte ∞ analytischen Charakter haben.

a) *Beweise, daß die angegebene Form notwendig ist.* Spekulationen über die angegebene Form der Koeffizienten finden sich in etwas verschwommener und unklarer Weise bei *Petzval.*[26]) *Riemann*[27]) betrachtet bei dieser Fragestellung nur Differentialgleichungen, welche ausschließlich singuläre Stellen der Bestimmtheit besitzen, und beschränkt sich außerdem auf den durch (3) charakterisierten Fall; er führt dann den gewünschten Nachweis durch Auflösung der n linearen Gleichungen für die Koeffizienten $p_1, \ldots, p_n$, welche man durch Einsetzen eines Fundamentalsystems der gewünschten Form in die Differentialgleichung erhält. In ganz analoger Weise geht *Fuchs* vor, ohne sich jedoch auf den Fall zu beschränken, daß die Fundamentalgleichung lauter verschiedene Wurzeln besitzt. In den Arbeiten[28]) aus den Jahren 1865 und 1866 behandelt auch er nur den Fall, in dem die Differentialgleichung ausschließlich singuläre Stellen der Bestimmtheit besitzt. Späterhin[29]) aber gibt er dem Beweise eine Fassung,

26) *Petzval,* Integration der linearen Differentialgleichungen. Wien I (1853) und II (1859), speziell I, 3. Abschnitt, § 7 und II, 5. Abschnitt, § 1—3.

27) *Riemann,* a. a. O. 2. Aufl., p. 386f.

28) *Fuchs,* a. a. O. Ges. W. 1, p. 126 bzw. 179. Tatsächlich geht *Fuchs* in der Arbeit von 1865 nur in der Aussage des Satzes, nicht aber im Beweis über den von *Riemann* behandelten Fall hinaus; vgl. die Anmerkungen von *Schlesinger* daselbst p. 158.

29) *Fuchs,* Zur Theorie der linearen Differentialgleichungen. J. f. Math. Bd. 68 (1868) Ges. W. 1, p. 211 u. 212. Eine noch übrig bleibende Lücke im

die nichts über den Charakter der Koeffizienten außerhalb der unmittelbaren Umgebung der singulären Stelle voraussetzt. Eine andere einfache Ableitung gibt *Thomé*[30]) durch vollständige Induktion unter Benützung der Tatsache, daß man, wenn y_1 ein partikuläres Integral der Differentialgleichung (1) ist, durch die Substitution

$$y = y_1 \int u\,dx \tag{11}$$

für u eine lineare homogene Differentialgleichung $(n-1)^{\text{ter}}$ Ordnung erhält (vgl. das Ref. II A 4b (*Vessiot*), Nr. **20**), für welche der Satz als bewiesen angenommen wird.

b) *Beweise, daß die angegebene Form hinreichend ist.* Um zu zeigen, daß umgekehrt die Stelle a für die Differentialgleichung (9) eine singuläre Stelle der Bestimmtheit ist, setzt *Fuchs*[31]) eine Lösung in der Form[32])

$$y = \sum_{\nu=0}^{\infty} g_\nu (x-a)^{\varrho+\nu} \tag{12}$$

an, wo ϱ und die g_ν zunächst unbestimmte Konstanten sind. Durch Einsetzen in die Differentialgleichung erhält man für ϱ die Gleichung

$$\begin{aligned} f(\varrho) \equiv \varrho(\varrho-1)\dots(\varrho-n+1) + \varrho(\varrho-1)\dots(\varrho-n+2)\mathfrak{P}_1(0)& \\ + \cdots + \varrho\mathfrak{P}_{n-1}(0) + \mathfrak{P}_n(0) = 0,& \end{aligned} \tag{13}$$

die nach *Fuchs*[33]) die zu a gehörige *determinierende Fundamentalgleichung*, nach *Frobenius*[34]) kürzer *determinierende Gleichung* heißt.

Der direkte Ansatz vermittels Reihen der Form (12) liefert aber zu einer mehrfachen Wurzel von (13) nur ein einziges Integral und versagt im allgemeinen überhaupt für eine Wurzel, wenn andere Wurzeln vorhanden sind, die sich von ihr um ganze positive Zahlen unterscheiden, da in diesem Falle die formal berechneten Koeffizienten unendlich werden. Daher ordnet *Fuchs*[35]) die Wurzeln der determinierenden Gleichung in Gruppen, so daß jede Gruppe einander gleiche oder sich

---

Beweise füllt *Tannery*, Propriétés des équations différentielles, Ann. éc. norm. (2) 4 (1875), p. 150 aus; eine geschickte Umgehung der betreffenden Schwierigkeit findet sich bei *Stickelberger* in der unter 15) zitierten Arbeit.

30) *Thomé*, Zur Theorie der linearen Differentialgleichungen. J. f. Math. 74 (1872), p. 193f.

31) *Fuchs*, a. a. O. Ges. W. 1 (1865), p. 138, (1866), p. 189.

32) Vgl. hierzu und zu dem Folgenden die historischen Ausführungen in Nr. 20.

33) *Fuchs*, Ges. W. 1 (1868), p. 220.

34) *Frobenius*, Über die regulären Integrale der linearen Differentialgleichungen. J. f. Math. 80 (1875), p. 318.

35) *Fuchs*, a. a. O. 1868, p. 216.

nur um ganze Zahlen unterscheidende Wurzeln enthält. Für diejenige Wurzel einer Gruppe, deren reeller Teil den größten Wert besitzt, erhält man dann durch Koeffizientenvergleichung ein Integral der Form (12); die Konvergenz der unendlichen Reihe in der Umgebung von a beweist *Fuchs* abermals vermittels der Majorantenmethode. Daraus ergibt sich dann unmittelbar die Konvergenz der Reihe bis zur nächsten singulären Stelle. Vermittels Substitutionen der Form (11) erhält *Fuchs* hierauf zur Bestimmung der übrigen Integrale einer jeden Gruppe neue Differentialgleichungen, auf die das alte Verfahren anwendbar ist.[36])

Eine bedeutende Vereinfachung des Beweises erzielt *Frobenius*[37]) unter Vermeidung des Rekursionsverfahrens auf Differentialgleichungen niedrigerer Ordnung.[38]) *Frobenius* läßt nämlich zunächst ϱ beliebig und bestimmt in (12) g_0 als Funktion $g_0(\varrho)$ von ϱ so, daß ein etwa eintretendes Verschwinden des Nenners in den aus den Rekursionsformeln berechneten Ausdrücken für die g_ν durch das im Zähler auftretende $g_0(\varrho)$ kompensiert wird. Unter diesen Annahmen genügt die in (12) definierte Reihe zunächst formal der Differentialgleichung

$$L(y) = g_0(\varrho) f(\varrho) (x - a)^\varrho. \tag{14}$$

Ist $f(\varrho) = 0$, so geht (14) in (9) über. Zunächst zeigt dann *Frobenius* die Konvergenz der jetzt aus (14) entspringenden Reihe (12), und zwar für alle Werte von x innerhalb des durch die nächstgelegene singuläre Stelle gehenden Kreises um a, sofern keines der $g_\nu(\varrho)$ unendlich wird. Darüber hinaus zeigt *Frobenius*, daß die Reihe für die in Betracht kommenden Größen ϱ gleichmäßig konvergiert, woraus dann folgt, daß eine Differentiation der Reihe nach ϱ gestattet ist. Besitzt daher $f(\varrho)$ eine k-fache Wurzel r und keine andere, die sich von r um eine positive ganze Zahl unterscheidet, so erhält man durch den Ansatz (12) direkt ein Integral und daraus durch $(k - 1)$ malige Diffe-

---

36) Der formale Ansatz der Reihe sowie das Rekursionsverfahren zur Berechnung der logarithmischen Glieder findet sich auch schon bei *Petzval*, a. a. O. 2 (1859), p. 225.

37) *Frobenius*, Über die Integration linearer Differentialgleichungen durch Reihen. J. f. Math. 76 (1873), p. 214—235. Weitere Vereinfachungen dieses Beweises finden sich in den in 3) und 5) zitierten Arbeiten; vgl. ferner *Schottky*, Über die Konvergenz einer Reihe, die zur Integration linearer Differentialgleichungen dient. Sitz. Ber. Ak. Berlin. (1905), p. 808—815.

38) Direkte Ansätze zur Berechnung der mit Logarithmen behafteten Integrale finden sich bei *Fabry*, Sur les intégrales des équations différentielles Thèse, Paris 1885, p. 47f. und *Heffter*, Einleitung in die Theorie der linearen Differentialgleichungen p. 111f.

rentiation nach ϱ noch $k-1$ neue Integrale, da die rechte Seite von (14) auch nach den entsprechenden Differentiationen in bezug auf ϱ für die betreffende Wurzel verschwindet. Analog erhält man auch in dem andern Falle durch Differentiation die notwendige Anzahl von Ersatzintegralen.

c) *Beziehungen zwischen der determinierenden Gleichung und der Fundamentalgleichung.*[39]) Hat die determinierende Gleichung k Wurzeln, die sich nur um ganze Zahlen, unter denen auch einige verschwinden können, unterscheiden, so hat die zu demselben singulären Punkte gehörige Fundamentalgleichung nach (5) k zusammenfallende Wurzeln. Sind die k Wurzeln einer Gruppe der determinierenden Gleichung alle einander gleich, so besitzt die Fundamentalgleichung einen dazu gehörigen k-fachen Elementarteiler; im andern Falle kann die Fundamentalgleichung mehrere zu dieser Gruppe gehörige Elementarteiler besitzen, so daß die k Integrale entsprechend den Ausführungen in Nr. 2 in Untergruppen zerfallen, deren jede ein von Logarithmen freies Integral enthält.

Diese Zerlegung in Untergruppen führt zur Entscheidung der von *Heffter*[40]) erledigten Frage, wann es ein zu einer bestimmten Wurzel der determinierenden Gleichung gehöriges logarithmenfreies Integral gibt. Mit dieser Fragestellung verwandt, aber doch spezieller ist das von *Fuchs*[41]) behandelte Problem, wann alle Integrale, welche bei der oben erwähnten Anordnung von *Fuchs* in eine Gruppe gehören, logarithmenfrei sind. Dazu müssen zunächst alle dieser Gruppe angehörigen Wurzeln $r_1, \ldots, r_k$ voneinander verschieden sein und außerdem $\frac{k(k-1)}{2}$ Bedingungen erfüllt sein, die durch das Verschwinden gewisser Determinanten ausgedrückt werden. Die Schlußweise von *Fuchs*[42]) läßt sich auch noch auf die von *Frobenius*[43]) auf andere Weise behandelte Frage ausdehnen, bei der man die hinreichenden und notwendigen Bedingungen dafür verlangt, daß bei allen Integralen, die

39) *Fuchs,* Ges. W. 1 (1868), p. 213f.; vgl. *Heffter,* Einleitung in die Theorie der linearen Differentialgleichungen. Kap. XI.

40) *Heffter,* Zur Theorie der linearen Differentialgleichungen. Habilitationsschrift Gießen 1888, Abschnitt III u. IV. Über ein System linearer homogener Gleichungen. J. f. Math. 111 (1893), p. 59—63; vgl. *Schlesinger,* Über die *Hamburger*schen Untergruppen, J. f. Math. 114 (1894), p 159—169, 309—311.

41) *Fuchs,* Ges. W. 1, p. 228f.

42) Vgl. *Heffter,* a. a. O., Habilitationsschrift, p. 18.

43) *Frobenius,* Über die Integration der linearen Differentialgleichungen. J. f. Math. 76 (1873), p. 224—226; vgl. auch *Goursat,* Mémoire sur les fonctions hypergéometriques d'ordre supérieur. Ann. éc. norm. (2) 12 (1883) und *Thomé,* Zur Theorie der linearen Differentialgleichungen. J. f. Math. 96 (1884), p. 268f.

zu den λ größten Wurzeln einer Gruppe gehören, die Logarithmen wegfallen, mit anderen Worten, daß das allgemeinste zu der λ^{ten} Wurzel der Gruppe gehörige Integral logarithmenfrei sei.

Von besonderer Bedeutung ist der Fall, daß die n Wurzeln der determinierenden Gleichung sich um ganze Zahlen unterscheiden und keine Logarithmen auftreten; eine solche singuläre Stelle bezeichnet man nach *Poincaré*[44]) als scheinbar singulären Punkt. Sind außerdem alle Wurzeln positive ganze Zahlen, so verhalten sich alle Integrale der Differentialgleichung an dieser Stelle analytisch. Eine solche singuläre Stelle, die nur das Verschwinden der aus irgendeinem Fundamentalsysteme gebildeten Hauptdeterminante an der betreffenden Stelle zur Folge hat, nennt man im Anschluß an *Weierstraß*[45]) einen außerwesentlich singulären Punkt der Differentialgleichung, nach *Klein*[46]) einen Nebenpunkt, und zwar einen ϱ-fachen Nebenpunkt, wenn die Hauptdeterminante daselbst eine ϱ-fache Nullstelle hat. Eine scheinbar singuläre Stelle erfordert $n-1$ Bedingungen, die aussagen, daß sich die n Wurzeln der determinierenden Gleichung nur um ganze Zahlen unterscheiden, $\frac{n(n-1)}{2}$ Bedingungen, die das Auftreten von Logarithmen verhindern, also im ganzen $\frac{(n+2)(n-1)}{2}$ Bedingungen.[47]) In einem einfachen Nebenpunkte a hat nach *Pochhammer*[48]) die Differentialgleichung die Form

$$(15)\qquad (x-a)\frac{d^n y}{dx^n} + \mathfrak{P}_1(x-a)\frac{d^{n-1}y}{dx^{n-1}} + \cdots + \mathfrak{P}_n(x-a)y = 0,$$

in der die $\mathfrak{P}_j(x-a)$ im Punkte a analytische Funktionen sind, $\mathfrak{P}_1(0) = -1$ ist und noch $n-1$ Bedingungen erfüllt sein müssen, um das Auftreten von Logarithmen zu verhindern. Auch bei beliebigem Werte von $\mathfrak{P}_1(0)$ existieren stets $n-1$ linear unabhängige in a analytische Integrale; dieser Satz wurde von *Perron*[49]) zu folgendem erweitert: Besitzen die Koeffizienten der Differentialgleichung (1) an der Stelle a höchstens Pole s^{ter} Ordnung, so verhalten sich mindestens

44) *Poincaré,* Sur les groupes des équations lin. Acta math. 4 (1884), p. 217.

45) Siehe *Fuchs,* Ges. W. 1, p. 232.

46) *Klein,* Vorlesungen über die hypergeometrische Funktion p. 228.

47) *Poincaré,* a. a. O.; eine nachträgliche Abänderung dieser Abzählung anläßlich einer Arbeit von *Heun,* Remarks on the logarithmic integrals of regular linear differential equations Am. J. 10, p. 224 ist unrichtig.

48) *Pochhammer,* Über einfache singuläre Punkte linearer Differentialgleichungen. J. f. Math. 73 (1871), p. 69—84.

49) *Perron,* Unbestimmtheitsstellen linearer Differentialgleichungen. Math. Ann. 70 (1911), p. 21.

$n-s$ Integrale in a analytisch. Im allgemeinen braucht dabei a keine singuläre Stelle der Bestimmtheit zu sein; für den Spezialfall, daß a eine singuläre Stelle der Bestimmtheit ist, findet sich schon bei *Goursat*[50]) ein entsprechender, aber nicht ganz so allgemeiner Satz.

d) *Hinreichende und notwendige Bedingungen für singuläre Stellen der Bestimmtheit bei Systemen linearer Differentialgleichungen erster Ordnung.* In diesem Falle läßt sich eine notwendige Form für die Koeffizienten des Systems nicht in gleich einfacher Weise wie für die Differentialgleichungen n^{ter} Ordnung angeben. Nach *Sauvage*[51]) ist jedoch $x = a$ eine Stelle der Bestimmtheit für das System, wenn die Koeffizienten an dieser Stelle nur Pole erster Ordnung haben, also wenn das System die Form hat

$$(16) \qquad \frac{dy_\varkappa}{dx} = \sum_{\lambda=1}^{n} \frac{\mathfrak{P}_{\varkappa\lambda}(x-a)}{x-a} y_\lambda, \qquad (\varkappa = 1, 2, \ldots n);$$

die $\mathfrak{P}_{\varkappa\lambda}$ sind im Punkte $x = a$ analytisch, und es sei

$$(17) \qquad \mathfrak{P}_{\varkappa\lambda}(0) = a_{\varkappa\lambda}.$$

Jedes System, für welches a eine Stelle der Bestimmtheit ist, läßt sich in ein System (16) durch eine Reihe von Substitutionen der Form $y_\alpha = \sum_{\beta=1}^{n} h_{\alpha\beta} z_\beta (\alpha = 1, 2, \ldots, n$ und $h_{\alpha\beta}$ Konstanten) und $y_\alpha = x z_\alpha$ (wobei α eine der Zahlen $1, 2, \ldots n$ ist), überführen[52]), daher nennt *Sauvage* das System (16) ein an der Stelle a kanonisches System. Durch formalen Ansatz der Integrale von (16) in der Form

$$(18) \qquad y_j = \sum_{\nu=0}^{\infty} g_{j\nu} (x-a)^{\varrho+\nu} \qquad (j = 1, \ldots n)$$

erhält man für ϱ als determinierende Gleichung die gleich Null gesetzte Determinante $|\, a_{\varkappa\lambda} - \delta_{\varkappa\lambda}\varrho \,|$, in der $\delta_{\varkappa\lambda} = 0$ ist, wenn $\varkappa \neq \lambda$, $\delta_{\varkappa\varkappa} = 1$ ist. *Sauvage* und *Koenigsberger* bedienen sich bei der Durchführung des Beweises dafür, daß die Form (16) hinreichend ist, des

50) *Goursat*, Mémoire sur les fonctions hypergéométriques d'ordre supérieur, Ann. éc. norm. (2), 12 (1883), p. 265.

51) *Sauvage*, Sur les solutions régulières d'un système. Ann. éc. norm. (3) 3 (1886), p. 391—404, ferner 5 (1888), p. 7—22 u. 6 (1889), p. 157—182, Théorie générale des systèmes. Ann. de Toulouse 8 (1895), p. 1—24, 9, p. 25—100.

52) *Sauvage*, a. a. O. (1889), *Koenigsberger*, Lehrbuch der Theorie der Differentialgleichungen Kap. 6 II (1889), in vollständig einwandfreier Form zuerst bei *Horn*, Zur Theorie der Systeme linearer Differentialgleichungen, Math. Ann. 39 (1891), p. 391—408 und speziell 40 (1892), p. 527—550; vgl. auch *Schlesinger*, Beiträge zur Theorie der Systeme linearer homogener Differentialgleichungen, J. f. Math. 128 p. 286 und Vorlesungen p. 155.

von *Fuchs* für eine lineare Differentialgleichung gegebenen Verfahrens, während *Grünfeld*[53]) und *Horn* die von *Frobenius* gegebene Methode heranziehen. Eine erschöpfende Behandlung der Theorie findet sich erst bei *Horn*[54]), der als erster die Tatsache bemerkte, daß bei Systemen auch einer mehrfachen Wurzel der determinierenden Gleichung mehrere verschiedene Elementarteiler der Fundamentalgleichung entsprechen können, so daß zu einer mehrfachen Wurzel mehr als ein logarithmenfreies Integral gehören kann. Ein solcher Fall ist nach Obigem bei einer gewöhnlichen linearen Differentialgleichung oder einem kanonischen Systeme, das durch die Substitution

$$y_k = (x-a)^{k-1} \frac{d^{k-1} y}{d x^{k-1}} \qquad (k = 1, 2, \ldots n) \tag{19}$$

aus einer solchen entsteht, unmöglich.

e) *Neuere Beweise zu* b). Die in b) besprochenen Beweise beruhen auf der wirklichen Darstellung der Integrale in der Umgebung der singulären Stelle a. Neuerdings hat *Schlesinger*[55]) einen direkten Beweis dafür gegeben, daß die Integrale von (9) mit einer geeigneten Potenz von $x-a$ multipliziert bei Annäherung an diese Stelle endlich bleiben. Der Beweis wurde von *Birkhoff*[56]) wesentlich vereinfacht und soll in dieser Form seiner hervorragenden Kürze halber hier angegeben werden. Vermittels der Substitution (19) geht (9) über in ein System

$$\frac{d y_k}{d x} = \sum_{l=1}^{n} a_{kl} y_l \qquad (k = 1, 2, \ldots, n); \tag{20}$$

die Funktionen a_{kl} besitzen an der Stelle a höchstens Pole erster Ordnung, es existiert also eine Zahl M derart, daß in einer gewissen Umgebung von a stets

$$|a_{kl}| < \frac{M}{|x-a|}, \quad \left|\frac{d y_k}{d x}\right| < \frac{M}{|x-a|} \sum_{l=1}^{n} |y_l|$$

ist. *Birkhoff* betrachtet dann die positive reelle Funktion

$$U = \sum_{k=1}^{n} |y_k|^2.$$

53) *Grünfeld,* Über die Integration eines Systems. Denkschr. der Wiener Akademie math.-nat. Kl. 1888.

54) Vgl. außer der in (52) zitierten Arbeit, Math. Ann. 39, *Horn,* Über Systeme linearer Differentialgleichungen, Habilitationsschrift Freiburg 1890.

55) *Schlesinger,* Zur Theorie der linearen Differentialgleichungen. J. f. Math. 132 (1907), p. 247—254.

56) *Birkhoff,* A simplified treatment of the regular singular point. Transactions of Am. Math. Soc. 11 (1910), p. 199—202.

Setzt man $|x - a| = r$, so ist

$$\left|\frac{dU}{dr}\right| \leqq \sum_{k=1}^{n} 2 \left| y_k \frac{dy_k}{dx} \right| \leqq \frac{2M}{r}\left(\sum_{k=1}^{n} |y_k|\right)^2 \leqq \frac{2nM}{r} U.$$

Es ist also

$$-\frac{2nM}{r} \leqq \frac{\partial \lg U}{\partial r} \leqq \frac{2nM}{r};$$

durch Integration zwischen den Grenzen r und r_0 folgt

$$\left(\frac{r_0}{r}\right)^{-2nM} \leqq \frac{U_0}{U} \leqq \left(\frac{r_0}{r}\right)^{2nM} \quad \text{und} \quad U \leqq U_0 \left(\frac{r}{r_0}\right)^{-2nM},$$

woraus sich sofort die Behauptung ergibt.

Zu demselben Ziele kommt *Plemelj*[6]) durch direkte Untersuchung der Reihen in der Umgebung eines nichtsingulären Punktes vermittels der Majorantenmethode, wenn x sich der singulären Stelle a nähert. Einen anderen sehr bemerkenswerten Beweis für b) gibt *Birkhoff* auf Grund des Begriffs „der Äquivalenz zweier Differentialgleichungen in bezug auf einen singulären Punkt". Es wird am Schlusse von Nr. **6** näher darauf eingegangen werden.

Der obenerwähnte Beweis von *Schlesinger* und *Birkhoff* gilt auch noch in dem Falle, daß die Koeffizienten der Differentialgleichung nichtanalytische Funktionen sind; für diesen Fall wurden singuläre Stellen der Bestimmtheit zuerst von *Bôcher*[57]) vermittels der Methode der sukzessiven Approximationen behandelt. *Dunkel*[58]) übertrug dann die *Bôcher*schen Untersuchungen auf Systeme.

4. Singuläre Stellen, an denen sich nur ein Teil der Integrale bestimmt verhält. Normalintegrale. Es mögen jetzt die Koeffizienten p_j in (1) analog zu (9) an der Stelle a von endlicher Ordnung unendlich werden, aber allgemeiner p_j von der Ordnung π_j, π_0 sei 0. Tritt dann in der Reihe der Zahlen $\pi_j + n - j$ $(j = 0, 1, \ldots, n)$ die größte zuerst für $j = h$ auf, so gibt es nach *Thomé*[59]) höchstens $n - h$ linear unabhängige Integrale, welche sich in a bestimmt verhalten, h heißt der *charakteristische Index.*[60]) Ist keine dieser Zahlen größer als n, so ist a eine singuläre Stelle der Bestimmtheit. Durch formalen Ansatz einer Reihe von der Form (12) erhält man für ϱ eine

57) *Bôcher,* On regular singular points. Transactions of Am. Math. Soc. 1 1900), p. 40—52.

58) *Dunkel,* Regular singular points of a system. Am. Proc. 38 (1902), p. 341—370.

59) *Thomé,* Zur Theorie der linearen Differentialgleichungen. J. f. Math. 74 (1872), Nr. 5, 75 (1873), Nr. 1.

60) *Thomé,* a. a. O. Bd. 75, Nr. 1.

Gleichung $(n-h)^{\text{ten}}$ Grades, jedoch werden die so gewonnenen Reihen im allgemeinen Falle nicht konvergieren.[61]) Die Existenz von ν linear unabhängigen, an der Stelle a sich bestimmt verhaltenden Integralen ist äquivalent damit[62]), daß eine lineare Differentialgleichung ν^{ter} Ordnung existiert, für welche a eine singuläre Stelle der Bestimmtheit ist und deren sämtliche Integrale der gegebenen Differentialgleichung genügen. In direkter Weise nehmen *Helge v. Koch*[63]) und *Perron*[64]) die Frage nach der Existenz von sich an der Stelle a bestimmt verhaltenden Integralen in Angriff, indem sie die Reihe (12) formal ansetzen, eine bestimmte Anzahl N der zur Bestimmung der Koeffizienten dienenden Gleichungen zunächst noch unbefriedigt lassen und zeigen, daß man die übrig bleibenden unendlich vielen Gleichungen mit unendlich vielen Unbekannten so auflösen kann, daß die mit diesen Koeffizienten gebildete Reihe konvergiert. Das Erfüllen der zunächst unberücksichtigten ersten Gleichungen gibt dann die notwendigen und hinreichenden Bedingungen für die Existenz von Integralen, die sich an der Stelle a bestimmt verhalten. *Helge v. Koch* bedient sich bei der Auflösung des Gleichungssystems mit unendlich vielen Unbekannten der Methode der unendlichen Determinanten (vgl. Nr. **6**), zu welchem Zwecke er sich die Differentialgleichung von Anfang an so transformiert denkt, daß $p_1(x)$ identisch verschwindet. Bei dieser Transformation können jedoch Integrale, die sich an der Stelle a bestimmt verhalten, in solche, die sich unbestimmt verhalten, übergehen. Die direkte Behandlung, ohne die Transformation, deutet *Helge v. Koch* nur an.[65]) *Perron* löst das Gleichungssystem ohne vorherige Transformation und ohne Benützung unendlicher Determinanten nach einer von ihm zur Behandlung linearer Differenzengleichungen geschaffenen Methode. Unter den Anwendungen, die *Perron* von diesen Untersuchungen macht, sei der am Schlusse von **3c** zitierte Satz hervorgehoben.

Ist der zu der singulären Stelle a gehörige Index h, so kann man neben den $n-h$ formalen Lösungen der Form (12), an deren Stelle

61) *Thomé*, a. a. O. Bd. 74, Nr. 8, Bd. 75, Nr. 7.

62) *Thomé*, a. a. O. Bd. 74, 76, 78, 81; vgl. ferner *Frobenius*, Über die regulären Integrale linearer Differentialgleichungen. J. f. Math. 80 (1875), p. 317—333.

63) *H. v. Koch*, Sur les intégrales régulières des équations diff. lin. Acta math. 18 (1894), p. 337—419.

64) Vgl. außer der in (49) zitierten Arbeit *Perron*, Über lineare Differenzengleichungen. Act. math. 34 (1908), p. 109—137. Über lineare Differentialgleichungen mit rationalen Koeffizienten ebd., p. 139—163; Über lineare Differenzen- und Differentialgleichungen. Math. Ann. 66 (1909), p. 446—487.

65) a. a. O. p. 419.

einige logarithmenbehaftete Lösungen wie in den früheren Nummern treten können, noch h formale Lösungen durch den Ansatz[66])

$$(21) \qquad y = e^{g\left(\frac{1}{x-a}\right)} u$$

gewinnen, in der g als Polynom von $\frac{1}{x-a}$ so zu bestimmen ist, daß man für u eine Differentialgleichung erhält, die durch eine Reihe von der Form (12) formal befriedigt wird. Nach Bestimmung des Grades von g (vgl. Nr. 5) erhält man für den Koeffizienten der höchsten Potenz von $\frac{1}{x-a}$ in $g\left(\frac{1}{x-a}\right)$ eine algebraische Gleichung; ist g bekannt, so erhält man für die in (12) auftretende Größe ϱ abermals eine determinierende Gleichung. Fallen Wurzeln der letzteren Gleichung zusammen, so erhält man formal logarithmenbehaftete Ersatzintegrale, fallen Wurzeln der ersten Gleichung zusammen, so erhält man durch Einführung von $(x-a)^{\frac{1}{n}}$ statt $x-a$ Ersatzausdrücke.[67]) Nach dem Vorgange von *P. Günther*[68]) kann man die erste algebraische Gleichung durch eine andere ersetzen, welche gleichzeitig die Wurzeln ϱ liefert.

Im allgemeinen werden auch die so gewonnenen Ausdrücke divergieren, man nennt sie dann Normalreihen, logarithmische Normalreihen und im letzten Falle nach *Poincaré*[69]) anormale Reihen. Im Falle der Divergenz besteht zwischen den Größen ϱ und den Wurzeln der zu der singulären Stelle gehörigen Fundamentalgleichung im allgemeinen kein näherer Zusammenhang, trotzdem geben die formal gewonnenen Ausdrücke Aufschluß über das Verhalten der Integrale bei geradliniger Annäherung an die singuläre Stelle und in gewisser Weise auch über das Verhalten in der ganzen Umgebung der singulären Stelle, wie in der nächsten Nummer gezeigt werden soll. Es wird sich dabei empfehlen, die singuläre Stelle ins Unendliche zu werfen, da sich dann die Untersuchungen etwas übersichtlicher gestalten.

Die Frage, wann man in (21) für u eine sich an der Stelle a bestimmt verhaltende Lösung erhält, wann also die auftretenden Reihen konvergieren, wurde durch *Thomé* in einer großen Anzahl von Arbeiten[70]) für den Fall rationaler oder algebraischer Koeffizienten durch

---

66) *Thomé,* J. f. Math. 76, Nr. 6, 83, Nr. 6, 91, Nr. 7 III b).

67) *Fabry,* Sur les intégrales des équations linéaires. Thèse, Paris 1885.

68) *Günther,* Über lineare Differentialgleichungen. J. f. Math. 105 (1889), p. 1—34 und 119 (1898), p. 330—338.

69) *Poincaré,* Sur les intégrales irrégulières. Acta math. 8 (1886), p. 305.

70) Vgl. insbesondere die Übersichten, welche *Thomé* im J. f. Math. 96 und 122 über seine Arbeiten gibt.

Zerlegung der Differentialgleichung untersucht.[71]) Im Falle der Konvergenz nennt man die Lösungen der Form (21) Normalintegrale. Im Anschluß an eine Arbeit von *Cayley*[72]) untersuchen *M. Hamburger*[73]) und *P. Günther*[68]) die Frage nach der Existenz von Normalintegralen für eine Differentialgleichung, die im Endlichen nur die eine zu untersuchende singuläre Stelle besitzt, während sich im Unendlichen alle ihre Integrale bestimmt verhalten.

5. Asymptotische Darstellung von Integralen. Das Beispiel der Zylinderfunktionen war wohl das erste, welches darauf führte, eine lineare Differentialgleichung vermittels einer divergenten Reihe zu befriedigen, und bei dem sich gleichzeitig der Charakter der Reihe als der einer semikonvergenten ergab (vgl. das Ref. von *Wangerin* II A 10, Nr. 49). In allgemeineren Fällen erkannte *Petzval*[74]) die Bedeutung dieser divergenten Reihen für die Integration von linearen Differentialgleichungen, doch zeigte erst *Poincaré*[75]) allgemein für den Fall rationaler Koeffizienten der Differentialgleichung die Verwendbarkeit der divergenten Reihen zur Wertberechnung gewisser Integrale.

Es seien in

$$p_0(x)\frac{d^n y}{dx^n} + p_1(x)\frac{d^{n-1}y}{dx^{n-1}} + \cdots + p_n(x)y = 0 \tag{22}$$

die Koeffizienten ganze rationale Funktionen in x, und zwar $p_j(x)$ vom Grade $h + jk$ $(j = 0, \ldots, n)$; dann nennt man nach *Poincaré*[76]) $x = \infty$ eine Unbestimmheitsstelle vom Range $k + 1$. Unter den zu ∞ gehörigen Normalreihen der Form

$$e^{g(x)} x^{\varrho} \mathfrak{P}\left(\frac{1}{x}\right) \tag{23}$$

ist dann mindestens eine, für welche $g(x)$ vom Grade $k + 1$ in x ist, für keine Normalreihe kann jedoch der Grad des dazugehörigen $g(x)$ $k + 1$ übersteigen. *Poincaré* behandelt zunächst die Differentialglei-

71) Vgl. auch *Fabry*, Réductibilité des équations différentielles linéaires. Paris C. R. 106 (1888), p. 732—734; S. M. F. Bull. XV, p. 135—142.

72) *Cayley*, Note on the theory of linear differential equations. J. f. Math. 100 (1886), p. 286—295.

73) *Hamburger*, Über eine spezielle Klasse linearer Differentialgleichungen. J. f. Math. 103 (1888), p. 238—273.

74) *Petzval*, Integration der linearen Differentialgleichungen II, 5. Abschnitt, § 4—9.

75) *Poincaré*, Sur les intégrales irrégulières. Paris C. R. 101 (1885), p. 939 bis 941, 990—992; sur les équations linéaires aux différentielles et aux différences finies Americ. J. VII (1885), p. 203—258; ferner die in (69) zitierte Arbeit.

76) *Poincaré*, a. a. O. Acta math. 8, p. 305.

chungen mit ganzen rationalen Koeffizienten vom Range 1, die Koeffizienten seien also vom Grade h, ferner seien $C_0^{(0)}, C_1^{(0)}, \ldots, C_n^{(0)}$ die Koeffizienten von x^h in $p_0(x), p_1(x), \ldots, p_n(x)$ und $\alpha_1, \alpha_2, \ldots, \alpha_n$ die Wurzeln der Gleichung

$$C_0^{(0)}\alpha^n + C_1^{(0)}\alpha^{n-1} + \cdots + C_n^{(0)} = 0. \tag{24}$$

Sind diese Wurzeln voneinander verschieden, so erhält man n Normalreihen in der Form (23), wobei jeweils $e^{g(x)}$ bzw. durch $e^{\alpha_j x}$ $(j = 1, 2, \ldots n)$ zu ersetzen ist.

Es gelten dann folgende Hilfssätze: Es sei α_1 diejenige Wurzel von (24), welche den größten reellen Teil besitzt; sind dann die reellen Teile aller n Wurzeln voneinander verschieden, so ist im allgemeinen für ein Integral y von (22) bei Annäherung von x an ∞ längs der positiven Achse des Reellen

$$\lim_{x=\infty} \frac{y'}{y} = \alpha_1; \tag{25}$$

es gibt aber partikuläre Integrale, für welche an Stelle von α_1 eine andere Wurzel tritt.[77]) Fallen jedoch nur die reellen Teile einiger der Wurzeln zusammen, so kann für gewisse Integrale der Grenzwert der linken Seite von (25) unbestimmt werden. Sieht man von diesem letzteren Falle ab, so folgt aus (25), bezüglich aus der an ihre Stelle tretenden Ersatzgleichung, daß man eine Zahl a so angeben kann, daß für alle Integrale y der Ausdruck $\frac{d^k y}{dx^k} e^{-ax}$ $(k = 0, 1, \ldots, n)$ nach 0 konvergiert, wenn x in der angegebenen Weise in das Unendliche rückt. Ohne die obige Einschränkung bezüglich der Wurzeln von (24) findet sich ein Existenzbeweis für die Zahl a bei *Picard*[78]) im Anschluß an eine in russischer Sprache veröffentlichte Arbeit von *Liapounoff*[79]), an dessen Beweismethode sich *Birkhoff* in der in 3e besprochenen Arbeit anschloß. Um die beiden Sätze auch auf den Fall auszudehnen, in welchem x mit beliebigem, aber festem Argument ω in das Unendliche rückt, hat man x durch $xe^{-\omega i}$ zu ersetzen; man kann dann den zweiten Satz auch in der Form aussprechen: es gibt für jedes ω stets eine positive Größe a, so daß $\left|\frac{dy^k}{dx^k}\right| < e^{aR}$, wenn $x = Re^{i\omega}$ und R groß genug ist.

77) *Poincaré*, a. a. O. Americ. J. VII, Nr. 3; vgl. *Pincherle*, Sur la génération des systèmes récurrents. Acta math. 16 (1892), p. 341—363, *Perron*, Über lineare Differentialgleichungen, J. f. Math. 142 p. 254f., 143 p. 25f.

78) *Picard*, Traité d'Analyse III, 2. éd., p. 385.

79) *Liapounoff*, Sur la stabilité du mouvement dans un cas particulier. Communication de la Soc. math. de Charkow (2) 2 (1891), p. 1—94 in französischer Übersetzung Ann. de Toulouse (2) 9 (1908).

Den zweiten Hilfssatz wendet *Poincaré* auf die *Laplace*sche Transformierte von (22) an (vgl. für das Folgende Nr. 22) für den Fall, daß diese Differentialgleichung und damit auch ihre *Laplace*sche Transformierte L vom Range 1 sind. Sei nämlich η_j eine geeignet gewählte Lösung von L, so folgt, sofern $|x|$ groß genug ist, daß

$$(26) \qquad y_j = \int e^{zx} \eta_j(z)\, dz \quad (j = 1, 2, \ldots n)$$

eine Lösung von (22) ist, wenn das Integral auf einem Schleifenweg um α_j genommen ist, der von ∞ auf einem Radiusvektor, längs dessen der reelle Teil von zx negativ ist, ohne ein anderes α zu treffen bis in die Nachbarschaft von α_j geht und nach Umkreisung dieses Punktes im negativen Sinne auf dem früheren Radiusvektor nach ∞ zurückkehrt. Zerlegt man nun das Schleifenintegral in die zwei Teile längs des Radiusvektor und in das Integral über den kreisförmigen Teil, so erhält man durch Reihenentwicklung Ausdrücke, welche mit den Normalreihen formal übereinstimmen, aber bei Abbruch bei dem $(m+1)^{\text{ten}}$ Gliede $(m = 0, 1, 2 \ldots)$ für die Integrale die Darstellung

$$(27) \qquad y_j = e^{\alpha_j x} x^{\varrho_j} \left(D_{j0} + \frac{D_{j1}}{x} + \cdots \frac{D_{jm}}{x^m} + \frac{\gamma_{jm}}{x^m} \right), \quad (j = 1, 2, \ldots n)$$

liefern, wobei $\lim\limits_{x=\infty} \gamma_{jm} = 0$ ist, wenn x in fester Richtung entsprechend den obigen Festsetzungen in das Unendliche rückt, eine Tatsache, bei deren Beweis man eben den angegebenen Hilfssatz heranziehen muß. Die Normalreihen stellen also im Sinne der Gleichung (27) die Integrale asymptotisch dar.

Einen entsprechenden Satz beweist *Poincaré* für Differentialgleichungen mit rationalen Koeffizienten von beliebigem Range, indem er dieselben auf Differentialgleichungen vom Range 1 zurückführt[80]), welche gleichfalls rationale Koeffizienten besitzen. Einfacher jedoch erweist sich die von *Cunningham*[81]) und allgemeiner von *Birkhoff*[82]) eingeführte Ausdehnung der *Laplace*schen Transformierten auf Differentialgleichungen mit rationalen Koeffizienten von höherem als dem ersten Range, da dadurch eine direkte Behandlung dieser Fälle ermöglicht wird. (Vgl. Nr. 22.)

Diese Ableitungen von *Poincaré* gelten zunächst nur, wenn x in bestimmter Richtung in das Unendliche rückt, es ergibt sich aber

---

80) *Poincaré,* Acta math. 8, § 5 u. 6.

81) *Cunningham,* On linear differential equations of rank unity Lond. M. S. Proc. (2) 4 (1906), p. 374—383.

82) *Birkhoff,* Singular points of ordinary linear differential equations. Trans. of Amer. M. S. 10 (1909), p. 436—470, speziell p. 454.

aus ihnen sofort die Gültigkeit der asymptotischen Darstellungen (27) innerhalb gewisser Sektoren der x-Ebene, wobei jedoch die asymptotischen Darstellungen in verschiedenen Sektoren verschiedene Integrale darstellen. Doch läßt sich, wie *Horn*[83]) als erster zeigte, die Methode von *Poincaré* derart ausbauen, daß man das Verhalten der Integrale in der ganzen Umgebung von ∞ untersuchen kann und z. B. Aufschluß über die Verteilung der Nullstellen der Integrale daselbst erhält. Neuerdings hat *Horn*[84]), anschließend an eine von *Nörlund*[85]) für lineare Differenzengleichungen angegebene Methode, die Normalreihen vermittelst der *Laplace*schen Transformierten durch konvergente Fakultätenreihen ersetzt.

Wir kommen nun zu denjenigen Untersuchungen, welche bezwecken, auch noch die Voraussetzung rationaler Koeffizienten abzustreifen, da das Verhalten im Unendlichen nur durch den Charakter der Koeffizienten in der unmittelbaren Umgebung von ∞ bestimmt sein wird. Zunächst untersuchte *Kneser*[86]) die asymptotischen Darstellungen bei Differentialgleichungen, deren Koeffizienten die Form

$$\sum_{\varkappa=g}^{-\infty} a_\varkappa x^\varkappa \tag{28}$$

besitzen, in denen aber die Größen $a_\varkappa$ ebenso wie die unabhängige Veränderliche x auf reelle Werte beschränkt sind. In allgemeiner Weise nahm dann *Horn* die Frage in Angriff, und zwar vermittelst zweier verschiedener Methoden. Die erste Methode[87]) benutzt die oben er-

83) *Horn,* Verwendung asymptotischer Darstellungen zur Untersuchung der Integrale einer speziellen Differentialgleichung, Math. Ann. 49 (1897), p. 453—496; Über eine Klasse linearer Differentialgleichungen, Math. Ann. 50 (1898), p. 525—556; Über die irregulären Integrale der linearen Differentialgleichungen, Acta math. 23 (1899), p. 171—202. Vgl. ferner *W. Jacobsthal,* Über die asymptotische Darstellung der Integrale einer gewissen Differentialgleichung 2ter Ordnung, Diss. Straßburg 1899 und asymptotische Darstellung von Lösungen linearer Differentialgleichungen, Math. Ann. 56 (1902), p. 129—154, sowie die in 82 zitierte Arbeit von *Birkhoff.*

84) *Horn,* Fakultätenreihen in der Theorie der linearen Differentialgleichungen, Math. Ann. 71 (1911), p. 510—532; ferner *Watson,* The transformation of an asymptotic series, Rend. del circ. mat. di Palermo 34 (1912), p. 41—88.

85) *Nörlund,* Bidrag til de lineaere Differensligningers Theori, Diss. Kopenhagen 1910; Über lineare Differenzengleichungen, Abh. der Ak. Kopenhagen, math. nat. Klasse 1911; vgl. auch Sur les équatious aux différences finies P. C. R. (1909), p. 841—843 und Acta math. 34.

86) *Kneser,* Untersuchung und asymptotische Darstellung der Integrale gewisser Differentialgleichungen, J. f. Math. 116 (1896), p. 178—212; 117, p. 72—103; 120 (1899), p. 267—275. Einige Sätze über die asymptotische Darstellung von Integralen linearer Differentialgleichungen, Math. Ann. 49 (1897), p. 383—399.

87) *Horn,* Über das Verhalten der Integrale von Differentialgleichungen bei

wähnten Untersuchungen von *Poincaré* über die Grenzwerte der logarithmischen Ableitungen der Integrale unter Zurückführung der Differentialgleichung n^{ter} Ordnung auf eine solche $(n-1)^{\text{ter}}$ Ordnung, für welche die asymptotische Darstellung als bewiesen angenommen wird. Die Methode versagt jedoch, wie schon oben ausgeführt wurde, wenn die reellen Teile von Wurzeln der (24) entsprechenden Gleichung allein zusammenfallen. Diese Methode erscheint daher nach den bis jetzt vorliegenden Untersuchungen zu einer Diskussion über das Verhalten der Integrale in der ganzen Umgebung der singulären Stelle nicht recht geeignet, da bei ihr gewisse Richtungen für die Annäherung von x an ∞ ausgeschlossen werden müssen, um den Ausnahmefall zu vermeiden. Die zweite Methode[88]) liefert dagegen vermittelst sukzessiver Annäherung die asymptotischen Darstellungen in einer Form, welche zur vollständigen Diskussion der Integrale in der Umgebung der singulären Stelle sehr geeignet ist und bequeme Restabschätzungen[89]) gestattet.

In überaus einfacher und eleganter Weise führt *Birkhoff*[90]) den Fall allgemeiner Koeffizienten der Form (28) auf den Fall rationaler Koeffizienten zurück. Der größeren Bewegungsfreiheit halber geht *Birkhoff* nach dem Vorgang von *Schlesinger* von einem Systeme

---

der Annäherung an eine Unbestimmtheitsstelle, J. f. Math. 118 (1897), p. 257—274; Über die asymptotische Darstellung der Integrale linearer Differentialgleichungen, Acta math. 24 (1901), p. 289—308.

88) *Horn,* Sur les intégrales irrégulières, Paris C. R. 126 (1898), p. 205—208, Untersuchung der Integrale einer linearen Differentialgleichung vermittelst sukzessiver Annäherungen, Arch. Math. Phys. (3) 4 (1903), p. 213—230; Über die asymptotische Darstellung der Integrale linearer Differentialgleichungen, J. f. Math. 133 (1907), p. 19—67. In seiner Arbeit, Über das Verhalten der Integrale linearer Differenzen- und Differentialgleichungen für große Werte der Veränderlichen. J. f. Math. 138 (1910), p. 159—191 benutzt *Horn* die Methode sukzessiver Annäherung unter absichtlicher Beschränkung auf reelle x und weist darauf hin, daß man anstatt der Methode der sukzessiven Annäherungen auch die von *Dini,* Studi sulle equazioni differenziali lineari (Annali di Mat. (3) Bd. 2 und 3 (1899)) gegebene Darstellung der Integrale einer linearen Differentialgleichung benutzen kann. Im Anschluß an *Dinis* Untersuchungen behandelt *C. E. Love,* Am. Journ. of Math. 36 (1914) den Fall mehrfacher Wurzeln der (24) entsprechenden Gleichung für Differentialgleichungen zweiter und dritter Ordnung. Bez. der Anwendung sukzessiver Approximationen zur Ableitung asymptotischer Darstellungen, vgl. auch *Picard,* Traité d'Analyse 2. éd. (1908), III. p. 412.

89) Bez. Restabschätzungen vgl. auch die in (83) zitierten Arbeiten von *W. Jacobsthal,* ferner die an *Kneser* anknüpfende Arbeit von *A. Hamburger,* Über die Restabschätzungen bei asymptotischen Darstellungen, Diss. Berlin (1905).

90) *Birkhoff,* vgl. (82), ferner Equivalent singular points of ordinary linear differential equations, Math. Ann. 74 (1913), p. 134—139.

$$(29) \qquad \frac{dy_i}{dx} = \sum_{j=1}^{n} p_{ij} y_j \qquad (i = 1, 2, \cdots, n)$$

aus, in dem die p_{ij} die Form (28) haben. Ist q der größte Wert von g in (28) für alle Koeffizienten p_{ij}, so ist $q + 1$ der Rang des Systems. Zwei Systeme der Form (29) sind nun nach *Birkhoff* in bezug auf den singulären Punkt ∞ äquivalent, wenn sie durch eine Transformation

$$(30) \qquad y_i = \sum_{j=1}^{n} a_{ij} Y_j \qquad (i = 1, 2, \cdots, n)$$

verbunden werden können, wobei die Funktionen a_{ij} von x sich in ∞ wie analytische Funktionen verhalten und sich für $x = \infty$ auf δ_{ij} reduzieren, wenn $\delta_{ii} = 1$, $\delta_{ij} = 0$, sobald $j \neq i$ ist. Dann gilt der folgende Satz[91]), den *Birkhoff* mit Hilfe von Integralgleichungen beweist: Jedes System linearer Differentialgleichungen (29) vom Range $q + 1$ für $x = \infty$ ist in bezug auf die singuläre Stelle $x = \infty$ äquivalent einem Systeme

$$(31) \qquad x\frac{dY_i}{dx} = \sum_{j=1}^{n} P_{ij}(x) Y_j, \qquad (i = 1, 2, \ldots, n)$$

in dem die Koeffizienten Polynome in x sind, deren Grad $q + 1$ nicht übersteigt. Damit ist aber die Zurückführung auf den von *Poincaré* behandelten Fall erreicht. Ist speziell ∞ eine singuläre Stelle der Bestimmtheit, also $q + 1 = 0$, so gehen die Funktionen $P_{ij}(x)$ in Konstante b_{ij} über, wenn die b_{ij} die Koeffizienten von $\frac{1}{x}$ in den Entwicklungen von $p_{ij}(x)$ nach fallenden Potenzen von x sind. Man kommt also im Falle einer singulären Stelle der Bestimmtheit durch die Substitution (30) auf ein elementar integrierbares System von Differentialgleichungen. Nach dem von *Birkhoff* gegebenen Verfahren kann man also in der Tat singuläre Stellen der Bestimmtheit und Unbestimmtheitsstellen von endlichem Range in einheitlicher Weise behandeln.

6. Entwicklungen der Integrale in einem Kreisring und in der Umgebung der allgemeinsten Unbestimmtheitsstelle. Es seien jetzt die Koeffizienten in (1) innerhalb eines Kreisringes etwa für $R < |x - a| < R'$ analytische Funktionen, also in Laurentsche Reihen

---

91) *Birkhoff*, a. a. O., Math. Ann. 74, p. 136. Eine eingehende Behandlung einer Differentialgleichung zweiter Ordnung gibt *Birkhoff*, On a simple type of irregular singular point. Trans. of the Am. Math. Soc. 14 (1913), p. 462—476.

nach steigenden und fallenden Potenzen von $x - a$ entwickelbar. Aus Nr. 2 folgt dann die Existenz von Integralen der Form (7), speziell von Integralen der Form

$$(32) \qquad y = \sum_{-\infty}^{+\infty} g_\lambda x^{\varrho + \lambda}.$$

Durch Einsetzen in die Differentialgleichung erhält man dann unendlich viele lineare Gleichungen für die unendlich vielen Unbekannten g_λ, die sicher dann behandelbar sind, wenn man den Koeffizienten von $\frac{d^{n-1}y}{dx^{n-1}}$ zum Verschwinden gebracht hat. Für die Durchführung der Auflösung eignet sich am besten die Methode der unendlichen Determinanten, die von *Hill*[92]) in einem Spezialfall eingeführt und von *Helge v. Koch*[93]) zur Erledigung des allgemeinen Falles herangezogen wurde. Die Bedingung für die Auflösbarkeit des Systems liefert für ϱ eine transzendente Gleichung, deren linke Seite durch eine unendliche Determinante dargestellt wird. Bei geeigneter Umformung dieser Determinante erhält man die Exponenten ϱ als Nullstellen einer ganzen transzendenten Funktion, welche die Periode 1 hat und im allgemeinen n in bezug auf diese Periode inkongruente Wurzeln besitzt. Zu jedem dieser n inkongruenten Wurzelsysteme erhält man ein Integral der Form (32), gibt es jedoch weniger als n inkongruente Wurzelsysteme, so erhält man wie in Nr. 3b durch Differentiation nach ϱ Ersatzintegrale.[94])

Auf ganz andere Weise gewinnt *Hamburger*[95]) Darstellungen der Integrale innerhalb eines Ringgebietes vermittelst geeigneter konformer Abbildung des unendlich oft überdeckt angenommenen Ringgebietes auf einen einfach überdeckten Bereich. *Poincaré*[96]) wählt als abbil-

---

92) *Hill,* Motion of the lunar perigee, Acta math. 8 (1886).

93) *H. v. Koch,* Sur une application des déterminants infinis, Acta math. 15 (1891), p. 53—63; Sur les déterminants infinis et les équations différentielles, Acta math. 16 (1892), p. 217—295; bez. der entsprechenden Determinantensätze für Differentialgleichungen, in denen der Koeffizient von $\frac{d^{n-1}y}{dx^{n-1}}$ nicht wegfällt, vgl. *H. v. Koch,* Sur les systèmes des équations differentielles linéaires du premier ordre, Paris C. R. 116 (1893), p. 179—181.

94) Vgl. speziell *H. v. Koch,* a. a. O., Acta math. 16, p. 264.

95) *Hamburger,* Über ein Prinzip zur Darstellung des Verhaltens mehrdeutiger Funktionen, J. f. Math. 83 (1877), p. 185—209; Über die Wurzeln der Fundamentalgleichung, J. f. Math. 84 (1877), p. 264—267.

96) *Poincare,* Sur les groupes des équations linéaires, Acta math. 4 (1884), p. 210.

dende Funktion $x - a = (x_0 - a)\left(\frac{1+t}{1-t}\right)^{\frac{2h}{\pi i}}$, wobei $x_0 - a$ irgendeinen Punkt im Innern des Ringgebietes darstellt, h eine positive reelle Größe ist. Kennt man dann für die Integrale die Potenzreihenentwicklungen nach ganzen Potenzen von t, so beherrscht man das Verhalten der Integrale bei beliebigen Umläufen von x innerhalb des Kreisringes, indem man nur in die Potenzreihen für die Integrale statt des ursprünglichen t den Wert einzusetzen hat, den es nach dem Umlauf angenommen hat.[97])

7. Differentialgleichungen mit rationalen Koeffizienten und Differentialgleichungen des Fuchsschen Typus. Hat eine lineare Differentialgleichung rationale Koeffizienten, so werden die bei $x = 0$ und $x = \infty$ sich bestimmt verhaltenden logarithmenfreien Integrale durch einen und denselben Algorithmus geliefert, in dem nur gewisse Parameter in bestimmter Weise sich ändern. Von selbst bot sich diese Tatsache im Falle der Differentialgleichung der hypergeometrischen Funktion dar. (Vgl. Nr. **18.**) *Seifert*[98]) entwickelte dieselbe Tatsache für Differentialgleichungen zweiter Ordnung mit im ganzen 4 singulären Stellen der Bestimmtheit, *Heffter*[99]) für Differentialgleichungen zweiter Ordnung mit beliebig vielen singulären Stellen der Bestimmtheit, später[100]) allgemein für Differentialgleichungen n^{ter} Ordnung mit rationalen Koeffizienten. *Schafheitlein*[101]) führte für die allgemeinste Differentialgleichung mit rationalen Koeffizienten eine Normalform ein, in deren Koeffizienten die eben erwähnten Parameter als solche schon zutage treten.

Unter den Differentialgleichungen mit rationalen Koeffizienten sind natürlich jene Differentialgleichungen, welche nur singuläre Stellen der Bestimmtheit besitzen, von ausgezeichneter Bedeutung; sie werden

---

97) Vgl. auch *Mittag-Leffler,* Sur la représentation analytique des intégrales et des invariants d'une équation différentielle linéaire, Acta math. 15 (1891), p. 1—32.

98) *Seifert,* Über die Integration der Differentialgleichung usw. Diss. Göttingen 1875.

99) *Heffter,* Zur Integration der linearen Differentialgleichungen zweiter Ordnung. Diss. Berlin 1886.

100) *Heffter,* Über Rekursionsformeln der Integrale linearer Differentialgleichungen. J. f. Math. 106 (1890), p. 269—282; Bemerkungen über die Integrale linearer Differentialgleichungen. J. f. Math. 109 (1892), p. 222—224; vgl. ferner Einleitung in die Theorie der linearen Differentialgleichungen, p. 212f.

101) *Schafheitlein,* Über eine gewisse Klasse linearer Differentialgleichungen, Diss. Halle (1885); Zur Theorie der linearen Differentialgleichungen mit rationalen Koeffizienten. J. f. Math. 106 (1890), p. 283—314 u. 111 (1893), p. 44—52.

in der Literatur unter dem Namen *Differentialgleichungen des Fuchsschen Typus oder der Fuchsschen Klasse* zusammengefaßt, eine Bezeichnung, die dadurch gerechtfertigt ist, daß *Fuchs* diese Differentialgleichungen als erster in ihrer allgemeinen Form betrachtet und für sie eine umfassende Integrationstheorie entwickelt hat (Vgl. Nr. 18.) Damit eine Differentialgleichung dem *Fuchs*schen Typus angehöre, ist notwendig und hinreichend[102]), daß sie die Form

$$(33)\quad \frac{d^n y}{dx^n} + \frac{g_{\varrho-1}(x)}{\psi(x)}\frac{d^{n-1}y}{dx^{n-1}} + \frac{g_{2(\varrho-1)}(x)}{(\psi(x))^2}\frac{d^{n-2}y}{dx^{n-2}} + \cdots + \frac{g_{n(\varrho-1)}(x)}{(\psi(x))^n}\,y = 0$$

besitzt, wenn $\psi(x) = (x - a_1)(x - a_2)\cdots(x - a_\varrho)$ und $g_\lambda(x)$ eine ganze rationale Funktion von x höchstens vom Grade λ ist. Die notwendigerweise voneinander verschiedenen Werte $a_1, a_2, \cdots a_\varrho$ sind die singulären Stellen der Differentialgleichung im Endlichen, zu denen im allgemeinen noch $a_{\varrho+1} = \infty$ tritt. Als Wurzeln der zu $x = \infty$ gehörigen determinierenden Gleichung bezeichnet man im Anschluß an *Fuchs* gewöhnlich nach Ausführung der Transformation $\frac{1}{x} = z$ die Wurzeln der zu $z = 0$ gehörigen determinierenden Gleichung, *Heffter*[103]) wählt dagegen die Wurzeln mit entgegengesetztem Vorzeichen. Bedeuten nun die Größen $r_{\lambda j}$ $(\lambda = 1, 2, \cdots, n,\ j = 1, 2, \cdots, \varrho + 1)$ die Wurzeln der zu a_j gehörigen determinierenden Gleichungen, so ist[104])

$$(34)\qquad \sum_{\lambda=1}^{\varrho+1}\sum_{j=1}^{n} r_{\lambda j} = \frac{(\varrho-1)\,n(n-1)}{2}.$$

Genügen umgekehrt die Größen $r_{\lambda j}$ nur der einen Bedingung (34), so kann man nach Vorgabe der singulären Stellen eine Differentialgleichung (33) aufstellen, in der für $k \geqq 2$ die Funktionen $g_{k(\varrho-1)}(x)$ noch je $k(\varrho - 1) - \varrho$ willkürliche Konstante enthalten, so daß also in (33), wenn die singulären Stellen und die Wurzeln der dazu gehörigen determinierenden Gleichungen festgelegt sind, noch $\frac{n(n-1)}{2}(\varrho + 1) + 1 - n^2$ Parameter willkürlich bleiben[105]), die man nach *Klein* die *akzessorischen Parameter* nennt. Besonders elegante Darstellungen der Differentialgleichung erhält man durch Spaltung von

102) *Fuchs*, a. a. O. Ges. W. 1 (1865), p. 135 u. (1866), p. 186.

103) *Heffter*, Einleitung in die Theorie der linearen Differentialgleichungen, p. 208.

104) *Fuchs*, a. a. O. Ges. W. 1 (1865), p. 128 u. 135; (1866), p. 181 u. 186.

105) *Fuchs*, Über Relationen, welche für die zwischen je zwei singulären Punkten erstreckten Integrale der Lösungen linearer Differentialgleichungen stattfinden. J. f. Math. 76 (1874), Ges. W. 1, p. 422.

x in $\frac{x_1}{x_2}$ und Einführung von Formen an Stelle der Funktionen, wodurch es möglich wird, sich der Algorithmen der Invariantentheorie zu bedienen. Es kommen dabei in erster Linie zwei Prozesse in Betracht, der Überschiebungsprozeß (vgl. das Ref. I B 2 (*Meyer*) Nr. **14**) und die Derivatbildung[106]). Bez. weiterer Ausführungen sei auf das eben erwähnte Ref. I B 2 (*Meyer*) sowie auf das Ref. II B 4 (*Fricke*) Nr. **32** verwiesen und in Ergänzung dieser Referate nur hervorgehoben, daß *Pick* und *Hirsch* die ersten waren, welche unabhängig von der Frage nach rationalen Lösungen die invariante Form der Differentialgleichung einführten.

Besitzt eine lineare Differentialgleichung auf einer gegebenen $m$blättrigen *Riemann*schen Fläche vom Geschlechte p nur singuläre Stellen der Bestimmtheit, so gehören die Koeffizienten der Differentialgleichung demselben algebraischen Gebilde an. Ist $p \geqq 1$, so gibt es auf dem algebraischen Gebilde schon lineare Differentialgleichungen zweiter Ordnung ohne singuläre Punkte, die also ein gewisses Analogon zu den auf dem Gebilde überall endlichen Integralen von algebraischen Funktionen bilden. *Pick*[107]) erhält diese Differentialgleichungen in systematischer Weise vermittelst Anwendung des Überschiebungsprozesses auf multiplikative Formen (vgl. das Ref. II B 4 (*Fricke*) Nr. **17**), eine andere systematische Herleitung findet sich in der aus einem Seminar von *Wirtinger* hervorgegangenen Arbeit von *Groß*[108]). Bez. weiterer Ausführungen insbesondere bez. der Behandlung einzelner Fälle sei auf das Ref. II B 4 (*Fricke*) Nr. **32** verwiesen. Allgemein enthält auf einer *Riemann*schen Fläche vom Geschlechte p eine lineare Differentialgleichung zweiter Ordnung, welche auf derselben im ganzen $\varrho + 1$ singuläre Stellen der Bestimmtheit besitzt, nach Vorgabe dieser singulären Stellen und der Wurzeln der dazu gehörigen determinierenden Gleichungen, die aber einer (34) entsprechenden Gleichung genügen müssen, noch $3p - 3 + \varrho + 1$ akzessorische Parameter.

---

106) *Pick,* Über die Integration der Laméschen Differentialgleichung, Wien. Ber. 96 (1887), p. 872—890; *Hirsch,* zur Theorie der Differentialgleichungen mit rationalem Integral. Dissertation Königsberg 1892.

107) *Pick,* Zur Theorie der zu einem algebraischen Gebilde gehörigen Formen, Math. Ann. 50 (1898), p. 381—397; Über nirgends singuläre lineare Differentialgleichungen zweiter Ordnung. Wiener Ber. 1907. Über die zu einer ebenen algebraischen Kurve gehörigen transzendenten Formen und Differentialgleichungen. Monath. für Math. und Phys. 18 (1907), p. 219—234.

108) *Groß,* Zur invarianten Darstellung linearer Differentialgleichungen, Monatsh. für Math. und Physik 22 (1911), p. 317—344.

Für Systeme linearer Differentialgleichungen, welche nur singuläre Stellen der Bestimmtheit besitzen, gibt es, wie aus Nr. 3 hervorgeht, keine einfache notwendige Form für die Koeffizienten. Am wichtigsten sind jedoch die von *Schlesinger*[109]) als *„schlechthin kanonische Differentialsysteme“* bezeichneten, welche sich wohl zuerst bei *Poincaré*[110]) finden und die Form

$$(35)\qquad \frac{dy_\varkappa}{dx} = \sum_{\lambda=1}^{n} y_\lambda \frac{G_{\lambda\varkappa}(x)}{\psi(x)} \qquad (\varkappa = 1, 2, \cdots, n)$$

besitzen, wo $\psi(x)$ dieselbe Bedeutung hat wie in (33), die $G_{\lambda\varkappa}(x)$ ganze Funktionen von x von höchstens $(\varrho - 1)^{\text{tem}}$ Grade sind. Aus den kanonischen Differentialsystemen gehen die allgemeinsten Differentialsysteme des *Fuchs*schen Typus durch die Transformation

$$z_\varkappa = \sum_{\lambda=1}^{n} y_\lambda r_{\lambda\varkappa}$$

hervor, wo die $r_{\lambda\varkappa}$ rationale Funktionen sind, deren Determinante $|r_{\lambda\varkappa}|$ nicht verschwindet.

8. Die Monodromiegruppe. Abhängigkeit der Integrale von Parametern, welche in der Differentialgleichung auftreten. Die Gesamtheit der linearen Substitutionen, welche ein Fundamentalsystem erfährt, wenn die unabhängige Veränderliche von einem nicht-singulären Punkte aus ohne einen singulären Punkt zu treffen irgendwelche geschlossene Wege derart durchläuft, daß die Koeffizienten der Differentialgleichung nach dem Umlaufe sich nicht geändert haben, heißt nach *Jordan* und *Poincaré*[111]) die *Gruppe der Differentialgleichung,* nach *Klein*[111]) zur Unterscheidung von der Transformationsgruppe (vgl. das Ref. II A 4b (*Vessiot*) Nr. 37) die *Monodromiegruppe* derselben. Dabei sieht man also Gruppen, welche zu verschiedenen Fundamentalsystemen gehören, als nicht verschieden an. Daher führt *Poincaré*[112]) die *Fundamentalinvarianten* der Gruppe ein, welche sich beim Übergang von einem Fundamentalsystem zu einem andern nicht ändern und vermittels deren

109) *Schlesinger,* Vorlesungen über lineare Differentialgleichungen, p. 225.

110) *Poincaré,* Sur les groupes des équations linéaires, Acta math. 4 (1884), p. 215.

111) *Jordan,* Sur une application de la théorie des substitutions. C. R. 37 (1874), p. 741—743, Bull. S. M. F. 2, 100 (1875). *Poincaré,* Sur les groupes des équations linéaires. Paris C. R. 96 (1883), p. 691—694, 1302—1304, Acta math. 4 (1884), p. 201—312. *Klein,* Über die hypergeometrische Funktion, p. 246.

112) *Poincaré,* a. a. O., vgl. auch *Vogt,* Sur les invariants fondamentaux des équations différentielles du second ordre. Ann. éc. norm. (3) 6 (1889), Suppl. p. 3—72 (Thèse, Paris).

sich umgekehrt die Koeffizienten der Substitution, welche irgendein Fundamentalsystem erfährt, auf algebraischem Wege, also endlich vieldeutig, berechnen lassen. Beispiele solcher Fundamentalinvarianten werden durch die Koeffizienten der zu einem Systeme linearer Substitutionen gehörigen Fundamentalgleichung geliefert. Besitzt eine Differentialgleichung mit eindeutigen Koeffizienten einschließlich des Unendlichen $\varrho + 1$ singuläre Stellen, so ist die Anzahl der Fundamentalinvarianten der Monodromiegruppe $n^2(\varrho - 1) + 1$, zu denen noch $2n^2p$ Fundamentalinvarianten hinzutreten, wenn die Koeffizienten der Differentialgleichung auf einem algebraischen Gebilde vom Geschlechte p eindeutige Funktionen sind und abermals die Gesamtzahl der singulären Stellen $\varrho + 1$ ist. Betrachtet man statt der Integrale selbst ein System von Integralquotienten, etwa $\frac{y_j}{y_1}$ $(j = 2, 3, \ldots, n)$, so erleidet dieses bei den Umläufen von x linear gebrochene nicht homogene Substitutionen; die Gesamtheit dieser Substitutionen bildet die projektive Monodromiegruppe, die von $(\varrho - 1)(n^2 - 1)$ bzw. $(\varrho + 2p - 1)(n^2 - 1)$ Fundamentalinvarianten abhängen. Für viele Zwecke kann man statt der projektiven Monodromiegruppe die unimodulare Monodromiegruppe derjenigen Differentialgleichung setzen, welche man aus der gegebenen Differentialgleichung dadurch erhält, daß man durch Multiplikation der Integrale mit einer geeigneten Funktion den Koeffizienten der $(n-1)^{\text{ten}}$ Ableitung in der Differentialgleichung zum Verschwinden bringt. Die projektive und unimodulare Monodromiegruppe sind homomorph (vgl. das Ref. I A 6 (*Burkhardt*) Nr. **14** und II B 4 (*Fricke*) Nr. **18**), aber im allgemeinen nicht ein-eindeutig.

Die Bestimmung der Monodromiegruppe ist das eigentliche Integrationsproblem, indem sie den Zusammenhang zwischen den Reihenentwicklungen vermittelt, die in der Umgebung der einzelnen singulären Punkte gelten. Zu ihrer numerischen Aufstellung liegen verschiedene Ansätze vor, die speziell für Differentialgleichungen des *Fuchs*schen Typus Anwendung finden. Als erster nahm *Fuchs*[113]) das Problem in Angriff. Er geht davon aus, daß in jedem singulären Punkt Entwicklungen für ein Fundamentalsystem aufstellbar sind, welche bis zu den nächstgelegenen singulären Punkten konvergieren. Um nun die zu benachbarten singulären Punkten gehörigen Fundamentalsysteme durcheinander auszudrücken, hat man irgendeinen Punkt des den Konvergenzgebieten der beiden Fundamentalsysteme gemeinsamen Teiles herauszugreifen und daselbst die Werte der Inte-

113) *Fuchs,* Über die Darstellung der Funktionen komplexer Variabeln. J. f. Math. 75 (1873), p. 177—223, 76, p. 175—176. Ges. W. 1, p. 361—413.

grale und ihrer $n-1$ ersten Ableitungen für beide Fundamentalsysteme zu berechnen. Bedeutend vereinfacht wird die Rechnung, wenn man als Vergleichungsstelle einen der beiden singulären Punkte selbst wählen kann, wobei ein von *Thomé*[114]) stammender Satz heranzuziehen ist, welcher über die Konvergenz der die Integrale darstellenden Reihe in den Punkten des Konvergenzkreises zu entscheiden erlaubt. Um im Falle einer Differentialgleichung des *Fuchs*schen Typus die Übergangssubstitution mit einem Schlage zu erhalten, versucht *Fuchs* durch eine rationale Transformation der unabhängigen Veränderlichen alle im Endlichen gelegenen singulären Stellen der Differentialgleichung auf die Peripherie eines Kreises überzuführen, dessen Mittelpunkt dem unendlich fernen Punkt entspricht. *Nekrassoff*[115]) wies jedoch nach, daß die von *Fuchs* angegebene Regel zur Bestimmung des Radius des sog. Grenzkreises, der den erwähnten Kreis umschließt, keine allgemeine Gültigkeit hat. *Thomé* (a. a. O.) verwendet an Stelle der *Fuchs*schen Transformation eine Kette linear gebrochener Transformationen. Einen andern Weg zur numerischen Aufstellung der Monodromiegruppe weisen die Entwicklungen der Integrale innerhalb von Kreisringen, worüber in Nr. 6 referiert wurde, speziell findet sich in der oben [97]) zitierten Arbeit von *Mittag-Leffler* eine ausführliche Darstellung der zur Aufstellung der Monodromiegruppe nach der *Hamburger*schen Methode erforderlichen Rechnungen.

Keine dieser Methoden gibt Aufschluß über den Charakter der Fundamentalinvarianten als Funktionen der in der Differentialgleichung vorkommenden Parameter. *Poincaré*[110]) zeigt jedoch auf Grund des Existenztheorems bei partiellen Differentialgleichungen und vermittelst der Methode der sukzessiven Approximationen[116]), daß die Integrale ganze transzendente Funktionen derjenigen Parameter sind, von denen die Koeffizienten der Differentialgleichung ganze rationale Funktionen sind, vorausgesetzt, daß die Anfangswerte der in das Auge gefaßten Integrale von den betreffenden Parametern unabhängig gewählt sind. Daraus ergibt sich dann unmittelbar der Satz, daß auch die Fundamentalinvarianten ganze transzendente Funktionen dieser Parameter sind.

114) *Thomé*, Zur Theorie der linearen Differentialgleichungen. J. f. Math. 87 (1879), p. 222—350, 95 (1883), p. 44—98 speziell § 4; Über Konvergenz und Divergenz der Potenzreihe auf dem Konvergenzkreise. J. f. Math. 100 (1886), p. 167—178; vgl. auch *Schlesinger*, Handbuch I, p. 228ff.

115) Die einschlägigen Arbeiten von *Fuchs*, *Nekrassoff* und *Anissimoff* sind von *Schlesinger* in *Fuchs* ges. W. 1, p. 411 zusammengestellt.

116) Vgl. auch *P. Günther*, Über die Bestimmung der Fundamentalgleichungen in der Theorie der linearen Differentialgleichungen. J. f. Math. 107 (1891), p. 298—318.

Für große Parameterwerte erhält man analog zu Nr. 4 asymptotische Darstellungen der Integrale als Funktionen dieser Parameter, wie *Liouville*[117]), neuerdings *Horn*[118]), *Schlesinger*[119]) und *Birkhoff*[120]) zeigen. *Schlesinger* benutzt diese Darstellungen zur asymptotischen Berechnung der Monodromiegruppe bei großen Parameterwerten.

Sind die Koeffizienten der Differentialgleichung nicht mehr ganze Funktionen des Parameters, so folgt aus den Formeln von *Poincaré* und *Günther*, daß die Integrale im allgemeinen unendlich vieldeutige Funktionen des Parameters sind, speziell sind also die Integrale unendlich vieldeutige Funktionen einer als Veränderliche aufgefaßten singulären Stelle. Schon *Riemann*[121]) dachte daran, die Integrale einer linearen Differentialgleichung als Funktionen der singulären Stellen zu studieren, wobei er vermutlich gerade den Fall im Auge hatte, in dem die Monodromiegruppe von der als Parameter aufgefaßten singulären Stelle unabhängig ist.

In allgemeiner Weise nahm späterhin *Fuchs*[122]) die Untersuchung der Integrale als Funktionen von Parametern $x_1, x_2, \ldots, x_k$ auf, von

---

117) *Liouville*, Sur le développement des fonctions. J. de math. 2 (1837), p. 19 ff.

118) *Horn*, Über lineare Differentialgleichungen mit einem willkürlichen Parameter. Math. Ann. 52 (1899), p. 340—362; Über eine lineare Differentialgleichung zweiter Ordnung mit einem veränderlichen Parameter. Math. Ann. 52 (1899), p. 271—292.

119) *Schlesinger*, Über asymptotische Darstellungen der Lösungen linearer Differentialsysteme als Funktionen eines Parameters. Math. Ann. 63 (1906), p. 277—300; vgl. auch Vorlesungen über lineare Differentialgleichungen, 15. Vorlesung.

120) *Birkhoff*, On the asymptotic character of the solutions of certain linear differential equations containing a parameter. Am. Math. S. Trans. 9 (1908), p. 219—231; vgl. auch *Blumenthal*, Über asymptotische Lösungen. Arch. Math. Phys. III 19, p. 136—174; Über asymptotische Integration von Differentialgleichungen, V. intern. Kongreß, Cambridge 1912, II, p. 319—327.

121) *Riemann*, Ges. W. (1876), Fragment XXI, 2. Aufl. p. 385—386 kleingedruckt, im Manuskript von *Riemann* als nicht richtig bezeichnet.

122) *Fuchs*, Zur Theorie der linearen Differentialgleichungen. Berlin. Ber. 1888, 1889 und 1890, Ges. W. 3, p. 1—68, Über lineare Differentialgleichungen, welche von Parametern unabhängige Substitutionsgruppen besitzen. Berlin. Ber. 1892, 1893 und 1894, Ges. W. 3, p. 117—139 und 169—195, Über die Abhängigkeit der Lösungen einer linearen Differentialgleichung von den in den Koeffizienten auftretenden Parametern. Berlin. Ber. 1895, Ges. Werke 3, p. 201—217, Zur Theorie der simultanen partiellen Differentialgleichungen. Berlin. Ber. 1898, Ges. W. 3, p. 267—279. Vgl. auch die zusammenfassende Darstellung von *Richard Fuchs*, Über lineare Differentialgleichungen, deren Substitutionsgruppe von einem Parameter unabhängig ist. Pr. Bismarck-Gymn. Dt.-Wilmersdorf 1902.

welchen die Koeffizienten der Differentialgleichung, nicht aber die Monodromiegruppe, abhängen. Es seien in der Differentialgleichung

$$(36) \qquad \frac{d^n y}{dx^n} + p_1 \frac{d^{n-1} y}{dx^{n-1}} + \cdots + p_n y = 0$$

$p_1, p_2, \ldots, p_n$ eindeutige Funktionen der Größen $x, x_1, \ldots, x_k$ sowie einer Anzahl von diesen algebraisch abhängiger Größen, die Monodromiegruppe aber von allen diesen Parametern unabhängig, dann kann man ein Fundamentalsystem derart angeben, daß jedes dazu gehörige Integral als Funktion von $x_\lambda (\lambda = 1, 2, \ldots, k)$ einer gewöhnlichen linearen Differentialgleichung genügt, deren Koeffizienten denselben Charakter haben wie die der gegebenen Differentialgleichung. Andererseits läßt sich die Frage, wann gewisse Systeme partieller linearer Differentialgleichungen gemeinschaftliche Lösungen besitzen, auf die andere zurückführen, wann die Monodromiegruppe einer gewöhnlichen linearen Differentialgleichung von den Parametern $x_1, x_2, \ldots, x_k$ unabhängig ist. Auf hier in Betracht kommende Systeme führten die Untersuchungen von *Appell*[123]), *Picard*[124]), *Goursat*[125]) und *Le Vavasseur*[126]) über hypergeometrische Funktionen zweier Veränderlicher (vgl. Nr. **19**), ferner die Theorie der automorphen Funktionen zweier Veränderlicher[127]) (vgl. Ref. II B 4 (*Fricke*) Nr. **42**). Speziell fallen in diese Kategorie auch die von *Horn*[128]) untersuchten Systeme partieller linearer Differentialgleichungen, welche nur singuläre Stellen der Bestimmtheit besitzen.

---

123) *Appell,* Sur les séries hypergéométriques de deux variables. Paris C. R. 90 (1880), p. 296—299, 731—735; Sur la Série F_3 daselbst p. 977—980, ferner die Arbeit mit dem ersteren Titel. J. de Math. 8 (1882), p. 173—217.

124) *Picard,* Sur une extension aux fonctions de deux variables du problème de *Riemann.* Paris C. R. 91 (1880), p. 1267—1269 und Ann. éc. norm. (2) 10 (1881), p. 305—322.

125) *Goursat,* Extension du problème de *Riemann.* Paris C. R. 94 (1882), p. 903—904 und 1044—1047; Sur une classe de fonctions représentées par des intégrales définies. Acta math. 2 (1883), p. 62f.

126) *Le Vavasseur,* Sur le système d'équations aux dérivées partielles simultanées. Ann. Toulouse VII (1893), p. 1—205.

127) *Picard,* Sur les formes quadratiques ternaires. Acta math. 5 (1884), p. 121—182; Sur les fonctions hyperabéliennes. J. d. Math. (4) I (1884), p. 112ff.; *Wirtinger,* Zur Theorie der automorphen Funktionen von n Veränderlichen. Wien. Ber. 104 (1899), p. 1239.

128) *Horn,* Über ein System linearer partieller Differentialgleichungen. Acta math. 12 (1889), p. 113—175 und Über Systeme linearer Differentialgleichungen mit mehreren Veränderlichen. Habilitationsschrift Freiburg 1890; Beiträge zur Ausdehnung der Fuchsschen Theorie auf ein System linearer partieller Differentialgleichungen, Acta math. 14 (1891), p. 337—347.

Ausgehend von dem oben zitierten *Riemann*schen Fragment und seinen eigenen Untersuchungen über das *Riemann*sche Problem (vgl. Nr. **14**) nimmt dann *Schlesinger*[129]) die speziellere Frage auf, wann die Monodromiegruppe von einer einzelnen singulären Stelle unabhängig ist, und erzielt zunächst durch Übergang[130]) von der linearen Differentialgleichung zu einem schlechthin kanonischen Differentialsystem

$$\frac{dy_\varkappa}{dx} = \sum_{\lambda=1}^{n} y_\lambda \sum_{\nu=1}^{\sigma} \frac{A_{\lambda\varkappa}^{(\nu)}}{x - a_\nu} \qquad (\varkappa = 1, 2, \ldots, n) \tag{37}$$

eine bedeutende Vereinfachung des Problems. Es ergibt sich nämlich der folgende Satz: Soll die zu (37) gehörige Monodromiegruppe von a_j unabhängig sein, so genügen die von x an sich unabhängigen „*Residuen*" $A_{\lambda\varkappa}^{(\nu)}$ als Funktionen von a_j einem von *Schlesinger* explizit angegebenen Differentialsysteme zweiten Grades, und umgekehrt ist das Erfülltsein dieses Differentialsystems hinreichend für die Unabhängigkeit der Monodromiegruppe von a_j.[131]) Das Differentialsystem zweiten Grades hat, wie *Schlesinger* aus der Lösbarkeit des *Riemann*schen Problems folgert, keine mit den Anfangswerten der Lösungen verschiebbaren kritischen Punkte (Verzweigungspunkte und Unbestimmtheitsstellen), welche Eigenschaft also dieses Differentialsystem mit den linearen Differentialgleichungen und linearen Differentialsystemen teilt. Die nichtlinearen Differentialgleichungen erster Ordnung mit nicht verschiebbaren kritischen Punkten behandelte *L. Fuchs*[132]), die zweiter und höherer Ordnung untersuchte *Painlevé*.[133]) Auf den Zu-

---

129) *L. Schlesinger*, Zur Theorie der linearen Differentialgleichungen im Anschluß an das *Riemann*sche Problem. J. f. Math. 123 (1901), p. 138—173, speziell aber 124 (1902), p. 292—319.

130) *L. Schlesinger*, Über die Lösungen gewisser linearer Differentialgleichungen als Funktionen der singulären Punkte. J. f. Math. 129 (1905), p. 287—294; Vorlesungen über lineare Differentialgleichungen, 17. Vorlesung und Über eine Klasse von Differentialsystemen beliebiger Ordnung mit festen kritischen Punkten. J. f. Math. 141 (1912), p. 96—145.

131) *L. Schlesinger*, a. a. O., J. f. Math. 129, p. 294 und 141, p. 106

132) *Fuchs*, Über Differentialgleichungen, deren Integrale feste Verzweigungspunkte haben. Berlin Ber. 1884, p. 699—710, Ges. W. 2, p. 355—367. Vgl. auch *Poincaré*, Sur un theorème de Fuchs. Acta math. 7, p. 1—32. Eine fundamentale Ergänzung der Ableitung von *Fuchs* gibt *Painlevé*, Sur les lignes singulières des fonctions analytiques. Ann. Toulouse (1888), eine weniger bedeutende Lücke der *Fuchs*schen Abhandlung wird von *M. J. M. Hill* und *A. Berry* in den Proc. of the London M. S. (2) 9, p. 231 ausgefüllt.

133) *Painlevé*, Mémoire sur les équations différentielles dont l'intégrale générale est uniforme. S. M. F. Bull. 28 (1900), p. 201—261; Sur les équations

sammenhang zwischen diesen Differentialgleichungen mit festen kritischen Punkten und der Frage der Unabhängigkeit der Monodromiegruppe von einer singulären Stelle stieß als erster *Richard Fuchs*[134]) bei Aufstellung einer linearen Differentialgleichung zweiter Ordnung mit den singulären Stellen der Bestimmtheit 0, 1, t und ∞, einem zunächst noch unbestimmten Nebenpunkte λ und beliebig vorgegebener Monodromiegruppe. Die Forderung, daß die Monodromiegruppe von t unabhängig ist, ergibt für λ eine Differentialgleichung zweiter Ordnung mit festen kritischen Punkten, welche zunächst *Painlevé* entgangen war, von der er aber selbst später zeigte[135]), daß alle andern Differentialgleichungen zweiter Ordnung mit festen kritischen Punkten nur Abarten dieser einen sind. In demselben Sinne wie *R. Fuchs* behandelt dann *Garnier*[136]) die linearen Differentialgleichungen zweiter Ordmit n singulären Stellen der Bestimmtheit. *Schlesinger* zeigt, daß seine obenerwähnten Untersuchungen alle diese letztgenannten umfassen.

9. Geometrische Interpretation der projektiven Monodromiegruppe für Differentialgleichungen zweiter Ordnung. Wir betrachten jetzt die Differentialgleichung zweiter Ordnung

$$y'' + q_1(x)y' + q_2(x)y = 0, \tag{38}$$

welche $\varrho + 1$ singuläre Stellen der Bestimmtheit auf einer gegebenen *Riemann*schen Fläche vom Geschlechte p besitzt. Die *Riemann*sche Fläche werde durch $2p$ geeignete Querschnitte und $\varrho + 1$ nach den singulären Stellen laufende Schnitte in ein einfach zusammenhängen-

---

différentielles du second ordre et d'ordre supérieur dont l'intégrale générale est uniforme. Acta math. 25 (1901), p. 1—85.

134) *Richard Fuchs,* Sur quelques équations différentielles linéaires du second ordre. Paris C. R. 141 (1905), p. 555—585; Über lineare homogene Differentialgleichungen zweiter Ordnung mit drei im Endlichen gelegenen wesentlich singulären Stellen. Math. Ann. 63 (1906), p. 301—321, 70 (1911), p. 525—549 und Göttinger Nachrichten 1910. In den letzten beiden Arbeiten gibt *R. Fuchs* die zur Differentialgleichung gehörige Monodromiegruppe in expliziter Form.

135) *Painlevé,* Sur les équations différentielles du second ordre à points critiques fixes. Paris C. R. 143 (1906), p. 1111—1117; vgl. auch *Gambier* daselbst 142, p. 266, 1403, 1497; 143, p. 741, ferner Acta math. 33, p. 1ff.

136) *Garnier,* Sur une classe d'équations différentielles dont les intégrales ont leurs points critiques fixes. Paris C. R. 151 (1910), p. 205—208; Sur les équations différentielles du troisième ordre et sur une classe d'équations nouvelles d'ordre supérieur, Ann. éc. norm. sup. (3) 25 (1912), p. 1f. Vgl. auch *Chazy,* Sur les équations différentielles du troisième ordre et d'ordre supérieur. Acta math. 34 (1911), p. 317—385, ferner den Bericht über die Preisarbeiten von *Boutroux, Chazy* und *Garnier* Paris C. R. 155 (1912), p. 1284—1291 und *Boutroux,* Les transcendantes de *M. Painlevé,* Ann. éc. norm. sup. (3) 30 (1913) und 31 (1914).

des, im Innern singularitätenfreies Gebiet zerschnitten. Der Quotient

$$(39) \qquad \eta = \frac{y_1}{y_2}$$

zweier linear unabhängiger Partikularlösungen von (38) genügt der Differentialgleichung[137])

$$(40) \qquad [\eta]_x = \frac{\eta'''}{\eta'} - \frac{3}{2}\left(\frac{\eta''}{\eta'}\right)^2 = 2q_2 - \frac{1}{2}q_1^2 - q_1',$$

wobei $[\eta]_x$ als *Schwarzscher Differentialausdruck* (vgl. das Ref. II B 4 (*Fricke*) Nr. **32**) bezeichnet wird. Ist η_0 eine Lösung von (40), so läßt sich die allgemeinste Lösung dieser Differentialgleichung in der Form $\frac{\alpha\eta_0 + \beta}{\gamma\eta_0 + \delta}$ darstellen, wobei $\alpha, \beta, \gamma, \delta$ willkürliche Konstanten sind. Der Quotient η bildet nun das eben besprochene einfach zusammenhängende Flächenstück auf einen Fundamentalbereich ab, der ebenfalls einfach zusammenhängt und von $2(\varrho + 1) + 4p$ Randstücken begrenzt wird. Es entsprechen nämlich jedem Schnitte auf der *Riemann*schen Fläche in der η-Ebene zwei Randstücke, die einander durch eine linear gebrochene Substitutionen zugeordnet sind. Diese $\varrho + 1 + 2p$ Substitutionen, zwischen denen eine Fundamentalrelation bestehen muß, bilden die Erzeugenden der projektiven Monodromiegruppe. Es empfiehlt sich für viele Zwecke, die komplexen Werte von η auf der Kugel zu deuten und diese als Fundamentalfläche einer projektiven Maßbestimmung einzuführen (vgl. das Ref. II B 4 (*Fricke*) Nr. **7**). Einer linearen Substitution von η entspricht dann im allgemeinen eine projektive Schraubenbewegung um eine Achse, welche durch die beiden Fixpunkte der Substitutionen geht (vgl. II B 4, Nr. **5**). Die Gesamtheit der $\varrho + 1 + 2p$ Schraubenachsen in entsprechender Reihenfolge mit den dazu gehörigen Schraubungen, die aber zunächst nur mod 2π festgelegt sein sollen, nennt man nach *Klein*[138]) den *Kern* des Fundamentalbereichs. Konstruiert man nun nach dem Vorgange von *Schilling*[139]) zu je zwei aufeinanderfolgenden Schraubenachsen in projektivem Sinne den kürzesten inneren Abstand, so erhält man den

137) *H. A. Schwarz,* Über diejenigen Fälle, in welchen die *Gauß*sche hypergeometrische Reihe eine algebraische Funktion ihres vierten Elementes darstellt. J. f. Math. 75 (1873), p. 292—335, speziell p. 300. Der *Schwarz*sche Differentialausdruck findet sich bereits bei *Lagrange,* Sur la construction des cartes géographiques. Nouveaux Mémoires de l'Académie de Berlin (1779). Über die Deutung der Differentialgleichung vgl. *Klein,* Über gewisse Differentialgleichungen 3ter Ordnung. Math. Ann. 23 (1884), p. 587—596.

138) *Klein,* Vorlesungen über die hypergeometrische Funktion, p. 305.

139) *Schilling,* Beiträge zur geometrischen Theorie der *Schwarz*schen s-Funktion. Math. Ann. 44 (1894), p. 162—260.

Polarkern; Kern und Polarkern bilden zusammen den *Schillingschen Doppelkern*. Zur Bestimmung eines zu dem Doppelkern gehörigen Fundamentalbereichs hat man dann folgende Maßzahlen[140]): 1. Die *Kantenwinkel*, das sind die Amplituden der zu den Achsen gehörigen Schraubungen. 2. *Die Seiten*, d. h. die in bestimmter Weise festgelegten Amplituden derjenigen Schraubungen um die Achsen des Polarkerns, welche die ebenfalls festgelegten positiven Richtungen der beiden aufeinanderfolgenden Achsen des ursprünglichen Kernes, zu denen das betreffende Perpendikel gehört, ineinander überführen. 3. *Die Kantenlängen;* diese sind die Amplituden von Schraubenbewegungen um jede der Achsen des Kerns, welche sich als Differenzen aus zwei Schraubenbewegungen ergeben. Die eine Schraubenbewegung führt zwei Achsen des Polarkerns, welche zu derselben Achse des Kerns gehören, um diese letztere als Achse, ineinander über. Die zweite Schraubenbewegung hat dieselbe Achse und den dazugehörigen Kantenwinkel als Amplitude. Die so gewonnenen Maßzahlen sind Invarianten der projektiven Monodromiegruppe, und zwar transzendente Invarianten; sie lassen sich, wenn die Monodromiegruppe als solche vollständig vorliegt, nur erst mod 2π berechnen, während für den Charakter des Fundamentalbereichs die absoluten Größen der Maßzahlen von ausschlaggebender Bedeutung sind. Für den Doppelkern selbst sollen nur die Maßzahlen mod 2π in Betracht kommen; Fundamentalbereiche, deren Maßzahlen mod 2π übereinstimmen, gehören also zu demselben Kerne oder, wie man auch sagt, können in denselben Kern „eingehängt" werden. Bez. der algebraischen Invarianten der projektiven Monodromiegruppe vgl. das Ref. II B 4 (*Fricke*) Nr. **10**.

Es besitze nun (38) speziell reelle rationale Koeffizienten, es seien ferner alle singulären Stellen reell und ebenso die Wurzeln der dazugehörigen determinierenden Gleichungen. Dann bildet η die Halbebene der x mit positivem imaginären Teil konform auf ein Kreisbogenpolygon ab, dessen Ecken den singulären Punkten entsprechen, dessen Winkel gleich den mit π multiplizierten Differenzen der Wurzeln der dazugehörigen determinierenden Gleichungen sind. Durch Spiegelung an einer Seite erhält man wie oben einen Fundamentalbereich[141]);

140) *Schilling*, a. a. O., p. 196ff., speziell aber *Klein*, Ausgewählte Kapitel aus der Theorie der linearen Differentialgleichungen zweiter Ordnung, Göttingen 1891, II. Teil, p. 17ff.; *Hilb*, Über *Klein*sche Theoreme in der Theorie der linearen Differentialgleichungen, Math. Ann. 66 (1908), p. 215—257 und 68 (1910), p. 24—74; ferner Neue Entwicklungen über lineare Differentialgleichungen Gött. Nachr. 1908 u. 1909.

141) Eine diesbezügliche historische Darstellung findet sich im Ref. II B 4 (*Fricke*) Nr. **2**, **3** u. **4**.

durch geeignete Zerschneidung der x-Ebene kann man es in diesem Falle einrichten, daß die den Kern bildenden Achsen die Schnittgeraden der Ebenen zweier aufeinanderfolgender Kreisbogen sind. Im Falle $\varrho = 2$ schneiden sich stets die drei Achsen in einem Punkte; die Polarebene dieses Punktes schneidet die Kugel in dem Orthogonalkreis des der Halbebene entsprechenden Kreisbogendreiecks, der reell ist, sich auf einen Punkt reduziert oder imaginär wird, je nachdem der Schnittpunkt der Achsen außerhalb, auf oder innerhalb der Kugel liegt. Um einen Überblick über die gesamten in Betracht kommenden Kreisbogendreiecke (vgl. das Ref. II B 4 (*Fricke*) Nr. **4**) zu erhalten, welche nur der einen Bedingung genügen müssen, einfach zusammenhängend zu sein, führt *Schwarz*[142]) reduzierte Kreisbogendreiecke ein; eine besonders übersichtliche und anschauliche Reduktion gibt *Klein.*[143]) (Vgl. hierzu und zu dem Folgenden das Ref. III AB 8 (*Sommer*), Nr. **20** und **21**.) Es ergibt sich, daß nur eine einzige Seite des Kreisbogendreiecks sich überschlagen kann, die Anzahl dieser Selbstüberschlagungen wird durch die von *Klein*[144]) aufgestellten Ergänzungsrelationen geliefert. Für die einfach zusammenhängenden n-seitigen Kreisbogenpolygone erhält man die Ergänzungsrelationen, deren es immer drei gibt, durch Rekursion auf ein $n - 1$-seitiges Polygon. Ein solches Kreisbogenpolygon muß zum mindesten zwei sich nicht überschlagende Seiten enthalten.[145]) Nähere Untersuchungen über die gestaltlichen Verhältnisse liegen jedoch nur noch über Kreisbogenvierecke vor.[146]) *Schilling*[147]) zeigt, daß man für $\varrho = 2$ auch im Falle komplexer Winkel ein Kreisbogenviereck als Fundamentalbereich erhalten kann, ferner untersucht *Schilling*[148]) Kreisbogendrei-

142) *H. A. Schwarz*, a. a. O. p. 312 ff.

143) *Klein*, Vorlesungen über die hypergeometrische Funktion, p. 405 f.

144) *Klein*, Über die Nullstellen der hypergeometrischen Funktion. Math. Ann. 37 (1890), p. 573—590; vgl. auch *Schilling* a. a. O.

145) Nähere Ausführungen finden sich in der Arbeit von *H. Falckenberg*, Ergänzungsrelationen für Kreisbogen-N-Ecke. Gött. Nachr. 1914

146) *Schönflies*, Über Kreisbogenpolygone. Math. Ann. 42 (1893), p. 377—408 und Über Kreisbogendreiecke und Kreisbogenvierecke. Math. Ann. 44 (1894), p. 105—124; *Van Vleck*, Zur Kettenbruchentwicklung *Lamé*scher Integrale. Diss. Gött. 1893; On certain differential equations of the second order. Am. J. of Math. 21 (1899), p. 126 f. Eine erschöpfende Theorie der Kreisbogenvierecke gibt *Ihlenburg*, Über die geometrischen Eigenschaften der Kreisbogenvierecke. Diss. Gött. 1909.

147) *Schilling*, Die geometrische Theorie der *Schwarz*schen s-Funktion für komplexe Exponenten. Math. Ann. 46 (1895), p. 62—76, 529—538.

148) *Schilling*, Geometrisch-analytische Theorie der symmetrischen s-Funktion mit einem einfachen Nebenpunkt. Nova Acta Leop. Carol. Acad. 71 (1897),

ecke, welche im Innern, entsprechend einem Nebenpunkt der Differentialgleichung, einen Knotenpunkt haben.

Für $p > 0$ kommt man dagegen, abgesehen von ganz speziellen Fällen, nicht direkt auf Kreisbogenpolygone.[149]) Für die besonderen Fundamentalbereiche, welche in der Theorie der automorphen Funktionen auftreten vgl. das Ref. II B 4 (*Fricke*) Nr. **11.**

II. Beziehungen zwischen linearen Differentialgleichungen.

10. Reduzibilität. (Vgl. das Ref. II A 4b (*Vessiot*), Nr. **36** und das entsprechende Ref. II 16 der Enc. des sc. math. Nr. **40.**) Eine lineare Differentialgleichung, deren Koeffizienten einem gewissen Rationalitätsbereiche (II A 4b, Nr. **36**)[150]) angehören, heißt reduzibel, wenn sie mit einer ebenso beschaffenen linearen Differentialgleichung[151]) niedrigerer Ordnung Integrale gemeinsam hat. *Frobenius*[152]), welcher den Begriff der Irreduzibilität in die Theorie der linearen Differentialgleichungen eingeführt hat, nimmt als Rationalitätsbereich in einem Flächenstück die Gesamtheit der daselbst eindeutigen analytischen Funktionen, während *Fabry*, *Bendixson* und *Beke*[153]) den Bereich der rationalen Funktionen zugrunde legen. Im letzteren Falle kann man

p. 207—300; Über die Theorie der symmetrischen *s*-Funktion. Math. Ann. 51, p. 481—522.

149) *Klein*, Vorlesungen über lineare Differentialgleichungen 1894, p. 139.

150) Für manche Zwecke ist es besser, nach dem Vorgange von *Loewy*, Über vollständig reduzible lineare homogene Differentialgleichungen, Math. Ann. 62 (1906), p. 90 den Rationalitätsbereich allgemeiner als a. a. O. derart zu definieren, daß der Rationalitätsbereich nicht alle Konstanten enthalten muß, (vgl. das Ref. II 16 der Enc. des sc. math. *Nr.* **40**).

151) *Koenigsberger*, Allgemeine Untersuchungen aus der Theorie der Differentialgleichungen (Teubner 1882) gibt eine andere Definition, nach der es heißen würde „mit einer ebenso beschaffenen algebraischen Differentialgleichung". Bez. des Zusammenhangs beider Definitionen vgl. *Koenigsberger*, Über die Irreduktibilität der linearen Differentialgleichungen. J. f. Math. 96 (1884), p. 123—152. Es sei ferner auf *Loewy*, Über Irreduzibilität der linearen homogenen Substitutionsgruppen Math. Ann. 70 (1911), p. 107 hingewiesen.

152) *Frobenius*, Über den Begriff der Irreduktibilität in der Theorie der linearen Differentialgleichungen. J. f. Math. 76 (1873), p. 236—271; vgl. die davon abweichende Definition von *Frobenius*, Über die regulären Integrale der linearen Differentialgleichungen. J. f. Math. 80 (1875), p. 317—333.

153) *Fabry*, Réductibilité des équations différentielles linéaires. Paris C. R. 106, p. 732—734. Bull. S. M. F. 15 (1888), p. 135—142; *Bendixson*, Sur les équations différentielles linéaires homogènes. Stockh. Öfv. 49 (1892), p. 91—105, Stockh. Akad. Bihang XVIII, Nr. 7; ferner Sur les équations différentielles régulières. Stockh. Öfv. 49, p. 278—285; *Beke*, Die Irreduzibilität der homogenen linearen Differentialgleichungen. Math. Ann. 45 (1894), p. 278—294.

die Frage nach der Reduzibilität bzw. Irreduzibilität durch einen endlichen Prozeß entscheiden. Allgemein ist die Reduzibilität einer linearen Differentialgleichung wesentlich gleichbedeutend mit der Reduzibilität der dazugehörigen Rationalitätsgruppe[154]) (vgl. das Ref. II A 4b (*Vessiot*), Nr. **37**). Gehört die ursprüngliche Differentialgleichung zum *Fuchs*schen Typus, so kann man an die Stelle der Rationalitätsgruppe die Monodromiegruppe setzen, die hierauf bezüglichen Untersuchungen finden sich schon bei *Jordan.*[155]) Der Begriff der Irreduzibilität führt zur Zerlegung eines linearen homogenen Differentialausdruckes in irreduzible Faktoren (vgl. II A 4b, Nr. **23** und **24**, das Ref. II A 11 (*Pincherle*) Nr. **10**). Es gilt folgender Satz: Bei allen Zerlegungen eines linearen homogenen Differentialausdrucks in irreduzible Faktoren ist die Anzahl der Faktoren dieselbe, ebenso stimmen bei geeigneter Zuordnung die Ordnungen[156]) der Faktoren überein. Diese Resultate von *Landau* sind in dem Satze von *Loewy*[157]) enthalten, daß die Faktoren sich immer so zugeordnet werden können, daß sie gegenseitig von derselben Art sind (vgl. Nr. **11**). Im Gegensatz zu diesen Zerlegungen kann mit Hilfe des von *Loewy*[158]) stammenden Begriffs der „vollständig reduziblen" Differentialausdrücke die Zerlegung in „größte vollständig reduzible" Faktoren zu einer eindeutigen gemacht werden.[159])

Schlesinger und *Loewy*[160]) übertragen den Reduzibilitätsbegriff auf lineare Differentialsysteme.

11. Art, Klasse und Familie. Gegeben seien zwei lineare Differentialgleichungen n^{ter} bzw. n_1^{ter} Ordnung mit rationalen Koeffizienten. Ist $n_1 \leqq n$, so sagt man, die zweite Differentialgleichung ist mit der ersten von derselben Art (espèce)[161]), oder besser, ist in der durch

---

154) *Beke,* a. a. O., p. 279 u. 289; vgl. *Schlesinger,* Handbuch II, 1, p. 105 f.

155) *Jordan,* Sur une application de la théorie des substitutions à l'étude des équations différentielles linéaires. Bull. S. M. F. II, 100 (1875).

156) *Landau,* Ein Satz über die Zerlegung homogener linearer Differentialausdrücke in irreduzible Faktoren. J. f. Math. 124 (1901), p. 115—120.

157) *Loewy,* Über reduzible lineare homogene Differentialgleichungen. Math. Ann. 56 (1903), p. 549—584.

158) *Loewy,* Vollständig reduzible Differentialgleichungen. Math. Ann. 62 (1906), p. 89—117.

159) *Loewy,* l. c. p. 112 und 115.

160) *Schlesinger,* Vorlesungen p. 104—121; *Loewy,* Über lineare homogene Differentialsysteme und ihre Sequenten. Sitz. Ber. d. Heid. Ak. 1913, Nr. 17; bei *Koenigsberger* l. c. findet sich eine andere Definition der Irreduzibilität.

161) *Poincaré,* Mémoire sur les fonctions Zétafuchsiennes. Acta Math. 5 (1884), p. 212. *Fuchs,* Zur Theorie der linearen Differentialgleichungen. Berlin. Ber. 1888, Ges. W. 3, p. 17, bedient sich der Bezeichnung Klasse, die von *Riemann* (vgl. Anm. 168) in etwas anderem Sinne festgelegt ist; vgl. auch *Heun,* Zur Theorie der

die erste bestimmten Art enthalten[162]), wenn sich die Integrale z der zweiten Differentialgleichung durch die Integrale y der ersten in der Form

$$(41)\qquad z = r_0(x)y + r_1(x)y' + \cdots + r_m(x)y^{(m)}$$

darstellen lassen, wobei $m \leqq n-1$ angenommen werden kann, die Funktionen $r_j(x)$, $(j = 0, 1, 2, \ldots, m)$, rational sind und für den Fall $m = 0$ $r_0(x)$ sich nicht auf eine Konstante reduzieren darf. Ist $n_1 < n$, so ist die erste Differentialgleichung reduzibel[163]), speziell ist eine Differentialgleichung reduzibel, wenn zwei ihrer Integrale durch eine Relation der Form (41) verbunden sind.[164]) Ist $n = n_1$[165]), so gehören beide Differentialgleichungen gegenseitig zur selben Art, sind beide gleichzeitig reduzibel oder irreduzibel und besitzen dieselbe Monodromiegruppe und Rationalitätsgruppe.[166])

Eine andere Einführung des Artbegriffs[167]), die unabhängig von dem Existenzbeweis für die Integrale ist, ergibt sich bei Verwendung der symbolischen Produktbildung von Differentialausdrücken (vgl. das Ref. II A 4b (*Vessiot*) Nr. **24** und II A 11 (*Pincherle*) Nr. **10**).

Zwei Differentialgleichungen derselben Art haben diejenigen singulären Stellen gemeinsam, in deren Umgebung sich die Integrale verzweigen, ferner die Unbestimmtheitsstellen, dagegen können bei beiden Differentialgleichungen sich diejenigen singulären Stellen voneinander unterscheiden, in denen die Integrale sich wie rationale Funk-

---

mehrwertigen linear verknüpften Funktionen. Acta Math. 11 (1887), p. 97—118, 12, p. 103—108.

162) Vgl. das. Ref. *Vessiot* in der Enc. des sc. math. II 16 Nr. 29 Anm. 188.

163) *Fuchs*, a. a. O., Ges. W. 3, p. 19.

164) *Frobenius*, Über den Begriff der Irreduzibilität. J. f. Math. 76 (1873), p. 268; *Hamburger*, Über die Reduzibilität linearer homogener Differentialgleichungen. J. f. Math. 111 (1893), p. 121—138; vgl. auch *Landau*, Über einen Satz von *Frobenius*, Arch. für Math. und Phys. (3) 10 (1906), p. 45—50.

165) Nach *Loewy*, Über reduzible lineare Differentialgleichungen. Math. Ann. 56, p. 563, kann man stets den allgemeineren Fall durch Zerlegung der einen Differentialgleichung auf diesen zurückführen; vgl. auch die oben [160]) zitierte Arbeit p. 5 und 6.

166) *Schlesinger*, Handbuch II 1, p. 121; *Marotte*, Les équations différentielles linéaires et la théorie des groupes. Ann. Toulouse 12, 1898; eine Verallgemeinerung des Satzes findet sich bei *Loewy* a. a. O., p. 560.

167) *Heffter*, Über gemeinsame Vielfache linearer Differentialausdrücke J. f. Math. 116 (1896), p. 157—166, *Schlesinger*, Handbuch II_1 p. 115f., *Loewy*, Zur Theorie der linearen homogenen Differentialausdrücke Math. Ann. 72 (p. 203—210), vgl. ferner die oben [160]) zitierte Arbeit von *Loewy* sowie *Blumberg*, Über algebraische Eigenschaften von linearen Differentialausdrücken. Dissertation Göttingen 1912.

tionen verhalten, und dasselbe gilt von den Nebenpunkten, welche nicht für die Integrale, sondern nur für die Differentialgleichungen singuläre Punkte sind. Haben zwei Differentialgleichungen derselben Art auch noch diejenigen singulären Stellen der Integrale gemeinschaftlich, in denen sich diese wie rationale Funktionen verhalten, so gehören die Differentialgleichungen zur selben *Klasse.*[168]) In jeder Art kann man eine Hauptklasse[169]) festlegen, in der alle Integrale als singuläre Punkte nur Verzweigungspunkte und Unbestimmtheitsstellen besitzen, während die entsprechenden Differentialgleichungen im allgemeinen noch Nebenpunkte aufweisen. *Schlesinger* überträgt a. a. O. den Begriff der Klasse auf Differentialsysteme (vgl. auch *Loewy*[160]). Die Hauptklasse enthält stets schlechthin kanonische Systeme ohne Nebenpunkte, und zwar unendlich viele, die sich voneinander nur durch die Wurzeln der determinierenden Gleichungen unterscheiden. *Schlesinger*[170]) untersucht die Transformationen, die diese Systeme ineinander überführen.

Legt man statt der gewöhnlichen die projektive Monodromiegruppe zugrunde, so erhält man statt der Art den Begriff der Verwandtschaft oder der Familie.[171]) Geht man dabei der Allgemeinheit halber von Differentialgleichungen aus, deren Koeffizienten einem gegebenen algebraischen Gebilde angehören, so nennt man zwei Differentialgleichungen n^{ter} Ordnung verwandt oder zur selben Familie gehörig, wenn zwischen ihren Integralen y und z eine Relation

$$(42)\qquad z = \Lambda(F_0 y + F_1 y' + \cdots + F_m y^{(m)}) \qquad (m \text{ wie oben} \leqq n-1)$$

besteht und die Funktionen F sowie $\frac{\Lambda'}{\Lambda}$ demselben algebraischen Gebilde angehören, so daß also Λ auf der *Riemann*schen Fläche eine multiplikative Funktion ist. Es führen daher alle Differentialgleichungen zweiter Ordnung[172]), welche zur selben Familie gehören, zu Fundamentalbereichen, welche in denselben Kern bei gleicher Aufeinanderfolge der Schraubenachsen eingehängt werden können (vgl. Nr. 9); den Nebenpunkten entsprechen Verzweigungspunkte im Innern der Bereiche. *Poincaré* zeigt am Beispiele der Differentialgleichungen

---

168) *Riemann,* Zwei allgemeine Sätze über lineare Differentialgleichungen mit algebraischen Koeffizienten. Ges. W. 2. Aufl., p. 380.

169) *Schlesinger,* Zur Theorie der linearen Differentialgleichungen. J. f. Math. 123, p. 160.

170) *Schlesinger,* Über eine Klasse von Differentialsystemen. J. f. Math. 141, p. 119—132.

171) *Poincaré,* a. a. O., p. 212.

172) *Klein,* Vorlesungen über die hypergeometrische Funktion, p. 376.

zweiter Ordnung mit rationalen Koeffizienten, daß man in eindeutiger Weise eine Repräsentantin der Familie, „die Reduzierte", festlegen kann.

Riemann führt den Begriff der Klasse unabhängig von der Differentialgleichung ein, indem er alle Funktionssysteme, welche dieselben singulären Stellen der Bestimmtheit und dieselbe Monodromiegruppe besitzen, in eine Klasse zusammenfaßt. Existieren $n+1$ derartige Funktionssysteme $y_{\varkappa,\lambda}$, wo $\varkappa = 1, 2, \ldots, n$ und $\lambda = 0, 1, \ldots, n$ zu setzen ist, so bestehen n Relationen

$$(43) \qquad p_0 y_{\varkappa 0} + p_1 y_{\varkappa 1} + \cdots + p_n y_{\varkappa, n} = 0, \qquad (\varkappa = 1, 2, \ldots n),$$

wo die p rationale Funktionen sind. Aus dem Umstande, daß die Ableitungen eines Funktionssystems mit diesem zur selben Klasse gehören, ergibt sich dann speziell, daß jedes derselben einer linearen Differentialgleichung mit rationalen Koeffizienten genügt. Natürlich befriedigen n geeignet gewählte Funktionssysteme einer und derselben Klasse ein System von n linearen Differentialgleichungen erster Ordnung.

Ritter[173]) führt im Anschluß an *Klein* statt der Funktionssysteme nach Spaltung der unabhängigen Variabeln die *Riemannschen Formenscharen* ein, die definiert sind als Systeme homogener Funktionen gleicher Dimension, welche an den Querschnitten A_k, B_k $(k = 1, 2, \ldots p)$ einer zugrunde gelegten *Riemann*schen Fläche sowie bei Umkreisung der singulären Punkte homogene lineare Substitutionen erleiden. *Fricke* (Ref. II B 4, Nr. **17**) nennt sie linear-polymorphe Formenscharen. Zwei *Riemann*sche Formenscharen sind also analog zu Obigem verwandt, oder sie gehören zur selben Familie[174]), wenn sie auf demselben algebraischen Gebilde abgesehen von Polen dieselben singulären Stellen und dieselbe projektive Monodromiegruppe besitzen. Nach willkürlicher Festsetzung irgendeines zu den singulären Stellen gehörigen Exponentensystems, das in der Familie vorkommt, als Normalexponentensystem kann man die „ganzen", d. h. nirgends unendlich werdenden Formenscharen festlegen, jede andere Formenschar der Familie kann durch Multiplikation mit multiplikativen Primformen (vgl. Ref. II B 4 (*Fricke*) Nr. **17**) in eine verwandte ganze Formenschar verwandelt werden. An den Querschnitten A_k, B_k $(k = 1, 2, \ldots, p)$ können sich die Substitutionen für die verschiedenen Formenscharen

173) *Ritter*, Über *Riemann*sche Formenscharen auf einem beliebigen algebraischen Gebilde. Math. Ann. 47, p. 157—221; vgl. auch *Caspar*, Über die Darstellbarkeit der homomorphen Formenscharen durch *Poincaré*sche Z-Reihen. Diss. Tübingen. 1908.

174) *Ritter*, a. a. O., p. 158 sagt Klasse.

der Familie noch um simultane konstante Multiplikatoren unterscheiden. Nach *Ritter* wird man wiederum ein System von Normalsubstitutionen bezüglich der Querschnitte herausgreifen, und zwar so, daß die dazugehörigen Determinanten den Wert 1 besitzen. Die Gesamtheit der Formenscharen einer Familie, welche ein und denselben Grad besitzen und deren Substitutionen an den Querschnitten A_k, B_k aus den Normalsubstitutionen durch Kombination mit einer simultanen Multiplikation aller Zweige mit den Zahlen α_k, β_k hervorgehen, bilden ein *Riemannsches Formensystem* entsprechend den Funktionen, die nach Obigem zur selben Art gehören. Um für ein *Riemann*sches Formensystem die Anzahl der willkürlichen Konstanten zu bestimmen, von der die allgemeinste darin enthaltene Formenschar abhängt, welche nur an vorgegebenen Stellen bis zu je einer vorgegebenen Ordnung unendlich werden darf, führt *Ritter* die „reziproken" Formenscharen ein und erhält einen erweiterten *Riemann-Roch*schen Satz als Ausdehnung des von ihm für multiplikative Formen gewonnenen Satzes, über den *Fricke* in II B 4, Nr. **17** referierte.

12. Assoziierte und adjungierte Differentialgleichungen. (Vgl. das Ref. II A 4b (*Vessiot*), Nr. **26**, wo die formal algebraischen Fragen behandelt sind.) Es seien $y_1, y_2, \ldots, y_n$ ein Fundamentalsystem einer linearen Differentialgleichung n^{ter} Ordnung, dann genügen die Funktionen

$$(44)\qquad y_{i_1, i_2, \ldots i_m} = \begin{vmatrix} y_{i_1} & y_{i_2} & \ldots y_{i_m} \\ y'_{i_1} & y'_{i_2} & \ldots y'_{i_m} \\ \cdot & \cdot & \cdot \\ \cdot & \cdot & \cdot \\ y_{i_1}^{(m-1)} & y_{i_2}^{(m-1)} & \ldots y_{i_m}^{(m-1)} \end{vmatrix},$$

worin $i_1, i_2, \ldots, i_m$ je eine der $\binom{n}{m}$ Kombinationen der Zahlen $1, \ldots, n$ zu je m sind, im allgemeinen einer linearen Differentialgleichung $\binom{n}{m}^{\text{ter}}$ Ordnung, der $(n-m)^{\text{ten}}$ Assoziierten der ursprünglichen Differentialgleichung. Die Koeffizienten der neuen Differentialgleichung lassen sich aus denen der alten durch Anwendung von Differentiationen und rationalen Operationen zusammensetzen. Einer linearen Substitution der y entspricht dann eine lineare Substitution der $y_{i_1, i_2, \ldots, i_m}$, welche die $(n-m)^{\text{te}}$ assoziierte Substitution der ursprünglichen genannt wird, ihre Elemente sind die Subdeterminanten m^{ter} Ordnung der aus den Elementen der gegebenen Substitution gebildeten Determinante.[175]) Die

175) *Rados,* Zur Theorie der adjungierten Substitutionen. Math. Ann. 48 (1896), p. 417—424; *Schlesinger,* Handbuch II, 1, p. 129f.

$(n - m)^{\text{te}}$ Assoziierte einer Substitution, welche aus zwei Substitutionen komponiert ist, ist in derselben Reihenfolge aus den $(n - m)^{\text{ten}}$ assoziierten Substitutionen der beiden Komponenten zusammengesetzt, so daß also die Monodromiegruppe bzw. die Rationalitätsgruppe der $(n - m)^{\text{ten}}$ assoziierten Differentialgleichung die $(n - m)^{\text{te}}$ Assoziierte der Monodromiegruppe bzw. Rationalitätsgruppe[176]) der gegebenen Differentialgleichung ist. Speziell sind also für eine singuläre Stelle die Wurzeln der zur $(n - m)^{\text{ten}}$ assoziierten Differentialgleichung gehörigen Fundamentalgleichung gleich dem Produkte von je m verschiedenen Wurzeln der zur gegebenen Differentialgleichung gehörigen Fundamentalgleichung.[177])

Von besonderer Wichtigkeit ist die erste Assoziierte einer Differentialgleichung. Dividiert man ihre Integrale durch die aus den Integralen der gegebenen Differentialgleichung gebildete Hauptdeterminante, so genügen diese der zur ursprünglichen Differentialgleichung „adjungierten" Differentialgleichung (vgl. das Ref. II A 4b (*Vessiot*) Nr. **26**). Von hervorragender Einfachheit wird der Zusammenhang zwischen adjungierten Differentialgleichungen bei invarianter Darstellung[178]) (vgl. Nr. 7). Die obigen Sätze spezialisieren sich wie folgt: Rationalitätsgruppe und Monodromiegruppe der adjungierten Differentialgleichung bestehen aus den transponierten Substitutionen der entsprechenden Gruppen der ursprünglichen Differentialgleichung. Die zwei zu einer singulären Stelle gehörigen Fundamentalgleichungen haben zueinander reziproke Wurzeln[179]), ferner gilt das von *Thomé* und *Frobenius*[180]) gefundene Reziprozitätsgesetz: Ist ein Differentialausdruck aus mehreren zusammengesetzt, so ist der adjungierte Differentialausdruck aus den adjungierten in umgekehrter Reihenfolge zu-

176) *Schlesinger*, a. a. O., p. 136.

177) *Metzler*, Compound determinants. American. J. 16 (1894), p. 145, *Rados*, a. a. O., und *Burnside*, On the characteristic equation of certain linear substitutions Quart. J. 33 (1901), p. 80—84.

178) *Hirsch*, Zur Theorie der linearen Differentialgleichungen, Dissertation Königsberg 1892, *Pick*, Über adjungierte lineare Differentialgleichungen, Wien. Ber. 101 (1892) p. 893—896.

179) *Fuchs*, Über Relationen, welche für die zwischen je zwei singulären Punkten erstreckten Integrale stattfinden. J. f. Math. 76 (1874), Ges. W. 1, p. 419; *Jürgens*, Die Form der Integrale der linearen Differentialgleichungen. J. f. Math. 80 (1875), p. 150—168.

180) *Thomé*, Zur Theorie der linearen Differentialgleichungen. J. f. Math. 76 (1873), p. 277. *Frobenius*, Über den Begriff der Irreduzibilität. J. f. Math. 76, p. 263 und Über die regulären Integrale der linearen Differentialgleichungen. J. f. Math. 80 (1875), p. 328.

sammengesetzt. Adjungierte Differentialgleichungen sind also gleichzeitig reduzibel oder irreduzibel. Damit eine Differentialgleichung mit ihrer adjungierten zur selben Art gehöre, ist notwendig und hinreichend, daß die Substitutionen der Rationalitätsgruppe eine bilineare Form von nicht verschwindender Determinante mit kogredienten Variabelpaaren in sich überführen.[181]) *R. Fuchs*[182]) findet als eine andere notwendige und hinreichende Bedingung die, daß ein bestimmtes System linearer Differentialgleichungen erster Ordnung ein rationales Lösungensystem besitzen muß. Ein Beispiel für Differentialgleichungen, welche mit ihren adjungierten zur selben Art gehören, liefert die m^{te} Assoziierte[183]) einer Differentialgleichung $(2m)^{\text{ter}}$ Ordnung nach Adjunktion der Quadratwurzel aus der Hauptdeterminante der gegebenen Differentialgleichung zum Rationalitätsbereich. Dieser Satz wurde dann von *Schlesinger*[184]) in folgender Weise verallgemeinert: Die adjungierte Differentialgleichung der $(n - q^{\text{ten}})$ Assoziierten gehört nach Adjunktion einer geeigneten Potenz der Fundamentaldeterminante der ursprünglichen Differentialgleichung mit der q^{ten} Assoziierten zur selben Art. Gehört eine Differentialgleichung $2m^{\text{ter}}$ Ordnung mit ihrer Adjungierten zur selben Art[185]), so ist die m^{te} Assoziierte reduzibel nach Adjunktion der Quadratwurzel aus der Hauptdeterminante[186]).

---

181) *Halphen,* Sur les formes quadratiques dans la théorie des équations différentielles. Paris C. R. 101 (1885), p. 666, ohne jedoch zu bemerken, daß beim Verschwinden der Diskriminante Änderungen notwendig sind. Allgemein bei *Fano,* Sulle equazioni differenziali lineari, che appartengono alla stessa specie delle loro aggiunte. Torino Atti 34 (1899), p. 260—281. Osservazioni sopra alcune equazioni differenziali lineari. Rom. Acc. L. Rend. (5) 8_1 (1899), p. 285—291. Über lineare homogene Differentialgleichungen mit algebraischen Relationen zwischen den Fundamentallösungen. Math. Ann. 53 (1900), p. 568.

182) *R. Fuchs,* Über lineare homogene Differentialgleichungen, welche mit ihrer Adjungierten zur selben Art gehören. J. f. Math. 123 (1901), p. 54—65.

183) *L. Fuchs,* Zur Theorie der linearen Differentialgleichung. Berlin. Ber. 1888, Ges. W. III, p. 11; Bemerkungen zur Theorie der assoziierten Differentialgleichung. Berlin. Ber. 1899, Ges. W. 3, p. 305f.; vgl. auch *Loewy,* Über Differentialgleichungen, die mit ihren Adjungierten zu derselben Art gehören. Münch. Ber. 32 (1902), p. 3—10.

184) *Schlesinger,* Handbuch II, 1, p. 144.

185) *R. Fuchs,* Über Differentialgleichungen, welche mit ihrer Adjungierten zur selben Art gehören. J. f. Math. 121 (1899), p. 205—209; vgl. auch von *L. Fuchs* die zweite in 183) zitierte Arbeit, Ges. W. 3, p. 304 und *Loewy,* a. a. O.

186) Der von *L. Fuchs,* Zur Theorie der linearen Differentialgleichungen. Berlin. Ber. 1888, Ges. W. 3, p. 28 aufgestellte Satz, daß die m^{te} Assoziierte einer Differentialgleichung $(2m)^{\text{ter}}$ Ordnung des *Fuchs*schen Typus reduzibel ist, wenn die Monodromiegruppe der ursprünglichen Differentialgleichung von einem in

Eine Verallgemeinerung des Begriffs der assoziierten Gleichungen gibt *Loewy*.[187])

III. Bestimmung der Differentialgleichung aus vorgegebenen Eigenschaften.

13. Vorgabe der Monodromiegruppe. Eine Abzählung der Konstanten[188]) macht es zunächst wahrscheinlich, daß es stets eine diskrete Anzahl linearer Differentialgleichungen zweiter Ordnung des *Fuchs*schen Typus ohne Nebenpunkte oder mit vorgegebenen Nebenpunkten gibt, welche eine vorgegebene Monodromiegruppe besitzen, und für welche die in den Wurzeln der zu den singulären Stellen gehörigen determinierenden Gleichungen zunächst noch unbestimmten ganzen Zahlen entsprechend der Relation (34), aber sonst willkürlich, festgelegt sind. Dagegen übertrifft bei Differentialgleichungen von höherer als der zweiten Ordnung die Anzahl der Parameter, welche in der Monodromiegruppe auftreten, diejenige der in den Differentialgleichungen enthaltenen, so daß man, um eine Übereinstimmung der Parameteranzahlen zu erhalten, eine bestimmte Anzahl der Lage nach unbestimmter oder wie man auch sagt frei beweglicher Nebenpunkte einführen muß. Aber auch wenn die Parameteranzahlen übereinstimmen und die ganzen Zahlen für die Wurzeln der determinierenden Gleichungen festgelegt sind, bleibt das Problem noch außerordentlich unbestimmt, wie schon der einfachste Fall, nämlich der der Differentialgleichungen zweiter Ordnung, zeigt. Gibt man nämlich bei einer Differentialgleichung zweiter Ordnung des *Fuchs*schen Typus mit mehr als 3 singulären Punkten die projektive Monodromiegruppe sowie entsprechend der letzteren die Differenzen der Wurzeln der zu den singulären Punkten gehörigen determinierenden Gleichungen vor, was für die Existenzfrage mit der Vorgabe der gewöhnlichen Monodromiegruppe und der oben erwähnten ganzen Zahlen wesentlich äquivalent ist, so handelt es sich zunächst darum, alle Fundamentalbereiche anzugeben, welche nach Festlegung der in den Kantenwinkeln auftretenden ganzzahligen Vielfachen von 2π in einen vorgegebenen Kern eingehängt werden können

---

ihren Koeffizienten auftretenden Parameter unabhängig ist, ist unrichtig, wie *Fuchs* selbst später angab, vgl. *Fuchs,* Zur Theorie der simultanen partiellen Differentialgleichungen. Berlin. Ber. 1898, Ges. W. 3, p. 268, ferner die darauf bezüglichen Anmerkungen von *R. Fuchs* daselbst, p. 71.

187) *Loewy,* Zur Gruppentheorie. Am. M. S. Trans. 5 (1904), p. 61—80.

188) *Poincaré,* Sur les groupes des équations linéaires. Acta math. 4 (1884), p. 216f.; *Klein,* Vorlesungen über die hypergeometrische Funktion, (1894) p. 247f.; *Schlesinger,* Handbuch II, 1 (1897), p. 301 und 380.

(s. Nr. **9**). Jedem derartigen Fundamentalbereiche läßt sich aber in eindeutiger Weise eine Differentialgleichung (40) zuordnen, für welche drei singuläre Stellen an vorgegebene Stellen fallen; dadurch ist (38) ebenfalls eindeutig bestimmt, wenn $q_1(x) = 0$ gesetzt wird. (Vgl. Ref. II B 4, (*Fricke*) Nr. **14** und **31**.) Merkwürdigerweise zieht *Poincaré*[189]) aus dieser letzteren Tatsache den Schluß, daß die Koeffizienten der Differentialgleichung eindeutige Funktionen der Parameter der Monodromiegruppe sind, ohne daran zu denken, daß unendlich viele Fundamentalbereiche und damit Differentialgleichungen in dem angegebenen Sinne zu demselben Kern gehören. Die zu verschiedenen Fundamentalbereichen desselben Kerns gehörigen Differentialgleichungen zweiter Ordnung haben im allgemeinen ganz verschiedene singuläre Punkte, sind also nicht etwa verwandt, und es bestehen daher zwischen ihnen gewiß keine einfachen Beziehungen. Dasselbe gilt natürlich auch für die Differentialgleichungen höherer Ordnung. Um verwandte Differentialgleichungen zu erhalten, muß man daher noch die singulären Punkte vorgeben und, sofern man bei einer einzelnen linearen Differentialgleichung bleiben will, eine entsprechende Anzahl von frei beweglichen Nebenpunkten zulassen. Wir kommen so zu einer Fragestellung, die auf *Riemann*[190]) zurückgeführt werden kann und welche in der nächsten Nr. besprochen werden soll.[191])

14. Das Riemannsche Problem. Besitzt eine lineare Differentialgleichung zweiter Ordnung im ganzen drei singuläre Stellen der Bestimmtheit, so kann man diese durch eine lineare Transformation der unabhängigen Veränderlichen stets in drei fest vorgegebene Punkte etwa 0, 1 und ∞, werfen. Kennt man dann noch die Wurzeln der zu diesen singulären Stellen gehörigen determinierenden Gleichungen, so sind die Koeffizienten der Differentialgleichung auf rationale Weise eindeutig bestimmbar. (Vgl. Nr. **18**.) In allen höheren Fällen, d. h. wenn die Ordnung der Differentialgleichung oder die Anzahl der singulären Stellen größer ist, treten in der Differentialgleichung nach Nr. **7** noch akzessorische Parameter auf, ferner ist nach Nr. **13** eine bestimmte Anzahl freibeweglicher Nebenpunkte einzuführen. Ist also neben den singulären Stellen die ganze Monodromiegruppe vorgegeben, so erhält man aus den Fundamentalinvarianten der Monodromiegruppe für die in der Differentialgleichung noch unbestimmten Parameter

189) *Poincaré*, l. c., p 221 unten; *Schlesinger* II 1, p. 318.

190) Vgl. hierzu die in 168) zitierte Arbeit von *Riemann*.

191) Bez. des Zusammenhangs des eben besprochenen Problems mit diesem *Riemann*schen Problem vgl. die oben 170) zitierte Arbeit von *Schlesinger* p. 142f.

eine entsprechende Anzahl transzendenter Gleichungen[192]), von denen zu zeigen ist, daß sie eine gemeinsame Lösung besitzen.

Riemann selbst postuliert seiner Grundauffassung entsprechend, statt von der Differentialgleichung auszugehen, direkt die Existenz von n Funktionen der Variabeln x, welche in der ganzen Ebene mit Ausnahme der willkürlich vorgegebenen Punkte $a_1, a_2, \ldots, a_\sigma, a_{\sigma+1}$ endlich und stetig sind, nirgends eine Unbestimmtheitsstelle besitzen und vorgegebene lineare Substitutionen mit konstanten Koeffizienten erfahren, wenn x einfache Umläufe um die singulären Stellen macht. Der Umlauf soll dabei von der positiven Seite einer in sich zurücklaufenden Linie ausgehen, welche durch die sämtlichen singulären Punkte so gezogen ist, daß sie die Ebene in zwei Gebiete teilt. Die vorgegebenen $\sigma + 1$ Substitutionen, die „*Fundamentalsubstitutionen*" müssen natürlich einer Relation genügen, welche ausdrückt, daß das Funktionssystem nach einem Umlauf um alle singulären Punkte sich nicht geändert hat. Wir wollen jetzt die verschiedenen Ansätze und vollständigen Durchführungen von Existenzbeweisen für diese Funktionen der Reihe nach durchsprechen.

a) *Beweis vermittelst der Poincaréschen Zetareihen.* Im Referate von II B 4 (*Fricke*), Nr. **16** wurde berichtet, daß sich nach *Poincaré*[193]) die Lösungssysteme einer linearen Differentialgleichung n^{ter} Ordnung, deren Koeffizienten einem gegebenen algebraischen Gebilde angehören, als eindeutige Funktionen der dort eingeführten Funktion ζ darstellen lassen, wenn den singulären Stellen der Differentialgleichung im allgemeinen parabolische Zipfel des Fundamentalbereichs entsprechen; diese können für eine singuläre Stelle der Bestimmtheit durch eine gewöhnliche Ecke ersetzt werden, sobald die Wurzeln der entsprechenden determinierenden Gleichung rationale Zahlen sind und das entsprechende Fundamentalsystem daselbst logarithmenfrei ist. Wie a. a. O. Nr. **35**, p. 444 weiter ausgeführt wird, entspricht jeder Substitution der Gruppe Γ der linear gebrochenen Substitutionen von ζ eindeutig eine lineare Substitution der Monodromiegruppe der gegebenen Differentialgleichung; die Substitutionen der letzteren wollen wir als unimodular annehmen. Sei nun die *Riemann*sche Fläche vorgegeben, ferner irgendwelche singuläre Stellen der Bestimmtheit und die Wurzeln der dazugehörigen determinierenden Gleichungen. Läßt sich dann entsprechend zu II B 4, Nr. **16** eine uniformisierende Funktion

192) *Klein,* Vorlesungen über die hypergeometrische Funktion (1893—94), p. 252.

193) *Poincaré,* Mémoire sur les fonctions zetafuchsiennes, Acta math. 5 (1884), p. 209—278.

angeben, für welche Γ keine parabolische Substitutionen enthält, so läßt sich zu jedem beliebig vorgegebenen Systeme unimodularer Fundamentalsubstitutionen, welches die obigen Voraussetzungen erfüllt, ein System dazugehöriger *Poincaré*scher Zetareihen angeben. Enthält jedoch Γ parabolische Substitutionen, so muß man die wesentliche Einschränkung machen, daß die den parabolischen Zipfeln des Fundamentalbereichs entsprechenden Fundamentalsubstitionen Fundamentalgleichungen besitzen, deren sämtliche Wurzeln den absoluten Betrag 1 haben[194]). In beiden Fällen erhält man n Funktionen, welche außer den vorgegebenen singulären Stellen nur mehr Pole besitzen und, wie in Nr. **11** ausgeführt wurde, eine Differentialgleichung der gewünschten Form befriedigen. Alle andern das Problem lösenden Differentialgleichungen sind mit dieser verwandt.

Poincaré[195]) selbst verwendet diese Schlußweise zum Nachweis der Existenz unendlich vieler linearer Differentialgleichungen mit vorgegebenen singulären Punkten und vorgegebener Monodromiegruppe nur dann, wenn die letztere endlich ist. In allgemeinerer Weise deutet *Ritter* in seiner in Nr. **11** besprochenen Arbeit auf die Möglichkeit hin, vermittelst der Zetareihen den durch das *Riemann*sche Problem geforderten Existenzbeweis zu erbringen, nachdem *Klein*[192]) in seiner Vorlesung über die hypergeometrische Funktion das *Riemann*sche Problem genau formuliert hatte. Doch fehlt bei *Ritter* jede Bemerkung über die notwendigen Einschränkungen für die Gültigkeit des Beweises vermittelst der Zetareihen. Dagegen zieht *Schlesinger*[196]) die exakte Schlußfolgerung, daß das *Riemann*sche Problem sich in dem Falle, wo die Koeffizienten der Differentialgleichung rational und die Wurzeln der determinierenden Fundamentalgleichungen reell sind, wo also die Konvergenz der Zetareihen gesichert ist, durch diese Reihen lösen läßt, und geht dazu über, die Folgerungen aus diesem Existenzbeweise ins einzelne zu entwickeln. Er zeigt, daß man in der Hauptklasse

194) *Brodén*, Über eine Verallgemeinerung des *Riemann*schen Problems Acta math. 29 (1905) versucht konvergenzerzeugende Faktoren einzuführen; ihre Existenz vorausgesetzt, kommt man aber auf Differentialgleichungen, die nicht mehr dem *Fuchs*schen Typus angehören; vgl. auch *Schlesinger* und *Brodén* Bemerkungen zum *Riemann*schen Problem J. f. Math. 125 (1902) p. 28—33.

195) *Poincaré*, Sur l'intégration algébrique des équations linéaires. C. R. 97 (1883), p. 984—985.

196) *Schlesinger*, Handbuch II 1, p. 388, II 2, p. 382 u. f.; Zur Theorie der linearen Differentialgleichungen im Anschluß an das *Riemann*sche Problem. J. f. Math. 123 (1901), p. 138—173, 124 (1902), p. 292—319, 130 (1905), p. 26—46; ferner, Über das *Riemann*sche Fragment zur Theorie der linearen Differentialgleichungen. Verh. des 3. intern. Math. Kongreß, Heidelberg (1905), p. 219—228.

(vgl. Nr. **11**) stets in eindeutiger Weise eine Differentialgleichung mit einer Minimalzahl von Nebenpunkten unter Festhaltung der Wurzeln der zu den singulären Stellen gehörigen determinierenden Gleichungen festlegen kann. Ferner weist *Schlesinger* auf den engen Zusammenhang des *Riemann*schen Problems mit der in Nr. 8 besprochenen Frage, wann die Monodromiegruppe der Differentialgleichung von einer singulären Stelle unabhängig ist, hin, indem er hervorhebt, daß diese Annahme stets erfüllt ist, wenn die Monodromiegruppe und die singulären Punkte willkürlich vorgegeben sind.

b) *Kontinuitätsmethode.* Um zu sehen, ob die Einschränkungen, welche durch die Einführung der Zetareihen notwendig wurden, in der Natur des Problems oder nur in der Behandlung desselben lagen, zog *Schlesinger*[197]) für einen neuen Beweis die Kontinuitätsmethode heran, welche *Klein* und *Poincaré* zum Beweise der Fundamentaltheoreme in der Theorie der automorphen Funktionen geschaffen haben. (Vgl. das Ref. II B 4 (*Fricke*), Nr. **37**.) Zur Vorbereitung für die Anwendung dieser Methode geht *Schlesinger* zunächst von der linearen Differentialgleichung, welche im allgemeinen Falle Nebenpunkte haben muß, zu den schlechthin kanonischen Differentialsystemen von der Form (37) über und stellt sich die Aufgabe zu zeigen, daß es zu vorgegebenen Fundamentalsubstitutionen und vorgegebenen singulären Punkten stets schlechthin kanonische Differentialsysteme ohne Nebenpunkte gibt. Die $n^2\sigma$ Elemente der Fundamentalsubstitutionen sind ganze transzendente Funktionen der $n^2\sigma$ Größen $A_{\lambda\varkappa}^{(\nu)}$, deren Funktionaldeterminante nicht identisch verschwindet und die in bezug auf die in Nr. **11** erwähnten Transformationen, die die schlechthin kanonischen Differentialsysteme derselben Klasse ineinander überführen, einen Automorphismus aufweisen, wie *Schlesinger* a. a. O. ausführt. Es folgt zunächst, daß ein solches Differentialsystem, wenn es existiert, durch die Wurzeln der determinierenden Gleichungen innerhalb der Klasse eindeutig festgelegt werden kann. Es handelt sich dann um den Nachweis, daß jene ganzen transzendenten Funktionen jedes beliebige System von Fundamentalsubstitutionen darstellen können. Die exakte Durchführung des Beweises führt aber auf bis jetzt noch nicht völlig überwundene Schwierigkeiten[198]). Wir wenden uns daher zu

---

197) *Schlesinger,* a. a. O. J. f. Math. 130, ferner Bemerkung zu dem Kontinuitätsbeweise für die Lösbarkeit des *Riemann*schen Problems. Math. Ann. 63 (1906), p. 273—276, Vorlesungen über lineare Differentialgleichungen, p. 286—304.

198) *Plemelj,* Über *Schlesingers* „Beweis“ der Existenz *Riemann*scher Funktionenscharen mit gegebener Monodromiegruppe. Deutsche Math.-Ver. 18 (1909),

einer dritten von *Hilbert*[199]) geschaffenen Beweismethode, welche, wie im Anschluß daran *Plemelj*[200]) zeigte, zu einem vollen Beweise der oben erwähnten von *Schlesinger* aufgestellten Behauptung führt.

c) *Beweis vermittelst Integralgleichungen.* *Hilbert* denkt sich im Anschluß an *Riemann* durch die vorgegebenen singulären Punkte $a_1, \ldots, a_{\sigma+1}$ eine analytische sich nirgends schneidende und in sich geschlossene Kurve C gelegt und stellt sich die Aufgabe, zwei außerhalb der Kurve C analytische Funktionen $f_\alpha(z)$ und $f_{\alpha,1}(z)$ und zwei innerhalb C analytische, bezüglich sich wie rationale Funktionen verhaltende Funktionen $f_j(z)$ und $f_{j,1}(z)$ derart zu bestimmen, daß auf der Randkurve für jeden in Betracht kommenden Wert der als Parameter eingeführten Bogenlänge s

$$f_\alpha(s) = c_{11}(s) f_j(s) + c_{12}(s) f_{j,1}(s), \quad f_{\alpha,1}(s) = c_{21}(s) f_j(s) + c_{22}(s) f_{j,1}(s)$$

ist, wobei die c gegebene komplexe, zweimal stetig differenzierbare Funktionen sind. Beim *Riemann*schen Problem sind die c Konstanten, die sich aber an den singulären Stellen a sprungweise ändern, weshalb *Hilbert* zunächst das *Riemann*sche Problem auf das eben angegebene reduziert. Das so reduzierte Problem, eine Randwertaufgabe, wird dann vermittelst einer *Green*schen Funktion auf eine Integralgleichung zweiter Art zurückgeführt und vermittelst dieser gezeigt, daß es zum mindesten ein Lösungssystem mit allen gewünschten Eigenschaften gibt. *Plemelj* setzt den von *Hilbert* für $n = 2$ eingeschlagenen Weg fort unter Umgehung der *Green*schen Funktion, wobei er für das allgemeine *Riemann*sche Problem eine verhältnismäßig einfache Lösung erhält. Nach Durchführung des Existenzbeweises zeigt *Plemelj* speziell die Existenz eines *primitiven* Fundamentalsystems von Lösungen[201])

$$Y^{(j)} = [Y_1^{(j)}, Y_2^{(j)}, \ldots Y_n^{(j)}] \text{ für } j = 1, 2, \ldots, n,$$

für welches die Funktionen $Y_\varkappa^{(\lambda)}$ in der ganzen Ebene außerhalb der vorgegebenen singulären Stellen allenthalben analytisch sind und eine von Null verschiedene Determinante ergeben, während die ganzen Zahlen, welche in den Wurzeln der determinierenden Gleichungen auftreten und zunächst noch unbestimmt sind, in allen singulären

---

p. 15—20, 340—343; *Schlesinger,* Bemerkungen zum Kontinuitätsbeweise für die Lösbarkeit des *Riemann*schen Problems. Ebd., p. 21—25.

199) *Hilbert,* Grundzüge einer Theorie der linearen Integralgleichungen. (Dritte Mitteilung.) Gött. Nachr. 1905, p. 307—338.

200) *Plemelj, Riemann*sche Formenscharen mit gegebener Monodromiegruppe. Monatsh. für Math. und Phys. (1908), p. 211—246.

201) a. a. O., p. 237 u. f.

Punkten mit Ausnahme eines einzigen willkürlich fixiert sind.[202]) Für die zu diesem letzteren gehörige determinierende Gleichung hat man jedoch nicht mehr in jedem Falle die Möglichkeit, eine ihrer Wurzeln unter Festhaltung aller zu den anderen singulären Punkten gehörigen Wurzeln um eine ganze Zahl zu vermehren und eine andere um dieselbe zu vermindern. Durch das so gewonnene primitive Fundamentalsystem ist jede Lösung, für welche die Wurzeln der determinierenden Gleichungen nirgends unter die entsprechenden des primitiven Fundamentalsystems heruntergehen, und die sonst überall analytisch ist, linear mit ganzen rationalen Koeffizienten darstellbar; speziell folgt daraus, daß das primitive Fundamentalsystem einem schlechthin kanonischen Differentialsystem ohne Nebenpunkte genügt, wodurch das *Riemann*sche Problem in der von *Schlesinger* gegebenen Formulierung seinem ganzen Umfang nach gelöst ist. Den Fall, daß man statt der schlichten Ebene eine *Riemann*sche Fläche zugrunde legt, führt *Plemelj* durch einen Kunstgriff auf den behandelten zurück[203]), so daß auch die in Nr. **11** besprochenen *Ritter*schen Untersuchungen auf feste Grundlage gestellt sind. Von hier aus geht auch eine Brücke zu den *Prymschen Funktionen* n^{ter} Ordnung[204]), welche in denjenigen Funktionssystemen enthalten sind, die auf einer gegebenen *Riemann*schen Fläche aus den *Riemann*schen Funktionssystemen durch Integration hervorgehen; vgl. hierzu das in Nr. **16**, a) zu besprechende *Fuchs*sche Umkehrproblem. Die *Prym*schen Funktionen erleiden an den Querschnitten der Fläche inhomogene lineare Substitutionen, die von *Prym* und *Rost* derartig vorgegeben werden, daß die Funktionen durch die Grenz- und Unstetigkeitsbedingungen in stets erfüllbarer Weise eindeutig festgelegt sind. Der Existenzbeweis ist unabhängig von der Differentialgleichung vermittelst der von *Prym* und *Rost* erweiterten Methode des alternierenden Verfahrens (vgl. das Ref. II B 4 (*Fricke*), Nr. **14**) durchführbar und liefert so einen neuen Beweis der Lösbarkeit des *Riemann*schen Problems, allerdings unter beschränkenden Voraussetzungen, die zum Teile noch

202) a. a. O., p. 241; vgl. hierzu *Fuchs*, Über die Relationen, welche die zwischen je zwei singulären Punkten erstreckten Integrale mit den Koeffizienten der Fundamentalsubstitutionen verbinden. Berlin. Ber. 1892, Ges. W. 3, p. 146—149; Über lineare Differentialgleichungen, welche von Parametern unabhängige Substitutionsgruppen besitzen. Berlin. Ber. 1893, Ges. W. 3, p. 175; *Heffter*, Über gemeinsame Vielfache linearer Differentialausdrücke. J. f. Math. 116, p. 157—166; vgl. auch die oben [198]) zitierten Noten von *Plemelj* und *Schlesinger*, ferner *Schlesinger*, J. f. Math. 141, p. 119—134.

203) *Plemelj*, a. a. O., Deutsche Math.-Ver. 18, p. 20.

204) *Prym-Rost*, Theorie der *Prym*schen Funktionen erster Ordnung, Teubner 1911, Vorwort.

enger sind als diejenigen, welche beim Beweis mittels der *Poincaré*schen Zetareihen zu machen sind.

d) *Verallgemeinerungen durch Birkhoff.* Während das *Riemann*sche Problem in seiner klassischen Form sich auf Differentialgleichungen beschränkt (vgl. jedoch *Brodén*[194])), welche nur singuläre Stellen der Bestimmtheit besitzen, stellt *Birkhoff* sich die Aufgabe[205]), ein System von n linearen Differentialgleichungen der ersten Ordnung mit vorgeschriebenen singulären Stellen $a_1, \ldots, a_m, a_{m+1} = \infty$ je vom Range $q_1, q_2 \ldots q_{m+1}$ (vgl. Nr. 5) zu bestimmen, wenn die Monodromiegruppe gegeben ist und ferner für jede singuläre Stelle die sog. charakteristischen Konstanten vorgegeben sind. Dabei werden nach *Birkhoff* die $n(q_{m+1}+1)$ Koeffizienten der n Funktionen $g(x)$ in (23), welche Polynome vom Grade q_{m+1} sind, die n Exponenten ϱ sowie die $n(n-1)q_{m+1}$ Transformationskonstanten, welche in den Beziehungen zwischen den Integralen, die in benachbarten Sektoren durch dieselben Normalreihen dargestellt werden, auftreten, die *zum Punkte* ∞ *gehörigen charakteristischen Konstanten* genannt. Bei der Behandlung dieses verallgemeinerten Theorems gibt *Birkhoff* zugleich einen neuen Beweis für die Lösbarkeit des gewöhnlichen *Riemann*schen Problems, bei dem er in der einen Fassung die Integralgleichungen durch direkte Anwendung sukzessiver Approximationen umgeht und auch sonst mannigfache Vereinfachungen einführt.[206])

Bezüglich der Anwendungen des *Riemann*schen Problems sei zunächst auf den Schluß von Nr. 8 hingewiesen. Ferner gewinnt *Schlesinger*[207]) aus dem *Riemann*schen Problem den folgenden Satz: Die Lösungen einer beliebigen linearen Differentialgleichung n^{ter} Ordnung mit eindeutigen Koeffizienten und einer endlichen Anzahl singulärer Stellen, die also singuläre Stellen der Unbestimmtheit sein können, lassen sich durch die Integrale einer Differentialgleichung des *Fuchs*schen Typus und deren $n-1$ erste Ableitungen linear mit eindeutigen Koeffizienten darstellen. Auf eine weitere Anwendung werden wir in der folgenden Nummer zu sprechen kommen.

15. Algebraisch integrierbare Differentialgeichungen. (Vgl. für das Folgende das Ref. I B 3f (*Wiman*), speziell Nr. 2—8; ferner das

205) *Birkhoff,* Singular points of ordinary linear differential equations. Trans. of Am. Math. Soc. 10, p. 469f.; The generalized *Riemann* problem. Proc. of Am. Ac. of arts and sciences 49 Nr. 9 (1913), p. 521f.

206) In einer anderen Arbeit: A theorem on matrices of analytic fonctions, Math. Ann. 74, p. 122 gibt *Birkhoff* einen Beweis, der auf das engste mit dem von *Hilbert* und *Plemelj* gegebenen verwandt ist.

207) *Schlesinger,* Über einen allgemeinen Satz aus der Theorie der linearen Differentialgleichungen. J. f. Math. 124, p. 47—58.

Ref. I B 2 (*Meyer*), Nr. 5, sowie das Ref. II B 4 (*Fricke*), Nr. 3. Speziell finden sich alle auf die *endlichen Gruppen* bezüglichen Fragen in dem Ref. *Wiman* behandelt, das also als Ergänzung zu dem folgenden unbedingt heranzuziehen ist.) Damit eine lineare Differentialgleichung des *Fuchs*schen Typus algebraisch integrierbar sei, d. h. lauter algebraische Integrale besitze, ist notwendig und hinreichend, daß ihre Monodromiegruppe eine endliche sei. Umgekehrt folgt aus dem gelösten *Riemann*schen Probleme[195]), daß man zu jeder vorgegebenen endlichen Monodromiegruppe mit entsprechend vorgegebenen singulären Stellen beliebig viele dazugehörige Differentialgleichungen angeben kann, welche algebraisch integrierbar sind. Es entstehen nun die beiden Fragen

a) *alle algebraisch integrierbaren Differentialgleichungen einer gegebenen Ordnung aufzustellen,*

b) *zu entscheiden, ob eine vorgelegte Differentialgleichung algebraisch integrierbar ist, bezüglich die etwa auftretenden akzessorische Parameter entsprechend zu bestimmen.*

Es empfiehlt sich dabei, statt der gewöhnlichen homogenen Monodromiegruppe die projektive Monodromiegruppe einzuführen, da nach Entscheidung der Frage, wann das Verhältnis je zweier Integrale algebraisch ist, die andere sich auch unschwer beantworten läßt.

Bei Differentialgleichungen zweiter Ordnung ist daher a) äquivalent mit der Aufgabe, alle in Betracht kommenden Fundamentalbereiche zu bestimmen, welche nach endlicher Wiederholung die Kugel ein oder mehrere Male vollständig überdecken.

Die einfachsten algebraisch integrierbaren Fälle erhält man, wenn in

(45a) $$[\eta]_z = \frac{N^2-1}{2N^2z^2}$$

für N irgendeine ganze Zahl gesetzt wird (*zyklische Gruppe*), oder wenn in

(45b) $$[\eta]_z = \frac{\nu_1^{\,2}-1}{2\nu_1^{\,2}(z-1)^2} + \frac{\nu_2^{\,2}-1}{2\nu_2^{\,2}z^2} + \frac{\frac{1}{\nu_1^{\,2}} + \frac{1}{\nu_2^{\,2}} - \frac{1}{\nu_3^{\,2}} - 1}{2(z-1)z}$$

entsprechend

der Diedergruppe $\nu_1 = 2,\quad \nu_2 = 2,\quad \nu_3 =$ beliebige ganze Zahl,
der Tetraedergruppe $\nu_1 = 2,\quad \nu_2 = 3,\quad \nu_3 = 3,$
der Oktaedergruppe $\nu_1 = 2,\quad \nu_2 = 3,\quad \nu_3 = 4,$
der Ikosaedergruppe $\nu_1 = 2,\quad \nu_2 = 3,\quad \nu_3 = 5.$

gewählt wird.

Die Differentialgleichung (45b) entspricht der hypergeometrischen Differentialgleichung (Nr. 18), die angegebenen Wertesysteme für die

Größen ν erschöpfen nach *H. A. Schwarz*[137]) alle Fälle, in denen (45b) derart algebraisch integrierbar ist, daß die η Kugel gerade einmal bei den symmetrischen Wiederholungen (vgl. das Ref. II B 1 (*Osgood*) Nr. **20** u. **21**) des Kreisbogendreiecks überdeckt wird, das der positiven Halbebene der z entspricht, so daß also z eine rationale Funktion von η wird. (Vgl. die Ref. I B 2, (*Meyer*), p. 336f., I B 3 (*Wiman*) Nr. **2** und II B 4 (*Fricke*) Nr. **3** und **4**.)

Man erhält nun nach *Klein*[208]) alle Differentialgleichungen der Form (40), welche algebraisch integrierbar sind, wenn man in einer der durch (45a) oder (45b) dargestellten, eben besprochenen fünf Differentialgleichungen vermittelst der Identität

$$[\eta]_x = [\eta]_z \left(\frac{dz}{dx}\right)^2 + [z]_x \tag{46}$$

statt z irgendeine rationale Funktion $R(x)$ von x einführt.

Weit komplizierter liegen die Verhältnisse bei Differentialgleichungen von höherer als der zweiten Ordnung. *Jordan* war der erste, der einen allgemeinen Ansatz zur Aufstellung der endlichen linearen Substitutionsgruppen bei beliebiger Variabelnanzahl lieferte, wie im Ref. I B 3f. (*Wiman*), Nr. **5** näher ausgeführt wurde. In Ergänzung davon seien hier nur die auf die Bestimmung der endlichen linearen Substitutionsgruppen bezüglichen Arbeiten von *Blichfelt*[209]) erwähnt.

Auf Grund der bekannten endlichen ternären Gruppen kann man dann nach *Painlevé*[210]) zur Bestimmung aller algebraisch integrierbaren Differentialgleichungen dritter Ordnung mit rationalen Koeffizienten eine dem oben angegebenen, von *Klein* herrührenden Verfahren analoge Methode anwenden, nachdem der *Schwarz*sche Differentialausdruck entsprechend für Differentialgleichungen dritter Ordnung verallgemeinert ist. Eine vollständige Durchführung der betreffenden Einzelrechnungen gibt *Boulanger*[211]) speziell für die nach *Jordan* so genannte *Hessesche Gruppe* (vgl. das Ref. I B 3f. (*Wiman*), Nr. **5**).

---

208) Vgl. das Ref. I B 2 (*Meyer*), p. 338, speziell Anm. 101 und das Ref. I B 3f. (*Wiman*), p. 527, Anm. 17.

209) *Blichfelt,* On the order of linear homogeneous groups. Trans. Amer. M. S. 7 (1907), p. 523—529, The finite discontinuous primitive groups of collineations in four variables. Math. Ann. 60 (1905), p. 204—231, the finite u. s. f. in three variables. Math. Ann. 63 (1907), p. 552—572.

210) *Painlevé,* Sur les équations différentielles linéaires du troisième ordre. Paris C. R. 104 (1887), p. 1829—1832, C. R. 105, p. 58—61.

211) *M. Boulanger,* Équations différentielles linéaires intégrables algébriquement. J. de l'Éc. Pol. (2) 4 (1898), p. 1—122.

Allgemein ist eine Differentialgleichung des *Fuchs*schen Typus, deren determinierende Gleichungen nur rationale Wurzeln besitzen, algebraisch integrierbar, wenn zwischen den Elementen eines dazugehörigen Fundamentalsystems $n-2$ homogene Relationen mit konstanten Koeffizienten bestehen[212]), sofern nicht die dadurch im $n-1$ dimensionalen Raume dargestellte Kurve mit der rationalen Normalkurve dieses Raumes zusammenfällt. Weitere Ausführungen über den Einfluß derartiger Relationen und über den Zusammenhang mit den Differentialinvarianten finden sich in dem Ref. II A 4b (*Vessiot*), p. 291 bis 292, besonders aber in dem entsprechenden Ref. der Enc. des sc. math. II 16 Nr. **42**.

Ferner sei noch erwähnt, daß nach *Loewy*[213]) zur algebraischen Integrierbarkeit einer linearen Differentialgleichung ausreicht, daß sie vollständig reduzibel sei (vgl. Nr. **10**), und daß jeder ihrer irreduzibeln Bestandteile ein algebraisches Integral hat. Umgekehrt ist jede algebraisch integrierbare lineare Differentialgleichung vollständig reduzibel.

Indem wir uns jetzt zu den Problemen b) wenden, besprechen wir zunächst die Frage, wie man durch eine beschränkte Anzahl von Versuchen entscheiden kann, ob eine vorgelegte lineare Differentialgleichung *rationale Funktionen* als Integrale besitzt. Die Aufgabe wurde in systematischer Weise von *Liouville*[214]) erledigt. Es ergeben nämlich die zu den singulären Stellen der Bestimmtheit gehörigen

---

212) Der Satz wurde zuerst für Differentialgleichungen dritter Ordnung von *Fuchs* bewiesen. Vgl. *Fuchs*, Über lineare homogene Differentialgleichungen, zwischen deren Integralen homogene Relationen höheren als ersten Grades bestehen, Berlin. Ber. 1882, p. 703—710, Acta math. 1 (1882), p. 321—362, Ges. W. 2, p. 289—298 u. 299—339; *Schlesinger*, Über lineare Differentialgleichungen vierter Ordnung u. s. f. (Diss. Berlin 1887) beweist den Satz für Differentialgleichungen vierter Ordnung, einen allgemeinen Beweis gibt *Wallenberg*, Anwendung der Theorie der Differentialinvarianten auf die Untersuchung der algebraischen Integrierbarkeit. J. f. Math. 113 (1894), p. 1—41; vgl. auch *Vukicevic*, Die Invarianten der linearen Differentialgleichungen n^{ter} Ordnung. Berlin. Diss. 1894 und *Fano*, Über lineare homogene Differentialgleichungen mit algebraischen Relationen zwischen den Fundamentallösungen. Math. Ann. 53 (1900), p. 493—590.

213) Vgl. die in 157) zitierte Arbeit von *Loewy*, p. 583, sowie die in 151) zitierte Arbeit desselben, p. 108.

214) *Liouville*, Sur la détermination des intégrales dont la valeur est algébrique. J. de l'Éc. Pol. 22, p. 154f.; vgl. auch *Imschenetzky*, Methode zur Auffindung rationaler Integrale. Petersb. Abh. 55 (1887), p. 1—55, 56 (1888); ferner *Heffter*, Über Rekursionsformeln der Integrale linearer homogener Differentialgleichungen. J. f. Math. 106, p. 275; dazu *Fuchs*, ebd., p. 283—284; ferner *Perron*, Über lineare Differenzen- und Differentialgleichungen. Math. Ann. 66, p. 479.

determinierenden Gleichungen sowie die entsprechenden Ansätze an den anderen singulären Stellen für die Grade der in Zähler und Nenner der gesuchten Funktion auftretenden Polynome obere Schranken, so daß man nur über die Auflösbarkeit des die Koeffizienten der Polynome bestimmenden Gleichungssystems zu entscheiden hat. In entsprechender Weise kann man durch eine beschränkte Anzahl algebraischer Operationen entscheiden, ob eine gegebene Differentialgleichung ein Integral besitzt, dessen logarithmische Ableitung rational ist, spezieller ein Integral, das gleich einer Wurzel aus einer rationalen Funktion ist. Sind in der Differentialgleichung Parameter unbestimmt, so kommt man durch die Forderung polynomischer Lösungen auf die im Ref. II A 7a (*Bôcher*), Nr. 6 besprochenen Probleme, die durch Heranziehung der den Quotienten η zweier Partikularlösungen entsprechenden Fundamentalbereiche wenigstens in den einfacheren Fällen eine besonders anschauliche Behandlung gestatten.[215]) Weit schwieriger ist die Entscheidung, ob das allgemeine Integral einer vorgegebenen Differentialgleichung zweiter Ordnung

$$y'' + q(x)y = 0 \tag{47}$$

algebraisch ist. Auch diese Aufgabe wurde von *Liouville*[216]) in Angriff genommen, doch drang dieser nicht so weit vor, um durch eine beschränkte Anzahl von Schritten eine Entscheidung in jedem Falle treffen zu können. Nach einem verfehlten diesbezüglichen Versuche von *Pépin*[217]) führte *Fuchs*[218]) das Problem durch. Er geht von der Tatsache aus, daß die niedrigste Primform, das ist eine aus zwei Integralen der gegebenen Differentialgleichung gebildete Form, welche gleich einer Wurzel aus einer rationalen Funktion von x ist (vgl. das Ref. I B 2 (*Meyer*), p. 338 und das Ref. I B 3f (*Wiman*), Nr. 4, p. 527), höchstens vom Grade 12 sein kann, also einer linearen Differentialgleichung A von höchstens 13tem Grade genügt. Man hat

---

215) *Klein,* Vorlesungen über lineare Differentialgleichungen zweiter Ordnung (1894), p. 190—256.

216) *Liouville,* Mémoire sur l'intégration d'une classe d'équations différentielles en quantités finies explicites. J. de Math. (1) IV (1839), p. 433.

217) *Pépin,* Mémoire sur l'intégration sous forme finie de l'équation différentielle du second ordre. Ann. di mat. (1) 5 (1863), p. 185—224; vgl. hierzu *Fuchs,* Sur les équations différentielles. Paris C. R. 82 (1876), p. 1494—1497, Ges. W. 2, p. 67—71.

218) *Fuchs,* Über lineare Differentialgleichungen zweiter Ordnung, welche algebraische Integrale besitzen. Gött. Nachr. 1875, J. f. Math. 81 (1876), p. 97—142 und 85 (1878), p. 1—25. Ges. W. 2, p. 1—62 und 115—144. Vgl. auch die Darstellung bei *Schlesinger,* Handbuch II, 2, p. 118—162, wo die Untersuchungen von *Fuchs* und *Klein* in Wechselbeziehung gesetzt sind.

also zunächst zu entscheiden, ob diese Differentialgleichung A durch die Wurzel aus einer rationalen Funktion integrierbar ist, wobei jedoch die allgemeine Aufstellung dieser Differentialgleichung A noch umgangen werden kann. Ist dann die Form von höherem als dem zweiten Grade und nicht die Potenz einer solchen, so sind die Integrale von (47) algebraische Funktionen, ist die Form vom ersten Grade, so besitzt (47) die Wurzel aus einer rationalen Funktion als Integral. Der Fall, daß die Form vom zweiten Grade ist, erfordert hingegen eine von *Fuchs* angegebene Spezialuntersuchung. Zu einer wesentlich verschiedenen Methode[219]) kommt man durch Heranziehung der Gleichungen (45) und (46). Bildet man nämlich von der gegebenen Differentialgleichung (47) ausgehend die Differentialgleichung (40), so entsteht die Aufgabe zu entscheiden, ob man $R(x)$ so bestimmen kann, daß eine der Differentialgleichungen (45) nach Einführung von $R(x)$ statt z mit der eben gebildeten Differentialgleichung identisch wird. Eine Begrenzung des Grades von $R(x)$ ergibt sich sofort aus den singulären Stellen und den notwendigerweise rationalen Wurzeln der dazugehörigen determinierenden Gleichungen. Eine vollständige Durchführung findet sich bei *Klein* für den Ikosaederfall. Entsprechende Ansätze für Differentialgleichungen dritter Ordnung in Verallgemeinerung der von *Fuchs* und *Klein* entwickelten Verfahren gibt *Painlevé*.[220]) Eine neue Methode gewinnt derselbe durch Heranziehen der Differentialgleichung für die Funktion $u = \frac{y'}{y}$, welche ebenfalls eine algebraische Funktion sein muß. Nach Bestimmung einer oberen Schranke für den Grad der die letztere Funktion bestimmenden algebraischen Gleichung auf Grund der bekannten endlichen ternären Gruppen ist dann noch der Grad der Koeffizienten, welche Polynome in x sind, zu beschränken, was man nach *Painlevé* ebenfalls kann. Eine weitere Durchführung dieser verschiedenen Methoden für Differentialgleichungen dritter Ordnung findet sich bei *Boulanger*.[211])

Zum Schlusse sei noch bemerkt, daß nach *Poincaré*[221]) die *Abel*schen Integrale von algebraischen Funktionen, die linearen Differentialgleichungen gegebener Ordnung mit rationalen Koeffizienten genügen, bemerkenswerte Eigenschaften haben.

---

219) *Klein*, Über lineare Differentialgleichungen, Math. Ann. 12 (1877), p. 167—180.

220) Vgl. die in 210 und 211 zitierten Arbeiten. Diesbezügliche Ansätze finden sich auch bei *Klein*, Vorlesungen a. a. O., p. 187f.

221) *Poincaré*, Sur l'intégration algébrique des équations linéaires. C. R. 97 (1883), p. 984—985, p. 1189—1191. J. de Math. (5) 9 (1903), p. 139—212.

16. Umkehrprobleme. a) *Das Fuchssche Umkehrproblem. Fuchs* stellte sich allgemein die Aufgabe, für die Lösungen linearer Differentialgleichungen des *Fuchs*schen Typus eine zur klassischen Theorie der algebraischen Funktionen analoge Theorie aufzubauen. Zu diesem Zweck untersuchte er zunächst die zwischen zwei singulären Stellen genommenen Integrale von Lösungen einer Differentialgleichung, diese Integrale entsprechen direkt den Periodizitätsmoduln der *Abel*schen Integrale. Schon *Abel* und *Jacobi*[222]) hatten für lineare Differentialgleichungen den Satz von der Vertauschung des Parameters und Arguments aus der Theorie der *Abel*schen Integrale übertragen, waren jedoch am weiteren Vordringen durch den Mangel an näherer Kenntnis des analytischen Charakters der Lösungen linearer Differentialgleichungen in der Nachbarschaft der singulären Stellen gehindert worden. 1874 machte sich *Fuchs*[223]) daran, die *Jacobi*schen Resultate zu präzisieren, und leitete aus diesen für die zwischen je zwei singulären Stellen erstreckten Integrale der Lösungen Relationen her, welche das Analogon zu den *Legendre*schen bzw. *Weierstraß*schen Relationen für die Periodizitätsmoduln der hyperelliptischen Integrale bilden, die nach *Weierstraß* ebenfalls aus dem Vertauschungssatze von Parameter und Argument fließen. Im Anschluß an Untersuchungen von *Schlesinger*, auf welche in Nr. 22 zurückgekommen wird, unterzog *Hirsch*[224]) die Relationen, welche für die zwischen zwei singulären Stellen genommenen Integrale bestehen, einer neuen Untersuchung und leitete unter der Voraussetzung, daß die Substitutionen der Monodromiegruppe eine definite *Hermite*sche Form in sich überführen, eine Ungleichung für die reellen und imaginären Bestandteile der Integrale her, welche den *Riemann*schen Ungleichungen bei den *Abel*schen Integralen entspricht.

In Anschluß an seine oben erwähnten Untersuchungen stellt sich

222) *Abel,* Sur une propriété remarquable d'une classe très étendue de fonctions transcendantes. Ges. W. 2, p. 54 f.; *Jacobi,* Über die Vertauschung von Parameter und Argument. J. f. Math. 32 (1846), p. 185 f., Ges. W. 2 (1882), p. 121—134.

223) *Fuchs,* Über Relationen, welche für die zwischen je zwei singulären Punkten erstreckten Integrale der Lösungen linearer Differentialgleichungen stattfinden. J. f. Math. 76 (1874), p. 177—213; Ges. W. 1, p. 415—455; Berlin Ber. 1892; Ges. W. 2, p. 141—158; ferner Über zwei Arbeiten *Abels* und die sich anschließenden Untersuchungen, Acta math. 26 (1902), p. 319—332; Ges. W. 3, p. 361—373. Eine Übertragung dieser Untersuchungen auf lineare Differentialsysteme findet sich bei *Hronyecz,* Herleitung der *Fuchs*schen Periodenrelationen. Dissertation, Gießen 1912.

224) *Hirsch,* Über bilineare Relationen zwischen den Perioden der Integrale reziproker Formenscharen. Math. Ann. 54 (1900), p. 202—322.

Fuchs[225]) die Aufgabe, alle linearen Differentialgleichungen zweiter Ordnung des *Fuchs*schen Typus zu bestimmen, welche auf ein zu dem für *Abel*sche Integrale geltenden analoges Umkehrproblem führen, welche also ein derartiges Fundamentalsystem $f_1(z)$, $f_2(z)$ besitzen, daß, wenn

$$(48) \qquad u_1 = \int_{\delta_1}^{z_1} f_1(z)\,dz + \int_{\delta_2}^{z_2} f_1(z)\,dz, \quad u_2 = \int_{\delta_1}^{z_1} f_2(z)\,dz + \int_{\delta_2}^{z_2} f_2(z)\,dz$$

ist, die symmetrischen Funktionen von z_1 und z_2 eindeutige Funktionen der unabhängigen Veränderlichen u_1 und u_2 werden; δ_1 und δ_2 sind dabei beliebige Konstanten. Es sei hier auf den oben erwähnten nahen Zusammenhang dieser Fragestellung mit den *Prym*schen Funktionen hingewiesen (vgl. Nr. **14** c). Als erste notwendige Bedingung findet *Fuchs*, daß die unabhängige Veränderliche x der linearen Differentialgleichung eine ein- oder zweideutige Funktion des Quotienten $\frac{f_1(x)}{f_2(x)}$ ist. Neben diese Bedingung, welche im wesentlichen auf das in b) zu besprechende Umkehrproblem führt, treten noch andere, aus denen folgt, daß die in Betracht kommenden Differentialgleichungen höchstens sechs singuläre Stellen besitzen dürfen, so daß man alle für das *Fuchs*sche Umkehrproblem in Betracht kommenden und das Verlangte wirklich leistenden Differentialgleichungen zweiter Ordnung des *Fuchs*schen Typus explizit angeben kann.[226]) Die letzten beiden oben [225]) zitierten Arbeiten von *Fuchs* beschäftigen sich mit Differentialgleichungen, deren Koeffizienten einem gegebenen algebraischen Gebilde angehören, doch gibt es auch hier nur außerordentlich beschränkte Fälle. Ob man durch Heranziehung irgendwelcher spezieller zu einer Familie gehöriger Funktionssysteme zu umfassenderen Resultaten kommt, kann erst die Zukunft aufdecken.

b) *Das auf die eindeutigen linear automorphen Funktionen führende*

---

225) *Fuchs*, Über eine Klasse von Funktionen mehrerer Variabeln. Gött. Nachr. 1880, p. 170—176; J. f. Math. 89, p. 151—169; Paris C. R. 90, p. 678—680; Gött. Nachr. 1880, p. 445—453; J. f. Math. 90 (1881), p. 71—73; Bull. sc. math. et astr. 2 A 4, p. 328—336; Gött. Abhandl. 27 (1881), p. 1—39; Paris C. R. 92, p. 1330—1331; Ges. W. 2, p. 185—280; ferner Berlin. Ber. 1883, p. 507—516; Ges. W. 2, p. 341—350; Über eine Klasse linearer Differentialgleichungen zweiter Ordnung. J. f. Math. 100, p. 189—200; Ges. W. 2 (1887), p. 427—439; Über die Umkehrung von Funktionen zweier Veränderlicher. Berlin. Ber. 1887, p. 99—108; Ges. W. 2, p. 441—452.

226) Vgl. neben den zitierten Arbeiten von *Fuchs* noch *Lühn*, Über Funktionen, von zwei Variabeln, welche durch elliptische Funktionen dargestellt werden können. Diss. Heidelberg 1881; *R. Lohnstein*, Über lineare Differentialgleichungen zweiter Ordnung. Diss. Berlin 1890; *Kempinski*, Über *Fuchs*sche Funktionen zweier Variabeln. Math. Ann. 47 (1896), p. 573—578.

Umkehrproblem stellt sich die Aufgabe, Differentialgleichungen zweiter Ordnung anzugeben, für welche die unabhängige Veränderliche x der Differentialgleichung eine eindeutige Funktion des Quotienten zweier Partikularlösungen der Differentialgleichung ist. Die im Ref. II B 4 (*Fricke*), Nr. **36** besprochenen Fundamentaltheoreme zeigen die Existenz eindeutig umkehrbarer polymorpher Funktionen auf gegebenen *Riemann*schen Flächen; die Existenzbeweise werden unabhängig von der Differentialgleichung geführt, welche sich erst nachträglich ergibt (vgl. das Ref. II B 4 (*Fricke*), Nr. **32** und (über die historische Entwicklung) Nr. **2**—**4** u. **36**). Geht man umgekehrt von der Differentialgleichung aus, so gestaltet sich die Sache im Falle algebraischer Koeffizierten so: Die Forderung, daß x eine eindeutige Funktion von η sei, ist äquivalent damit, daß die Gesamtheit der Fundamentalbereiche auf der η-Kugel, welche aus irgendeinem von ihnen durch die Substitutionen der projektiven Monodromiegruppe hervorgehen, die Kugel nirgends mehrfach überdeckt. Es darf daher in den Ecken der Fundamentalbereiche kein Windungspunkt auftreten, weshalb die Differenzen der zwei Wurzeln der zu jedem singulären Punkt gehörigen determinierenden Gleichung reziproke ganze Zahlen oder Null sein müssen; als singuläre Stellen kommen dabei überhaupt nur solche der Bestimmtheit in Betracht. Doch sind diese Bedingungen keineswegs im allgemeinen hinreichend, da der einzelne Fundamentalbereich oder auch die Gesamtheit derselben sich um Punkte herumwinden können, die von keinem der Fundamentalbereiche erreicht werden. Um etwas Derartiges auszuschließen, muß man nach Vorgabe der singulären Stellen und der Wurzeln der determinierenden Gleichungen, welche den obigen Bedingungen entsprechen müssen, noch die übrigbleibenden akzessorischen Parameter durch geeignete transzendente Bedingungsgleichungen festlegen. Um einen konkreten Fall zu haben, wollen wir das Grenzkreistheorem (II B 4, Nr. **36**) für den Fall $p = 0$, also für den Fall rationaler Koeffizienten der Differentialgleichung kurz besprechen. Beim Grenzkreistheorem müssen die Substitutionen der projektiven Monodromiegruppe einen Kreis auf der η-Kugel in sich überführen. Bei der von *H. A. Schwarz* diesbezüglich untersuchten hypergeometrischen Differentialgleichung ist dieses von selbst der Fall (vgl. Nr. **9** des vorliegenden Ref., besonders aber das Ref. II B 4 (*Fricke*), Nr. **2**—**4**). Im allgemeinen Falle aber liefert diese Forderung für die reellen und imaginären Bestandteile der akzessorischen Parameter eine entsprechende Anzahl transzendenter Gleichungen, so daß die Aufgabe entsteht nachzuweisen, daß diese Gleichungen gemeinsame Lösungssysteme besitzen, und dann ein Lösungssystem durch charakteristische Eigenschaften von den andern zu isolieren.

Zum Beweise des Grenzkreistheorems als solchen bedarf es speziell des Nachweises, daß es ein Lösungssystem der transzendenten Gleichungen gibt, für welches der dazugehörige Fundamentalbereich den oben erwähnten Kreis auf der η Kugel nirgends überschreitet. Durch diese Forderung sind die akzessorischen Parameter in eindeutiger Weise festgelegt. Damit ist das Grenzkreistheorem naturgemäß in eine andere Problemstellung eingereiht, welche darauf ausgeht, nach Vorgabe der singulären Stellen der Differentialgleichung und der Wurzeln der dazugehörigen determinierenden Gleichungen die akzessorischen Parameter durch Eigenschaften des Fundamentalbereichs in womöglich eindeutiger Weise festzulegen, d. h. wie eben erwähnt, die Lösungssysteme der transzendenten Gleichungen durch weitere charakteristische, nur durch Ungleichheitsbedingungen ausdrückbare Eigenschaften der Fundamentalbereiche zu isolieren und in ihrer Gesamtheit zu diskutieren. Diese Frage ist es, die *Klein* in seinen Vorlesungen in den Vordergrund gestellt hat. Sie ist bis jetzt nur in den einfachsten Fällen beantwortet, auf die wir jetzt eingehen wollen, doch geben diese Spezialfälle schon ein ziemlich anschauliches Bild für die Verhältnisse, welche in komplizierteren Fällen herrschen.

17. Festlegung der akzessorischen Parameter durch Eigenschaften des Fundamentalbereiches. Wir betrachten zunächst die Differentialgleichung zweiter Ordnung

$$(49)\qquad \frac{d^2y}{dx^2}+\left(\frac{1-\alpha}{x-a}+\frac{1-\beta}{x-b}+\frac{1-\gamma}{x-c}\right)\frac{dy}{dx}+\frac{Ax+B}{(x-a)(x-b)(x-c)}y=0,$$

in der a, b, c gegebene reelle Größen sind. Das gleiche gelte von den Größen α, β und γ, die wir zwischen 0 und 1 annehmen wollen. Entsprechend zu *Bôcher* (im Ref. II A 7a, p. 456) bezeichnen wir 1 als die *Stieltjes*sche Grenze; wird diese von einer der Exponentendifferenzen α, β, γ überschritten, so können in den folgenden Sätzen wesentliche Änderungen auftreten. Die ebenfalls vorgegebene reelle Größe A bestimmt die Wurzeln der zu ∞ gehörigen determinierenden Gleichung. Um im Reellen zu bleiben, setzt *Klein*[227]) im Anschluß an *Hilbert*[228]) die zu a gehörigen Fundamentallösungen in der Form an

$$(50)\qquad Y_0^a=\mathfrak{P}_0(x-a),\quad Y_\alpha^a=|x-a|^\alpha\,\mathfrak{P}_\alpha(x-a),$$

wobei $\mathfrak{P}_0(x-a)$ und $\mathfrak{P}_\alpha(x-a)$ Potenzreihen nach ganzen positiven Potenzen von $(x-a)$ bedeuten. Ganz entsprechend seien Y_0^b, Y_β^b,

227) *Klein*, Bemerkungen zur Theorie der linearen Differentialgleichungen zweiter Ordnung. Math. Ann. 64 (1907), p. 175—196.

228) *Hilbert*, Grundzüge einer allgemeinen Theorie der Integralgleichungen 6. Mitt. Gött. Nachr. 1910, p. 53.

Y_0^c, Y_γ^c, die zu b und c gehörigen Fundamentallösungen, ferner sei $Y_0^b(b) = 1$, Y_β^b in entsprechender Weise normiert. Die vier anderen Fundamentallösungen werden so normiert, daß

$$(51) \qquad \begin{gathered} Y_\alpha^a = Y_\beta^b - l_1 Y_0^b, \quad Y_0^a = Y_\beta^b - l_2 Y_0^b, \quad Y_\gamma^c = Y_\beta^b - n_1 Y_0^b, \\ Y_0^c = Y_\beta^b - n_2 Y_0^b \end{gathered}$$

ist.

Dabei sind auf Grund der obigen Festsetzung die Größen l und n reell. Dem Intervalle ab entspricht dann eine Seitenlänge φ_1, dem singulären Punkte a eine Kantenlänge ψ_1 (vgl. Nr. **9**), wobei

$$(52) \qquad \cos\varphi_1 = \frac{l_1 + l_2}{l_2 - l_1}, \quad \psi_1 = \frac{i}{2} \lg \frac{l_1 l_2}{n_1 n_2}.$$ [229]

Gibt man sich für φ_1 einen beliebigen reellen Wert vor[230]), so gibt es stets einen und nur einen dazugehörigen Parameterwert B, so daß in diesem Falle das Ziel, den Parameter durch eine Eigenschaft des Fundamentalbereichs festzulegen, in idealer Weise erreicht ist. Um die Verhältnisse bezüglich der Kantenlänge darzustellen, betrachten wir den speziellen Fall[231])

$$(53) \qquad l_1 l_2 = n_1 n_2;$$

der Quotient η zweier Partikularlösungen bildet dann die positive Halbebene der x auf ein Kreisbogenviereck ab, dessen Seiten auf ein und demselben Kreise senkrecht stehen. Es sei zunächst A positiv und die Winkelsumme im Viereck kleiner als 2π, dann kann man den akzessorischen Parameter B auf eine und nur eine Weise so bestimmen[232]), daß das Kreisbogenviereck einen in diesem Falle stets reellen Orthogonalkreis besitzt und daß die Seite, welche dem Intervalle ab bzw. bc entspricht, diesen Kreis eine gegebene ungerade Anzahl mal schneidet oder daß die beiden Seiten den Orthogonalkreis gar nicht treffen. Der letztere Fall heißt nach *Klein* das Grundtheorem, er entspricht dem Hauptkreistheoreme, wenn die Winkel des Kreisbogenvierecks die Form $\frac{\pi}{k}$ haben, wobei k irgendwelche ganze

229) *Hilb*, Über Kleinsche Theoreme in der Theorie der linearen Differentialgleichungen. Math. Ann. 66 (1908), p. 215—257, 68 (1910), p. 24—74, im folgenden mit I u. II bezeichnet; ferner Neue Entwicklungen über lineare Differentialgleichungen. Gött. Nachr. 1908 u. 1909. Vgl. speziell I, p. 223, wobei aber in Formel (13) C durch $\frac{i}{2}$ ersetzt wurde; ferner II, p. 28—30.

230) *Klein*, Vorlesungen über lineare Differentialgleichungen 1894, p. 379 f.; erner I, p. 241—246, II, p. 55.

231) *Klein*, Math. Ann., a. a. O., p. 189.

232) I, p. 249 f.

Zahlen sind (vgl. Nr. **16**). Analog gibt es stets Werte von B, für welche (53) erfüllt ist und für welche eine der beiden Kreisbogenseiten den Orthogonalkreis eine gerade Anzahl mal trifft, doch kann man in diesem Fall nur aussagen, daß zu einer vorgegebenen geraden Anzahl von Schnitten eine ungerade Anzahl von Lösungen B der Gleichung (53) existiert. Um die Kreisbogenvierecke vollständig zu übersehen, muß man durch eine lineare Transformation nacheinander a, b und c in das Unendliche werfen. Dadurch erkennt man die Existenz dreier Typen von Differentialgleichungen. Bei dem ersten Typus, dem eben besprochenen, schneidet keine Seite des dem Grundtheoreme entsprechenden Kreisbogenvierecks den dabei stets reellen Orthogonalkreis; bei dem zweiten Typus schneiden für das Grundtheorem zwei benachbarte Kreisbogen den ebenfalls reellen Orthogonalkreis gerade einmal, beim dritten Typus ist für das Grundtheorem der Orthogonalkreis imaginär, und man kann es so einrichten, daß das entsprechende Kreisbogenviereck ein elementares sphärisches Viereck wird.[233]) Die andern Wurzeln B von (53) führen auf die Obertheoreme, bei denen der Unterschied zwischen den drei Typen vollständig verwischt ist. Der Orthogonalkreis ist für diese stets reell, zwei gegenüberliegende Seiten des Kreisbogenvierecks schneiden ihn gar nicht, die beiden andern Seiten eine gleiche Anzahl mal. Läßt man auch komplexe Werte von B zu, so erhält man durch die Forderung, daß die Substitutionen der projektiven Monodromiegruppe einen Kreis auf der Kugel ungeändert lassen, *zwei* Gleichungen[234]), und es treten neben jedes der erwähnten Obertheoreme unendlich viele neue, die sich ebenfalls geometrisch charakterisieren lassen. Besonders elementar gestalten sich für reelle Parameterwerte die Beweise, welche wesentlich auf den im Ref. II A 7a (*Bôcher*) besprochenen Oszillationstheoremen beruhen und mit den allereinfachsten Stetigkeitsbetrachtungen geführt werden können. Wesentlich komplizierter sind die Untersuchungen bei Zulassung komplexer singulärer Stellen und komplexer Parameterwerte, da dann das Oszillationstheorem versagt und man ganz auf Kontinuitätsbetrachtungen angewiesen ist, die sich recht kompliziert gestalten. Daher ist es bis jetzt auch nur gelungen, das Grenzkreistheorem auf diesem Wege für den Fall $p = 0$ unter Annahme beliebig vieler reeller singulärer Punkte zu beweisen[235]) (vgl. das Ref. II B 4 (*Fricke*), p. 466), wobei man allerdings, wie schon

233) I, p. 256 u. 257.

234) II, p. 35.

235) II, p. 61—69.

bemerkt, nicht voraussetzen muß, daß die Wurzeln der zu den singulären Stellen gehörigen determinierenden Gleichungen reziproke ganze Zahlen sind.

Um den Zusammenhang der Oszillationstheoreme mit dem Fundamentaltheorem und das Wesen der dazugehörigen Obertheoreme noch weiter zu beleuchten, soll noch die Ableitung besprochen werden, welche *Klein*[236]) für das „Kreisscheibentheorem" im Falle von sechs reellen singulären Punkten gibt. Es handelt sich dabei um folgende Aufgabe: Es seien $e_1, e_2, \ldots, e_6$ reelle Größen, und zwar $e_i > e_{i+1}$, ferner

$$f(x) = (x - e_1)(x - e_2) \ldots (x - e_6),$$

dann sind in der Differentialgleichung

$$(54) \qquad 4f(x)\frac{d^2y}{dx^2} + 2f'(x)\frac{dy}{dx} + \frac{1}{10}f''(x)y = (Ax^2 + Bx + C)y$$

die akzessorischen Parameter A, B, C als reelle Größen so zu bestimmen, daß den doppelt durchlaufenen Strecken e_1e_2, e_3e_4, e_5e_6 Vollkreise in der η-Ebene entsprechen. Dabei kann man es so einrichten, daß der diesen 3 Kreisen gemeinsame Orthogonalkreis, sofern er reell ist, durch die Achse der reellen Zahlen dargestellt wird. Um die Aufgabe mit dem Oszillationstheorem zu verbinden, kann man ihr die äquivalente Formulierung geben, man soll die drei reellen Parameter so bestimmen, daß die drei Lösungen, welche in den Punkten e_6, e_4, e_2 zu den Exponenten $\frac{1}{2}$ gehören, in den Punkten e_5, e_3, e_1 bezüglich zu den Exponenten 0 oder $\frac{1}{2}$ gehören und im Innern der drei Intervalle bezüglich eine vorgegebene Anzahl von Nullstellen besitzen. Nach dem Referate II A 7a (*Bôcher*), p. 453 sind durch diese Bedingungen die Parameter in eindeutiger Weise festgelegt, so daß man also für jeden der drei Kreise eine beliebige gerade oder ungerade Anzahl von ganzen Überschlagungen vorschreiben kann. Für den Fall, daß die drei Kreise gerade einmal durchlaufen werden, liegen sie getrennt, und es existiert daher immer ein reeller Orthogonalkreis. Man erhält so das Grundtheorem. Bei den Obertheoremen können auch den dazwischen liegenden Intervallen sich mehrmals überschlagende Kreise entsprechen, die Anzahl dieser Überschlagungen läßt sich aus den Ergänzungsrelationen berechnen (vgl. Nr. **9**). Bei mehr als sechs singulären Stellen muß man in den neu hinzukommenden Intervallen für zwei Lösungen gleichzeitig Grenzbedingungen vorschreiben, was auf ungemein schwierige oszillationstheoretische Untersuchungen führt.

---

236) *Klein*, Zur Theorie der Laméschen Funktionen. Gött. Nachr. 1890, p. 92; Ausgewählte Kapitel aus der Theorie der linearen Differentialgleichungen zweiter Ordnung. Vorlesungen Göttingen 1891, 2. Teil, p. 179f.

Eine entsprechende Ausdehnung der in dieser Nummer behandelten Probleme auf Differentialgleichungen dritter Ordnung wurde vom Referenten[237]) neuerdings in Angriff angenommen.

IV. Spezielle Differentialgleichungen.

18. Die Differentialgleichung der hypergeometrischen Funktion. Historische Entwicklung des Integrationsproblems der linearen Differentialgleichungen. Das einfachste Beispiel einer linearen Differentialgleichung, welche sich nicht vermittels elementarer Methoden allgemein integrieren läßt, wird durch die lineare Differentialgleichung zweiter Ordnung des *Fuchs*schen Typus mit drei singulären Stellen geliefert. Durch lineare Transformation der unabhängigen Veränderlichen kann man die singulären Stellen nach 0, 1 und ∞ werfen, durch Multiplikation der Integrale mit geeigneten Potenzen von x und $(1-x)$ kann man ferner je eine der Wurzeln der zu 0 und 1 gehörigen determinierenden Gleichungen zu Null machen. Der so reduzierten Differentialgleichung kann man alsdann die Form geben

$$\frac{d^2y}{dx^2} + \frac{\gamma-(\alpha+\beta+1)x}{x(1-x)}\frac{dy}{dx} - \frac{\alpha\beta}{x(1-x)}y = 0, \tag{55}$$

in der α, β, γ von x unabhängige Zahlen sind.[238]) Die Wurzeln der zu 0, 1 und ∞ gehörigen determinierenden Gleichungen sind $0, 1-\gamma$; $0, \gamma-\alpha-\beta$; α, β. Bezeichnet man dann, nach dem Vorgange von *Gauß*, die hypergeometrische Reihe[239])

$$1 + \frac{\alpha\cdot\beta}{1\cdot\gamma}x + \frac{\alpha(\alpha+1)\beta(\beta+1)}{1\cdot 2\,\gamma(\gamma+1)}x^2 + \cdots$$

237) *Hilb*, Zur Theorie der linearen Differentialgleichungen dritter Ordnung. Mathematische Abhandlungen *H. A. Schwarz* zu seinem fünfzigjährigem Doktorjubiläum 1914, p. 98—115.

238) Eine invariante Darstellung der Differentialgleichung findet sich zuerst bei *Hilbert*, Über eine Darstellungsweise der invarianten Gebilde im binären Formengebiete. Math. Ann. 30 (1887); *Pick*, Zur hypergeometrischen Differentialgleichung. Wien. Ber. 117 (1908), p. 103—109, gibt unter Einführung der Perioden eines gewissen elliptischen Integrals eine übersichtliche invariante Darstellung, die alle speziellen Formen umfaßt.

239) Der Name hypergeometrische Reihe findet sich zuerst bei *Wallis*, Arithmetica infinitorum (1655) für Reihen, welche aber noch keine Potenzreihen sind. Für gewisse Potenzreihen, in denen die obige als Spezialfall enthalten ist und die sich alle elementar auf dieselbe reduzieren lassen, gebraucht *J. Fr. Pfaff*, Nova disquisitio de integratione aequationis differentio-differentialis, Disquisitiones analyticae (1797) I, p. 133f., wohl als erster den Namen. Historische Darstellungen für die hypergeometrische Differentialgleichung finden sich bei *Papperitz*, Über die historische Entwicklung der Theorie der hypergeometrischen Funktion. Abhandlungen der naturw. Ges. Isis in Dresden 1889, und in den Vorlesungen von *Klein*, Über die hypergeometrische Funktion 1893/94. Ferner sei die Arbeit

mit $F(\alpha, \beta, \gamma, x)$, so erhält man für (55) in der Umgebung von 0 das Fundamentalsystem

$$y_{01} = F(\alpha, \beta, \gamma, x),\ y_{02} = x^{1-\gamma} F(\alpha - \gamma + 1, \beta - \gamma + 1, 2 - \gamma, x),$$

in der Umgebung von 1

$$y_{11} = F(\alpha, \beta, \alpha + \beta + 1 - \gamma, 1 - x),$$

$$y_{12} = (1 - x)^{\gamma - \alpha - \beta} F(\gamma - \beta, \gamma - \alpha, \gamma - \alpha - \beta + 1, 1 - x),$$

in der Umgebung von ∞

$$y_{\infty 1} = \left(\frac{1}{x}\right)^{\alpha} F\left(\alpha, 1 + \alpha - \gamma, 1 + \alpha - \beta, \frac{1}{x}\right),$$

$$y_{\infty 2} = \left(\frac{1}{x}\right)^{\beta} F\left(\beta, 1 + \beta - \gamma, 1 + \beta - \alpha, \frac{1}{x}\right).$$

Ist die Differenz der Wurzeln der zu einer der singulären Stellen gehörigen determinierenden Gleichungen 0 oder eine ganze Zahl, so wird im allgemeinen eine der Lösungen des zu der singulären Stelle gehörigen Fundamentalsystems illusorisch, und es tritt an ihre Stelle ein logarithmenbehaftetes Integral. Die sechs Integrale erhält man anderseits mit bestimmten von α, β, γ abhängenden Faktoren behaftet in der Form von Doppelschleifenintegralen

$$\int z^{\alpha - \gamma} (z - 1)^{\gamma - \beta - 1} (z - x)^{-\alpha} dz \tag{56}$$

(vgl. das Ref. II B 1 (*Osgood*), Nr. **17**), wobei die Doppelschleifen um je zwei der Punkte 0, 1, ∞ und x gelegt sind. Sind die reellen Teile von β und $\gamma - \beta$ wesentlich positiv, so ist beispielsweise, wenn in (56) z durch $\frac{1}{z}$ ersetzt wird,

$$\int_0^1 z^{\beta - 1} (1 - z)^{\gamma - \beta - 1} (1 - xz)^{-\alpha} dz = F(\alpha, \beta, \gamma, x) \int_0^1 t^{\beta - 1} (1 - t)^{\gamma - \beta - 1} dt. \tag{57}$$

Nach diesen einleitenden Bemerkungen wenden wir uns zur Darstellung der historischen Entwicklung des Integrationsproblems der Differentialgleichung (55), aus dem die ganze moderne Theorie der linearen Differentialgleichungen entspringen sollte.

Euler war wohl der erste, der sich systematisch mit der Integration der Differentialgleichung (55) beschäftigte, welche er meistens in der etwas allgemeineren Form

$$x^2(a + bx^n)\frac{d^2 y}{dx^2} + x(c + ex^n)\frac{dy}{dx} + (f + gx^n) y = 0, \tag{58}$$

($a, b, \ldots f, g$ sind Konstanten)

---

von *Jecklin*, Historisch-kritische Untersuchung über die Theorie der hypergeometrischen Reihe bis zu den Entdeckungen von *Kummer*, Diss. Bern 1901, erwähnt. Vgl. auch *Schlesinger*, Über *Gauß'* funktionentheoretische Arbeiten, Gött. Nachr. 1912, p. 85—95.

gibt, die durch einfache Transformationen in (55) überführbar ist.[240]) Um die Reihenentwicklungen für die Lösungen von (58) zu erhalten, setzt *Euler* diese in der Form[241])

$$y = Ax^{\lambda} + Bx^{\lambda+n} + Cx^{\lambda+2n} + \cdots$$

an und bestimmt λ aus der Gleichung

$$a\lambda(\lambda - 1) + c\lambda + f = 0,$$

also, wie man heute im Anschluß an *Fuchs* sagt, aus der zu 0 gehörigen determinierenden Gleichung. Hierauf behandelt *Euler* den Fall[242]), daß die zwei Wurzeln der determinierenden Gleichung zusammenfallen oder sich um ganze Vielfache von n unterscheiden, und zeigt, daß man dann zur Darstellung des allgemeinen Integrals der Differentialgleichung in der Umgebung von $x = 0$ die Funktion $\lg x$ zu Hilfe nehmen muß. Auch entgeht ihm nicht[243]), daß im letzteren Falle unter besonderen Umständen das allgemeine Integral logarithmenfrei sein kann. In ganz entsprechender Weise behandelt *Euler* sodann die Entwicklungen nach fallenden Potenzen von x, so daß sich also schon bei ihm die wesentlichen formalen Grundlagen für eine funktionentheoretische Behandlung dieser Differentialgleichung finden, allerdings ohne jeden Konvergenzbeweis und ohne Benützung des Komplexen.

In erster Linie dienen *Euler* diese Reihenentwicklungen zur Darstellung der Lösungen von (58) in geschlossener Form. Zu diesem Zweck summiert er die unendlichen Reihen[244]) vermittels bestimmter Integrale der Form (57) und gibt umgekehrt eine Methode an, um zu vorgegebenen bestimmten Integralen dieser Form die Differentialgleichung zu konstruieren. Ferner untersucht *Euler* die Frage, für welche Werte der Parameter die unendlichen Reihen abbrechen, und erhält aus diesen Fällen durch eine große Anzahl elementarer Transformationen andere Differentialgleichungen derselben Form, welche ebenfalls in geschlossener Form integrierbar sind. Besonders sind es zwei hierhergehörige Untersuchungen, welche für die Weiterentwicklung von

---

240) Vgl. *Pfaff,* a. a. O., p. 139. Selbstverständlich war diese einfache Transformation auch *Euler* bekannt; die Form (55) findet sich auch schon bei *Euler* in der unten[245]) zit. Abhandlung, ebenso die hypergeometrische Reihe. Vgl. auch *Schlesinger,* Vorwort zu *Euler,* Opera Omnia I. Bd. 12.

241) *Euler,* Institutiones calculi integralis 2 (1769), Opera Omnia I. Bd. 12, Kap. VIII.

242) a. a. O. § 973.

243) a. a. O. § 980.

244) a. a. O. § 1059 f.

großer Bedeutung wurden. In der ersten[245]) beweist *Euler* die Gleichung

$$(59) \qquad F(\alpha, \beta, \gamma, x) = (1 - x)^{\gamma - \alpha - \beta} F(\gamma - \alpha, \gamma - \beta, \gamma, x)$$

durch Transformation der Differentialgleichung (55), wodurch er den Grundstein zur allgemeinen Transformationstheorie dieser Differentialgleichung legte. In der zweiten Untersuchung[246]) leitet er aus elementar integrierbaren Fällen durch Anwendung des Differentiationsprozesses neue elementar integrierbare Fälle ab, ein Weg, den auch *Pfaff* a. a. O. wohl unabhängig von ihm einschlug.

[In Anschluß daran gibt *Liouville*[247]) der Sache folgende interessante Wendung: Wir gehen von der mit (55) und (58) äquivalenten Differentialgleichung

$$(60) \qquad (a + bx + cx^2)\frac{d^2y}{dx^2} + (e + fx)\frac{dy}{dx} + gy = 0$$

aus, in der $a, b, \ldots, g$ Konstanten sind und differenzieren die Differentialgleichung (60) μ mal nach x, wodurch sie in

$$(61) \qquad \begin{aligned} (a + bx + cx^2)\frac{d^{\mu+2}y}{dx^{\mu+2}} + (e + b\mu + (f + 2c\mu)x)\frac{d^{\mu+1}y}{dx^{\mu+1}} \\ + (c\mu(\mu - 1) + f\mu + g)\frac{d^{\mu}y}{dx^{\mu}} = 0 \end{aligned}$$

übergeht. Das unbestimmt gelassene μ wird nachträglich aus der Gleichung

$$(62) \qquad c\mu(\mu - 1) + f\mu + g = 0$$

bestimmt, so daß man, wenn diese Gleichung nicht ganzzahlige oder gar komplexe Wurzeln hat, verallgemeinerte Differentialquotienten (vgl. das Ref. II A 2 (*Voß*), Nr. **48** u. **49** und das Ref. II A 11 (*Pincherle*), Nr. **7**) einführen muß, um y zu erhalten.]

---

245) *Euler*, Specimen transformationis singularis serierum. Nova Acta Petrop. 13 (1794), p. 58 f.

246) *Euler*, Institutiones calculi integralis 4, Supplement 9 (1780) § 16 f.; vgl. auch 3, Opera omnia I, Bd. 13, § 364 f., wo die integrablen Fälle der Differentialgleichung $\frac{d^2u}{d\omega^2} + h \operatorname{tg} \omega \frac{du}{d\omega} + gu = 0$ behandelt werden.

247) *Liouville*, J. de l'éc. pol. Cah. 21, p. 71 f.; vgl. ferner außer den in II A 2 erwähnten Arbeiten *Petzval*, Integration der linearen Differentialgleichungen 2; *Spitzer*, Studien über die Integration linearer Differentialgleichungen, 1. Fortsetzung. Wien 1861, p. 1 f.; *Thomae*, Herleitung einer integrablen Differentialgleichung mittels der *Liouville*schen Methode der Differentiation mit beliebigem Zeiger. Gött. Nachr. 1874, p. 249 f.; *Lindner*, Über Differentiation mit komplexem Index und ihre Beziehungen zur hypergeometrischen Funktion. Sitzungsber. Berl. Math. Ges. 7 (1908), p. 77—83.

Die unmittelbar an *Euler* anschließenden Bearbeiter der Differentialgleichung (58), die man zum großen Teile bei *Pfaff* a. a. O. zusammengestellt findet, beschränken sich, ebenso wie der letztere, auf das Aufsuchen elementar integrierbarer Fälle.

Erst *Gauß*[248]) untersucht die von ihm, wie oben erwähnt, mit $F(\alpha, \beta, \gamma, x)$ bezeichnete Reihe auf ihre Konvergenz und betrachtet dann die für alle Werte von $|x| < 1$ konvergente Reihe (sofern γ keine negative ganze Zahl ist) als Definition der Funktion. Zunächst behandelt dann *Gauß* die *relationes inter functiones contiguas*, die Relationen zwischen benachbarten Funktionen, wobei zwei Funktionen benachbart heißen, bei denen sich eines der Elemente α, β, γ um eine Einheit unterscheidet, die beiden andern aber übereinstimmen. *Gauß* selbst übersetzt[249]) contiguus mit „verwandt"; man nennt aber neuerdings allgemeiner zwei Funktionen verwandt, wenn sich alle drei Elemente α, β, γ um irgendwelche ganze Zahlen unterscheiden. Als ein Spezialfall dieser Beziehungen ergibt sich die Differentialgleichung (55), die *Gauß* jedoch erst in der sofort zu besprechenden zweiten Abhandlung ableitet, ferner gewinnt *Gauß* aus ihnen die Kettenbruchentwicklungen für den Quotienten zweier hypergeometrischen Reihen (vgl. das Ref. I A 3 (*Pringsheim*), Nr. **55**).

In seiner zweiten Abhandlung[250]), welche erst 1866 aus seinem Nachlaß erschienen ist, stellt *Gauß* die Differentialgleichung als höheres Definitionsprinzip für die hypergeometrische Funktion an die Spitze und gewinnt so, von $x = 0$ ausgehend, durch stetigen Übergang, ohne $x = 1$ zu berühren, für alle reellen und komplexen Werte von x eine Definition der im allgemeinen unendlich vieldeutigen Funktion, welche nach dem heutigen Sprachgebrauche durch analytische Fortsetzung aus der ursprünglichen Potenzreihe entsteht. Durch Anwendung linearer Transformationen, welche x durch $1 - x$, $\frac{x}{x-1}$, $\frac{1}{x}$ ersetzen, erhält sodann *Gauß* Darstellungen der Integrale in der Umgebung von 1 und ∞, sowie vermittels des in der ersten Arbeit dargestellten Ausdruckes von $F(\alpha, \beta, \gamma, 1)$ durch Π-Funktionen (vgl. das Ref. II A 3 (*Brunel*), p. 157) den Zusammenhang zwischen den in der Umgebung von 0 und den in der Umgebung von 1 konvergieren-

248) *Gauß*, Disquisitiones generales circa seriem infinitam $1 + \frac{\alpha \cdot \beta}{1 \cdot \gamma} x + \frac{\alpha(\alpha+1)\beta(\beta+1)}{1 \cdot 2 \cdot \gamma(\gamma+1)} x^2 + \cdots$. Gött. Nachr. 1813, Ges. Werke 3, p. 125f.

249) *Gauß*, Ges. W. 3, p. 199.

250) *Gauß*, Determinatio seriei nostrae per aequationem differentialem secundi ordinis. Ges. Werke 3, p. 207f.

den Reihen, d. h. die Übergangssubstitutionen für die zu 0 und 1 gehörigen Fundamentallösungen.

An die erste Arbeit von *Gauß* schließt sich *Kummer*[251]) an, dessen Untersuchungen zwar insofern hinter der ihm unbekannten zweiten Arbeit von *Gauß* zurückbleiben, als in keiner Weise das Prinzip der Fortsetzung durch das Komplexe herangezogen wird, die dafür aber das Transformationsproblem, von dem *Euler*, *Pfaff* und, wie eben erwähnt, *Gauß* nur mehr oder minder zufällige Spezialfälle kannten, in systematischer Weise in Angriff nehmen. Ausgehend von der Differentialgleichung (55) stellt sich also *Kummer* die Aufgabe, alle Transformationen der Form $y = w(x) \cdot v(z)$, $z = z(x)$ anzugeben, welche die Differentialgleichung (55) in eine gleichgebaute Differentialgleichung für v mit z als unabhängiger Veränderlichen überführen, wenn $z(x)$ rational in x ist. Sieht man von dieser letzteren Bedingung ab, so ist die angesetzte Transformation tatsächlich die allgemeinste, welche zwei lineare Differentialgleichungen ineinander überführt.[252]) Sind α, β, γ willkürliche, voneinander unabhängige Parameter, so findet *Kummer* zunächst die sechs linearen Transformationen

$$x, \quad \frac{1}{x}, \quad 1-x, \quad \frac{1}{1-x}, \quad \frac{x}{x-1}, \quad \frac{x-1}{x},$$

die eine endliche Gruppe bilden. Zu jeder Transformation gehören vier verschiedene Werte von w, so daß man also 24 dem Aussehen nach verschiedene Integrale von (55) in der Form $x^p(1-x)^q F(\alpha', \beta', \gamma', z)$ erhält, sofern keine der Größen γ, $\gamma - \alpha - \beta$, $\beta - \alpha$ eine ganze Zahl ist oder verschwindet, da dann logarithmenbehaftete Integrale auftreten. Durch Vergleichung der Potenzreihen ergibt sich, daß von den 24 Integralen[253]) je vier einander gleich sind, so daß sechs verschiedene Integrale übrig bleiben, von denen je zwei ein zu den singulären Stellen 0, 1 und ∞ gehöriges Fundamentalsystem bilden. Natürlich besteht zwischen je dreien der Integrale eine lineare Relation, welche man entsprechend den erwähnten Untersuchungen von *Gauß* aufstellen

251) *Kummer,* De generali quadam aequatione differentiali tertii ordinis. Oster-Progr. des Gymn. Liegnitz 1834, wiederabgedruckt J. f. Math. 100 (1886), p. 1—9 und Über die hypergeometrische Reihe $1 + \frac{\alpha \cdot \beta}{1 \cdot \gamma} x + \cdots$. J. f. Math. 15 (1836), p. 39—83 u. 127—172.

252) Vgl. *Stäckel,* Über Transformationen von Differentialgleichungen. J. f. Math. 111 (1893), p. 290—302.

253) *Thomae,* Elementare Behandlung der hypergeometrischen Funktion. Zeitschr. f. Math. u. Phys. 26 (1881) leitet die 24 Darstellungen in ganz elementarer Weise her.

kann, da die darstellenden Reihen gemeinschaftliche Konvergenzgebiete haben. Ebenso vollständig behandelt *Kummer* die Transformationen, wenn von den Größen α, β, γ nur zwei unabhängig veränderlich sind, dagegen gibt er nur Spezialfälle, wenn eine dieser Größen allein unabhängig veränderlich ist.

Jacobi[254]) leitet die 24 Integrale von *Kummer* aus der Integration der Differentialgleichung vermittels bestimmter Integrale der Form (56) her, indem er als Grenzen je zwei der Größen $0, 1, \infty, \frac{1}{x}$ wählt, sofern die bestimmten Integrale zwischen diesen Grenzen einen Sinn haben.

Einen grundsätzlichen Fortschritt und gleichzeitig die Verwirklichung der *Gauß* vorschwebenden Auffassung erreicht *Riemann*[255]) durch Einführung komplexer Veränderlicher auf Grund der in seiner Inauguraldissertation aufgestellten Prinzipien, nach denen er die Funktionen durch ihre Grenzbedingungen und Unstetigkeiten definiert und alle anderen Eigenschaften, insbesondere die für die Funktionen geltenden Formeln und Darstellungen daraus ableitet. *Riemann* bezeichnet die hypergeometrische Funktion durch

$$P\begin{pmatrix} a & b & c & \\ \alpha & \beta & \gamma & x \\ \alpha' & \beta' & \gamma' & \end{pmatrix}$$

und versteht darunter die Gesamtheit aller aus irgendeinem ihrer Zweige erhaltenen Fortsetzungen. Diese Funktion soll 1. für alle Werte von x außer a, b, c einändrig und stetig sein, d. h. in heutiger Ausdrucksweise, sie soll außer a, b und c keinen singulären Punkt besitzen. 2. zwischen je drei Zweigen soll eine homogene lineare Relation mit konstanten Koeffizienten bestehen; 3. die Funktion soll sich in die Formen

$$c_\alpha P^\alpha + c_{\alpha'} P^{\alpha'},\quad c_\beta P^\beta + c_{\beta'} P^{\beta'},\quad c_\gamma P^\gamma + c_{\gamma'} P^{\gamma'}$$

setzen lassen, wo die c Konstanten sind und $P^\alpha(x-a)^{-\alpha}$, $P^{\alpha'}(x-a)^{-\alpha'}$ in a weder einen Verzweigungspunkt, noch einen Pol oder Nullstelle besitzen. Analoge Bedeutung haben P^β und $P^{\beta'}$ bezüglich b, P^γ und $P^{\gamma'}$ bezüglich c. Um das Auftreten logarithmenbehafteter Integrale

254) *Jacobi*, Untersuchungen über die Differentialgleichungen der hypergeometrischen Reihe (1843), aus dem Nachlaß veröffentlicht in J. f. Math. 56 und Ges. Werke 3; vgl. auch *Goursat*, Sur l'équation différentielle linéaire etc. Ann. éc. norm. (2) 10 (1881), Supplément p. 3—142.

255) *Riemann*, Beiträge zur Theorie der durch die *Gauß*sche Reihe $F(\alpha, \beta, \gamma, x)$ darstellbaren Funktionen. Gött. Abh. 7 (1857), Ges. Werke, 2. Aufl., p. 67—83.

zu verhindern, sollen $\alpha - \alpha'$, $\beta - \beta'$, $\gamma - \gamma'$ keine ganzen Zahlen sein und nicht verschwinden. Übrigens soll

$$(63) \qquad \alpha + \alpha' + \beta + \beta' + \gamma + \gamma' = 1$$

sein.[256]) Durch diese Definition, welche zu modifizieren ist, wenn ein Zweig in der ganzen Ebene sich rein multiplikativ verhält, sind die Funktionen $P^\alpha, P^{\alpha'}, \ldots, P^{\gamma'}$ nur bis auf konstante Faktoren bestimmt. Drückt man also, um die Übergangssubstitutionen[257]) und damit die Monodromiegruppe zu erhalten, P^α, $P^{\alpha'}$ durch P^β und $P^{\beta'}$ bezüglich P^γ und $P^{\gamma'}$ linear aus, so kann man von den 8 konstanten Koeffizienten 5 willkürlich festlegen, die übrigen 3 Konstanten bestimmt *Riemann* auf Grund der Tatsache, daß nach einer Umkreisung aller 3 singulären Stellen die Funktionen keine Änderung erlitten haben dürfen. Von der so gewonnenen Monodromiegruppe zeigt *Riemann*, daß sie sich nicht ändert, wenn man zu verwandten Funktionen übergeht, d. h. wenn man die Größen $\alpha, \alpha', \beta, \beta', \gamma, \gamma'$ derart um ganze Zahlen vergrößert bzw. verkleinert, daß ihre Summe sich nicht ändert. Auf diese Weise erhält *Riemann* dann sofort die Beziehungen zwischen verwandten Funktionen und speziell die Differentialgleichung[258]), der die Funktionen genügen, und aus dieser die Darstellung der hypergeometrischen Funktion durch Potenzreihen und bestimmte Integrale.

Wie in Nr. **14** ausgeführt wurde, führt dieser Ansatz bei Differentialgleichungen zweiter Ordnung mit mehr als 3 singulären Stellen

---

256) Vgl. die Verallgemeinerung dieser Bedingung durch *Fuchs* Nr. 7, Formel (34).

257) Eine Ableitung der Übergangssubstitutionen auf ganz anderem Wege gibt *Perron,* Münch. Ber. 1913, p. 372. Besonders elegant und übersichtlich werden die Übergangssubstitutionen durch Einführung der Normierung nach *Papperitz,* Untersuchungen über die algebraische Transformation der hypergeometrischen Funktion. Math. Ann. 27 (1886), p. 315—357; vgl. auch *Bolza,* Über die linearen Relationen zwischen den zu verschiedenen singulären Punkten gehörigen Fundamentalsystemen von Integralen der *Riemann*schen Differentialgleichung. Math. Ann. 42 (1893), p. 526—536.

258) Differentialgleichungen, für welche die rechte Seite in (63) eine von 1 verschiedene ganze Zahl ist, enthalten noch Nebenpunkte. Der Verwandtschaftsbegriff ist also in Nr. 11 weiter gefaßt. Bezüglich des Einflusses von Nebenpunkten in dem vorliegenden Fall vgl. *Thomae,* Integration einer linearen Differentialgleichung zweiter Ordnung durch *Gauß*sche Reihen. Zeitschr. f. Math. u. Phys. 19 (1874), p. 273—286; *Riemann,* Über die Fläche vom kleinsten Inhalt bei gegebener Begrenzung (veröff. 1876), Ges. Werke 2. Aufl., p. 323; *Klein,* Vorlesungen über die hypergeometrische Funktion p. 231; *Ritter,* Über die hypergeometrische Funktion mit einem Nebenpunkt. Math. Ann. 48, p. 1—36; *Schilling,* Geometrisch analytische Theorie der symmetrischen s-Funktionen mit einem einfachen Nebenpunkt Nova Acta Leop. Car. Ak. 71, p. 207—300, Math. Ann. 51, p. 481—522.

der Bestimmtheit oder Differentialgleichungen höherer Ordnung nicht mehr zum Ziele. Doch bildete diese Arbeit *Riemanns* die Grundlage und den Ausgangspunkt für die Arbeiten von *Fuchs*, der andererseits durch eine Vorlesung von *Weierstraß* und die Arbeit von *Briot* und *Bouquet*[259]) auf den Gedanken einer funktionentheoretischen Behandlung der linearen Differentialgleichungen hingewiesen worden war. Jedoch knüpft *Fuchs*, wie in Nr. 2 und 3 ausgeführt wurde, abweichend von *Riemann* direkt an die Differentialgleichungen an.

Daß schon *Gauß* und von ihm beeinflußt auch *Riemann* das Hilfsmittel der konformen Abbildung durch den Quotienten zweier Zweige der hypergeometrischen Funktion benutzten und zu weitgehenden Resultaten kamen, die dann unabhängig durch *H. A. Schwarz* wiedergefunden und weitergeführt wurden, soll hier nicht ausgeführt werden, weil wir schon an früheren Stellen dieses Referates (vgl. Nr. 9) darauf zu sprechen kamen und sich andererseits im Ref. II B 4 (*Fricke*), Nr. 4 eine ausführliche diesbezügliche Darstellung findet.

Bei dem jetzt folgenden Referat über die Weiterentwicklung der Theorie der hypergeometrischen Funktion wollen wir die einzelnen Fragen getrennt behandeln.[260])

a) *Behandlung der hypergeometrischen Funktion von der Darstellung durch bestimmte Integrale aus.* Im § 7 seiner grundlegenden Arbeit weist *Riemann* darauf hin, daß man eine vollständige Theorie der hypergeometrischen Funktion unter ausschließlicher Benützung ihrer Darstellung durch bestimmte Integrale erhält, sofern man nur die Integrationswege geeignet wählt, um ein Unendlichwerden der Integranden auf denselben zu verhüten. Eine Durchführung dieses Programmes gab *Thomae.*[261]) Aus den 1902 veröffentlichten Vorlesungen von *Riemann*[262]) geht hervor, daß dieser in seiner Vorlesung vom Wintersemester 1858/59 von der Darstellung durch bestimmte Integrale ausgehend Ansätze zur Aufstellung der Monodromiegruppe vermittels der Methode der veränderlichen Integrationswege gab. Diese Methode

---

259) *Briot* et *Bouquet*, Étude des fonctions d'uue variable imaginaire J. éc. pol. Cah. 36 (1856).

260) Als wichtigste Monographien kommen in Betracht die in 254) zitierte Arbeit von *Goursat*, die Vorlesungen von *Klein* über die hypergeometrische Funktion und die einschlägigen Teile des Handbuchs von *Schlesinger*.

261) *Thomae*, Beitrag zur Theorie der Funktion $P\begin{pmatrix}\alpha & \beta & \gamma & x\\ \alpha' & \beta' & \gamma' & \end{pmatrix}$. Zeitschr. für Math. und Phys. 14 (1869), p. 48—61; vgl. auch *Schläfli*, Über die *Gauß*sche hypergeometrische Reihe. Math. Ann. 3 (1870), p. 286—295.

262) Nachträge zu *Riemanns* Ges. Werken, herausgegeben von *Noether* u. *Wirtinger* p. 69f.; vgl. auch Ges. Werke p. 428.

besteht darin, daß man den Integrationsweg in geeigneter Weise ausweichen läßt, wenn x einen Umlauf um eine singuläre Stelle macht. Dieselbe fanden dann unabhängig *Fuchs*[263]) und, wie aus einer Bemerkung bei *Jordan*[264]) hervorgeht, *Mathieu* wieder. Aus der Darstellung durch Doppelumlaufintegrale (vgl. Anm. 101 im Ref. II B 1 (*Osgood*), p. 51) folgt unmittelbar, daß die durch sie definierten Funktionen in bezug auf die Parameter $\alpha, \alpha', \beta, \beta', \gamma, \gamma'$ ganze transzendente Funktionen sind. Asymptotische Darstellungen für große Werte dieser Parameter gibt *Horn*[265]). Eine besonders symmetrische und elegante Ableitung der Eigenschaften der hypergeometrischen Funktion ergibt sich nach Einführung homogener Variabeln in die bestimmten Integrale, wie sie von *Schellenberg*[266]) auf Anregung von *Klein* durchgeführt wurde. Bezüglich der Darstellung der hypergeometrischen Funktionen als eindeutiger Modulformen vermittels der Integraldarstellungen vgl. das Ref. II B 4 (*Fricke*), Nr. **34** und Nachtrag.

b) *Algebraische Integrale der Differentialgleichung.* Die Frage, wann ein einziges Integral der Differentialgleichung (55) algebraisch sei, wird von *Schwarz*[267]) und auf andere Weise von *Markoff*[268]) und *Klein*[269]) vollständig erledigt. Bez. der invarianten Fixierung der im Endlichen abbrechenden hypergeometrischen Reihen durch *Hilbert* vgl. das Ref. I B 2 (*Meyer*), p. 370. Ferner sei bezüglich der Fälle, in denen alle Integrale algebraische Funktionen sind, auf das Ref. (I B 3f (*Wiman*), Nr. **2**, **3** u. **4**) und das vorliegende Ref. Nr. **15** verwiesen. Eine von der *Schwarz*schen abweichende, elementare Ableitung gab *Goursat.*[254]) *Landau*[270]) behandelt die Frage nach notwendigen

263) *Fuchs,* Die Periodizitätsmoduln der hyperelliptischen Integrale. J. f. Math. 71 (1870), Ges. Werke 1, p. 241f.

264) *Jordan,* Traité des substitutions (1870), p. 338.

265) *Horn,* Über lineare Differentialgleichungen mit einem willkürlichen Parameter. Math. Ann. 52 (1899), p. 340—362.

266) *Schellenberg,* Neue Behandlung der hypergeometrischen Funktion auf Grund ihrer Definition durch das bestimmte Integral. Diss. Göttingen 1892.

267) Vgl. die in 137) zitierte Arbeit von *H. A. Schwarz,* p. 293—297.

268) *Markoff,* Sur l'équation différentielle de la série hypergéometrique. Math. Ann. 28 (1887), p. 586—593, 29, p. 247—258.

269) *Klein,* Ausgewählte Kapitel aus der Theorie der linearen Differentialgleichungen 1891, p. 139f.

270) *Landau,* Eine Anwendung des *Eisenstein*schen Satzes auf die Theorie der *Gauß*schen Differentialgleichung. J. f. Math. 127 (1904), p. 92—102, Über einen zahlentheoretischen Satz und seine Anwendung auf die hypergeometrische Reihe. Sitzungsber. der Heidelberger Akad. 1911, 18. Abh.; vgl. *Stridsberg,* Sur le théorème d'*Eisenstein* et l'équation différentielle de *Gauß.* Arkiv för Math.,

Bedingungen für die algebraische Integrierbarkeit direkt von der hypergeometrischen Reihe aus vermittelst des *Eisenstein*schen Satzes.

c) *Das Transformationsproblem.* In überaus einfacher und übersichtlicher Weise behandelt *Riemann* a. a. O. Nr. 5 spezielle Transformationen, unter anderem die der Kugelfunktionen, welche sich als im Endlichen abbrechende hypergeometrische Reihen darstellen lassen. (Vgl. das Ref. II A 10 (*Wangerin*)). In allgemeiner Weise nimmt dann *Goursat*[271]) die Frage nach allen rationalen, *Papperitz*[272]) nach allen algebraischen Transformationen in Angriff. Besonders klar wird die ganze Fragestellung durch die geometrische Deutung, die ihr *Riemann*[273]) in der obenerwähnten Vorlesung gab. (Vgl. auch *Papperitz*[274])). Danach ist die Frage der algebraischen Transformation zweier hypergeometrischer Differentialgleichungen mit der Frage äquivalent, ob man durch eine endliche Zahl Wiederholungen der Fundamentalbereiche, welche aus beiden Differentialgleichungen entspringen, zu demselben Bereich kommen kann. *Papperitz* leitet zur analytischen Behandlung ein System diophantischer Gleichungen her, das für den Fall rationaler Transformationen in das entsprechende von *Goursat* aufgestellte System übergeht. Es ergibt sich nun aus den *Goursat*schen Untersuchungen, daß man in dem von *Kummer* nicht erschöpfend behandelten Fall, in dem nur ein Parameter unabhängig veränderlich ist, alle algebraischen Transformationen durch Kombination der seit *Kummer* bekannten rationalen Transformationen erhält. Für den von *Kummer* nicht behandelten Fall aber, daß keiner der Parameter mehr frei beweglich ist, erhält *Goursat* den Satz: Es seien $\lambda\pi$, $\mu\pi$, $\nu\pi$ die Winkel des Kreisbogendreiecks auf der η-Kugel, auf welches die Halbebene der x durch den Quotienten zweier partikulärer Integrale abgebildet wird, dann müssen zunächst λ, μ, ν reziproke ganze Zahlen sein; ist ihre Summe größer als 1 (Fall der algebraischen Integrierbarkeit) oder gleich 1, so gibt es unendlich viele rationale Transformationen; ist die Summe kleiner als 1, so gibt es nur endlich viele. Ein ganz entsprechender Satz gilt nach *Papperitz*

Astr. och Fysik 6, 1910—1911; *Errera,* Zahlentheoretische Lösung einer funktionentheoretischen Frage. Palermo Rend. 35, 1913.

271) *Goursat,* vgl. die in 254) zitierte Arbeit, p. 65f., ferner sur les intégrales rationelles de l'équation de Kummer, Math. Ann. 24 (1884); Recherches sur l'équation de Kummer, Acta Soc. Scient. Fennicae 15 (1885).

272) *Papperitz,* Untersuchungen über die algebraische Transformation der hypergeometrischen Funktion. Math. Ann. 27 (1886).

273) *Riemann,* Ges. Werke, Nachträge p. 82f.

274) *Papperitz,* a. a. O. 347f.

für die algebraischen Transformationen, wobei aber λ, μ, ν nur rationale Zahlen sein müssen. (Vgl. das Ref. II B 4 (*Fricke*), Nr. **29**, woselbst auch auf die einschlägigen Untersuchungen von *O. Fischer* hingewiesen ist.)

d) *Nullstellen der hypergeometrischen Funktion. Stieltjes, Posse, Hilbert* und *Gegenbauer*[275]) berechnen zunächst die Diskriminante für die gleich 0 gesetzte, nach endlich vielen Gliedern abbrechende hypergeometrische Reihe. Desgleichen geben für diesen Fall *Stieltjes* und *Hilbert* einige Sätze über die Natur und Verteilung der Nullstellen. In einer durch Methode und Resultat gleich bemerkenswerten Arbeit bestimmt dann *Klein*[276]) vermittels der Ergänzungsrelationen für die Kreisbogendreiecke die Anzahl der reellen Nullstellen der hypergeometrischen Funktion, welche den reellen Werten von x zwischen 0 und 1 entsprechen. Sind nämlich y_1 und y_2 zwei im Intervall 0, 1 durchaus reelle Lösungen, so entspricht diesem Intervall, wenn $\eta = \frac{y_1}{y_2}$ gesetzt wird, auf der η-Kugel ein Kreisbogen, dessen Überschlagungsanzahl die Zahl der Nullstellen von y_1 sofort angibt. Da nun die Nullstellen irgend zweier reeller Integrale der Differentialgleichung nach einem Satze von *Sturm* sich trennen, so kann man auch die Anzahl der Nullstellen irgendeiner Lösung, welche aus y_1 und y_2 linear mit reellen Koeffizienten zusammengesetzt ist, unschwer angeben. *Hurwitz, Gegenbauer* und *Porter*[277]) leiten dieses Resultat später auf analytischem Wege ab. *Hurwitz*[278]) gibt als erster eine Bestimmung der Anzahl der komplexen Nullstellen irgendeiner hypergeometrischen Funktion vermittels einer sehr verallgemeinerungsfähigen analytischen Methode an. Schon früher hatte *van Vleck*[279]) in Verfolgung des

---

275) *Stieltjes*, Sur quelques théorèmes d'Algèbre. Paris C. R. 100 (1885), p. 439—440, Sur les polynomes de *Jacobi* ebd. p. 620—622; *Posse*, Über Funktionen, welche den *Legendre*schen ähnlich sind. Chark. Ges. 1885, 2, p. 155—169; *Hilbert*, Über die Diskriminante der im Endlichen abbrechenden hypergeometrischen Reihe. J. f. Math. 103 (1888), p. 337—345; *Gegenbauer*, Zur Theorie der hypergeometrischen Reihe. Wien. Ber. 100, p. 225—244.

276) *Klein*, Über Nullstellen der hypergeometrischen Reihe. Gött. Nachr. 1890, p. 382—83, Math. Ann. 37, p. 573—590.

277) *Hurwitz*, Über die Nullstellen der hypergeometrischen Reihe. Gött. Nachr. 1890, p. 557—564; *Gegenbauer*, a. a. O. und Über die Wurzeln der hypergeometrischen Reihe. Monatsh. Math. 2 (1891), p. 125—130; *Porter*, Note on the enumeration of the roots of the hypergeometric series between zero and one. Bull. American M. S. (2) 6 (1900), p. 280—282.

278) *Hurwitz*, Über die Nullstellen der hypergeometrischen Funktion. Math. Ann. 64 (1907), p. 517—560.

279) *Van Vleck*, A determination of the number of real and imaginary

*Klein*schen Gedankenganges untersucht, wie oft ein Kreisbogendreieck sich über eine Ecke hinwegzieht; aus dem allgemeinen von *Hurwitz* erledigten Probleme ergibt sich die Anzahl, wie oft das Kreisbogendreieck sich über irgendeine Stelle der Kugel hinwegzieht.

19. Verallgemeinerungen der hypergeometrischen Reihe. a) Die *Heine*schen Reihen[280]) sind definiert als Funktionen von fünf Argumenten $\varphi(a, b, c, q, z) = 1 + \frac{(1-q^a)(1-q^b)}{(1-q)(1-q^c)} q^z$

$$+ \frac{(1-q^a)(1-q^{a+1})(1-q^b)(1-q^{b+1})}{(1-q)(1-q^2)(1-q^c)(1-q^{c+1})} q^{2z} + \cdots$$

Setzt man $q = 1 + \varepsilon$, $z = \frac{1}{\varepsilon} \lg x$, so geht die Reihe für $\varepsilon = 0$ in die hypergeometrische Reihe über. Die Differenzengleichung, der die Reihe als Funktion von z genügt, geht bei dem Grenzübergang in die hypergeometrische Differentialgleichung über.

b) *Die allgemeine hypergeometrische Reihe n^{ter} Ordnung*

$$F(\alpha_1, \alpha_2, \ldots \alpha_n, \varrho_1, \varrho_2, \ldots \varrho_{n-1}, x)$$

wird durch die Reihe

$$1 + \frac{\alpha_1 \alpha_2 \cdots \alpha_n}{1 \varrho_1 \cdots \varrho_{n-1}} x + \frac{\alpha_1(\alpha_1+1)\alpha_2(\alpha_2+1)\cdots\alpha_n(\alpha_n+1)}{1 \cdot 2\, \varrho_1 \cdot (\varrho_1+1) \cdots \varrho_{n-1}(\varrho_{n-1}+1)} x^2 + \cdots$$

definiert; sie findet sich wohl zuerst bei *Clausen*[281]) anläßlich der Frage, wann eine Reihe dieser Art mit dem Produkte zweier gewöhnlicher hypergeometrischer Reihen identisch ist. *Thomae*[282]) zeigt, daß

---

roots of the hypergeometric series. Trans. of Am. Math. Soc. 4 (1902); vgl. auch *Schafheitlein,* Die Nullstellen der hypergeometrischen Funktion. Berl. Math. Ges. 7 (1908), p. 19—28.

280) *Heine,* Untersuchungen über die Reihe $1 + \frac{(1-q^\alpha)(1-q^\beta)}{(1-q)(1-q^\gamma)} x + \cdots$ J. f. Math. 32 (1847), p. 310f.; 34, p. 285f. Handbuch der Kugelfunktionen, 2. Auflage, p. 97f.; vgl. auch *Thomae,* Beiträge zur Theorie der durch die *Heine*schen Reihen darstellbaren Funktionen. J. f. Math. 70 (1869), p. 258—281; *Thomae* behandelt in dieser Arbeit die *Heine*schen Reihen nach den von *Riemann* für die hypergeometrische Reihe geschaffenen Prinzipien.

281) *Clausen,* Über die Fälle, in denen die Reihe $y = F(\alpha, \beta, \gamma, x)$ ein Quadrat von der Form $z = 1 + \frac{\alpha' \beta' \delta'}{1 \gamma' \varepsilon'} x + \cdots$ hat. J. f. Math. 3 (1828), p. 89f. und Beitrag zur Theorie der Reihen daselbst, p. 92.

282) *Thomae,* Über die höheren hypergeometrischen Reihen. Math. Ann. 2 (1870), p. 427—444; vgl. auch *Thomae,* Über die Funktionen, welche durch Reihen von der Form $1 + \frac{p p' p''}{1 q' q''} + \cdots$ dargestellt werden. J. f. Math. 87 (1879), p. 26—74.

die Reihe der Differentialgleichung

$$(64) \qquad (1-x)\frac{d^n y}{(d\lg x)^n} + (-A_1 - B_1 x)\frac{d^{n-1}y}{(d\lg x)^{n-1}} + \cdots + ((-1)^n A_n - B_n x)\, y = 0$$

genügt, in der A und B einfache Funktionen der Größen α und ϱ sind. Umgekehrt zeigt *Thomae* die Integration von (64) durch hypergeometrische Reihen höherer Ordnung, die mit geeigneten Potenzen von x und $1-x$ multipliziert sind, und stellt für die hypergeometrische Reihe dritter Ordnung die Monodromiegruppe sowie die Beziehungen zwischen verwandten Funktionen auf. *Goursat*[283]) leitet die Differentialgleichung aus dem postulierten Verhalten in der Umgebung der drei singulären Stellen 0, 1 und ∞ ab, behandelt aufs neue die Theorie der benachbarten Funktionen[284]) und erledigt in einfachster Weise die von *Clausen* angeregte Frage. Dann zeigt er, daß die hypergeometrischen Funktionen n^{ter} Ordnung sich abgesehen von konstanten Faktoren durch n-fache Integrale der Form[285])

$$\int_0^1 \cdots \int_0^1 u_1^{\alpha_1-1}(1-u_1)^{\varrho_1-\alpha_1-1} \cdots u_{n-1}^{\alpha_{n-1}-1}(1-u_{n-1})^{\varrho_{n-1}-\alpha_{n-1}-1} (1-xu_1\cdots u_{n-1})^{-\alpha_n}\, du_1 \cdots du_{n-1}$$

darstellen lassen. Von diesen Integralen aus behandelt *Goursat* in einer anderen Arbeit[286]) die hypergeometrischen Funktionen dritter Ordnung, indem er ähnlich wie bei der gewöhnlichen hypergeometrischen Reihe die Gesamtheit der in Betracht kommenden Integralgrenzen heranzieht. *Pochhammer*[287]) gibt dann in dem von *Goursat* behandelten Fall den Integralen eine so übersichtliche Anordnung und Form, daß auch die Behandlung hypergeometrischer Funktionen beliebiger Ordnung von der Darstellung durch bestimmte Integrale aus verhältnismäßig einfach gelingt. *Goursat* und *Pochhammer*[288]) behandeln ferner

283) *Goursat*, Mémoire sur les fonctions hypergéométriques d'ordre supérieur. Ann. de l'éc. nor. (2) 12 (1883), p. 261—286 und p. 395—430.

284) Vgl. auch *Forsyth*, On linear differential equations. Quart. Journ. 19 (1883), p. 292—337.

285) Vgl. *Thomae*, a. a. O. Math. Ann. 2, p. 429f.

286) *Goursat*, Sur une classe de fonctions représentées par des intégrales définies. Acta math. 2 (1883).

287) *Pochhammer*, Über die Differentialgleichung der allgemeinen hypergeometrischen Reihe mit zwei endlichen singulären Punkten. J. f. Math. 102 (1888), p. 76—159.

288) *Pochhammer*, Über die Differentialgleichung der allgemeinen F-Reihe. Math. Ann. 38, p. 586—597. Über eine lineare Differentialgleichung m^{ter} Ord-

den Grenzfall, daß zwei singuläre Punkte der Differentialgleichung zusammenrücken. *Rajewski*[289]) stellt für die Integrale der ursprünglichen sowie der ausgearteten Differentialgleichung die Übergangssubstitutionen auf.

c) *Hypergeometrische Funktionen mehrerer Variabeln. Pochhammer*[290]), der als erster diese Funktionen studierte, betrachtet sie nur erst als Funktionen einer einzigen Variabeln und definiert sie als das allgemeine Integral $H_n\begin{pmatrix}a_1, \ldots, a_n, x\\ \beta_1, \ldots, \beta_n, \lambda\end{pmatrix}$ einer Differentialgleichung n^{ter} Ordnung mit den singulären Stellen $a_1, a_2, \ldots, a_n$ und ∞. Die zu der singulären Stelle a_j gehörige determinierende Gleichung hat die Wurzeln $0, 1, \ldots, n-2$, $\beta_j + \lambda - 1$, die Differentialgleichung besitzt also $n-1$ in a_j holomorphe Integrale (vgl. Nr. **3**c) und ein daselbst verzweigtes Integral, sofern $\beta_j + \lambda$ keine ganze Zahl ist. Ein entsprechendes Verhalten zeigt $x^{1-\lambda} H_n$ im Unendlichen. Ist dann

$$\varphi(x) = (x-a_1)(x-a_2)\ldots(x-a_n), \quad \frac{\psi(x)}{\varphi(x)} = \sum_{j=1}^{n} \frac{\beta_j}{x-a_j},$$

so genügt H der *Pochhammer*schen[291]) Differentialgleichung

$$(65)\ \varphi(x)\frac{d^n y}{dx^n} - \left[\binom{\lambda-n}{1}\varphi'(x) + \psi(x)\right]\frac{d^{n-1}y}{dx^{n-1}} + \cdots + (-1)^n\left[\binom{\lambda-1}{n}\varphi^{(n)}(x) + \binom{\lambda-1}{n-1}\psi^{(n-1)}(x)\right] y = 0,$$

---

nung mit einem endlichen singulären Punkte. J. f. Math. 108 (1891), p. 50—87. Über die Differentialgleichungen der Reihen $F(\varrho, \sigma, x)$ und $F(\varrho, \sigma, \tau, x)$. Math. Ann. 41 (1892) p. 197—218, und Über die Reduktion der Differentialgleichungen der Reihe $F(\varrho_1, \varrho_2, \ldots \varrho_{n-1}, x)$. J. f. Math. 110 (1893), p. 188—197.

289) *Rajewski,* Über die hypergeometrischen Funktionen höherer Ordnung und deren Degeneration. Krakau. Abh. 1901, p. 423—440. Krakau. Abh. 41, p. 505—552.

290) *Pochhammer,* Über hypergeometrische Funktionen n^{ter} Ordnung. J. f. Math. 71 (1870), p. 316—352, Notiz über die Herleitung der hypergeometrischen Differentialgleichung. J. f. Math. 73, p. 85—87, Über Relationen zwischen den hypergeometrischen Integralen n^{ter} Ordnung. J. f. Math. 73, p. 135—159.

291) Eine ähnliche Differentialgleichung findet sich bei *Tissot,* Sur un déterminant d'intégrales définies. J. de math. 17, doch scheint mir die Benennung *Tissot-Pochhammer*sche Differentialgleichung in keiner Weise berechtigt; vgl. *Pochhammer,* a. a. O. J. f. Math. 73, p. 144, Anmerkung. Die als *Tissot*sche zu bezeichnende Differentialgleichung behandelt *Pochhammer* in seiner Arbeit: Über die *Tissot*sche Differentialgleichung. Math. Ann. 37 (1890), p. 512—543. Vgl. bez. der *Pochhammer*schen Differentialgleichung auch *Hermite,* Lettre à *M. L. Fuchs,* J. f. Math. 79 (1875), p. 324—338.

welche die Integrale

$$(66) \qquad \int (u-a_1)^{b_1-1}(u-a_2)^{b_2-1}\dots(u-a_n)^{b_n-1}(u-x)^{\lambda-1}du,$$

zwischen geeigneten Grenzen genommen, besitzt.

Pochhammer und *Hossenfelder*[292]), der letztere vermittels der Methode der veränderlichen Integrationswege, stellen die Monodromiegruppe auf, von der sich ergibt, daß sie von den Verzweigungspunkten unabhängig ist.[293]) Die Lösungen genügen daher (vgl. Nr. 8) in bezug auf jeden der Parameter a_j einer ganz analogen Differentialgleichung, wie in bezug auf x, worauf schon der in $x, a_1, \dots, a_n$ symmetrische Bau von (66) hinweist. *Appell*[123]) kommt als erster auf die Behandlung dieser Reihen als Funktionen zweier Veränderlicher, indem er in Verallgemeinerung der hypergeometrischen Reihe vier Reihen

$$F_j(\alpha, \alpha', \beta, \beta', \gamma, x, y) \qquad (j = 1, 2, 3, 4)$$

einführt, von denen etwa

$$(67) \qquad F_1(\alpha, \beta, \beta', \gamma, x, y) = \sum \frac{(\alpha, m+n)(\beta, m)(\beta', n)}{(\gamma, m+n)(1, m)(1, n)} x^m y^n$$

ist, wenn allgemein

$$(\lambda, k) = \lambda(\lambda+1)\dots(\lambda+k-1), \qquad (\lambda, 0) = 1$$

darstellt.

Jede dieser Funktionen genügt einem Systeme partieller Differentialgleichungen. Doch zeigte erst *Picard*[124]) explizite den Zusammenhang mit der *Pochhammer*schen Differentialgleichung durch die Darstellung der Funktionen vermittelst bestimmter Integrale. Von dieser ausgehend überträgt *Goursat*[294]) die *Jacobi*schen Untersuchungen für die gewöhnliche hypergeometrische Reihe und stellt entsprechend den 24 *Kummer*schen Integralen 60 Integrale auf. *Picard*[124]) gewinnt die hypergeometrische Funktion F_1 durch Ausdehnung des *Riemann*schen Verfahrens auf zwei Veränderliche, *Goursat*[125]) macht

292) *Hossenfelder,* Über die Integration einer linearen Differentialgleichung n^{ter} Ordnung. Math. Ann. 4 (1871), p. 195—212; vgl. ferner *Radike,* Über die Fundamentalwerte des allgemeinen hypergeometrischen Integrals. Zeitschr. Math. Phys. 22 (1877), p. 87—99; *Jordan,* Cours d'Analyse III; *Schlesinger,* Integration linearer Differentialgleichungen durch Quadraturen. J. f. Math. 116 (1896), p. 130, Zur Theorie der linearen Differentialgleichungen. J. f. Math. 124 (1902), p. 318, Handbuch II 1, p. 455 f.

293) *Schlesinger,* Zur Theorie der *Euler*schen Transformierten. J. f. Math. 117 (1897), p. 162.

294) *Goursat,* Sur les fonctions hypergéométriques de deux variables. Paris C. R. 95 (1882), p. 717—719; vgl. auch die in 126 zitierte Arbeit von *Le Vavasseur.*

die entsprechenden Untersuchungen für F_2 und F_3. Die Relationen zwischen benachbarten Funktionen leitet *Le Vavasseur*[295]) ab. Während diese letzteren Arbeiten sich alle auf den Fall $n = 3$ beschränken, leitet *Pochhammer*[296]) für beliebiges n das System partieller Differentialgleichungen mit zwei unabhängigen Veränderlichen ab, eine weitere Ausdehnung auf beliebig viele unabhängige Veränderliche gibt *Lauricella*[297]). *Pincherle*[298]) weist auf die genaue Analogie hin zwischen den in b) besprochenen hypergeometrischen Funktionen mit drei singulären Punkten und den hypergeometrischen Funktionen mehrerer Variabeln.

In allgemeiner Weise bezeichnet *Horn*[299]) eine Potenzreihe $\sum A_{\lambda\mu} x^\lambda y^\mu$ als eine hypergeometrische Reihe von zwei Veränderlichen, wenn die Quotienten $\frac{A_{\lambda+1,\mu}}{A_{\lambda,\mu}}$ und $\frac{A_{\lambda,\mu+1}}{A_{\lambda,\mu}}$ rationale Funktionen von λ und μ sind. Diese Funktionen genügen einem Systeme partieller Differentialgleichungen, mittels dessen *Horn* die Natur der singulären Gebilde an der Grenze des Konvergenzgebietes untersucht.

20. Differentialgleichungen für die Periodizitätsmoduln. Die Periodizitätsmoduln der elliptischen Integrale erster und zweiter Gattung führen auf spezielle hypergeometrische Differentialgleichungen (vgl. das Ref. II B 3 (*Fricke*), Nr. **8** und **59**). In entsprechender Weise führen die Periodizitätsmoduln der hyperelliptischen Integrale auf *Pochhammer*sche Differentialgleichungen. Nachdem zunächst *Koenigsberger*[300]) für die Perioden der ultraelliptischen Integrale erster und zweiter Gattung ein System von linearen Differentialgleichungen aufgestellt hat, nimmt *Fuchs*[301]) die Aufgabe für die allgemeinen hyper-

295) *Le Vavasseur,* Sur les fonctions contigues relatives à la série hypergéométrique de deux variables. Paris C. R. 115 (1892), p. 1255—1258; vgl. ferner Anmerkung [126]).

296) *Pochhammer,* Über gewisse partielle Differentialgleichungen, denen hypergeometrische Integrale genügen. Math. Ann. 33 (1889), p. 353—371.

297) *Lauricella,* Sulle funzioni ipergeometriche a piu variabili. Palermo Rend. 7 (1893) p. 111—158.

298) *Pincherle,* Sulle funzioni ipergeometriche generalizzate. Rom. Acc. L. Rend. (4) 4_1 (1888), p. 694—700, 792—799.

299) *Horn,* Über die Konvergenz der hypergeometrischen Reihen zweier und dreier Veränderlicher. Math. Ann. 34 (1889), p. 577—600.

300) *Koenigsberger,* Die Differentialgleichung der Perioden der hyperelliptischen Perioden 1ter Ordnung. Math. Ann. 1 (1869), p. 165—167.

301) *Fuchs,* Die Periodizitätsmoduln der hyperelliptischen Integrale als Funktionen eines Parameters. J. f. Math. 71 (1870), p. 91—127. Ges. Werke 1, p. 241—281. Die Periodizitätsmoduln der hyperelliptischen Normalintegrale

elliptischen Integrale in Angriff. Es sei $s^2 = \varphi(z, x)$ eine ganze rationale Funktion von z und x, und zwar in z vom Grade $2p + 1$, $g(z)$ sei rational in bezug auf z und x und werde nur für die Nullstellen von $\varphi(z, x)$ unendlich. Dann genügen die Perioden eines Integrals erster oder zweiter Gattung der Form $\int \frac{g(z)}{s}\, dz$ als Funktionen von x im allgemeinen einer Differentialgleichung $2p^{\text{ter}}$ Ordnung, und zwar gehören alle Differentialgleichungen, welche einer willkürlichen Wahl der rationalen Funktion $g(z)$ entsprechen, zu derselben Art.[302]) Entsprechend genügen die Periodizitätsmoduln eines *Abel*schen Integrals[303]) als Funktionen eines Verzweigungspunktes oder eines Klassenmoduls des zugrunde gelegten algebraischen Gebildes einer linearen Differentialgleichung $2p^{\text{ter}}$ Ordnung, deren Koeffizienten als Funktionen des Parameters demselben Rationalitätsbereiche angehören wie der Integrand und die Koeffizienten der Grundgleichung, also im allgemeinen mehrdeutig sind. Es gilt nun nach *Fuchs* der bemerkenswerte Satz, daß die $(2p - 2)^{\text{te}}$ Assoziierte der Differentialgleichung $2p^{\text{ter}}$ Ordnung, welcher die Periodizitätsmoduln der Integrale erster Gattung genügen, reduzibel ist, indem sie eine dem Rationalitätsbereiche angehörige Lösung besitzt, die man unmittelbar aus den von *Fuchs* für die Koeffizienten der ursprünglichen Differentialgleichung aufgestellten Formeln gewinnt.[304]) Die Relationen, welche die Reduzibilität der $(2p-2)^{\text{ten}}$ Assoziierten ausdrücken, führen zu den *Riemann*-

---

dritter Gattung behandelte *E. Ullrich,* Die Periodizitätsmoduln der hyperelliptischen Normalintegrale dritter Gattung. Diss. Heidelberg 1884.

302) *Fuchs,* Zur Theorie der linearen Differentialgleichungen. Berlin Ber. 1888, Ges. Werke 3, p. 30. Betreffend die Differentialgleichung der hyperelliptischen Perioden vgl. *Pick,* Jahresber. d. deutsch. Math.-Ver. 19 (1910), p. 99; *Pick* gibt dem Systeme von Differentialgleichungen, denen die Perioden der hyperelliptischen Integrale als Funktionen der Verzweigungspunkte genügen, für den Fall $p = 2$ durch die Wahl geeigneter unabhängiger Veränderlicher und Einführung zweier Differentiationsoperatoren eine invariante Gestalt, aus der sich alle anderen Darstellungen der Differentialgleichungen leicht gewinnen lassen.

303) *Fuchs,* Über die linearen Differentialgleichungen, welchen die Periodizitätsmoduln der *Abel*schen Integrale genügen. J. f. Math. 73 (1871), p. 324—339. Ges. Werke 1, p. 343—360, Zur Theorie der *Abel*schen Funktionen. Berlin Ber. 1897. Ges. Werke 3, p. 249—264. In der letzteren Arbeit gibt *Fuchs* zur Ableitung der Differentialgleichung drei verschiedene Methoden, von denen besonders die dritte ihres allgemeinen Charakters wegen hervorzuheben ist. Vgl. auch für binomische Gleichungen die Dissertation von *Hermann Broecker,* Die Periodizitätsmoduln der *Abel*schen Integrale. Berlin 1893.

304) *Fuchs,* Zur Theorie der *Abel*schen Funktionen. Berlin Ber. 1898. Ges. Werke 3, p. 283—293. Der Satz wurde zuerst von *Fuchs* für die ultraelliptischen Integrale unter Zuhilfenahme der bekannten Monodromiegruppe der ursprüng-

schen Relationen zwischen den Periodizitätsmoduln der *Abel*schen Integrale erster und zweiter Gattung.[305])

20. Die Laplacesche Differentialgleichung:

$$(a_0 x + b_0)\frac{d^n y}{dx^n} + (a_1 x + b_1)\frac{d^{n-1} y}{dx^{n-1}} + \cdots + (a_n x + b_n)\, y = 0.$$

Euler[306]) behandelt die Aufgabe, in dem Integrale

$$(68) \qquad y = \int e^{xz}\, v(z)\, dz$$

die Funktion $v(z)$ und die Grenzen so zu bestimmen, daß das Integral als Funktion von x einer linearen Differentialgleichung zweiter Ordnung genügt. In allgemeinerer Weise nahm *Laplace*[307]) diesen Ansatz auf und zeigte, wie man vermittelst desselben die Lösungen der nach ihm benannten Differentialgleichung n^{ter} Ordnung erhalten kann. In der folgenden Zeit wurde die Integration spezieller Differentialgleichungen dieser Art vermittelst bestimmter Integrale wiederholt aufs neue gefunden. *Liouville*[308]) behandelt die Differentialgleichung $u'' = u \cdot x$, indem er sie durch unendliche Reihen integriert und diese dann durch bestimmte Integrale summiert. Auf demselben Wege bestimmt *Scherk*[309]) die Integrale der Differentialgleichung $y^{(n)} = (\alpha + \beta x)y$. Es sei ferner in diesem Zusammenhang auf die Arbeiten von *Kummer*[310]) und *Liouville*[311]) hingewiesen. Dann sind noch neben den zahlreichen Untersuchungen über *Bessel*sche Funktionen (vgl. das Ref. II A 10 (*Wan-*

lichen Differentialgleichung bewiesen; siehe *Fuchs*, Zur Theorie der linearen Differentialgleichungen. Berlin Ber. 1889. Ges. Werke 3, p. 35 u. 36 vgl. insbesondere auch *Schlesinger*, Handbuch II, 1, p. 491 f. Für die hyperelliptischen Integrale bei beliebigem p gibt *Richard Fuchs* in seiner Dissertation, Über die Periodizitätsmoduln der hyperelliptischen Integrale, Diss. Berlin 1897 u. J. f. Math. 119, p. 1—24 den entsprechenden Nachweis sowie den expliziten Ausdruck für die rationale Funktion.

305) *L. Fuchs*, a. a. O. Ges. Werke 3, p. 290—293; vgl. auch *Richard Fuchs*, a. a. O., p. 12—17.

306) *Euler* Institutiones calculi integralis 2, Opera omnia I, Bd. 12, Kap X, § 1053 f.

307) *Laplace*, Sur une nouvelle méthode d'approximation, Histoire de l'academie royale des sciences 1782; vgl. auch *Lacroix*, Traité du calcul différentiel III.

308) *Liouville*, 21. Bd. von Gergonne Ann. 1830—1831.

309) *Scherk*, Über die Integration der Gleichung $y^{(n)} = (\alpha + \beta x) y$. J. Math. 10 (1833).

310) *Kummer*, Note sur l'intégration de l'équation $y^{(n)} = x^m y$ par des intégrales definies. J. f. Math. 19 (1839).

311) *Liouville*, J. de l'éc. pol. 15, (cah. 24), p. 51.

gerin)) die Untersuchungen von *Petzval*, *Spitzer* und *Winkler* hier zu erwähnen, die aber nichts Wesentliches zur Förderung des Problems beitrugen und deren zum Teil polemische Schriften nur mehr ein gewisses nichtmathematisches Interesse erwecken.[312])

Eine systematische Integrationstheorie mit komplexen Integrationswegen wurde von *Poincaré* für das in der nächsten Nummer zu besprechende allgemeinere Problem gegeben und von *Jordan, Picard* und *Schlesinger*[313]) ausführlich für den vorliegenden spezielleren Fall entwickelt. Es sei

$$\varphi_1(z) = a_0 z^n + \cdots + a_n, \quad \varphi_0(z) = b_0 z^n + \cdots + b_n.$$

Setzt man y aus (68) in die linke Seite der *Laplace*schen Differentialgleichung ein, so erhält man

$$\int [\varphi_0(z) + x\varphi_1(z)]\, v e^{xz} dz;$$

man bestimmt dann $v(z)$ so, daß

$$\varphi_0(z) v(z) = \frac{d}{dz}(v(z)\varphi_1(z)), \text{ also } v(z) = \frac{1}{\varphi_1(z)} e^{\int \frac{\varphi_0(z)}{\varphi_1(z)} dz}$$

wird, und den Integrationsweg l derart, daß

$$\int_l d(v(z)\varphi_1(z) e^{zx}) = 0 \text{ wird.}$$

Sind $a, b, \ldots, m$ voneinander verschiedene Nullstellen von $\varphi_1(z)$, so erhält man $m - 1$ Lösungen, wenn man als Integrationsweg die $m - 1$ Doppelumläufe um a, b; a, c usf. wählt. Ist ferner a eine μ-fache Wurzel, so erhält man $\mu - 1$ neue Lösungen durch Integrationswege, die in geeigneter Richtung von a ausgehen und daselbst endigen. Ist $\varphi_1(z)$ vom $(n - \lambda)^{\text{ten}}$ Grade, so erhält man auf diese Weise $n - \lambda - 1$ linear unabhängige Lösungen, die fehlenden Lösungen erhält man durch Wahl von Integrationswegen, die von ∞ in bestimmter Richtung ausgehen und dahin zurückkehren.

22. Die Laplacesche und Eulersche Transformierte. Die eben angeführte *Laplace*sche Methode führt, wie schon in Nr. 5 angegeben wurde, bei Differentialgleichungen n^{ter} Ordnung vom Range 1, deren Koeffizienten Polynome von m^{ten} Grade sind, zu bemerkenswerten Resultaten.[314]) Es sei die gegebene Differentialgleichung

312) Vgl. etwa *Spitzer*, Vorlesungen über lineare Differentialgleichungen. Wien, Gerold 1878, und Differentialgleichungen von *Winkler*, Wien, Hölder 1879.

313) *Jordan*, Cours d'Analyse III, p. 252f.; *Picard*, Traité d'Analyse III, p. 394f., *Schlesinger*, Handbuch I, p. 409f.

314) Vgl. neben den in (75) zitierten Arbeiten von *Poincaré* hierzu *Picard*, Traité d'Analyse III, p. 405f., *Schlesinger*, Handbuch I, p. 414f., II, 1 p. 505f.; ferner die in (84) zitierte Arbeit von *Horn*, p. 511—513.

$$(69)\qquad p_0 \frac{d^n y}{dx^n} + p_1 \frac{d^{n-1} y}{dx^{n-1}} + \cdots + p_n y = 0,$$

wobei

$$p_k = C_k^{(0)} x^m + C_k^{(1)} x^{m-1} + \cdots C_k^{(m)}$$

und $C_0^{(0)} \neq 0$ ist. Bezeichnet $[f(z)]^l$ die Differenz der Werte von $f(z)$ an den beiden Enden eines Weges l, so denken wir uns in (68) den Weg l und die Funktion v so gewählt, daß für $\mu = 0, 1, \ldots, n$

$$(70)\quad [z^\mu v e^{zx}]_l = 0, \left[\frac{d}{dz}(z^\mu v) e^{zx}\right]_l = 0, \ldots \left[\frac{d^{m-1}(z^\mu v)}{dz^{m-1}} e^{zx}\right]_l = 0;$$

dann folgt durch partielle Integration aus (68) unmittelbar

$$x^\nu \frac{d^\mu y}{dx^\mu} = (-1)^\nu \int_l \frac{d^\nu (z^\mu v)}{dz^\nu} e^{zx} dz, \quad \binom{\mu = 0, 1, \ldots, n}{\nu = 0, 1, \ldots, m},$$

so daß die Funktion y in (68) der Gleichung (69) genügt, wenn v ein Integral der Differentialgleichung

$$(71)\quad \sum_{\nu=0}^{m} (-1)^\nu \left[C_0^{(\nu)} \frac{d^{m-\nu}(z^n v)}{dz^{m-\nu}} + C_1^{(\nu)} \frac{d^{m-\nu}(z^{n-1} v)}{dz^{m-\nu}} + \cdots \right.$$
$$\left. + C_n^{(\nu)} \frac{d^{m-\nu} v}{dz^{m-\nu}}\right] = 0$$

ist. (71) heißt dann die *Laplacesche Transformierte* von (69) (vgl. das Ref. *Pincherle* II A 11, Nr. **16**), sie ist von m^{ter} Ordnung, ihre Koeffizienten sind Polynome n^{ten} Grades. Die singulären Stellen erhält man als Wurzeln α_j der Gleichung

$$(72)\qquad C_0^{(0)} \alpha^n + C_1^{(0)} \alpha^{n-1} + \cdots + C_n^{(0)} = 0,$$

die mit (24) identisch ist, wenn in (22) $k = 0$, $h = m$ gesetzt wird. $z = \infty$ ist für (71) eine Unbestimmtheitsstelle vom Range 1, dagegen sind die Punkte α_j singuläre Stellen der Bestimmtheit, wenn die Wurzeln von (72) voneinander verschieden sind. Die Wurzeln der zu α_j gehörigen determinierenden Gleichungen sind $0, 1, \ldots m-2, \lambda_j$, wobei die Größen λ_j keine ganzen Zahlen sein mögen, um das Auftreten von Logarithmen zu vermeiden. Dann wählt man als Funktion v die im Punkte α_j zum Exponenten λ_j gehörige Lösung von (71) und zieht durch α_j einen Halbstrahl nach ∞, der durch keinen andern singulären Punkt geht und mit der positiven x-Achse den Winkel ω einschließt. Wählt man nun als Integrationsweg l einen Weg, der auf diesem Radiusvektor den Punkt ∞ verläßt, α_j umkreist und dann auf demselben Radiusvektor nach ∞ zurückkehrt, so ist nach dem zweiten Hilfssatz in Nr. **5** $\left|\frac{d^\nu v}{dz^\nu}\right| < e^{aR}$, also sind für den gewählten Integrationsweg die Bedingungen (70) erfüllt, wenn der reelle Teil von $xe^{i\omega}$ kleiner ist als $(-a)$. Aus den n singulären Stellen der *Laplace*schen Transformierten erhält man auf diese Weise n linear unabhängige Lösungen[315]) von (69). Fallen jedoch einige der singulären Stellen zusammen, so sind die Integrationswege analog wie in dem in der letzten Nummer behandelten Spezialfalle entsprechend zu modifizieren. Ist die Ordnung n von (69) größer als der Grad m der Koeffizienten, so kann man $n-m$ Lösungen von (69) durch bestimmte Integrale ausdrücken, deren Integrationsweg ganz im Endlichen verläuft, so daß (69) $n-m$ ganze transzendente Funktionen als Lösungen besitzt, einen Satz, den man auch direkt beweisen kann.[316])

Um die *Laplace*sche Transformierte auf Differentialgleichungen vom Range $k+1$ auszudehnen, macht *Birkhoff*[317]) den Ansatz

$$(73) \qquad y = \int e^{zx^{k+1}} [\eta_0(z) + x\eta_1(z) + \cdots + x^k \eta_k(z)]\, dz$$

und bestimmt die Funktionen η aus einem Systeme linearer Differentialgleichungen, deren singuläre Stellen Unbestimmtheitsstellen vom Range k sind; jede einzelne dieser singulären Stellen kann aber vermittels einer ihr entsprechenden Transformation der ursprünglichen Differentialgleichung durch eine singuläre Stelle der Bestimmtheit ersetzt werden. Es empfiehlt sich dabei nach dem Vorgang von *Birkhoff* von vornherein von einem Systeme linearer Differentialgleichungen erster Ordnung auszugehen. Sind die Koeffizienten der Differentialgleichung (69) ganze transzendente Funktionen, ist also $m = \infty$, so wird die *Laplace*sche Transformierte von unendlich hoher Ordnung. Mit linearen Differentialgleichungen unendlich hoher Ordnung hat sich schon *Euler*[318]) beschäftigt; in neuerer Zeit hat *Lalesco*[319]) von ihnen bewiesen, daß sie sich auf *Volterra*sche Integralgleichungen (vgl. das Ref. II A 11 (*Pincherle*), Nr. **31** b) zurückführen lassen. Andererseits

315) *Poincaré,* a. a. O. Am. Journ. 7, p. 230.

316) *Poincaré,* a. a. O., p. 225; vgl. ferner die in 49) und 64) zitierten Arbeiten von *Perron,* Math. Ann. 66, p. 475, 70, p. 23.

317) Vgl. hierzu die Zitate 81, 82, 84.

318) *Euler,* Institutiones calculi integralis, 2, Opera omnia I, Bd. 12, § 1195—1224.

319) *Lalesco,* Sur l'équation de Volterra. J. de Math. (6) 4 (1908) p. 125—202, vgl. auch *Bourlet,* Sur les opérations en général et les équations différentielles linéaires d'ordre infini. Ann. éc. norm. (3) 14 (1897) p. 133—190.

hat *Horn*[320]) gezeigt, daß man bei diesen Integralgleichungen die Lösungen durch asymptotische Reihen darstellen kann. Neuerdings hat *Schlesinger*[321]) in einem linearen Differentialsystem

$$\frac{dy_k}{dz} = \sum_{\lambda=1}^{n} y_\lambda a_{\lambda k} \qquad (k = 1, 2, \ldots, n)$$

einen ähnlichen Grenzübergang ausgeführt, wie der, mit Hilfe dessen man von einem Systeme von n linearen Gleichungen zu einer Integralgleichung (vgl. das Ref. II A 11 (*Pincherle*) Nr. **29, 30**) gelangt und kommt so zu linearen *Integro-Differentialgleichungen* der Form

$$\frac{dY(z;k)}{dz} = \int_0^1 Y(z;\lambda)a(z;\lambda,k)d\lambda$$

bzw.

$$\frac{dZ(z;j,k)}{dz} = a(z;j,k) + \int_0^1 Z(z;j,\lambda)a(z;\lambda,k)d\lambda,$$

wo z eine komplexe, j, k, λ reelle Veränderliche bedeuten. Von andern Gesichtspunkten aus hatte *Volterra*[322]) von 1910 ab spezielle Fälle von Gleichungen dieser von *Schlesinger* betrachteten Form behandelt.

Neben die *Laplacesche* stellt sich die von *Schlesinger*[323]) sog. *Eulersche Transformation*, bei welcher in (68) e^{xz} durch $(z-x)^{\xi-1}$ ersetzt wird. Sei nun $D_x(y)$ ein linearer homogener Differentialausdruck n^{ter} Ordnung in x mit ganzen rationalen Koeffizienten m^{ten} Grades, so ist

$$\text{(74)} \qquad \mathrm{D}_x((z-x)^{\xi-1}) = \mathfrak{D}_z((z-x)^{\xi+m-1}),$$

wobei $\mathfrak{D}_z$ ein linearer Differentialausdruck $(n+m)^{\text{ter}}$ Ordnung mit ganzen rationalen Koeffizienten in z ist. Aus diesem Satze erhält man

---

320) *Horn*, Volterrasche Integralgleichungen. J. f. Math. 140, p. 120f. und 159f.

321) *Schlesinger*, Sur les équations integro-différentielles, Paris C. R. 158 (1914), p. 1872—1875.

322) Siehe etwa *Volterra*, Leçons sur les fonctions de lignes, Paris 1913, p. 199, Rom. Acc. L. Rend. 23 (1914), p. 394.

323) *Schlesinger*, Handbuch II 1, 12. Abschnitt, Über die Integration linearer Differentialgleichungen durch Quadraturen. J. f. Math. 116, p. 97—132, Zur Theorie der *Euler*schen Transformierten. J. f. Math. 117, p. 148—167. *Pincherle*, Integrazione delle equaz. diff. lin. mediante integrali definiti; Bologna Mem. (5) 2 (1892), p. 523—546; Sur la transformée d'*Euler*. J. f. Math. 119, p. 347—349. Vgl. auch *Mellin*, Über gewisse durch bestimmte Integrale vermittelte Beziehungen. Acta Soc. sc. Fennicae 21, Nr. 6 (1896).

durch Spezialisierung den in Nr. **16**a erwähnten Satz über die Vertauschung von Parameter und Argument. Genügt dann v der adjungierten Differentialgleichung $\mathfrak{D}_z' = 0$ von $\mathfrak{D}_z = 0$, so ist

$$y = \int_l (z - x)^{\xi - 1} v\, dz$$

eine Lösung von $D_x(y) = 0$, wenn der Integrationsweg l geeignet gewählt ist. $\mathfrak{D}_z'$ ist die *Euler*sche Transformierte von D_x (vgl. das Ref. *Pincherle* II A 11, Nr. **17**a). Ist umgekehrt w ein Integral der zu $D_x(y) = 0$ adjungierten Differentialgleichung, so genügt bei geeignet gewähltem Integrationsweg Λ die Funktion

$$u = \int_\Lambda w(z - x)^{\xi + m - 1} dx$$

der Differentialgleichung $\mathfrak{D}_z(u) = 0$, („Reziprozitätssatz"). Die ursprüngliche Differentialgleichung und ihre *Euler*sche Transformierte gehören gleichzeitig dem *Fuchs*schen Typus an, oder keine von beiden tut dieses. Ist ∞ für $D_x(y) = 0$ eine singuläre Stelle der Bestimmtheit, so kann in (74) der lineare Differentialausdruck $(n + m)^{\text{ter}}$ Ordnung durch einen solchen m^{ter} Ordnung E ersetzt werden, so daß

$$D_x((z - x)^{\xi - 1}) = E_z((z - x)^{\xi + m - n - 1}) \tag{75}$$

wird. Ist speziell D_x eine Differentialgleichung erster Ordnung des *Fuchs*schen Typus, so kommt man durch die *Euler*sche Transformation auf die in Nr. **19** besprochene *Pochhammersche Differentialgleichung.*

Die Aufstellung der Monodromiegruppe für Differentialgleichungen, deren Lösungen sich als bestimmte Integrale darstellen lassen, geschieht am einfachsten vermittelst der in Nr. **18**a erwähnten Methode der veränderlichen Integrationswege.[324])

23. Differentialgleichungen des Fuchsschen Typus, deren Integrale in der Umgebung eines jeden Punktes einer Riemannschen Fläche vom Geschlechte 1 eindeutige Funktionen sind. Damit die Integrale einer Differentialgleichung auf einer *Riemann*schen Fläche von beliebigem Geschlechte die in der Überschrift angegebenen Bedingungen erfüllen, müssen die Koeffizienten der Differentialgleichung zu dem der *Riemann*schen Fläche zugrunde liegenden algebraischen Gebilde gehören und ferner noch so beschaffen sein, daß die Integrale an den

324) Vgl. neben den in 262—264, 292 und 323 zitierten Arbeiten *Nekrassoff,* Über lineare Differentialgleichungen, welche mittelst bestimmter Integrale integriert werden. Math. Ann. 38 (1891); ferner *Goursat,* Sur une classe de fonctions répresentées par des intégrales définies. Acta Math. II (1883), p. 1—71.

singulären Stellen der Differentialgleichung nur Pole besitzen. Sind diese Bedingungen erfüllt, so erleiden die Integrale nur beim Überschreiten der Querschnitte der zerschnittenen *Riemann*schen Fläche lineare Substitutionen, die aber im allgemeinen nur für $p = 1$ vertauschbar sind. Daher wird die Theorie für $p = 1$ besonders einfach.

Drückt man in diesem letzteren Falle zum Zwecke der Uniformisierung x und y als doppelperiodische Funktionen eines als neue unabhängige Veränderliche eingeführten Parameters u aus, so erhält man eine Differentialgleichung mit eindeutigen doppelperiodischen Koeffizienten und in u eindeutigen Integralen, die nur Pole als singuläre Stellen besitzen. Vermehrt man u um eine der Perioden 2ω oder $2\omega'$, so erleiden die Integrale lineare Substitutionen; es gibt aber zum mindesten ein Integral, das sich bei Vermehrung von u um irgendwelche Perioden nur mit konstanten Faktoren multipliziert[325]), also eine doppelperiodische Funktion zweiter Art ist. Allgemein kann man ein beliebiges Integral einer derartigen Differentialgleichung m^{ter} Ordnung als ein Polynom höchstens $(m-1)^{\text{ten}}$ Grades in u und $\zeta(u)$ mit doppelperiodischen Koeffizienten zweiter Art darstellen.[326]) Von besonderer Bedeutung ist die zuerst von *Hermite*[327]) untersuchte verallgemeinerte *Lamé*sche Differentialgleichung

$$\frac{d^2y}{du^2} = [n(n+1)\wp(u) + B]\,y, \tag{76}$$

welche Grundlage und Ausgangspunkt für die Theorie der eben besprochenen allgemeineren Differentialgleichungen bildete. Damit $u = 0$

325) *Picard,* Sur une classe d'équations différentielles linéaires. Paris C. R. 90 (1880), p. 128—131. Sur les équations différentielles linéaires à coefficients doublement périodiques. J. f. Math. 90, p. 281—303; vgl. auch die unter demselben Titel erschienene Arbeit von *Mittag-Leffler.* Paris C. R. 90, p. 299—300. Ferner sind zu nennen, Traité des fonctions elliptiques, Bd. II, von *Halphen*; *Jordan,* Cours d'Analyse III, p. 276f.; *Picard,* Traité d'Analyse III, p. 437f.; *Krause,* Theorie der doppelperiodischen Funktionen II, p. 179f. Besonders sei auf den ausführlichen Literaturbericht am Schlusse dieses Buches verwiesen.

326) *Floquet,* Sur les équations différentielles linéaires à coéfficients doublement périodiques. Paris C. R. 98, p. 38—39, 82—85. Ann. éc. norm. (3) 1 (1884), p. 181—239, 405—408.

327) Vgl. II B 3, Anm. 428, ferner II A 10, Nr. 39. Es sind dann noch zu nennen die Untersuchungen von *Fuchs,* Extrait d'une lettre adressée à Hermite. Paris C. R. 85, p. 947—50, Ges. Werke 2, p. 145—148, Über eine Klasse von Differentialgleichungen, welche durch *Abel*sche oder elliptische Funktionen integrierbar sind. Gött. Nachr. 1878, Ges. Werke 2, p. 151—160. Sur les équations différentielles linéaires, qui admettent usf. J. de math. pures et appl. (3) 4 (1878), p. 125—140, Ges. Werke 2, p. 161—174.

kein Verzweigungspunkt ist, muß n eine ganze Zahl sein. Dann hat (76) stets zwei Integrale, deren Produkt eine doppelperiodische Funktion erster Art ist. Sind die beiden Integrale identisch, d. h. ist das Quadrat eines einzigen Integrals von (76) eine doppelperiodische Funktion erster Art, so hat man den Fall der *Lamé*schen Polynome. *Klein*[328]) hat in seinen Vorlesungen vermittelst oszillationstheoretischer Betrachtungen und Heranziehung der Kreisbogenvierecke eine ausführliche Diskussion über die Einordnung der *Lamé*schen Polynome in den allgemeinen Fall gegeben und die Nullstellen dieser Polynome einer eingehenden Diskussion unterzogen.

328) *Klein,* Vorlesungen über lineare Differentialgleichungen, Wintersemester 1890—91, p. 162f., Sommersemester 1894, p. 323f.; vgl. auch die in 146 zitierte Arbeit von *van Vleck.*

(Abgeschlossen Dezember 1913.)

II B 6. NICHTLINEARE DIFFERENTIAL-GLEICHUNGEN.*)

VON

EMIL HILB

IN WÜRZBURG.

Inhaltsübersicht.

I. Differentialgleichungen erster Ordnung.

II. Differentialgleichungen zweiter und höherer Ordnung.

Literatur.

P. Boutroux, Leçons sur les fonctions définies par les équations différentielles du premier ordre. Paris 1908, mit einem Anhang von *P. Painlevé.* (Im folgenden zitiert: „*Boutroux,* Vorlesungen" und „*Painlevé* bei *Boutroux.*")

P. Fiorentini, Sulla teoria delle equazioni differenziali ordinarie del primo ordine. Batt. Giorn. **44** (1906), p. 25—88, p. 291—313.

*) Für die Mitwirkung bei der Korrektur dieses Referates und für eine große Anzahl von Verbesserungs- und Ergänzungsvorschlägen ist der Verfasser den Herren *J. Horn, M. Noether* und *L. Schlesinger* zum wärmsten Danke verpflichtet.

A. R. Forsyth, Theory of differential equations Part. III. Ordinary equations not linear. Vol. II. III. Cambridge 1900.

J. Horn, Gewöhnliche Differentialgleichungen beliebiger Ordnung. Sammlung *Schubert*, L. Leipzig 1905.

L. Koenigsberger, Lehrbuch der Theorie der Differentialgleichungen. Leipzig 1889.

P. Painlevé, Leçons sur la théorie analytique des équations différentielles professées à Stockholm 1895. Paris 1897. (Im folgenden zitiert: „*Painlevé*, Vorlesungen.")

—, Le problème moderne de l'intégration des équations différentielles. Verhandlungen des dritten internationalen Math.-Kongresses in Heidelberg 1904. p. 86f.

E. Picard, Traité d'Analyse, Bd. II und III. 1. Aufl. Paris 1893 u. 1896. 2. Aufl. ebenda 1905 und 1908.

L. Schlesinger, Einführung in die Theorie der Differentialgleichungen. Sammlung *Schubert*, XIII. Leipzig. 1. Aufl. 1900. 2. Aufl. 1903.

Zur Ergänzung des vorliegenden Referates sind die folgenden Referate heranzuziehen:

II A 4a, *P. Painlevé*, Gewöhnliche Differentialgleichungen; Existenz der Lösungen. In diesem Referate ist die Frage der Existenzbeweise bei gewöhnlichen und singulären Anfangsbedingungen sowie die Theorie der singulären Integrale behandelt.

II A 4b, *E. Vessiot*, Gewöhnliche Differentialgleichungen; elementare Integrationsmethoden.

II B 5, *E. Hilb*, Lineare Differentialgleichungen im komplexen Gebiet.

III D 8, *H. Liebmann*, Geometrische Theorie der Differentialgleichungen.

Ferner sei, was die Behandlung der in der analytischen Mechanik einschließlich des Drei- und n-Körperproblems auftretenden Differentialgleichungen anbetrifft, auf die Referate IV 12 von *C. Müller* und IV 13 von *G. Prange* sowie auf das Referat VI 2, 12 von *Whittaker* verwiesen.

Im Referate II A 4a (*P. Painlevé*) wurden die Integrale gewöhnlicher Differentialgleichungen in der unmittelbaren Umgebung eines festen Wertes der komplexen unabhängigen Veränderlichen x untersucht, und zwar bei gewöhnlichen Anfangsbedingungen in Nr. **1—16**, bei gewöhnlichen singulären Anfangsbedingungen in Nr. **17—23** und bei außergewöhnlichen Anfangsbedingungen in Nr. **24—37**. In dem vorliegenden Referate wird nun das Verhalten der allgemeinen Lösungen bei beliebigen Wegen der unabhängigen Veränderlichen in der komplexen x-Ebene besprochen werden; die Hauptaufgabe wird aber in der Bestimmung und Untersuchung solcher nichtlinearer gewöhnlicher Differentialgleichungen bestehen, deren allgemeine Lösungen einen möglichst einfachen funktionentheoretischen Charakter haben, z. B. eindeutige Funktionen der unabhängigen Veränderlichen x sind oder sonst in bezug auf die Lage ihrer singulären Stellen und ihr Verhalten in der Umgebung derselben besonderen Forderungen genügen.

Um solche im Wesen der Aufgabe begründete Forderungen angeben zu können, müssen zunächst einige vorbereitende Bemerkungen über die singulären Stellen der Lösungen gewöhnlicher Differentialgleichungen n^{ter} Ordnung gemacht werden. Es sei y eine in der Umgebung von x_0 analytische Lösung einer Differentialgleichung n^{ter} Ordnung, und es sei auf einem von x_0 ausgehenden Wege l in der komplexen x-Ebene x_1 die erste singuläre Stelle, welche getroffen wird. Konvergieren dann y und seine $n-1$ ersten Ableitungen bei Annäherung an x_1 nach festen endlichen oder unendlich großen Werten, so hat man in x_1 eine Singularität von der Art, wie sie im Referat II A 4a (*P. Painlevé*) wenigstens für die einfachsten Fälle besprochen sind; wenn aber entweder y oder mindestens eine seiner $n-1$ ersten Ableitungen bei Annäherung an x_1 auf dem Wege l nach keinem bestimmten Wert konvergiert, so kennt man in x_1 weder gewöhnliche noch außergewöhnliche Anfangsbedingungen; x_1 ist dann für y eine Unbestimmtheitsstelle. Des weiteren unterscheidet man bei gewöhnlichen Differentialgleichungen zweierlei Arten von singulären Punkten der Lösungen, nämlich:

a) feste singuläre Stellen, das sind singuläre Stellen, welche von den Integrationskonstanten nicht abhängen;

b) verschiebbare singuläre Stellen, d. h. solche singuläre Stellen, welche durch Änderung der Integrationskonstanten verschoben werden können.

Die singulären Stellen der Lösungen von linearen Differentialgleichungen sind fest, vgl. das Ref. II B 5 (*E. Hilb*), Nr. 2. Einfache Beispiele von Differentialgleichungen erster Ordnung mit verschiebbaren singulären Punkten sind die folgenden:

$\frac{dy}{dx} + y^2 = 0$, diese hat als allgemeine Lösung $y = \frac{1}{x - x_0}$, also x_0 als verschiebbaren Pol,

$y\frac{dy}{dx} + x = 0$, diese hat als allgemeine Lösung $y = \sqrt{x_0^2 - x^2}$, also $\pm x_0$ als verschiebbare algebraische Verzweigungspunkte.

Die Differentialgleichung zweiter Ordnung, deren allgemeine Lösung $y = ce^{\frac{1}{x - x_0}}$ ist, hat x_0 als verschiebbaren Unbestimmtheitspunkt. Während in den angeführten Beispielen die verschiebbaren singulären Punkte isoliert lagen, können bei algebraischen Differentialgleichungen dritter Ordnung, wie das Beispiel der Differentialgleichung für die polymorphen Funktionen zeigt, die verschiebbaren singulären Stellen eine analytische oder nichtanalytische Linie oder eine diskontinuierliche perfekte Punktmenge bilden (vgl. das Ref. II B 4 (*Fricke*)).

I. Differentialgleichungen erster Ordnung.

1. Die Sätze von Fuchs und Painlevé. Wir betrachten zunächst die Differentialgleichung:

$$y' = \frac{P(x, y)}{Q(x, y)}, \tag{1}$$

in welcher $P(x, y)$ und $Q(x, y)$ Polynome von y, eindeutige analytische Funktionen von x sind.

Die singulären Stellen der Differentialgleichung (1) sind dann (vgl. das Ref. II A 4a (*Painlevé*), Nr. **20**, **21**, **24**—**31**):

1. Die singulären Stellen der von x abhängigen Koeffizienten der Potenzen von y in den Polynomen P und Q, ferner allenfalls $x = \infty$.

2. Die Nullstellen x_0, y_0 von $Q(x, y)$, für welche $P(x, y)$ von Null verschieden ist. Hierbei sind zwei Fälle zu unterscheiden:

a) $Q(x_0, y)$ verschwindet nur für isolierte Werte von $y = y_0$; dann besitzt die Lösung, welche für x_0 den Wert y_0 annimmt, in x_0 einen algebraischen Verzweigungspunkt. Die Werte x_0, für die dieses eintreten kann, erfüllen im allgemeinen zweifach ausgedehnte Bereiche der x-Ebene; innerhalb dieser Bereiche ist dann der algebraische Verzweigungspunkt x_0 verschiebbar.

b) $Q(x_0, y)$ verschwindet für x_0 unabhängig von dem Werte von y. Dann ist x_0 eine feste singuläre Stelle, und einfache Beispiele, wie etwa die Differentialgleichung

$$\frac{dy}{dx} = \frac{y}{(x - x_0)^2},$$

deren allgemeines Integral $y = Ce^{-\frac{1}{x - x_0}}$ ist, zeigen, daß die allgemeine Lösung eine solche singuläre Stelle als Unbestimmtheitsstelle besitzen kann.

3. Die gemeinsamen Nullstellen x_0, y_0 von $P(x, y)$ und $Q(x, y)$.

4. Diejenigen singulären Stellen, welche man für $z = 0$ erhält, wenn man $z = \frac{1}{y}$ setzt.

Die in 1, 2b und 3 aufgezählten singulären Stellen sowie die entsprechenden, die von 4 herrühren, sind feste singuläre Stellen der Differentialgleichung; diese festen singulären Stellen sollen weiterhin mit ξ bezeichnet werden. In jedem Punkte x, der mit keinem ξ zusammenfällt, ist jede Lösung von (1), die daselbst einen bestimmten endlichen oder unendlichen Wert annimmt, algebroid. Diesen von *Fuchs*[1]) herrührenden Satz erweitert *Painlevé*[2]) zu dem folgenden

1) *L. Fuchs*, Über Differentialgleichungen, deren Integrale feste Verzweigungspunkte besitzen, Berlin Ber. 1884, p. 699. Ges. Werke 2, p. 355. Die Be-

ersten Fundamentalsatz: *Die sämtlichen nicht algebraischen singulären Stellen eines Integrals von* (1) *sind unter den festen singulären Stellen* ξ *enthalten*, indem er zeigt, daß jede Lösung von (1) nach einem bestimmten endlichen oder unendlich großen Wert konvergiert, wenn sich x nach irgendeinem von den Punkten ξ verschiedenen Punkt x_0 auf einem Wege L bewegt, der durch keinen der Punkte ξ geht. Daraus folgt unmittelbar als Analogon zu dem bekannten Satze von *Picard* (vgl. das Ref. II B 1 (*Osgood*), Nr. 29) der Satz[3]): Sind in der Differentialgleichung (1) $P(x, y)$ und $Q(x, y)$ auch rationale Funktionen von x und ist $y = \varphi(x)$ eine Lösung von (1), deren Umkehrfunktion $x = \psi(y)$ unendlich-vieldeutig ist, so hat die Gleichung $y(x) = A$ unendlich viele Wurzeln, wenn A eine feste Zahl ist, die nicht mit einem der aus der Differentialgleichung bestimmbaren, in endlicher Anzahl vorhandenen Ausnahmewerte zusammenfällt.

Das zweite Haupttheorem von *Painlevé* beschäftigt sich mit der analytischen Abhängigkeit eines Integrals von (1) von der Integrationskonstante. Man betrachte zwei von den ξ verschiedene Punkte x_0 und x_1; $y = \varphi(x, y_0, x_0)$ sei das Integral von (1), welches in x_0 den Wert y_0 hat, und dieses Integral nehme in x_1 den Wert y_1 an, wenn x von x_0 nach x_1 auf einem bestimmten Wege L geht, der weder einen der Punkte ξ noch einen der bei Änderung von y_0 verschiebbaren Verzweigungspunkte enthält, so daß also L sich mit y_0 unter Umständen ändern muß. Dann sagt der zweite Fundamentalsatz von *Painlevé*[4]), daß y_1 *als Funktion von* y_0 *überall algebroid ist.* Dieser Satz gilt aber nur so lange[5]), als der Weg nicht durch das Ausweichen vor mit y_0 beweglichen Verzweigungspunkten gezwungen

merkung, daß bei nichtlinearen Differentialgleichungen verschiebbare Verzweigungspunkte auftreten, scheint zum ersten Mal explizite von *M. Hamburger*, J. f. Math. 83 (1877), p. 186 ausgesprochen worden zu sein.

2) *P. Painlevé*, Sur les lignes singulières des fonctions analytiques, Thèse, Paris 1887, p. 38, abgedruckt Toulouse Ann. 1888; vgl. auch die in der Literaturübersicht erwähnten Vorlesungen von *P. Painlevé*, p. 23; ferner *E. Picard*, Traité II, p. 326.

3) *P. Painlevé*, Vorlesungen, p. 234. Vgl. auch *G. Remoundos*, Sur les zéros des intégrales d'une classe d'équations différentielles, Paris C. R. 147 (1908), p. 416 und Rom. 4. Math. Kongr. (1909) 2, p. 69.

4) *P. Painlevé*, Vorlesungen, p. 36.

5) Vgl. *L. Zoretti*, Sur les fonctions analytiques uniformes, J. de Math. (6) 1 (1905), p. 38, *P. Painlevé*, Anhang zu den in der Literaturübersicht aufgeführten Vorlesungen von *P. Boutroux* (fernerhin als „*Painlevé* bei *Boutroux*" bezeichnet), p. 141; *P. Boutroux*, Sur les singularités des équations différentielles rationnelles du premier ordre et du premier degré, J. de Math. (6) 6 (1910), p. 140.

wird, durch einen Punkt ξ zu gehen oder sich um einen oder mehrere Punkte ξ unendlich oft herumzuwinden. Es besitze etwa das Integral $y = \varphi(x, b, x_0)$ als Funktion von x p Zweige; verbindet man dann x_0 mit x_1 durch p Wege $L_1, \ldots, L_p$, die durch keinen der Punkte ξ und keinen der Verzweigungspunkte von $\varphi(x, b, x_0)$ gehen, derart daß man auf diesen p Wegen mit p verschiedenen Werten $\varphi_1, \varphi_2, \ldots, \varphi_p$ in x_1 ankommt, so sind die p Funktionen $\varphi_1(x_1, y_0, x_0)$, $\varphi_2(x_1, y_0, x_0)$, $\ldots$, $\varphi_p(x_1, y_0, x_0)$ als Funktionen von y_0 für $y_0 = b$ algebroid. Besitzt aber $\varphi(x, y_0, x_0)$ für zu b benachbarte Werte von y_0 noch andere Zweige, also etwa $\varphi_{p+1}(x, y_0, x_0)$, so kann $\varphi_{p+1}(x_1, y_0, x_0)$ die Stelle $y_0 = b$ als Unbestimmtheitsstelle besitzen.

Die beiden Fundamentaltheoreme von *Painlevé* gelten unverändert für algebraische Differentialgleichungen erster Ordnung:

(2) $$F(y', y, x) = 0,$$

wenn F ein Polynom von y' und y ist, dessen Koefffzienten analytische Funktionen von x sind.

2. Differentialgleichungen ohne verschiebbare Verzweigungspunkte. Damit das allgemeine Integral einer Differentialgleichung eindeutig sei, darf die Differentialgleichung überhaupt keine, also auch keine verschiebbaren Verzweigungspunkte besitzen; es entsteht so durch Verallgemeinerung die Aufgabe, alle Differentialgleichungen (1) und (2) zu bestimmen, welche keine verschiebbaren Verzweigungspunkte besitzen. Aus dem ersten Fundamentaltheorem folgt dann, daß alle singulären Stellen der Differentialgleichung (1), welche nicht mit den festen Punkten ξ zusammenfallen, Pole sein müssen. Damit nun die Differentialgleichung (1) keine verschiebbare singuläre Stelle des Typus 2a) besitzt, muß $Q(x, y)$ von y unabhängig, also (1) von der Form:

(3) $$\frac{dy}{dx} = P(x, y)$$

sein, wobei $P(x, y)$ ein Polynom in y ist. Setzt man $y = \frac{1}{z}$, so erhält man:

(4) $$\frac{dz}{dx} = -z^2 P\left(x, \frac{1}{z}\right);$$

damit nun $z = 0$ kein Pol der rechten Seite von (4) sei, darf der Grad von P in bezug auf y Zwei nicht übersteigen. Die allgemeinste Differentialgleichung der Form (1) mit festen Verzweigungspunkten ist also[1]) die *Riccati*sche[6]) Differentialgleichung:

(5) $$\frac{dy}{dx} = A_0 + A_1 y + A_2 y^2,$$

6) Vgl. wegen dieser Bezeichnung das Ref. II A 4b (*Vessiot*), p. 241.

in welcher die A analytische Funktionen von x sind. Wie nun im Ref. II A 4b (*Vessiot*) p. 241 ausgeführt wurde, läßt sich das allgemeine Integral der *Riccati*schen Differentialgleichung als Funktion der Integrationskonstanten y_0 in der Form:

$$(6) \qquad y = \frac{y_0 \varphi(x) + \psi(x)}{y_0 \chi(x) + \omega(x)}$$

darstellen. Diese Darstellung ergibt sich aber[7]) auch unmittelbar aus der Tatsache, daß die Differentialgleichung (5) keine verschiebbaren Verzweigungspunkte besitzt. Denn seien x_0 und x_1 zwei feste Punkte, die durch einen festen Weg L verbunden sind, der durch keinen Punkt ξ geht, dann gehört zu jedem Wert y_0 von y in x_0 ein ganz bestimmter endlicher oder unendlich großer Wert y_1, den y in x_1 annimmt. Es ist also, da (5) keine verschiebbaren Verzweigungspunkte hat, nach dem zweiten Fundamentalsatz von *Painlevé*, y_1 eine rationale Funktion von y_0. Umgekehrt folgt ebenso, daß y_0 eine rationale Funktion von y_1 ist, so daß, wenn wir statt y_1 und x_1 allgemein y und x schreiben, y eine linear gebrochene Funktion von y_0 ist.

Petrowitch[8]) und *Malmquist*[8a]) untersuchen die Frage, wann die Differentialgleichung (1), in der $P(x, y)$ und $Q(x, y)$ auch rationale Funktionen von x sind, einzelne eindeutige Integrale besitzen können. *Petrowitch* bedient sich bei der Untersuchung des schon oben erwähnten *Picard*schen Satzes aus der Funktionentheorie, *Malmquist* der von *Boutroux* (vgl. das Ref. II 15 (*Painlevé*), p. 45 der franz. Enc.) gewonnenen Resultate über das Verhalten der Integrale bei Annäherung an singuläre Stellen. Nach *Malmquist* ist jedes eindeutige Integral von (1) eine rationale Funktion, sofern (1) keine *Riccati*sche Differentialgleichung ist.

Setzt man in (5) $y = -\frac{1}{A_2}\frac{u'}{u}$, so erhält man für u eine lineare Differentialgleichung zweiter Ordnung; die Frage nach den notwendigen und hinreichenden Bedingungen, damit das allgemeine Integral einer *Riccati*schen Differentialgleichung eine eindeutige Funktion sei, läßt sich somit auf eine Frage aus der Theorie der linearen Differentialgleichungen zurückführen.

---

7) *H. Poincaré*, Sur un théorème de M. *Fuchs*, Acta Math. 7 (1885), p. 1. Vgl. auch *E Picard*, Traité II, p. 329.

8) *M. Petrowitch*, Sur les zéros et les infinis des intégrales des équations différentielles algébriques. Thèse, Paris 1894, p. 43; vgl. auch *E. Picard*, Traité III, p. 356.

8a) *J. Malmquist*, Sur les fonctions à un nombre fini de branches définies par les équations différentielles du premier ordre, Acta math. 36 (1913), p. 310.

Wir wenden uns jetzt zu den algebraischen Differentialgleichungen erster Ordnung (2) und bezeichnen als Diskriminantengleichung diejenige Gleichung, welche man erhält, wenn man y' zwischen der Gleichung (2) und der Gleichung $\frac{\partial F(y', y, x)}{\partial y'} = 0$ eliminiert. Dann sind nach *Fuchs*[9]) die notwendigen und hinreichenden Bedingungen dafür, daß die Differentialgleichung (2) keine verschiebbaren Verzweigungspunkte besitze, die folgenden:

1. Die Gleichung (2) hat die Form:

$$y'^m + \psi_1 y'^{m-1} + \cdots + \psi_m = 0, \tag{7}$$

worin $\psi_1, \psi_2 \ldots \psi_m$ ganze rationale Funktionen von y mit von x abhängigen Koeffizienten von der Beschaffenheit bedeuten, daß ψ_k höchstens vom Grade $2k$ in bezug auf y ist.

2. Ist $y = \eta$ eine Wurzel der Diskriminantengleichung, für welche die durch (7) definierte algebraische Funktion y' von y sich verzweigt, so ist η ein Integral der Gleichung (7). In der y' als algebraische Funktion von y darstellenden *Riemann*schen Fläche hat y' in sämtlichen über $y = \eta$ liegenden Verzweigungsstellen den Wert $y' = \zeta = \frac{d\eta}{dx}$.

3. Je α Blättern, welche sich in $y = \eta$, $y' = \zeta = \frac{d\eta}{dx}$ verzweigen, entsprechen mindestens $\alpha - 1$ mit $y = \eta$ zusammenfallende Wurzeln der Gleichung:

$$F(\zeta, y, x) = 0$$

mit der Unbekannten y.

4. Setzt man $w = \frac{1}{y}$, so müssen für die transformierte Differentialgleichung auch die Bedingungen 2. und 3. erfüllt sein.

Speziell ergibt sich[10]), daß das Geschlecht p der algebraischen Gleichung (7) zwischen y und y' nicht $(m-1)^2$ übersteigen darf.

Wir wenden uns jetzt zur Charakterisierung der Integrale derjenigen Differentialgleichungen (7), für welche die Bedingungen 1. bis 4. erfüllt sind.

Es sei
$$y = \varphi(x, y_0', y_0, x_0)$$

ein Integral von (7), welches in x_0 den Wert y_0, und dessen erste Ab-

9) *L. Fuchs,* l. c., Ges. Werke 2, p. 364. Bezüglich der Bedingung 4. vgl. *M. J. M. Hill* und *A. Berry,* On differential equations with fixed branch points, London M. S. Proc. (2) 9 (1911), p. 231.

10) *G. Wallenberg,* Beitrag zum Studium der algebraischen Differentialgleichungen erster Ordnung. Zeitschr. Math. Phys. 35 (1890), p. 193, 257, 321, insb. p. 340.

leitung daselbst den Wert y_0' annimmt, so daß

(8) $$F(y_0', y_0, x_0) = 0$$

ist. Einen anderen mit keinem Punkte ξ zusammenfallenden Punkt x verbinden wir mit x_0 durch einen festen, durch keinen Punkt ξ gehenden Weg. Dann sind für irgendeinen Punkt (y_0, y_0') der durch (8) festgelegten *Riemann*schen Fläche die beiden Größen:

(9) $$y = \varphi(x, y_0', y_0, x_0), \quad \frac{dy}{dx} = \varphi'(x, y_0', y_0, x_0)$$

eindeutige Funktionen von y_0 und y_0', also nach dem zweiten Fundamentalsatz von *Painlevé* rationale Funktionen von y_0 und y_0' und folglich in der Form darstellbar:

(10) $$\begin{cases} y = \gamma_{m-1}(x, y_0, x_0) y_0'^{m-1} + \cdots + \gamma_0(x, y_0, x_0), \\ y' = \delta_{m-1}(x, y_0, x_0) y_0'^{m-1} + \cdots + \delta_0(x, y_0, x_0), \end{cases}$$

wobei die γ und δ rationale Funktionen von y_0 sind. Da man in den Gleichungen (10) x_0 und y_0 mit x und y vertauschen kann, so stellen[11]) diese Gleichungen eine birationale Beziehung zwischen den durch die Gleichungen

(8a) $$F(y_0', y_0, x_0) = 0$$

und

(8b) $$F(y', y, x) = 0$$

dargestellten *Riemann*schen Flächen dar; x_0 und x sind dabei als Parameter aufzufassen. Ist nun p bei unbestimmtem x das Geschlecht der in y und y' algebraischen, irreduzibeln Gleichung $F(y', y, x) = 0$, so sind drei Fälle zu unterscheiden:

1. $p > 1$; dann gibt es nur eine endliche Anzahl birationaler Transformationen, die (8a) in (8b) überführen; dieselben lassen sich algebraisch berechnen (vgl. das Ref. II B 2 (*Wirtinger*), Nr. **31** und **53**). Jede dieser Transformationen liefert das allgemeine Integral von (2), da sie aus (9) hervorgeht, indem man auf y_0' und y_0 eine birationale Transformation anwendet, die (8a) in sich überführt. Das allgemeine Integral ist also in diesem Falle eine algebraische Funktion der Koeffizienten von y und y' in (2)[11a]).

2. $p = 1$; dann läßt sich die Differentialgleichung algebraisch auf die Differentialgleichung[12]):

$$\frac{dt}{\sqrt{(1-t^2)(1-k^2t^2)}} = A(x)dx,$$

11) *H. Poincaré*, l. c., p. 23.

11a) Vgl. auch bezüglich der Ableitung dieses Satzes *E. Picard*, Traité d'Analyse II (1. Auflage), p. 436 und III p. 83; *P. Painlevé*, Vorlesungen, p. 93.

12) *H. Poincaré*, l. c., p. 7; vgl. auch *G. Wallenberg*, l. c., Abschnitt III.

wobei k^2 eine Konstante ist[13]), oder auf eine *Riccati*sche Differentialgleichung zurückführen. Man zeigt dieses, indem man y und y' als rationale Funktionen eines Parameters t und eines Radikals

$$\Theta = \sqrt{t(t-1)(t-2)(t-g(x))}$$

ausdrückt und die Differentialgleichung, der t als Funktion von x genügt, so bestimmt, daß t und Θ keine beweglichen Verzweigungspunkte besitzen. Eine andere Ableitung dieses Resultates erhält man durch Heranziehung der Eigenschaften der birationalen Transformationen.[14])

3. $p = 0$; dann kann man y und y' als rationale Funktionen eines Parameters t darstellen[15]); indem man ausdrückt, daß y' die Ableitung von y ist, erhält man für t als Funktion von x eine Differentialgleichung erster Ordnung und ersten Grades in der Ableitung, welche keine verschiebbaren Verzweigungspunkte besitzt, also eine *Riccati*sche Differentialgleichung ist.

Besonders einfach werden die Resultate für algebraische Differentialgleichungen der Form:

$$F(y', y) = 0, \tag{11}$$

d. h. für die sogenannten *Briot* und *Bouquet*schen Differentialgleichungen[16]), welche x nicht explizit enthalten. Da diese Differentialgleichungen $x = \infty$ als einzigen festen singulären Punkt haben, so ist ihr allgemeines Integral, wenn keine verschiebbaren Verzweigungspunkte auftreten, eine eindeutige Funktion von x. In diesem Falle[17]) ist das allgemeine Integral von (11) entweder eine doppeltperiodische Funktion von x oder eine rationale Funktion von e^{kx}, wo k eine Konstante ist, oder eine rationale Funktion von x. Das Geschlecht p von (11) ist dabei notwendigerweise 1 oder 0.

---

13) *P. Painlevé,* Vorlesungen, p. 66f. und *L. Schlesinger,* Differentialgleichungen, p. 285f., p. 296f.

14) *H. Poincaré,* l. c., p. 21.

15) *L. Fuchs,* l. c., p. 365; *H. Poincaré,* l. c., p. 4.

16) *Briot* und *Bouquet,* Recherches sur les fonctions doublement périodiques, Paris C. R. 40 (1855), p. 342; Mémoire sur l'intégration des équations différentielles au moyen des fonctions elliptiques, Journ. de l'Éc. pol. 21 (cah. 36) (1856), p. 199.

17) Vgl. hierzu *Ch. Hermite,* Cours lithographié de l'Éc. pol. (1873); *L. Fuchs,* Sur une équation différentielle de la forme $f\left(u, \frac{du}{dx}\right) = 0$, Paris C. R. 93 (1881), p. 1063; Ges. Werke, p. 283; *W. Raschke,* Über die Integration der Differentialgleichungen erster Ordnung durch eindeutige Funktionen, Dissertation Heidelberg 1883, Acta math. 14, p. 31; *E. Picard,* Traité III, p. 61; *L. Schlesinger,* Differentialgleichungen, S. 271.

Petrowitch[18]) stellt die notwendigen und hinreichenden Bedingungen dafür auf, daß die Integrale einer Differentialgleichung (2) keine mit den Anfangswerden verschiebbaren Nullstellen oder Pole besitzen.

Historische Bemerkungen. Die Bestimmung eindeutiger analytischer Funktionen, welche durch algebraische Differentialgleichungen erster Ordnung definiert sind, geht auf die Arbeiten *Abels* und *Jacobis* über die Differentialgleichung:

$$(13) \qquad \left(\frac{dy}{dx}\right)^2 = (1 - y^2)(1 - k^2 y^2)$$

zurück. Den Satz, daß jede eindeutige doppeltperiodische Funktion, welche im Endlichen nur Pole als singuläre Stellen besitzt, einer algebraischen Differentialgleichung (11) genügt, hat *Méray*[19]) ausgesprochen.

Briot und *Bouquet*, die ebenso wie *Méray* Schüler von *Liouville* sind, sowie *Weierstrass* in seinen Vorlesungen untersuchten dann diejenigen algebraischen Differentialgleichungen der Form (11), deren allgemeines Integral eine eindeutige Funktion von x ist. *Hermite*[17]) wies als erster auf die Bedeutung des Geschlechtes p der algebraischen Gleichung (11) für das Integrationsproblem hin. *Fuchs*[1]) bestimmte dann in Verallgemeinerung der Fragestellung von *Briot* und *Bouquet*[16]) alle algebraischen Differentialgleichungen erster Ordnung der Form (2) mit festen Verzweigungspunkten und integrierte dieselben im Falle $p = 0$ und $p = 1$. *Poincaré*[7]) zeigte, daß die von *Fuchs* aufgestellten Differentialgleichungen keine neuen Transzendenten ergeben, indem er nachwies, daß sie für $p > 1$ algebraisch integrierbar sind. *Briot* und *Bouquet* sowie *Fuchs* berücksichtigten jedoch nicht das an sich mögliche Auftreten von verschiebbaren Unbestimmtheitsstellen; erst *Painlevé* füllte durch den in Nr. **1** besprochenen ersten Fundamentalsatz diese Lücke aus. In ähnlicher Weise setzte *Poincaré* den zweiten Fundamentalsatz von *Painlevé* unbewiesen als selbstverständlich voraus.

3. **Differentialgleichungen erster Ordnung, deren allgemeines Integral bei Umkreisung aller singulärer Stellen oder nur der verschiebbaren Verzweigungspunkte allein eine endliche Anzahl von Zweigen besitzt.** Nächst denjenigen Differentialgleichungen (1), deren allgemeines Integral eine eindeutige Funktion von x ist, bzw. deren allgemeines Integral keine verschiebbaren Verzweigungspunkte besitzt, sind die einfachsten diejenigen, deren allgemeines Integral n Werte annimmt, oder deren allgemeines Integral die Eigenschaft hat, daß

18) *M. Petrowitch,* l. c., p. 23.

19) Vgl. *Briot* und *Bouquet,* l. c., p. 129.

sich bei Umläufen um die verschiebbaren singulären Stellen allein n Zweige untereinander vertauschen.

Wir behandeln zuerst die Frage nach den n-wertigen Integralen und machen zunächst die Voraussetzung, daß $y = \varphi(x, y_0, x_0)$ genau n Zweige besitze, wenn y_0 nicht einer abzählbaren Menge E angehört, für die y auch weniger Zweige haben kann. Wir sagen in diesem Falle, das Integral von (1) sei *im allgemeinen* n-wertig.[20]) Gehört dann $y_0 = b$ der Menge E nicht an, so sind die symmetrischen Funktionen der n Zweige von y eindeutige Funktion von y_0 und x_0 und haben nach dem zweiten Fundamentalsatz von *Painlevé* als Funktionen von y_0 in b höchstens Pole. Es genügt also y der Gleichung:

$$(14) \qquad y^n + A_{n-1}(x, y_0, x_0)y^{n-1} + \cdots + A_0(x, y_0, x_0) = 0,$$

wobei die Funktionen A eindeutige analytische Funktionen von x_0 und y_0 sind. Alle singulären Stellen der Funktionen A in bezug auf y_0, welche nicht Pole sind, gehören der abzählbaren Menge E an, und es besitzen daher die Funktionen A, wenn sie in bezug auf y_0 überhaupt singuläre Stellen außer Polen haben, mindestens einen *isolierten* wesentlich singulären Punkt. Dies ist aber unmöglich. Denn vertauscht man x mit x_0, so erhält man:

$$(15) \qquad y_0^n + A_{n-1}(x_0, y, x)y_0^{n-1} + \cdots + A_0(x_0, y, x) = 0,$$

so daß zu einem festen Wertesystem von x, y n Werte y_0 gehören, was, wie man leicht zeigt, im Widerspruch steht mit dem Satz von *Weierstraß* über das Verhalten einer eindeutigen Funktion in der Umgebung einer isolierten wesentlichen singulären Stelle (vgl. das Ref. II B 1 (*Osgood*), Nr. 4). Die Funktionen $A(x, y_0, x_0)$ sind also rationale Funktionen von y_0 und eindeutige Funktionen von x und x_0. Umgekehrt ist das Bestehen von (14) dafür hinreichend, daß jedes Integral von (1) höchstens n Zweige besitzt.

Eine analoge Betrachtung hat man anzustellen, wenn das Integral die Eigenschaft haben soll, daß im allgemeinen (im obigen Sinn) sich genau n seiner Zweige vertauschen, wenn x Umläufe um die verschiebbaren singulären Stellen allein macht. Man kann sich dabei

---

20) In den früheren Arbeiten von *P. Painlevé*, Mémoire sur les équations différentielles du premier ordre, Ann. de l'Éc. norm. sup. (3) 8 (1891) und 9 (1892), und in den „Vorlesungen" benützt *Painlevé* für das Folgende das als zweiten Fundamentalsatz bezeichnete Theorem in der offenbar ungenauen Form, daß allgemein $y = \varphi(x, y_0, x_0)$ als Funktion von y_0 nur algebraische Singularitäten besitzen kann. Richtig dargestellt sind dagegen die Verhältnisse bei *P. Boutroux*, Vorlesungen, p. 19, und speziell in der dort veröffentlichten Note von *Painlevé*, p. 145.

die Punkte ξ durch eine Linie verbunden denken, die nicht überschritten werden darf.[21]) Zweckmäßiger[22]) aber ist es, festzusetzen, daß x dann und nur dann auf einer geschlossenen Kurve C keinen Umlauf um einen Punkt ξ gemacht hat, wenn die Kurve C in einen Punkt zusammengezogen werden kann, ohne diesen Punkt ξ zu treffen.

Wie man auch diese Festsetzung treffen mag, so genügt y einer Gleichung (14), in der die Funktionen A rationale Funktionen von y_0 sind, aber als Funktionen von x die Punkte ξ als Verzweigungspunkte und Unbestimmtheitsstellen besitzen können. Entsprechend gilt für die Differentialgleichung (2) der folgende Satz: Wenn das allgemeine Integral y von (2) die Eigenschaft hat, daß sich im *allgemeinen* genau n seiner Zweige bei Umläufen um die verschiebbaren singulären Stellen allein vertauschen, so genügt y der Gleichung:

$$(16)\quad y^n + A_{n-1}(x, y_0', y_0, x_0)y^{n-1} + \cdots + A_0(x, y_0', y_0, x_0) = 0,$$

in der die Funktionen A rationale Funktionen von y_0 und y_0' sind, während sie als Funktionen von x die festen Punkte ξ als Verzweigungspunkte und Unbestimmtheitsstellen besitzen können. Umgekehrt besitzt ein Integral, das einer Gleichung der Form (16) genügt, die Eigenschaft, daß sich höchstens n seiner Zweige vertauschen, wenn x Umläufe um die verschiebbaren singulären Stellen allein macht.

Alle diese Fragen werden viel komplizierter, wenn man die Voraussetzung fallen läßt, daß nur bei abzählbar vielen Integralen an die Stelle von n eine kleinere Zahl treten kann. Einfache Beispiele[23]) zeigen, daß dann schon bei der Differentialgleichung (1) y eine transzendente Funktion von y_0 sein kann, obschon jedes Integral nur einen oder zwei Zweige besitzt. Dagegen geht aus dem in Nr. 4 zu besprechenden Theorem von *Malmquist* der Satz hervor, daß in dem Falle, in dem $P(x, y)$ und $Q(x, y)$ auch rational von x abhängen, y eine algebraische Funktion von y_0 ist, wenn kein Integral mehr als n Zweige hat. *Painlevé*[24]) führt den Beweis hierfür auf funktionentheoretische Sätze zurück, die zum Teil selbst noch unbewiesen sind, zum Teil erst noch einer schärferen Fassung bedürfen. Aus den Untersuchungen von *Boutroux*[25]) über das Verhalten der Inte-

21) Diese Festsetzung findet sich bei *P. Painleve,* l. c., Ann. de l'Éc. norm. sup. (3) 8 (1891), p. 34, und in den Vorlesungen von *P. Painlevé,* p. 42.

22) *P. Painlevé* bei *Boutroux,* p. 147, 159.

23) *P. Painlevé* bei *Boutroux,* p. 160.

24) *P. Painlevé* bei *Boutroux,* p. 164, vgl. auch *L. Zoretti,* l. c. Anm. 6), p. 39.

25) *P. Boutroux,* Sur les singularités des équations différentielles rationnelles du premier ordre et du premier degré, J. de Math. (6) 6 (1910), p. 137, insbes. p. 141.

grale in der Umgebung der festen singulären Stellen (vgl. Nr. 5) ergibt sich außerdem der entsprechende Satz in ziemlich umfassenden Fällen.

4. Differentialgleichungen, deren allgemeines Integral eine algebraische Funktion der Integrationskonstante ist. Es seien in der Differentialgleichung (1) P und Q Polynome in bezug auf y vom Grade ν, beziehungsweise $\nu - 2$.

Ist dann das allgemeine Integral von (1) eine algebraische Funktion von x, so genügt es nach *Fuchs*[26]) einer Gleichung der Form:

$$R(y, x) = C,$$

wo R eine rationale Funktion von y ist. Wir nehmen nun entsprechend (14) allgemeiner an, es werde das allgemeine Integral der Differentialgleichung durch die bei allgemeinen x und x_0 irreduzible Gleichung:

$$y^n + R_{n-1}(x, y_0, x_0)y^{n-1} + \cdots + R_0(x, y_0, x_0) = 0 \tag{17}$$

gegeben, wobei die Funktionen R in bezug auf y_0 rationale Funktionen sind und in der x oder x_0-Ebene mit Ausnahme der Punkte ξ nur Pole besitzen. Vertauscht man x mit x_0, y mit y_0, so ergibt sich, daß die Funktionen $R(x_0, y, x)$ in bezug auf y höchstens vom Grade n sind, und als symmetrische Funktionen der n Werte, welche y_0 in x_0 annimmt, von y und x unabhängige Werte besitzen. Ist also $R_\varrho(x, y_0, x_0)$ einer der Koeffizienten von (17), welcher y_0 enthält, so genügt[27]) das allgemeine Integral einer Gleichung der Form:

$$R_\varrho(x_0, y, x) = C. \tag{18}$$

Da (17) irreduzibel ist, so muß (17) mit (18) identisch sein, wenn wir (18) nach Wegschaffen des Nenners in der Form:

$$y^n + \frac{\lambda_{n-1}(x) + C\mu_{n-1}(x)}{\lambda(x) + C\mu(x)} y^{n-1} + \cdots + \frac{\lambda_0(x) + C\mu_0(x)}{\lambda(x) + C\mu(x)} = 0 \tag{19}$$

schreiben. Man kann durch eine lineare Substitution stets erreichen, daß in (19) der letzte Koeffizient C enthält. Setzt man dann:

$$\frac{\lambda_0(x) + C\mu_0(x)}{\lambda(x) + C\mu(x)} = u(x), \tag{20}$$

---

26) *L. Fuchs,* Über eine Form, in welche sich das allgemeine Integral einer Differentialgleichung erster Ordnung bringen läßt, wenn dasselbe algebraisch ist, Berlin Ber. (1884), p. 1171, Ges. Werke 2, p. 373, insb. p. 378.

27) *P. Painlevé,* Sur les intégrales des équations différentielles du premier ordre, possédant un nombre limité de valeurs, Paris C. R. 114 (1892), p. 107; Vorlesungen, p. 43 und 143; *P. Boutroux,* Vorlesungen, p. 20; *P. Painlevé* bei *Boutroux,* p. 149.

so ergibt sich durch Elimination von C für $u(x)$ eine *Riccati*sche Differentialgleichung:

$$\frac{du}{dx} = G(x)u^2(x) + H(x)u(x) + K(x); \tag{21}$$

statt der Gleichung (17) erhält man dann:

$$\begin{cases} y^n + (A_{n-1}(x) + uB_{n-1}(x))y^{n-1} + \cdots \\ \quad + (A_1(x) + uB_1(x))y + u = 0 \end{cases} \tag{22}$$

oder

$$u = -\frac{y^n + A_{n-1}(x)y^{n-1} + \cdots + A_1(x)y}{B_{n-1}(x)y^{n-1} + \cdots + B_1(x)y + 1} = \frac{p(x,y)}{q(x,y)}. \tag{23}$$

Wenn also das allgemeine Integral von (1) einer Gleichung der Form (17) genügt, so läßt sich (1) durch eine Transformation der Form (23) in eine *Riccati*sche Differentialgleichung (21) überführen. Die Funktionen A, B, G, H und K ergeben sich durch rationale Operationen aus den Koeffizienten der gegebenen Differentialgleichung (1) und ihren Ableitungen.

Malmquist[8a]) behandelt direkt die Frage, wann die Differentialgleichung (1), deren rechte Seite eine rationale Funktion von x und y ist, ein nichtalgebraisches Integral mit einer endlichen Anzahl von Zweigen besitzt. Zu diesem Zwecke untersucht er ein System von Differentialgleichungen, dem die aus diesen Zweigen gebildeten elementaren symmetrischen Funktionen genügen und kommt zu dem schönen Satz: Besitzt eine solche Differentialgleichung (1) ein nichtalgebraisches Integral mit endlich vielen Zweigen, so läßt sie sich durch eine Transformation der Form (23) in eine *Riccati*sche Differentialgleichung überführen.

Um nun durch eine endliche Anzahl algebraischer Operationen zu entscheiden, wann sich eine vorgegebene Differentialgleichung (1), deren rechte Seite eine rationale Funktion von x und y ist, in eine *Riccati*sche Differentialgleichung durch eine Transformation (23) überführen läßt, hat man eine obere Schranke für die Zahl n zu bestimmen. Um eine solche zu erhalten, führt man in (23) für u den durch (20) gegebenen Wert ein und erhält:

$$C = \frac{p_1(x,y)}{q_1(x,y)}, \tag{24}$$

wobei p_1 und q_1 teilerfremde Polynome von y des Grades n sind, aber im Gegensatz zu p und q im allgemeinen nicht in algebraischer Weise von x abhängen. Durch Differentiation nach x erhält man:

$$\frac{dy}{dx} = \frac{q_1\dfrac{\partial p_1}{\partial x} - p_1\dfrac{\partial q_1}{\partial x}}{p_1\dfrac{\partial q_1}{\partial y} - q_1\dfrac{\partial p_1}{\partial y}} = \frac{p_2(x,y)}{q_2(x,y)}, \tag{25}$$

wobei man zeigen kann[27a]), daß $p_2(x, y)$ tatsächlich vom Grade $2n$ ist. Hat nun $p_2(x, y)$ mit $q_2(x, y)$ keinen Faktor der Form $y - \Theta(x)$ gemeinsam, so ergibt sich:

$$2n = \nu, \tag{26}$$

und man erhält die Funktionen A, B, G, H, K, indem man die Koeffizienten von y in $P(x, y)$ und $p_2(x, y)$ sowie in $Q(x, y)$ und $q_2(x, y)$ einander gleichsetzt. Haben jedoch $p_2(x, y)$, $q_2(x, y)$ einen Faktor $y - \Theta(x)$ gemeinsam, so genügt $y = \Theta(x)$ der Differentialgleichung (1). Der zu diesem Integrale gehörige Wert C_0 von C heißt ein „ausgezeichneter Wert" von C; $y = \Theta(x)$ ist eine mehrfache Wurzel von (24) und genügt der Gleichung $\frac{\partial}{\partial y}\left(\frac{p}{q}\right) = 0$, ist also eine algebraische Funktion von x, und ebenso ist das entsprechende Integral der *Riccati*schen Differentialgleichung eine algebraische Funktion. Gibt es nun nicht mehr als zwei ausgezeichnete Werte von C, so kann man durch eine endliche Anzahl von algebraischen Operationen die gestellte Frage entscheiden. Gibt es aber mehr als zwei ausgezeichnete Werte von C, so ist das allgemeine Integral der *Riccati*schen Differentialgleichung und damit das allgemeine Integral von (1), sofern es einer Gleichung der Form (17) genügt, eine algebraische Funktion von x. Ist daher das allgemeine Integral von (1) *keine* algebraische Funktion von x, so kann man durch eine endliche Anzahl algebraischer Operationen entscheiden, ob dasselbe einer Gleichung der Form (17) genügt. Weit schwieriger und überhaupt noch nicht völlig gelöst ist dagegen die Frage, wann das allgemeine Integral einer vorgegebenen Differentialgleichung (1) eine algebraische Funktion ist, also eine Gleichung der Form (24) befriedigt, wo p_1 und q_1 auch rationale Funktionen von x sind. Die Hauptschwierigkeit für eine Bestimmung einer oberen Schranke von n rührt daher, daß auch jede rationale Funktion von $\frac{p_1(x, y)}{q_1(x, y)}$ einen konstanten Wert hat, und man bisher kein allgemeines Kriterium dafür kennt, daß (24) irreduzibel ist. Immerhin gelingt es, aus der Differentialgleichung selbst Beziehungen zwischen der Ordnung, der Klasse und dem Geschlechte der Kurven des Büschels

$$p_1(x, y) - C q_1(x, y) = 0$$

aufzustellen und so in gewissen Fällen die gestellte Aufgabe zu lösen.[28])

27a) *P. Painlevé,* Vorlesungen p. 144.

28) *G. Darboux,* Mémoire sur les équations différentielles algébriques du premier ordre et du premier degré, Bull. sc. math. (2) 2 (1878), p. 60 (vgl. zu dieser Arbeit das Ref. II 16 (*Vessiot*) der franz. Encyklop., p. 72); *P. Painlevé,* Sur les intégrales algébriques des équations différentielles du premier ordre,

A. Korkine, P. Painlevé, A. Cahen[29]) beschäftigen sich umgekehrt mit der Aufgabe, alle Differentialgleichungen (1) zu bestimmen, deren allgemeines Integral einer Gleichung der Form (17) genügt.

Wir wenden uns nun zu der Differentialgleichung (2), von der wir annehmen, daß ihre linke Seite auch rational von x abhängt, und daß ihr allgemeines Integral einer Gleichung der Form (16) genügt, wobei die Funktionen A rationale Funktionen von y_0' und y_0 sind und als Funktionen von x und x_0 nur die festen Stellen ξ als Unbestimmtheitsstellen und Verzweigungspunkte besitzen. Vertauscht man x mit x_0, y mit y_0, so ergibt sich ähnlich wie bei (18) für das allgemeine Integral von (2) eine Gleichung der Form:

(27) $$r(x_0, y', y, x) = \bar{r}(y, x) = C,$$

wobei r als Funktion von x nur in den Punkten ξ Unbestimmtheitsstellen und Verzweigungspunkte haben kann. Man kann nun stets[30]) eine zweite Funktion, etwa

(27a) $$\frac{\partial r(x_0, y', y, x)}{\partial x_0} = \bar{r}_1(y, x) = C_1$$

wählen, so daß C und C_1 durch eine x_0 als Parameter enthaltende algebraische Gleichung:

(28) $$\sigma(C, C_1) = 0,$$

die bei allgemeinem x_0 vom Geschlecht ω sei, verbunden sind, und daß alle Integrale der Form (27), also speziell die Funktionen $A(x_0, y', y, x)$ sich rational durch r und $\frac{dr}{dx_0}$ ausdrücken lassen. Setzt man dann:

(29) $$u = r(x, y_0', y_0, x_0), \qquad u' = \frac{dr(x, y_0', y_0, x_0)}{dx},$$

Paris C. R. 110 (1890), p. 945; Bericht über die Preisarbeiten von *L. Autonne* und *P. Painlevé*, Paris C. R. 111 (1890), p. 1021. — Die Arbeit von *L. Autonne* ist unter dem Titel Sur la théorie des équations différentielles du premier ordre et du premier degré, Journ. de l'Éc. pol. 61 (1891), p. 35; 62 (1892), p. 47, Ann. univ. Lyon III 1 (1892) veröffentlicht; vgl. ferner die Arbeiten des gleichen Verfassers Journ. de l'Éc. pol. 63 (1893), p. 79; 64 (1894), p. 1, (2) 2 (1897), p. 51; 3, p. 1. Die diesbezüglichen Untersuchungen von *P. Painlevé* finden sich in der unter [20]) zitierten Arbeit, insbes. Ann. de l'Éc. norm. sup. 9, p. 288; ferner in den Vorlesungen, p. 173. Vgl. ferner *H. Poincaré*, Sur l'intégration algébrique des équations différentielles du premier ordre et du premier degré, Paris C. R. 112 (1891), p. 761, Pal. Rend. 5 (1891), p. 161 und 11 (1897), p. 193.

29) *A. Korkine*, Sur les équations différentielles ordinaires du premier ordre, Paris C. R. 122 (1896), p. 1183; Math. Ann. 48 (1896), p. 317; *P. Painlevé*, Paris C. R. 122 (1896), p. 1319; Toulouse Ann. 10 G (1896); Vorlesungen, p. 151; *A. Cahen*, Sur la formation explicite des équations différentielles du premier ordre, Thèse Paris 1899, Toulouse Ann. (2) 1, p. 239; vgl. auch Paris C. R. 127 (1898), p. 1196.

30) *P. Painlevé*, l. c., Ann. de l'Éc. norm. (3) 8, p 41; Vorlesungen, p. 78.

so folgt aus (28) nach Vertauschung von x_0 mit x, daß sich die Differentialgleichung unter den obigen Voraussetzungen auf algebraischem Wege in die algebraische Differentialgleichung:

$$\sigma(u, u') = 0 \tag{30}$$

überführen läßt, welche im allgemeinen x explizite enthält, aber keine verschiebbaren Verzweigungspunkte besitzt. Haben die algebraischen Gleichungen (2) und (28) das gleiche Geschlecht und ist dieses > 0, so hat die Differentialgleichung (2) nur feste Verzweigungspunkte.[31])

Um nun die Frage zu entscheiden, wann umgekehrt das allgemeine Integral einer gegebenen Differentialgleichung (2) eine Gleichung der Form (16) befriedigt[32]), ohne daß n vorgegeben sei, hat man drei Fälle zu unterscheiden, je nachdem das Geschlecht der noch unbekannten algebraischen Gleichung (28) $\geqq 2$, 1 oder 0 ist. Nach den Transformationsgleichungen (27) und (27a) entspricht jedem zu der Gleichung (28) gehörigen *Abel*schen Integrale erster Gattung $\int \frac{Q_i(C, C_1)\,dC}{\sigma'_{C_1}}$ ein zu der algebraischen Gleichung $F(y', y, x) = 0$ gehöriges *Abel*sches Integral erster Gattung. Ist p das Geschlecht von $F(y', y, x) = 0$ bei allgemeinem x, das als Parameter aufzufassen ist, so läßt sich dieses letztere Integral linear aus p Integralen $\int \frac{P_j(y', y, x)}{F'_{y'}}\,dy$ zusammensetzen vermittelst Koeffizienten λ_j, die analytische Funktionen von x sind, so daß also

$$\frac{Q(C, C_1)}{\sigma'_{C_1}} \frac{\partial \bar r}{\partial y} = \frac{\lambda_1 P_1 + \cdots + \lambda_p P_p}{F'_{y'}}$$

ist. Die nach y' aufgelöste Differentialgleichung (2)

$$dy - f(y, x)\,dx = 0$$

hat nun $\frac{\partial \bar r}{\partial y}$ und damit $\frac{\lambda_1 P_1 + \cdots + \lambda_p P_p}{F'_{y'}}$ als Multiplikator, und es entsteht die Aufgabe, die Funktionen λ_j entsprechend zu bestimmen. Man erhält auf diese Weise ein System von linearen homogenen Relationen zwischen den Größen λ_j und $\frac{d\lambda_j}{dx}$. Besitzt dieses System zwei wesentlich verschiedene Lösungssysteme λ_j, μ_j, so genügt das allgemeine Integral von (2) tatsächlich einer Gleichung der Form:

$$\frac{\lambda_1 P_1(y', y, x) + \cdots + \lambda_p P_p(y', y, x)}{\mu_1 P_1(y', y, x) + \cdots + \mu_p P_p(y', y, x)} = C,$$

und das Geschlecht ω von (28) ist $\geqq 2$.

---

31) *P. Painlevé,* l. c., Ann. de l'Éc. norm. (3) 8, p. 211; Vorlesungen, p. 120.

32) *P. Painlevé,* l. c., Ann. de l'Éc. norm. (3) 8, p. 201; 9, p. 283; ferner: Sur les intégrales des équations du premier ordre qui n'admettent qu'un nombre fini de valeurs, Paris C. R. 114 (1892), p. 280; Vorlesungen, p. 111, 155.

Existiert nur ein einziges Lösungssystem, so läßt sich die Frage auf die entsprechende für eine *Briot* und *Bouquet*sche Differentialgleichung zurückführen; auf die Schwierigkeiten, welche bei der Beantwortung dieser Frage für diese letztere auftreten, soll weiter unten eingegangen werden.

Existiert kein gemeinschaftliches Lösungssystem, so bleibt zu untersuchen, ob nicht eine algebraische Gleichung der Form (28) vom Geschlechte 0 existiert, und diese Untersuchung geht ziemlich analog wie oben für den Fall der Differentialgleichung (1). Existiert nämlich kein oder nur ein ausgezeichneter Wert C, so läßt sich für n eine obere Schranke angeben. Existieren zwei ausgezeichnete Werte, so läßt sich entweder ebenfalls eine obere Schranke für n angeben, oder es läßt sich die Frage auf die entsprechende bei einer *Briot* und *Bouquet*schen Differentialgleichung zurückführen; existieren mehr als zwei ausgezeichnete Werte, so ist das allgemeine Integral von (2) algebraisch, und es entstehen dieselben Schwierigkeiten wie bei der Differentialgleichung (1).

Indem wir uns nun speziell zu den *Briot* und *Bouquet*schen Differentialgleichungen wenden, wollen wir kurz die Eigenschaften ihrer Integrale ableiten, wenn das allgemeine Integral bei Umläufen um die verschiebbaren singulären Stellen n Werte annimmt[33]). Da diese Differentialgleichungen nur $x = \infty$ als festen singulären Punkt besitzen, so ist in diesem Fall das allgemeine Integral n-wertig und genügt einer Gleichung der Form:

$$y^n + A_{n-1}(x)y^{n-1} + \cdots + A_1(x)y + A_0(x) = 0, \tag{31}$$

wo die A eindeutige Funktionen von x sind. Aus (11) ergibt sich x als *Abel*sches Integral:

$$x = \int f(y)\,dy = J(y), \tag{32}$$

und die Funktionen $A(x)$ dürfen sich nicht ändern, wenn man x um eine Periode ω dieses Integrals vermehrt. Es sind dann folgende drei Fälle zu unterscheiden:

1. $J(y)$ hat keine Periode; dann ist x eine m-wertige Funktion von y, genügt also einer algebraischen Gleichung $G(x, y) = 0$ vom

33) *Briot* und *Bouquet*, l. c., p. 205; vgl. auch *E. Phragmén*, Zur Theorie der Differentialgleichungen von *Briot* und *Bouquet*, Stockh. Öfv. 48 (1891), p. 623 und *P. Koebe*, Über diejenigen analytischen Funktionen eines Arguments, welche ein algebraisches Additionstheorem besitzen. Mathematische Abhandlungen *H. A. Schwarz* zu seinem fünfzigjährigen Doktorjubiläum gewidmet 1914, p. 209. Die folgende Darstellung schließt sich an die von *P. Painlevé*, Vorlesungen, p. 130 gegebene an.

Grade m in x, vom Grade n in y, wobei m der Grad der irreduziblen algebraischen Gleichung (11) in bezug auf y' ist.

2. $J(y)$ hat nur eine Periode ω; dann ist $u = e^{\frac{2\pi i}{\omega}x} = \varphi(y)$ eine m-wertige Funktion von y. Damit nun φ keine wesentlichen singulären Stellen besitze, muß $J(y)$ ein Integral erster oder dritter Gattung sein. Ferner müssen die zu den Polen von $f(y)$ bzw. zu $y = \infty$ gehörigen Residuen α untereinander, und die nicht zu den logarithmischen Stellen gehörigen Perioden mit $2\pi i\alpha$ rationale Verhältnisse haben. y ist dann eine algebraische Funktion von u.

3. $J(y)$ hat zwei Perioden; ihr Verhältnis muß komplex sein, da die eindeutigen Funktionen $A(x)$ diese Größen als Perioden besitzen. Das Integral y ist dann eine algebraische Funktion von $u = \mathrm{sn}_{k^2} gx$, wo g und k geeignete Konstanten sind. Setzt man

$$dx = \frac{du}{g\sqrt{(1-u^2)(1-k^2u^2)}} = f(y)dy,$$

so folgt, daß J ein Integral erster Gattung sein muß, das nur zwei Perioden besitzen darf.

Es entsteht nun umgekehrt die Frage, wann eine vorgegebene *Briot* und *Bouquet*sche Differentialgleichung sich in der angegebenen Form integrieren läßt. Während sich im ersten Falle leicht eine obere Schranke für n angeben, also die Frage durch eine endliche Anzahl algebraischer Operationen entscheiden läßt, ist die Frage im zweiten Fall außerordentlich schwierig, wenn nicht alle Perioden, die nicht zu logarithmischen Unstetigkeitsstellen von $J(y)$ gehören, von vorneherein verschwinden, was sicher der Fall ist, wenn das Geschlecht der Gleichung (11) Null ist. Schon im Falle $p = 1$ kommt man auf zahlentheoretische Schwierigkeiten[34]), und Analoges gilt im allgemeinen im dritten Falle, sobald $p > 1$ ist.

5. Untersuchung der Integrale in der Umgebung eines singulären Punktes, in dessen Umgebung sich unendlich viele Zweige eines Integrales untereinander vertauschen. Grenzlösungen. Es handelt sich im folgenden um die von *P. Boutroux*[35]) in Angriff genommene Aufgabe, die Gesamtheit der Zweige eines Integrals von (1),

34) Vgl. das Ref. II B 3 (*Fricke*), p. 343, Anm. 436, 437.

35) *P. Boutroux*, Sur une classe d'équations différentielles à intégrales multiformes, Paris C. R. 138 (1904), p. 1479; 139 (1904), p. 258; ferner Paris C. R. 147 (1908), p. 1390; 148 (1909), p. 25, 274, 613; außerdem Vorlesungen und Équations différentielles et fonctions multiformes, Pal. Rend. 29 (1910), p. 265; Sur les singularités des équations différentielles rationnelles du premier ordre et du premier degré, J. de Math. (6) 6 (1910), p. 137.

die in der Umgebung einer festen singulären Stelle zusammenhängen, zu betrachten und den „Mechanismus" festzustellen, nach welchem ihre Vertauschungen vor sich gehen. Wir greifen von allen möglichen von *Boutroux* untersuchten Typen den einfachsten heraus, bei dem die Differentialgleichung in der Umgebung der Stelle $x = 0$, $y = 0$ die Form[36]) hat:

$$(33) \qquad y\frac{dy}{dx} = \alpha x + \beta y + \mu[a_{11}x^2 + a_{12}xy + a_{22}y^2 + \cdots].$$

Dabei ist μ ein von *Boutroux* eingeführter Parameter, der von 0 nach 1 wächst. Für $\mu = 0$ ist das allgemeine Integral in der Form[37]):

$$(34) \qquad y = xw$$

darstellbar, wobei

$$Cx = (w - w_1)^{\frac{1}{\lambda_1}}(w - w_2)^{\frac{1}{\lambda_2}} = \frac{1}{w - w_2}\left(\frac{w - w_1}{w - w_2}\right)^{\frac{1}{\lambda_1}}$$

ist. Dabei sind w_1 und w_2 Wurzeln der Gleichung:

$$-2w^2 + \beta w + \alpha = 0,$$

ferner ist C eine Konstante und

$$\lambda_1 = -2 + \frac{\beta}{2w_1}, \quad \lambda_2 = -2 + \frac{\beta}{2w_2}, \quad \text{also} \quad \frac{1}{\lambda_1} + \frac{1}{\lambda_2} = -1.$$

Von den neun möglichen Fällen greifen wir den heraus, in welchem λ_1 und λ_2 komplex sind und der reelle Teil von $\frac{1}{\lambda_1}$, also auch von λ_1 positiv ist. Nehmen wir ferner beispielshalber an, daß der reelle Teil von $\frac{1}{\lambda_1}$ zwischen 1 und 2 liegt, dann nimmt y in $x = 0$ zwei Serien von Werten an:

a) $$\ldots C^{-1}e^{\frac{-2i\pi}{\lambda_1}}, \quad C^{-1}, \quad C^{-1}e^{\frac{2\pi i}{\lambda_1}}, \ldots$$

die entsprechenden Zweige sind in $x = 0$ analytisch, wir bezeichnen sie mit $\ldots, y_{-1}, y_0, y_1 \ldots$;

b) $$\ldots 0, \quad 0, \quad 0 \ldots,$$

die entsprechenden Zweige vertauschen sich bei Umläufen um $x = 0$, wir bezeichnen sie mit $\ldots, \bar{y}_{-1}, \bar{y}_0, \bar{y}_1, \ldots$.

Die verschiebbaren Verzweigungspunkte sind $Cx = -\frac{1}{w_2}\left(\frac{w_1}{w_2}\right)^{\frac{1}{\lambda_1}}$,

36) Auf diese Form läßt sich die Differentialgleichung (1) stets bringen, wenn $P(0, 0) = Q(0, 0) = 0$, $\left(\frac{\partial Q(x,y)}{\partial y}\right)_{\substack{x=0\\y=0}} \neq 0$ ist. *P. Boutroux,* Vorlesungen, Kap. IV, nennt einen solchen Punkt *Briot* und *Bouquet*schen Punkt. Wir nehmen noch $\alpha \neq 0$ an.

37) *P. Boutroux,* Vorlesungen, p. 67, 70.

ist also x_0 einer von ihnen, so sind die anderen

$$\ldots,\ x_{-1} = x_0 e^{\frac{-2i\pi}{\lambda_1}},\quad x_1 = x_0 e^{\frac{2\pi i}{\lambda_1}},\ x_2 = x_1 e^{\frac{2\pi i}{\lambda_1}},\ \ldots.$$

Beschreibt dann x von 0 ausgehend eine Schleife um x_0 bzw. x_1 usf., so geht y_0 in $\bar{y}_0$ bzw. y_1 in $\bar{y}_1$ über usf. Verbindet man daher $x = 0$ mit $x = \infty$ durch eine Gerade, die durch keinen der Punkte x_j geht, und konstruiert eine ∞-blättrige *Riemann*sche Fläche, deren Blätter längs dieses Schnittes zusammenhängen, so besitzt y in jedem dieser Blätter einen einzigen Verzweigungspunkt x_j, in dem zwei Zweige y_j und $\bar{y}_j$ zusammenhängen. Nachdem *Boutroux* dann bei allgemeinem, zwischen 0 und 1 gelegenem Werte von μ das Verhalten der „Charakteristiken", d. h. nach *Boutroux* das Verhalten eines Zweiges des Integrals längs einer geraden Linie, die von einem festen Punkt ausgeht, in welchem der betreffende Zweig einen bestimmten Anfangswert hat, in der Umgebung von $x = 0$ näher untersucht hat, zeigt er durch stetigen Übergang von $\mu = 0$ zu $\mu = 1$, daß auch für $\mu = 1$ das gleiche Schema für die Vertauschung der Zweige in der Umgebung von $x = 0$ gilt. Entsprechend untersucht *Boutroux* alle bei Differentialgleichungen (1) vorkommenden Singularitäten und gewinnt so einen sehr allgemeinen Satz[38]), aus dem sich die in Nr. **3** angegebenen Schlußfolgerungen ziehen lassen. Ähnliche Stetigkeitsbetrachtungen lassen sich auch bei der Frage der Vertauschung der Zweige bei Umläufen um mehrere singuläre Punkte anwenden.

Wir betrachten nun wieder die Integrale in der ganzen komplexen x-Ebene und nehmen an, ein Integral von (1) besitze unendlich viele Zweige. Dann kann man aus diesem Integral ein neues Integral, eine sogenannte Grenzlösung[39]), die in gewisser Hinsicht eine Verallgemeinerung der sogenannten Grenzzykeln aus der Theorie der reellen Integralkurven (vgl. das Ref. III D 8 (*Liebmann*), Nr. **6**) darstellt, in folgender Weise ableiten:

Es sei x_1 keiner der Punkte ξ, es seien ferner $y_1(x_1)$, $y_2(x_1)$, ... die Werte der verschiedenen Zweige von $y(x)$ in x_1, z ein Grenzwert dieser Größen, $y(x, x_1, z)$ das Integral von (1), das in x_1 den Wert z annimmt. Dann liegen für jeden von den Punkten ξ verschiedenen Punkt x_2 in beliebiger Nähe des auf irgendeinem Wege erhaltenen Wertes $y(x_2, x_1, z)$ von $y(x, x_1, z)$ unendlich viele der Werte $y_1(x_2)$,

---

38) *P. Boutroux*, l. c., J. de Math. (6) **6**, p. 139, 140.

39) *P. Boutroux*, Fonctions multiformes à une infinité de branches, Ann. Éc. m. (3) **22** (1905), p. 441 f.; Vorlesungen, p. 25.

$y_2(x_2), \ldots$; man hat dann in $y(x, x_1, z)$ eine Grenzlösung. *J. Slepian*[40]) zeigt durch Anwendung eines von *Birkhoff* gegebenen Verfahrens, daß es stets Folgen von Integralen gibt, die die Grenzlösungen jedes ihrer Glieder enthalten, und von denen jedes Glied eine Grenzlösung eines der Folge angehörenden Integrals ist. Eine solche Folge nennt *Slepian* ein zyklisches System.

II. Differentialgleichungen zweiter und höherer Ordnung.

6. Abhängigkeit der Integrale von den Integrationskonstanten. (Vgl. hierzu auch das Ref. II A 4b (*Vessiot*), Nr. **32** und den entsprechenden Artikel der franz. Enc. II 16, Nr. **36**.) Es sei die linke Seite der Differentialgleichung:

$$F(y'', y', y, x) = 0 \tag{35}$$

ein Polynom in y, y' und y'', analytisch in x, und das allgemeine Integral von (35) sei zunächst eine rationale Funktion der Integrationskonstanten y_0, y_0', y_0'', die durch die Gleichung:

$$F(y_0'', y_0', y_0, x_0) = 0 \tag{36}$$

verbunden sind. Ist also y ein Integral von (35), für welches

$$y(x_0) = y_0, \quad \left(\frac{dy}{dx}\right)_{x=x_0} = y_0', \quad \left(\frac{d^2y}{dx^2}\right)_{x=x_0} = y_0''$$

ist, und setzen wir

$$\begin{aligned} y &= \varphi(x, y_0'', y_0', y_0, x_0), \quad \frac{dy}{dx} = y' = \varphi'(x, y_0'', y_0', y_0, x_0), \\ \frac{d^2y}{dx^2} &= y'' = \varphi''(x, y_0'', y_0', y_0, x_0), \end{aligned} \tag{37}$$

so sind φ, φ' und φ'' rationale Funktionen von y_0, y_0', y_0''. Durch Vertauschung von x mit x_0 folgt:

$$\begin{aligned} y_0 &= \varphi(x_0, y'', y', y, x), \quad y_0' = \varphi'(x_0, y'', y', y, x), \\ y_0'' &= \varphi''(x_0, y'', y', y, x). \end{aligned} \tag{38}$$

Die Gleichungen (37) und (38) stellen also eine birationale Beziehung zwischen den Flächen (35) und (36) dar, in deren Gleichungen x und x_0 als Parameter aufzufassen sind. Daraus ergibt sich für die von x abhängigen Koeffizienten der in (37) auftretenden Funktionen φ, φ' und φ'' ein System algebraischer Bedingungsgleichungen, die unter den gemachten Voraussetzungen miteinander verträglich sein müssen. Besitzt nun dieses System nur eine endliche Anzahl von Lösungen, gibt es also nur endlich viele birationale Transformationen,

---

40) *J. Slepian*, The functions defined by differential equations of the first order, Trans. of Am. Math. Soc. 16 (1915), p. 71.

welche die durch (36) definierte algebraische Fläche in sich überführen, so erhält man alle birationalen Transformationen, die (35) in (36) überführen, auf algebraische Weise aus den Koeffizienten von (35) und jede dieser birationalen Transformationen stellt das allgemeine Integral der Differentialgleichung dar. In der Tat lassen sich alle birationalen Transformationen, die (35) in (36) überführen, aus einer von ihnen, also etwa aus (37) ableiten, indem man auf y_0, y_0', y_0'' birationale Transformationen anwendet, die (36) in sich überführen, also keinen Parameter enthalten. Bleibt aber durch das obige Gleichungssystem ein Teil der von x abhängigen Koeffizienten der φ unbestimmt, so gibt es eine kontinuierliche, algebraisch von den Parametern abhängende Gruppe birationaler Transformationen, welche die algebraische Fläche (36) in sich überführen. Die Flächen von dieser Beschaffenheit lassen sich aber alle bestimmen (vgl. das Ref. III C 6b (*Castelnuovo* und *Enriques*), Nr. **39**), und aus ihren speziellen Eigenschaften folgt, daß sich die Differentialgleichung (35) dann entweder auf algebraischem Wege integrieren oder auf Quadraturen oder eine *Riccati*sche Differentialgleichung oder eine lineare homogene Differentialgleichung dritter Ordnung zurückführen läßt.

Der Fall, daß F die Veränderliche x nicht explizit enthält, ferner derjenige, in dem die durch (35) dargestellte Fläche eine hyperelliptische oder ihr Flächengeschlecht (vgl. das Ref. II B 2 (*Wirtinger*), Nr. **56** und **57**) $\omega > 1$ ist, wurde von *Picard*[41]) behandelt; eine Behandlung des allgemeinen Falles findet sich bei *Painlevé.*[42])

Umgekehrt kann man, wenn das Flächengeschlecht ω von F größer ist als 1, vermittels der Doppelintegrale erster Art analog wie in Nr. **4** durch eine endliche Anzahl von algebraischen Prozessen entscheiden, ob das allgemeine Integral einer vorgegebenen Differentialgleichung (35) rational von y_0, y_0', y_0'' abhängt. In ähnlicher Weise kann man die allenfalls vorhandenen totalen Differentiale erster Art ausnützen; besitzt aber die algebraische Fläche weder Doppelintegrale

41) *E. Picard,* Sur une classe d'équations différentielles, Paris C. R. 104 (1887), p. 41; Mémoire sur les fonctions algébriques de deux variables, J. de Math. (4) 5 (1889), p. 263, 294; ferner: Sur une classe d'équations différentielles dont l'intégrale générale est uniforme, Paris C. R. 110 (1890), p. 877. In dieser letzteren Arbeit untersucht *Picard* unter der Voraussetzung, daß das allgemeine Integral eine eindeutige Funktion von x ist, Differentialgleichungen beliebig hoher Ordnung, welche x nicht explizite enthalten.

42) *P. Painlevé,* Sur les équations différentielles d'ordre supérieur dont l'intégrale n'admet qu'un nombre donné de déterminations, Paris C. R. 116 (1893), p. 173; Sur les surfaces algébriques qui admettent un groupe continu de transformations birationnelles, Paris C. R. 121 (1895), p. 318; Vorlesungen, p. 360.

erster Art noch totale Differentiale erster Art, so ist es außerordentlich schwierig, die Frage zu entscheiden.[43])

Hängt das allgemeine Integral von (35) algebraisch von den durch (36) verbundenen Werten y_0, y_0', y_0'' ab, so läßt[44]) sich (35) durch eine algebraische Transformation:

$$(39)\qquad y^n + \varrho_{n-1}(u'', u', u, x)y^{n-1} + \cdots + \varrho_0(u'', u', u, x) = 0,$$

in der die ϱ rationale Funktionen von u, u', u'' sind, in eine Differentialgleichung:

$$(40)\qquad G(u'', u', u, x) = 0$$

überführen, deren allgemeines Integral eine rationale Funktion von u_0, u_0', u_0'' ist. Dabei ist G ein Polynom in u'', u' und u, dessen Koeffizienten sich algebraisch aus denen von (35) berechnen lassen.

Die umgekehrte Frage, wann das allgemeine Integral von (35) eine algebraische Funktion von y_0 und y_0' ist, hängt auf das engste mit dem Flächengeschlecht von G zusammen, ist aber im übrigen sehr schwierig zu beantworten.

Ähnliche Verhältnisse wie bei den Differentialgleichungen zweiter Ordnung herrschen bei Differentialgleichungen beliebig hoher Ordnung, deren allgemeines Integral eine algebraische Funktion der Integrationskonstanten ist.

Wir wenden uns jetzt zu dem Fall, wo das allgemeine Integral von (35) keine verschiebbaren Verzweigungspunkte oder Unbestimmtheitsstellen besitzt. Dann sind drei Fälle zu unterscheiden:

1. Das allgemeine Integral hängt algebraisch von zwei geeignet gewählten Integrationskonstanten ab. Dieser Fall läßt sich unmittelbar auf den eben behandelten zurückführen.

2. Das allgemeine Integral ist bei geeignet gewählten Integrationskonstanten eine algebraische Funktion der einen Integrationskonstanten, aber eine transzendente Funktion der anderen, und bei keiner Wahl der Integrationskonstanten eine algebraische Funktion von beiden. Dann ist das allgemeine Integral nach *Painlevé*[45]) eine „semitranszen-

---

43) *P. Painlevé*, Vorlesungen, p. 383.

44) *P. Painlevé*, Sur les transformations simplement rationnelles des surfaces, Paris C. R. 110 (1890), p. 226; Sur les équations différentielles d'ordre supérieur, dont l'intégrale n'admet qu'un nombre fini de déterminations, Paris C. R. 116 (1893), p. 88.

45) *P. Painlevé*, Sur les transcendantes définies par les équations différentielles du second ordre, Paris C. R. 116 (1893), p. 566; Sur les équations du second ordre à points critiques fixes et sur la correspondence univoque entre deux surfaces, Paris C. R. 117 (1893), p. 611. Es finden sich hier auch Kriterien,

dente“ Funktion der Integrationskonstanten und genügt einer algebraischen Differentialgleichung erster Ordnung mit festen Verzweigungspunkten, welche algebraisch von einem Parameter abhängt, gehört also in die Gruppe der im ersten Abschnitt behandelten Funktionen.

3. Das allgemeine Integral ist eine transzendente Funktion der beiden Integrationskonstanten, wie man auch diese wählen mag. Dann ist die Differentialgleichung in dem von *Painlevé*[46]) vom Standpunkte der Funktionentheorie aus festgelegten Sinne irreduzibel.

Ein einfaches Beispiel[47]) einer Differentialgleichung, deren allgemeines Integral eine transzendente Funktion der beiden Integrationskonstanten ist, ist:

$$(41)\quad \begin{aligned} y'' = {} & y'^2 \frac{3y^2 - 2y(x-1) + x}{2y(y-1)(y-x)} + y'\left[\frac{1}{x-y} + \frac{1}{1-x} - \frac{1}{x}\right] \\ & + \frac{1}{2x(x-1)} \frac{y(y-1)}{y-x} + X(x)\sqrt{y(y-1)(y-x)}, \end{aligned}$$

wobei $X(x)$ eine algebraische Funktion von x ist. Das allgemeine Integral von (41) ist:

$$(42)\qquad y = \varphi_x(u),$$

wo

$$y = \varphi_x(\xi)$$

die durch

$$\xi = \int_0^y \frac{dy}{\sqrt{y(y-1)(y-x)}}$$

definierte elliptische Funktion ist, während $u(x)$ das allgemeine Integral der linearen Differentialgleichung:

$$\frac{d^2u}{dx^2} + \frac{2x-1}{x(x-1)}\frac{du}{dx} + \frac{u}{4x(x-1)} = X(x)$$

bedeutet.

7. Auftreten von verschiebbaren Unbestimmtheitsstellen bei Differentialgleichungen zweiter und höherer Ordnung. Die Differentialgleichungen von höherer als der ersten Ordnung können, wie schon in der Einleitung an Beispielen gezeigt wurde, Unbestimmtheitsstellen besitzen, die mit den Anfangswerten der Integrale verschiebbar

---

um zu erkennen, ob das allgemeine Integral einer vorgegebenen Differentialgleichung eine „semitranszendente“ Funktion der Konstanten ist.

46) *P. Painlevé*, Vorlesungen, p. 487; Mémoire sur les équations différentielles dont l'intégrale générale est uniforme, S. M. F. Bull. 18 (1900), p. 243.

47) *E. Picard*, Mémoire sur les fonctions algébriques de deux variables, J. de Math. (4) 5 (1889), p. 299; *P. Painlevé*, Sur les équations différentielles du second ordre à points critiques fixes, Paris C. R. 117 (1893), p. 686; Vorlesungen, p. 501.

sind. Doch müssen, damit dieses eintreten kann, die Koeffizienten der Differentialgleichung, wie *Painlevé*[48]) zuerst bemerkte, gewisse Bedingungen erfüllen. Um dieses für die Differentialgleichung zweiter Ordnung näher auszuführen, betrachten wir die Differentialgleichung:

$$y'' = \frac{P(y', y, x)}{Q(y', y, x)} = R(y', y, x), \tag{43}$$

in welcher P und Q ganze rationale Funktionen von y, y' und x sind, und denken uns durch eine vorhergegangene lineare gebrochene Transformation erreicht, daß $y = \infty$ ein gewöhnlicher Punkt der Differentialgleichung sei[49]), und daß, wenn p der Grad von P, q der Grad von Q in bezug auf y' ist, $p \geqq q + 2$ sei. Dann hat man vier Fälle zu unterscheiden:

1. Es ist $p > q + 2$, und es gibt keine Funktion $y = G(x)$, so daß die rechte Seite von (43) für $y = G(x)$ bei beliebigem y' einen Pol hat[49a]). Dann besitzt das allgemeine Integral von (43) keine verschiebbaren Unbestimmtheitsstellen, d. h. nähert sich x irgendeinem von den festen singulären Stellen von (43) verschiedenen Punkte x_0, so nähern sich y und y' bestimmten endlichen oder unendlich großen Werten.

2. Es gibt eine Funktion $y = G(x)$, so daß die rechte Seite von (43) für $y = G(x)$ unabhängig von y' einen Pol hat, aber es ist $p > q + 2$. Dann kann es mit den Anfangswerten verschiebbare Punkte x_0 geben, so daß y' bei Annäherung an x_0 nach keinem bestimmten Werte konvergiert, d. h. daß y' in x_0 eine Unbestimmtheitsstelle besitzt; y nähert sich dagegen unbegrenzt einem der Werte von $G(x_0)$.

3. Es ist $p = q + 2$, aber es existiert keine Funktion $y = G(x)$. Dann kann y in einem Punkte x_0 eine verschiebbare Unbestimmtheitsstelle besitzen, y' konvergiert dagegen bei Annäherung an x_0 nach ∞.

---

48) *P. Painlevé,* Sur les singularités essentielles des équations différentielles d'ordre supérieur, Paris C. R. 116 (1893), p. 362; Sur les transcendantes définies par les équations différentielles du second ordre, Paris C. R. 116 (1893), p. 566; Vorlesungen, p. 394, speziell auch p. 413.

49) Setzt man in der Differentialgleichung (43) $y = \frac{1}{z}$, so daß (43) übergeht in $z'' = \frac{P_1(z', z, x)}{Q_1(z', z, x)}$, so soll $Q_1(z', 0, x)$ nicht identisch verschwinden, ferner sollen $P_1(0, 0, x)$, $Q_1(0, 0, x)$ nicht beide identisch verschwinden.

49a) Ist $y = \infty$ kein gewöhnlicher Punkt, und ist nach der Transformation $y = \frac{1}{z}$, $Q_1(z', 0, x) \equiv 0$, so ist $y = \infty$ auch als eine Funktion $y = G(x)$ anzusehen.

4. Es ist $p = q + 2$, und es existieren Funktionen $y = G(x)$ Dann können y und y' verschiebbare Unbestimmtheitsstellen besitzen; ist x_0 eine solche, so konvergiert bei Annäherung an x_0 der kleinere der absoluten Beträge von $\frac{1}{y'}$ und $y - G(x)$ nach Null.

Das allgemeine Integral von (43) kann also nur dann verschiebbare Unbestimmtheitsstellen besitzen, wenn wenigstens eine der beiden Bedingungen erfüllt ist:

1. Es ist $p = q + 2$.
2. Es existiert eine Funktion $G(x)$, daß $Q(y', G(x), x)$ für jeden Wert von y' identisch verschwindet.

Painlevé[50]) stellt ferner den Satz auf, daß das allgemeine Integral einer Differentialgleichung zweiter Ordnung, die algebraisch in x, y, y' und y'' ist, keine singuläre Linie besitzen kann; es ist auch unwahrscheinlich, daß die verschiebbaren singulären Punkte eine perfekte diskontinierliche Menge bilden können.

Ähnliche Bedingungen für das Auftreten verschiebbarer Unbestimmtheitsstellen lassen sich bei Systemen algebraischer Differentialgleichungen beliebiger Ordnung angeben. Aus diesen Bedingungen folgert *Painlevé*[51]), daß man bei jedem Systeme algebraischer Differentialgleichungen durch Einführung einer geeigneten unabhängigen Veränderlichen das Auftreten verschiebbarer Unbestimmtheitsstellen verhindern kann; steht aber wie bei den in der Mechanik auftretenden Differentialgleichungen die Wahl der unabhängigen Veränderlichen nicht mehr frei, so kann man von einem reellen System algebraischer Differentialgleichungen zu einem anderen System durch eine algebraische Transformation unter Beibehaltung der unabhängigen Veränderlichen so übergehen, daß das neue System keine verschiebbaren Unbestimmtheitsstellen besitzt.

8. Differentialgleichungen zweiter und höherer Ordnung ohne verschiebbare Verzweigungspunkte und Unbestimmtheitsstellen. Um die Differentialgleichungen zweiter und höherer Ordnung aufzustellen, deren allgemeines Integral eine eindeutige Funktion von x ist, wird man nach dem von *Fuchs* bei Differentialgleichungen erster Ordnung angewendeten Verfahren zunächst versuchen, notwendige und hinreichende Bedingungen dafür aufzustellen, daß jedes Integral in der Umgebung der festen singulären Stellen sowie in der Umgebung irgendeines Punktes, in dem dasselbe ebenso wie seine Ableitungen bestimmte

50) Vgl. die oben [48]) zitierten Arbeiten.

51) *P. Painlevé,* Vorlesungen, p. 429; Sur les singularités essentielles des équations différentielles, Paris C. R. 133 (1901), p. 910.

endliche oder unendliche Werte annimmt, eindeutig ist. *Picard*[52]) sagt in diesem Falle, das allgemeine Integral sei „à apparence uniforme". Damit nun die Differentialgleichung (43) keine verschiebbaren Verzweigungspunkte besitze, muß sie von der Form:

$$(45) \qquad y'' = L(x, y)y'^2 + M(x, y)y' + N(x, y)$$

sein, wobei die Funktionen L, M, N rationale Funktionen von y, analytische Funktionen von x sind. Daraus folgt aber[53]), daß für (45) jede der beiden Bedingungen, welche für das Auftreten von verschiebbaren Unbestimmtheitsstellen notwendig, aber nicht hinreichend waren, erfüllt ist, so daß man jedenfalls mit der Möglichkeit des Auftretens solcher verschiebbarer Unbestimmtheitsstellen rechnen muß. Dasselbe gilt entsprechend für die Differentialgleichungen:

$$(46) \qquad F(y'', y', y, x) = 0,$$

wo F ein Polynom von y, y', y'' mit in x analytischen Koeffizienten ist. In vielen Fällen schränkt aber die Ausschließung verschiebbarer Verzweigungspunkte die Differentialgleichung oder das System gewöhnlicher Differentialgleichungen so ein, daß die Integration vermittels bekannter Funktionen in expliziter Form gelingt und man sich nachträglich von dem Fehlen verschiebbarer Unbestimmtheitsstellen überzeugen kann. Dieses trifft in dem von *S. Kowalevski*[54]) behandelten Fall der Bewegung eines unsymmetrischen Kreisels von spezieller Massenverteilung zu, ebenso für die von *Picard*[55]), *Mittag-Leffler*[56]), *Painlevé*[57]), *Fransen*[58]), *Wallenberg*[59]) und *Forsyth*[60]) untersuchten

52) *E. Picard,* Théorie des fonctions algébriques de deux variables, J. de Math. (4) 5 (1889), p. 278; Remarques sur les équations différentielles, Acta Math. 17 (1893), p. 297.

53) *P. Painlevé,* Vorlesungen, p. 462 Fußnote.

54) *S. Kowalevski,* Sur le problème de la rotation d'un corps solide autour d'un point fixe, Acta math. 12 (1889), p. 177; ferner: Sur une propriété d'un système d'équations différentielles, qui définit la rotation d'un corps autour d'un point fixe, Acta Math. 14 (1890), p. 81.

55) *E. Picard,* Sur une proprieté de fonctions uniformes d'une variable, Paris C. R. 91 (1880), p. 1058; ferner l. c., J. de Math. (4) 5, p. 263.

56) *G. Mittag-Leffler,* Sur une équation différentielle du second ordre, Paris C. R. 117 (1893), p. 92; Sur l'intégration de l'équation différentielle

$$y'' = Ay^3 + By^2 + Cy + D + (Ey + F)y',$$

Acta Math. 18 (1894), p. 233.

57) *P. Painlevé,* Sur les équations du second degré dont l'intégrale générale est uniforme, Paris C. R. 117 (1893), p. 211.

58) *A. E. Fransen,* Stockh. Oefv. 52 (1895), p. 223.

59) *G. Wallenberg,* Über nicht lineare homogene Differentialgleichungen zweiter Ordnung, J. f. Math. 119 (1898), p. 87; Über eine Klasse nicht

Differentialgleichungen zweiter Ordnung, welche x nicht explizit enthalten oder, wie in der ersten Arbeit von *Wallenberg*, homogen in x, y, y' und y'' sind.

Um also die Gesamtheit der Differentialgleichungen (45) ohne verschiebbare Unbestimmtheitsstellen zu erhalten, müssen an Stelle der in dem letzten Abschnitt betrachteten hinreichenden Bedingungen, welche das Auftreten verschiebbarer Unbestimmtheitsstellen verhindern, notwendige Bedingungen treten. *Painlevé*[61]) erhält diese auf folgende Weise: Soll die Differentialgleichung (45) weder verschiebbare Verzweigungungspunkte noch verschiebbare Unbestimmtheitsstellen besitzen, so muß dieses auch für die Differentialgleichung der Fall sein, welche sich aus (45) ergibt, wenn man

(47) $$x = x_0 + \alpha X$$

setzt und α nach Null konvergieren läßt[62]), also für die Differentialgleichung:

(48) $$y'' = L(x_0, y)y'^2 = l(y)y'^2.$$

Die Differentialgleichung (48) heißt die „vereinfachte Differentialgleichung" von (45). Da sie x nicht explizit enthält, so muß ihr allgemeines Integral eine eindeutige Funktion von x sein.

Zunächst ergibt sich, daß $l(y)$ nur einfache Pole mit reellen rationalen Residuen besitzen darf, und es läßt sich daher die Aufgabe, alle Differentialgleichungen (48) zu bestimmen, auf das von *Briot* und *Bouquet*[16]) gelöste Problem zurückzuführen, alle Differentialgleichungen:

(49) $$y'^{\nu} = \varrho(y)$$

zu bestimmen, in denen ϱ eine rationale Funktion, und deren allgemeines Integral eindeutig ist; ν ist dabei der kleinste gemeinschaftliche Nenner der Residuen von $l(y)$. Man erhält so neun elementare Funktionen $l(y)$ und, indem man die darin auftretenden Konstanten durch Funktionen von x ersetzt, neun mögliche Ausdrücke für $L(x, y)$.

---

linearer Differentialgleichungen zweiter Ordnung, J. f. Math. 120 (1899), p. 113.

60) *A. R. Forsyth,* Theory of differential equations, Part III.

61) *P. Painlevé,* Sur les équations du second ordre à points critiques fixes, Paris C. R. 126 (1898), p. 1185; ferner: p. 1329, 1697; 127 p. 541, 945; 129 (1899), p. 750, 949; 130 (1900), p. 767, 879, 1112; speziell: Mémoire sur les équations différentielles dont l'intégrale générale est uniforme, S. M. F. Bull. 28 (1900), p. 201; Sur les équations différentielles du second ordre et d'ordre supérieur dont l'intégrale générale est uniforme, Acta Math. 25 (1902), p. 1.

62) Bezüglich der Anwendbarkeit dieser Methode auf andere Probleme vgl. *P. Painlevé,* Sur les systèmes différentiels à intégrale générale uniforme, Paris C. R. 131 (1900), p. 497.

Vermittels derselben Methode zeigt dann *Painlevé* zunächst, daß die in y rationalen Funktionen M und N dieselben Pole besitzen müssen wie L, und daß diese Pole einfache sein müssen. Die Transformation $y = \frac{1}{z}$ liefert dann Schranken für den Grad von L und M. Durch Weiterführung der Diskussion unter wiederholter Anwendung des *Painlevé*schen Kunstgriffes[63]) erhält man dann nach *Gambier*[64]), der eine Lücke bei *Painlevé* ausfüllte, eine Tabelle (T) von 50 Differentialgleichungen der Form:

$$y'' = F(y', y, x),$$

wobei F rational in y und y' ist. Alle Differentialgleichungen:

$$Y'' = R(Y', Y, X), \tag{43a}$$

in denen R eine rationale Funktion von Y und Y', analytisch in X ist, und welche weder verschiebbare Verzweigungspunkte noch Unbestimmtheitsstellen besitzen sollen, gehen aus dieser Tabelle durch die Transformation:

$$y = \frac{l(X)\,Y + m(X)}{p(X)\,Y + q(X)}, \quad x = \varphi(X) \tag{50}$$

hervor, wenn l, m, p, q, φ analytische Funktionen von X sind. Daraus folgt dann der Satz: Wenn eine Differentialgleichung (43) keine verschiebbaren Verzweigungspunkte und Unbestimmtheitsstellen hat, so läßt sie sich entweder auf eine lineare Differentialgleichung zweiter, dritter oder vierter Ordnung oder auf eine durch Quadraturen, elliptische Funktionen und deren Ausartungen integrierbare Differentialgleichung zurückführen oder sie läßt sich durch eine Transformation der Form (50) in eine der sechs Differentialgleichungen:

I. $y'' = 6y^2 + x,$

II. $y'' = 2y^3 + xy + \alpha,$

III. $y'' = \frac{y'^2}{y} - \frac{y'}{x} + \frac{\alpha y^2 + \beta}{x} + \gamma y^3 + \frac{\delta}{y},$

IV. $y'' = \frac{y'^2}{2y} + \frac{3y^3}{2} + 4xy^2 + 2(x^2 - \alpha)y + \frac{\beta}{y},$

---

63) Vgl. hierzu auch *P. Boutroux*, Recherches sur les transcendantes de *M. Painlevé*, Ann. de l'Éc. norm. sup. (3) 31 (1914), p. 109.

64) *B. Gambier*, Sur les équations différentielles du second ordre dont l'intégrale générale est uniforme, Paris C. R. 142 (1906), p. 266; ferner p. 1403, 1497; 143, p. 741; 144 (1907) p. 827, 962; Sur les équations différentielles du second ordre et du premier degré dont l'intégrale générale est à points critiques fixes, Thèse, Paris 1909 und Acta Math. 33 (1909), p. 1; *P. Painlevé*, Sur les équations du second ordre à points critiques fixes, Paris C. R. 143 (1906), p. 1111.

$$\text{V.}\quad y'' = y'^2\left(\frac{1}{2y} + \frac{1}{y-1}\right) - \frac{y'}{x} + \frac{(y-1)^2}{x^2}\left(\alpha y + \frac{\beta}{y}\right) + \frac{\gamma y}{x} + \frac{\delta y(y+1)}{y-1},$$

$$\text{VI.}\quad y'' = \frac{y'^2}{2}\left(\frac{1}{y} + \frac{1}{y-1} + \frac{1}{y-x}\right) - y'\left(\frac{1}{x} + \frac{1}{x-1} + \frac{1}{y-x}\right) + \frac{y(y-1)(y-x)}{x^2(x-1)^2}\left[\alpha + \frac{\beta x}{y^2} + \frac{\gamma(x-1)}{(y-1)^2} + \frac{\delta x(x-1)}{(y-x)^2}\right]$$

transformieren, in denen α, β, γ und δ Konstanten sind.

Die so gewonnenen Bedingungen sind aber auch hinreichend. Natürlich liegt bei denjenigen Fällen, die sich nicht explizit integrieren lassen, also bei den Differentialgleichungen I—VI, die Hauptschwierigkeit des Beweises in dem Nachweis der Unmöglichkeit des Auftretens von verschiebbaren Unbestimmtheitsstellen. Für die Differentialgleichung I führt *Painlevé*[65]) diesen Nachweis vermittels einer Methode, die sich unmittelbar auf die anderen Fälle übertragen läßt.[66]) Weitere Ausführungen über die Eigenschaften der durch die Differentialgleichungen I—VI definierten Funktionen, welche man als die *Painlevé*schen Transzendenten bezeichnen kann, folgen in dem nächsten Abschnitt.

Um andererseits zu erkennen, wann eine vorgegebene Differentialgleichung der Form (43) keine verschiebbaren Verzweigungspunkte oder Unbestimmtheitsstellen hat, muß man versuchen, die gegebene Differentialgleichung durch eine Transformation (50) in eine in der Tabelle (T) von *Gambier* vorkommende Differentialgleichung überzuführen. Doch ist es nach *Gambier*[67]) für diesen Zweck vorteilhafter, eine umfassendere Tabelle (Θ) heranzuziehen, welche gestattet, die Funktionen l, m, p, q, φ aus den Koeffizienten der gegebenen Differentialgleichung auf algebraischem Wege zu berechnen.

Ist in der rechten Seite von (43) R rational in y', algebraisch in y, so läßt sich (43) in der Form:

$$(51)\qquad y'' = \varrho(y', y, u, x)$$

darstellen, wobei ϱ rational in y, y' und u ist, und y und u durch eine algebraische Gleichung:

$$(52)\qquad H(u, y, x) = 0$$

---

65) *P. Painlevé*, l. c., S. M. F. Bull. 29 (1900), p. 231; vgl. auch *J. Horn*, Gewöhnliche Differentialgleichungen beliebiger Ordnung 1905, p. 380.

66) *P. Painlevé*, l. c., Paris C. R. 143 (1906), p. 1113; vgl. auch *W. Golubev*, Zur Theorie der Gleichungen von *Painlevé*, Mosk. Math. Samml. 28 (1912), p. 323 (russisch).

67) *B. Gambier*, l. c., p. 19.

verbunden sind, die analytisch in x ist. Damit dann (51) keine verschiebbaren Verzweigungspunkte besitze, muß das Geschlecht der algebraischen Gleichung (52), in der x wieder als Parameter aufzufassen ist, 0 oder 1 sein. Ist das Geschlecht 0, so haben wir den oben behandelten Fall, ist das Geschlecht 1, so muß man die Differentialgleichung (43) durch eine elementare algebraische Transformation in eine der von *Painlevé*[68]) aufgestellten drei Typen überführen können, die durch bekannte Funktionen integrierbar sind, und von denen die ersten beiden keine verschiebbaren Verzweigungspunkte besitzen, während dieses für die dritte:

$$(53) \qquad y'' = \frac{y'^2}{2}\left[\frac{6y^2 - \frac{g_2}{2}}{4y^3 - g_2 y - g_3} + \frac{\alpha}{\sqrt{4y^3 - g_2 y - g_3}}\right] + q(x)y' + r(x)\sqrt{4y^3 - g_2 y - g_3},$$

in der g_2, g_3 und α Konstanten sind, nur der Fall ist, wenn die transzendente Bedingung erfüllt ist, daß $\frac{2\pi i}{\alpha}$ eine Periode von $\wp(u, g_2, g_3)$ ist.

Die Fälle, in denen y'' eine algebraische Funktion[69]) von y und y' ist, sind noch nicht einer erschöpfenden Diskussion unterworfen.

Es kann übrigens bei Differentialgleichungen von höherer als der ersten Ordnung vorkommen, daß das allgemeine Integral eindeutig ist, während ein singuläres Integral feste Verzweigungspunkte hat, und es lassen sich ferner Beispiele angeben, in denen das allgemeine Integral eindeutig ist oder nur feste, das singuläre Integral aber verschiebbare Verzweigungspunkte hat.[70]) Als bemerkenswert sei noch hervorgehoben, daß bei Systemen von höherer als der zweiten Ordnung es vorkommen kann, daß eine besondere Klasse von Lösungsystemen verschiebbare Unbestimmtheitsstellen besitzt, während dieses für das allgemeine Lösungssystem nicht der Fall ist.[71])

Bei der Frage, wann die Differentialgleichung:

$$(54) \qquad y''' = R(y'', y', y, x),$$

---

68) *P. Painlevé*, Acta Math. 25, p. 48.

69) *P. Painlevé*, l. c., Acta Math. 25, p. 65; vgl. *J. Chazy*, Sur les équations différentielles du second ordre à points critiques fixes, Paris C. R. 148 (1909), p. 1381.

70) *J. Chazy*, Sur les équations différentielles du troisième ordre et d'ordre supérieur dont l'intégrale a ses points critiques fixes, Thèse, Paris 1910, p. 43; Acta Math. 34 (1911), p. 317, insbes. p. 360; vgl. auch *J. Chazy*, Sur les équations différentielles dont l'intégrale générale est uniforme, Paris C. R. 148 (1909), p. 157; *B. Gambier*, Sur les intégrales singulières de certaines équations différentielles algébriques, Paris C. R. 149 (1909), p. 21.

71) *P. Painlevé*, Vorlesungen, p. 432.

in der R rational in y'' und y', algebraisch in y, analytisch in x ist, keine verschiebbaren Verzweigungspunkte und Unbestimmtheitsstellen besitzt, hat man wie oben die „vereinfachte Differentialgleichung" zu bilden und zu untersuchen, wann das allgemeine Integral dieser Differentialgleichung eine eindeutige Funktion von x ist. Die vereinfachte Differentialgleichung muß[72]) die Form:

$$(55) \qquad y''' = \left(1 - \frac{1}{n}\right)\frac{y''^2}{y'} + b(y, z)y''y' + c(y, z)y'^3$$

besitzen, wo n eine ganze von 0 und -1 verschiedene Zahl oder ∞ ist, wo ferner $b(y, z)$ und $c(y, z)$ rationale Funktionen zweier Variabeln y und z sind, die eindeutige Funktionen von x sein sollen und durch eine algebraische Gleichung $f(y, z) = 0$ vom Geschlecht p verbunden sind. *Painlevé* gibt die Lösung dieser Aufgabe an, die *Chazy*[73]) und *Garnier*[74]) im einzelnen durchführen. Ist $n = -2$, so muß $b(y, z)$ identisch verschwinden, die Integrale sind die polymorphen Funktionen (vgl. das Ref. II B 4 (*Fricke*), Nr. 32). Ist $n \neq -2$, so darf p nur die Werte 0 und 1 besitzen. In diesem Falle lassen sich die Integrale als Ausartungen der polymorphen Funktionen darstellen, genauer ausgedrückt, durch rationale Funktionen, Exponentialfunktionen, elliptische Funktionen, Logarithmen, die *Weierstraß*schen ζ- und σ-Funktionen und die Kombinationen dieser Funktionen. *Chazy*[75]) gewinnt überdies, von den vereinfachten Differentialgleichungen ausgehend, eine große Anzahl von Typen nicht vereinfachter Differentialgleichungen ohne verschiebbare Verzweigungspunkte und Unbestimmtheitsstellen, ohne jedoch bisher genau feststellen zu können, ob eine dieser Differentialgleichungen auf wesentlich neue transzendente Funktionen führt. Was nun die Differentialgleichungen von höherer als der dritten Ordnung ohne verschiebbare Verzweigungspunkte und Unbestimmtheitsstellen anbetrifft, so genügt die Methode von *Painlevé*, um notwendige

---

72) *P. Painlevé*, Acta Math. 25, p. 69, S. M. F. Bull. 29, p. 256.

73) *J. Chazy*, Sur les équations différentielles du troisième ordre à points critiques fixes, Paris C. R. 145 (1907), p. 305, 1263. Ferner Thèse und Acta Math. 34 (1911), p. 317.

74) *R. Garnier*, Sur les équations différentielles du troisième ordre dont l'intégrale est uniforme, Paris C. R. 145 (1907), p. 308; 147 (1908), p. 915; Sur les équations différentielles du troisième ordre dont l'intégrale générale est uniforme et sur une classe d'équations nouvelles d'ordre supérieur, Thèse 1911, Ann. de l'Éc. norm. (3) 29 (1912), p. 1.

75) *J. Chazy*, Thèse, p. 17; ferner: Sur les équations différentielles dont l'intégrale générale est uniforme et admet des singularités essentielles mobiles, Paris C. R. 149 (1909), p. 563; 150 (1910), p. 456; Sur une équation différentielle du troisième ordre qui a ses points critiques fixes, Paris C. R. 151 (1910), p. 203.

Bedingungen hierfür aufzustellen. Speziell gilt der Satz[76]): Soll das allgemeine Integral der Differentialgleichung:

$$(56) \qquad y^{(n)} = P(y^{(n-1)}, \ldots, y', y, x),$$

in welcher P ein Polynom in $y, y', \ldots, y^{(n-1)}$ ist, keine verschiebbaren Verzweigungsstellen und Unbestimmtheitsstellen besitzen, so darf das Gewicht von P $n+1$ nicht überschreiten, wenn man y das Gewicht 1, $y^{(k)}$ das Gewicht $k+1$ gibt. Hingegen ist die Frage nach hinreichenden Bedingungen eine außerordentlich schwierige, und zwar wachsen die Schwierigkeiten mit der Ordnung der Gleichung.

Es ist daher von großer Bedeutung, daß die Theorie der linearen Differentialgleichungen auf Systeme nichtlinearer Differentialgleichungen beliebig hoher Ordnung führt, die keine verschiebbaren Verzweigungspunkte und Unbestimmtheitsstellen besitzen. Wie nämlich in dem Referat II B 5 (*Hilb*), p. 504 ausgeführt wurde[77]), führt die neuerdings auch als *Schlesinger*sches Problem bezeichnete Frage, wann die Monodromiegruppe eines schlechthin kanonischen Differentialsystems von einer als Parameter aufgefaßten singulären Stelle a_λ unabhängig sei, auf ein von *Schlesinger* angegebenes Differentialsystem zweiten Grades:

$$(57) \begin{cases} \dfrac{dA_{ik}^{(\lambda)}}{da_\lambda} = \displaystyle\sum_{p=1}^{n} \sum_{\nu \neq \lambda} \frac{A_{ip}^{(\lambda)} A_{pk}^{(\nu)} - A_{ip}^{(\nu)} A_{pk}^{(\lambda)}}{a_\lambda - a_\nu}, & \begin{pmatrix} i = 1, 2, \ldots, n \\ k = 1, 2, \ldots, n \end{pmatrix}, \\ \dfrac{dA_{ik}^{(\nu)}}{da_\lambda} = \displaystyle\sum_{p=1}^{n} \frac{A_{ip}^{(\lambda)} A_{pk}^{(\nu)} - A_{ip}^{(\nu)} A_{pk}^{(\lambda)}}{a_\nu - a_\lambda}, & \text{wenn } \nu = 1, 2, \ldots \sigma, \text{ außer } \nu = \lambda, \end{cases}$$

das keine mit den Anfangswerten verschiebbaren Verzweigungspunkte und Unbestimmtheitsstellen hat, und dessen allgemeine Lösung in der Form:

$$\mathbf{A}_{ik}^{(\nu)} = E_{ik}^{(\nu)} \left(A_{11}^{(1)}, \ldots, A_{nn}^{(\sigma)}\right)$$

darstellbar ist, wo die $\mathbf{A}_{ik}^{(\nu)}$ Konstante, die $E_{ik}^{(\nu)}$ ganze transzendente Funktionen der A, aber im allgemeinen mehrdeutige Funktionen von a_λ sind.

Bildet man entsprechend den früheren Ausführungen das „vereinfachte System“ von (57), so ist dasselbe durch *Abel*sche Funktionen und *Theta*funktionen integrierbar.[78]) Wie *Schlesinger* mir mit-

---

76) *J. Chazy*, Sur la limitation du degré des coefficients des équations différentielles algébriques à points critiques fixes, Paris C. R. 155 (1912), p. 132.

77) Vgl. auch die dort angegebene Literatur.

78) *R. Garnier*, Sur les simplifiés d'une classe de systèmes différentiels dont l'intégrale générale a ses points critiques fixes, Paris C. R. 153 (1911), p. 1449; Sur une classe de systèmes *Abel*iens déduits de la théorie des équations différentielles linéaires, Paris C. R. 160 (1915), p. 331, ferner Thèse, p. 90.

teilt, wird hierdurch eine von *Riemann*[79]) gemachte Andeutung bestätigt.

Speziell führte die Frage, wann eine lineare Differentialgleichung zweiter Ordnung mit den singulären Stellen der Bestimmtheit 0, 1, t und ∞ sowie dem Nebenpunkte λ eine Monodromiegruppe besitzt, die von t unabhängig ist, *R. Fuchs*, dessen erste Arbeit denen von *Schlesinger* unmittelbar vorherging, zuerst auf die Gleichung VI mit t als unabhängiger, λ als abhängiger Veränderlichen. Man erhält also die Integrale von VI in der Form:

$$\varphi_1(\lambda', \lambda, t) = c_1, \quad \varphi_2(\lambda', \lambda, t) = c_2$$

aus der Bedingung, daß die Substitutionen der Monodromiegruppe von dem Parameter unabhängig sind. Umgekehrt erhält *Garnier*[79a]) aus seinen in Nr. 9 zu besprechenden Untersuchungen über das Verhalten der Integrale von VI in der Umgebung der singulären Stellen für diesen Fall einen neuen Beweis für die Lösbarkeit des *Riemann*schen Problems.

Die Differentialgleichungen I bis V entstehen nun nach *Painlevé*[80]) aus VI durch wiederholten Grenzübergang, dem ein Zusammenfallen von singulären Stellen der linearen Differentialgleichung entspricht.[81]) *Garnier*[82]) untersucht speziell auch die Differentialgleichung:

$$(58) \qquad \frac{d^2y}{dx^2} = \sum_0^m a_h x^h + \sum_0^\nu \left[\frac{\frac{3}{4}}{(x-\lambda_j)^2} + \frac{\varrho_j}{x-\lambda_j}\right] y$$

mit einer einzigen Unbestimmtheitsstelle im Unendlichen und den scheinbar singulären Stellen $\lambda_1, \lambda_2, \ldots, \lambda_\nu$, in der die a, λ und ϱ analytische Funktionen von n Parametern $t_1, t_2, \ldots, t_n$ sind, während die Monodromiegruppe von den Größen t unabhängig ist. Es ergibt sich, daß die symmetrischen Funktionen der λ als Funktionen eines dieser

79) *B. Riemann*, Ges. Werke, Fragment 21 (1876), 2. Aufl., p. 386.

79a) *R. Garnier*, Sur une méthode nouvelle pour résoudre le problème de Riemann, Paris C. R. 163 (1916), p. 198.

80) *P. Painlevé* l. c., Paris C. R. 143 (1906), p. 1114.

81) *R. Garnier*, Thèse, p. 51; ferner: Sur les limites des substitutions du groupe d'une équation linéaire du second ordre, Paris C. R. 154 (1912), p. 1208, 1335; Sur la représentation des intégrales des équations irréductibles du second ordre à points critiques fixes au moyen de la théorie des équations linéaires, Paris C. R. 155 (1912), p. 137; 159 (1914), p. 795, 1096. Vgl. auch *R. Fuchs*, Über eine lineare Differentialgleichung zweiter Ordnung mit einer Unbestimmtheitsstelle, Sitzber. der Berl. Math. Ges. (13) 24. Juni 1914.

82) *R. Garnier*, Sur les équations différentielles linéaires et les transcendantes uniformes du second ordre, Paris C. R. 148 (1909), p. 1308; 149, p. 23; Thèse, p. 39.

Parameter t einer gewöhnlichen Differentialgleichung genügen und nur dann keine verschiebbaren Verzweigungspunkte besitzen können, wenn $m \leqq 4$ ist.

9. Eigenschaften der Painlevéschen Transzendenten. Die allgemeinen Integrale der Differentialgleichungen I, II und IV sind meromorphe Funktionen, die der Differentialgleichungen III, V und VI sind im allgemeinen unendlich vieldeutige Funktionen und zwar sind für die Integrale von III und V 0 und ∞, für die von VI 0, 1 und ∞ Unbestimmtheitsstellen und Verzweigungspunkte unendlich hoher Ordnung[82a]). Ersetzt man in III und V x durch e^X, so sind auch die Integrale von III und V meromorphe Funktionen von X. *Garnier*[83]) untersucht das Verhalten der Integrale von VI in der Umgebung der singulären Stellen 0, 1 und ∞ vermittelst der Methode der successiven Approximationen. Die erste Approximation in der Umgebung von $x = 0$ zeigt, daß man $\lg \frac{x}{x_0} = X$ als unabhängige Veränderliche einzuführen hat. *Garnier* erhält so zwei verschiedene Arten von Entwicklungen, welche bei genügend kleinem $|x_0|$ in der X-Ebene innerhalb von Sektoren konvergieren, die sich vom Koordinatenanfangspunkt in das Unendliche erstrecken. Man kann dann für jedes Integral von VI die ganze Halbebene der X mit negativem reellen Teile, nach Ausschluß der imaginären Achse durch zwei beliebig kleine Sektoren, in eine endliche Anzahl von Sektoren zerlegen, die sich stets teilweise überdecken und abwechselnd zu den beiden Arten von Entwicklungen gehören.

Das allgemeine Integral von I ist eine „wesentlich transzendente" Funktion der beiden Integrationskonstanten[84]), also ist die Differentialgleichung nach einem in Nr. 7 angeführten Satze in dem von *Painlevé* festgesetzten Sinne vom funktionentheoretischen Standpunkte aus irreduzibel. Das gleiche ergibt sich für alle anderen Differentialgleichungen unmittelbar daraus, daß sie auseinander durch wiederholte Grenzübergänge hervorgehen. Aber auch vom formalen Standpunkte aus sind die Differentialgleichungen III, IV, V, VI bei allgemeinen

82a) *B. Gambier*, Thèse, p. 4.

83) *R. Garnier*, Étude de l'intégrale générale de l'équation VI de M. *Painlevé* dans le voisinage de ses singularités transcendentes, Paris C. R. 162 (1916), p. 939; 163, p. 8, 118. Die Methode und Ergebnisse der hier einschlägigen Arbeiten von *R. Fuchs*, Über die analytische Natur der Lösungen von Differentialgleichungen zweiter Ordnung mit festen kritischen Punkten, Math. Ann. 75 (1914), p. 469; Gött. Nachr. 20, Dez. 1913 sind, wie *Garnier* l. c. richtig bemerkt, nicht einwandfrei.

84) *P. Painlevé*, S. M. F. Bull. 28 (1900), p. 240.

Werten der Parameter unter Zugrundelegung der schärfsten Definition, nämlich der von *J. Drach* gegebenen, irreduzibel[85]) (vgl. hierzu das Ref. II 16 der franz. Enc. (*Vessiot*), p. 155 und 170), I und II besitzen jedoch, da sie y' nicht enthalten, einen bekannten letzten Multiplikator, gehören aber vom Standpunkt der formalen Irreduzibilität zur selben Klasse wie die allgemeinste Differentialgleichung:

$$y'' = R(y, x),$$

in der R eine rationale Funktion von y und x ist.

Setzt man[86]) in I:

$$y = -\frac{d^2 \lg u}{dx^2}, \tag{60}$$

so ist u eine ganze transzendente Funktion der Ordnung[87]) $\frac{5}{2}$ und des Geschlechtes 2 und genügt einer algebraischen Differentialgleichung dritter Ordnung. *Borel*[88]) weist auf den Zusammenhang der linken Seite dieser Differentialgleichung dritter Ordnung mit den Invarianten gewisser binärer Formen hin. Analog kann man das allgemeine Integral[86]) y von II durch zwei ganze transzendente Funktionen u_1 und u_2, welche Lösungen je einer algebraischen Differentialgleichung dritter Ordnung sind, in der Form:

$$y = \frac{u_2'}{u_2} - \frac{u_1'}{u_1} \tag{61}$$

darstellen. Die ganzen transzendenten Funktionen u_1 und u_2 haben dabei die Ordnung und das Geschlecht 3. Entsprechend läßt sich das allgemeine Integral von IV durch ganze transzendente Funktionen des Geschlechtes und der Ordnung 4 darstellen. Die ganzen transzendenten Funktionen, durch welche das allgemeine Integral von III und V sich darstellen läßt, nachdem x durch e^X ersetzt wurde, haben dagegen unendlich hohes Geschlecht.[89]).

---

85) *P. Painlevé,* Sur l'irréductibilité des transcendantes uniformes, Paris C. R. 135 (1902), p. 411; ferner p. 641, 757, 1020.

86) *P. Painlevé,* l. c., Acta math. 25, p. 14.

87) *P. Boutroux,* Sur la croissance des fonctions entières, Paris C. R. 134 (1902), p. 153; Sur quelques propriétés des fonctions entières, Acta Math. 28 (1904), p. 174; *P. Painlevé,* Remarques sur la communication précédente, Paris C. R. 134 (1902), p. 155.

88) *E. Borel,* Remarques sur les équations différentielles dont l'intégrale générale est uniforme, Paris C. R. 138 (1904), p. 337; vgl. auch *J. Chazy,* Sur les équations différentielles déduites de certains invariants des formes, Paris C. R. 150 (1910), p. 1104; Thèse, p. 65.

89) *P. Boutroux,* Sur les fonctions entières de genre infini, Paris C. R. 134 (1902), p. 519; Acta Math. 28, p. 202.

Ein tieferes Eindringen in den Bau der zu I gehörigen *Painlevé*schen Transzendenten gestattet die Bemerkung von *Boutroux*[90]), daß diese Transzendenten sich nach einer einfachen algebraischen Transformation „asymptotisch“ wie doppeltperiodische Funktionen verhalten und also zu diesen Funktionen in einem ähnlichen Verhältnisse stehen, wie die *Bessel*schen Funktionen für große Werte von $|x|$ zum Sinus. Genauer wird die Bedeutung dieses Verhaltens weiter unten auseinandergesetzt. Setzt man in der Differentialgleichung:

(62) $$y'' = 6y^2 - 6x^\mu,$$

welche für $\mu = 1$ sich nur unwesentlich von I unterscheidet,

(63) $$y = x^{\frac{\mu}{2}} Y, \quad X = \frac{4}{\mu + 4} x^{\frac{\mu+4}{4}},$$

so erhält man

(64) $$Y'' = 6Y^2 - 6 - \frac{5\mu}{\mu + 4} \frac{Y'}{X} + \frac{4\mu(2-\mu)}{(\mu+4)^2} \frac{Y}{X^2},$$

eine Differentialgleichung, die sich für große Werte von X asymptotisch verhält wie die Differentialgleichung:

(65) $$Z'' = 6Z^2 - 6,$$

deren allgemeines Integral sich aus

(66) $$Z'^2 = 4Z^3 - 12Z + D$$

als

(67) $$Z = \wp_D(X + C)$$

ergibt. Entsprechend kann man die Differentialgleichung für $\operatorname{sn}(X)$ mit den durch die Differentialgleichung II definierten Transzendenten in Verbindung bringen.[91])

Es sei nun ε eine beliebig kleine Größe, $X_0 > \frac{1}{\varepsilon}$, Y ein Integral von (64), welches für x_0 den Wert η annimmt und für welches $Y' = \eta'$ ist. Setzt man dann $\eta'^2 - 4\eta^3 + 12\eta = D$, so sei $\wp_{0D}$ das Integral von (66), das in X_0 den Wert η annimmt. Dann ist innerhalb eines X_0 enthaltenden, zu $\wp_{0D}$ gehörigen Periodenparallelogramms

$$|Y - \wp_{0D}| < \varepsilon,$$

mit Ausnahme der unmittelbaren Umgebung eines innerhalb dieses Periodenparallelogramms gelegenen Punktes X_1, in welchem Y unendlich wird wie $\frac{1}{(X - X_1)^2}$, aber bei allgemeinem μ einen Verzwei-

90) *P. Boutroux,* Recherches sur les transcendantes de *M. Painlevé* et l'étude asymptotique des équations différentielles du second ordre, Ann. de l'Éc. norm. (3) 30 (1913), p. 255; 31 (1914), p. 99.

91) *P. Boutroux,* l. c., Ann. de l'Éc. norm. (3) 31, p. 100; vgl. auch p. 104.

gungspunkt unendlich hoher Ordnung hat.[92]) Es tritt dann für Y an die Stelle des Periodenparallelogramms ein offenes Kurvenviereck, das sich mit abnehmendem ε einem Periodenparallelogramm unbegrenzt nähert. Man kann nun die ganze Ebene mit solchen von „Periodenlinien" gebildeten Periodenvierecken derart überdecken, daß das ins Auge gefaßte Y in jedem dieser Periodenvierecke nur eine einzige isolierte singuläre Stelle hat. Für $\mu = 1$ besitzt Y in X_1 einen Pol zweiter Ordnung, also hat auch y in dem entsprechenden Punkte x_1 einen solchen, und es läßt sich y in der Form:

$$y = \frac{1}{(x - x_1)^2} + \frac{3x_1}{5}(x - x_1)^2 + (x - x_1)^3 + c_1(x - x_1)^4 + \cdots$$

darstellen, wo die folgenden Koeffizienten Funktionen von x_1 und c_1 sind. *Boutroux* nennt c_1 den Parameter des Integrals im Pole x_1. Da also für $\mu = 1$ das Periodenviereck geschlossen ist, so folgt unmittelbar, daß in diesem Falle Y und also auch y meromorphe Funktionen sind.

Der Wert von D ändert sich aber beim Übergang von einem Periodenviereck zum anderen derart, daß, wenn X auf einem beliebigen Radiusvektor in das Unendliche geht, D im allgemeinen unbestimmt bleibt, und man nur aussagen kann, daß D unterhalb einer endlichen Schranke bleibt. Geht man jedoch längs einer Periodenlinie in das Unendliche, so konvergiert D nach einem der Werte, für welche das Integral

$$\int \sqrt{4Y^3 - 12Y + D}\, dY$$

eine verschwindende Periode hat. Geht die Periodenlinie von einem singulären Punkte aus, also für $\mu = 1$ von einem Pole, so nennt sie *Boutroux* eine Linie der Unendlichkeitsstellen, für $\mu = 1$ eine Pollinie. Bewegt sich X im Falle $\mu = 1$ längs einer Pollinie in das Unendliche, so konvergiert auch der Parameter c_1 nach einer bestimmten Grenze. In der x-Ebene verlaufen die Pollinien asymptotisch zu Parallelen der Geraden OA_1, OA_3 bezüglich OA_2, OA_5 usf.

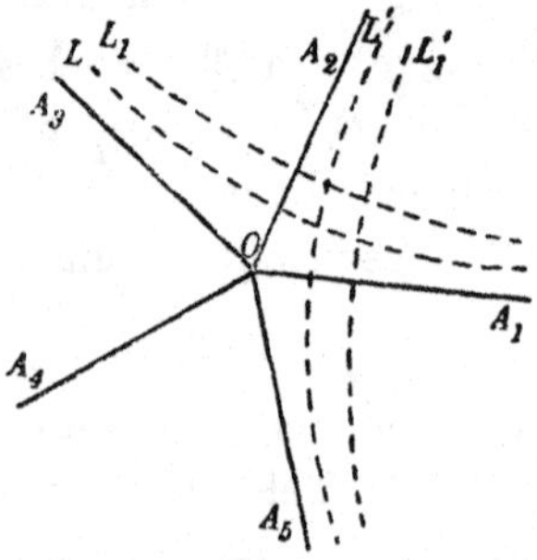

Fig. 1.

Ein Integral von (62) für $\mu = 1$ ist nun bestimmt, wenn man einen Pol x_1 und den zugehörigen Parameter c_1 kennt. Ist x_2 ein zweiter Pol, so ist x_2 eine Funktion $\varphi(x_1, c_1)$ von x_1 und c_1. Wird $\varphi(x_1, c_1)$ für ein Wertsystem x_1, c_1 unendlich, so heißt das Integral

92) *P. Boutroux*, l. c., 30, p. 307.

verstümmelt, „tronqué". Es gibt nun stets fünf verstümmelte Integrale, welche in einem Punkte x_1, der auf keiner der fünf Halbgeraden $OA_1, \ldots, OA_5$ liegt, einen Pol haben, und ferner gibt es eine Pollinie, die z. B. asymptotisch zu zwei Parallelen der Halbachsen, etwa zu OA_5 und OA_2, vom Unendlichen zum Unendlichen derart geht, daß auf jedem Wege, der rechts dieser Linie in das Unendliche geht, eines dieser fünf verstümmelten Integrale nach Multiplikation mit $x^{-\frac{1}{2}}$ nach ± 1 konvergiert. Links der Pollinie ist das Integral nicht verstümmelt, d. h. die Verteilung der Pole für große Werte von $|x|$ ist normal. Das Integral heißt in diesem speziellen Falle in der Richtung OA_1 verstümmelt. Sei c_a der Wert von c_1, für welchen das Integral in der Richtung OA_1 verstümmelt ist, dann ist c_a eine eindeutige Funktion von x_1, welche die Rückwärtsverlängerung von OA_1 von einem bestimmten Punkte $\bar{A}_1$ bis $-\infty$ als singuläre Linie, aber sonst keine Singularitäten besitzt. Es gibt nun genau fünf dreifach verstümmelte Integrale, von denen also jedes nach drei Richtungen, also etwa nach OA_5, OA_1 und OA_2 verstümmelt ist. Ein solches nach den erwähnten drei Richtungen verstümmeltes Integral hat also für genügend große Werte von $|x|$ nur Pole im Winkel $A_3 O A_4$.

Geht man von der Theorie dieser verstümmelten Integrale aus, so kann man ohne weitere Rechnung eine systematische Theorie der durch I definierten meromorphen Funktionen aufbauen[93]), und in analoger Weise kann man die durch II und IV definierten *Painlevé*schen Transzendenten behandeln.

93) *P. Boutroux,* l. c., 31, p. 181.

(Abgeschlossen im November 1916.)

II B 7. ABELSCHE FUNKTIONEN UND ALLGEMEINE THETAFUNKTIONEN.

VON

A. KRAZER IN KARLSRUHE UND W. WIRTINGER IN WIEN.

Inhaltsübersicht.

V. Die allgemeinen Thetafunktionen mit r^{tel} Charakteristiken.

VI. Das Jacobische Umkehrproblem bei Riemann, Clebsch und Gordan und in den Vorlesungen von Weierstraß.

VII. Die Abelschen Transzendenten 2. und 3. Gattung. Wurzelfunktionen und Wurzelformen. Lösungen des Umkehrproblems.

VIII. Der Fall $p = 2$.

IX. Der hyperelliptische Fall.

X. Der Fall $p = 3$.

XI. Der Fall $p = 4$.

XII. Kleins Sigmafunktionen.

Literatur.

Gesammelte Werke.

Abel, Oeuvres complètes; Nouv. Ed. par Sylow et Lie. 2 Tomes. Christiania 1881.

Borchardt, Gesammelte Werke; herausg. von *Hettner*. Berlin 1888.

Brioschi, Opere matematiche. 5 Tomi. Milano 1901—1909.

Cayley, The collected mathematical papers. 13 Vol. and 1 Suppl. Cambridge 1889—1898.

Christoffel, Gesammelte mathematische Abhandlungen; herausg. von *Maurer*. 2 Bde. Leipzig u. Berlin 1910.

Clifford, Mathematical papers; ed. by *Tucker*. London 1882.

Fuchs, Gesammelte mathematische Werke; herausg. von *Fuchs* und *Schlesinger*. 3 Bde. Berlin 1904—1909.

Hermite, Oeuvres; publ. par *Picard*. Tome 1—3. Paris 1905—1912.

Hesse, Gesammelte Werke. München 1897.

Jacobi, Gesammelte Werke; herausg. von *Borchardt*, *Weierstraß* u. a. 7 Bde. Berlin 1881—1891.

Riemann, Gesammelte mathematische Werke und wissenschaftlicher Nachlaß; herausg. von *Weber*. Leipzig 1876, 2. Aufl. 1892.

—, Nachträge; herausg. von *Noether* und *Wirtinger*. Leipzig 1902.

Schwarz, Gesammelte mathematische Abhandlungen. 2 Bde. Berlin 1890.

Smith, The collected mathematical papers; ed. by *Glaisher*. 2 Vol. Oxford 1894.

Weierstraß, Mathematische Werke. Bd. 1—6. Berlin 1894—1915.

Lehrbücher.

Appell et *Goursat*, Théorie des fonctions algébriques et de leurs integrales. Paris 1895. („Fonct. algébr.")

Baker, Abels theorem and the allied theory including the theory of the Thetafunctions. Cambridge 1897. („A. Th.")

Briot, Théorie des fonctions abéliennes. Paris 1879.

Clebsch und *Gordan*, Theorie der Abelschen Funktionen. Leipzig 1866. („A. F.")

Krazer, Lehrbuch der Thetafunktionen. Leipzig 1903. („Thetaf.")

Landfriedt, Thetafunktionen und hyperelliptische Funktionen (Samml. Schubert). Leipzig 1902.

Neumann, C., Vorlesungen über Riemanns Theorie der Abelschen Integrale. Leipzig 1865, 2. Aufl. 1884. („Riem. Th.")

Stahl, H., Theorie der Abelschen Funktionen. Leipzig 1896. („A. F.")

Tikhomandritzky, Éléments de la théorie des intégrales abéliennes. Nouv. Ed. St. Pétersbourg 1911.

Vorlesungen.

Clebsch, Vorlesungen über Geometrie, bearb. von *Lindemann*. 1. Bd. Leipzig 1876.

Klein, Vorlesungen über die Theorie der elliptischen Modulfunctionen. Ausgearb. u. vervollst. von *Fricke*. 2 Bde. Leipzig 1890 u. 1892.

—, Riemannsche Flächen. Vorlesungen W.-S. 1891/92 und S.-S. 1892. Göttingen 1892 u. 1893; neuer Abdruck Leipzig 1906. („R. Fl.")

Riemann, Vorlesungen über die allgemeine Theorie der Integrale algebraischer Differentialien. W.-S. 1861/2. Ges. math. W. Nachtr. 1902. („Vorl.")

Weierstraß, Vorlesungen über die Theorie der Abelschen Transzendenten, bearb. von *Hettner* und *Knoblauch*. Math. W. 4 (1902). („Vorl.")

Monographien.

Baker, An Introduction to the theory of multiply periodic functions. Cambridge 1907.

Hudson, Kummer's quartic surface. Cambridge 1905.

Jordan, Traité des substitutions et des équations algébriques. Paris 1870 („Traité.").
Klein, Über Riemanns Theorie der algebraischen Funktionen und ihrer Integrale. Leipzig 1882. („Riem. Th.")
Krause, Die Transformation der hyperelliptischen Functionen erster Ordnung. Leipzig 1886. („Transf.")
Krazer, Theorie der zweifach unendlichen Thetareihen auf Grund der Riemannschen Thetaformel. Leipzig 1882. („$p = 2$")
Krazer und *Prym,* Neue Grundlagen einer Theorie der allgemeinen Thetafunktionen. Leipzig 1892. („N. G.")
Neumann, C., Die Umkehrung der Abelschen Integrale. Halle 1863.
Prym, Untersuchungen über die Riemannsche Thetaformel und die Riemannsche Charakteristikentheorie. Leipzig 1882. („Riem. Thetaf.")
Prym und *Rost,* Theorie der Prym'schen Funktionen erster Ordnung im Anschluß an die Schöpfungen Riemann's. 1911.
Schottky, Abriß einer Theorie der Abelschen Functionen von drei Variabeln. Leipzig 1880. („Abr.")
Thomae, Sammlung von Formeln, welche bei Anwendung der elliptischen und Rosenhainschen Functionen gebraucht werden. Halle 1876. („Formeln.")
—, Über eine spezielle Klasse Abelscher Functionen. Halle 1877.
—, Über eine spezielle Klasse Abelscher Functionen vom Geschlecht 3. Halle 1879.
Weber, Theorie der Abelschen Functionen vom Geschlecht 3. Berlin 1876. („$p = 3.$")
Wirtinger, Untersuchungen über Thetafunktionen. Leipzig 1896. („Thetaf.")

I. Das Jacobische Umkehrproblem in der Zeit vor Riemann.

1. Das Jacobische Umkehrproblem. Es bedeute G ein algebraisches Gebilde von einer Dimension, das ist die Gesamtheit aller Wertepaare zweier durch eine algebraische Gleichung miteinander verknüpften komplexen Veränderlichen. Wir wollen uns G zunächst durch eine mehrblättrige *Riemann*sche Fläche T dargestellt denken, werden es im weiteren Verlaufe aber auch als allgemeine *Riemann*sche Mannigfaltigkeit oder auch als Kurve in einem Gebiete von zwei oder mehr Dimensionen unserer Anschauung zugrunde legen (vgl. II B 2).

Die *Riemann*sche Fläche T sei durch p Querschnittpaare a_ν, b_ν $(\nu = 1, 2, \ldots p)$ und p Linien c_ν in eine einfach zusammenhängende T' verwandelt und es mögen $u_1(z), u_2(z), \ldots u_p(z)$ p linearunabhängige Integrale 1. Gattung bezeichnen, deren Integrationskonstanten durch die Angabe der Integralwerte an einer bestimmten Stelle von T' festgelegt seien.

Bezeichnen dann $z_1^0, z_2^0, \ldots z_p^0$ und $z_1, z_2, \ldots z_p$ zwei Systeme von je p Stellen der *Riemann*schen Fläche, so sind die Werte der p Summen

(1) $$\sum_{\nu=1}^{p}\int_{z_\nu^0}^{z_\nu} du_\mu = \sum_{\nu=1}^{p}(u_\mu(z_\nu) - u_\mu(z_\nu^0)), \qquad (\mu = 1, 2, \ldots p)$$

solange die Integrale alle in T' erstreckt sind, unabhängig von den Integrationswegen, aber auch, wie die rechte Seite zeigt, unabhängig von der Zuordnung der oberen zu den unteren Grenzen.

Werden die z (dasselbe gilt für die z^0, die wir uns aber, um die Vorstellung nicht zu verwirren, jetzt als fest gegeben denken wollen) nicht mehr auf T' beschränkt, sondern wird ihnen freie Bewegung in der ursprünglichen *Riemann*schen Fläche T gestattet, so gehören zu den nämlichen Stellen $z_1, z_2, \ldots z_p$ je nach den durchlaufenen Integrationswegen unendlich viele verschiedene Werte der Integralsummen (1). Bezeichnet man nämlich mit $\omega_{1\alpha}, \omega_{2\alpha}, \ldots \omega_{p\alpha} (\alpha = 1, 2, \ldots 2p)$ die $2p$ Periodizitätsmodulen der Integrale $u_1, u_2, \ldots u_p$ an den $2p$ Querschnitten a, b, so geht bei irgendeiner Veränderung der Integrationswege, wenn man zunächst die Bedingung festhält, daß die Integrationswege in den p verschiedenen Gleichungen die nämlichen sein sollen, das ursprüngliche Wertesystem $w_1, w_2, \ldots w_p$ in ein Wertesystem

(2) $$w_1' = w_1 + \sum_{\alpha=1}^{2p} m_\alpha \omega_{1\alpha}, \quad w_2' = w_2 + \sum_{\alpha=1}^{2p} m_\alpha \omega_{2\alpha}, \ldots \quad w_p' = w_p + \sum_{\alpha=1}^{2p} m_\alpha \omega_{p\alpha}$$

über, wo die m ganze Zahlen bezeichnen. Nennt man zwei solche Wertesysteme $(w) = w_1, w_2, \ldots w_p$ und $(w') = w_1', w_2', \ldots w_p'$ einander kongruent,

(3) $$(w') \equiv (w),$$

so kann man durch passende Abänderung der Integrationswege an Stelle von (w) alle dazu kongruenten Wertesysteme erzeugen und zwar jedes von ihnen auf mannigfache Art.

Man wird dabei noch bemerken, daß die Bedingung der Gleichheit der Integrationswege in den verschiedenen Gleichungen von (1) nicht eine für das Auftreten kongruenter Wertesysteme notwendige ist, was man schon daraus erkennt, daß eine einzelne der p Integralsummen ihrem Werte nach ungeändert bleibt, wenn man z. B. in ihr die Integrationswege zweier der Variablen z dadurch abändert, daß man diese den gleichen geschlossenen Integrationsweg in entgegengesetzter Richtung durchlaufen läßt.

Das *Jacobi*sche Umkehrproblem verlangt, aus den Kongruenzen

(4) $$\sum_{\nu=1}^{p}\int_{z_\nu^0}^{z_\nu} du_\mu \equiv w_\mu \qquad (\mu = 1, 2, \ldots p)$$

bei gegebenen Stellen $z_1^0, z_2^0, \ldots z_p^0$ und gegebenen Werten $w_1, w_2, \ldots w_p$ die Stellen $z_1, z_2, \ldots z_p$ zu bestimmen. Dabei sind die auf der linken Seite stehenden Integrale als in der einfach zusammenhängenden Fläche T' erstreckt gedacht, es ist aber nach dem Vorigen nicht nur jede Änderung in der Zuordnung der unteren Grenzen zu den oberen, sondern auch jede solche Abänderung der Integrationswege gestattet, welche die Kongruenzen (4) bestehen läßt.

Man kann das *Jacobi*sche Umkehrproblem auch dahin aussprechen, daß das System der p Differentialgleichungen

$$\sum_{\nu=1}^{p} du_\mu(z_\nu) = dw_\mu \qquad (\mu = 1, 2, \ldots p) \tag{5}$$

bei gegebenen Anfangsbedingungen zu integrieren sei; in dieser Form erscheint das Problem insbesondere bei *Weierstraß* (s. Nr. 7 u. 48).

2. Abelsche Funktionen. Die rationalen symmetrischen Funktionen der p Punkte $z_1, z_2, \ldots z_p$ erweisen sich als Funktionen von $w_1, w_2, \ldots w_p$ betrachtet im allgemeinen, d. h. von gewissen Ausnahmewerten der w abgesehen, als einwertige meromorphe Funktionen dieser p Veränderlichen; als solche werden sie *Abel*sche Funktionen genannt.

Etwas allgemeiner nennt man auch eine algebraische symmetrische Funktion der p Punkte z eine *Abel*sche Funktion der w, wenn sie eine einwertige Funktion dieser Größen ist.[1])

Aus der Vielwertigkeit der Integrale $u_1, u_2, \ldots u_p$ folgt sofort, daß jede *Abel*sche Funktion eine $2p$-fach periodische Funktion von $w_1, w_2, \ldots w_p$ ist, deren Periodensysteme die $2p$ Systeme $\omega_{1\alpha}, \omega_{2\alpha}, \ldots \omega_{p\alpha}$ $(\alpha = 1, 2, \ldots 2p)$ der Periodizitätsmodulen der Integrale u an den Querschnitten a, b der *Riemann*schen Fläche T' sind.

Über die weiteren Eigenschaften der *Abel*schen Funktionen s. Nr. 113.

3. Jacobi. *Jacobi* hat von zwei verschiedenen Gesichtspunkten ausgehend das Problem einer Verallgemeinerung der elliptischen Funktionen in Angriff genommen.

In seiner ersten Arbeit über diesen Gegenstand, vom Jahre 1832, geht *Jacobi*[2]) von der Bemerkung aus, daß aus dem *Euler*schen Theorem, nach welchem die Summe zweier elliptischer Integrale erster

---

1) So bei *Weierstraß* [„Vorl." Math. W. 4 (1902), p. 462] und jetzt allgemein; spezieller nennt *Riemann* [„Vorl." Ges. math. W. Nachtr. (1902), p. 10] *Abel*sche Funktionen die Wurzeln $\sqrt{\varphi(s, z)}$ aus den in $p - 1$ Punkten der *Riemann*schen Fläche 0^2 werdenden Funktionen $\varphi(s^{n-2}, z^{m-2})$.

2) J. f. Math. 9 (1832), p. 394 = Ges. W. 2 (1882), p. 5.

Gattung stets gleich ist einem einzelnen solchen Integrale, dessen obere Grenze eine algebraische Funktion der oberen Grenzen jener ist (II B 3, Nr. 2), für die inverse Funktion ein algebraisches Additionstheorem folge, und frägt, in dem *Abel*schen Theorem die Verallgemeinerung jenes *Euler*schen erkennend, welches die inversen Funktionen der hier auftretenden Integrale seien und was für diese das *Abel*sche Theorem aussage.[3]) Das Ergebnis seiner Untersuchungen legt *Jacobi* in dem folgenden „Theorema generale" nieder.

Man setze, indem X ein Polynom $2m-1^{\text{ten}}$ oder $2m^{\text{ten}}$ Grades in x bezeichnet,

$$(6) \qquad \Phi_k(x) = \int_0^x \frac{x^k dx}{\sqrt{X}} \qquad (k = 0, 1, 2, \dots m-2)$$

und fasse auf Grund der $m-1$ Gleichungen

$$(7) \qquad u_k = \Phi_k(x_0) + \Phi_k(x_1) + \cdots + \Phi_k(x_{m-2}) \quad (k = 0, 1, 2 \dots m-2)$$

die x umgekehrt als Funktionen der u auf, setze also

$$(8) \qquad x_k = \lambda_k(u_0, u_1, \dots u_{m-2});$$

dann lassen zich die Funktionen

$$\lambda_k(u_0 + u_0', u_1 + u_1', \dots u_{m-2} + u'_{m-2})$$

algebraisch ausdrücken durch die $2(m-1)$ Funktionen

$$\lambda_k(u_0, u_1, \dots u_{m-2})$$

und

$$\lambda_k(u_0', u_1', \dots u'_{m-2}).$$

In seiner zweiten Arbeit, vom Jahre 1834, legt *Jacobi*[4]) den Grund zur Untersuchung mehrfach periodischer Funktionen überhaupt. Wenn eine Funktion einer Veränderlichen zwei Perioden besitzt, so kann auf Grund der Tatsache, daß beim Vorhandensein mehrerer Perioden auch jede ganzzahlige lineare Kombination dieser wieder eine Periode ist, das Verhältnis der beiden Perioden nicht reell sein, da sonst, wenn es rational wäre, die beiden Perioden sich auf eine einzige reduzieren ließen, wenn es aber irrational wäre, sie eine unendlich kleine Periode nach sich ziehen würden (II B 1, Nr. 24). Wären nun weiter drei Perioden vorhanden, so würden diese, wie *Jacobi* auf die gleiche Weise dartut, unter allen Umständen sich ent-

3) Hier gibt *Jacobi* dem *Abel*schen Theorem zum erstenmal diesen Namen und schlägt für die darin auftretenden Integrale den Namen „transcendentes Abelianae" vor, wobei er allerdings nur jene speziellen Integrale heraushebt, die man heute hyperelliptische nennt. Der Name der *Abel*schen Transzendenten ist später auf die Umkehrfunktionen übergegangen.

4) J. f. Math. 13 (1835), p. 55 = Ges. W. 2 (1882), p. 23; *Ostwalds* Klass. Nr. 64 (II B 2, Nr. 43).

weder auf weniger reduzieren lassen, oder aber eine unendlich kleine Periode nach sich ziehen. Das Vorkommen unendlich kleiner Perioden aber bezeichnet *Jacobi* als absurd und er erklärt daher die periodischen Funktionen einer Veränderlichen mit den einfach periodischen und den doppeltperiodischen mit nichtreellem Periodenverhältnis für erschöpft, Funktionen einer Veränderlichen mit drei oder mehr Perioden aber für unmöglich.

Da nun eine Funktion $x = \lambda(u)$, welche durch Umkehrung eines hyperelliptischen Integrals 1. Ordnung

$$u = \int \frac{f(x)\,dx}{\sqrt{X}} \tag{9}$$

entsteht, d. h. eines solchen, bei dem das Polynom X vom 5ten oder 6ten Grade ist, wie *Jacobi* durch Entwicklung des Integranden nach trigonometrischen Funktionen in Verbindung mit dem *Abel*schen Theorem dartut, vier unabhängige Perioden besitzt (die durch Umkehrung eines hyperelliptischen Integrals beliebiger Ordnung entstehende $2m - 2$, wenn X vom $2m - 1^{\text{ten}}$ oder $2m^{\text{ten}}$ Grade ist)[5]), eine Funktion einer Veränderlichen aber schon mit drei unabhängigen Perioden im Vorigen als absurd abgewiesen wurde, so konnte eine solche Umkehrfunktion für *Jacobi* nicht in Betracht kommen. Das hyperelliptische Integral hat eben, wie *Jacobi* mit aller Schärfe hervorhebt, eine so starke Vielfachheit von Werten, daß sich, bei gegebenen Grenzen, unter ihnen immer einer befindet, der einem willkürlich vorgeschriebenen Werte beliebig nahe kommt.

Der gegen die Funktion $x = \lambda(u)$ gemachte Einwurf trifft nicht mehr die Funktionen der beiden Veränderlichen x und y, wenn man x, y aus den Gleichungen

$$\begin{aligned} \int_a^x \frac{(\alpha + \beta x)\,dx}{\sqrt{X}} + \int_b^y \frac{(\alpha + \beta x)\,dx}{\sqrt{X}} &= u, \\ \int_a^x \frac{(\alpha' + \beta' x)\,dx}{\sqrt{X}} + \int_b^y \frac{(\alpha' + \beta' x)\,dx}{\sqrt{X}} &= u' \end{aligned} \tag{10}$$

definiert, in denen $a, b, \alpha, \beta, \alpha', \beta'$ Konstanten bezeichnen. Dabei denkt sich *Jacobi* die Werte je zweier zwischen den nämlichen Grenzen erstreckter, durch Werte α, β und α', β' unterschiedener Integrale in

5) Auf diese mehrfache Periodizität der inversen Funktion eines hyperelliptischen Integrals hat zuerst, und zwar längst vor *Jacobi*, *Abel* in einer schon vor seiner Reise (1825) verfaßten Abhandlung hingewiesen [Œuv. Nouv. Ed. 2 (1881), p. 40].

der Weise miteinander verknüpft, daß er den Wert des Integrals zunächst bei unbestimmt gelassenen α, β auf irgendeine der möglichen Weisen festgesetzt denkt und aus diesem Integralwerte, der linear von α und β abhängt, die speziellen Werten α, β entsprechenden durch Einsetzen dieser ermittelt. Diese Vorschrift, die später, als man die Vorstellung von der Integration im komplexen Gebiete gewonnen hatte[6]), in der Gestalt ausgesprochen wurde, daß die Integrale auf gleichem Wege zu erstrecken seien, hat zur Folge, daß bei gegebenen x, y neben einem Wertepaare u, u' nur Wertepaare von der Form

$$u + m_1\omega_1 + m_2\omega_2 + m_3\omega_3 + m_4\omega_4,$$
$$u' + m_1\omega_1' + m_2\omega_2' + m_3\omega_3' + m_4\omega_4'$$

auftreten, wo die ω, ω' Konstante, die m aber ganze Zahlen bezeichnen, die für die beiden Ausdrücke die gleichen sind.[7]) Die symmetrischen Funktionen von x und y sind jetzt einwertige Funktionen der beiden Veränderlichen u, u', welche bei solchen Änderungen von u, u' ungeändert bleiben. Diese Art der Periodizität hat aber nichts Absurdes mehr, da die ganzen Zahlen m nicht so bestimmt werden können, daß beide Werte u, u' gleichzeitig zwei willkürlich vorgegebenen Werten so nahe kommen, als man will.

Aus dem Vorstehenden erhellt, daß *Jacobi* das nach ihm benannte Umkehrproblem für den speziellen Fall der hyperelliptischen Funktionen, aber bereits bei beliebigem Geschlecht p erstmals 1832 aufgestellt hat und daß er dabei durch das *Abel*sche Theorem darauf hingewiesen wurde, daß die Einführung von p Summen von je p Integralen notwendig sei, wenn man die Analogie mit den trigonometrischen und elliptischen Funktionen wahren wolle. 1834 ist er sodann zu

6) Diese Vorstellung war 1834 *Jacobi* noch fremd; sie findet sich bei ihm erstmals in dem 1847 geschriebenen Aufsatz: Zur Geschichte der elliptischen und *Abel*schen Transcendenten [s. Ges. W. 2 (1882), p. 516]; näheres darüber bei *Krazer*, Bibl. math. 10_3 (1909/10), p. 250. In dem genannten Aufsatze wendet *Jacobi* auch zum ersten Male für die gleichzeitigen Änderungen der beiden Variablen u, u' den später allgemein üblichen Namen „Simultanperioden" an, der aber schon 1844 von *Hermite* in einem Briefe an *Jacobi* benutzt worden war [*Hermite*, J. f. Math. 32 (1846), p. 293 = Œuv. 1 (1905), p. 30; *Jacobi*, Ges. W. 2 (1882), p. 107].

7) Dadurch wird der von *Eisenstein* [J. f. Math. 27 (1844), p. 189; auch J. de Math. 10 (1845), p. 449] erhobenen Forderung, daß man jedem der unendlich vielen Werte, die u infolge der Vielwertigkeit der Integrale annehmen kann, einen ganz bestimmten Wert von u' zuordne, genügt, und *Jacobi* hat daher den Einwand *Eisensteins* gegen seinen Ansatz mit Recht zurückgewiesen [Petersb. Bull. 2 (1843), p. 96 = J. f. Math. 30 (1846), p. 184 = Ges. W. 2 (1882), p. 86].

demselben Gedanken durch die Untersuchung mehrfach periodischer Funktionen geführt worden.[8])

4. Umkehrung eines einzelnen Abelschen Integrals. Gegen die *Jacobi*sche Behauptung der Absurdität von Funktionen einer Veränderlichen mit mehr als zwei Perioden hat schon *Göpel*[9]) Einspruch erhoben; es ist aber weder aus dem, was *Göpel* sagt, zu entnehmen, wie er sich die dreifach periodischen Funktionen einer Veränderlichen gedacht hat, noch ist *Jacobi*[10]) bei der Zurückweisung des *Göpel*schen Einwurfs sachlich auf diesen eingegangen. Und doch hatte *Göpel* insofern recht, als der *Jacobi*sche Satz von der Unmöglichkeit drei- und mehrfach periodischer Funktionen einer Veränderlichen seine Gültigkeit verliert, sobald man unendlich vielwertige Funktionen zuläßt[11]), und unter Zuziehung solcher Funktionen kann man auch beim einzelnen hyperelliptischen Integral die obere Grenze x recht wohl als Funktion $x = \lambda(u)$ des Integralwertes u ansprechen.

Die Natur dieser außerhalb des Gesichtskreises von *Jacobi* liegenden Funktion $x = \lambda(u)$ wurde erst in der *Riemann*schen Abhandlung über die *Abel*schen Funktionen 1857 durch Heranziehung der konformen Abbildung der *Riemann*schen Fläche durch ein Integral 1. Gattung (II B 2, Nr. **31**) erschlossen und ist zum erstenmal mit voller Klarheit

8) Die Vermutung *Schlesingers* [Bibl. math. 6_3 (1905), p. 88], *Jacobi* habe doch wohl nicht durch das *Abel*sche Theorem, sondern durch die Erkenntnis von der Unmöglichkeit der Umkehrung eines einzelnen hyperelliptischen Integrals den ersten Anstoß zur Aufstellung seines Umkehrproblems erhalten, eine Vermutung, welche allerdings darin eine Stütze findet, daß *Jacobi* schon 1828 in einem Briefe an *Crelle* [J. f. Math. 3 (1828), p. 310 = Ges. W. 1 (1881), p. 262] die Unmöglichkeit von mehr als zwei Perioden bei einer Funktion von einer Veränderlichen erwähnt hat, wird durch die Mitteilungen *Gundelfingers* [Bibl. math. 9_3 (1908/9), p. 211] aus den *Jacobi*schen Vorlesungen vom Jahre 1835/6 widerlegt.

9) J. f. Math. 35 (1847), p. 302 Anm.; *Ostwalds* Klass. Nr. 67, p. 36.

10) *Jacobis* Ges. W. 2 (1882), p 516. Es ist, wie *Weber* in den Anmerkungen zu *Ostwalds* Klass. Nr. 64, p. 37 sagt, schwer jetzt noch festzustellen, welche Vorstellung *Jacobi* über diesen Punkt hatte. Wohl spricht er in dem in Anm. 8 genannten Briefe an *Crelle* von „analytischen" Funktionen, hat aber weder diesen Begriff dort erläutert noch auch diese Einschränkung, wenn er sie überhaupt als solche empfand, in der Abhandlung von 1834 wiederholt. *Hermite* spricht Paris C. R. 58 (1864), p. 206 seine Überzeugung aus, daß *Jacobi* nur an eindeutige Funktionen gedacht habe.

11) Vgl. dazu *Casorati*, Paris C. R. 57 (1863), p. 1018 und 58 (1864), p. 127 und 204, Ist. Lomb. Rend. 16_2 (1883), p. 815; 15_2 (1882), p. 623; 18_2 (1885) p. 879; dann Les fonctions d'une seule variable et à un nombre quelconque de périodes, Milano 1885 = Acta math. 8 (1886), p. 345; siehe auch Anm. 318.

von *Prym*[12]) auseinandergesetzt worden. Danach wird durch ein einzelnes Integral 1. Gattung vom Geschlecht p die einfach zusammenhängende Fläche T', in der die *Abel*schen Integrale eindeutig dargestellt sind, oder, mit anderen Worten, in der ein Zweig jedes Integrals abgesondert ist, auf ein p-blättriges durch $2p-2$ einfache Verzweigungspunkte zusammenhängendes endliches Flächenstück abgebildet, das von p Parallelogrammen begrenzt ist. Dieses Flächenstück wird bei Veränderung des Argumentes u um Perioden, also bei Heranziehung weiterer Zweige des Integrals, mit sich selbst kongruent wiederholt und diese Wiederholungen bedecken, sobald $p>1$ ist, im allgemeinen die Ebene unendlich oft. Die Abbildung der *Riemann*schen Fläche T, in welcher das Integral mit allen seinen Zweigen ausgebreitet ist, ist also im allgemeinen unendlich vielblättrig und die durch Umkehrung des Integrals entstehende Funktion ist eine unendlich vielwertige $2p$-fach periodische Funktion der einen Veränderlichen u, die in der Umgebung jedes einzelnen Punktes dieser unendlich vielblättrigen Fläche den Charakter einer analytischen Funktion hat, aber nicht zur Bestimmung der Integralgrenze x aus dem Integralwerte u dienen kann, da die unendlich vielen Werte $u+\sum_{\alpha=1}^{2p} m_\alpha \omega_\alpha$ (wo die ω die $2p$ Perioden, die m ganze Zahlen bezeichnen), für welche x einen gegebenen Wert annimmt, zwar abzählbar sind, die ganze u-Ebene aber überall dicht bedecken.

In besonderen Fällen bekommt die Fläche, in welcher das *Abel*sche Integral mit allen seinen Zweigen ausgebreitet ist, nur eine endliche Anzahl von Blättern und die Umkehrung des Integrals wird dann dementsprechend durch eine Funktion von endlicher Wertezahl gegeben. Es tritt dies dann ein, wenn alle $2p$ Perioden ω_α linear und ganzzahlig durch zwei (mit nichtreellem Verhältnis) darstellbar sind. Das gegebene Integral ist in diesem Falle algebraisch auf ein elliptisches Integral reduzierbar (vgl. Nr. **120**), die Umkehrung eines einzelnen Integrals führt also hier nicht über die bekannten Funktionen hinaus.

Die anschließende Frage, wann p' Summen von je p' Integralen 1. Gattung von einem Geschlecht $p>p'$ eine endlich vielwertige Umkehrung zulassen, ist in der Literatur bisher nicht behandelt worden. Ihre Erledigung kann aber mit Hilfe der Theorie der allgemeinen $2p$-fach periodischen Funktionen (s. Nr. **112** f.) geschehen.

Die oben genannte p-blättrige, von p Parallelogrammen begrenzte Fläche, auf welche die *Riemann*sche Fläche T' durch einen Zweig des

12) Wien. Denkschr. 24 (1865), II, p. 16; 2. Ausg. 1885.

Integrals 1. Gattung u abgebildet wird, hat je nach der Wahl der Querschnitte und den Werten der Periodizitätsmodulen ganz verschiedene Gestalten. Bezeichnet man mit A_ν^-, B_ν^-, A_ν^+, B_ν^+ das ν^{te} Parallelogramm, so daß A_ν^+ aus A_ν^- und B_ν^+ aus B_ν^- durch Parallelverschiebung um den Periodizitätsmodul von u am Querschnitte a_ν bzw. b_ν hervorgeht (*Klein*[13]) nennt ein System von 4 solchen Linien einen parallelogrammatischen Rahmen), so können neben der im Falle $p = 2$ durch die Fig. 1 dargestellten Form der Abbildungsfläche wesentlich andere auftreten. Legt man z. B. den Querschnitt b_2 durch die beiden Punkte, in denen der Integrand von u verschwindet (Kreuzungspunkte von u), so erhält, wie *Klein* angibt, sowohl B_2^- wie B_2^+ zwei Rückkehrpunkte und es entsteht die in Fig. 2 angegebene Gestalt der Abbildungsfläche, welche man als Differenz zweier Parallelogramme bezeichnen kann.

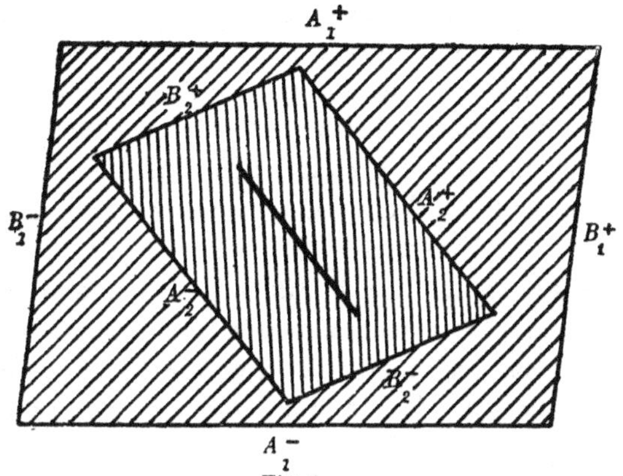

Fig. 1.

Daß eine einblättrige Abbildungsfläche, etwa bei allgemeinem p ein Parallelogramm, aus welchem $p-1$ Parallelogramme ausgeschnitten sind, auftreten kann, hat auch *Riemann*[14]) bemerkt. Die beiden Grenzlinien A_2^- und A_2^+ können infolge des Verschwindens des Periodizitätsmoduls am Querschnitte a_2 zusammenrücken; es entsteht dann das Parallelogramm mit 2 Schlitzen, wie es schon *Thomae*[15]) angegeben hat. Schieben sich A_2^- und A_2^+ übereinander, so entsteht wieder eine der Fig. 1 ähnliche. Über andere Gestalten dieser parallelo-

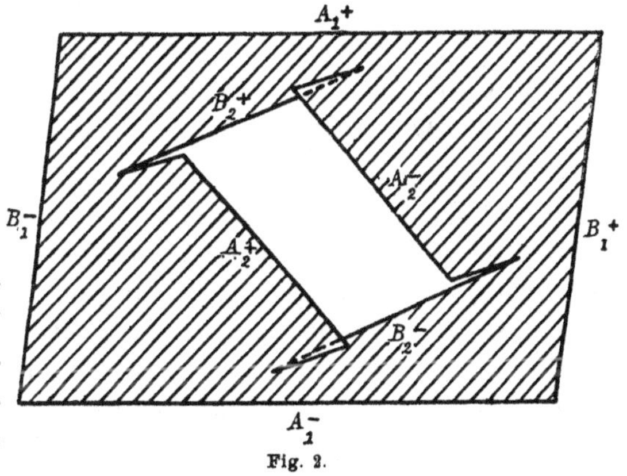

Fig. 2.

13) „Riem. Fl.“ I, p. 70 f.

14) *Riemanns* Ges. math. W. Nachtr. (1902), p. 103.

15) „Formeln“ p. 21 und Leipz. Ber. 52 (1900), p. 110.

grammatischen Rahmen bei *Klein* und bei *Haupt*[16]), der auch die allgemeinsten Möglichkeiten der Periodizitätsmodulen eines Integrals 1. Gattung diskutiert hat.

Wirtinger[17]) hat gezeigt, daß bei passender Zerschneidung der *Riemann*schen Fläche T die Abbildungsfläche aus einer endlichen Anzahl von konvexen, geradlinig begrenzten Polygonen (vgl. II B 4, Nr. 9) bestehen kann, deren jedes in seinem Innern einen Verzweigungspunkt enthält. Für den Fall $p = 2$ läßt sich auf solche Weise ferner ein in bestimmter Weise normiertes, einfaches, geradlinig begrenztes Sechseck mit seiner zentrisch-symmetrischen Wiederholung erhalten, dessen Inneres von Verzweigungspunkten frei ist.

In ähnlicher Weise läßt sich auch die Umkehrung eines einzelnen Integrals 2. oder 3. Gattung behandeln; dann erstrecken sich die Bereiche ins Unendliche und man erhält z. B. ein endliches Parallelogramm an einer unbegrenzten Ebene (Integral 2. Gattung) oder an einem ins Unendliche sich erstreckenden Parallelstreifen (Integral 3. Gattung) hängend oder aus diesem Gebilde ausgeschnitten.[13])

Durch das Integral 2. Gattung mit nur einem Unendlichkeitspunkt 1. Ordnung und rein imaginären Periodizitätsmodulen wird bei geeigneter Zerschneidung der *Riemann*schen Fläche diese bei beliebigem p auf die ganze einfach überdeckte Ebene mit $2p$ einander paarweise zugeordneten, der reellen Zahlenachse parallelen Schlitzen abgebildet[18]). Für das Integral 3. Gattung mit nur zwei logarithmischen Unstetigkeitspunkten und rein imaginären Periodizitätsmodulen findet man ebenso einen mit $2p$ Schlitzen versehenen schlichten Parallelstreifen.

5. Göpel. In den „Fundamenta" ist *Jacobi*, von der Betrachtung der elliptischen Integrale ausgehend, erst am Ende seiner Untersuchungen zu den Thetareihen gelangt; in Vorlesungen (II B 3, Nr. **32**), welche er erstmals 1835/36 und dann wieder 1839/40 hielt[19]), hat er, wie er sich selbst ausdrückt[20]), den historischen Gang der Entdeckung der elliptischen Funktionen umkehrend den entgegengesetzten Weg eingeschlagen. Ohne irgend etwas aus der Theorie der elliptischen Transzendenten vorauszusetzen, hat er von den vier Thetareihen ausgehend mit Hilfe eines einfachen Prinzips die Relationen aufgestellt, welchen

---

16) Math. Ann. 77 (1916), p. 24; Math. Z. 6 (1920), p. 219.

17) Wien. Denkschr. 85 (1910), p. 91.

18) *Hilbert*, Gött. N. 1909, p. 314; *Koebe*, Gött. N. 1910, p. 59.

19) Ges. W. 1 (1881), p. 497. Vgl. dazu *Kronecker*, Berl. Ber. 1891, p. 653 = J. f. Math. 108 (1891), p. 325.

20) Ges. W. 1 (1881), p. 499.

diese Reihen genügen, aus diesen Relationen dann die Additionstheoreme der Thetaquotienten und aus diesen die Differentialformeln hergeleitet, welche unmittelbar zu den elliptischen Integralen führen.

Dieser Weg von den Thetafunktionen zu den Integralen wurde zur Lösung des von *Jacobi* aufgestellten Umkehrproblems der hyperelliptischen Integrale 1. Ordnung gleichzeitig von *Göpel*[21]) und *Rosenhain*[22]) beschritten, welche beide, den 4 Thetareihen einer Veränderlichen *Jacobis* entsprechend, 16 Thetareihen zweier Veränderlichen aufstellten und aus diesen, *Rosenhain* in enger Anlehnung an *Jacobi*, *Göpel* selbständiger, die Umkehrfunktionen für die Summe je zweier der eben genannten Integrale bildeten.

Bei *Göpel* haben die 16 Thetareihen, die mit $P, P', \dots S'''$ bezeichnet sind, von dem Faktor $e^{r u^2 + r' u'^2}$ abgesehen, die Form

$$S(-1)^{\mathfrak{a}\varepsilon_1' + \mathfrak{b}\varepsilon_2'} e^{r(u + (2\mathfrak{a}+\varepsilon_1)K + (2\mathfrak{b}+\varepsilon_2)L)^2 + r'(u' + (2\mathfrak{a}+\varepsilon_1)K' + (2\mathfrak{b}+\varepsilon_2)L')^2},$$

in welcher $\mathfrak{a}$ und $\mathfrak{b}$ alle ganze Zahlen von $-\infty$ bis $+\infty$ durchlaufen, u, u' die beiden Veränderlichen, r, r', K, K', L, L' Konstanten bezeichnen und die 16 verschiedenen Thetareihen erhalten werden, wenn man an Stelle der 4 Größen $\varepsilon_1, \varepsilon_2, \varepsilon_1', \varepsilon_2'$ auf alle möglichen Weisen die Werte 0 und 1 setzt. Es wird von *Göpel* zunächst die vierfache Periodizität der Quotienten dieser 16 Funktionen, hierauf der Übergang der 16 Thetas ineinander durch Änderung ihrer Argumente um Viertel dieser Perioden und das Verschwinden der Funktionen für Werte der Argumente, welche solchen Viertelperioden gleich sind, behandelt und sodann zur Aufstellung der algebraischen Relationen zwischen den 16 Thetafunktionen übergegangen. Mittels einer Transformation zweiten Grades werden zuerst die Gleichungen gewonnen, laut welchen alle Thetaquadrate linear und homogen durch vier unter ihnen ausgedrückt werden können, und zwischen diesen

---

21) J. f. Math. 35 (1847), p. 277; *Ostwalds* Klass. Nr. 67.

22) Mém. prés. p. div. savants, t. 11 (1851), p. 361; *Ostwalds* Klass. Nr. 65. Diese Abhandlung wurde durch ein für das Jahr 1846 erfolgtes Preisausschreiben der Pariser Akademie [Paris C. R. 22 (1846), p. 767] veranlaßt und dieser am 30. IX. 1846 eingereicht. Bei *Rosenhain* finden wir den Vorschlag, die Integrale solcher algebraischen Funktionen von x, welche von dieser Variable nur durch eine quadratische Gleichung abhängen, ultraelliptische zu nennen und den Namen der *Abel*schen Integrale den Integralen beliebiger algebraischer Funktionen vorzubehalten, und ebenso den weiteren, mit dem Namen *Abel*sche bzw. ultraelliptische Funktionen die Umkehrfunktionen der *Abel*schen bzw. ultraelliptischen Integrale zu belegen. Heute pflegt man hyperelliptisch statt ultraelliptisch zu sagen und die Benennung ultraelliptisch nur den hyperelliptischen Integralen bzw. Funktionen 1. Ordnung, d. h den zum Geschlecht $p = 2$ gehörigen, vorzubehalten.

vier Grundfunktionen selbst wird sodann jene homogene Gleichung vierten Grades abgeleitet, welche heute die *Göpel*sche Relation genannt wird und welche nun zusammen mit den vorher genannten Relationen zwischen den Thetaquadraten die algebraischen Beziehungen zwischen den Thetaquotienten vollständig bestimmt (vgl. dazu Nr. **67**). Hierauf stellt *Göpel* ebenfalls auf dem Wege einer Transformation zweiten Grades die Differentialrelationen zwischen den 16 Thetafunktionen auf und findet aus diesen und den vorher gewonnenen algebraischen Relationen zunächst, daß die Differentiale zweier linearen Verbindungen μ und ν der Variablen u, u' sich ausdrücken lassen durch die Differentiale zweier Thetaquotienten p, q mit Koeffizienten, die algebraisch von p und q abhängen. Nachdem er in diesen Ausdrücken durch Einführung neuer Veränderlichen y, z an Stelle von p, q die Trennung der Variablen durchgeführt hat, gelingt es ihm schließlich, sie in jene symmetrische Form zu bringen, welche der *Jacobi*sche Ansatz verlangt, so daß μ und ν als die Summen von je zwei gleichartigen hyperelliptischen Integralen 1. Ordnung mit verschiedenen Grenzen erscheinen.

6. Rosenhain. Bei *Rosenhain* gehen der erst im dritten Kapitel beginnenden Untersuchung der inversen Funktionen der hyperelliptischen Integrale 1. Ordnung zwei Kapitel voraus, von denen das erste eine auf *Jacobi*s Anregung verfaßte Lösung eines erweiterten Umkehrproblems elliptischer Integrale enthält (näheres darüber in Nr. **105**). Das zweite Kapitel bringt die Definition der Thetareihe zweier Veränderlichen v, w in der Form

$$(11)\qquad \varphi_{33}(v, w) = \sum_{m=-\infty}^{+\infty} p^{m^2} e^{2mv} \vartheta_3(w + 2mA, q) = \sum_{m=-\infty}^{+\infty} \sum_{n=-\infty}^{+\infty} e^{m^2 \log p + n^2 \log q + 4mnA + 2mv + 2nw},$$

gibt für die Konstanten p, q, A die Konvergenzbedingung an und behandelt die Periodizitätseigenschaften der Funktion. Nun folgt der Übergang von reellen zu imaginären Werten der Argumente und endlich die lineare Darstellung eines Produktes von n Thetafunktionen durch n^2 spezielle Funktionen, die man heute als Thetafunktionen n^{ter} Ordnung bezeichnet (vgl. dazu Nr. **17**), Fragen, die mit dem Umkehrproblem der hyperelliptischen Integrale, wie es dann im 3. Kapitel in Angriff genommen wird, nicht in unmittelbarem Zusammenhange stehen.

In diesem 3. Kapitel werden die 16 Thetafunktionen $\varphi_{rs}(v, w)$ $(r, s = 0, 1, 2, 3)$ definiert und für sie zunächst, wie es *Jacobi* im

Falle $p = 1$ getan hat, jene allgemeine Formel zwischen Produkten von je 4 Thetafunktionen abgeleitet, welche später als *Riemann*sche Thetaformel (Nr. **36**) für beliebiges p verallgemeinert wurde. Aus dieser werden zunächst die Relationen zwischen den Nullwerten $\varphi_{rs}(0, 0)$ der 10 geraden Thetafunktionen abgeleitet, kraft welcher sich ihre Quotienten durch 3 Parameter $\varkappa, \lambda, \mu$ ausdrücken lassen, und weiter dann die Relationen, welche zwischen den 16 Funktionen $\varphi_{rs}(v, w)$ bei beliebigen Argumenten v, w bestehen. Diese würden ausreichen ihre 15 Quotienten durch zwei unter ihnen darzustellen; statt dessen wählt aber *Rosenhain* aus Symmetriegründen die Darstellung aller 15 durch 2 Parameter x_1, x_2 und erhält schließlich die 15 Quotienten $\frac{\varphi_{rs}^2(v, w)}{\varphi_{00}^2(v, w)}$ rational durch x_1, x_2 und $\sqrt{(x_1, \varkappa\lambda\mu)}$, $\sqrt{(x_2, \varkappa\lambda\mu)}$ ausgedrückt, wo zur Abkürzung

$$(12) \qquad (x, \varkappa\lambda\mu) = x(1 - x)(1 - \varkappa^2 x)(1 - \lambda^2 x)(1 - \mu^2 x)$$

gesetzt ist. Aus der vorher genannten allgemeinen Formel leitet *Rosenhain* weiter aber auch, wie früher *Jacobi*, die Additionstheoreme der Thetaquotienten und aus diesen die Darstellung ihrer partiellen Differentialquotienten durch die Thetaquotienten selbst her. Indem er dann in den letzten Gleichungen für die Thetaquotienten allenthalben ihre früher gefundenen algebraischen Ausdrücke in x_1, x_2 einsetzt, erhält er die partiellen Differentialquotienten von $\sqrt{x_1 x_2}$ und $\sqrt{(1 - x_1)(1 - x_2)}$ nach v und w durch symmetrische Funktionen in x_1 und x_2 ausgedrückt und, indem er die hieraus für $d\sqrt{x_1 x_2}$ und $d\sqrt{(1 - x_1)(1 - x_2)}$ sich ergebenden Gleichungen nach dv und dw auflöst, für dv und dw endlich Ausdrücke von der Gestalt

$$(13) \qquad \begin{aligned} dv &= \frac{B + Cx_1}{\sqrt{(x_1, \varkappa\lambda\mu)}}\,dx_1 + \frac{B + Cx_2}{\sqrt{(x_2, \varkappa\lambda\mu)}}\,dx_2, \\ dw &= \frac{B' + C'x_1}{\sqrt{(x_1, \varkappa\lambda\mu)}}\,dx_1 + \frac{B' + C'x_2}{\sqrt{(x_2, \varkappa\lambda\mu)}}\,dx_2. \end{aligned}$$

Damit ist der Zusammenhang mit dem Umkehrproblem der hyperelliptischen Integrale 1. Ordnung hergestellt und zugleich gezeigt, daß die Lösung desselben durch jene früheren Gleichungen geleistet ist, in denen die Quadrate der Thetaquotienten durch symmetrische Funktionen von x_1 und x_2 dargestellt wurden, indem aus ihnen umgekehrt die symmetrischen Funktionen $x_1 x_2$ und $x_1 + x_2$ als einwertige Funktionen von v und w erhalten werden.

Den Schluß der *Rosenhain*schen Abhandlung bildet, ebenso wie der *Göpel*schen, die Bestimmung der in den Thetareihen auftretenden Konstanten durch Integrale zwischen den Verzweigungspunkten des hyperelliptischen Gebildes; hierbei wird *Rosenhain* auf eine Gleichung zwischen diesen Integralen geführt, welche nichts anderes ist als die *Riemann*sche Bilinearrelation zwischen den Periodizitätsmodulen der Integrale 1. Gattung (II B 2, Nr. **17**).

Göpel und *Rosenhain* weisen auf die Möglichkeit der Bildung von Thetafunktionen beliebig vieler Veränderlichen hin, aber *Rosenhain*[23]) bemerkt in einem Briefe an *Jacobi* vom 4. September 1844 schon die Schwierigkeiten, welche der Ausdehnung seiner Theorie der hyperelliptischen Funktionen 1. Ordnung auf beliebiges p deshalb entgegenstehen, weil bei größerem p die Anzahl $\frac{1}{2}p(p+1)$ der Modulen der Thetareihe über die Anzahl $2p-1$ der wesentlichen Konstanten des hyperelliptischen Gebildes hinausgeht.[24])

7. Weierstraß (ältere Arbeiten). Von den Arbeiten *Göpels* und *Rosenhains* grundverschieden sowohl im eingeschlagenen Verfahren als in den benutzten Hilfsmitteln sind die Abhandlungen von *Weierstraß* zum Umkehrproblem der hyperelliptischen Integrale, deren erste, das Braunsberger Programm vom 17. Juli 1849, noch vor der *Rosenhain*schen Arbeit erschien.

Während *Göpel* und *Rosenhain* von dem eigentlichen Ziele der Untersuchung, der Thetafunktion, ausgehen und von ihr aus, mit den elementarsten Hilfsmitteln der formalen Rechnung ihr Auskommen findend, schließlich zu den Differentialgleichungen des Umkehrproblems gelangen, geht *Weierstraß*, der Natur der Aufgabe folgend, von diesen Differentialgleichungen aus und bahnt sich von ihnen, aber nun seinerseits weitreichender Sätze der allgemeinen Funktionentheorie bedürfend, den Weg zur Thetafunktion.

Weierstraß stellt[25]) das Umkehrproblem in folgender Form auf: „Es bedeute

$$R(x) = A_0(x-a_1)(x-a_2)\dots(x-a_{2\varrho+1}) \tag{14}$$

eine ganze Funktion $(2\varrho+1)^{\text{ten}}$ Grades von x, wobei angenommen werde, daß unter den Größen $a_1, a_2, \dots a_{2\varrho+1}$ keine zwei gleiche sich finden, während sie im übrigen beliebige (reelle und imaginäre) Werte haben können.[26]) Ferner seien $u_1, u_2, \dots u_\varrho$ ϱ unbeschränkt ver-

---

23) J. f. Math. 40 (1850), p. 327; vgl. dazu *Jacobis* Bemerkungen J. f. Math. 35 (1847), p. 316 = Ges. W. 2, p. 151 auch J. de Math. 15 (1850), p. 361; ferner Ges. W. 2, p. 521.

24) Wegen der im hyperelliptischen Falle zwischen den Modulen der Thetareihe bestehenden Beziehungen siehe Nr. **74**.

25) J. f. Math. 52 (1856), p. 285 = Math. W. 1 (1894), p. 297.

26) In den früheren Arbeiten [Braunsb. Progr. 1849 und J. f. Math. 47

änderliche Größen und zwischen diesen und ebenso vielen von ihnen abhängigen $x_1, x_2, \ldots x_\varrho$ die nachstehenden Differentialgleichungen, in denen

$P(x)$ das Produkt $(x-a_1)(x-a_2)\ldots(x-a_\varrho)$

bedeutet, gegeben:

$$
(15)\quad
\begin{aligned}
du_1 &= \frac{1}{2}\frac{P(x_1)}{x_1-a_1}\cdot\frac{dx_1}{\sqrt{R(x_1)}} + \frac{1}{2}\frac{P(x_2)}{x_2-a_1}\cdot\frac{dx_2}{\sqrt{R(x_2)}} + \cdots + \frac{1}{2}\frac{P(x_\varrho)}{x_\varrho-a_1}\cdot\frac{dx_\varrho}{\sqrt{R(x_\varrho)}},\\
du_2 &= \frac{1}{2}\frac{P(x_1)}{x_1-a_2}\cdot\frac{dx_1}{\sqrt{R(x_1)}} + \frac{1}{2}\frac{P(x_2)}{x_2-a_2}\cdot\frac{dx_2}{\sqrt{R(x_2)}} + \cdots + \frac{1}{2}\frac{P(x_\varrho)}{x_\varrho-a_2}\cdot\frac{dx_\varrho}{\sqrt{R(x_\varrho)}},\\
&\ldots\ldots\ldots\ldots\ldots\ldots\ldots\ldots\\
du_\varrho &= \frac{1}{2}\frac{P(x_1)}{x_1-a_\varrho}\cdot\frac{dx_1}{\sqrt{R(x_1)}} + \frac{1}{2}\frac{P(x_2)}{x_2-a_\varrho}\cdot\frac{dx_2}{\sqrt{R(x_2)}} + \cdots + \frac{1}{2}\frac{P(x_\varrho)}{x_\varrho-a_\varrho}\cdot\frac{dx_\varrho}{\sqrt{R(x_\varrho)}},
\end{aligned}
$$

mit der Bestimmung, daß $x_1, x_2, \ldots x_\varrho$ die Werte $a_1, a_2, \ldots a_\varrho$ annehmen sollen, wenn $u_1, u_2, \ldots u_\varrho$ sämmtlich verschwinden."

Weierstraß zeigt zunächst, daß für Werte $u_1, u_2, \ldots u_\varrho$, deren absolute Beträge hinreichend klein sind, die Größen

$$
(16)\qquad s_\mathfrak{a} = \sqrt{\frac{P'(a_\mathfrak{a})}{Q(a_\mathfrak{a})}}\,(x_\mathfrak{a} - a_\mathfrak{a}), \qquad (\mathfrak{a} = 1, 2, \ldots \varrho)
$$

in denen

$$
(17)\qquad \frac{R(x)}{P(x)} = A_0(x-a_{\varrho+1})(x-a_{\varrho+2})\ldots(x-a_{2\varrho+1}) = Q(x) \text{ und } \frac{dP(x)}{dx} = P'(x)
$$

gesetzt ist, und ebenso die Größen

$$
(18)\qquad \frac{P(x_\mathfrak{a})}{\sqrt{R(x_\mathfrak{a})}} = \frac{\sqrt{R(x_\mathfrak{a})}}{Q(x_\mathfrak{a})}
$$

sich in Reihen von der Form

$$
u_\mathfrak{a} + (u_1, u_2, \ldots u_\varrho)_3 + (u_1, u_2, \ldots u_\varrho)_5 + \cdots
$$

entwickeln lassen, in denen mit $(u_1, u_2, \ldots u_\varrho)_n$ eine ganze homogene Funktion n^{ten} Grades von $u_1, u_2, \ldots u_\varrho$ bezeichnet ist, und daß sich so, unter der gemachten Voraussetzung, $x_1, x_2, \ldots x_\varrho$ und $\sqrt{R(x_1)}$, $\sqrt{R(x_2)}, \ldots \sqrt{R(x_\varrho)}$ als vollständig bestimmte eindeutige Funktionen von $u_1, u_2, \ldots u_\varrho$ ergeben.

Nun gestattet aber das *Abel*sche Theorem, aus den Gleichungen

$$
(19)\qquad 2\mu\sum_\mathfrak{a}\frac{1}{2}\frac{P(x'_\mathfrak{a})}{x'_\mathfrak{a}-a_\mathfrak{b}}\cdot\frac{dx'_\mathfrak{a}}{\sqrt{R(x'_\mathfrak{a})}} = \sum_\mathfrak{a}\frac{1}{2}\frac{P(x_\mathfrak{a})}{x_\mathfrak{a}-a_\mathfrak{b}}\cdot\frac{dx_\mathfrak{a}}{\sqrt{R(x_\mathfrak{a})}},
$$

(1854), p. 289 = Math. W. 1, p. 111 u. 133, vgl. auch Math. W. 3 (1903), p. 289] sind die a noch durchaus als reelle Größen vorausgesetzt.

in denen μ eine beliebige positive ganze Zahl bezeichnet, die symmetrischen Funktionen der x_α rational durch die ϱ Paare x'_α, $\sqrt{R(x'_\alpha)}$ und sodann jede der Größen $\sqrt{R(x_\alpha)}$ rational durch diese Größen und x_α auszudrücken. Denkt man sich dabei die x'_α denselben Anfangsbedingungen unterworfen wie die x_α, so daß die Gleichungen

$$(20) \qquad 2\mu u'_\alpha = u_\alpha$$

bestehen, so läßt sich bei beliebig gegebenen u durch geeignete Wahl von μ immer erreichen, daß in den u' die obigen Entwicklungen gültig sind, und man erhält dann die symmetrischen Funktionen der x durch die u' und also endlich durch die u als Quotienten von Potenzreihen dargestellt, welche sicher bei passender Wahl von μ konvergieren. Diese Quotienten (nicht ihre Zähler und Nenner für sich) sind aber von μ unabhängig, da ihnen diese Eigenschaft für genügend kleine u zukommt und konvergieren also allenthalben.

Wird

$$(21) \qquad \varphi(x) = (x - x_1)(x - x_2) \ldots (x - x_\varrho)$$

gesetzt, so sind speziell auch die Ausdrücke

$$(22) \qquad \sqrt{\frac{\varphi(a_\alpha)}{-Q(a_\alpha)}} = al(u_1, u_2, \cdots u_\varrho)_\alpha$$

für alle Werte der u als Quotienten zweier konvergenten Potenzreihen darstellbar. Die mit ihnen gebildete Gleichung hat die gesuchten Werte $x_1, x_2, \ldots x_\varrho$ als Wurzeln und die Formel

$$(23) \qquad \sqrt{R(x_\alpha)} = -\sum_{\mathfrak{b}} \frac{1}{2} \frac{\partial \varphi(x_\alpha)}{\partial u_{\mathfrak{b}}}$$

gibt nach Bestimmung von $x_1, x_2, \ldots x_\varrho$ die zugehörigen Wurzelgrößen $\sqrt{R(x_1)}, \sqrt{R(x_2)}, \ldots \sqrt{R(x_\varrho)}$.

Mit denselben Mitteln läßt sich sodann der Satz erweisen, daß es eine eindeutige Funktion $\overline{\mathfrak{Al}}(u_1, u_2, \ldots u_\varrho)$ der unbeschränkt veränderlichen Größen $u_1, u_2, \ldots u_\varrho$ gibt, welche der Differentialgleichung

$$(24) \qquad \frac{1}{2} d \log \overline{\mathfrak{Al}}(u_1, u_2, \cdots u_\varrho) = \sum_\alpha \frac{1}{2} \frac{\sqrt{R(a)}}{P(a)} \cdot \frac{P(x_\alpha)}{x_\alpha - a} \cdot \frac{dx_\alpha}{\sqrt{R(x_\alpha)}}$$

genügt und, wenn diese Veränderlichen sämtlich verschwinden, den Wert 1 annimmt. Auf diese Funktionen $\overline{\mathfrak{Al}}(u_1, u_2, \ldots u_\varrho)$ und ihre Differentialquotienten läßt sich jedes *Abel*sche Integral von der Form

$$\int \sum_\alpha \frac{F(x_\alpha)\, dx_\alpha}{\sqrt{R(x_\alpha)}},$$

wo $F(x)$ eine beliebige rationale Funktion von x bezeichnet, zurückführen.

Durch die bisherigen Untersuchungen ist, wie *Weierstraß* selbst am Beginne des zweiten Kapitels sagt, für die Funktionen $al(u_1, u_2, \ldots u_\varrho)$ und $\mathfrak{Al}(u_1, u_2, \ldots u_\varrho)$ zwar eine völlig bestimmte Erklärung gefunden, auch ist die analytische Form dieser Funktionen festgestellt, aber es sind diese Funktionen bis jetzt nicht in einer ihrem wahren Charakter entsprechenden, für alle Werte der u unverändert geltenden Form dargestellt. Dies sollte im weiteren Verlaufe der Abhandlung geschehen und es sollte dazu insbesondere ein Satz dienen, der die notwendigen und hinreichenden Bedingungen dafür angibt, daß aus einer Differentialgleichung

$$(25) \qquad d \log f(x_1, x_2, \cdots x_n) = \sum_\alpha f_\alpha(x_1, x_2, \cdots x_n)\, dx_\alpha$$

die Funktion f als ganze Funktion bestimmt werden kann (s. p. 701). Aber dieser Satz[27]) ist hier nur für den Fall einer Variable mitgeteilt und es ist auch die in Aussicht genommene Darstellung nur für die elliptischen Funktionen durchgeführt; die den hyperelliptischen Funktionen zugedachte Fortsetzung der Abhandlung ist nicht erschienen.

In der früheren Abhandlung[28]) (ebenso wie in seinen späteren Vorlesungen, s. Nr. 48) schlägt *Weierstraß*, indem er denselben Grundgedanken der Zerspaltung der logarithmischen Derivierten der Funktion $al(u_1, u_2, \ldots u_\varrho)$ in zwei vollständige Differentiale verfolgt, aber von Anfang an die Integrale 2. und 3. Gattung heranzieht, einen einfacheren Weg zur Thetafunktion ein. Durch die Gleichung

$$(26) \qquad Sl(u_1, u_2, \cdots) = \sum_\alpha \int_{a_{2\alpha-1}}^{x_\alpha} \frac{1}{2} \frac{\sqrt{R(a)}}{P(a)} \cdot \frac{P(x)}{x-a} \cdot \frac{dx}{\sqrt{R(x)}}$$

werden Summen von Integralen 3. Gattung und hieraus durch Differentiation nach einem Parameter Integralsummen 2. Gattung

$$(27) \qquad dSl(u_1, u_2, \cdots)_c = \sum_\alpha \frac{1}{2} \frac{Q(a_{2c-1})}{P'(a_{2c-1})} \cdot \frac{P(x_\alpha)\, dx_\alpha}{(x_\alpha - a_{2c-1})^2 \sqrt{R(x_\alpha)}}$$

eingeführt, und es zeigt sich, daß, wenn man unter K und J gewisse bestimmte Integrale 1. bzw. 2. Gattung versteht, der Ausdruck

$$(28) \qquad d \log Al(u_1, u_2, \cdots) = -\sum_\alpha \{J_\alpha^{2\alpha-1} + Sl(u_1 - K_1^{2\alpha-1}, \cdots)\}\, du_\alpha$$

ein vollständiges Differential ist. Die durch diese Gleichung und die Bestimmung, daß $Al(0, 0, \ldots) = 1$ sei, definierte Funktion $Al(u_1, u_2, \ldots)$

27) Abh. a. d. Functionenlehre 1886, p. 139; Math. W. 2 (1895), p. 165.

28) J. f. Math. 47 (1854), p. 298 = Math. W. 1 (1894), p. 142.

ist eine ganze Funktion, läßt sich also in eine für alle endlichen Werte der u konvergente Reihe entwickeln; die Koeffizienten dieser Entwicklung sind rationale Funktionen der $a_\mathfrak{a}$. Die al-Funktionen erscheinen jetzt als Quotienten je zweier Al-Funktionen.

Mit dieser Al-Funktion ist das eigentliche Ziel der *Weierstraß*schen Untersuchung erreicht. Es werden (immer unter Beschränkung auf reelle Werte der a) ihre Periodizitätseigenschaften in den Gleichungen

$$(29) \quad Al(u_1 + 2\overset{\alpha}{K}_1, \cdots) = (-1)^\alpha e^{-2\sum_\mathfrak{a} \overset{\alpha}{J}_\mathfrak{a}(u_\mathfrak{a} + \overset{\alpha}{K}_\mathfrak{a})} Al(u_1, \cdots)$$

zum Ausdruck gebracht, aus denen sich ohne Mühe jene Bilinearrelationen zwischen den Perioden 1. und 2. Gattung, $\overset{\alpha}{K}$ und $\overset{\alpha}{J}$, ergeben, welche *Weierstraß* im Braunsberger Programm auf elementarem Wege hergeleitet hatte.

Durch Einführung neuer Variablen v und unter Hinzufügung eines Faktors $ge^{E(u_1, u_2, \cdots)}$, in dem g eine Konstante, $E(u_1, u_2, \ldots)$ eine ganze homogene Funktion zweiten Grades der u bezeichnet, entsteht die *Jacobi*sche Funktion

$$(30) \qquad Jc(v_1, v_2, \cdots) = ge^{E(u_1, u_2, \cdots)} Al(u_1, u_2, \cdots),$$

welche sich auf Grund ihres Charakters als ganze Funktion und ihrer Periodizitätseigenschaften

$$(31) \quad \begin{gathered} Jc(v_1 + 2\mathfrak{m}_1\pi,\ v_2 + 2\mathfrak{m}_2\pi,\ \cdots) = Jc(v_1, v_2, \cdots), \\ Jc(v_1 + 2\delta_1 i,\ v_2 + 2\delta_2 i, \ldots) = Jc(v_1, v_2, \ldots) e^{-2\sum_\mathfrak{a} \mathfrak{n}_\mathfrak{a}(v_\mathfrak{a} + \delta_\mathfrak{a} i) i}, \end{gathered}$$

wobei

$$(32) \qquad \delta_\mathfrak{a} = \mathfrak{n}_1 \delta_{\mathfrak{a}1} + \mathfrak{n}_2 \delta_{\mathfrak{a}2} + \cdots + \mathfrak{n}_\varrho \delta_{\mathfrak{a}\varrho}$$

gesetzt ist, in eine für alle endlichen Werte der v konvergente Reihe von der Form

$$(33) \quad Jc(v_1, v_2, \ldots) = S\{e^{-\sum_{\mathfrak{a},\mathfrak{c}} \mathfrak{n}_\mathfrak{a} \mathfrak{n}_\mathfrak{c} \delta_{\mathfrak{a}\mathfrak{c}}} \cos(\mathfrak{n}_1 v_1 + \mathfrak{n}_2 v_2 + \cdots + \mathfrak{n}_\varrho v_\varrho)\}$$

entwickeln läßt.

Mit der Gewinnung der *Jacobi*schen Funktion, aus der sich nun rückwärts alle im Laufe der Untersuchung aufgetretenen Funktionen darstellen lassen, ist das Umkehrproblem der hyperelliptischen Funktionen vollständig gelöst und auf eine Funktion zurückgeführt, welche in der Tat die von *Rosenhain* vermutete Gestalt hat; zugleich hat aber *Weierstraß*, indem sich bei ihm die $\frac{1}{2}\varrho(\varrho + 1)$ Größen $\delta_{\mathfrak{a}\mathfrak{c}} = \delta_{\mathfrak{c}\mathfrak{a}}$ mit Hilfe der bestimmten Integrale K ausdrücken und also nur von den in diesen enthaltenen $2\varrho - 1$ wesentlichen Konstanten des hyperelliptischen Gebildes abhängen, jene Schwierigkeit aufgeklärt, auf welche gleichfalls von *Rosenhain* hingewiesen worden war.

Werden die δ_{ac} keinen anderen Bedingungen unterworfen als den für die Konvergenz der Reihe erforderlichen, so ist die Funktion $Jc(v_1, v_2, \ldots)$ die allgemeine Thetafunktion (Nr. **15**).

8. Hermite. Der erste Versuch, das *Jacobi*sche Umkehrproblem für allgemeine, nicht hyperelliptische, *Abel*sche Integrale aufzustellen, wurde 1844 von *Hermite* gemacht.[29]) Auch er knüpft, wie sein Vorbild *Jacobi*, an das *Abel*sche Theorem an und setzt für die u solche Integrale, für welche sich die rechte Seite des *Abel*schen Theorems auf eine Konstante reduziert. Man wird aber dazu bemerken, daß diese Bedingung, wie schon *Brill* und *Nöther*[30]) unter Hinweis auf *Clebsch* und *Gordan*[31]) angegeben haben, das Integral noch nicht zu einem Integral 1. Gattung macht. Weiter erkennt zwar *Hermite* bereits, daß sich die Periodizitätsmodulen seiner Integrale aus Integralen zwischen Verzweigungspunkten zusammensetzen, kann aber zur Aufstellung eines vollständigen Systems unabhängiger Perioden so wenig gelangen, wie später *Puiseux*[32]); auch die Lösung dieser Aufgabe blieb *Riemanns* Theorie der *Abel*schen Funktionen vorbehalten.[33])

Von größter Bedeutung für die Theorie der *Abel*schen Funktionen war dagegen die 1855 erschienene Abhandlung *Hermites*[34]): „Sur la théorie de la transformation des fonctions abéliennes". Hier knüpft *Hermite* an die Untersuchungen von *Göpel* und *Rosenhain* an und stellt zu Anfang seiner Abhandlung das Transformationsproblem der *Abel*schen Funktionen in folgender Gestalt auf:

Bezeichnet $\varphi(x)$ eine ganze rationale Funktion 5ten oder 6ten Grades und setzt man

---

29) Paris C. R. 18 (1844), p. 1133 = J. de Math. 9 (1844), p. 353 = Œuv. 1 (1905), p. 49.

30) D. M. V. Jahresb. 3 (1894), p. 217.

31) „A. F.", p. 47.

32) J. de Math. 15 (1850), p. 365 u. 16 (1851), p. 228; deutsch von *Fischer* (1861).

33) Daß *Galois* bereits einen tiefen Einblick in die Natur der *Abel*schen Integrale und ihre Perioden gehabt hat, geht aus dem Briefe hervor, den er am 29. Mai 1832 kurz vor seinem Tode an *A. Chevalier* geschrieben hat und der zuerst in der Revue encyclopédique 55 (1832), p. 566 veröffentlicht wurde (später J. de Math. 11 (1846), p. 381 und Œuv. math. d'*Ev. Galois* (1897)).

34) Paris C. R. 40 (1855), p. 249 et suiv. = Œuv. 1 (1905), p. 444, dazu *Cayley*, Quart. Journ. 21 (1886), p. 142 = Coll. math. pap. 12 (1897), p. 358 und *Brioschi*, Paris C. R. 47 (1858), p. 310 = Op. mat. 4 (1906), p. 323.

$$(34)\qquad \begin{aligned} \int\limits_{x_0}^{x}\frac{dx}{\sqrt{\varphi(x)}}+\int\limits_{y_0}^{y}\frac{dy}{\sqrt{\varphi(y)}}&=u,\\ \int\limits_{x_0}^{x}\frac{x\,dx}{\sqrt{\varphi(x)}}+\int\limits_{y_0}^{y}\frac{y\,dy}{\sqrt{\varphi(y)}}&=v, \end{aligned}$$

so lassen sich, wie *Göpel* und *Rosenhain* gezeigt haben, die symmetrischen Funktionen von x und y als einwertige Funktionen von u und v darstellen und zu dieser Darstellung dienen insbesondere die 15 Quotienten der Thetaquadrate. Nennt man diese $f_1(u, v)$, $f_2(u, v), \dots f_{15}(u, v)$ und bezeichnet mit $F_1(u, v)$, $F_2(u, v), \dots F_{15}(u, v)$ die nämlichen Funktionen, welche den Gleichungen

$$(35)\qquad \begin{aligned} \int\limits_{x_0}^{x}\frac{\alpha+\beta x}{\sqrt{\psi(x)}}\,dx+\int\limits_{y_0}^{y}\frac{\alpha+\beta y}{\sqrt{\psi(y)}}\,dy&=u,\\ \int\limits_{x_0}^{x}\frac{\gamma+\delta x}{\sqrt{\psi(x)}}\,dx+\int\limits_{y_0}^{y}\frac{\gamma+\delta y}{\sqrt{\psi(y)}}\,dy&=v \end{aligned}$$

entspringen, in denen $\alpha, \beta, \gamma, \delta$ Konstanten sind und $\psi(x)$ wieder eine ganze rationale Funktion 5ten oder 6ten Grades bezeichnet, so stellt *Hermite* die Frage, welche Bedingungen bei gegebenem $\varphi(x)$ die Konstanten $\alpha, \beta, \gamma, \delta$ und die Koeffizienten von $\psi(x)$ erfüllen müssen, damit die 15 Funktionen $F(u, v)$ sich rational durch die 15 Funktionen $f(u, v)$ ausdrücken lassen.

Die dann von *Hermite* entwickelte Theorie der Transformation der Thetafunktionen zweier Veränderlichen läßt sich sofort auf beliebig viele Variablen ausdehnen und es soll über diese Theorie jetzt im Zusammenhang berichtet werden.

II. Die Transformation der Perioden.

9. Transformationsproblem. Die *Abel*schen Funktionen sind $2p$-fach periodische Funktionen der p komplexen Veränderlichen $w_1, w_2, \dots w_p$, deren $2p$ Periodensysteme $\omega_{1\alpha}, \omega_{2\alpha}, \dots \omega_{p\alpha}$ $(\alpha = 1, 2, \dots 2p)$ den $\frac{1}{2}(p-1)p$ Bedingungen

$$(36)\qquad \sum_{\varrho=1}^{p}(\omega_{\mu\varrho}\omega_{\nu,p+\varrho}-\omega_{\mu,p+\varrho}\omega_{\nu\varrho})=0 \qquad \begin{pmatrix}\mu, \nu = 1, 2, \dots p\\ \mu<\nu\end{pmatrix}$$

genügen, während für die korrespondierenden Änderungen

$$(37)\qquad \omega_\alpha = \eta_\alpha + i\zeta_\alpha \qquad (\alpha = 1, 2, \dots 2p)$$

irgendeiner linearen Verbindung der w

$$\sum_{\varrho=1}^{p}(\eta_\varrho \zeta_{p+\varrho} - \eta_{p+\varrho}\zeta_\varrho) > 0 \tag{38}$$ ist.

Soll nun eine *Abel*sche Funktion von den Perioden $\omega_{\mu\alpha}$, für welche also die Bedingungen (36) und (38) erfüllt sind, mit *Abel*schen Funktionen von anderen Perioden $\omega'_{\mu\alpha}$, welche analogen Bedingungen genügen, durch eine algebraische Gleichung verknüpft sein (vgl. II B 2, Nr. 47), so daß zu einem Wertesysteme der letzteren Funktionen nur eine endliche Anzahl von Werten der ersteren gehört, so müssen die Perioden ω' homogene lineare Funktionen der ω mit rationalen Koeffizienten, also

$$\omega'_{\mu\alpha} = \sum_{\varepsilon=1}^{2p} c_{\alpha\varepsilon}\omega_{\mu\varepsilon} \qquad \begin{pmatrix}\mu = 1, 2, \ldots p\\ \alpha = 1, 2, \ldots 2p\end{pmatrix} \tag{39}$$

sein, wo die $c_{\alpha\varepsilon}$ rationale Zahlen bezeichnen.

Durch diese Gleichungen gehen dann die zwischen den ω' bestehenden bilinearen Relationen (36) in bilineare Relationen zwischen den ω über, und wenn man voraussetzt, daß zwischen diesen keine anderen bilinearen Relationen bestehen als die Gleichungen (36), so ergeben sich für die Zahlen $c_{\alpha\varepsilon}$ die $p(2p-1)$ Bedingungen

$$\sum_{\varrho=1}^{p}(c_{\varrho\varepsilon}c_{p+\varrho,\varepsilon'} - c_{p+\varrho,\varepsilon}c_{\varrho\varepsilon'}) = \begin{matrix} n, \text{ wenn } \varepsilon' = p+\varepsilon,\\ 0, \text{ wenn } \varepsilon' \gtrless p+\varepsilon,\end{matrix} \tag{40}$$

$$(\varepsilon, \varepsilon' = 1, 2, \ldots 2p;\ \varepsilon < \varepsilon')$$

in denen n eine nicht näher bestimmte rationale Zahl bezeichnet, die aber infolge der für die ω und ω' geltenden Ungleichungen (38) einen positiven Wert besitzen muß.[35])

Der Übergang von Perioden ω zu neuen Perioden ω' vermittelst linearer Gleichungen von der Form (39), in denen die $c_{\alpha\varepsilon}$ $4p^2$ rationale Zahlen bezeichnen, welche den $p(2p-1)$ Relationen (40) ge-

35) Es muß dazu bemerkt werden, daß die Perioden der *Abel*schen Funktionen im allgemeinen keinen weiteren, von (36) verschiedenen bilinearen Relationen genügen. Bestehen aber in speziellen Fällen solche, so existieren außer den „ordinären" durch die Bedingungen (40) charakterisierten Transformationen noch andere „singuläre", die bis jetzt nur im Falle $p = 2$ untersucht worden sind (Nr. 126).

Ferner mag an dieser Stelle darauf hingewiesen werden, daß für die allgemeinen $2p$-fach periodischen Funktionen (Nr. 112), bei denen an Stelle der Gleichungen (36) die allgemeineren (627) treten, eine gleiche Transformationstheorie aufgestellt werden kann, wobei auch wieder für solche Funktionen, deren Perioden außer den Relationen (627) noch andere bilineare Relationen erfüllen, neben den „ordinären" Transformationen von diesen verschiedene existieren werden.

nügen, heißt eine Transformation der Perioden; die in den Gleichungen (40) auftretende positive rationale Zahl n der Grad oder die Ordnung der Transformation. Sind die Transformationszahlen $c_{\alpha\varepsilon}$ ganze Zahlen, so heißt die Transformation eine ganzzahlige; ist die Ordnung $n = 1$, so wird sie eine lineare genannt.[36])

Die $4p^2$ Transformationszahlen $c_{\alpha\varepsilon}$ genügen weiter den $p(2p-1)$ Gleichungen

$$(41) \qquad \sum_{\sigma=1}^{p} (c_{\varepsilon\sigma} c_{\varepsilon', p+\sigma} - c_{\varepsilon, p+\sigma} c_{\varepsilon'\sigma}) = \begin{matrix} n, \text{ wenn } \varepsilon' = p + \varepsilon, \\ 0, \text{ wenn } \varepsilon' \gtrless p + \varepsilon. \end{matrix}$$

$$(\varepsilon, \varepsilon' = 1, 2, \ldots 2p;\ \varepsilon < \varepsilon')$$

Diese Relationen sind den Relationen (40) äquivalent, da nicht nur sie aus diesen, sondern auch umgekehrt diese aus ihnen abgeleitet werden können. Bezeichnet man ferner mit C die aus den $4p^2$ Zahlen $c_{\alpha\varepsilon}$ gebildete Determinante, so ist

$$(42) \qquad C = n^p$$

und zwischen den Elementen $c_{\alpha\beta}$ der Determinante C und ihren Adjunkten $\gamma_{\alpha\beta}$ bestehen die Beziehungen

$$(43) \qquad \begin{matrix} \gamma_{\mu\nu} = n^{p-1} c_{p+\mu, p+\nu}, & \gamma_{\mu, p+\nu} = -n^{p-1} c_{p+\mu, \nu}, \\ \gamma_{p+\mu, \nu} = -n^{p-1} c_{\mu, p+\nu}, & \gamma_{p+\mu, p+\nu} = n^{p-1} c_{\mu\nu}. \end{matrix}$$

$$(\mu, \nu = 1, 2, \ldots p)$$

Auch diese Relationen charakterisieren die Transformationszahlen $c_{\alpha\beta}$ vollständig, da aus ihnen gleichfalls die Relationen (40) und (41) folgen.[37])

Ist die Transformation (39) vom n^{ten} Grade, so ist der Inhalt des den Perioden ω' zukommenden Periodenparallelotops (s. Nr. **112**) das n^p-fache des den Perioden ω entsprechenden; bei linearer Transformation wird also der Inhalt des Periodenparallelotops nicht geändert. Die ganzzahlige lineare Transformation ist speziell der Übergang von einem Periodengitter zu einem anderen mit denselben Gitterpunkten.

10. Zusammensetzung von Transformationen. Wendet man auf die mittelst der Transformation T

---

36) Nachdem im Falle $p = 1$ das Transformationsproblem schon in den die Theorie der elliptischen Funktionen begründenden Arbeiten von *Jacobi* und *Abel* (II B 3) behandelt worden war, wurde es für $p = 2$ von *Hermite* [s. o. Anm. 34, vgl. dazu auch *Königsberger,* J. f. Math. 64 (1865), p. 17 und 65 (1866), p. 335], für beliebiges p von *Thomae* [Diss. Göttingen, 1864 und J. f. Math. 75 (1873), p. 224], *Clebsch* und *Gordan* „A. F.") und *Weber* [J. f. Math. 74 (1872), p. 57 und Ann. di Mat. 9_2 (1878/9), p. 126] aufgestellt.

37) Die Bildung von Systemen von $4p^2$ Zahlen $c_{\alpha\beta}$, welche den Bedingungen (40) genügen, lehrt *Frobenius,* J. f. Math. 89 (1880), p. 40.

$$(44)\qquad \omega'_{\mu\beta} = \sum_{\gamma=1}^{2p} c_{\beta\gamma}\,\omega_{\mu\gamma} \qquad \begin{pmatrix}\mu = 1, 2, \ldots p\\ \beta = 1, 2, \ldots 2p\end{pmatrix}$$

von der Ordnung n eingeführten Perioden ω' eine neue Transformation T'

$$(45)\qquad \omega''_{\mu\alpha} = \sum_{\beta=1}^{2p} c'_{\alpha\beta}\,\omega'_{\mu\beta} \qquad \begin{pmatrix}\mu = 1, 2, \ldots p\\ \alpha = 1, 2, \ldots 2p\end{pmatrix}$$

von der Ordnung n' an, so definieren die aus den Gleichungen (44) und (45) durch Elimination der Größen ω' entstehenden Gleichungen

$$(46)\qquad \omega''_{\mu\alpha} = \sum_{\gamma=1}^{2p} c''_{\alpha\gamma}\,\omega_{\mu\gamma}, \qquad \begin{pmatrix}\mu = 1, 2, \ldots p\\ \alpha = 1, 2, \ldots 2p\end{pmatrix}$$

in denen zur Abkürzung

$$(47)\qquad c''_{\alpha\gamma} = \sum_{\beta=1}^{2p} c'_{\alpha\beta}\,c_{\beta\gamma} \qquad (\alpha, \gamma = 1, 2, \ldots 2p)$$

gesetzt ist, eine dritte Transformation T'' von der Ordnung $n'' = nn'$ welche die aus den Transformationen T und T' zusammengesetzte Transformation

$$(48)\qquad T'' = TT'$$

genannt wird. Da aus zwei Transformationen durch Zusammensetzung wieder eine Transformation hervorgeht, bilden die Transformationen T eine Gruppe. Man kann auf die angegebene Weise aus beliebig vielen Transformationen $T_1, T_2, \ldots T_m$, nachdem man sie in eine bestimmte Reihenfolge gebracht hat, durch Zusammensetzung eine neue Transformation $T_1 T_2 \ldots T_m$ erzeugen. Die Ordnung der zusammengesetzten Transformation ist dabei stets gleich dem Produkte der Ordnungen der einzelnen Transformationen. Bei dieser Zusammensetzung der Transformationen gilt das Assoziationsgesetz, d. h. es ist $T_1(T_2 T_3) = (T_1 T_2) T_3 = T_1 T_2 T_3$, nicht aber das Kommutationsgesetz, d. h. es ist im allgemeinen $T_2 T_1$ von $T_1 T_2$ verschieden.

Unter allen Transformationen T gibt es eine ausgezeichnete, bei der

$$(49)\qquad \omega'_{\mu\alpha} = \omega_{\mu\alpha} \qquad \begin{pmatrix}\mu = 1, 2, \ldots p\\ \alpha = 1, 2, \ldots 2p\end{pmatrix}$$

ist; diese wird die identische genannt und mit J bezeichnet. Zu einer gegebenen Transformation T gibt es nun immer eine und nur eine andere Transformation T^{-1}, welche durch die Gleichung

$$(50)\qquad TT^{-1} = J$$

bestimmt ist. Ist T von der Ordnung n, so ist T^{-1} von der Ordnung $\frac{1}{n}$ und ihre Transformationszahlen $\bar{c}$ sind durch die Gleichungen

$$(51)\quad \begin{aligned} \bar{c}_{\mu\nu} &= \frac{1}{n} c_{p+\nu,\, p+\mu}, & \bar{c}_{\mu,\, p+\nu} &= -\frac{1}{n} c_{\nu,\, p+\mu}, \\ \bar{c}_{p+\mu,\, \nu} &= -\frac{1}{n} c_{p+\nu,\, \mu}, & \bar{c}_{p+\mu,\, p+\nu} &= \frac{1}{n} c_{\nu\mu} \end{aligned}$$

$$(\mu, \nu = 1, 2, \ldots p)$$

gegeben. Die Transformation T^{-1} wird die zur Transformation T inverse Transformation genannt. Es ist auch umgekehrt $T^{-1}\, T = J$, also auch T die zu T^{-1} inverse Transformation. Führt die Transformation T auf die Perioden ω angewandt zu den Perioden ω', so führt umgekehrt die inverse Transformation T^{-1} auf die Perioden ω' angewandt zu den Perioden ω zurück.

Unter Benützung der zu einer vorliegenden Transformation inversen kann man eine gegebene Transformation T immer aus einer beliebigen Anzahl m von Transformationen zusammensetzen, von denen $m - 1$ beliebige willkürlich angenommen werden können, während die m^{te} durch diese und die Transformation T eindeutig bestimmt ist. Dieses Prinzip der Zusammensetzung einer gegebenen Transformation aus mehreren ist für die Transformationstheorie fundamental, da man durch seine Anwendung das allgemeine Transformationsproblem auf einfache zurückführen kann.

11. Multiplikation und Division. Zu jeder ganzzahligen Transformation T von der Ordnung n gibt es immer eine andere ganzzahlige Transformation T_1, welche durch die Gleichung

$$(52)\qquad T T_1 = M,$$

in der M die Transformation

$$(53)\qquad \omega'_{\mu\alpha} = n\omega_{\mu\alpha} \qquad \begin{pmatrix} \mu = 1, 2, \ldots p \\ \alpha = 1, 2, \ldots 2p \end{pmatrix}$$

von der Ordnung n^2 bezeichnet, vollständig bestimmt ist. Die Transformation T_1 ist gleichfalls von der Ordnung n und ihre Transformationszahlen $c^{(1)}_{\alpha\beta}$ sind durch die Gleichungen

$$(54)\quad \begin{aligned} c^{(1)}_{\mu\nu} &= c_{p+\nu,\, p+\mu}, & c^{(1)}_{\mu,\, p+\nu} &= -c_{\nu,\, p+\mu}, \\ c^{(1)}_{p+\mu,\, \nu} &= -c_{p+\nu,\, \mu}, & c^{(1)}_{p+\mu,\, p+\nu} &= c_{\nu\mu} \end{aligned} \qquad (\mu, \nu = 1, 2, \ldots p)$$

gegeben. Die Transformation T_1 wird die zur Transformation T supplementäre genannt; man sieht, daß auch umgekehrt $T_1 T = M$, also auch T die zu T_1 supplementäre Transformation ist. Im Falle $n = 1$ wird die Transformation M zur identischen J, die supplementäre T_1 zu inversen T^{-1}.

Die Transformation M heißt die Multiplikation; die zu ihr inverse M^{-1} von der Ordnungszahl $\frac{1}{n^2}$ ist die nicht ganzzahlige Transformation

$$\omega'_{\mu\alpha} = \frac{1}{n}\,\omega_{\mu\alpha}, \qquad \begin{pmatrix}\mu = 1, 2, \ldots p\\ \alpha = 1, 2, \ldots 2p\end{pmatrix} \tag{55}$$

welche die Division genannt wird.

Mittelst der Division kann man jede nichtganzzahlige Transformation T auf eine ganzzahlige zurückführen. Bringt man nämlich die Transformationszahlen $c_{\alpha\beta}$ von T auf gemeinsamen Nenner, setzt also

$$c_{\alpha\beta} = \frac{e_{\alpha\beta}}{t}, \qquad (\alpha, \beta = 1, 2, \ldots 2p) \tag{56}$$

wo t eine positive ganze Zahl, die $e_{\alpha\beta}$ ganze Zahlen sind, so kann man die Transformation T

$$\omega''_{\mu\alpha} = \sum_{\varepsilon=1}^{2p} \frac{e_{\alpha\varepsilon}}{t}\,\omega_{\mu\varepsilon} \qquad \begin{pmatrix}\mu = 1, 2, \ldots p\\ \alpha = 1, 2, \ldots 2p\end{pmatrix} \tag{57}$$

aus den beiden Transformationen

$$\omega'_{\mu\alpha} = \frac{1}{t}\,\omega_{\mu\alpha}, \qquad \omega''_{\mu\alpha} = \sum_{\varepsilon=1}^{2p} e_{\alpha\varepsilon}\,\omega'_{\mu\varepsilon} \qquad \begin{pmatrix}\mu = 1, 2, \ldots p\\ \alpha = 1, 2, \ldots 2p\end{pmatrix} \tag{58}$$

zusammensetzen, von denen die erste eine Division (von der Ordnung $\frac{1}{t^2}$), die zweite aber eine ganzzahlige Transformation (von der Ordnung $t^2 n$) ist.[38])

12. Zusammensetzung einer linearen ganzzahligen Transformation aus einfachen. Die linearen ganzzahligen Transformationen bilden für sich eine Gruppe; auch ist die inverse einer linearen ganzzahligen Transformation selbst wieder eine solche. Man kann für die Gruppe der linearen ganzzahligen Transformationen auf verschiedene Weisen eine endliche Basis angeben, d. h. eine endliche Anzahl linearer ganzzahliger Transformationen aufstellen, aus denen sich jede beliebige solche zusammensetzen läßt.

---

38) *Borchardt* [Paris C. R. 88 (1879), p. 885 u. 955 = Ges. W. (1888), p. 445] hat für den Fall $p = 2$ eine Transformation zweiter Ordnung angegeben, welche zweimal nacheinander angewendet zur Multiplikation mit 2 führt. Für beliebiges p bestimmen p^2 rationale Zahlen $c_{\mu\nu}$, welche den $\frac{1}{2}(p-1)p$ Bedingungen

$$\sum_{\nu=1}^{p} c_{\mu\nu} c_{\nu\mu'} = \begin{matrix} m, \text{ wenn } \mu' = \mu, \\ 0, \text{ wenn } \mu' \gtrless \mu, \end{matrix} \qquad (\mu, \mu' = 1, 2, \ldots p)$$

genügen, zusammen mit den $3p^2$ Zahlen $c_{\mu, p+\nu} = c_{p+\mu, \nu} = 0$, $c_{p+\mu, p+\nu} = c_{\nu\mu}$ eine Transformation T von der Ordnung m, für welche $T^2 = M$ ist (vgl. dazu I B 3f, Nr. 1 und I B 2, Nr. 3, Anm. 42).

Zu dem Ende denke man sich die $4p^2$ Transformationszahlen $c_{\alpha\beta}$ in ein quadratisches Schema von $2p$ Horizontal- und $2p$ Vertikalreihen angeschrieben, so daß $c_{\alpha\beta}$ das β^{te} Element der α^{ten} Horizontalreihe oder das α^{te} Element der β^{ten} Vertikalreihe ist, und definiere, indem man unter ϱ, σ irgendwelche Zahlen aus der Reihe $1, 2, \ldots p$ bezeichnet, die folgenden vier Prozesse:

A. Man ersetzt die Elemente der ϱ^{ten} Horizontalreihe des genannten quadratischen Schemas durch neue, welche aus ihnen durch Subtraktion der entsprechenden Elemente der $p + \varrho^{\text{ten}}$ Horizontalreihe hervorgehen.

B. Man vertauscht die Elemente der ϱ^{ten} Horizontalreihe mit denen der $p + \varrho^{\text{ten}}$, nachdem man zuvor die letzteren sämtlich mit -1 multipliziert hat.

C. Man ersetzt die Elemente der ϱ^{ten} Horizontalreihe durch neue, welche aus ihnen durch Subtraktion der entsprechenden Elemente der σ^{ten} Horizontalreihe, gleichzeitig aber die Elemente der $p + \sigma^{\text{ten}}$ Horizontalreihe durch neue, welche aus ihnen durch Addition der entsprechenden Elemente der $p + \varrho^{\text{ten}}$ Horizontalreihe hervorgehen.

D. Man vertauscht die Elemente der ϱ^{ten} Horizontalreihe mit denen der σ^{ten} und gleichzeitig die Elemente der $p + \varrho^{\text{ten}}$ mit denen der $p + \sigma^{\text{ten}}$.

Durch diese vier Prozesse kann man jedes einer linearen ganzzahligen Transformation T entsprechende Zahlenschema $c_{\alpha\beta}$ auf das der identischen, bei welchem $c_{\alpha\alpha} = 1$, $c_{\alpha\beta} = 0$ $(\alpha, \beta = 1, 2, \ldots 2p;$ $\alpha \gtrless \beta)$ ist, reduzieren. Nun kann man aber jeden der vier genannten Prozesse auch durch die Zusammensetzung von T mit gewissen linearen ganzzahligen Transformationen erreichen und man kann daher umgekehrt aus diesen bzw. ihren inversen jede beliebige lineare ganzzahlige Transformation zusammensetzen.

So erhält man zunächst eine Basis von $\frac{1}{2}p(3p+1)$ „einfachen" linearen Transformationen $A_\varrho(\varrho = 1, 2, \ldots p)$, $B_\varrho\,(\varrho = 1, 2, \ldots p)$, $C_{\varrho\sigma}(\varrho, \sigma = 1, 2, \ldots p;\ \varrho \gtrless \sigma)$, $D_{\varrho\sigma}(\varrho, \sigma = 1, 2, \ldots p;\ \varrho < \sigma)$, aus denen sich jede lineare ganzzahlige Transformation zusammensetzen läßt.

Die auf diese Weise gewonnenen $\frac{1}{2}p\,(3p+1)$ erzeugenden Transformationen können aber ohne Mühe auf eine geringere Anzahl reduziert werden. Mit Hilfe der $\frac{1}{2}(p-1)p$ Transformationen $D_{\varrho\sigma}$ kann man nämlich alle Transformationen A_ϱ, B_ϱ, $C_{\varrho\sigma}$ auf je eine einzige unter ihnen, z. B. A_1, B_1 und C_{12}, und endlich kann man die $\frac{1}{2}(p-1)p$ Transformationen $D_{\varrho\sigma}$ selbst auf $p-1$ unter ihnen, z. B. $D_{12}, D_{23}, \ldots$

$D_{p-1,p}$ reduzieren und erhält damit schließlich alle linearen ganzzahligen Transformationen aus $p+2$ einfachen zusammengesetzt.[39])

Daß man diese Anzahl noch weiter reduzieren kann, haben *Krazer* für $p>3$ und *Burkhardt* für $p=2$ gezeigt.[40])

13. Reduktion nichtlinearer ganzzahliger Transformationen. Bezeichnet jetzt T eine nichtlineare ganzzahlige Transformation (bei der also die $c_{\alpha\beta}$ ganze Zahlen und die Ordnung $n>1$), so nennt man jede Transformation T', welche aus T durch Zusammensetzung mit einer linearen ganzzahligen Transformation L in der Form $T'=TL$ hervorgeht, zu T äquivalent und von der Gesamtheit der zu einer gegebenen Transformation T äquivalenten Transformationen sagt man, daß sie zu einer Klasse gehören. Wieder durch Anwendung der oben genannten vier Prozesse A, B, C, D zeigt man, daß auf diese Weise alle ganzzahligen Transformationen einer gegebenen Ordnung n in eine endliche Anzahl von Klassen zerfallen, derart, daß alle Transformationen einer Klasse und nur diese einander äquivalent sind, und man bezeichnet in jeder Klasse eine möglichst einfache Transformation als Repräsentanten der Klasse.

Die Bestimmung der Klassenanzahl und die Aufstellung von Repräsentanten der Klassen äquivalenter Transformationen ist bis jetzt nur in den niedrigsten Fällen $p=2$ [41]) und $p=3$ [42]) und in letzterem nur für einen Primzahlgrad durchgeführt werden.

Daß man eine nichtlineare ganzzahlige Transformation durch Zwischensetzen zwischen zwei lineare ganzzahlige Transformationen in der Form $T'=L_1TL_2$ auf noch weniger und noch einfachere Formen reduzieren kann, ist ersichtlich und für $p=3$ von *Weber* a. a. O. näher ausgeführt worden.

14. Krazer-Prymsche Zusammensetzung einer Transformation aus elementaren. Eine von der vorher betrachteten durchaus verschiedene Zusammensetzung einer gegebenen Transformation haben *Krazer* und *Prym*[43]) angegeben. Sie stellen statt der ganzzahligen

---

39) *Kronecker,* Berl. Ber. 1866, p. 610 = J. f. Math. 68 (1868), p. 284; *Clebsch* und *Gordan,* „A. F.", p. 304; *Thomae,* Z. f. Math. 12 (1867), p. 374 und J. f. Math. 75 (1873), p. 230; *Jordan,* „Traité", p. 174; *Weber,* Ann. di Mat. 9_2 (1878/9), p. 134; s. auch *Krause,* Math. Ann. 17 (1880), p. 435.

40) *Krazer,* Ann. di Mat. 12_2 (1884), p. 298; *Burkhardt,* Gött. Nachr. (1890), p. 381 und *Wirtinger,* Wien. Denkschr. 85 (1910), p. 111.

41) *Hermite,* Paris C. R. 40 (1855), p. 253 = Œuv. 1 (1905), p. 447; *Dorn,* Math. Ann. 7 (1874), p. 481; dazu *Krause,* Acta math. 3 (1883), p. 161 und „Transf.", p. 84.

42) *Weber,* Ann. di Mat. 9_2 (1878/9), p. 139.

43) „N. G.", 2. Teil.

die lineare Transformation in den Mittelpunkt der Untersuchung, indem sie die zu einer beliebigen Ordnungszahl $n = \frac{n_1}{n_2}$ gehörige Transformation T aus zwei ganz speziellen zu den Ordnungszahlen n_1 und $\frac{1}{n_2}$ gehörigen Transformationen N_1 und N_2^{-1} und einer linearen Transformation L zusammensetzen in der Form

$$(59) \qquad T = N_1 L N_2^{-1}.$$

Zur Zusammensetzung einer linearen Transformation L aus einfachen werden aber drei Arten „elementarer" linearen Transformationen L_1, L_2, L_3 definiert und es wird zunächst gezeigt, daß eine jede „singuläre" lineare Transformation S, das ist eine solche, bei der die p^2 Transformationszahlen $c_{\mu, p+\nu}$ $(\mu, \nu = 1, 2, \dots p)$ sämtlich den Wert Null haben[44]), in der Gestalt

$$(60) \qquad S = L_1 L_2$$

aus einer elementaren linearen Transformation 1. Art und einer solchen 2. Art, jede beliebige lineare Transformation L aber sodann aus zwei singulären S_1, S_2 und einer elementaren der 3. Art L_3 in der Gestalt

$$(61) \qquad L = S_1 L_3 S_2$$

zusammengesetzt werden kann.

III. Die allgemeinen Thetafunktionen mit beliebigen Charakteristiken.

15. Allgemeine Thetafunktionen. Unter einer p-fach unendlichen Thetareihe versteht man eine p-fach unendliche Reihe, bei welcher der Logarithmus des allgemeinen Gliedes eine ganze rationale Funktion zweiten Grades der Summationsbuchstaben ist. Eine solche Funktion kann man, wenn man die p Summationsbuchstaben mit $m_1, m_2, \dots m_p$ bezeichnet, in der Gestalt

$$(62) \qquad \sum_{\mu=1}^{p} \sum_{\mu'=1}^{p} a_{\mu\mu'} m_\mu m_{\mu'} + 2 \sum_{\mu=1}^{p} b_\mu m_\mu + c \qquad (a_{\mu\mu'} = a_{\mu'\mu})$$

darstellen und es wird daher eine p-fach unendliche Thetareihe in allgemeinster Form durch die Summe

$$(63) \qquad \sum_{m_1, \dots m_p}^{-\infty, \dots +\infty} e^{\sum\limits_{\mu=1}^{p} \sum\limits_{\mu'=1}^{p} a_{\mu\mu'} m_\mu m_{\mu'} + 2 \sum\limits_{\mu=1}^{p} b_\mu m_\mu + c}$$

---

44) Diese „singulären" Transformationen stehen natürlich in keinerlei Beziehungen zu den in Anm. 35 erwähnten.

repräsentiert, bei deren Ausführung jede der p Größen m unabhängig von den anderen die Reihe der ganzen Zahlen von $-\infty$ bis $+\infty$ durchläuft.[45])

Die Reihe (63) konvergiert, und zwar absolut und für alle endlichen Werte der Größen b, c, wenn die aus den reellen Teilen $a'_{\mu\mu'}$ der Größen $a_{\mu\mu'} = a'_{\mu\mu'} + i a''_{\mu\mu'}$ gebildete quadratische Form

$$\sum_{\mu=1}^{p} \sum_{\mu'=1}^{p} a'_{\mu\mu'} x_\mu x_{\mu'}$$

eine negative ist.[46])

Setzt man $c = 0$, läßt an Stelle der b unabhängige komplexe Veränderliche treten und betrachtet den Wert der Reihe als Funktion dieser, so erhält man die Thetafunktion

$$(64) \qquad \vartheta(v_1 \,|\, v_2 \,|\, \cdots \,|\, v_p) = \sum_{m_1, \ldots m_p}^{-\infty, \cdots +\infty} e^{\sum\limits_{\mu=1}^{p} \sum\limits_{\mu=1}^{p} a_{\mu\mu'} m_\mu m_{\mu'} + 2 \sum\limits_{\mu=1}^{p} m_\mu v_\mu} ;$$

die p Veränderlichen v heißen die Argumente, die $\frac{1}{2} p (p+1)$ an die obengenannte Konvergenzbedingung geknüpften Parameter $a_{\mu\mu'} = a_{\mu'\mu}$ die Modulen der Thetafunktion; sie werden nur dann in der Funktionsbezeichnung zum Ausdruck gebracht, wenn gleichzeitig Funktionen mit verschiedenen Modulen auftreten.

Die Funktion $\vartheta(v_1 \,|\, \ldots \,|\, v_p)$ genügt den $2p$ Gleichungen

$$(65) \qquad \vartheta(v_1 \,|\, \cdots \,|\, v_\nu + \pi i \,|\, \cdots \,|\, v_p) = \vartheta(v_1 \,|\, \cdots \,|\, v_\nu \,|\, \cdots \,|\, v_p),$$

$$(66) \qquad \vartheta(v_1 + a_{1\nu} \,|\, \cdots \,|\, v_p + a_{p\nu}) = \vartheta(v_1 \,|\, \cdots \,|\, v_p)\, e^{-a_{\nu\nu} - 2 v_\nu}$$

$$(\nu = 1, 2, \cdots p)$$

oder, was dasselbe sagt, bei beliebigen ganzzahligen $\varkappa$, λ der Gleichung

---

45) Die einfach unendliche Thetareihe findet sich zuerst bei *Fourier* [Th. anal. de la chaleur 1822, p. 333 = Œuv. 1 (1888), p. 298; deutsche Ausg. von *Weinstein* (1884), p. 223]; in die Funktionentheorie eingeführt wurde sie von *Jacobi* (II B). Die zweifach unendlichen Thetareihen haben *Göpel* 1847 (vgl. Nr. 5) und *Rosenhain* 1851 (vgl. Nr. 6), die p-fach unendlichen *Weierstraß* 1849 (vgl. Nr. 7) und *Riemann* 1857 (vgl. Nr. 46) aufgestellt.

46) Daß die p-fach unendliche Thetareihe unter der angegebenen Bedingung für alle endlichen Werte der v konvergiert, hat zuerst *Riemann* in seiner Vorlesung vom W.-S. 1861/62 bewiesen (vgl. Ges. math. W. 1876, p. 452, 2. Aufl. 1892, p. 483, Nachtr. 1902, p. 1). Über weitere Konvergenzbeweise der Thetareihe bei *Krazer*, Math. Ann. 49 (1897), p. 400 und „Tehtaf.", p. 17. Der dort p. 410 bzw. p. 18 erwähnte *Weierstraß*sche Konvergenzbeweis ist 1903 im 3. Bande der Math. Werke p. 115 veröffentlicht worden.

$$(67)\quad \begin{aligned}&\vartheta\left(v_1+\sum_{\nu=1}^{p}\varkappa_\nu a_{1\nu}+\lambda_1\pi i\,|\cdots|\,v_p+\sum_{\nu=1}^{p}\varkappa_\nu a_{p\nu}+\lambda_p\pi i\right)\\&=e^{-\sum\limits_{\mu=1}^{p}\sum\limits_{\mu'=1}^{p}a_{\mu\mu'}\varkappa_\mu\varkappa_{\mu'}-2\sum\limits_{\mu=1}^{p}\varkappa_\mu v_\mu}\,\vartheta(v_1|\cdots|v_p).\end{aligned}$$

In den $2p$ Gleichungen (65), (66) treten auf den linken Seiten die $2p$ Größensysteme

$$(68)\quad \begin{matrix}\pi i, & 0, & \ldots & 0\\ 0, & \pi i, & \ldots & 0\\ \cdot & \cdot & \cdot & \cdot\\ 0, & 0, & \ldots & \pi i\end{matrix}\qquad\qquad \begin{matrix}a_{11}, & a_{21}, & \ldots & a_{p1}\\ a_{12}, & a_{22}, & \ldots & a_{p2}\\ \cdot & \cdot & \cdot & \cdot\\ a_{1p}, & a_{2p}, & \ldots & a_{pp}\end{matrix}$$

als Systeme gleichzeitiger Änderungen der Variablen $v_1, v_2, \ldots v_p$ auf. Diese $2p$ Systeme von je p Größen werden die $2p$ Systeme zusammengehöriger Periodizitätsmodulen der Thetafunktion genannt.

Außer den Gleichungen (65), (66) genügt die Thetafunktion den $\frac{1}{2}p\,(p+1)$ Differentialgleichungen

$$(69)\qquad \frac{\partial^2\vartheta(v_1|\cdots|v_p)}{\partial v_\mu\partial v_\nu}=n\frac{\partial\vartheta(v_1|\cdots|v_p)}{\partial a_{\mu\nu}},\qquad (\mu,\nu=1,2,\ldots p)$$

bei denen $n=4$ ist, wenn $\mu=\nu$, dagegen $n=2$, wenn $\mu\gtrless\nu$.

Die hier angegebenen Eigenschaften der Funktion $\vartheta(v_1|\ldots|v_p)$ charakterisieren zusammen mit der Bedingung, daß die Funktion einwertig und im Endlichen nirgendwo unstetig sei, diese Funktion vollständig. Erfüllt nämlich eine einwertige und für alle endlichen v stetige Funktion der komplexen Veränderlichen $v_1, \ldots v_p$ die $2p$ Gleichungen (65), (66) oder, was dasselbe sagt, bei beliebigen ganzzahligen Werten der $\varkappa$, λ die Gleichung (67), so kann sie sich von der Funktion $\vartheta(v_1|\cdots|v_p)$ nur um einen von den v freien Faktor unterscheiden; erfüllt sie außerdem die $\frac{1}{2}p\,(p+1)$ Differentialgleichungen (69), so ist dieser Faktor auch von den Modulen a unabhängig.

16. Einführung der Charakteristiken. Aus den $2p$ Systemen zusammengehöriger Periodizitätsmodulen (68) der Thetafunktion läßt sich mit Hilfe reeller[47]) Größen $g_1, \ldots g_p$, $h_1, \ldots h_p$ ein jedes System von p Größen $c_1, \ldots c_p$ immer und nur auf eine Weise in der Form

$$(70)\qquad c_1=\sum_{\nu=1}^{p}g_\nu a_{1\nu}+h_1\pi i,\quad\cdots\quad c_p=\sum_{\nu=1}^{p}g_\nu a_{p\nu}+h_p\pi i$$

---

47) Es folgt daraus, daß man keine allgemeineren Funktionen erzielt, wenn man für die g, h komplexe Werte zuläßt [*Craig,* Am. J. 6 (1884), p. 337]; übrigens bleiben die Formeln (75)—(81) auch in diesem Falle richtig.

linear zusammensetzen. Der Komplex $\begin{pmatrix} g & g_2 \dots g_p \\ h_1 & h_2 \dots h_p \end{pmatrix}$ der $2p$ so bestimmten reellen Größen g, h wird die Periodencharakteristik (Per. Char.) des Größensystems $c_1, \dots c_p$ genannt.

In die Thetareihe (63) führe man jetzt an Stelle der Größen b_μ Größen $v_\mu + c_\mu$ ein, indem man unter $v_1, \dots v_p$ wie vorher unabhängige komplexe Veränderliche, unter $c_1, \dots c_p$ willkürliche Konstanten versteht. Bringt man dann das Konstantensystem $c_1, \dots c_p$ mit Hilfe reeller Größen g, h in die Gestalt (70) und setzt gleichzeitig an Stelle der im allgemeinen Gliede der Thetareihe noch vorkommenden Größe c den Ausdruck

$$(71) \qquad \varphi = \sum_{\mu=1}^{p} \sum_{\mu'=1}^{p} a_{\mu\mu'} g_\mu g_{\mu'} + 2 \sum_{\mu=1}^{p} g_\mu (v_\mu + h_\mu \pi i),$$

so entsteht die allgemeinere Thetafunktion[48])

$$(72) \qquad \vartheta\begin{bmatrix} g_1 \dots g_p \\ h_1 \dots h_p \end{bmatrix} (v_1 | \dots | v_p) = \sum_{m_1, \dots m_p}^{-\infty, \dots +\infty} e^{\sum\limits_{\mu=1}^{p} \sum\limits_{\mu'=1}^{p} a_{\mu\mu'} (m_\mu + g_\mu)(m_{\mu'} + g_{\mu'}) + 2 \sum\limits_{\mu=1}^{p} (m_\mu + g_\mu)(v_\mu + h_\mu \pi i)},$$

die ihrer Entstehung gemäß mit der einfacheren Funktion $\vartheta(v_1 | \cdots | v_p)$ durch die Gleichung

$$(73) \qquad \vartheta\begin{bmatrix} g_1 \dots g_p \\ h_1 \dots h_p \end{bmatrix} (v_1 | \dots | v_p) = \vartheta\left(v_1 + \sum_{\nu=1}^{p} g_\nu a_{1\nu} + h_1 \pi i \,\Big|\, \cdots \,\Big|\, v_p + \sum_{\nu=1}^{p} g_\nu a_{p\nu} + h_p \pi i\right) e^{\varphi}$$

verknüpft ist und in diese übergeht, wenn die Größen g, h sämtlich den Wert Null annehmen, d. h. es ist

$$(74) \qquad \vartheta\begin{bmatrix} 0 \dots 0 \\ 0 \dots 0 \end{bmatrix} (v_1 | \cdots | v_p) = \vartheta(v_1 | \cdots | v_p).$$

Der Komplex $\begin{bmatrix} g_1 \dots g_p \\ h_1 \dots h_p \end{bmatrix}$ der $2p$ Größen g, h heißt die Charakteristik der Thetafunktion oder Thetacharakteristik (Th. Char.); sie wird auch zur Abkürzung mit $\begin{bmatrix} g \\ h \end{bmatrix}$ bezeichnet. Die Th. Char. $\begin{bmatrix} g_1 \pm g_1' \dots g_p \pm g_p' \\ h_1 \pm h_1' \dots h_p \pm h_p' \end{bmatrix}$

48) Die Funktionen (72), bei denen die g, h beliebige reelle Größen sind, wurden von *Prym* („Riem. Thetaf.", p. 25) zuerst aufgestellt. Nur in der Bezeichnung von ihnen verschieden sind die Funktionen $\Theta(u_1, \dots u_\varrho; \mu, \nu)$, welche *Weierstraß* in seinen Vorlesungen über die Theorie der *Abel*schen Transzendenten [Math. W. 4 (1902), p. 566] eingeführt und von denen erstmals *Schottky* („Abr.", p. 1) berichtet hat.

wird die Summe bzw. Differenz der Th. Char. $\begin{bmatrix} g \\ h \end{bmatrix}$ und $\begin{bmatrix} g' \\ h' \end{bmatrix}$ genannt und mit $\begin{bmatrix} g \pm g' \\ h \pm h' \end{bmatrix}$ bezeichnet.

In den Fällen, wo die Argumente der Thetafunktion sich nur durch untere Indices unterscheiden, wird der allgemeine Ausdruck für die Argumente mit Weglassung des Index in doppelten Klammern geschrieben, also $\vartheta \begin{bmatrix} g \\ h \end{bmatrix} (\!(v)\!)$ statt $\vartheta \begin{bmatrix} g \\ h \end{bmatrix} (v_1 | \cdots | v_p)$; in Übereinstimmung damit wird das Größensystem $v_1 | \ldots | v_p$ mit (v) und ein System $v_1 + c_1 | \cdots | v_p + c_p$ mit $(v + c)$ oder, wenn $\begin{pmatrix} g_1 \cdots g_p \\ h_1 \ldots h_p \end{pmatrix}$ die Per. Char. des Größensystems $c_1, \ldots c_p$ ist, mit $\left(v + \begin{Bmatrix} g \\ h \end{Bmatrix}\right)$ bezeichnet.

Die durch die Gleichung (72) definierte Funktion $\vartheta \begin{bmatrix} g \\ h \end{bmatrix} (\!(v)\!)$ genügt den $2p$ Gleichungen

$$(75) \quad \vartheta \begin{bmatrix} g \\ h \end{bmatrix} (v_1 | \cdots | v_\nu + \pi i | \cdots | v_p) = \vartheta \begin{bmatrix} g \\ h \end{bmatrix} (v_1 | \cdots | v_\nu | \cdots | v_p) e^{2 g_\nu \pi i},$$

$$(76) \quad \vartheta \begin{bmatrix} g \\ h \end{bmatrix} (v_1 + a_{1\nu} | \cdots | v_p + a_{p\nu}) = \vartheta \begin{bmatrix} g \\ h \end{bmatrix} (v_1 | \cdots | v_p) e^{-a_{\nu\nu} - 2 v_\nu - 2 h_\nu \pi i}$$
$$(\nu = 1, 2, \cdots p)$$

oder, was dasselbe sagt, bei beliebigen ganzzahligen $\varkappa, \lambda$ der Gleichung

$$(77) \quad \vartheta \begin{bmatrix} g \\ h \end{bmatrix} \left(\!\left(v + \begin{Bmatrix} \varkappa \\ \lambda \end{Bmatrix}\right)\!\right) = \vartheta \begin{bmatrix} g \\ h \end{bmatrix} (\!(v)\!)\, e^{-\sum\limits_{\mu=1}^{p} \sum\limits_{\mu'=1}^{p} a_{\mu\mu'} \varkappa_\mu \varkappa_{\mu'} - 2 \sum\limits_{\mu=1}^{p} \varkappa_\mu v_\mu + 2 \sum\limits_{\mu=1}^{p} (\lambda_\mu g_\mu - \varkappa_\mu h_\mu) \pi i}$$

Außerdem genügt die Funktion $\vartheta \begin{bmatrix} g \\ h \end{bmatrix} (\!(v)\!)$ den $\frac{1}{2} p (p + 1)$ Differentialgleichungen

$$(78) \quad \frac{\partial^2 \vartheta \begin{bmatrix} g \\ h \end{bmatrix} (\!(v)\!)}{\partial v_\mu \, \partial v_\nu} = n \frac{\partial \vartheta \begin{bmatrix} g \\ h \end{bmatrix} (\!(v)\!)}{\partial a_{\mu\nu}}, \qquad (\mu, \nu = 1, 2, \cdots p)$$

bei denen $n = 4$ ist, wenn $\mu = \nu$, dagegen $n = 2$, wenn $\mu \gtrless \nu$.

Die Gleichungen (75) und (76) bestimmen wiederum die Funktion $\vartheta \begin{bmatrix} g \\ h \end{bmatrix} (\!(v)\!)$ bis auf einen von den Argumenten v, die Gleichungen (75), (76) und (78) bis auf einen auch von den Modulen a freien Faktor.

Bezeichnen $g_1', \ldots g_p', h_1', \ldots h_p'$ irgendwelche reelle Konstanten, $\varkappa_1, \ldots \varkappa_p, \lambda_1, \ldots \lambda_p$ irgendwelche ganze Zahlen, so gelten die Formeln

$$(79) \quad \vartheta \begin{bmatrix} g_1 \cdots g_p \\ h_1 \ldots h_p \end{bmatrix} \left(\!\left(v + \begin{Bmatrix} g' \\ h' \end{Bmatrix}\right)\!\right) = \vartheta \begin{bmatrix} g + g' \\ h + h' \end{bmatrix} (\!(v)\!)\, e^{-\sum\limits_{\mu=1}^{p} \sum\limits_{\mu'=1}^{p} a_{\mu\mu'} g'_\mu g'_{\mu'} - 2 \sum\limits_{\mu=1}^{p} g'_\mu (v_\mu + h_\mu \pi i + h'_\mu \pi i)},$$

(80) $$\vartheta\begin{bmatrix} g+\varkappa \\ h+\lambda \end{bmatrix}(\!(v)\!) = \vartheta\begin{bmatrix} g \\ h \end{bmatrix}(\!(v)\!)\, e^{2\sum\limits_{\mu=1}^{p} \lambda_\mu g_\mu \pi i},$$

(81) $$\vartheta\begin{bmatrix} g \\ h \end{bmatrix}(\!(-v)\!) = \vartheta\begin{bmatrix} -g \\ -h \end{bmatrix}(\!(v)\!).$$

Eine Thetacharakteristik, deren Elemente den Bedingungen

$$0 \lesseqgtr g_\nu < 1, \quad 0 \lesseqgtr h_\nu < 1 \qquad (\nu = 1, 2, \cdots p)$$

genügen, wird eine Normalcharakteristik genannt. Zwei Thetacharakteristiken $\begin{bmatrix} g \\ h \end{bmatrix}$ und $\begin{bmatrix} g' \\ h' \end{bmatrix}$ heißen kongruent, wenn ihre entsprechenden Elemente sich nur um ganze Zahlen unterscheiden. Nennt man dann zwei Funktionen $\vartheta\begin{bmatrix} g \\ h \end{bmatrix}(\!(v)\!)$ und $\vartheta\begin{bmatrix} g' \\ h' \end{bmatrix}(\!(v)\!)$ nicht wesentlich verschieden, wenn sie sich nur um einen konstanten Faktor unterscheiden, so sind die Charakteristiken zweier nicht wesentlich verschiedener Funktionen, wie die Gleichungen (75), (76) zeigen, notwendig einander kongruent und umgekehrt sind, wie die Formel (80) zeigt, die zu zwei kongruenten Charakteristiken gehörigen Thetafunktionen nicht wesentlich verschieden.

Mit Rücksicht hierauf folgt aus der Gleichung (81), daß eine Funktion $\vartheta\begin{bmatrix} g \\ h \end{bmatrix}(\!(v)\!)$ dann und nur dann eine gerade oder ungerade Funktion ihres Argumentensystems (v) ist, wenn die sämtlichen Charakteristikenelemente g, h halbe Zahlen sind, und insbesondere folgt für $g_1 = \cdots = g_p = h_1 = \cdots = h_p = 0$ die Gleichung

(82) $$\vartheta(-v_1 | \cdots | -v_p) = \vartheta(v_1 | \cdots | v_p),$$

welche sagt, daß die Funktion $\vartheta(v_1 | \ldots | v_p)$ eine gerade Funktion ihres Argumentensystems ist.[49])

17. Thetafunktionen höherer Ordnung. Eine Thetafunktion n^{ter} Ordnung (oder Grades) mit der Charakteristik $\begin{bmatrix} g \\ h \end{bmatrix}$ nennt man eine einwertige und für endliche v stetige Funktion $\Theta_n\begin{bmatrix} g \\ h \end{bmatrix}(\!(v)\!)$ der komplexen Veränderlichen $v_1, \ldots v_p$, welche für alle Werte der v den $2p$ Gleichungen

(83) $$\Theta_n\begin{bmatrix} g \\ h \end{bmatrix}(v_1 | \cdots | v_\nu + \pi i | \cdots | v_p) = \Theta_n\begin{bmatrix} g \\ h \end{bmatrix}(v_1 | \cdots | v_\nu | \cdots | v_p)\, e^{2 g_\nu \pi i},$$

(84) $$\Theta_n\begin{bmatrix} g \\ h \end{bmatrix}(v_1 + a_{1\nu} | \cdots | v_p + a_{p\nu}) = \Theta_n\begin{bmatrix} g \\ h \end{bmatrix}(v_1 | \cdots | v_p)\, e^{-n a_{\nu\nu} - 2n v_\nu - 2h_\nu \pi i}$$

$$(\nu = 1, 2, \cdots p)$$

---

49) Eine Ableitung der Formel (79) bei *Cayley*, Math. Ann. 17 (1880), p. 115 = Coll. math. pap 11 (1896), p. 242. Von der Verwendung symbolischer Bezeichnungsweisen der Invariantentheorie bei den p-fach unendlichen Thetareihen handelt *Pick*, Leipz. Ber. 66 (1914), p. 3.

oder, was dasselbe sagt, bei beliebigen ganzzahligen $\varkappa$, λ der Gleichung

$$\Theta_n\begin{bmatrix}g\\h\end{bmatrix}\left(\!\!\left(v+\begin{Bmatrix}\varkappa\\\lambda\end{Bmatrix}\right)\!\!\right) \tag{85}$$
$$= \Theta_n\begin{bmatrix}g\\h\end{bmatrix}(\!(v)\!)\, e^{-n\sum\limits_{\mu=1}^{p}\sum\limits_{\mu'=1}^{p} a_{\mu\mu'}\varkappa_\mu\varkappa_{\mu'} - 2n\sum\limits_{\mu=1}^{p}\varkappa_\mu v_\mu + 2\sum\limits_{\mu=1}^{p}(\lambda_\mu g_\mu - \varkappa_\mu h_\mu)\pi i}$$

genügt.

Ist $n = 1$, so gibt es, von einem konstanten Faktor abgesehen, nur eine einzige solche Funktion, nämlich $\vartheta\begin{bmatrix}g\\h\end{bmatrix}(\!(v)\!)$; ist dagegen $n > 1$, so genügen den obigen Gleichungen unendlich viele wesentlich verschiedene Funktionen, z. B. alle Funktionen

$$\vartheta\begin{bmatrix}\frac{g+\varrho}{n}\\h\end{bmatrix}(\!(nv)\!)_{na},\quad \vartheta\begin{bmatrix}g\\\frac{h+\sigma}{n}\end{bmatrix}(\!(v)\!)_{\frac{a}{n}},\quad \vartheta^n\begin{bmatrix}\frac{g+\varrho}{n}\\\frac{h+\sigma}{n}\end{bmatrix}(\!(v)\!)_a,$$

wo für die ϱ, σ beliebige ganze Zahlen gesetzt werden dürfen; es gilt aber bezüglich dieser Funktionen der Satz:

Zwischen $n^p + 1$ Thetafunktionen n^{ter} Ordnung mit der nämlichen Charakteristik $\begin{bmatrix}g\\h\end{bmatrix}$ findet stets eine homogene lineare Relation statt, deren Koeffizienten von den Variablen v frei sind,

oder in anderer Fassung:

Alle Thetafunktionen n^{ter} Ordnung mit der Charakteristik $\begin{bmatrix}g\\h\end{bmatrix}$ lassen sich durch n^p linear unabhängige unter ihnen linear und homogen mit Koeffizienten, welche die Variablen v nicht enthalten, zusammensetzen.

Man kann z. B. jede Funktion $\Theta_n\begin{bmatrix}g\\h\end{bmatrix}(\!(v)\!)$ aus den n^p Funktionen $\vartheta\begin{bmatrix}\frac{g+\varkappa}{n}\\h\end{bmatrix}(\!(nv)\!)_{na}$ in der Gestalt

$$\Theta_n\begin{bmatrix}g\\h\end{bmatrix}(\!(v)\!) = \sum_{\varkappa_1,\dots\varkappa_p}^{0,1,\dots n-1} A_{\varkappa_1\dots\varkappa_p}\vartheta\begin{bmatrix}\frac{g+\varkappa}{n}\\h\end{bmatrix}(\!(nv)\!)_{na} \tag{86}$$

oder auch aus den n^p Funktionen $\vartheta\begin{bmatrix}g\\\frac{h+\lambda}{n}\end{bmatrix}(\!(v)\!)_{\frac{a}{n}}$ in der Gestalt

$$\Theta_n\begin{bmatrix}g\\h\end{bmatrix}(\!(v)\!) = \sum_{\lambda_1,\dots\lambda_p}^{0,1,\dots n-1} B_{\lambda_1\dots\lambda_p}\vartheta\begin{bmatrix}g\\\frac{h+\lambda}{n}\end{bmatrix}(\!(v)\!)_{\frac{a}{n}} \tag{87}$$

zusammensetzen und es stellt die rechte Seite jeder dieser beiden

Gleichungen, wenn man unter den A, B willkürliche Konstanten versteht, die allgemeinste Lösung der Gleichungen (83), (84) dar.[50])

Aus der Darstellung (86) oder (87) folgt für beliebige reelle Größen g', h'

$$\Theta_n\begin{bmatrix} g \\ h \end{bmatrix}\left(\!\left(v + \begin{Bmatrix} g' \\ h' \end{Bmatrix}\right)\!\right) \tag{88}$$
$$= \Theta_n\begin{bmatrix} g + ng' \\ h + nh' \end{bmatrix}(\!(v)\!)\, e^{-n\sum\limits_{\mu=1}^{p}\sum\limits_{\mu'=1}^{p} a_{\mu\mu'} g'_\mu g'_{\mu'} - 2\sum\limits_{\mu=1}^{p} g'_\mu (n v_\mu + h_\mu \pi i + n h'_\mu \pi i)}$$

Man sieht daraus, daß man wie bei den gewöhnlichen Thetafunktionen so auch bei den Thetafunktionen höherer Ordnung die Funktionen mit beliebiger Charakteristik durch die Funktionen mit der Charakteristik $\begin{bmatrix} 0 \\ 0 \end{bmatrix}$ ausdrücken kann.

Aus der Gleichung (85) folgt weiter[51]), daß auch eine Thetafunktion n^{ter} Ordnung nur dann eine gerade oder ungerade Funktion ihrer Argumente sein kann, wenn ihre Charakteristikenelemente g, h sämtlich halbe Zahlen sind.

Auf Grund der Formeln (83), (84) sind die Quotienten zweier zur nämlichen Charakteristik $\begin{bmatrix} g \\ h \end{bmatrix}$ gehörigen Thetafunktionen n^{ter} Ordnung (und ebenso ihre zweiten logarithmischen Derivierten) $2p$-fach periodische Funktionen mit den $2p$ Periodensystemen (68).

18. Die Transformation der Thetafunktionen. Der Übergang von den Integralen u_μ mit den Periodizitätsmodulen $\omega_{\mu\alpha}$ zu Normalintegralen v_μ, welche dadurch charakterisiert sind, daß

$$\begin{aligned} &\text{längs } a_\nu: v_\mu^+ = v_\mu^- + \delta_{\mu\nu}\pi i, \qquad \delta_{\mu\nu} = \begin{cases} 1, & \text{wenn } \mu = \nu, \\ 0, & \text{wenn } \mu \gtrless \nu, \end{cases} \\ &\text{längs } b_\nu: v_\mu^+ = v_\mu^- + a_{\mu\nu} \qquad\qquad (\mu, \nu = 1, 2, \cdots p) \end{aligned} \tag{89}$$

ist, geschieht durch die Gleichungen

$$\pi i u_\mu = \sum_{\varrho=1}^{v} \omega_{\mu\varrho} v_\varrho \qquad (\mu = 1, 2, \cdots p) \tag{90}$$

oder umgekehrt durch die Gleichungen

$$v_\varrho = \frac{\pi i}{\omega}\sum_{\mu=1}^{p} o_{\mu\varrho} u_\mu \qquad (\varrho = 1, 2, \cdots p) \tag{91}$$

---

50) Auf Thetafunktionen höherer Ordnung wurde zuerst *Hermite,* Paris C. R. 40 (1855) = Œuv. 1 (1905), p. 455, geführt; über sie und insbesondere ihre Darstellung durch n^p linear unabhängige siehe *Thomae* (Diss. Gött. 1864, p. 7), *Schottky* („Abr.", p. 9; dazu *Weierstraß,* „Vorl.", p. 611), *Prym* („Riem. Thetaf.", p. 28).

51) Vgl. *Krazer,* „Thetaf.", p. 357.

und es sind dann die Größen $a_{\mu\nu}$ bestimmt durch die Gleichungen

$$(92) \qquad \pi i\,\omega_{\mu,p+\sigma} = \sum_{\varrho=1}^{p} \omega_{\mu\varrho} a_{\varrho\sigma} \qquad (\mu, \sigma = 1, 2, \cdots p)$$

oder explizite durch die Gleichungen

$$(93) \qquad a_{\varrho\sigma} = \frac{\pi i}{\omega} \sum_{\mu=1}^{p} o_{\mu\varrho}\,\omega_{\mu,p+\sigma}; \qquad (\varrho, \sigma = 1, 2, \cdots p)$$

es bezeichnet dabei in den Gleichungen (91) und (93) ω den stets von Null verschiedenen Wert der Determinante $\sum \pm\, \omega_{11}\,\omega_{22} \ldots \omega_{pp}$ und $o_{\mu\nu}$ für jedes μ und ν von 1 bis p die Adjunkte von $\omega_{\mu\nu}$ in dieser Determinante.

Definiert man nun in der gleichen Weise zu den transformierten Perioden $\omega'_{\mu\alpha}$ (s. Nr. 9) Größen v' und a' durch die Gleichungen

$$(94) \qquad \pi i u_{\mu} = \sum_{\varrho=1}^{p} \omega'_{\mu\varrho} v'_{\varrho} \qquad (\mu = 1, 2, \cdots p)$$

$$(95) \qquad v'_{\varrho} = \frac{\pi i}{\omega'} \sum_{\mu=1}^{p} o'_{\mu\varrho} u_{\mu}, \qquad (\varrho = 1, 2, \cdots p)$$

$$(96) \qquad \pi i\,\omega'_{\mu,p+\sigma} = \sum_{\varrho=1}^{p} \omega'_{\mu\varrho} a'_{\varrho\sigma}, \qquad (\mu, \sigma = 1, 2, \cdots p)$$

$$(97) \qquad a'_{\varrho\sigma} = \frac{\pi i}{\omega'} \sum_{\mu=1}^{p} o'_{\mu\varrho}\,\omega'_{\mu,p+\sigma}, \qquad (\varrho, \sigma = 1, 2, \cdots p)$$

so sind die Größen v' mit den Größen v und die Größen a' mit den Größen a verknüpft durch die Gleichungen

$$(98) \qquad v_{\mu} = \frac{1}{\pi i} \sum_{\nu=1}^{p} A_{\mu\nu} v'_{\nu} \qquad (\mu = 1, 2, \cdots p)$$

oder die damit äquivalenten

$$(99) \qquad v'_{\nu} = \frac{\pi i}{\Delta_A} \sum_{\mu=1}^{p} \bar{A}_{\mu\nu} v_{\mu} \qquad (\nu = 1, 2, \cdots p)$$

und

$$(100) \qquad B_{\mu\varrho} = \frac{1}{\pi i} \sum_{\nu=1}^{p} A_{\mu\nu} a'_{\nu\varrho} \qquad (\mu, \varrho = 1, 2, \cdots p)$$

oder die damit äquivalenten

$$(101) \qquad a'_{\nu\varrho} = \frac{\pi i}{\Delta_A} \sum_{\mu=1}^{p} \bar{A}_{\mu\nu} B_{\mu\varrho}. \qquad (\nu, \varrho = 1, 2, \cdots p)$$

In diesen Gleichungen ist zur Abkürzung

$$(102)\qquad \begin{aligned} A_{\mu\nu} &= c_{\nu\mu}\pi i + \sum_{\varrho=1}^{p} c_{\nu, p+\varrho} a_{\mu\varrho}, \\ B_{\mu\nu} &= c_{p+\nu,\mu}\pi i + \sum_{\varrho=1}^{p} c_{p+\nu, p+\varrho} a_{\mu\varrho} \end{aligned} \qquad (\mu, \nu = 1, 2, \cdots p)$$

gesetzt, mit Δ_A der stets von Null verschiedene Wert der Determinante $\sum \pm A_{11} A_{22} \cdots A_{pp}$ und mit $\bar{A}_{\mu\nu}$ die Adjunkte von $A_{\mu\nu}$ in dieser Determinante bezeichnet.

Auf diese Weise werden den ursprünglichen Perioden ω Thetafunktionen mit den Argumenten v und den Modulen a, den transformierten Perioden ω' aber Thetafunktionen mit den Argumenten v' und den Modulen a' zugeordnet und als Transformationsproblem der Thetafunktionen bezeichnet man die Aufgabe, eine Funktion $\vartheta\begin{bmatrix} g \\ h \end{bmatrix}(\!(v)\!)$ durch Funktionen $\vartheta\begin{bmatrix} g \\ h \end{bmatrix}(\!(v')\!)_{a'}$ auszudrücken. Durch die Lösung des inversen Transformationsproblems (Nr. **10**) wird dann umgekehrt eine Funktion $\vartheta\begin{bmatrix} g \\ h \end{bmatrix}(\!(v')\!)_{a'}$ durch Funktionen $\vartheta\begin{bmatrix} g \\ h \end{bmatrix}(\!(v)\!)_a$ dargestellt.

19. Die ganzzahlige Transformation. Ist die Transformation T eine ganzzahlige und n ihr Grad, so ist die Funktion

$$(103)\qquad \Pi(\!(v')\!) = \vartheta\begin{bmatrix} g \\ h \end{bmatrix}(\!(v)\!)_a e^V,$$

wobei

$$(104)\quad V = \frac{1}{(\pi i)^2} \sum_{\nu=1}^{p} \sum_{\nu'=1}^{p} \sum_{\mu=1}^{p} c_{\nu, p+\mu} A_{\mu\nu'} v_\nu' v_{\nu'}' = \frac{1}{\pi i} \sum_{\mu=1}^{p} \sum_{\nu=1}^{p} c_{\nu, p+\mu} v_\mu v_\nu'$$
$$= \frac{1}{\Delta_A} \sum_{\mu=1}^{p} \sum_{\mu'=1}^{p} \sum_{\nu=1}^{p} c_{\nu, p+\mu} \bar{A}_{\mu'\nu} v_\mu v_{\mu'}$$

ist, als Funktion der p Veränderlichen $v_1', \ldots v_p'$ betrachtet eine Thetafunktion n^{ter} Ordnung mit den Argumenten v', den Modulen a' und einer Charakteristik $\begin{bmatrix} \hat{g} \\ \hat{h} \end{bmatrix}$, deren Elemente durch die Gleichungen

$$(105)\qquad \begin{aligned} \hat{g}_\nu &= \sum_{\mu=1}^{p} (c_{\nu\mu} g_\mu - c_{\nu, p+\mu} h_\mu + \tfrac{1}{2} c_{\nu\mu} c_{\nu, p+\mu}), \\ \hat{h}_\nu &= \sum_{\mu=1}^{p} (- c_{p+\nu,\mu} g_\mu + c_{p+\nu, p+\mu} h_\mu + \tfrac{1}{2} c_{p+\nu,\mu} c_{p+\nu, p+\mu}) \end{aligned}$$
$$(\nu = 1, 2, \cdots p)$$

bestimmt sind.[52]) Daraus folgt, daß sich $\Pi(\!(v')\!)$ linear und homogen

52) *Hermite*, Paris C. R. 40 (1855) = Œeuv. 1 (1905), p. 455.

durch n^p linear unabhängige Funktionen $\Theta_n\begin{bmatrix}\hat{g}\\ \hat{h}\end{bmatrix}(\!(v')\!)_{a'}$ darstellen läßt in der Form

$$(106)\qquad \Pi(\!(v')\!) = \sum_{\varepsilon=0}^{n^p-1} c^{(\varepsilon)}\,\Theta_n^{(\varepsilon)}\begin{bmatrix}\hat{g}\\ \hat{h}\end{bmatrix}(\!(v')\!)_{a'}$$

und es ist damit das Transformationsproblem darauf reduziert, n^p linear unabhängige Funktionen $\Theta_n\begin{bmatrix}\hat{g}\\ \hat{h}\end{bmatrix}(\!(v')\!)_{a'}$ auszuwählen und hierauf zu ihnen die Konstanten c zu bestimmen.

In allgemeiner Form wurde dieses Problem von *Thomae*[53]) weitergeführt, der die n^p linear unabhängigen Funktionen $\Theta_n\begin{bmatrix}\hat{g}\\ \hat{h}\end{bmatrix}(\!(v')\!)_{a'}$ gemäß der Formel (86) wählte und in der dann aus (106) entstehenden Gleichung

$$(107)\qquad \Pi(\!(v')\!) = \sum_{\varkappa_1,\cdots\varkappa_p}^{0,1,\cdots n-1} c_{\varkappa_1\cdots\varkappa_p}\,\vartheta\begin{bmatrix}\frac{\hat{g}+\varkappa}{n}\\ \hat{h}\end{bmatrix}(\!(nv')\!)_{na'}$$

die Bestimmung der Koeffizienten $c_{\varkappa_1\cdots\varkappa_p}$ folgendermaßen durchführte.

Zuerst kann man mit Hilfe der Differentialgleichungen (69) die Abhängigkeit der Koeffizienten c von den Thetamodulen bestimmen; es ergibt sich, daß

$$(108)\qquad c_{\varkappa_1\cdots\varkappa_p} = \frac{1}{\sqrt{\Delta_A}}\,c'_{\varkappa_1\cdots\varkappa_p}\qquad (\varkappa_1,\ldots\varkappa_p = 0, 1, \ldots n-1)$$

ist, wo die c' nunmehr auch von den Modulen a unabhängige Größen sind. Die Bestimmung dieser erfolgt bei *Thomae* dadurch, daß für die Thetamodulen solche spezielle Werte eingeführt werden, die nach passender Umformung der Funktion $\vartheta\begin{bmatrix}g\\ h\end{bmatrix}(\!(v)\!)_a$ eine Vergleichung der Koeffizienten gleich hoher Potenzen der Größen $e^{2v_1}, \ldots e^{2v_p}$ auf der linken und rechten Seite von (107) gestattet.[54])

Die *Thomae*sche Lösung des Transformationsproblems ist noch keine vollständige, da auf der rechten Seite Thetafunktionen mit den Argumenten nv' und den Modulen na' auftreten, die erst noch durch solche mit einfachen Argumenten v' und einfachen Modulen a' ausge-

53) *Thomae*, Diss. Göttingen, 1864.

54) Daß die von *Thomae* erhaltenen Ausdrücke für die Koeffizienten c' nicht auf die einfachste Form gebracht sind und insbesondere im allgemeinen nicht alle von Null verschieden sind, hat sich ergeben, als *Krazer* und *Prym* („N. G.", p. 123) auf andere Weise die Formel für die ganzzahlige Transformation abgeleitet haben.

drückt werden müssen. Es ist dies selbst wieder das Problem jener speziellen Transformation n^{ter} Ordnung, bei welcher

(109) $c_{11} = c_{22} = \cdots = c_{pp} = n, \; c_{p+1,p+1} = c_{p+2,p+2} = \cdots = c_{2p,2p} = 1$

ist, während alle übrigen Transformationszahlen c den Wert Null haben[55]).

Es tritt aber noch ein anderer Umstand hinzu. Besteht nämlich die Charakteristik $\begin{bmatrix} g \\ h \end{bmatrix}$ der ursprünglichen Thetafunktion $\vartheta\begin{bmatrix} g \\ h \end{bmatrix}((v))_a$ aus rationalen Zahlen mit dem gemeinsamen Nenner r, so wird man in den meisten Fällen verlangen, daß auch die Charakteristiken der auftretenden transformierten Thetafunktionen mit den Argumenten v' und den Modulen a' von derselben Art sind.

Die vollständige Lösung dieser Aufgabe beschränkt sich bisher auf den Fall $r = 2$ (halbe Charakteristiken) und $n = 2$ (quadratische Transformation), wo sie zuerst von *Königsberger*[56]) für $p = 2$ angegeben wurde.

Mit Transformationen höherer Ordnung haben sich außer *Königsberger*[56a]), gleichfalls auf den Fall $r = 2$ und $p = 2$ sich beschränkend, *Brioschi*[57]) und *Krause*[58]) beschäftigt.

Die Multiplikation M (Nr. **11**), für welche

(110) $$v_\mu = n v'_\mu, \quad a_{\mu\nu} = a'_{\mu\nu} \qquad (\mu, \nu = 1, 2, \ldots p)$$

ist, ist eine ganzzahlige Transformation vom Grade n^2. Es ist daher, da hier weiter sich $V = 0$ ergibt, $\vartheta\begin{bmatrix} g \\ h \end{bmatrix}((nv'))_a$ als Funktion der Variablen v' betrachtet, eine Thetafunktion $n^{2\text{ter}}$ Ordnung mit der Charakteristik $\begin{bmatrix} ng \\ nh \end{bmatrix}$ und läßt sich als solche linear und homogen durch n^{2p} linear unabhängige solche Funktionen darstellen[59]).

55) Über die Lösung dieses Problems bei *Krazer*, „Thetaf.“, p. 168.

56) J. f. Math. 67 (1867), p. 58; dazu *Pringsheim*, Math. Ann. 9 (1876), p. 445 und *Rohn*, Diss. München 1878 und Math. Ann. 15 (1879), p. 325 = Hab.-Schr. Leipzig 1879; für $p = 3$ bei *Weber*, Ann. di Mat. 9_2 (1878/9), p. 157; für beliebiges p bei *Krazer*, Math. Ann. 46 (1895), p. 442 und *Baker*, „Ab. Th.“, § 364—370.

56a) J. f. Math. 67 (1867), p. 97; Math. Ann. 1 (1869), p. 161.

57) Acc. Linc. Rend. 1_4 (1884/5), p. 769 = Op. mat. 3 (1904), p. 421; Math. Ann. 28 (1887), p. 594 = Op. mat. 5 (1909), p. 245; Acc. Linc. Rend. 1_4 (1884/5), p. 315 = Op. mat. 3 (1904), p. 407.

58) „Transf.“, schon vorher Math. Ann. 16 (1880), p. 83; 19 (1882), p. 103, 423 u. 489; 20 (1882), p. 54 u. 226; 25 (1885), p. 319 u. 323; 28 (1887), p. 597; Acta math. 3 (1883), p. 153; bezüglich weiterer Literatur bei *Krazer*, „Thetaf.“, p. 407.

59) Im allgemeinen Falle bei *Krazer*, „Thetaf.“, p. 195, für Thetafunktionen mit halben Char. bei *Krause*, Math. Ann. 17 (1880), p. 448 u. „Transf.“, p. 146.

20. Die lineare ganzzahlige Transformation. Ist $n = 1$, d. h. die Transformation eine lineare ganzzahlige, so ist $\Pi((v'))$ eine Thetafunktion 1. Ordnung mit den Argumenten v', den Modulen a' und der Charakteristik $\left[\begin{smallmatrix}\hat{g}\\ \hat{h}\end{smallmatrix}\right]$, unterscheidet sich also von der Funktion $\vartheta\left[\begin{smallmatrix}\hat{g}\\ \hat{h}\end{smallmatrix}\right]((v'))_{a'}$ nur um einen konstanten Faktor. Man hat also jetzt

$$\vartheta\left[\begin{smallmatrix}g\\ h\end{smallmatrix}\right]((v))_a = ce^{-V}\vartheta\left[\begin{smallmatrix}\hat{g}\\ \hat{h}\end{smallmatrix}\right]((v'))_{a'}, \tag{111}$$

wo c eine von den Variablen v unabhängige Größe bezeichnet.

Die Bestimmung der Größe c hat *Weber*[60]) auf dem Wege der Integration unter Anwendung der *Fourier*schen Formel vollständig durchgeführt. Wenn man voraussetzt, daß die Determinante

$$\Delta_{\text{II}} = \sum \pm c_{1,p+1}\, c_{2,p+2} \cdots c_{p,2p}$$

der p^2 Zahlen $c_{\mu,p+\nu}$ von Null verschieden ist, so tritt als Faktor von c eine p-fache *Gauß*sche Summe auf, d. h. eine endliche Summe, bei der, wie bei der Thetareihe, der Logarithmus des allgemeinen Gliedes eine ganze rationale Funktion zweiten Grades der Summationsbuchstaben ist[61]). *Weber* zeigt ferner, daß im Falle des Verschwindens der Determinante Δ_{II}, wenn man deren Rang mit q bezeichnet, an Stelle der p-fachen *Gauß*schen Summe nur eine q-fache solche auftritt, ein Resultat, zu welchem auf anderem Wege auch *Krazer* und *Prym* gelangt sind[62]). Man kann statt dessen aber auch, wie *Krazer*[63]) gezeigt hat, den Fall $\Delta_{\text{II}} = 0$ stets in einfacher Weise auf den Fall $\Delta_{\text{II}} \neq 0$ zurückführen.

21. Zusammensetzung von Transformationsformeln. Ist das Transformationsproblem der Thetafunktionen für zwei Transformationen T_1 und T_2 gelöst, so daß also für jede dieser die ursprünglichen Thetafunktionen durch die transformierten ausgedrückt sind, so erhält man aus diesen beiden Formeln durch Zusammensetzung sofort die Lösung des Transformationsproblems für die zusammengesetzte Transformation $T_1 T_2$.

60) *Weber,* J. f. Math. 74 (1872), p. 66; Gött. N. 1893, p. 251; auch *Krazer,* „Thetaf.“, p. 172. Man vgl. *Gordan,* Paris C. R. 60 (1865), p. 925.

61) Bezüglich der Eigenschaften und der Wertbestimmung mehrfacher *Gauß*scher Summen bei *Weber,* J. f. Math. 74 (1872), p. 14; *Jordan,* Paris C. R. 73 (1871), p. 1316; *Krazer,* J. f. Math. 111 (1893), p. 64 und Weber-Festschr. 1912, p. 181.

62) *Krazer* und *Prym,* „N. G.“, p. 94.

63) *Krazer,* „Thetaf.“, p. 202.

Da alle ganzzahligen Transformationen eines gegebenen Grades n aus einer endlichen Anzahl unter ihnen, den Repräsentanten der Klassen äquivalenter Transformationen, durch Zusammensetzung mit linearen ganzzahligen Transformationen erhalten werden können, so folgt jetzt, daß man die einer beliebigen ganzzahligen Transformation n^{ter} Ordnung entsprechende Transformationsformel aus der dem zugehörigen Repräsentanten entsprechenden Formel und der Formel für die lineare ganzzahlige Transformation zusammensetzen und daß man sich also, wenn man die letztere Formel als bekannt ansieht, hinsichtlich der Herstellung von Transformationsformeln für die nichtlinearen ganzzahligen Transformationen auf die Repräsentanten beschränken kann.[63a])

Ebenso kann man in jedem speziellen Falle einer linearen ganzzahligen Transformation die ihr entsprechende Formel aus jenen Formeln zusammensetzen, welche den einfachen linearen Transformationen entsprechen, aus denen sich nach Nr. **12** jede beliebige lineare ganzzahlige Transformation zusammensetzen läßt.

In systematischer Weise haben *Krazer* und *Prym*[64]) dieses Verfahren der Zusammensetzung von Transformationsformeln aus einfachen angewandt und sind mit seiner Hilfe zu ganz allgemeinen Formeln nicht nur für die ganzzahlige, sondern auch für die nichtganzzahlige, zur beliebigen Ordnungszahl $\frac{n_1}{n_2}$ gehörigen Transformation gelangt.

IV. Die allgemeinen Thetafunktionen mit halben Charakteristiken.

22. Thetafunktionen mit halben Charakteristiken. Unter den Funktionen $\vartheta\left[\begin{smallmatrix} g \\ h \end{smallmatrix}\right]((v))$ spielen wegen ihrer Verwendung in der Theorie der *Abel*schen Funktionen diejenigen die wichtigste Rolle, bei denen die Charakteristikenelemente g, h rationale Zahlen mit dem gemeinsamen Nenner 2 sind, also

$$g_\mu = \frac{\varepsilon_\mu}{2}, \quad h_\mu = \frac{\varepsilon'_\mu}{2} \qquad (\mu = 1, 2, \ldots p) \tag{112}$$

ist, wo die $\varepsilon, \varepsilon'$ ganze Zahlen bezeichnen. In diesem Falle sei die Charakteristik mit $[\varepsilon]$, die zugehörige Thetafunktion mit $\vartheta[\varepsilon]((v))$ bezeichnet.

63a) Vgl. hierzu *Wiltheiß*, J. f. Math. 96 (1884), p. 17.

64) *Krazer* und *Prym*, „N. G.", 2. Teil; siehe auch *Krazer*, Math. Ann. 43 (1893), p. 413 u. 457.

Die Thetafunktion $\vartheta[\varepsilon]((v))$ ist also definiert durch die Gleichung

$$(113)\quad \vartheta[\varepsilon]((v)) = \sum_{m_1, \cdots m_p}^{-\infty, \cdots +\infty} e^{\sum_{\mu=1}^{p}\sum_{\mu'=1}^{p} a_{\mu\mu'}\left(m_\mu + \frac{\varepsilon_\mu}{2}\right)\left(m_{\mu'} + \frac{\varepsilon_{\mu'}}{2}\right) + 2\sum_{\mu=1}^{p}\left(m_\mu + \frac{\varepsilon_\mu}{2}\right)\left(v_\mu + \frac{\varepsilon'_\mu}{2}\pi i\right)};$$

sie ist mit der Funktion $\vartheta((v))$ verknüpft durch die Gleichung

$$(114)\quad \vartheta[\varepsilon]((v)) = \vartheta\left(v_1 + \sum_{\mu=1}^{p}\frac{\varepsilon_\mu}{2}a_{1\mu} + \frac{\varepsilon'_1}{2}\pi i \,\Big|\cdots\Big|\, v_p + \sum_{\mu=1}^{p}\frac{\varepsilon_\mu}{2}a_{p\mu} + \frac{\varepsilon'_p}{2}\pi i\right)$$

$$\cdot\, e^{\sum_{\mu=1}^{p}\sum_{\mu'=1}^{p} a_{\mu\mu'}\frac{\varepsilon_\mu\varepsilon_{\mu'}}{4} + \sum_{\mu=1}^{p}\varepsilon_\mu\left(v_\mu + \frac{\varepsilon'_\mu}{2}\pi i\right)},$$

d. h. sie geht abgesehen von einem Exponentialfaktor aus der Funktion $\vartheta((v))$ hervor, wenn man deren Argumentensystem (v) um das System

$$(115)\quad \{\varepsilon\} = \sum_{\mu=1}^{p}\frac{\varepsilon_\mu}{2}a_{1\mu} + \frac{\varepsilon'_1}{2}\pi i \,\Big|\cdots\Big|\, \sum_{\mu=1}^{p}\frac{\varepsilon_\mu}{2}a_{p\mu} + \frac{\varepsilon'_p}{2}\pi i$$

zusammengehöriger Halben der Periodizitätsmodulen mit der Per. Char. (ε) vermehrt. So entspricht der Th. Char. $[\varepsilon]$ also die Per. Char. (ε), wenn man $\vartheta[\varepsilon]((v))$ relativ gegen $\vartheta((v))$ betrachtet.

Die durch die Gleichung (113) definierte Thetafunktion $\vartheta[\varepsilon]((v))$ genügt den $2p$ Gleichungen

$$(116)\quad \vartheta[\varepsilon](v_1|\cdots|v_\nu + \pi i|\cdots|v_p) = (-1)^{\varepsilon_\nu}\vartheta[\varepsilon]((v)),$$

$$(117)\quad \vartheta[\varepsilon](v_1 + a_{1\nu}|\cdots|v_p + a_{p\nu}) = (-1)^{\varepsilon'_\nu}\vartheta[\varepsilon]((v))e^{-a_{\nu\nu} - 2v_\nu}$$

$$(\nu = 1, 2, \ldots p)$$

oder, was dasselbe sagt, bei beliebigen ganzzahligen $\varkappa, \varkappa'$ der Gleichung

$$(118)\quad \vartheta[\varepsilon]((v + \{2\varkappa\}))$$

$$= \vartheta[\varepsilon]((v))e^{-\sum_{\mu=1}^{p}\sum_{\mu'=1}^{p} a_{\mu\mu'}\varkappa_\mu\varkappa_{\mu'} - 2\sum_{\mu=1}^{p}\varkappa_\mu v_\mu + \sum_{\mu=1}^{p}(\varepsilon_\mu\varkappa'_\mu - \varepsilon'_\mu\varkappa_\mu)\pi i},$$

in welcher $\{2\varkappa\}$ jenes System zusammengehöriger Ganzen der Periodizitätsmodulen bezeichnet, welches aus (115) für $\varepsilon_\mu = 2\varkappa_\mu$, $\varepsilon'_\mu = 2\varkappa'_\mu$ $(\mu = 1, 2, \ldots p)$ hervorgeht.

Endlich genügt die Funktion $\vartheta[\varepsilon]((v))$ den Gleichungen

$$(119)\quad \vartheta[\varepsilon + 2\varkappa]((v)) = (-1)^{\sum_{\mu=1}^{p}\varepsilon_\mu\varkappa'_\mu}\,\vartheta[\varepsilon]((v)),$$

$$(120)\quad \vartheta[\varepsilon]((v+\{\eta\}))=\vartheta[\varepsilon+\eta]((v))\,e^{-\sum\limits_{\mu=1}^{p}\sum\limits_{\mu'=1}^{p}a_{\mu\mu'}\frac{\eta_\mu\eta_{\mu'}}{4}-\sum\limits_{\mu=1}^{p}\eta_\mu\left(v_\mu+\frac{\varepsilon'_\mu+\eta'_\mu}{2}\pi i\right)},$$

$$(121)\qquad \vartheta[\varepsilon]((-v))=(-1)^{\sum\limits_{\mu=1}^{p}\varepsilon_\mu\varepsilon'_\mu}\,\vartheta[\varepsilon]((v)).$$

Die Formel (119) sagt aus, daß zwei Funktionen $\vartheta[\varepsilon]((v))$ und $\vartheta[\eta]((v))$, für welche die Charakteristikenelemente ε, ε' und η, η' den $2p$ Kongruenzen

$$(122)\qquad \varepsilon_\mu\equiv\eta_\mu,\quad \varepsilon'_\mu\equiv\eta'_\mu\quad(\text{mod. } 2)\qquad(\mu=1,2,\ldots p)$$

genügen, nur um einen Faktor ± 1 voneinander verschieden sind, und man schließt daraus, daß es im ganzen überhaupt nur 2^{2p} wesentlich verschiedene Funktionen $\vartheta[\varepsilon]((v))$ gibt, als welche man diejenigen wählen wird, bei denen die Zahlen ε, ε' nur die Werte 0 und 1 besitzen.

Die Formel (120) zeigt weiter, daß man von jeder dieser 2^{2p} Funktionen zu jeder anderen von ihnen, abgesehen von einem Exponentialfaktor, gelangen kann, indem man ihr Argumentensystem (v) um ein passend gewähltes System zusammengehöriger Halben der Periodizitätsmodulen vermehrt. Dadurch erscheinen die 2^{2p} Funktionen $\vartheta[\varepsilon]((v))$ untereinander als gleichberechtigt.

Die Formel (121) endlich zeigt, daß die Funktion $\vartheta[\varepsilon]((v))$ eine gerade oder ungerade Funktion ihrer Argumente ist, je nachdem der Ausdruck

$$(123)\qquad \sum_{\mu=1}^{p}\varepsilon_\mu\varepsilon'_\mu\equiv 0\ \text{oder}\ \equiv 1\ (\text{mod. } 2)$$

ist; man nennt daher auch eine Th. Char. $[\varepsilon]$ gerade oder ungerade, je nachdem $\sum\limits_{\mu}\varepsilon_\mu\varepsilon'_\mu\equiv 0$ oder $\equiv 1$ (mod. 2) ist. Beachtet man dann noch, daß eine Thetafunktion mit einer ungeraden Th. Char. als ungerade Funktion ihrer Argumente für die Nullwerte dieser verschwindet, so erkennt man mit Hilfe von (120), daß eine Funktion $\vartheta[\varepsilon]((v))$ verschwindet, sobald für das Argumentensystem (v) ein System zusammengehöriger Halben der Periodizitätsmodulen mit einer solchen Per. Char. (η) gesetzt wird, für welche die Th. Char. $[\varepsilon+\eta]$ ungerade ist.

23. Periodencharakteristiken. Sind $\omega_{1\alpha},\ldots\omega_{p\alpha}$ $(\alpha=1,2,\ldots 2p)$ die $2p$ Periodensysteme einer *Abel*schen Funktion (s. Nr. 2), so denke man sich ein System zusammengehöriger Halben dieser Perioden in der Form

$$(124)\quad \frac{1}{2}\sum_{\nu=1}^{p}(\varepsilon_\nu'\omega_{1\nu}+\varepsilon_\nu\omega_{1,p+\nu}),\ \ldots\ \frac{1}{2}\sum_{\nu=1}^{p}(\varepsilon_\nu'\omega_{p\nu}+\varepsilon_\nu\omega_{p,p+\nu})$$

geschrieben und dessen Per. Char. (vgl. Nr. **16**) mit (ε) bezeichnet.

Zwei Systeme (124), bei denen die Charakteristenelemente $\varepsilon, \varepsilon'$ und η, η' den $2p$ Kongruenzen (122) genügen, sind einander kongruent nach den Perioden; zwei solche Per. Char. (ε) und (η) werden im folgenden als nicht verschieden angesehen. Es gibt dann im ganzen nur 2^{2p} verschiedene Per. Char. (ε), als welche man diejenigen wählt, bei denen die Zahlen $\varepsilon, \varepsilon'$ nur die Werte 0 und 1 haben.

Durch jede lineare ganzzahlige Transformation (39) geht ein System zusammengehöriger Halben der Perioden ω in ein System zusammengehöriger Halben der Perioden ω' über, dessen Per. Char. $(\bar{\varepsilon})$ in ihren Elementen $\bar{\varepsilon}_\mu, \bar{\varepsilon}_\mu'$ durch die Kongruenzen

$$(125)\quad \begin{aligned}\bar{\varepsilon}_\mu &\equiv \sum_{\nu=1}^{p}(c_{\mu\nu}\,\varepsilon_\nu + c_{\mu,p+\nu}\,\varepsilon_\nu') \pmod{2},\\ \bar{\varepsilon}_\mu' &\equiv \sum_{\nu=1}^{p}(c_{p+\mu,\nu}\,\varepsilon_\nu + c_{p+\mu,p+\nu}\,\varepsilon_\nu') \pmod{2}\end{aligned}\qquad (\mu = 1, 2, \ldots p)$$

bestimmt ist. Man sagt dann, daß die Per. Char. (ε) durch die Transformation (39) in die Per. Char. $(\bar{\varepsilon})$ übergeht. Unter den 2^{2p} Per. Char. (ε) nimmt dabei die Per. Char. (0), bei der $\varepsilon_1 = \cdots = \varepsilon_p = \varepsilon_1' = \cdots = \varepsilon_p' = 0$ ist, den $2^{2p}-1$ anderen gegenüber eine Ausnahmestellung ein, da sie und nur sie bei jeder Transformation in sich übergeht. Man teilt daher die 2^{2p} Per. Char. (ε) in zwei Klassen; die erste Klasse besteht aus der einzigen Per. Char. (0), welche die uneigentliche Per. Char. genannt wird, die andere aus den $2^{2p}-1$ übrigen, welche die eigentlichen Per. Char. heißen. Unter der Summe $(\sigma) = (\varepsilon\eta\zeta\ldots)$ mehrerer Per. Char. (ε), (η), (ζ), ... wird jene Per. Char. verstanden, deren Elemente σ_μ, σ_μ' durch die Kongruenzen

$$(126)\quad \sigma_\mu \equiv \varepsilon_\mu + \eta_\mu + \zeta_\mu + \cdots,\quad \sigma_\mu' \equiv \varepsilon_\mu' + \eta_\mu' + \zeta_\mu' + \cdots \pmod{2}$$
$$(\mu = 1, 2, \ldots p)$$

bestimmt sind. Man nennt gegebene Per. Char. (ε), (η), ... unabhängig, wenn nicht die Summe irgendeiner Anzahl derselben der uneigentlichen Per. Char. (0) gleich ist. Eine Summe von ν unter gegebenen Per. Char. (ε_1), (ε_2), ... wird auch eine Kombination ν^{ter} Ordnung dieser Per. Char. genannt und mit $(\sum^{\nu}\varepsilon)$ bezeichnet.

Bezeichnen weiter (ε) und (η) irgend zwei Per. Char., $(\bar{\varepsilon})$ und $(\bar{\eta})$ die daraus durch die nämliche lineare ganzzahlige Transformation hervorgehenden, so ist stets

$$(127)\quad \sum_{\mu=1}^{p}(\bar{\varepsilon}_\mu \bar{\eta}_\mu' - \bar{\varepsilon}_\mu' \bar{\eta}_\mu) \equiv \sum_{\mu=1}^{p}(\varepsilon_\mu \eta_\mu' - \varepsilon_\mu' \eta_\mu) \qquad (\text{mod. } 2);$$

es bleibt daher der Ausdruck

$$(128)\qquad |\varepsilon, \eta| = (-1)^{\sum\limits_{\mu=1}^{p}(\varepsilon_\mu \eta_\mu' - \varepsilon_\mu' \eta_\mu)}$$

bei jeder linearen ganzzahligen Transformation seinem Werte nach ungeändert.

Zwei Per. Char. (ε) und (η) heißen syzygetisch oder azygetisch, je nachdem $|\varepsilon, \eta| = +1$ oder -1 ist.

Es gelten dann die Sätze:

Die uneigentliche Per. Char. (0) ist zu jeder der 2^{2p} Per. Char. syzygetisch; jede eigentliche Per. Char. (ε) dagegen ist zu 2^{2p-1} der Per. Char. syzygetisch, zu den 2^{2p-1} anderen azygetisch.

Unter den 2^{2p} Per. Char. sind stets 2^{2p-r} in vorgeschriebener Weise syzygetisch und azygetisch zu r gegebenen unabhängigen Per. Char.; durch ihr (syzygetisches oder azygetisches) Verhalten zu $2p$ unabhängigen Per. Char. ist also eine Per. Char. eindeutig bestimmt.

24. Thetacharakteristiken. Zwei Funktionen $\vartheta[\varepsilon]((v))$ und $\vartheta[\eta]((v))$, bei denen die Charakteristikenelemente ε, ε' und η, η' den $2p$ Kongruenzen (122) genügen, unterscheiden sich, wie oben bemerkt, auf Grund der Formel (119) nur um einen Faktor ± 1; zwei solche Th. Char. werden im folgenden als nicht verschieden angesehen. Es gibt dann im ganzen nur 2^{2p} verschiedene Th. Char., als welche man diejenigen wählt, bei denen die Zahlen ε, ε' nur die Werte 0 und 1 haben.

Bei jeder linearen ganzzahligen Transformation entspricht nach (111) einer Funktion $\vartheta[\varepsilon]((v))_a$ eine Funktion $\vartheta[\hat{\varepsilon}]((v'))_{a'}$, die mit ihr durch eine Gleichung von der Form

$$(129)\qquad \vartheta[\varepsilon]((v))_a = c\, e^{-V} \vartheta[\hat{\varepsilon}]((v'))_{a'},$$

verknüpft ist; dabei genügen die Elemente $\hat{\varepsilon}_\mu$, $\hat{\varepsilon}_\mu'$ der Th. Char. $[\hat{\varepsilon}]$ den $2p$ Kongruenzen:

$$(130)\quad \begin{aligned} \hat{\varepsilon}_\mu &\equiv \sum_{\nu=1}^{p}(c_{\mu\nu}\varepsilon_\nu + c_{\mu,p+\nu}\varepsilon_\nu' + c_{\mu\nu}c_{\mu,p+\nu}) \qquad (\text{mod. } 2),\\ \hat{\varepsilon}_\mu' &\equiv \sum_{\nu=1}^{p}(c_{p+\mu,\nu}\varepsilon_\nu + c_{p+\mu,p+\nu}\varepsilon_\nu' + c_{p+\mu,\nu}c_{p+\mu,p+\nu}) \qquad (\text{mod. } 2),\end{aligned}$$

$$(\mu = 1, 2, \ldots p)$$

auf Grund deren stets

(131) $$\sum_{\mu=1}^{p} \hat{\varepsilon}_\mu \hat{\varepsilon}_\mu' \equiv \sum_{\mu=1}^{p} \varepsilon_\mu \varepsilon_\mu' \qquad (\text{mod. } 2)$$

ist; es bleibt daher der Charakter

(132) $$|\varepsilon| = (-1)^{\sum_{\mu=1}^{p} \varepsilon_\mu \varepsilon_\mu'}$$

einer Th. Char. bei jeder linearen ganzzahligen Transformation seinem Werte nach ungeändert.

Nennt man wie oben eine Th. Char. $[\varepsilon]$ gerade oder ungerade, je nachdem $|\varepsilon| = +1$ oder $= -1$ ist, so zerfallen die 2^{2p} Th. Char. in zwei Klassen, von denen die eine die g_p geraden, die andere die u_p ungeraden enthält; die Anzahlen g_p und u_p aber sind[65])

(133) $$g_p = 2^{p-1}(2^p + 1), \quad u_p = 2^{p-1}(2^p - 1).$$

Unter der Summe $[\sigma] = [\varepsilon\eta\zeta \ldots]$ mehrerer Th. Char. $[\varepsilon]$, $[\eta]$, $[\zeta]$, ... wird wieder jene Th. Char. verstanden, deren Elemente σ_μ, σ_μ' durch die Kongruenzen (126) bestimmt sind. Man nennt gegebene Th. Char. $[\varepsilon]$, $[\eta]$, ... wesentlich unabhängig, wenn nicht die Summe einer geraden Anzahl derselben der Th. Char. [0] gleich ist. Eine Summe von ν unter gegebenen Th. Char. $[\varepsilon_1]$, $[\varepsilon_2]$, ... wird auch eine Kombination ν^{ter} Ordnung dieser Th. Char. genannt und mit $[\sum^{\nu} \varepsilon]$ bezeichnet. Die Kombinationen ungerader Ordnung heißen die wesentlichen Kombinationen der gegebenen Th. Char.

Drei Th. Char. $[\varepsilon]$, $[\eta]$, $[\zeta]$ heißen syzygetisch oder azygetisch, je nachdem der Ausdruck

(134) $$|\varepsilon, \eta, \zeta| = |\varepsilon| \cdot |\eta| \cdot |\zeta| \cdot |\varepsilon\eta\zeta|$$

$= +1$ oder $= -1$ ist, je nachdem also von den vier Th. Char. $[\varepsilon]$, $[\eta]$, $[\zeta]$, $[\varepsilon\eta\zeta]$ eine gerade oder ungerade Anzahl gerade (oder ungerade) ist.

25. Beziehungen zwischen den Per. Char. und Th. Char. Das verschiedene Verhalten der Per. Char. und der Th. Char. bei linearer ganzzahliger Transformation zeigt sich vor allem darin, daß die Per. Char. (0) stets in sich übergeht, daß also symbolisch geschrieben $(\bar{0}) = (0)$ ist, während die Th. Char. [0] in die Th. Char. $[\hat{0}]$ übergeht,

65) Zuerst angegeben von *Riemann* in seiner Vorlesung von W.-S. 61/62, vgl. Ges. math. W. Nachtr. 1902, p. 7, später von *Prym*, „Riem. Thetaf.", III, p. 52, auch *Borel*, S. M. F. Bull. 26 (1898), p. 89; *Moore*, Amer. M. S. Bull. 1 (1895), p. 252.

deren Elemente $\hat{o}_\mu$, $\hat{o}_\mu'$ durch die Kongruenzen

$$(135) \qquad \hat{o}_\mu \equiv \sum_{\nu=1}^{p} c_{\mu\nu} c_{\mu, p+\nu}, \quad \hat{o}_\mu' \equiv \sum_{\nu=1}^{p} c_{p+\mu,\nu} c_{p+\mu, p+\nu} \qquad (\text{mod. } 2)$$
$$(\mu = 1, 2, \ldots p)$$

bestimmt sind. Für eine beliebige Per. Char. (ε) und die aus denselben Elementen gebildete Th. Char. $[\varepsilon]$ erhält man die Elemente $\hat{\varepsilon}_\mu$, $\hat{\varepsilon}_\mu'$ der transformierten Th. Char. $[\hat{\varepsilon}]$ aus den Elementen $\bar{\varepsilon}_\mu$, $\bar{\varepsilon}_\mu'$ der transformierten Per. Char. $(\bar{\varepsilon})$, indem man zu diesen die Größen $\hat{o}_\mu$, $\hat{o}_\mu'$ addiert; es ist also symbolisch geschrieben $[\hat{\varepsilon}] = [\bar{\varepsilon}\hat{o}]$. Gehen weiter die Per. Char. (ε), (η), ... durch eine Transformation in die Per. Char. $(\bar{\varepsilon})$, $(\bar{\eta})$, ... über, so geht durch diese Transformation die Summe $(\varepsilon\eta \ldots)$ stets in die Summe $(\bar{\varepsilon}\bar{\eta} \ldots)$ über; gehen dagegen die Th. Char. $[\varepsilon]$, $[\eta]$, ... durch eine Transformation in die Th. Char. $[\hat{\varepsilon}]$, $[\hat{\eta}]$, ... über, so geht die Summe einer ungeraden Anzahl $[\varepsilon\eta \ldots]$ von ihnen in $[\hat{\varepsilon}\hat{\eta} \ldots]$ über, die Summe $[\varepsilon\eta \ldots]$ einer geraden Anzahl dagegen in $[\hat{o}\hat{\varepsilon}\hat{\eta} \ldots]$ Die Summe einer ungeraden Anzahl von Th. Char. transformiert sich also wie eine Th. Char., die Summe einer geraden Anzahl von Th. Char. aber wie eine Per. Char. Man wird daher Th. Char. als Summen einer ungeraden, Per. Char. als Summen einer geraden Anzahl gewisser Fundamentalcharakteristiken darstellen, die dann bei einer Transformation als Th. Char. behandelt werden.

Zwischen den für Per. Char. definierten Symbolen $|\varepsilon, \eta|$ und den für Th. Char. definierten $|\varepsilon|$ und $|\varepsilon, \eta, \zeta|$ bestehen, wenn die auftretenden Per. Char. und Th. Char., (ε), (η), (ζ) und $[\varepsilon]$, $[\eta]$, $[\zeta]$, die nämlichen Elemente haben, die Gleichungen

$$(136) \qquad \begin{aligned} |\varepsilon| \cdot |\eta| \cdot |\varepsilon\eta| &= |\varepsilon, \eta|, \\ |\varepsilon, \eta, \zeta| &= |\varepsilon, \eta| \cdot |\eta, \zeta| \cdot |\zeta, \varepsilon| \end{aligned}$$

und hieraus ergeben sich die weiteren

$$(137) \qquad |\varepsilon\eta, \varepsilon\zeta| = |\varepsilon, \eta, \zeta|, \qquad |\varkappa, \varkappa\varepsilon, \varkappa\eta| = |\varepsilon, \eta|,$$

von denen die erste zeigt, daß mit den Th. Char. $[\varepsilon]$, $[\eta]$, $[\zeta]$ immer gleichzeitig die Per. Char. $(\varepsilon\eta)$ und $(\varepsilon\zeta)$ syzygetisch und azygetisch sind, die zweite aber, daß mit den Per. Char. (ε) und (η) immer gleichzeitig die Th. Char. $[\varkappa]$, $[\varkappa\varepsilon]$ und $[\varkappa\eta]$ und zwar bei beliebiger Th. Char. $[\varkappa]$ syzygetisch und azygetisch sind; woraus noch folgt, daß drei syzygetische oder azygetische Th. Char. durch Addition einer beliebigen Th. Char. wieder in drei syzygetische oder azygetische Th. Char. übergehen, daß also stets

$$(138) \qquad |\varkappa\varepsilon, \varkappa\eta, \varkappa\zeta| = |\varepsilon, \eta, \zeta| \qquad \text{ist.}$$

Wenn zwischen drei Th. Char. $[\varepsilon]$, $[\varkappa]$, $[\lambda]$ die Gleichung $[\varepsilon] = [\varkappa\lambda]$ besteht, so sagt man auch, die Per. Char. (ε) sei in die beiden Th. Char. $[\varkappa]$ und $[\lambda]$ zerlegbar, und schreibt $(\varepsilon) = [\varkappa] + [\lambda]$. Bezüglich dieser Zerlegungen gelten die Sätze:

Jede eigentliche Per. Char. läßt sich auf 2^{2p-1} Weisen in zwei, immer verschiedene Th. Char. zerlegen.

Jede eigentliche Per. Char. läßt sich auf $g_{p-1} = 2^{p-2}(2^{p-1}+1)$ Weisen in zwei gerade, auf $u_{p-1} = 2^{p-2}(2^{p-1}-1)$ Weisen in zwei ungerade, endlich auf $g_{p-1} + u_{p-1} = 2^{2p-2}$ Weisen in eine gerade und eine ungerade Th. Char. zerlegen.

Die uneigentliche Per. Char. (0) läßt sich auf 2^{2p} Weisen in zwei, immer gleiche Th. Char. zerlegen.

Den zweiten Satz kann man auch so aussprechen:

Addiert man zu den sämtlichen 2^{2p} Th. Char. eine beliebige der $2^{2p}-1$ eigentlichen Per. Char., so gehen dadurch von den g_p geraden Th. Char. $2g_{p-1} = 2^{p-1}(2^{p-1}+1)$ wieder in gerade, die übrigen 2^{2p-2} in ungerade über, während andererseits von den u_p ungeraden Th. Char. $2u_{p-1} = 2^{p-1}(2^{p-1}-1)$ wieder in ungerade, die übrigen 2^{2p-2} in gerade übergehen.[66])

Betrachtet man von den Zerlegungen einer gegebenen eigentlichen Per. Char. (ε) nur die in zwei gleichartige Th. Char., also die g_{p-1} Zerlegungen in zwei gerade und die u_{p-1} Zerlegungen in zwei ungerade Th. Char., so sagt man von den darin auftretenden $2g_{p-1}$ geraden und $2u_{p-1}$ ungeraden Th. Char., daß sie in der Gruppe (ε) enthalten, und zwar von zwei Th. Char. $[\varkappa]$ und $[\lambda]$, für welche $(\varepsilon) = [\varkappa] + [\lambda]$ ist, daß sie in der Gruppe (ε) gepaart enthalten seien. Es gibt dann im ganzen $2^{2p}-1$ Gruppen, von denen jede durch eine der eigentlichen Per. Char. bezeichnet wird, und bezüglich der in zwei und mehreren Gruppen gemeinsam enthaltenen Th. Char. gelten die folgenden Sätze[67]):

Sind die beiden Per. Char. (ε) und (η) azygetisch, so enthalten je zwei der drei Gruppen (ε), (η), $(\varepsilon\eta)$ g_{p-1} gerade und u_{p-1} ungerade Th. Char. gemeinsam, von denen aber keine zwei gepaart auftreten; alle drei Gruppen haben keine Th. Char. gemeinsam und enthalten zusammen $3g_{p-1}$ verschiedene gerade und $3u_{p-1}$ verschiedene ungerade Th. Char.

---

66) Zuerst aber ohne Beweis von *Riemann* in seiner Vorlesung vom W.-S. 61/62 angegeben; Beweis von *Prym*, „Riem. Thetaf.", III; siehe aber auch *Riemann,* Ges. math. W. Nachtr. 1902, p. 61.

67) Zuerst bei *Jordan*, „Traité", § 321—325, wo noch weitere solche Sätze sich finden; hierzu *Krazer*, „Thetaf.", p. 259; vgl. auch *Clifford,* Math. Pap. 1882, p. 356.

Sind die beiden eigentlichen und verschiedenen Per. Char. (ε) und (η) syzygetisch, so treten in den drei Gruppen (ε), (η), $(\varepsilon\eta)$ alle geraden und alle ungeraden Th. Char. auf, und zwar kommen von ihnen $3 \cdot 2^{2p-3}$ gerade und $3 \cdot 2^{2p-3}$ ungerade Th. Char. nur in einer der drei Gruppen vor, während die übrigen $4g_{p-2}$ geraden und $4u_{p-2}$ ungeraden Th. Char. allen drei Gruppen gemeinsam angehören. Diese $4g_{p-2}$ geraden bzw. $4u_{p-2}$ ungeraden Th. Char. ordnen sich in g_{p-2} bzw. u_{p-2} Systeme von je 4 derart, daß die 4 Th. Char. eines solchen Systems in jeder der drei Gruppen zwei Paare bilden.[68])

26. Fundamentalsysteme von Per. Char. Ist für jedes Paar verschiedener Zahlen μ und ν von 1 bis n $|a_\mu, a_\nu| = -1$, so heißt die Reihe der Per. Char. $(a_1), (a_2), \ldots (a_n)$ eine azygetische; ist dann n gerade, so ist auch $(a_{n+1}) = (a_1 a_2 \ldots a_n)$ zu allen n Per. Char. (a) azygetisch und man nennt $(a_1), (a_2), \ldots, (a_n), (a_{n+1})$ eine geschlossene azygetische Reihe, da sie nicht erweitert werden kann. Auch folgt, daß die n Per. Char. einer azygetischen Reihe stets unabhängig sind, solange sie nicht geschlossen ist.

Eine geschlossene azygetische Reihe von $2p+1$ Per. Char. heißt ein Fundamentalsystem von Per. Char. (F. S. von Per. Char.). Die Anzahl der verschiedenen F. S. von Per. Char. beträgt

$$(139) \qquad N = \frac{(2^{2p}-1)(2^{2p-2}-1)\ldots(2^2-1)}{(2p+1)!}\, 2^{p^2}.$$

Die Summe aller $2p+1$ Per. Char. eines F. S. aber nicht die Summe

68) Per. Char. und Th. Char. sind von *Riemann* in seiner Vorlesung vom W.-S. 61/62 [Ges. math. W. Nachtr. 1902, p. 5, dazu auch *Prym*, Schweiz. Nat. Ges. N. Denkschr. 22 (1867)] eingeführt worden, der die letzteren schlechtweg „Charakteristiken", die ersteren „Gruppencharakteristiken" nennt, insofern als jede von ihnen zu einer Gruppe von solchen Produkten je zweier *Abel*schen Funktionen gehört, welche beim Überschreiten der Querschnitte der *Riemann*schen Fläche die nämlichen Faktoren annehmen. Da diese Faktoren durch die Summe der Th. Char. der beiden im Produkte vereinigten *Abel*schen Funktionen bestimmt sind, so haben die Th. Char. aller Paare einer Gruppe dieselbe Summe. In diesem Sinne bei *Weber* „$p=3$" und *Noether* [Erl. Ber. 10 (1878), p. 87 und 11 (1879), p. 198; Math. Ann. 14 (1879), p. 248 und 16 (1880), p. 270], der die Th. Char. „eigentliche Charakteristiken" nennt. In der Bezeichnungsweise folgen wir *Prym*, der eine Per. Char. mit (ε), eine Th. Char. mit $[\varepsilon]$ bezeichnet, während *Noether* gerade umgekehrt verfährt. Die Unterscheidung zwischen Per. Char. und Th Char. ist schon bei *Weber* in der Bezeichnung unterlassen und wird in der Folge ganz verwischt, bis *Noether* [Math. Ann. 28 (1887), p. 372] wieder auf deren Notwendigkeit hingewiesen. *Klein* [Math. Ann. 36 (1890), p. 34, vorher schon bei *Burkhardt*, Math. Ann. 35 (1890), p. 208 u. 246] nennt die Per. Char. „Elementarcharakteristiken", die Th. Char. aber „Primcharakteristiken", näheres in Anm. 141.

von weniger unter ihnen ist der uneigentlichen Per. Char. (0) gleich. Jede der $2^{2p}-1$ eigentlichen Per. Char. läßt sich immer, und zwar auf zwei Weisen, als Summe von Per. Char. eines gegebenen F. S. darstellen. Die beiden Darstellungen enthalten zusammen alle $2p+1$ Per. Char. des F. S. und zwar jede nur einmal; die eine enthält also stets eine gerade, die andere eine ungerade Anzahl von Per. Char.; die erstere werden wir (vgl. Nr. 25) als die kanonische betrachten.

Aus einem F. S. von Per. Char. $(a_1), (a_2), \dots (a_{2p+1})$ geht immer wieder ein F. S. von Per. Char. hervor, wenn man irgendeine gerade Anzahl seiner Per. Char. $(a_1), (a_2), \dots (a_{2\lambda})$ durch die Per. Char. (sa_1), $(sa_2), \dots (sa_{2\lambda})$ ersetzt, wo $(s)=(a_1a_2\dots a_{2\lambda})$ ist. Man kann auf diese Weise von einem F. S. zu jedem beliebigen anderen gelangen.

Durch eine lineare ganzzahlige Transformation geht aus einem F. S. von Per. Char. immer wieder ein F. S. von Per. Char. hervor. Man kann auf diese Weise von einem F. S. zu jedem beliebigen anderen gelangen.

Sind $(a_1), (a_2), \dots (a_{2p+1})$ die $2p+1$ Per. Char. eines F. S. und bezeichnet man mit $[n]$ die Summe der unter den $2p+1$ Th. Char. $[a_1], [a_2], \dots [a_{2p+1}]$ vorkommenden ungeraden Th. Char., so werden von den Formen $\left[n+\sum^{p\pm 4\varrho} a\right]$ und ebenso von den Formen $\left[n+\sum^{p+1\pm 4\varrho} a\right]$, $\varrho=0,1,2,\dots$, die sämtlichen g_p geraden Th. Char. und jede nur einmal; von den Formen $\left[n+\sum^{p+2\pm 4\varrho} a\right]$ und ebenso von den Formen $\left[n+\sum^{p+3\pm 4\varrho} a\right]$ die sämtlichen u_p ungeraden Th. Char. und jede nur einmal geliefert. Von den $2p+1$ Th. Char.

(140) $$[h_1]=[na_1],\ [h_2]=[na_2],\ \dots\ [h_{2p+1}]=[na_{2p+1}]$$

sagt man, daß sie eine Hauptreihe von Th. Char. bilden, und man erhält, je nachdem $p\equiv 0, 1$ oder $\equiv 2, 3 \pmod 4$ ist, von den Formen $\left[\sum^{4\varrho+1} h\right]$ die sämtlichen geraden oder ungeraden Th. Char. und jede nur einmal, von den Formen $\left[\sum^{4\varrho+3} h\right]$ die sämtlichen ungeraden oder geraden Th. Char. und jede nur einmal geliefert, während die Kombinationen gerader Ordnung $\left(\sum^{2\varkappa} h\right)$ $(\varkappa=1,2,\dots,p)$ die sämtlichen $2^{2p}-1$ eigentlichen Per. Char. und zwar jede nur einmal liefern. Da $[n]$ auch die Summe aller $2p+1$ Th. Char. der Hauptreihe und daher zugleich mit diesen bekannt ist, so kann man aus (140) auch die Per. Char. des F. S. aus den Th. Char. der Hauptreihe berechnen in der Form

(141) $$(a_1)=(nh_1),\ (a_2)=(nh_2),\ \dots\ (a_{2p+1})=(nh_{2p+1}).$$

27. Fundamentalsysteme von Thetacharakteristiken. Ein Fundamentalsystem von Thetacharakteristiken (F. S. von Th. Char.) werden $2p+2$ Th. Char. $[a_0']$, $[a_1']$, ... $[a'_{2p+1}]$ genannt, die zu je dreien azygetisch sind, für welche also die Gleichungen $|a_\lambda', a_\mu', a_\nu'| = -1$ bestehen, sobald λ, μ, ν irgend drei verschiedene der Zahlen 0, 1, ... $2p+1$ bezeichnen. Addiert man eine der $2p+2$ Charakteristiken eines F. S. von Th. Char. zu den $2p+1$ übrigen und faßt die $2p+1$ entstehenden Charakteristiken als Per. Char. auf, so bilden dieselben ein F. S. von Per. Char. Addiert man umgekehrt zu den $2p+1$ Charakteristiken eines F. S. von Per. Char. und der uneigentlichen Per. Char. (0) eine willkürliche Charakteristik und faßt die $2p+2$ entstehenden Charakteristiken als Th. Char. auf, so bilden dieselben ein F. S. von Th. Char. Die Anzahl der verschiedenen F. S. von Th. Char. beträgt

$$N' = 2^{2p} \frac{(2^{2p}-1)(2^{2p-2}-1)\dots(2^2-1)}{(2p+2)!} 2^{p^2}. \tag{142}$$

Die Summe der $2p+2$ Th. Char. eines F. S. ist $[0]$; dagegen sind weniger unter ihnen wesentlich unabhängig. In jedem F. S. von Th. Char. genügt die Anzahl s der ungeraden Th. Char. der Kongruenz $s \equiv p$ (mod. 4). Ist umgekehrt $s \equiv p$ (mod. 4), so gibt es

$$N' = \frac{(2^{2p}-1)(2^{2p-2}-1)\dots(2^2-1)}{\mu!\,(2p+2-\mu)!} 2^{p^2} \tag{143}$$

F. S. von Th. Char., welche genau s ungerade Th. Char. enthalten. Bilden $[a_0']$, $[a_1']$, ... $[a'_{2p+1}]$ ein F. S. von Th. Char. und ist $[n']$ die Summe der ungeraden unter ihnen, so läßt sich jede beliebige Th. Char. $[\varepsilon]$ immer und zwar auf zwei Weisen darstellen in der Form $[\varepsilon] = \left[n' + \sum^{p \pm 2\nu + 1} a'\right]$ ($\nu = 0, 1, 2, \dots$) und es ist eine in dieser Form gegebene Th. Char. gerade oder ungerade, je nachdem ν gerade oder ungerade ist, d. h. es werden von den Formen $\left[n' + \sum^{p \pm 4\varrho + 1} a'\right]$ ($\varrho = 0, 1, 2, \dots$) die sämtlichen g_p geraden Th. Char. und zwar jede zweimal, von den Formen $\left[n' + \sum^{p \pm 4\varrho + 3} a'\right]$ die sämtlichen u_p ungeraden Th. Char. und zwar jede zweimal geliefert.

Durch eine lineare ganzzahlige Transformation geht aus einem F. S. von Th. Char. immer wieder ein F. S. von Th. Char. hervor und zwar eines mit der gleichen Anzahl ungerader Th. Char. Man kann auf diese Weise von einem F. S. von Th. Char. mit s ungeraden Th. Char. zu jedem anderen derartigen gelangen.[69])

69) Das Verfahren von *Weierstraß* [zuerst bei *Königsberger*, J. f. Math. 64 (1865), p. 20, auch bei *Pringsheim*, Math. Ann. 12 (1877), p. 436], die Indizes

28. Gruppen von Periodencharakteristiken. Alle Kombinationen von r unabhängigen Per. Char. $(\varepsilon_1), (\varepsilon_2), \ldots (\varepsilon_r)$ bilden zusammen mit der uneigentlichen Per. Char. (0) eine Gruppe E von 2^r verschiedenen Per. Char. Die Zahl r heißt der Rang, die Zahl 2^r die Ordnung der Gruppe E, die r Per. Char. $(\varepsilon_1), (\varepsilon_2), \ldots (\varepsilon_r)$ oder irgend r andere unabhängige Per. Char. von E die Basis der Gruppe E.

Diejenigen unter den Per. Char. von E, welche zu den sämtlichen 2^r Per. Char. von E syzygetisch sind[70]), bilden die syzygetische Untergruppe A von E; ist m ihr Rang, so ist stets $m \equiv r$ (mod. 2) und zugleich stets $m \gtreqless p$. Sind $(\alpha_1), (\alpha_2), \ldots (\alpha_m)$ eine Basis von A, so kann eine Basis von E stets in der Form $(\alpha_1), \ldots (\alpha_m), (\beta_1), \ldots (\beta_{2n})$ $(m + 2n = r)$ dargestellt werden, wo die Per. Char. (β) zueinander azygetisch sind; eine solche Basis wird eine normale genannt.

Durch eine lineare ganzzahlige Transformation der Perioden geht aus einer Gruppe von Per. Char. immer wieder eine Gruppe von Per. Char. hervor; dabei bleibt nicht nur der Rang der Gruppe selbst, sondern auch der Rang ihrer syzygetischen Untergruppe ungeändert.

---

aller 2^{2p} Thetafunktionen durch Komposition von $2p+1$ ausgezeichneten zu bilden, ist das früheste Beispiel eines F. S. von Per. Char. Weiter erfuhr man sodann durch *Prym* [Schweiz. Nat. Ges. N. Denkschr. 22 (1867), p. 11, dazu auch „Riem. Thetaf.", Einleitung p. VII] und später genauer durch die Veröffentlichung der Vorlesung *Riemanns* vom W.-S. 1861/62 (Ges. math. W. Nachtr. 1902, p. 40), daß *Riemann* bereits in dieser F. S. von Per. Char. eingeführt und sich ihrer nicht nur im hyperelliptischen Falle, sondern auch im allgemeinen Falle $p = 3$ bedient hat. *Prym* charakterisiert sie durch die Eigenschaft [ebenso *Schottky*, „Abr.", p. 18; dazu J. f. Math. 139 (1911), p. 13], daß es zu den $2p+1$ Per. Char. eines F. S. immer eine zunächst noch unbekannte Th. Char. $[n]$ gibt, derart daß eine Th. Char. von der Form $\left[n + \sum^{p+\mu} a\right]$ gerade ist, wenn $\mu \equiv 0$ oder 1 (mod. 4), ungerade, wenn $\mu \equiv 2$ oder 3 (mod. 4) ist, und zeigt dann, daß die Th. Char. $[n]$ gleich ist der Summe der ungeraden unter den $2p+1$ Charakteristiken $[a]$. Die Eigenschaft, daß die $2p+1$ Per. Char. eines F. S. paarweise azygetisch sind, wurde zuerst von *Stahl* [J. f. Math. 88 (1880), p. 273; vgl. dazu *Riemann*, Ges. math. W. Nachtr. p. 60 Anm. (10)] angegeben.

Bei *Weber* „$p = 3$" bilden die 7 ungeraden Th. Char. $[\beta_1], [\beta_2], \ldots [\beta_7]$ eines „vollständigen Systems" eine Hauptreihe, und da ihre Summe $[p]$ ist, so bilden die 7 Per. Char. $(p\beta_1), (p\beta_2), \ldots (p\beta_7)$ ein F. S. von Per. Char. Auch die „ausgezeichneten" Systeme von $2p+1$ Charakteristiken bei *Noether* a. a. O. sind Hauptreihen von Th. Char.

Zur Theorie der F. S. von Per. Char. und Th. Char. vgl. weiter *Frobenius*, J. f. Math. 89 (1880), p. 185; *Prym*, „Riem. Thetaf.", IV; *Schottky*, „Abr.", J. f. Math. 102 (1888), p. 304 und Acta math. 27 (1903), p. 235.

70) Man wird bemerken, daß eine beliebige eigentliche Per. Char. entweder zu allen 2^r Per. Char. einer Gruppe syzygetisch ist, oder zu 2^{r-1} von ihnen syzygetisch, zu den anderen 2^{r-1} azygetisch.

Man kann durch lineare Transformation von jeder Gruppe zu jeder anderen von gleichem Range und gleichem Range der syzygetischen Untergruppe gelangen.

Zu den 2^r Per. Char. einer Gruppe E vom Range r gibt es 2^{2p-r} Per. Char., welche zu allen Per. Char. von E syzygetisch sind, sie bilden selbst wieder eine Gruppe Z vom Range $2p - r$, die man die zu E adjungierte Gruppe nennt; es ist dann auch E die zu Z adjungierte Gruppe. Die Gruppen E und Z haben die syzygetische Untergruppe A gemeinsam und es ist diese zugleich ihr größter gemeinsamer Teiler. Konjugiert zu einer Gruppe E vom Range r nennt man weiter eine solche Gruppe H vom Range $2p - r$, deren Basischarakteristiken (η_1), (η_2), ... (η_{2p-r}) zusammen mit den Basischarakteristiken (ε_1), (ε_2), ... (ε_r) von E $2p$ unabhängige Per. Char. bilden. Sind je zwei Per. Char. einer Gruppe syzygetisch, so heißt die Gruppe selbst syzygetisch. Der Rang einer syzygetischen Gruppe kann nicht größer als p sein. Eine syzygetische Gruppe vom Range p heißt eine *Göpel*sche Gruppe. Die Anzahl der verschiedenen *Göpel*schen Gruppen beträgt

$$G = (2^p + 1)(2^{p-1} + 1) \dots (2 + 1). \tag{144}$$

Für jede *Göpel*sche Gruppe ist die adjungierte Gruppe mit der ursprünglichen identisch.

29. Systeme von Thetacharakteristiken. Addiert man zu den sämtlichen Per. Char. einer Gruppe E eine beliebige Th. Char. $[\varkappa]$ und faßt die entstehenden 2^r Charakteristiken als Th. Char. auf, so sagt man von ihnen, daß sie ein System von 2^r Th. Char. bilden. Man kann die 2^r Th. Char. eines Systems auch als die wesentlichen Kombinationen von $r + 1$ wesentlich unabhängigen unter ihnen definieren. Aus einer Gruppe E vom Range r entstehen auf diese Weise im ganzen 2^{2p-r} verschiedene Systeme von Th. Char., welche zusammen alle 2^{2p} überhaupt existierenden Th. Char. und jede nur einmal enthalten; man sagt von ihnen, daß sie einen Komplex bilden. Man erhält die 2^{2p-r} Systeme des Komplexes und jedes nur einmal, wenn man an Stelle von $[\varkappa]$ der Reihe nach die 2^{2p-r} Per. Char. einer zu E konjugierten Gruppe H treten läßt. Man nennt daher auch die 2^{2p-r} Systeme eines Komplexes zueinander konjugiert. Adjungiert heißen zwei Systeme von Th. Char., wenn jene zwei Gruppen von Per. Char. es sind, aus denen sie abgeleitet sind.

Die aus einer *Göpel*schen Gruppe von Per. Char. abgeleiteten Systeme von Th. Char. werden *Göpel*sche Systeme genannt. In jedem Komplexe von 2^p *Göpel*schen Systemen gibt es eines, das aus 2^p geraden Th. Char. besteht; jedes der $2^p - 1$ anderen enthält 2^{p-1} gerade und 2^{p-1} ungerade Th. Char.

Ist A eine syzygetische Gruppe von Per. Char. vom Range m, so gibt es in dem zugehörigen Komplexe von 2^{2p-m} Systemen von Th. Char. 2^{2q} $(q = p - m)$, deren 2^m Th. Char. jedesmal sämtlich von demselben Charakter sind, und zwar $g_q = 2^{q-1}(2^q + 1)$ Systeme, die aus lauter geraden und $u_q = 2^{q-1}(2^q - 1)$ Systeme, die aus lauter ungeraden Th. Char. bestehen. Sind (a_μ) $(\mu = 1, 2, \dots 2^m)$ die 2^m Per. Char. der Gruppe A, $(a_\mu b_\nu)$ $(\mu = 1, 2, \dots 2^m;\ \nu = 1, 2, \dots 2^{2q})$ die 2^{2p-m} Per. Char. der adjungierten Gruppe (vgl. Nr. **36**) und geht eines der 2^{2q} genannten Systeme aus A durch Addition der Th. Char. $[\varkappa]$ hervor, so erhält man alle 2^{2q} durch Addition der 2^{2q} Th. Char. $[\varkappa b_\nu]$. Diese 2^{2q} Systeme von je 2^m Th. Char. gleichen Charakters verhalten sich wie die 2^{2q} q-reihigen Th. Char.. Sind $[\varkappa_1]$, $[\varkappa_2]$, $[\varkappa_3]$ drei syzygetische oder azygetische Th. Char., so können die ihnen entsprechenden Systeme K_1, K_2, K_3 selbst zueinander syzygetisch oder azygetisch genannt werden, da es irgend drei aus ihnen entnommene Th. Char. sind. Man kann jetzt weiter aus den 2^{2q} Systemen auf mannigfache Art $2q + 2$ zu je dreien azygetische herausgreifen; diese bilden dann ein Fundamentalsystem in dem gleichen Sinne, wie die $2q + 2$ zu je dreien azygetische q-reihige Th. Char, indem man aus ihnen jedes der übrigen Systeme zusammensetzen kann und von einer Schar von Formen die sämtlichen geraden, von einer zweiten die sämtlichen ungeraden Systeme geliefert werden. Oder man kann auch Hauptreihen von $2q + 1$ Systemen bilden, welche von gleichem Charakter und zu je dreien azygetisch sind; ihre Kombinationen 5., 9., ... Ordnung liefern dann jene Systeme, welche von gleichem, die Kombinationen 3., 7., ... Ordnung jene, welche von entgegengesetztem Charakter sind wie die Systeme der Hauptreihe.

Durch die beiden Prozesse der linearen Transformation und der Addition einer Th. Char. zu den sämtlichen Th. Char. eines Systems geht ein System von Th. Char. immer wieder in ein System von Th. Char. über. Man kann insbesondere auf diese Weise von jedem *Göpel*schen Systeme zu jedem anderen gelangen.[71])

30. Änderung des Querschnittsystems einer Riemannschen Fläche. Da die Periodizitätsmodulen $\omega_{\mu\alpha}$ $(\alpha = 1, 2, \dots 2p)$ eines Integrals 1. Gattung u_μ an den $2p$ Querschnitten der *Riemann*schen

71) Zu Art. 29 u. 30: *Frobenius,* J. f. Math. 96 (1884), p. 81; auch *Schottky,* J. f. Math. 102 (1888), p. 304 und Acta math. 27 (1903), p. 235. Zur Charakteristikentheorie überhaupt *Brill* und *Noether,* D. M. V. Jahresber. 3 (1894), Abschnitt IX. Eine geometrische Deutung der Charakteristikentheorie bei *Coble,* Amer. M. S. Trans. 14 (1913), p. 241.

Fläche stets die Werte dieses Integrals auf gewissen geschlossenen Wegen sind, so müssen sich die bei irgendeiner anderen Wahl der Zerschneidung auftretenden neuen Periodizitätsmodulen $\omega'_{\mu\alpha}$ homogen und linear mit ganzzahligen Koeffizienten aus den ursprünglichen zusammensetzen lassen und diese Koeffizienten müssen infolge der zwischen den ω und zwischen den ω' bestehenden bilinearen Relationen den Bedingungen (40) der Transformationszahlen genügen.[72]) Es entspricht also jeder Änderung des Querschnittsystems eine ganzzahlige Transformation, und da sich aus demselben Grunde wie vorher auch die ω ganzzahlig aus den ω' zusammensetzen lassen müssen, so ist die in Rede stehende Transformation eine lineare. Daß umgekehrt aber auch jeder linearen ganzzahligen Transformation eine Änderung des Querschnittsystems der *Riemann*schen Fläche entspricht, beweist man, indem man es von jenen einfachen Transformationen zeigt, aus denen sich nach Nr. **12** jede beliebige lineare ganzzahlige Transformation zusammensetzen läßt.[73])

31. Die Gruppe der mod. 2 inkongruenten Transformationen. Wenn man die Wirkung einer Änderung des Querschnittsystems oder, was nach Vorigem dasselbe, einer linearen ganzzahligen Transformation auf die 2^{2p} aus halben Zahlen gebildeten Per. Char. (ε) oder Th. Char. $[\varepsilon]$ untersucht, so erscheinen zwei Transformationen T und T', deren Transformationszahlen $c_{\alpha\beta}$ und $c'_{\alpha\beta}$ $(\alpha, \beta = 1, 2, \cdots 2p)$ den $4p^2$ Kongruenzen $c_{\alpha\beta} \equiv c'_{\alpha\beta}$ (mod. 2) genügen, als äquivalent, weil sie eine gegebene Charakteristik (ε) bzw. $[\varepsilon]$ in die nämliche neue $(\bar{\varepsilon})$ bzw. $[\hat{\varepsilon}]$ überführen. Sieht man deshalb zwei solche Transformationen T und T' als nicht verschieden an, so reduziert sich die unendliche Gruppe der linearen ganzzahligen Transformationen auf eine endliche, welche die Gruppe G der mod. 2 inkongruenten linearen ganzzahligen Transformationen genannt wird und die auch definiert werden kann durch die Gesamtheit aller jenen Gleichungensysteme

$$(145) \qquad \omega'_{\mu\alpha} = \sum_{\beta=1}^{2p} \varepsilon_{\alpha\beta}\, \omega_{\mu\beta}, \qquad \begin{pmatrix} \mu = 1, 2, \cdots p \\ \alpha = 1, 2, \cdots 2p \end{pmatrix}$$

deren Koeffizienten $\varepsilon_{\alpha\beta}$ ausschließlich die Werte 0, 1 besitzen und den $p\,(2p - 1)$ Kongruenzen

72) Daß die Bedingungsgleichungen (40) bei jeder Querschnittänderung zwischen den Koeffizienten der die ω und ω' verbindenden linearen Gleichungen bestehen, hat ohne Hilfe der Integrale mit rein geometrischen Hilfsmitteln der analysis situs *Wellstein* bewiesen [Math. Ann. 52 (1899), p. 433].

73) *Thomae*, Z. f. Math. 12 (1867), p. 372; J. f. Math. 75 (1873), p. 230.

$$(146) \qquad \sum_{\varrho=1}^{p} (\varepsilon_{\varrho\alpha}\varepsilon_{p+\varrho,\beta} - \varepsilon_{p+\varrho,\alpha}\varepsilon_{\varrho\beta}) \equiv \begin{matrix} 1, \text{ wenn } \beta = p+\alpha, \\ 0, \text{ wenn } \beta \gtrless p+\alpha, \end{matrix}$$
$$(\alpha, \beta = 1, 2, \cdots 2p;\ \alpha < \beta)$$

genügen.

Die Ordnung der Gruppe G ist

$$(147) \qquad \Omega = (2^{2p}-1)(2^{2p-2}-1)\cdots(2^2-1)\cdot 2^{p^2}.$$

Die Gruppe G ist holoedrisch isomorph zu der Gruppe H jener Substitutionen der Per. Char., durch welche je zwei syzygetische Per. Char. wieder in zwei syzygetische und je zwei azygetische Per. Char. wieder in zwei azygetische übergehen. Als erzeugende Substitutionen der Gruppe H können die 2^{2p} Substitutionen S_ε dienen, welche eine Per. Char. $(\varkappa)$ ungeändert lassen, wenn $(\varkappa)$ zu (ε) syzygetisch ist, dagegen $(\varkappa)$ in $(\varepsilon\varkappa)$ überführen, wenn $(\varkappa)$ zu (ε) azygetisch ist. Die Gruppe H ist als Substitutionsgruppe aller 2^{2p} Per. Char. intransitiv, da die uneigentliche Per. Char. (0) stets in sich übergeht; hinsichtlich der $2^{2p}-1$ eigentlichen Per. Char. ist sie transitiv.

Faßt man die Th. Char. ins Auge, so entspricht der Substitution S_ε jetzt eine Substitution der Th. Char. S'_ε, welche eine gerade (ungerade) Th. Char. $[\varkappa]$ mit $[\varkappa\varepsilon]$ vertauscht, wenn auch $[\varkappa\varepsilon]$ gerade (ungerade) ist, dagegen $[\varkappa]$ ungeändert läßt, wenn $[\varkappa\varepsilon]$ ungerade (gerade) ist. Die von diesen 2^{2p} erzeugenden Substitutionen S_ε' gebildete Gruppe H' ist dann gleichfalls mit G holoedrisch isomorph. Sie kann auch definiert werden[74]) als die Gruppe jener Substitutionen, welche 1. eine gerade Th. Char. wieder in eine gerade, eine ungerade Th. Char. wieder in eine ungerade, 2. drei syzygetische Th. Char. wieder in drei syzygetische, drei azygetische Th. Char. wieder in drei azygetische überführen und bei welchen 3., wenn die Summe einer geraden Anzahl aus den ursprünglichen Th. Char. $= [0]$ ist, dies dann auch für die Summe der entsprechenden neuen stattfindet. Die Gruppe H' ist als Substitutionsgruppe aller 2^{2p} Th. Char. intransitiv, da die geraden Th. Char. unter sich und ebenso die ungeraden Th. Char. unter sich permutiert werden. Hinsichtlich der geraden Th. Char. ist sie transitiv, hinsichtlich der ungeraden zweimal transitiv.

Im Falle $p = 2$ ist die Gruppe H' holoedrisch isomorph mit der Gruppe der 720 Vertauschungen von 6 Elementen; in Übereinstimmung damit ergibt für diesen Fall die Gleichung (147) den Wert $\Omega = 720$. Man weiß, daß diese Gruppe die Gruppe der 360 geraden Permuta-

74) *Frobenius*, J. f. Math. 89 (1880), p. 187.

tionen als Normalteiler enthält. Daß für $p > 2$ die Gruppe G eine einfache ist, hat *Jordan* bewiesen.[75])

32. Monodromie der Verzweigungspunkte. Betrachtet man die Verzweigungspunkte einer *Riemann*schen Fläche als veränderliche Größen, so werden die Periodizitätsmodulen der Integrale Funktionen derselben, welche bei stetiger Änderung der die Querschnitte vor sich herschiebenden Verzweigungspunkte sich gleichfalls stetig ändern. Ist schließlich jeder Verzweigungspunkt wieder an eine Stelle gerückt, wo früher ein Verzweigungspunkt, er selber oder ein anderer, gewesen ist, so ist aus dem ursprünglichen Querschnittsystem ein neues hervorgegangen, von dem man sagt, es sei aus ihm durch Monodromie der Verzweigungspunkte entstanden.

Im Falle $p = 2$ gilt der Satz, daß sich alle Querschnittsänderungen auf die angegebene Weise durch Monodromie der Verzweigungspunkte erzielen lassen. Man beweist ihn, indem man berücksichtigt, daß allen Querschnittsänderungen, wie oben gezeigt, lineare ganzzahlige Transformationen entsprechen, und nun von den 4 erzeugenden Transformationen, aus denen sich nach Nr. **12** alle linearen ganzzahligen Transformationen zusammensetzen lassen, im einzelnen dartut, daß die durch sie erzielte Querschnittsänderung auch durch Monodromie der Verzweigungspunkte erreicht werden kann.[76])

Es entsprechen solchen Monodromieänderungen, welche die gleiche Permutation der 6 Verzweigungspunkte hervorbringen, Transformationen, welche einander mod. 2 kongruent sind, solchen Monodromieänderungen also, bei denen jeder der 6 Verzweigungspunkte wieder an seine alte Stelle kommt, Transformationen, welche der Identität mod. 2 kongruent sind. Den 720 Permutationen der 6 Verzweigungspunkte aber entsprechen die 720 mod. 2 inkongruenten Transformationen.[77])

---

75) Zu diesem Paragraphen *Jordan*, „Traité", Paris C. R. 88 (1879), p. 1020 u. 1068, J. de l'Éc. polyt. 46 (1879), p. 35, Math. Ann. 1 (1869), p. 583. *Jordans* „Groupe abélien" Art. 217—223 ist die Gruppe G, während die in den Art. 230 bis 239 gegebene „zweite Definition" sich mit der Definition der Gruppe H deckt; endlich ist der in Art. 318—335 behandelte „Groupe de Steiner" mit der Gruppe H' identisch; vgl. dazu *Dickson*, Amer. M. S. Trans. 3 (1902), p. 38 u. 377; Amer. M. S. Bull. 4 (1898), p. 495.

Hinsichtlich der Wirkungen der Substitutionen der Gruppe H auf die F. S. von Per. Char. und Gruppen von Per. Char. und ebenso der Substitutionen der Gruppe H' auf die F. S. von Th. Char. und Systeme von Th. Char. siehe bei diesen.

76) *Burkhardt*, Math. Ann. 35 (1890), p. 213, *Jordan*, „Traité", p. 360.

77) Man wird dazu bemerken, daß die von *Jordan* p. 360 angegebenen Er-

Der Satz, daß jede Querschnittsänderung durch Monodromie der Verzweigungspunkte erzielt werden kann, gilt nicht mehr im hyperelliptischen Falle $p = 3$. In diesem Falle verschwindet für $(v) = (0)$ eine der 36 geraden Thetafunktionen (Nr. 74). Da die Gruppe H' in bezug auf die geraden Th. Char. transitiv ist, so kann man durch passende lineare Transformation, also durch passende Wahl des Querschnittsystems, jede der 36 geraden Thetafunktionen an ihre Stelle bringen. Die sämtlichen möglichen Querschnittsysteme zerfallen dadurch in 36 Klassen, derart daß bei allen Querschnittsystemen einer Klasse die nämliche gerade Thetafunktion verschwindet. Nur solche Querschnittsänderungen, welche von einem Querschnittsystem zu einem anderen der nämlichen Klasse führen, können durch Monodromie der Verzweigungspunkte erzielt werden.[78])

Im allgemeinen Falle $p = 3$ dagegen kann man die Koeffizienten der Grundgleichung von irgendwelchen Anfangswerten beginnend durch stetige Änderung so zu diesen zurückführen, daß dabei das irgendeiner ursprünglichen Zerschneidung der *Riemann*schen Fläche entsprechende System von Periodizitätsmodulen ω in das irgendeiner anderen Zerschneidung entsprechende ω' übergeht.[79])

33. Thetafunktionen höherer Ordnung mit halben Charakteristiken. Eine Thetafunktion n^{ter} Ordnung mit der Charakteristik $[\varepsilon]$ ist eine einwertige und für endliche v stetige Funktion $\Theta_n[\varepsilon]((v))$ der komplexen Veränderlichen $v_1, v_2, \ldots v_p$, welche bei beliebigen ganzzahligen $\varkappa, \varkappa'$ der Gleichung

$$(148)\qquad \begin{aligned} &\Theta_n[\varepsilon]((v + \{2\varkappa\})) \\ &= \Theta_n[\varepsilon]((v))\, e^{-n\sum\limits_{\mu=1}^{p}\sum\limits_{\mu'=1}^{p} a_{\mu\mu'}\varkappa_\mu\varkappa_{\mu'} - 2n\sum\limits_{\mu=1}^{p}\varkappa_\mu v_\mu + \sum\limits_{\mu=1}^{p}(\varkappa'_\mu\varepsilon_\mu - \varkappa_\mu\varepsilon'_\mu)\pi i} \end{aligned}$$

genügt. Solche Funktionen gibt es zu gegebenem $[\varepsilon]$ unendlich viele, die sich aber aus n^p linear unabhängigen linear zusammensetzen lassen. Unter ihnen sind die wichtigsten diejenigen, die gerade oder ungerade Funktionen ihrer Argumente sind. Bezüglich dieser gilt der Satz:

Ist n gerade, so gibt es zu der Charakteristik $[0]$

$$(149)\qquad \begin{aligned} \mathfrak{g} &= \tfrac{1}{2}(n^p + 2^p) \text{ linear unabhängige gerade und} \\ \mathfrak{u} &= \tfrac{1}{2}(n^p - 2^p) \text{ linear unabhängige ungerade} \end{aligned}$$

zeugenden unter diesen Transformationen nur jene liefern, bei denen $c_{\alpha\alpha} \equiv 1 \pmod{4}$, $c_{\alpha\beta} \equiv 0 \pmod{2}$ ist, also nur einen Teil der die Monodromiegruppe umfassenden arithmetischen Gruppe.

78) *Jordan*, „Traité", p. 364; *Klein*, Math. Ann. 36 (1890), p. 48, *Thompson*, Diss. Göttingen 1892 = Amer. J. 15 (1893), p. 91.

79) *Klein*, a. a. O. p. 47.

Thetafunktionen n^{ter} Ordnung, während für jede andere Charakteristik $[\varepsilon]$

$$(150) \qquad \begin{aligned} \mathfrak{g} &= \tfrac{1}{2} n^p \text{ linear unabhängige gerade und} \\ \mathfrak{u} &= \tfrac{1}{2} n^p \text{ linear unabhängige ungerade} \end{aligned}$$

solche Funktionen existieren. Ist n ungerade, so gibt es zu gerader Charakteristik $[\varepsilon]$

$$(151) \qquad \begin{aligned} \mathfrak{g} &= \tfrac{1}{2}(n^p + 1) \text{ linear unabhängige gerade und} \\ \mathfrak{u} &= \tfrac{1}{2}(n^p - 1) \text{ linear unabhängige ungerade,} \end{aligned}$$

dagegen zu ungerader Charakteristik $[\varepsilon]$

$$(152) \qquad \begin{aligned} \mathfrak{g} &= \tfrac{1}{2}(n^p - 1) \text{ linear unabhängige gerade und} \\ \mathfrak{u} &= \tfrac{1}{2}(n^p + 1) \text{ linear unabhängige ungerade} \end{aligned}$$

Thetafunktionen n^{ter} Ordnung.[80])

Eine gerade bzw. ungerade Thetafunktion n^{ter} Ordnung mit der Charakteristik $[\varepsilon]$ läßt sich also aus $\mathfrak{g}$ bzw. $\mathfrak{u}$ linear unabhängigen solchen Funktionen linear zusammensetzen mit Hilfe von Koeffizienten, die von den Variablen u unabhängig sind.

Eine beliebige Thetafunktion n^{ter} Ordnung mit der Charakteristik $[\varepsilon]$ aber kann auf Grund der Gleichung

$$(153) \qquad \begin{aligned} \Theta_n[\varepsilon]((v)) = &\tfrac{1}{2}(\Theta_n[\varepsilon]((v)) + \Theta_n[\varepsilon]((-v))) \\ &+ \tfrac{1}{2}(\Theta_n[\varepsilon]((v)) - \Theta_n[\varepsilon]((-v))) \end{aligned}$$

in die Summe einer geraden und einer ungeraden solchen Funktion zerlegt und daher gleichfalls aus den vorher genannten $\mathfrak{g} + \mathfrak{u} = n^p$ linear unabhängigen geraden und ungeraden zur Charakteristik $[\varepsilon]$ gehörigen Thetafunktionen n^{ter} Ordnung zusammengesetzt werden.

Aus der Gleichung (148) folgt für $(v) = -\{\varkappa\}$

$$(154) \qquad \Theta_n[\varepsilon]((+\{\varkappa\})) = |\varkappa|^n \cdot |\varepsilon, \varkappa| \cdot \Theta_n[\varepsilon]((-\{\varkappa\}))$$

und man schließt daraus[81]):

Die geraden Thetafunktionen gerader Ordnung mit der Charakteristik $[\varepsilon]$ verschwinden für alle solchen Systeme $\{\varkappa\}$ korrespondierender Halben der Periodizitätsmodulen, deren Per. Char. $(\varkappa)$ zur Per. Char. (ε) azygetisch ist; die ungeraden für solche, deren Per. Char. $(\varkappa)$ zu (ε) syzygetisch ist.

Für die geraden Thetafunktionen gerader Ordnung mit der Charakteristik $[0]$ sagt der Satz nichts aus; die ungeraden Thetafunktionen gerader Ordnung mit der Charakteristik $[0]$ verschwinden aber für alle Systeme korrespondierender Halben der Periodizitätsmodulen.

---

80) Für $p = 2$ zuerst vollständig bei *Weber*, Math. Ann. 14 (1879), p. 175, für beliebiges p bei *Schottky*, „Abr.“, p. 9.

81) *Humbert*, J. de Math. 9_4 (1893), p. 38.

Die geraden Thetafunktionen ungerader Ordnung verschwinden bei gerader Charakteristik $[\varepsilon]$, sobald $[\varkappa\varepsilon]$ ungerade, und bei ungerader Charakteristik $[\varepsilon]$, sobald $[\varkappa\varepsilon]$ gerade ist; sobald also $[\varepsilon]$ und $[\varkappa\varepsilon]$ von verschiedenem Charakter sind. Die ungeraden Thetafunktionen ungerader Ordnung verschwinden bei gerader Charakteristik $[\varepsilon]$, sobald auch $[\varkappa\varepsilon]$ gerade, und bei ungerader Charakteristik $[\varepsilon]$, sobald auch $[\varkappa\varepsilon]$ ungerade ist, sobald also $[\varepsilon]$ und $[\varkappa\varepsilon]$ von gleichem Charakter sind.

34. Thetarelationen. Die algebraische Mannigfaltigkeit M_p. Ein Produkt $\vartheta[\varepsilon_1]((v))\,\vartheta[\varepsilon_2]((v))\ldots\vartheta[\varepsilon_n]((v))$ von n Thetafunktionen mit den Charakteristiken $[\varepsilon_1], [\varepsilon_2], \ldots [\varepsilon_n]$, die auch teilweise oder alle einander gleich sein können, ist eine Thetafunktion n^{ter} Ordnung mit der Charakteristik $[\varepsilon_1\,\varepsilon_2\ldots\varepsilon_n]$. Umgekehrt können auf Grund dessen alle zu einer Charakteristik $[\varepsilon]$ gehörigen Thetafunktionen n^{ter} Ordnung als homogene ganze rationale Funktionen n^{ten} Grades der Funktionen $\vartheta[\varepsilon]((v))$ dargestellt werden. Da es nun hierbei zu einer bestimmten Charakteristik $[\varepsilon]$ und einer bestimmten Ordnung n mehr homogene ganze rationale Verbindungen der Thetafunktionen erster Ordnung als linear unabhängige Thetafunktionen von der Ordnung n gibt, so gelangt man zu linearen Beziehungen zwischen jenen (Thetarelationen). Die gleichen Überlegungen gelten, wenn man von Thetafunktionen höherer Ordnung ausgeht, und führen zu dem Satze, daß zwischen $p+2$ Thetafunktionen beliebiger (aber gleicher) Ordnung und beliebiger (aber gleicher) Charakteristik sicher eine algebraische Relation besteht, welche durch Nullsetzen einer aus ihnen gebildeten homogenen ganzen rationalen Funktion gegeben wird.[81a])

Die geraden Thetafunktionen gerader Ordnung von der Charakteristik $[0]$ sind als homogene ganze rationale Funktionen der Quadrate von 2^p Thetafunktionen erster Ordnung darstellbar, wenn nur diese 2^p Thetaquadrate linear unabhängig sind.[82]) Man kann ferner jeden $2p$-fach periodischen Thetaquotienten auf die Form $\Phi + \Psi\sqrt{X}$ bringen, wo Φ, Ψ, X homogene rationale Funktionen 0ten, -2ten, 4ten Grades der vorhergenannten 2^p Thetaquadrate bedeuten. Daraus folgt, daß die algebraischen Gleichungen zwischen den Thetaquadraten eine geeignete Grundlage für die Untersuchung des Körpers der zugehörigen

---

81a) Über den Grad dieser Gleichung siehe *Poincaré*, J. de Math. 1_5 (1895), p. 226.

82) *Frobenius* [J. f. Math. 96 (1884), p. 106] hat ohne Beweis angegeben, daß 2^p Thetaquadrate, deren Charakteristiken ein System von Th. Char. (Nr. **29**) bilden, linear unabhängig sind; für *Göpel*sche Systeme zeigt es auch *Krazer*, „Thetaf.", p. 365.

$2p$-fach periodischen Funktionen geben. Diese Gleichungen bilden in ihrer Gesamtheit einen Modul, dessen charakteristische Funktion im Sinne *Hilberts*[83]) durch

$$\chi^{(m)} = 2^{p-1}(1 + m^p) \tag{155}$$

gegeben ist, wenn m den Grad der Gleichung bedeutet. Die Gleichungen geraden Grades des Moduls sind sämtlich rationale Folgerungen derjenigen vierten Grades.

Setzt man die 2^p linear unabhängigen Thetaquadrate proportional den homogenen Punktkoordinaten eines Raumes von $2^p - 1$ Dimensionen, so wird in diesem Raume dadurch eine algebraische Mannigfaltigkeit von p Dimensionen definiert, welche mit M_p bezeichnet werden soll und welche durch die Relationen vierten Grades zwischen den 2^p Thetaquadraten vollständig definiert ist. Sie ist von der Ordnung $p!\,2^{p-1}$ und ist eine Verallgemeinerung der *Kummer*schen Fläche, in welche sie für $p = 2$ übergeht (s. Nr. 68) und deren wesentliche Eigenschaften, insbesondere hinsichtlich ihrer Kollineationen und Korrelationen, bei ihr wiederkehren.

Jedem Wertesysteme (v) entspricht ein und nur ein Punkt von M_p; jedoch umgekehrt einem Punkte von M_p unendlich viele Wertesysteme (v), welche alle in der Form

$$\pm v_\mu + \sum_{\nu=1}^{p} \varkappa_\nu a_{\mu\nu} + \lambda_\mu \pi i, \qquad (\mu = 1, 2, \ldots p)$$

enthalten sind, wo die $\varkappa$ und λ beliebige ganze Zahlen bezeichnen Von den (v) wird also M_p (abgesehen von ganzen Vielfachen der Perioden) zusammenhängend doppelt überdeckt, indem (v) und $(-v)$ die nämliche Stelle liefern. Die beiden Überdeckungen bilden zusammen eine geschlossene, relativ zu M_p unverzweigte Mannigfaltigkeit, können aber in der Umgebung jeder nicht singulären Stelle gesondert werden; dazu kann u. a. jede ungerade Thetafunktion verwendet werden.

Die M_p hat bei allgemeinen $a_{\mu\nu}$ keine anderen singulären Stellen als diejenigen, welche den 2^{2p} Systemen korrespondierender Halben der Periodizitätsmodulen entsprechen; diese erweisen sich als 2^{p-1}-fache Punkte von M_p.

Setzt man ein beliebiges Thetaquadrat gleich Null, so wird dadurch aus M_p eine Mannigfaltigkeit von $p - 1$ Dimensionen herausgegriffen, deren Ordnung $p!\,2^{p-2}$ ist und die doppelt gezählt der vollständige Schnitt von M_p mit einer linearen Mannigfaltigkeit R_{2^p-2}

83) *Hilbert*, Math. Ann. 36 (1890), p. 479.

ist. Setzt man zur Abkürzung $2^p - 1 = N$, $p!\,2^{p-1} = m$ und nimmt die Ordnungszahl in die Bezeichnung der Mannigfaltigkeit als oberen Index auf, so besitzt M_p^m, den 16 längs Kegelschnitten berührenden ausgezeichneten Ebenen einer *Kummer*schen Fläche entsprechend, 2^{2p} längs einer $M_{p-1}^{m:2}$ berührende R_{N-1}. Und den bei den *Kummer*schen Flächen auftretenden Konfigurationen $(16)_6$ analog bilden hier die 2^{2p} singulären Punkte der M_p mit den eben genannten singulären R_{N-1} eine Konfiguration $(2^{2p})_{2^{p-1}(2^p-1)}$ derart, daß je $2^{p-1}(2^p-1)$ der 2^{2p} Punkte auf einer der R_{N-1} liegen und je $2^{p-1}(2^p-1)$ der $2^{2p}\,R_{N-1}$ durch einen der Punkte hindurchgehen.

Endlich geht die M_p, wie die *Kummer*sche Fläche, durch 2^{2p} Kollineationen, die eine Gruppe bilden, in sich über und ebenso durch 2^{2p} Korrelationen, von denen $u_p = 2^{p-1}(2^p-1)$ Nullsysteme und $g_p = 2^{p-1}(2^p+1)$ Polarsysteme sind.

Ein vollständiger Schnitt der M_p mit $p-1$ algebraischen Mannigfaltigkeiten von 2^p-2 Dimensionen hat im allgemeinen das Geschlecht

$$\pi = p!\,2^{p-2} n_1 n_2 \ldots n_{p-1} \sum_{i=1}^{p-1} n_i + 1, \tag{156}$$

wo $n_1, n_2, \ldots n_{p-1}$ die Ordnungen der schneidenden Mannigfaltigkeiten sind; im Falle, daß alle $n = 1$ sind, ist also

$$\pi = p!\,2^{p-2}(p-1) + 1. \tag{157}$$

Jede geschlossene Kurve auf der M_p führt entweder schon nach einmaliger Durchlaufung zu den Anfangswerten der v zurück (abgesehen von ganzen Perioden) oder erst nach zweimaliger. Das erstere tritt jedenfalls immer dann ein, wenn die beiden Überdeckungen der M_p mit den v längs der gezogenen Kurve völlig getrennt verlaufen, diese also durch keinen singulären Punkt der M_p hindurchgeht. Die Entscheidung kann auf algebraischem Wege in jedem Falle durch irgendeine ungerade Thetafunktion oder die früher eingeführte Form $\sqrt{X}$ getroffen werden.

Die Ordnung einer algebraischen Kurve auf der M_p ist im ersten Falle stets von der Form $2mp$, im zweiten Falle von der Form mp, wo m eine bestimmte ganze, für die Kurve charakteristische Zahl ist. Im ersten Falle soll die Kurve selbst, im zweiten Falle dagegen jenes Gebilde, welches außer den algebraischen Formen auf der Kurve auch noch die Form $\sqrt{X}$ enthält, als Gebilde G auf der M_p bezeichnet werden.

Dieses algebraische Gebilde G von einer Dimension ist dann von der Ordnung $2mp$; auf ihm sind die v unverzweigte allenthalben endliche Funktionen, die sich beim Durchlaufen geschlossener Wege nur um additive Konstanten ändern, also Integrale 1. Gattung. Das Geschlecht q von G ist also im allgemeinen $> p$; G ist aber von spezieller Art, da es auf ihm Systeme von p Integralen 1. Gattung gibt, deren Perioden sich aus den $2p$ Thetaperioden ganzzahlig zusammensetzen. Umgekehrt gibt jedes algebraische Gebilde, auf welchem p solche Integrale 1. Gattung existieren, durch Einsetzen derselben für die Argumente v in die Thetafunktionen ein Gebilde G auf der M_p.

Damit ist der Zusammenhang der allgemeinen Thetafunktionen von p Veränderlichen mit speziellen algebraischen Gebilden höheren Geschlechts hergestellt; von diesem wird später weiter die Rede sein (s. Nr. **114** u. **118**).

Das Gebilde M_p wurde erstmals von *Klein* in einer Vorlesung vom W. S. 1886/87[84]) in Betracht gezogen und im Anschlusse daran zuerst für den Fall $p = 3$ und sodann für beliebiges p von *Wirtinger*[85]) näher behandelt. Seine Verknüpfung mit einem eindimensionalen algebraischen Gebilde G rührt von *Wirtinger* her.[86])

Wirtinger hat die Aufgabe gestellt, in ähnlicher Weise die algebraischen Relationen zu untersuchen, welche zwischen den Nullwerten der geraden Thetafunktionen bestehen. Auch ihre Gesamtheit bildet einen Modul und dieser definiert eine algebraische Mannigfaltigkeit von $\frac{1}{2}p(p+1)$ Dimensionen, die entsteht, wenn man die Modulen a alle mit der Konvergenzbedingung verträglichen Werte annehmen läßt.

Endlich kann man aber auch nach dem Modul jener Relationen fragen, welche zwischen den Thetaquadraten bestehen, wenn man diese als Funktionen sämtlicher Größen v und a betrachtet. Die Formen dieses Moduls, der aber erst für $p \geqq 4$ zustande kommt, besitzen rein numerische Koeffizienten und definieren eine algebraische Mannigfaltigkeit von $p + \frac{1}{2}p(p+1) = \frac{1}{2}p(p+3)$ Dimensionen.

35. Additionstheoreme der Thetaquotienten. Das Produkt $\vartheta[\varkappa]((u+v))\,\vartheta[\lambda]((u-v))$ ist als Funktion der Variablen u betrachtet eine Thetafunktion zweiter Ordnung mit der Charakteristik $[\varkappa\lambda]$ und daher linear und homogen durch 2^p linearunabhängige solche Funktionen z. B. durch 2^p linearunabhängige Thetaprodukte $\vartheta[\varepsilon_\mu]((u))$ $\vartheta[\varkappa\lambda\varepsilon_\mu]((u))$ $(\mu = 1, 2, \ldots 2^p)$ darstellbar. Da das gleiche auch in bezug auf die Variablen v gilt, so schließt man, daß sich das eingangs genannte Produkt in der Gestalt

---

84) Vgl. *Reichardt*, N. Acta Leop. 50 (1887), Nachtrag p. 483.

85) Gött. Nachr. 1889, p. 474, Monatsh. f. Math. 1 (1890), p. 113.

86) „Thetaf.", Acta math. 26 (1902), p. 144.

$$(158)\qquad \vartheta[\varkappa]((u+v))\,\vartheta[\lambda]((u-v)) = \sum_{\mu=1}^{2^p}\sum_{\nu=1}^{2^p}{}' c_{\mu\nu}\,\vartheta[\varepsilon_\mu]((u))\,\vartheta[\varkappa\lambda\varepsilon_\mu]((u))\,\vartheta[\eta_\nu]((v))\,\vartheta[\varkappa\lambda\eta_\nu]((v))$$

durch die Funktionen $\vartheta[\varepsilon]((u))$, $\vartheta[\eta]((v))$ darstellen läßt. Die Bestimmung der von den Variablen u, v unabhängigen Koeffizienten $c_{\mu\nu}$ kann geschehen, indem man in (158) an Stelle dieser Variablen Systeme zusammengehöriger Halben der Periodizitätsmodulen einführt; sie ergeben sich dann als rationale Funktionen — 2ten Grades der Thetanullwerte $\vartheta[\varepsilon]((0))$. Wenn man zwei Produkte $\vartheta[\varkappa]((u+v))\,\vartheta[\lambda]((u-v))$ und $\vartheta[\varkappa_0]((u+v))\,\vartheta[\lambda]((u-v))$ in dieser Weise darstellt und die beiden Gleichungen durcheinander dividiert, auch noch auf der rechten Seite Zähler und Nenner durch $\vartheta^2[\varkappa_0]((u))\,\vartheta^2[\varkappa_0]((v))$ dividiert, erhält man ein reines Additionstheorem für Thetaquotienten, indem $\frac{\vartheta[\varkappa]((u+v))}{\vartheta[\varkappa_0]((u+v))}$ rational durch Quotienten $\frac{\vartheta[\varepsilon]((u))}{\vartheta[\varkappa_0]((u))}$ und $\frac{\vartheta[\varepsilon]((v))}{\vartheta[\varkappa_0]((v))}$ ausgedrückt erscheint.

36. Die Riemannsche Thetaformel. *Rosenhain* (s. Nr. 6) hat, wie es *Jacobi* in seiner Vorlesung über die elliptischen Funktionen getan hatte, die sämtlichen Thetarelationen, deren er bei seinen Untersuchungen über die Umkehrung der ultraelliptischen Integrale bedurfte, einschließlich der Additionstheoreme ihrer Quotienten, aus einer einzigen allgemeinen Formel zwischen Produkten von je 4 Thetafunktionen abgeleitet. Die entsprechende Formel für beliebiges p hat *Riemann*[87]) aufgestellt und 1865 *Prym* mitgeteilt, der sie deshalb die *Riemann*sche Thetaformel genannt und von ihr gezeigt hat, daß sie in der Tat im Falle eines beliebigen p die gleichen Dienste leisten könne, die sie *Rosenhain* im Falle $p = 2$ geleistet hat[88]).

---

87) Ges. math. W. Nachtr. (1902), p. 98.

88) *Prym*, „Riem. Thetaf.", auch J. f. Math. 93 (1882), p. 124; Acta math. 3 (1883), p. 201. Unabhängig von *Riemann* wurde die *Riemann*sche Thetaformel 1879 von *H. St. Smith* [Lond. M. S. Proc. 10 (1879), p. 91 = Coll. math. pap. 2 (1894), p. 279] und 1880 von *Frobenius* [J. f. Math. 89 (1880), p. 210] aufgestellt; vgl. auch *Capelli*, Acc. Linc. Rend. 14_5 (1905), II, p. 59. Ableitung von Relationen zwischen den Nullwerten der geraden Thetafunktionen beliebig vieler Variablen aus der *Riemann*schen Thetaformel bei *Hutchinson*, Amer. M. S. Trans. 1 (1900), p. 391.

Caspary (J. f. Math. 97 (1884), p. 165) leitet die auf einer *Göpel*schen Gruppe beruhende halbe Umkehrung (163) ab, indem er sie mit Hilfe einer Transformation zweiter Ordnung in eine identische Gleichung zwischen Thetafunktionen mit den Modulen $2a$ überführt.

Caspary hat (Math. Ann. 28 (1887), p. 496, Paris C. R. 104 (1887), p. 1255) zuerst darauf hingewiesen, daß analoge Formeln auch für Produkte von 6 Thetafunktionen bestehen, und *Krazer* und *Prym* („N. G.", p. 51) haben gezeigt, wie

Sind die Variablen $v_\mu^{(\nu)}$ $\begin{pmatrix}\nu = 1, 2, 3, 4\\ \mu = 1, 2, \dots p\end{pmatrix}$ mit den Variablen $u_\mu^{(\nu)}$ verknüpft durch die Gleichungen

$$(159)\qquad \begin{aligned} 2v_\mu^{(1)} &= u_\mu^{(1)} + u_\mu^{(2)} + u_\mu^{(3)} + u_\mu^{(4)},\\ 2v_\mu^{(2)} &= u_\mu^{(1)} + u_\mu^{(2)} - u_\mu^{(3)} - u_\mu^{(4)},\\ 2v_\mu^{(3)} &= u_\mu^{(1)} - u_\mu^{(2)} + u_\mu^{(3)} - u_\mu^{(4)},\\ 2v_\mu^{(4)} &= u_\mu^{(1)} - u_\mu^{(2)} - u_\mu^{(3)} + u_\mu^{(4)}\end{aligned} \qquad (\mu = 1, 2, \dots p)$$

und setzt man

$$(160)\qquad \begin{aligned} x_{[\varepsilon]} &= \vartheta[\varepsilon]((v^{(1)}))\,\vartheta[\varepsilon+\varrho]((v^{(2)}))\,\vartheta[\varepsilon+\sigma]((v^{(3)}))\,\vartheta[\varepsilon-\varrho-\sigma]((v^{(4)})),\\ y_{[\eta]} &= \vartheta[\eta]((u^{(1)}))\,\vartheta[\eta+\varrho]((u^{(2)}))\,\vartheta[\eta+\sigma]((u^{(3)}))\,\vartheta[\eta-\varrho-\sigma]((u^{(4)})),\end{aligned}$$

so bestehen zwischen den Größen x und y die Gleichungen

$$(161)\qquad 2^p y_{[\eta]} = \sum_{[\varepsilon]} |\varepsilon, \eta|\, x_{[\varepsilon]},$$

bei denen die Summation über alle 2^{2p} Th. Char. $[\varepsilon]$ auszudehnen ist und $[\eta]$ eine beliebige Th. Char., (ϱ), (σ) aber beliebige Per. Char. bezeichnen.

Denkt man sich die Per. Char. (ϱ), (σ) festgehalten und läßt an Stelle von $[\eta]$ der Reihe nach die 2^{2p} Th. Char. treten, so entsteht ein System S von 2^{2p} Gleichungen, welche alle auf ihren rechten Seiten die nämlichen 2^{2p} Größen $x_{[\varepsilon]}$ haben; aus den 2^{2p} Gleichungen dieses Systems S können auf folgende Weise durch lineare Verbindung neue Gleichungen zwischen den Größen x und y abgeleitet werden.

Sind (a_0), (a_1), ... (a_{r-1}) die $r = 2^m$ Per. Cher. einer beliebigen Gruppe A vom Range m, (b_0), (b_1), ... (b_{s-1}) die $s = 2^{2p-m}$ Per. Char. der zu A adjungierten Gruppe B (Nr. 28) und bezeichnen $[\eta]$ und $[\zeta]$ irgend zwei Th. Char., so ist

$$(162)\qquad 2^{p-m} \sum_{\varrho=0}^{r-1} |\zeta, a_\varrho|\, y_{[\eta a_\varrho]} = |\zeta, \eta| \sum_{\sigma=0}^{s-1} |\eta, b_\sigma|\, x_{[\zeta b_\sigma]},$$

woraus insbesondere für $m = p$ die „halbe Umkehrung" der *Riemann*schen Thetaformel

---

man die *Riemann*sche Thetaformel auf Produkte einer beliebigen geraden Anzahl von Thetafunktionen ausdehnen kann.

Eine Ausdehnung seiner dreigliedrigen Sigmaformel auf den Fall $p > 1$ hat *Weierstraß*, Berlin Ber. 1882, p. 505 = Math. W. 3 (1903), p. 155 gegeben, vgl. dazu *Caspary*, J. f. Math. 96 (1884), p. 182 und weiter *Frobenius*, ebd. p. 101 und *Caspary*, p. 324.

$$(163)\qquad \sum_{\varrho=0}^{2^p-1} |\zeta, a_\varrho|\, y_{[\eta a_\varrho]} = |\zeta, \eta| \sum_{\sigma=0}^{2^p-1} |\eta, b_\sigma|\, x_{[\zeta b_\sigma]}$$

hervorgeht. Ist dabei die Gruppe A eine *Göpel*sche, so fällt die Gruppe B mit ihr zusammen.

Ist die Gruppe A eine syzygetische, so lassen sich die 2^{2p-m} Per. Char. der adjungierten Gruppe B in die Gestalt $(a_\mu b_\nu)$ $(\mu = 1, 2, \dots 2^m;$ $\nu = 1, 2, \dots 2^{2p-2m})$ bringen, wo die 2^{2p-2m} Per. Char. (b_ν) selbst eine Gruppe vom Range $2(p-m)$ bilden, deren Charakteristiken dadurch definiert sind, daß sie von den 2^m Per. Char. (a_μ) verschieden, aber zu ihnen allen syzygetisch sind. Setzt man dann

$$(164)\qquad \begin{aligned} \sum_{\mu=1}^{2^m} |\eta, a_\mu b_\nu|\, x_{[\zeta a_\mu b_\nu]} &= X_{[b_\nu]}, \\ |\eta, \zeta| \sum_{\mu=1}^{2^m} |\zeta, a_\mu b_\nu|\, y_{[\eta a_\mu b_\nu]} &= Y_{[b_\nu]}, \end{aligned} \qquad (\nu = 1, 2, \dots 2^{2(p-m)})$$

so sind die $2^{2(p-m)}$ Größen X und die $2^{2(p-m)}$ Größen Y durch die nämlichen Systeme linearer Gleichungen miteinander verknüpft, wie die dem Falle $p-m$ entsprechenden, ebensovielen Größen x, y.

Es lassen sich also auf mannigfache Art $2^{2(p-m)}$ Aggregate von Produkten von je 4 Thetafunktionen von p Veränderlichen bilden, zwischen denen dieselben linearen Gleichungen bestehen wie zwischen einzelnen Produkten von je 4 Thetafunktionen von $p-m$ Veränderlichen.[89])

37. Das Additionstheorem der allgemeinen Thetafunktionen für $p \geqq 3$. Es seien

$$[\alpha_0], [\alpha_1], \dots [\alpha_7], \; [\beta_1], \dots [\beta_{p-3}], \; [\gamma_1], \dots [\gamma_{p-3}]$$

die $2p+2$ Th. Char. eines F. S. (Nr. **27**), $[n]$ die Summe der ungeraden unter ihnen und $[\varkappa] = [n\beta_1 \dots \beta_{p-3}]$; es seien ferner $(l_0), (l_1), \dots (l_{r-1})$ die $r = 2^{p-3}$ Per. Char. jener Gruppe, welche sich auf den $p-3$ Basischarakteristiken $(\beta_1\gamma_1), \dots (\beta_{p-3}\gamma_{p-3})$ aufbaut; es sei endlich $[\omega]$ eine beliebige Th. Char. Bezeichnet man dann mit $x_{[\varepsilon]}$, $y_{[\eta]}$ die Ausdrücke

$$(165)\qquad \begin{aligned} x_{[\varepsilon]} &= \vartheta[\varepsilon]((u))\,\vartheta[\varepsilon+\varrho]((v))\,\vartheta[\varepsilon+\sigma]((w))\,\vartheta[\varepsilon-\varrho-\sigma]((-u-v-w)) \\ y_{[\eta]} &= \vartheta[\eta]((0))\,\vartheta[\eta+\varrho]((u+v))\,\vartheta[\eta+\sigma]((u+w))\,\vartheta[\eta-\varrho-\sigma]((-v-w)), \end{aligned}$$

89) Auf diese Analogie der Thetarelationen im Falle eines beliebigen p mit solchen zu niedrigeren p gehörigen hat zuerst *Frobenius*, J. f. Math. 96 (1884), p. 94 aufmerksam gemacht; sodann besonders *Schottky*, Acta math. 27 (1903), p. 245, endlich *Jung*, J. f. Math. 128 (1905), p. 78; weiteres darüber in Nr. **91**.

so sind diese Größen miteinander verknüpft durch die Gleichungen

$$(166)\qquad \sum_{\varrho=0}^{r-1} |\omega\alpha_0, l_\varrho|\, y_{[\varkappa l_\varrho]} = \sum_{\mu=0}^{7}\sum_{\varrho=0}^{r-1} |\varkappa, \omega\alpha_\mu l_\varrho|\, x_{[\omega\alpha_\mu l_\varrho]}.$$

Im Grenzfalle $p=3$ fallen die Th. Char. $[\beta]$ und $[\gamma]$ und also auch die Gruppe (l) weg und die Formel nimmt die einfachere Gestalt

$$(167)\qquad y_{[n]} = \sum_{\mu=0}^{7} |n, \omega\alpha_\mu|\, x_{[\omega\alpha_\mu]}$$

an, in der also $[\alpha_0], [\alpha_1], \ldots [\alpha_7]$ die 8 Th. Char. eines F. S. sind, $[n]$ die Summe der ungeraden unter ihnen und $[\omega]$ eine beliebige Th. Char. bezeichnet.

Aus der Formel (166) können Additionstheoreme für die Thetaquotienten folgendermaßen abgeleitet werden. Man setze $(w)=(-u)$; vermehrt man sodann die Per. Char. (ϱ) der Reihe nach um die $r=2^{p-3}$ Per. Char. $(l_0), (l_1), \ldots (l_{r-1})$, so entstehen aus der obigen r Gleichungen, deren linke Seiten lineare Funktionen der nämlichen r Thetaprodukte sind und welche nach jedem einzelnen dieser Produkte aufgelöst werden können. Durch Division zweier solcher Gleichungen, von denen die eine die Funktion $\vartheta[\varepsilon]((u+v))$, die andere die Funktion $\vartheta[\eta]((u+v))$ enthält, während daneben in beiden Gleichungen die nämliche Funktion $\vartheta[\zeta]((u-v))$ auftritt, erhält man ein Additionstheorem für den Thetaquotienten $\dfrac{\vartheta[\varepsilon]((u))}{\vartheta[\eta]((u))}$.[90])

38. Weitere Folgerung aus der Riemannschen Thetaformel. Zur Aufstellung der zwischen den 2^{2p} Funktionen $\vartheta[\varepsilon]((v))$ bestehenden Thetarelationen dient auch folgende Formel, die gleichfalls ohne Mühe aus der *Riemann*schen Thetaformel abgeleitet wird.

Es seien

$$[\alpha_0], [\alpha_1], \ldots [\alpha_5], [\beta_1], \ldots [\beta_{p-2}], [\gamma_1], \ldots [\gamma_{p-2}]$$

die $2p+2$ Th. Char. eines F. S., $[n]$ die Summe der ungeraden unter ihnen und $[\varkappa]=[n\beta_1\ldots\beta_{p-2}]$; es seien ferner $(l_0), (l_1), \ldots (l_{r-1})$ die $r=2^{p-2}$ Per. Char. jener Gruppe, welche sich auf den $p-2$ Basischarakteristiken $(\beta_1\gamma_1), \ldots (\beta_{p-2}\gamma_{p-2})$ aufbaut; es sei endlich $[\omega]$ eine

90) Nachdem die auf den Fall $p=3$ bezügliche Formel (167) schon vorher von *Weber* [„$p=3$", p. 35] mitgeteilt worden war, wurde die allgemeine Formel (166) ziemlich gleichzeitig von *Stahl* [J. f. Math. 88 (1880), p. 127], *Noether* [Math. Ann. 16 (1880), p. 319 auch Erl. Ber. 12 (1880), p. 1] und *Frobenius* [J. f. Math. 89 (1880), p. 216] angegeben; die Ableitung aus der *Riemann*schen Thetaformel bei *Prym*, „Riem. Thetaf.", p. 99.

beliebige Th. Char. Bezeichnet man dann mit $x_{[\varepsilon]}$ den Ausdruck

$$(168)\quad x_{[\varepsilon]} = \vartheta[\varepsilon]((u))\,\vartheta[\varepsilon+\varrho]((v))\,\vartheta[\varepsilon+\sigma]((w))\,\vartheta[\varepsilon-\varrho-\sigma]((-u-v-w)),$$

so sind diese Größen miteinander verknüpft durch die Gleichungen

$$(169)\quad 2\sum_{\varrho=0}^{r-1} |\varkappa\alpha_0,\ \varkappa\alpha_0 l_\varrho|\, x_{[\omega\varkappa\alpha_0 l_\varrho]} = \sum_{\mu=0}^{5}\sum_{\varrho=0}^{r-1} |\varkappa\alpha_0,\ \varkappa\alpha_\mu l_\varrho|\, x_{[\omega\varkappa\alpha_\mu l_\varrho]}.$$

Im Grenzfalle $p = 2$ fallen die Th. Char. $[\beta]$ und $[\gamma]$ und also auch die Gruppe (l) weg und die Formel (169) geht, wenn man die 6 ungeraden Th. Char. mit $[\omega_1], [\omega_2], \ldots [\omega_6]$ und eine beliebige Th. Char. mit $[\varkappa]$ bezeichnet, in

$$(170)\qquad 2x_{[\varkappa\omega_1]} = \sum_{\mu=1}^{6} |\omega_1,\ \omega_\mu|\, x_{[\varkappa\omega_\mu]} \qquad \text{über.}[91])$$

V. Die allgemeinen Thetafunktionen mit r^{tel} Charakteristiken.

39. Die Funktionen $\vartheta[\varepsilon]_r((v))$. Sind die Charakteristikenelemente g, h einer Thetafunktion rationale Zahlen mit dem gemeinsamen Nenner r, ist also

$$(171)\qquad g_\mu = \frac{\varepsilon_\mu}{r}, \qquad h_\mu = \frac{\varepsilon'_\mu}{r}, \qquad (\mu = 1, 2, \ldots p)$$

wo die $\varepsilon, \varepsilon'$ ganze Zahlen bezeichnen, so werde die Charakteristik mit $[\varepsilon]_r$, die zugehörige Thetafunktion mit $\vartheta[\varepsilon]_r((v))$ bezeichnet.

Die Funktion $\vartheta[\varepsilon]_r((v))$ ist dann definiert durch die Gleichung

$$(172)\quad \vartheta[\varepsilon]_r((v)) = \sum_{m_1,\cdots m_p}^{-\infty,\cdots+\infty} e^{\sum\limits_{\mu=1}^{p}\sum\limits_{\mu'=1}^{p} a_{\mu\mu'}\left(m_\mu+\frac{\varepsilon_\mu}{r}\right)\left(m_{\mu'}+\frac{\varepsilon_{\mu'}}{r}\right) + 2\sum\limits_{\mu=1}^{p}\left(m_\mu+\frac{\varepsilon_\mu}{r}\right)\left(v_\mu+\frac{\varepsilon'_\mu}{r}\pi i\right)}$$

und ist mit der Funktion $\vartheta((v))$ verknüpft durch die Gleichung

$$(173)\quad \vartheta[\varepsilon]_r((v)) = \vartheta\left(v_1 + \sum_{\mu=1}^{p}\frac{\varepsilon_\mu}{r}a_{1\mu} + \frac{\varepsilon_1'}{r}\pi i \,\middle|\, \cdots \,\middle|\, v_p + \sum_{\mu=1}^{p}\frac{\varepsilon_\mu}{r}a_{p\mu} + \frac{\varepsilon'_p}{r}\pi i\right)$$
$$\cdot\, e^{\sum\limits_{\mu=1}^{p}\sum\limits_{\mu'=1}^{p} a_{\mu\mu'}\frac{\varepsilon_\mu\varepsilon_{\mu'}}{r^2} + 2\sum\limits_{\mu=1}^{p}\frac{\varepsilon_\mu}{r}\left(v_\mu+\frac{\varepsilon'_\mu}{r}\pi i\right)},$$

d. h. sie geht abgesehen von einem Exponentialfaktor aus der Funktion $\vartheta((v))$ hervor, wenn man deren Argumentensystem (v) um das System

91) Die Formel (169) ist von *Prym* („Riem. Thetaf.", p. 106) aufgestellt worden, nachdem *Krazer* („$p = 2$") sie im speziellen Falle $p = 2$ angegeben und gezeigt hatte, daß die sämtlichen Beziehungen zwischen den 16 Thetafunktionen zweier Veränderlichen aus ihr abgeleitet werden können.

$$(174)\qquad \{\varepsilon\}_r = \sum_{\mu=1}^{p} \frac{\varepsilon_\mu}{r} a_{1\mu} + \frac{\varepsilon_1'}{r}\pi i \,\Big|\, \cdots \,\Big|\, \sum_{\mu=1}^{p} \frac{\varepsilon_\mu}{r} a_{p\mu} + \frac{\varepsilon_p'}{r}\pi i$$

zusammengehöriger r^{tel} der Periodizitätsmodulen mit der Per. Char. $(\varepsilon)_r$ vermehrt. So entspricht der Th. Char. $[\varepsilon]_r$ also die Per. Char. $(\varepsilon)_r$, wenn man $\vartheta[\varepsilon]_r((v))$ relativ gegen $\vartheta((v))$ betrachtet.

Die durch die Gleichung (172) definierte Thetafunktion $\vartheta[\varepsilon]_r((v))$ genügt den $2p$ Gleichungen

$$(175)\qquad \vartheta[\varepsilon]_r(v_1|\cdots|v_\nu + \pi i|\cdots|v_p) = \vartheta[\varepsilon]_r((u)) e^{\frac{2\varepsilon_\nu \pi i}{r}},$$

$$(176)\qquad \vartheta[\varepsilon]_r(v_1 + a_{1\nu}|\cdots|v_p + a_{p\nu}) = \vartheta[\varepsilon]_r((u)) e^{-a_{\nu\nu} - 2v_\nu - \frac{2\varepsilon_\nu'\pi i}{r}}$$

$$(\nu = 1, 2, \ldots p)$$

oder, was dasselbe sagt, bei beliebigen ganzzahligen $\varkappa, \varkappa'$ der Gleichung

$$(177)\qquad \vartheta[\varepsilon]_r((v + \{r\varkappa\}_r))$$
$$= \vartheta[\varepsilon]_r((v)) e^{-\sum\limits_{\mu=1}^{p}\sum\limits_{\mu'=1}^{p} a_{\mu\mu'}\varkappa_\mu \varkappa_{\mu'} - 2\sum\limits_{\mu=1}^{p}\varkappa_\mu v_\mu + \frac{2}{r}\sum\limits_{\mu=1}^{p}(\varepsilon_\mu \varkappa_\mu' - \varepsilon_\mu' \varkappa_\mu)\pi i},$$

in welcher $\{r\varkappa\}_r$ jenes System zusammengehöriger Ganzen der Periodizitätsmodulen bezeichnet, welches aus (174) für $\varepsilon_\mu = r\varkappa_\mu$, $\varepsilon_\mu' = r\varkappa_\mu'$ $(\mu = 1, 2, \ldots p)$ hervorgeht.

Endlich genügt die Funktion $\vartheta[\varepsilon]_r((v))$ den Gleichungen

$$(178)\qquad \vartheta[\varepsilon + r\varkappa]_r((v)) = \vartheta[\varepsilon]_r((v)) e^{\frac{2\pi i}{r}\sum\limits_{\mu=1}^{p}\varepsilon_\mu \varkappa_\mu'},$$

$$(179)\qquad \vartheta[\varepsilon]_r((v + \{\eta\}_r)) = \vartheta[\varepsilon + \eta]_r((v)) e^{-\sum\limits_{\mu=1}^{p}\sum\limits_{\mu'=1}^{p} a_{\mu\mu'}\frac{\eta_\mu \eta_{\mu'}}{r^2} - 2\sum\limits_{\mu=1}^{p}\frac{\eta_\mu}{r}\left(v_\mu + \frac{\varepsilon_\mu' + \eta_\mu'}{r}\pi i\right)},$$

$$(180)\qquad \vartheta[\varepsilon]_r((-v)) = \vartheta[-\varepsilon]_r((v)).$$

Die Formel (178) sagt aus, daß zwei Funktionen $\vartheta[\varepsilon]_r((v))$ und $\vartheta[\eta]_r((v))$, für welche die Charakteristikenelemente $\varepsilon, \varepsilon'$ und η, η' den $2p$ Kongruenzen

$$(181)\qquad \varepsilon_\mu \equiv \eta_\mu, \quad \varepsilon_\mu' \equiv \eta_\mu' \pmod{r} \qquad (\mu = 1, 2, \ldots p)$$

genügen, nur um einen Faktor, der eine r^{te} Einheitswurzel ist, voneinander verschieden sind, und man schließt daraus, daß es im ganzen überhaupt nur r^{2p} wesentlich verschiedene Funktionen $\vartheta[\varepsilon]_r((v))$ gibt, als welche man diejenigen wählen kann, bei denen die $\varepsilon, \varepsilon'$ nur die Werte $0, 1, \ldots r-1$ besitzen.

Die Formel (179) zeigt weiter, daß man von jeder dieser r^{2p} Funktionen zu jeder anderen von ihnen, abgesehen von einem Exponentialfaktor, gelangen kann, indem man ihr Argumentensystem (v) um ein passend gewähltes System zusammengehöriger r^{tel} der Periodizitätsmodulen vermehrt. Dadurch erscheinen die r^{2p} Funktionen $\vartheta[\varepsilon]_r((v))$ untereinander gleichberechtigt.

Die Formel (180) endlich zeigt, daß sich die Funktion $\vartheta[\varepsilon]_r((-v))$ stets aber auch nur dann von der Funktion $\vartheta[\varepsilon]_r((v))$ nur um einen konstanten Faktor unterscheidet, wenn die beiden Charakteristiken $[\varepsilon]_r$ und $[-\varepsilon]_r$ einander kongruent sind, also $[2\varepsilon]_r \equiv [0]$ ist. Dieser Fall kommt, wenn r gerade ist, unter den r^{2p} Funktionen $\vartheta[\varepsilon]_r((v))$ 2^{2p}-mal vor und liefert bekanntlich $2^{p-1}(2^p+1)$ gerade, $2^{p-1}(2^p-1)$ ungerade Funktionen. Die $r^{2p}-2^{2p}$ übrigen und ebenso im Falle eines ungeraden r die sämtlichen $r^{2p}-1$ von $\vartheta[0]((v))$ verschiedenen Funktionen $\vartheta[\varepsilon]_r((v))$ gehen gemäß der Formel (180), abgesehen von einem Exponentialfaktor, der eine r^{te} Einheitswurzel ist, paarweise ineinander über, wenn man das Argumentensystem (v) in $(-v)$ verwandelt.

40. Periodencharakteristiken $(\varepsilon)_r$. Sind $\omega_{1\alpha}, \ldots \omega_{p\alpha}$ $(\alpha = 1, 2, \ldots 2p)$ die $2p$ Periodensysteme einer *Abel*schen Funktion und die ε, ε' ganze Zahlen, so nennt man ein Größensystem von der Form

$$(182)\qquad \frac{1}{r}\sum_{\nu=1}^{p}(\varepsilon_\nu\omega_{1\nu}+\varepsilon_\nu'\omega_{1,p+\nu}), \;\ldots\; \frac{1}{r}\sum_{\nu=1}^{p}(\varepsilon_\nu\omega_{p\nu}+\varepsilon_\nu'\omega_{p,p+\nu})$$

ein System zusammengehöriger r^{tel} der Perioden, den Komplex der $2p$ Zahlen ε, ε' aber seine Per. Char. $(\varepsilon)_r$.

Zwei Systeme (182), bei denen die Charakteristikenelemente ε, ε' und η, η' den $2p$ Kongruenzen (181) genügen, sind einander kongruent nach den Perioden; zwei solche Per. Char. $(\varepsilon)_r$ und $(\eta)_r$ werden im folgenden als nicht verschieden angesehen. Es gibt dann im ganzen nur r^{2p} verschiedene Per. Char. $(\varepsilon)_r$, als welche man diejenigen wählen kann, bei denen die Zahlen ε, ε' nur die Werte $0, 1, \ldots r-1$ haben.

Durch jede lineare ganzzahlige Transformation (39) geht ein System zusammengehöriger r^{tel} der Perioden ω mit der Per. Char. $(\varepsilon)_r$ in ein System zusammengehöriger r^{tel} der Perioden ω' über, dessen Per. Char. $(\bar\varepsilon)_r$ in ihren Elementen $\bar\varepsilon_\mu$, $\bar\varepsilon_\mu'$ $(\mu = 1, 2, \ldots p)$ durch die Kongruenzen

$$(183)\qquad \begin{aligned} \bar\varepsilon_\mu &\equiv \sum_{\nu=1}^{p}(c_{\mu\nu}\,\varepsilon_\nu + c_{\mu,p+\nu}\,\varepsilon_\nu') \pmod{r},\\ \bar\varepsilon_\mu' &\equiv \sum_{\nu=1}^{p}(c_{p+\mu,\nu}\,\varepsilon_\nu + c_{p+\mu,p+\nu}\,\varepsilon_\nu') \pmod{r} \end{aligned} \qquad (\mu = 1, 2, \ldots p)$$

bestimmt ist. Man sagt dann, daß die Per. Char. $(\varepsilon)_r$ durch die Transformation (39) in die Per. Char. $(\bar{\varepsilon})_r$ übergeht. Unter den r^{2p} Per. Char. $(\varepsilon)_r$ nimmt dabei die Per. Char. $(0)_r$, bei der $\varepsilon_1 = \cdots = \varepsilon_p = \varepsilon_1' = \cdots = \varepsilon_p' = 0$ ist, den $r^{2p} - 1$ anderen gegenüber eine Ausnahmestellung ein, da sie und nur sie bei jeder Transformation in sich übergeht. Man teilt daher die r^{2p} Per. Char. in zwei Klassen; die erste Klasse besteht aus der einzigen Per. Char. (0), welche die uneigentliche Per. Char. genannt wird, die andere aus den $r^{2p} - 1$ übrigen, welche die eigentlichen Per. Char. heißen. Unter der Summe $(\sigma)_r = (\varepsilon\eta\zeta\ldots)_r$ mehrerer Per. Char. $(\varepsilon)_r$, $(\eta)_r$, $(\zeta)_r$, ... wird jene Per. Char. verstanden, deren Elemente σ_μ, σ'_μ durch die Kongruenzen

$$(184)\quad \sigma_\mu \equiv \varepsilon_\mu + \eta_\mu + \zeta_\mu + \cdots,\quad \sigma'_\mu \equiv \varepsilon'_\mu + \eta'_\mu + \zeta'_\mu + \cdots \pmod{r}$$
$$(\mu = 1, 2, \ldots p)$$

bestimmt sind; dabei können die Per. Char. $(\varepsilon)_r$, $(\eta)_r$, $(\zeta)_r$, ... auch teilweise oder alle einander gleich sein und es soll die Summe von g gleichen Per. Char. $(\varepsilon)_r$ mit $(\varepsilon^g)_r$ bezeichnet werden.

Man nennt gegebene Per. Char. $(\varepsilon_1)_r, (\varepsilon_2)_r, \ldots (\varepsilon_m)_r$ unabhängig, wenn die Gleichung $(\varepsilon_1^{g_1}\varepsilon_2^{g_2}\ldots\varepsilon_m^{g_m})_r = (0)$, in der die g positive ganze Zahlen bezeichnen, nur durch $g_1 \equiv g_2 \equiv \cdots \equiv g_m \equiv 0 \pmod{r}$ befriedigt werden kann; man nennt ferner eine aus gegebenen Per. Char. $(\varepsilon_1)_r, (\varepsilon_2)_r, \ldots (\varepsilon_m)_r$ zusammengesetzte Per. Char. $(\varepsilon_1^{g_1}\varepsilon_2^{g_2}\ldots\varepsilon_m^{g_m})_r$, bei der die g positive ganze Zahlen oder Null sind, eine Kombination n^{ter} Ordnung dieser Per. Char., wenn $g_1 + g_2 + \cdots + g_m = n$ ist, und bezeichnet sie mit $(\sum^n \varepsilon)_r$.[92])

Bezeichnen weiter $(\varepsilon)_r$ und $(\eta)_r$ irgend zwei Per. Char., $(\bar{\varepsilon})_r$ und $(\bar{\eta})_r$ die daraus durch die nämliche lineare ganzzahlige Transformation hervorgehenden, so ist stets

$$(185)\qquad \sum_{\mu=1}^{p} (\bar{\varepsilon}_\mu \bar{\eta}'_\mu - \bar{\varepsilon}'_\mu \bar{\eta}_\mu) \equiv \sum_{\mu=1}^{p} (\varepsilon_\mu \eta'_\mu - \varepsilon'_\mu \eta_\mu) \pmod{r};$$

es bleibt also der Wert des Ausdrucks

---

92) Man wird bemerken, daß die Definition der Unabhängigkeit von Per. Char., in dem Falle, wo r keine Primzahl ist, schon für jede einzelne Per Char. $(\varepsilon)_r$ eine Bedingung nach sich zieht. Da nämlich die Gleichung $(\varepsilon^g)_r = (0)$ nur durch $g \equiv 0 \pmod{r}$ soll befriedigt werden können, so dürfen die $2p$ Charakteristikenelemente ε, ε' von $(\varepsilon)_r$ mit r keinen Faktor gemeinsam haben; es ist diese Bedingung gleichbedeutend damit, daß die r Per. Char. (0), $(\varepsilon)_r$, $(\varepsilon^2)_r$, ..., $(\varepsilon^{r-1})_r$ alle voneinander verschieden sind.

$$(186)\qquad |\varepsilon, \eta| = e^{\frac{2\pi i}{r}\sum_{\mu=1}^{p}(\varepsilon_\mu \eta'_\mu - \varepsilon'_\mu \eta_\mu)}$$

bei jeder linearen ganzzahligen Transformation ungeändert.

Zwei Per. Char. $(\varepsilon)_r$ und $(\eta)_r$ heißen syzygetisch, wenn

$$|\varepsilon, \eta| = +1$$

ist. Unter den r^{2p} Per. Char. $(x)_r$ gibt es stets r^{2p-q}, welche den Gleichungen

$$(187)\qquad |\varepsilon_1, x| = e^{\frac{2\pi i}{r}\delta_1},\quad |\varepsilon_2, x| = e^{\frac{2\pi i}{r}\delta_2},\quad \ldots\quad |\varepsilon_q, x| = e^{\frac{2\pi i}{r}\delta_q}$$

genügen, wo die δ willkürlich gegebene ganze Zahlen, $(\varepsilon_1)_r, (\varepsilon_2)_r, \ldots (\varepsilon_q)_r$ aber q unabhängige Per. Char. bezeichnen; insbesondere gibt es also stets r^{2p-q} Per. Char., welche zu q gegebenen unabhängigen Per Char. syzygetisch sind.

Alle Kombinationen von q unabhängigen Per. Char. $(\varepsilon_1)_r, (\varepsilon_2)_r, \ldots (\varepsilon_q)_r$ bilden zusammen mit der uneigentlichen Per. Char. (0) eine Gruppe E von r^q verschiedenen Per. Char. Die Zahl q heißt der Rang, die Zahl r^q die Ordnung der Gruppe E, die q Per. Char. $(\varepsilon_1)_r, (\varepsilon_2)_r, \ldots (\varepsilon_q)_r$ oder irgend q andere unabhängige Per. Char. von E die Basis der Gruppe E.

Die r^{2p-q} zu q unabhängigen Per. Char. $(\varepsilon_1)_r, (\varepsilon_2)_r, \ldots (\varepsilon_q)_r$ syzygetischen Per. Char. sind syzygetisch zu allen r^q Per. Char. der Gruppe E und bilden selbst eine Gruppe H vom Range $2p - q$, welche man zur Gruppe E adjungiert nennt. Es ist dann auch E zu H adjungiert.

Diejenigen unter den Per. Char. einer Gruppe E, welche zu den sämtlichen 2^q Per. Char. von E syzygetisch sind, bilden die syzygetische Untergruppe A von E. Die Per. Char. von A gehören immer auch der adjungierten Gruppe H an und es ist A der größte gemeinsame Teiler von E und H. Sind je zwei Per. Char. einer Gruppe syzygetisch, so heißt die Gruppe selbst syzygetisch. Der Rang einer syzygetischen Gruppe kann nicht größer als p sein. Eine syzygetische Gruppe vom Range p heißt eine *Göpel*sche Gruppe. Eine *Göpel*sche Gruppe ist mit ihrer adjungierten Gruppe identisch.

41. Thetacharakteristiken $[\varepsilon]_r$. Betrachtet man zwei Th. Char. $[\varepsilon]_r$ und $[\eta]_r$, deren Elemente $\varepsilon, \varepsilon'$ und η, η' den $2p$ Kongruenzen (181) genügen, als nicht verschieden, so gibt es im ganzen nur r^{2p} verschiedene Th. Char. $[\varepsilon]_r$, als welche man diejenigen wählen kann, bei denen die $\varepsilon, \varepsilon'$ nur Zahlen aus der Reihe $0, 1, \ldots r-1$ sind.

Unter der Summe $[\sigma]_r = [\varepsilon\eta\zeta\cdots]_r$ mehrerer Th. Char. $[\varepsilon]_r, [\eta]_r, [\zeta]_r, \ldots$ wird jene Th. Char. verstanden, deren Elemente σ, σ' durch die Kongruenzen (184) bestimmt sind; dabei können die Th. Char. $[\varepsilon]_r, [\eta]_r,$

$[\zeta]_r, \ldots$ auch teilweise oder alle einander gleich sein und es wird die Summe von g gleichen Th. Char. $[\varepsilon]_r$ mit $[\varepsilon^g]_r$ bezeichnet. Man nennt ferner eine aus gegebenen Th. Char. $[\varepsilon_1]_r, [\varepsilon_2]_r, \ldots [\varepsilon_m]_r$ zusammengesetzte Th. Char. $[\varepsilon_1^{g_1}\varepsilon_2^{g_2}\ldots\varepsilon_m^{g_m}]_r$, bei der die g positive ganze Zahlen oder Null sind, eine Kombination n^{ter} Ordnung dieser Th. Char., wenn $g_1 + g_2 + \cdots + g_m = n$ ist, und bezeichnet sie mit $\left[\sum^n \varepsilon\right]_r$. Diejenigen Kombinationen $\left[\sum^n \varepsilon\right]_r$, bei denen die Ordnungszahl $n \equiv 1 \pmod{r}$ ist, heißen die wesentlichen Kombinationen der gegebenen Th. Char. und wesentlich unabhängig werden Th. Char. $[\varepsilon_1]_r, [\varepsilon_2]_r, \ldots [\varepsilon_m]_r$ genannt, wenn keine aus ihnen gebildete Kombination $[\varepsilon_1^{g_1}\varepsilon_2^{g_2}\ldots\varepsilon_m^{g_m}]_r$, bei der $g_1 + g_2 + \cdots + g_m \equiv 0 \pmod{r}$ ist, der Th. Char. $[0]$ gleich ist, ohne daß jede einzelne der m Zahlen $g_1, g_2, \ldots g_m \equiv 0 \pmod{r}$ ist.

Addiert man zu den sämtlichen Per. Char. einer Gruppe E eine beliebige Th. Char. $[\varkappa]$ und faßt die entstehenden r^q Charakteristiken als Th. Char. auf, so sagt man von ihnen, daß sie ein System von Th. Char. bilden, und nennt q den Rang des Systems. Die r^q Th. Char. eines Systems vom Range q können auch als die wesentlichen Kombinationen von $q+1$ wesentlich unabhängigen unter ihnen definiert werden; solche $q+1$ Th. Char. eines Systems sollen eine Basis desselben genannt werden.

Läßt man an Stelle der vorher genannten Th. Char. $[\varkappa]$ der Reihe nach die r^{2p-q} Per. Char. einer Gruppe Z vom Range $2p - q$ treten, deren Basischarakteristiken zusammen mit den q Basischarakteristiken von E $2p$ unabhängige Per. Char. bilden, so erhält man auf die angegebene Weise aus einer Gruppe von r^q Per. Char. im ganzen r^{2p-q} verschiedene Systeme von Th. Char., welche zusammen alle r^{2p} überhaupt existierenden Th. Char. und jede nur einmal enthalten; von solchen r^{2p-q} Systemen sagt man, daß sie einen Komplex bilden. Eine Gruppe Z der vorher bezeichneten Art heißt zur Gruppe E konjugiert und entsprechend nennt man auch die r^{2p-q} Systeme eines Komplexes einander konjugiert. Adjungiert werden zwei Systeme von Th. Char. genannt, wenn die beiden Gruppen von Per. Char. es sind, aus denen sie abgeleitet wurden. Endlich soll jedes aus einer *Göpel*schen Gruppe von Per. Char. abgeleitete System ein *Göpel*sches System genannt werden.[93])

93) Der Versuch *v. Braunmühls* [Erl. Ber. 18 (1886), p. 37; Münch. Abh. 16_2 (1887), p. 327; Math. Ann. 32 (1888), p. 513 und 37 (1890), p. 61], für den Fall $r > 2$ den „Charakter"

$$|\varepsilon| = e^{\frac{2\pi i}{r}\sum_{\mu=1}^{p}\varepsilon_\mu \varepsilon_{\mu'}}$$

42. Relationen zwischen den Funktionen $\vartheta[\varepsilon]_r((v))$. Ebenso wie die Untersuchungen über die Relationen zwischen den 2^{2p} Funktionen $\vartheta[\varepsilon]_2((v))$ sich im wesentlichen auf die Relationen zwischen den Quadraten dieser Funktionen als den Thetafunktionen zweiter Ordnung mit der Charakteristik [0] beschränken, so werden auch die Untersuchungen über die zwischen den r^{2p} Funktionen $\vartheta[\varepsilon]_r((v))$ bestehenden Relationen solche Verbindungen dieser Funktionen heranziehen, welche Thetafunktionen r^{ter} Ordnung mit der Charakteristik [0] sind; dies sind aber außer den „Thetapotenzen" $\vartheta^r[\varepsilon]_r((v))$ auch die „vollständigen Thetaprodukte", d. h. Produkte von r Funktionen $\vartheta[\varepsilon]_r((v))$, deren Charakteristikensumme [0] ist. Bezüglich dieser Funktionen gelten die beiden Sätze:

Zwischen $r^p + 1$ Thetapotenzen und vollständigen Thetaprodukten besteht immer eine homogene lineare Relation.

Durch r^p linear unabhängige Thetapotenzen oder vollständige Thetaprodukte läßt sich jede weitere dieser Funktionen homogen und linear ausdrücken.

43. Verallgemeinerung der Riemannschen Thetaformel. Auch für die Funktionen $\vartheta[\varepsilon]_r((v))$ können die eben genannten Relationen, ebenso wie die Additionstheoreme ihrer Quotienten, aus der folgenden allgemeinen Formel gewonnen werden, welche als die Verallgemeinerung der *Riemann*schen Thetaformel erscheint.[94])

Bezeichnen $w_\mu^{(1)}, w_\mu^{(2)}$ $(\mu = 1, 2, \cdots p)$ $2p$ unabhängige Veränderliche, $t_\mu^{(1\nu)}, t_\mu^{(2\nu)}$ $\begin{pmatrix}\nu = 1, 2, \cdots r\\ \mu = 1, 2, \cdots p\end{pmatrix}$ $2rp$ Veränderliche, welche die $2p$ Gleichungen

$$(188)\qquad t_\mu^{(11)} + \cdots + t_\mu^{(1r)} = 0, \quad t_\mu^{(21)} + \cdots + t_\mu^{(2r)} = 0 \qquad (\mu = 1, 2, \cdots p)$$

einer Th. Char. $[\varepsilon]_r$ einzuführen, ist ebenso wie der, F. S. von Per. Char. oder Th. Char. für $r > 2$ zu definieren, verfehlt, da die geschaffenen Begriffe nicht auf wesentlichen, d. h. gegenüber linearen ganzzahligen Transformationen invarianten Eigenschaften der Charakteristiken beruhen; auch sind die von *v. Braunmühl* vorgenommenen Abzählungen nur für den Fall einer Primzahl r richtig. Vgl. dazu *Krazer,* Acta math. 17 (1893), p. 281. Unter welchen Bedingungen für die Modulen eine Thetafunktion zweier Veränderlichen verschwindet, wenn für diese ein System zusammengehöriger 3^{tel} der Periodizitätsmodulen gesetzt wird, hat *Thomae,* Z. f. Math. 36 (1891), p. 41 untersucht.

94) Zuerst für den Fall $p = 1$ und $r = 3$ bei *Krazer,* Math. Ann. 22 (1883), p. 416 = Hab. Schr. Würzburg 1883 [vgl. dazu *Schleicher,* Progr. Bayreuth 1890, *Sievert,* Progr. Nürnberg 1891, ferner Nürnberg 1893, Bayreuth 1895 und Progr. Bayreuth 1906], sodann für beliebiges p und r bei *Krazer* und *Prym,* Acta math. 3 (1883), p. 240, auch „N. G.", p. 37; s. auch *Krause,* Math. Ann. 26 (1886), p. 587.

erfüllen, und setzt man, indem man unter den ϱ, ϱ' ganze Zahlen versteht, welche den $2p$ Bedingungen

$$(189)\quad \varrho_\mu^{(1)} + \varrho_\mu^{(2)} + \cdots + \varrho_\mu^{(2r)} = r s_\mu, \quad \varrho_\mu'^{(1)} + \varrho_\mu'^{(2)} + \cdots + \varrho_\mu'^{(2r)} = r s'_\mu$$
$$(\mu = 1, 2, \cdots p)$$

genügen, in denen die s, s' ganze Zahlen bezeichnen,

$$x_{[\varepsilon]} = \vartheta[\varepsilon + s - \varrho^{(1)}]_r((w^{(2)} - t^{(11)})) \cdots \vartheta[\varepsilon + s - \varrho^{(r)}]_r((w^{(2)} - t^{(1r)}))$$
$$\vartheta[\varepsilon + s - \varrho^{(r+1)}]_r((w^{(1)} - t^{(21)})) \cdots \vartheta[\varepsilon + s - \varrho^{(2r)}]_r((w^{(1)} - t^{(2r)}))$$
$$\cdot e^{-\frac{2\pi i}{r}\sum_{\mu=1}^{p} \varepsilon_\mu \varepsilon'_\mu} \cdot e^{-\frac{2\pi i}{r}\sum_{\mu=1}^{p} s_\mu \varepsilon'_\mu},$$

$$(190)\quad y_{[\eta]} = \vartheta[\eta + \varrho^{(1)}]_r((w^{(1)} + t^{(11)})) \cdots \vartheta[\eta + \varrho^{(r)}]_r((w^{(1)} + t^{(1r)}))$$
$$\vartheta[\eta + \varrho^{(r+1)}]_r((w^{(2)} + t^{(21)})) \cdots \vartheta[\eta + \varrho^{(2r)}]_r((w^{(2)} + t^{(2r)}))$$
$$\cdot e^{-\frac{2\pi i}{r}\sum_{\mu=1}^{p} \eta_\mu \eta'_\mu} \cdot e^{-\frac{2\pi i}{r}\sum_{\mu=1}^{p} s_\mu \eta'_\mu},$$

so sind die Größen x und y miteinander verknüpft durch die Gleichungen

$$(191)\qquad r^p y_{[\eta]} = \sum_{[\varepsilon]} |\,\varepsilon, \eta\,|\, x_{[\varepsilon]},$$

bei denen die Summation über alle r^{2p} Th. Char. auszudehnen ist und $[\eta]$ eine beliebige Th. Char bezeichnet.

Denkt man sich die Per. Char. $(\varrho^{(1)}), \ldots (\varrho^{(2r)})$ festgehalten und läßt an Stelle von $[\eta]$ der Reihe nach die r^{2p} Th. Char. treten, so entsteht aus (191) ein System von r^{2p} Gleichungen, welche alle auf ihren rechten Seiten die nämlichen r^{2p} Größen $x_{[\varepsilon]}$ haben; aus diesen r^{2p} Gleichungen können durch lineare Verbindung neue Gleichungen zwischen den Größen x und y abgeleitet werden.

Sind $(a_0)_r, (a_1)_r, \ldots (a_{s-1})_r$ die $s = r^m$ Per. Char. einer beliebigen Gruppe A vom Range m, $(b_0)_r, (b_1)_r, \ldots (b_{t-1})_r$ die $t = r^{2p-m}$ Per. Char. der dazu adjungierten Gruppe B (Nr. **40**) und bezeichnen $[\eta]$ und $[\zeta]$ irgend zwei Th. Char., so besteht zwischen den Größen x und y die Gleichung

$$(192)\qquad r^{p-m} \sum_{\sigma=0}^{s-1} |\,a_\sigma, \zeta\,|\, y_{[\eta a_\sigma]} = |\,\zeta, \eta\,| \sum_{\tau=0}^{t-1} |\,b_\tau, \eta\,|\, x_{[\zeta b_\tau]},$$

aus der insbesondere für $m = p$ die halbe Umkehrung der Formel (191)

$$(193)\qquad \sum_{\sigma=0}^{r^p-1} |\,a_\sigma, \zeta\,|\, y_{[\eta a_\sigma]} = |\,\zeta, \eta\,| \sum_{\tau=0}^{r^p-1} |\,b_\tau, \eta\,|\, x_{[\zeta b_\tau]}$$

hervorgeht. Ist dabei die Gruppe A eine *Göpel*sche, so fällt die Gruppe B mit ihr zusammen.

44. Auftreten der Funktionen $\vartheta[\varepsilon]_r((v))$ bei nicht ganzzahliger linearer Transformation der Thetafunktionen. Wie schon *Jacobi*[95]) bemerkt hat, zerfällt die $\vartheta(v)_a$ darstellende Reihe, wenn man in ihr die geraden Glieder von den ungeraden trennt, in zwei Reihen, von denen jede für sich eine Thetafunktion mit den Argumenten $2v$ und den Modulen $4a$ darstellt. *Schröter*[96]) hat diese Zerspaltung einer Thetareihe in mehrere durch Zusammenfassen derjenigen Glieder, bei denen die Summationsbuchstaben einander nach dem Modul r kongruent sind, auf den Fall eines beliebigen r ausgedehnt und ist dadurch zu der Formel

$$(194)\qquad \vartheta(v)_a = \sum_{\varrho=0}^{r-1} \vartheta\begin{bmatrix} \frac{\varrho}{r} \\ 0 \end{bmatrix}(rv)_{r^2 a}$$

gelangt, aus der durch Umkehrung die zuerst von *Gordan*[97]) mitgeteilte Formel

$$(195)\qquad r\vartheta(rv)_{r^2 a} = \sum_{\sigma=0}^{r-1} \vartheta\begin{bmatrix} 0 \\ \frac{\sigma}{r} \end{bmatrix}(v)_a$$

hervorgeht. Solche Formeln bestehen auch für Thetafunktionen von beliebig vielen Variablen[98]); hier bilden sie aber nur den speziellen Fall einer viel allgemeineren Formel, die man erhält, wenn man in der $\vartheta((v))_a$ definierenden p-fach unendlichen Reihe an Stelle der bisherigen Summationsbuchstaben neue einführt durch eine beliebige lineare Substitution mit rationalen Koeffizienten von nicht verschwindender Determinante. Diese Formel ist von *Krazer* und *Prym*[99]) aufgestellt worden; sie entspricht einer nicht ganzzahligen linearen Transformation, welche als elementare lineare Transformation 1. Art bezeichnet wird.[100])

45. Die Krazer-Prymsche Fundamentalformel für die Theorie der Thetafunktionen mit rationalen Charakteristiken. Für Produkte von je zwei einfach unendlichen Thetareihen hat *Schröter*[101]) die Formel

$$(196)\quad \vartheta(v_1)_{p_1 a}\vartheta(v_2)_{p_2 a} = \sum_{\varrho=0}^{r-1} \vartheta\begin{bmatrix} \frac{\varrho}{r} \\ 0 \end{bmatrix}(p_2 v_1 - p_1 v_2)_{p_1 p_2 r a}\,\vartheta\begin{bmatrix} \frac{p_1 \varrho}{r} \\ 0 \end{bmatrix}(v_1 + v_2)_{ra},$$

95) Ges. Werke 1 (1881), p. 515.

96) Diss. Königsberg 1854, p. 19.

97) J. f. Math. 66 (1866), p. 191.

98) *Thomae*, Diss. Göttingen 1864 und *Königsberger*, J. f. Math. 64 (1865), p. 33.

99) „N. G.", p. 70.

100) Vgl. *Krazer*, „Thetaf.", p. 65 und 198.

101) Diss. Königsberg 1854, p. 7.

wo $r = p_1 + p_2$ gesetzt ist, aufgestellt, die man auch nach den rechts stehenden Thetaprodukten aufgelöst in der Gestalt

$$(197)\; r\vartheta(p_2 v_1 - p_1 v_2)_{p_1 p_2 r a}\vartheta(v_1 + v_2)_{r a} = \sum_{\sigma=0}^{r-1}\vartheta\begin{bmatrix}0\\ \frac{\sigma}{r}\end{bmatrix}(v_1)_{p_1 a}\vartheta\begin{bmatrix}0\\ \frac{\sigma}{r}\end{bmatrix}(v_2)_{p_2 a}$$

schreiben kann. Später haben *Schröter*[102]) selbst und *Hoppe*[103]) die Formel (196) durch eine etwas allgemeinere Formel von demselben Typus ersetzt, während andererseits *Königsberger*[104]) sie auf Thetafunktionen beliebig vieler Argumente ausgedehnt hat.

Die Formeln (196) und (197) sind als spezielle Fälle in einem Formelpaar enthalten, welches zwischen Produkten von einer beliebigen Anzahl von Thetafunktionen besteht und von dem zuerst die (197) entsprechende Formel von *Gordan*[105]), die andere, (196) entsprechende, erst viel später von *Krause*[106]) angegeben wurde, ohne daß dieser die Übereinstimmung seiner Formel mit der *Gordan*schen bemerkte. *Krause* nannte die Formeln „Additionstheoreme zwischen Thetafunktionen mit verschiedenen Modulen". Auch *Krazer* und *Prym*[107]) haben diese Formeln aufgestellt und auf die Bedeutung hingewiesen, die sie für die Darstellung einer Funktion $\vartheta(\!(nv)\!)_{na}$ durch Funktionen $\vartheta(\!(v)\!)_a$ haben.[108])

Bei *Krazer* und *Prym* treten die genannten Formeln als spezielle Fälle einer weit allgemeineren Formel[109]) auf, welche entsteht, wenn man in der ein Produkt von n Thetafunktionen von je p Veränderlichen darstellenden np-fach unendlichen Reihe an Stelle der bisherigen Summationsbuchstaben neue einführt durch eine lineare Substitution mit rationalen Koeffizienten[110]), und welche als „Fundamentalformel für die Theorie der Thetafunktionen mit rationalen Charakteristiken" bezeichnet wird. Setzt man die Modulen aller in ihr

---

102) Hab.-Schr. Breslau 1855, p. 6.

103) Arch. d. Math. 70 (1884), p. 400.

104) J. f. Math. 64 (1865), p. 24.

105) J. f. Math. 66 (1866), p. 189.

106) Leipz. Ber. 38 (1886), p. 39, Math Ann. 27 (1886), p. 419, ferner Leipz. Ber. 45 (1893), p. 99, 349, 523, 805 und 48 (1896), p. 291; D. M. V. Jahresber. 4 (1897), p. 121; vgl. auch *Mertens*, Progr. Köln 1889.

107) „N. G.", p. 27.

108) Vgl. § 19 und *Krazer*, „Thetaf.", p. 168.

109) „N. G.", p. 20. Eine von *Weierstraß* aufgestellte, aber erst 1903 im 3. Bande seiner Math. Werke p. 123 veröffentlichte und als Verallgemeinerung einer *Jacobi*schen Thetaformel bezeichnete Formel stimmt mit der *Krazer-Prym*schen überein.

110) Dazu *Krazer*, Math. Ann. 52 (1899), p. 369.

auftretenden Thetafunktionen einander gleich, so geht sie in die von *Prym*[111]) mitgeteilte „allgemeine Thetaformel" über, die nun ihrerseits die *Riemann*sche Thetaformel und deren Verallgemeinerungen[112]) als spezielle Fälle enthält.

VI. Das Jacobische Umkehrproblem bei Riemann, Clebsch und Gordan und in den Vorlesungen von Weierstraß.

46. Riemann. Im vorigen wurde, der historischen Entwicklung vorgreifend, die formale Theorie der Thetafunktionen im Zusammenhang dargestellt, obgleich sie sich erst unter dem Einfluß der zentralen Stellung, welche diese Funktion in *Riemann*s Arbeiten einnimmt, nach und nach entwickelte.

Die tiefe Einsicht *Riemann*s in die Natur der algebraischen Funktionen und ihrer Integrale hat ihn in den Stand gesetzt, die zu einem algebraischen Gebilde gehörige Thetafunktion unmittelbar aufzustellen und auf dieser Grundlage dann im Einklang mit seinem allgemeinen Programm, Funktionen durch ihre Rand- und Unstetigkeitsbedingungen zu bestimmen, nicht nur das Umkehrproblem zu lösen, sondern auch noch eine ganze Reihe von weiteren die *Abel*schen Integrale betreffenden Fragen in großer Vollständigkeit zu beantworten.

Riemann beginnt also die zweite Abteilung seiner Theorie der *Abel*schen Funktionen[113]) (Art. 17) mit der Aufstellung der p-fach unendlichen Thetareihe (64), gibt deren Periodizitätseigenschaften (65), (66) an und weist nach, daß diese die Funktion bis auf einen konstanten Faktor bestimmen.

Sodann legt er der weiteren Untersuchung eine kanonische Zerschneidung der *Riemann*schen Fläche T in eine einfach zusammenhängende T' (II B 2, Nr. **6**) zugrunde und ordnet dieser ein System von p transzendent normierten Integralen erster Gattung v_μ (II B 2, Nr. **18**) von der Beschaffenheit zu, daß der Periodizitätsmodul von v_μ an dem Querschnitte a_μ gleich πi, an den übrigen Querschnitten a aber gleich 0 ist Die $\frac{1}{2}(p-1)p$ Relationen, welche *Riemann* zwischen den Periodizitätsmodulen irgend zweier Integrale erster Gattung aufstellt (Art. 20), ergeben dann für die Periodizitätsmodulen $a_{\mu\nu}$ der Integrale v_μ an den Querschnitten b_ν ein symmetrisches System $a_{\mu\nu} = a_{\nu\mu}$. Aus dem Umstande aber, daß ein Integral $\int w\,d\bar{w}$, wo w irgendein Integral erster

---

111) „Riem. Thetaf." II, Acta math. 3 (1883), p. 216.

112) Acta math. 3 (1883), p. 240; „N. G.", p. 33 u. 47.

113) J. f. Math. 54 (1857), p. 115 = Ges. math. Werke 1876, p. 81, 2. Aufl. 1892, p. 88.

Gattung und $\bar{w}$ den zu w konjugierten komplexen Wert bezeichnet, über die ganze Begrenzung von T' erstreckt einen positiven Wert, gleich dem Flächeninhalte des konformen Abbildes von T' vermittels w, besitzt, schließt *Riemann* (Art. 21), daß der reelle Teil der quadratischen Form $\sum_{\mu,\nu} a_{\mu\nu} m_\mu m_\nu$ eine negative definite Form ist und daß infolgedessen die mit diesen Größen $a_{\mu\nu}$ als Modulen gebildete p-fach unendliche Thetareihe konvergiert, also eine ganze transzendente Funktion der v definiert.

Wird nun in dieser Reihe

$$v_\mu = v_\mu(z) - e_\mu \qquad (\mu = 1, 2, \ldots p) \tag{198}$$

gesetzt, indem man unter z eine Stelle der *Riemann*schen Fläche T und unter $e_1, \ldots e_p$ ein sonst beliebiges Wertesystem versteht, für welches nur $\vartheta((v(z) - e))$ nicht identisch, d. h. nicht für alle Lagen der Stelle z, verschwindet, und wird dann der Reihenwert als Funktion der gemeinsamen oberen Grenze z der Integrale v_μ betrachtet, so entsteht die *Riemann*sche Thetafunktion

$$\vartheta((v(z) - e)) = \sum_{m_1, \ldots m_p}^{-\infty, \ldots +\infty} e^{\sum_\mu \sum_\nu a_{\mu\nu} m_\mu m_\nu + 2 \sum_\mu m_\mu (v_\mu(z) - e_\mu)}, \tag{199}$$

für welche

$$\begin{aligned} &\text{längs } a_\nu : \vartheta^+ = \vartheta^-, \\ &\text{längs } b_\nu : \vartheta^+ = \vartheta^- \cdot e^{-2(v_\nu^- - e_\nu) - a_{\nu\nu}} \end{aligned} \qquad (\nu = 1, 2, \ldots p) \tag{200}$$

ist

Indem *Riemann* den letzten Gleichungen das Verhalten von $\log \vartheta$ an den Querschnitten entnimmt, kann er die Werte der über die ganze Begrenzung von T' erstreckten Integrale $\int d \log \vartheta$ und $\int \log \vartheta \, dv_\mu$ berechnen und erhält (Art. 22), immer vorausgesetzt, die Größen e seien so gewählt, daß die Thetafunktion nicht identisch verschwindet, die beiden grundlegenden Sätze,

1. daß $\vartheta((v(z) - e))$ an p Stellen $\eta_1, \eta_2, \ldots \eta_p$ der *Riemann*schen Fläche 0[1] wird,

2. daß zwischen diesen Nullstellen $\eta_1, \ldots \eta_p$ und den Parametern $e_1, \ldots e_p$ die p Gleichungen

$$e_\mu = \sum_{\nu=1}^{p} v_\mu(\eta_\nu) + h_\mu \pi i + \sum_{\nu=1}^{p} g_\nu a_{\mu\nu} + k_\mu \qquad (\mu = 1, 2, \cdots p) \tag{201}$$

bestehen. Es bezeichnen dabei die g, h ganze Zahlen, welche dadurch definiert sind, daß

$$\text{längs } a_\nu\colon \log\vartheta^+ = \log\vartheta^- - 2g_\nu\pi i,$$

$$\text{(202)}\quad \text{längs } b_\nu\colon \log\vartheta^+ = \log\vartheta^- - 2(u_\nu - e_\nu) - a_{\nu\nu} - 2h_\nu\pi i$$

$$(\nu = 1, 2, \cdots p)$$

ist, die k dagegen Konstanten, die von den Parametern e und den Nullpunkten η unabhängig sind und außer von der Beschaffenheit der *Riemann*schen Fläche T und des zu ihrer Zerschneidung benutzten Querschnittsystems noch von den Anfangswerten der Integrale v abhängen. Man kann insbesondere, wie es *Riemann* für die folgenden Untersuchungen tut, diese letzteren sich so gewählt denken, daß die p Größen k sämtlich verschwinden.[114])

Durch die Gleichungen (201) ist bereits die eindeutige Lösbarkeit des *Jacobi*schen Umkehrproblems für alle jene Wertesysteme e dargetan, für welche $\vartheta((v(z) - e))$ nicht identisch verschwindet.

Diesen letzteren Fall hat *Riemann* in den Art. 23 und 24 behandelt und hier schon jenen Satz ausgesprochen, der den Kernpunkt der Lehre von dem Verschwinden der Thetafunktion bildet, nämlich daß

$$\text{(203)}\qquad \vartheta\left(\left(\sum_{\nu=1}^{p-1} v(\eta_\nu)\right)\right) = 0$$

ist für jede Lage der $p - 1$ Punkte η. Aus diesem Satze folgert *Riemann* hier, daß das Kongruenzensystem

$$\text{(204)}\qquad \left(\sum_{\nu=1}^{2p-2} v(z^{(\nu)})\right) \equiv (0)$$

besteht, wenn die $z^{(\nu)}$ die $2p - 2$ Nullpunkte eines Differentials erster Gattung (II B 2, Nr. 20) oder, was dasselbe, durch eine Gleichung $\varphi = 0$

114) Bei der Vermehrung des Wertes der Integrale v_μ um Konstanten c_μ geht nämlich k_μ in $k_\mu - (p-1)c_\mu$ über, verschwindet also, wenn $c_\mu = \frac{k_\mu}{p-1}$ genommen wird. Die Art der Abhängigkeit der Konstanten k_μ von der Beschaffenheit der *Riemann*schen Fläche T und von dem Charakter des zur Zerschneidung dieser Fläche benutzten Querschnittsystems ist von *Prym* und *Rost* (*Prym*sche Funktionen 1911, 2. Teil, p. 107) eingehend untersucht worden. Im hyperelliptischen Falle haben für bestimmte Querschnittsysteme und bei der Wahl eines Verzweigungspunktes als gemeinsamer unterer Grenze der Integrale v_μ *Neumann* („Riem. Th.", 2. Aufl. 1884, p. 362) und *Christoffel* [Math. Ann. 54 (1901), p. 391 = Ges. math. Abh. 2 (1910), p. 316] die Bestimmung von k_μ durch direkte Ausführung der dabei auftretenden Integrationen durchgeführt, nachdem schon früher *Prym* (Schweiz. Nat. Ges. N. Denkschr. 22, 1867) diese Bestimmung auf einem anderen Wege erzielt hatte. Über die Berechnung der durch (202) definierten ganzen Zahlen g, h bei *Thomae*, Leipz. Ber. 52 (1900), p. 105.

miteinander verknüpft sind[115]), und dann weiter, daß das Umkehrproblem unendlich vieldeutig wird, wenn die Kongruenzen

$$e_\mu \equiv -\sum_{\nu=1}^{p-2} v_\mu(z^{(\nu)}) \qquad (\mu = 1, 2, \cdots p) \tag{205}$$

erfüllt werden können.

Dem Beweise, den *Riemann* in Art. 23 und später[116]) für den Satz (203) gegeben hat, haften aber gewisse Mängel an, auf welche zuerst *C. Neumann*[117]) aufmerksam gemacht hat. Diesem ist es dann auch gelungen, einen einwandfreien Beweis für den genannten Satz zu liefern[118]), aus dem sich auch der Beweis des allgemeineren, abschließenden Satzes ergibt, den *Riemann* gleichfalls schon ausgesprochen hat:

„Ist $\vartheta((r)) = 0$, so lassen sich $p - 1$ Punkte $\eta_1, \eta_2, \ldots \eta_{p-1}$ so bestimmen, daß

$$(r) \equiv \left(\sum_{\nu=1}^{p-1} u(\eta_\nu)\right) \tag{206}$$

ist und umgekehrt. Wenn außer der Funktion $\vartheta((v))$ auch ihre ersten bis m^{ten} Derivierten für $(v) = (r)$ sämtlich gleich Null, die $m + 1^{\text{ten}}$ aber nicht sämtlich gleich Null sind, so können m von diesen Punkten η, ohne daß die Größen r sich ändern, beliebig gewählt werden und dadurch sind die übrigen $p - 1 - m$ vollständig bestimmt. Und umgekehrt: Wenn m und nicht mehr von den Punkten η, ohne daß sich die Größen r ändern, beliebig gewählt werden können, so sind außer der Funktion $\vartheta((v))$ auch ihre ersten bis m^{ten} Derivierten für $(v) = (r)$ sämtlich gleich Null, die $m + 1^{\text{ten}}$ aber nicht sämtlich gleich Null."

Die Systeme der $p - 1$ Punkte η bilden in diesem Falle eine Spezialschar vom Überschusse $m + 1$ (II B 2, Nr. 25).

Durch diesen Satz ist eine vollständige Diskussion der Mannigfaltigkeit $\vartheta((v)) = 0$ im Gebiete der v auf Grund ihrer Darstellung durch Integrale erster Gattung gegeben und damit die Möglichkeit geschaffen, einerseits mit Hilfe der Thetafunktion Ausdrücke von ge-

115) Immer vorausgesetzt, daß die Anfangswerte der v so gewählt sind, daß die *Riemann*schen Konstanten k_μ verschwinden; andernfalls würde $(-2k)$ auf der rechten Seite von (204) stehen.

116) J. f. Math. 65 (1866), p. 161 = Ges. math. Werke 1876, p. 198; 2. Aufl. 1892, p. 212.

117) Leipz. Ber. 35 (1883), p. 99; vgl. auch „Riem. Th.", 2. Aufl. 1884, p. 334.

118) a. a. O. p. 347; vgl. dazu *v. Dalwigk,* N. Acta Leop. 57 (1892), p. 221, insbesondere aber *Rost,* Hab.-Schr. Würzburg 1901.

gebenen Null- und Unendlichkeitspunkten auf der *Riemann*schen Fläche zu bilden, andererseits die Thetafunktion selbst und andere mit ihrer Hilfe gebildete Ausdrücke am algebraischen Gebilde zu untersuchen.

In Art. 25 behandelt *Riemann* den Zusammenhang von $\log\vartheta((v))$ mit den Integralen dritter und zweiter Gattung, wie er unten in den Nr. **51—53** dargestellt ist, und gibt Andeutungen über die Bestimmung von $\log\vartheta((0))$ durch die $3p-3$ Klassenmodulen; eine Aufgabe, welche später für den hyperelliptischen Fall und für $p=3$ wirklich ausgeführt wurde (vgl. dazu die Nr. **83** u. **84**), im allgemeinen Falle $p>3$ aber ihre Hauptschwierigkeit darin hat, daß die mit den Periodizitätsmodulen $a_{\mu\nu}$ der Integrale erster Gattung gebildeten Thetafunktionen, wie schon *Riemann*[119]) angegeben hat, spezielle sind.

Da nämlich das algebraische Gebilde vom Geschlecht p nur von $3p-3$ wesentlichen Konstanten abhängt, die Anzahl der in den Thetafunktionen auftretenden Modulen $a_{\mu\nu}$ aber $\frac{1}{2}p(p+1)$ ist, so müssen zwischen diesen $\frac{1}{2}(p-2)(p-3)$ Relationen bestehen, wenn die vorgelegten Thetafunktionen zu einem algebraischen Gebilde gehören oder, wie wir in der Folge sagen werden, *Riemann*sche sein sollen. Diese sind also nur für $p \lesseqgtr 3$ die allgemeinsten, für $p=4$ besteht bei ihnen schon eine Relation zwischen den 10 Thetamodulen $a_{\mu\nu}$. Diese ist von *Schottky* aufgestellt worden, während die bei größerem p bestehenden Beziehungen bis jetzt nicht bekannt sind.[120])

Anknüpfend an Nr. **34** kann man die Stellung der *Riemann*schen Thetafunktionen innerhalb der allgemeinen auch dahin charakterisieren, daß auf der zu ihnen gehörigen M_p sich solche Gebilde G finden müssen, welche vom Geschlecht p sind.

In Art. 26 betrachtet *Riemann* „algebraische Funktionen von z", das sind Funktionen, die in der einfach zusammenhängenden Fläche T' einwertig sind und an den Querschnitten r^{te} Einheitswurzeln als Faktoren annehmen (II B 2, Nr. **40**). Die r^{ten} Potenzen dieser Funktionen sind also wie T verzweigt und man nennt sie selbst daher auch „Wurzelfunktionen".[121]) Solche Funktionen lassen sich durch Quotienten zweier Produkte von gleich vielen Thetafunktionen und Potenzen der Größen e^{v_μ} ausdrücken (vgl. Nr. **56**).

---

119) Ges. math. W., p. 94, 2. Aufl. p. 101.

120) Näheres hierüber in Nr. **92**. Über den speziellen hyperelliptischen Fall, bei welchem die $\frac{1}{2}p(p+1)$ Thetamodulen von noch weniger, nämlich $2p-1$ wesentlichen Konstanten abhängen, siehe Nr. **74**.

121) So zuerst genannt von *Weber*, „$p=3$", p. 110.

Die einfachsten derartigen Funktionen sind die von *Riemann* in Art. 27 betrachteten Quotienten von nur zwei Thetafunktionen

$$(207)\qquad \frac{\vartheta\left(\left(v+\begin{Bmatrix}g\\h\end{Bmatrix}\right)\right)}{\vartheta((v))}\, e^{2\sum\limits_{\mu=1}^{p} g_\mu v_\mu},$$

die unter Einführung der Th. Char. auch in der Gestalt

$$(208)\qquad \frac{\vartheta\begin{bmatrix}g\\h\end{bmatrix}((v))}{\vartheta((v))}$$

geschrieben werden können und in denen die g, h rationale Zahlen mit dem gemeinsamen Nenner r bezeichnen. Setzt man in ihnen

$$(209)\qquad v_\mu = v_\mu(z) - \sum_{\nu=1}^{p} v_\mu(\zeta_\nu), \qquad (\mu = 1, 2, \ldots p)$$

so sind sie auch als Funktionen der p Stellen ζ_ν, für welche sie als Funktionen von z betrachtet ∞^1 werden, Wurzelfunktionen und können auch als solche mit den früher entwickelten Mitteln dargestellt werden.

Von besonderer Wichtigkeit ist der Fall $r = 2$ (vgl. Nr. **57**) geworden, da er *Riemann* auf die den einzelnen ungeraden Thetacharakteristiken zugeordneten φ-Funktionen mit paarweise zusammenfallenden Nullpunkten geführt hat. Die Quadratwurzeln aus diesen Funktionen nennt *Riemann* geradezu „*Abel*sche Funktionen". Die Untersuchung dieser unverzweigten $\sqrt{\varphi}$, die im hyperelliptischen Falle durch Rechnung bewältigt und für den allgemeinen Fall $p = 3$ unter Zugrundelegung der singularitätenfreien Kurve 4. Ordnung den Arbeiten *Steiners* und *Hesses* (III C 5, Nr. **51** f.) entnommen werden konnte, gab *Riemann* Anlaß zur Entwicklung der Charakteristikentheorie und sie erwiesen sich als das wichtigste Hilfsmittel, das algebraische Gebilde mit den Thetafunktionen in genauere Beziehung zu setzen und durch sie darzustellen. Diese zuletzt genannten Entwicklungen hat *Riemann* nur in seiner Vorlesung von W.-S. 1861/62 gegeben, und sie sind erst nach seinem Tode veröffentlicht worden.[122])

Bei der Fülle der von *Riemann* erhaltenen Resultate konnte ein großer Teil der jetzt folgenden Forschung sich damit beschäftigen, diese Resultate auf anderem Wege zu gewinnen, sie zu erweitern und zu vertiefen. Vorher aber bedurften die sehr kurzen Andeutungen *Riemanns*, um in weiteren Kreisen Verständnis zu finden, der speziellen Ausführung. Dieser hat sich zuerst für den Fall $p = 2$

122) Ges. math. W., p. 450; 2. Aufl. p. 487; insbes. aber Nachtr. p. 1.

Prym[123]) und sodann für den allgemeinen hyperelliptischen Fall *C. Neumann*[124]) und wieder *Prym*[125]) gewidmet, während später für den allgemeinen Fall $p=3$ *Weber*[126]) die von *Riemann* in seinen Vorlesungen gegebenen Resultate wieder aufnahm.

Durch *Riemanns* Arbeit war die Erforschung der Thetafunktion und ihrer Beziehungen zum algebraischen Gebilde in den Mittelpunkt des Interesses gerückt. Die explizite Lösung des Umkehrproblems erschien als ein auf mannigfache Art zu erreichendes Ergebnis dieser Beziehungen; die Thetafunktion selbst aber ergibt sich bei *Riemann* nicht als notwendiges Glied einer organischen Entwicklung, sondern tritt unvermittelt als ein neues Element auf. Dieser Einwand[127]), lediglich methodischer Natur, hat den Anstoß zur algebraischen und funktionentheoretischen Durchbildung der ganzen Theorie gegeben, wie sie zunächst durch *Clebsch* und *Gordan* in ihrem Werke über die Theorie der *Abel*schen Funktionen und unabhängig davon von *Weierstraß* in seinen Vorlesungen über die Theorie der *Abel*schen Transzendenten geschah. Über beide soll jetzt berichtet werden.

47. Clebsch und Gordan geben den Gleichungen des *Jacobi*schen Umkehrproblems die Gestalt

$$\sum_{i=1}^{p}\int_{c^{(i)}}^{x^{(i)}} du_h = v_h, \qquad (h=1,2,\dots p) \tag{210}$$

wobei sie die Integrale 1. Gattung u so normiert denken, daß ihre

---

123) Diss. Berlin 1863 und Wien Denkschr. 24 (1865), II, p. 1; 2. Ausgabe 1885.

124) Die Umkehrung der *Abel*schen Integrale 1863 und „Riem. Th." 1865, 2. Aufl. 1884.

125) Schweiz. Nat. Ges. N. Denkschr. 22 (1867).

126) „$p=3$"; siehe noch die ausführliche Darstellung der *Riemann*schen Theorie, welche *Thomae* (Über eine spezielle Klasse *Abel*scher Functionen, 1877 und Über eine spezielle Klasse *Abel*scher Functionen vom Geschlecht 3, 1879) für zwei spezielle Klassen algebraischer Funktionen gegeben hat, von denen die eine, zum Geschlecht $p=2n$ gehörige, durch

$$s^3 = \frac{(z-k_1)(z-k_2)\dots(z-k_{n+1})}{(z-l_1)(z-l_2)\dots(z-l_{n+1})},$$

die zweite, zum Geschlecht $p=3$ gehörige, durch

$$s^3 = (z-k)(z-k_1)(z-k_2)(z-k_3)$$

bestimmt ist.

127) Bei *Neumann*, „Riem. Th.", p. IV und bei *Clebsch* und *Gordan*, „A. F.", p. V.

Systeme zusammengehöriger Periodizitätsmodulen Größen von der Form

(211) $$m_h 2\pi i + q_1 a_{1h} + q_2 a_{2h} + \cdots + q_p a_{ph} \quad (h = 1, 2, \ldots p)$$

sind, bei ganzzahligen m und q.

Das zugrunde liegende algebraische Gebilde G wird bei *Clebsch* und *Gordan* als eine ebene Kurve n^{ter} Ordnung aufgefaßt, welche die Grundkurve genannt wird. Ist $F(x, s) = 0$ ihre Gleichung, so heißt jede symmetrische Funktion der p Werte, welche eine homogene Funktion 0ter Dimension $\frac{\varphi}{\psi}$ von x, s für $x = x^{(1)}, x^{(2)}, \ldots x^{(p)}$ annimmt, eine *Abel*sche Funktion der Größen v.

Die Integralsummen 3. und 2. Gattung

(212) $$\sum_{i=1}^{p} \int_{c^{(i)}}^{x^{(i)}} d\Pi_{\xi\eta} = T_{\xi\eta}\begin{pmatrix} x^{(1)} x^{(2)} \ldots x^{(p)} \\ c^{(1)} c^{(2)} \ldots c^{(p)} \end{pmatrix},$$

(213) $$\sum_{i=1}^{p} \int_{c^{(i)}}^{x^{(i)}} dZ_{\xi} = \Upsilon_{\xi}\begin{pmatrix} x^{(1)} x^{(2)} \ldots x^{(p)} \\ c^{(1)} c^{(2)} \ldots c^{(p)} \end{pmatrix}$$

heißen *Abel*sche Transzendenten; bei Änderung der u um ein Größensystem (211) wächst $T_{\xi\eta}$ bzw. Υ_{ξ} um

(214) $$q_1 \int_{\eta}^{\xi} du_1 + q_2 \int_{\eta}^{\xi} du_2 + \cdots + q_p \int_{\eta}^{\xi} du_p,$$

(215) $$q_1 \frac{\partial u_1(\xi)}{\partial \xi} + q_2 \frac{\partial u_2(\xi)}{\partial \xi} + \cdots + q_p \frac{\partial u_p(\xi)}{\partial \xi}.$$

Bezeichnet man mit η die Schnittpunkte der Grundkurve $F = 0$ mit der Kurve $\psi = 0$, mit ξ die Schnittpunkte von $F = 0$ mit einer Kurve $\varphi - \lambda\psi = 0$, so ist nach dem *Abel*schen Theorem (II B 2, Nr. 42)

(216) $$\log\left[\left(\frac{\varphi}{\psi}\right)_{x^{(i)}} - \lambda\right] - \log\left[\left(\frac{\varphi}{\psi}\right)_{c^{(i)}} - \lambda\right] = -\sum \int_{c^{(i)}}^{x^{(i)}} d\Pi_{\xi\eta},$$
$$(i = 1, 2, \ldots p)$$

wo die letzte Summe über die Schnittpunktpaare ξ, η zu erstrecken ist, und man erhält hieraus

(217) $$\prod_{i=1}^{p}\left[\left(\frac{\varphi}{\psi}\right)_{x^{(i)}} - \lambda\right] = \prod_{i=1}^{p}\left[\left(\frac{\varphi}{\psi}\right)_{c^{(i)}} - \lambda\right] \cdot e^{-\sum T_{\xi\eta}\begin{pmatrix} x^{(1)} x^{(2)} \ldots x^{(p)} \\ c^{(1)} c^{(2)} \ldots c^{(p)} \end{pmatrix}}.$$

Bezeichnet man daher mit $M_1, M_2, \ldots M_p$ die Koeffizienten jener Gleichung p^{ten} Grades

(218) $$\left(\frac{\varphi}{\psi}\right)^p + M_1 \left(\frac{\varphi}{\psi}\right)^{p-1} + \cdots + M_{p-1}\left(\frac{\varphi}{\psi}\right) + M_p = 0,$$

welche die Werte $\left(\frac{\varphi}{\psi}\right)_{x^{(i)}}$, $i = 1, 2, \ldots p$, als Wurzeln hat, so folgt

$$(219) \qquad \lambda^p + M_1 \lambda^{p-1} + \cdots + M_{p-1} \lambda + M_p = N,$$

wo N außer Konstanten nur Funktionen T enthält, und man braucht diese Gleichung nur für p verschiedene Werte von λ anzuschreiben, um daraus M_1, $M_2, \ldots M_p$ zu berechnen, die sich also als rationale Verbindungen verschiedener Transzendenten $e^{T_{\xi\eta}}$ ergeben.

Die Transzendente $T_{\xi\eta}\begin{pmatrix} x^{(1)} x^{(2)} \ldots x^{(p)} \\ \alpha^{(1)} \alpha^{(2)} \ldots \alpha^{(p)} \end{pmatrix}$, welche von $2p + 2$ Punkten, nämlich von ξ, η, den p Punkten x und den p Punkten α abhängt, kann zunächst durch speziellere, nur von $p + 2$ Punkten abhängige ausgedrückt werden.

Zu dem Ende konstruiere man zwei adjungierte Kurven $n - 2^{\text{ten}}$ Grades, welche beide durch die von ξ, η verschiedenen Schnittpunkte der Geraden $\xi\eta$ mit der Grundkurve $F = 0$ hindurchgehen und von denen die eine die p Punkte x, die andere die p Punkte α enthält. Sie sind dadurch im allgemeinen vollständig bestimmt, und wenn man ihre p letzten Schnittpunkte mit der Grundkurve $F = 0$ mit $y^{(1)}, y^{(2)}, \ldots y^{(p)}$ bzw. $\beta^{(1)}, \beta^{(2)}, \ldots \beta^{(p)}$ bezeichnet, so ist nach dem *Abel*schen Theorem

$$(220) \qquad \sum_{i=1}^{p} \int_{\alpha^{(i)}}^{x^{(i)}} d\Pi_{\xi\eta} + \sum_{i=1}^{p} \int_{\beta^{(i)}}^{y^{(i)}} d\Pi_{\xi\eta} = 0$$

und deshalb

$$(221) \quad T_{\xi\eta}\begin{pmatrix} x^{(1)} x^{(2)} \ldots x^{(p)} \\ \alpha^{(1)} \alpha^{(2)} \ldots \alpha^{(p)} \end{pmatrix} = \tfrac{1}{2} T_{\xi\eta}\begin{pmatrix} x^{(1)} x^{(2)} \ldots x^{(p)} \\ y^{(1)} y^{(2)} \ldots y^{(p)} \end{pmatrix} - \tfrac{1}{2} T_{\xi\eta}\begin{pmatrix} \alpha^{(1)} \alpha^{(2)} \ldots \alpha^{(p)} \\ \beta^{(1)} \beta^{(2)} \ldots \beta^{(p)} \end{pmatrix}.$$

Da die y durch die x und ebenso die β durch die α bestimmt sind, so hängt jede der beiden rechts auftretenden Funktionen nur von $p + 2$ Punkten ab; diese „speziellen Transzendenten" sollen dementsprechend mit $T_{\xi\eta}(x^{(1)} x^{(2)} \ldots x^{(p)})$ und $T_{\xi\eta}(\alpha^{(1)} \alpha^{(2)} \ldots \alpha^{(p)})$ oder kürzer mit $T_{\xi\eta}(x)$ und $T_{\xi\eta}(\alpha)$ bezeichnet werden.

Nun zeigen *Clebsch* und *Gordan* weiter, daß jede spezielle Transzendente $T_{\xi\eta}(x)$ die Differenz zweier gleichartiger Funktionen ist, von denen die eine nur ξ, die andere nur η enthält.

Zu dem Ende beachte man, daß man durch je $p - 1$ der Punkte x, z. B. durch $x^{(1)}, \ldots x^{(i-1)}, x^{(i+1)}, \ldots x^{(p)}$ immer eine adjungierte Kurve $n - 3^{\text{ten}}$ Grades legen kann; diese schneidet dann die Grundkurve in $p - 1$ weiteren Punkten, die mit $x^{1i}, x^{2i}, \ldots x^{i-1,i}, x^{i+1,i}, \ldots x^{pi}$ bezeichnet werden. Die p Transzendenten

$$(222) \qquad T_{x^{(i)}\eta}(x^{1i} x^{2i} \ldots x^{i-1,i} \xi x^{i+1,i} \ldots x^{pi}) = T^{(i)}$$

nennen *Clebsch* und *Gordan* das System der $T_{\xi\eta}(x)$ „adjungierten Transzendenten" und zeigen, daß

$$(223)\qquad \frac{1}{2}\left(\frac{\partial T}{\partial \xi}d\xi+\frac{\partial T^{(1)}}{\partial x^{(1)}}dx^{(1)}+\cdots+\frac{\partial T^{(p)}}{\partial x^{(p)}}dx^{(p)}\right)=d\,U(x^{(1)},\ldots x^{(p)};\xi)$$

ein vollständiges Differential ist und daß sich durch die so definierte Funktion U die Transzendente $T_{\xi\eta}(x)$ nunmehr darstellen lasse in der Form

$$(224)\qquad \tfrac{1}{2}T_{\xi\eta}(x)=U(x^{(1)},x^{(2)},\ldots x^{(p)};\xi)-U(x^{(1)},x^{(2)},\ldots x^{(p)};\eta),$$

womit die Zerlegung von $T_{\xi\eta}(x)$ in zwei gleichartige Funktionen mit je $p+1$ Argumenten durchgeführt ist.

Die Funktion $U(x^{(1)},\ldots x^{(p)};\xi)$ wird nur unendlich, wenn ξ mit einem der Punkte x zusammenfällt oder, bei beliebigem ξ, wenn die x auf einer φ-Kurve liegen, und zwar verhält sich in allen diesen Fällen U wie der negative Logarithmus einer verschwindenden Größe. Die Funktion $V=e^{-U}$ ist also eine Funktion der Punkte $x^{(1)}, x^{(2)},\ldots x^{(p)};\xi$, welche niemals unendlich groß wird und nur verschwindet, wenn ξ mit einem der Punkte x zusammenfällt oder, bei beliebigem ξ, wenn die Punkte x durch eine φ-Kurve verknüpft sind.

Mit der Funktion V haben *Clebsch* und *Gordan* im wesentlichen die *Riemann*sche Thetafunktion erhalten.

Betrachtet man nämlich V, das in Wirklichkeit nur von p Größen, nämlich

$$(225)\qquad \sum_{i=1}^{p}\int_{c^{(i)}}^{x^{(i)}}du_h-\int_{\mu}^{\xi}du_h\qquad (h=1,2,\ldots p),$$

abhängig ist, als Funktion der p Variablen

$$(226)\qquad w_h=\sum_{i=1}^{p}\int_{c^{(i)}}^{x^{(i)}}du_h-\int_{\mu}^{\xi}du_h+K_h,\qquad (h=1,2,\ldots p)$$

wo μ ein fester Punkt ist und die K_h Konstanten bezeichnen, so ist V eine einwertige und für alle endlichen Werte ihrer Argumente stetige Funktion mit folgenden Eigenschaften:

Bestimmt man die Konstanten K aus den Gleichungen

$$(227)\qquad 2K_h+\sum_{i=1}^{p}\int_{c^{(i)}}^{x^{(i)}}du_h+\sum_{i=1}^{p}\int_{c^{(i)}}^{y^{(i)}}du_h-\int_{\mu}^{\xi}du_h-\int_{\mu}^{\eta}du_h=0,$$
$$(h=1,2,\ldots p)$$

so ändert sich, der Gleichung

$$(228)\qquad V(x^{(1)},x^{(2)},\ldots x^{(p)};\xi)=\pm V(y^{(1)},y^{(2)},\ldots y^{(p)};\eta)$$

entsprechend, V nicht oder nur sein Zeichen, wenn man die w sämtlich gleichzeitig ihr Vorzeichen ändern läßt.

Läßt man weiter die w_h um Ausdrücke von der Form (211) wachsen, so erlangt V den Faktor

$$(229)\qquad e^{\sum w_h q_h + \frac{1}{2}\sum a_{hk} q_h q_k + \left(\sum \varkappa_h m_h + \sum \lambda_h q_h\right)\pi i},$$

in welchem die $\varkappa$, λ ganze Zahlen bezeichnen, deren Bedeutung später erkannt wird. Auf Grund dieser Eigenschaft läßt sich V, wenn

$$(230)\qquad \omega_h = w_h - \lambda_h \pi i - \frac{1}{2}\sum_{i=1}^{p} \varkappa_i a_{ih} \qquad (h = 1, 2, \ldots p)$$

gesetzt wird, nach ganzen Potenzen der Größen e^{ω_h} entwickeln in der Gestalt

$$(231)\qquad V = A_0 e^{\frac{1}{2}\sum \varkappa_h \omega_h}\,\Theta(\omega_1, \omega_2, \ldots \omega_p),$$

wo

$$(232)\qquad \Theta(\omega_1, \omega_2, \ldots \omega_p) = \sum_{r_1, \ldots r_p}^{-\infty, \ldots +\infty} e^{-\frac{1}{2}\sum r_h r_k a_{h\varkappa} + \sum r_h \omega_h}$$

ist. Die Konstante A_0 bestimmt sich, indem man für $x^{(1)}, \ldots x^{(p)}$; ξ jene Anfangswerte einführt, bei denen $U = 0$, also $V = 1$ wird.

In den die Konstanten K_h definierenden Gleichungen (227) sind ξ, η zwei beliebige Punkte der Grundkurve, $x^{(1)}, \ldots x^{(p)}$, $y^{(1)}, \ldots y^{(p)}$ die $2p$ weiteren Schnittpunkte einer gleichfalls beliebigen durch die Schnittpunkte der Geraden $\xi\eta$ mit der Grundkurve gehenden adjungierten Kurve $n - 2^{\text{ten}}$ Grades. Läßt man ξ, η mit dem festen Punkte μ zusammenfallen, wodurch die Gerade $\xi\eta$ zur Tangente an die Grundkurve in μ wird, und läßt auch die $2p$ Punkte x, y paarweise zusammenfallen in p Punkte, die mit $\varepsilon^{(1)}, \ldots \varepsilon^{(p)}$ bezeichnet seien, so wird

$$(233)\qquad K_h = -\sum_{i=1}^{p} \int_{c^{(i)}}^{\varepsilon^{(i)}} du_h. \qquad (h = 1, 2, \ldots p)$$

Solche adjungierte Kurven $n - 2^{\text{ten}}$ Grades, welche durch die $n - 2$ Schnittpunkte der Grundkurve mit einer ihrer Tangenten gehen und sie in p weiteren Punkten berühren, gibt es 2^{2p}. Sind $\alpha^{(1)}, \ldots \alpha^{(p)}$ die p Berührungspunkte einer zweiten, so ist stets

$$(234)\qquad \sum_{i=1}^{p} \int_{\varepsilon^{(i)}}^{\alpha^{(i)}} du_h = \lambda_h \pi i + \frac{1}{2}\sum_{i=1}^{p} \varkappa_i a_{ih}, \qquad (h = 1, 2, \ldots p)$$

wo die $\varkappa$, λ ganze Zahlen sind, und umgekehrt entspricht jedem aus

Werten 0, 1 gebildeten Systeme von $2p$ Zahlen $\varkappa$, λ eine solche Kurve (vgl. Nr. 57).

Wählt man in (230) und (234) für die $\varkappa$, λ die gleichen Werte, so folgt

$$\omega_h = \sum_{i=1}^{p} \int_{\alpha^{(i)}}^{x^{(i)}} du_h - \int_{\mu}^{\xi} du_h \tag{235}$$

und man erhält so 2^{2p} verschiedene Thetafunktionen

$$\Theta\left(\sum_{i=1}^{p} \int_{\alpha^{(i)}}^{x^{(i)}} du_h - \int_{\mu}^{\xi} du_h\right), \tag{236}$$

von denen jede entweder durch die p Berührungspunkte $\alpha^{(1)}, \ldots \alpha^{(p)}$ der ihr zugeordneten adjungierten Kurve $n - 2^{\text{ten}}$ Grades oder durch die in (229) auftretenden ganzen Zahlen $\varkappa$, λ charakterisiert werden kann.

Es können jetzt die speziellen Transzendenten $T(x^{(1)}, \ldots x^{(p)}; \xi)$ und damit auch die in (212) definierten allgemeinen $T_{\xi\eta}\begin{pmatrix} x^{(1)}\, x^{(2)} \ldots x^{(p)} \\ c^{(1)}\, c^{(2)} \ldots c^{(p)} \end{pmatrix}$ und die in (217) auftretenden Produkte $\prod_{i=1}^{p} \dfrac{\left(\frac{\varphi}{\psi}\right)_{x^{(i)}} - \lambda}{\left(\frac{\varphi}{\psi}\right)_{c^{(i)}} - \lambda}$ durch Thetafunktionen ausgedrückt werden. Die letzteren Ausdrücke liefern dann eine Lösung des *Jacobi*schen Umkehrproblems (210). Läßt man weiter $p - 1$ der Punkte x mit $p - 1$ der Punkte c zusammenfallen, so erhält man Ausdrücke für ein einzelnes Integral 3. Gattung und für einen einzelnen Quotienten $\dfrac{\left(\frac{\varphi}{\psi}\right)_{x} - \lambda}{\left(\frac{\varphi}{\psi}\right)_{c} - \lambda}$ durch Thetafunktionen. Alle diese Fragen werden unten in den Nr. 49—53 im Zusammenhange dargestellt werden. Ebenso wird in Nr. 54 die umgekehrte Aufgabe gelöst, passend gewählte Kombinationen von Thetafunktionen durch algebraische Funktionen auszudrücken, welche *Clebsch* und *Gordan* am Schlusse des neunten Abschnittes behandeln. Sie sprechen ihr Endresultat dort in dem Satze aus:

Nennt man ein Produkt

$$\Theta(\omega + m^{(1)})\,\Theta(\omega + m^{(2)}) \ldots \Theta(\omega + m^{(\varrho)}) \tag{237}$$

ein vollständiges Thetaprodukt, sobald die Größen m den p Gleichungen

$$m_h^{(1)} + m_h^{(2)} + \cdots + m_h^{(\varrho)} = 0 \qquad (h = 1, 2, \ldots p) \tag{238}$$

genügen, so ist der Quotient zweier vollständigen Thetaprodukte von gleichviel Faktoren und mit denselben Variabeln ω eine rationale Funktion der Koordinaten der Punkte $x^{(1)}, x^{(2)}, \dots x^{(p)}$; ξ, welche mit den ω durch die Gleichungen (235) verbunden sind,

schließen daraus den weiteren Satz (vgl. Nr. 34):

Zwischen je $p + 2$ vollständigen Thetaprodukten von gleichviel Faktoren besteht eine homogene algebraische Gleichung,

und sprechen endlich die Lösung des *Jacobi*schen Umkehrproblems in der Form aus:

Die symmetrischen Funktionen der Koordinaten der x, mithin auch die Koeffizienten einer Gleichung, deren Wurzeln die Funktionswerte $\varphi(x^{(1)}), \varphi(x^{(2)}), \dots \varphi(x^{(p)})$ sind, lassen sich als homogene rationale Funktionen von $p + 2$ im allgemeinen beliebig zu wählenden vollständigen Thetaprodukten mit gleichviel Faktoren darstellen, zwischen denen selbst eine algebraische Gleichung stattfindet.

Später hat *Noether*[128]) die Untersuchungen von *Clebsch* und *Gordan* wieder aufgenommen und in mehreren Punkten ergänzt und verbessert.

Während insbesondere *Clebsch* und *Gordan* (der *Riemann*schen Darstellung von $d \log \vartheta^{(1)}$ in Art. 25 seiner Theorie der *Abel*schen Funktionen entsprechend) die Transzendente $T_{\xi\eta}\binom{x}{\alpha}$ zuerst auf Funktionen von nur $p + 1$ Punkten der Grundkurve zurückführen und dann erst diese als Funktionen der Integralsummen 1. Gattung betrachten, schlägt *Noether* das *Weierstraß*sche Verfahren (vgl. Nr. 7) ein, sogleich von vornherein die Summe der Integrale 3. Gattung als Funktion der Integralsummen 1. Gattung aufzufassen. Es wird dadurch die ziemlich umständliche Zerlegung von $T_{\xi\eta}\binom{x}{\alpha}$ in die „speziellen" und „adjungierten" Transzendenten umgangen, deren Darstellung rückwärts ziemlich leicht gelingt.

48. Weierstraß (Vorlesungen). In seinen Vorlesungen über die Theorie der *Abel*schen Transzendenten[129]) stellt *Weierstraß* das *Jacobi*sche Umkehrproblem in der folgenden Form auf:

Aus den ϱ algebraischen Gleichungen

$$f(x_\alpha, y_\alpha) = 0 \qquad (\alpha = 1, 2, \dots \varrho) \tag{239}$$

und den ϱ Differentialgleichungen

128) Math. Ann. 37 (1890), p. 417 u. 465; schon vorher Erl. Ber. 16 (1884), p. 88.

129) Math. Werke 4 (1902); der Veröffentlichung liegen hauptsächlich die Vorlesungen vom W.-S. 1875/76 und S.-S. 1876 zugrunde.

$$(240)\qquad \begin{aligned} du_1 &= \sum_{\alpha=1}^{\varrho} H(x_\alpha y_\alpha)_1\, dx_\alpha, \\ & \cdots\cdots\cdots \\ du_\varrho &= \sum_{\alpha=1}^{\varrho} H(x_\alpha y_\alpha)_\varrho\, dx_\alpha \end{aligned}$$

(über die Bedeutung der H in II B 2, Nr. **23**) mit der Nebenbedingung, daß für $u_1 = 0, \ldots u_\varrho = 0$ die Paare $(x_\alpha y_\alpha)$ gleich gegebenen Wertepaaren $(a_\alpha b_\alpha)$ werden, sind die 2ϱ Größen x_α, y_α als Funktionen der ϱ unabhängigen Veränderlichen $u_1, \ldots u_\varrho$ darzustellen.

Zunächst weist *Weierstraß* unter der Voraussetzung, daß die Determinante

$$(241)\qquad |H(a_\alpha b_\alpha)_\beta| \qquad (\alpha, \beta = 1, 2, \ldots \varrho)$$

nicht gleich Null ist, nach, daß für Werte $u_1, \ldots u_\varrho$, die dem absoluten Betrage nach hinreichend klein sind, also einem gewissen Bereiche U_0 angehören, die Größen x_α, y_α sich nach Potenzen von $u_1, \ldots u_\varrho$ entwickeln lassen, und zugleich, daß die erhaltenen Potenzreihen

$$(242)\qquad x_\alpha = \varphi_\alpha(u_1, \ldots u_\varrho), \quad y_\alpha = \psi_\alpha(u_1, \ldots u_\varrho) \quad (\alpha = 1, 2, \ldots \varrho)$$

die einzigen sind, welche die gestellte Bedingung erfüllen.

Aus dem *Abel*schen Theorem für die Integrale 1. Gattung folgt dann unmittelbar, daß die 2ϱ Funktionenelemente x_α, y_α ein algebraisches Additionstheorem[130]) besitzen, aber weiter auch, daß sie bei Ausdehnung des Bereiches ihrer Argumente nicht eindeutig bleiben. Wählt man nämlich, falls die u nicht mehr im Bereiche U_0 liegen, eine positive ganze Zahl n so, daß es für die Größen $\frac{1}{n}u_1, \ldots \frac{1}{n}u_\varrho$ zutrifft, und ist

$$(243)\qquad \varphi_\alpha\left(\frac{u_1}{n}, \cdots \frac{u_\varrho}{n}\right) = \xi_\alpha, \quad \psi_\alpha\left(\frac{u_1}{n}, \cdots \frac{u_\varrho}{n}\right) = \eta_\alpha, \quad (\alpha = 1, 2, \ldots \varrho),$$

so ist zu dem n-fach gezählten Paare $(\xi_\alpha \eta_\alpha)$ korresidual das $n-1$-fach gezählte Paar $(a_\alpha b_\alpha)$ und das Paar $(x_\alpha y_\alpha)$. Daraus folgt, daß $x_1, \ldots x_\varrho$ die ϱ Wurzeln einer algebraischen Gleichung ϱ^{ten} Grades

$$(244)\qquad P_0 x^\varrho + P_1 x^{\varrho-1} + \cdots + P_{\varrho-1} x + P_\varrho = 0$$

130) *Weierstraß* hat sich in seinen Vorlesungen wiederholt mit der Aufgabe beschäftigt, unter der Voraussetzung, daß ϱ Funktionen von ϱ Veränderlichen existieren, welche innerhalb eines beliebig kleinen Bereiches dieser eindeutig sind und ein algebraisches Additionstheorem besitzen, den analytischen Charakter dieser Funktionen und ihren Zusammenhang mit den *Abel*schen Transzendenten zu untersuchen; vgl. dazu *Brill* und *Noether*, D. M. V. Jahresb. 3 (1894), p. 405; *Painlevé*, Leçons etc. professées à Stockholm 1895, Paris C. R. 122 (1896), p. 660 und Acta math. 27 (1903), p. 1.

sind, während sich das zu x_α gehörige y_α rational durch x_α in der Form

$$(245) \qquad y_\alpha = \frac{Q_1 x_\alpha^{\varrho-1} + Q_2 x_\alpha^{\varrho-2} + \cdots + Q_\varrho}{Q_0} \qquad (\alpha = 1, 2, \ldots \varrho)$$

darstellen läßt, wobei die P und Q einwertige Funktionen der u sind, die sich, da n beliebig groß genommen werden kann, für jeden beliebig großen Bereich als konvergente Potenzreihen dieser Größen darstellen lassen; auch zeigt man leicht, daß die Werte der Funktionen x_α, y_α von der ganzen Zahl n unabhängig sind.

Für singuläre Wertesysteme $\bar{u}_1, \ldots \bar{u}_\varrho$ kann eine Unbestimmtheit in den Werten der zugehörigen Paare $(\bar{x}_\alpha \bar{y}_\alpha)$ eintreten, dadurch daß alle Koeffizienten $P_0, P_1, \ldots P_\varrho$ gleichzeitig verschwinden; dieser Fall tritt nur dann ein, wenn die Determinante

$$(246) \qquad | H(\bar{x}_\alpha, \bar{y}_\alpha)_\beta | = 0$$

ist. Die Gesamtheit dieser singulären Wertesysteme $\bar{u}_1, \ldots \bar{u}_\varrho$ bildet aber nur ein Kontinuum von $2\varrho - 4$ Dimensionen, so daß die Möglichkeit verbleibt, von jedem regulären System zu jedem anderen durch eine stetige Folge solcher zu gelangen.[131])

Jede rationale symmetrische Funktion der Wertepaare x_α, y_α als Funktion der u aufgefaßt, heißt eine *Abel*sche Funktion der ϱ Variablen $u_1, \ldots u_\varrho$ und es wird bewiesen,

1. daß ϱ unabhängige dieser Funktionen $\Phi_1, \Phi_2, \ldots \Phi_\varrho$ ein algebraisches Additionstheorem besitzen, in dem Sinne, daß jede Funktion $\Phi_\alpha(u_1 + v_1, \ldots u_\varrho + v_\varrho)$ sich algebraisch durch die 2ϱ Funktionen
$$\Phi_1(u_1, \ldots u_\varrho), \ldots \Phi_\varrho(u_1, \ldots u_\varrho), \quad \Phi_1(v_1, \ldots v_\varrho), \ldots \Phi_\varrho(v_1, \ldots v_\varrho)$$
(oder rational durch sie und ihre ersten partiellen Ableitungen) ausdrücken läßt,

2. daß diese Funktionen 2ϱ-fach periodische Funktionen sind.

Es handelt sich nun um die Aufgabe, diese *Abel*schen Funktionen durch analytische Ausdrücke darzustellen, die für alle endlichen Werte der Argumente gültig sind. Um diese Aufgabe zu lösen, knüpft *Weierstraß* an die von ihm eingeführte Primfunktion $E(xy; x_2 y_1, x_0 y_0)$ (vgl. II B 2, Nr. **38**) an. Das Produkt von ϱ Primfunktionen

$$(247) \qquad E(xy; u_1, \ldots u_\varrho) = \prod_{\alpha=1}^{\varrho} E(xy; x_\alpha y_\alpha, a_\alpha b_\alpha)$$

---

131) Zu dem Vorstehenden auch *Noether*, Math. Ann. 37 (1890), p. 477 und *Prym* und *Rost*, Prymsche Funkt. II, p. 245 u. f. Hier wird auch gezeigt, daß die Gleichung (246) durch Zuzammenfallen von Paaren $(x_\alpha y_\alpha)$ eintreten kann, ohne daß das Umkehrproblem unbestimmt zu werden braucht, vgl. auch *Tikhomandritzky*, Int. abél., p. 202; dazu ferner Charkow Ges. 7 (1900), p. 38; J. f. Math. 126 (1903), p. 283; 2me Congr. intern. Paris 1900 (1902), p. 273 und l'Ens. math. 15 (1913), p. 384.

stellt eine einwertige transzendente Funktion sowohl des Wertepaares (xy) als auch der p Veränderlichen $u_1, \dots u_\varrho$ dar, welche als Funktion von (xy) an den p Stellen $(x_\alpha y_\alpha)$ 0^1 wird, an den Stellen $(a_\alpha b_\alpha)$ aber wesentlich singulär sich verhält. Mit ihr hängen die ϱ Funktionen $J(u_1, \dots u_\varrho)_\beta$ eng zusammen, die Integralsummen 2. Gattung sind, indem

$$(248) \qquad dJ(u_1, \dots u_\varrho)_\beta = \sum_{\alpha=1}^{\varrho} H'(x_\alpha y_\alpha)_\beta dx_\alpha \qquad (\beta = 1, 2, \dots \varrho)$$

ist, die aber von *Weierstraß* hier als Entwicklungskoeffizienten von $-\log E(xy; u_1, \dots u_\varrho)$ in der Umgebung der Stelle $(a_\beta b_\beta)$ eingeführt werden.

Von der Funktion

$$(249) \qquad E(xy, x_0y_0; u_1, \dots u_\varrho) = \frac{E(xy; u_1, \dots u_\varrho)}{E(x_0y_0; u_1, \dots u_\varrho)}$$

zeigt nun *Weierstraß*, daß sie sich, als Funktion der p Größen $u_1, \dots u_\varrho$ betrachtet, als Quotient zweier beständig konvergenter Potenzreihen darstellen läßt. Zu dem Ende wird erstens gezeigt, daß eine Gleichung von der Form

$$(250) \qquad \begin{aligned} &d \log E(xy, x_0y_0; u_1, \dots u_\varrho) \\ &= \sum_{\beta=1}^{\varrho} f_\beta(u_1, \dots u_\varrho)\, du_\beta - \sum_{\beta=1}^{\varrho} g_\beta(u_1, \dots u_\varrho)\, du_\beta \end{aligned}$$

besteht, in der die 2ϱ Funktionen $f_\beta(u_1, \dots u_\varrho)$ und $g_\beta(u_1, \dots u_\varrho)$ eindeutige Funktionen ohne wesentlich singuläre Stellen im Endlichen sind, zweitens, daß die Integrabilitätsbedingungen

$$(251) \qquad \frac{\partial f_\beta}{\partial u_\alpha} = \frac{\partial f_\alpha}{\partial u_\beta}, \qquad \frac{\partial g_\beta}{\partial u_\alpha} = \frac{\partial g_\alpha}{\partial u_\beta} \qquad (\alpha, \beta = 1, 2, \dots \varrho)$$

erfüllt sind, und drittens, daß nach Substitution der linearen Funktionen $k_1 + k_1'\tau, \dots k_\varrho + k_\varrho'\tau$ für die Veränderlichen $u_1, \dots u_\varrho$ bei hinlänglich kleinen Werten von $|\tau|$ die Gleichungen

$$(252) \qquad \begin{aligned} &\sum_{\beta=1}^{\varrho} f_\beta(u_1, \dots u_\varrho)\, du_\beta = (\mu_1 \tau^{-1} + \mathfrak{P}_1(\tau))\, d\tau, \\ &\sum_{\beta=1}^{\varrho} g_\beta(u_1, \dots u_\varrho)\, du_\beta = (\mu_2 \tau^{-1} + \mathfrak{P}_2(\tau))\, d\tau \end{aligned}$$

bestehen, wo μ_1 und μ_2 ganze positive Zahlen oder Null sind. Dann existieren nach einem Satze, den *Weierstraß* in seiner Abhandlung: „Einige auf die Theorie der analytischen Funktionen mehrerer Veränderlichen sich beziehenden Sätze“[132]) bewiesen hat, zwei beständig

132) Abh. a. d. Funktionenlehre, 1886, p. 139 = Math. W. 2 (1895), p. 165.

konvergente Potenzreihen $F(u_1, \dots u_\varrho)$ und $G(u_1, \dots u_\varrho)$, für welche

$$(253)\qquad \begin{aligned} \sum_{\beta=1}^{\varrho} f_\beta(u_1, \dots u_\varrho)\, du_\beta &= d \log F(u_1, \dots u_\varrho), \\ \sum_{\beta=1}^{\varrho} g_\beta(u_1, \dots u_\varrho)\, du_\beta &= d \log G(u_1, \dots u_\varrho) \end{aligned}$$

ist, und mithin wird, wie behauptet

$$(254)\qquad E(xy, x_0y_0; u_1, \dots u_\varrho) = C \cdot \frac{F(u_1, \dots u_\varrho)}{G(u_1, \dots u_\varrho)}.$$

Die im Zähler und Nenner der rechten Seite auftretenden Potenzreihen hängen in einfacher Weise miteinander und mit den in (248) eingeführten Integralsummen 2. Gattung zusammen. Definiert man nämlich eine Funktion $f(u_1, \dots u_\varrho)$ durch die Gleichung

$$(255)\qquad d \log f(u_1, \dots u_\varrho) = \sum_{\beta=1}^{\varrho} J(u_1 + w_{1\beta}, \dots u_\varrho + w_{\varrho\beta})_\beta\, du_\beta,$$

so wird

$$(256)\qquad E(xy, x_0y_0; u_1, \dots u_\varrho) = \frac{f(u_1 - w_1, \dots u_\varrho - w_\varrho)\, e^{\sum_\beta J'(xy)_\beta u_\beta}}{f(u_1 - w_1^0, \dots u_\varrho - w_\varrho^0)\, e^{\sum_\beta J'(x_0y_0)_\beta u_\beta}};$$

dabei sind mit w_α die Integrale 1. Gattung

$$(257)\qquad w_\alpha = J(xy)_\alpha = \int_{(a_0b_0)}^{(xy)} H(xy)_\alpha\, dx, \qquad (\alpha = 1, 2, \dots \varrho)$$

mit w_α^0 und $w_{\alpha\beta}$ deren Werte an den Stellen (x_0y_0) und $(a_\beta b_\beta)$ bezeichnet, während $J'(xy)_\beta$ die *Weierstraß*schen Integrale 2. Gattung sind.

Die Zerlegung des Differentials $d \log E(xy, x_0y_0; u_1, \dots u_\varrho)$ in die angegebenen beiden Bestandteile hat *Weierstraß* zunächst für die hyperelliptischen Funktionen auf einem sehr mühsamen Wege durchgeführt. Erst als sich hinterher der Zusammenhang der Funktionen $f_\beta(u_1, \dots u_\varrho)$ und $g_\beta(u_1, \dots u_\varrho)$ mit Integralsummen 2. Gattung gezeigt hatte, konnte er durch verhältnismäßig einfache Rechnung zum Ziele gelangen, indem er von vorneherein die Integrale 2. Gattung einführte (vgl. dazu p. 625).

Für die Funktion $f(u_1, \dots u_\varrho)$ ergeben sich auf Grund ihrer Definitionsgleichung die Periodizitätseigenschaften

$$(258)\qquad \begin{aligned} f(u_1 + 2\omega_{1\beta}, \dots u_\varrho + 2\omega_{\varrho\beta}) &= f(u_1, \dots u_\varrho)\, e^{\sum_\alpha 2\eta_{\alpha\beta}(u_\alpha + \omega_{\alpha\beta}) + \mu'_\beta \pi i}, \\ f(u_1 + 2\omega'_{1\beta}, \dots u_\varrho + 2\omega'_{\varrho\beta}) &= f(u_1, \dots u_\varrho)\, e^{\sum_\alpha 2\eta'_{\alpha\beta}(u_\alpha + \omega'_{\alpha\beta}) - \mu_\beta \pi i}, \\ &(\beta = 1, 2, \dots \varrho) \end{aligned}$$

in denen die μ, μ' unbestimmt bleibende Konstanten bezeichnen. Führt man an ihrer Stelle $2p$ Größen $\overline{\omega}_\alpha, \overline{\eta}_\alpha$ ein durch die Gleichungen

$$(259)\qquad \overline{\omega}_\alpha = \sum_{\beta=1}^{\varrho} (\mu_\beta \omega_{\alpha\beta} + \mu'_\beta \omega'_{\alpha\beta}),\quad \overline{\eta}_\alpha = \sum_{\beta=1}^{\varrho} (\mu_\beta \eta_{\alpha\beta} + \mu'_\beta \eta'_{\alpha\beta})$$
$$(\alpha = 1, 2, \ldots \varrho)$$

und setzt

$$(260)\qquad f(u_1, \ldots u_\varrho) = C\Theta(u_1 + \overline{\omega}_1, \ldots u_\varrho + \overline{\omega}_\varrho)\, e^{-\sum\limits_\alpha \overline{\eta}_\alpha (u_\alpha + \overline{\omega}_\alpha)},$$

so genügt die neue Funktion $\Theta(u_1, \ldots u_\varrho)$ den Gleichungen

$$(261)\qquad \begin{aligned} \Theta(u_1 + 2\omega_{1\beta}, \ldots u_\varrho + 2\omega_{\varrho\beta}) &= \Theta(u_1, \ldots u_\varrho)\, e^{\sum\limits_\alpha 2\eta_{\alpha\beta}(u_\alpha + \omega_{\alpha\beta})}, \\ \Theta(u_1 + 2\omega'_{1\beta}, \ldots u_\varrho + 2\omega'_{\varrho\beta}) &= \Theta(u_1, \ldots u_\varrho)\, e^{\sum\limits_\alpha 2\eta'_{\alpha\beta}(u_\alpha + \omega'_{\alpha\beta})}. \end{aligned}$$
$$(\beta = 1, 2, \ldots \varrho)$$

Um zu einer Darstellung der Funktion $\Theta(u_1, \ldots u_\varrho)$ zu gelangen, führt man an Stelle der u neue Variable v ein mit Hilfe der Gleichungen

$$(262)\qquad u_\alpha = \sum_{\beta=1}^{\varrho} 2\omega_{\alpha\beta} v_\beta. \qquad (\alpha = 1, 2, \ldots \varrho)$$

Dies setzt voraus, daß die Determinante

$$(263)\qquad |\omega_{\alpha\beta}| \qquad (\alpha, \beta = 1, 2, \ldots \varrho)$$

nicht verschwindet. Dazu bemerkt *Weierstraß*, daß sich dies aus der Definition der Perioden der *Abel*schen Integrale 1. Gattung nicht beweisen lasse; es könne nur gezeigt werden, daß unter den möglichen Systemen der Größen ω, welche der aus den ω und ω' gebildeten Matrix entnommen werden, immer solche vorhanden sind, deren Determinante von Null verschieden ist. Erst mit Hilfe der Eigenschaften der Thetafunktion stellt sich dann heraus, daß für jedes primitive System von Perioden die Determinante (263) nicht verschwindet, solange das Geschlecht des algebraischen Gebildes nicht $< \varrho$ ist.

Setzt man jetzt

$$(264)\qquad \Theta(u_1, \ldots u_\varrho) = \vartheta(v_1, \ldots v_\varrho)\, e^{\sum\limits_{\beta=1}^{\varrho}\sum\limits_{\gamma=1}^{\varrho} 2\varepsilon_{\beta\gamma} v_\beta v_\gamma},$$

wo

$$(265)\qquad \varepsilon_{\beta\gamma} = \varepsilon_{\gamma\beta} = \sum_{\alpha=1}^{\varrho} \omega_{\alpha\beta}\eta_{\alpha\gamma} \qquad (\beta, \gamma = 1, 2, \ldots \varrho)$$

ist, und definiert weiter, indem man mit ω den Wert der Determinante (263) und mit $(\omega)_{\alpha\beta}$ die Adjunkte von $\omega_{\alpha\beta}$ in ihr bezeichnet, Größen τ durch die Gleichungen

(266) $$\tau_{\alpha\beta} = \tau_{\beta\alpha} = \sum_{\gamma=1}^{\varrho} \frac{(\omega)_{\gamma\alpha}\,\omega'_{\gamma\beta}}{\omega}, \qquad (\alpha, \beta = 1, 2, \dots \varrho)$$

so genügt die neue Funktion $\vartheta(v_1, \dots v_\varrho)$ den Bedingungen

(267) $$\begin{aligned} &\vartheta(v_1, \dots v_\beta + 1, \dots v_\varrho) = \vartheta(v_1, \dots v_\beta, \dots v_\varrho), \\ &\vartheta(v_1 + \tau_{1\beta}, \dots v_\varrho + \tau_{\varrho\beta}) = \vartheta(v_1, \dots v_\varrho)\, e^{-(2v_\beta + \tau_{\beta\beta})\pi i} \\ &\qquad (\beta = 1, 2, \dots \varrho) \end{aligned}$$

und kann auf Grund dieser in eine p-fach unendliche Reihe entwickelt werden in der Gestalt

(268) $$\vartheta(v_1, \dots v_\varrho) = \sum_{(n)} e^{\sum_{\alpha,\beta} n_\alpha n_\beta \tau_{\alpha\beta}\pi i + 2\sum_\alpha n_\alpha v_\alpha \pi i}.$$

Daß diese Reihe für alle endlichen Werte der v konvergiert, folgt bei *Weierstraß* daraus, daß $\Theta(u_1, \dots u_\varrho)$ für alle endlichen u endlich ist; die für die $\tau_{\alpha\beta}$ notwendige und hinreichende Eigenschaft, daß der reelle Teil von $i\sum_{\alpha,\beta} n_\alpha n_\beta \tau_{\alpha\beta}$ für alle reellen n, die nicht alle gleichzeitig Null sind, negativ sein muß, folgt also hier aus der schon vorher erkannten Konvergenz.

Zur Darstellung der Funktion $E(xy, x_0 y_0; u_1, \dots u_\varrho)$ mit Hilfe von Thetafunktionen dient die aus den Gleichungen (256) und (260) folgende Gleichung

(269) $$E(xy, x_0 y_0; u_1, \dots u_\varrho) = \frac{\Theta(-w_1^0 + \bar\omega_1, \dots)}{\Theta(-w_1 + \bar\omega_1, \dots)} \cdot \frac{\Theta(u_1 - w_1 + \bar\omega_1, \dots)}{\Theta(u_4 - w_1^0 + \bar\omega_1, \dots)} \cdot e^{\sum_{\alpha=1}^{\varrho} \{ J'(xy)_\alpha - J'(x_0 y_0)_\alpha \} u_\alpha}.$$

In dieser Gleichung haben aber jetzt die Größen $\bar\omega$ (abgesehen von ganzen Perioden) bestimmte Werte, die ermittelt werden müssen, und weiter sind die rechts im Exponenten auftretenden Integrale 2. Gattung auch durch Thetafunktionen auszudrücken.

Bezüglich des ersten Punktes findet *Weierstraß*

(270) $$\bar\omega_\beta = -\widetilde{w}_\beta + c_\beta, \qquad (\beta = 1, 2, \dots \varrho)$$

wo

(271) $$\widetilde{w}_\beta = \tfrac{1}{2}\sum_{\nu=1}^{2\varrho-2} J(p_\nu q_\nu)_\beta, \qquad c_\beta = \sum_{\gamma=1}^{\varrho} J(\alpha_\gamma \beta_\gamma)_\beta \qquad (\beta = 1, 2, \dots \varrho)$$

gesetzt ist und in der ersten Gleichung $(p_\nu q_\nu)$ die $2\varrho - 2$ Nullpunkte einer φ-Funktion sind. Indem aber die Integrationswege dieser Integrale nicht angegeben werden, ist das System der Größen $\widetilde{w}_\beta$, und damit auch der $\bar\omega_\beta$, nur bis auf ein bei *Weierstraß* unbestimmt bleibendes System zusammengehöriger halben Perioden der Integrale 1. Gattung ermittelt.

Die Darstellung der Integrale 2. Gattung geschieht durch die aus (255) und (260) abgeleitete Formel

$$(272)\quad J'(xy)_\alpha - J'(x_0y_0)_\alpha = \frac{\Theta^{(\alpha)}(w_1 - \tilde{w}_1 - w_{1\alpha}, \ldots)}{\Theta(w_1 - \tilde{w}_1 - w_{1\alpha}, \ldots)} - \frac{\Theta^{(\alpha)}(w_1^0 - \tilde{w}_1 - w_{1\alpha}, \ldots)}{\Theta(w_1^0 - \tilde{w}_1 - w_{1\alpha}, \ldots)},$$

wo

$$(273)\qquad \frac{\partial \Theta(u_1, \ldots u_\varrho)}{\partial u_\alpha} = \Theta^{(\alpha)}(u_1, \ldots u_\varrho)$$

gesetzt ist.

Setzt man in ähnlicher Weise, wie es zur Gewinnung von (272) geschehen ist, in (269) sämtliche Paare $(x_\gamma y_\gamma)$ gleich $(a_0 b_0)$ bis auf eines, das zuerst mit $(x_1 y_1)$, ein zweitesmal mit $(x_1' y_1')$ bezeichnet werde, und dividiert die beiden so entstehenden Gleichungen durcheinander, so erhält man, wenn

$$(274)\qquad J(x_1 y_1)_\alpha = \overset{\alpha}{w}, \qquad J(x_1' y_1')_\alpha = \overset{\alpha}{w}{}'$$

gesetzt wird,

$$(275)\qquad \frac{E(xy; x_1 y_1, x_1' y_1')}{E(x_0 y_0; x_1 y_1, x_1' y_1')}$$

$$= \frac{\Theta(\overset{1}{w} - w_1 - \tilde{w}_1, \ldots)}{\Theta(\overset{1}{w} - w_1^0 - \tilde{w}_1, \ldots)} \cdot \frac{\Theta(\overset{1}{w}{}' - w_1^0 - \tilde{w}_1, \ldots)}{\Theta(\overset{1}{w}{}' - w_1 - \tilde{w}_1, \ldots)}\, e^{\sum\limits_\alpha (\overset{\alpha}{w} - \overset{\alpha}{w}{}')\{J'(xy)_\alpha - J'(x_0y_0)_\alpha\}}$$

und hat damit auch die Darstellung des Integrals 3. Gattung

$$(276)\qquad \int_{(x_1' y_1')}^{(x_1 y_1)} \{H(xy, x'y') - H(x_0 y_0, x'y')\}\, dx' = \log \frac{E(xy; x_1 y_1, x_1' y_1')}{E(x_0 y_0; x_1 y_1, x_1' y_1')}$$

durch Thetafunktionen erreicht.

Mittelst der Formel (269) kann nun auch die Frage nach jenen Wertesystemen der u beantwortet werden, für welche die Θ-Funktion verschwindet. Das Resultat lautet, daß die Funktion

$$(277)\qquad \Theta(u_1 + \overline{\omega}_1, \ldots u_\varrho + \overline{\omega}_\varrho) = 0$$

ist, sobald

$$(278)\qquad u_\alpha = t_\alpha - c_\alpha \qquad (\alpha = 1, 2, \ldots \varrho)$$

ist, wo t_α eine Summe von $\varrho - 1$ Integralen 1. Gattung bezeichnet, also

$$(279)\qquad t_\alpha = \sum_{\beta=1}^{\varrho-1} J(x_\beta y_\beta)_\alpha$$

ist. Die Funktion (277) verschwindet daher insbesondere für alle singulären Wertesysteme $\bar{u}_1, \ldots \bar{u}_\varrho$.

Bei der Darstellung *Abel*scher Funktionen durch Θ-Funktionen beschränkt sich *Weierstraß* auf Funktionen von der Form

$$\prod_{\alpha=1}^{\varrho} F(x_\alpha y_\alpha), \tag{280}$$

wo $F(xy)$ eine rationale Funktion des Paares (xy) bedeutet.

Sind $(\xi_1\eta_1)$, $(\xi_2\eta_2)$, ... die Nullstellen, $(\xi_1'\eta_1')$, $(\xi_2'\eta_2')$, ... die Unendlichkeitsstellen der Funktion $F(xy)$ und setzt man

$$J(\xi_\mu\eta_\mu)_\beta = w_{\beta\mu}, \quad J(\xi_\mu'\eta_\mu')_\beta = w'_{\beta\mu}, \tag{281}$$

wählt auch bei diesen Integralen die Integrationswege so, daß

$$\sum_\mu (w_{\beta\mu} - w'_{\beta\mu}) = 0 \qquad (\beta = 1, 2, \dots \varrho) \tag{282}$$

ist, so ist, wenn (ab) eine beliebige, von den Null- und Unendlichkeitsstellen von $F(xy)$ verschiedene Stelle des algebraischen Gebildes bezeichnet und die Variablen $u_1, \dots u_\varrho$ und $u_1', \dots u_\varrho'$ durch die Gleichungen

$$u_\beta = \sum_{\alpha=1}^{\varrho} J(x_\alpha y_\alpha)_\beta - c_\beta, \quad u_\beta' = \varrho J(ab)_\beta - c_\beta \qquad (\beta = 1, 2, \dots \varrho) \tag{283}$$

eingeführt werden,

$$\prod_{\alpha=1}^{\varrho} \frac{F(x_\alpha y_\alpha)}{F(ab)} = \prod_\mu \frac{\Theta(u_1 + \bar{\omega}_1 - w_{1\mu}, \dots)}{\Theta(u_1 + \bar{\omega}_1 - w'_{1\mu}, \dots)} \cdot \frac{\Theta(u_1' + \bar{\omega}_1 - w'_{1\mu}, \dots)}{\Theta(u_1' + \bar{\omega}_1 - w_{1\mu}, \dots)}. \tag{284}$$

Anderseits ist jedes Thetaprodukt

$$\prod_{\varkappa=1}^{r} \frac{\Theta(u_1 - u_1^\varkappa, \dots u_\varrho - u_\varrho^\varkappa)}{\Theta(u_1 - v_1^\varkappa, \dots u_\varrho - v_\varrho^\varkappa)}, \tag{285}$$

bei dem

$$\sum_{\varkappa=1}^{r} u_\alpha^\varkappa = \sum_{\varkappa=1}^{r} v_\alpha^\varkappa \qquad (\alpha = 1, 2, \dots \varrho) \tag{286}$$

ist, für beliebiges r eine rationale und symmetrische Funktion der Paare $(x_1y_1), \dots (x_\varrho y_\varrho)$, also eine *Abel*sche Funktion der Argumente $u_1, \dots u_\varrho$.

Die hier zuletzt von *Weierstraß* behandelten Fragen des Zusammenhangs der Integrale 2. und 3. Gattung mit den Thetafunktionen und ebenso der Darstellung algebraischer Funktionen durch diese und umgekehrt, denen wir schon bei *Riemann* und ebenso bei *Clebsch* und *Gordan* begegnet sind, sollen jetzt im Zusammenhange dargestellt werden.

VII. Die Abelschen Transzendenten 2. und 3. Gattung. Wurzelfunktionen und Wurzelformen. Lösungen des Umkehrproblems.

49. Die Abelschen Transzendenten 2. und 3. Gattung. Mit $t_\alpha(z)$ werde das im Punkte $z = \alpha$ wie $\frac{1}{z-\alpha}\ \infty^1$ werdende Normalintegral 2. Gattung bezeichnet, dessen Periodizitätsmodulen an allen Querschnitten a_ν Null, an den Querschnitten b_ν aber $-2\pi i v_\nu'(\alpha)$ sind.

In der Folge mögen die Integrationsgrenzen als obere Indices angefügt, also für das Normalintegral 1. Gattung

$$\int_{z^0}^{z} dv_\mu(z) = v_\mu^{z^0 z} \tag{287}$$

und ebenso für das Integral 2. Gattung

$$\int_{z^0}^{z} dt_\alpha(z) = t_\alpha^{z^0 z} \tag{288}$$

geschrieben werden.

Läßt man nun in der letzten Gleichung an Stelle von $z^0 z$ der Reihe nach p Punktepaare $z_1^0 z_1, z_2^0 z_2, \ldots z_p^0 z_p$ treten und addiert die p so entstandenen Integrale, so entsteht der Ausdruck

$$\sum_{\nu=1}^{p} t_\alpha^{z_\nu^0 z_\nu} = Y_\alpha\begin{pmatrix} z_1 & z_2 & \ldots z_p \\ z_1^0 & z_2^0 & \ldots z_p^0 \end{pmatrix}, \tag{289}$$

welcher als Funktion der Integralsummen 1. Gattung

$$\sum_{\nu=1}^{p} v_\mu^{z_\nu^0 z_\nu} = w_\mu \qquad (\mu = 1, 2, \ldots p) \tag{290}$$

betrachtet *Abel*sche Transzendente 2. Gattung genannt und mit

$$Z_\alpha(w_1, w_2, \ldots w_p) \tag{291}$$

oder kürzer $Z_\alpha(\!(w)\!)$ bezeichnet wird.

Mit $\pi_{\alpha\beta}(z)$ werde das im Punkte $z = \alpha$ wie $-\log(z-\alpha)$, im Punkte $z = \beta$ wie $+\log(z-\beta)$ logarithmisch unendlich werdende Normalintegral 3. Gattung bezeichnet, dessen Periodizitätsmodulen an allen Querschnitten a_ν gleichfalls Null, an den Querschnitten b_ν aber $2\pi i(v_\nu(\beta) - v_\nu(\alpha))$ sind und für welches die Vertauschbarkeit der Unendlichkeitsstellen mit den Integralgrenzen gilt, so daß

$$\int_{z_0}^{z} d\pi_{\alpha\beta}(z) = \int_{\alpha}^{\beta} d\pi_{z^0 z}(z) \tag{292}$$

oder, wenn man wieder die Integralgrenzen als obere Indices schreibt, also

(293) $$\int_{z^0}^{z} d\pi_{\alpha\beta}(z) = \pi_{\alpha\beta}^{z^0 z}$$

setzt,

(294) $$\pi_{\alpha\beta}^{z^0 z} = \pi_{z^0 z}^{\alpha\beta} \quad \text{ist.}$$

Läßt man nun auch hier an Stelle von $z^0 z$ der Reihe nach die p Punktepaare $z_1^0 z_1, z_2^0 z_2, \ldots z_p^0 z_p$ treten und addiert die p so erhaltenen Integrale, so entsteht der Ausdruck

(295) $$\sum_{\nu=1}^{p} \pi_{\alpha\beta}^{z_\nu^0 z_\nu} = T_{\alpha\beta}\begin{pmatrix} z_1 & z_2 & \ldots z_p \\ z_1^0 & z_2^0 & \ldots z_p^0 \end{pmatrix},$$

welcher als Funktion der Integralsummen 1. Gattung (290) betrachtet *Abel*sche Transzendente 3. Gattung genannt und mit

(296) $$P_{\alpha\beta}(w_1, w_2, \ldots w_p)$$

oder kürzer $P_{\alpha\beta}((w))$ bezeichnet wird.

Da man das Integral 2. Gattung $t_\alpha(z)$ aus dem Integral 3. Gattung $\pi_{\alpha\beta}(z)$ durch Differentiation nach dem Parameter α erhält, also

(297) $$t_\alpha(z) = \frac{\partial \pi_{\alpha\beta}(z)}{\partial \alpha}$$

ist, so ist auch

(298) $$Y_\alpha\begin{pmatrix} z_1 & z_2 & \ldots z_p \\ z_1^0 & z_2^0 & \ldots z_p^0 \end{pmatrix} = \frac{\partial}{\partial \alpha} T_{\alpha\beta}\begin{pmatrix} z_1 & z_2 & \ldots z_p \\ z_1^0 & z_2^0 & \ldots z_p^0 \end{pmatrix}$$

oder

(299) $$Z_\alpha((w)) = \frac{\partial P_{\alpha\beta}((w))}{\partial \alpha}.$$

50. Eigenschaften der Funktionen $Z_\alpha((w))$ und $P_{\alpha\beta}((w))$. Für alle solchen Wertesysteme $w_1, w_2, \ldots w_p$, für welche das Umkehrproblem ein bestimmtes ist, die Punkte $z_1, z_2, \ldots z_p$ also durch keine φ-Kurve verknüpft sind, sind $Z_\alpha((w))$ und $P_{\alpha\beta}((w))$ einwertige Funktionen von $w_1, w_2, \ldots w_p$. Es wird $Z_\alpha((w))$ ∞^1 mit dem Gewichte 1 wenn einer der Punkte z mit α zusammenfällt, $P_{\alpha\beta}((w))$ aber logarithmisch unendlich mit dem Gewichte ± 1, wenn einer der Punkte z mit α oder β zusammenfällt.

Ändert sich das Größensystem $w_1, w_2, \ldots w_p$ um ein System korrespondierender Ganzen $\left\{ \begin{matrix} \varkappa \\ \lambda \end{matrix} \right\}$ der Periodizitätsmodulen von $v_1, v_2, \ldots v_p$, geht also (w) in $\left(w + \left| \begin{matrix} \varkappa \\ \lambda \end{matrix} \right|\right)$ über, so ist

(300) $$Z_\alpha\left(\left(w + \left| \begin{matrix} \varkappa \\ \lambda \end{matrix} \right|\right)\right) = Z_\alpha((w)) - 2\pi i \sum_{\mu=1}^{p} \varkappa_\mu v_\mu'(\alpha),$$

(301) $$P_{\alpha\beta}\left(\left(w + \left| \begin{matrix} \varkappa \\ \lambda \end{matrix} \right|\right)\right) = P_{\alpha\beta}((w)) + 2\pi i \sum_{\mu=1}^{p} \varkappa_\mu (v_\mu(\beta) - v_\mu(\alpha)).$$

Die Funktionen $Z_\alpha((w))$ und $P_{\alpha\beta}((w))$ besitzen weiter ein Additionstheorem: Um dies zu erhalten setze man

$$(302)\qquad \sum_{\nu=1}^{p} v_\mu^{z_\nu^0 z_\nu} = w_\mu, \quad \sum_{\nu=1}^{p} v_\mu^{z_\nu^0 z_\nu'} = w_\mu' \qquad (\mu = 1, 2, \dots p)$$

und bestimme p Punkte $z_1'', \dots z_p''$ so, daß

$$(303)\qquad \sum_{\nu=1}^{p} v_\mu^{z_\nu^0 z_\nu''} = w_\mu + w_\mu' \qquad (\mu = 1, 2, \dots p)$$

ist; es kann dies in algebraischer Form geschehen, indem man auf Grund der aus (302) und (303) folgenden Gleichungen

$$(304)\qquad \sum_{\nu=1}^{p} v_\mu^{z_\nu^0 z_\nu} + \sum_{\nu=1}^{p} v_\mu^{z_\nu'' z_\nu'} = 0 \qquad (\mu = 1, 2, \dots p)$$

eine Funktion R der Klasse bildet, die ∞^1 wird in den $2p$ Punkten z_ν, z_ν' und 0^1 in den p Punkten z_ν^0; ihre p weiteren Nullpunkte sind dann die gesuchten Punkte z_ν''. Nach dem *Abel*schen Theorem ist dann (II B 2, Nr. 42)

$$(305)\qquad \sum_{\nu=1}^{p} t_\alpha^{z_\nu^0 z_\nu} + \sum_{\nu=1}^{p} t_\alpha^{z_\nu'' z_\nu'} = \frac{\partial \log R(\alpha)}{\partial \alpha},$$

$$(306)\qquad \sum_{\nu=1}^{p} \pi_{\alpha\beta}^{z_\nu^0 z_\nu} + \sum_{\nu=1}^{p} \pi_{\alpha\beta}^{z_\nu'' z_\nu'} = \log \frac{R(\alpha)}{R(\beta)},$$

und hieraus folgt

$$(307)\qquad Z_\alpha((w + w')) = Z_\alpha((w)) + Z_\alpha((w')) - \frac{\partial \log R(\alpha)}{\partial \alpha},$$

$$(308)\qquad P_{\alpha\beta}((w + w')) = P_{\alpha\beta}((w)) + P_{\alpha\beta}((w')) - \log \frac{R(\alpha)}{R(\beta)}.$$

51. Darstellung der Abelschen Transzendenten 3. und 2. Gattung durch Thetafunktionen. Sind die Punktsysteme $z_1, z_2, \dots z_p$ und $z_1^0, z_2^0, \dots z_p^0$ so gewählt, daß keine der beiden Thetafunktionen identisch verschwindet, so wird die Funktion

$$(309)\qquad F(z) = \frac{\vartheta\left(\left(v(z) - \sum_1^p v(z_\nu)\right)\right)}{\vartheta\left(\left(v(z) - \sum_1^p v(z_\nu^0)\right)\right)}$$

0^1 für $z = z_1, z_2, \dots z_p$, ∞^1 für $z = z_1^0, z_2^0, \dots z_p^0$ und es ist weiter

$$(310)\qquad \begin{aligned} &\text{längs } a_\mu\text{:}\ F^+ = F^-, \\ &\text{längs } b_\mu\text{:}\ F^+ = F^- \cdot e^{2\sum_{\nu=1}^{p}(v_\mu(z_\nu) - v_\mu(z_\nu^0))}. \end{aligned}$$

Dieselben Eigenschaften besitzt aber auch die Funktion

$$(311)\qquad \Phi(z) = e^{\sum_{\nu=1}^{p} \pi_{z_\nu^0 z_\nu}(z)}$$

und es können sich daher $F(z)$ und $\Phi(z)$ nur um eine von z unabhängige multiplikative Konstante unterscheiden; es ist also

$$(312)\qquad \frac{\vartheta\left(\left(v(z) - \sum_1^p v(z_\nu)\right)\right)}{\vartheta\left(\left(v(z) - \sum_1^p v(z_\nu^0)\right)\right)} = c \cdot e^{\sum_{\nu=1}^{p} \pi_{z_\nu^0 z_\nu}(z)},$$

wo c von z unabhängig ist.

Aus (312) folgt aber sofort

$$(313)\qquad \frac{\vartheta\left(\left(v(\beta) - \sum_1^p v(z_\nu)\right)\right)}{\vartheta\left(\left(v(\beta) - \sum_1^p v(z_\nu^0)\right)\right)} : \frac{\vartheta\left(\left(v(\alpha) - \sum_1^p v(z_\nu)\right)\right)}{\vartheta\left(\left(v(\alpha) - \sum_1^p v(z_\nu^0)\right)\right)} = e^{T_{\alpha\beta}\binom{z_1 z_2 \ldots z_p}{z_1^0 z_2^0 \ldots z_p^0}}$$

oder

$$(314)\qquad T_{\alpha\beta}\binom{z_1 \ldots z_p}{z_1^0 \ldots z_p^0} = \log\left\{\frac{\vartheta\left(\left(v(\beta) - \sum_1^p v(z_\nu)\right)\right)}{\vartheta\left(\left(v(\beta) - \sum_1^p v(z_\nu^0)\right)\right)} : \frac{\vartheta\left(\left(v(\alpha) - \sum_1^p v(z_\nu)\right)\right)}{\vartheta\left(\left(v(\alpha) - \sum_1^p v(z_\nu^0)\right)\right)}\right\}.$$

Setzt man daher

$$(315)\qquad \sum_{\nu=1}^{p} v_\mu(z_\nu) = w_\mu, \quad \sum_{\nu=1}^{p} v_\mu(z_\nu^0) = w_\mu^0, \qquad (\mu = 1, 2, \ldots p)$$

so wird

$$(316)\qquad \sum_{\nu=1}^{p} v_\mu^{z_\nu^0 z_\nu} = w_\mu - w_\mu^0, \qquad (\mu = 1, 2, \ldots p)$$

also $T_{\alpha\beta}\binom{z_1 \ldots z_p}{z_1^0 \ldots z_p^0} = P_{\alpha\beta}((w - w^0))$ und man erhält

$$(317)\qquad P_{\alpha\beta}((w - w^0)) = \log\left\{\frac{\vartheta((v(\beta) - w))}{\vartheta((v(\beta) - w^0))} : \frac{\vartheta((v(\alpha) - w))}{\vartheta((v(\alpha) - w^0))}\right\}$$

und

$$(318)\qquad Z_\alpha((w - w^0)) = -\frac{\partial}{\partial\alpha}\log\frac{\vartheta((v(\alpha) - w))}{\vartheta((v(\alpha) - w^0))}.$$

52. Lösung des Umkehrproblems. Ist $f(z)$ eine Funktion der Klasse von der Ordnung q, welche für $z = \alpha_1, \alpha_2, \ldots \alpha_q$ den Wert a, für $z = \beta_1, \beta_2, \ldots \beta_q$ den Wert b annimmt, so ist nach dem *Abel*schen Theorem

$$(319)\qquad \sum_{\varkappa=1}^{q} \pi_{z^0 z}^{\alpha_\varkappa \beta_\varkappa} = \log\left\{\frac{f(z) - b}{f(z^0) - b} : \frac{f(z) - a}{f(z^0) - a}\right\}$$

und daher weiter, wenn man an Stelle von $z^0 z$ der Reihe nach die obigen Punktepaare $z_1^0 z_1, z_2^0 z_2, \ldots z_p^0 z_p$ treten läßt und die p so entstehenden Gleichungen addiert

$$\sum_{\nu=1}^{p} \sum_{\varkappa=1}^{q} \pi_{z_\nu^0 z_\nu}^{\alpha_\varkappa \beta_\varkappa} = \log \prod_{\nu=1}^{p} \left\{ \frac{f(z_\nu) - b}{f(z_\nu^0) - b} : \frac{f(z_\nu) - a}{f(z_\nu^0) - a} \right\} \tag{320}$$

oder umgekehrt

$$\log \prod_{\nu=1}^{p} \left\{ \frac{f(z_\nu) - b}{f(z_\nu^0) - b} : \frac{f(z_\nu) - a}{f(z_\nu^0) - a} \right\} = \sum_{\varkappa=1}^{q} T_{\alpha_\varkappa \beta_\varkappa} \begin{pmatrix} z_1 \, z_2 \ldots z_p \\ z_1^0 z_2^0 \ldots z_p^0 \end{pmatrix}, \tag{321}$$

also wegen (314) endlich

$$\begin{aligned} &\prod_{\nu=1}^{p} \left\{ \frac{f(z_\nu) - b}{f(z_\nu^0) - b} : \frac{f(z_\nu) - a}{f(z_\nu^0) - a} \right\} \\ &= \prod_{\varkappa=1}^{q} \left\{ \frac{\vartheta\left(\left(v(\beta_\varkappa) - \sum_1^p v(z_\nu)\right)\right)}{\vartheta\left(\left(v(\beta_\varkappa) - \sum_1^p v(z_\nu^0)\right)\right)} : \frac{\vartheta\left(\left(v(\alpha_\varkappa) - \sum_1^p v(z_\nu)\right)\right)}{\vartheta\left(\left(v(\alpha_\varkappa) - \sum_1^p v(z_\nu^0)\right)\right)} \right\}. \end{aligned} \tag{322}$$

Diese Formel kann folgendermaßen zur Lösung des Umkehrproblems verwendet werden. Sollen aus den p Gleichungen

$$\sum_{\nu=1}^{p} v_\mu(z_\nu) = w_\mu \qquad (\mu = 1, 2, \ldots p) \tag{323}$$

die p Punkte $z_1, z_2, \ldots z_p$ bestimmt werden, während $w_1, w_2, \ldots w_p$ gegebene Größen sind, so wähle man p Punkte $z_1^0, z_2^0, \ldots z_p^0$ willkürlich aber so, daß sie durch keine φ-Kurve miteinander verknüpft sind, setze

$$\sum_{\nu=1}^{p} v_\mu(z_\nu^0) = w_\mu^0 \qquad (\mu = 1, 2, \ldots p) \tag{324}$$

und führe diese Punkte in die Gleichung (322) ein. Man kann dann aus (322) zunächst beliebig viele Formeln ableiten, indem man unter Festhaltung der Funktion $f(z)$ den Konstanten a und b verschiedene Werte erteilt; aus p solchen Formeln erhält man p Gleichungen zur Bestimmung der Größen $f(z_1), f(z_2), \ldots f(z_p)$. Am übersichtlichsten gestaltet sich diese Rechnung, wenn man $a = \infty$ nimmt, mit $\alpha_1, \alpha_2, \ldots \alpha_q$ also die ∞^1-Punkte der Funktion $f(z)$ bezeichnet; man kann dann aus (322) das Produkt $\prod_{\nu=1}^{p}(f(z_\nu) - b)$ durch bekannte Größen ausdrücken und erhält, wenn man an Stelle von b der Reihe nach p verschiedene Werte setzt, p lineare Gleichungen zur Berechnung der Koeffizienten jener Gleichung p^{ten} Grades, welche $f(z_1), f(z_2), \ldots f(z_p)$ als Wurzeln hat. Tut man das gleiche für andere Funktionen $\varphi(z), \psi(z), \ldots$, so findet man schließlich die symmetrischen Funktionen von $z_1, z_2, \ldots z_p$ selber. Dabei weisen *Clebsch* und *Gordan* darauf hin, daß die Auflösung der Gleichung p^{ten} Grades für eine einzige Funktion $f(z)$ genügt, um dann die p Werte jeder anderen Funktion $\varphi(z)$ durch Auflösung linearer Gleichungen zu erhalten.

Die Formel (322) nimmt die einfachste Gestalt an, wenn man für $f(z)$ z selbst wählt. Es ist dann $q = n$ und $\alpha_1, \alpha_2, \ldots \alpha_n$ sind die n in der *Riemann*schen Fläche über der Stelle $z = a$, $\beta_1, \beta_2, \ldots \beta_n$ die n über $z = b$ liegenden Punkte; die Formel (322) aber wird

$$(325)\qquad \prod_{\nu=1}^{p}\left\{\frac{z_\nu - b}{z_\nu^0 - b} : \frac{z_\nu - a}{z_\nu^0 - a}\right\} = \prod_{\varkappa=1}^{n}\left\{\frac{\vartheta((v(\beta_\varkappa) - w))}{\vartheta((v(\beta_\varkappa) - w^0))} : \frac{\vartheta((v(\alpha_\varkappa) - w))}{\vartheta((v(\alpha_\varkappa) - w^0))}\right\}.$$

Ebenso wie im vorstehenden die Formel (317) in Verbindung mit dem *Abel*schen Theorem für die Integrale 3. Gattung zur Lösung des Umkehrproblems benutzt wurde, kann man auch die Formel (318) verwenden, wenn man sie mit der *Riemann*schen Formel:

$$(326)\qquad f(z) = c + \sum_{\varkappa=1}^{q} c_\varkappa t_{\varepsilon_\varkappa}(z)$$

verbindet, vermöge welcher die an den Stellen $\varepsilon_1, \varepsilon_2, \ldots \varepsilon_q$ mit den Gewichten $c_1, c_2, \ldots c_q$ ∞^1 werdende Funktion $f(z)$ durch Integrale 2. Gattung dargestellt wird.

53. Darstellung eines einzelnen Integrals 3. und 2. Gattung durch Thetafunktionen. Zur Darstellung eines Integrals 3. Gattung $\pi_{\alpha\beta}(z)$ durch Thetafunktionen wähle man $p - 1$ Punkte $\gamma_1, \gamma_2, \ldots \gamma_{p-1}$ so, daß sie weder mit α noch mit β durch eine φ-Kurve verknüpft sind; man erhält dann aus (312), wenn man $z_1 = \beta$, $z_1^0 = \alpha$ und für $\lambda = 1, 2, \ldots p - 1$ $z_{\lambda+1} = z_{\lambda+1}^0 = \gamma_\lambda$ setzt,

$$(327)\qquad \pi_{\alpha\beta}(z) = c + \log \frac{\vartheta\left(\left(v(z) - v(\beta) - \sum_1^{p-1} v(\gamma_\lambda)\right)\right)}{\vartheta\left(\left(v(z) - v(\alpha) - \sum_1^{p-1} v(\gamma_\lambda)\right)\right)}$$

und hieraus weiter

$$(328)\ \pi_{\alpha\beta}^{xy} = \log\left\{\frac{\vartheta\left(\left(v(y) - v(\beta) - \sum_1^{p-1} v(\gamma_\lambda)\right)\right)}{\vartheta\left(\left(v(y) - v(\alpha) - \sum_1^{p-1} v(\gamma_\lambda)\right)\right)} : \frac{\vartheta\left(\left(v(x) - v(\beta) - \sum_1^{p-1} v(\gamma_\lambda)\right)\right)}{\vartheta\left(\left(v(x) - v(\alpha) - \sum_1^{p-1} v(\gamma_\lambda)\right)\right)}\right\}.$$

Für das Integral 2. Gattung aber erhält man mit Rücksicht auf (297) aus (327)

$$(329)\qquad t_\alpha(z) = -\frac{\partial}{\partial\alpha}\log\vartheta\left(\left(v(z) - v(\alpha) - \sum_1^{p-1} v(\gamma_\lambda)\right)\right)$$

und hat daher weiter

$$(330)\qquad t_\alpha^{xy} = -\frac{\partial}{\partial\alpha}\log\frac{\vartheta\left(\left(v(y) - v(\alpha) - \sum_1^{p-1} v(\gamma_\lambda)\right)\right)}{\vartheta\left(\left(v(x) - v(\alpha) - \sum_1^{p-1} v(\gamma_\lambda)\right)\right)}.$$

Den gewonnenen Formeln (327) und (330) kann man verschiedene andere Gestalten geben. Bezeichnet man z. B. das zu den $p-1$ Punkten $\gamma_1, \gamma_2, \dots \gamma_{p-1}$ gehörige Restpunktsystem mit $\delta_1, \delta_2, \dots \delta_{p-1}$, so daß also

$$(331)\qquad \left(\sum_{\lambda=1}^{p-1} v(\gamma_\lambda) + \sum_{\lambda=1}^{p-1} v(\delta_\lambda)\right) \equiv (0)$$

ist, so wird aus (327)

$$(332)\qquad \pi_{\alpha\beta}(z) = c + \log\frac{\vartheta\left(\left((v(z) - v(\beta) + \sum_1^{p-1} v(\delta_\lambda)\right)\right)}{\vartheta\left(\left(v(z) - v(\alpha) + \sum_1^{p-1} v(\delta_\lambda)\right)\right)}.$$

Da hier die rechte Seite in bezug auf die p Punkte $z, \delta_1, \delta_2, \dots \delta_{p-1}$ symmetrisch ist, so folgt daraus die *Riemann*sche Formel

$$(333)\qquad \pi_{\alpha\beta}(z) = c + \frac{1}{p}\log\frac{\vartheta((v(\beta) - pv(z)))}{\vartheta((v(\alpha) - pv(z)))},$$

woraus jetzt auch

$$(334)\qquad t_\alpha(z) = -\frac{1}{p}\frac{\partial}{\partial\alpha}\log\vartheta((v(\alpha) - pv(z)))$$

hervorgeht.[133])

54. Thetaquotienten und Funktionen der Klasse. Wählt man in dem Thetaquotienten

$$(335)\qquad Q(z) = \prod_{\varrho=1}^{n}\frac{\vartheta((v(z) - e^{(\varrho)}))}{\vartheta((v(z) - f^{(\varrho)}))}$$

bei jeder der $2n$ Thetafunktionen die Parameter e bzw. f so, daß keine iden-

133) Zur Darstellung der Integrale 2. und 3. Gattung durch Thetafunktionen siehe auch *Roch,* J. f. Math. 65 (1866), p. 42 u. 68 (1868), p. 170; *Weber,* J. f. Math. 70 (1869), p. 209 u. 82 (1877), p. 131; *Thomae,* J. f. Math. 93 (1882), p. 69 94 (1883), p. 241 u. 101 (1887), p. 326; *Staude,* Acta math. 8 (1886), p. 81; *Stahl,* J. f. Math. 111 (1893), p. 101; vgl. auch *Schleiermacher,* Diss. Erlangen 1878, *Schirdewahn,* Diss. Breslau 1886 und Z. f. Math. 34 (1889), p. 355.

tisch verschwindet, so wird der Zähler 0^1 in np Punkten $x_\nu^{(\varrho)}\begin{pmatrix}\varrho=1,2,\dots n\\ \nu=1,2,\dots p\end{pmatrix}$, der Nenner in np Punkten $y_\nu^{(\varrho)}$, welche mit den Parametern e, f durch die Kongruenzen

$$(336)\qquad e_\mu^{(\varrho)} \equiv \sum_{\nu=1}^{p} v_\mu(x_\nu^{(\varrho)}),\quad f_\mu^{(\varrho)} \equiv \sum_{\nu=1}^{p} v_\mu(y_\nu^{(\varrho)})\qquad \begin{pmatrix}\varrho=1,2,\dots n\\ \mu=1,2,\dots p\end{pmatrix}$$

verknüpft sind. Bestimmt man nun, was immer und nur auf eine Weise geschehen kann (Nr. **16**), $2p$ reelle Größen g, h aus den Gleichungen

$$(337)\qquad \sum_{\varrho=1}^{n}(f_\mu^{(\varrho)} - e_\mu^{(\varrho)}) = \sum_{\nu=1}^{p} g_\nu a_{\mu\nu} + h_\mu \pi i\qquad (\mu=1,2,\dots p)$$

und setzt

$$(338)\qquad R(z) = Q(z)\, e^{2\sum\limits_{\mu=1}^{p} g_\mu v_\mu(z)},$$

so ist $R(z)$ eine einwertige Funktion von z in der *Riemann*schen Fläche T', welche an den Querschnitten konstante Faktoren erlangt, indem

$$(339)\qquad \begin{aligned}&\text{längs } a_\nu\colon R^+ = R^- \cdot e^{2g_\nu\pi i},\\ &\text{längs } b_\nu\colon R^+ = R^- \cdot e^{-2h_\nu\pi i}\end{aligned}\qquad (\nu=1,2,\dots p)$$

ist, und welche, wenn man unter der Annahme, daß ein Teil der Punkte $y_\nu^{(\varrho)}$ mit Punkten $x_\nu^{(\varrho)}$ zusammenfällt, die übrigbleibenden Punkte x, y mit $x_1, x_2, \dots x_q$ und $y_1, y_2, \dots y_q$ bezeichnet, 0^1 wird in den q Punkten $x_1, x_2, \dots x_q$, ∞^1 in den q Punkten $y_1, y_2, \dots y_q$, für welche die aus (336) und (337) folgenden Kongruenzen

$$(340)\qquad \sum_{\varkappa=1}^{q}[v_\mu(y_\varkappa) - v_\mu(x_\varkappa)] \equiv \sum_{\nu=1}^{p} g_\nu a_{\mu\nu} + h_\mu \pi i\qquad (\mu=1,2,\dots p)$$

bestehen.

Sind nun speziell die Parameter e und f so gewählt, daß sich aus (337) für die Größen g, h lauter ganze Zahlen $\varkappa, \lambda$ ergeben, so daß also

$$(341)\qquad \sum_{\varrho=1}^{n}(f_\mu^{(\varrho)} - e_\mu^{(\varrho)}) = \sum_{\nu=1}^{p} \varkappa_\nu a_{\mu\nu} + \lambda_\mu \pi i\quad (\mu=1,2,\dots p)$$

ist, so wird

$$(342)\qquad R(z) = \prod_{\varrho=1}^{n} \frac{\vartheta(\!(v(z)-e^{(\varrho)})\!)}{\vartheta(\!(v(z)-f^{(\varrho)})\!)}\, e^{2\sum\limits_{\mu=1}^{p}\varkappa_\mu v_\mu(z)},$$

da nunmehr längs aller Querschnitte a und b $R^+ = R^-$ ist, eine Funktion der Klasse, die in den q Punkten $x_1, x_2, \dots x_q$ 0^1, in den q Punkten $y_1, y_2, \dots y_q$ ∞^1 wird, zwischen denen in Übereinstimmung mit (340) die Kongruenzen

$$(343)\qquad \sum_{\varkappa=1}^{q}[v_\mu(y_\varkappa)-v_\mu(x_\varkappa)]\equiv 0 \qquad (\mu=1,2,\dots p)$$

bestehen (II B 2, Nr. **42**).

Umgekehrt läßt sich jede Funktion der Klasse $R(z)$, welche in q Punkten $x_1, x_2, \dots x_q$ 0^1, in q Punkten $y_1, y_2, \dots y_q$ ∞^1 wird, in der Form (342) durch einen Quotienten von gleich vielen Thetafunktionen darstellen. Man braucht nur, was bei hinreichend großem n stets möglich ist, die Parameter e und f so zu wählen, daß keine der auftretenden Thetafunktionen identisch verschwindet und der Zähler in den q Punkten x und $np-q$ weiteren Punkten $z_1, z_2, \dots z_{np-q}$, der Nenner in den q Punkten y und den $np-q$ nämlichen Punkten z 0^1 wird. Die in (342) auftretenden ganzen Zahlen $\varkappa$ sind dabei aus den Gleichungen (341) eindeutig bestimmt.

55. Zweite Form für die Lösung des Umkehrproblems. Sind $\varepsilon_1, \varepsilon_2, \dots \varepsilon_{p-1}$ insbesondere $p-1$ Punkte von der Beschaffenheit, daß sie mit keinem der $2q$ Punkte x, y durch eine φ-Kurve verknüpft sind, so kann man $n=q$ wählen und in den Zähler von $Q(z)$ q Thetafunktionen stellen, von denen die $\varkappa^{\text{te}}$ in $\varepsilon_1, \varepsilon_2, \dots \varepsilon_{p-1}$ und $x_\varkappa$ verschwindet, in den Nenner q Thetafunktionen, von denen die $\varkappa^{\text{te}}$ in $\varepsilon_1, \varepsilon_2, \dots \varepsilon_{p-1}$ und $y_\varkappa$ verschwindet, und erhält so aus (342)

$$(344)\qquad f(z)=c\prod_{\varkappa=1}^{q}\frac{\vartheta\left(\left(v(z)-\sum_1^{p-1}v(\varepsilon_\lambda)-v(x_\varkappa)\right)\right)}{\vartheta\left(\left(v(z)-\sum_1^{p-1}v(\varepsilon_\lambda)-v(y_\varkappa)\right)\right)}\,e^{2\sum_{\mu=1}^{p}\varkappa_\mu v_\mu(z)}.$$

Bezeichnet man nun das zu den $p-1$ Punkten $\varepsilon_1, \varepsilon_2, \dots \varepsilon_{p-1}$ gehörige Restpunktsystem mit $z_1, z_2, \dots z_{p-1}$, so daß also

$$(345)\qquad \left(\sum_{\lambda=1}^{p-1}v(\varepsilon_\lambda)+\sum_{\lambda=1}^{p-1}v(z_\lambda)\right)\equiv(0)$$

ist, so folgt, weil die Thetafunktion eine gerade Funktion ist, aus (344), wenn man noch den Punkt z mit z_p bezeichnet und auf der linken Seite den Faktor $f(z_1)f(z_2)\dots f(z_{p-1})$, auf der rechten Seite den Faktor $e^{2\sum_{\lambda=1}^{p-1}\sum_{\mu=1}^{p}\varkappa_\mu v_\mu(z_\lambda)}$ hinzufügt, die Gleichung

$$(346)\qquad \prod_{\mu=1}^{p}f(z_\mu)=c_0\prod_{\varkappa=1}^{q}\frac{\vartheta\left(\left(v(x_\varkappa)-\sum_1^{p}v(z_\nu)\right)\right)}{\vartheta\left(\left(v(y_\varkappa)-\sum_1^{p}v(z_\nu)\right)\right)}\,e^{2\sum_{\mu=1}^{p}\sum_{\nu=1}^{p}\varkappa_\mu v_\mu(z_\nu)},$$

wo c_0 nunmehr von allen p Punkten $z_1, z_2, \dots z_p$ unabhängig ist.

Setzt man noch

$$f(z) = \varphi(z) - a, \tag{347}$$

bezeichnet also mit $\varphi(z)$ eine Funktion der Klasse, welche wie $f(z)$ in den Punkten $y_1, y_2, \dots y_q$ ∞^1 wird, in den Punkten $x_1, x_2, \dots x_q$ aber den Wert a annimmt, so ist

$$\prod_{\mu=1}^{p}(\varphi(z_\mu) - a) = c_0 \prod_{\varkappa=1}^{p} \frac{\vartheta\left(\left(v(x_\varkappa) - \sum_1^p v(z_\nu)\right)\right)}{\vartheta\left(\left(v(y_\varkappa) - \sum_1^p v(z_\nu)\right)\right)} e^{2\sum_{\mu=1}^{p}\sum_{\nu=1}^{p}\varkappa_\mu v_\mu(z_\nu)} \tag{348}$$

und man erhält endlich durch Division zweier solcher Formeln

$$\prod_{\mu=1}^{p}\frac{\varphi(z_\mu) - a}{\varphi(z_\mu^0) - a} \tag{349}$$
$$= \prod_{\varkappa=1}^{q} \frac{\vartheta\left(\left(v(x_\varkappa) - \sum_1^p v(z_\nu)\right)\right)\vartheta\left(\left(v(y_\varkappa) - \sum_1^p v(z_\nu^0)\right)\right)}{\vartheta\left(\left(v(y_\varkappa) - \sum_1^p v(z_\nu)\right)\right)\vartheta\left(\left(v(x_\varkappa) - \sum_1^p v(z_\nu^0)\right)\right)} e^{2\sum_{\mu=1}^{p}\sum_{\nu=1}^{p}\varkappa_\mu(v_\mu(z_\nu) - v_\mu(z_\nu^0))}.$$

Da die rechte Seite dieser Formel nur von den Integralsummen

$$\sum_{\nu=1}^{p} v_\mu(z_\nu) = w_\mu, \quad \sum_{\nu=1}^{p} v_\mu(z_\nu^0) = w_\mu^0 \qquad (\mu = 1, 2, \dots p) \tag{350}$$

abhängt, so kann sie wie die Formel (322) zur Lösung des Umkehrproblems verwendet werden; man erhält diese aus ihr, wenn man zwei Formeln (349), die verschiedenen Werten a, b entsprechen, durcheinander dividiert.

56. Thetaquotienten und Wurzelfunktionen; deren Zuordnung zu den Periodencharakteristiken. Werden in dem Thetaquotienten (335) die Parameter e und f so gewählt, daß sich aus den Gleichungen (337) für die sämtlichen g, h rationale Zahlen mit dem gemeinsamen Nenner r

$$g_\mu = \frac{\varepsilon_\mu}{r}, \quad h_\mu = \frac{\varepsilon'_\mu}{r} \qquad (\mu = 1, 2, \dots p) \tag{351}$$

ergeben, d. h. ist

$$\sum_{\varrho=1}^{n}(f_\mu^{(\varrho)} - e_\mu^{(\varrho)}) = \frac{1}{r}\sum_{\nu=1}^{p}\varepsilon_\nu a_{\mu\nu} + \frac{1}{r}\varepsilon'_\mu \pi i, \quad (\mu = 1, 2, \dots p) \tag{352}$$

so erlangt die Funktion

$$R(z) = Q(z)\, e^{\frac{2}{r}\sum_{\mu=1}^{p}\varepsilon_\mu v_\mu(z)} \tag{353}$$

an den Querschnitten a, b r^{te} Einheitswurzeln als Faktoren, indem

$$(354)\qquad \begin{aligned} &\text{längs } a_\nu\colon R^+ = R^- \cdot e^{\frac{2\varepsilon_\nu \pi i}{r}},\\ &\text{längs } b_\nu\colon R^+ = R^- \cdot e^{-\frac{2\varepsilon'_\nu \pi i}{r}} \end{aligned} \qquad (\nu = 1, 2, \ldots p)$$

ist; es ist also $(R(z))^r$ eine Funktion τ der Klasse und

$$(355)\qquad \prod_{\varrho=1}^{n} \frac{\vartheta\big(\!\big(v(z) - e^{(\varrho)}\big)\!\big)}{\vartheta\big(\!\big(v(z) - f^{(\varrho)}\big)\!\big)}\, e^{\frac{2}{r}\sum\limits_{\mu=1}^{p} \varepsilon_\mu v_\mu(z)} = \sqrt[r]{\tau}.$$

Eine so definierte einwertige Funktion von z in der *Riemann*schen Fläche T', die also in q Punkten $x_1, x_2, \ldots x_q$ 0^1, in ebenso vielen Punkten $y_1, y_2, \ldots y_q$ ∞^1 wird und an den Querschnitten r^{te} Einheitswurzeln als Faktoren annimmt, heißt eine Wurzelfunktion (II B 2, Nr. 40), der Komplex der $2p$ ganzen Zahlen $\begin{pmatrix} \varepsilon_1 & \varepsilon_2 & \ldots & \varepsilon_p \\ \varepsilon_1' & \varepsilon_2' & \ldots & \varepsilon_p' \end{pmatrix}$ soll die zu ihr gehörige Per. Char. (ε) (Nr. 23) genannt und die Funktion selbst mit w_ε bezeichnet werden. Zwischen ihren Null- und Unendlichkeitspunkten bestehen die Kongruenzen

$$(356)\qquad \sum_{\varkappa=1}^{q} [v_\mu(y_\varkappa) - v_\mu(x_\varkappa)] \equiv \frac{1}{r} \sum_{\nu=}^{p} \varepsilon_\nu a_{\mu\nu} + \frac{1}{r}\, \varepsilon'_\mu \pi i. \qquad (\mu = 1, 2, \ldots p)$$

Da zwei Wurzelfunktionen w_ε und w_η, für welche $(\varepsilon) \equiv (\eta) \pmod{r}$ ist, an den Querschnitten a, b die nämlichen Faktoren erlangen, ihr Quotient also eine Funktion der Klasse ist, so wird man sich auf solche Per. Char. (ε) beschränken, bei denen die $\varepsilon, \varepsilon'$ lediglich Zahlen aus der Reihe $0, 1, \ldots r-1$ sind; solche Per. Char. gibt es im ganzen r^{2p}.

Werden die Zahlen $\varepsilon, \varepsilon'$ gegeben, so kann man auf Grund der Gleichungen (352) p der Größen e, f z. B. die p Größen $e_1^{(1)}, \ldots e_p^{(1)}$ durch die übrigen und die $2p$ Zahlen $\varepsilon, \varepsilon'$ ausdrücken und erkennt daraus, daß man die Funktion $R(z)$ durch die Angabe ihrer q Unendlichkeitspunkte, $q-p$ ihrer Nullpunkte und ihrer Faktoren an den Querschnitten a, b bestimmen kann.

Den $q-p$ in w_ε bei gegebener Per. Char. (ε) willkürlich wählbaren Nullpunkten entsprechend gibt es eine lineare Schar von ∞^{q-p} zu derselben Per. Char. (ε) gehörigen und in den nämlichen q Punkten ∞^1 werdenden Wurzelfunktionen. Der Quotient von je zweien ist eine Funktion der Klasse und alle lassen sich durch $q-p+1$ linear unabhängige unter ihnen ausdrücken in der Form

$$(357)\qquad w_\varepsilon = \sum_{i=0}^{q-p} l_i w_\varepsilon^{(i)};$$

zwischen $q-p+2$ besteht eine lineare Relation.

Dieser Satz erleidet eine Ausnahme, wenn durch die letzten p Nullpunkte von w_ε, welche durch die willkürlich gewählten $q-p$ übrigen und die Per. Char. (ε) im allgemeinen eindeutig bestimmt sind, eine φ-Kurve hindurchgeht. Ist nämlich das von diesen Punkten gebildete Punktsystem (II B 2, Nr. 25) vom Überschuß m, so ist die Wurzelfunktion w_ε erst durch Angabe von $q-p+m$ ihrer Nullpunkte bestimmt, jedes w_ε läßt sich erst durch $q-p+m+1$ linear unabhängige darstellen und es besteht erst zwischen $q-p+m+2$ eine lineare Relation.

Zu der Gesamtheit der auf diese Weise zu den r^{2p} verschiedenen Per. Char. gehörigen in ihren q Unendlichkeitspunkten und in $q-p$ ihrer Nullpunkte übereinstimmenden Wurzelfunktionen w_ε gelangt man algebraisch auf dem folgenden Wege.

Man bilde eine adjungierte ganze Funktion χ_0 der Klasse von beliebig hohem Grade, welche in den q Punkten $y_1, \dots y_q$ 0^r wird; ihre übrigen Nullpunkte seien $\beta_1, \beta_2, \dots$. Man bestimme sodann eine zweite adjungierte ganze Funktion χ gleich hohen Grades, welche in den Punkten $\beta_1, \beta_2, \dots$ ebenso Null wird wie χ_0, ferner 0^r in $q-p$ der Punkte $x_1, \dots x_q$ und deren weitere rp Nullpunkte gleichfalls zu je r zusammenfallen. Wegen der aus (356) stets folgenden Kongruenzen

$$(358) \qquad r\sum_{\varkappa=1}^{q} v_\mu(y_\varkappa) - r\sum_{\varkappa=1}^{q} v_\mu(x_\varkappa) \equiv 0 \qquad (\mu = 1, 2, \dots p)$$

existiert für jede Per. Char. (ε) eine solche Funktion und es gibt den r^{2p} Per. Char. entsprechend r^{2p} verschiedene solche Funktionen χ, die also alle die Punkte β und $q-p$ der x als Nullpunkte gemeinsam haben, sich aber durch die p weiteren 0^r-Punkte voneinander unterscheiden. Durch die Angabe der letzteren wird, ebenso wie durch die Angabe der Faktoren (354), eine bestimmte der r^{2p} Funktionen χ ausgewählt, die mit χ_ε bezeichnet sei, und es ist dann

$$(359) \qquad w_\varepsilon = \sqrt[r]{\frac{\chi_\varepsilon}{\chi_0}}$$

die in den q Punkten $x_1, \dots x_q$ 0^1, in den q Punkten $y_1, \dots y_q$ ∞^1 werdende Wurzelfunktion mit den Faktoren (354) an den Querschnitten.

Die Bestimmung der Funktionen χ gehört zu den in Nr. **107** in etwas allgemeinerer Form behandelten Teilungsproblemen.

Die Funktion $\frac{\chi_\varepsilon}{\chi_0}$ heißt eine Berührungsfunktion, χ_0 und χ_ε selbst Berührungsformen. Man kann von diesen zu reinen Berührungsformen, die überall, wo sie verschwinden, 0^r werden, übergehen, indem man

χ_ε durch $\chi_0^{r-1}\chi_\varepsilon$ und gleichzeitig χ_0 durch χ_0^r ersetzt; es wird dann

$$(360)\qquad w_\varepsilon = \frac{\sqrt[r]{\chi_0^{r-1}\chi_\varepsilon}}{\chi_0}.$$

Durch das Vorstehende ist die Wurzelfunktion w_ε einer bestimmten Per. Char. (ε) zugeordnet. Diese Zuordnung hängt von der Zerschneidung der *Riemann*schen Fläche ab. Die Änderungen, welche die Per. Char. bei Änderung der Zerschneidung, d. i. bei linearer ganzzahliger Transformation der Perioden erleiden, sind in Nr. **30** besprochen.

Dabei spielt die Per. Char. (0) eine Ausnahmerolle, da sie und nur sie bei jeder Änderung der Zerschneidung in sich übergeht; die ihr zugeordneten Wurzelfunktionen sind die Funktionen der Klasse.

Sind w_ε und w_η zwei zu verschiedenen Per. Char. (ε) und (η) gehörige Wurzelfunktionen, so ist ihr Produkt $w_\varepsilon w_\eta$ eine zu der Per. Char.

$$(361)\qquad (\varepsilon\eta) = \begin{pmatrix} \varepsilon_1 + \eta_1 & \dots & \varepsilon_p + \eta_p \\ \varepsilon_1' + \eta_1' & \dots & \varepsilon_p' + \eta_p' \end{pmatrix}$$

gehörige Wurzelfunktion; ist daher

$$(362)\qquad (\varepsilon_1 \varepsilon_2 \dots \varepsilon_m) = (0),$$

so ist das Produkt $w_{\varepsilon_1} w_{\varepsilon_2} \dots w_{\varepsilon_m}$ eine Funktion der Klasse.

Aus der Eigenschaft des Quotienten zweier zu derselben Per. Char. (ε) gehörigen Wurzelfunktionen, eine Funktion der Klasse zu sein, ergibt sich ein weiteres Prinzip für die algebraische Darstellung dieser Funktionen. Es besteht darin, daß man zunächst die einfachsten derartigen Funktionen zu gewinnen sucht, d. h. die einfachsten in T' einwertigen Funktionen, die an den Querschnitten die Faktoren (354) erlangen. Ist w_ε' eine solche und wird sie ∞^1 in q' Punkten $y_1', \dots y_{q'}'$, 0^1 in q' Punkten $x_1', \dots x_{q'}'$, so hat man nur, um eine beliebige andere Funktion w_ε, welche ∞^1 in q Punkten $y_1, \dots y_q$ und 0^1 in q Punkten $x_1, \dots x_q$ werden soll, zu erhalten, jene Funktion τ der Klasse zu bilden, welche ∞^1 in den q Punkten y und den q' Punkten x', 0^1 in den q Punkten x und den q' Punkten y' wird; es ist dann $w_\varepsilon = \tau w_\varepsilon'$.

Eine ähnliche Reduktion ist auch bei den Thetaquotienten möglich. Ist nämlich ein Thetaquotient (335) gegeben, bei welchem die Parameter e, f den p Bedingungen (352) genügen, und definiert man p Größen $\bar{e}_1^{(1)}, \dots \bar{e}_p^{(1)}$ durch die Gleichungen

$$(363)\qquad \bar{e}_\mu^{(1)} = e_\mu^{(1)} + \frac{1}{r}\sum_{\nu=1}^{p} \varepsilon_\nu a_{\mu\nu} + \frac{1}{r}\varepsilon_\mu' \pi i, \qquad (\mu = 1, 2, \dots p)$$

so ist der Quotient

$$(364)\qquad \bar{Q}(z) = \frac{\vartheta((v(z) - \bar{e}^{(1)}))\,\vartheta((v(z) - e^{(2)}))\cdots\vartheta((v(z) - e^{(n)}))}{\vartheta((v(z) - f^{(1)}))\,\vartheta((v(z) - f^{(2)}))\cdots\vartheta((v(z) - f^{(n)}))}$$

eine Funktion der Klasse; es ist aber weiter der ursprüngliche Thetaquotient $Q(z)$

$$(365)\qquad Q(z) = \frac{\vartheta((v(z) - e^{(1)}))}{\vartheta((v(z) - \bar{e}^{(1)}))}\bar{Q}(z)$$

und dies gibt uns die Veranlassung, in der Folge zunächst Quotienten von nur je einer Thetafunktion im Zähler und Nenner zu betrachten.

57. Thetafunktionen und Wurzelformen; deren Zuordnung zu den Thetacharakteristiken. Wir beschränken uns auf den Fall $r = 2$[134]) und betrachten den Thetaquotienten

$$(366)\qquad Q(z) = \frac{\vartheta[\varepsilon]((v(z) - v(\alpha)))}{\vartheta[\eta]((v(z) - v(\alpha)))},$$

in welchem $[\varepsilon]$, $[\eta]$ zwei verschiedene von den 2^{2p} aus halben Zahlen gebildeten Th. Char. (Nr. 22) bezeichnen und α ein fester Punkt der *Riemann*schen Fläche ist. Die Funktion $Q(z)$ wird, wenn keine der beiden Thetafunktionen identisch verschwindet, 0^1 in den p Punkten $\alpha_1^{(\varepsilon)}, \alpha_2^{(\varepsilon)}, \ldots \alpha_p^{(\varepsilon)}$, in denen die Zählerfunktion verschwindet, ∞^1 in den p Punkten $\alpha_1^{(\eta)}, \alpha_2^{(\eta)}, \ldots \alpha_p^{(\eta)}$, in denen die Nennerfunktion verschwindet, und erlangt an den Querschnitten a, b Faktoren ± 1, da

$$(367)\qquad \begin{aligned} &\text{längs } a_\nu\text{: } Q^+ = (-1)^{\varepsilon_\nu + \eta_\nu} Q^-, \\ &\text{längs } b_\nu\text{: } Q^+ = (-1)^{\varepsilon'_\nu + \eta'_\nu} Q^- \end{aligned} \qquad (\nu = 1, 2, \ldots p)$$

ist; zwischen den Punkten $\alpha^{(\varepsilon)}$ und $\alpha^{(\eta)}$ und den Zahlen ε, ε', η, η' bestehen die Kongruenzen:

$$(368)\qquad \sum_{\nu=1}^{p}[v_\mu(\alpha_\nu^{(\eta)}) - v_\mu(\alpha_\nu^{(\varepsilon)})] \equiv \tfrac{1}{2}\sum_{\nu=1}^{p}(\varepsilon_\nu + \eta_\nu)\,a_{\mu\nu} + \tfrac{1}{2}(\varepsilon'_\mu + \eta'_\mu)\,\pi i.$$
$$(\mu = 1, 2, \ldots p)$$

Läßt man bei festgehaltener Th. Char. $[\eta]$ an Stelle von $[\varepsilon]$ der Reihe nach alle $2^{2p} - 1$ von $[\eta]$ verschiedenen Th. Char. treten, so entstehen $2^{2p} - 1$ verschiedene Funktionen $Q(z)$, denen man Wurzelfunktionen folgendermaßen auf die einfachste Weise zuordnen kann.[135])

Man setze mit *Riemann* die Grundgleichung in der Form

$$f(\overset{m}{z}, \overset{n}{s}) = 0$$

---

134) Soweit man die folgenden Resultate ohne wesentliche Änderung auf den Fall $r > 2$ übertragen kann, ist dies von *Stahl*, „A. F." 7. Abschn. geschehen; vgl. für $r = 3$ *Thomae*, Math. Ann. 6 (1873), p. 603.

135) *Clebsch* und *Gordan*, „A. F.", p. 196; *Weber*, J. f. Math. 70 (1869), p. 319; *Fuchs*, J. f. Math. 73 (1871), p. 308 = Ges. math. W. 1 (1904), p. 321. Die Bildung der Funktion ψ wird als Zweiteilungsproblem auch in Nr. **111** besprochen.

voraus und bestimme die lineare Funktion

$$l_\alpha = az + bs + c \tag{369}$$

so, daß sie in α 0^2 wird; dann verschwindet sie noch in $m+n-2$ weiteren Punkten $\beta_1, \beta_2, \ldots \beta_{m+n-2}$. Man bestimme ferner eine ganze adjungierte Funktion $\psi(\overset{m-1}{z}, \overset{n-1}{s})$ so, daß sie in den Punkten $\beta_1, \beta_2, \ldots \beta_{m+n-2}$ gleichfalls verschwindet und ihre $2p$ weiteren Nullpunkte paarweise zusammenfallen. Bezeichnet man diese mit $\alpha_1, \alpha_2, \ldots \alpha_p$, so erfüllen sie das Kongruenzensystem

$$2\sum_{\nu=1}^{p} v_\mu(\alpha_\nu) - 2v_\mu(\alpha) \equiv 0. \qquad (\mu = 1, 2, \ldots p) \tag{370}$$

Aus diesem folgt aber

$$\left(\sum_{\nu=1}^{p} v(\alpha_\nu) - v(\alpha)\right) \equiv \{\varepsilon\}, \tag{371}$$

wenn $\{\varepsilon\}$ ein System korrespondierender Halben der Periodizitätsmodulen bezeichnet, und man kann auf Grund dieser Kongruenzen mit Hilfe des *Jacobi*schen Umkehrproblems zu jedem der 2^{2p} verschiedenen solchen Systeme $\{\varepsilon\}$ Punkte $\alpha_1^{(\varepsilon)}, \alpha_2^{(\varepsilon)}, \ldots \alpha_p^{(\varepsilon)}$ bestimmen, entweder eindeutig, wenn diese Punkte durch keine φ-Kurve verknüpft sind, oder andernfalls auf unendlich viele Weisen und es entspricht diesen Punkten jedesmal wegen (370) eine Funktion ψ.

So erhält man zu den 2^{2p} verschiedenen Th. Char. ebenso viele, entweder einzelne Funktionen oder Scharen von Funktionen ψ_ε, von denen eine jede ebensowohl durch die Th. Char. $[\varepsilon]$, wie auch durch ihre von den β verschiedenen p Nullpunkte charakterisiert ist. Diese letzteren erweisen sich aber auf Grund der Kongruenzen (371) als die Nullpunkte der Funktion $\vartheta[\varepsilon]((v(z) - v(\alpha)))$ und man erhält daher durch die Gleichung

$$Q(z) = c\sqrt{\frac{\psi_\varepsilon}{\psi_\eta}}, \tag{372}$$

wo c eine Konstante, d. h. eine von z unabhängige Größe bezeichnet, jedem Quotienten $Q(z)$ eine Wurzelfunktion im Sinne von Nr. **56** zugeordnet.

Durch das Vorstehende erscheint aber, darüber hinausgehend, jeder einzelnen Thetafunktion $\vartheta[\varepsilon]((v(z) - v(\alpha)))$ und damit jeder Th. Char. $[\varepsilon]$ eine Wurzelform $\sqrt{\psi_\varepsilon}$ (II B 2, Nr. **43**) zugewiesen, die, solange die Thetafunktion nicht identisch verschwindet, außer in den allen 2^{2p} Funktionen ψ_ε gemeinsamen Nullpunkten gerade in deren p Nullpunkten 0^1 wird.

Ist $\vartheta[\varepsilon]((0)) = 0$, was bei ungerader Th. Char. immer und im allgemeinen auch nur bei einer solchen eintritt, so fällt einer der Punkte $\alpha_1^{(\varepsilon)}, \alpha_2^{(\varepsilon)}, \ldots \alpha_p^{(\varepsilon)}$, etwa der letzte, in den Punkt α und für die $p-1$ übrigbleibenden besteht das Kongruenzensystem

$$(373) \qquad \left(\sum_{\nu=1}^{p-1} v(\alpha_\nu^{(\varepsilon)})\right) \equiv \{\varepsilon\}.$$

Die Funktion ψ_ε zerfällt nunmehr in das Produkt $l_\alpha \varphi_\varepsilon$, wo φ_ε die in den $p-1$ von α unabhängigen Punkten $\alpha_1^{(\varepsilon)}, \alpha_2^{(\varepsilon)}, \ldots \alpha_{p-1}^{(\varepsilon)}$ 0^2 werdende φ-Funktion bezeichnet, und es ist jeder ungeraden Th. Char. eine und, wenn $\vartheta[\varepsilon]((v(z) - v(\alpha))$ nicht identisch verschwindet, nur eine ganz bestimmte Funktion φ_ε zugeordnet, die in den $p-1$ von $z = \alpha$ verschiedenen Nullpunkten der angegebenen Thetafunktion 0^2 wird. Aus der Gleichung (372) geht dann die für irgend zwei ungerade Th. Char. $[\varepsilon]$ und $[\eta]$ geltende Gleichung

$$(374) \qquad \frac{\vartheta[\varepsilon]((v(z) - v(\alpha)))}{\vartheta[\eta]((v(z) - v(\alpha)))} = c\sqrt{\frac{\varphi_\varepsilon(z)\,\varphi_\varepsilon(\alpha)}{\varphi_\eta(z)\,\varphi_\eta(\alpha)}}$$

hervor, in der c von z und α unabhängig ist.

Auf die im vorigen auseinandergesetzte Weise entsprechen also, wenn keine der Funktionen $\vartheta[\varepsilon]((v(z) - v(\alpha)))$ identisch verschwindet, den $2^{p-1}(2^p+1)$ geraden Th. Char. ebenso viele eigentliche, den $2^{p-1}(2^p-1)$ ungeraden Th. Char. ebensoviele uneigentliche ψ-Funktionen; ihre Zuordnung zu den einzelnen Th. Char. kann ohne Benutzung der Nullpunkte folgendermaßen geschehen.

Man bestimme auf rein algebraischem Wege die $2^{p-1}(2^p+1)$ eigentlichen und die $2^{p-1}(2^p-1)$ uneigentlichen, d. h. zerfallenden ψ-Funktionen, bilde aus den 2^{2p} so erhaltenen Wurzelformen $\sqrt{\psi}$ $2^{2p}-1$ Quotienten mit gemeinsamem, willkürlich gewählten Nenner $\sqrt{\psi_0}$ und ermittle die Faktoren ± 1, welche diese Wurzelfunktionen $\sqrt{\frac{\psi_\varepsilon}{\psi_0}}$ an den Querschnitten a, b erlangen. Damit wird jedem dieser Quotienten eine Per. Char. zugewiesen und man hat jetzt nur diejenige einzige Th. Char. $[n]$ zu ermitteln[136]), welche die Eigenschaft hat, daß durch ihre Addition zu den vorher ermittelten $2^{2p}-1$ Per. Char. eine gerade Th. Char. entsteht, wenn ψ eine eigentliche, eine ungerade Th. Char., wenn ψ eine zerfallende ψ-Funktion ist. Das so bestimmte $[n]$ ist dann die der Wurzelform $\sqrt{\psi_0}$ zugehörige Th. Char., während die $2^{2p}-1$ durch Addition erhaltenen Th. Char. in der

136) Daß es in der Tat nur eine einzige solche Th. Char. gibt, folgt unmittelbar aus Nr. 25.

gleichen Reihenfolge den $2^{2p}-1$ im Zähler stehenden Wurzelformen $\sqrt{\psi}$ zugehören.

Die Zuordnung der Th. Char. zu den Wurzelformen $\sqrt{\psi}$ hängt von der Zerschneidung der *Riemann*schen Fläche ab. Die Änderungen, welche die Th. Char. bei einer Änderung der Zerschneidung, d. i. bei linearer ganzzahliger Transformation der Perioden, erleiden, siehe Nr. **30**.

Die φ sind „reine" Berührungsformen, da sie in jedem Punkte, in dem sie verschwinden, 0^2 werden. Will man auch den geraden Th. Char. reine Berührungsformen zuweisen, so wird man statt der ψ_ε die Formen $l_\alpha \psi_\varepsilon$ wählen.

58. Die Ausnahmefälle[137]). Ist $\vartheta[\varepsilon]((v(z)) - v(\alpha)))$ identisch Null oder, was dasselbe[138]), verschwinden für $(v) = (0)$ nicht nur $\vartheta[\varepsilon]((v))$, sondern auch seine partiellen Derivierten, so kann man nach dem *Riemann*schen Satze in Nr. **46** den Kongruenzen (373) durch unendlich viele Punktsysteme $\alpha_1^{(\varepsilon)}, \alpha_2^{(\varepsilon)}, \dots \alpha_{p-1}^{(\varepsilon)}$ genügen.

Verschwinden insbesondere für $(v) = (0)$ nicht nur $\vartheta[\varepsilon]((v))$, sondern auch alle seine partiellen Derivierten der $1^{\text{ten}}, 2^{\text{ten}}, \dots m^{\text{ten}}$, aber nicht der $m+1^{\text{ten}}$ Ordnung, so bilden die Punkte $\alpha_1^{(\varepsilon)}, \alpha_2^{(\varepsilon)}, \dots \alpha_{p-1}^{(\varepsilon)}$ ein Punktsystem vom Überschuß $m+1$; es können also m der Punkte α willkürlich gewählt werden und es entspricht der Th. Char. $[\varepsilon]$ nicht mehr ein einziges Punktsystem, sondern eine m-fach unendliche Schar von solchen, welche alle die Eigenschaft haben, daß in ihnen eine φ-Funktion 0^2 wird, so daß also der Th. Char. $[\varepsilon]$ auch eine m-fach unendliche Schar von Wurzelformen $\sqrt{\varphi_\varepsilon}$ zugeordnet ist. Dabei wird man den Fall, daß m gerade ist, von dem Falle, daß m ungerade ist, trennen. Der erste Fall $m = 2\mu$ tritt bei ungerader Funktion $\vartheta[\varepsilon]((v))$ also ungerader Th. Char. ein und man hat in diesem Falle eine zu $[\varepsilon]$ gehörige 2μ-fach unendliche Schar von Wurzelfunktionen; der Fall $m = 2\mu + 1$ tritt bei gerader Th. Char. $[\varepsilon]$ ein, der jetzt eine $2\mu + 1$-fach unendliche Schar von Wurzelfunktionen entspricht. Wie der *Riemann*sche Satz gelten diese Sätze auch umgekehrt.

---

137) Auf diese Ausnahmefälle, deren Behandlung auf algebraischer Grundlage ohne Orientierung an der transzendenten Darstellung mit großen Schwierigkeiten verbunden und bis jetzt auch nicht durchgeführt ist, hat zuerst *Weber*, Math. Ann. 13 (1878), p. 35 hingewiesen; vgl. dazu *Kraus*, Math. Ann. 16 (1880), p. 245; ferner sei auf den Fall $p = 4$ (Nr. **92**) und weiter auf den hyperelliptischen Fall (Nr. **73**) verwiesen, wo sich die Verhältnisse besonders klar überschauen lassen. Über den Zusammenhang mit den Spezialscharen (II B **2**, Nr. **29**) vgl. *Brill* und *Noether*, Math. Ann. 7 (1874), p. 294.

138) Vgl. dazu *Krazer*, „Thetaf.", p. 432.

59. Algebraische Darstellung eines Quotienten von Thetafunktionen, deren Argumente Summen von je $p+1$ Integralen sind[139]**).** Man bezeichne wie bisher mit $\alpha_1^{(\varepsilon)}, \alpha_2^{(\varepsilon)}, \dots \alpha_p^{(\varepsilon)}$ die p Nullpunkte der Funktion $\vartheta[\varepsilon]((v(z)-v(\alpha)))$, sodaß also

$$(375)\qquad \left(\sum_{\nu=1}^{p} v(\alpha_\nu^{(\varepsilon)}) - v(\alpha)\right) \equiv \{\varepsilon\}$$

ist. Sind dann speziell $\alpha_1^{(0)}, \alpha_2^{(0)}, \dots \alpha_p^{(0)}$ die p Nullpunkte der Funktion $\vartheta((v(z)-v(\alpha)))$, so ist

$$(376)\qquad \left(\sum_{\nu=1}^{p} v(\alpha_\nu^{(0)})\right) \equiv (v(\alpha)).$$

Bildet man nun, indem man unter $z_1, z_2, \dots z_p$ p beliebige Punkte versteht, die Funktion

$$\vartheta[\varepsilon]\left(\left(v(z)-v(\alpha)+\sum_{\nu=1}^{p} v(z_\nu)-\sum_{\nu=1}^{p} v(\alpha_\nu^{(0)})\right)\right)$$

und bezeichnet ihre Nullpunkte mit $z_1^{(\varepsilon)}, z_2^{(\varepsilon)}, \dots z_p^{(\varepsilon)}$, so ist wegen (375) und (376)

$$(377)\qquad \left(\sum_{\nu=1}^{p} v(z_\nu)+\sum_{\nu=1}^{p} v(z_\nu^{(\varepsilon)})-\sum_{\nu=1}^{p} v(\alpha_\nu^{(0)})-\sum_{\nu=1}^{p} v(\alpha_\nu^{(\varepsilon)})\right)\equiv\{0\}.$$

Auf Grund dieser Kongruenzen kann man die p Punkte $z_1^{(\varepsilon)}, z_2^{(\varepsilon)}, \dots z_p^{(\varepsilon)}$ algebraisch folgendermaßen bestimmen.

Man bezeichne mit $[\varepsilon_1], [\varepsilon_2]$ irgend zwei Th. Char. mit der Summe $(\varepsilon_1\varepsilon_2) = (\varepsilon)$, mit $\psi_{\varepsilon_1}, \psi_{\varepsilon_2}$ die ihnen nach Nr. 57 zugehörigen ψ-Funktionen und mit $\Psi^{(\varepsilon)}(z)$ deren Produkt $\psi_{\varepsilon_1}\psi_{\varepsilon_2}$. Sind dann $\Psi_0^{(\varepsilon)}(z)$, $\Psi_1^{(\varepsilon)}(z), \dots \Psi_p^{(\varepsilon)}(z)$ $p+1$ linearunabhängige solche, zu dem nämlichen (ε) gehörige Funktionen Ψ, so kann man Konstanten $\lambda_0, \lambda_1, \dots \lambda_p$ so bestimmen, daß $\sum_{\nu=0}^{p}\lambda_\nu\sqrt{\Psi_\nu^{(\varepsilon)}(z)}$ in den p gegebenen Punkten $z_1, z_2, \dots z_p$ verschwindet. Indem man aber diese Funktion durch $\sqrt{\psi_0\psi_\varepsilon}$ dividiert, erkennt man auf Grund der Kongruenzen (377), daß ihre p letzten 0^1-Punkte gerade die p Punkte $z_1^{(\varepsilon)}, z_2^{(\varepsilon)}, \dots z_p^{(\varepsilon)}$ sind.

Bezeichnet man noch den Punkt z von jetzt an mit z_0, auch α mit $\alpha_0^{(0)}$, so kann man das gefundene Resultat so aussprechen, daß die Determinante $\sum\pm\sqrt{\Psi_0^{(\varepsilon)}(z_0)}\sqrt{\Psi_1^{(\varepsilon)}(z_1)}\dots\sqrt{\Psi_p^{(\varepsilon)}(z_p)}$

139) Die Einführung der Summen von je $p+1$ Integralen in die Argumente der Thetafunktionen findet man schon bei *Prym,* Wien Denkschr. 24 (1865), II, p. 71; 2. Ausg. 1885; sodann bei *Stahl,* Diss. Berlin 1882, J. f. Math. 89 (1880), p. 179.

als Funktion von z_0 betrachtet in den $m+n-2$ Punkten $\beta_1, \beta_2, \ldots \beta_{m+n-2}$, den p Punkten $z_1, z_2, \ldots z_p$ und den p Nullpunkten der Funktion

$$\vartheta[\varepsilon]\left(\!\!\left(\sum_0^p v(z_\nu) - \sum_0^p v(\alpha_\nu^{(0)})\right)\!\!\right)$$

verschwindet. Indem man dann die gleiche Untersuchung für eine andere Th. Char. $[\eta]$ anstellt, findet man schließlich, daß

$$(378)\quad \frac{\vartheta[\varepsilon]\left(\!\!\left(\sum_0^p v(z_\nu) - \sum_0^p v(\alpha_\nu^{(0)})\right)\!\!\right)}{\vartheta[\eta]\left(\!\!\left(\sum_0^p v(z_\nu) - \sum_0^p v(\alpha_\nu^{(0)})\right)\!\!\right)} = c \cdot \frac{\sum \pm \sqrt{\Psi_0^{(\varepsilon)}(z_0)}\sqrt{\Psi_1^{(\varepsilon)}(z_1)}\ldots\sqrt{\Psi_p^{(\varepsilon)}(z_p)}}{\sum \pm \sqrt{\Psi_0^{(\eta)}(z_0)}\sqrt{\Psi_1^{(\eta)}(z_1)}\ldots\sqrt{\Psi_p^{(\eta)}(z_p)}}$$

ist, wo c eine von allen $p+1$ Größen $z_0, z_1, \ldots z_p$ unabhängige Konstante bezeichnet, die man folgendermaßen bestimmen kann.

Ist die Per. Char. $(\varkappa)$ so beschaffen, daß die Th. Char. $[\varkappa\varepsilon]$ und $[\varkappa\eta]$ beide gerade sind, so lasse man z_0 mit $\alpha_0^{(0)}$ zusammenfallen und an Stelle der Punkte $z_1, z_2, \ldots z_p$ einmal die 0^2-Punkte $\alpha_1^{(\varkappa)}, \alpha_2^{(\varkappa)}, \ldots \alpha_p^{(\varkappa)}$ der Funktion $\psi_\varkappa$, das andere Mal die 0^2-Punkte $\alpha_1^{(\varkappa\varepsilon\eta)}, \alpha_2^{(\varkappa\varepsilon\eta)}, \ldots \alpha_p^{(\varkappa\varepsilon\eta)}$ der Funktion $\psi_{\varkappa\varepsilon\eta}$ treten. Auf der linken Seite entsteht dann das eine Mal der Quotient $\frac{\vartheta[\varkappa\varepsilon]((0))}{\vartheta[\varkappa\eta]((0))}$, das andere Mal der Quotient $\frac{\vartheta[\varkappa\eta]((0))}{\vartheta[\varkappa\varepsilon]((0))}$ und man erhält durch Multiplikation der beiden Gleichungen c^2 $\left(\text{durch Division } \frac{\vartheta^2[\varkappa\varepsilon]((0))}{\vartheta^2[\varkappa\eta]((0))}\right)$ algebraisch durch lauter Wurzelfunktionen dargestellt, womit c bis aufs Vorzeichen bestimmt ist. Dieses ist im einzelnen Falle durch direkte Vergleichung der beiden Seiten von (378) zu ermitteln.

60. Invariante Darstellung.[140]) Da die Formen φ invariant gegenüber allen eindeutigen Transformationen des algebraischen Gebildes sind (II B 2, Nr. 22), so ist es, wie schon *Weber* bemerkt, von großem Vorteil, die Untersuchungen so weit als möglich nur mit Funktionen φ zu führen, wodurch sie nicht nur an Allgemeinheit, sondern meist auch an Einfachheit gewinnen.

Dazu läßt man an Stelle der linearen Form l_α (369) eine in α 0^2 werdende φ-Funktion treten. Verschwindet diese außerdem in den $2p-4$ Punkten $\beta_1, \beta_2, \ldots \beta_{2p-4}$, so bestimmt man jetzt eine aus φ-Funktionen quadratisch gebildete Funktion $\Phi^{(2)}$ so, daß sie in diesen $2p-4$ Punkten β verschwindet und ihre $2p$ weiteren Nullpunkte

140) Für $p=3$ schon bei *Weber* „$p=3$“; allgemein bei *Noether*, Erl. Ber. 12 (1880), p 97; Math. Ann. 17 (1880), p. 263 und 28 (1887), p. 354; vgl. insbesondere *Brill* und *Noether*, D. M. V. Jahresb. 3 (1894), p. 491 f.

paarweise zusammenfallen. Bezeichnet man letztere mit $\alpha_1, \alpha_2, \ldots \alpha_p$, so bestehen wie früher die Kongruenzen (370) und (371). Auf Grund der letzteren entspricht jeder der 2^{2p} Th. Char. $[\varepsilon]$, vorausgesetzt, daß $\vartheta[\varepsilon]((v(z) - v(\alpha)))$ nicht identisch verschwindet, eine ganz bestimmte $\Phi_\varepsilon^{(2)}$ und diese kann auch dadurch charakterisiert werden, daß sie außer in den $2p - 4$ allen Funktionen $\Phi_\varepsilon^{(2)}$ gemeinsamen Nullpunkten β in den p Nullpunkten $\alpha_1^{(\varepsilon)}, \alpha_2^{(\varepsilon)}, \ldots \alpha_p^{(\varepsilon)}$ der Funktion $\vartheta[\varepsilon]((v(z) - v(\alpha)))$ verschwindet, und zwar von der zweiten Ordnung.

Ist die Th. Char. $[\varepsilon]$ ungerade, so fällt einer der Punkte $\alpha^{(\varepsilon)}$, etwa $\alpha_p^{(\varepsilon)}$, in den Punkt α, die Funktion $\Phi_\varepsilon^{(2)}$ zerfällt in das Produkt $\varphi_\alpha \varphi_\varepsilon$, wo φ_ε die in $\alpha_1^{(\varepsilon)}, \alpha_2^{(\varepsilon)}, \ldots \alpha_{p-1}^{(\varepsilon)}$ 0^2 werdende φ-Funktion bezeichnet, und es ist wie vorher der ungeraden Th. Char. $[\varepsilon]$ die reine Berührungsform φ_ε zugeordnet.

Will man auch den geraden Th. Char. $[\varepsilon]$ reine Berührungsformen zuweisen, so ersetzt man $\Phi_\varepsilon^{(2)}$ durch die Funktion $\varphi_\alpha \Phi_\varepsilon^{(2)}$, die in den $3p - 3$ Punkten $\alpha, \beta_1, \beta_2, \ldots \beta_{2p-4}, \alpha_1^{(\varepsilon)}, \alpha_2^{(\varepsilon)}, \ldots \alpha_p^{(\varepsilon)}$ 0^2 wird.

Eine solche homogene Form der φ, welche in allen Punkten, in denen sie verschwindet, 0^2 wird, also eine reine Berührungsform ist, wird mit X, und wenn sie in den φ vom m^{ten} Grade ist, mit $X^{(m)}$ bezeichnet (vgl. auch Nr. **111**). Sie gibt zu einer in $m(p-1)$ Punkten 0^1 werdenden Wurzelform $\sqrt{X^{(m)}}$ m^{ter} Dimension Anlaß; so die φ_ε selbst zu den Wurzelformen erster Dimension $\sqrt{X^{(1)}} = \sqrt{\varphi_\varepsilon}$ als den einfachsten, die vorher genannten Funktionen $\varphi_\alpha \Phi_\varepsilon^{(2)}$ zu den Wurzelformen dritter Dimension $\sqrt{X^{(3)}} = \sqrt{\varphi_\alpha \Phi_\varepsilon^{(2)}}$.

Die Wurzelformen $\sqrt{X^{(m)}}$ zerfallen in zwei verschiedene Arten, solche gerader und solche ungerader Dimension, je nachdem m gerade oder ungerade ist.

Die Wurzelformen gerader Dimension $\sqrt{X^{(2\mu)}}$ werden, indem man sie durch ein φ^μ teilt, zu Wurzelfunktionen und es kann jede von ihnen auf Grund von Nr. **56** einer Per. Char. (ε) zugewiesen werden. Der uneigentlichen Per. Char. (0) entsprechen dabei die uneigentlichen Wurzelformen $\sqrt{X^{(2\mu)}} = \sqrt{[X^{(\mu)}]^2}$. Irgend zwei Wurzelformen $\sqrt{X_\varepsilon^{(2\mu)}}$ und $\sqrt{X_\varepsilon^{(2\nu)}}$, welche derselben Per. Char. (ε) zugeordnet sind, drücken sich rational durcheinander aus und es sind speziell alle Wurzelformen $\sqrt{X_\varepsilon^{(2\mu)}}$ durch solche zweiter Dimension $\sqrt{X_\varepsilon^{(2)}}$ rational darstellbar auf Grund der bei gegebenem $X_\varepsilon^{(2\mu)}$ stets erfüllbaren Gleichung

$$X_\varepsilon^{(2\mu)} X_\varepsilon^{(2)} - \Phi^{(\mu+1)2} = 0, \tag{379}$$

wo $\Phi^{(\mu+1)}$ eine homogene Form $\mu + 1^{\text{ten}}$ Grades der φ ist.

Den Wurzelformen ungerader Dimension $\sqrt{X^{(2\mu+1)}}$ werden Thetacharakteristiken folgendermaßen zugeordnet. Auf Grund der für $\mu > 1$

bei gegebenem $X^{(2\mu+1)}$ stets erfüllbaren Gleichung

(380) $$X^{(2\mu+1)}X^{(3)} - \Phi^{(\mu+2)2} = 0,$$

in der $\Phi^{(\mu+2)}$ eine homogene Form $\mu + 2^{\text{ten}}$ Grades der φ bezeichnet, lassen sich alle Wurzelformen ungerader Dimension zunächst auf Wurzelformen $\sqrt{X^{(3)}}$ dritter Dimension zurückführen, diese aber scheiden sich selbst wieder in zwei Unterarten. Im ersten Falle ist $\sqrt{X^{(3)}}$ rational auf $\sqrt{X^{(1)}} = \sqrt{\varphi}$ reduzierbar und wird damit einer ungeraden Th. Char. zugeordnet; im zweiten Falle nicht, dann ist aber $\sqrt{X^{(3)}}$ rational durch eine Form $\sqrt{\varphi_\alpha \Phi^{(2)}}$ ausdrückbar und wird damit einer geraden Th. Char. zugewiesen.[141])

Für jede Wurzelform $\sqrt{X^{(m)}}$ wird die ihr zugehörige Per. Char. (ε) oder Th. Char. $[\varepsilon]$ durch das Kongruenzensystem

(381) $$\Big(\sum_{\nu=1}^{m(p-1)} v(\alpha_\nu)\Big) \equiv \{\varepsilon\}.$$

bestimmt, wenn $\alpha_1, \alpha_2, \ldots \alpha_{m(p-1)}$ die Nullpunkte der Wurzelform sind.

Die Zuordnung der Wurzelformen gerader Dimension zu den Per. Char. und der ungerader Dimension zu den Th. Char. ändert sich mit der Zerschneidung der *Riemann*schen Fläche. Der dabei beobachteten Tatsache, daß eine Summe einer ungeraden Anzahl von Th. Char. sich wie eine Th. Char., eine Summe einer geraden Anzahl von Th. Char. wie eine Per. Char. transformiert (vgl. Nr. **25**), entspricht es, wenn wir festsetzen, daß das Produkt mehrerer Wurzelformen $\sqrt{X_{\varepsilon_1}^{(m_1)} X_{\varepsilon_2}^{(m_2)} \ldots X_{\varepsilon_n}^{(m_n)}}$, wenn $m_1 + m_2 + \cdots + m_n$ ungerade ist, der Th. Char. $[\varepsilon] = [\varepsilon_1 \varepsilon_2 \ldots \varepsilon_n]$, dagegen, wenn $m_1 + m_2 + \cdots + m_n$ gerade ist, der Per. Char. $(\varepsilon) = (\varepsilon_1 \varepsilon_2 \ldots \varepsilon_n)$ zugeordnet werde; speziell setzen sich dann zwei Wurzelformen ungerader Dimension $\sqrt{X_{\varepsilon_1}^{(2\mu+1)}}$ und $\sqrt{X_{\varepsilon_2}^{(2\nu+1)}}$, welche einzeln den Th. Char. $[\varepsilon_1]$ bzw. $[\varepsilon_2]$ zugeordnet sind, zu einer der Per. Char. $(\varepsilon) = (\varepsilon_1 \varepsilon_2)$ zugeordneten Wurzelform gerader Dimension $\sqrt{X_\varepsilon^{(2\mu+2\nu+2)}}$ zusammen.

141) *Klein* [Math. Ann. 36 (1890), p. 34] nennt die auf die angegebene Weise einer Wurzelform gerader Dimension $\sqrt{X^{(2\mu)}}$ zugeordnete Per. Char. „Elementarcharakteristik"; einer Wurzelform ungerader Dimension $\sqrt{X^{(2\mu+1)}}$ aber ordnet er eine „Primcharakteristik" zu, indem er jene Faktoren bestimmt, welche der Quotient

$$\frac{\sqrt{X^{(2\mu+1)}}\,\Omega(x, y)}{X^{(\mu+1)}}$$

an den Querschnitten erlangt, bei dem $X^{(\mu+1)}$ irgendeine homogene Form $\mu + 1^{\text{ten}}$ Grades der φ bezeichnet, die *Klein*sche Primform $\Omega(x, y)$ (vgl. Nr. **64** u. II B 2, Nr. **39**), bei der y einen beliebigen Hilfspunkt vertritt, aber so gewählt ist, daß der ganze Ausdruck eine Funktion der Stelle x ist.

Alle zu der nämlichen Charakteristik gehörigen Wurzelformen m^{ter} Dimension $\sqrt{X_\varepsilon^{(m)}}$ lassen sich aus $(m-1)(p-1)$ linearunabhängigen unter ihnen $\sqrt{X_{\varepsilon,1}^{(m)}}, \sqrt{X_{\varepsilon,2}^{(m)}}, \ldots \sqrt{X_{\varepsilon,(m-1)(p-1)}^{(m)}}$ in der Form

$$(382) \qquad \sqrt{X_\varepsilon^{(m)}} = \sum_{i=1}^{(m-1)(p-1)} \lambda_i \sqrt{X_{\varepsilon,i}^{(m)}}$$

zusammensetzen. Zwischen $(m-1)(p-1)+1$ unter ihnen besteht also eine lineare Relation.

Solche Relationen erhält man aus den für beliebige Werte der Argumente geltenden Thetarelationen, indem man an Stelle dieser Argumente Summen von $p+1$ oder, wie in dem jetzt folgenden Paragraphen, von $n(2p-2)$ Integralen setzt und dann mittels der Formeln (378) oder (387) für die Thetafunktionen die Wurzelformen einführt. Man erhält so „Lösungen der Thetarelationen", d. h. algebraische Ausdrücke, welche an Stelle der Thetafunktionen gesetzt sämtliche Relationen befriedigen. Dabei ist aber im Auge zu behalten, daß sich die Wurzelformen stets auf ein vorgelegtes algebraisches Gebilde beziehen und infolgedessen, sobald $p > 3$ und damit die Anzahl der Klassenmodulen des algebraischen Gebildes kleiner als die der Thetamodulen ist, von speziellerer Natur sind als die allgemeinen Thetafunktionen, an deren Stelle sie getreten sind, und daß daher die durch sie ausgedrückten Lösungen der Thetarelationen nur partikuläre sind.

Bezüglich der Aufstellung von Relationen zwischen den Wurzelformen und bezüglich der Bildung von $(m-1)(p-1)$ linearunabhängigen, zu einer gegebenen Charakteristik gehörigen Wurzelformen muß auf die später besonders behandelten Fälle $p = 2$, 3 und 4 verwiesen werden und es ist für beliebiges p und $m \geqq 3$ hier nur der Satz von *Noether*[142]) zu erwähnen, daß man jedes $\sqrt{X_\varkappa^{(m)}}$ in die Form

$$(383) \qquad \sqrt{X_\varkappa^{(m)}} = \sqrt{\varphi_\varepsilon'}\sqrt{X_{\varkappa\varepsilon}^{(m-1)}} + \sqrt{X_\lambda'^{(m-2)}}\sqrt{X_{\varkappa\lambda}^{(2)}}$$

bringen kann, wo die beiden Formen φ_ε' und X_λ' fest gewählt werden können, so daß der Ausdruck genau $(m-1)(p-1)$ Parameter enthält.

61. Algebraische Darstellung eines Thetaquotienten, dessen Argumente Summen von $n(2p-2)$ Integralen sind[143]). Bezeichnen

142) Math. Ann. 28 (1887), p. 365.

143) Die Einführung von Summen von je $2p-2$ Integralen in die Argumente der Thetafunktionen findet sich, aber unter Beschränkung auf ungerade Th. Char., schon bei *Riemann* in der Vorlesung von W. S. 1861/62 (Ges. math. W. Nachtr. p. 23), sodann allgemein bei *Noether* [Math. Ann. 28 (1887), p. 367],

$z_1, z_2, \ldots z_{N-1}$, wo $N = n(2p-2)$ ist, $N-1$ beliebige Punkte, die nur so gewählt seien, daß die sogleich auftretenden Thetafunktionen nicht identisch verschwinden, so wird

$$\vartheta[\varepsilon]\left(\left(v(z) + \sum_1^{N-1} v(z_\nu)\right)\right)$$

0^1 in p Punkten $z_1^{(\varepsilon)}, z_2^{(\varepsilon)}, \ldots z_p^{(\varepsilon)}$, welche durch die Kongruenzen

$$(384) \qquad \left(\sum_1^p v(z_\nu^{(\varepsilon)}) + \sum_1^{N-1} v(z_\nu)\right) \equiv \{\varepsilon\}$$

bestimmt sind, und ebenso wird

$$\vartheta[\eta]\left(\left(v(z) + \sum_1^{N-1} v(z_\nu)\right)\right)$$

0^1 in p Punkten $z_1^{(\eta)}, z_2^{(\eta)}, \ldots z_p^{(\eta)}$, für welche

$$(385) \qquad \left(\sum_1^p v(z_\nu^{(\eta)}) + \sum_1^{N-1} v(z_\nu)\right) \equiv \{\eta\}$$

ist. Bestimmt man daher jede der beiden, zu den Thetacharakteristiken $[\varepsilon]$ und $[\eta]$ gehörigen Wurzelformen $\sqrt{X_\varepsilon^{(2n+1)}}$ und $\sqrt{X_\eta^{(2n+1)}}$ so, daß sie in den $N-1$ Punkten $z_1, z_2, \ldots z_{N-1}$ verschwindet[144]), so wird auf Grund der Kongruenzen (384) $\sqrt{X_\varepsilon^{(2n+1)}}$ gerade noch in den p Punkten $z_1^{(\varepsilon)}, z_2^{(\varepsilon)}, \ldots z_p^{(\varepsilon)}$ und ebenso $\sqrt{X_\eta^{(2n+1)}}$ auf Grund der Kongruenzen (385) in den p Punkten $z_1^{(\eta)}, z_2^{(\eta)}, \ldots z_p^{(\eta)}$ 0^1, und es ist

$$(386) \qquad \frac{\vartheta[\varepsilon]\left(\left(v(z) + \sum_1^{N-1} v(z_\nu)\right)\right)}{\vartheta[\eta]\left(\left(v(z) + \sum_1^{N-1} v(z_\nu)\right)\right)} = c \cdot \sqrt{\frac{X_\varepsilon^{(2n+1)}(z)}{X_\eta^{(2n+1)}(z)}},$$

wo c eine von z unabhängige Größe ist.

Bezeichnet man nun mit $\sqrt{X_{\varepsilon,i}^{(2n+1)}}$, $i = 0, 1, 2, \ldots N-1$, linear-unabhängige zur Th. Char. $[\varepsilon]$ gehörige Wurzelformen $\sqrt{X_\varepsilon^{(2n+1)}}$, N an der Zahl, so stellt die Determinante

$$\sum \pm \sqrt{X_{\varepsilon,0}^{(2n+1)}(z)}\sqrt{X_{\varepsilon,1}^{(2n+1)}(z_1)} \ldots \sqrt{X_{\varepsilon,N-1}^{(2n+1)}(z_{N-1})}$$

eine in den $N-1$ Punkten $z = z_1, z_2, \ldots z_{N-1}$ verschwindende, zur Th. Char. $[\varepsilon]$ gehörige Wurzelform $\sqrt{X_\varepsilon^{(2n+1)}}$ dar und kann daher in (386) an Stelle der dort auf der rechten Seite vorkommenden Wurzel-

die Verallgemeinerung auf Summen von je $n(2p-2)$ Integralen bei *Klein* [Math. Ann. 36 (1890), p. 39].

144) Vgl. dazu die Bemerkung von *Frobenius*, Gött. N. 1888, p. 72.

form $\sqrt{X_\varepsilon^{(2n+1)}(z)}$ gesetzt werden. Verfährt man ebenso bei der Th. Char. $[\eta]$ und bezeichnet dann noch z von jetzt an mit z_0, so geht aus (386) die Formel

$$\frac{\vartheta[\varepsilon]\left(\left(\sum_0^{N-1} v(z_\nu)\right)\right)}{\vartheta[\eta]\left(\left(\sum_0^{N-1} v(z_\nu)\right)\right)} = c\,\frac{\sum \pm \sqrt{X_{\varepsilon,0}^{(2n+1)}(z_0)} \cdots \sqrt{X_{\varepsilon,N-1}^{(2n+1)}(z_{N-1})}}{\sum \pm \sqrt{X_{\eta,0}^{(2n+1)}(z_0)} \cdots \sqrt{X_{\eta,N-1}^{(2n+1)}(z_{N-1})}} \tag{387}$$

hervor, wo nunmehr c von allen N Punkten $z_0, z_1, \ldots z_{N-1}$ unabhängig ist und in ähnlicher Weise wie in Nr. **59** bestimmt werden kann, indem man unter der Voraussetzung, daß die beiden Th. Char. $[\varkappa\varepsilon]$ und $[\varkappa\eta]$ gerade sind, an Stelle der N Punkte $z_0, z_1, \ldots z_{N-1}$ zuerst die 0^2-Punkte einer zu $(\varkappa)$ gehörigen Form $X_\varkappa^{(2n)}$ und hierauf die 0^2-Punkte einer zu $(\varkappa\varepsilon\eta)$ gehörigen Form $X_{\varkappa\varepsilon\eta}^{(2n)}$ treten läßt, wobei jedesmal $N-p$ der Punkte willkürlich gewählt werden können. Durch Multiplikation der beiden Gleichungen erhält man wie früher c^2 $\left(\text{durch Division } \frac{\vartheta^2[\varkappa\varepsilon]((0))}{\vartheta^2[\varkappa\eta]((0))}\right)$ algebraisch durch lauter Wurzelfunktionen dargestellt.

62. Noethers Lösung des Umkehrproblems[145]). Um die gewonnene Formel zur Lösung des *Jacobi*schen Umkehrproblems zu verwenden, verstehe man in ihr unter $z_1, z_2, \ldots z_p$ die p gesuchten Punkte und setze gleichzeitig (indem man der Einfachheit halber $n=1$ wählt) an Stelle der $p-3$ übrigen Punkte $z_{p+1}, z_{p+2}, \ldots z_{2p-3}$ $p-3$ festgewählte Punkte $\zeta_1, \zeta_2, \ldots \zeta_{p-3}$. Man erhält dann, wenn man wieder

$$\sum_{\nu=1}^{p} v_\mu(z_\nu) = w_\mu \qquad (\mu = 1, 2, \ldots p) \tag{388}$$

setzt, indem $w_1, w_2, \ldots w_p$ gegebene Werte bezeichnen, aus (386) zunächst

$$\frac{\vartheta[\varepsilon]\left(\left(v(z) + w + \sum_1^{p-3} v(\zeta_\nu)\right)\right)}{\vartheta[\eta]\left(\left(v(z) + w + \sum_1^{p-3} v(\zeta_\nu)\right)\right)} = c\sqrt{\frac{X_\varepsilon^{(3)}(z)}{X_\eta^{(3)}(z)}}, \tag{389}$$

wo jetzt z noch zur Verfügung bleibt, die unbekannten Punkte $z_1, z_2, \ldots z_p$ aber links nicht mehr vorkommen.

$\sqrt{X_\varepsilon^{(3)}(z)}$ stellt eine in den p unbekannten Punkten $z_1, z_2, \ldots z_p$, den $p-3$ festen Punkten $\zeta_1, \zeta_2, \ldots \zeta_{p-3}$ und p dadurch bestimmten weiteren Punkten $z_1^{(\varepsilon)}, z_2^{(\varepsilon)}, \ldots z_p^{(\varepsilon)}$ 0^1 werdende Wurzelform dritter Dimension dar. Indem man unter $\sqrt{X'^{(3)}_\varepsilon(z)}$ eine beliebig gewählte,

145) Math. Ann. 28 (1887), p. 369.

zur Th. Char. $[\varepsilon]$ gehörige Wurzelform dritter Dimension versteht und mit $\Phi_{\varepsilon,i}^{(3)}(z)$, $i = 0, 1, 2, \ldots p$, linearunabhängige $\Phi^{(3)}$, $p+1$ an Zahl, bezeichnet, die in den $3p-3$ Nullpunkten von $\sqrt{X_\varepsilon'^{(3)}(z)}$ und den $p-3$ festen Punkten $\zeta_1, \zeta_2, \ldots \zeta_{p-3}$ verschwinden, kann man sich $p+1$ Größen λ so bestimmt denken, daß

$$(390) \qquad \sum_{i=0}^{p} \lambda_i \Phi_{\varepsilon,i}^{(3)}(z) = 0$$

wird in den p unbekannten Punkten $z_1, z_2, \ldots z_p$, und es ist dann

$$(391) \qquad \sqrt{X_\varepsilon^{(3)}(z)} = \frac{\sum_{i=0}^{p} \lambda_i \Phi_{\varepsilon,i}^{(3)}(z)}{\sqrt{X_\varepsilon'^{(3)}(z)}}.$$

Verfährt man in derselben Weise mit $\sqrt{X_\eta^{(3)}(z)}$, d. h. versteht unter $\sqrt{X_\eta'^{(3)}(z)}$ eine beliebig gewählte zur Th. Char. $[\eta]$ gehörige Wurzelform, bezeichnet mit $\Phi_{\eta,i}^{(3)}(z)$, $i = 0, 1, 2, \ldots p$, linearunabhängige in den $3p-3$ Nullpunkten von $\sqrt{X_\eta'^{(3)}(z)}$ und den $p-3$ festen Punkten $\zeta_1, \zeta_2, \ldots \zeta_{p-3}$ 0^1 werdende Funktionen $\Phi^{(3)}$, $p+1$ an Zahl, und denkt sich die $p+1$ Größen μ so bestimmt, daß

$$(392) \qquad \sum_{i=0}^{p} \mu_i \Phi_{\eta,i}^{(3)}(z) = 0$$

wird für $z = z_1, z_2, \ldots z_p$, so ist

$$(393) \qquad \sqrt{X_\eta^{(3)}(z)} = \frac{\sum_{\mu=0}^{p} \mu_i \Phi_{\eta,i}^{(3)}(z)}{\sqrt{X_\eta'^{(3)}(z)}}.$$

Die p unbekannten Punkte $z_1, z_2, \ldots z_p$ erscheinen jetzt als die von $\zeta_1, \zeta_2, \ldots \zeta_{p-3}$ und etwaigen gemeinsamen Nullpunkten der Formen $X_\varepsilon'^{(3)}(z)$ und $X_\eta'^{(3)}(z)$ verschiedenen gemeinsamen Lösungen der beiden Gleichungen (390) und (392) und diese Gleichungen stellen daher, sobald die Koeffizienten λ und μ bestimmt sind, die Lösung des Umkehrproblems dar. Die Bestimmung der $2p+1$ Verhältnisse dieser Größen λ, μ aber geschieht mittels der Gleichung

$$(394) \qquad \frac{\vartheta[\varepsilon]\left(\left(v(z) + w + \sum_{1}^{p-3} v(\zeta_\nu)\right)\right)}{\vartheta[\eta]\left(\left(v(z) + w + \sum_{1}^{p-3} v(\zeta_\nu)\right)\right)} = c \cdot \frac{\sqrt{X_\eta'^{(3)}(z)}}{\sqrt{X_\varepsilon'^{(3)}(z)}} \cdot \frac{\sum_{0}^{p} \lambda_i \Phi_{\varepsilon,i}^{(3)}(z)}{\sum_{1}^{p} \mu_i \Phi_{\eta,i}^{(3)}(z)},$$

indem man darin an Stelle von z $2p+1$ verschiedene Punkte einführt. Werden diese Punkte nicht speziell gewählt, so sind die $2p+1$ so entstehenden Gleichungen im allgemeinen voneinander unabhängig;

nur in dem unbestimmten Falle des Umkehrproblems sind sie es nicht, wie auch die $2p+1$ Punkte gewählt werden mögen. In diesem Falle genügen weniger als $2p+1$ Gleichungen zur Bestimmung der dann unendlich vielen Wertesysteme der Verhältnisse der λ, μ.

63. Symmetrische Riemannsche Flächen. Realitätsverhältnisse der φ. *Klein*[146]) bezeichnet eine *Riemann*sche Fläche als symmetrisch, wenn sie durch eine konforme Abbildung zweiter Art von der Periode 2, d. i. durch eine konforme Abbildung, welche die Winkel umlegt, in sich übergeführt wird, und unterscheidet orthosymmetrische Flächen, das sind solche, welche längs der Symmetrielinien zerschnitten in zwei getrennte Hälften zerfallen, und diasymmetrische, welche längs ihrer Symmetrielinien zerschnitten noch ein zusammenhängendes Ganze bilden. Die Anzahl der jeweils vorhandenen Symmetrielinien ist niemals größer als $p+1$ und es zerfallen nach ihrer Anzahl λ die orthosymmetrischen Flächen in $\left[\frac{p+2}{2}\right]$ verschiedene Arten, je nachdem $\lambda = p+1, p-1, p-3, \ldots$ ist (wobei aber der Wert $\lambda = 0$ auszuschließen ist), die diasymmetrischen Flächen in $p+1$ Arten mit $\lambda = p$, $p-1, \ldots 1, 0$ Symmetrielinien (vgl. II B 2, Nr. 54 u. III C 4, Nr. 20).

Man kann das Querschnittsystem einer symmetrischen *Riemann*schen Fläche stets so wählen[147]), daß im Falle $\lambda > 0$ die p *Riemann*schen Normalintegrale alle reell werden und auch ihre Periodizitätsmodulen $a_{\mu\nu}$ an den Querschnitten b bis auf $p-\lambda+1$ unter ihnen reell sind, während im Falle der orthosymmetrischen Flächen die $p-\lambda+1$ Größen $a_{\lambda,\lambda+1} = a_{\lambda+1,\lambda}$, $a_{\lambda+2,\lambda+3} = a_{\lambda+3,\lambda+2}, \ldots a_{p-1,p} = a_{p,p-1}$, im Falle der diasymmetrischen Flächen die $p-\lambda+1$ Größen $a_{\lambda\lambda}, a_{\lambda+1,\lambda+1}, \ldots a_{pp}$ den imaginären Teil πi besitzen. Im Falle der diasymmetrischen Flächen mit $\lambda = 0$ werden bei passender Zerschneidung der Fläche die p *Riemann*schen Normalintegrale sämtlich rein imaginär und für die imaginären Teile ihrer Periodizitätsmodulen $a_{\mu\nu}$ gilt das gleiche Schema wie im niedrigsten Falle der orthosymmetrischen Flächen.

Symmetrische *Riemann*sche Flächen werden von reellen algebraischen Kurven geliefert, und umgekehrt kann man von ihnen aus die letzteren allgemeingiltig definieren. Durch die Untersuchung der symmetrischen *Riemann*schen Flächen waren daher neue Grundlagen

---

146) Math. Ann. 19 (1882), p. 159 u. 565; „Riem. Th.", p 71; Gött. N. 1892, p. 310; Math. Ann. 42 (1893), p. 1; „Riem. Fl." II, p. 131.

147) *Weichhold,* Diss. Leipzig 1883 = Z. f. Math. 28 (1883), p. 321. Der Gedanke, die Realität der Periodizitätsmodulen zu untersuchen, findet sich zuerst (auf den hyperelliptischen Fall beschränkt) bei *Henoch,* Diss. Berlin 1867.

für die Diskussion der bei den algebraischen Kurven herrschenden allgemeinen Realitätsverhältnisse gewonnen, und indem *Klein* unter den einer *Riemann*schen Fläche erwachsenden Kurven speziell die Normalkurven der φ (vgl. II B 2, Nr. 28), das sind jene Kurven $2p-2^{\text{ter}}$ Ordnung in einem Raume von $p-1$ Dimensionen, deren Koordinaten Formen φ oder, was dasselbe, Integranden 1. Gattung proportional sind, herausgriff, konnte er an seine früheren Resultate[148]) über die ebenen Kurven 4. Ordnung anknüpfen. Bei passender Auswahl der Integrale 1. Gattung ist die Normalkurve reell und hat den λ Symmetrielinien der *Riemann*schen Fläche entsprechend λ reelle Züge; auch übertragen sich die Begriffe der Ortho- und Diasymmetrie unmittelbar auf die Kurven.

Der besondere Zielpunkt *Kleins* war, die Realitätsverhältnisse darzulegen, welche die in $p-1$ Punkten die Grundkurve berührenden φ und die aus ihnen gebildeten Berührungsformen höherer Dimension (vgl. Nr. 60) bei den verschiedenen Arten der reellen Normalkurven darbieten, und damit die Realitätstheoreme, welche man über Doppeltangenten und andere Berührungskurven der C_4 kennt, auf beliebiges p zu übertragen.

Auf Grund der oben angegebenen Resultate über die Integrale 1. Gattung und ihre Periodizitätsmodulen findet man, daß im orthosymmetrischen Falle von jenen ungeraden Thetafunktionen, in deren Charakteristiken $\begin{bmatrix}\varepsilon_1\,\varepsilon_2\ldots\varepsilon_p\\ \varepsilon_1'\,\varepsilon_2'\ldots\varepsilon_p'\end{bmatrix}$ die $p-\lambda+1$ Zahlen $\varepsilon_\lambda=\varepsilon_{\lambda+1}=\cdots=\varepsilon_p=0$ sind, im diasymmetrischen Falle von denjenigen, bei denen $\varepsilon_\lambda=\varepsilon_{\lambda+1}=\cdots=\varepsilon_p=1$ ist, reelle φ geliefert werden. So ergeben sich für den Fall einer orthosymmetrischen Kurve mit λ reellen Zügen $2^{p-1}(2^{\lambda-1}-1)$ reelle φ. Der Minimalwert von λ ist hier bei geradem p $\lambda=1$, bei ungeradem $\lambda=2$. Dies gibt für die niedrigste orthosymmetrische Kurve 0 bzw. 2^{p-1} reelle φ. Ebendiese Zahlen gelten auch für die diasymmetrischen Kurven mit $\lambda=0$, während für die übrigen diasymmetrischen Kurven $2^{p+\lambda-2}$ reelle φ existieren. Solche Abzählungen nimmt *Klein* auch für die Berührungsformen höherer Dimension vor.

64. Kleins Theorie der Abelschen Funktionen. Die im vorigen Paragraphen genannte Normalkurve der φ, deren homogene Punktkoordinaten in einem Raume von $p-1$ Dimensionen durch die Gleichungen

$$(395)\qquad x_1:x_2:\ldots x_p=dw_1:dw_2:\ldots dw_p=\varphi_1:\varphi_2:\ldots\varphi_p$$

148) Math. Ann. 10 (1876), p. 365; 11 (1877), p. 293.

definiert sind, gehört zu jenen Kurven, welche *Klein* als kanonische bezeichnet und welche er seiner Theorie der *Abel*schen Funktionen[149]) zugrunde gelegt hat, in der er sich eine vom algebraischen Gebilde ausgehende Definition der Thetafunktion als Ziel setzte.

Über die Grundformeln der kanonischen Darstellung ist II B 2, Nr. **37** und **39** berichtet; hier sei nur erinnert an die für den Fall der Normalkurve durch die Gleichung

$$d\omega = \frac{dw_\alpha}{\varphi_\alpha} \tag{396}$$

definierte, allenthalben endliche Differentialform und die mit ihrer Hilfe und einem Integral 3. Gattung P gebildete, nur an der einen Stelle $x = y$ verschwindende Primform

$$\Omega(x, y) = \lim_{\substack{dx=0 \\ dy=0}} \sqrt{-\,d\omega_x d\omega_y e^{-P_{x,y}^{x+dx,y+dy}}}\,; \tag{397}$$

dabei ist für die hier folgende Darstellung der Thetafunktionen für P das transzendent normierte Integral Π (II B 2, Nr. **18** und **32**) zu wählen.

Aus Primformen $\Omega(x, y)$ kann man eine beliebige Funktion der Klasse $R(x)$, welche in q Punkten $x^{(1)}, x^{(2)}, \ldots x^{(q)}$ 0^1, in q Punkten $y^{(1)}, y^{(2)}, \ldots y^{(q)}$ ∞^1 wird, in der Form

$$R(x) = C \cdot \frac{\prod_{\varkappa=1}^{q} \Omega(x, x^{(\varkappa)})}{\prod_{\varkappa=1}^{q} \Omega(x, y^{(\varkappa)})} \tag{398}$$

zusammensetzen.

Verschwindet ferner eine ganze algebraische Form Φ in den r Punkten $x^{(1)}, x^{(2)}, \ldots x^{(r)}$, so nennt *Klein* den nirgend Null oder unendlich werdenden Quotienten

$$\frac{\prod_{\varrho=1}^{r} \Omega(x, x^{(\varrho)})}{\Phi} \tag{399}$$

oder auch die r^{te} Wurzel daraus eine Mittelform. Läßt man speziell an Stelle von Φ eine in $2p-2$ Punkten $c^{(i)}$ 0^1 werdende Linearform $C_1\varphi_1 + C_2\varphi_2 + \cdots + C_p\varphi_p$ treten, so wird die durch die Gleichung

$$(\mu(x))^{2p-2} = \frac{\prod_{i=1}^{2p-2} \Omega(x, c^{(i)})}{C_1\varphi_1 + C_2\varphi_2 + \cdots + C_p\varphi_p} \tag{400}$$

definierte Form $\mu(x)$ die fundamentale Mittelform genannt.

---

149) Math. Ann. 36 (1890), p. 1; dazu auch Gött. N. 1888, p. 191; 1889, p. 179 u. 376; Paris C. R. 108 (1889), p. 134 u. 277; Lond. M. S. Proc. 20 (1889), p. 235.

Solche Primformen $\Omega(x, y)$ und Mittelformen $\mu(x)$, ausgedehnt auf den Fall einer beliebigen kanonischen Kurve, werden, in Verbindung mit algebraischen Formen selbst, von *Klein* zur Zusammensetzung der Thetafunktionen benutzt. *Klein* verzichtet im allgemeinen Falle auf die Bestimmung der sogenannten konstanten Faktoren der Thetafunktionen, d. h. jener multiplikativen Konstanten, die nur von den Modulen des algebraischen Gebildes abhängen, indem er diese Bestimmung den später (s. Nr. **100**) folgenden speziellen Untersuchungen des Falles $p = 3$ vorbehält. Für die Argumente der Thetafunktion werden den Nr. **59** und **61** entsprechend die beiden Fälle durchgeführt, in denen an Stelle der v Summen von je $p + 1$ und von je $n\,(2p - 2)$ Integralen gesetzt werden.

Im ersten Falle setzt *Klein*

$$(401) \qquad v_\mu = v_\mu^{x\,y} - v_\mu^{x'c'} - v_\mu^{x''c''} - \cdots - v_\mu^{x^{(p)}\,c^{(p)}}, \quad (\mu = 1, 2, \ldots p)$$

wo zu gegebenem y die übrigen p unteren Grenzpunkte $c', c'', \ldots c^{(p)}$ nach der in Nr. **57** angegebenen Weise mittelst einer in y 0^2 werdenden Linearform bestimmt werden. Dabei wird bei *Klein* unter den 2^{2p} überhaupt vorhandenen Systemen von Punkten c das der gegebenen Charakteristik $\begin{bmatrix} g \\ h \end{bmatrix}$ zugehörige dadurch einzeln herausgelöst, daß jeder Charakteristik bereits (vgl. Nr. **60**) ein bestimmtes System von Wurzelformen zugeordnet ist. Sind dann $\varphi_1', \ldots \varphi_p'; \ldots \varphi_1^{(p)}, \ldots \varphi_p^{(p)}$ die Werte, welche die Formen $\varphi_1, \ldots \varphi_p$ an den Stellen $x', \ldots x^{(p)}$ annehmen, so ist

$$(402) \quad \vartheta_{\left[\begin{smallmatrix} g \\ h \end{smallmatrix}\right]}(v, \tau) = C \cdot \frac{\Omega(x, x') \ldots \Omega(x, x^{(p)})}{\mu(x)^{p-1}} \cdot \frac{\Sigma \pm \varphi_1' \ldots \varphi_p^{(p)} \cdot \prod_{i=1}^{p} \mu(x^{(i)})^{p-1}}{\prod_{i=1}^{p} \prod_{k=i+1}^{p} \Omega(x^{(i)}, x^{(k)})}.$$

Unter der Voraussetzung einer ungeraden Th. Char. $\begin{bmatrix} g \\ h \end{bmatrix}$ lassen wir $x', \ldots x^{(p)}$ mit $c', \ldots c^{(p)}$ zusammenfallen und erhalten

$$(403) \qquad \vartheta_{\left[\begin{smallmatrix} g \\ h \end{smallmatrix}\right]}\left(\int_y^x\right) = C\,\Omega(x, y) \sqrt{\varphi_{\left|\begin{smallmatrix} g \\ h \end{smallmatrix}\right|}(x)\, \varphi_{\left|\begin{smallmatrix} g \\ h \end{smallmatrix}\right|}(y)}.$$

Im zweiten Falle nimmt *Klein* an, daß die Zahl ν der Integrale, wenn wir uns der Einfachheit wegen auf den Fall der Normalkurve beschränken, durch $2p - 2$ teilbar, also $\nu = n\,(2p - 2)$ sei, und setzt

$$(404) \qquad v_\mu = \underbrace{\int^{x'} d\,v_\mu + \int^{x''} d v_\mu + \cdots + \int^{x^{(\nu)}} d v_\mu}_{\Gamma_n = 0},$$

was andeuten soll, daß als untere Grenzpunkte die ν Nullpunkte einer algebraischen Form n^{ten} Grades Γ_n gewählt sind. Wir betrachten (vgl. von hier an Nr. 61) die Nullpunkte einer zur Primcharakteristik $\begin{bmatrix} g \\ h \end{bmatrix}$ gehörigen Wurzelform $\sqrt{\Gamma_{2n+1}}$. Verschwindet in ihnen keine φ-Funktion, so setzen sich die sämtlichen Wurzelformen des zu $\begin{bmatrix} g \\ h \end{bmatrix}$ gehörigen Systems aus ν unter ihnen $\sqrt{\Phi_1}, \sqrt{\Phi_2}, \ldots \sqrt{\Phi_\nu}$ linear zusammen und es ist

$$(405) \qquad \vartheta_{\left[\begin{smallmatrix} g \\ h \end{smallmatrix}\right]}(v, \tau) = C \cdot \frac{\Sigma \pm \sqrt{\Phi_1'} \ldots \sqrt{\Phi_\nu^{(\nu)}} \cdot \prod\limits_{i=1}^{\nu} \mu\,(x^i)^\nu}{\prod\limits_{i=1}^{\nu} \prod\limits_{k=i+1}^{\nu} \Omega\,(x^{(i)}, x^{(k)})}.$$

Dabei sind wieder mit $\sqrt{\Phi_1'}, \ldots \sqrt{\Phi_\nu'}; \ldots \sqrt{\Phi_1^{(\nu)}}, \ldots \sqrt{\Phi_\nu^{(\nu)}}$ die Werte bezeichnet, welche die Wurzelformen $\sqrt{\Phi_1}, \ldots \sqrt{\Phi_\nu}$ an den Stellen $x', \ldots x^{(\nu)}$ annehmen.

Verschwinden in den Nullpunkten der Wurzelform $\sqrt{\Gamma_{2n+1}}$ m linearunabhängige φ-Funktionen, so verschwindet die Thetafunktion identisch und zwar mit allen ihren $1^{\text{ten}}, 2^{\text{ten}}, \ldots m-1^{\text{ten}}$, aber nicht allen m^{ten} partiellen Derivierten.

Wenn man die Formel (403) für zwei verschiedene Charakteristiken $\begin{bmatrix} g \\ h \end{bmatrix}$ aufstellt und die beiden so entstandenen Formeln durch einander dividiert, so entsteht, da der Faktor $\Omega(x, y)$ für alle Charakteristiken der nämliche ist, die frühere Formel (374) wieder. In der gleichen Weise geht aus der Formel (405) die frühere (387) hervor. Man wird dabei den Fortschritt beachten, den die neuen Formeln den früheren gegenüber bedeuten, indem durch sie der dem Zähler und Nenner der linken Seiten der früheren Formeln gemeinsame Faktor, soweit er von den Integralgrenzen abhängt, ermittelt ist.

Man kann, wie *Klein* selbst bemerkt hat, die Primform $\Omega(x, y)$ geradezu durch die Gleichung (403) definiert denken und wird sich dabei an das erinnern, was *Schottky* an mehreren Stellen[150]) bezüglich der Formel (403) bemerkt hat.

Endlich wird man die oben angegebenen Formeln mit jenen vergleichen, welche *Pick*[151]) unter Beschränkung auf singularitätenfreie ebene Kurven aufgestellt hat.

65. Die Prymschen Funktionen. *Prym* ist 1869[152]) von dem Resultate *Riemanns* ausgegangen, daß zu jeder willkürlich gewählten

150) Z. B. Berl. Ber. 1909, p 290.
151) Wien. Ber. 94 (1886), p. 367 u. 739; Math. Ann. 29 (1887), p. 259.
152) J. f. Math. 70 (1869), p. 354; 71 (1870), p. 223 u. 305; 73 (1871), p. 340.

*Riemann*schen Fläche immer eine Gruppe in der zerschnittenen Fläche einwertiger *Abel*scher Integrale existiert und daß diese durch passend gewählte Grenz- und Unstetigkeitsbedingungen vollständig bestimmt werden können, und er erkannte die Möglichkeit eines Fortschrittes in der Funktionentheorie darin, die Grenzbedingungen der *Abel*schen Integrale, beim Überschreiten der Querschnitte um Konstanten zuzunehmen, dahin zu verallgemeinern, daß sie bei diesem Überschreiten in ganze lineare Ausdrücke von sich selbst übergehen sollen.

Die so definierten Funktionen sind jene *Prym*schen Funktionen erster Ordnung, deren ausführliche Theorie *Prym* und *Rost*[153]) veröffentlicht haben. Sie sind Funktionen W der komplexen Veränderlichen z, die in vorgeschriebener Weise unstetig werden und für welche

$$\text{(406)}\qquad \begin{aligned} &\text{längs } a_\nu: && W^+ = A_\nu W^- + \mathfrak{A}_\nu, \\ &\text{längs } b_\nu: && W^+ = B_\nu W^- + \mathfrak{B}_\nu, \qquad (\nu = 1, 2, \ldots p) \\ &\text{längs } c_\nu: && W^+ = W^- + \mathfrak{C}_\nu, \end{aligned}$$

endlich für die nach den Unstetigkeitspunkten führenden Schnitte l_σ

$$\text{(407)}\qquad \text{längs } l_\sigma: \quad W^+ = W^- + 2\pi i \mathfrak{L}_\sigma \qquad (\sigma = 1, 2, \ldots)$$

ist; dabei bestehen für die Konstanten die Bedingungen, daß mod. A_ν $=$ mod. $B_\nu = 1$ ist, und weiter die Relationen

$$\text{(408)}\qquad \begin{aligned} &(1 - B_\nu)\,\mathfrak{A}_\nu - (1 - A_\nu)\,\mathfrak{B}_\nu = \mathfrak{C}_\nu, \qquad (\nu = 1, 2, \ldots p) \\ &\sum_\nu \mathfrak{C}_\nu + 2\pi i \sum_\sigma \mathfrak{L}_\sigma \cdot \qquad = 0. \end{aligned}$$

Eine Funktion W von der hier charakterisierten Art ist bis auf eine additive Konstante bestimmt, sobald für sie die p Faktorenpaare A_ν, B_ν und die Konstanten $\mathfrak{L}$, $\mathfrak{C}$, sowie die zu den „uneigentlichen" Faktorenpaaren $A_\nu = B_\nu = 1$ gehörigen Konstanten $\mathfrak{A}$ im Rahmen der oben angegebenen Bedingungen festgelegt sind.

Im zweiten Teile des *Prym-Rost*schen Werkes werden unter den Funktionen W jene einfachsten ausgewählt, aus denen sich alle anderen linear zusammensetzen lassen, und die zwischen ihnen bestehenden Beziehungen ermittelt.

Das System der p Faktorenpaare A_ν, B_ν wird Charakteristik genannt und eine Charakteristik, bei der die p Paare sämtlich oder nur

---

153) Th. der *Prym*schen Funktionen erster Ordnung 1911. Diese *Prym*schen Funktionen 1. Ordnung bilden einen speziellen Fall allgemeinerer *Prym*scher Funktionen *N*. Ordnung, die dadurch charakterisiert sind, daß sie in Gruppen von *N* Funktionen beim Überschreiten der Querschnitte lineare Transformationen erleiden und zugleich durch voneinander unabhängige Grenz- und Unstetigkeitsbedingungen vollständig bestimmt werden können.

zum Teile eigentliche sind, heißt eine gewöhnliche oder gemischte; jene Charakteristik aber, bei der alle Paare uneigentliche sind, d. h. für welche $A_1 = B_1 = \cdots = A_p = B_p = 1$ ist, wird die ausgezeichnete Charakteristik genannt. Die der ausgezeichneten Charakteristik entsprechenden Funktionen sind die der *Riemann*schen Theorie; sie allein gehören in den Kreis der hier behandelten *Abel*schen Funktionen.

Den Mittelpunkt der *Prym-Rost*schen Theorie der *Abel*schen Funktionen bildet die Gewinnung der nur an einer Stelle η logarithmisch unendlich werdenden Funktion $P_0\left|\begin{smallmatrix}\eta\\ z\end{smallmatrix}\right|$. Sie wird aus dem in η und einem zweiten Punkte ζ mit den Gewichten ± 1 logarithmisch unendlich werdenden Integral 3. Gattung $\Pi\left|\begin{smallmatrix}\eta\zeta\\ z\end{smallmatrix}\right|$, das bei *Prym-Rost* in seiner Konstante so normiert ist, daß $\Pi\left|\begin{smallmatrix}\eta z\\ \zeta\end{smallmatrix}\right| = \Pi\left|\begin{smallmatrix}\eta\zeta\\ z\end{smallmatrix}\right| \pm \pi i$ ist, in folgender Weise abgeleitet. Man bildet die in einem gewissen Teile der *Riemann*schen Fläche von $\Pi\left|\begin{smallmatrix}\eta\zeta\\ z\end{smallmatrix}\right|$ um die additive Konstante $2\pi i$ verschiedene Funktion $\Pi_\varrho\left|\begin{smallmatrix}\eta\zeta\\ z\end{smallmatrix}\right|$, betrachtet diese als Funktion des Parameters ζ und integriert sie, nachdem man sie mit dem Differential 1. Gattung dv_ϱ multipliziert hat, um den Querschnitt b_ϱ. Es entsteht dadurch bereits eine nur an der einen Stelle η logarithmisch unendlich werdende Funktion $J_\varrho\left|\begin{smallmatrix}\eta\\ z\end{smallmatrix}\right|$, aus der nun durch Summation nach ϱ unter Hinzufügung gewisser allenthalben endlicher Bestandteile die gewünschte, nur an der einen Stelle $z = \eta$ mit dem Gewichte $+1$ logarithmisch unendlich werdende Funktion $P_0\left|\begin{smallmatrix}\eta\\ z\end{smallmatrix}\right|$ hervorgeht, für welche

$$
(409)\quad
\begin{aligned}
&\text{längs } a_\nu\text{: } P^+ = P^-,\\
&\text{längs } b_\nu\text{: } P^+ = P^- + \frac{2}{p}v_\nu(\bar z) - 2v_\nu(\eta) - \frac{2k_\nu}{p} + \frac{a_{\nu\nu}}{p}, \quad (\nu = 1, 2, \cdots p)\\
&\text{längs } c_\nu\text{: } P^+ = P^- - \frac{2\pi i}{p},\\
&\text{längs } l_\eta\text{: } P^+ = P^- + 2\pi i
\end{aligned}
$$

ist, wo die k_ν die aus der *Riemann*schen Theorie bekannten Konstanten bezeichnen, auch ist je nach der gegenseitigen Lage der Punkte z und η

$$
(410)\qquad P_0\left|\begin{matrix}z\\ \eta\end{matrix}\right| = P_0\left|\begin{matrix}\eta\\ z\end{matrix}\right| \pm \pi i.
$$

Aus der Funktion $P_0\left|\begin{smallmatrix}\eta\\ z\end{smallmatrix}\right|$ entsteht gemäß der Gleichung

$$
(411)\qquad \Pi\left|\begin{matrix}\eta\zeta\\ z\end{matrix}\right| = P_0\left|\begin{matrix}\eta\\ z\end{matrix}\right| - P_0\left|\begin{matrix}\zeta\\ z\end{matrix}\right|
$$

das an den Stellen η, ζ mit den Gewichten ± 1 logarithmisch unendlich werdende Integral 3. Gattung, während in

$$(412)\qquad P_m\left|\begin{matrix}\eta\\ z\end{matrix}\right| = \frac{1}{(m-1)!}\,\frac{d^m P_0\left|\begin{matrix}z\\ \eta\end{matrix}\right|}{d\eta^m}$$

das an der Stelle $z=\eta$ wie $\frac{1}{(z-\eta)^m}$ unendlich werdende Integral 2. Gattung erhalten wird.

Setzt man weiter

$$(413)\qquad \Theta\left|\begin{matrix}\eta\\ z\end{matrix}\right| = e^{-P_0\left|\begin{smallmatrix}\eta\\ z\end{smallmatrix}\right|},$$

so ist $\Theta\left|\begin{matrix}\eta\\ z\end{matrix}\right|$ eine in T' allenthalben einwertige, endliche und stetige Funktion von z, die in jedem von η verschiedenen Punkte z von Null verschieden ist, für $z=\eta$ aber 0^1 wird und deren Verhalten an den Querschnitten a, b, c sich unmittelbar aus den Gleichungen (409) ergibt.

Irgendeine Funktion der Klasse $R(z)$, welche in den q Punkten $x_1, x_2, \ldots x_q$ 0^1, in den q Punkten $y_1, y_2, \ldots y_q$ ∞^1 wird, zwischen denen dann stets Gleichungen von der Form

$$(414)\qquad \sum_{\varkappa=1}^{q}[v_\mu(y_\varkappa) - v_\mu(x_\varkappa)] = \sum_{\nu=1}^{p}\varkappa_\nu a_{\mu\nu} + \lambda_\mu \pi i \qquad (\mu=1,2,\ldots p)$$

bestehen, in denen die $\varkappa, \lambda$ ganze Zahlen bezeichnen, kann aus Funktionen Θ zusammengesetzt werden in der Gestalt

$$(415)\qquad R(z) = C\cdot\frac{\Theta\left|\begin{matrix}x_1\\ z\end{matrix}\right|\Theta\left|\begin{matrix}x_2\\ z\end{matrix}\right|\ldots\Theta\left|\begin{matrix}x_q\\ z\end{matrix}\right|}{\Theta\left|\begin{matrix}y_1\\ z\end{matrix}\right|\Theta\left|\begin{matrix}y_2\\ z\end{matrix}\right|\ldots\Theta\left|\begin{matrix}y_q\\ z\end{matrix}\right|}\,e^{2\sum_\nu \varkappa_\nu v_\nu(z)}.$$

Von der Funktion $P_0\left|\begin{matrix}\eta\\ z\end{matrix}\right|$ gelangen endlich *Prym* und *Rost* zu der in den p Punkten $\varepsilon_1, \varepsilon_2, \ldots \varepsilon_p$ 0^1 werdenden *Riemann*schen Thetafunktion auf folgende Weise. Setzt man

$$(416)\qquad L\left|\begin{matrix}\varepsilon_1\cdots\varepsilon_p\\ z\end{matrix}\right| = -\sum_{\varrho=1}^{p} P_0\left|\begin{matrix}\varepsilon_\varrho\\ z\end{matrix}\right| + \Lambda(\varepsilon_1, \ldots \varepsilon_p),$$

so ist L eine in ε_ϱ wie $\log(z-\varepsilon_\varrho)$ unendlich werdende Funktion von z, für welche

$$(417)\qquad \begin{aligned}
&\text{längs } a_\nu:\ L^+ = L^-,\\
&\text{längs } b_\nu:\ L^+ = L^- - 2\Big(v_\nu(\bar z) - \sum_{\varrho=1}^{p} v_\nu(\varepsilon_\varrho) - k_\nu\Big) - a_{\nu\nu}, (\nu=1,2,\cdots p)\\
&\text{längs } c_\nu:\ L^+ = L^- + 2\pi i,\\
&\text{längs } l_\varrho:\ L^+ = L^- - 2\pi i \qquad\qquad (\varrho=1,2,\cdots p)
\end{aligned}$$

ist und bei der man den von den Punkten ε_ϱ, nicht aber von z abhängigen Teil Λ so bestimmen kann, daß sie nur von den p Größen $v_\nu(z) - \sum_{\varrho=1}^{p} v_\nu(\varepsilon_\varrho) - k_\nu$ abhängt; dann ist

$$e^{L\left|\begin{smallmatrix}\varepsilon_1 \dots \varepsilon_p \\ z\end{smallmatrix}\right|}$$

von einem konstanten nicht nur von z, sondern auch von den Punkten ε unabhängigen Faktor A abgesehen die gewünschte *Riemann*sche Thetafunktion, für welche man so die Darstellung

$$\vartheta\left(\left(v(z) - \sum_{\nu=1}^{p} v(\varepsilon_\nu) - k\right)\right) \tag{418}$$

$$= A \cdot \frac{\prod\limits_{\varrho=1}^{r}\prod\limits_{\nu=1}^{p} \Theta\left|\begin{matrix}\alpha_\varrho \\ \varepsilon_\nu\end{matrix}\right|^{\mu_\varrho - 1}}{\prod\limits_{\varkappa=1}^{q}\prod\limits_{\nu=1}^{p} \Theta\left|\begin{matrix}\infty_\varrho \\ \varepsilon_\nu\end{matrix}\right|^{i_\varkappa + 1}} \cdot \frac{\Sigma \pm \dfrac{dv_1}{d\varepsilon_1} \cdots \dfrac{dv_p}{d\varepsilon_p}}{\prod\limits_{i=1}^{p}\prod\limits_{k=i+1}^{p} \Theta\left|\begin{matrix}\varepsilon_i \\ \varepsilon_\varkappa\end{matrix}\right|} e^{\varphi} \cdot \Theta\left|\begin{matrix}\varepsilon_1 \\ z\end{matrix}\right| \dots \Theta\left|\begin{matrix}\varepsilon_p \\ z\end{matrix}\right|$$

erhält. Dabei sind mit α_ϱ die im Endlichen gelegenen Verzweigungspunkte der *Riemann*schen Fläche, mit $\mu_\varrho - 1$ ihre Ordnungszahlen bezeichnet; ebenso ist $i_\varkappa - 1$ die Ordnungszahl des unendlich fernen Punktes $\infty_\varkappa$; endlich steht φ zur Abkürzung von

$$\varphi = 2\sum_{\sigma=1}^{p}\sum_{\nu=1}^{p}(\mathfrak{g}_\sigma + 1)v_\sigma(\varepsilon_\nu), \tag{419}$$

wobei bezüglich der Bedeutung der ganzen Zahlen $\mathfrak{g}_\sigma$ auf *Prym-Rost* II, p. 132 verwiesen werden mag.

Die Funktion $P_0\left|\begin{matrix}\eta \\ z\end{matrix}\right|$ gehört nicht mehr zu den eingangs genannten Funktionen W; um sie zu gewinnen, mußte man auf die Konstanz der Periodizitätsmodulen an den Querschnitten b verzichten. Dementsprechend erlangt die Funktion $\Theta\left|\begin{matrix}\eta \\ z\end{matrix}\right|$ an den Querschnitten b Faktoren, welche von der Variable z abhängen. Wir werden die Funktion $\Theta\left|\begin{matrix}\eta \\ z\end{matrix}\right|$, weil sie nur an der einen Stelle η 0^1 wird, eine „Primfunktion" zu nennen haben. Sie entspricht durchaus der im vorigen Paragraphen angeschriebenen „Primform" $\Omega(x, y)$ *Kleins*, mittelst der sie unter Heranziehung von Mittelformen, wie *Klein*[154]) selbst angegeben hat, vorbehaltlich geeigneter Normierung an den Querschnitten in der Form

$$\Theta\left|\begin{matrix}x \\ y\end{matrix}\right| = \Omega(x, y) \cdot \mu(x)^{\frac{1-p}{p}} \cdot \mu(y)^{\frac{1-p}{p}} \tag{420}$$

dargestellt werden kann.

---

154) D. M. V. Jahresb. 20 (1911), p. 199.

Später hat *Ritter*[155]) die *Klein*sche Primform durch eine „multiplikative Primform"

(421) $$P(z, e) = \Omega(z, e)\frac{\mu(e_1, e_2)}{\mu(z_1, z_2)}$$

ersetzt, welche an allen Querschnitten nur konstante Faktoren annimmt. Eine „Primfunktion" mit diesen Eigenschaften gibt es nicht und auf die *Ritter*sche Primform trifft das im ganzen Umfange zu, was *Klein* anfänglich für alle Primformen ausgesprochen hat, daß nämlich solche einfache Elemente nur im Gebiete der homogenen Variablen existieren.

Andererseits kann die *Ritter*sche multiplikative Primform in verschiedenen Gestalten dargestellt werden. So gibt *Fricke*[156]) für sie den Ausdruck

(422) $$P(z, e) = \Omega(z, e)\sqrt[n]{\frac{z_2}{\prod_{\nu=1}^{n} \Omega(z, \infty_\nu)}}$$

und *Wellstein*[157]) zeigt, daß

(423) $$P(z, e) = \sqrt[n]{(z, q)}\, e^{R(z, e)}$$

ist, wenn $R(z, e)$ das in e mit dem Gewichte -1, in n konjugierten Punkten $q_1, q_2, \ldots q_n$ mit dem Gewichte $+\frac{1}{n}$ logarithmisch unendlich werdende Integral 3. Gattung ist.

Die Unmöglichkeit einer Primfunktion, die an allen Querschnitten konstante Faktoren erlangt, ergibt sich auch aus den Untersuchungen *Dixons*[158]) über Primfunktionen.

Soll nämlich eine in T' einwertige Funktion F existieren, für welche

(424) $$\begin{aligned} &\text{längs } a_\nu\colon\ F^+ = F^- \cdot e^{\sum_\mu \alpha_{\mu\nu} u_\mu + \beta_\nu}, \\ &\text{längs } b_\nu\colon\ F^+ = F^- \cdot e^{\sum_\mu \gamma_{\mu\nu} u_\mu + \delta_\nu} \end{aligned} \qquad (\nu = 1, 2, \ldots p)$$

ist, so müssen, wie *Dixon* zeigt, die Größen $\alpha, \beta, \gamma, \delta$ $p+1$ Bedingungen genügen. Diese können in der Weise erfüllt werden, daß man die sämtlichen Größen α und β und jene $(p-1)p$ Größen $\gamma_{\mu\nu}$, für welche $\mu \gtrless \nu$ ist, ganz willkürlich und die p Größen $\gamma_{\mu\mu}$ im Rahmen der Bedingung

(425) $$\sum_\mu \gamma_{\mu\mu} = m - n + \frac{1}{2\pi i}\sum_\mu \sum_\nu \alpha_{\mu\nu}\omega_{\mu\nu}$$

155) Math. Ann. 44 (1894), p. 290; Gött. N. 1893, p. 127.

156) Gött. N. 1900, p. 314; über Primformen auch bei *Klein-Fricke*, Ellipt. Modulfunktionen 2 (1892), p. 502.

157) Gött. N. 1900, p. 380.

158) Lond. M. S. Proc. 31 (1900), p. 297 u. 33 (1901), p. 10.

beliebig annimmt. Es bezeichnet dabei m die Anzahl der ∞^1-Punkte, n die Anzahl der 0^1-Punkte von F und $\omega_{\mu\nu}$ den Periodizitätsmodul von u_μ am Querschnitte b_ν. Die Größen δ sind dann durch die α, β, γ und die Unendlichkeits- und Nullpunkte von F eindeutig bestimmt.

Sind umgekehrt diese Bedingungen erfüllt, so kann man eine Funktion F bei, ihrer Zahl und Lage nach, beliebig angenommenen Unendlichkeits- und Nullpunkten aus Ausdrücken

$$e^{\int v\, d u_\mu} \tag{426}$$

zusammensetzen, wo v ein Integral 2. Gattung bezeichnet.

Nimmt man speziell $m = 0$, $n = 1$, setzt auch alle Größen α, β und jene $\gamma_{\mu\nu}$, für welche $\mu \gtrless \nu$ ist, der Null gleich, dagegen $\gamma_{11} = \gamma_{22} = \cdots = \gamma_{pp} = -\frac{1}{p}$, so entsteht die Primfunktion $\Theta(z)$, welche nur in einem Punkte 0^1 wird und für welche

$$\begin{aligned} &\text{längs } a_\nu: \quad \Theta^+ = \Theta^- \\ &\text{längs } b_\nu: \quad \Theta^+ = \Theta^- \cdot e^{-\frac{1}{p} u_\nu + \delta_\nu} \end{aligned} \qquad (\nu = 1, 2, \dots p) \tag{427}$$

ist.

Aus den Gleichungen (425) sieht man aber, daß alle Größen α und γ nur dann gleichzeitig Null sein können, wenn $m = n$ ist, d. h. F in gleich vielen Punkten Null und Unendlich wird.

Größen von der Art (426) hat auch *Wellstein* in einer nachgelassenen und noch nicht veröffentlichten Arbeit zur Bildung von Primfunktionen benutzt. Er geht dabei von den *Weierstraß*schen Lückenzahlen $\lambda_1, \lambda_2, \dots \lambda_p$ aus und bildet[159]) ein System von $2p$ Fundamentalintegralen 1. und 2. Gattung $w_1, w_2, \dots w_p$; $\zeta_1, \zeta_2, \dots \zeta_p$, von denen w_μ im Unendlichen 0^{λ_μ}, ζ_μ dort ∞^{λ_μ} wird. Setzt man dann

$$H = \sum_{\mu=1}^{p} \int w_\mu\, d\zeta_\mu, \quad K = \sum_{\mu=1}^{p} \zeta_\mu\, d w_\mu, \tag{428}$$

so sind e^{-H} und e^K im Unendlichen 0^1 werdende Primfunktionen, aus denen *Wellstein* die weitere

$$\mathfrak{P}(o) = e^{-\frac{1}{2p} \sum_{\mu=1}^{p} (w_\mu d\zeta_\mu - \zeta_\mu d w_\mu)} \tag{429}$$

zusammensetzt. Unter Benutzung eines in ε und ∞ mit den Gewichten ∓ 1 logarithmisch unendlich werdenden Integrals 3. Gattung $\mathfrak{R}(o, \varepsilon)$ erhält er daraus die in dem beliebigen Punkte ε verschwindende Primfunktion

$$\mathfrak{P}(o, \varepsilon) = e^{\mathfrak{R}(o, \varepsilon)} \mathfrak{P}(o) \mathfrak{P}(\varepsilon), \tag{430}$$

159) Vgl. dazu *Hensel* und *Landsberg*, Algebr. Funkt. 1902, p. 569.

während er aus

$$(431) \qquad e^{\frac{1}{p}K} = e^{\frac{1}{p}\sum_{\mu=1}^{p}\zeta_\mu\, d\,w_\mu}$$

in der gleichen Weise σ-Primfunktionen und bei Zugrundelegung von Normalintegralen Θ-Primfunktionen ableitet.

VIII. Der Fall $p = 2$.[160])

66. Charakteristikentheorie. Von den 16 Thetafunktionen des Falles $p = 2$ sind 10 gerade und 6 ungerade. Bezeichnet man die 6 ungeraden Th. Char. in irgendwelcher Reihenfolge mit $[\omega_1]$, $[\omega_2]$, ... $[\omega_6]$, so stellen die 15 Kombinationen zu zweien $(\omega_\mu \omega_\nu)$ $(\mu, \nu = 1, 2, \dots 6)$ die 15 eigentlichen Per. Char. dar. Von diesen sind zwei $(\omega_\varkappa \omega_\lambda)$ und $(\omega_\mu \omega_\nu)$ azygetisch oder syzygetisch, je nachdem die Zahlenpaare $\varkappa, \lambda$ und μ, ν eine Zahl gemeinsam haben oder nicht. Die 5 Per. Char. $(\omega_1 \omega_6)$, $(\omega_2 \omega_6)$, ... $(\omega_5 \omega_6)$ sind also zu je zweien azygetisch und bilden ein F. S. von Per. Char. Da für dieses $[\omega_6]$ die Summe seiner ungeraden Charakteristiken ist, so bilden die 5 Th. Char. $[\omega_1]$, $[\omega_2]$, ... $[\omega_5]$ eine Hauptreihe und liefern in ihren Kombinationen zu dreien die 10 geraden Th. Char.. Da aber die Summe aller 6 ungeraden Th. Char. $= [0]$ ist, so kann jede gerade Th. Char. noch auf eine zweite Weise als Summe dreier ungeraden dargestellt werden, derart daß jedesmal in den beiden Darstellungen alle 6 ungeraden Th. Char. auf-

160) Außer den grundlegenden Arbeiten von *Göpel* und *Rosenhain* sind als zusammenfassende Behandlungen des Falles $p = 2$ zu nennen: *Prym,* Wien Denkschr. 24 (1865), II, p. 1; 2. Ausg. 1885; *Thomae,* „Formeln" [siehe auch Z. f. Math. 11 (1866), p. 427 und Jenaische Zeitschr. f Naturw. 20 (1887), p. 581]; *Weber,* Math. Ann. 14 (1879), p. 173; *Cayley,* Phil. Trans. 171 (1880), p. 897 = Coll. math. pap. 10 (1896), p. 463 [siehe auch Lond. M. S. Proc. 9 (1878), p. 29; J. f. Math. 83 (1877), p. 210 u 220; 85 (1878), p. 214; 87 (1879), p. 74; 88 (1880), p. 74 = Coll math. 10 (1896), p. 155, 157, 166, 184, 422 u. 455]; *Krazer,* „$p = 2$"; *Forsyth,* Phil. Trans. 173 (1882), p. 783; *Krause,* „Transf."; *Brioschi,* Ann. di mat. 14_2 (1887), p. 241 = Op. mat. 2 (1902), p. 345 [siehe auch Acc. Linc. Trans. 7 (1883), p. 137 = Op. mat. 3 (1904), p. 393 und Paris C. R. 102 (1886), p. 239 u. 297 = Op. mat. 5 (1909), p. 53]; *Schottky,* J. f. Math. 105 (1889), p. 233. Es seien ferner erwähnt: *Clifford,* Math. pap. 1882, p. 368; *Staude,* Math. Ann. 25 (1885), p. 363; *Pokrowsky,* Bull. sc. math. 20_2 (1890), I, p. 86 und D. M. V. Jahresb. 4 (1897), p. 137; *v. Dalwigk,* N. Acta Leop. 57 (1892), Zweiter Theil p. 246; *Lipps,* Leipz. Ber. 44 (1892), p. 340 u. 473; *Hancock,* Diss. Berlin 1894; *Nölke,* Progr. Birkenfeld 1903; *Dixon,* Quart. J. 36 (1905), p. 1 und die im Bull. sc. math. 12_2 (1888), II, p. 168 u. 164 zitierten, dem Verfasser nicht zugänglich gewesenen Werke von *Possé,* Sur les fonctions Θ à deux arguments et sur le problème de Jacobi, St. Petersburg 1882, und *Pokrowsky,* Théorie des fonctions ultra-elliptiques de la première classe, Moskau 1887.

treten; die 20 Kombinationen zu dreien aller 6 ungeraden Th. Char. liefern also die 10 geraden Th. Char. und zwar jede zweimal. Bezeichnet man mit $(\varkappa)$ irgendeine Per. Char., so bilden die 6 Th. Char. $[\varkappa\omega_1], [\varkappa\omega_2], \dots [\varkappa\omega_6]$ ein F. S. von Th. Char. Der Komplex von F. S., der entsteht, wenn man für $(\varkappa)$ der Reihe nach alle 16 Per. Char. treten läßt, liefert zugleich alle überhaupt existierenden F. S. von Th. Char.; davon besteht das für $(\varkappa) = (0)$ entstehende aus 6 ungeraden Th. Char., jedes andere enthält 2 ungerade und 4 gerade Th. Char. Irgend 2 der 16 F. S. haben stets und nur 2 Th. Char. gemeinsam.

Sind (α), (β) irgend 2 der 15 eigentlichen Per. Char., so bilden $(0), (\alpha), (\beta), (\alpha\beta)$ eine Gruppe von Per. Char., $[\varkappa], [\varkappa\alpha], [\varkappa\beta], [\varkappa\alpha\beta]$, bei beliebigem $[\varkappa]$, ein System von Th. Char. Sind (α) und (β) syzygetisch, so heißen Gruppe und System *Göpel*sche; sind sie azygetisch, *Rosenhain*sche. Der allgemeine Typus einer *Göpel*schen Gruppe ist

$$(0),\ (\omega_1\omega_2),\ (\omega_3\omega_4),\ (\omega_5\omega_6), \tag{432}$$

der eines *Göpel*schen Systems

$$[\varkappa\omega_1],\ [\varkappa\omega_2],\ [\varkappa\omega_1\omega_3\omega_4],\ [\varkappa\omega_2\omega_3\omega_4]. \tag{433}$$

Die Anzahl der verschiedenen Göpelschen Gruppen beträgt 15, die der *Göpel*schen Systeme 60; von diesen bestehen 15 (eines in jedem Komplexe) aus 4 geraden, die übrigen 45 aus 2 geraden und 2 ungeraden Th. Char. Der allgemeine Typus einer *Rosenhain*schen Gruppe ist

$$(0),\ (\omega_1\omega_2),\ (\omega_1\omega_3),\ (\omega_2\omega_3), \tag{434}$$

der eines *Rosenhain*schen Systems

$$[\varkappa\omega_1],\ [\varkappa\omega_2],\ [\varkappa\omega_3],\ [\varkappa\omega_1\omega_2\omega_3]. \tag{435}$$

Die Anzahl der verschiedenen *Rosenhain*schen Gruppen beträgt 20, die der *Rosenhain*schen Systeme 80; von diesen bestehen 20 (eines in jedem Komplexe) aus 1 geraden und 3 ungeraden, die übrigen 60 aus 3 geraden und 1 ungeraden Th. Char.

67. Thetarelationen. Ein Thetaquadrat $\vartheta^2[\varepsilon]((v))$ ist eine gerade Thetafunktion zweiter Ordnung mit der Charakteristik $[0]$ und man kann daher durch 4 Thetaquadrate, wenn sie nur linear unabhängig sind, jedes weitere linear ausdrücken.

Ein Thetaprodukt $\vartheta[\varkappa]((v))\,\vartheta[\varkappa\varepsilon]((v))$ ist eine Thetafunktion zweiter Ordnung mit der Charakteristik $[\varepsilon]$ und von den 8 zu einem $[\varepsilon]$ gehörigen Produkten sind 4 gerade und 4 ungerade Funktionen von (v). Zwischen 3 von 4 solchen Thetaprodukten besteht jedesmal eine lineare Relation.

Diese Relationen zwischen Thetaquadraten und Thetaprodukten sind vereinzelt schon von *Göpel* und *Rosenhain*, vollständiger von *Weber*[161]) angegeben worden; *Krazer* („$p = 2$“) hat sie sämtlich aus der *Riemann*schen Thetaformel abgeleitet. Zwischen den Thetaquadraten erhält man die 240 Gleichungen[162])

$$(436)\qquad \sum_{i=1}^{4} \pm \vartheta^2[\omega_i\omega_5\omega_6]((0))\vartheta^2[\varkappa\omega_i]((v)) = 0,$$

die aussagen, daß zwischen irgend 4 Thetaquadraten, deren Charakteristiken einem F. S. von Th. Char. entnommen sind, eine lineare Relation besteht. Irgend 4 andere erweisen sich als linear unabhängig und man kann durch 4 solche jedes weitere linear ausdrücken; in der einfachsten Form geschieht dies durch 4 Thetaquadrate, deren Charakteristiken ein *Göpel*sches oder ein *Rosenhain*sches System bilden.[163])

Für die Thetaprodukte liefert die Formel[164])

$$(437)\quad \sum_{i=1}^{3} \pm \vartheta[\omega_i\omega_5\omega_6]((0))\vartheta[\omega_i\omega_4\omega_6]((0))\vartheta[\varkappa\omega_i]((v))\vartheta[\varkappa\omega_i\omega_4\omega_5]((v)) = 0$$

die oben erwähnten Gleichungen, 120 an der Zahl, zwischen je 3 Thetaprodukten.

Weber hat zuerst auf die Übereinstimmung der Formeln (436), (437) mit den Relationen zwischen den 9 Koeffizienten einer ternären orthogonalen Substitution hingewiesen. Sondert man nämlich eine beliebige der 10 geraden Th. Char. $[\omega_1\omega_2\omega_3] = [\omega_4\omega_5\omega_6]$ aus und bringt die 9 übrigen in ein quadratisches Schema von der Form

$$(438)\qquad \begin{matrix} [\omega_1\omega_5\omega_6] & [\omega_1\omega_6\omega_4] & [\omega_1\omega_4\omega_5] \\ [\omega_2\omega_5\omega_6] & [\omega_2\omega_6\omega_4] & [\omega_2\omega_4\omega_5] \\ [\omega_3\omega_5\omega_6] & [\omega_3\omega_6\omega_4] & [\omega_3\omega_4\omega_5] \end{matrix}$$

so bilden die 9 Quotienten

$$\frac{\vartheta[\omega_\alpha\omega_\beta\omega_\gamma]((0))\,\vartheta[\varkappa\omega_\alpha\omega_\beta\omega_\gamma]((v))}{\vartheta[\omega_1\omega_2\omega_3]((0))\,\vartheta[\varkappa\omega_1\omega_2\omega_3]((v))},$$

wo $(\varkappa)$ eine beliebige Per. Char. bezeichnet, mit passenden Vorzeichen versehen, in der durch (438) bestimmten Anordnung die Koeffizienten einer orthogonalen Substitution. In den bekannten Gleichungen zwi-

161) Math. Ann. 14 (1879), p. 173.

162) Bezüglich des Vorzeichens siehe *Krazer,* a. a. O. p. 35.

163) *Krazer,* a. a. O., Formeln (III), (III'), p. 42 u. 53; vgl. übrigens schon *Rosenhain*, Formel (94), p. 420 und *Göpel,* Formeln (30), (31), p. 290.

164) *Krazer,* a. a. O. p. 39; *Weber,* a. a. O. p. 179.

schen diesen sind jetzt die zwischen den Thetaquadraten und Thetaprodukten bestehenden Relationen zusammengefaßt.[165])

Aus irgendeiner der 120 Gleichungen (437) kann man durch zweimaliges Quadrieren eine Relation vierten Grades zwischen den Quadraten der 6 in ihr vorkommenden Thetafunktionen ableiten und erhält dann, wenn man diese 6 Thetaquadrate linear durch 4 ausdrückt, eine homogene Gleichung vierten Grades zwischen diesen. Dabei tritt eine Vereinfachung ein, wenn man in der eben genannten Weise die Gleichung zwischen den Quadraten von 4 *Göpel*schen Thetafunktionen aufstellt. Da nämlich die 4 Charakteristiken irgend zweier der drei in einer Gleichung (437) auftretenden Thetaprodukte stets ein *Göpel*sches System bilden, so erhält man schon nach passendem einmaligen Quadrieren, wenn man die beiden anderen Thetaquadrate auch durch diese 4 *Göpel*schen ausdrückt, eine Gleichung zwischen diesen, welche vom vierten Grade ist in bezug auf die Thetafunktionen selbst und außer ihren Quadraten noch ihr Produkt enthält; sie ist unter den Namen der *Göpel*schen biquadratischen Relation bekannt.[166]) Durch nochmaliges Quadrieren liefert sie erst die zwischen den Quadraten der 4 *Göpel*schen Thetafunktionen bestehende Relation.

---

165) *Caspary* [J. f. Math. 94 (1883), p. 74] hat dieses Resultat dahin verallgemeinert, daß die 16 Thetaprodukte $\vartheta[\varepsilon]((u))\vartheta[\varepsilon]((v))$ bei beliebigen unabhängigen Veränderlichen u, v, wenn man sie einem Komplexe von 4 *Rosenhain*schen Systemen entsprechend in 4 Horizontal- und 4 Vertikalreihen anordnet und mit passenden Vorzeichen versieht, die Koeffizienten einer quaternären linearen Substitution bilden, welche die Summe der Quadrate der 4 gegebenen Veränderlichen in die mit einem Faktor multiplizierte Summe der Quadrate der 4 neuen überführt; vgl. auch *Dobriner* [Acta math. 9 (1887), p. 99].

Mit der Aufstellung solcher „Orthogonalsysteme" und ihrer Verwendung nicht nur zur Gewinnung der algebraischen Beziehungen zwischen den Thetafunktionen, sondern auch der bei Lösung von mechanischen Problemen benutzten Differentialgleichungen (siehe Nr. 72) hat sich *Caspary* noch in mehreren Arbeiten [Paris C. R. 104 (1887), p. 490; 111 (1890), p. 225; 112 (1891), p. 1120 u. 1305; Ann. Éc. Norm. 10_3 (1893), p. 253] beschäftigt; fortgeführt wurden diese Untersuchungen sodann von *Jahnke* [Z. f. Math. 37 (1892), p. 178; Berl. Ber. 1896, p. 1023; J. f. Math. 118 (1897), p. 224 u. 119 (1898), p. 234; Paris C. R. 125 (1897), p. 486; 126 (1898), p. 1013 u. 1083; Leipz. Ber. 52 (1900), p. 140; 2me Congr. internat. Paris 1900 (1902), p. 279; D. M. V. Jahresb. 12 (1903), p. 96 u. 16 (1907), p. 551; Berlin math. Ges. Sitzb. 6 (1907), p. 59; J. f. Math. 133 (1908), p. 243; Palermo Rend. 35 (1913), p. 90; vgl. auch *Krause*, Arch. d. Math. 1_3 (1901), p. 64], während *Krause* die Aufstellung von Orthogonalsystemen in den Fällen $p = 3$ und $p = 4$ untersuchte [Paris C. R. 131 (1900), p. 1188; Leipz. Ber. 53 (1901), p. 65 u. 105; dazu auch *Jahnke*, Schwarz-Festschr. 1914, p. 157].

166) *Göpel*, Gl. (32), p. 292; *Krazer* a. a. O Gl. (IV), p. 55.

68. Die Kummersche Fläche.[167]) Setzt man die homogenen Punktkoordinaten des Raumes vier linearunabhängigen Thetaquadraten proportional, also

(439) $$x:y:z:w = \vartheta^2[\alpha]((v)) : \vartheta^2[\beta]((v)) : \vartheta^2[\gamma]((v)) : \vartheta^2[\delta]((v)),$$

wo $[\alpha]$, $[\beta]$, $[\gamma]$, $[\delta]$ nicht ein und demselben F. S. von Th. Char. angehören, so wird dadurch eine *Kummer*sche Fläche definiert (vgl. Nr. 34). Läßt man an Stelle von (v) die 16 Systeme zusammengehöriger Halben der Periodizitätsmodulen treten, so erhält man die 16 Knotenpunkte der *Kummer*schen Fläche, denen also die 16 Per. Char. (ε) zugeordnet werden können. Die 16 Gleichungen $\vartheta[\varepsilon]((v)) = 0$ liefern die 16 singulären Ebenen der *Kummer*schen Fläche, denen so die 16 Th. Char. $[\varepsilon]$ entsprechen. Auf jeder singulären Ebene $\vartheta[\varepsilon]((v)) = 0$ liegen 6 von den 16 Knotenpunkten, nämlich die 6 $(\varepsilon\omega_i)$, $i = 1, 2, \ldots 6$, und durch jeden Knotenpunkt (ε) gehen 6 von den 16 singulären Ebenen, nämlich die 6 $\vartheta[\varepsilon\omega_i]((v)) = 0$, $i = 1, 2, \ldots 6$.

Das Koordinatentetraeder wird aus 4 singulären Ebenen gebildet, die nicht durch einen und denselben Punkt gehen. Nimmt man für $[\alpha]$, $[\beta]$, $[\gamma]$, $[\delta]$ ein *Rosenhain*sches System (435) von 4 Th. Char., so sind die 4 Eckpunkte Knotenpunkte und die 4 Tetraederebenen ent-

---

167) Vgl. *Kummer*, Berl. Ber. 1864, p. 246 u. 495; 1865, p. 288; Berl. Abh. 1866, p. 1. Nachdem schon früher *Klein* [Math. Ann. 5 (1872), p. 278] auf die Möglichkeit einer Verknüpfung der *Kummer*schen Fläche mit den hyperelliptischen Integralen 1. Ordnung hingewiesen hatte, haben gleichzeitig *Cayley* [J. f. Math. 83 (1877), p. 210 u. 220 = Coll. math. pap. 10 (1896), p. 157 u. 166; später noch J. f. Math. 84 (1878), p. 238 u. 94 (1883), p. 270 = Coll. math. pap. 10 (1896), p. 180 u. 12 (1897), p 95] und *Borchardt* [ebenda p. 234 = Ges. W. 1888, p. 341] und etwas später *Weber* [J. f. Math. 84 (1878), p. 332] die *Kummer*sche Fläche durch Thetafunktionen zweier Veränderlichen dargestellt. Eine eingehende Untersuchung der Fläche auf dieser Grundlage ist dann, nachdem noch die Arbeiten von *Rohn* [Diss. München 1878, Math. Ann. 15 (1879), p. 315 u. 18 (1881), p. 99 dazu *Segre*, Leip. Ber. 36 (1884), p. 132], *Caporali* [Acc. Linc. Mem. 2_3 (1878), p. 791] und *Darboux* [Paris C. R. 92 (1881), p. 685 u. 1493] vorausgegangen waren, durch *Reichardt* [Nova Acta Leop. 50 (1887), p. 373 und Math. Ann. 28 (1887), p. 84] geschehen, vgl. noch *Brioschi*, Paris C. R. 92 (1881), p. 944 = Op. mat. 5 (1909), p 13; *Reye*, J. f. Math. 97 (1884), p. 242; *Domsch*, Diss. Leipzig 1885 = Arch. d. Math. 2_2 (1885), p. 193; *Klein*, Math. Ann. 27 (1886), p. 106; *Schleiermacher*, Erl. Ber. 18 (1886), p. 22 und Math. Ann. 50 (1898), p. 183; *Heß*, Nova Acta Leop. 55 (1890), p. 97; *Humbert*, J. de math. 9_4 (1893), p. 29 u. 361; 10_4 (1894), p. 473; *Hutchinson*, Amer. M. S. Bull. 5 (1899), p. 465 u. 7 (1901), p. 211; *Timerding*, Math. Ann. 54 (1901), p. 498; *Hudson*, Kummer's quartic surface 1905, Die *Kummer*sche Fläche ist der, dem Werte $p = 2$ entsprechende, einfachste Fall der in Nr. 34 eingeführten algebraischen Mannigfaltigkeit M_p. Andererseits sind die *Kummer*sche und die *Weddle*sche Fläche spezielle Fälle der in Nr. 130 behandelten hyperelliptischen Flächen.

halten die sämtlichen 16 Knotenpunkte. Es gibt 80 solche *Rosenhain*schen Tetraeder. Die Gleichung vierten Grades zwischen 4 Thetaquadraten, deren Th. Char. ein solches System bilden, stellt die *Kummer*sche Fläche bezogen auf dieses Tetraeder als Koordinatentetraeder[168]) dar.

Bilden $[\alpha]$, $[\beta]$, $[\gamma]$, $[\delta]$ ein *Göpel*sches System (433), so ist keine Ecke des Koordinatentetraeders ein Knotenpunkt der Fläche; die Flächen des Tetraeders enthalten nur 12 von den Knotenpunkten, die zu je zweien auf den 6 Kanten des Tetraeders liegen. Solcher Göpelschen Tetraeder gibt es 60. Die (*Göpel*sche biquadratische) Gleichung zwischen 4 *Göpel*schen Thetafunktionen stellt nach nochmaliger Quadrierung (also vorher in irrationaler Form) die *Kummer*sche Fläche bezogen auf ein solches *Göpel*sches Tetraeder dar.

Jede lineare Funktion der Koordinaten (439) ist eine Thetafunktion zweiter Ordnung mit der Charakteristik $[0]$ und umgekehrt. Setzt man daher eine solche Funktion $\Theta_2[0]((v)) = 0$, so wird dadurch ein ebener Schnitt der *Kummer*schen Fläche bestimmt; er ist von der 4. Ordnung und, in Übereinstimmung mit (157), im allgemeinen vom Geschlecht 3. Speziell liefert eine Gleichung $\vartheta((v+e))\vartheta((v-e)) = 0$, in der e_1, e_2 irgendwelche Konstanten bezeichnen, eine Kurve 4. Ordnung, in welcher die *Kummer*sche Fläche von einer ihrer Tangentialebenen geschnitten wird; diese Kurve hat in dem durch das gleichzeitige Verschwinden der beiden Faktoren bestimmten Berührungspunkte einen Doppelpunkt und ist daher von einem Geschlecht < 3. Ist $\vartheta((e)) = 0$, so geht die Tangentialebene durch einen der Knotenpunkte der *Kummer*schen Fläche und die Kurve 4. Ordnung hat in diesem Punkte eine Spitze. Setzt man endlich für (e) ein System zusammengehöriger Halben der Periodizitätsmodulen von der Per. Char. (ε), so erhält man in $\vartheta^2[\varepsilon]((v)) = 0$ den doppelt gezählten Kegelschnitt, längs welchem die *Kummer*sche Fläche von der singulären Ebene $[\varepsilon]$ berührt wird.

Allgemein entspricht jeder homogenen Funktion n^{ten} Grades der Koordinaten (439) eine gerade Thetafunktion $2n^{\text{ter}}$ Ordnung mit der Charakteristik $[0]$ und umgekehrt. Setzt man daher eine solche Funktion $\Theta_{2n}[0]((v)) = 0$, so wird dadurch der Schnitt der *Kummer*schen Fläche mit einer algebraischen Fläche n^{ter} Ordnung bestimmt; er ist von der $4n^{\text{ten}}$ Ordnung und im allgemeinen vom Geschlecht $2n+1$. Wählt man als Funktion $\Theta_{2n}[0]((v))$ speziell das Quadrat einer Thetafunktion n^{ter} Ordnung, so geht die genannte Kurve $4n^{\text{ter}}$ Ordnung in

168) *Krazer*, p. 44; *Reichardt*, p. 429; *Weber*, p. 341 in irrationaler Form.

die doppelt gezählte Kurve $2n^{\text{ter}}$ Ordnung über, längs welcher die *Kummer*sche Fläche nunmehr von einer Fläche n^{ter} Ordnung berührt wird.

Jede algebraische Kurve auf der *Kummer*schen Fläche ist demnach entweder der vollständige Schnitt mit einer algebraischen Fläche oder die Berührungskurve einer solchen.

Die 10 geraden Thetafunktionen mit den Argumenten $(2v)$ sind gerade Thetafunktionen 4. Ordnung mit der Charakteristik $[0]$ und deshalb als homogene Funktionen 2. Grades der Koordinaten (439) darstellbar. Es entsprechen ihnen diejenigen 10 Fundamentalflächen 2. Ordnung der *Kummer*schen Fläche, welche von je 3 der 6 Fundamentalkomplexe bestimmt werden. Durch eine Gleichung $\vartheta[\varepsilon]((2v)) = 0$ wird also bei gerader Th. Char. $[\varepsilon]$ jene Kurve 8. Ordnung bestimmt, in welcher die *Kummer*sche Fläche von der betreffenden Fundamentalfläche 2. Ordnung geschnitten wird.

Die 6 ungeraden Funktionen $\vartheta[\varepsilon]((2v))$ sind als ungerade Funktionen nicht durch die Thetaquadrate darstellbar, wohl aber ihre Quadrate und ihre Produkte zu zweien, denen beiden daher gewisse Flächen 4. Ordnung entsprechen. Die ersteren liefern gleich Null gesetzt die 6 ausgezeichneten Haupttangentenkurven 8. Ordnung der *Kummer*schen Fläche, welche längs ihnen von den zugehörigen Flächen 4. Ordnung berührt wird, während die 15 anderen Flächen 4. Ordnung diese Kurven paarweise herausschneiden.

Die Schar der Haupttangentenkurven 16. Ordnung wird durch Gleichungen von der Form $\vartheta((2v + e))\vartheta((2v - e)) = 0$ geliefert, in denen (e) ein Konstantensystem bezeichnet, für welches $\vartheta((e)) = 0$ ist.

Die Flächen 4. Ordnung, welche die *Kummer*sche Fläche längs einer ausgezeichneten Haupttangentenkurve 8. Ordnung berühren, sind selbst *Kummer*sche Flächen. Das gleiche gilt von allen ∞^1 Flächen 4. Ordnung, welche die *Kummer*sche Fläche längs einer der ∞^5 Raumkurven 8. Ordnung $\Sigma \lambda_i \vartheta[\omega_i]((2v)) = 0$ berühren, bei denen die λ beliebige Konstanten bezeichnen und die Summation über die 6 ungeraden Th. Char. $[\omega_i]$ zu erstrecken ist. Auf diese Weise entstehen ∞^6 *Kummer*sche Flächen, welche alle die ursprüngliche in der angegebenen Weise berühren.

Da die 16 singulären Punkte und 16 singulären Ebenen einer *Kummer*schen Fläche eine Konfiguration $(16)_6$ bilden, so erhält man in den singulären Punkten und Ebenen der berührenden *Kummer*schen Flächen ∞^6 solche Konfigurationen und diese sind alle der gegebenen *Kummer*schen Fläche ein- und umgeschrieben.

Jedes der 16 Produkte $\vartheta[\varepsilon]((v + w))\,\vartheta[\varepsilon]((v - w))$ ist eine gerade Thetafunktion 2. Ordnung mit der Charakteristik $[0]$ in bezug auf jedes der beiden Argumentensysteme (v) und (w) und daher als bilineare Form der beiderseitigen Thetaquadrate darstellbar. Diese Darstellung wird besonders einfach, wenn man dabei je 4 Thetafunktionen eines *Rosenhain*schen Systems benutzt. Setzt man die so erhaltenen 16 bilinearen Formen der Thetaquadrate gleich Null, so werden dadurch ebenso viele Korrelationen der *Kummer*schen Fläche bestimmt, von denen die 10 zu geraden $[\varepsilon]$ gehörigen als die 10 Polarsysteme in bezug auf die 10 Fundamentalflächen 2. Ordnung, die 6 zu ungeraden $[\varepsilon]$ gehörigen als die 6 zu den Fundamentalkomplexen gehörigen Nullsysteme erscheinen.

Die 16 Kollineationen der *Kummer*schen Fläche werden durch die Änderungen des Argumentensystems (v) in (439) um die 16 Systeme zusammengehöriger Halben der Periodizitätsmodulen definiert.

Bei jeder Transformation zweiten Grades sind von den 16 ursprünglichen Thetafunktionen, deren Argumente und Modulen hier mit v^0, a^0 bezeichnet seien, immer vier, und zwar sind es stets vier gerade Thetafunktionen eines *Göpel*schen Systems, als Funktionen der transformierten Argumente v und Modulen a betrachtet Thetafunktionen 2. Ordnung mit der Charakteristik $[0]$ und lassen sich daher linear und homogen durch 4 linearunabhängige Thetaquadrate $\vartheta^2[\varepsilon]((v))$ ausdrücken.[169]) Setzt man daher die Punktkoordinaten x, y, z, w vier solchen Thetafunktionen mit den Argumenten v^0 und Modulen a^0 proportional, also

$$(440)\quad x:y:z:w = \vartheta[\alpha]((v^0))_{a^0} : \vartheta[\beta]((v^0))_{a^0} : \vartheta[\gamma]((v^0))_{a^0} : \vartheta[\delta]((v^0))_{a^0},$$

so wird dadurch wieder die *Kummer*sche Fläche dargestellt. Sie ist jetzt bezogen auf eines der 15 Fundamentaltetraeder, deren Kanten die Direktrizenpaare solcher 3 Kongruenzen sind, auf welche man die 6 Fundamentalkomplexe verteilen kann. Nach *Klein*[170]) kann man diese 15 Fundamentaltetraeder auch folgendermaßen erhalten: Die 16 Knotenpunkte werden paarweise durch 120 Gerade verbunden, in denen sich auch die 16 singulären Ebenen paarweise schneiden. Diese 120 Geraden kann man in 15 Gruppen von je 8 anordnen, indem man diejenigen 8 Geraden in einer Gruppe vereinigt, welche je zwei solche Knotenpunkte verbinden, deren Per. Char. die nämliche Summe $(\omega_\mu \omega_\nu)$ aufweisen. Die 8 Geraden einer Gruppe haben dann 2 gemeinsame Transversalen und es ist damit zugleich jedem solchen Transversalenpaar eine der 15 eigentlichen Per. Char. $(\omega_\mu \omega_\nu)$ zugeordnet. Diese

169) *Königsberger*, J. f. Math. 67 (1867), p. 58; *Pringsheim*, Math. Ann. 9 (1876), p. 445; *Rohn*, Diss. München 1878 u. Math. Ann. 15 (1879), p. 330.

170) Gött. N. 1869, p. 262; Math. Ann. 2 (1870), p. 208.

Transversalen sind die vorher genannten Direktrizen der von je 2 Fundamentalkomplexen gebildeten Kongruenzen. 3 Transversalenpaare, in deren zugeordneten Per. Char. $(\omega_\mu \omega_\nu)$ zusammen alle 6 ungeraden Th. Char. auftreten, bilden eines der genannten Fundamentaltetraeder. Durch solche 3 Per. Char. ist aber nach den Gleichungen (432) zugleich eine *Göpel*sche Gruppe bestimmt und das einzige in dem zugehörigen Komplexe vorkommende System von 4 geraden Th. Char. liefert für (440) die Th. Char. $[\alpha]$, $[\beta]$, $[\gamma]$, $[\delta]$. Die *Göpel*sche biquadratische Relation zwischen den 4 Funktionen $\vartheta[\alpha]((v^{(0)}))_{a^{(0)}}, \ldots \vartheta[\delta]((v^{(0)}))_{a^{(0)}}$ ist die Gleichung der *Kummer*schen Fläche bezogen auf dieses Koordinatentetraeder.[171])

69. Weddlesche Fläche. *Chasles*[172]) hatte den Satz bewiesen, daß durch 6 gegebene Punkte des Raumes stets eine Kurve 3. Ordnung gelegt werden kann, und daraus geschlossen, daß diese Kurve der geometrische Ort der Scheitel aller Kegel zweiten Grades sei, welche durch die 6 gegebenen Punkte gehen. Diese Behauptung hat dann *Weddle*[173]) dahin richtig gestellt, daß dieser geometrische Ort eine die genannte Raumkurve 3. Ordnung enthaltende Fläche vierten Grades sei; diese Fläche heißt deshalb die *Weddle*sche Fläche.

Von den geometrischen Eigenschaften der *Weddle*schen Fläche braucht hier nur angegeben zu werden, daß auf ihr außer der schon genannten Raumkurve 3. Ordnung auch 25 gerade Linien liegen; nämlich die 15 Geraden, welche die 6 Grundpunkte paarweise verbinden, und die 10 Geraden, in denen sich jene 10 Ebenenpaare schneiden, von denen jedes zusammen alle 6 Grundpunkte enthält.

Schottky[174]) hat zuerst die *Weddle*sche Fläche mit den Thetafunktionen zweier Veränderlichen in Zusammenhang gebracht. Sind

---

171) *Humbert* hat Amer. J. 16 (1894), p. 221 jene speziellen *Kummer*schen Flächen untersucht, welche reduzierbaren Periodensystemen (s. Nr. **121**) angehören. Er hat ferner Paris C. R. 133 (1901), p. 425 u. J. de math. 7_5 (1901), p. 395 die Transformationen höheren Grades auf der *Kummer*schen Fläche geometrisch gedeutet.

172) Aperçu historique etc. 1837, Note XXXIII; deutsch von *Sohncke* 1839, p. 441.

173) Cambr. and Dubl. math. J. 5 (1850), p. 58; über die *Weddle*sche Fläche vgl. *Chasles*, Paris C. R. 52 (1861), p. 1157; *Cayley* ebenda p. 1216 u. Lond. M. S. Proc. 3 (1871), p. 19, 198, 234 u. 4 (1873), p. 11 = Coll. math. pap. 5 (1892), p. 4; 7 (1894), p. 1 3, 256, 264; 8 (1895), p. 99; *Geiser*, Zürich Viertelj. 10 (1865), p. 219 u. J. f. Math. 67 (1867), p. 78; *Darboux*, Bull. sc. math. 1 (1870), p. 348; *Hierholzer*, Math. Ann. 2 (1870), p. 562 u. 4 (1871), p. 172; dazu *Hunyady*, J. f. Math. 92 (1882), p. 304; *Reye*, J. f. Math. 86 (1879), p. 84; *Caspary*, Bull. sc. math. 11_2 (1887), I, p. 222 u. 13_2 (1889), I, p. 202.

174) J. f. Math. 105 (1889), p. 238.

$\vartheta_1, \vartheta_2, \ldots \vartheta_6$ die 6 ungeraden, $\vartheta_{\alpha\beta\gamma}$ die 10 geraden Thetafunktionen zweier Veränderlichen v_1, v_2, so ist

(441) $$F_{\alpha\beta\gamma} = \vartheta_\alpha \vartheta_\beta \vartheta_\gamma \vartheta_{\alpha\beta\gamma}$$

eine ungerade Thetafunktion 4. Ordnung mit der Charakteristik $[0]$. Alle diese Funktionen sind durch 4 linearunabhängige unter ihnen z. B. $F_{345}, F_{346}, F_{356}, F_{456}$ linear darstellbar. Setzt man die homogenen Punktkoordinaten x, y, z, w des Raumes 4 solchen proportional und betrachtet v_1, v_2 als veränderliche Parameter, so wird dadurch die *Weddle*sche Fläche definiert, deren Gleichung in der Form

(442) $$F_{123} F_{156} F_{425} F_{436} - F_{423} F_{456} F_{125} F_{136} = 0$$

dargestellt werden kann, während $F_{\alpha\beta\gamma} = 0$ die Gleichung jener Ebene ist, welche durch die 3 Grundpunkte α, β, γ geht.

Als ungerade Thetafunktionen geraden Grades mit der Charakteristik $[0]$ verschwinden x, y, z, w gleichzeitig für jedes System korrespondierender Halben der Periodizitätsmodulen (Nr. **33**). Solchen Werten von v_1, v_2 entsprechen nicht einzelne Punkte der Fläche, sondern Kurven auf ihr (Nr. **130**), und zwar entspricht dem Wertepaare $v_1 = 0$, $v_2 = 0$ die oben genannte Raumkurve 3. Ordnung, den 15 übrigen Systemen korrespondierender Halben der Periodizitätsmodulen die 15 Verbindungslinien der 6 Grundpunkte zu zweien, während die 10 übrigen auf der Fläche liegenden Geraden durch die Gleichungen $\vartheta_{\alpha\beta\gamma} = 0$ dargestellt werden.

Caspary[175]) hat angegeben und *Humbert*[176]) weiter ausgeführt, daß man die *Weddle*sche Fläche auch erhalten kann, wenn man x, y, z, w vier ungeraden Thetafunktionen 3. Ordnung mit gerader Charakteristik, deren es gleichfalls 4 linearunabhängige gibt, proportional setzt, etwa

(443) $$x : y : z : w = \vartheta_1 \vartheta_{245} \vartheta_{345} : \vartheta_1 \vartheta_{246} \vartheta_{346} : \vartheta_4 \vartheta_{245} \vartheta_{246} : \vartheta_4 \vartheta_{345} \vartheta_{346}.$$

Hier verschwinden x, y, z, w gleichzeitig für die 10 Systeme korrespondierender Halben der Periodizitätsmodulen mit gerader Per. Char. (Nr. **33**); diese liefern für (v) eingesetzt die 10 Schnittlinien der die 6 Grundpunkte enthaltenden Ebenenpaare, während die Raumkurve 3. Ordnung durch die Gleichung $\vartheta_{123} = 0$ erhalten wird und das Nullsetzen der 15 übrigen Thetafunktionen die 15 Verbindungslinien der 6 Grundpunkte zu zweien liefert. Den 6 Systemen korrespondierender Halben der Periodizitätsmodulen mit ungerader Charakteristik entsprechen die 6 Grundpunkte der Fläche.[177])

---

175) Paris C. R. 112 (1891), p. 1356; Bull. sc. math. 15_2 (1891), I, p. 308.

176) J. de math. 9_4 (1893), p. 466.

177) Über den Zusammenhang der *Weddle*schen Fläche mit der *Kummer*-

70. Thetanullwerte. Zwischen den Nullwerten der 10 geraden Thetafunktionen bestehen homogene Gleichungen vierten Grades und zwar lineare Gleichungen zwischen je 4 Biquadraten und solche zwischen je 3 Produkten von 2 Quadraten der Thetanullwerte. Sie sind schon von *Göpel* und *Rosenhain* angegeben worden und folgen aus den obigen Gleichungen (436) in der Form:

$$\sum_{i=1}^{4} \pm \vartheta^4[\omega_i\omega_5\omega_6]((0)) = 0 \tag{444}$$

und

$$\sum_{c=1}^{3} \pm \vartheta^2[\omega_i\omega_5\omega_6]((0))\, \vartheta^2[\omega_i\omega_6\omega_4]((0)) = 0; \tag{445}$$

sie lassen sich nach dem Früheren dahin zusammenfasssen, daß die 9 Quotienten $\dfrac{\vartheta^2[\omega_\alpha\,\omega_\beta\,\omega_\gamma]((0))}{\vartheta^2[\omega_1\,\omega_2\,\omega_3]((0))}$

---

schen bei *Darboux, Schottky* und *Humbert* a. a. O.; sodann bei *Schottky,* J. f. Math. 146 (1916), p. 135; *Baker,* Mult. period. funct. 1907, chap. 4.

Ein Analogon der *Weddle*schen Fläche hat *Schottky* [J. f Math. 105 (1889), p. 269] mit Hilfe von Thetafunktionen dreier Veränderlichen erhalten. Bezeichnet man mit $\vartheta_1, \vartheta_2, \ldots \vartheta_7$ die 7 ungeraden Thetafunktionen einer Hauptreihe, so können die 36 geraden mit $\vartheta_{\alpha\beta\gamma}$ und $\vartheta = \vartheta_{12\ldots7}$ bezeichnet werden und es ist

$$F_{\alpha\beta\gamma} = \vartheta_\alpha\vartheta_\beta\vartheta_\gamma\vartheta_{\alpha\beta\gamma}$$

eine ungerade Thetafunktion 4. Ordnung mit der Charakteristik [0]. Legt man den Argumenten v_1, v_2, v_3 die Beschränkung $\vartheta = 0$ auf, so lassen sich die 35 Größen $F_{\alpha\beta\gamma}$ als lineare Funktionen von 4 unter ihnen darstellen. Setzt man solchen 4 die homogenen Punktkoordinaten x, y, z, w des Raumes proportional, so wird dadurch eine Fläche 6. Ordnung L definiert mit 7 dreifachen Punkten, die im folgenden ihre Grundpunkte heißen mögen. x, y, z, w verschwinden alle vier gleichzeitig für die korrespondierenden Halben der Periodizitätsmodulen mit den 21 Per. Char. $(\alpha\beta)$ und den 7 Per. Char. (α), die alle auch der Bedingung $\vartheta = 0$ genügen; die ersteren liefern die 21 Geraden, welche die 7 Grundpunkte paarweise verbinden, die letzteren 7 Raumkurven 3. Ordnung λ_α, von denen λ_α durch die 6 von α verschiedenen Grundpunkte hindurchgeht. Durch das Nullsetzen der 63 von ϑ verschiedenen Thetafunktionen werden weitere auf der Fläche liegende Kurven und zwar 35 ebene Kurven 3. Ordnung und 28 Raumkurven 4. Ordnung bestimmt.

Roth [Monatsh. f. Math. 23 (1912), p. 115] hat bemerkt, daß die Fläche L der geometrische Ort aller jener Punkte des Raumes ist, welche mit den 7 Grundpunkten ein solches System von 8 Punkten bilden, durch welches eine nicht zerfallende Fläche 4. Ordnung mit Doppelpunkten in den 8 Punkten gelegt werden kann.

In ähnlicher Weise haben andere Flächen 6. Ordnung *Humbert* [Paris C. R. 120 (1895), p. 365 u. 425; J. de math. 2_5 (1896), p. 263] und *Remy* [Paris C. R. 144 (1907), p. 412 u. 623; J. de math. 4_6 (1908), p. 1; Ann. Éc. Norm. 26_3 (1909), p. 193] mittelst der Thetafunktionen dreier Veränderlichen definiert.

mit passenden Vorzeichen versehen, in der durch das Schema (438) bestimmten Anordnung die Koeffizienten einer orthogonalen Substitution bilden.

Mit den beiden ungeraden Th. Char. $[\omega_1]$, $[\omega_2]$ bilden die 4 geraden $[\omega_1\omega_2\omega_3]$, $[\omega_1\omega_2\omega_4]$, $[\omega_1\omega_2\omega_5]$, $[\omega_1\omega_2\omega_6]$ ein F. S. von Th. Char. Bezeichnet man den Wert, den die aus den partiellen Derivierten der ungeraden Thetafunktionen $\vartheta[\omega_1]((v))$, $\vartheta[\omega_2]((v))$ gebildete Determinante

$$\frac{\partial\vartheta[\omega_1]((v))}{\partial v_1}\frac{\partial\vartheta[\omega_2]((v))}{\partial v_2} - \frac{\partial\vartheta[\omega_1]((v))}{\partial v_2}\frac{\partial\vartheta[\omega_2]((v))}{\partial v_1}$$

für $v_1 = v_2 = 0$ annimmt, mit $[\omega_1, \omega_2]$, so ist, wie schon *Rosenhain* angibt[178])

$$(446) \qquad [\omega_1, \omega_2] = \pm \prod_{\gamma=3}^{6} \vartheta^2[\omega_1\omega_2\omega_\gamma]((0))$$

71. Übergang von den Thetafunktionen zum algebraischen Gebilde. *Göpel* und *Rosenhain* haben aus den Thetarelationen die Differentialgleichungen des Umkehrproblems der hyperelliptischen Integrale 1. Ordnung hergeleitet und damit den Zusammenhang der Thetafunktionen zweier Veränderlichen mit einem algebraischen Gebilde vom Geschlecht 2 hergestellt. Dieser Übergang läßt sich am einfachsten folgendermaßen bewerkstelligen.[179])

Die Reihenentwicklungen der 6 ungeraden Thetafunktionen nach Potenzen von v_1, v_2 beginnen mit linearen Gliedern. Werden in diesen v_1, v_2 durch homogene Variablen z_1, z_2 ersetzt, so ist ihr Produkt eine binäre Form 6. Grades $f_6(z_1, z_2)$. Die Quadratwurzel aus dieser definiert das zu den gegebenen Thetafunktionen gehörige algebraische Gebilde.

Bringt man, wie bei *Rosenhain*, f_6 in die Normalform

$$(447) \qquad f_6 = z(1-z)(1-\varkappa^2 z)(1-\lambda^2 z)(1-\mu^2 z),$$

so lassen sich dementsprechend die Modulen $\varkappa^2$, λ^2, μ^2 durch die obigen Größen $[\omega_i, \omega_\varkappa]$ ausdrücken in der Form

$$(448) \quad \varkappa^2 = \frac{[\omega_3, \omega_2][\omega_4, \omega_1]}{[\omega_3, \omega_1][\omega_4, \omega_2]}, \quad \lambda^2 = \frac{[\omega_3, \omega_2][\omega_5, \omega_1]}{[\omega_3, \omega_1][\omega_5, \omega_2]}, \quad \mu^2 = \frac{[\omega_3, \omega_2][\omega_6, \omega_1]}{[\omega_3, \omega_1][\omega_6, \omega_2]}$$

---

178) Vgl. dazu *Weber*, Math. Ann. 14 (1879) p. 179 und *Frobenius*, J. f. Math. 98 (1885), p. 247.

179) *Bolza*, Diss. Göttingen, auch Math. Ann. 28 (1887), p. 450; dann Math. Ann. 30 (1887) p. 481 und Gött. N. 1887, p. 418. Es finden sich bei *Bolza* die rationalen Invarianten der Binärform f_6 durch die Thetanullwerte ausgedrückt. Z. B. ist die Diskriminante von f_6 dem Quadrate der Produkte aus den 10 geraden Thetanullwerten gleich.

und mit Hilfe von (446) nun auch durch die Nullwerte der 10 geraden Thetafunktionen.[180])

Aus diesen Gleichungen folgen dann auch umgekehrt Ausdrücke für die Quotienten der Thetanullwerte durch $\varkappa$, λ, μ und diese erscheinen, wenn man in ihnen $\varkappa$, λ, μ als unabhängige Parameter betrachtet, als Auflösungen der zwischen den Thetanullwerten bestehenden Gleichungen (444), (445), insofern diese durch sie identisch erfüllt werden.[181])

Die Thetaquotienten werden, wenn man an Stelle der Argumente Integrale 1. Gattung setzt, Wurzelfunktionen des algebraischen Gebildes. Die einfachsten Wurzelformen $\sqrt{\varphi}$ sind im allgemeinen Falle die Formen $\sqrt{z-\alpha_i}$, $i=1,2,\dots 6$, wo α_i die Verzweigungspunkte der *Riemann*schen Fläche sind, im *Rosenhain*schen Falle die 5 $\sqrt{z}$, $\sqrt{1-z}$, $\sqrt{1-\varkappa^2 z}$, $\sqrt{1-\lambda^2 z}$, $\sqrt{1-\mu^2 z}$, denen die aus 2 ungeraden Thetafunktionen gebildeten Quotienten proportional werden.

Setzt man $(v) = (v(z_2)-v(z_1))$, so erhält man die 15 Thetaquotienten in der schon von *Rosenhain* angegebenen Weise durch die Wurzelformen $\sqrt{z_1}, \sqrt{z_2}, \sqrt{1-z_1}, \dots \sqrt{1-\mu^2 z_2}$ angedrückt. Auch hier kann man z_1, z_2 als unabhängige Parameter ansehen und erhält dann in den Ausdrücken für die Thetaquotienten Auflösungen der Thetarelationen (436), (437), insofern als diese alle durch die genannten Ausdrücke in z_1, z_2 identisch erfüllt werden; andrerseits aber folgen aus den Thetarelationen auf diese Weise Relationen zwischen den Wurzelfunktionen (Nr. **60**).

Algebraische Ausdrücke für Thetaquotienten, deren Argumente aus drei Integralen zusammengesetzt sind (Nr. **59**), hat *Prym*[182]) angegeben und damit den Schlüssel für die Behandlung des allgemeinen hyperelliptischen Falles gefunden.

72. Anwendungen. *Weierstraß*[183]) hat die rechtwinkligen Koordinaten der Punkte einer geodätischen Linie auf dem dreiachsigen Ellipsoid durch Thetafunktionen zweier Veränderlichen, die von einem variablen Parameter abhängen, dargestellt.

---

180) *Rosenhain*, Gl. (91), *Krazer*, p. 51.

181) *Rosenhain*, Gl. (92), *Krazer*, p. 52; andere Parameterdarstellungen bei *Krause*, „Transf." § 11 und *Staude*, Math. Ann. 24 (1884), p. 281.

182) Wien Denkschr. 24 (1865), II, p. 86; 2. Ausg. 1885.

183) Berl. Ber. 1861, p. 986 = Math. W. 1 (1894), p. 257; vgl. dazu *v. Braunmühl*, Math. Ann. 20 (1882), p. 557; *Staude*, Acta math. 8 (1886), p. 81; *Noske*, Progr. Königsberg 1886 u. 1887; ferner *Lampart*, Diss. München 1900, dazu *v. Braunmühl*, Math. Ann. 26 (1886), p. 151.

Da die ebene Kurve 4. Ordnung mit einem Doppelpunkte vom Geschlecht 2 ist, so konnte *Brill*[184]) die Resultate der Theorie der *Abel*schen Funktionen im Falle $p = 2$ für die Untersuchung dieser Kurven insbesondere ihrer Doppeltangenten verwenden.

Darboux[185]) wurde bei seinen Untersuchungen über Zyklidensysteme zur Darstellung der Zykliden und sodann durch Spezialisierung dieser zur Darstellung der allgemeinen Flächen 3. Ordnung durch ultraelliptische Funktionen geführt.

Staude[186]) hat, nachdem er schon vorher die ultraelliptischen Integrale zur Fadenkonstruktion des Ellipsoids und zur Untersuchung geodätischer Polygone auf den Flächen 2. Ordnung herangezogen hatte, für das System konfokaler Flächen 2. Ordnung die Thetafunktionen zweier Veränderlichen in verschiedener Weise zur Parameterdarstellung verwendet und ist dadurch zu Schließungssätzen innerhalb des Strahlensystems der gemeinsamen Tangenten zweier solchen Flächen gelangt.[187])

Den grundlegenden auf *Liouville* zurückgehenden Satz, nach welchem diese gemeinsamen Tangenten durch die *Abel*schen Differentialgleichungen bestimmt werden, hat *Klein*[188]) eingehend untersucht, ihn erweitert und auf Räume beliebig vieler Dimensionen ausgedehnt.

Da *Darboux*[189]) eine Transformation angegeben hat, welche eine Fläche 2. Ordnung in eine Zyklide überführt, konnte *Domsch*[190]) auch von der *Staude*schen Darstellung des konfokalen Flächensystems 2. Ordnung aus zu einer solchen des Zyklidensystems gelangen und eine analoge Deutung der Thetarelationen in der Geometrie der Zykliden durchführen.

Lie[191]) hat gezeigt, wie durch eine Berührungstransformation,

---

184) J. f. Math. 65 (1866), p. 280 u. Math. Ann. 6 (1873), p. 66, dazu *Brioschi*, Acc. Linc. Atti 24 (1870/1), p. 47 = Op. mat. 3 (1904), p. 339; *Clebsch-Lindemann*, Vorl. ü. Geometrie 1 (1876), p. 868; *Ameseder*, Wien. Sitzb. 87 (1883), II, p. 38; *Bobek*, Wien Denkschr. 53 (1887), II, p. 119; *Wirtinger*, D. M. V. Jahresb. 4 (1897), p. 97.

185) Paris C. R. 68 (1869), p. 1311; 69 (1869), p. 392 und: Sur une classe remarquable de courbes et de surfaces algébriques, 1873, p. 148.

186) Math. Ann. 22 (1883), p. 1 u. 145; Leipz. Ber. 34 (1882), p. 5; Math. Ann. 20 (1882), p. 147 u. 21 (1883), p. 219.

187) Solche Polygone erwähnt zuerst *Liouville*, J. de Math. 12 (1847), p. 255, mehrere Sätze darüber gibt *Darboux*, L'Institut, 38e année (1870), p. 142.

188) Math. Ann. 28 (1887), p. 533; siehe auch *Sommer*, Math. Ann. 53 (1900), p. 134.

189) Ann. Éc. Norm. 1_2 (1872), p. 273.

190) Diss. Leipzig 1885 = Arch. d. Math. 2_2 (1885), p. 193.

191) Math. Ann. 5 (1872), p. 145.

welche die Punkte des einen Raumes in die Minimalgeraden des andern überführt, eine *Kummer*sche Fläche in eine Zyklide transformiert wird. Auch auf diese Weise konnte daher *Domsch* die Darstellung der Zykliden durch hyperelliptische Funktionen gewinnen.

Dobriner[192]) stellt die Flächen konstanter Krümmung mit einem System sphärischer Krümmungslinien mit Hilfe von Thetafunktionen zweier Variablen dar.

Thomae[193]) behandelt mittelst Thetafunktionen zweier Veränderlichen die Bewegung eines schweren Punktes auf einer Ellipse und *Schleiermacher*[194]) ebenso die Bewegung eines schweren Punktes auf dem verlängerten Rotationsellipsoid.

Weber[195]) hat die Bewegung, die ein starrer Körper mit drei zueinander senkrechten Symmetrieebenen in einer unendlich ausgedehnten inkompressiblen Flüssigkeit ohne den Einfluß beschleunigender Kräfte ausführt, vermittelst Thetafunktionen zweier Veränderlichen, in denen an Stelle der Variablen lineare Funktionen der Zeit treten, dargestellt. Dabei ist noch die beschränkende Voraussetzung gemacht, daß der Anfangszustand in einer bloßen Translation ohne Rotation bestehe. *Kötter*[196]) hat gezeigt, daß sich der genannte Fall der Bewegung auch ohne diese beschränkende Voraussetzung durch Thetafunktionen zweier Variablen behandeln lasse und ebenso auch jene beiden Bewegungen, aus denen man die Rotation eines starren Körpers um einen festen Punkt im leeren Raume für den durch *Kowalewski*[197]) entdeckten Fall zusammensetzen kann, in welchem nämlich zwei von den Hauptträgheitsmomenten eines Körpers einander gleich und doppelt so groß als das dritte sind und der Schwerpunkt in der Ebene ihrer Achsen liegt. Später gab *Kötter*[198]) noch eine allgemeinere Darstellung der Richtungscosinus zweier orthogonaler Koordinatensysteme durch Thetafunktionen zweier Argumente, welche nicht nur die bisher erwähnten Fälle in sich schließt, sondern auch die *Jacobi*schen Formeln für die Rotation eines starren Körpers um seinen Schwerpunkt liefert, wenn man zwischen den Moduln der Thetafunktionen passende Beziehungen

192) Acta math. 9 (1887), p. 73.

193) Samml. v. Formeln usw. p. 32.

194) Diss. Erlangen 1878; s. auch *Merten,* Diss. Marburg 1911.

195) Math. Ann. 14 (1879), p. 173.

196) J. f. Math. 109 (1892), p. 51 u. 89, vorher Berl. Ber. 1891, p. 47; Acta math. 17 (1893) p. 209.

197) Acta math. 12 (1889), p. 177; dazu *Kötter,* D. M. V. Jahresb. 1 (1892), p. 65.

198) J. f. Math. 116 (1896), p. 213; vorher Berl. Ber. 1895, p. 807; ferner Berl. Ber. 1900, p. 79; *Jahnke,* J. f. Math. 119 (1898) p. 234; vgl. Anm. 165.

annimmt. Diese allgemeineren Formeln gestatten die Lösung weiterer Probleme der Mechanik, wie die von *Stekloff* und *Liapunoff* entdeckten integrablen Fälle der Bewegung eines starren Körpers in einer idealen Flüssigkeit.

Ohnesorge[199]) beschäftigt sich mit der Darstellung der Bewegung von drei in besonderer Anordnung befindlichen Massenpunkten durch Thetafunktionen zweier Veränderlichen.

73. Das Borchardtsche arithmetisch-geometrische Mittel aus vier Elementen.[200]) Man bilde aus vier Elementen a, b, c, e, für welche

$$a > b > c > e > 0, \quad ae > bc \tag{449}$$

ist, durch den Algorithmus

$$\begin{aligned} 4a_1 &= a + b + c + e, \\ 2b_1 &= \sqrt{ab} + \sqrt{ce}, \\ 2c_1 &= \sqrt{ac} + \sqrt{be}, \\ 2e_1 &= \sqrt{ae} + \sqrt{bc} \end{aligned} \tag{450}$$

vier Größen a_1, b_1, c_1, e_1; aus diesen durch den nämlichen Algorithmus wiederum vier Größen a_2, b_2, c_2, e_2 usw.; dann nähern sich die vier Größen a_n, b_n, c_n, e_n mit wachsendem n der nämlichen Grenze g, die man das arithmetisch-geometrische Mittel der vier Elemente a, b, c, e nennt.

Bezeichnet man andrerseits die Nullwerte der geraden Thetafunktionen mit den Modulen a_{11}, a_{12}, a_{22} mit c, setzt also, indem man unter $[\alpha], [\beta], [\gamma], [\varepsilon]$ speziell die vier Th. Char.

$$[\alpha] = \begin{bmatrix} 0 & 0 \\ 0 & 0 \end{bmatrix}, \quad [\beta] = \begin{bmatrix} 0 & 0 \\ 1 & 1 \end{bmatrix}, \quad [\gamma] = \begin{bmatrix} 0 & 0 \\ 1 & 0 \end{bmatrix}, \quad [\varepsilon] = \begin{bmatrix} 0 & 0 \\ 0 & 1 \end{bmatrix} \tag{451}$$

versteht,

$$\vartheta[\alpha]((0))_a = c_\alpha, \quad \vartheta[\beta]((0))_a = c_\beta, \quad \vartheta[\gamma]((0))_a = c_\gamma, \quad \vartheta[\varepsilon]((0))_a = c_\varepsilon, \tag{452}$$

bezeichnet dagegen mit C die Nullwerte der nämlichen Thetafunktionen mit den Modulen $2a_{11}, 2a_{12}, 2a_{22}$, so drücken sich die Größen C durch die c aus mit Hilfe der Gleichungen[201])

$$\begin{aligned} 4C_\alpha^2 &= c_\alpha^2 + c_\beta^2 + c_\gamma^2 + c_\varepsilon^2, \\ 2C_\beta^2 &= c_\alpha c_\beta + c_\gamma c_\varepsilon, \\ 2C_\gamma^2 &= c_\alpha c_\gamma + c_\beta c_\varepsilon, \\ 2C_\varepsilon^2 &= c_\alpha c_\varepsilon + c_\beta c_\gamma, \end{aligned} \tag{453}$$

---

199) Progr. Berlin 1889.

200) Berl. Ber. 1876, p. 611 = Ges. W. 1888, p. 327; auch Bull. sc. math. 1_2 (1877), I, p. 337 und Torino Atti 12 (1876/7), p. 283 = Ges. W. 1888, p. 339; *Schering*, J. f. Math. 85 (1878), p. 115; *Hettner*, J. f. Math. 112 (1894), p. 89.

201) *Göpel*, Gl. (18), (19); auch aus (196) für $p_1 = p_2 = 1$.

woraus bereits der Zusammenhang mit dem arithmetisch-geometrischen Mittel ersichtlich ist.

Um diesen herzustellen seien mit a, b, c, e vier gegebene positive reelle Größen bezeichnet, für welche die Ungleichungen (449) bestehen, und es seien weiter, indem

$$(454)\qquad \begin{aligned} \mathfrak{a} &= a + b + c + e, \\ \mathfrak{b} &= a + b - c - e, \\ \mathfrak{c} &= a - b + c - e, \\ \mathfrak{e} &= a - b - c + e \end{aligned}$$

gesetzt wird, sechs Hilfsgrößen definiert durch die Gleichungen

$$(455)\qquad \begin{aligned} 2b' &= \sqrt{\mathfrak{a}\mathfrak{b}} + \sqrt{\mathfrak{c}\mathfrak{e}}, & 2b'' &= \sqrt{\mathfrak{a}\mathfrak{b}} - \sqrt{\mathfrak{c}\mathfrak{e}}, \\ 2c' &= \sqrt{\mathfrak{a}\mathfrak{c}} + \sqrt{\mathfrak{b}\mathfrak{e}}, & 2c'' &= \sqrt{\mathfrak{a}\mathfrak{c}} - \sqrt{\mathfrak{b}\mathfrak{e}}, \\ 2e' &= \sqrt{\mathfrak{a}\mathfrak{e}} + \sqrt{\mathfrak{b}\mathfrak{c}}, & 2e'' &= \sqrt{\mathfrak{a}\mathfrak{e}} - \sqrt{\mathfrak{b}\mathfrak{c}}, \end{aligned}$$

endlich sei

$$(456)\qquad \Delta^4 = abce\, b'c'e'\, b''c''e''$$

und

$$(457)\qquad \alpha_0 = \frac{acb'}{\Delta}, \quad \alpha_1 = \frac{cc'e'}{\Delta}, \quad \alpha_2 = \frac{ac''e'}{\Delta}, \quad \alpha_3 = \frac{b'c'c''}{\Delta};$$

dann sind für das zur Irrationalität

$$(458)\qquad \sqrt{R(x)} = \sqrt{x(x-\alpha_0)(x-\alpha_1)(x-\alpha_2)(x-\alpha_3)}$$

gehörige algebraische Gebilde vom Geschlecht 2 die Größen c_α^2, c_β^2, c_γ^2, c_ε^2 den Größen a, b, c, e proportional; es ist also

$$(459)\qquad gc_\alpha^2 = a, \quad gc_\beta^2 = b, \quad gc_\gamma^2 = c, \quad gc_\varepsilon^2 = e.$$

Durch Anwendung der Transformation 2ten Grades, welche von Modulen a zu den Modulen $2a$ führt, wird dann

$$(460)\qquad gC_\alpha^2 = a_1, \quad gC_\beta^2 = b_1, \quad gC_\gamma^2 = c_1, \quad gC_\varepsilon^2 = e_1$$

und durch wiederholte Anwendung dieser Transformation, da

$$(461)\qquad \lim_{n=\infty} \vartheta[\alpha]((0))_{2^n a} \cdots = \lim_{n=\infty} \vartheta[\varepsilon]((0))_{2^n a} = 1$$

ist, endlich

$$(462)\qquad \lim_{n=\infty} a_n = \lim_{n=\infty} b_n = \lim_{n=\infty} c_n = \lim_{n=\infty} e_n = g;$$

damit ist die Existenz des arithmetisch-geometrischen Mittels nachgewiesen.

Zur Berechnung von g dient, nachdem man bewiesen hat, daß das auf der rechten Seite der hier folgenden Gleichung stehende

Doppelintegral bei der genannten Transformation zweiten Grades seinen Wert nicht ändert, die Gleichung

(463)
$$\frac{\pi^2}{g} = \int_0^{\alpha_3} dx_2 \int_{\alpha_2}^{\alpha_1} dx_1 \frac{x_1 - x_2}{\sqrt{R(x_1)}\sqrt{R(x_2)}}.$$

Weiteres zum Falle $p = 2$ in den Nr. **94—99, 121** und **126—130.**

IX. Der hyperelliptische Fall.[202])

74. Das Verschwinden der hyperelliptischen Thetafunktionen. Es ist für die Theorie der hyperelliptischen Funktionen zweckmäßig, einen der $2p + 2$ Verzweigungspunkte (Vp.) $\alpha_0, \alpha_1, \ldots \alpha_{2p+1}$ der ihr zugrunde gelegten zweiblättrigen *Riemann*schen Fläche, etwa α_0, als gemeinsame untere Grenze aller auftretenden Integrale 1. Gattung zu wählen und es sei

(464)
$$v_\mu^z = \int_{\alpha_0}^{z} dv_\mu \qquad (\mu = 1, 2, \ldots p)$$

gesetzt. Wenn also, wie bisher, $v_\mu(z)$ jenen Wert des Integrals v_μ bezeichnet, für welchen die *Riemann*sche Konstante k_μ den Wert Null hat und infolgedessen die Funktion

(465)
$$\vartheta\left(\left(v(z) - \sum_{\nu=1}^{p} v(z_\nu)\right)\right)$$

0^1 wird (vorausgesetzt, daß sie nicht identisch verschwindet) in den p Punkten $z = z_1, z_2, \ldots z_p$, so wird, da

(466)
$$v_\mu^z = v_\mu(z) - v_\mu(\alpha_0)$$

ist, die Funktion

$$\vartheta\left(\left(v^z - \sum_{\nu=1}^{p} v^{z_\nu} - (p-1)v(\alpha_0)\right)\right)$$

0^1 für $z = z_1, z_2, \ldots z_p$. Nennt man nun zwei Punkte, die in den beiden Blättern der *Riemann*schen Fläche übereinanderliegen, also Punkte wie z, s und $z, -s$ „verbundene" Punkte und bezeichnet sie mit z und $\bar{z}$, so ist

(467)
$$(v^z + v^{\bar{z}}) \equiv (0)$$

und man schließt nun leicht, daß

(468)
$$((p-1)v(\alpha_0)) \equiv \{n\}$$

202) *Prym*, Schweiz. Nat. Ges. N. Denkschr. 22 (1867); *Neumann*, „Riem. Th."; *Baker*, Amer. J. 20 (1898), p. 301 u. Math. Ann. 50 (1898), p. 462 und das im Bull sc. math. 12_2 (1888), p. 171 [auch J. f. Math. 126 (1903), p. 283] zitierte, dem Verf. nicht zugängliche Werk von *Tikhomandritzky* über die Umkehrung der hyperelliptischen Integrale (Charkow 1885).

ist, wo $\{n\}$ ein vorerst noch unbekanntes System zusammengehöriger Halben der Periodizitätsmodulen bezeichnet. Das vorher ausgesprochene Resultat über die Nullpunkte der Thetafunktion lautet aber jetzt dahin, daß die Funktion

$$\vartheta[n]\left(\left(v^z - \sum_1^p v^{z_\nu}\right)\right) \tag{469}$$

(falls sie nicht identisch verschwindet) 0^1 wird in den p Punkten $z_1, z_2, \ldots z_p$, sich also ebenso verhält wie früher die Funktion (465).

Es ist infolgedessen nach dem *Riemann*schen Satze in Nr. **46** $\vartheta[n]((r)) = 0$, wenn bei beliebiger Wahl der $p-1$ Punkte $\eta_1, \eta_2, \ldots \eta_{p-1}$

$$(r) \equiv \left(\sum_1^{p-1} v^{\eta_\nu}\right) \tag{470}$$

ist; und wenn bei gegebenem Wertesystem (r) m der Punkte η willkürlich gewählt werden können, so verschwindet für $(v) = (r)$ nicht nur die Funktion $\vartheta[n]((v))$, sondern es verschwinden auch alle ihre partiellen Derivierten der $1^{\text{ten}}, 2^{\text{ten}}, \ldots m^{\text{ten}}$ Ordnung, aber nicht mehr alle Derivierten der $m+1^{\text{ten}}$ Ordnung.

Wenn nun unter den $p-1$ Punkten η m Paare verbundener Punkte vorkommen, so können wegen (467) diese, also in (469) m Punkte willkürlich gewählt werden; daraus folgt aber, daß für

$$(r) \equiv \left(\sum_1^{p-2m-1} v^{\eta_\nu}\right) \tag{471a}$$

und, da immer noch einer von den übrig gebliebenen Punkten η in den Grenzpunkt α_0 fallend angenommen werden kann, auch für

$$(r) \equiv \left(\sum_1^{p-2m-2} v^{\eta_\nu}\right) \tag{471b}$$

bei beliebiger Lage dieser $p-2m-1$ bzw. $p-2m-2$ Punkte η die Funktion $\vartheta[n]((r))$ samt allen ihren Derivierten der $1^{\text{ten}}, 2^{\text{ten}}, \ldots$ m^{ten}, aber nicht mehr der $m+1^{\text{ten}}$ Ordnung verschwindet.

Für die Funktion (469) aber schließt man, daß sie als Funktion von z identisch verschwindet, sobald unter den p Punkten $z_1, z_2, \ldots$ z_p auch nur ein Paar verbundener Punkte sich befindet, daß sie dagegen in den genannten p Punkten und nur in ihnen 0^1 wird, wenn unter ihnen keine verbundenen Punkte vorkommen.

Das System (v^z) der p Integrale $v_1^z, v_2^z, \ldots v_p^z$ wird, wenn an Stelle von z einer der Vp. der *Riemann*schen Fläche gesetzt wird, einem Systeme zusammengehöriger Halben der Periodizitätsmodulen gleich. Läßt man an Stelle von z der Reihe nach die $2p+1$ Vp. $\alpha_1, \alpha_2, \ldots$ α_{2p+1} treten, so erhält man aus (v^z) $2p+1$ Systeme zusammengehöriger Halben der Periodizitätsmodulen, deren Per. Char. mit (a_1), $(a_2), \ldots (a_{2p+1})$ bezeichnet seien.

Versteht man unter $(\sum^{\nu} a)$ die Summe von irgend ν unter ihnen, so ergibt sich aus dem vorigen, daß eine Funktion

$$\vartheta[n + \sum^{p-2m-1} a]((v)) \quad \text{und} \quad \vartheta[n + \sum^{p-2m-2} a]((v))$$

für $(v) = (0)$ samt allen ihren Derivierten der $1^{\text{ten}}, 2^{\text{ten}}, \ldots m^{\text{ten}}$, nicht aber der $m + 1^{\text{ten}}$ Ordnung verschwindet, und man schließt hieraus, daß alle Th. Char. von den Formen

$$[n + \sum^{p-4m-1} a] \quad \text{und} \quad [n + \sum^{p-4m-2} a] \qquad (m = 0, 1, 2, \ldots)$$

ungerade, alle Th. Char. von den Formen

$$[n + \sum^{p} a], \quad [n + \sum^{p-4m-3} a] \quad \text{und} \quad [n + \sum^{p-4m-4} a] \quad (m = 0, 1, 2, \ldots)$$

gerade sind, daß aber von allen Thetanullwerten nur die $\binom{2p+1}{p}$ Größen $\vartheta[n + \sum^{p} a]((0))$ von Null verschieden sind.

Es ergibt sich jetzt sofort, daß irgend zwei der Per. Char. (a) zueinander azygetisch sind, die $2p + 1$ Per. Char. $(a_1), (a_2), \ldots (a_{2p+1})$ also ein F. S. von Per. Char. bilden, und $[n]$ ergibt sich als die Summe der ungeraden unter den $[a]$.

Das F. S. $(a_1), (a_2), \ldots (a_{2p+1})$ hängt von der Zerschneidung der *Riemann*schen Fläche ab; durch deren passende Wahl kann an seine Stelle jedes überhaupt existierende F. S. von Per. Char. treten.

Bezüglich des Verschwindens der hyperelliptischen Thetafunktionen aber erhält man

für $p = 3$ die eine Bedingung, daß für $(v) = (0)$ die gerade Funktion $\vartheta[n]((v))$ verschwindet,

für $p = 4$ die 10 Bedingungen, daß für $(v) = (0)$ die geraden Funktionen $\vartheta[n]((v))$ und $\vartheta[n + \sum^{1} a]((v))$ verschwinden,

für $p = 5$ die 66 Bedingungen, daß für $(v) = (0)$ die 66 geraden Funktionen $\vartheta[n + \sum^{1} a]((v))$ und $\vartheta[n + \sum^{2} a]((v))$ verschwinden und noch die weiteren Bedingungen, daß für $(v) = (0)$ die 5 ersten partiellen Derivierten der ungeraden Funktion $\vartheta[n]((v))$ verschwinden; usw.

Beachtet man, daß die Anzahl der Modulen der allgemeinen p-fach unendlichen Thetareihe $\frac{1}{2}p(p + 1)$, die Anzahl der wesentlichen Konstanten des hyperelliptischen Gebildes vom Geschlecht p aber $2p - 1$ beträgt, so ergibt sich als die Anzahl der zwischen den

Modulen einer hyperelliptischen Thetafunktion bestehenden wesentlichen Relationen $\frac{1}{2}(p-1)(p-2)$, d. i. 1 im Falle $p=3$, 3 im Falle $p=4$, 6 im Falle $p=5$. Vergleicht man diese Zahlen mit den obigen, so erkennt man, daß die oben angegebenen Bedingungen, sobald $p>3$ ist, nicht unabhängig voneinander sind, sondern sich auf weniger reduzieren lassen müssen.[203])

75. Zuordnung der Wurzelfunktionen zu den Per. Char. Die Zuordnung von Wurzelfunktionen zu den Per. Char. wird am einfachsten an einen Thetaquotienten von der Form

$$Q = \frac{\vartheta[n+\sum^{p-1} a_\nu + a']((v^z))}{\vartheta[n+\sum^{p-1} a_\nu]((v^z))} \tag{472}$$

geknüpft, bei dem $(\sum^{p-1} a_\nu)$ die Summe von irgend $p-1$, (a') aber eine davon verschiedene p^{te} Per. Char. des F. S. bezeichnet und der, da Zähler und Nenner in den $p-2$ Vp. α_ν gleichzeitig verschwinden, 0^1 wird nur in dem zu (a') gehörigen Vp. α', ∞^1 in α_0, so daß

$$Q = c\sqrt{\frac{z-\alpha'}{z-\alpha_0}} \tag{473}$$

ist, wo c eine von z freie Konstante bezeichnet. Ist $(a') = \begin{pmatrix} \varepsilon_1 \varepsilon_2 \dots \varepsilon_p \\ \varepsilon_1' \varepsilon_2' \dots \varepsilon_p' \end{pmatrix}$, so erlangt Q an den Querschnitten die folgenden Faktoren: es ist

203) Daß schon *Rosenhain* auf die Schwierigkeiten hingewiesen hatte, welche der Ausdehnung seiner Theorie der ultraelliptischen Funktionen auf beliebiges p deshalb entgegenstehen, weil bei größerem p die Anzahl der Modulen der Thetareihe über die Anzahl der wesentlichen Konstanten des hyperelliptischen Gebildes hinausgeht, ist bereits in Nr. 6 erwähnt worden. Welcher Art die besonderen Bedingungen sind, denen die Modulen der hyperelliptischen Thetafunktionen genügen, haben *Riemann* [„Vorl.“, dazu *Prym*, Schweiz. Nat. Ges. N. Denkschr. 22 (1867)] und *Weierstraß* [Math. W. 1 (1894), p. 143, dazu *Königsberger*, J. f. Math. 64 (1865), p. 25, und *Pringsheim*, Math. Ann. 12 (1877), p. 435] sehr früh erkannt. Daß diese Bedingungen auch hinreichende sind und daß man im Falle ihres Erfülltseins von den zwischen den Thetafunktionen bestehenden Relationen aus in der gleichen Weise, wie es von *Rosenhain* im Falle $p=2$ geschehen ist, zu den Differentialgleichungen des Umkehrproblems gelangen kann, haben für $p=3$ *Schottky* („Abr.“ p. 147) und für $p=4$ *Pringsheim* (a. a. O.) gezeigt. Die Reduktion der 10 Bedingungen im Falle $p=4$ auf 3 ist von *Noether* [Math. Ann. 14 (1879), p. 293], ebenso der 71 Bedingungen im Falle $p=5$ auf 6 von demselben [Math. Ann. 16 (1880), p. 337] durchgeführt worden.

Weierstraß [bei *Königsberger*, J. f. Math. 87 (1879), p. 189] hat darauf hingewiesen, daß zwar durch eine lineare, nicht aber durch eine Transformation höheren Grades aus einer hyperelliptischen Thetafunktion wieder eine hyperelliptische hervorgehe; vgl. dazu *Königsberger*, Mein Leben (1919), p. 170.

$$\text{(474)} \qquad \begin{array}{ll} \text{längs } a_\nu: & Q^+ = (-1)^{\varepsilon_\nu} Q^-, \\ \text{längs } b_\nu: & Q^+ = (-1)^{\varepsilon'_\nu} Q^- \end{array} \qquad (\nu = 1, 2, \ldots p)$$

und es ist daher

der Per. Char. (a') die Wurzelfunktion $\sqrt{\frac{z-\alpha'}{z-\alpha_0}}$

zugeordnet. Da man nun weiter jede beliebige Per. Char. in der Form $(\sum^m a_\mu)$ darstellen kann, so kann man auch jeder Per. Char. eine Wurzelfunktion zuordnen, nämlich

der Per. Char. $(\sum^m a_\mu)$ die Wurzelfunktion $\sqrt{\prod^m \frac{z-\alpha_\mu}{z-\alpha_0}}$.

76. Zuordnung der Wurzelformen zu den Th. Char. Sind $p-1$ Punkte $\eta_1, \eta_2, \ldots \eta_{p-1}$ so gewählt, daß

$$\text{(475)} \qquad \Big(\sum_{\nu=1}^{p-1} v^{\eta_\nu}\Big) \equiv \{\varepsilon\},$$

d. h. einem Systeme zusammengehöriger Halben der Periodizitätsmodulen kongruent ist, so verschwindet $\vartheta[n\varepsilon]((v^z))$, falls es nicht identisch verschwindet, in $z = \alpha_0$ und den $p-1$ Punkten $z = \eta_1, \eta_2, \ldots \eta_{p-1}$ und der Th. Char. $[n\varepsilon]$ wird jene Wurzelform $\sqrt{\varphi}$ zugeordnet, für welche φ in den $p-1$ Punkten η 0^2 ist. Nimmt man nun für die η $p-1$ Vp. α, so wird

$$\text{(476)} \qquad \Big(\sum^{p-1} v^{\alpha_\nu}\Big) \equiv \Big(\sum^{p-1} a_\nu\Big)$$

und man erhält jeder ungeraden Th. Char. von der Form $[n + \sum^{p-1} a_\nu]$ eine Wurzelform $\sqrt{\prod^{p-1}(z-\alpha_\nu)}$ zugeordnet. Läßt man von den $p-1$ Vp. α_ν einen mit α_0 zusammenfallen, so erscheint jeder ungeraden Th. Char. von der Form $[n + \sum^{p-2} a_\nu]$ eine Wurzelform $\sqrt{\prod^{p-1}(z-\alpha_\nu)}$ zugewiesen, bei welcher jetzt unter den $p-1$ Faktoren $z-\alpha_\nu$ auch der Faktor $z-\alpha_0$ auftritt, und man hat also den ungeraden Th. Char. von den Formen $[n + \sum^{p-1} a]$ und $[n + \sum^{p-2} a]$ gleichmäßig Wurzelformen $\sqrt{\prod^{p-1}(z-\alpha)}$ zugeordnet erhalten.

Läßt man weiter in (475) an Stelle zweier der Punkte η ein Paar verbundener Punkte z_1 und $\bar{z}_1$ treten, so erscheint jeder Th. Char. $[n + \sum^{p-3} a]$ und $[n + \sum^{p-4} a]$, die alle gerade Th. Char. sind, für welche aber die Funktion $\vartheta[\varepsilon]((v))$ und auch alle ihre ersten partiellen Derivierten für $(v) = (0)$ verschwinden, eine einfach unendliche Schar von

Wurzelformen $(z-z_1)\sqrt{\prod^{p-3}(z-\alpha)}$ zugeordnet, da z_1 willkürlich gewählt werden kann.

Jeder der ungeraden Th. Char. $[n+\sum^{p-5}a]$ und $[n+\sum^{p-6}a]$, für welche außer der Thetafunktion selbst alle ihre ersten und zweiten partiellen Derivierten für $(v)=(0)$ verschwinden und zu denen wir gelangen, wenn wir annehmen, daß unter den $p-1$ Punkten η zwei Paare $z_1, \bar{z}_1$ und $z_2, \bar{z}_2$ verbundener Punkte auftreten, erhalten wir eine zweifach unendliche Schar von Wurzelformen $(z-z_1)(z-z_2)\sqrt{\prod^{p-5}(z-\alpha)}$ zugeordnet und allgemein wird, unter der Annahme des Vorkommens von m Paaren verbundener Punkte unter den η, jeder Th. Char. $[n+\sum^{p-2m-1}a]$ und $[n+\sum^{p-2m-2}a]$ eine m fach unendliche Schar von Wurzelformen $(z-z_1)\ldots(z-z_m)\sqrt{\prod^{p-2m-1}(z-\alpha)}$ zugeordnet.

Fährt man so fort, so werden endlich bei geradem p den Th. Char. $[n+\sum^{3}a]$ und $[n+\sum^{2}a]$ die $\frac{1}{2}p-2$-fach unendlichen Scharen von Wurzelformen $(z-z_1)(z-z_2)\ldots(z-z_{\frac{1}{2}p-2})\sqrt{\prod^{3}(z-\alpha)}$ und den Th. Char. $[n+\sum^{1}a]$ und $[n]$ die $\frac{1}{2}p-1$-fach unendlichen Scharen von Wurzelformen $(z-z_1)(z-z_2)\ldots(z-z_{\frac{1}{2}p-1})\sqrt{z-\alpha}$ zugeordnet, wo dem früheren entsprechend im Falle der Th. Char. $[n]$ die Wurzel $\sqrt{z-\alpha_0}$ zu nehmen ist.

Bei ungeradem p dagegen werden schließlich den Th. Char. $[n+\sum^{2}a]$ und $[n+\sum^{1}a]$ die $\frac{1}{2}(p-3)$-fach unendlichen Scharen von Wurzelformen $(z-z_1)(z-z_2)\ldots(z-z_{\frac{p-3}{2}})\sqrt{\prod^{2}(z-\alpha)}$ und endlich der Th. Char. $[n]$ die $\frac{1}{2}(p-1)$-fach unendliche Schar $(z-z_1)(z-z_2)\ldots(z-z_{\frac{p-1}{2}})$ zugewiesen.

Daß der Th. Char. $[n]$ in der Tat die Wurzelform $\sqrt{(z-\alpha_0)^{p-1}}$ entspricht, erhellt auch daraus, daß nach Nr. 75 einer Per. Char. $(\sum^{p-}a)$ eine Wurzelfunktion $\sqrt{\frac{\prod^{p-1}(z-\alpha)}{(z-\alpha_0)^{p-1}}}$ entspricht, also die relative Zuordnung der Wurzelformen $\sqrt{\prod^{p-1}(z-\alpha)}$ zu den Per. Char. $(\sum^{p-1}a)$ ihre absolute Zuordnung zu den Th. Char. $[n+\sum^{p-1} a]$ liefert, wenn man der Wurzelform $\sqrt{(z-\alpha_0)^{p-1}}$ die Th. Char. $[n]$ zuweist; es steht diese Zuordnung aber endlich auch in direkter Übereinstimmung mit der Gleichung (468).

Im Vorigen ist der Vp. α_0, der als gemeinsame untere Grenze der Integrale $v^\mathfrak{s}$ gewählt wurde, vor den $2p+1$ übrigen bevorzugt. Will man dies vermeiden, so wird man von dem F. S. von Per. Char. $(a_1), (a_2), \dots (a_{2p+1})$ durch Hinzunahme der uneigentlichen Per. Char. (0) und Addition einer beliebigen Th. Char. $[a_0']$ zu einem F. S. von $2p+2$ Th. Char. $[a_0'], [a_1'], \dots [a_{2p+1}']$ übergehen, welche jetzt den $2p+2$ Vp. $\alpha_0, \alpha_1, \dots \alpha_{2p+1}$ entsprechen. Jede beliebige Th. Char. $[\varepsilon]$ kann (vgl. Nr. 27) durch die $2p+2$ Th. Char. $[a']$ auf zwei Weisen in der Form

$$(477)\qquad [\varepsilon] = [n' + \sum^{p-2m+1} a'] = [n' + \sum^{p+2m+1} a']$$

dargestellt werden, wo $[n'] = [n + (p+1)a_0']$ ist und wo jedesmal in den beiden Darstellungen zusammen jede der $2p+2$ Th. Char. $[a']$ und jede nur einmal auftritt. Dieser doppelten Darstellung tritt jedesmal eine Zerlegung von

$$(478)\qquad s = \sqrt{(z-\alpha_0)(z-\alpha_1)\dots(z-\alpha_{2p+1})}$$

in zwei Faktoren

$$(479)\qquad s = \sqrt{\prod^{p-2m+1}(z-\alpha)} \cdot \sqrt{\prod^{p+2m+1}(z-\alpha)}$$

an die Seite, in denen zusammen alle $2p+2$ Linearfaktoren $z-\alpha$ auftreten, und es entspricht in diesem Sinne jeder Th. Char. $[\varepsilon]$, also auch jeder Thetafunktion $\vartheta[\varepsilon]((v))$, eine Zerlegung von s^2 in zwei Faktoren von den Graden $p-2m+1$ und $p+2m+1$ (Nr. **94**); jede der beiden Wurzelformen aber, die dabei auf der rechten Seite von (479) auftreten, charakterisiert die m-fach unendliche Schar der der Th. Char. $[\varepsilon]$ zugeordneten Wurzelformen. Nur die den Zerlegungen von s in zwei Faktoren gleichen, nämlich $p+1^{\text{ten}}$ Grades entsprechenden Thetafunktionen verschwinden für $(v) = (0)$ nicht.

77. Darstellung von Thetaquotienten durch Wurzelfunktionen. Greift man aus den $2p+1$ Vp. $\alpha_1, \alpha_2, \dots \alpha_{2p+1}$ irgendeine gerade Anzahl, $2m$, heraus, teilt sie in zwei Gruppen zu je m, $\alpha_1', \dots \alpha_m'$ die eine, $\alpha_1'', \dots \alpha_m''$ die andere, und bezeichnet mit $(a_1'), \dots (a_m')$ und $(a_1''), \dots (a_m'')$ die ihnen nach Nr. **75** zugehörigen Per. Char., so wird der Thetaquotient

$$(480)\qquad Q(z) = \frac{\vartheta[n + \sum^m a']\left(\left(v^z + \sum_1^{p-m} v^{z_\lambda}\right)\right)}{\vartheta[n + \sum^m a'']\left(\left(v^z + \sum_1^{p-m} v^{z_\lambda}\right)\right)},$$

da sein Zähler und sein Nenner in den $p-m$ mit $z_1, \dots z_{p-m}$ verbundenen Punkten $\bar{z}_1, \dots \bar{z}_{p-m}$ gleichzeitig verschwinden, 0^1 nur für $z = \alpha_1', \dots \alpha_m'$, ∞^1 nur für $z = \alpha_1'', \dots \alpha_m''$, und da er an allen Querschnitten zweite Einheitswurzeln als Faktoren annimmt, so ist

$$Q(z) = c\sqrt{\frac{(z-\alpha_1')\dots(z-\alpha_m')}{(z-\alpha_1'')\dots(z-\alpha_m'')}}, \tag{481}$$

wo c von z unabhängig ist. Setzt man daher, indem man noch z mit z_0 bezeichnet,

$$\frac{\vartheta[n+\sum^m \alpha']\left(\left(\sum_0^{p-m} v^{z_\lambda}\right)\right)}{\vartheta[n+\sum^m \alpha'']\left(\left(\sum_0^{p-m} v^{z_\lambda}\right)\right)} = c_0 \prod_{\lambda=0}^{p-m} \sqrt{\frac{(z_\lambda-\alpha_1')\dots(z_\lambda-\alpha_m')}{(z_\lambda-\alpha_1'')\dots(z_\lambda-\alpha_m'')}}, \tag{482}$$

so ist c_0 nun auch von $z_1, \dots z_{p-m}$ unabhängig und kann folgendermaßen bestimmt werden.

Man teile die $2p+2-2m$ von den α' und α'' verschiedenen Vp. $\alpha_0, \alpha_1, \dots \alpha_{2p+1-2m}$ irgendwie in 2 Gruppen von je $p+1-m$ und bezeichne die Punkte der einen Gruppe mit $\alpha_\lambda^{(0)}$ $(\lambda = 0, 1, \dots p-m)$, die der anderen mit $\alpha_\lambda^{(1)}$. Läßt man dann in (482) an Stelle der Punkte z_λ das eine Mal die Punkte $\alpha_\lambda^{(0)}$, das andere Mal die Punkte $\alpha_\lambda^{(1)}$ treten, so erhält man zwei Gleichungen, auf deren linken Seiten, von gewissen vierten Einheitswurzeln abgesehen[204]), die Zählerfunktion der zweiten mit der Nennerfunktion der ersten und umgekehrt übereinstimmt und aus denen durch Multiplikation

$$c_0^2 = \varepsilon\sqrt{\frac{\Delta(\alpha')\Delta(\alpha,\alpha'')}{\Delta(\alpha'')\Delta(\alpha,\alpha')}}, \tag{483}$$

durch Division

$$\frac{\vartheta^2[n+\sum^m \alpha' + \sum_0^{p-m} \alpha_\lambda^{(0)}]((0))}{\vartheta^2[n+\sum^m \alpha'' + \sum_0^{p-m} \alpha_\lambda^{(0)}]((0))} = \varepsilon'\sqrt{\frac{\Delta(\alpha^{(0)},\alpha')\Delta(\alpha^{(1)},\alpha'')}{\Delta(\alpha^{(0)},\alpha'')\Delta(\alpha^{(1)},\alpha')}} \tag{484}$$

sich ergibt, wo $\Delta(\alpha')$ die Diskriminante der m Größen $\alpha_1', \dots \alpha_m'$, $\Delta(\alpha, \alpha'')$ die Diskriminante der $2p+2-m$ Größen $\alpha_0, \alpha_1, \dots \alpha_{2p+1-2m}$, $\alpha_1'', \dots \alpha_m''$ usw., endlich $\Delta(\alpha^{(1)}, \alpha')$ die Diskriminante der $p+1$ Größen $\alpha_0^{(1)}, \alpha_1^{(1)}, \dots \alpha_{p-m}^{(1)}, \alpha_1', \dots \alpha_m'$ bezeichnet, $\varepsilon, \varepsilon'$ aber leicht angebbare vierte Einheitswurzeln sind.

Durch (483) ist die auf der rechten Seite von (482) stehende Konstante c_0 bis aufs Vorzeichen bestimmt; durch (484) wird der Quo-

---

204) Bezüglich dieser siehe *Prym*, a. a. O. p. 40.

tient der Nullwerte von zwei beliebigen Funktionen $\vartheta^2[n+\sum^p a]((v))$ durch die Verzweigungspunkte ausgedrückt.

In (482) sind zwei bemerkenswerte Fälle enthalten, in denen das Resultat eine besonders einfache Gestalt annimmt.

Wird erstens $m = p$ genommen, so erhält man

$$(485)\qquad \frac{\vartheta[n+\sum^p a']((v^z))}{\vartheta[n+\sum^p a'']((v^z))} = \eta\cdot\frac{\sqrt{\dfrac{(z-\alpha_1')\dots(z-\alpha_p')}{(z-\alpha_1'')\dots(z-\alpha_p'')}}}{\sqrt[4]{\dfrac{(\alpha_0-\alpha_1')\dots(\alpha_0-\alpha_p')}{(\alpha_0-\alpha_1'')\dots(\alpha_0-\alpha_p'')}}\sqrt[4]{\dfrac{(\alpha_1-\alpha_1')\dots(\alpha_1-\alpha_p')}{(\alpha_1-\alpha_1'')\dots(\alpha_1-\alpha_p'')}}},$$

wo $\alpha_0, \alpha_1, \alpha_1', \dots \alpha_p', \alpha_1'', \dots \alpha_p''$ die sämtlichen $2p+2$ Vp. bezeichnen und η eine achte Einheitswurzel ist.

Wird zweitens $m = 1$ genommen, so erhält man, wenn man noch z_0 durch z_p ersetzt,

$$(486)\qquad \frac{\vartheta[n+a']\left(\left(\sum_1^p v^{z_\lambda}\right)\right)}{\vartheta[n+a'']\left(\left(\sum_1^p v^{z_\lambda}\right)\right)} = \eta\cdot\frac{\prod\limits_{\lambda=1}^{p}\sqrt{\dfrac{z_\lambda-\alpha'}{z_\lambda-\alpha''}}}{\prod\limits_{\mu=0}^{2p-1}\sqrt[4]{\dfrac{\alpha_\mu-\alpha'}{\alpha_\mu-\alpha''}}},$$

wo $\alpha_0, \alpha_1, \dots \alpha_{2p-1}, \alpha', \alpha''$ die sämtlichen $2p+2$ Vp. sind und η wieder eine achte Einheitswurzel bezeichnet. Setzt man jetzt

$$(487)\qquad \prod_{\nu=0}^{2p+1}(z-\alpha_\nu) = f(z),$$

so erhält man aus (486) auch

$$(488)\qquad \frac{\vartheta[n+a']\left(\left(\sum_1^p v^{z_\lambda}\right)\right)}{\vartheta[n+a'']\left(\left(\sum_1^p v^{z_\lambda}\right)\right)} = \eta\cdot\frac{\prod\limits_{\lambda=1}^{p}\sqrt{\dfrac{z_\lambda-\alpha'}{z_\lambda-\alpha''}}}{\sqrt[4]{-\dfrac{f'(\alpha')}{f'(\alpha'')}}}.$$

78. Darstellung von Thetaquotienten durch Wurzelfunktionen, Fortsetzung. Dem Quotienten

$$(489)\qquad Q(z) = \frac{\vartheta[n+\sum^{2m} a]\left(\left(v^z+\sum_1^p v^{z_\lambda}\right)\right)}{\vartheta[n]\left(\left(v^z+\sum_1^p v^{z_\lambda}\right)\right)}$$

ist nach Nr. **76** die Wurzelfunktion

$$(490)\qquad \frac{\sqrt{(z-\alpha_1)\dots(z-\alpha_{2m})}}{(z-\alpha_0)^m}$$

zuzuordnen. Setzt man daher

$$(491)\qquad (z-\alpha_1)\dots(z-\alpha_{2m}) = g(z),$$

so ist $Q(z)\sqrt{g(z)}$ eine Funktion der Klasse und läßt sich, da sie außer im Unendlichen nur in den Punkten $z = \bar{z}_1, \bar{z}_2, \ldots \bar{z}_p$ unendlich wird, die $2m$ Vp. $\alpha_1, \alpha_2, \ldots \alpha_{2m}$ aber als Nullpunkte hat, in der Form

$$Q(z)\sqrt{g(z)} = \frac{p(z)g(z) + q(z)\cdot s}{(z - z_1)\ldots(z - z_p)}, \tag{492}$$

$Q(z)$ selbst also, wenn man noch

$$\frac{s}{\sqrt{g(z)}} = \sqrt{h(z)} \tag{493}$$

setzt, in der Form

$$Q(z) = \frac{p(z)\sqrt{g(z)} + q(z)\sqrt{h(z)}}{(z - z_1)\ldots(z - z_p)} \tag{494}$$

darstellen, wo die ganzen rationalen Funktionen $p(z)$ und $q(z)$ der doppelten Bedingung zu genügen haben, daß $Q(z)$ im Unendlichen nicht mehr unendlich wird und auch nicht in den Punkten $z_1, z_2, \ldots z_p$. Die erste Bedingung verlangt, daß $p(z)$ höchstens vom Grade $p - m$ und $q(z)$ höchstens vom Grade $m - 1$ sei, die letztere aber, daß die so entstehende Zählerfunktion

$$\begin{aligned} Z = (p_0 + p_1 z + \cdots + p_{p-m} z^{p-m})\sqrt{g(z)} \\ + (q_0 + q_1 z + \cdots + q_{m-1} z^{m-1})\sqrt{h(z)} \end{aligned} \tag{495}$$

Null werde für $z = z_1, z_2, \ldots z_p$, woraus sich

$$Z = c \cdot \Delta \tag{496}$$

ergibt, wo Δ die Determinante

$$\Delta = \begin{vmatrix} \sqrt{g(z)} & z\sqrt{g(z)} & \cdots & z^{p-m}\sqrt{g(z)} & \sqrt{h(z)} & z\sqrt{h(z)} & \cdots & z^{m-1}\sqrt{h(z)} \\ \sqrt{g(z_1)} & z_1\sqrt{g(z_1)} & \cdots & z_1^{p-m}\sqrt{g(z_1)} & \sqrt{h(z_1)} & z_1\sqrt{h(z_1)} & \cdots & z_1^{m-1}\sqrt{h(z_1)} \\ \cdot & \cdot & \cdot & \cdot & \cdot & \cdot & \cdot & \cdot \\ \sqrt{g(z_p)} & z_p\sqrt{g(z_p)} & \cdots & z_p^{p-m}\sqrt{g(z_p)} & \sqrt{h(z_p)} & z_p\sqrt{h(z_p)} & \cdots & z_p^{m-1}\sqrt{h(z_p)} \end{vmatrix} \tag{497}$$

bezeichnet. Setzt man dann

$$\frac{\vartheta\left[n + \sum^{2m} a\right]\left(\left(v^{\varepsilon} + \sum_1^p v^{\varepsilon\lambda}\right)\right)}{\vartheta[n]\left(\left(v^{\varepsilon} + \sum_1^p v^{\varepsilon\lambda}\right)\right)} = c_0 \cdot \frac{\Delta}{\Delta(z, z_1, \ldots z_p)}, \tag{498}$$

wo $\Delta(z, z_1, \ldots z_p)$ die Diskriminante der $p + 1$ Größen $z, z_1, \ldots z_p$ bezeichnet, so ist c_0 auch von $z_1, z_2, \ldots z_p$ unabhängig und kann bestimmt werden, indem man für die $p + 1$ Punkte $z_1, z_2, \ldots z_p$ spezielle Lagen wählt.

Setzt man etwa

$$z = \alpha_0,\ z_1 = \alpha_1,\ \ldots\ z_m = \alpha_m,\ z_{m+1} = \alpha_{2m+1},\ \ldots\ z_p = \alpha_{m+p}, \tag{499}$$

so kann die linke Seite von (498) mittelst (484) durch die Vp. ausgedrückt werden und man erhält, wenn man auch rechts die z durch die Werte (499) ersetzt und der Vereinfachung wegen statt α_0 hier α_{2p+2} schreibt,

$$c_0 = \sqrt[4]{\frac{\Delta(\alpha_1, \alpha_2, \dots \alpha_{2m})\Delta(\alpha_{2m+1}, \alpha_{2m+2}, \dots \alpha_{2p+2})}{\Delta(\alpha_1, \alpha_2, \dots \alpha_{2p+2})}}. \tag{500}$$

79. Lösung des Jacobischen Umkehrproblems. Wenn die p Punkte $z_1, z_2, \dots z_p$ bei gegebenen Werten $w_1, w_2, \dots w_p$ aus dem Kongruenzensystem

$$(\sum_1^p v^z) \equiv (w) \tag{501}$$

zu bestimmen sind, so liefert die Gleichung (488), wenn man in ihr die unbekannten Punkte $z_1, z_2, \dots z_p$ einführt, sofort die Gleichung

$$\prod_{\lambda=1}^{p} \frac{z_\lambda - \alpha'}{z_\lambda - \alpha''} = \varepsilon \sqrt{-\frac{f'(\alpha')}{f'(\alpha'')}} \left(\frac{\vartheta[n+a']((w))}{\vartheta[n+a'']((w))}\right)^2, \tag{502}$$

wo rechts alles bekannt ist (auch die vierte Einheitswurzel ε) und woraus man, indem man für α', α'' verschiedene Paare von Vp. treten läßt, genügend viel Gleichungen zur Bestimmung der Unbekannten $z_1, z_2, \dots z_p$ ableiten kann.

Man kann aber der Lösung des Umkehrproblems noch eine andere Form geben. Setzt man

$$F(z) = (z - z_1)(z - z_2) \dots (z - z_p), \tag{503}$$

so erhält man

$$\frac{F(z)}{f(z)} = \sum_{\nu=0}^{2p+1} \frac{F(\alpha_\nu)}{f'(\alpha_\nu)} \cdot \frac{1}{z - \alpha_\nu} \tag{504}$$

und hieraus durch Anwendung von (502)

$$\frac{\sqrt{f'(\alpha'')}}{F(\alpha'')} \cdot F(z) = \sum_{\nu=0}^{2p+1} \varepsilon_\nu \left(\frac{\vartheta[n+a_\nu]((w))}{\vartheta[n+a'']((w))}\right)^2 \cdot \frac{1}{\sqrt{-f'(\alpha_\nu)}} \cdot \frac{f(z)}{z-\alpha_\nu}. \tag{505}$$

Man erkennt daraus, daß man die p Wurzeln der Gleichung $F(z) = 0$, d. h. die p gesuchten Werte $z_1, z_2, \dots z_p$ auch als die Wurzeln der Gleichung

$$\sum_{\nu=0}^{2p+1} \frac{\varepsilon_\nu}{\sqrt{-f'(\alpha_\nu)}} \cdot \frac{\vartheta^2[n+a_\nu]((w))}{\vartheta^2[n+a]((w))} \cdot \frac{f(z)}{z-\alpha_\nu} = 0 \tag{506}$$

definieren kann, wobei (a) irgendeine der $2p+1$ Per. Char. des F. S. ist. Diese Gleichung löst also das Umkehrproblem, soweit es die Bestimmung der Werte $z_1, z_2, \dots z_p$ angeht.

Nachdem diese Werte bestimmt sind, handelt es sich um die Ermittlung der zugehörigen Werte $s_1, s_2, \dots s_p$.

Zu dem Ende gehe man auf die Formel (498) zurück und setze darin $m = 1$. Man erhält dann

(507)
$$\frac{\vartheta[n+\sum^{2} a]\left(\left(v^{z}+\sum_{1}^{p} v^{z_\nu}\right)\right)}{\vartheta[n]\left(\left(v^{z}+\sum_{1}^{p} v^{z_\nu}\right)\right)} = c_1 \cdot \frac{\Delta_1}{\Delta(z, z_1, \ldots z_p)},$$

wobei

(508)
$$c_1 = \sqrt[4]{\frac{\Delta(\alpha_1, \alpha_2)\Delta(\alpha_3, \alpha_4, \ldots \alpha_{2p+2})}{\Delta(\alpha_1, \alpha_2, \ldots \alpha_{2p+2})}}$$

und

(509)
$$\Delta_1 = \begin{vmatrix} \sqrt{g(z)} & z\sqrt{g(z)} & \ldots & z^{p-1}\sqrt{g(z)} & \frac{s}{\sqrt{g(z)}} \\ \sqrt{g(z_1)} & z_1\sqrt{g(z_1)} & \ldots & z_1^{p-1}\sqrt{g(z_1)} & \frac{s_1}{\sqrt{g(z_1)}} \\ \cdot & \cdot & \cdot & \cdot & \cdot \\ \sqrt{g(z_p)} & z_p\sqrt{g(z_p)} & \ldots & z_p^{p-1}\sqrt{g(z_p)} & \frac{s_p}{\sqrt{g(z_p)}} \end{vmatrix},$$

endlich

(510)
$$g(z) = (z - \alpha_1)(z - \alpha_2)$$

ist. Setzt man $z = \alpha_0$, so wird die linke Seite von (507) bekannt, die rechte Seite aber zu einer linearen Funktion von $s_1, s_2, \ldots s_p$ mit bekannten Koeffizienten und man erhält, indem man für α_1, α_2 verschiedene Paare von Vp. setzt, genügend viele lineare Gleichungen zur Bestimmung von $s_1, s_2, \ldots s_p$.

80. Additionstheorem der hyperelliptischen Thetafunktionen. Man teile die $2p+2$ Th. Char. eines F. S. in zwei Hälften $[\alpha_0]$, $[\alpha_1], \ldots [\alpha_p]$ die eine, $[\alpha_{p+1}], [\alpha_{p+2}], \ldots [\alpha_{2p+1}]$ die andere, nenne $[a_0]$, $[a_1], \ldots [a_{r-1}]$ die $r = 2^p$ Th. Char. des Systems mit der Basis $[\alpha_0]$, $\ldots [\alpha_p]$, dagegen $[b_0], [b_1], \ldots [b_{r-1}]$ die $r = 2^p$ Th. Char. des Systems mit der Basis $[\alpha_{p+1}], \ldots [\alpha_{2p+1}]$ und bezeichne mit $[n]$ die Summe der ungeraden (oder geraden) unter den $2p+2$ Th. Char. $[\alpha]$, mit $[\eta_0]$ die Th. Char. $[\eta_0] = [n\,\alpha_0\alpha_1 \ldots \alpha_p] = [n\,\alpha_{p+1}\,\alpha_{p+2} \ldots \alpha_{2p+1}]$, mit $[\zeta]$ aber eine beliebige Th. Char. Bildet man dann aus den zugeordneten hyperelliptischen Thetafunktionen, während man unter den u, v, w unabhängige Variablen, unter (ϱ), (σ) beliebige Per. Char. versteht, die Ausdrücke (165), so bestehen zwischen diesen die Gleichungen

(511)
$$y_{[\eta_0]} = \sum_{\varrho=0}^{r-1} |\eta_0, \zeta a_\varrho|\, x_{[\zeta a_\varrho]},$$
$$y_{[\eta_0]} = \sum_{\varrho=0}^{r-1} |\eta_0, \zeta b_\varrho|\, x_{[\zeta b_\varrho]}.$$

Vermittelst dieser Gleichungen kann man jede der $\binom{2p+1}{p}$ von Null verschiedenen Größen y auf $2 \cdot 2^p$ Weisen durch je 2^p Größen x ausdrücken[205]).

Aus den Formeln (511) ergeben sich für $(w) = (-v)$, indem man zwei Formeln mit der gleichen Charakteristik $[\eta + \varrho]$ durcheinander dividiert, Additionstheoreme für die Quotienten hyperelliptischer Thetafunktionen, für $(v) = (w) = (0)$ dagegen Relationen zwischen diesen Funktionen[206]). Man erhält daraus endlich auch die

81. Verallgemeinerung der Rosenhainschen Differentialformeln für den hyperelliptischen Fall beliebigen Geschlechts. Durch Addition einer Per. Char. von der Form $(n + \sum^p a)$ zu den $2p + 2$ Th. Char. $[a_0], [a_1], \dots [a_{2p+1}]$ eines F. S. entsteht stets ein F. S., das aus p ungeraden und $p + 2$ geraden Th. Char. besteht, und man erhält auf diese Weise alle derartigen F. S. eines Komplexes.

Bezeichnet man nun die p ungeraden Th. Char. des F. S. mit $[A_1], [A_2], \dots [A_p]$, die $p + 2$ geraden mit $[B_1], [B_2], \dots [B_{p+2}]$ und bezeichnet weiter den Wert, den die aus den partiellen Derivierten der p ungeraden Thetafunktionen $\vartheta[A_\nu]((v))$ gebildete Determinante

$$\left| \frac{\partial \vartheta[A_\nu]((v))}{\partial v_\mu} \right| \qquad (\mu, \nu = 1, 2, \dots p)$$

für $(v) = (0)$ annimmt, mit $[A_1, A_2, \dots A_p]$, so ist

$$[A_1, A_2, \dots A_p] = \varepsilon \prod_{\varrho=1}^{p+2} \vartheta[B_\varrho]((0)), \tag{512}$$

wo $\varepsilon = \pm 1$ ist[207]).

82. Anwendungen. In seiner Preisschrift von 1867 hat *Schwarz*[208]) diejenige Minimalfläche untersucht, die durch ein von 4 gleichlangen,

205) Die Formel (511) wurde zuerst von *Weierstraß* angegeben [vgl. *Königsberger*, J. f. Math. 64 (1865), p. 27]; später hat sie *Prym* („Riem. Thetaf.", p. 94) aus der *Riemann*schen Thetaformel abgeleitet.

206) Vgl. dazu *Pringsheim*, Math. Ann. 12 (1877), p. 435. Den Thetarelationen entsprechen wieder Relationen zwischen Wurzelformen wie umgekehrt; dazu *Brioschi*, Ann. di Mat. 1 (1858), p. 20 = Op. mat. 1 (1901), p. 285; Ann. di Mat. 10_2 (1882), p. 161 = Op. mat. 2 (1902), p. 247; Paris C. R. 99 (1884), p. 889, 951 u. 1050 = Op. mat. 5 (1909), p. 45; *Brunel*, Ann. Éc. Norm. 12_2 (1883), p. 199; *Craig*, Amer. J. 6 (1884), p. 183; *Dixon*, Lond. M. S. Proc. 33 (1901), p. 274.

207) Siehe *Thomae*, J. f. Math. 71 (1870), p. 218; *Frobenius*, J. f. Math. 98 (1885), p. 254. Die Formel (512) gilt auch im allgemeinen Falle $p = 3$, siehe Nr. 87; für $p > 3$ treten dagegen im allgemeinen Falle auf der rechten Seite Summen von mehreren Produkten von je $p + 2$ geraden Thetanullwerten auf, wie *Frobenius* a. a. O. p. 263 für den Fall $p = 4$ gezeigt hat. Daß alle diese Resultate bereits *Riemann* bekannt waren, geht aus dem Berichte über dessen Nachlaß hervor, den *Noether* in den Nachtr., Anm. 31, p. 64, gibt.

208) Ges. math. Abh. 1 (1890), p. 6.

unter Winkeln von 60° aneinanderstoßenden Strecken gebildetes räumliches Vierseit hindurchgeht, und hat für deren rechtwinklige Koordinaten x, y, z 3 linearunabhängige Integrale 1. Gattung des durch die Gleichung $s = \sqrt{1 - 14z^4 + z^8}$ definierten hyperelliptischen Gebildes vom Geschlecht 3 erhalten. Diese Integrale sind auf elliptische Integrale reduzierbar und die Gleichung der Minimalfläche erhält *Schwarz* in der Form, daß eine in bezug auf elliptische Funktionen der x, y, z ganze rationale Funktion gleich Null ist.

Weierstraß[209]) hat darauf hingewiesen, daß die *Schwarz*sche Minimalfläche zu einer allgemeineren Gattung solcher gehört, bei denen stets die Koordinaten durch hyperelliptische Integrale vom Geschlecht 3 gegeben sind, und hat zugleich gezeigt, daß die Gleichung einer solchen Minimalfläche in der Gestalt $\vartheta((v)) = 0$ dargestellt werden kann, wo die v lineare Funktionen von x, y, z sind. Die Koeffizienten dieser und die Modulen der ϑ-Funktion sind in jedem einzelnen Falle besonders zu bestimmen.

Für die *Schwarz*sche Fläche hat diese Bestimmung *Hettner*[210]) durchgeführt und gezeigt, daß die ϑ-Funktion in der Tat als Aggregat von Thetafunktionen einer Veränderlichen dargestellt werden kann.

83. Bestimmung von $d\log\vartheta((0))$ durch die Klassenmodulen im allgemeinen Abelschen Falle. Die Th. Char. $[\varepsilon]$ sei so gewählt, daß $\vartheta[\varepsilon]((0)) \neq 0$ ist; bestimmt man dann zu dem Vp. α p Punkte $z_1, z_2, \ldots z_p$ so, daß

$$\left(v(\alpha) - \sum_{\nu=1}^{p} v(z_\nu)\right) \equiv \{\varepsilon\} \tag{513}$$

ist, sodaß also $z_1, z_2, \ldots z_p$ die 0^1-Punkte der Funktion $\vartheta[\varepsilon]((v(z) - v(\alpha)))$ sind, und bezeichnet mit Δ die aus den Integranden v' der p *Riemann*schen Normalintegrale gebildete Determinante

$$\Delta = |v'_\mu(z_\nu)|, \qquad (\mu, \nu = 1, 2, \ldots p) \tag{514}$$

so ist nach *Thomae*[211])

$$\frac{\partial \log\vartheta[\varepsilon]((0))}{\partial\alpha} = -\frac{1}{2}\frac{\partial' \log\Delta}{\partial\alpha}, \tag{515}$$

wo rechts der Akzent anzeigen soll, daß bei der Differentiation nach α die p Punkte z_ν als konstant anzusehen sind.

Fuchs[212]) hat an Stelle der *Riemann*schen Normalintegrale v in die Formel (515) p andere linear unabhängige Integrale 1. Gattung

209) Berl. Ber. 1867, p. 511 = Math. W. 3 (1903), p. 241.
210) J. f. Math. 138 (1910), p. 54.
211) J. f. Math. 66 (1866), p. 95.
212) J. f. Math. 73 (1871), p. 316 = Ges. math. W. 1 (1904), p. 333.

u eingeführt, bei denen der Integrand u'_μ, wenn $b_1, b_2, \ldots b_p$ p willkürliche Punkte bezeichnen, für $z = b_1, \ldots b_{\mu-1}, b_{\mu+1}, \ldots b_p$ verschwindet, für $z = b_\mu$ aber $= 1$ wird. Bezeichnet man dann mit $\psi_\alpha(z)$ die nach Nr. **57** zu der linearen Funktion $z - \alpha$ gehörige, in den Punkten $z_1, z_2, \ldots z_p$ 0^2 werdende ψ-Funktion und mit ∇ die Determinante $\sum \pm A_{11} A_{22} \ldots A_{pp}$ der Periodizitätsmodulen der Integrale u_μ an den Querschnitten a_ν, so ist

$$(516) \qquad \frac{\partial \log \vartheta[\varepsilon]((0))}{\partial \alpha} = \frac{1}{2} \frac{\partial \log \nabla}{\partial \alpha} + \frac{1}{2} \sum_{\mu=1}^{p} C_\mu \left[\frac{\psi_\alpha(z)}{(z-\alpha)\dfrac{\partial F}{\partial s}} \right]_{z=b_\mu},$$

wo die Konstanten C dadurch bestimmt sind, daß

$$(517) \qquad \frac{\partial u_\mu}{\partial \alpha} - C_\mu \int^z \frac{\psi_\alpha(z)\, dz}{(z-\alpha)\dfrac{\partial F}{\partial s}}$$

allenthalben endlich bleibe[213]).

84. Integration der erhaltenen Gleichung im hyperelliptischen Falle. Jeder Th. Char. $[\varepsilon]$, für welche $\vartheta[\varepsilon]((0)) \neq 0$ ist, entspricht (vgl. Nr. **76**) eine Zerlegung der $2p + 2$ Vp. in zwei Gruppen von je $p + 1$ $\alpha_0, \alpha_1, \ldots \alpha_p$ die eine, $\alpha_{p+1}, \alpha_{p+2}, \ldots \alpha_{2p+1}$ die andere. Bezeichnet man dann mit Δ_1 die Diskriminante der $p + 1$ Größen $\alpha_0, \alpha_1, \ldots \alpha_p$, mit Δ_2 diejenige der $p + 1$ Größen $\alpha_{p+1}, \alpha_{p+2}, \ldots \alpha_{2p+1}$ und bezeichnet auch mit $A_{\mu\nu}$ den Periodizitätsmodul des Integrals 1. Gattung

$$(518) \qquad u_\mu = \int \frac{z^{\mu-1}\, dz}{s} \qquad (\mu = 1, 2, \ldots p)$$

am Querschnitte a_ν und mit ∇ die Determinante $\sum \pm A_{11} A_{22} \ldots A_{pp}$ dieser p^2 Größen, so entsteht aus (515) durch Integration die Formel[214])

$$(519) \qquad \vartheta[\varepsilon]((0)) = \sqrt{\frac{\nabla}{(2\pi i)^p}} \cdot \sqrt[4]{\Delta_1 \cdot \Delta_2}.$$

Thomae hat a. a. O. auch die Nullwerte der partiellen Derivierten der ungeraden Thetafunktionen von der Form $\vartheta[n + \sum^{p-1} a]((v))$ berechnet und dafür die Formel

$$(520) \qquad \left(\frac{\partial \vartheta[\varepsilon]((v))}{\partial v_\mu}\right)_0 = \frac{\frac{1}{2}\sqrt[4]{\Delta_1 \Delta_2} \sum_{\varrho=1}^{p} A_{\mu\varrho} S_{\varrho-1}}{2\pi i \sqrt{(2\pi i)^p} \cdot \sqrt{\nabla}}$$

---

213) Eine weitere Ausführung dieser Formel unter der Annahme einer p-blättrigen *Riemann*schen Fläche bei *Thomae,* J. f. Math. 75 (1873), p. 252, und für den speziellen Fall $p = 3$ noch besonders in Leipz. Ber. 39 (1887), p. 100.

214) *Thomae*, J. f. Math. 71 (1870), p. 216, dazu auch *Cayley,* J. f. Math. 100 (1887), p. 87 = Coll. math. pap. 12 (1897), p. 442; man vgl. mit (519) die Formel (484).

gefunden; dabei haben $A_{\mu\varrho}$ und ∇ die gleiche Bedeutung wie vorher, ferner bezeichnet, wenn $[\varepsilon] = [n + \sum_{\mu=1}^{p-1} a_\mu]$ ist, Δ_1 die Diskriminante der $p - 1$ Vp. $\alpha_1, \alpha_2, \ldots \alpha_{p-1}$, $S_{\varrho-1}$ die Summe aller Produkte von je $\varrho - 1$ unter ihnen und Δ_2 die Diskriminante der $p + 3$ übrigen Vp. $\alpha_p, \alpha_{p+1}, \ldots \alpha_{2p+2}$.

X. Der Fall $p = 3$.[215])

85. Charakteristikentheorie. Von den 64 Th. Char. sind 36 gerade und 28 ungerade. Man kann auf 288 Weisen 7 ungerade Th. Char. $[\beta_1], [\beta_2], \ldots [\beta_7]$ so auswählen, daß sie eine Hauptreihe (bei *Weber* vollständiges System genannt) bilden. Ihre Summe $[p]$ ist dann gerade und die 35 Kombinationen der $[\beta]$ zu dreien $[\beta_i \beta_k \beta_l]$ sind die 35 übrigen geraden Th. Char., während die Kombinationen zu 5 oder die Th. Char $[p \beta_i \beta_k]$ die 21 noch fehlenden ungeraden Th. Char. darstellen. Die Kombinationen gerader Ordnung der 7 Charakteristiken $[\beta]$, also die 21 Charakteristiken $(\beta_i \beta_k)$, die 35 $(p \beta_i \beta_k \beta_l)$ und die 7 $(p \beta_i)$ liefern zusammen die 63 eigentlichen Per. Char.

Addiert man zu den 7 Th. Char. einer Hauptreihe und $[p]$ eine beliebige Th. Char., so bilden die entstehenden 8 ein F. S. von Th. Char. Man erhält so zu jeder Hauptreihe einen Komplex von 64 verschiedenen F. S., aber zu allen 288 Hauptreihen zusammen nur $8 \cdot 288 = 2304$ verschiedene F. S., da jedes F. S. in 8 verschiedenen Komplexen auftritt. Von den 64 F. S. eines Komplexes bestehen immer 8 aus 7 ungeraden und 1 geraden, die übrigen 56 aus 3 ungeraden und 5 geraden Th. Char. Bezeichnet man die 8 Th. Char. eines F. S. mit $[\alpha_0], [\alpha_1], \ldots [\alpha_7]$ und mit $[n]$ die stets gerade Summe der ungeraden unter ihnen, so erhält man in der Form $[n + \sum^{2} \alpha]$

215) *Riemann*, „Vorl."; schon vorher Ges. math. W. 1876, p. 456, 2. Aufl. 1892, p. 487. *Weber*, „$p = 3$"; dazu J. f. Math. 88 (1880), p. 82, s. auch das Referat von *Fuchs*, Gött. N. 1875, p. 288. *Cayley*, J. f. Math. 87 (1879), p. 134, 165 u. 190 = Coll. math. P. 10 (1896), p. 432, 441 u. 446; Mess. of Math. 7 (1878), p. 48 = Coll. math. pap. 11 (1896), p. 47; dazu *Borchardt*, J. f. Math. 87 (1879), p. 169 = Ges. W. 1888, p. 491; vgl. noch *Cayley*, J. f. Math. 68 (1868), p. 176 = Coll. math. pap. 7 (1894), p. 123 u. J. f. Math. 94 (1883), p. 93 = Cambr. Phil. Soc. Proc. 4 (1883), p. 321 = Coll. math. pap. 12 (1897), p. 74. *Schottky*, „Abr."; ferner J. f. Math. 105 (1889), p. 269; Acta math. 27 (1903), p. 235; Berl. Ber. 1903, p. 978 u. 1022; 1904, p. 486; 1906, p. 752; 1910, p. 182; J. f. Math. 146 (1916), p. 128; *Frobenius*, Gött. N. 1888, p. 67; J. f. Math. 105 (1889), p. 35; *Stahl*, J. f. Math. 130 (1905), p. 153. Eine vollständige algebraische Begründung der Charakteristikentheorie bei *Noether*, Münch. Abh. 17 I (1888/9), p. 103.

die 28 ungeraden Th. Char., während $[n+\sum^4 \alpha]$ die 35 von $[n]$ verschiedenen geraden Th. Char. und zwar jede zweimal liefert, da zwei Th. Char., in denen zusammen alle 8 Th. Char. $[\alpha]$ auftreten, einander gleich sind.

86. Thetarelationen. Die Relationen zwischen den 64 Funktionen $\vartheta[\varepsilon]((v))$ können (ebenso wie die Additionstheoreme ihrer Quotienten) aus der Formel (167) abgeleitet werden. Setzt man darin $(u) = (w) = (0)$, so wird

(521) $$x_{[\varepsilon]} = y_{[\varepsilon]} = \vartheta[\varepsilon]((0))\,\vartheta[\varepsilon+\sigma]((0))\,\vartheta[\varepsilon+\varrho]((v))\,\vartheta[\varepsilon-\varrho-\sigma]((-v))$$

und man erhält, wenn man weiter $[\omega] = [n\alpha_5\alpha_6\alpha_7]$ wählt

(522) $$x_{[n]} = \sum_{\mu=0}^{4} |\, n, n\alpha_\mu\alpha_5\alpha_6\alpha_7 \,|\, x_{[n\alpha_\mu\alpha_5\alpha_6\alpha_7]},$$

da die 3 letzten Glieder der rechten Seite wegfallen.

Hieraus folgt für $(\sigma) = (0)$ eine lineare Relation zwischen 6 Thetaquadraten von der Form

$$\vartheta^2[\varkappa\alpha_0]((v)),\quad \vartheta^2[\varkappa\alpha_1]((v)),\quad \ldots\quad \vartheta^2[\varkappa\alpha_4]((v)) \quad\text{und}\quad \vartheta^2[\varkappa\alpha_5\alpha_6\alpha_7]((v))$$

und für $(\sigma) = (\alpha_4\alpha_5)$ eine lineare Relation zwischen 4 Thetaprodukten von der Form

$$\vartheta[\varkappa\alpha_\mu\alpha_4]((v))\,\vartheta[\varkappa\alpha_\mu\alpha_5]((v)), \qquad (\mu = 1, 2, 3)$$

wobei stets $(\varkappa)$ eine beliebige Per. Char. bezeichnet.

Mittelst dieser Relationen ist es möglich, durch die nämlichen 8 linear unabhängigen Thetaquadrate alle weiteren 56 linear auszudrücken, entsprechend dem Umstande, daß jedes Thetaquadrat eine gerade Thetafunktion zweiter Ordnung mit der Charakteristik $[0]$ ist und solcher Funktionen nur 8 linear unabhängige vorhanden sind. Weiter ist ein Thetaprodukt $\vartheta[\varkappa\alpha_\mu\alpha_4]((v))\,\vartheta[\varkappa\alpha_\mu\alpha_5]((v))$ eine Thetafunktion zweiter Ordnung mit der Charakteristik $[\alpha_4\alpha_5]$ und in Übereinstimmung damit, daß es nur 4 linear unabhängige, sowohl gerade wie ungerade, solche Funktionen bei gegebener von $[0]$ verschiedener Charakteristik gibt, läßt sich mittels (522) durch vier linear unabhängige solche Produkte jedes weitere fünfte linear ausdrücken.

87. Thetanullwerte. Aus der Gleichung (522) kann man für $(v) = (0)$ alle Relationen zwischen den Nullwerten der 36 geraden Thetafunktionen erhalten.

Für $(\varrho) = (\sigma) = (0)$ folgen aus ihr lineare Relationen zwischen je 6 Biquadraten der Thetanullwerte; setzt man dagegen $(\varrho) = (\alpha_4\alpha_5)$, $(\sigma) = (0)$, so erhält man lineare Relationen zwischen je 4 Produkten von 2 Thetaquadraten, und setzt man endlich $(\varrho) = (\alpha_4\alpha_5)$, $(\sigma) = (\alpha_3\alpha_6)$, so entstehen lineare Gleichungen zwischen je 3 Produkten von 4 Thetafunktionen mit verschiedenen Charakteristiken. Über die Auflösung dieser Gleichungen, d. h. die Darstellung aller 36 Thetanullwerte durch 6 unabhängige Größen, siehe Nr. 88.

Dazu treten noch jene Relationen, welche die Nullwerte der 36 geraden mit den Nullwerten der partiellen Derivierten der 28 ungeraden Thetafunktionen verknüpfen (vgl. Nr. 81).

Addiert man nämlich zu den 8 Th. Char. $[\alpha_0], [\alpha_1], \ldots [\alpha_7]$ eines F. S. eine Per. Char. von der Form $(n + \sum^3 a)$, so entsteht ein F. S., das aus 3 ungeraden und 5 geraden Th. Char. besteht. Bezeichnet man darin die 3 ungeraden Th. Char. mit $[A_1], [A_2], [A_3]$, die 5 geraden mit $[B_1], [B_2], \ldots [B_5]$, auch den Wert, den die Funktionaldeterminante der 3 Funktionen $\vartheta[A_i]((v))$, $i = 1, 2, 3$, für $(v) = (0)$ annimmt, mit $[A_1, A_2, A_3]$, so ist

$$(523) \qquad [A_1, A_2, A_3] = \pm \prod_{\varrho=1}^{5} \vartheta[B_\varrho]((0)).$$

Diese Formel, welche schon *Riemann*[216]) bekannt war, wurde zuerst von *Frobenius*[217]) angegeben, nachdem *Weber* und *Schottky* nur die Verhältnisse gewisser Paare solcher Determinanten berechnet hatten.

88. Riemann-Weber. Da die ebene Kurve vierter Ordnung C_4 ohne Doppelpunkt vom Geschlecht 3 ist, kann sie, wie zuerst *Riemann* in seiner Vorlesung vom W.-S. 1861/62 getan hat, der Theorie der *Abel*schen Funktionen dreier Variablen zugrunde gelegt werden. Die φ-Kurven sind dann gerade Linien; unter ihnen gibt es 28 spezielle, deren Schnittpunkte mit C_4 paarweise zusammenfallen, die also Doppeltangenten von C_4 sind. Sie sind den 28 ungeraden Th. Char. zugeordnet und zeigen daher die nämlichen Gruppierungen wie diese; insbesondere entsprechen die *Aronhold*schen Systeme von 7 Doppeltangenten, bei denen die Berührungspunkte von keinen dreien auf einem Kegelschnitt liegen[218]), den 288 Hauptreihen von je 7 ungeraden Th. Char.

216) Ges math. W. Nachtr., p. 64, Anm. 31.

217) J. f. Math. 98 (1895), p 260.

218) Näheres über die Doppeltangenten einer C_4 und insbesondere die einschlägige Literatur III C 5, Nr. 59 u. f.; auch in *Pascals* Repert. d. höh. Math. 2. Bd., 1. Hälfte, 2. Aufl. 1910, p. 406 u. f.; hier seien nur die ersten grundlegenden Arbeiten genannt: *Plücker,* Th. d. algebr. Curven 1839; *Hesse,* J. f. Math. 40 (1850), p. 260; 49 (1855), p. 243 u. 279; 55 (1858), p. 83 = Ges. W. 1897, p. 260, 319, 345 u. 469; *Steiner,* Paris C. R. 37 (1853), p. 121; J. f. Math. 49 (1855), p. 265 = Ges. W. 2 (1882), p. 603; *Aronhold,* Berl. Ber. 1864, p. 499.

Da die Kurven vierter Ordnung mit einem Doppelpunkt vom Geschlecht 2 sind, so ist auf diese speziellen C_4, wie schon in Nr. 72 erwähnt wurde, die Theorie der *Abel*schen Funktionen für $p = 2$ anwendbar; bezüglich des Übergangs von

Solche 7 Doppeltangenten bestimmen die C_4 eindeutig. Wie man aus ihren Gleichungen die der 21 übrigen Doppeltangenten und sodann die Gleichung der C_4 selbst ableitet, hat *Weber* im Anschluß an *Riemann* ausführlich gezeigt. Es erscheint dabei die Gleichung der letzteren in der Gestalt

$$\sqrt{x_1 \xi_1} + \sqrt{x_2 \xi_2} + \sqrt{x_3 \xi_3} = 0, \tag{524}$$

wo $x_1 = 0$, $x_2 = 0$, $x_3 = 0$ die den 3 Th. Char. $[\beta_1]$, $[\beta_2]$, $[\beta_3]$ einer Hauptreihe, $\xi_1 = 0$, $\xi_2 = 0$, $\xi_3 = 0$ die den 3 Th. Char. $[p\beta_2\beta_3]$, $[p\beta_3\beta_1]$, $[p\beta_1\beta_2]$ zugeordneten Doppeltangenten darstellen. Die Gleichung der Grundkurve enthält 6 wesentliche Konstanten, die Klassenmodulen $\alpha_1, \alpha_2, \alpha_3, \alpha_1', \alpha_2', \alpha_3'$ *Webers*, welche zusammen mit 3 daraus abgeleiteten Modulen $\alpha_1'', \alpha_2'', \alpha_3''$ als Koeffizienten in den Gleichungen der Doppeltangenten auftreten. Die zwischen ihnen und den Nullwerten der 36 geraden Thetafunktionen bestehenden Relationen, welche sowohl diese durch jene wie umgekehrt auszudrücken gestatten, hat gleichfalls *Weber* angegeben.

Ist für die 3 *Riemann*schen Normalintegrale

$$dv_1 : dv_2 : dv_3 = \varphi_1 : \varphi_2 : \varphi_3, \tag{525}$$

so sind, bezogen auf das Koordinatendreieck $\varphi_1 = 0$, $\varphi_2 = 0$, $\varphi_3 = 0$ die Linienkoordinaten der irgendeiner ungeraden Th. Char. $[\varepsilon]$ zugehörigen Doppeltangente den Nullwerten der 3 partiellen Derivierten von $\vartheta[\varepsilon]((v))$ proportional. Es entspricht daher durchaus der *Aronhold*schen Bestimmung der Kurve 4. Ordnung durch 7 Doppeltangenten, deren Th. Char. eine Hauptreihe bilden, wenn *Schottky* durch die Nullwerte der partiellen Derivierten solcher 7 ungeraden Thetafunktionen die der 21 übrigen und die Nullwerte der 36 geraden Thetafunktionen ausdrückt.

Bei der Untersuchung der Gruppierungen der 28 Doppeltangenten wird man, um alle gleichberechtigt zu haben, von der Darstellung der 28 ungeraden Th. Char. durch die 8 Th. Char. eines F. S. in der Form $[n + \sum^{2} \alpha]$ Gebrauch machen, wodurch jetzt jede Doppeltangente durch ein Zahlenpaar aus der Reihe 1, 2, . . . 8 bestimmt wird, wie es, von anderen Gesichtspunkten ausgehend, schon *Hesse* getan hat. Auf die Tripel von Doppeltangenten kann man die Begriffe syzygetisch und azygetisch von den Th. Char. übertragen. Es zeigt sich dabei, daß von den 3276 Tripeln 1260 syzygetisch und 2016 azygetisch sind; bei

der allgemeinen C_4 zu dieser speziellen vgl. *Roch,* J. f. Math. 66 (1866), p. 114; *Cayley,* J. f. Math. 94 (1883), p. 270 = Coll. math. pap. 12 (1897), p. 95; *Klein,* Math. Ann. 36 (1890), p. 59; auch *Riemann,* Ges. math. W. Nachtr. (1902), p. 97.

den ersteren liegen ihre 6 Berührungspunkte auf einem Kegelschnitt, bei den letzteren nicht. Wegen der übrigen Gruppierungsverhältnisse der Doppeltangenten C III 5, Nr. 73.

89. Die Wurzelformen zweiter und dritter Dimension. Ist wie in Nr. 60 $X^{(2)}$ eine ganze homogene Funktion zweiten Grades der φ, deren 8 Nullpunkte paarweise zusammenfallen, also $X^{(2)} = 0$ die Gleichung eines die C_4 in 4 Punkten berührenden Kegelschnitts, so stellt $\sqrt{X^{(2)}}$ eine Wurzelform zweiter Dimension dar und ist als solche einer bestimmten Per. Char. zugeordnet. Es gibt daher den 63 eigentlichen Per. Char. entsprechend 63 verschiedene Systeme von Kegelschnitten, von denen jeder die C_4 in 4 Punkten berührt. Die 8 Berührungspunkte von je 2 zu demselben Systeme gehörigen Kegelschnitten liegen selbst wieder auf einem Kegelschnitt.

In jedem der 63 Systeme berührender Kegelschnitte treten, den 6 Zerlegungen der dem Systeme zugeordneten Per. Char. in je zwei ungerade Th. Char. entsprechend, 6 zerfallende Kegelschnitte auf, von denen jeder aus zwei Doppeltangenten der C_4 besteht. Diese 6 Paare von Doppeltangenten, welche hier in einem Systeme auftreten, bilden eine *Steiner*sche Gruppe und es gibt daher 63 verschiedene *Steiner*sche Gruppen, deren jede durch eine eigentliche Per. Char. charakterisiert ist. Infolgedessen lassen sich die Begriffe azygetisch und syzygetisch (Nr. 23) auf die *Steiner*schen Gruppen übertragen und ebenso die Sätze über die zwei und mehr Gruppen gemeinsamen Th. Char. (Nr. 25). Die 8 Berührungspunkte von zwei derselben *Steiner*schen Gruppe entnommenen Paaren von Doppeltangenten liegen auf einem Kegelschnitte; man erhält so 315 Kegelschnitte, von denen jeder 8 Berührungspunkte von 4 Doppeltangenten ausschneidet.

Nachdem *Kummer* bereits bemerkt hatte, daß sich durch eine allgemeine Kurve 4. Ordnung unendlich viele *Kummer*sche Flächen hindurchlegen lassen, hat *Wirtinger* dieses Verhältnis dahin präzisiert, daß die 63 Systeme von Berührungskegelschnitten, von denen jedes einer eigentlichen Per. Char. (ε) zugehört, ebensoviele *Kummer*sche Flächen definieren, auf denen die Grundkurve 4. Ordnung C_4 liegt. Die 16 singulären Ebenen der *Kummer*schen Fläche schneiden dabei in der Ebene der C_4 16 ihrer Doppeltangenten aus, die sich auf 16 Arten zu je 6 so gruppieren, daß diese 6 jedesmal einen Kegelschnitt umhüllen. Die 12 nicht ausgeschnittenen Doppeltangenten bilden die zu der Per. Char. (ε) gehörige *Steiner*sche Gruppe.[219])

---

219) Hierzu *Wirtinger*, „Thetaf.", p. 113; *Ciani*, Ann. di Mat. 2_8 (1897), p. 53, schon vorher Lomb. Ist. Rend. 31_2 (1898), p. 312, vgl. auch *Cayley*, J. f. Math. 94

Ist $X^{(3)}$ eine ganze homogene Funktion dritten Grades der φ, deren 12 Nullpunkte paarweise zusammenfallen, also $X^{(3)} = 0$ die Gleichung einer die C_4 in 6 Punkten berührenden Kurve 3. Ordnung, so stellt $\sqrt{X^{(3)}}$ eine Wurzelform dritter Dimension dar und ist als solche einer bestimmten Th. Char. zugeordnet. Es gibt daher den 64 Th. Char. entsprechend 64 verschiedene Systeme von Kurven 3. Ordnung, von denen jede die Grundkurve in 6 Punkten berührt. Die 12 Berührungspunkte zweier Berührungskurven eines und desselben Systems liegen selbst wieder auf einer Kurve 3. Ordnung.

Die 64 Systeme von Berührungskurven 3. Ordnung zerfallen in 2 Arten; die 28 Systeme von Berührungskurven 1. Art entsprechen den ungeraden Th. Char., die 36 Systeme 2. Art den geraden.

Die den ersteren entsprechenden Wurzelformen $\sqrt{X^{(3)}}$ sind auf Wurzelformen erster Dimension $\sqrt{\varphi}$ reduzierbar. Jedes System 1. Art ist also durch eine Doppeltangente festgelegt und die Gleichung der C_4 kann mit ihrer Hilfe in der Form

(526) $$\varphi X^{(3)} - \Omega^2 = 0$$

dargestellt werden, wo $\Omega = 0$ ein Kegelschnitt ist, der durch die beiden Berührungspunkte von $\varphi = 0$ hindurchgeht und die C_4 in 6 weiteren Punkten schneidet, eben den 6 Berührungspunkten von $X^{(3)} = 0$ mit der Grundkurve. Es liegen also für jede Berührungskurve 1. Art die 6 Berührungspunkte auf einem Kegelschnitt und dieser Kegelschnitt geht dann immer noch durch die Berührungspunkte der zu der gleichen Charakteristik wie $\sqrt{X^{(3)}}$ gehörigen Doppeltangente, also der nämlichen für alle Kurven des gleichen Systems, hindurch.

Zu den Berührungsformen 2. Art gelangt man folgendermaßen. Sind

(527) $$F_1 \equiv \sum_{i,k} \alpha_{ik}\xi_i\xi_k = 0, \quad F_2 \equiv \sum_{i,k} \beta_{ik}\xi_i\xi_k = 0, \quad F_3 \equiv \sum_{i,k} \gamma_{ik}\xi_i\xi_k = 0,$$

in denen $\xi_1, \xi_2, \xi_3, \xi_4$ homogene Punktkoordinaten des Raumes bezeichnen, die Gleichungen dreier Oberflächen 2. Ordnung und x_1, x_2, x_3 Parameter, so stellt

(528) $$x_1F_1 + x_2F_2 + x_3F_3 = 0$$

ein Flächennetz 2. Ordnung dar, und wenn man

(529) $$\alpha_{ik}x_1 + \beta_{ik}x_2 + \gamma_{ik}x_3 = a_{ik}$$

setzt, so ist

(530) $$|a_{ik}| = 0 \qquad (i, k = 1, 2, 3, 4)$$

die Bedingung dafür, daß die Fläche des Netzes ein Kegel wird. Die

(1883), p. 270 = Coll. math. pap. 12 (1897), p. 95. Ausführliches über die Berührungskegelschnitte einer C_4 und die einschlägige Literatur in III C 5, Nr. 60—63.

Gleichung (530) ist aber eine Gleichung 4. Grades in den x und stellt also, wenn man diese als homogene Punktkoordinaten der Ebene auffaßt, eine Kurve 4. Ordnung dar. Man kann auf die Weise die allgemeine Kurve 4. Ordnung erhalten.

Rändert man nun in der Gleichung (530) die links stehende Determinante seitlich und unten mit den nämlichen 4 Parametern, so liefert die neue Gleichung eines der 36 zu der erhaltenen C_4 gehörigen Systeme von Berührungskurven 2. Art, von dem aus man dann auch zu den 35 übrigen gelangen kann (III C 5, Nr. **66**).

Zugleich ist dadurch die Grundkurve in ein-eindeutige Beziehung zu jener Raumkurve 6. Ordnung gebracht, welche der geometrische Ort der Spitzen aller in dem Flächennetze (528) enthaltenen Kegel oder auch der geometrische Ort jener Punkte des Raumes ist, deren Polarebenen in bezug auf alle Flächen des Netzes sich in einer Geraden schneiden. Man erhält diese Raumkurve 6. Ordnung, wenn man die homogenen Punktkoordinaten des Raumes den Werten von 4 linear-unabhängigen zu der das System bestimmenden geraden Th. Char. $[\varepsilon]$ gehörigen Wurzelformen dritter Dimension proportional setzt. Jede der eben genannten Geraden, in denen sich die Polarebenen eines Punktes P_0 der Raumkurve schneiden, ist eine dreifache Sekante dieser und ihre 3 Schnittpunkte entsprechen den 3 Nullpunkten der Funktion $\vartheta[\varepsilon]((u(z) - u(z_0)))$.[220])

90. Schottky-Frobenius. Während *Riemann* und *Weber* von vorneherein von dem Zusammenhang der *Abel*schen Funktionen dreier Veränderlichen mit der allgemeinen Kurve 4. Ordnung Gebrauch machten, hat *Schottky* jenen Weg eingeschlagen, den *Göpel* und *Rosenhain* im Falle $p = 2$ gegangen waren und der von den Thetafunktionen aus, allein mittels der zwischen ihnen und ihren partiellen Derivierten bestehenden Relationen direkt und ohne vorherige Zuhilfenahme eines algebraischen Gebildes zu den Differentialgleichungen des Umkehrproblems der *Abel*schen Integrale führt. Da die Anzahlen $\frac{1}{2}p(p+1)$ der Thetamodulen und $3p - 3$ der Klassenmodulen des algebraischen Gebildes für $p = 3$ einander gleich, nämlich 6, sind, so stand von dieser Seite der Lösung der Aufgabe kein prinzipielles Hindernis entgegen. Zur Überwindung der technischen Schwierigkeiten aber nahm *Schottky*[221])

---

220) Dazu *Frobenius*, G. N. 1888, p. 67.

221) Der Gedanke, durch Hinzunahme weiterer algebraischer Gleichungen zu den immer geltenden Thetarelationen deren Argumente zunächst als *Abel*sche Integrale zu erhalten und weiterhin dann die Thetaquotienten für beliebige Werte der Argumente mit Hilfe des Additionstheorems algebraisch darzustellen, rührt von *Weierstraß* her [Berl. Ber. 1869, p. 853 = Math. Werke 2 (1895), p. 45].

zunächst nur eine partikuläre Lösung des gestellten Problems in Angriff, indem er die Veränderlichkeit der 3 Argumente der Thetafunktionen dadurch beschränkte, daß er zu den identischen Relationen zwischen den Thetafunktionen noch eine weitere, für beliebige Argumente nicht bestehende Gleichung hinzunahm, so daß die 3 Argumente nur von 2 Größen abhängen.

Zu dieser Gleichung ist *Schottky* folgendermaßen gelangt.

Zunächst sei bemerkt, daß *Schottky* die Thetafunktionen durch σ-Funktionen ersetzt, welche sich von ihnen um konstante Faktoren unterscheiden[222]), und die 64 verschiedenen σ-Funktionen durch Indizes charakterisiert, welche mit den Th. Char. in dem Zusammenhang stehen, daß die 7 einfachen Indizes 1, 2, ... 7 den 7 ungeraden Th. Char. einer Hauptreihe mit der Summe $[p] = [0]$, die 21 Kombinationen zu zweien also den 21 übrigen ungeraden und die 35 Kombinationen zu dreien den 35 von $[0]$ verschiedenen geraden Th. Char. entsprechen.

Mit Hilfe der zwischen den σ-Funktionen bestehenden algebraischen Relationen kann man die 21 Funktionen

$$(531)\qquad \varphi_{\varkappa\lambda} = \sigma_\varkappa \sigma_\lambda \sigma_{\varkappa\lambda} \qquad (\varkappa, \lambda = 1, 2, \ldots 7;\ \varkappa < \lambda)$$

durch 6 unter ihnen oder durch 6 andere linearunabhängige Größen ausdrücken. Dies geschieht bei *Schottky* in der Gleichung

$$(532)\quad \varphi_{\varkappa\lambda} = \xi^2 L_{11} + 2\xi\eta L_{12} + 2\xi\zeta L_{13} + \eta^2 L_{22} + 2\eta\zeta L_{23} + \zeta^2 L_{33}.$$

Nimmt man nun zwischen den Größen L die Bedingung

$$(533)\qquad \sum \pm L_{11} L_{22} L_{33} = 0$$

an, so zerfällt $\varphi_{\varkappa\lambda}$ in das Produkt zweier Faktoren

$$(534)\qquad \varphi_{\varkappa\lambda} = (\xi x + \eta y + \zeta z)(\xi x' + \eta y' + \zeta z').$$

Diese Annahme ist die von *Schottky* eingeführte Beschränkung der Argumente u, u', u'' der Thetafunktionen. Da jedes L eine ungerade Thetafunktion 3. Ordnung, ihre Determinante also eine ungerade Thetafunktion 9. Ordnung ist, so sagt die *Schottky*sche Bedingung aus, daß für u, u', u'' nur solche Werte zugelassen werden, für welche eine gewisse ungerade Thetafunktion 9. Ordnung verschwindet. Geleitet wurde aber *Schottky* bei der Einführung seiner Beschränkung der u von der

222) Bezüglich dieser Faktoren sei auf eine spätere Arbeit *Schottkys*, Berl. Ber. 1903, p. 981, sowie auf *Frobenius*, J. f. Math. 105 (1889), p. 39 verwiesen. Es sei hier schon bemerkt, daß diese *Schottky*schen σ-Funktionen weder mit den in Nr. 94 eingeführten *Klein*schen, noch mit den in Nr. 108 erwähnten *Krause*schen identisch sind.

Gleichung (374), nach welcher bei der algebraischen Darstellung des Quotienten zweier ungeraden Thetafunktionen mit den Argumenten $v_\mu(z) - v_\mu(\alpha)$ die rechte Seite in das Produkt zweier Faktoren zerfällt, von denen der eine nur z, der andere nur α enthält. Dementsprechend findet auch *Schottky* in der Tat, daß seine in obiger Weise beschränkten Argumente u, u', u'' sich als Integrale 1. Gattung einer durch eine Gleichung 6. Grades $L = 0$ charakterisierten Klasse algebraischer Funktionen ausdrücken. Setzt man dabei $du : du' : du'' = H : \overline{H} : \overline{\overline{H}}$, so sind die H homogene Formen 3. Grades in x, y, z.

Zu der von *Schottky* auf diese Weise der Theorie der *Abel*schen Funktionen von drei Veränderlichen zugrunde gelegten *Aronhold*schen Kurve 6. Ordnung $L = 0$ ist er später folgendermaßen gelangt.

Es seien 7 Punkte der Ebene $\alpha, \beta, \ldots$ in allgemeiner Lage gegeben, so daß keine 3 auf einer Geraden und keine 6 auf einem Kegelschnitte liegen; dann gibt es eine dreifach unendliche lineare Schar von Kurven 3. Ordnung, welche durch diese 7 Punkte hindurchgehen; diese lassen sich durch 3 linear unabhängige $X = 0$, $Y = 0$, $Z = 0$ unter ihnen linear zusammensetzen und dabei diese letzteren so wählen, daß für sie identisch $xX + yY + zZ = 0$ ist. Setzt man dann die Funktionaldeterminante der 3 Formen X, Y, Z Null, so erhält man die Gleichung der Kurve 6. Grades $L = 0$.

Auf der Kurve $L = 0$ liegen die Doppelpunkte aller vorher genannten durch die 7 Punkte $\alpha, \beta, \ldots$ gehenden Kurven 3. Ordnung. Unter diesen befinden sich 21 zerfallende $H_{\alpha\beta} = 0$, wobei $H_{\alpha\beta} = F_{\alpha\beta} G_{\alpha\beta}$ ist und $F_{\alpha\beta} = 0$ die Gerade durch α und β, $G_{\alpha\beta} = 0$ aber den Kegelschnitt durch die 5 übrigen Grundpunkte darstellt. Die Kurve $L = 0$ geht durch jene beiden Punkte hindurch, in denen Gerade und Kegelschnitt sich schneiden. Es gibt ferner 7 Kurven 3. Ordnung $H_\alpha = 0$ $H_\beta = 0, \ldots$, von denen $H_\alpha = 0$ in α einen Doppelpunkt hat. Die Kurve $L = 0$ geht daher auch die 7 Grundpunkte hindurch; sie hat in jedem dieser Punkte selbst einen Doppelpunkt und ihre beiden Zweige berühren in α die beiden Zweige von $H_\alpha = 0$.

Infolge der Gleichung $L = 0$ besteht nun aber zwischen den 3 Formen X, Y, Z selbst eine Gleichung 4. Grades $M = 0$, die mit $L = 0$ in birationalem Zusammenhange steht und sich damit als gleichfalls vom Geschlecht 3 erweist. Die vorher genannten 28 Gleichungen $H_{\alpha\beta} = 0$ und $H_\alpha = 0$ sind die Gleichungen ihrer 28 Doppeltangenten.

Damit ist *Schottky* gleichfalls zu der allgemeinen Kurve 4. Ordnung gelangt, von der *Riemann* und *Weber* in ihrer Theorie der *Abel*schen Funktionen im Falle $p = 3$ ausgegangen sind.

Frobenius[223]) hat gezeigt, daß die von *Schottky* eingeführte ungerade Thetafunktion 9. Grades das Produkt $\sigma_1 \sigma_2 \dots \sigma_7$ als Faktor enthält, der andere Faktor φ aber eine gerade Thetafunktion 2. Ordnung ist, deren Entwicklung nach Potenzen von u, u', u'' mit den Gliedern der 4. Dimension beginnt. Diese Funktion φ (die im hyperelliptischen Falle in das Quadrat der gleichzeitig mit den Argumenten verschwindenden geraden Thetafunktion übergeht) ist durch diese Bedingung bis auf einen konstanten Faktor bestimmt. Die Glieder der 4. Dimension, mit denen die Entwicklung von φ beginnt, bilden eine ganze Funktion 4. Grades $F(u, u', u'')$. Werden hier u, u', u'' durch die homogenen Punktkoordinaten x_1, x_2, x_3 ersetzt, so liefert $F(x_1, x_2, x_3) = 0$ jene Kurve 4. Ordnung, zu welcher die vorgegebenen Thetafunktionen im *Riemann*schen Sinne gehören.

Eine Anwendung von Thetafunktionen dreier Veränderlichen auf ein Problem der Statik biegsamer, unausdehnbarer Flächen bei *Kötter*[224]).

Weiteres über den Fall $p = 3$ in Nr. **100** u. **101**.

XI. Der Fall $p = 4$.

91. Noether. An dem Falle $p = 4$ hat *Noether*[225]) seine Charakteristikentheorie, die er dann später[226]) auf beliebiges p ausdehnte, zuerst entwickelt und mit ihrer Hilfe das Additionstheorem der Thetaquotienten und die algebraischen Relationen zwischen den 256 Thetafunktionen, sowie speziell jene zwischen den Nullwerten der 136 geraden unter ihnen aufgestellt.

Bei der Lösung dieser Aufgaben geht man von der aus (166) folgenden Formel

$$(535)\quad \left\{ \begin{aligned} & y_{[n\alpha_8]} + |\,\omega\alpha_0, \alpha_8\alpha_9\,|\, y_{[n\alpha_9]} \\ & \qquad = \sum_{\mu=0}^{7} \left(|\,n\alpha_8, \omega\alpha_\mu\,|\, x_{[\omega\alpha_\mu]} + |\,n\alpha_8, \omega\alpha_\mu\alpha_8\alpha_9\,|\, x_{[\omega\alpha_\mu\alpha_8\alpha_9]} \right) \end{aligned} \right.$$

aus, in der mit $[\alpha_0], [\alpha_1], \dots [\alpha_9]$ die 10 Th. Char. eines F. S., mit $[n]$ die Summe der ungeraden unter ihnen und mit $[\omega]$ eine beliebige

223) J. f. Math 105 (1889), p. 39.

224) Diss. Halle 1883; J. f. Math. 103 (1888), p. 44.

225) *Noether* wurde [vgl. Math. Ann. 33 (1889), p. 525] auf die Gruppierung der Charakteristiken im Falle $p = 4$ durch algebraische Betrachtungen an speziellen Kurven vom Geschlecht 4 geführt, bei denen eine der 136 geraden Th. Char. ausgezeichnet ist (vgl. dazu den Schluß von Nr. 92), er hat aber seiner Charakteristikentheorie [Math. Ann. 14 (1879), p. 248; vorher Erl. Ber. 10 (1878), p. 87] eine Form gegeben, bei der diese Auszeichnung nicht auftritt.

226) Math. Ann. 16 (1880), p. 270; vorher Erl. Ber. 11 (1879), p. 198 und 12 (1880), p. 1.

Th. Char. bezeichnet, die Größen x, y aber durch die Gleichungen (165) definiert sind. Indem man darin $(w) = (-v)$ setzt, erhält man aus den Gleichungen (535) die Additionstheoreme; setzt man dagegen $(u) = (w) = (0)$, so entsteht, wenn man noch $[\omega] = [n]$ setzt, die Formel

$$(536) \qquad x_{[n\alpha_0]} = \sum_{\mu=1}^{9} | n\alpha_0, n\alpha_\mu | x_{[n\alpha_\mu]},$$

aus welcher die algebraischen Relationen zwischen den 256 Thetafunktionen hervorgehen. Setzt man endlich darin auch $(v) = (0)$, so erhält man die Relationen zwischen den Nullwerten der geraden Thetafunktionen, und zwar lineare Relationen entweder zwischen je 10 Biquadraten von Thetanullwerten oder zwischen je 6 Produkten von zwei Quadraten solcher oder endlich zwischen je 4 Produkten von vier Thetanullwerten mit verschiedenen Charakteristiken je nach der Wahl der Per. Char. (ϱ), (σ).[227])

Wenn man diese Resultate mit denen der Fälle $p = 3$ und $p = 2$ vergleicht, so bemerkt man jene Analogien, welche schon in Nr. **36** erwähnt worden sind und welche insbesondere *Schottky*[228]) näher verfolgt hat.

Ist nämlich c_i der Nullwert einer, p_i der Nullwert eines Produktes von zwei und q_i der Nullwert eines Produktes von vier geraden Thetafunktionen (wobei in letzterem Falle die 4 Th. Char. stets einem syzygetischen Systeme entnommen sind), so bestehen Relationen von den 3 Typen

$$\sum \pm c_i^4, \quad \sum \pm p_i^2, \quad \sum \pm q_i$$

und zwar dreigliedrige[229]) für

$$p = 1, \quad p = 2, \quad p = 3,$$

viergliedrige[230]) für $p = 2, \quad p = 3, \quad p = 4,$

sechsgliedrige[231]) für $p = 3, \quad p = 4, \quad \ldots$

. . . .

Auch bei den Relationen zwischen Thetafunktionen mit veränderlichen Argumenten kann man solche Analogien in verschiedenen Formen nachweisen.

---

227) Über Relationen zwischen Thetafunktionen von vier Argumenten auch bei *Craig*, Amer. J. 6 (1884), p. 14, 183 und 205.

228) Acta math. 27 (1903), p. 235.

229) *Jacobi*, Ges. W. 1 (1881), p. 511 Gl. (E); *Göpel*, Gl. (25)—(28), *Rosenhain*, Gl. (90), *Krazer*, „$p = 2$", p. 36 u. 41; *Weber*, „$p = 3$", p. 44.

230) *Göpel*, Gl. (23), (24); *Rosenhain*, Gl. (89); *Krazer*, p. 34 u. 41; *Weber*, p. 40; *Noether*, Math. Ann. 14 (1879), p. 291.

231) *Weber*, p. 40; *Noether*, p. 290.

92. Schottky. Da die Gleichung, welche zur Definition einer Klasse algebraischer Funktionen vom Geschlecht 4 dient, nur 9 wesentliche Konstanten enthält, die Anzahl der Modulen der vierfach unendlichen Thetareihe aber 10 beträgt, so sind diese, wie schon in Nr. **46** erwähnt wurde, bei denjenigen Thetafunktionen, welche bei der Umkehrung der Integrale algebraischer Funktionen vom Geschlecht 4 auftreten, oder, wie wir kurz sagen, bei den „*Riemann*schen Thetafunktionen" von vier Veränderlichen, nicht unabhängig voneinander, sondern durch eine Relation verknüpft; diese Relation hat *Schottky*[232]) aufgestellt; er ist dazu auf folgende Weise gelangt.

Für die *Riemann*schen Thetafunktionen wird der Quotient zweier ungerader Thetafunktionen mit den Argumenten $v_\mu(\beta) - v_\mu(\alpha)$ gemäß (374) eine symmetrische und zerfallende Funktion der beiden Grenzen α und β. Nun gibt es in der Theorie der allgemeinen Thetafunktionen von 4 Veränderlichen ein System von homogenen quadratischen Gleichungen, welches nur ungerade Thetafunktionen enthält. Diesen dadurch zu genügen, daß man jede vorkommende ungerade Thetafunktion durch einen Ausdruck von der Form $\sqrt{\varphi(\alpha)} \cdot \sqrt{\varphi(\beta)}$ ersetzt, ist nur dann möglich, wenn zwischen den Nullwerten der geraden Thetafunktionen eine im allgemeinen Falle nicht bestehende Gleichung angenommen wird. Es gibt nämlich im Falle $p = 4$ in dem zu einer syzygetischen Gruppe vom Range 3 gehörigen Komplexe von Systemen von Th. Char. immer 3 Systeme, die aus 8 geraden Th. Char. gebildet sind (Nr. **29**). Bezeichnet man mit r_1, r_2, r_3 die Nullwerte der 3 zugehörigen Produkte von je 8 geraden Thetafunktionen, so hat auch für allgemeine Modulen der Ausdruck

$$J = r_1^2 + r_2^2 + r_3^2 - 2r_1r_2 - 2r_2r_3 - 2r_3r_1 \tag{537}$$

für jede syzygetische Gruppe, von der man ausgehen mag, den nämlichen Wert. Den Wert Null aber nimmt diese Invariante nur dann an, wenn die Thetafunktionen *Riemann*sche sind, und es ist also eine Gleichung von der Form

$$\sum_{i=1}^{3} \pm \sqrt{r_i} = 0 \tag{538}$$

die notwendige und hinreichende Bedingung dafür.

Den $(2^8 - 1)(2^6 - 1)(2^4 - 1) = 240975$ verschiedenen syzygetischen Gruppen vom Range 3 entsprechend existieren ebenso viele verschiedene Gleichungen (538), die aber nur eine Beziehung zwischen

232) J. f. Math. 102 (1888), p. 304; siehe auch *Poincaré*, Paris C. R. 120 (1895), p. 242; J. de Math. 1_5 (1895), p. 292; S. M. F. Bull. 29 (1901), p. 61 u. Acta math. 26 (1902), p. 94.

den 10 Thetamodulen darstellen, so daß eine einzige von ihnen mit Notwendigkeit alle anderen nach sich zieht.

Daß die Relation (538), die doch nur für *Riemann*sche Thetafunktionen gilt, sich der oben angeschriebenen Reihe der für allgemeine Modulen in den Fällen $p = 1$, $p = 2$ und $p = 3$ geltenden dreigliedrigen Gleichungen anfügt, läßt erkennen, daß für die darin zum Ausdruck gebrachte Analogie noch eine andere Quelle als die in Nr. **36** aufgezeigte existieren muß; vgl. dazu Nr. **124**.

Daß man die allgemeinen Thetafunktionen von 4 Veränderlichen mit algebraischen Gebilden höheren Geschlechts in Verbindung setzen kann, ist schon in Nr. **34** angegeben worden. Wie später (Nr. **119**) gezeigt werden wird, gestaltet sich diese Beziehung so, daß die zu einem speziellen algebraischen Gebilde von einem Geschlechte $q > 4$ gehörigen *Riemann*schen Thetafunktionen nach einer Transformation höheren Grades in solche von 4 und von $q - 4$ Veränderlichen zerfallen, derart daß die ersteren allgemeine Thetafunktionen sind. Dies ist unter der Annahme $q = 7$ von *Jung*[233]) durchgeführt worden (hierüber und über das folgende vgl. Nr. **123**).

Von der gleichen Allgemeinheit wie die *Riemann*schen Thetafunktionen, d. h. von 9 Parametern abhängig sind die von *Jung*[234]) betrachteten Thetafunktionen von 4 Veränderlichen, die in der oben geschilderten Weise aus einem algebraischen Gebilde vom Geschlechte $q = 6$ abgeleitet werden und, wie die *Riemann*schen, durch eine zwischen den Nullwerten der geraden Thetafunktionen bestehende Relation 8. Grades charakterisiert werden können.

Von 8 Parametern hängen die elliptisch-hyperelliptischen Funktionen *Schottkys*[235]) ab, die aus einem algebraischen Gebilde vom Geschlechte $q = 5$ abgeleitet sind und bei denen für $(v) = (0)$ zwei der geraden Thetafunktionen verschwinden.

Die gleiche Allgemeinheit besitzen die zuerst von *Weber*[236]) erwähnten speziellen *Riemann*schen Thetafunktionen von 4 Veränderlichen, bei denen eine der geraden Funktionen gleichzeitig mit den Argumenten verschwindet. Die Normalkurve der φ, welche im Falle $p = 4$ eine Raumkurve 6. Ordnung ist, liegt in diesem Falle auf einem Kegel und die Tangentialebenen dieses Kegels liefern die zu der ausgezeichneten geraden Th. Char. gehörige einfach unendliche Schar *Abel*scher Funktionen, die hier neben den 120 einzelnen, den

233) Berl. Ber. 1905, p. 484.

234) J. f. Math. 130 (1905), p. 1.

235) J. f. Math. 108 (1891), p. 147 u. 193.

236) Math. Ann. 13 (1878), p. 47; auch *Kraus*, Math. Ann. 16 (1880), p. 254.

ungeraden Th. Char. entsprechenden existieren. Auf die nämlichen Funktionen stützte sich *Noether* (s. Anm. 225) bei Begründung seiner Charakteristikentheorie für $p = 4$; er ging dabei aus von einer auf die einfache Ebene rational eindeutig abbildbaren Doppelebene (vgl. auch Nr. **111**) mit einer Übergangskurve 6. Ordnung $\Omega = 0$, welche zwei unendlich benachbarte dreifache Punkte besitzt und infolgedessen vom Geschlecht 4 ist. Endlich hat auch *Schottky*[237]) für den vorliegenden Fall die Beziehungen zwischen den 256 Thetafunktionen und ihre algebraische Darstellung eingehend untersucht; er ist dabei auf eine ebene Kurve 9. Ordnung (*Bertini*sche Kurve) geführt worden, zu der die obengenannte Raumkurve 6. Ordnung in der gleichen Beziehung steht, wie im Falle $p = 3$ die ebene Kurve 4. Ordnung zu der von *Schottky* seiner Theorie zugrunde gelegten Kurve 6. Ordnung. Verschwindet bei diesen Thetafunktionen noch eine zweite der geraden gleichzeitig mit den Argumenten, so werden sie, wie *Weber* gezeigt hat, zu den von 7 Parametern abhängigen hyperelliptischen.

Vom Geschlechte $p = 4$ ist endlich das binomische algebraische Gebilde $s^3 = f_6(z)$, dessen Zweiteilungsproblem (vgl. dazu auch Nr. **110**) *Osgood*[238]) mit Hilfe der Charakteristikentheorie auf seine gruppentheoretischen Eigenschaften untersucht hat. Da auch hier eine der geraden Thetafunktionen gleichzeitig mit den Argumenten verschwindet, so gibt es wieder dieser entsprechend eine einfach unendliche Schar von *Abel*schen Funktionen, während die den 120 ungeraden Th. Char. entsprechenden sich in 40 Zyklen von je 3 anordnen.

XII. Kleins Sigmafunktionen.

93. Vorbemerkung. Die Durchführung der in Kap. VII mitgeteilten Lösungen des *Jacobi*schen Umkehrproblems verlangt in erster Linie die Bildung der Thetafunktionen, also die Ermittlung der zur Klasse gehörigen p *Riemann*schen Normalintegrale v_μ und ihrer Periodizitätsmodulen $a_{\mu\nu}$[239]). Abgesehen davon, daß diese Elemente der ursprünglichen Formulierung des Umkehrproblems fremd sind, hängen sie von der Wahl des Querschnittsystems ab und ändern sich mit dieser, d. h. bei jeder linearen Transformation der Perioden.

Aber weiter wird noch die Bildung gewisser Berührungsformen und deren Zuordnung zu den 2^{2p} verschiedenen Funktionen $\vartheta[\varepsilon]((v))$

237) J. f. Math. 103 (1888), p. 185; Berl. Ber. 1920, p. 21; auch J. f. Math. 146 (1916), p. 139.

238) Diss. Erlangen 1890.

239) Vgl. darüber *Stahl,* Diss. Berlin 1882, „A. F." § 33.

verlangt; auch diese Aufgaben sind in dem Umkehrproblem selbst nicht enthalten. Was sie verlangen, erkennt man am klarsten im hyperelliptischen Falle, wo die 2^{2p} verschiedenen Thetafunktionen den Zerlegungen der gegebenen binären Form f_{2p+2} in zwei Faktoren entsprechen, die Bildung der zugehörigen Wurzelformen also letzten Endes die Kenntnis der Verzweigungspunkte voraussetzt.

Es entsteht daher naturgemäß die Aufgabe, zu untersuchen, inwieweit die Lösung des Umkehrproblems möglich ist, ohne daß die Erledigung der hier genannten Aufgaben vorangehen muß. Es zeigt nun vorab die *Weierstraß*sche Theorie der elliptischen Funktionen, daß man die Einführung der *Riemann*schen Normalintegrale, also die Annahme einer bestimmten Zerschneidung der *Riemann*schen Fläche dadurch umgehen kann, daß man statt der ϑ-Funktionen die *Al*- oder σ-Funktionen benutzt, deren Argument u das nicht normierte Integral 1. Gattung ist, und man wird dabei noch bemerken, daß die σ-Funktionen sich vor den *Al*-Funktionen, von denen sie sich um den Faktor $e^{\frac{1}{6}(1+k^2)u^2}$ unterscheiden[240]), dadurch auszeichnen, daß sie sich bei linearer Transformation der Perioden ohne Hinzutritt von Faktoren permutieren.

In der gleichen Weise enthalten die *Weierstraß*schen hyperelliptischen *Al*-Funktionen (Nr. 7) als Argumente $u_1, \ldots u_p$ die im Umkehrproblem (15) selbst auftretenden Integrale 1. Gattung. Diese setzen gewisse Zerspaltungen der Grundform $R(x)$ voraus; das gleiche gilt daher auch von den *Al*-Funktionen selbst. Es wird sich nun darum handeln, einmal an Stelle des Systems der 2^{2p}, den sämtlichen möglichen Zerlegungen der Grundform in zwei Faktoren entsprechenden ϑ-Funktionen ein System von ebenso vielen *Al*-Funktionen zu definieren, sodann aber diese gleichzeitig so mit Faktoren zu multiplizieren, daß sie sich bei linearer Transformation der Perioden ohne Hinzutritt von Faktoren permutieren. Diese Forderungen werden von den in Nr. 94 aufgestellten *Klein*schen σ-Funktionen erfüllt.

Die Frage nach dem Rationalitätsbereich der Entwicklungskoeffizienten der *Al*-Funktionen ist bei *Weierstraß* dahin zu beantworten, daß diese Koeffizienten sich rational aus den Verzweigungspunkten (genauer gesagt, aus einem Teile dieser und den symmetrischen Funktionen der übrigen) zusammensetzen. *Klein* zeigt, daß seine σ-Funktionen das Minimum der jeweils erforderlichen Irrationalitäten enthalten, indem in ihren Reihenentwicklungen im hyperelliptischen Falle lediglich die Koeffizienten der Formen φ und ψ, in welche die Grund-

240) *Fricke*, Ellipt. Funktionen 1 (1916), p. 401.

form jedesmal zerlegt ist, im allgemeinen Falle $p = 3$ (Nr. **100**) die Koeffizienten der die einzelne σ-Funktion bestimmenden Berührungsform 3. Dimension auftreten, und *Klein* charakterisiert diese Reihenentwicklungen noch genauer dadurch, daß sie die einzigen sind, welche nach ganzen rationalen Kovarianten der eben genannten Formen fortschreiten.

Der Umstand, daß bei linearer Transformation der Perioden die g_p geraden und ebenso die u_p ungeraden σ-Funktionen jeweils unter sich permutiert werden, bringt es mit sich, daß im Falle $p = 1$ die einzige ungerade σ-Funktion bei jeder linearen Transformation der Perioden in sich übergeht. Diese Ausnahmerolle der ungeraden den drei geraden σ-Funktionen gegenüber tritt darin in die Erscheinung, daß ihre Entwicklungskoeffizienten sich ausschließlich aus den Größen g_2 und g_3 rational zusammensetzen, während die drei geraden σ außerdem noch die einzelnen Verzweigungspunkte e_1, e_2, e_3 enthalten, wobei man noch bemerken wird, daß g_2, g_3 nicht nur bei jeder linearen Transformation der Perioden ungeändert bleiben, sondern zugleich auch die Invarianten der das elliptische Gebilde definierenden Binärform sind. Es wird sich nun darum handeln, auch im Falle $p > 1$ solche Funktionen zu bilden, welche bei allen linearen Transformationen der Perioden ungeändert bleiben und deren Entwicklungskoeffizienten dementsprechend sich rational ausschließlich aus den Koeffizienten der das algebraische Gebilde definierenden Gleichung zusammensetzen, und es wird anzustreben sein, das Umkehrproblem unter alleiniger Anwendung solcher Funktionen zu lösen. Funktionen der verlangten Art sind die in Nr. **95** eingeführten Funktionen 1. Stufe Σ und eine Lösung des Umkehrproblems von der gewünschten Weise ist die *Wirtinger*sche der Nr. **101**.

94. Hyperelliptische σ-Funktionen. *Klein* hat erstmals 1886[241]) auf die Aufgabe hingewiesen, die neueren Fortschritte, welche die Theorie der elliptischen Funktionen in der *Weierstraß*schen Behandlungsweise gemacht hat, auf hyperelliptische und *Abel*sche Funktionen zu übertragen.

Einen solchen Fortschritt sah *Klein* zunächst in dem einfacheren Verhalten der σ-Funktionen im Vergleich mit den Thetafunktionen bei linearer Transformation der Perioden und er stellte daher, sich zunächst auf den Fall $p = 2$ beschränkend, die Aufgabe, die ϑ-Funktionen so mit einem Faktor zu multiplizieren, daß die neuen Funktionen

---

241) Math. Ann. 27 (1886), p. 431, vgl. auch *Krazer*, Math. Ann. 33 (1889), p. 591; zum folgenden auch *Klein*, Evanston Colloquium 1893.

sich bei linearer Transformation der Perioden ohne Zutritt irgendwelcher Faktoren permutieren. Diese Forderung erweist sich in einfachster Weise erfüllt, wenn man

$$(539)\qquad \sigma(v_1, v_2) = e^{-\frac{1}{20}\left(\sum_1^{10}\frac{\vartheta_{11}}{\vartheta}v_1^2 + 2\sum_1^{10}\frac{\vartheta_{12}}{\vartheta}v_1 v_2 + \sum_1^{10}\frac{\vartheta_{22}}{\vartheta}v_2^2\right)}\frac{\vartheta(v_1 v_2)}{C}$$

setzt[242]); dabei sind die Summen $\sum\limits_1^{10}$ über die 10 geraden Thetafunktionen zu erstrecken, ϑ bezeichnet den Wert von $\vartheta(v_1, v_2)$, ϑ_μ den Wert von $\frac{\partial\,\vartheta(v_1, v_2)}{\partial\, v_\mu}$ und $\vartheta_{\mu\nu}$ den Wert von $\frac{\partial^2\vartheta(v_1, v_2)}{\partial v_\mu \partial v_\nu}$ für $v_1 = v_2 = 0$; endlich ist C eine Konstante, für welche im Falle einer geraden Thetafunktion deren Nullwert ϑ, im Falle einer ungeraden $\frac{1}{p_1}\vartheta_1$ oder $\frac{1}{p_2}\vartheta_2$ gesetzt wird, wobei die Größen p_1, p_2 zur Verfügung bleiben, um die Koeffizienten der Anfangsglieder in der Entwicklung von $\sigma(v_1, v_2)$ nach Potenzen der v festzulegen.

Das weitere Ziel *Kleins* war, die σ-Funktionen unabhängig von den Thetafunktionen zu definieren; er erkannte im Verlaufe seiner Untersuchungen gerade umgekehrt in den σ-Funktionen den natürlichen Durchgangspunkt, um von dem algebraischen Gebilde zu den Thetafunktionen zu gelangen. Indem er gleichzeitig seine Untersuchungen auf hyperelliptische Funktionen beliebigen Geschlechts ausdehnte, erhielt er folgende Resultate[243]):

Man wähle als p Integrale 1. Gattung

$$(540)\quad u_1 = \int\frac{z_1^{p-1}(z\,dz)}{\sqrt{f(z)}},\quad u_2 = \int\frac{z_1^{p-2}z_2(z\,dz)}{\sqrt{f(z)}},\quad \ldots u_p = \int\frac{z_2^{p-1}(z\,dz)}{\sqrt{f(z)}}$$

und bezeichne die Periodizitätsmodulen von u_μ an den Querschnitten a_ν, b_ν mit $\omega_{\mu\nu}, \omega_{\mu,p+\nu}$. Man definiere weiter, indem man in der Bezeichnungsweise der Invariantentheorie $f(z) = a_z^{2p+2}$ setzt, das Integral 3. Gattung durch die Gleichung

$$(541)\quad Q_{xy}^{x'y'} = Q_{x'y'}^{xy} = \int_y^x\!\!\int_{y'}^{x'}\frac{(z\,dz)}{\sqrt{f(z)}}\cdot\frac{(z'\,dz')}{\sqrt{f(z')}}\cdot\frac{\sqrt{f(z)}\sqrt{f(z')} + a_z^{p+1}a_{z'}^{p+1}}{2(zz')^2}$$

---

242) Man wird auf diesen Ansatz auch geführt, wenn man verlangt, daß in der Entwicklung des Produkts der 10 geraden Thetafunktionen nach Potenzen der Variablen die Glieder zweiter Dimension sich wegheben. Daß diese *Klein*schen Sigmafunktionen weder mit den von *Schottky* (Nr. 90) noch mit den von *Krause* (Nr. 103) so bezeichneten Funktionen identisch sind, ist schon in Anm. 222 bemerkt worden.

243) Gött. N. 1887, p. 515, Math. Ann. 32 (1888), p. 351; die ausführlichen Beweise bei *Burkhardt,* ebenda p. 381.

und leite die p Integrale 2. Gattung aus

(542) $$Z^{(t)} = \int_y^x \frac{(z\,dz)}{\sqrt{f(z)}} \cdot \frac{\sqrt{f(z)}\sqrt{f(t)} + a_z^{p+1} a_t^{p+1}}{2(zt)^2}$$

in der Form

(543) $$Z_1^{(t)} = \frac{1}{(p-1)!}\frac{\partial^{p-1} Z^{(t)}}{\partial t_1^{p-1}}, \quad Z_2^{(t)} = \frac{(p-1)_1}{(p-1)!}\frac{\partial^{p-1} Z^{(t)}}{\partial t_1^{p-2}\partial t_2}, \quad \ldots$$

ab; diese Integrale Z werden dann alle an der Stelle t ∞^p und ihre Periodizitätsmodulen $-\eta_{1\alpha}, \ldots -\eta_{p\alpha}$ $(\alpha = 1, 2, \ldots p)$ sind von der Wahl des Punktes t unabhängig.[244]) Man bilde weiter den Primausdruck[245])

(544) $$\Omega(x, y) = \frac{(xy)}{\sqrt[4]{f(x) f(y)}} e^{\frac{1}{2} Q_{x\,y}^{\bar{x}\,\bar{y}}},$$

wo $\bar{x}, \bar{y}$ die mit x, y verbundenen (Nr. 74) Punkte der Fläche bezeichnen, und setze aus solchen den „transzendenten Zusatzfaktor“

(545) $$M = \frac{\prod\limits_i \prod\limits_k \Omega(x^{(i)}, y^{(k)})}{\prod\limits_i \prod\limits_k (x^{(i)} y^{(k)}) \prod\limits_i \prod\limits_k{}' \Omega(x^{(i)}, x^{(k)}) \prod\limits_i \prod\limits_k{}' \Omega(y^{(i)}, y^{(k)})}$$

zusammen, wobei der Akzent am Produktzeichen andeuten soll, daß die Glieder mit $i = k$ auszulassen sind. Bezeichnet man dann endlich mit $w_1, w_2, \ldots w_p$ die Integralsummen

(546) $$w_\mu = \int_{y'}^{x'} du_\mu + \int_{y''}^{x''} du_\mu + \cdots + \int_{y^{(n)}}^{x^{(n)}} du_\mu, \qquad (\mu = 1, 2, \ldots p)$$

indem man die Zahl n einstweilen beliebig läßt, so erhält man den 2^{2p} Zerlegungen

(547) $$f_{2p+2} = \varphi_{p+1-2m}\,\psi_{p+1+2m}$$

entsprechend ebensoviele σ-Funktionen durch die Gleichung

(548) $$\sigma_{\varphi,\psi}(w_1, \ldots w_p) = \frac{(-1)^{mn + \frac{1}{2}m(m+1)}}{2^{n-m}} M \cdot D_{\varphi\psi}$$

definiert, wo $D_{\varphi\psi}$ die $2n$-reihige Determinante

(549) $$D_{\varphi\psi} = \begin{vmatrix} \ldots x_1^{n+m-\varkappa} x_2^{\varkappa} \sqrt{\varphi(x)} \ldots x_1^{n-m-\lambda} x_2^{\lambda} \sqrt{\psi(x)} \ldots \\ \ldots -y_1^{n+m-\varkappa} y_2^{\varkappa} \sqrt{\varphi(y)} \ldots y_1^{n-m-\lambda} y_2^{\lambda} \sqrt{\psi(y)} \ldots \end{vmatrix}$$

bezeichnet, deren $2n$ Vertikalreihen aus den beiden angeschriebenen erhalten werden, wenn man für $\varkappa$ der Reihe nach die Zahlen 0, 1, $\ldots n + m - 1$ und für λ der Reihe nach die Zahlen 0, 1, $\ldots n - m - 1$ treten läßt, während die $2n$ Horizontalreihen aus den beiden ange-

244) Eine spätere, allgemeinere Form der Integrale 2. Gattung in II B 2, Nr. 33.

245) Wie die allgemeine Primform (397) im hyperelliptischen Falle zu dem Ausdrucke (544) führt, zeigt *Klein,* Math. Ann. 36 (1890), p. 17 u. f.

schriebenen entstehen, wenn man x, y der Reihe nach durch x', y'; x'', y''; ... $x^{(n)}$, $y^{(n)}$ ersetzt. Dabei muß $n > m$ sein, doch kann man den Fall $n = m$ mit einschließen, indem man dann unter $D_{\varphi\psi}$ den Ausdruck

$$(550)\quad D_{\varphi\psi} = (-1)^n \begin{vmatrix} x_1^{2n-1} & x_1^{2n-2} x_2 & \dots & x_2^{2n-1} \\ y_1^{2n-1} & y_1^{2n-2} y_2 & \dots & y_2^{2n-1} \end{vmatrix} \Pi \sqrt{\varphi(x^{(i)})}\sqrt{\psi(y^{(i)})}$$

versteht.

Wenn man σ-Funktionen für $n < m$ dadurch definiert, daß man bei den einem größeren n entsprechenden die beiden Grenzen y und x von einem Teile der Integrale zusammenfallen läßt, so sind diese Funktionen bei beliebigen Werten der übrigen x, y stets $(m-n)$-fach Null. Insbesondere verschwinden dann für $w_1 = \cdots = w_p = 0$ alle σ-Funktionen, bei denen $m > 0$ ist.

Die durch (548) definierten σ-Funktionen sind einwertige und ganze Funktionen der Integralsummen w. Bei Überschreitung der Querschnitte a_ν, b_ν erlangen sie durch die Vorzeichen unterschiedene Exponentialfaktoren

$$(551)\quad (-1)^{g_\nu} \cdot e^{\sum\limits_\mu \eta_{\mu\nu}\left(w_\mu + \frac{\omega_{\mu\nu}}{2}\right)}, \qquad (-1)^{h_\nu} \cdot e^{\sum\limits_\mu \eta_{\mu,p+\nu}\left(w_\mu + \frac{\omega_{\mu,p+\nu}}{2}\right)},$$

bei denen ein g bzw. $h = 0$ oder 1 zu nehmen ist, je nachdem sich die beiden vom betreffenden Integrationsweg umschlossenen Verzweigungspunkte auf φ und ψ verteilen oder nicht. Die Funktion $\sigma_{\varphi\psi}$ ist eine gerade oder ungerade Funktion der w, je nachdem m gerade oder ungerade ist; ihre Entwicklung nach Potenzen der w hat die Form

$$(552)\quad \sigma_{\varphi_{p+1-2m}\psi_{p+1+2m}} = (w)_m + (w)_{m+2} + \cdots + (w)_{m+2\varrho} + \cdots,$$

wo $(w)_{m+2\varrho}$ eine ganze homogene Funktion $m + 2\varrho^{\text{ten}}$ Grades der w ist, deren Koeffizienten rationale ganze Funktionen der Koeffizienten von φ vom $m + \varrho^{\text{ten}}$ und ψ vom ϱ^{ten} Grade mit rationalen Zahlenkoeffizienten sind, von der Art, daß sich $(w)_{m+2\varrho}$ aus ganzen rationalen Kovarianten der Formen φ und ψ, in denen die Variablen durch $w_1, \dots w_p$ ersetzt sind, zusammensetzen läßt.

Daß die so erhaltenen σ-Funktionen in der Tat die Verallgemeinerungen der 4 *Weierstraß*schen elliptischen σ-Funktionen sind, hat *Klein*[246]) des Näheren ausgeführt und auch dargetan, daß sowohl bei der ursprünglichen Definition die Wahl des den ϑ-Funktionen beigefügten Faktors, als bei der neuen die Wahl des zugrunde gelegten Integrals 3. Gattung dadurch charakterisiert ist, daß die erhaltenen

246) Math. Ann. 27 (1886), p. 455; vgl. dazu *Bolza*, Amer. M. S. Trans. 1 (1900), p. 53.

σ-Funktionen die einzigen sind, deren Reihenentwicklungen nicht nur nach rationalen, sondern auch nach ganzen Kovarianten der Formen φ und ψ fortschreiten.

Von den σ-Funktionen gelangt man nun zunächst durch die Gleichung

$$(553)\qquad Th(w_1, \dots w_p) = \sqrt[8]{\Delta_\varphi \cdot \Delta_\psi}\, \sigma(w_1, \dots w_p),$$

in der Δ_φ, Δ_ψ die Diskriminanten von φ und ψ bezeichnen, zu den von *Wiltheiß*[247]) zuerst eingeführten *Th*-Funktionen und sodann von diesen zu den ϑ-Funktionen durch die Gleichung

$$(554)\qquad \vartheta_{\left[\begin{smallmatrix}g\\h\end{smallmatrix}\right]}(v, \tau) = c\sqrt{\frac{\Sigma \pm \omega_{11}\,\omega_{22} \cdots \omega_{pp}}{(2i\pi)^p}}\; e^{G(w_1, \dots w_p)}\, Th(w_1, \cdots w_p),$$

wo die Argumente v und die Modulen τ in bekannter Weise aus den w und ω berechnet werden, wo ferner c einen rationalen Zahlenfaktor bedeutet und

$$(555)\qquad G(w_1, \cdots w_p) = \frac{1}{2\Sigma \pm \omega_{11}\,\omega_{22} \cdots \omega_{pp}} \begin{vmatrix} \omega_{11} & \cdots & \omega_{1p} & w_1 \\ \cdot & \cdot & \cdot & \cdot \\ \omega_{1p} & \cdots & \omega_{pp} & w_p \\ \sum\limits_i \eta_{i1} w_i & \cdots & \sum\limits_i \eta_{ip} w_i & 0 \end{vmatrix}$$

gesetzt ist.[248])

Bolza[249]) hat durch die Gleichungen

$$(556)\qquad \begin{aligned} \zeta_{\varphi\psi}(w_1, \cdots w_p;\, t) &= \sum_\alpha \frac{\partial \log \sigma_{\varphi\psi}(w_1, \cdots w_p)}{\partial w_\alpha}\, g_\alpha(t), \\ \wp_{\varphi\psi}(w_1, \cdots w_p;\, s, t) &= -\sum_{\alpha\beta} \frac{\partial \log \sigma_{\varphi\psi}(w_1, \cdots w_p)}{\partial w_\alpha\, \partial w_\beta}\, g_\alpha(s)\, g_\beta(t), \end{aligned}$$

in denen die g ganze rationale Funktionen $p - 1^{\text{ten}}$ Grades bezeichnen, zu den erhaltenen σ-Funktionen ζ- und $\wp$-Funktionen definiert und deren Verwendung zur Lösung des Umkehrproblems gezeigt.

95. Funktionen 1. Stufe. Ein fortgesetzter Vergleich mit der Theorie der elliptischen Funktionen führte aber *Klein* noch weiter. Er sah die Normalform für diese Theorie nicht in jener, welche sich auf die Nebeneinanderstellung der 4 σ-Funktionen stützt, sondern in der anderen, welche konsequent mit $\wp u$, $\wp' u$ und σu operiert. Auch hier liegt das entscheidende Moment in dem Verhalten der Funktionen bei linearer Transformation der Perioden. Während nämlich die drei zuletzt genannten Funktionen bei jeder ganzzahligen linearen Transformation ungeändert bleiben, ist dies bei den drei übrigen σ-Funktionen

247) Math. Ann. 29 (1887), p. 272.

248) Zu dem vorstehenden auch *Schröder*, Diss. Göttingen 1890, Hamburg Math. Ges. Festschr. 1890, p. 162 und Mitt. 3 (1891/1900), p. 73.

249) Gött. N. 1894, p. 268; Amer. J. 17 (1895), p. 11.

nur für solche Transformationen der Fall, welche der identischen J nach dem Modul 2 kongruent sind. In diesem Sinne nennt man die ersteren Funktionen der 1. Stufe, die 3 geraden Sigmafunktionen aber solche der 2. Stufe.

Diesen Stufenbegriff hat nun *Klein* auch in der Theorie der hyperelliptischen Funktionen, sich wieder auf den Fall $p = 2$ beschränkend, eingeführt.[250])

Betrachtet man die rationalen symmetrischen Verbindungen der durch die Gleichungen

$$(557) \qquad w_\mu = \int^{x'} \frac{x^{\mu-1}\,dx}{\sqrt{f(x)}} + \int^{x''} \frac{x^{\mu-1}\,dx}{\sqrt{f(x)}} \qquad (\mu = 1, 2)$$

gegebenen Werten w_1, w_2 zugeordneten beiden Stellen x', x'' der zu $y^2 = f(x)$ gehörigen *Riemann*schen Fläche nicht nur als Funktionen dieser Integralwerte, sondern gleichzeitig auch als abhängig von den Periodizitätsmodulen $\omega_{\mu\alpha}\left(\begin{smallmatrix}\mu = 1, 2\\ \alpha = 1, 2, 3, 4\end{smallmatrix}\right)$ der Integrale, so besitzen sie die Eigenschaft ungeändert zu bleiben bei jeder Substitution von der Form

$$(558) \qquad \begin{aligned} w'_\mu &= w_\mu + h_1\,\omega_{\mu 1} + h_2\,\omega_{\mu 2} + h_3\,\omega_{\mu 3} + h_4\,\omega_{\mu 4}, \\ \omega'_{\mu 1} &= \quad c_{11}\,\omega_{\mu 1} + c_{12}\,\omega_{\mu 2} + c_{13}\,\omega_{\mu 3} + c_{14}\,\omega_{\mu 4}, \\ \omega'_{\mu 2} &= \quad c_{21}\,\omega_{\mu 1} + c_{22}\,\omega_{\mu 2} + c_{23}\,\omega_{\mu 3} + c_{24}\,\omega_{\mu 4}, \quad (\mu = 1, 2), \\ \omega'_{\mu 3} &= \quad c_{31}\,\omega_{\mu 1} + c_{32}\,\omega_{\mu 2} + c_{33}\,\omega_{\mu 3} + c_{34}\,\omega_{\mu 4}, \\ \omega'_{\mu 4} &= \quad c_{41}\,\omega_{\mu 1} + c_{42}\,\omega_{\mu 2} + c_{43}\,\omega_{\mu 3} + c_{44}\,\omega_{\mu 4}, \end{aligned}$$

in welcher die h und die c ganze Zahlen bezeichnen, von denen die letzteren den Bedingungen für Transformationszahlen (40) genügen müssen.

Die Substitutionen (558) bilden eine Gruppe, welche die Hauptgruppe genannt wird. Sind $c_{11} \equiv c_{22} \equiv c_{33} \equiv c_{44} \equiv 1$, alle anderen Zahlen c sowie die 4 Zahlen h alle $\equiv 0$ (mod. n), wo n irgendeine positive ganze Zahl bezeichnet, so heißt die Substitution (558) der Identität kongruent nach dem Modul n. Diese Substitutionen bilden für sich eine Gruppe, die Prinzipaluntergruppe n^{ter} Stufe. Man nennt nun hyperelliptische Funktionen n^{ter} Stufe jene einwertigen Funktionen der w und ω, welche bei allen Substitutionen der Prinzipaluntergruppe n^{ter} Stufe ungeändert bleiben, wobei man noch solche Funktionen als adjungierte zu bezeichnen pflegt, welche bei diesen Substitutionen nur Einheitswurzeln als Faktoren erlangen.

Im Falle $n = 1$ ist die Prinzipaluntergruppe die Hauptgruppe selbst und die hyperelliptischen Funktionen 1. Stufe sind die vorher-

250) *Burkhardt,* Math. Ann. 35 (1890), p. 198; dazu *Pascal,* Ann. di Mat. 18_2 (1890), p. 131 u. 227; 19_2 (1891/2), p. 159.

genannten rationalen symmetrischen Verbindungen der x', x'', wobei man als Konstanten (Modulfunktionen 1. Stufe) die Koeffizienten der Form f_6 zuläßt.

Die hyperelliptischen Funktionen 1. Stufe lassen sich durch die 4

(559) $$X_1 = x' + x'', \qquad X_2 = x'x'',$$
$$X_3 = \sqrt{f(x')}\sqrt{f(x'')}, \quad X_4 = \sqrt{f(x')} + \sqrt{f(x'')}$$

rational zusammensetzen, welche selbst durch Relationen von der Gestalt

(560) $$X_3^2 = G_6(X_1, X_2), \quad X_4^2 = G_6'(X_1, X_2) + 2X_3$$

miteinander verknüpft sind, wo G_6, G_6' ganze rationale Funktionen 6. Grades bezeichnen.

Bei Einführung homogener Variablen kann man das volle Formensystem 1. Stufe durch die folgenden 8 Formen darstellen

(561) $$X_1 = x_1' x_1'', \quad X_2 = x_1' x_2'' + x_2' x_1'', \quad X_3 = x_2' x_2'',$$
$$X_4 = \sqrt{f(x_1', x_2')}\sqrt{f(x_1'', x_2'')}$$

und 4 Formen Y_α, welche unter Einführung eines Hilfspunktes t zu der einen

(562) $$Y_t = (x't)^3\sqrt{f(x_1'', x_2'')} + (x''t)^3\sqrt{f(x_1' x_2')}$$

zusammengezogen werden können.

Aus diesen hyperelliptischen Formen 1. Stufe leitet *Klein* die hyperelliptischen Σ-Funktionen 1. Stufe in der Weise ab, daß er zunächst die Formen X durch die allgemeineren

(563) $$\overline{X}_1 = l_{x'} l_{x''} (x'x'')^2, \quad \overline{X}_2 = m_{x'} m_{x''} (x'x'')^2, \quad X_3 = n_{x'} n_{x''} (x'x'')^2,$$
$$\overline{X}_4 = \sqrt{f(x')}\sqrt{f(x'')} + a_{x'}^3 a_{x''}^3,$$

wo l_x^2, m_x^2, n_x^2 drei ganze rationale quadratische Kovarianten von $f_6 = a_x^6$ bezeichnen, die Form Y_t aber durch

(564) $$\overline{X}_5 = a_t\{a_{x'}^4 a_{x''}\sqrt{f(x'')} + a_{x''}^4 a_{x'}\sqrt{f(x')}\}(x'x'')^5$$

ersetzt und nun jede der Formen $\overline{X}_1$, $\overline{X}_2$, $\overline{X}_3$, $\overline{X}_4$ mit Z^2, $\overline{X}_5$ mit Z^5 multipliziert, wo Z den Zusatzfaktor

(565) $$Z = \frac{e^{\frac{1}{2}Q_{x'\,x''}^{\overline{x}'\,\overline{x}''}}}{\sqrt[4]{f(x')f(x'')}}$$

bezeichnet. Es entstehen so die Funktionen $\Sigma_1, \ldots \Sigma_5$, welche das Analogon der ungeraden σ-Funktion des Falles $p = 1$ sind.

Entsprechend den Gleichungen (560) besteht für die Funktionen Σ (oder was dasselbe für die Formen $\overline{X}$) einmal eine homogene Gleichung 4. Grades zwischen $\Sigma_1, \ldots \Sigma_4$ allein von der Gestalt

(566) $$\Sigma_4^2 \cdot G_2(\Sigma_1, \Sigma_2, \Sigma_3) + \Sigma_4 \cdot G_3(\Sigma_1, \Sigma_2, \Sigma_3) + G_4(\Sigma_1, \Sigma_2, \Sigma_3) = 0$$

und ferner läßt sich das Quadrat von Σ_5 durch $\Sigma_1, \ldots \Sigma_4$ ausdrücken in der Form

$$(567) \qquad \Sigma_5^2 = \Sigma_4 \cdot G_5(\Sigma_1, \Sigma_2, \Sigma_3) + G_6(\Sigma_1, \Sigma_2, \Sigma_3).$$

Die Gleichung (566) ist die Gleichung der *Kummer*schen Fläche, die Gleichung (567) stellt eine Schar von Flächen 6. Ordnung dar, welche die *Kummer*sche Fläche längs einer Kurve 12. Ordnung berühren.

Die Reihenentwicklungen der Funktionen Σ nach Potenzen der w charakterisieren sie dadurch als hyperelliptische Funktionen 1. Stufe, daß sich alle Koeffizienten rational aus den Invarianten der Form f_6 zusammensetzen.

96. Funktionen 2. Stufe. Da hyperelliptische Funktionen 2. Stufe nach zweimaligem Durchlaufen eines Periodenweges zum Anfangswerte zurückkehren müssen, so lassen sich dieselben als Quadratwurzeln rationaler Funktionen der Stellen x', x'' darstellen, und da weiter jeder Periodentransformation der Prinzipaluntergruppe 2. Stufe eine solche Monodromieänderung der Verzweigungspunkte entspricht, welche jeden einzelnen in seine Anfangslage zurückbringt, so wird man als Modulfunktionen 2. Stufe alle rationalen Funktionen der Verzweigungspunkte $\alpha, \beta, \ldots$ zulassen.

Demgemäß sind hyperelliptische Formen 2. Stufe die 6

$$(568) \qquad D_\alpha = \sqrt{(\alpha x')(\alpha x'')}$$

und die 10 den Zerlegungen der Form f_6 in zwei Formen φ und ψ des 3. Grades

$$(569) \qquad \varphi(x) = (\alpha x)(\beta x)(\gamma x), \quad \psi(x) = (\delta x)(\varepsilon x)(\zeta x)$$

entsprechenden

$$(570) \qquad D_{\varphi\psi} = \begin{vmatrix} \sqrt{\varphi(x')} & \sqrt{\psi(x')} \\ -\sqrt{\varphi(x'')} & \sqrt{\psi(x'')} \end{vmatrix}.$$

Alle hyperelliptischen Formen 2. Stufe lassen sich mit Hilfe der Determinanten $(\alpha\beta)$ als Koeffizienten rational durch 7 dieser Formen ausdrücken, nämlich durch die 6 Formen D_α und irgendeine der 10 Formen $D_{\varphi\psi}$.

Bezüglich der algebraischen Gleichungen, durch welche die Formen D untereinander verknüpft sind, kann auf die zwischen den 16 Thetafunktionen zweier Veränderlichen bestehenden verwiesen werden, denen die 16 Formen D proportional sind.

Aus den Formen D entstehen durch Hinzunahme des Zusatzfaktors (565) als hyperelliptische Funktionen 2. Stufe die 16 Sigmafunktionen und zwar die zu einer Zerlegung $f_6 = \varphi_1 \psi_5$ gehörige ungerade in der Form

$$(571)\qquad \sigma_{\varphi_1\psi_5}(w_1, w_2) = \frac{(x'x'')\sqrt{\varphi_1(x')\,\varphi_1(x'')}}{2\sqrt[4]{f(x')\,f(x'')}}\, e^{\frac{1}{2} Q_{x'x''}^{\bar{x}'\bar{x}''}}$$

und die zu einer Zerlegung $f_6 = \varphi_3 \psi_3$ gehörige gerade in der Form

$$(572)\qquad \sigma_{\varphi_3\psi_3}(w_1, w_2) = \frac{\sqrt{\varphi_3(x')}\sqrt{\psi_3(x'')} + \sqrt{\varphi_3(x'')}\sqrt{\psi_3(x')}}{2\sqrt[4]{f(x')\,f(x'')}}\, e^{\frac{1}{2} Q_{x'x''}^{\bar{x}'\bar{x}''}}.$$

Die Gleichungen (571), (572) charakterisieren die σ-Funktionen als Funktionen 2. Stufe dadurch, daß ihre Bildung die Zerlegungen der Form f_6 in die Formen φ_1 und ψ_5 bzw. φ_3 und ψ_3 und damit die Kenntnis der Verzweigungspunkte des hyperelliptischen Gebildes verlangt; in der Reihenentwicklung (552) der σ-Funktionen ist die gleiche Tatsache damit in die Erscheinung getreten, daß die Koeffizienten sich rational aus den Koeffizienten der Formen φ und ψ zusammensetzen.

97. Die Funktionen $X_{\alpha\beta}$, $Y_{\alpha\beta}$, $Z_{\alpha\beta}$. Die gleiche Aufgabe, die Thetafunktionen derart mit Faktoren zu multiplizieren, daß die so entstehenden Funktionen sich bei linearer Transformation der Perioden einfacher verhalten als die ursprünglichen, hat *Klein* auch für Thetafunktionen höherer Ordnung gestellt und auch hier konnte ihm die Theorie der elliptischen Funktionen als Wegweiser dienen, in welcher er selbst[251]) in den Größen X_α solche Funktionen gebildet hatte.

Jede Thetafunktion n^{ter} Ordnung mit gegebener Charakteristik $\begin{bmatrix} g \\ h \end{bmatrix}$ läßt sich nach (86) aus den n^p Funktionen

$$(573)\qquad \vartheta\begin{bmatrix} \dfrac{g+\varkappa}{n} \\ h \end{bmatrix}(\!(nv)\!)_{na} \quad (\varkappa_1, \dots \varkappa_p = 0, 1, \dots n-1)$$

homogen und linear mit konstanten, d. h. von den v freien Koeffizienten zusammensetzen. Unterwirft man dann die Größen v, a, $\begin{bmatrix} g \\ h \end{bmatrix}$ einer linearen ganzzahligen Transformation und nennt die dadurch gemäß (99), (101) und (105) entstehenden neuen Größen v', a', $\begin{bmatrix} \hat{g} \\ \hat{h} \end{bmatrix}$, so sind die diesen entsprechenden n^p Funktionen

$$(574)\qquad \vartheta\begin{bmatrix} \dfrac{\hat{g}+\varkappa}{n} \\ \hat{h} \end{bmatrix}(\!(nv')\!)_{na'} \quad (\varkappa_1, \dots \varkappa_p = 0, 1, \dots n-1)$$

homogene lineare Funktionen der ursprünglichen (573), so daß jeder linearen ganzzahligen Transformation hier eine homogene lineare Substitution entspricht.

Unsere Aufgabe ist nun, die Funktionen (573), (574) durch Hinzunahme von Faktoren so zu normieren, daß die genannten Substi-

251) Leipz. Ber. 36 (1884), p. 70; Leipz. Abh. 13 (1885), p. 367 und Ellipt. Modulfunktionen 2 (1892), p. 236.

tutionen in ihren Koeffizienten möglichst einfach werden. Auf diese Weise entstanden für den Fall $p = 2$ die zuerst von *Witting*[252]) eingeführten und sodann von *Burkhardt*[253]) weiter untersuchten Funktionen $X_{\alpha\beta}$, die sich von $\vartheta\begin{bmatrix} \frac{\alpha}{n} & \frac{\beta}{n} \\ 0 & 0 \end{bmatrix}((nv))_{na}$ nur um einen von den v unabhängigen Faktor unterscheiden und aus denen die weiteren Funktionen

(575) $$Y_{\alpha\beta} = \tfrac{1}{2}(X_{\alpha\beta} + X_{-\alpha,-\beta}), \quad Z_{\alpha\beta} = X_{\alpha\beta} - X_{-\alpha,-\beta}$$

zusammengesetzt werden.

Für den Fall $n = 3$ ist die quinäre Gruppe der 25920 linearen Substitutionen der 5 Funktionen $Y_{\alpha\beta}$ und die quaternäre Gruppe der 51840 linearen Substitutionen der 4 Funktionen $Z_{\alpha\beta}$[254]) von *Burkhardt*[255]) eingehend untersucht worden.

Die Gruppe der $Z_{\alpha\beta}$ ist dadurch von besonderem Interesse, weil nach *Jordan*[256]) die Gruppe der Gleichung 27. Grades, von welcher die 27 Geraden einer Fläche 3. Ordnung abhängen, eine ausgezeichnete Untergruppe vom Index 2 enthält, welche mit der Gruppe der $Z_{\alpha\beta}$ isomorph ist. Nachdem auf Grund dieses Zusammenhanges *Klein*[257]) die Reduktion des einen Problems auf das andere skizziert hatte, wurde sie von *Burkhardt*[258]) weiter ausgeführt (siehe Nr. **110** u. I B 3f., Nr. 23).

98. Borchardtsche Modulen. *Borchardt*[259]) hat als Modulen des hyperelliptischen Gebildes im Falle $p = 2$ die Verhältnisse der Quadrate der Nullwerte von 4 geraden *Göpel*schen Thetafunktionen vorgeschlagen.[260]) Etwas abweichend davon hat *Klein* in seiner Vorlesung vom S.-S. 85 die Nullwerte von 4 geraden *Göpel*schen Thetafunktionen mit den doppelten Modulen als „*Borchardt*sche Modulen" bezeichnet. Nach einer ganzzahligen linearen Transformation der Perioden drücken sich

252) Diss. Göttingen 1887; Math. Ann. 29 (1887), p. 157.

253) Math. Ann. 38 (1891), p. 161.

254) Diese im Anschluß an die Untersuchungen *Wittings* a. a. O. und *Maschkes* Gött. N. 1888, p. 78; Math. Ann. 33 (1889), p. 317.

255) Gött. N. 1890, p. 376 u. 1892, p. 1; Math. Ann. 38 (1891), p. 161 u. 41 (1893), p. 313; dazu noch *Morrice,* Lond. M. S. Proc. 21 (1891), p. 58.

256) J. de Math. 14_2 (1869), p. 147; Paris C. R. 68 (1869), p. 865; „Traité", p. 316 u. 365; dazu *Pascal,* Ann. di Mat. 20_2 (1892/3), p. 163 u. 269; 21_2 (1893), p. 85; Acc. Linc. Rend. 2_5 (1893) I, p. 120.

257) J. de Math. 4_4 (1888), p. 169.

258) Math. Ann. 41 (1893), p. 339.

259) Paris C. R. 88 (1879), p. 834 = Ges. W. 1888, p. 439.

260) Anders bei *Brioschi,* Acc. Linc. Rend. 2_4 (1886), I, p. 159 = Op. mat. 3 (1904), p. 425.

die neuen Größen homogen und linear durch die ursprünglichen aus und es wird dadurch eine quaternäre Gruppe von 46080 homogenen linearen Substitutionen definiert, deren volles Formensystem von *Maschke*[261]) aufgestellt worden ist[262]) (I B 3f., Nr. 22).

99. Auflösung der Gleichung 6. Grades. *Brioschi*[263]) hat die allgemeine Gleichung 6. Grades auf eine gewisse Normalform transformiert, wobei die Wurzeln der gegebenen Gleichung rationale Funktionen der Wurzeln der neuen sind. Diese Normalform stimmt überein mit einer von *Maschke*[264]) aufgestellten Partialresolvente 6. Grades des quaternären Formenproblems der *Borchardt*schen Modulen. Es war jetzt nicht nur möglich, gewisse Ausdrücke aus den Nullwerten der 10 geraden Thetafunktionen des Falles $p = 2$ zu bilden, welche einer Gleichung 6. Grades von derselben Form genügen, sondern es gelang auch die Konstanten des den Thetafunktionen zugrunde liegenden algebraischen Gebildes so zu bestimmen, daß beide Gleichungen identisch werden.[265]) Auf solche Weise wird die Auflösung einer gegebenen Gleichung 6. Grades auf die Bildung der zu einem gegebenen algebraischen Gebilde gehörigen Thetafunktionen, also die Berechnung der Periodizitätsmodulen der Integrale 1. Gattung zurückgeführt. Da aber in unserem Falle die 6 Verzweigungspunkte die Wurzeln der zu lösenden Gleichung 6. Grades sind und also erst bestimmt werden sollen, so muß man zur Berechnung der Periodizitätsmodulen jene linearen Differentialgleichungen heranziehen, welchen sie als Funktionen der Koeffizienten der Gleichung 6. Grades genügen. Daß das so geschilderte Verfahren, auf dessen Notwendigkeit auch *Lindemann*[266]) hinweist, zur Lösung der Gleichung 6. Grades angewandt werden kann, ohne diese vorher auf die *Brioschi*sche Normalform reduziert zu haben, hat *Burkhardt*[267]) ausgeführt.

Lindemann[268]) hat ferner in Ergänzung eines *Jordan*schen Satzes[269]), nach welchem die Auflösung einer algebraischen Gleichung

261) Gött. N. 1887, p. 421; Math. Ann. 30 (1887), p. 496.

262) Vgl. dazu auch *Reichardt,* Leipz. Ber. 37 (1885), p. 419; Math. Ann. 28 (1887), p. 84; N. Acta Leop. 50 (1887), p. 373.

263) Acc. Linc. Rend. 4_4 (1888), I, p. 183, 301 u. 485 = Op. mat. 4 (1906), p. 41 u. 43; Acta math. 12 (1889), p. 83 = Op. mat. 5 (1909), p. 313.

264) A. a. O. u. Acc. Linc. Rend. 4_4 (1888), I, p. 181.

265) *Brioschi* a. a. O. u. Ann. Éc. Norm. 12_3 (1895), p. 343 = Op. mat. 5 (1909), p. 175.

266) Gött. N. 1892, p. 292.

267) Math. Ann. 35 (1890), p. 277; dazu *Cole,* Amer. J. 8 (1886), p. 265.

268) Gött. N. 1884, p. 245 u. 1892, p. 292.

269) „Traité", p. 380; vgl. dazu I B 3f., Nr. 21, Anm. 95.

beliebig hohen Grades auf das Zweiteilungsproblem der hyperelliptischen Funktionen zurückgeführt werden könne, gezeigt, daß die Auflösung einer algebraischen Gleichung beliebigen Grades auf die folgenden 4 Prozesse zurückgeführt werden kann: 1. Auflösung von Gleichungen niedrigeren Grades, 2. Lösung von linearen homogenen Differentialgleichungen mit rationalen Koeffizienten und bekannten singulären Punkten, 3. Berechnung der Periodizitätsmodulen hyperelliptischer Integrale aus den Lösungen der genannten Differentialgleichungen, 4. Berechnung von Thetafunktionen mehrerer Veränderlichen für besondere Werte der Argumente (I B 3f., Nr. **22**).

100. Der besondere Fall $p = 3$ in Kleins Theorie der Abelschen Funktionen. Da die Normalkurve der φ im Falle $p = 3$ die allgemeine Kurve 4. Ordnung ist, so liegt der *Klein*schen Theorie (Nr. **64**) im Falle $p = 3$ ebenso wie der *Riemann-Weber*schen diese C_4 zugrunde und *Klein* knüpft bei seinen Untersuchungen[270]) speziell an die beiden Systeme von Berührungskurven 3. Ordnung (Nr. **89**) an.

Mittelst jeder Berührungsform 1. Art $X^{(3)}$ kann man die Gleichung der C_4 in die Gestalt (526) bringen. Nimmt man dann noch x_4 als vierte Koordinate hinzu, so stellt

$$x_4^2 \varphi - 2x_4 \Omega + X^{(3)} = 0 \tag{576}$$

eine Fläche 3. Ordnung F_3 dar, welche durch den vierten Eckpunkt des Koordinatentetraeders hindurchgeht, und die ursprüngliche C_4 ist der Schnitt des Umhüllungskegels, der sich von dieser Ecke aus an die F_3 legen läßt, mit der Ebene $x_4 = 0$. Bezeichnet man mit Σ die Diskriminante dieser F_3, deren Verschwinden aussagt, daß F_3 einen Doppelpunkt besitzt, und mit $\mathsf{T} = 0$ die Bedingung, daß die Ecke $x_1 = 0$, $x_2 = 0$, $x_3 = 0$ auf einer der 27 Geraden der F_3 liegt, so erweist sich $\Sigma\mathsf{T}^2$ als die Diskriminante der gegebenen C_4.

Einem jeden der 36 Systeme von Berührungsformen 2. Art entspricht ein Flächennetz (528). Bezeichnet man mit S die Taktinvariante dieses Flächennetzes, deren Verschwinden aussagt, daß zwei von den 8 Grundpunkten des Netzes zusammenfallen, und ist $T = 0$ die Bedingung dafür, daß sich unter den Flächen des Netzes ein Ebenenpaar befindet, so stimmt wieder ST^2 mit der Diskriminante von C_4 überein.

Indem *Klein* nun einerseits das Verschwinden der Diskriminante der C_4 bei Auftreten eines Doppelpunktes, andererseits das Verhalten der Berührungskurven 3. Ordnung in diesem Falle untersucht, gelingt ihm durch diesen Grenzübergang auch für den allgemeinen Fall die

270) Math. Ann. 36 (1890), p. 45.

Bestimmung der konstanten Faktoren der Thetareihen. Es ergibt sich für das Produkt der 36 geraden Thetanullwerte

$$\prod_1^{36} \vartheta_{\left[\substack{g\\h}\right]}((0)) = c p_{123}^{18} \text{ Discr.}^2, \tag{577}$$

ferner für eine beliebige gerade Thetafunktion

$$\vartheta_{\left[\substack{g\\h}\right]}((0)) = c' \sqrt{p_{123}}\sqrt[8]{S} \tag{578}$$

und für den bei einer beliebigen ungeraden Thetafunktion in (403) auftretenden Faktor C

$$C = c'' \sqrt{p_{123}}\sqrt[8]{\Sigma}. \tag{579}$$

Dabei bezeichnet p_{123} die aus Periodizitätsmodulen der Integrale 1. Gattung gebildete Determinante $\Sigma \pm \omega_{11}\omega_{22}\omega_{33}$, Discr. die schon mehrfach genannte Diskriminante der C_4, c, c', c'' rein numerische Konstanten, während S und Σ die vorher angegebene Bedeutung haben.

Aus den ϑ-Funktionen erhält man zunächst die *Wiltheißschen* Funktionen Th mit Hilfe der Gleichung

$$Th_{\left[\substack{g\\h}\right]}(w_1, w_2, w_3;\ \omega_{ik}) = \frac{\vartheta_{\left[\substack{g\\h}\right]}(v, \tau)}{\sqrt{p_{123}}} e^{\Sigma a_{\alpha\beta} v_\alpha v_\beta}, \tag{580}$$

wobei der auf der rechten Seite stehende Exponentialfaktor durch die Bedingung festgelegt ist, daß in der Reihenentwicklung des Produktes der 36 geraden Th-Funktionen das Glied zweiter Dimension ausfallen soll, woraus sich analog wie bei (539)

$$\Sigma a_{\alpha\beta} v_\alpha v_\beta = -\frac{1}{72}\left(\sum_1^{36} \frac{\vartheta_{11}}{\vartheta} v_1^2 + 2\sum_1^{36} \frac{\vartheta_{12}}{\vartheta} v_1 v_2 + \cdots\right) \tag{581}$$

ergibt. Gleichzeitig werden aber zwecks Definition der Th die unter (402) und (405) für die ϑ aufgestellten Formeln in der Weise modifiziert, daß man an Stelle des transzendent normierten Integrals 3. Gattung Π das *Pick*sche Integral P (II B 2, Nr. **37**) einführt. Diese Funktionen Th haben die Eigenschaft, sich bei linearer Transformation der Perioden lediglich unter Hinzutritt 8ter Einheitswurzeln als Faktoren zu permutieren.

Setzt man endlich bei gerader Th. Char. $\left[\substack{g\\h}\right]$

$$\sigma_{\left[\substack{g\\h}\right]}((w)) = Th_{\left[\substack{g\\h}\right]} : c'\sqrt[8]{S}, \tag{582}$$

bei ungerader Th. Char.

$$\sigma_{\left[\substack{g\\h}\right]}((w)) = Th_{\left[\substack{g\\h}\right]} : c''\sqrt[8]{\Sigma}, \tag{583}$$

so sind diese σ-Funktionen einwertige, ganze Funktionen der Integralsummen w, die sich bei linearer Transformation der Perioden ohne Hinzutritt von Faktoren permutieren. In ihren Entwicklungen nach fortschreitenden Potenzen der w sind alle Koeffizienten ganze rationale Funktionen innerhalb des durch die Charakteristik $\begin{bmatrix} g \\ h \end{bmatrix}$ festgelegten Rationalitätsbereiches, enthalten also in jedem Falle das jeweils mögliche Minimum von Irrationalitäten. Es ist nämlich in der Entwicklung einer geraden σ-Funktion

$$1 + (w)_2 + (w)_4 + \cdots + (w)_{2\nu} + \cdots \tag{584}$$

$(w)_{2\nu}$ eine rationale ganze Kovariante der gemischt ternär-quaternären Form

$$w_1 \Sigma \alpha_{ik} \xi_i \xi_k + w_2 \Sigma \beta_{ik} \xi_i \xi_k + w_3 \Sigma \gamma_{ik} \xi_i \xi_k \tag{585}$$

(oder eine Kombinante des früher genannten Flächennetzes), welche in den w den Grad 2ν, in den α_{ik}, β_{ik}, γ_{ik} zusammengenommen den Grad 8ν, in den ξ den Grad Null besitzt. Für eine ungerade σ-Funktion ist die Entwicklung von der Form

$$\varphi_1 w_1 + \varphi_2 w_2 + \varphi_3 w_3 + (w)_3 + (w)_5 + \cdots + (w)_{2\nu+1} + \cdots, \tag{586}$$

wo $(w)_{2\nu+1}$ ein Aggregat rationaler ganzer Kovarianten der drei zu der ungeraden Charakteristik $\begin{bmatrix} g \\ h \end{bmatrix}$ gehörigen ternären Formen φ, Ω, $X^{(3)}$ bezeichnet, in denen man die Koordinaten x_1, x_2, x_3 durch w_1, w_2, w_3 ersetzt hat; es ist nämlich

$$(w)_{2\nu+1} = \sum_{l=1}^{2\nu+1} \begin{pmatrix} 2\nu+1 & l & 4\nu+2-2l & l-1 \\ w, & \varphi, & \Omega & X^{(3)} \end{pmatrix}. \tag{587}$$

Zur Ableitung von Rekursionsformeln für die Koeffizienten in den Entwicklungen (584) und (586) dienen Differentialgleichungen, von denen berichtet werden soll, nachdem vorher noch von einer gleichfalls den Fall $p = 3$ betreffenden Abhandlung *Wirtingers* gesprochen ist.

101. Wirtingers Lösung des Umkehrproblems im Falle $p = 3$.[271]

Setzt man

$$w_\mu^{x g_1} + w_\mu^{y g_2} + w_\mu^{z g_3} + w_\mu^{t g_4} = w_\mu, \qquad (\mu = 1, 2, 3) \tag{588}$$

wo g_1, g_2, g_3, g_4 die Schnittpunkte einer Geraden mit der zugrunde liegenden C_4 sind, so entspricht einem gegebenen Wertesystem (w) eine einfach unendliche Schar korresidualer Quadrupel $(x\,y\,z\,t)$. Durch die vier Punkte eines solchen Quadrupels geht ein Büschel von ∞^1 Kegelschnitten; jeder davon schneidet die C_4 in vier weiteren Punkten, die ein zu $(x\,y\,z\,t)$ residuales Quadrupel $(x'\,y'\,z'\,t')$ bilden, das zu $(-w)$ gehört.

Die Polaren eines beliebigen Punktes ξ der Ebene in bezug auf alle Kegelschnitte eines solchen Büschels schneiden sich in einem

271) Monatsh. f. Math. 2 (1891), p. 55; Math. Ann. 40 (1892), p. 261.

Punkte η, der zu ξ hinsichtlich $(x y z t)$ konjugiert heißt. Durchläuft $(x y z t)$ alle Quadrupel der korresidualen Schar, so durchläuft der zu ξ konjugierte Punkt η einen Kegelschnitt k $(x y z t, \xi \eta)$. Der geometrische Ort jener Punkte ξ, für welche dieser Kegelschnitt zerfällt, ist eine Kurve 6. Ordnung $\Delta = 0$.

Die ∞^1 Kegelschnittbüschel, welche den verschiedenen korresidualen Quadrupelscharen $(x y z t)$ entsprechen, bilden ein System S von Kegelschnitten, das in einem dreifach unendlichen linearen Kegelschnittsystem R_3 enthalten ist und darin eine F_2 bildet, derart daß deren beide Regelscharen den Quadrupelsystemen $(x y z t)$ und den residualen $(x' y' z' t')$ entsprechen. Um diese F_2 darzustellen, bezieht man alle ∞^5 Kegelschnitte der Ebene auf die Punkte eines R_5; in diesem liegt die vorhergenannte R_3, deren Koordinaten r_{ik} seien; die F_2 wird dann durch eine Gleichung zwischen diesen r_{ik} bestimmt.

Die Formen k, Δ, r hängen im wesentlichen von den Quadrupelscharen ab, gestatten aber umgekehrt das einzelne Quadrupel explizit zu berechnen. Es erwächst so die doppelte Möglichkeit, einmal die k, Δ, r als Funktionen der w_μ darzustellen und sodann mit ihrer Hilfe das Umkehrproblem zu lösen.

Die Funktionen k, Δ, r werden nach Multiplikation mit passenden Mittelformen zu *Jacobi*schen[272]) Funktionen K, D, R der w_μ, deren Reihenentwicklungen nach Potenzen der w_μ nach ganzen rationalen Kovarianten der C_4 fortschreiten, in denen die eine Reihe der Punktkoordinaten durch die w_μ ersetzt ist. K, D, R sind also Funktionen 1. Stufe Σ im Sinne von Nr. **95** und zwar ergibt sich K als eine gerade Σ-Funktion 2. Ordnung. Mit ihr hängt nahe zusammen jene von *Frobenius* eingeführte σ-Funktion 2. Ordnung φ, welche am Schlusse von Nr. **90** erwähnt wurde; ferner sind die Quadrate der 28 ungeraden *Klein*schen σ-Funktionen spezielle Fälle von K, aus diesem hervorgehend, wenn ξ, η auf einer Doppeltangente liegen. D ist eine gerade Σ-Funktion 4. Ordnung, deren Reihenentwicklung mit Gliedern 6. Grades beginnt und die sich als Aggregat der 36 geraden σ-Funktionen der doppelten Argumente ausdrücken läßt. Da diese als homogene Funktionen 2. Grades von 8 linearunabhängigen σ-Quadraten darstellbar sind, so ergibt sich unmittelbar ein Zusammenhang der Kurven $D = 0$ mit den Punkten der zu $p = 3$ gehörigen Mannigfaltigkeit M_3^{24} (Nr. **34**). Die R endlich sind ungerade Σ-Funktionen

272) Unter diesem Namen faßt *Klein* [Math. Ann. 27 (1886), p. 432] alle Funktionen zusammen, welche wie die σ-, *Th*-, Σ-Funktionen aus Thetafunktionen durch Hinzufügung von Faktoren der Form $c e^{\varphi((v))}$ entstehen, wo c eine Konstante und $\varphi((v))$ eine homogene ganze rationale Funktion 2. Grades der v ist.

4. Ordnung, deren Reihenentwicklungen mit Gliedern 5. Grades beginnen und die linear durch die 28 ungeraden σ-Funktionen der doppelten Argumente darstellbar sind. Es wird sich noch darum handeln, die allgemeinen Gesetze für die Bildung der Glieder in den Reihen für die K, D, R mit Hilfe von Differentialgleichungen, welche den im nächsten Paragraphen betrachteten *Wiltheiß*schen analog sind, aufzufinden. Ist dies geschehen, so hat die Berechnung der Funktionen für gegebene w keine Schwierigkeiten mehr.

Wirtinger erhält aber jetzt weiter die explizite Lösung des Umkehrproblems mit Hilfe der Funktionen K und R in rationaler Weise, indem er für jeden Punkt ζ der C_4 ein Kegelschnittbüschel angeben kann, dessen Basispunkte ein zu den (w) gehöriges Quadrupel bilden, welches ζ enthält, und er hat damit das Umkehrproblem mit Vermeidung jeder überflüssigen Irrationalität und mit durchaus an der C_4 invarianten Funktionen gelöst.

102. Die Wiltheißschen Differentialgleichungen und die Reihenentwicklungen der σ-Funktionen. *Wiltheiß*[273]) hat in die *Riemann*schen Differentialgleichungen (69) der Thetafunktionen für den Fall, daß diese Funktionen hyperelliptisch sind, an Stelle der Differentiationen nach den Modulen solche nach den Verzweigungspunkten der *Riemann*schen Fläche eingeführt und hat diese Gleichungen dann zuerst im speziellen Falle $p = 2$[274]) und später für beliebiges p[275]) so umgeformt, daß die sämtlichen darin vorkommenden Ausdrücke Kovarianten sind oder sonst mit der Invariantentheorie in engster Verbindung stehen.

Die Verwertung der so erhaltenen Differentialgleichungen zur Reihenentwicklung der σ-Funktionen geschah dann gleichfalls zuerst für den speziellen Fall $p = 2$. In diesem hatte *Klein*[276]) schon die Form der Ausdrücke für die ersten drei Glieder der Reihenentwicklungen der geraden und der ungeraden σ-Funktionen durch Kovarianten,

---

273) J. f. Math. 99 (1886), p. 236.

274) Math. Ann. 29 (1887), p. 272; später noch Math. Ann. 35 (1890), p. 433; 36 (1890), p. 134 und 37 (1890), p. 229.

275) Math. Ann. 31 (1888), p. 134 u. 410; 33 (1889), p. 267; es seien hier auch erwähnt die in Math. Ann. 34 (1889), p. 150 angegebenen $\frac{1}{2}(p-1)(p-2)$ linearen Differentialgleichungen 1. Ordnung zwischen den Periodizitätsmodulen der Integrale 1. Gattung, welche diese als hyperelliptische charakterisieren, und die im Jahresber. d D. M.-V. 1 (1892), p. 72 mitgeteilten Gleichungen zwischen den partiellen Derivierten 2ter, 3ter und 4ter Ordnung der hyperelliptischen Thetafunktionen 1. Ordnung.

276) Math. Ann. 27 (1886), p. 452.

ohne Bestimmung der numerischen Koeffizienten, angegeben und *Brioschi*[277]) hatte im Anschluß an die kurz vorher erschienene, oben an erster Stelle genannte Abhandlung von *Wiltheiß* schon ein Rekursionsverfahren für die Berechnung der Entwicklungskoeffizienten der Funktion $\sigma(u_1\, u_2)$ mit der Charakteristik [0] mitgeteilt. *Wiltheiß* gab nun in der oben an zweiter Stelle genannten Abhandlung für die Berechnung des allgemeinen Gliedes in der Entwicklung der geraden und der ungeraden σ-Funktionen Rekursionsformeln und berechnete mit ihrer Hilfe, nachdem jeweils die ersten zwei Glieder bestimmt waren, die folgenden beiden, $(w)_4$ und $(w)_6$ im Falle der geraden, $(w)_5$ und $(w)_7$ im Falle der ungeraden σ-Funktionen.[278])

Für den allgemeinen hyperelliptischen Fall hatte *Klein*[279]) die Form des ersten Gliedes der Entwicklung der σ-Funktionen bestimmt; mit der Berechnung des zweiten Gliedes beschäftigt sich für den Fall $m = 0$ *Schröder*[280]), für beliebiges m *Brioschi.*[281])

Weiter hat *Wiltheiß*[282]) die Differentialgleichung, welcher die *Th*-Funktionen im allgemeinen Falle $p = 3$ genügen, in einer äußerst eleganten Form aufgestellt; bei dieser treten neben den Differentialquotienten nach den Argumenten diejenigen nach den Koeffizienten der Gleichung der zugrundeliegenden C_4 auf. *Pascal*[283]) hat gezeigt, wie sich diese Gleichungen gestalten, wenn man die an zweiter Stelle genannten Differentiationen nach den Koeffizienten der bei den σ-Funktionen auftretenden Kovarianten ausführt, und hat auf Grund der dann sich ergebenden Rekursionsformeln für die Reihenentwicklung (586) den Term $(w)_3$, für (584) den Term $(w)_2$ berechnet.

---

277) Acc. Linc. Rend. 2_4 (1886), I p. 199 u. 215 = Op. mat. 4 (1906), p. 1; auch Ann. di Mat. 14_2 (1887), p. 241 = Op. mat. 2 (1902), p. 345.

278) Vgl. dazu noch *Brioschi,* Rend. Acc. Linc. 4_4 (1888), II, p. 341 u. 429 = Op. mat. 4 (1906), p. 53; Gött. N. 1890, p. 236 = Op. mat. 5 (1909), p. 375; J. f. Math. 116 (1896), p. 326 = Op. mat. 5 (1909), p. 307 und *Bolza,* Amer. J. 21 (1899), p. 107 u. 175; 22 (1900), p. 101.

279) Math. Ann. 32 (1888), p. 351.

280) Siehe Anm. 219 und Hamburg Math. Ges. Mitt. 3 (1891/1900), p. 7.

281) Acc. Linc. Trans. 6_4 (1890), p. 471 = Op. mat. 4 (1906), p. 85.

282) Math. Ann. 38 (1891), p. 1, vorher schon Gött. N. 1889, p. 381.

283) Ann. di Mat. 17_2 (1889/90), p. 81 u. 197; 18_2 (1890), p. 1; 24_2 (1896), p. 193, auch Gött. N. 1889, p. 416 u. 547. Für den speziellen hyperelliptischen Fall $p = 3$ hat *Pascal*, Ann. di Mat. 17_2 (1889/90), p. 257 die Differentialgleichungen aufgestellt und die ersten Glieder der Entwicklung der σ-Funktionen berechnet, und zwar für die 28 ungeraden Funktionen die Glieder $(w)_1$ und $(w)_3$; für die 35 nicht mit den Argumenten verschwindenden geraden Funktionen das Glied $(w)_2$, für die 36te gerade Funktion die Glieder $(w)_2$, $(w)_4$ und $(w)_6$.

103. Weitere Differentialgleichungen im Gebiete der Thetafunktionen zweier Veränderlichen. *Fuchs*[284]) hat auf eine Klasse von Differentialgleichungen zweiter Ordnung hingewiesen, welche durch hyperelliptische Funktionen integriert werden und von denen die *Lamé*sche Differentialgleichung (II B 3, Nr. 80 u. 5, Nr. 23) der dem Falle $p = 1$ entsprechende besondere Fall ist. Diese Differentialgleichungen haben für den Fall $p = 2$ eine eingehende Behandlung durch *Krause*[285]) erfahren.

Es wurden dann weiter in mehreren Abhandlungen jene Differentialgleichungen, welchen die von *Bolza* (Nr. 94) aufgestellten $\wp$-Funktionen genügen, von *Baker*[286]) und *Wright*[287]) untersucht.

Krause[288]) hat ferner für die von ihm eingeführten „hyperelliptischen Funktionen“

$$al_\alpha(u_1, u_2) = \frac{\sigma_\alpha(u_1, u_2)}{\sigma_5(u_1, u_2)} \tag{589}$$

die Differentialquotienten sowohl für beliebige Werte der Argumente, wie auch speziell deren Nullwerte untersucht; er hat endlich auch jene Differentialgleichungen aufgestellt, denen die Nullwerte der geraden Thetafunktionen als Funktionen der *Rosenhain*schen Modulen $\varkappa, \lambda, \mu$ genügen. Im Anschlusse an *Staude*[289]) werden dabei die σ-Funktionen von *Krause* in der Weise eingeführt, daß man $\vartheta_\alpha(v_1, v_2)$ als Funktion der nicht normierten Integrale u_1, u_2 mit $\Theta_\alpha(u_1, u_2)$ bezeichnet, unter Θ_α den Nullwert dieser Funktion und unter $\Theta_\alpha'^{(1)}$ bzw. $\Theta_\alpha'^{(2)}$ den ihrer partiellen Derivierten nach u_1 bzw. u_2 versteht und nun eine gerade σ-Funktion durch die Gleichung

$$\sigma_\alpha(u_1, u_2) = \frac{\Theta_\alpha(u_1, u_2)}{\Theta_\alpha}, \tag{590}$$

284) Gött. N. 1878, p. 19 = Ann. di Mat. 9_2 (1878), p. 25 = Ges. math. W. 2 (1906), p. 151; auch J. de Math. 4_3 (1878), p. 125 = Ges. math. W. 2 (1906), p. 161; schon vorher J. f. Math. 81 (1876), p. 97 = Ges. math. W. 2 (1906), p. 11.

285) Paris C. R. 126 (1898), p 1086, 1489 u. 1618; 127 (1898), p. 91; Leipz. Ber. 50 (1898), p. 192 u. 231; Ann. di Mat 1_3 (1898), p. 265; Amer. M. S. Trans. 1 (1900), p. 287; dazu *Reichardt,* Leipz. Ber. 53 (1901), p. 124 u. Progr. Dresden 1902.

286) Cambr. Ph. Soc. Proc. 9 (1898), p. 513 u. 12 (1904), p. 219; Acta math. 27 (1903), p. 135.

287) Amer. J. 31 (1909), p. 271.

288) Acta math. 3 (1883), p. 283; J. f. Math. 95 (1883), p. 256 u. 98 (1885), p. 148; Math. Ann. 26 (1886), p. 1 u. 16; „Transf.“, § 27 u. f.; ferner J. de Math. 3_4 (1887), p. 87; Ann. di Mat. 15_2 (1887/8), p. 173 u. 187; dazu *Bertolani,* Giorn. di Math. 34 (1896), p. 135.

289) Math Ann. 24 (1884), p 281; *Staude* fügt auf der rechten Seite der Gleichung (591) ein Minuszeichen bei.

eine ungerade durch die Gleichung

$$\sigma_\alpha(u_1, u_2) = \frac{\Theta_\alpha(u_1, u_2)}{\Theta'^{(1)}_\alpha + \Theta'^{(2)}_\alpha} \tag{591}$$

definiert. Es sind also, wie schon früher (Anm. 222 u. 242) bemerkt wurde, die *Krause*schen Sigmafunktionen weder mit den *Schottky*schen (Nr. **90**) noch mit den *Klein*schen (Nr. **94**) identisch.

XIII. Erweitertes Umkehrproblem und Teilung.

104. Clebsch und Gordans erweitertes Umkehrproblem. *Clebsch* und *Gordan*[290]) erweitern das *Jacobi*sche Umkehrproblem (vgl. Nr. **47**) in der Form, daß sie zu p Summen von je $p+q$ Integralen 1. Gattung q Summen von je $p+q$ Integralen 3. Gattung hinzufügen, also verlangen, daß aus $p+q$ Gleichungen von der Form

$$(592)\quad \begin{aligned} &\sum_{i=1}^{p+q} \int_{c^{(i)}}^{x^{(i)}} du_h = v_h, && (h = 1, 2, \ldots p) \\ &\sum_{i=1}^{p+q} \int_{c^{(i)}}^{x^{(i)}} d\Pi_{\xi^{(k)}\eta^{(k)}} = w_k && (k = 1, 2, \ldots q) \end{aligned}$$

bei gegebenen Punkten $c^{(i)}$ und gegebenen Unstetigkeitsstellen $\xi^{(k)}$, $\eta^{(k)}$ die $p+q$ Punkte $x^{(i)}$ als Funktionen der $p+q$ Größen v_h und w_k dargestellt werden.

Zur Lösung dieses Problems bestimme man bei beliebig gewählten unteren Grenzen $c^{(p+q+1)}$, $c^{(p+q+2)}$, $\ldots$ $c^{(2p+q)}$ p Punkte $x^{(p+q+1)}$, $x^{(p+q+2)}$, $\ldots$ $x^{(2p+q)}$ mit Hilfe des *Jacobi*schen Umkehrproblems aus den p Gleichungen

$$\sum_{i=1}^{p} \int_{c^{(p+q+i)}}^{x^{(p+q+i)}} du_h = -v_h; \qquad (h = 1, 2, \ldots p) \tag{593}$$

dann ergibt sich aus diesen verbunden mit den ersten p Gleichungen (592), daß eine Funktion der Klasse existiert, die ∞^1 wird in den $2p+q$ Punkten $c^{(i)}$ und 0^1 in den $2p+q$ Punkten $x^{(i)}$. Um eine solche Funktion zu bilden, wähle man eine adjungierte Funktion Ψ von genügend hohem Grade so, daß sie 0^1 wird in den $2p+q$ Punkten $c^{(i)}$; sie mag noch verschwinden in Punkten $\beta_1, \beta_2, \ldots$; man wähle dann eine zweite adjungierte Funktion gleich hohen Grades Φ so, daß sie in den Punkten β ebenso verschwindet wie Ψ, ferner 0^1 wird in den p bekannten Punkten $x^{(p+q+1)}, x^{(p+q+2)}, \ldots x^{(2p+q)}$; man kann ihr dann noch q weitere Bedingungen auferlegen, wodurch sie bestimmt ist. Dies geschieht in folgender Weise:

290) „A. F.“ § 43, p. 143.

Man definiere q Größen l_k durch die Gleichungen

$$(594)\qquad l_k = \frac{\Psi_{\eta^{(k)}}}{\Psi_{\xi^{(k)}}} \cdot e^{w_k + T_{\xi^{(k)}\eta^{(k)}}\left(\begin{smallmatrix} x^{(p+q+1)} \ldots x^{(2p+q)} \\ c^{(p+q+1)} \ldots c^{(2p+q)} \end{smallmatrix}\right)}; \qquad (k = 1, 2, \ldots q)$$

dann ist wegen der q letzten Gleichungen (592) und des *Abel*schen Theorems

$$(595)\qquad \Phi_{\eta^{(k)}} - l_k \Phi_{\xi^{(k)}} = 0. \qquad (k = 1, 2, \ldots q)$$

Aus diesen q Gleichungen können die noch unbestimmten Koeffizienten von Φ berechnet werden und es drücken sich dann alle Koeffizienten von Φ rational durch die Größen e^w und durch Transzendenten $e^{T_{\xi\eta}}$ aus. Die Punkte $x^{(1)}, x^{(2)}, \ldots x^{(p+q)}$ aber, die wir suchen, sind die $p + q$ von den β und den $x^{(p+q+i)}$ verschiedenen Schnittpunkte von $\Phi = 0$ mit der Grundkurve.

Man kann nun auch die Werte, welche eine gegebene Funktion für die gesuchten Punkte $x^{(1)}, x^{(2)}, \ldots x^{(p+q)}$ annimmt, als Wurzeln einer Gleichung darstellen, deren Koeffizienten rationale Funktionen der e^w und der Transzendenten $e^{T_{\xi\eta}}$ sind.

Bezeichnet man auch hier die symmetrischen Funktionen der x als *Abel*sche Funktionen, so sind diese $(2p + q)$-fach periodisch, indem sie ungeändert bleiben, wenn man die p Variablen v_h um Größen

$$(596)\qquad 2m_h\pi i + \sum_{i=1}^{p} a_{hi} q_i \qquad (h = 1, 2, \ldots p)$$

und gleichzeitig die w_k um

$$(597)\qquad 2n_k\pi i + \sum_{i=1}^{p} \int_{\eta^{(k)}}^{\xi^{(k)}} du_i \qquad (k = 1, 2, \ldots q)$$

vermehrt, wobei die m, n, q ganze Zahlen bezeichnen.

Zu dem erweiterten Umkehrproblem kann man gleichfalls *Abel*sche Transzendenten 3. und 2. Gattung durch die Gleichungen

$$(598)\qquad T^{(q)}_{\xi\eta}\begin{pmatrix} x^{(1)} x^{(2)} \ldots x^{(p+q)} \\ c^{(1)} c^{(2)} \ldots c^{(p+q)} \end{pmatrix} = \sum_{i=1}^{p+q} \int_{c^{(i)}}^{x^{(i)}} d\Pi_{\xi\eta} \qquad \text{und}$$

$$(599)\qquad \Upsilon^{(q)}_{\xi}\begin{pmatrix} x^{(1)} x^{(2)} \ldots x^{(p+q)} \\ c^{(1)} c^{(2)} \ldots c^{(p+q)} \end{pmatrix} = \sum_{i=1}^{p+q} \int_{c^{(i)}}^{x^{(i)}} dZ_{\xi}$$

einführen; es lassen sich diese unter Benutzung der vorher definierten Funktion $\frac{\Phi}{\Psi}$ auf die Transzendenten des *Jacobi*schen Umkehrproblems (593) zurückführen.

Gehen r der Integrale 3. Gattung durch Zusammenrücken ihrer Unstetigkeitspunkte in Integrale 2. Gattung über, so sind die entsprechenden *Abel*schen Funktionen nur noch $(2p + q - r)$-fach periodisch.

In einem späteren Teile ihres Buches[291]) nehmen *Clebsch* und *Gordan* das erweiterte Umkehrproblem nochmals auf und führen es unter der Voraussetzung, die ohne Beschränkung der Allgemeinheit gemacht werden kann, weiter, daß die Integrale 3. Gattung in Doppelpunkten der Grundkurve unstetig werden. Sind dann noch δ weitere Doppelpunkte und r Rückkehrpunkte vorhanden, so hat man an Stelle der adjungierten Kurven solche einzuführen, die nur durch die $\delta + r$ zuletzt genannten Ausnahmepunkte hindurchgehen. Unter Benutzung dieser gelingt es *Clebsch* und *Gordan*, ganz analog den Untersuchungen beim *Jacobi*schen Umkehrproblem, die Transzendente $T_{\xi\eta}^{(q)}$ zunächst auf speziellere, nur von $p + q + 2$ Punkten abhängige $T_{\xi\eta}^{(q)}(x)$ zurückzuführen und dann weiter jede solche als Differenz zweier nur von $p + q + 1$ Punkten abhängigen Funktionen $U^{(q)}$ darzustellen. Die Funktion $V^{(q)} = e^{-U^{(q)}}$ ist dann eine einwertige und für alle endlichen Werte ihrer Argumente stetige Funktion der $p + q$ Größen

$$(600) \qquad w_h = \sum_{i=1}^{p+q} \int_{c^{(i)}}^{x^{(i)}} du_h - \int_{\mu}^{\xi} du_h + K_h, \quad (h = 1, 2, \dots p + q)$$

welche nur verschwindet, wenn entweder ξ mit einem der x zusammenfällt oder wenn die letzteren auf einer Kurve $n - 3^{\text{ter}}$ Ordnung liegen, welche durch die $\delta + r$ abgesonderten Ausnahmepunkte hindurchgeht, und man kann dabei die Konstanten K_h so wählen, daß $V^{(q)}$ bis auf das Vorzeichen ungeändert bleibt, wenn alle w_h gleichzeitig ihr Zeichen wecheln. Durch Hinzufügung eines Faktors von der Gestalt

$$(601) \qquad C e^{-\frac{1}{2}\sum_{h=1}^{p+q} k_h w_h},$$

in welchem die k ganze Zahlen sind, entsteht endlich aus der Funktion $V^{(q)}$ die Funktion $\Theta^{(q)}$, die auf Grund ihrer Periodizitätseigenschaften entwickelt sich als Summe von 2^q Θ-Funktionen von $p + q$ Argumenten darstellt.

Mit Hilfe der Funktion $\Theta^{(q)}$ erfolgt dann die Darstellung der spezielleren Transzendenten $T_{\xi\eta}^{(q)}(x)$, der allgemeineren $T_{\xi\eta}^{(q)}\begin{pmatrix} x^{(1)} x^{(2)} \dots x^{(p+q)} \\ c^{(1)} c^{(2)} \dots c^{(p+q)} \end{pmatrix}$ sowie der Produkte $\prod_{i=1}^{p+q} \dfrac{\left(\frac{\varphi}{\psi}\right)_{x^{(i)}} - \lambda}{\left(\frac{\varphi}{\psi}\right)_{c^{(i)}} - \lambda}$ und damit die Lösung des erweiterten Umkehrproblems.

Zum Schlusse besprechen *Clebsch* und *Gordan* diejenigen Modifikationen, welche die vorstehenden Untersuchungen erfahren, wenn

291) „A. F.", Elfter Abschnitt, p. 270; die q Integrale 3. Gattung sind hier mit $u_{p+1}, \dots u_{p+q}$ bezeichnet.

einige der q bevorzugten Doppelpunkte in Rückkehrpunkte übergehen, in welchem Falle an Stelle der Integrale 3. Gattung in dem Rückkehrpunkte ∞^1 werdende Integrale 2. Gattung treten.

105. Zur Geschichte des erweiterten Umkehrproblems. Ein erweitertes Umkehrproblem wurde zum ersten Male, durch *Jacobi*[292]) veranlaßt, von *Rosenhain*[293]) behandelt, der aus den Gleichungen

$$
(602)\quad
\begin{aligned}
u &= \int_0^{x_1} \frac{(\alpha + \beta x)\,dx}{(1-\lambda^2 x)\,s} \pm \int_0^{x_2} \frac{(\alpha + \beta x)\,dx}{(1-\lambda^2 x)\,s},\\
v &= \int_0^{x_1} \frac{(\alpha' + \beta' x)\,dx}{(1-\lambda^2 x)\cdot s} \pm \int_0^{x_2} \frac{(\alpha' + \beta' x)\,dx}{(1-\lambda^2 x)\,s}, \qquad \text{wo}
\end{aligned}
$$

$$
(603)\qquad s = \sqrt{x(1-x)(1-\varkappa^2 x)}
$$

gesetzt ist, die Größen x_1, x_2 als Funktionen von u und v bestimmte. In der Tat folgen aus (602) durch passende Verfügung über die Konstanten α, β, α', β' oder, was dasselbe, durch lineare Verbindung der beiden Gleichungen, die folgenden

$$
(604)\quad
\begin{aligned}
u &= \int_0^{x_1} \frac{dx}{s} \pm \int_0^{x_2} \frac{dx}{s} = u_1 + u_2,\\
v + u\,Z(a) &= \Pi(u_1, a) \pm \Pi(u_2, a),
\end{aligned}
$$

wo der Parameter a des *Jacobi*schen Integrals 3. Gattung $\Pi(u, a)$ durch die Gleichung

$$
(605)\qquad \lambda^2 = \varkappa^2 \sin^2 \operatorname{am}(a, \varkappa)
$$

bestimmt ist und Z das *Jacobi*sche Integral 2. Gattung bezeichnet. *Rosenhain* zeigt, daß x_1, x_2 die Wurzeln einer Gleichung zweiten Grades sind, deren Koeffizienten einwertige Funktionen von u und v sind, und weiter, daß sie dreifach periodisch sind mit den Perioden

$$
(606)\qquad (2K, 0),\quad \left(2iK', \frac{i\pi a}{K}\right),\quad (0, i\pi).
$$

Clebsch[294]) hat den *Rosenhain*schen Ansatz verallgemeinert, indem er die Summe von $\mu + 1$ elliptischen Integralen 1. Gattung und μ Summen von je $\mu + 1$ Integralen 3. Gattung gegebenen Größen v, $v_1, \ldots v_\mu$ gleich setzt. Er zeigt, daß man immer eine Gleichung $\mu + 1^{\text{ten}}$ Grades mit in den v einwertigen Koeffizienten angeben kann, deren Wurzeln die in jenen Integralen auftretenden oberen Grenzen

292) J. f. Math. 39 (1850), p. 349 = Ges. W. 2 (1882), p. 351.

293) Mém. prés. 11 (1851), p. 376.

294) J. f. Math. 64 (1865), p. 234.

$z, z_1, \ldots z_\mu$ sind, und weiter, daß $z, z_1, \ldots z_\mu$ $(\mu + 2)$-fach periodische Funktionen von $v, v_1, \ldots v_\mu$ sind.

Brill[295]) behandelt dann ebenso den Fall, wo neben zwei Summen von je $\mu + 2$ hyperelliptischen Integralen 1. Gattung vom Geschlecht $p = 2$ μ Summen von je $\mu + 2$ gleichartigen Integralen 3. Gattung treten.

Schirdewahn[216]) leitet den Fall $p = 2$, $\mu = 1$ aus dem höheren $p = 2$, $\mu = 2$ her, indem er schließlich den vierten oberen Grenzpunkt in einen Verzweigungspunkt rücken läßt.

Weitergeführt wurden die Untersuchungen von *Clebsch* und *Gordan* durch *Elliot*[297]), der den von diesen nur angedeuteten Fall des Auftretens von Integralen 2. Gattung ausführlich behandelt, und zwar in der Weise, daß er eine Funktion $\Theta_{(r)}^{(q)}$ bildet, welche von den $p + q + r$ Argumenten

$$\begin{aligned} &u^{(i)}(x) - \sum_{j=1}^{p+q+r} u^{(i)}(x_j) + C_i, && (i = 1, 2, \ldots p) \\ (607) \qquad &v^{(k)}(x) - \sum_{j=1}^{p+q+r} v^{(k)}(x_j) + D_k, && (k = 1, 2, \ldots q) \\ &w^{(h)}(x) - \sum_{j=1}^{p+q+r} w^{(h)}(x_j) + E_h && (h = 1, 2, \ldots r) \end{aligned}$$

abhängt, in denen die $u^{(i)}$ Integrale 1. Gattung, die $v^{(k)}$ Integrale 3. Gattung und die $w^{(h)}$ an einer Stelle ∞^1 werdende Integrale 2. Gattung bezeichnen. Dadurch, daß die Funktion $\Theta_{(r)}^{(q)}$ dann und im allgemeinen nur dann verschwindet, wenn x mit einem der $p + q + r$ Punkte x_j zusammenfällt, vermittelt sie die Lösung jenes Umkehrproblems, in welchem die Summen der p Integrale 1. Gattung $u^{(i)}$, der q Integrale 3. Gattung $v^{(k)}$ und der r Integrale 2. Gattung $w^{(h)}$ auftreten.

In einem zweiten Teile[298]) seiner Arbeit untersucht *Elliot* die Bedingungen für die Eindeutigkeit des gestellten Umkehrproblems.[299])

Den *Elliot*schen Ansatz hat *Appell*[300]) verallgemeinert, indem er auch Integrale 2. Gattung aufnimmt, die von höherer Ordnung unendlich werden.

Am Schlusse seiner Abhandlung bemerkt *Appell*, daß man zu

295) J. f. Math. 65 (1866), p. 277.

296) Diss. Breslau 1886.

297) Ann. Éc. Norm. 11_2 (1882), p. 79.

298) Ebd. p. 425.

299) Diese Frage auch bei *Appell* et *Goursat*, Fonct. algébr. 1895, p. 465; vgl. auch *Wiltheiß*, Diss. Berlin 1879.

300) J. de Math. 1_4 (1885), p. 245.

noch allgemeineren Ansätzen aufsteigen könne, in denen Summen beliebiger Integrale der Klasse auftreten. Diese Frage hat *Goursat*[301]) weiter verfolgt, indem er durch dieselben Schlüsse, wie sie *Clebsch* und *Gordan* angewandt haben, zeigt, daß die Lösung eines Umkehrproblems, in welchem neben p Integralen 1. Gattung q ganz beliebige Integrale der Klasse auftreten, vorausgesetzt nur, daß diese $p+q$ Integrale linear unabhängig sind, auf ein *Jacobi*sches Umkehrproblem und die Auflösung gewisser im allgemeinen Falle transzendenter Gleichungen von einfacher Form reduziert werden kann.

An die geometrische Tatsache, daß bei *Clebsch* und *Gordan* die $p+q$ gesuchten oberen Grenzpunkte der Integrale aus der Grundkurve durch Kurven ausgeschnitten werden, welche durch q ihrer Doppelpunkte nicht hindurchgehen, ihr also nicht adjungiert sind, hat *Lindemann*[302]) angeknüpft und ganz allgemein solche Scharen von Punktgruppen untersucht, welche auf Grundkurven mit ganz beliebigen Singularitäten durch nicht adjungierte Kurven ausgeschnitten werden, also durch Kurven, welche in einem s fachen Punkte der Grundkurve selbst nur einen σ-fachen Punkt besitzen, daher σ-Kurven genannt. *Lindemann* hebt am Schlusse seiner Arbeit hervor, daß die hier auftretenden algebraischen Bedingungen in transzendente umgesetzt werden können und so auf Umkehrprobleme führen, deren Lösungen von den genannten Punktgruppen geliefert werden.

Diesen Weg zur Aufstellung erweiterter Umkehrprobleme hat *Roth*[303]) weiter verfolgt. Während im Falle $\sigma = 0$ Umkehrprobleme entstehen, in denen wie bei *Clebsch* und *Gordan* die Integralsummen linear auftreten, trifft dies im Falle $\sigma > 0$ nicht mehr zu, wodurch der Charakter und der Bau der Gleichungen ziemlich kompliziert werden; doch gelingt es *Roth* auch in diesem Falle, die eindeutige Lösbarkeit des Umkehrproblems im allgemeinen Falle zu beweisen.

106. Lindemanns Verallgemeinerung des Jacobischen Umkehrproblems. In anderer Weise als *Clebsch* und *Gordan* hat *Lindemann*[304]) das *Jacobi*sche Umkehrproblem verallgemeinert, indem er die Aufgabe stellte, aus p Gleichungen von der Form

$$(608) \qquad q_1\int_{\mu}^{x_1} du_h + q_2\int_{\mu}^{x_2} du_h + \cdots + q_p\int_{\mu}^{x_p} du_h = v_h, \quad (h=1,2,\ldots p)$$

---

301) Paris C. R. 115 (1892), p. 787.

302) Unters. ü. d. *Riemann-Roch*schen Satz. Akad. Antrittsschr. Freiburg 1879; vgl. dazu *Noether*, Erl. Ber. 11 (1879), p. 144 u. Math. Ann. 15 (1879), p. 507.

303) Monatsh. f. Math. 24 (1913), p. 87.

304) Freib. Ber. 7 (1878), p. 273.

in denen $u_1, u_2, \ldots u_p$ die Normalintegrale 1. Gattung, $v_1, v_2, \ldots v_p$ gegebene Größen und $q_1, q_2, \ldots q_p$ beliebige positive ganze Zahlen $\geqq 1$ bedeuten, die oberen Grenzen $x_1, x_2, \ldots x_p$ zu bestimmen.

Geometrisch handelt es sich um die Bestimmung jener durch eine passende Zahl fester Punkte der Grundkurve gehenden adjungierten Kurven, welche die Grundkurve in τ Punkten ($\tau \lesseqgtr p$) von den Ordnungen $q_1 - 1, q_2 - 1, \ldots q_\tau - 1$ berühren.

Ist $q_1 = q_2 = \cdots = q_p$, so geht das gestellte Problem in das Teilungsproblem über und schon dieser spezielle Fall zeigt, daß man es nicht mehr mit einem eindeutig lösbaren Problem zu tun hat. In der Tat gibt es, wenn etwa $p - \tau$ der Zahlen q den Wert 1 haben, die übrigen τ aber von 1 und voneinander verschieden sind, nach *Lindemann*

$$\Delta = q_1^2 q_2^2 \ldots q_\tau^2 p(p-1)(p-2)\ldots(p-\tau+1) \tag{609}$$

verschiedene Lösungen, die von ihm als Nullpunkte einer gewissen Thetafunktion höherer Ordnung nachgewiesen werden.

Dieselbe Verallgemeinerung kann man, wie schon *Lindemann* bemerkt hat, auch an dem erweiterten Umkehrproblem anbringen und nach nicht adjungierten Kurven fragen, welche die Grundkurve in zu bestimmenden Punkten von gegebenen Ordnungen berühren.

Solche Probleme sind schon in den obengenannten Abhandlungen über das erweiterte Umkehrproblem von *Clebsch* und *Brill*[305]) behandelt worden. Die Abzählungen, welche in diesen Schriften hinsichtlich der Systeme von Berührungskurven, insbesondere der Berührungskegelschnitte einer ebenen Kurve 4. Ordnung gegeben werden, sind, wie *Humbert*[306]) und *Weiß*[307]) auf anderem Wege nachgewiesen haben, nicht immer richtig. *Roth* hat sie a. a. O. aus dem erweiterten Umkehrproblem heraus richtig gestellt.

107. Das Teilungsproblem bei Clebsch und Gordan.[308]) Es sei eine adjungierte Kurve ν^{ten} Grades gegeben, welche die Grundkurve $F = 0$ in p Punkten $c^{(1)}, c^{(2)}, \ldots c^{(p)}$ m-punktig berührt; ihre weiteren Schnittpunkte mit $F = 0$ seien $a^{(1)}, a^{(2)}, \ldots a^{(q)}, b^{(1)}, b^{(2)}, \ldots b^{(r)}$; gesucht

305) Dazu noch *Clebsch*, J. f. Math. 64 (1865) p. 43; *Clebsch-Lindemann*, Vorl. über Geometrie Bd. 1 (1876), p. 866; auch *Appell* et *Goursat*, Fonct. algébr. 1895, p. 509.

306) J. de Math. 2_4 (1886), p. 306.

307) Wiener Sitzb. 99 (1890), IIa, p. 284 (auch Diss. Erlangen 1890) und 102 (1893), IIa, p. 1025.

308) „A. F.", 10. Abschnitt, p. 230; man vgl. auch *Clebsch*, J. f. Math. 63 (1864), p. 198. Unter der speziellen Annahme, daß auch die Punkte a und x zu je m zusammenfallen, ist das Problem schon in Nr 56 behandelt worden.

ist eine adjungierte Kurve $\varphi = 0$ gleich hohen Grades, welche ebenfalls durch die Punkte $b^{(1)}, b^{(2)}, \ldots b^{(r)}$ hindurchgeht, die Grundkurve in q weiteren gegebenen Punkten $x^{(1)}, x^{(2)}, \ldots x^{(q)}$ trifft und deren noch übrige mp Schnittpunkte mit $F = 0$ zu je m zusammenfallen, so daß sie gleichfalls diese in p Punkten m-punktig berührt. Heißen diese unbekannten Punkte $y^{(1)}, y^{(2)}, \ldots y^{(p)}$, so sind sie auf transzendentem Wege bestimmt durch die Kongruenzen

$$(610) \qquad m\sum_{i=1}^{p}\int_{c^{(i)}}^{y^{(i)}} du_h + \sum_{i=1}^{q}\int_{a^{(i)}}^{x^{(i)}} du_h \equiv 0 \qquad (h = 1, 2, \ldots p)$$

oder

$$(611) \qquad \sum_{i=1}^{p}\int_{c^{(i)}}^{y^{(i)}} du_h \equiv \frac{1}{m}\Big(P_h - \sum_{i=1}^{q}\int_{a^{(i)}}^{x^{(i)}} du_h\Big), \quad (h = 1, 2, \ldots p)$$

wo P_h irgendein System zusammengehöriger Ganzen der Periodizitätsmodulen bezeichnet. Den m^{2p} verschiedenen mit Zahlen $0, 1, \ldots m-1$ gebildeten Systemen P_h entsprechen ebensoviele verschiedene Berührungskurven, von denen jede durch das ihr zugehörige Größensystem $\frac{1}{m} P_h$, also durch eine der m^{2p} aus m^{teln} ganzer Zahlen gebildete Per. Char. $(\varepsilon)_m$ (Nr. **40**), charakterisiert ist. Die Aufgabe hat also m^{2p} Lösungen.

Wenn die q gegebenen Punkte $x^{(i)}$ sich stetig ändern, so ändern sich auch die $y^{(i)}$ stetig und es kann daher auf diesem Wege nie das zu einer Per. Char $(\varepsilon)_m$ gehörige System von Berührungspunkten $y^{(i)}$ in das zu einer anderen $(\eta)_m$ gehörige übergehen; es gibt also m^{2p} getrennte Systeme von Berührungskurven.

Denkt man sich das Teilungsproblem für m verschiedene Per. Char. $(\varepsilon)_m$ gelöst, deren Summe $\equiv 0 \pmod{m}$ ist, so zeigt die Addition der m entsprechenden Gleichungen (611), daß es eine adjungierte Kurve ν^{ter} Ordnung gibt, welche durch die gegebenen Punkte x (und b) und die m Systeme von Berührungspunkten $y^{(i)}$ geht, daß also, wenn man eine adjungierte Kurve ν^{ter} Ordnung durch die x (und die b) und $m-1$ von Systemen von Berührungspunkten $y^{(i)}$ legt, diese Kurve dann immer noch durch ein ganz bestimmtes m^{tes} System von Punkten $y^{(i)}$ hindurchgeht.

Zur algebraischen Bestimmung der y bezeichne man mit $\varphi_1 = 0$, $\varphi_2 = 0, \ldots \varphi_{(m-1)p+1} = 0$ die Gleichungen von $(m-1)p+1$ adjungierten Kurven ν^{ten} Grades, die alle durch die Punkte b und x hindurchgehen; es läßt sich dann φ stets in der Form

$$(612) \qquad \varphi = \varkappa_1\varphi_1 + \varkappa_2\varphi_2 + \cdots + \varkappa_{(m-1)p+1}\varphi_{(m-1)p+1}$$

darstellen und die Aufsuchung der Punkte y führt nun auf zwei algebraische Gleichungen. Die erste $K = 0$ mit der Unbekannten $\varkappa_1 : \varkappa_2$

ist vom Grade m^{2p}; ihre Koeffizienten enthalten die $x^{(i)}$ rational und symmetrisch. Kennt man eine Wurzel dieser Gleichung, so sind $\varkappa_3$, $\varkappa_4, \ldots \varkappa_{(m-1)p+1}$ rationale Funktionen derselben und der x; die Gleichung $\varphi = 0$ ist mithin rational durch diese Wurzel und die x dargestellt. Alsdann ist noch eine Gleichung p^{ten} Grades[309]) zu lösen, deren Koeffizienten gleichfalls rational und symmetrisch in den x sind und deren Wurzeln die Punkte y liefern.

Den Fall $q = 0$ nennt man das Problem der speziellen Teilung, Es ist also eine adjungierte Kurve ν^{ten} Grades gegeben, welche die Grundkurve in p Punkten $c^{(1)}, c^{(2)}, \ldots c^{(p)}$ m-punktig berührt und in gewissen weiteren Punkten $b^{(1)}, b^{(2)}, \ldots b^{(r)}$ schneidet und es ist eine adjungierte Kurve gleich hohen Grades gesucht, welche durch alle r Punkte b hindurchgeht und die Grundkurve gleichfalls in p Punkten m-punktig berührt. Heißen diese unbekannten Punkte wieder $y^{(1)}, y^{(2)}, \ldots y^{(p)}$, so ist jetzt

$$\sum_{i=1}^{p} \int_{c^{(i)}}^{y^{(i)}} du_h \equiv \frac{1}{m} P_h. \qquad (h = 1, 2, \ldots p) \tag{613}$$

Bei der algebraischen Bestimmung der Berührungskurve $\varphi = 0$ tritt an Stelle der Gleichung $K = 0$ eine Gleichung desselben Grades wie vorher, von der aber jetzt, der Lösung $y^{(1)} = c^{(1)}, \ldots y^{(p)} = c^{(p)}$ entsprechend, eine Wurzel bekannt ist, so daß nur noch eine Gleichung $m^{2p} - 1^{\text{ten}}$ Grades $M = 0$ zu lösen übrig bleibt.

Bezüglich der Wurzeln der speziellen Teilungsgleichung (613) wird man aber bemerken, daß nicht allen m^{2p} verschiedenen Per. Char. $(\varepsilon)_m$ wirkliche Berührungskurven der gesuchten Art entsprechen. Haben nämlich die in $(\varepsilon)_m$ auftretenden $2p$ ganzen Zahlen alle einen Faktor δ mit m gemeinsam, so berührt die zugehörige Kurve die Grundkurve nur $\frac{m}{\delta}$-punktig und kann für das vorliegende Problem nur insofern in Betracht kommen, als sie δ-fach gerechnet eine uneigentliche m-punktig berührende Kurve darstellt. Sondert man diese Fälle, für welche die entsprechenden Wurzeln y schon als Wurzeln niedrigerer Teilungsgleichungen auftreten, aus, so bleiben, wenn

$$m = \nu_1^{\alpha_1} \nu_2^{\alpha_2} \ldots \tag{614}$$

ist, nur

$$\nu_1^{2p(\alpha_1 - 1)} \nu_2^{2p(\alpha_2 - 1)} \ldots (\nu_1^{2p} - 1)(\nu_2^{2p} - 1) \cdots \tag{615}$$

eigentliche Berührungskurven übrig.

108. Zurückführung des allgemeinen Teilungsproblems auf das spezielle. Es möge $y^{(1)}, y^{(2)}, \ldots y^{(p)}$ diejenige Lösung des allgemeinen Teilungsproblems (611) sein, welche einer bestimmten Per. Char $(\varepsilon)_m$

309) Vgl. dazu *Brioschi*, Paris C. R. 70 (1870), p. 504 = Op. mat. 4 (1906), p. 371.

entspricht und $\eta^{(1)}, \eta^{(2)}, \ldots \eta^{(p)}$ die zu einer andern Per. Char. $(\eta)_m$ gehörige. Ist dann weiter $\zeta^{(1)}, \zeta^{(2)}, \ldots \zeta^{(p)}$ jene Lösung des speziellen Teilungsproblems, welche der Per. Char. $(\zeta)_m$ des Periodensystemes $P_h - P_h'$ zugehört, so ist

(616) $$\sum_{i=1}^{p}\int_{y^{(i)}}^{\eta^{(i)}} du_h + \sum_{i=1}^{p}\int_{c^{(i)}}^{\zeta^{(i)}} du_h = 0 \qquad (h = 1, 2, \ldots p)$$

und man sieht daraus, daß aus den Punkten $y^{(i)}$ und $\zeta^{(i)}$ sich die $\eta^{(i)}$, transzendent wie algebraisch, bestimmen lassen. Indem man aber an Stelle von $\zeta^{(i)}$ alle $m^{2p} - 1$ verschiedenen Lösungen des speziellen Teilungsproblems treten läßt, erhält man alle von $y^{(i)}$ verschiedenen Lösungen $\eta^{(i)}$ des allgemeinen Problems. Dies zieht für die Gleichung $K = 0$ die folgende Eigenschaft nach sich.

Durch irgendeine Wurzel $\varkappa$ der Gleichung $K = 0$ können wir alle übrigen Wurzeln derselben rational ausdrücken und zwar mit Hilfe einer Formel

(617) $$\varkappa' = \Theta(\varkappa, \mu),$$

in der Θ eine gewisse rationale Funktion bezeichnet, μ aber eine Wurzel der Gleichung $m^{2p} - 1^{\text{ten}}$ Grades $M = 0$ ist und aus der man alle Wurzeln $\varkappa'$ erhält, wenn man für μ der Reihe nach alle Wurzeln dieser letzten Gleichung setzt.

Da aber ferner bei wiederholter Benutzung verschiedener Wurzeln von $M = 0$ die Reihenfolge, in welcher dieselben benutzt werden, keinen Unterschied macht, so ist die Gleichung $K = 0$ eine *Abel*sche Gleichung und folglich algebraisch auflösbar, natürlich unter Adjunktion der Wurzeln der Gleichung $M = 0$.

Wenn man weiter immer mit Anwendung der nämlichen Wurzel μ die aufeinanderfolgenden Wurzeln

(618) $$\varkappa' = \Theta(\varkappa, \mu),\ \varkappa'' = \Theta(\varkappa', \mu),\ \varkappa''' = \Theta(\varkappa'', \mu), \ldots$$

bildet, so schließt sich dieser Zyklus nach m wiederholten Bildungen, d. h. es ist

(619) $$\varkappa^{(m)} = \varkappa.$$

Daraus ergibt sich, daß die Auflösung der Gleichung $K = 0$ durch Ausziehen von m^{ten} Wurzeln aus Ausdrücken T geschieht, welche, neben den Wurzeln der Gleichung $M = 0$, die x rational und symmetrisch enthalten, und zwar werden, da sich die sämtlichen dabei auftretenden Größen $\sqrt[m]{T}$ durch $2p$ unter ihnen ausdrücken, schließlich die m^{2p} Wurzeln der Gleichung $K = 0$ durch den nämlichen linearen Ausdruck dieser $2p$ Größen $\sqrt[m]{T}$ geliefert, wenn man jede dieser $2p$ Wurzeln auf die m verschiedenen möglichen Weisen wählt.

109. Reduktion der speziellen Teilungsgleichung $M = 0$. Diese stützt sich zunächst auf die beiden Sätze:

Hat man das Teilungsproblem für die Grade $m = \nu_1^{\alpha_1}, m = \nu_2^{\alpha_2}, \ldots$ gelöst, so setzen sich aus deren Wurzeln die Wurzeln der Teilungsgleichung für $m = \nu_1^{\alpha_1}\nu_2^{\alpha_2}\ldots$ rational zusammen.

Hat man das Teilungsproblem für den Grad $m = \nu$ gelöst, so erhält man durch wiederholtes Wurzelziehen aus rationalen Funktionen seiner Wurzeln die Wurzeln der Teilungsgleichung für $m = \nu^\alpha$.

Damit ist die Lösung des speziellen Teilungsproblems auf den Fall reduziert, wo m eine Primzahl ist. Läßt man den Fall $m = 2$, der unten gesondert behandelt wird, zunächst beiseite, so hat man endlich den Satz:

Die Auflösung der speziellen Teilungsgleichung für eine ungerade Primzahl m reduziert sich auf die Auflösung einer Gleichung vom Grade $\frac{m^{2p}-1}{m-1}$ und das Ausziehen einer $m-1^{\text{ten}}$ Wurzel aus einer rationalen Funktion ihrer Wurzeln.[310])

110. Monodromiegruppe der Teilungsgleichung. *Jordan*[311]) hat die *Galois*sche Theorie auf das Teilungsproblem der hyperelliptischen Funktionen 1. Ordnung ($p = 2$) angewandt.

---

310) Die von *Clebsch* und *Gordan* gegebene Lösung der allgemeinen Teilungsgleichung war für den Fall $p = 2$ schon 1846 von Hermite [J. f. Math. 32 (1846), p. 277 = Œuv. 1 (1905), p. 10 = *Jacobis* Ges. W. 2 (1882), p. 87 und Mém. prés. 10 (1848), p. 563 = Œuv. 1 (1905), p. 38] angegeben, der dabei an eine Bemerkung *Jacobis* [J. f. Math. 3 (1828), p. 86 = Ges. W. 1 (1881), p. 241] über die Teilung der elliptischen Funktionen anknüpfte.

Auch die Reduktion des speziellen Teilungsproblems (la division des indices) auf die Auflösung einer Gleichung vom Grade $1 + m + m^2 + m^3$ und einer algebraisch auflösbaren Gleichung vom Grade $m - 1$ (oder, da bei *Hermite* die auftretenden Funktionen gerade, die Wurzeln des speziellen Teilungsproblems also paarweise einander gleich sind, vom Grade $\frac{m-1}{2}$) ist bereits von *Hermite* angegeben.

Die Division der hyperelliptischen Funktionen 1. Ordnung auch bei *Krause* (Festschr. Rostock 1886, und „Transf.", p. 257); hier wird gezeigt, in welcher Weise auf Grund der Zerlegung der Division in zwei Transformationen vom Grade $\frac{1}{m}$

$$v'_\mu = \frac{1}{m} v''_\mu, \quad a'_{\mu\nu} = \frac{1}{m} a''_{\mu\nu} \qquad (\mu, \nu = 1, 2, \ldots p)$$
$$v''_\mu = v_\mu, \quad a''_{\mu\nu} = m a_{\mu\nu}$$

die Lösung des Teilungsproblems auf die Lösung dieser beiden Transformationsprobleme zurückgeführt werden kann.

311) *Jordan*, „Traité", p. 354; dazu *Burkhardt*, Math. Ann. 35 (1890), p. 198.

Da jede Wurzel der (allgemeinen oder speziellen) Teilungsgleichung einer bestimmten Per. Char. zugeordnet ist, so läßt sich die Monodromiegruppe der Teilungsgleichung an den Per. Char. studieren und man sieht, daß die Monodromiegruppe der speziellen Teilungsgleichung keine andere ist als die Gruppe der mod. m inkongruenten linearen ganzzahligen Transformationen der Per. Char., deren Ordnung

$$N = (m^4 - 1)(m^2 - 1)\, m^3 \cdot m \tag{620}$$

ist. Die Monodromiegruppe der allgemeinen Teilungsgleichung enthält diese als ausgezeichnete Untergruppe und enthält ferner jene m^4 Substitutionen von Per. Char., welche der Addition ein und derselben Per. Char. zu allen m^4 entsprechen. Diese bilden eine *Abel*sche Gruppe von der Ordnung m^4 mit vier erzeugenden von der Ordnung m. Daraus zeigt sich, wie oben, daß nach Adjunktion der Wurzeln der speziellen Teilungsgleichung die allgemeine durch vier nebeneinander gestellte m^{te} Wurzeln lösbar ist.

Die Monodromiegruppe der speziellen Teilungsgleichung enthält, dem Übergang von der Per. Char. $(\varepsilon)_m$ zu $(-\varepsilon)_m$ entsprechend, eine ausgezeichnete Untergruppe von der Ordnung 2. Daher läßt sich die spezielle Teilung spalten in ein Problem mit einer Gruppe von der Ordnung $\frac{1}{2}N$ und ein solches mit einer Gruppe von der Ordnung 2. Als das erstere kann die spezielle Teilung der geraden Funktionen gewählt werden; ist diese erledigt, so erfordert die Teilung der ungeraden Funktionen nur noch die Ausziehung einer Quadratwurzel. Eine weitere Spaltung des speziellen Teilungsproblems ist nicht mehr möglich.

Über Untergruppen der speziellen Teilungsgleichung, insbesondere solche von der Ordnung $1 + m + m^2 + m^3$ bei *Jordan* und *Burkhardt* a. a. O.

Eine eingehende Untersuchung hat nur der Fall der Dreiteilung der hyperelliptischen Funktionen vom Geschlecht 2 gefunden. Hier hat *Clebsch*[312]) das Problem darauf zurückgeführt, die gegebene binäre Form 6. Grades f in die Gestalt $f = v^2 - u^3$ zu bringen, wo v eine Form 3. Grades, u eine solche 2. Grades ist.[313]) Den 80 eigentlichen Per. Char. des Falles $p = 2$, $r = 3$ entsprechen ebenso viele Lösungen des Problems, die sich aber, da neben der Lösung u, v auch die Lösung $u, -v$ auftritt, (allerdings auf Kosten der Übersichtlichkeit ihrer

312) Gött. Abh. 14 (1869), p. 17; vgl. *Clebsch-Lindemann,* Vorl. ü. Geometrie 1 (1876), p. 920; *Brioschi,* Ann. di Mat. 7_2 (1875/76), p. 89 u. 247; 8_2 (1877), p. 43 u. 147, auch gesondert erschienen 1877, vgl. Op. mat 2 (1902), p. 101.

313) Dazu *Cayley,* Quart. J. 9 (1868), p. 210 = Coll. math. pap. 6 (1893), p. 105.

Gruppierungsverhältnisse) auf vierzig wesentlich verschiedene reduzieren lassen, so daß *Clebsch* auf eine Gleichung 40. Grades geführt wird. Die Monodromiegruppe des Problems[314]) ist schon in Nr. **97** als Gruppe der $Z_{\alpha\beta}$ besprochen worden und es ist dort bereits auf dessen Zusammenhang mit dem der 27 Geraden einer Fläche 3. Ordnung hingewiesen worden. Daß mit dem Dreiteilungsproblem des Falles $p = 2$ das Zweiteilungsproblem für das durch die Gleichung $s^3 = f_6(z)$ definierte binomische algebraische Gebilde vom Geschlecht 4 (vgl. Nr. **92**) gruppen- und invariantentheoretisch identisch ist, hat *Osgood*[315]) gezeigt.

Die arithmetische Gruppe der (speziellen und allgemeinen) Teilungsgleichung ist $(m-1)$-mal so groß wie die Monodromiegruppe; an Stelle der Gruppe der mod. m inkongruenten linearen ganzzahligen Transformationen tritt bei ihrer Betrachtung die der ganzzahligen Transformationen von den Graden $1, 2, \ldots m-1$.

111. Zweiteilung. Auf ein Zweiteilungsproblem führt die Aufgabe (Nr. **57**), eine adjungierte Kurve $n - 2^{\text{ten}}$ Grades ψ zu bestimmen, welche durch die Schnittpunkte der Grundkurve mit ihrer Tangente in α hindurchgeht und deren $2p$ weitere Schnittpunkte mit der Grundkurve paarweise zusammenfallen, so daß sie also die Grundkurve in p zu bestimmenden Punkten berührt. Es gibt 2^{2p} verschiedene solche Kurven; berührt eine von ihnen, ψ_0, die Grundkurve in $\alpha_0^{(1)}, \alpha_0^{(2)}, \ldots \alpha_0^{(p)}$, so sind die Berührungspunkte $\alpha^{(i)}$ einer andern durch die Kongruenzen

$$\sum_{i=1}^{p} \int_{\alpha_0^{(i)}}^{\alpha^{(i)}} du_h = \frac{1}{2} P_h \qquad (h = 1, 2, \ldots p) \tag{621}$$

bestimmt, wo P_h ein System zusammengehöriger Ganzen der Periodizitätsmodulen bezeichnet. Läßt man an seine Stelle der Reihe nach alle 2^{2p} mod. 2 verschiedenen solchen Systeme treten, so erhält man 2^{2p} Systeme von Berührungspunkten $\alpha^{(i)}$ und ihnen zugehörig ebensoviele Berührungskurven; aber nur $2^{p-1}(2^p + 1)$ von diesen sind eigentliche Berührungskurven $n - 2^{\text{ten}}$ Grades, die übrigen $2^{p-1}(2^p - 1)$ zerfallen in die Tangente in α und je eine adjungierte Kurve $n - 3^{\text{ten}}$ Grades, welche die Grundkurve in $p - 1$ Punkten berührt.

Diese $p - 1$ Berührungspunkte und damit auch das System der genannten $2^{p-1}(2^p - 1)$ Berührungskurven $n - 3^{\text{ten}}$ Grades sind von α ganz unabhängig. Wenn man unmittelbar auf algebraischem Wege

314) Vgl. *Jordan*, Paris C. R. 68 (1869), p. 865; „Traité", p. 316 u. 365.
315) Diss. Erlangen 1890.

eine adjungierte Kurve $n-3^{\text{ten}}$ Grades zu bestimmen sucht, welche die Grundkurve in $p-1$ Punkten berührt, so wird man auf eine Gleichung $R=0$ vom Grade $2^{p-1}(2^p-1)$ geführt. Als Beispiel dafür kann die Bestimmung der 28 Doppeltangenten der zum Geschlecht 3 gehörigen, allgemeinen Kurve 4. Ordnung dienen.[316])

Ebenso führt die Bestimmung der zu einem gegebenen Punkte α gehörigen adjungierten Kurven $n-2^{\text{ten}}$ Grades auf eine Gleichung vom Grade $2^{p-1}(2^p+1)$. *Clebsch* und *Gordan* zeigen, daß die Wurzeln dieser Gleichung durch die Wurzeln der Gleichung $R=0$ rational ausdrückbar sind.

Zweiteilungsprobleme sind auch die Bestimmungen jener homogenen Formen $X^{(m)}$ m^{ter} Dimension in den φ, welche die Grundkurve überall, wo sie ihr begegnen, berühren und so zu den in $m(p-1)$ Punkten 0^1 werdenden Wurzelfunktionen $\sqrt{X^{(m)}}$ Anlaß geben (Nr. **60**); diese scheiden sich in zwei getrennte Klassen, je nachdem sie ungerader oder gerader Dimension sind. Den ersteren wurden die Th. Char. zugeordnet und entsprechend ist die Monodromiegruppe der ihrer Definition zugrunde liegenden Teilungsgleichung die Gruppe H' der ganzzahligen linearen Transformationen der Th. Char. (Nr. **31**). Den Wurzelformen gerader Dimension sind die Per. Char. zugeordnet und entsprechend ist die Monodromiegruppe ihrer Teilungsgleichung die Gruppe H der Transformationen der Per. Char.

Für die hyperelliptischen Funktionen fällt das Zweiteilungsproblem mit dem Problem der Verzweigungspunkte zusammen (vgl. Nr. **75** u. **76**).

So führt im Falle $p=2$ die Bestimmung der einer ungeraden Th. Char. zugeordneten Wurzelform 1ter Dimension zu einem der 6 Linearfaktoren der das hyperelliptische Gebilde definierenden Binärform f_6 6ten Grades, leistet also deren Zerlegung in eine Form 1ten und eine solche 5ten Grades $f_6=\varphi_1\cdot\psi_5$. Jeder einer geraden Th. Char. zugeordneten Wurzelform 3ter Dimension entspricht in der gleichen Weise eine der 10 Zerlegungen von f_6 in zwei Faktoren 3ten Grades $f_6=\varphi_3\cdot\psi_3$ (vgl. Nr. **96**), während endlich die 15 den eigentlichen Per. Char. zugehörigen Wurzelformen 2ter Dimension die 15 Zerlegungen von f_6 in je einen Faktor 2ten und 4ten Grades $f_6=\varphi_2\cdot\psi_4$ vermitteln.

Bezeichnen M_i, N_i und Ω homogene Funktionen von x_1, x_2, x_3, so wird durch die Gleichungen

$$z_i = M_i + N_i\sqrt{\Omega} \qquad (i=1,2,3) \tag{622}$$

316) Über die *Galois*sche Gruppe des Doppeltangentenproblems bei *Weber*, Math. Ann. 23 (1884), p. 489 u. Lehrb. d. Algebra 2 (1899), p. 447, vgl. auch Anm. 218.

die zweiblättrige x-Ebene auf die einblättrige z-Ebene abgebildet, mit der Übergangskurve $\Omega = 0$ in der x-Ebene. *Clebsch*[317]) hat den Zusammenhang dieser Art von Flächenabbildungen mit der Zweiteilung der *Abel*schen Funktionen gezeigt.

XIV. Periodische Funktionen mehrerer Veränderlichen.

112. Die allgemeinen $2p$-fach periodischen Funktionen von p Veränderlichen. Erfüllt eine Funktion $f(u_1, \dots u_p)$ der p komplexen Veränderlichen $u_1, \dots u_p$ für bestimmte Systeme konstanter Größen $P_1, \dots P_p$ bei allen Werten der Variablen u die Gleichung

(623) $$f(u_1 + P_1, \dots u_p + P_p) = f(u_1, \dots u_p),$$

so nennt man sie periodisch und jedes Größensystem $P_1, \dots P_p$ ein System zusammengehöriger oder simultaner Perioden von ihr. Sind dann $P_{1\alpha}, \dots P_{p\alpha}$ $(\alpha = 1, 2, \dots k)$ irgend k solcher Periodensysteme und m_α ganze Zahlen, so ist stets auch $\sum_{\alpha=1}^{k} m_\alpha P_{1\alpha}, \dots \sum_{\alpha=1}^{k} m_\alpha P_{p\alpha}$ ein Periodensystem von f. Zu $\varrho + 1$ Periodensystemen $P_{1\alpha}, \dots P_{p\alpha}$ $(\alpha = 1, 2, \dots \varrho + 1)$ kann man, wenn $\varrho \geqq 2p$ ist, immer reelle Zahlen μ_α finden, so daß gleichzeitig die p Gleichungen

(624) $$\sum_{\alpha=1}^{\varrho+1} \mu_\alpha P_{1\alpha} = 0, \dots \sum_{\alpha=1}^{\varrho+1} \mu_\alpha P_{p\alpha} = 0$$

bestehen. Möglicherweise ist dies auch schon für $\varrho < 2p$ der Fall; der kleinste Wert von ϱ, für welchen es stattfindet, soll r heißen. Dann gibt es r Periodensysteme, für welche die Gleichungen (624), wenn man darin $\varrho + 1 = r$ setzt, nur durch die Werte $\mu_1 = 0, \dots \mu_r = 0$ befriedigt werden können; solche r Periodensysteme heißen voneinander unabhängig und aus ihnen läßt sich jedes Periodensystem von f in der Form

(625) $$P_1 = \sum_{\alpha=1}^{r} \mu_\alpha P_{1\alpha}, \dots P_p = \sum_{\alpha=1}^{r} \mu_\alpha P_{p\alpha}$$

zusammensetzen.

Hat nun die Funktion f solche Periodensysteme, in denen jede einzelne Periode ihrem absoluten Betrage nach eine vorgegebene Grenze nicht überschreitet, nur in endlicher Anzahl oder, was dasselbe, besitzt die Funktion f kein System unendlich kleiner Perioden, so sind die μ_α rationale Zahlen und es können die r Periodensysteme $P_{1\alpha}, \dots P_{p\alpha}$

317) Math. Ann. 3 (1871) p. 45; vgl. *de Paolis*, Acc. Linc. Mem. 1_3 (1877), p. 511; 2_3 (1878), p. 31 u. 851; *Noether*, Erl. Ber. 10 (1878), p. 81 u. Math. Ann. 33 (1889), p. 525.

$(\alpha = 1, 2, \ldots r)$ so gewählt werden, daß die μ_α ganze Zahlen sind; solche Periodensysteme heißen primitive. Ist f eine einwertige oder endlich vielwertige analytische Funktion, welche sich nicht als Funktion von weniger denn p linearen Verbindungen der u darstellen läßt, so trifft für sie die ebengenannte Voraussetzung zu[318]) und es sind daher alle ihre Periodensysteme linear und ganzzahlig aus $r \geqq 2p$ unter ihnen zusammensetzbar; dies gilt nicht mehr unter allen Umständen für nicht analytische oder unendlich vielwertige analytische Funktionen.[319])

Jacobi und *Hermite* bezeichnen die Perioden als Indizes, *Riemann* als Modulen, ferner nennt *Riemann* für eine $2p$-fach periodische Funktion von p Variablen mit den $2p$ primitiven Periodensystemen $P_{1\alpha}, \ldots P_{p\alpha}$ $(\alpha = 1, 2, \ldots 2p)$ das Gebiet der p Größen $\sum_{\alpha=1}^{2p} \xi_\alpha P_{1\alpha}, \ldots \sum_{\alpha=1}^{2p} \xi_\alpha P_{p\alpha}$, bei dem die ξ die Werte $0 \leqq \xi_\alpha < 1$ durchlaufen, das bei diesen $2p$ Modulensystemen periodisch sich wiederholende Größengebiet. Interpretiert man die reellen und imaginären Teile der Variablen u als rechtwinklige Punktkoordinaten in einem Raume von $2p$ Dimensionen, so ist dieses Gebiet ein Parallelotop P dieses Raumes, durch dessen periodische Wiederholung der ganze Raum einfach und lückenlos ausgefüllt wird. Solche Punkte des Raumes, welche dabei dem nämlichen Punkte in P entsprechen, heißen äquivalent oder kongruent nach den Periodensystemen, ihre Gesamtheit ein System von Gitterpunkten. Es ist eine unmittelbare Folge der Unabhängigkeit der Periodensysteme $P_{1\alpha}, \ldots P_{p\alpha}$ $(\alpha = 1, 2, \ldots 2p)$, daß die aus ihren reellen und imaginären Teilen gebildete Determinante nicht verschwindet; ihr Wert ist gleich dem Inhalte des Parallelotops P.

318) Daß eine Funktion von p Veränderlichen nicht mehr als $2p$ unabhängige Perioden haben kann, ohne unendlich kleine zu besitzen, hat für $p = 1$ *Jacobi* (Nr. 3) und für beliebiges p *Hermite* [J. f. Math. 40 (1850), p. 310 = Œuv. 1 (1905), p. 158] gezeigt; daß weiter eine einwertige oder endlich vielwertige analytische Funktion von p Veränderlichen ein System unendlich kleiner Perioden nur in dem Falle besitzen kann, in welchen sie sich als Funktion von weniger denn p linearen Verbindungen ihrer Argumente darstellen läßt, haben *Riemann* [J. f Math. 71 (1870), p. 197 = Ges. math. W. 1876, p. 276, 2. Aufl. 1892, p. 294] und *Weierstraß* [Berl. Ber. 1876, p. 680 = Abh. a. d. Functionenlehre 1886, p. 165 = Math. W. 2 (1895), p. 55] bewiesen. Daß bei einer unendlich vielwertigen Funktion einer Variable Casorati die Möglichkeit von mehr als 2 unabhängigen Perioden nachgewiesen hat, ist schon in Nr. 4 erwähnt worden.

319) Für reelle Funktionen reeller Veränderlichen gelten die nämlichen Sätze mit der Abänderung, daß hier $r \gtreqless p$ ist, vgl. *Kronecker*, Berl. Ber. 1884, p. 1071 = Werke 3 (1899), p. 31.

113. Die Riemann-Weierstraßschen Sätze. Im folgenden soll die Untersuchung auf einwertige $2p$-fach periodische[320]) Funktionen von p Veränderlichen $u_1, \dots u_p$ beschränkt werden, welche sich nicht als Funktionen von weniger denn p linearen Verbindungen der u darstellen lassen und welche im Endlichen keine wesentlich singuläre Stelle besitzen. Die wichtigsten Sätze für diese Funktionen waren, wie wir aus einer Mitteilung *Hermites*[321]) wissen, bereits 1860 *Riemann* bekannt. Auch *Weierstraß*[322]) hat sich wiederholt mit ihnen beschäftigt und ist nach einem Briefe an *Kowalewski* 1878 im Besitze eines Beweises des abschließenden Satzes, daß jede solche Funktion sich durch Thetafunktionen von p Veränderlichen ausdrücken läßt, gewesen.[323])

Man kann zu den *Riemann-Weierstraß*schen Sätzen auf folgendem Wege gelangen.[324])

Aus der Existenz einer Funktion des ebengenannten Charakters folgt zunächst die Existenz von $p-1$ solcher Funktionen f_i $(i = 1, 2, \dots p-1)$ und $p-1$ Konstanten c_i von der Beschaffenheit, daß für sie das Gleichungensystem $f_1 = c_1, \dots f_{p-1} = c_{p-1}$ neben Gebilden von mehreren Dimensionen mindestens ein eindimensionales analytisches Ge-

320) Von den einem Werte $r < 2p$ entsprechenden Funktionen, welche übrigens in den zu $r = 2p$ gehörigen als Grenzfälle enthalten sind, sind nur die beim erweiterten Umkehrproblem auftretenden, so von *Rosenhain* die dreifach periodischen Funktionen von zwei Veränderlichen untersucht worden (Nr. **105**), später bei *Cousin*, Acta math. 33 (1910), p. 105.

321) Note sur la théorie des fonctions elliptiques im 2. Bande von *Lacroix*, Traité élém. de calcul différentiel etc., auch übersetzt von *Natani* u. d. T. Übersicht der Theorie der elliptischen Funktionen, 1863, p. 24.

322) Berl. Ber. 1869, p. 853 = Math. W. 2 (1895), p. 45 u. J. f. Math. 89 (1880), p. 1 = Math. W. 2 (1895), p. 125, vgl. auch *Hurwitz*, J. f. Math. 94 (1883), p. 1 und *Blumenthal*, Math. Ann. 56 (1903), p. 509 u. 58 (1904), p. 497.

323) Vgl. *Mittag-Leffler*, 2me Congr. intern. Math. 1900, Paris 1902, p. 143. Veröffentlicht wurde der *Weierstraß*sche Beweis erst aus seinem Nachlaß im 3. Bande der Math. W. (1903), p. 53.

324) *Wirtinger*, Monatsh. f. Math. 6 (1895) p. 69 und 7 (1896), p. 1; auch Acta math. 26 (1902), p. 133. Einen Beweis des obengenannten abschließenden Satzes haben erstmals *Poincaré* u. *Picard* [Paris C. R. 97 (1883), p. 1284, vgl. dazu eine Bemerkung von *Poincaré*, Paris C. R. 92 (1881), p. 958] veröffentlicht; ein anderer ergibt sich aus den zwar nur für $p = 2$ angestellten, aber auf beliebig viele Variablen übertragbaren Arbeiten von *Appell* in Verbindung mit Untersuchungen von *Frobenius* (vgl. Anm. 341). Spätere Beweise bei *Poincaré*, Paris C. R. 124 (1897), p. 1407; Acta math. 22 (1899), p. 89 u. 26 (1902), p. 43; *Picard*, Paris C. R. 124 (1897), p. 1490 und *Painlevé*, Paris C. R. 122 (1896), p. 769; 134 (1902), p. 808. Man siehe auch bei *Castelnuovo*, Acc. Linc. Rend. 14_5 (1905), I, p. 545, 593 u. 655 und bei *Severi*, Pal. Rend. 21 (1906), p. 257. Eine zusammenfassende Darstellung der folgenden Sätze hat *Laurent* [Traité d'Analyse 4 (1889), p. 434] gegeben.

bilde definiert. Betrachtet man nun die Gesamtheit Γ derjenigen Punkte im Parallelotop P, welche entweder diesem Gebilde angehören oder Stellen desselben äquivalent sind, und faßt das Parallelotop P als eine geschlossene Mannigfaltigkeit auf, indem man je zwei äquivalente Punkte seiner Begrenzung als identisch annimmt, so bildet Γ eine geschlossene Fläche, für welche die *Riemann*schen Existenzsätze durch die Methoden von *Schwarz* und *Neumann* (II B 1, Nr. 22, II A 7 b, Nr. 28) zu erweisen sind und welche daher ein algebraisches Gebilde G definiert. Auf diesem sind die u_μ Integrale 1. Gattung, deren Perioden Ω sich linear und ganzzahlig aus den Größen $P_{\mu\alpha}\begin{pmatrix}\mu = 1, 2, \ldots p\\ \alpha = 1, 2, \ldots 2p\end{pmatrix}$ zusammensetzen. Das Geschlecht q von G ist dabei im allgemeinen größer als p und das Gebilde G ein spezielles (Nr. **119**). Indem man nun in den zwischen den $\Omega_{\mu\varepsilon}\begin{pmatrix}\mu = 1, 2, \ldots p\\ \varepsilon = 1, 2, \ldots 2q\end{pmatrix}$ bestehenden Bilinearrelationen (vgl. II B 2, Nr. **17**) diese durch ihre linearen Ausdrücke in den $P_{\mu\alpha}$

$$(626)\qquad \Omega_{\mu\varepsilon} = \sum_{\alpha=1}^{2p} m_{\varepsilon\alpha} P_{\mu\alpha} \qquad \begin{pmatrix}\mu = 1, 2, \ldots p\\ \varepsilon = 1, 2, \ldots 2q\end{pmatrix}$$

ersetzt, erhält man solche Relationen zwischen den $P_{\mu\alpha}$ selbst, welche man noch durch den größten gemeinsamen Teiler t[324]) ihrer Koeffizienten dividieren kann; und indem man weiter die Summen von p Integralen 1. Gattung gebildet für p Stellen $x_1, x_2, \ldots x_p$ auf G für die Variablen u in die Funktionen f einsetzt, erweisen sich diese als algebraisch und symmetrisch von den x abhängig. Man gelangt so zu dem grundlegenden Satze:

I. Gibt es zu den Perioden $P_{\mu\alpha}\begin{pmatrix}\mu = 1, 2, \ldots p\\ \alpha = 1, 2, \ldots 2p\end{pmatrix}$ eine einwertige $2p$-fach periodische analytische Funktion, welche im Endlichen keine wesentlich singuläre Stelle besitzt und welche nicht als Funktion von weniger denn p linearen Verbindungen der Variablen darstellbar ist, so gibt es auch mindestens ein eindimensionales algebraisches Gebilde von einem Geschlecht $q \geqq p$, auf welchem p linear unabhängige Integrale erster Gattung existieren, deren Perioden lineare Funktionen der $P_{\mu\alpha}$ mit ganzzahligen Koeffizienten sind. Die sämtlichen Funktionen des genannten Charakters lassen sich als von p Stellen dieses Gebildes ohne wesentliche Singularität eindeutig abhängig darstellen und sind daher algebraische Funktionen von p unabhängigen Variablen.

Damit ist die Basis für den Beweis der *Riemann-Weierstraß*schen Sätze gewonnen; diese Sätze selbst lassen sich folgendermaßen formulieren:

324) Über die Rolle, welche dieser gemeinsame Faktor t spielt, siehe Nr. **117**.

II. Sind $P_{1\alpha}, \ldots P_{p\alpha}$ $(\alpha = 1, 2, \ldots 2p)$ die $2p$ Periodensysteme einer $2p$-fach periodischen Funktion von der in I bezeichneten Art, so genügen diese $2p^2$ Größen $P_{\mu\alpha}$ stets $\frac{1}{2}(p-1)p$ Bedingungen

$$(627) \qquad \sum_{\alpha=1}^{2p}\sum_{\beta=1}^{2p} k_{\alpha\beta} P_{\mu\alpha} P_{\nu\beta} = 0,$$

in denen die $k_{\alpha\beta}$ $4p^2$ ganze Zahlen ohne einen allen gemeinsamen Teiler bezeichnen, so beschaffen, daß $k_{\alpha\alpha} = 0$, $k_{\alpha\beta} + k_{\beta\alpha} = 0$ und die Determinante $|k_{\alpha\beta}| \neq 0$ ist.

Sind ferner $P_\alpha = p_\alpha + ip_\alpha'$ $(\alpha = 1, 2, \ldots 2p)$ die korrespondierenden Änderungen irgendeiner linearen Verbindung der u, so ist die Bilinearform $\sum_\alpha\sum_\beta k_{\alpha\beta} p_\alpha p_\beta'$ stets von dem gleichen Vorzeichen und man kann daher, wenn man gegebenenfalls alle $k_{\alpha\beta}$ durch $-k_{\alpha\beta}$ ersetzt, immer voraussetzen, daß die Ungleichung[326])

$$(628) \qquad \sum_{\alpha=1}^{2p}\sum_{\beta=1}^{2p} k_{\alpha\beta} p_\alpha p_\beta' > 0 \qquad \text{erfüllt ist.}$$

Aus dem Bestehen der Gleichungen (627) sollte man schließen, daß im Gebiete der Funktionen mehrerer Veränderlichen (anders als im Falle $p = 1$, wo jedes Parallelogramm der Ebene als Periodenparallelogramm einer doppelt periodischen Funktion auftreten kann) ein Parallelotop des Raumes von $2p$ Dimensionen gewissen Bedingungen genügen müsse, um Periodenparallelotop eines Systems $2p$ fach periodischer Funktionen sein zu können; aber *Wirtinger*[327]) hat bewiesen, daß dies nicht der Fall ist, daß man vielmehr ein beliebig gegebenes Parallelotop als Periodenparallelotop $2p$-fach periodischer Funktionen auffassen kann, wenn man nur die komplexen Variablen darin entsprechend orientiert, und zwar ohne an der Maßbestimmung des Gebietes etwas zu ändern.

III. Sind $f_1((u)), f_2((u)), \ldots f_p((u))$ p $2p$-fach periodische Funktionen der in I bezeichneten Art, mit den nämlichen Perioden und von der Beschaffenheit, daß ihre Funktionaldeterminante nicht identisch verschwindet, so hat das Gleichungensystem

$$(629) \qquad f_1((u)) = c_1,\ f_2((u)) = c_2, \ldots f_p((u)) = c_p,$$

wenn man von singulären Werten der c absieht, nur eine endliche Anzahl m nach den Periodensystemen inkongruenter Lösungen $u_1, \ldots u_p$.

---

326) In welcher Weise man diese Bedingung, ähnlich wie es *Krazer* und *Prym* („N. G.", p. 4) für die Konvergenzbedingung der Thetareihe getan haben, durch eine Reihe von Ungleichungen für die reellen und lateralen Teile der $P_{\mu\alpha}$ ersetzen kann, zeigt *Scorza*, Pal. Rend. 36 (1913), p. 386.

327) Acta math. 26 (1902), p. 135.

Für diese ist die Funktionaldeterminante der p Funktionen im allgemeinen von Null verschieden und es ist die Anzahl m die gleiche für alle nichtsingulären Wertesysteme $c_1, \dots c_p$.

IV. Ist $f_{p+1}((u))$ eine $p+1^{\text{te}}$ $2p$-fach periodische Funktion der in I bezeichneten Art, unter deren Periodensystemen sich alle Periodensysteme der Funktionen $f_1((u)), \dots f_p((u))$ finden, so besteht zwischen $f_{p+1}((u))$ und $f_1((u)), \dots f_p((u))$ eine irreduzible algebraische Gleichung, deren Grad in bezug auf $f_{p+1}((u))$ m oder ein Teiler von m ist.

V. Hat die Funktion $f_{p+1}((u))$ speziell die Eigenschaft, daß sie mit $f_1((u)), \dots f_p((u))$ durch eine irreduzible Gleichung m^{ten} (und nicht niedrigeren) Grades zusammenhängt oder, was auf dasselbe hinauskommt, daß sie für die nichtäquivalenten Lösungen wenigstens eines mit nichtsingulären Werten $c_1, \dots c_p$ gebildeten Gleichungensystems (629) lauter verschiedene Werte annimmt, so läßt sich jede mit den Perioden $P_{\mu\alpha}$ $2p$-fach periodische Funktion $f((u))$ der in I bezeichneten Art rational durch die Funktionen $f_1((u)), \dots f_p((u)), f_{p+1}((u))$ ausdrücken.

Besitzt insbesondere $f_{p+1}((u))$ die Perioden $P_{\mu\alpha}$ als primitive Perioden, so kann die Darstellung einer beliebigen Funktion $f((u))$ auch durch $f_{p+1}((u))$ und ihre p ersten partiellen Derivierten geschehen.

VI. Das System der Funktionen $f_1((u)), \dots f_p((u))$ besitzt ein algebraisches Additionstheorem[328])

Da die in Nr. 2 definierten *Abel*schen Funktionen $2p$-fach periodische Funktionen der in I bezeichneten Art sind, so gelten für sie die vorstehenden Sätze.

114. Riemannsche Matrizen[329]). Sind $P_{1\alpha}, P_{2\alpha}, \dots P_{p\alpha}$ $(\alpha = 1, 2, \dots 2p)$ die $2p$ Periodensysteme einer $2p$-fach periodischen Funktion von der im vorigen Paragraphen betrachteten Art, so wird das System der $2p^2$ Größen

$$\| P_{\mu\alpha} \| \qquad \begin{pmatrix} \mu = 1, 2, \dots p \\ \alpha = 1, 2, \dots 2p \end{pmatrix}$$

eine *Riemann*sche Matrix der p^{ten} Ordnung genannt.

Zwei *Riemann*sche Matrizen

$$\| P_{\mu\alpha} \| \quad \begin{pmatrix} \mu = 1, 2, \dots p \\ \alpha = 1, 2, \dots 2p \end{pmatrix} \quad \text{und} \quad \| P'_{\nu\beta} \| \quad \begin{pmatrix} \nu = 1, 2, \dots p' \\ \beta = 1, 2, \dots 2p' \end{pmatrix}$$

heißen miteinander verbunden, wenn zwischen ihren Elementen ein System von pp' bilinearen Relationen

$$\sum_{\alpha=1}^{2p} \sum_{\beta=1}^{2p'} a_{\alpha\beta} P_{\mu\alpha} P'_{\nu\beta} = 0 \qquad \begin{pmatrix} \mu = 1, 2, \dots p \\ \nu = 1, 2, \dots p' \end{pmatrix} \tag{630}$$

328) *Weierstraß* hat den Satz VI zum Ausgangspunkt gewählt, siehe Anm. 130.

329) *Scorza*, Acc. Linc. Rend. 25_5 (1916), I, p. 289; Pal. Rend. 41 (1916), p. 262; schon vorher Acc. Linc. Rend. 24_5 (1915), II, p. 445 u. 603.

mit ganzzahligen Koeffizienten $a_{\alpha\beta}$ besteht. Bestehen λ verschiedene, linear unabhängige solche Systeme von Bilinearrelationen, so heißt λ der Simultancharakter der beiden Matrizen.

Dieser Begriff wird auch für den Fall beibehalten, daß die beiden Matrizen miteinander identisch sind. Infolge der zwischen den Perioden einer $2p$-fach periodischen Funktion stets existierenden bilinearen Relationen (627) ist dann $\lambda \geqq 1$[330]; man nennt $h = \lambda - 1$ den Index der Multiplikabilität (s. Nr. **125**).

Bei den Relationen (627) ist $a_{\alpha\alpha} = 0$ und $a_{\alpha\beta} + a_{\beta\alpha} = 0$ für $\alpha, \beta = 1, 2, \dots 2p$, die zugehörige bilineare Form also eine alternierende. Trifft dies bei $k + 1$ von den λ verschiedenen Systemen bilinearer Relationen zu, so heißt k der Index der Singularität (s. Nr. **126**); es ist jedenfalls $k \overline{\gtrless} h$.

Für die Zahlen λ, h und k gelten die oberen Grenzen

(631) $$\lambda \overline{\gtrless} 2pp', \quad h \overline{\gtrless} 2p^2 - 1, \quad k \overline{\gtrless} p^2 - 1.$$

Man kann aus einer *Riemann*schen Matrix durch zwei verschiedene Prozesse neue ableiten, einmal, indem man an Stelle der Variablen u andere einführt durch eine beliebige lineare Substitution mit nicht verschwindender Determinante, sodann aber auch, indem man an Stelle der $2p$ Periodensysteme andere einführt durch eine unimodulare, ganzzahlige lineare Substitution. Die auf diese Weise aus einer *Riemann*schen Matrix abgeleiteten heißen zu ihr äquivalent. Läßt man bei der Einführung neuer Periodensysteme rationale lineare Substitutionen mit nicht verschwindender Determinante zu, so entsteht gleichfalls aus einer *Riemann*schen Matrix wieder eine solche; diese soll zu ihr isomorph genannt werden. Beim Übergange von einer *Riemann*schen Matrix zu einer isomorphen ändern die Zahlen h, k und λ ihre Werte nicht.

Sind in einer *Riemann*schen Matrix P, indem q eine positive ganze Zahl $< p$ bezeichnet, diejenigen $q(p-q)$ Elemente $P_{\mu\alpha}$, für welche $\mu \overline{\gtrless} q$ und $\alpha > 2q$ ist, sämtlich Null, so bilden die $2q^2$ Größen $P_{\mu\alpha} \begin{pmatrix} \mu = 1, 2, \dots q \\ \alpha = 1, 2, \dots 2q \end{pmatrix}$ für sich eine *Riemann*sche Matrix $P^{(1)}$ von der Ordnung q und es gibt unter den zu P isomorphen Matrizen stets eine solche, in der auch die $q(p-q)$ Elemente $P_{\mu\alpha}$, für welche $\mu > q$ und $\alpha \overline{\gtrless} 2q$ ist, alle Null sind. Dann bilden auch die $2(p-q)^2$ Größen $P_{\mu\alpha} \begin{pmatrix} \mu = q+1, \dots p \\ \alpha = 2q+1, \dots 2p \end{pmatrix}$ eine *Riemann*sche Matrix $P^{(2)}$ von der

330) Um den Fall $p = 1$ einzuschließen, gibt man λ auch in diesem Falle bei allgemeinen Perioden P_1, P_2 den Wert 1, ohne daß diese Annahme irgendwelche Relation zwischen P_1 und P_2 bedeutet.

Ordnung $p - q$ und man nennt P aus $P^{(1)}$ und $P^{(2)}$ zusammengesetzt, $P^{(1)}$ und $P^{(2)}$ in P enthalten und zueinander komplementär.

Ist der Simultancharakter von $P^{(1)}$ und $P^{(2)}$ oder, was dasselbe, der von $P^{(1)}$ und P, den man auch den Immersionskoeffizienten von $P^{(1)}$ in P heißt, Null, so nennt man $P^{(1)}$ in P isoliert und es ist $P^{(2)}$ durch $P^{(1)}$ eindeutig bestimmt. Ist dagegen der Immersionskoeffizient $\lambda > 0$, so gibt es zu $P^{(2)}$ unendlich viele komplementäre Matrizen, die aber in P alle zueinander isomorph sind.

Auf die gleiche Weise kann eine *Riemann*sche Matrix P von der Ordnung p aus einer größeren Anzahl von Matrizen $P^{(1)}, P^{(2)}, \ldots P^{(n)}$ zusammengesetzt sein; man sagt dann von diesen, daß sie ein Fundamentalsystem von P bilden. Ist p_μ die Ordnung von $P^{(\mu)}$, h_μ der Index ihrer Multiplikabilität, k_μ der ihrer Singularität und $\lambda_{\mu\nu}$ der Simultancharakter von $P^{(\mu)}$ und $P^{(\nu)}$, so ist für P

$$\begin{aligned} p &= p_1 + p_2 + \cdots + p_n, \\ h &= h_1 + h_2 + \cdots + h_n + n - 1 + 2\sum \lambda_{\mu\nu}, \qquad (632) \\ k &= k_1 + k_2 + \cdots + k_n + n - 1 + \sum \lambda_{\mu\nu}, \end{aligned}$$

wo über alle verschiedenen Wertepaare μ, ν zu summieren ist.

Jede Matrix, welche zu einer zusammengesetzten isomorph ist, heißt eine unreine. Für jede unreine Matrix sind h und $k > 0$, aber nicht umgekehrt; erst wenn $h \geqq 2p$ oder $k \geqq 2p - 1$ ist, ist die Matrix sicher eine unreine, da für eine reine Matrix stets

$$h \lesseqgtr 2p - 1, \quad k \lesseqgtr 2p - 2 \text{ ist.} \qquad (633)$$

Sind $P^{(1)}, P^{(2)}, \ldots P^{(n)}$ alle in P isoliert, so ist das Fundamentalsystem eindeutig bestimmt, und wenn alle seine Matrizen reine sind, so enthält P keine Matrizen niedrigeren Grades in sich als $P^{(1)}, P^{(2)}, \ldots P^{(n)}$ und ihre Kombinationen, also im ganzen $2^n - 2$. Es ist in diesem Falle, da $h_\mu \lesseqgtr 2p_\mu - 1$ und $k_\mu \lesseqgtr 2p_\mu - 2$ ist,

$$h \lesseqgtr 2p - 1, \quad k \lesseqgtr 2p - n - 1, \qquad (634)$$

also in jedem Falle, da n mindestens 2 ist, $k \lesseqgtr 2p - 3$.

Ist umgekehrt keine der Matrizen $P^{(1)}, P^{(2)}, \ldots P^{(n)}$ isoliert, so sind sie alle von derselben Ordnung und zueinander isomorph. Es ist dann n ein Teiler von p und

$$\begin{gathered} p_1 = p_2 = \cdots = p_n = \frac{p}{n} = q, \\ h = n^2(h_1 + 1) - 1, \quad k = n k_1 + \frac{n(n-1)}{2} h_1 + \frac{(n-1)(n+2)}{2}, \qquad (635) \end{gathered}$$

wo h_1 und k_1 die allen Matrizen $P^{(1)}, P^{(2)}, \ldots P^{(n)}$ gemeinsamen Indizes der Multiplikabilität und Singularität sind. Ist daher $q = 1$

(was bei einem Primzahlgrad p immer eintreten muß), so ist $k_1 = 0$ und, wenn auch $h_1 = 0$ ist,

$$h = p^2 - 1, \quad k = \frac{(p-1)(p+2)}{2}; \tag{636}$$

wenn dagegen $h_1 = 1$ ist, die zu den Matrizen $P^{(\mu)}$ gehörigen elliptischen Funktionen also komplexe Multiplikation zulassen, erreichen h und k ihre Höchstwerte[331])

$$h = 2p^2 - 1, \quad k = p^2 - 1. \tag{637}$$

Hat die Gleichung $2p^{\text{ten}}$ Grades[332])

$$a_0 x^{2p} + a_1 x^{2p-1} + \cdots + a_{2p-1} x + a_{2p} = 0 \tag{638}$$

mit ganzzahligen Koeffizienten lauter einfache und keine reellen Wurzeln und besitzen ihre imaginären Wurzeln alle als Modul die Quadratwurzel aus der nämlichen rationalen Zahl, so ist, wenn man mit $\alpha_1, \alpha_2, \ldots \alpha_p$ p ihrer Wurzeln bezeichnet, von denen keine zwei zueinander konjugiert komplex sind,

$$\| \alpha_\mu^\gamma \| \qquad \begin{pmatrix} \mu = 1, 2, \ldots p \\ \gamma = 0, 1, \ldots 2p-1 \end{pmatrix} \tag{639}$$

eine *Riemann*sche Matrix, für welche stets $h \geqq 2p - 1$, $k \geqq p - 1$ ist. Ist die Gleichung (638) reduzibel, so ist die Matrix (639) eine unreine und enthält isolierte Matrizen; es ist dann $h > 2p - 1$ und $k > p - 1$. Ist dagegen die Gleichung (638) irreduktibel, so ist die Matrix (639) entweder eine reine und dann haben h und k ihre Minimalwerte $h = 2p - 1$ und $k = p - 1$; oder die Matrix ist eine unreine, welche keine isolierten Matrizen enthält. Welcher von den beiden Fällen eintritt, hängt von der Auswahl der Wurzeln $\alpha_1, \alpha_2, \ldots \alpha_p$ ab; so ist z. B., wenn für (638) die Kreisteilungsgleichung 6. Grades genommen und mit α eine primitive 7. Einheitswurzel bezeichnet wird, die Matrix (639) für $\alpha_1 = \alpha$, $\alpha_2 = \alpha^2$, $\alpha_3 = \alpha^3$ eine reine Matrix[333]), für welche die Indizes h und k die Werte $h = 5$ und $k = 2$ haben, während für $\alpha_1 = \alpha$, $\alpha_2 = \alpha^2$, $\alpha_3 = \alpha^4$ jene unreine Matrix mit den Maximalwerten $h = 17$ und $k = 8$ entsteht, auf welche die von *Haskell*[334]) untersuchte *Klein*sche Kurve 4. Ordnung $x^3 y + y^3 + x = 0$ führt.

---

331) *Scorza,* Acc. Linc. Rend. 24_5 (1915), II, p. 279 u. 333.

332) *Scorza,* Torino Atti 53 (1918), p. 1008.

333) Nach der Angabe *Scorzas* [Torino Atti 58 (1918), p. 1017] von *Raciti* in einer Dissertation der Universität Catania untersucht.

334) *Haskell,* Diss. Göttingen 1890; vgl. dazu *Klein-Fricke,* Ellipt. Modulfunktionen 1 (1890), p. 702, auch *Baker,* Mult period. funct. 1907, § 75. Auf eine Matrix derselben Art führt die von *Dyck* [Math Ann. 17 (1880), p. 510; dazu *Baker,* a. a. O. § 74] untersuchte Kurve $x^4 + y^4 + 1 = 0$, während für die

Eine *Riemann*sche Matrix mit den Maximalwerten von h und k ist auch jede Matrix

$$(640) \qquad \| \varkappa_{\mu\alpha} + i\lambda_{\mu\alpha} \|, \qquad \begin{pmatrix} \mu = 1, 2, \ldots p \\ \alpha = 1, 2, \ldots 2p \end{pmatrix}$$

in der die $\varkappa$, λ beliebige rationale Zahlen sind, für welche nur die aus ihnen gebildete Determinante $2p^{\text{ten}}$ Grades einen von Null verschiedenen Wert besitzen muß.[335])

Während also, wie die vorstehenden Beispiele zeigen, h und k ihre Höchstwerte (und zwar immer gleichzeitig) wirklich erreichen können, nehmen sie nicht auch alle kleineren Werte an.[336]) Nur die Werte $0, 1, 2, \ldots 2p-1$ treten sowohl für h wie für k alle auf; dagegen nimmt z. B. im Falle $p = 2$ h außer den Werten 0, 1, 2, 3 nur noch den Wert $h = 7$ an und für $p = 3$ werden außer den Werten 0, 1, 2, 3, 4, 5 von h nur noch die Werte $h = 8$, 9 und 17, von k nur noch der Wert $k = 8$ angenommen. Auch λ nimmt nicht alle Werte von 0 bis $2pp'$ an, z. B. für $p = 1$ und $p' = 2$ niemals den Wert 3. Für eine reine Matrix von der Primzahlordnung p sind nur die vier Fälle

$$(641) \qquad \begin{matrix} h = 0, \quad k = 0; & h = 1, \quad k = 0; \\ h = p-1, \; k = p-1; & h = 2p-1, \; k = p-1 \end{matrix}$$

möglich.[337])

115. Darstellung der allgemeinen $2p$-fach periodischen Funktionen durch Thetafunktionen. Der Satz II (Nr. **113**) führt notwendige Bedingungen für die Existenz einer $2p$-fach periodischen Funktion der in I bezeichneten Art mit gegebenen Perioden $P_{\mu\alpha}$ an; daß diese Bedingungen auch hinreichende sind, wird gezeigt, indem man aus dem Satze II die analytische Darstellung der $2p$-fach periodischen Funktionen ableitet.

Um zu dieser Darstellung zu gelangen, führe man an Stelle der $2p$ Periodensysteme $P_{\mu\alpha}$ durch eine unimodulare ganzzahlige lineare Substitution $2p$ neue Periodensysteme $\omega_{\mu\alpha}$ ein, für welche die in (627)

---

*Snyder*sche Kurve 5. Ordnung vom Geschlecht 6 $x^4y + y^4 + x + 0$ [vgl. *Snyder*, Amer. J. 30 (1908), p. 1; *Ciani*, Pal. Rend. 36 (1913), p. 58] $h = 17$ und $k = 8$ ist; dazu *Scorza*, Catania Acc. Gioen. 1^0_5 (1917), Mem. XVI.

335) *Scorza*, Acc Linc. Rend. 24_5 (1915), II, p. 337. Es ergibt sich daraus der schon von *Poincaré* [Paris C. R. 99 (1884), p. 855, Amer. J. 8 (1886), p. 308 und Acta math. 26 (1902), p. 92] bemerkte Satz, daß jede Matrix einer solchen, deren Integrale auf elliptische reduzierbar sind, unendlich benachbart ist.

336) Näheres bei *Scorza*, Acc. Linc. Rend. 25 (1916), p. 295 und Pal. Rend. 41 (1916), p. 313 f.

337) *Scorza*, Paris C. R. 167 (1918), p. 454; man vgl. damit *Humbert* u. *Levy*, Paris C. R. 158 (1914), p. 1609.

und (628) auftretende bilineare Form in die Normalform übergeht, welche also den $\frac{1}{2}(p-1)p$ Bedingungen

$$(642)\qquad \sum_{\lambda=1}^{p} e_\lambda(\omega_{\mu\lambda}\omega_{\nu,p+\lambda}-\omega_{\mu,p+\lambda}\omega_{\nu\lambda})=0,\quad (\mu,\nu=1,2,\ldots p;\ \mu<\nu)$$

wobei die e positive ganze Zahlen bezeichnen, von denen für jedes λ $e_{\lambda+1}$ durch e_λ teilbar und $e_1=1$ ist, genügen, während für die korrespondierenden Änderungen $\omega_\alpha = o_\alpha + o_\alpha' i$, irgendeiner linearen Verbindung der u

$$(643)\qquad \sum_{\lambda=1}^{p} e_\lambda(o_\lambda o'_{p+\lambda}-o_{p+\lambda}o_\lambda')>0$$

ist. Führt man hierauf unter Beachtung, daß die Determinante $|\omega_{\mu\nu}|$ $(\mu,\nu=1,2,\ldots p)$, wie aus den letzten Ungleichungen folgt, einen von Null verschiedenen Wert hat, an Stelle der bisherigen Variablen u neue v ein durch die Gleichungen

$$(644)\qquad \pi i u_\mu = \sum_{\varrho=1}^{p} e_\varrho \omega_{\mu\varrho} v_\varrho \qquad (\mu=1,2,\ldots p)$$

und definiert gleichzeitig ein Größensystem $a_{\mu\nu}$ durch die Gleichungen

$$(645)\qquad \pi i \omega_{\mu,p+\lambda} = \sum_{\varrho=1}^{p} e_\varrho \omega_{\mu\varrho} a_{\varrho\lambda}, \qquad (\lambda,\mu=1,2,\ldots p)$$

so sind die Perioden in bezug auf die Variablen v

$$(646)\qquad P_{\mu\nu}=\delta_{\mu\nu}\frac{\pi i}{e_\mu},\quad P_{\mu,p+\nu}=a_{\mu\nu},\quad (\mu,\nu=1,2,\ldots p)$$

wo $\delta_{\mu\nu} = \begin{matrix}1, \text{ wenn } \mu=\nu\\ 0, \text{ wenn } \mu\gtrless\nu\end{matrix}$ ist, und die Bilinearrelationen (642) liefern für die Größen a die $\frac{1}{2}(p-1)p$ Bedingungen

$$(647)\qquad a_{\mu\nu}=a_{\nu\mu}\qquad (\mu,\nu=1,2,\ldots p;\ \mu<\nu)$$

während die Ungleichheiten (643) die Eigenschaft nach sich ziehen, daß die aus den reellen Teilen $a'_{\mu\nu}$ der Größen $a_{\mu\nu}=a'_{\mu\nu}+a''_{\mu\nu}i$ gebildete quadratische Form

$$\sum_{\mu=1}^{p}\sum_{\nu=1}^{p} a'_{\mu\nu}x_\mu x_\nu$$

eine negative ist. Funktionen mit solchen Perioden können aber mit Hilfe von Thetafunktionen auf folgende Weise gebildet werden.

Auf Grund der Formeln (83), (84) sind die Quotienten zweier zu der nämlichen Charakeristik $\begin{bmatrix}g\\h\end{bmatrix}$ gehörigen Thetafunktionen n^{ter} Ordnung (und ebenso die zweiten logarithmischen Derivierten dieser Funktionen) $2p$-fach periodische Funktionen mit den Perioden

$$(648)\qquad P_{\mu\nu}=\delta_{\mu\nu}\pi i,\quad P_{\mu,p+\nu}=a_{\mu\nu}\qquad (\mu,\nu=1,2,\ldots p)$$

und es finden sich unter ihnen stets solche, welche diese Perioden als primitive besitzen.[338])

Nun wurde aber soeben gezeigt, daß jede $2p$-fach periodische Funktion der in I bezeichneten Art durch Einführung passend gewählter Variablen in eine mit den Perioden (646) periodische Funktion verwandelt werden kann, und sie läßt sich also, da sie gleichfalls die Perioden (647) besitzt, unter Benutzung des Satzes V rational durch $p+1$ passend gewählte Quotienten von Thetafunktionen n^{ter} Ordnung darstellen. Man hat so den Satz:

VII. Alle einwertigen $2p$-fach periodischen analytischen Funktionen, welche im Endlichen keine wesentlich singuläre Stelle besitzen und welche nicht als Funktionen von weniger denn p linearen Verbindungen der Variablen darstellbar sind, lassen sich rational durch passend gewählte Thetafunktionen ausdrücken.

Man kann aber auch Funktionen mit den Perioden (646) direkt mit Hilfe von Thetafunktionen herstellen; dazu wird man, was am einfachsten mit Hilfe der Formel (86) geschieht, solche Thetafunktionen n^{ter} Ordnung $\Phi(\!(v)\!)$ bilden, welche den Gleichungen

$$(649)\qquad \Phi\left(v_1 \,|\, \cdots \,|\, v_\nu + \frac{\pi i}{e_\nu} \,|\, \cdots \,|\, v_p\right) = \Phi(v_1 \,|\, \cdots \,|\, v_\nu \,|\, \cdots \,|\, v_p)\, e^{2 g_\nu \pi i},$$

$$\Phi(v_1 + a_{1\nu} \,|\, \cdots \,|\, v_p + a_{p\nu}) = \Phi(v_1 \,|\, \cdots \,|\, v_p)\, e^{-2 n v_\nu - n a_{\nu\nu} - 2 h_\nu \pi i}$$
$$(\nu = 1, 2, \ldots p)$$

oder, was dasselbe, bei beliebigen ganzzahligen Werten der $\varkappa$, λ der Gleichung

$$(650)\quad \Phi\left(\!\!\left(v + \left|\begin{matrix}\varkappa\\ \frac{\lambda}{e}\end{matrix}\right|\right)\!\!\right) = \Phi(\!(v)\!)\, e^{-n \sum\limits_\mu \sum\limits_\nu a_{\mu\nu}\varkappa_\mu \varkappa_\nu - 2n \sum\limits_\mu \varkappa_\mu v_\mu - 2 \sum\limits_\mu (\varkappa_\mu h_\mu - \lambda_\mu g_\mu)\pi i}$$

genügen. Man erkennt dabei, daß man n durch jede der Zahlen $e_1, \ldots e_p$ (oder was dasselbe durch e_p) teilbar annehmen muß, gelangt aber unter dieser Annahme sofort zur Darstellung der allgemeinsten derartigen Funktion durch Thetafunktionen, sowie zu der Erkenntnis, daß alle diese Funktionen durch $\dfrac{n^p}{e_1 e_2 \ldots e_p}$ unter ihnen linear und homogen darstellbar sind.[339]) Damit ist zugleich bewiesen, daß die in Satz II

338) Diesen Satz hat für allgemeinere Funktionen *Frobenius* [J. f. Math 97 (1896), p. 42] bewiesen.

339) *Wirtinger*, Monatsh. f. Math. 7 (1896), p. 1; *Krazer*, „Thetaf.", p. 126. Die Existenz einer algebraischen Gleichung zwischen $p+1$ $2p$-fach periodischen Funktionen ergibt sich aus dieser Darstellung unmittelbar auf Grund des in Nr. 34 angegebenen Satzes, nach welchem eine solche stets zwischen $p+2$ Thetafunktionen gleicher Ordnung und gleicher Charakteristik besteht.

für die Perioden einer $2p$-fach periodischen Funktion der dort bezeichneten Art angegebenen notwendigen Bedingungen auch hinreichende sind, indem die Bildung solcher Funktionen mit vorgeschriebenen, diesen Bedingungen genügenden Perioden nunmehr mit Hilfe von Thetafunktionen durchgeführt ist.

Nachdem durch die letzten Ausführungen die Existenz $2p$-fach periodischer Funktionen der in I bezeichneten Art erwiesen ist, deren Perioden $P_{\mu\alpha}$ die Werte (648) haben, in denen die $a_{\mu\nu}$ allgemeine, nur der Konvergenzbedingung unterworfene Thetamodulen sind, folgt aus dem Satze I wiederum das in Nr. **34** erhaltene Resultat, daß es zu der allgemeinen Thetafunktion von p Veränderlichen mindestens ein algebraisches Gebilde von einem Geschlecht $q \geqq p$ gibt, auf welchem p linearunabhängige Integrale 1. Gattung existieren, deren Perioden sich aus den $2p$ Thetaperioden ganzzahlig zusammensetzen.

116. Jacobische Funktionen. Man kann den Begriff der Thetafunktionen erweitern, indem man nach solchen einwertigen und für alle endlichen Werte der Argumente stetigen Funktionen der p Variablen $u_1, \dots u_p$ frägt, welche bei Änderung dieser um ein Periodensystem einen Faktor annehmen, dessen Logarithmus irgendeine lineare Funktion der Argumente ist.[340]) Verzichtet man dabei gleichzeitig auf die im vorigen Paragraphen durchgeführte Normierung der Perioden, so erhält man jene Funktionen, welche *Frobenius Jacobi*sche genannt hat.[341])

---

340) Solche Funktionen werden nach *Poincaré* [Amer. J. 8 (1886), p. 316] Zwischenfunktionen (fonctions intermédiaires) genannt, ein Name, der auf *Briot* und *Bouquet* [Th. d. fonct. elliptiques. 2^m éd (1875), p. 236] zurückgeht, und *Poincaré* zeigt bereits, daß sich diese Zwischenfunktionen durch Thetafunktionen ausdrücken lassen. Genauer ist dieses Verhältnis für den Fall $p=2$ untersucht worden. Hier ergibt sich [*Humbert*, J. de Math. 5_5 (1899), p. 233, auch *Bagnera* und *de Franchis*, Pal. Rend. 30 (1910), p. 185], daß sich jede solche Zwischenfunktion, solange die Modulen a allgemeine sind, nur um einen Faktor $e^{\varphi((u))}$, wo $\varphi((u))$ eine ganze rationale Funktion zweiten Grades der u ist, von einer Thetafunktion höherer Ordnung $\Theta_n((u-e))$ unterscheidet, daß es dagegen, wenn die Modulen singuläre (Nr. **126**) sind, noch andere Zwischenfunktionen gibt; diese lassen sich aber auch durch Thetafunktionen ausdrücken, allerdings mit Argumenten und Modulen, welche sich aus den ursprünglichen Argumenten bzw. Modulen linear zusammensetzen.

341) J. f. Math. 97 (1884), p. 16 u. 188. In Anlehnung daran sollen im folgenden auch die obigen Funktionen Φ *Jacobi*sche Funktionen genannt werden (vgl. übrigens auch Anm. 272). Für den Fall $p=2$ hat *Appell* [J. de Math. 7_4 (1891), p. 157, vorher Paris C. R. 108 (1889), p. 607, 110 (1890), p. 32 u. 181, 111 (1890), p. 636; vgl. dazu *Poincaré*, Acta math. 2 (1883), p. 97] gezeigt, daß die vierfach periodischen Funktionen zweier Veränderlichen zunächst als Quo-

Eine *Jacobi*sche Funktion vom Range p ist also eine einwertige, im Endlichen überall stetige Funktion $\varphi(u_1, \ldots u_p)$ der p Veränderlichen $u_1, \ldots u_p$, welche $2p$ Gleichungen von der Form

$$(651)\qquad \varphi(u_1 + a_{1\alpha}, \ldots u_p + a_{p\alpha})$$
$$= \varphi(u_1, \ldots u_p)\, e^{2\pi i\left[c_\alpha + \sum_\lambda b_{\lambda\alpha}\left(u_\lambda + \frac{1}{2} a_{\lambda\alpha}\right)\right]} \quad (\alpha = 1, 2, \ldots 2p)$$

genügt. Jedes der $2p$ Systeme $a_{1\alpha}, \ldots a_{p\alpha}$ heißt eine Periode 1. Gattung, jedes System $b_{1\alpha}, \ldots b_{p\alpha}$ eine Periode 2. Gattung, die $2p$ Größen c_α die Parameter der Funktion. Die Größen a, b genügen stets $p(2p-1)$ Bedingungen

$$(652)\qquad \sum_\lambda (a_{\lambda\alpha} b_{\lambda\beta} - a_{\lambda\beta} b_{\lambda\alpha}) = k_{\alpha\beta}, \quad (\alpha, \beta = 1, 2, \ldots 2p;\ \alpha < \beta)$$

bei denen die $k_{\alpha\beta}$ ganze Zahlen bezeichnen. Erfüllen weiter $2p$ Größen x_α die p linearen Gleichungen $\sum_\alpha a_{\lambda\alpha} x_\alpha = 0$, so ist der Ausdruck

$$i \sum_{\alpha, \beta} k_{\alpha\beta}\, x_\alpha^0\, x_\beta,$$

in welchem x_α^0 die zu x_α konjugierte komplexe Zahl bezeichnet, beständig positiv. Es besitzt ferner die Determinante der $4p^2$ Größen $a_{\lambda\alpha}$, $b_{\lambda\alpha}$ stets einen von Null verschiedenen Wert l, der gleich der Quadratwurzel aus der Determinante der $4p^2$ Zahlen $k_{\alpha\beta}$ ist und die Ordnung der *Jacobi*schen Funktion genannt wird.

Bezüglich dieser *Jacobi*schen Funktionen gelten analog den Thetafunktionen die folgenden Sätze:

Es gibt, abgesehen von einem konstanten Faktor, nur eine *Jacobi*sche Funktion 1. Ordnung, welche die Größen $a_{\lambda\alpha}$, $b_{\lambda\alpha}$ als Perioden hat und beliebig vorgeschriebene Parameter besitzt.

Aus solchen *Jacobi*schen Funktionen 1. Ordnung lassen sich diejenigen höherer Ordnung zusammensetzen.

Nennt man zwei *Jacobi*sche Funktionen, welche die nämlichen Perioden und Parameter haben, gleichändrig, so ist die Anzahl der linearunabhängigen gleichändrigen *Jacobi*schen Funktionen l^{ter} Ordnung ihrer Ordnung gleich. Zwischen $l+1$ gleichändrigen *Jacobi*schen Funktionen l^{ter} Ordnung besteht eine homogene lineare Relation mit konstanten Koeffizienten. Zwischen je $p+2$ gleichändrigen *Jacobi*schen Funktionen vom Range p besteht eine homogene algebraische Gleichung.

---

tienten zweiter Potenzreihen dargestellt und hierauf diese letzteren durch Multiplikation mit einem passend gewählten gemeinsamen Faktor in *Jacobi*sche Funktionen im *Frobenius*schen Sinne verwandelt werden können.

In die Darstellung einer *Jacobi*schen Funktion vom Range p durch eine p-fach unendliche Reihe gehen die $2p$ Perioden in unsymmetrischer Weise ein, indem die Vermehrung der Variablen um p der Perioden 1. Gattung jedes Glied der Reihe ungeändert läßt, während die Vermehrung um eine der p anderen verschiedene Glieder der Reihe ineinander überführt. *Frobenius* gibt in seiner zweiten Abhandlung eine Darstellung durch eine $2p$-fach unendliche Reihe, welche in bezug auf alle $2p$ Perioden symmetrisch ist.

117. Die Weierstraßschen mehrdeutigen Umkehrprobleme. *Weierstraß*[342]) hat bemerkt, daß mit Hilfe der allgemeinen $2p$-fach periodischen Funktionen gewisse mehrdeutige Umkehrprobleme lösbar sind. Bezeichnet nämlich G eines der in Nr. **113** eingeführten algebraischen Gebilde, so kann man nach den Stellen $x_1, \dots x_p$ auf ihm fragen, welche die nach den Perioden als Modul verstandenen Kongruenzen

$$\sum_{\nu=1}^{p} \int^{x_\nu} du_\mu \equiv w_\mu \qquad (\mu = 1, 2, \dots p) \tag{653}$$

erfüllen, wenn die u_μ die dort erwähnten Integrale 1. Gattung, die w_μ gegebene Größen bedeuten.[343]) Da die mit den gegebenen Perioden $2p$-fach periodischen Funktionen auf dem algebraischen Gebilde G einwertige symmetrische Funktionen der Stellen $x_1, \dots x_p$ sind, so ist klar, daß mit ihrer Hilfe ein System von Gleichungen gebildet werden kann, welches die x algebraisch und mehrdeutig bestimmt. Die Anzahl der Lösungen der Kongruenzen (653) hat *Wirtinger*[344]) dadurch ermittelt, daß er berechnete, wie oft das Parallelotop P von den w überdeckt wird, wenn die x unabhängig voneinander das Gebilde G einmal durchlaufen; er fand so für diese Anzahl

$$l = t^p e_1 e_2 \dots e_p = t^p \, | \, k_{\alpha\beta} \, |^{1/2}, \tag{654}$$

wo t den in Nr. **113** erwähnten, von der Auswahl des Gebildes G abhängigen größten gemeinsamen Teiler bedeutet.

Soll das Umkehrproblem eindeutig sein, so ist es notwendig ein *Jacobi*sches oder einer seiner Grenzfälle.

118. Die Wirtingerschen Lösungssätze. Andere Sätze beziehen sich auf die Lösungen eines Gleichungensystems, welches entsteht, wenn

342) Berl. Ber. 1869, p. 853 = Math. W. 2 (1895), p. 45.

343) Hier wird im allgemeinen nur ein Teil der Integrale 1. Gattung singulärer Gebilde zur Bildung des Umkehrproblems verwendet; werden alle Integrale 1. Gattung verwendet, so kann auch ein allgemeines Gebilde zugrunde gelegt werden und es entsteht das *Jacobi*sche Umkehrproblem.

344) Monatsh. f. Math. 7 (1896), p. 11; Acta math. 26 (1902), p. 140.

man eine Reihe *Jacobi*scher Funktionen der Null gleich setzt. Der allgemeinste Satz ist der folgende.[345])

Werden bei einem System von s *Jacobi*schen Funktionen $\Phi_k(w_1, \dots w_p)$ $(k = 1, 2, \dots s)$ in die ersten r derselben für die w_μ die Ausdrücke

(655) $$w_\mu = \sum_{\varrho=1}^{s-1} \int^{x_\varrho} du_\mu - e_{\mu k}, \qquad \begin{pmatrix} \mu = 1, 2, \dots p \\ k = 1, 2, \dots r \end{pmatrix}$$

in die letzten $s - r$ dagegen die Ausdrücke

(656) $$w_\mu = \sum_{\varrho=1}^{s-1} \int^{x_\varrho} du_\mu + \int^{x_s} du_\mu - e_{\mu k} \qquad \begin{pmatrix} \mu = 1, 2, \dots p \\ k = r+1, \dots s \end{pmatrix}$$

substituiert, so hat das Gleichungensystem

(657) $$\Phi_k(w_1, w_2, \dots w_p) = 0 \qquad (k = 1, 2, \dots s)$$

am algebraischen Gebilde G der u_μ nach x_s im allgemeinen

(658) $$l = t^s n_1 n_2 \dots n_s \frac{p!}{(p-s+1)!} (s-r)(p-s+r+1)$$

Lösungen, wenn $n_1, n_2, \dots n_s$ die Ordnungen der *Jacobi*schen Funktionen, t aber den in Nr. **113** erwähnten größten gemeinsamen Teiler bezeichnet. Ferner ist, wenn $x_s^{(\lambda)}$ $(\lambda = 1, 2, \dots l)$ die verschiedenen Lösungen bedeuten, bis auf einen von allen $e_{\mu k}$ unabhängigen Summanden

(659) $$\sum_{\lambda=1}^{l} \int^{x_s^{(\lambda)}} du_\mu = - t^s n_1 n_2 \dots n_s \frac{s(p-1)!}{(p-s+1)!} \cdot \left[(s-r) \sum_{k=1}^{r} e_{\mu k} - (p-s+r+1) \sum_{k=r+1}^{s} e_{\mu k} \right] \quad (\mu = 1, 2, \dots p)$$

Für $r = 0$ ergibt sich hieraus im Zusammenhang mit der durch (654) bestimmten Anzahl für die Lösungen des oben besprochenen mehrdeutigen Umkehrproblems der weitere Satz:

Betrachtet man in den Gleichungen

(660) $$\Phi_k(u_1 - e_{1k}, \dots u_p - e_{pk}) = 0, \qquad (k = 1, 2, \dots p)$$

wo $\Phi_1, \Phi_2, \dots \Phi_p$ p *Jacobi*sche Funktionen von beliebigen Ordnungen $n_1, n_2, \dots n_p$ bezeichnen und die e gegebene Konstanten sind, die p Größen $u_1, u_2, \dots u_p$ als Unbekannte, so erhält man für die Anzahl

345) *Wirtinger,* Wien. Anz. 32 (1895), p. 58; Monatsh. f. Math. 7 (1896), p. 20 und Acta math. 26 (1902), p. 142; vgl. auch *Poincaré,* Paris C. R. 120 (1895), p. 239; J. de Math. 1_5 (1895), p. 219 und *Baker,* Lond. M. S. Proc. 10_2 (1912), p. 353.

der in einem Periodenparallelotop gelegenen Lösungen[346])

$$l = \frac{n_1 n_2 \dots n_p}{e_1 e_2 \dots e_p} p!, \tag{661}$$

und wenn man diese Lösungen mit $u_1^{(\lambda)}, \dots u_p^{(\lambda)}$ $(\lambda = 1, 2, \dots l)$ bezeichnet, für deren Summe[347])

$$\sum_{\lambda=1}^{l} u_\mu^{(\lambda)} = \frac{n_1 n_2 \dots n_p}{e_1 e_2 \dots e_p} (p-1)! \sum_{k=1}^{p} e_{\mu k} + T_\mu, \quad (\mu = 1, 2, \dots p) \tag{662}$$

wo T_μ von den $e_{\mu k}$ nicht abhängt.

XV. Reduzierbare Abelsche Integrale.

119. Allgemeine Sätze über reduzierbare Integrale. In Nr. **113** wurden wir, wie schon früher in Nr **34**, auf spezielle algebraische Gebilde geführt, welche durch die Eigenschaft charakterisiert sind, daß, wenn q das Geschlecht eines solchen Gebildes ist, sich unter seinen Integralen 1. Gattung $p < q$ linearunabhängige $u_1, u_2, \dots u_p$ finden, deren $2pq$ Periodizitätsmodulen $\Omega_{\mu\varepsilon} \binom{\mu = 1, 2, \dots p}{\varepsilon = 1, 2, \dots 2q}$ linear und ganzzahlig in der Form (626) aus $2p^2$ Größen $P_{\mu\alpha} \binom{\mu = 1, 2, \dots p}{\alpha = 1, 2, \dots 2p}$ zusammengesetzt werden können. Diese letzteren erfüllen dann stets Bedingungen von der Form (627) und bilden daher eine *Riemann*sche Matrix p^{ter} Ordnung; jene Matrix von der Ordnung q aber, welche aus den $2q^2$ Periodizitätsmodulen eines vollen Systems von q linearunabhängigen Integralen des Gebildes besteht, ist eine unreine und es finden auf sie die in Nr. **114** über solche Matrizen angegebenen Resultate Anwendung.

Sagt man von den aus $u_1, u_2, \dots u_p$ sich linear zusammensetzenden Integralen, daß sie ein reguläres System A von ∞^{p-1} reduzierbaren Integralen bilden, so gelten die folgenden Sätze[348]):

346) Für $e_1 = e_2 = \dots = e_p = 1$ bei *Poincaré*, Paris C. R. 92 (1881), p. 958 und S. M. F. Bull. 11 (1883), p. 129.

347) Für $e_1 = e_2 = \dots = e_p = 1$ und $n_1 = n_2 = \dots = n_p = 1$ bei *Poincaré*, Amer. J. 8 (1886), p. 342.

348) Die Reduktion *Abel*scher Integrale auf solche niedrigeren Geschlechts haben zuerst *Picard* [S. M. F. Bull. 11 (1883), p. 25] und *Poincaré* [S. M. F. Bull 12 (1884), p. 124; Paris C. R. 102 (1886), p. 915; Amer. J. 8 (1886), p. 289; s. auch Pal. Rend. 27 (1909), p. 281) und später *Severi* [Acc. Linc. Rend. 23_5 (1914), I, p. 581 u 641] und *Scorza* [Acc. Linc. Rend. 23_5 (1914), II, p. 556; 24_5 (1915), I, p. 412, 645 u. II, p. 393] behandelt. Von den hier folgenden Sätzen wurde zuerst der Satz III und zwar von *Poincaré* [Amer. J. 8 (1886), p. 289; siehe auch *Rosati*, Torino Atti 50 (1914/5), p. 457] aufgestellt und bewiesen. Genaueres über diesen Satz sagen die in Nr. 114 über zusammengesetze Matrizen

I. Existieren unter den Integralen 1. Gattung einer Klasse zwei (oder mehr) voneinander verschiedene reguläre Systeme A, B von ∞^{m-1} bzw. ∞^{n-1} reduzierbaren Integralen, so bildet ihr größter gemeinsamer Teiler (sistema intersezione) ein gleichfalls reguläres System H von ∞^{r-1} und ihr kleinstes gemeinsame Vielfache (sist. congiungente) ein reguläres System K von ∞^{s-1} reduzierbaren Integralen und es ist stets $r+s=m+n$, außer wenn $r=0$, in welchem Falle $s=m+n-1$ ist; die Systeme A und B heißen in letzterem Falle voneinander unabhängig.

II. Existieren unter den Integralen 1. Gattung einer Klasse zwei (oder mehr) voneinander unabhängige reguläre Systeme A bzw. B von ∞^{m-1} bzw. ∞^{n-1} reduzierbaren Integralen und ein weiteres C von ∞^{r-1} Integralen, das von jedem von ihnen unabhängig, aber in ihrem gemeinsamen Vielfachen K enthalten ist, so existieren unter den Integralen dieser Klasse unendlich viele reguläre Systeme von ∞^{r-1} reduzierbaren Integralen.

III. Enthält eine Klasse *Abel*scher Integrale 1. Gattung vom Geschlecht $q>p$ ein reguläres System A von ∞^{p-1} reduzierbaren Integralen, so enthält sie immer auch ein dazu komplementäres reguläres System B von ∞^{q-p-1} reduzierbaren Integralen, so daß die Systeme A und B voneinander unabhängig sind ($r=0$) und ihr kleinstes gemeinsame Vielfache alle Integrale der Klasse überhaupt enthält ($s=q$) oder, was dasselbe, p Basisintegrale von A mit $q-p$ Basisintegralen von B zusammen q linearunabhängige Integrale bilden.

IV. Enthält eine Klasse *Abel*scher Integrale vom Geschlecht q ein reguläres System A von ∞^{p-1} reduzierbaren Integralen und damit nach dem vorigen Satze auch ein dazu komplementäres B von ∞^{q-p-1}, so zerfällt die zur Klasse gehörige *Riemann*sche Thetafunktion nach einer Transformation höheren Grades in der Weise, daß die transformierten Thetafunktionen sich linear durch Produkte je einer Theta-

aufgestellten Sätze. Von Satz II findet sich der spezielle Fall: „Ist unter den Integralen 1. Gattung einer Klasse außer den Integralen $J_1, J_2, \ldots J_k$ auch ein davon abhängiges Integral $J'=\alpha J_1+\beta J_2+\cdots+\varkappa J_k$, wo die $\alpha, \beta, \ldots \varkappa$ Konstanten bezeichnen, auf ein elliptisches Integral reduzierbar, so enthält die Klasse unendlich viele solche" gleichfalls schon bei *Poincaré* [Amer. J. 8 (1886), p. 305], s. auch Anm. 355; der allgemeine Satz II rührt von *Severi* [Acc. Linc. Rend. 23_5 (1914), I, p. 641] her; man vgl. auch dazu Nr. **114**, wo dem Satze II der Fall entspricht, daß die zum Systeme C gehörige *Riemann*sche Matrix nicht isoliert, also ihr Immersionskoeffizient $\lambda>0$ ist [s. *Scorza*, Acc. Linc. Rend. 24_5 (1915), II, p. 449 u. Pal. Rend. 41 (1916), p. 304]. Satz I ist zuerst von *Severi* [Lez. di Geom. algebr. 1908, p. 335, auch Acc. Linc. Rend. 23_5 (1914), I, p. 584] ausgesprochen worden.

funktion von p und einer solchen von $q-p$ Veränderlichen darstellen lassen.

Hält man dieses Resultat mit dem in Nr. **34** erhaltenen und am Ende von Nr. **115** wiederholten zusammen, so ergibt sich der *Wirtinger*sche Satz:

V. Es gibt spezielle Klassen algebraischer Funktionen von einem Geschlecht $q>p$, deren *Riemann*sche Thetafunktionen nach einer Transformation höheren Grades in dem in Satz IV genannten Sinne in Produkte von Thetafunktionen von p und solchen von $q-p$ Variablen zerfallen, derart daß die ersteren allgemeine Thetafunktionen sind.

Ist das hierbei zugrunde gelegte algebraische Gebilde von der Ordnung $2mp$ (vgl. Nr. **34**), so ist diese Transformation vom Grade m. Benutzt man z. B. als Gebilde G einen im allgemeinen zusammenhängend doppelt überdeckten Linearschnitt von M_p, so ist $m=(p-1)!\,2^{p-1}$; dies ist daher als obere Grenze für den Transformationsgrad anzusehen, mit welchem man immer ausreicht; im einzelnen Falle wird man sich auf Transformationen weit niedrigeren Grades beschränken können.

Bevor auf die Verwertung des Satzes V für die Theorie der Thetafunktionen eingegangen wird, soll zuerst der Fall $p=1$ näher besprochen werden; dabei kann das Geschlecht des gegebenen algebraischen Gebildes, da jetzt für p der spezielle Wert 1 gesetzt ist, statt wie bisher mit q in gewohnter Weise mit p bezeichnet werden.

120. Reduktion Abelscher Integrale auf elliptische.[349]) Setzen sich die $2p$ Periodizitätsmodulen Ω_α $(\alpha=1,2,\dots 2p)$ eines *Abel*schen Integrals vom Geschlecht p aus zwei Größen ω_1, ω_2 zusammen in der Form

(663) $$\Omega_\alpha = m_{\alpha 1}\omega_1 + m_{\alpha 2}\omega_2, \qquad (\alpha=1,2,\dots 2p)$$

so ist es stets durch eine rationale Substitution auf ein elliptisches Integral reduzierbar und umgekehrt.

Ist dann

(664) $$\sum_{\mu=1}^{p}(m_{\mu 1}m_{p+\mu,2} - m_{p+\mu,1}m_{\mu 2}) = \pm k,$$

so kann man, unter Hinzunahme eines passend gewählten konstanten Faktors, stets erreichen, daß die Periodizitätsmodulen Ω_α

1. im Falle $k=1$ nach einer linearen, im Falle $k>1$ nach einer Transformation k^{ten} Grades die Werte

(665) $$\begin{array}{llll} \Omega_1 = \pi i, & \Omega_2 = 0, & \dots & \Omega_p = 0, \\ \Omega_{p+1} = a, & \Omega_{p+2} = 0, & \dots & \Omega_{2p} = 0, \end{array}$$

349) Vgl. dazu *Krazer*, „Thetaf.“, p. 469 u. f., auch Straßburg Festschr. 1901.

2. im Falle $k > 1$ nach einer linearen Transformation die Werte

$$\begin{aligned}(666)\qquad &\Omega_1 = \pi i, \quad \Omega_2 = 0, \quad \Omega_3 = 0, \quad \ldots \quad \Omega_p = 0, \\ &\Omega_{p+1} = a, \quad \Omega_{p+2} = \frac{\pi i}{k}, \quad \Omega_{p+3} = 0, \quad \ldots \quad \Omega_{2p} = 0\end{aligned}$$

besitzen, wo a eine komplexe Zahl mit negativem reellen Teile bezeichnet. Nach einer Transformation k^{ten} Grades zerfallen also die zur Klasse gehörigen Thetafunktionen in Produkte einer Thetafunktion von einer und einer solchen von $p-1$ Veränderlichen, während es unter den unendlich vielen durch lineare Transformation ineinander überführbaren Systemen von Thetamodulen stets eines von der Form

$$\begin{matrix} a & \frac{\pi i}{k} & 0 & \ldots & 0 \\ \frac{\pi i}{k} & a_{22} & a_{23} & \ldots & a_{2p} \\ 0 & a_{32} & a_{33} & \ldots & a_{3p} \\ \cdot & \cdot & \cdot & \cdot & \cdot \\ 0 & a_{p2} & a_{p3} & \ldots & a_{pp} \end{matrix}$$

gibt.[350])

121. Der spezielle Fall $p = 2$.[351]) Damit eine Klasse *Abel*scher Integrale vom Geschlecht 2 ein reduzierbares Integral enthalte, ist notwendig und hinreichend, daß zwischen den Modulen a_{11}, a_{12}, a_{22} der zugehörigen Thetafunktionen eine Gleichung von der Form

$$(667)\qquad q_1 \pi i^2 + q_2 a_{11} \pi i + q_3 a_{12} \pi i + q_4 a_{22} \pi i + q_5 (a_{11} a_{12} - a_{12}^2) = 0$$

bestehe, wo die q ganze Zahlen bezeichnen, für welche der Ausdruck

$$(668)\qquad q_3^2 + 4(q_1 q_5 - q_2 q_4)$$

das Quadrat einer ganzen Zahl ist.[352])

Sind die Modulen a_{11}, a_{12}, a_{22} einer Thetafunktion zweier Veränderlichen durch eine Relation von der Form (667) miteinander verknüpft, für welche der Ausdruck (668) den Wert k^2 besitzt, so können

350) Diese Sätze rühren von *Weierstraß* her; die erste kurze Mitteilung darüber findet sich bei *Königsberger* [J. f. Math. 67 (1867), p. 72], eine ausführlichere bei *Kowalewski* [Acta math. 4 (1884), p. 394]; vgl. noch *Biermann*, Wiener Sitzb. 105 (1896), IIa, p. 924; *Picard*, Paris C. R. 92 (1881), p 398 u. 506; 93 (1881), p. 696 u. 1126; 94 (1882), p. 1704; S. M. F. Bull. 12 (1884), p. 153; *Poincaré*, Paris C. R. 99 (1884), p. 853.

351) Vgl. dazu *Krazer*, „Thetaf.", p. 483 u. f.

352) Dazu *Biermann*, Wiener Sitzb. 87 (1883), II, p. 982 u. *Humbert*, Paris C. R. 126 (1898), p. 394 u. 508; J. de Math. 5_5 (1899), p 247. Über jene allgemeineren Thetafunktionen zweier Veränderlichen, deren Modulen einer Relation (667) mit beliebigen ganzzahligen Koeffizienten genügen, siehe Nr. 126.

dieselben stets durch eine lineare Transformation in a'_{11}, $\frac{\pi i}{k}$, a'_{22}, durch eine Transformation k^{ten} Grades in a'_{11}, 0, a'_{22} übergeführt werden.[353])

Hieraus erkennt man, daß eine Klasse *Abel*scher Integrale vom Geschlecht 2, welche ein reduzierbares Integral enthält, immer auch noch ein zweites besitzt[354]), und weiter, daß in ihr, wenn sie mehr als zwei reduzierbare Integrale enthält, deren unendlich viele vorkommen.[355]) Die notwendige und hinreichende Bedingung dafür, daß in einer Klasse, die zwei reduzierbare Integrale enthält, noch ein drittes und damit unendlich viele vorkommen, ist die, daß die beiden elliptischen Integrale, auf welche J_1 und J_2 reduzierbar sind, selbst ineinander transformiert werden können.[356])

Aus der zwischen den Modulen der Thetafunktion gefundenen Bedingung für das Auftreten eines reduzierbaren Integrals kann man auch die in diesem Falle zwischen den *Rosenhain*schen Modulen $\varkappa$, λ, μ oder auch den 6 Verzweigungspunkten der zugehörigen *Riemann*schen Fläche bestehenden Beziehungen ableiten.[357])

---

353) Daß es im ersten Falle nicht nur eine solche lineare Transformation gibt, sondern unendlich viele, zeigt *Bolza* (Diss. Göttingen 1886), während einen Beweis für die Existenz der zuletzt genannten Transformation k^{ten} Grades *Hanel* (Diss Breslau 1882) gibt. Von der vorliegenden Art sind auch die von *Appell* [Paris C. R. 94 (1882), p. 421] untersuchten Thetafunktionen zweier Veränderlichen, bei welchen die Modulen durch eine Gleichung von der Form $r_1 a_{12} = r_2 a_{22} + q\pi i$ miteinander verknüpft sind; andere Beispiele bei *Königsberger* (Allg Unters. a. d. Th. d. Differentialgl. 1882) und *Doerr* (Diss. Straßburg 1883). *Appell* [S. M. F. Bull. 10 (1882), p. 59] hat später seine Untersuchungen auf Thetafunktionen beliebig vieler Variablen ausgedehnt, bei denen zwischen den Modulen $p-1$ Relationen von der Form $\sum_{\mu=1}^{p} r_\mu a_{\mu\lambda} = q_\lambda \pi i$ $(\lambda = 1, 2, \ldots p-1)$ bestehen.

354) *Picard* [S. M. F. Bull. 11 (1882), p. 47]; dazu *Appell* et *Goursat*, Fonct. algébr. 1895, p. 370 u. *Humbert*, J. d. Math. 5_5 (1899), p. 249.

355) Dieses ist der besondere Fall des in Anm. 348 genannten Satzes von *Poincaré*, aus dem sich ergibt, daß eine Klasse *Abel*scher Integrale vom Geschlecht p stets unendlich viele reduzierbare Integrale enthält, sobald es deren $p+1$ besitzt [*Poincaré*, Paris C. R. 99 (1884), p. 853].

356) Daß in speziellen Fällen nicht nur 2, sondern unendlich viele reduzierbare Integrale in einer Klasse vorhanden sind, gibt schon *Picard* [S. M. F. Bull. 11 (1882), p. 47] an; der hier angegebene Satz rührt von *Bolza* (Diss. Göttingen 1886) her, auch *de Franchis*, Pal. Rend. 38 (1914), p. 192.

357) Für $k=2$ bei *Königsberger* [J. f. Math. 67 (1867), p. 77] und *Pringsheim* [Math. Ann. 9 (1876), p. 466]. Den vorliegenden Fall behandelt auch *Roch* [Z. f. Math. 11 (1866), p. 463]; ferner hat *Schering* [J. f. Math. 85 (1878), p. 135; dazu auch *Doerr*, Diss. Straßburg 1883] die diesem besonderen Falle entsprechende *Riemann*sche Fläche durch Aufeinanderlegen zweier elliptischen *Rie-*

122. Reguläre Riemannsche Flächen. Aus der Eigenschaft eines algebraischen Gebildes vom Geschlecht q, daß sich die $2pq$ Periodizitätsmodulen $\Omega_{\mu\varepsilon}$ von p linearunabhängigen seiner Integrale 1. Gattung aus $2p^2$ Größen $P_{\mu\alpha}$ linear zusammensetzen lassen, darf man, wie *Wirtinger*[358]) bemerkt hat, sobald $p > 1$ ist, nicht schließen, daß diese p Integrale simultan durch eine Substitution in einzelne Integrale vom Geschlecht p übergeführt werden können. Nicht nur, daß im Falle $p > 3$ die Größen $P_{\mu\alpha}$ im allgemeinen überhaupt nicht zu einer Klasse algebraischer Funktionen vom Geschlecht p gehören werden, sondern auch im Falle $p \lesseqgtr 3$ kann man nur schließen, daß jedes der p Integrale durch eine Substitution in eine Summe von p Integralen vom Geschlecht p übergeführt werden kann.

Wohl aber gilt der Satz (II B 2, Nr. 48), daß, wenn sich unter den Integralen 1. Gattung einer Klasse algebraischer Funktionen vom Geschlecht q eines befindet, welches durch eine rationale Substitution auf ein einzelnes Integral vom Geschlecht $p < q$ reduziert wird, diese Klasse stets p linearunabhängige Integrale enthält, welche alle durch die nämliche Substitution auf einzelne Integrale der nämlichen Klasse reduziert werden, und es haben ihre Periodizitätsmodulen dann stets die eingangs angegebene Eigenschaft.

Diese Klassen algebraischer Funktionen werden durch die „regulären" *Riemann*schen Flächen definiert.[359])

Eine reguläre *Riemann*sche Fläche wird erhalten, wenn man eine beliebig gewählte *Riemann*sche Fläche in n Exemplaren nimmt, diese aufeinander legt und durch Verzweigungspunkte und Verschmelzung längs Querschnitten zu einer einzigen Fläche verbindet. Beträgt dabei die Anzahl der eingeführten Verzweigungspunkte $2k$ und ist p das

---

*mann*schen Flächen erhalten (vgl. Nr. **122**); *Hutchinson,* (Diss. Chicago 1897) hat die 16 zugehörigen σ-Funktionen zweier Veränderlichen durch elliptische σ-Funktionen ausgedrückt und die eintretende Entartung der *Kummer*schen Fläche untersucht; endlich hat *Cayley* [Paris C. R. 85 (1878), p. 265 u. f. = Coll. math. pap 10 (1896), p 214] für den vorliegenden Fall alle Wurzelfunktionen durch elliptische Funktionen ausgedrückt. Für $k = 4$ bei *Bolza* [Freib. Ber. 8 (1885), p. 330, Diss. Göttingen 1886 u. Math. Ann. 28 (1887), p. 447] und *Igel* [Monatsh. f. Math. 2 (1891), p. 157]; ferner *Mc Donald,* Amer. M. S. Trans. 2 (1901), p. 437 und *Kluyver,* Versl. Afd. Natuurk. 26 (1917), III, p. 463.

358) Acta math. 26 (1902), p. 155, auch *Severi,* Acc. Linc. Rend. 23_5 (1914), I, p. 581.

359) *Klein,* Math. Ann. 14 (1879), p. 459; auch „Riem. Fl." I, p. 208. *Dyck,* Diss. München 1879; Math. Ann. 17 (1880), p. 473, dazu Math. Ann. 20 (1882), p. 30; ferner *Hurwitz,* Gött. N. 1887, p. 85 = Math. Ann. 32 (1888), p. 290 und Math. Ann. 41 (1893), p. 403.

Geschlecht der einzelnen Fläche, so ist das Geschlecht q der neuen Fläche durch die Gleichung

(669) $$2q - 2 = 2k + n(2p - 2)$$ bestimmt.[360])

Analytisch können die regulären *Riemann*schen Flächen mit Hilfe zweier Parameter x, y durch algebraische Gleichungen von der Form

(670) $$F(z; x, y) = 0$$

dargestellt werden, wobei zwischen x und y selbst eine algebraische Gleichung

(671) $$G(x, y) = 0$$

vom Geschlecht p besteht, welche die einzelne *Riemann*sche Fläche definiert.

Da man in ein System von q linearunabhängigen Integralen 1. Gattung von (670) stets p linearunabhängige Integrale 1. Gattung

(672) $$\int R_\alpha(x, y)\,dx, \qquad (\alpha = 1, 2, \ldots p)$$

die zu (671) gehören, aufnehmen kann, so ist dadurch das algebraische Gebilde (670) bereits als ein reduzierbares im speziellen Sinne dieses Paragraphen charakterisiert. Damit ferner ein Integral

(673) $$\int S(z; x, y)\,dx$$

dem in Nr. 119 genannten komplementären Systeme von $p - q$ linearunabhängigen Integralen angehöre, ist notwendig und hinreichend[361]), daß die Relativspur des Integranden S, d. h. die über alle n auf Grund der Gleichung (670) zu einem Wertepaare x, y gehörigen Werte $z_1, z_2, \ldots z_n$ erstreckte Summe

(674) $$\sum_{\nu=1}^{n} S(z_\nu; x, y) = 0$$ sei.

Die einer regulären *Riemann*schen Fläche vom Geschlecht q zugehörigen Thetafunktionen von q Veränderlichen zerfallen nach einer Transformation n^{ter} Ordnung in solche von p und solche von $p - q$ Veränderlichen und die zuerst genannten entstammen dabei der einzelnen Fläche vom Geschlecht p (671), in dem Sinne, daß ihre Modulen das n-fache der Modulen der dieser Fläche zugehörigen *Riemann*schen Thetafunktionen sind. Die als zweite Faktoren auftretenden Thetafunktionen von $q - p$ Veränderlichen sind im allgemeinen keine *Riemann*schen Thetafunktionen und dieser Umstand ist es, welcher *Schottky* und *Wirtinger* in den Stand gesetzt hat, durch die Heran-

360) *Wirtinger*, Thetaf., p. 73.

361) *Schottky*, Berl. Ber. 1904, p. 522; *Jung*, ebd. p. 1381.

ziehung solcher spezieller algebraischer Gebilde, wie sie durch reguläre *Riemann*sche Flächen definiert werden, die Theorie der Thetafunktionen über den Kreis der *Riemann*schen hinaus weiter zu entwickeln.[362])

123. Schottkys Symmetralfunktionen. Tritt an Stelle von (670) die spezielle Gleichung

(675) $$z^2 = H(x, y),$$

so nennt *Schottky*[363]) die Gleichungen (675) und (671) die charakteristischen Gleichungen eines Symmetrals, indem er unter diesem Namen ein ebenes von mehreren Randlinien begrenztes Gebiet versteht, das in bezug auf eine Gerade symmetrisch ist; p stimmt dabei mit der Anzahl der Paare wechselseitig symmetrischer Randlinien überein und soll in der Folge wie bei *Schottky* mit τ bezeichnet werden. Ersetzt man dann noch q durch ϱ und setzt $q - p = \sigma$, so kommen zu den τ Paaren von Randlinien $n = \sigma + 1 - \tau$ unpaarige hinzu. Man kann den hier vorliegenden Fall auch als den der verzweigten Doppelüberdeckung einer algebraischen Kurve vom Geschlecht τ bezeichnen. Bei jeder der beiden Auffassungen erscheint er als eine Verallgemeinerung des hyperelliptischen, der in ihm, dem Werte $\tau = 0$ entsprechend, enthalten ist, und es ist von diesem Standpunkte aus als der nächst einfache Fall der Fall $\tau = 1$ anzusehen, den man als den elliptisch-hyperelliptischen bezeichnet.

Noch bemerkt man, daß die Integrale (673) in unserem Falle die Form

(676) $$\int \frac{R(x, y)}{z} dx$$

haben, wo $R(x, y)$ eine rationale Funktion von x und y ist.

Ein Symmetral hängt von $3\sigma - n = 2\sigma + \tau - 1$ wesentlichen Konstanten ab.[364]) Ist daher $3\sigma - n < \frac{1}{2}\sigma(\sigma + 1)$, so können die am Schlusse des letzten Artikels erwähnten nicht *Riemann*schen Thetafunktionen von σ Veränderlichen, welche Symmetralfunktionen genannt werden, niemals allgemeine Thetafunktionen sein; ist andererseits $3\sigma - n > \frac{1}{2}\sigma(\sigma + 1)$, so ist die Parameteranzahl des Symmetrals zu groß und es werden sich aus diesem Grunde die auftretenden Sym-

362) Daß *Riemann* selbst schon ähnliche Untersuchungen angestellt hat, zeigen einige in seinem Nachlaß befindliche Papiere aus dem Jahre 1862; vgl. Ges. math. W. Nachtr. (1902), p. 105.

363) J. f. Math. 106 (1890), p. 199; Berl. Ber. 1908, p. 838 u. 1084 und gemeinsam mit *Jung,* Berl. Ber. 1909, p. 282 u. 732; 1912, p. 1002; schon früher Diss. Berlin 1875 u. Z. f. Math. 83 (1877), p. 300.

364) *Schottky,* Berl. Ber. 1908, p. 840.

metralfunktionen wenig zur Durchführung einer Theorie der allgemeinen Thetafunktionen von σ Veränderlichen eignen. Für die Behandlung einer solchen Theorie würde also vornehmlich der Fall

(677) $$3\sigma - n = 2\sigma + \tau - 1 = \tfrac{1}{2}\sigma(\sigma + 1)$$

in Betracht kommen, der außer für $\sigma = 1$, $n = 2$, $\tau = 0$ und $\sigma = 2$, $n = 3$, $\tau = 0$, d. i. für den gewöhnlichen elliptischen und ultraelliptischen Fall, nur für

$$\sigma = 3,\quad n = 3,\quad \tau = 1,$$
$$\sigma = 4,\quad n = 2,\quad \tau = 3,$$
$$\sigma = 5,\quad n = 0,\quad \tau = 6$$

eintritt, welche drei Fälle von *Schottky*[363]), *Jung*[365]) und *Wirtinger*[366]) behandelt worden sind.

Wir betrachten jetzt zuerst den Fall, daß unpaarige Randkurven vorhanden sind, d. h. daß $n \geqq 1$ ist; dann ist $\sigma = \tau + n - 1 \geqq \tau$.

Zu dem algebraischen Gebilde (675) gehören $2^{2\varrho}$ Thetafunktionen, die mit $\vartheta[\varepsilon]((u))_a$ bezeichnet seien, und es bestehen für deren $\frac{1}{2}\varrho(\varrho+1)$ Modulen außer den stets gültigen noch besondere Symmetrieverhältnisse, so daß

(678) $$\begin{aligned} a_{\alpha\alpha'} &= a_{\alpha'\alpha} = a_{\sigma+\alpha,\,\sigma+\alpha'} = a_{\sigma+\alpha',\,\sigma+\alpha}, \\ a_{\alpha\beta} &= a_{\beta\alpha} = a_{\sigma+\alpha,\,\beta} \quad = a_{\beta,\,\sigma+\alpha}, \\ a_{\alpha,\,\sigma+\alpha'} &= a_{\alpha',\,\sigma+\alpha} = a_{\sigma+\alpha,\,\alpha'} \quad = a_{\sigma+\alpha',\,\alpha} \end{aligned} \qquad \left(\begin{matrix} \alpha, \alpha' = 1, 2, \dots \tau \\ \beta = \tau+1, \tau+2, \dots \sigma \end{matrix}\right)$$

ist. Auf Grund dieser Gleichungen läßt sich eine Thetafunktion $\vartheta[\varepsilon]((u))_a$ homogen und linear durch 2^τ Produkte je einer Thetafunktion von σ Veränderlichen $\vartheta[\varepsilon]((v))_b$ und einer von τ Veränderlichen $\vartheta[\varepsilon]((w))_c$ darstellen. Die ersteren sind die in Rede stehenden, von *Schottky* mit φ bezeichneten Symmetralfunktionen; ihre Modulen b haben die Werte:

(679) $$b_{\alpha\alpha'} = 2(a_{\alpha\alpha'} + a_{\alpha,\,\sigma+\alpha'}),\quad b_{\alpha\beta} = 2a_{\alpha\beta},\quad b_{\beta\beta'} = a_{\beta\beta'}$$
$$(\alpha, \alpha' = 1, 2, \dots \tau;\ \beta, \beta' = \tau + 1, \tau + 2, \dots \sigma).$$

Die Thetafunktionen $\vartheta[\varepsilon]((w))_c$ haben die Modulen

(680) $$c_{\alpha\alpha'} = 2(a_{\alpha\alpha'} - a_{\alpha,\,\sigma+\alpha'}) \qquad (\alpha, \alpha' = 1, 2, \dots \tau)$$

und entstammen dem algebraischen Gebilde (671), dessen *Riemann*sche Thetafunktionen die Hälften dieser Größen als Modulen besitzen.

Durch Umkehrung dieser Darstellungen erhält man ein einzelnes Produkt einer Symmetralfunktion $\varphi((v))$ mit einer Funktion $\vartheta[\varepsilon]((w))_c$ homogen und linear durch Funktionen $\vartheta[\varepsilon]((u))_a$ ausgedrückt.

365) Berl. Ber. 1905, p. 484.
366) „Thetaf.", II. Teil.

Will man statt der Funktionen $\vartheta[\varepsilon]((w))_c$ die *Riemann*schen Thetafunktionen des Gebildes (671) selbst, also die Funktionen $\vartheta[\varepsilon]((w))_{\frac{c}{2}}$ einführen, so wird man in den soeben benutzten Gleichungen alle Modulen durch ihre Hälften ersetzen und die auftretenden Funktionen $[\varepsilon]((u))_{\frac{a}{2}}$ linear durch die Quadrate der Funktionen $\vartheta[\varepsilon]((u))_a$ ausdrücken; die dann auftretenden Symmetralfunktionen $\eta((v))$[367]) haben dann auch die Hälften der Größen b als Modulen.

Richtet man es nun so ein, daß die Charakteristiken in allen auftretenden Thetafunktionen aus halben Zahlen bestehen, so werden die *Riemann*schen Thetafunktionen $\vartheta[\varepsilon]((w))$ bzw. $\vartheta[\varepsilon]((u))$ Wurzelfunktionen der Gebilde (671) bzw. (675) proportional und man erhält, nachdem man diese bestimmt hat, auf Grund der obigen Formeln die Werte der Symmetralfunktionen $\varphi((v))$ bzw. $\eta((v))$ durch sie bis auf einen gemeinsamen transzendenten Faktor ausgedrückt. Dabei sind die Argumente aus Integralen 1. Gattung gebildet; soweit damit eine Beschränkung ihrer Werte verbunden ist, kann man sich von dieser mit Hilfe des Additionstheorems frei machen.

Der Fall $\tau = 1$ der elliptisch-hyperelliptischen Funktionen ist durch das Vorhandensein von einem Paare wechselseitig zueinander symmetrischer und σ unpaarigen Randkurven charakterisiert; er wird auch erhalten durch die in 2σ Punkten verzweigte Doppelüberdeckung einer zum Geschlecht 1 gehörigen *Riemann*schen Fläche. Zu der dadurch entstehenden *Riemann*schen Fläche vom Geschlecht $\sigma + 1$ gehören Thetafunktionen, die nach einer quadratischen Transformation in elliptische Thetafunktionen und Symmetralfunktionen von σ Veränderlichen zerfallen, welche von 2σ Parametern abhängen, also nur im Falle $\sigma = 3$ allgemeine Thetafunktionen sind, für $\sigma = 4$ aber bereits spezieller sind als die von 9 Parametern abhängigen *Riemann*schen Thetafunktionen von 4 Veränderlichen (allerdings allgemeiner als die von 7 abhängigen hyperelliptischen Thetafunktionen des Geschlechts 4).

Roth[368]) hat die zum Falle $\tau = 1$ gehörigen Symmetralfunktionen von σ Veränderlichen dadurch der in Nr. **124** geschilderten *Wirtinger*schen Untersuchungsmethode zugänglich gemacht, daß er durch nochmalige, aber unverzweigte Doppelüberdeckung der vorher erhaltenen *Riemann*schen Fläche vom Geschlecht $\sigma + 1$ eine solche vom Geschlecht $2\sigma + 1$ geschaffen hat, deren *Riemann*sche Thetafunktionen

---

367) *Schottky* und *Jung,* Berl. Ber. 1909, p. 283.

368) Monatsh. f. Math. 23 (1912), p. 106.

neben solchen von $\sigma + 1$ Veränderlichen neue Symmetralfunktionen $\psi(\!(v')\!)$ von σ Veränderlichen liefern. Er kann nun zur Untersuchung dieser und ebenso der früheren Symmetralfunktionen $\varphi(\!(v)\!)$, da wir uns jetzt im Falle $\tau = 0$ befinden, in der Weise *Wirtingers* die *Riemann*schen Methoden anwenden, um insbesondere die Lage der Nullstellen der genannten Funktionen und ihr identisches Verschwinden zu untersuchen.

Die vorher genannten, von 8 Parametern abhängigen Symmetralfunktionen von 4 Veränderlichen hat *Schottky*[369]), dem sie den ersten Anlaß zu seinen Untersuchungen über Symmetralfunktionen gegeben haben, auf Grund der Eigenschaft, daß zwei gerade unter ihnen gleichzeitig mit den Argumenten verschwinden, untersucht und unter Beschränkung auf solche Argumente, für welche diese beiden Funktionen Null sind, durch elliptische Funktionen zweier Parameter ausgedrückt.

In der Einleitung dieser Arbeit erwähnt *Schottky* den Satz, daß im Falle $p = 3$, wenn man die Argumente der Thetafunktionen auf solche Werte beschränkt, für welche zwei der 64 Funktionen verschwinden, die 62 übrigen ebensovielen gleichändrigen elliptischen Thetafunktionen 6. Ordnung proportional werden; den Zusammenhang dieses Satzes mit der verzweigten Doppelüberdeckung eines elliptischen Gebildes hat *Jung* a. a. O. nachgewiesen.

Den Fall $\tau = 2$ hat *Jung*[370]) zunächst bei beliebigem σ behandelt. Er ist durch das Vorhandensein von 2 Paaren einander wechselseitig symmetrischer und $\sigma - 1$ unpaarigen Randlinien des Symmetrals charakterisiert und wird erhalten, wenn man zu den Funktionen einer Klasse vom Geschlecht 2 die Quadratwurzel aus einer ihrer Funktionen adjungiert, die in $2\sigma - 2$ Punkten 0^1 wird; mit anderen Worten durch die an $2\sigma - 2$ Stellen verzweigte Doppelüberdeckung eines algebraischen Gebildes vom Geschlecht 2. Die *Riemann*schen Thetafunktionen des entstehenden algebraischen Gebildes vom Geschlecht $\varrho = \sigma + 2$ zerfallen nach einer Transformation zweiten Grades in solche von 2 Veränderlichen, welche der zugrunde gelegten Klasse vom Geschlecht 2 entstammen und Symmetralfunktionen von σ Veränderlichen, die von $2\sigma + 1$ Parametern abhängen und deren Darstellung durch Wurzelfunktionen von *Jung* a. a. O. durchgeführt wird.

Später hat *Jung*[371]) den Fall $\sigma = 4$ genauer untersucht und insbesondere die bei der Darstellung der Symmetralfunktionen auftreten-

369) J. f. Math. 108 (1891), p. 147 u 193.

370) J. f. Math. 126 (1903), p. 1, schon vorher Hab.-Schr. Marburg 1902.

371) J. f. Math. 130 (1905), p. 1.

den Konstanten bestimmt. Die Symmetralfunktionen hängen hier von 9 Parametern ab, sind also von der gleichen Allgemeinheit wie die *Riemann*schen Thetafunktionen des Geschlechts 4, aber anders spezialisiert; die zwischen ihren Modulen bestehende Beziehung wird von *Jung* gleichfalls in der Form einer Gleichung zwischen den Nullwerten der geraden Funktionen angegeben. Schon im Falle $\sigma = 5$ sind die nur von 11 Parametern abhängigen Symmetralfunktionen spezieller als die von 12 abhängigen *Riemann*schen Thetafunktionen von 5 Veränderlichen. Die 4 Bedingungen, welche im Falle der Symmetralfunktionen zwischen den 15 Thetamodulen bestehen, sind nach *Jung* die, daß 4 gerade Thetafunktionen mit den Argumenten verschwinden.

Jung hat endlich[372]) noch den Fall $\tau = 3$, $\sigma = 4$, $n = 2$, $3\sigma - n = \frac{1}{2}\sigma(\sigma + 1) = 10$ untersucht. Zugrunde gelegt ist eine Klasse K algebraischer Funktionen vom Geschlecht 3, welcher die Quadratwurzel z aus einer zur Klasse gehörigen, in 4 willkürlichen Punkten 0^1 werdenden Funktion adjungiert wird; dadurch entsteht ein zum Geschlecht 7 gehöriger Körper $K(z)$. Gewisse Summen von je 8 zu ihm gehörigen *Riemann*schen Thetafunktionen zerfallen in Produkte je einer der Klasse K zugehörigen *Riemann*schen Thetafunktion von 3 Veränderlichen und einer Symmetralfunktion von 4 Variablen, welche, da die Anzahl der darin auftretenden Parameter $6 + 4 = 10$ beträgt, eine allgemeine Thetafunktion von 4 Veränderlichen ist. So gelangt *Jung* zu einer algebraischen Darstellung dieser letzteren.

124. Wirtingers Thetafunktionen von p Veränderlichen mit $3p$ Parametern. Besitzt ein Symmetral keine unpaarigen Randkurven, ist also $n = 0$, so ist $\sigma = \tau - 1$ und man erhält als Symmetralfunktionen jene Thetafunktionen, welche *Wirtinger*[373]) eingehend untersucht hat.

Wirtinger geht von einer $2p$-blättrigen *Riemann*schen Fläche mit $6p$ Verzweigungspunkten, also mit dem Geschlecht $p + 1$ aus, die durch $2p + 2$ Querschnitte in bekannter Weise in eine einfach zusammenhängende verwandelt ist. Denkt man sich zwei Exemplare F' und F'' dieser Fläche längs eines Querschnittes miteinander verschmolzen, etwa so, daß man das linke Ufer von b_1' mit dem rechten Ufer von b_1'' verbindet, so sind von den $2. 2p + 2$ ursprünglichen Querschnitten nur noch $4p + 2$ vorhanden; die entstehende neue Fläche F hat also das Geschlecht $2p + 1$ (vgl. Nr. **123**).

372) Berl. Ber. 1905, p. 484.

373) „Thetaf.“, II. Teil.

Für die Fläche F können als Integrale 1. Gattung zunächst $p+1$ Integrale 1. Gattung des einzelnen Exemplars F' genommen werden. Weitere p sind in der Form $\int \sqrt{\Phi_i}\, d\omega_x$ enthalten, wo $d\omega_x$ die fundamentale Differentialform von F' und $\sqrt{\Phi_i}$ eine Wurzelform zweiter Dimension von F' bezeichnet, welche beim Überschreiten von b_1 das Zeichen wechselt; solcher gibt es gerade p linearunabhängige.

Ersetzt man das System dieser letzteren p Integrale durch ein System von Normalintegralen $v_\mu (\mu = 1, 2, \ldots p)$, welche an den Querschnitten $a'_\nu (\nu = 2, 3, \ldots p+1)$ die Periodizitätsmodulen $\delta_{\mu\nu}\pi i$ besitzen, so kann man beweisen, daß ihre Periodizitätsmodulen an den Querschnitten b'_ν die Eigenschaften von Thetamodulen haben und daher Anlaß zur Bildung von Thetafunktionen mit p Veränderlichen geben, welche die gewünschten Symmetralfunktionen sind.

Die *Riemann*schen Thetafunktionen der Fläche F mit $2p+1$ Veränderlichen zerfallen nach einer Transformation zweiten Grades in diese Thetafunktionen von p Veränderlichen und in solche von $p+1$ Variablen, welche die doppelten Modulen der *Riemann*schen Thetafunktionen von F' besitzen.

Ohne von dieser Zerfällung Gebrauch zu machen, hat *Wirtinger* die auftretenden Symmetralfunktionen ganz in der Weise und mit den Hilfsmitteln *Riemanns* untersucht und insbesondere ihr Verschwinden, ihre algebraische Darstellung und die ihnen zugehörigen Umkehrprobleme behandelt.

Die erhaltenen Symmetralfunktionen hängen von $3p$ Parametern ab; sie sind also in den Fällen $p=4$ und $p=5$ die allgemeinen Thetafunktionen (im ersteren Falle allerdings mit einer Überzahl von Parametern); für $p > 5$ sind auch sie spezialisiert, aber weniger als die von $3p-3$ abhängigen *Riemann*schen Thetafunktionen vom Geschlecht p, die als Grenzfall von ihnen betrachtet werden können.

Schottky und *Jung*[374]) haben den Zusammenhang, welcher auf diese Weise zwischen *Riemann*schen Thetafunktionen von $p+1$ Veränderlichen und gewissen nicht *Riemann*schen Thetafunktionen von p Veränderlichen hergestellt wird, dahin ausgesprochen, daß den 2^{2p} Produkten zweier gleichartiger Funktionen eines Systems *Riemann*scher Thetafunktionen von $p+1$ Veränderlichen stets die 2^{2p} Funktionen eines im allgemeinen nicht *Riemann*schen Systems von Thetafunktionen von p Veränderlichen zugeordnet werden können, derart daß die Werte, welche die geraden Thetafunktionen dieses zweiten Systems für die Nullwerte ihrer Argumente annehmen, bis auf einen

374) Berl. Ber. 1909, p. 285.

allen gemeinsamen Faktor gleich sind den Quadratwurzeln aus den Nullwerten der zugeordneten Produkte des ersten.[375])

Für die ungeraden Thetafunktionen aber gilt der Satz, daß zwischen den Anfangsgliedern, welche die ungeraden Thetafunktionen des zweiten Systems bei ihrer Entwicklung nach Potenzen der Variablen liefern, die gleichen Relationen bestehen wie zwischen den Quadratwurzeln aus den Produkten jener beiden φ-Funktionen, welche den ungeraden Thetafunktionen des ersten Systems als einem *Riemann*schen nach Nr. **57** entsprechen, wenn man gleichzeitig die in den ersteren Relationen auftretenden Thetanullwerte in der vorher angegebenen Weise durch Quadratwurzeln aus Produkten von Thetanullwerten gerader Thetafunktionen von p Veränderlichen ersetzt. Es treten so den für die Anfangsglieder u_α der ungeraden Thetafunktionen von 2 Veränderlichen geltenden Relationen[376])

$$(681) \qquad \sum_{\alpha=1}^{3} \pm c_{\alpha 45}\, c_{\alpha 46}\, c_{\alpha 56}\, u_\alpha = 0$$

die für $p = 3$ bestehenden Relationen[377])

$$(682) \qquad \sum_{\alpha=1}^{3} \pm \sqrt{p_{\alpha 45}\, p_{\alpha 46}\, p_{\alpha 56}\, w_\alpha} = 0$$

an die Seite, in denen w_α ein Produkt von zwei φ-Funktionen ist und von denen eine jede nichts anderes ist als die Gleichung der den *Abel*schen Funktionen zugrunde liegenden Kurve 4. Ordnung.

So lange $p \overline{\gtrless} 3$ ist, sind auch die auftretenden Symmetralfunktionen von p Veränderlichen *Riemann*sche Thetafunktionen einer bestimmten Klasse algebraischer Funktionen. Den Zusammenhang, welcher dann zwischen *Abel*schen Funktionen der Geschlechter 3 und 4 mit solchen des nächst niedrigeren Geschlechts hergestellt wird, hat *Wirtinger*[378]) näher beleuchtet.

---

375) Damit ist die in Nr. **92** vermißte Quelle für die Formel (538) gefunden.

376) *Schottky*, Acta math. 27 (1903), p. 250.

377) *Schottky*, Acta math. 27 (1903), p. 257.

378) „Thetaf." p. 113; Acta math. 26 (1902), p. 140; s. auch *Roth*, Monatsh. f. Math. 18 (1907), p. 161 u. 22 (1911), p. 64. Es mag an dieser Stelle noch an die Bemerkung *Riemanns* (Ges. math. W. Nachtr. p. 97) erinnert werden, daß sich die 6-fach periodischen Thetareihen auf 4-fach periodische reduzieren lassen, wenn für die Kurve 4. Ordnung drei Doppeltangenten, deren Th. Char. einer Hauptreihe entnommen sind, sich in einem Punkte schneiden; vgl. dazu Anm. 218.

Von Thetafunktionen, welche im Sinne des IV. Satzes von Nr. **119** in Produkte von solchen mit weniger Variablen zerfallen, sind Beispiele mit einem oder auch mehreren elliptischen Faktoren im Vorstehenden verschiedentlich erwähnt worden und auch sonst bekannt (vgl. z. B. *Schulz-Bannehr*, Diss. Straßburg 1904), während Fälle, in denen beide Faktoren Thetafunktionen von

Man erhält diejenigen algebraischen Gebilde vom Geschlecht 3, welche in obiger Weise vorgegebene Thetafunktionen von 2 Variablen liefern, wenn man die durch diese bestimmte *Kummer*sche Fläche mit einer Ebene schneidet. Der Schnitt ist eine C_4 und die 16 singulären Ebenen der *Kummer*schen Fläche schneiden die Ebene in 16 der 28 Doppeltangenten; die 12 übrigen gehören einer *Steiner*schen Gruppe an, welche durch die ihr zugeordnete Charakteristik diejenige Schar von Wurzelformen bestimmt, mittels welcher die vorgegebenen Thetafunktionen erhalten werden.

In ähnlicher Weise können Gebilde vom Geschlecht 4 erhalten werden, welche vorgegebene Thetafunktionen von 3 Veränderlichen liefern.

XVI. Multiplikabilität und Singularität.

125. Die prinzipale Transformation (komplexe Multiplikation) der Thetafunktionen mehrerer Variablen. Die regulären *Riemann*schen Flächen besitzen (II B 2, Nr. **53**) eindeutige Transformationen in sich und ihre Thetafunktionen lassen daher Transformationen zu, bei welchen die transformierten Modulen den ursprünglichen gleich sind, bei denen also

$$a'_{\mu\nu} = a_{\mu\nu} \qquad (\mu, \nu = 1, 2, \dots p) \tag{683}$$

ist; solche Transformationen werden prinzipale, auch in Übertragung der im Falle $p = 1$ üblichen Ausdrucksweise komplexe Multiplikationen genannt.

Die regulären *Riemann*schen Flächen sind nicht die einzigen, welche Transformationen in sich zulassen. Es gibt nämlich für eine algebraische Mannigfaltigkeit, welche nach Satz IV von Nr. **113** durch die zu einer *Riemann*schen Matrix gehörigen $2p$-fach periodischen Funktionen von p Veränderlichen bestimmt wird, stets $h + 1$ algebraische Transformationen in sich, wenn h der zu der Matrix gehörige Index der Multiplikabilität ist[379]); alle zu *Riemann*schen Matrizen, bei denen $h > 0$ ist, gehörigen Thetafunktionen besitzen also komplexe Multiplikationen.

---

mehreren Veränderlichen sind, nur wenig behandelt wurden; es mag daher auf *Schumacher* [Diss. Straßburg 1907 = Acta math. 32 (1909), p. 1] hingewiesen werden, wo eine Thetafunktion vom Geschlecht $p = 6$ in Produkte von Thetafunktionen von den Geschlechtern $p = 2$ und $p = 4$ zerfällt wird.

379) *Scorza*, Pal. Rend. 41 (1916), p. 279; Catania Acc. Gioen. Atti 11_5 (1917), Mem. XX. Man vgl. dazu *Hurwitz*, [Leipz. Ber. 38 (1886), p. 34 = Math. Ann. 28 (1887), p. 581], wo die Anzahl der linearunabhängigen Transformationen in sich mit μ bezeichnet ist.

Daraus ergibt sich insbesondere, daß nicht nur jede zu einer unreinen Matrix gehörige Thetafunktion komplexe Multiplikation zuläßt[380]), sondern auch alle singulären Thetafunktionen, d. h. jene, für welche bei der zugehörigen *Riemann*schen Matrix der Index der Singularität $k > 0$ ist. Auch der letzte Satz gilt im allgemeinen nicht umgekehrt. Nur im Falle $p = 2$ sind alle Thetafunktionen mit komplexer Multiplikation auch singulär, da hier $h = 1$ stets auch $k = 1$ nach sich zieht (s. Nr. **126**), während z. B., wie die Formeln (641) zeigen, wenn p eine ungerade Primzahl ist, recht wohl $h = 1$ sein kann, auch wenn $k = 0$, die Matrix also keine singuläre und eine reine ist.

Für $p > 1$ finden sich die prinzipalen Transformationen erstmals erwähnt von *Königsberger*[381]) und sodann eingehend bearbeitet von *Kronecker*[382]) und *Weber*[383]). Die von beiden angestellten Untersuchungen haben aber erst durch *Frobenius*[384]) einen befriedigenden Abschluß gefunden in dem Satze:

Wenn eine Transformation T für irgendeine Thetafunktion eine prinzipale ist, so zerfällt ihre charakteristische Determinante $|T - zJ|$ in lauter lineare Elementarteiler und verschwindet nur für solche Werte von z, deren Modul gleich der Quadratwurzel aus dem Transformationsgrade ist.

Hat also die Gleichung

$$|T - zJ| = 0 \tag{684}$$

reelle Wurzeln, so können diese nur $\pm\sqrt{n}$ sein, und da die Gleichung (684) in zwei Gleichungen p^{ten} Grades zerfällt, deren Koeffizienten zueinander konjugiert komplex sind[385]), so tritt jede reelle Wurzel bei

380) Dies ist zuerst von *Wiltheiß* [Math. Ann. 26 (1886), p. 127] ausgesprochen worden, der den Satz bewiesen hat: Sobald eine Thetafunktion durch eine Transformation in eine andere Thetafunktion übergeführt wird, die in das Produkt von Thetafunktionen von weniger Variablen zerfällt, so existiert für sie mindestens eine prinzipale Transformation, und ebenso stellte *De Brun* [Stockh. Öfv. 54 (1897), p. 413] den Satz auf: Damit ein *Abel*sches Integral 1. Gattung weniger als $2p$ unabhängige Perioden haben soll, ist durchaus erforderlich, daß das algebraische Gebilde in sich übergeht, wenn man eine angemessene bialgebraische (oder birationale) Substitution macht.

381) J. f. Math. 65 (1866), p. 355.

382) Berl. Ber. 1866, p. 597 = J. f. Math. 68 (1868), p. 273.

383) Ann. di Mat. 9_2 (1878/9), p. 140.

384) J. f. Math. 95 (1883), p. 264.

385) Im Fall, daß die Matrix keine singuläre ist ($k = 0$), hat *Sorza* [Paris C. R. 165 (1917), p. 497] gefunden, daß die Wurzeln einer jeden dieser beiden Gleichungen zwei und nur zwei, zueinander konjugierten komplexen Zahlen gleich

(684) in gerader Anzahl auf. Hat also die Gleichung (684) lauter einfache Wurzeln, so ist sicher keine reell[386]).

Im Falle $n = 1$ haben die Wurzeln alle den Modul 1 und, da die Gleichung (684) lauter ganzzahlige Koeffizienten besitzt, so ist in diesem Falle jede Wurzel von (684) eine Einheitswurzel[387]). Eine solche prinzipale Transformation ist stets periodisch und umgekehrt ist auch jede periodische Transformation linear und prinzipal[388]).

Frobenius hat ferner gezeigt, daß die hier angegebene notwendige Bedingung für eine prinzipale Transformation auch hinreichend ist, d. h. daß zu einer Transformation T, sobald sie die im vorstehenden Satze angegebene Bedingung erfüllt, immer auch Thetafunktionen existieren, für welche sie eine prinzipale ist, und er hat zugleich gezeigt, wie die Modulen dieser Thetafunktionen berechnet werden können.

Über den Zusammenhang des Grades der prinzipalen Transformation der Thetafunktionen mit den Transformationen des zugehörigen algebraischen Gebildes in sich sagt der *Hurwitz*sche[389]) Satz:

Existiert auf einer *Riemann*schen Fläche eine $(\alpha, 1)$-deutige Korrespondenz, so entspricht dieser stets eine prinzipale Transformation von der α^{ten} Ordnung der zur Fläche gehörigen Thetafunktion. Einer ein-eindeutigen Transformation eines algebraischen Gebildes in sich entspricht also stets eine lineare prinzipale Transformation der zum Gebilde gehörigen Thetafunktion.

Von diesem Gesichtspunkte aus haben *Wiltheiß*[390]) und *Bolza*[391]) die komplexe Multiplikation der Thetafunktionen zweier Veränderlichen untersucht. Besitzt nämlich eine hyperelliptische *Riemann*sche Fläche $s^2 = R(z)$ außer der stets vorhandenen eindeutigen Transformation in sich $s' = -s$, $z' = z$ noch eine weitere, so läßt sie sich stets durch eine Gleichung von einer der beiden Formen

(685) $$s^2 = R(z^n) \quad \text{oder} \quad s^2 = zR(z^n)$$

darstellen. Daraus ergeben sich für $p = 2$ unmittelbar die sechs von

---

sind, von denen die eine t-mal, die andere $(p - t)$-mal als Wurzel auftritt, wobei die Zahl t für alle zu derselben Matrix gehörigen prinzipalen Transformationen den nämlichen Wert hat.

386) Über die diesem Falle entsprechenden *Riemann*schen Matrizen siehe das in Nr. **114** zu der Gleichung (638) Bemerkte.

387) *Kronecker,* J. f. Math. 53 (1857), p. 173 = Werke 1 (1895), p. 103.

388) *Scorza,* Pal. Rend. 41 (1916), p. 288.

389) Gött. N. 1887, p. 97 = Math. Ann. 32 (1888), p. 301, vgl. auch Math. Ann. 41 (1893), p. 403.

390) Hab.-Schr. Halle 1881; Math. Ann. 21 (1883), p. 385.

391) Am. J. 10 (1888), p. 47; Math. Ann. 30 (1887), p. 546.

Bolza angegebenen Fälle von Binärformen 6. Ordnung mit linearen Substitutionen in sich.

Diejenigen Thetafunktionen zweier Veränderlichen, welche eine prinzipale Transformation besitzen, sind identisch mit den singulären Funktionen *Humberts*.

126. Humberts singuläre Funktionen. Singulär nannten wir in Nr **114** eine *Riemann*sche Matrix dann, wenn zwischen ihren Elementen außer dem einen stets geltenden Systeme bilinearer Relationen (627) noch weitere von derselben speziellen, alternierenden Form existieren. Sind $k+1$ voneinander linearunabhängige solche Systeme vorhanden, so nennen wir die Matrix und die zu ihr gehörigen Funktionen k-fach singulär.

Bis jetzt sind diese Funktionen nur in dem Falle $p=2$ näher untersucht worden, wo *Humbert*[392]) zum erstenmal auf sie aufmerksam wurde. Er knüpfte an den in Nr. 9 (s. insbes. Anm. 35) ausgesprochenen Gedanken an, daß die für die Transformationszahlen $c_{\alpha\beta}$ angegebenen Bedingungen (40) nur dann notwendige Bedingungen für eine Transformation d. h. für das Auftreten algebraischer Beziehungen zwischen *Abel*schen Funktionen mit den Perioden ω und solchen mit den Perioden ω' sind, wenn zwischen diesen Perioden keine anderen bilinearen Relationen bestehen als die $\frac{1}{2}(p-1)p$ Gleichungen (36); daß dagegen, wenn außer diesen noch andere gelten, auch noch andere Transformationen möglich sein werden, deren Transformationszahlen $c_{\alpha\beta}$ den Gleichungen (40) nicht genügen.

Indem *Humbert* die Perioden in der Normalform

$$(686)\qquad \begin{matrix} \pi i & 0 & a_{11} & a_{12} \\ 0 & \pi i & a_{21} & a_{22} \end{matrix}$$

voraussetzt, ergibt sich ihm als notwendig und hinreichend für die Existenz weiterer in ihren Koeffizienten c nicht an die Gleichungen (40) gebundenen „singulären“ Transformationen die Bedingung, daß die Modulen a außer der den Gleichungen (36) entsprechenden Gleichung $a_{12}=a_{21}$ noch einer Relation von der Form

$$(687)\qquad q_1\pi i^2+q_2 a_{11}\pi i+q_3 a_{12}\pi i+q_4 a_{22}\pi i+q_5(a_{11}a_{22}-a^2_{12})=0$$

genügen, bei der die q ganze Zahlen sind. Solche Modulen wurden

392) *Humbert*, J. de Math. 6_5 (1899), p. 233; 6_5 (1900), p. 279; 7_5 (1901), p. 97; 9_5 (1903), p. 43; 10_5 (1904), p. 209; schon vorher Paris C. R. 126 (1898), p. 508, 814 u. 882; 127 (1898), p. 857; 129 (1899), p. 640 u. 955; 130 (1900), p. 483; 132 (1901), p. 72. Die von *Humbert* und *Levy* [Paris C. R. 158 (1914), p. 1609] begonnenen Untersuchungen über singuläre Funktionen im Falle $p=3$ sind schon in Anm. 337 erwähnt worden.

von ihm singuläre Modulen und die mit ihnen gebildeten Funktionen singuläre Funktionen genannt.[393])

Der Wert des Ausdruckes

$$(688) \qquad \Delta = q_3^2 + 4(q_1 q_5 - q_2 q_4)$$

bleibt bei jeder linearen Transformation ungeändert und es läßt sich durch eine solche die Relation (687) stets auf die Form

$$(689) \qquad \begin{aligned} -\frac{\Delta}{4} a_{11} + a_{22} = 0, &\quad \text{wenn } q_3 \text{ gerade ist,} \\ -\frac{\Delta - 1}{4} a_{11} + a_{12} + a_{22} = 0, &\quad \text{wenn } q_3 \text{ ungerade ist,} \end{aligned}$$

bringen, womit gleichzeitig bewiesen ist, daß alle Relationen (687) mit gleicher Invariante Δ durch lineare Transformation ineinander übergeführt werden können.

Ist für die Relation (687) Δ ein Quadrat, so sind die zugehörigen Thetafunktionen auf elliptische reduzierbar, siehe Nr. **121**.

Das Bestehen einer Relation von der Form (687) erweist sich bei *Humbert* aber zugleich als die notwendige und hinreichende Bedingung dafür, daß zu einer Thetafunktion mit den Modulen a_{11}, a_{12}, a_{22} eine prinzipale Transformation existiert. Bringt man (687) durch lineare Transformation auf die Form

$$(690) \qquad b a_{11} - 2 a a_{12} - c a_{22} = 0,$$

so ist für alle Thetafunktionen, deren Modulen dieser Bedingung genügen, die Transformation, bei welcher

$$(691) \qquad \begin{aligned} c_{11} = c_{33} = a, &\quad c_{22} = c_{44} = -a, \\ c_{12} = c_{43} = b, &\quad c_{21} = c_{34} = c, \end{aligned}$$

ist, während alle übrigen Transformationszahlen c den Wert Null haben, eine prinzipale und es gibt, solange zwischen den Modulen a keine weiteren Bedingungen bestehen, so daß dieselben noch zwei willkürliche Parameter enthalten, für die zugehörigen Thetafunktionen keine andere komplexe Multiplikation als (691), bei welcher sich die 3 Bedingungen (683) auf die einzige (690) reduzieren.

Sollen noch andere komplexe Multiplikationen bestehen, so müssen für die Modulen a noch weitere Beschränkungen eintreten. *Rosati*[394]) und nach ihm *Scorza*[395]) haben die folgenden Fälle als möglich

393) Über die im Falle singulärer Modulen zwischen den Verzweigungspunkten der zugehörigen *Riemann*schen Fläche und die zwischen den Nullwerten der Thetafunktionen bestehenden Relationen siehe für die niedrigsten Werte von Δ bei *Humbert*, Paris C. R. 126 (1898), p. 508 und J. de Math. 2_6 (1906), p 329.

394) Acc. Linc. Rend. 24_5 (1915), II, p. 182.

395) Pal. Rend. 41 (1916), p. 339.

angegeben. Für die einfach singulären Funktionen ($k = 1$) kann, wenn die Matrix eine reine ist, sie also nicht auf elliptische Funktionen reduzierbar sind, $h = 1$ oder $h = 3$ sein; letzteres findet bei der durch die Gleichung $s = \sqrt{z^5 + 1}$ definierten Klasse hyperelliptischer Funktionen statt, deren eindeutige Transformationen in sich schon *Bolza* angegeben hat. Ist die Matrix eine unreine, so ist $h = 1$, 2 oder 3, je nachdem von den elliptischen Thetafunktionen, in welche die vorliegende Thetafunktion zweier Veränderlichen zerfällt, keine, eine oder beide komplexe Multiplikation zulassen. Bei den zweifach singulären Funktionen ($k = 2$) ist stets $h = 3$; dabei kann die Matrix eine reine oder unreine sein. In letzterem Falle enthält die Klasse unendlich viele elliptische Integrale, von denen aber keines eine komplexe Multiplikation besitzt. Endlich bleibt noch als letzter Fall, daß h und k ihre Höchstwerte $h = 3$ und $k = 7$ haben; die Klasse der hyperelliptischen Funktionen ist dann durch die gleichfalls schon von *Bolza* behandelte Gleichung $s = \sqrt{z(z^4 + 1)}$ charakterisiert; sie enthält unendlich viele elliptische Integrale und es besitzt ein jedes von diesen komplexe Multiplikation.

127. Heckes Untersuchungen über vierfach periodische Funktionen. Einen tieferen Einblick in die Natur der singulären vierfach periodischen Funktionen haben die Untersuchungen *Heckes*[396]) eröffnet. Diese erfordern, daß man die Perioden nicht von vornherein in der Normalform (686) voraussetzt. Es seien daher mit

(692) $$\begin{matrix} u_1, & u_2, & u_3, & u_4; \\ v_1, & v_2, & v_3, & v_4 \end{matrix}$$

die Perioden einer vierfach periodischen Funktion der beiden Veränderlichen u, v bezeichnet; zwischen ihnen besteht nach Nr. **113** stets eine ganzzahlige bilineare Relation von der Form

(693) $$\sum_{i,k} a_{ik}(u_i v_k - u_k v_i) = 0,$$

weil für jedes i und k von 1 bis 4 $a_{ii} = 0$ und $a_{ik} + a_{ki} = 0$ ist. Faßt man daher sowohl die u_i wie die v_i als homogene Punktkoordinaten des Raumes, die 6 Größen

(694) $$p_{ik} = (uv)_{ik} = u_i v_k - u_k v_i$$

also als die *Plücker*schen Linienkoordinaten der Verbindungslinie dieser beiden Punkte, Periodengerade genannt, auf, so sagt die Gleichung (693) aus, daß alle Periodengeraden einem und demselben ganzzahligen linearen Komplexe A angehören, in welchem sie, weil für jede

396) Gött. N. 1914, p. 81.

lineare Verbindung

(695) $$x_1 u_i + x_2 v_i = \xi_i + i\eta_i$$

die Ungleichung

(696) $$\sum_{ik} a_{ik} (\xi\eta)_{ik} > 0$$

besteht, dadurch ausgezeichnet sind, daß sie von keiner reellen Geraden des Komplexes getroffen werden; sie sind selbst nie reell.

Gegenüber unimodularen Transformationen besitzt der Komplex A die Invariante

(697) $$a = a_{12} a_{34} + a_{13} a_{42} + a_{14} a_{23}$$

(die Determinante der 16 Größen a_{ik} ist a^2), wozu noch bei ganzzahliger unimodularer Transformation als Invariante der größte gemeinsame Teiler der a_{ik} tritt. Nennt man zwei Komplexe äquivalent, wenn sie durch eine ganzzahlige Transformation von der Determinante $+1$ ineinander übergeführt werden können, so ist die Übereinstimmung in den beiden genannten Invarianten auch die hinreichende Bedingung ihrer Äquivalenz.

„Singuläre" Perioden im *Humbert*schen Sinne sind solche, welche außer der Relation (693) noch einer zweiten ebensolchen bilinearen Relation

(698) $$\sum_{ik} b_{ik} (uv)_{ik} = 0$$

genügen. Die Periodengeraden gehören also gleichzeitig noch einem zweiten Komplexe B und damit einer ganzen Schar $Ax_1 + Bx_2$ von Komplexen an und sind folglich Linien einer Linienkongruenz. Als Invarianten der Schar treten hier auf: 1. die binäre quadratische Form

(699) $$Q(x_1, x_2) = ax_1^2 + Jx_1 x_2 + bx_2^2,$$

bei der a, b die Invarianten von A, B und J die Simultaninvariante

(700) $$J = a_{12} b_{34} + a_{34} b_{12} + a_{13} b_{42} + a_{42} b_{13} + a_{14} b_{23} + a_{23} b_{14}$$

bezeichnet, 2. der „Modul" linearer Funktionen von x_1, x_2 bestehend aus

(701) $$\sum_{i,k} n_{ik} (a_{ik} x_1 + b_{ik} x_2),$$

wo die n_{ik} alle ganzen rationalen Zahlen durchlaufen.

Falls Periodengerade in der Kongruenz überhaupt vorkommen, ist die quadratische Form $Q(x_1, x_2)$ indefinit, also[397])

(702) $$D = J^2 - 4ab > 0.$$

Die Invarianten (699) und (701) sind die einzigen der Schar, d. h. zwei Paare ganzzahliger Komplexe A, B und C, D sind dann

397) Im *Humbert*schen Falle geht D in die durch (688) definierte Zahl Δ über.

und nur dann simultan äquivalent, wenn für sie diese beiden Invarianten übereinstimmen.

Für das folgende wird vorausgesetzt, daß D keine Quadratzahl ist, die Funktionen also nicht auf elliptische reduzierbar sind.

Der entscheidende Fortschritt *Heckes* bestand nun in der Erkenntnis, daß sich alle Periodenpaare einer singulären vierfach periodischen Funktion aus zwei passend gewählten Größenpaaren x, y und x', y' in einfacher Weise zusammensetzen lassen. Da nämlich D von Null verschieden ist, so besteht die Kongruenz $A = 0$, $B = 0$ aus allen Geraden, die zwei feste Geraden, ihre Direktrizen, schneiden. Jede Gerade der Kongruenz bestimmt auf diesen eindeutig ein Punktepaar und umgekehrt, kann mithin durch zwei Paare homogener Parameter festgelegt werden. Betrachtet man nun alle vierfach periodischen Funktionen, unter deren primitiven Periodenpaaren solche vorkommen, die einer gegebenen ganzzahligen Kongruenz $A = 0$, $B = 0$ angehören, und setzt voraus (was durch eine lineare Substitution der Argumente immer erreicht werden kann), daß die Punktepaare (692) auf den Direktrizen der Kongruenz liegen, so ergeben sich zu jeder solchen Funktion zwei Größenpaare x, y und x', y' derart, daß alle ihre Periodenpaare und nur diese in der Form

$$(703)\qquad \begin{array}{l} \mu x + \nu y, \\ \mu' x' + \nu' y' \end{array}$$

enthalten sind, worin μ, ν ganze Zahlen des quadratischen Zahlkörkörpers $k(\sqrt{D})$ sind, welche noch gewissen arithmetischen, von A, B abhängigen Bedingungen genügen, und μ', ν' die zu ihnen konjugierten Zahlen bedeuten.

Die zwei Paare x, y und x', y' sind das Analogon des einen Periodenpaares der elliptischen Funktionen und ihre Quotienten

$$(704)\qquad \tau = \frac{x}{y}, \quad \tau' = \frac{x'}{y'}$$

erweisen sich als die für die Untersuchung der singulären vierfach periodischen Funktionen zweckmäßigsten Modulen. Indem man zu ihnen noch passende Argumente u, u' auswählt, erhält man (unter der Annahme $a = -1$) die zugehörige Thetafunktion in der Gestalt

$$(705)\qquad \vartheta(u, u'; \tau, \tau') = \sum_{\mu} e^{\frac{\pi i}{\sqrt{D}}(\mu^2 \tau - \mu'^2 \tau') + \frac{2\pi i}{\sqrt{D}}(\mu u - \mu' u')},$$

bei der μ alle ganzen Zahlen des Körpers $k(\sqrt{D})$ durchläuft.

Als Funktionen der Argumente u, u' und der Modulen τ, τ' oder der Perioden x, y; $x'\ y'$ betrachtet, genügt jede zu ihnen gehörige vierfach periodische Funktion $\varphi(u, u'; x, y; x', y')$ auf Grund ihrer Periodizität der Gleichung

$$\varphi(u + \mu x + \nu y, u' + \mu' x' + \nu' y'; x, y; x', y') = \varphi(u, u'; x, y; x', y') \tag{706}$$

für beliebige ganze Körperzahlen μ, ν und ihre konjugierten μ', ν'.

Wenn φ nur von der Gesamtheit der Perioden abhängt, nicht aber von der Auswahl der sie erzeugenden Paare x, y und x', y', so ist, da die gleiche Gesamtheit erhalten wird, wenn man $x, y; x', y'$ durch

$$\begin{aligned} x_1 &= \alpha x + \beta y, & x_1' &= \alpha' x' + \beta' y', \\ y_1 &= \gamma x + \delta y, & y_1' &= \gamma' x' + \delta' y' \end{aligned} \tag{707}$$

ersetzt, worin $\alpha, \beta, \gamma, \delta$ beliebige ganze Körperzahlen mit der Determinante $+1$, $\alpha', \beta', \gamma', \delta'$ die dazu konjugierten bezeichnen,

$$\varphi(u, u'; x_1, y_1; x_1', y_1') = \varphi(u, u'; x, y; x', y'). \tag{708}$$

Die Transformationen (707) bilden die homogene Modulgruppe des Körpers $k(\sqrt{D})$. Nachdem bereits *Humbert* in dem von ihm betrachteten Falle, in welchem die Relation $A = 0$ in der Normalform vorliegt und a den Wert -1 hat, zu dieser Gruppe gelangt war, wurde die allgemeinste Bestimmung derselben von *Hecke* und *Cotty*[398]) gegeben, indem diese jene linearen ganzzahligen Transformationen suchten, welche die Kongruenz $A = 0$, $B = 0$ invariant lassen. Die dabei von *Hecke* benutzten Begriffe der Idealtheorie des Körpers bieten für diese Untersuchungen die geeignetsten Hilfsmittel.

Um das Verhalten der Thetafunktionen bei den Transformationen der Gruppe zu untersuchen, geht man zweckmäßig, wie es auch *Humbert* getan, von allgemeineren *Jacobi*schen Funktionen (s. Nr. **116**, insbes. Anm. 340) aus, bei deren Klassifikation neben der Ordnung und der Charakteristik hier noch ein drittes Element, der Index, auftritt[399]). Mit ihrer Hilfe gewinnt man insbesondere einen Überblick über die Anzahl der in jedem Falle vorhandenen linearunabhängigen Funktionen. Für die Thetafunktion (705) erhält man, falls $\begin{pmatrix}\alpha & \beta \\ \gamma & \delta\end{pmatrix}$ der Identität mod. 2 kongruent ist, die Gleichung

$$\vartheta\left(\frac{u}{\gamma\tau+\delta}, \frac{u'}{\gamma'\tau'+\delta'}; \frac{\alpha\tau+\beta}{\gamma\tau+\delta}, \frac{\alpha'\tau'+\beta'}{\gamma'\tau'+\delta'}\right) = \xi\sqrt{(\gamma\tau+\delta)(\gamma'\tau'+\delta')}\, e^{\psi}\,\vartheta(u, u'; \tau, \tau'), \tag{709}$$

wo

$$\psi = \frac{\pi i}{\sqrt{D}}\left(\frac{\gamma u^2}{\gamma\tau+\delta} - \frac{\gamma' u'^2}{\gamma'\tau'+\delta'}\right) \tag{710}$$

---

398) Toulouse Ann. 3_3 (1911), p. 209.

399) Inhaltlich findet sich der größte Teil dieser Theorie schon bei *Humbert*. Die Heranziehung der Idealtheorie hat sie formal vereinfacht und auch zu weiteren bei *Humbert* nicht auftretenden Problemen geführt. Einen systematischen Aufbau von dieser Seite hat *Buchner* (Diss. Basel 1919) begonnen.

gesetzt ist, ξ aber eine achte Einheitswurzel bezeichnet, welche ebenso wie im Falle gewöhnlicher Thetafunktionen durch *Gauß*sche Summen ausgedrückt werden kann. Dabei definiert *Hecke*[400]) die zu einem Körper $k(\sqrt{D})$ gehörige *Gauß*sche Summe durch die Gleichung

$$(711) \qquad G(\varkappa) = \sum_{\varrho} e^{2\pi i S\left(\frac{\varrho^2 \varkappa}{\sqrt{D}}\right)},$$

in der $\varkappa$ eine Körperzahl mit dem Idealnenner $\mathfrak{a}$ ist, $S(\omega)$ die Spur $\omega + \omega'$ einer Zahl ω bezeichnet und ϱ ein vollständiges Restsystem ganzer Zahlen mod. $\mathfrak{a}$ in $k(\sqrt{D})$ durchläuft.

Die *Gauß*schen Summen (711) haben ähnliche Eigenschaften wie die aus der Theorie der elliptischen Funktionen bekannten. Zunächst ist für jede ganze Körperzahl λ, welche zu $2\mathfrak{a}$ teilerfremd ist,

$$(712) \qquad G(\lambda\varkappa) = \left\{\frac{\lambda}{\mathfrak{a}}\right\} G(\varkappa),$$

wo $\left\{\frac{\lambda}{\mathfrak{a}}\right\}$ das quadratische Restsymbol in $k(\sqrt{D})$ ist, und ferner besteht für jedes $\varkappa = \frac{\alpha}{\beta}$, bei dem die ganzen Zahlen α und β teilerfremd sind, die Beziehung

$$(713) \qquad G(\varkappa) \cdot \left|\sqrt{\varkappa\varkappa'}\right| = \frac{1}{8} e^{\frac{\pi i}{4}(\text{sgn.}\,\varkappa - \text{sgn.}\,\varkappa')} G\left(-\frac{1}{4\varkappa}\right),$$

woraus sich unter Benutzung von (712) das quadratische Reziprozitätsgesetz für den Körper $k(\sqrt{D})$ in der Gestalt

$$(714) \qquad \left\{\frac{\alpha}{\beta}\right\} \cdot \left\{\frac{\beta}{\alpha}\right\} = (-1)^{\frac{\text{sgn.}\,\alpha - 1}{2} \cdot \frac{\text{sgn.}\,\beta - 1}{2} + \frac{\text{sgn.}\,\alpha' - 1}{2} \cdot \frac{\text{sgn.}\,\beta' - 1}{2}}$$

ergibt, wenn $\alpha, \beta, \gamma, \delta$ zueinander und zu 2 teilerfremde ganze Zahlen sind, von denen mindestens eine dem Quadrat einer Zahl mod. 4 kongruent ist.

Wenn man die *Gauß*schen Summen auf Grund der Gleichungen (712), (713) auswertet, erhält man auch ξ als zahlentheoretische Funktion von $\alpha, \beta, \gamma, \delta$ dargestellt.

Für die Multiplikation und die Transformation höherer Ordnung liegen bis jetzt nur die prinzipiellen Ansätze vor. Neben das „ordinäre" Problem der Multiplikation, d. h. die Frage, wie sich $\vartheta(nu, nu'; \tau, \tau')$ durch die Funktionen $\vartheta(u, u'; \tau, \tau')$ ausdrückt, wenn n eine ganze rationale Zahl ist, tritt noch das „singuläre" Problem $\vartheta(\nu u, \nu' u'; \tau, \tau')$ dar-

400) Gött. N. 1919, p. 265, vgl. dazu *Krazer*, „Thetaf." p. 190; ebenso wie dort kann man auch hier zu den *Gauß*schen Summen von den Thetanullwerten durch einen Grenzübergang gelangen, wenn man die Modulen τ, τ' gegen einen reellen Randpunkt $\varkappa, \varkappa'$ konvergieren läßt.

zustellen, wenn ν eine ganze Zahl des Körpers $k(\sqrt{D})$ ist. Endlich scheint für das eingehende Studium dieser Theorie eine dritte Klasse von Problemen eine Rolle zu spielen, die man algebraisch als Partialresolvente jener beiden Probleme bezeichnen kann, nämlich die Frage, wie sich durch $\vartheta(u, u'; \tau, \tau')$ diejenigen Thetafunktionen ausdrücken, deren Periodenpaare von der Form $\mu + \nu\tau$, $\mu' + \nu'\tau'$ sind, wo μ, ν alle Körperzahlen mit einem bestimmten Idealnenner durchlaufen. Das zweite und das dritte Problem sind bei allgemeinen Thetafunktionen nicht formulierbar; sie hängen mit den singulären Transformationen *Humberts* (vgl. Anm. 35) zusammen.

Der komplexen Multiplikation (Nr. **125**) der Funktion (705) entspricht in den Modulen τ, τ' die Transformation mit rationaler Determinante

$$(715)\qquad \begin{pmatrix}\sqrt{D} & 0\\ 0 & \sqrt{D}\end{pmatrix} \quad \text{bzw.} \quad \begin{pmatrix}-\sqrt{D} & 0\\ 0 & -\sqrt{D}\end{pmatrix},$$

die offenbar τ, τ' ungeändert läßt. Im Falle des Bestehens weiterer komplexen Multiplikationen ergeben sich Bedingungen für die Modulen τ, τ', die zunächst in der Form einer Gleichung

$$(716)\qquad \tau = \frac{\alpha\tau' + \beta}{\gamma\tau' + \delta}$$

auftreten können, die mit der Gleichung

$$(717)\qquad \tau' = \frac{\alpha'\tau + \beta'}{\gamma'\tau + \delta'}$$

gleichbedeutend ist und bei der $\alpha, \beta, \gamma, \delta$ Körperzahlen bezeichnen, für welche $\alpha\delta - \beta\gamma$ total negativ ist. Die Funktionen sind in diesem Falle zweifach singulär ($k = 2$). Aus ihren Thetanullwerten entstehen Funktionen der einen Variable τ, welche bei allen jenen Transformationen der Modulgruppe invariant bleiben, welche die Gleichung (716) in sich transformieren. Diese Gruppe, deren Substitutionskoeffizienten sich durch zahlentheoretische Eigenschaften definieren lassen, ist unabhängig von der obigen Entstehung zuerst von *Fricke*[401]) aufgestellt worden; für die zugehörigen automorphen Funktionen einer Variable ergibt sich aus dem obigen eine Darstellung durch die Nullwerte von zweifach singulären Thetafunktionen zweier Veränderlichen.

Zwischen den Modulen τ, τ' können aber auch zwei Gleichungen

$$(718)\qquad \tau = \frac{\alpha\tau + \beta}{\gamma\tau + \delta}, \quad \tau' = \frac{\alpha'\tau' + \beta'}{\gamma'\tau' + \delta'}$$

bestehen, wie es im Falle einfach singulärer Funktionen der Fall ist, sobald ihr Index der Multiplikabilität $h = 3$ ist. Die Modulen τ, τ'

---

401) Math. Ann. 38 (1891), p. 50 u. 461; 39 (1891), p. 62; 41 (1893), p. 443; 42 (1893), p. 564.

sind dann Wurzeln konjugierter quadratischer Gleichungen im Körper $k(\sqrt{D})$ und bestimmen je einen zu k relativ-quadratischen imaginären Zahlkörper. Die Werte der Modulfunktionen (s. Nr. **128**) sind ebenfalls algebraische Zahlen und definieren ihrerseits einen algebraischen Zahlkörper $\mathfrak{K}$. Die so entstehenden Körper $\mathfrak{K}$ sind das Analogon der Klassenkörper der komplexen Multiplikation der elliptischen Modulfunktionen. Unter gewissen vereinfachenden Voraussetzungen über die Beschaffenheit von $k(\sqrt{D})$ sind diese Körper $\mathfrak{K}$ von *Hecke*[402]) genauer untersucht worden. Dabei stellte sich heraus, daß $\mathfrak{K}$ ein *Abel*scher Körper ist bezüglich des Körpers der symmetrischen Funktionen der beiden Zahlen τ, τ' und eine enge Beziehung zu den Idealklassen dieses Körpers aufweist, wodurch es gelingt, ihn durch rein arithmetische Eigenschaften eindeutig zu charakterisieren.

128. Modulfunktionen von mehreren Veränderlichen. Wir sind im Vorigen bereits darauf geführt worden, die Funktionen lediglich in ihrer Abhängigkeit von den Modulen τ, τ' zu betrachten. Indem man dabei die Argumente u, u' festhält (gewöhnlich werden sie gleich Null gesetzt), entstehen die zum Körper $k(\sqrt{D})$ gehörigen Modulfunktionen, d. h. diejenigen Funktionen $F(\tau, \tau')$ der beiden, an die Konvergenzbedingung geknüpften Veränderlichen τ, τ', welche bei allen Substitutionen der Modulgruppe oder einer ihrer Untergruppe invariant bleiben.

Die allgemeine Theorie dieser Funktionen und zwar sogleich für beliebiges p ist von *Blumenthal*[403]) entwickelt worden, der insbesondere die Gestalt des Fundamentalbereiches der Funktionen untersuchte, ihre Existenzsätze aufstellte und bewies, daß die Gesamtheit aller Funktionen einer Gruppe (bei geeigneter Festsetzung der Singularitäten) ein algebraisches Gebilde von p Variablen darstellt.

In einer zweiten Arbeit[404]) hat *Blumenthal* dann einen sehr all-

---

402) Math. Ann. 71 (1912), p. 1 u. 74 (1915), p. 465.

403) Math. Ann. 56 (1903), p. 509 u. 58 (1904), p. 497. Für $p = 2$ hatte bereits *Picard* diese Modulgruppen als die einfachsten Fälle seiner groupes hyperabéliens untersucht, den Zusammenhang dieser Gruppe mit der Gruppe der Transformationen einer gewissen quaternären quadratischen Form in sich auseinandergesetzt und zugehörige Funktionen durch Thetanullwerte dargestellt [Acta math. 1 (1882), p. 297; 2 (1883), p. 114; 5 (1884), p. 121; J. de Math. 1_4 (1885), p. 87; Ann. Éc. Norm. 2_3 (1885), p. 357; Bull. sc. math. 9 (1885), I, p. 202; S. M. F. Bull. 15 (1887), p. 148; dazu Paris C. R. 94 (1882), p. 579 u. 837; 98 (1884), p. 289, 563, 665 u. 904; 99 (1884), p. 882; 101 (1885), p. 1127; 108 (1889), p. 557 u. 659]; *Bourget* hat eine genaue Untersuchung dieser Funktionen und ihrer Gruppe unternommen [Paris C. R. 124 (1897), p. 1428; Toulouse Ann. 12 (1898), D].

404) D. M. V. Jahresb. 13 (1904), p. 120.

gemeinen Ansatz von *Hilbert* durchgeführt und gezeigt, daß es, wenn man für die $\frac{1}{2}p(p+1)$ Modulen einer Thetafunktion gewisse lineare Funktionen von p Variablen nimmt, rationale Funktionen der Thetanullwerte gibt, welche Funktionen der Modulgruppe in jenen p Variablen sind. Für $p = 2$ trifft dies für die Nullwerte der in Nr. 127 betrachteten Thetafunktionen zu und *Hecke*[402]) zeigte mit Hilfe der Theorie der Invarianten der Binärform 6. Grades, daß auch die allgemeinste Modulfunktion von zwei Variablen durch jene singulären Thetanullwerte rational darstellbar ist.

Mit Hilfe der allgemeinen Sätze von *Blumenthal* gelingt *Hecke* dann der Beweis für die Existenz von Transformationsgleichungen, d. h. algebraischen Gleichungen zwischen den Grundfunktionen $F(\tau, \tau')$ einerseits und einer Funktion $F\left(\frac{\alpha\tau+\beta}{\gamma\delta+\delta}, \frac{\alpha'\tau'+\beta'}{\gamma'\tau'+\delta'}\right)$ andererseits, wo $\alpha\delta - \beta\gamma$ eine beliebige (total positive) Körperzahl sein darf. Eigentümliche Schwierigkeiten entstehen hier bei dem Nachweis, daß die transformierten Funktionen ebenfalls Reihenentwicklungen nach $e^{\pi i \tau}$ und $e^{\pi i \tau'}$ zulassen; er läßt sich erst durch Benutzung des Umstandes führen, daß die Modulfunktionen von zwei Variablen durch Spezialisierung aus Funktionen von drei Variablen, nämlich den Thetanullwerten des Falles $p = 2$ in ihrer Abhängigkeit von den drei Thetamodulen entstehen.

Auch die Multiplikatorgleichungen haben bei diesen Modulfunktionen ihr Analogon als Gleichungen für transformierte Modulformen.

Für beide Klassen von Gleichungen ist die Theorie soweit gefördert, daß sich tiefliegende arithmetische Eigenschaften der Koeffizienten ergeben, insbesondere Beziehungen zwischen Koeffizienten von Transformationsgleichungen, die zu verschiedenen Transformationsdeterminaten gehören.

129. Anwendung der Thetafunktionen auf die Zetafunktionen. Nachdem schon *Riemann*[405]) die einfach unendliche Thetareihe zur Darstellung der ζ-Funktion verwendet hatte, um insbesondere mit ihrer Hilfe deren Fortsetzbarkeit zu zeigen und ihre Funktionalgleichung abzuleiten, und *Kinkelin*[406]) und *Lipschitz*[407]) das gleiche Verfahren auf allgemeinere Reihen im Körper der rationalen Zahlen ausgedehnt hatten, wurde von

---

405) Berl. Ber. 1859, p. 671 = Ges. math. W. 1876, p. 136; 2. Aufl. 1892, p. 145.

406) Progr. Basel 1862.

407) J. f. Math. 105 (1889), p. 127.

Lerch[408]) die Zetafunktion eines imaginären quadratischen Zahlkörpers

$$(719) \qquad Z(s) = \sum_{u,v} \frac{1}{(au^2 + 2buv + cv^2)^s},$$

wo u, v alle Paare ganzer Zahlen, das Paar $0, 0$ ausgenommen, durchläuft, $\Delta = ac - b^2 > 0$ und der reelle Teil von $s > 1$ ist, mit Hilfe der Thetareihe

$$(720) \qquad \sum_{u,v}^{-\infty,\ldots+\infty} e^{-\frac{\pi x}{\sqrt{\Delta}}(au^2 + 2buv + cv^2)}$$

dargestellt und ebenfalls deren Funktionalgleichung abgeleitet.

Epstein[409]) hat diese Resultate auf beliebige definite quadratische Formen ausgedehnt. Ist

$$(721) \qquad \varphi((x)) = \sum_{\mu=1}^{p} \sum_{\nu=1}^{p} c_{\mu\nu} x_\mu x_\nu$$

eine quadratische Form von p Veränderlichen, deren reeller Teil eine positive definite Form und deren Determinante von Null verschieden ist, so definiert *Epstein* die Zetafunktion p^{ter} Ordnung mit der Charakteristik $\left|\begin{matrix} g \\ h \end{matrix}\right|$ und den Modulen $c_{\mu\nu}$ durch die Gleichung

$$(722) \qquad Z\left|\begin{matrix} g \\ h \end{matrix}\right|(s)_\varphi = \sum_{m_1,\ldots m_p} \frac{e^{2\pi i \sum_\mu m_\mu h_\mu}}{\varphi((m+g))^{\frac{s}{2}}},$$

wo der reelle Teil von s größer als p ist und nicht alle g oder nicht alle h gleichzeitig ganze Zahlen sind. Indem er sie durch die p-fach unendliche Thetareihe

$$(723) \qquad \vartheta\left|\begin{matrix} g \\ h \end{matrix}\right|(0, z)_\varphi = \sum_{m_1,\ldots m_p}^{-\infty,\ldots+\infty} e^{-\pi z \varphi((g+m)) + 2\pi i \sum_\mu m_\mu h_\mu}$$

darstellt in der Form

$$(724) \qquad \pi^{-\frac{s}{2}} \Gamma\left(\frac{s}{2}\right) Z\left|\begin{matrix} g \\ h \end{matrix}\right|(s)_\varphi = \int_0^\infty z^{\frac{s}{2}-1} \vartheta\left|\begin{matrix} g \\ h \end{matrix}\right|(0, z)_\varphi \, dz,$$

erhält er eine Definition der allgemeinen Zetafunktion bei unbeschränkt veränderlichem s und zugleich für sie die Funktionalgleichung

$$(725) \; \pi^{-\frac{s}{2}} \Gamma\left(\frac{s}{2}\right) Z\left|\begin{matrix} g \\ h \end{matrix}\right|(s)_\varphi = \frac{1}{\sqrt{\Delta}} e^{-2\pi i \sum_\mu g_\mu h_\mu} \pi^{-\frac{p-s}{2}} \Gamma\left(\frac{p-s}{2}\right) Z\left|\begin{matrix} h \\ -g \end{matrix}\right|(p-s)_\Phi,$$

in der Φ die zu φ reziproke Form bezeichnet und welche auch noch

408) Rozpravy Akad. 2 (1893) u. 4 (1895).

409) Math. Ann. 56 (1903), p. 615.

gilt, wenn die obengenannte Beschränkung für die g, h aufgehoben wird. *Epstein* beweist mit Hilfe dieser Relation insbesondere für binäre quadratische Formen die *Kronecker*schen Grenzformeln.[410])

Für die *Dedekind*sche Zetafunktion eines beliebigen Zahlkörpers wurde die Fortsetzbarkeit und die Funktionalgleichung von *Hecke*[411]) entdeckt, nachdem sie vorher nur für die Kreiskörper und die rein kubischen Zahlkörper bekannt war.[412]) In einer späteren Arbeit behandelt *Hecke*[413]) die *Dirichlet*schen L-Funktionen für Zahlkörper.

Für einen Zahlkörper k vom Grade n, dessen Klassenzahl gleich 1 ist, gestalten sich diese Beziehungen wie folgt.

Es sei $k^{(1)}, \dots k^{(r_1)}$ das System der reellen unter den zu k konjugierten Körpern, $k^{(r_1+1)}, \dots k^{(r_1+2r_2)}$, $r_1 + 2r_2 = n$, das der imaginären und dabei die Bezeichnung so gewählt, daß für $\varrho = r_1 + 1, \dots r_1 + r_2$ $k^{(\varrho)}$ und $k^{(\varrho+r_2)}$ konjugiert imaginär sind. In der gleichen Weise sollen auch die konjugierten Zahlen bezeichnet werden. Ist dann δ die Differente des Körpers, deren Norm der Körperdiskriminante d gleich ist, und sind t_ϱ $(\varrho = 1, 2 \dots n)$ reelle positive Variablen, für welche $t_{\varrho+r_2} = t_\varrho$ für $\varrho = r_1 + 1, \dots r_1 + r_2$ ist, so betrachte man die n-fach unendliche Reihe

$$(726) \qquad \vartheta(t) = \sum_{\mu} e^{-\pi \sum_{\varrho} \frac{t_\varrho |\mu^{(\varrho)}|^2}{|\delta^{(\varrho)}|}},$$

in welcher μ sämtliche ganzen Zahlen des Körpers k durchläuft. Sie kann als eine Thetareihe, in welcher die Argumente gleich Null gesetzt sind, aufgefaßt werden und es gilt für sie die Transformationsformel

$$(727) \qquad \vartheta(t) = \frac{1}{\sqrt{t_1 t_2 \dots t_n}} \vartheta\left(\frac{1}{t}\right).$$

Für den reellen quadratischen Körper stimmt diese Thetareihe mit der früher eingeführten singulären Funktion (705) überein.

Eine ähnliche Reihe erhält man, wenn man zuerst die Thetareihe gliedweise nach den Argumenten differenziert und diese nachher gleich Null setzt. Bedeuten $a_1, \dots a_{r_1}$ 0 oder 1, ferner $a_{r_1+1}, \dots a_n$ irgendwelche nicht negative ganze rationale Zahlen, bei denen aber von den beiden Zahlen a_ϱ und $a_{\varrho+r_2}$ immer nur eine von Null verschieden ist, so setze man

$$(728) \qquad \vartheta(t, a) = \sum_{\mu} \prod_{\varrho} (\mu^{(\varrho)})^{a_\varrho} e^{-\pi \sum_{\varrho} \frac{t_\varrho |\mu^{(\varrho)}|^2}{|\delta^{(\varrho)}|}},$$

410) Weber-Festschr. 1912, p. 57.

411) Gött. N. 1917, p. 77.

412) *Dedekind*, J. f. Math. 121 (1900), p. 40; *Landau*, Schwarz-Festschr. 1914, p. 244.

413) Gött. N. 1917, p. 299; s. auch *Landau*, Math. Z. 2 (1918), p. 52.

wo ϱ überall die Zahlen $1, 2, \ldots n$ durchläuft; dann ist wieder

$$(729)\qquad \vartheta(t, a) = (-i)^{\sum_\varrho a_\varrho} \prod_\varrho \left(\frac{\delta^{(\varrho)}}{|\delta^{(\varrho)}|}\right)^{a_\varrho} \cdot \frac{1}{\prod_\varrho t_\varrho^{a_\varrho + \frac{1}{2}}} \vartheta\left(\frac{1}{t}, a'\right),$$

wobei $a'_\varrho = a_\varrho$ für $\varrho = 1, 2, \ldots r_1$, dagegen $a'_{\varrho + r_2} = a_\varrho$ und $a'_\varrho = a_{\varrho + r_2}$ für $\varrho = r_1 + 1, \ldots r_1 + r_2$ ist.

Mit Hilfe der Thetareihe (726) läßt sich die zu k gehörige Zetafunktion folgendermaßen darstellen. Es sei $r = r_1 + r_2 - 1$ und $\eta_1, \ldots \eta_r$ ein System von Grundeinheiten, durch welche also jede Einheit ε in der Form

$$(730)\qquad \varepsilon = \xi\, \eta_1^{m_1} \eta_2^{m_2} \ldots \eta_r^{m_r}$$

ausgedrückt werden kann, wo ξ eine Einheitswurzel und $m_1, m_2, \ldots m_r$ ganze rationale Zahlen sind. Die Zetafunktion ist durch die Gleichung

$$(731)\qquad \zeta_k(s) = \sum_\mu \frac{1}{|N(\mu)|^s}$$

definiert, in der μ alle von Null verschiedenen ganzen, nicht assoziierten, d. h. nicht nur um einen Faktor ε verschiedenen Zahlen von k durchläuft. Der Summand der auf der rechten Seite stehenden Summe läßt sich nun zunächst durch ein $(r+1)$-faches Integral darstellen in der Form

$$(732)\qquad \frac{1}{|N(\mu)|^s} = \frac{A^{-s}}{\Gamma\left(\frac{s}{2}\right)^{r_1} \Gamma(s)^{r_2}} \int_0^\infty \cdots \int_0^\infty e^{-\pi \sum_\varrho \frac{t_\varrho |\mu^{(\varrho)}|^2}{|\delta^{(\varrho)}|}} \cdot \prod_\varrho t_\varrho^{\frac{s}{2}} \frac{dt_1}{t_1} \cdots \frac{dt_{r+1}}{t_{r+1}},$$

wo zur Abkürzung

$$(733)\qquad 2^{-r_2} \pi^{-\frac{n}{2}} |\sqrt{d}| = A$$

gesetzt ist und wo man nun das Integral statt über alle positiven t auch nur über jenen Teilraum der t erstrecken kann, der keine zwei durch Gleichungen von der Form

$$(734)\qquad t_\varrho' = |\varepsilon^{(\varrho)}|^2 t_\varrho$$

miteinander verknüpften Punkte t, t' enthält, wenn man nur gleichzeitig über alle zu μ assoziierten Zahlen $\varepsilon\mu$ summiert. Führt man dann noch an Stelle der t neue Variablen $u, x_1, \ldots x_r$ ein vermöge der Gleichungen

$$(735)\qquad t_\varrho = u\, e^{-2 \sum_{\varkappa=1}^{r} x_\varkappa \log |\eta_\varkappa^{(\varrho)}|},$$

so erhält man schließlich

$$(736)\qquad A^s \Gamma\left(\frac{s}{2}\right)^{r_1} \Gamma(s)^{r_2} \zeta_k(s) = C \int_0^\infty du \int_{-\frac{1}{2}}^{+\frac{1}{2}} dx_1 \ldots \int_{-\frac{1}{2}}^{+\frac{1}{2}} dx_r u^{\frac{ns}{2} - 1} (\vartheta(t) - 1),$$

wo C eine Konstante des Körpers ist.

Aus dieser Darstellung der ζ-Funktion ergibt sich nun für jeden Körper k wie bei *Riemann* vermöge der Transformationsformel (727) die Fortsetzbarkeit von $\zeta_k(s)$ und ihre Funktionalgleichung

$$\xi(s) = \xi(1 - s), \tag{737}$$

wenn

$$A^s \Gamma\left(\frac{s}{2}\right)^{r_1} \Gamma(s)^{r_2} \zeta_k(s) = \xi(s) \tag{738}$$

gesetzt wird.

Man kann aus $\vartheta(t)$ durch eine ähnliche Integralformel noch andere Funktionen von s ableiten, die als verallgemeinerte Zetafunktionen zu bezeichnen und gleichfalls für die Theorie von k von Bedeutung sind.

Zu dem Ende bezeichne man die zu

$$\begin{bmatrix} \frac{1}{n} & \frac{1}{n} & \cdots & \frac{1}{n} \\ \log|\eta_1^{(1)}| & \log|\eta_1^{(2)}| & \cdots & \log|\eta_1^{(r+1)}| \\ \cdot & \cdot & \cdot & \cdot \\ \log|\eta_r^{(1)}| & \log|\eta_r^{(2)}| & \cdots & \log|\eta_r^{(r+1)}| \end{bmatrix} \tag{739}$$

reziproke Matrix mit

$$\begin{bmatrix} e_1 & e_1^{(1)} & \cdots & e_1^{(r)} \\ e_2 & e_2^{(1)} & \cdots & e_2^{(r)} \\ \cdot & \cdot & \cdot & \cdot \\ e_{r+1} & e_{r+1}^{(1)} & \cdots & e_{r+1}^{(r)} \end{bmatrix} \tag{740}$$

und bilde, indem man unter $m_1, \dots m_r$ beliebige ganze rationale Zahlen versteht, für eine Körperzahl μ die Funktion

$$\lambda(\mu) = \prod_{\varkappa=1}^{r} e^{2\pi i m_\varkappa \sum_{\varrho=1}^{r+1} e_\varrho^{(\varkappa)} \log|\mu^{(\varrho)}|}, \tag{741}$$

dann ist für jede Einheit ε

$$\lambda(\varepsilon\mu) = \lambda(\mu) \tag{742}$$

und ferner für jedes Zahlenpaar α, β

$$\lambda(\alpha\beta) = \lambda(\alpha)\lambda(\beta). \tag{743}$$

Für die allgemeinere Zetafunktion

$$\zeta_k(s, \lambda) = \sum_\mu \frac{\lambda(\mu)}{|N(\mu)|^s} \tag{744}$$

erhält man dann der Gleichung (736) entsprechend die Darstellung

$$\begin{aligned} \xi(s, \lambda) &= A^s \Gamma(s, \lambda) \zeta_k(s, \lambda) \\ &= C \int_0^\infty du \int_{-\frac{1}{2}}^{+\frac{1}{2}} dx_1 \dots \int_{-\frac{1}{2}}^{+\frac{1}{2}} dx_r\, u^{\frac{ns}{2}-1} e^{-2\pi i \sum_1^r m_\varkappa x_\varkappa} (\vartheta(t) - 1), \end{aligned} \tag{745}$$

worin

$$\Gamma(s,\lambda) = \prod_{\varrho=1}^{r+1} \Gamma\left(\frac{e_\varrho s}{2} - \pi i \sum_{\varkappa=1}^{r} m_\varkappa e_\varrho^{(\varkappa)}\right) \tag{746}$$

ist und aus der wieder die Funktionalgleichung

$$\xi(s,\lambda) = \xi(1-s, \lambda^{-1}) \tag{747}$$

folgt.

Führt man die Integration nach u aus, so folgt eine einfache Beziehung zwischen $\xi(s,\lambda)$ und den Funktionen (722) von *Epstein.*

Man lasse endlich in (744) an Stelle von $\lambda(\mu)$ die allgemeinste den Bedingungen (742), (743) genügende Funktion

$$\lambda(\mu) = \prod_{\varkappa=1}^{r} e^{2\pi i m_\varkappa c_\varkappa(\mu)} \prod_{\varrho=r+1}^{n} \left(\frac{\mu^{(\varrho)}}{|\mu^{(\varrho)}|} e^{-i\sum_{\varkappa=1}^{r} \vartheta_\varkappa^{(\varrho)} c_\varkappa(\mu)}\right)^{a_\varrho} \tag{748}$$

treten, bei der

$$c_\varkappa(\mu) = \sum_{\varrho=1}^{r+1} e_\varrho^{(\varkappa)} \log|\mu^{(\varrho)}| \tag{749}$$

und

$$\vartheta_\varkappa^{(\varrho)} = \text{arc.}\, \eta_\varkappa^{(\varrho)} = \begin{cases} 0, & \text{wenn } \varrho = 1, 2, \ldots r_1, \\ -\vartheta_\varkappa^{(\varrho+r_2)}, & \text{wenn } \varrho = r_1+1, \ldots r_1+r_2 \end{cases} \tag{750}$$

ist, die $m_\varkappa$ beliebige ganze rationale Zahlen, die a_ϱ aber denselben Bedingungen unterworfen sind wie bei der Thetafunktion (728) und gegebenfalls noch einer aus (742) folgenden Kongruenz. Die dann entstehende Zetafunktion (744) ist mit der Funktion $\vartheta(t,a)$ verknüpft durch die Gleichung

$$\xi(s,\lambda) = \gamma(\lambda) A^s \Gamma(s,\lambda) \zeta_k(s,\lambda) \tag{751}$$

$$= \lambda(|\sqrt{\delta}|)\cdot C\cdot \prod_{\varrho=1}^{n} (e_\varrho \pi)^{\frac{1}{2}a_\varrho} \int_0^\infty du \int_{-\frac{1}{2}}^{+\frac{1}{2}} dx_1 \ldots \int_{-\frac{1}{2}}^{+\frac{1}{2}} dx_r\, u^{\frac{ns}{2}+\frac{1}{2}\sum_1^n a_\varrho - 1}\, e^{-\sum_1^r x_\varkappa M_\varkappa}\, \vartheta(t,a),$$

wo zur Abkürzung

$$2\pi i m_\varkappa - \sum_{\varrho=1}^{n} a_\varrho (\log|\eta_\varkappa^{(\varrho)}| + i\vartheta_\varkappa^{(\varrho)}) = M_\varkappa \tag{752}$$

gesetzt ist und weiter

$$\gamma(\lambda) = \prod_{\varrho=1}^{r+1} \left|\sqrt{e^{(\varrho)}}\right|^{\sum_{\varkappa=1}^{r} e_\varrho^{(\varkappa)} \left(2\pi i m_\varkappa - i\sum_{\nu=1}^{n} \vartheta_\varkappa^{(\nu)}\right)} \tag{753}$$

und

$$\Gamma(s,\lambda) = \prod_{\varrho-1}^{r+1} \Gamma\left[\frac{e_\varrho}{2}\left(s + \frac{a_\varrho + a_\varrho'}{2}\right) - \sum_{\varkappa=1}^{r} e_\varrho^{(\varkappa)} \left(\pi i m_\varkappa - \frac{i}{2}\sum_{\nu=1}^{n} a_\nu \vartheta_\varkappa^{(\nu)}\right)\right] \tag{754}$$

ist, und es gilt für sie gleichfalls die Funktionalgleichung (747).

Weitere arithmetische Verfeinerungen, welche man erhält, indem man die Zahlen und Ideale des Körpers nach einem beliebigen Modul in Klassen einteilt und die entsprechenden Gruppencharaktere einführt, lassen sich leicht anbringen und führen zu ähnlichen Formeln.[414])

Für reelle quadratische Körper nehmen die Funktionen $\lambda(\mu)$ und $\Gamma(s, \lambda)$ folgende einfache Gestalt an:

(755) $$\lambda(\mu) = e^{\frac{m\pi i}{\log|\eta|}\log\left|\frac{\mu}{\mu'}\right|},$$

(756) $$\Gamma(s, \lambda) = \Gamma\left(\frac{s}{2} + \frac{m\pi i}{2\log|\eta|}\right)\Gamma\left(\frac{s}{2} - \frac{m\pi i}{2\log|\eta|}\right).$$

Dagegen ist für imaginäre quadratische Körper

(757) $$\lambda(\mu) = \left(\frac{\mu}{|\mu|}\right)^a = \left(\frac{\mu'}{|\mu|}\right)^{-a},$$

(758) $$\Gamma(s, \lambda) = \Gamma\left(s + \frac{a}{2}\right).$$

Die so für den Körper $k(\sqrt{-1})$ resultierenden Reihen sind in anderem Zusammenhange bereits von *Herglotz*[415]) aufgestellt und daraufhin von *Epstein*[416]) auf die anderen imaginär-quadratischen Körper übertragen worden.

Vermöge der Produktentwicklung

(759) $$\zeta_k(s, \lambda) = \prod_{\pi} \frac{1}{1 - \lambda(\pi)\,|\lambda(\pi)|^{-s}},$$

die über die verschiedenen nicht assoziierten Primzahlen π zu erstrecken ist, stehen diese allgemeinen ζ-Funktionen mit der Verteilung der Primzahlen in Zusammenhang und liefern z. B. Sätze über die Gitterpunkte in beliebigen Winkelräumen, wofür eine quadratische Form $x^2 + y^2$ oder $x^2 - 2y^2$ eine Primzahl ist.

130. Hyperelliptische Flächen.[417]) Die *Kummer*sche (ebenso wie die *Weddle*sche) Fläche ist ein spezieller Fall jener algebraischen Flächen $F(x, y, z) = 0$, welche eine Parameterdarstellung von der Form zulassen, daß x, y, z einwertige, vierfach periodische Funktionen zweier Parameter u, v sind. Diese Flächen hat zuerst *Picard*[418]) betrachtet und sodann *Humbert*[419]) eingehend untersucht, der ihnen auch den obigen Namen gegeben hat.

---

414) Math. Z. 1 (1918), p. 357 u. 6 (1920), p. 11.

415) Math. Ann. 61 (1905), p. 551.

416) Math. Ann. 63 (1907), p. 205.

417) III C 6b, Nr. 40.

418) J. de Math. 1_4 (1885), p. 312; 5_4 (1889), p. 223; vgl. Pal. Rend. 9 (1895), p. 244.

419) J. de Math. 9_4 (1893), p. 29 u. 361.

Bringt man die Perioden auf die Normalform

$$(760) \qquad \begin{matrix} \pi i & 0 & a_{11} & a_{12} \\ 0 & \frac{\pi i}{\delta} & a_{21} & a_{22} \end{matrix}$$

so heißt δ der Divisor der Fläche; entsprechen ferner einem Punkte der Fläche r verschiedene Wertepaare u, v (im Periodenparallelotop), so heißt r der Rang der Fläche. Die *Kummer*sche Fläche ist also eine hyperelliptische Fläche von Divisor 1 und dem Range 2, da bei ihr u, v und $-u, -v$ den nämlichen Punkt liefern.

Die homogenen Punktkoordinaten x_i ($i = 1, 2, 3, 4$) einer hyperelliptischen Fläche lassen sich in der Form

$$(761) \qquad x_i = \Theta_i(u, v) \qquad (i = 1, 2, 3, 4)$$

darstellen, wo Θ_i Thetafunktionen von der nämlichen Ordnung und der nämlichen Charakteristik sind. Verschwinden die 4 Funktionen Θ_i für ein Wertepaar u, v alle 4 gleichzeitig[420]), so entspricht diesem eine ausgezeichnete Kurve auf der Fläche und zwar eine Kurve m^{ter} Ordnung, wenn außer den x_i auch alle ihre partiellen Derivierten nach nach u und v der $1^{\text{ten}}, 2^{\text{ten}}, \ldots m-1^{\text{ten}}$, aber nicht der m^{ten} Ordnung verschwinden.[421]) Jede algebraische Kurve auf der Fläche wird durch Nullsetzen einer mit denselben Modulen gebildeten Thetafunktion irgendwelcher Ordnung erhalten und umgekehrt.

Eine hyperelliptische Fläche vom Divisor 1 und dem Range 1 nennt man eine *Jacobi*sche Fläche F, eine solche vom Divisor δ und dem Range 1 eine *Picard*sche F_δ [422]) Schon *Picard*[423]) hat angegeben, daß eine *Jacobi*sche Fläche von niedrigerem als dem 6. Grade jedenfalls nicht existieren könne, und *Humbert*[424]) hat eine solche Fläche niedrigsten Grades in der Form

$$(762) \qquad x_1 : x_2 : x_3 : x_4 = \vartheta_{123}\vartheta^2_1 : \vartheta_{123}\vartheta^2_2 : \vartheta_{123}\vartheta_3{}^2 : \vartheta_1\vartheta_2\vartheta_3$$

gefunden, wo $\vartheta_1, \vartheta_2, \vartheta_3$ irgend 3 der 6 ungeraden Thetafunktionen sind, ϑ_{123} aber jene gerade Thetafunktion bezeichnet, deren Charakteristik die Summe derer von ϑ_1, ϑ_2 und ϑ_3 ist. Da $\vartheta_1, \vartheta_2, \vartheta_3$, ϑ_{123} ein *Rosenhain*sches System bilden, so erhält man die Gleichung

420) *Picard,* Ann. Éc. Norm 18_3 (1901), p. 409.

421) Daß diese ausgezeichneten Kurven nicht der Fläche selbst eigentümlich sind, sondern von der gewählten Darstellung abhängen, hat sich bei der *Weddle*schen Fläche (Nr. 69) deutlich gezeigt.

422) *Enriques* und *Severi,* Acc. Linc. Rend. 16_5 (1907) I, p. 443, 17_5 (1908) I, p. 4; Acta math. 32 (1909), p 283 und 33 (1910), p. 321.

423) J. de Math. 1_4 (1885), p. 336.

424) J. de Math. 9_4 (1893), p. 436,

der Fläche unmittelbar aus der zwischen den Quadraten dieser Funktionen bestehenden Gleichung 4. Grades.[425])

Bezüglich der hyperelliptischen Flächen zweiten Ranges hat *Humbert* gezeigt, daß alle derartigen Flächen vom Divisor 1 Punkt für Punkt auf eine *Kummer*sche Fläche bezogen werden können, die zu einem beliebigen Divisor $\delta > 1$ gehörigen Flächen 2. Ranges aber ihre Analogie mit der *Kummer*schen Fläche zeigen, wenn man sie in einen Raum von $2\delta + 1$ Dimensionen projiziert; in diesem erweisen sie sich als Flächen von der Ordnung 4δ mit 16 konischen Doppelpunkten und 16 längs einer rationalen Normalkurve $2\delta^{\text{ter}}$ Ordnung berührenden Tangentialebenen, welche die gleiche Konfiguration aufweisen wie die 16 Knotenpunkte und 16 singulären Ebenen einer *Kummer*schen Fläche.

Bei den Darstellungen der Koordinaten x_i der zu einem Werte $\delta > 1$ gehörigen Fläche in der Form (761) wird man bemerken, daß die Ordnung der benutzten Thetafunktionen stets ein Vielfaches von δ, also $= n\delta$ sein muß (vgl. p. 833). Die zahlreichen von *Traynard*[426]), *Remy*[427]) und *Chillemi*[428]) durchgeführten Beispiele entsprechen den Werten $n = 1$ und $n = 2$, auch sind die vier Funktionen Θ_i stets entweder alle 4 gleichzeitig gerade oder gleichzeitig ungerade Funktionen, die Flächen also vom Range 2, d. h. verallgemeinerte *Kummer*sche Flächen.

Bezieht man eine *Picard*sche Fläche F_δ auf das mit den nämlichen Modulen a, aber dem Werte $\delta = 1$ gebildete Periodenschema (760), so ist sie nunmehr vom Range δ. Die so definierten hyperelliptischen Flächen sind für $\delta > 2$ die einzigen bei beliebigen Modulen a existierenden. Außer ihnen gibt es andere nur noch für spezielle Modulwerte; bei ihnen sind die zu einem Punkte gehörigen r Wertepaare u, v durch Gleichungen von der Form[429])

$$(763) \qquad \begin{aligned} u_i &= a_i u_1 + b_i v_1, \\ v_i &= c_i u_1 + d_i v_1 \end{aligned} \qquad (i = 2, 3, \cdots r)$$

425) *Krazer*, „$p = 2$", p. 44; *Reichardt*, Nova Acta Leop. 50 (1887), p. 429; *Weber*, J. f. Math. 84 (1878), p. 341; vgl. Anm. 168.

426) Paris C. R. 138 (1904), p 339; 139 (1904), p. 718; 140 (1905), p. 218 u. 931; 143 (1906), p. 637; Thèse, Paris 1907; Ann. Éc. Norm. 24_3 (1907), p. 77; Paris C. R. 146 (1908), p. 521; S. M. F Bull. 38 (1910), p. 280.

427) Paris C. R. 142 (1906), p. 386 u. 768; 143 (1906), p. 767; S. M. F. Bull. 35 (1907), p. 53.

428) Paris C. R. 148 (1909), p. 1091; Pal. Rend. 29 (1910), p. 164.

429) *Enriques* und *Severi*, Acc. Linc. Rend. 16_5 (1907) I, p. 443; *Bagnera* und *de Franchis*, Paris C. R. 145 (1907), p. 747; Acc. Linc. Rend. 16_5 (1907) I, p. 492 u. 596; Soc. Ital. Mem. 15_3 (1908), p. 251; Atti IV Congr. internaz. Rom 1909, p. 249; *Comessati*, Soc. Ital. Mem. 21_3 (1919), p. 45.

verknüpft, die eine Gruppe von der Ordnung r bilden. Es sind demnach Flächen mit birationalen Transformationen in sich. Für die zugehörigen Funktionen ist folglich der Index der Multiplikabilität $h > 1$ und daher auch $k > 1$, d h. die Funktionen sind singuläre von der in Nr. **126** und **127** betrachteten Art.

Nachwort.

Vor mehr als 20 Jahren hatten die beiden Verfasser von der Redaktion den Auftrag übernommen, die Theorie der $2p$-fach periodischen Funktionen von p Veränderlichen und der allgemeinen Thetafunktionen für die Encyklopädie darzustellen. Sie haben damals die übernommene Arbeit in Jahresfrist vollendet und ein Manuskript eingeliefert, das sich inhaltlich mit den jetzigen Nr. **9**–**45** und **112**—**118** (mit Ausnahme der erst neulich eingefügten Nr. **114**) deckt. Der Druck konnte aber damals nicht geschehen, da der Artikel über *Abel*sche Funktionen noch fehlte. Nachdem mehrere Versuche der Redaktion, diesen zu erhalten, keinen Erfolg gehabt hatten, übernahmen die Verfasser vor etwa 12 Jahren auch ihn und einigten sich in den nun folgenden Jahren in schriftlichem und mündlichem Verkehr über den Umfang und die Anordnung des Stoffes. Als der Krieg ausbrach, war das Manuskript bis Nr. **46** hergestellt, aus begreiflichen Gründen erwies sich aber jetzt eine Fortsetzung der gemeinsamen Arbeit als unmöglich und bei der Andauer des Krieges mußte, wenn die Vollendung nicht ins unbestimmte verschoben werden sollte, einer von uns allein die weitere Arbeit übernehmen. So ging ich im Sommer 1916 an die Fortsetzung des Manuskriptes, das ich nach zwei Jahren der Redaktion einreichen konnte. Von Nr. **47** an bin ich also allein für die Darstellung verantwortlich. Bei den Nr. **127**—**129** hatte ich mich der Mitarbeit des Herrn Kollegen *Hecke* zu erfreuen.

Die Theorie der *Abel*schen Funktionen ist das Werk einer größeren Anzahl von Mathematikern, die von recht verschiedenen Gesichtspunkten ausgingen und mit recht verschiedenen Hilfsmitteln arbeiteten. Ich war bestrebt, die einzelnen Teile möglichst in der Form darzustellen, in der sie uns von ihren Urhebern übermittelt worden sind. Damit war natürlich der Verzicht auf die Einheitlichkeit der Darstellung verbunden; hätte ich aber diese erreichen wollen, so hätte ich mich von der Aufgabe der Encyklopädie, den Leser möglichst leicht über einen Gegenstand zu orientieren und auf die Quellen zurückzuführen, weiter entfernt.

Karlsruhe, den 5. Dezember 1920. **Krazer.**

(Abgeschlossen im Dezember 1920.)

Register zu Band II, 2. Teil.

Die Stichworte des Registers sind durch gesperrten Druck hervorgehoben; die Wiederholung des Stichwortes ist durch einen Bindestrich angedeutet. Die Zahlen beziehen sich auf die Seiten des Bandes, die größeren auf den Text, die kleineren auf die Fußnoten. Unter dem einzelnen Stichworte sind die Nachweise nach steigender Seitenzahl angeordnet, so daß gelegentlich dem einzelnen Gegenstande mehrere getrennt stehende Nachweise zukommen.

A

B

E

I

L

Q

S

Ergänzung zum Referat II B, 3:

Wegen der Beziehung zwischen den rationalen und irrationalen Kovarianten der biquadratischen binären Form einerseits und den zwischen den vier Thetafunktionen bestehenden Gleichungen andererseits ist noch zu nennen: *E. Study*, On the connection between binary quartics and elliptic functions, Amer. J. 17 (1895), p. 216.

Band II2. **Heft 1.**

ENCYKLOPÄDIE
DER
MATHEMATISCHEN WISSENSCHAFTEN

MIT EINSCHLUSS IHRER ANWENDUNGEN.

HERAUSGEGEBEN IM AUFTRAGE
DER AKADEMIEEN DER WISSENSCHAFTEN ZU MÜNCHEN UND WIEN
UND DER GESELLSCHAFT DER WISSENSCHAFTEN ZU GÖTTINGEN,
SOWIE UNTER MITWIRKUNG ZAHLREICHER FACHGENOSSEN.

IN SIEBEN BÄNDEN.

BAND I: **ARITHMETIK** UND **ALGEBRA**, RED. VON **W. FR. MEYER** IN KÖNIGSBERG.
— II: **ANALYSIS**, IN 2 TEILEN . . . . **H. BURKHARDT** IN ZÜRICH.
— III: **GEOMETRIE**, IN 3 TEILEN . . . . **W. FR. MEYER** IN KÖNIGSBERG.
— IV: **MECHANIK**, IN 2 TEILEN . . . . **F. KLEIN** IN GÖTTINGEN.
— V: **PHYSIK**, IN 2 TEILEN . . . . **A. SOMMERFELD** IN AACHEN.
— VI, 1: **GEODÄSIE** UND **GEOPHYSIK** . . . . **E. WIECHERT** IN GÖTTINGEN.
— VI, 2: **ASTRONOMIE** . . . . **R. LEHMANN-FILHÉS** IN BERLIN.
— VII: **HISTORISCHE, PHILOSOPHISCHE** UND **DIDAKTISCHE FRAGEN** BEHANDELND, SOWIE **GENERALREGISTER** . . . . . . (IN VORBEREITUNG).

BAND II2. HEFT 1. AUSGEGEBEN AM 27. DEZEMBER 1901.

LEIPZIG,
DRUCK UND VERLAG VON B. G. TEUBNER.
1901.

☛ **Bisher erschien:** Band I, Heft 1—6; Band II1, Heft 1—4; Band II2, Heft 1; Band IV1, Heft 1 und IV2, Heft 1.

☛ **Unter der Presse befinden sich:** Band I, Heft 7 (Schlufs); Band II1, Heft 5 (Schlufs); Band III$_3$, Heft 1 und IV1, Heft 2.

☛ **Einbanddecken in Halbfranz werden auf Bestellung mit dem Schlufshefte eines jeden Bandes zu wohlfeilen Preisen von der Verlagsbuchhandlung geliefert.**

Inhalt des vorliegenden Heftes.

☞ Das nächste Heft wird noch einen Artikel:

II B 2a: **K. Hensel**, Arithmetische Theorie der algebraischen Funktionen bringen.

Berichtigung:

S. 18 Z. 8 v. u. statt „etwa" lies „Riemann[15] Nr. 10".

[Fortsetzung s. 3. Seite des Umschlags.]

Band II 2 **Heft 5.**

ENCYKLOPÄDIE
DER
MATHEMATISCHEN WISSENSCHAFTEN
MIT EINSCHLUSS IHRER ANWENDUNGEN.

HERAUSGEGEBEN
IM AUFTRAGE DER AKADEMIEN DER WISSENSCHAFTEN ZU BERLIN, GÖTTINGEN, HEIDELBERG, LEIPZIG, MÜNCHEN UND WIEN SOWIE UNTER MITWIRKUNG ZAHLREICHER FACHGENOSSEN.

IN SECHS BÄNDEN.

BAND I: ARITHMETIK UND ALGEBRA, IN 2 TEILEN	RED. VON W. FR. MEYER IN KÖNIGSBERG.
— II: ANALYSIS, IN 3 TEILEN	H. BURKHARDT † (1896–1914), W. WIRTINGER (1905–1912) IN WIEN, R. FRICKE IN BRAUNSCHWEIG UND E. HILB IN WÜRZBURG.
— III: GEOMETRIE, IN 4 TEILEN	W. FR. MEYER IN KÖNIGSBERG UND H. MOHRMANN IN BASEL.
— IV: MECHANIK, IN 4 TEILBÄNDEN.	F. KLEIN IN GÖTTINGEN UND C. H. MÜLLER IN HANNOVER.
— V: PHYSIK, IN 3 TEILEN	A. SOMMERFELD IN MÜNCHEN.
— VI, 1: GEODASIE UND GEOPHYSIK	PH. FURTWÄNGLER IN WIEN UND E. WIECHERT (1899–1905) IN GÖTTINGEN.
— VI, 2: ASTRONOMIE	K. SCHWARZSCHILD † (1904–1916) UND S. OPPENHEIM IN WIEN.

BAND II 2 HEFT 5.

AUSGEGEBEN AM 15. JUNI 1921.

VERLAG UND DRUCK VON B. G. TEUBNER IN LEIPZIG 1921

Aufgabe der Encyklopädie ist es, in knapper, zu rascher Orientierung geeigneter Form, aber mit möglichster Vollständigkeit eine Gesamtdarstellung der mathematischen Wissenschaften nach ihrem gegenwärtigen Inhalt an gesicherten **Resultaten** zu geben und zugleich durch sorgfältige Literaturangaben die geschichtliche Entwicklung der mathematischen **Methoden** seit dem Beginn des 19. Jahrhunderts nachzuweisen. Sie beschränkt sich dabei nicht auf die sogenannte reine Mathematik, sondern berücksichtigt auch ausgiebig die **Anwendungen** auf Mechanik und Physik, Astronomie und Geodäsie, die verschiedenen Zweige der Technik und andere Gebiete, und zwar in dem Sinne, daß sie einerseits den Mathematiker orientiert, welche Fragen die Anwendungen an ihn stellen, andererseits den Astronomen, Physiker, Techniker darüber orientiert, welche Antwort die Mathematik auf diese Fragen gibt. In 7 Bänden werden die einzelnen Gebiete in einer Reihe **sachlich angeordneter Artikel** behandelt; jeder Band soll ein ausführliches alphabetisches Register enthalten. Auf die Ausführung von Beweisen der mitgeteilten Sätze muß natürlich verzichtet werden. — Die Ansprüche an die Vorkenntnisse der Leser sollen so gehalten werden, daß das Werk auch demjenigen nützlich sein kann, der nur über ein bestimmtes Gebiet Orientierung sucht. — Eine von den beteiligten gelehrten Gesellschaften niedergesetzte Kommission, z. Z. bestehend aus den Herren

W. v. Dyck-München, **O. Hölder**-Leipzig, **F. Klein**-Göttingen, **A. Krazer**-Karlsruhe,
V. v. Lang-Wien, **M. Planck**-Berlin, **H. v. Seeliger**-München, **W. Wirtinger**-Wien

steht der Redaktion, die aus den Herren

R. Fricke-Braunschweig, **Ph. Furtwängler**-Wien, **E. Hilb**-Würzburg, **F. Klein**-Göttingen, **W. Fr. Meyer**-Königsberg, **H. Mohrmann**-Basel, **C. H. Müller**-Hannover, **S. Oppenheim**-Wien, **A. Sommerfeld**-München und **H. E. Timerding**-Braunschweig

besteht, zur Seite. — Als Mitarbeiter an der Encyklopädie beteiligen sich ferner die Herren

I. Band:

W. Ahrens-Rostock
P. Bachmann (†)
J. Bauschinger-Leipzig
G. Bohlmann-Berlin
L. v. Bortkewitsch-Berlin
H. Burkhardt (†)
E. Czuber-Wien
W. v. Dyck-München
D. Hilbert-Göttingen
O. Hölder-Leipzig
G. Landsberg (†)
R. Mehmke-Stuttgart
W. Fr. Meyer-Königsberg i. P.
E. Netto (†)
V. Pareto-Lausanne
A. Pringsheim-München
C. Runge-Göttingen [a. M.
A. Schoenflies-Frankfurt
H. Schubert (†)
D. Seliwanoff-St. Petersburg
E. Study-Bonn
K. Th. Vahlen-Greifswald
H. Weber (†)
A. Wiman-Upsala

II. Band: [a. M

L. Bieberbach-Frankfurt
M. Bôcher (†)
H. A. Bohr-Kopenhagen
E. Borel-Paris
G. Brunel (†)
H. Burkhardt (†)
H. Cramér-Morby
G. Faber-München
R. Fricke-Braunschweig
H. Hahn-Bonn
J. Harkness-Montreal
E. Hellinger-Frankfurt a. M.
K. Hensel-Marburg
E. Hilb-Würzburg
H. W. E. Jung-Halle
A. Kneser-Breslau
A. Krazer-Karlsruhe
L. Lichtenstein-Berlin
L. Maurer-Tübingen
W. Fr. Meyer-Königsberg i. P.
N. E. Nörlund-Kopenhagen
W. F. Osgood-Cambridge,
P. Painlevé-Paris [Mass.
S. Pincherle-Bologna
A. Pringsheim-München
M. Riesz-Stockholm
A. Rosenthal-München
C. Runge-Göttingen
A. Sommerfeld-München
O. Szász-Frankfurt a. M.
O. Toeplitz-Kiel
E. Vessiot-Lyon
A. Voss-München
A. Wangerin-Halle
E. v. Weber-Würzburg
Fr. A. Willers-Charlottenburg
W. Wirtinger-Wien
E. Zermelo-Zürich

III. Band:

H. Beck-Bonn
G. Berkhan (†)
L. Berwald-Prag
L. Berzolari-Pavia
G. Castelnuovo-Rom
M. Dehn-Breslau
F. Dingeldey-Darmstadt
F. Enriques-Bologna
G. Fano-Turin
P. Heegaard-Kopenhagen
P. Hjelmslev-Kopenhagen
G. Kohn-Wien
G. Kowalewski-Dresden
H. Liebmann-Heidelberg
R. v. Lilienthal-Münster i. W.
G. Loria-Genua
K. Lotze-Stuttgart
H. v. Mangoldt-Danzig
W. Fr. Meyer-Königsberg i P.
H. Mohrmann-Basel
E. Müller-Wien
E. Papperitz-Freiberg i S
Th. Pöschl Prag
K. Rohn (†)
H. Rothe-Wien
E. Salkowski-Hannover
G. Scheffers-Charlottenburg
A. Schoenflies-Frankfurt
C. Segre-Turin [a M.
J. Sommer-Danzig
P. Stäckel (†)
O. Staude-Rostock
E. Steinitz-Kiel
H. Tietze-Erlangen
A. Voss-München
R. Weitzenboeck-Graz
M. Zacharias-Berlin
H. G. Zeuthen-Kopenhagen
K. Zindler-Innsbruck

IV. Band:

M. Abraham-Stuttgart
P. Cranz-Berlin
C. u T. Ehrenfest-Leiden
S. Finsterwalder-München
O. Fischer (†)
L. Föppl-Dresden
Ph. Forchheimer-Graz
Ph. Furtwängler-Wien
M. Grübler-Dresden
M. Grüning-Hannover
E. Hellinger-Frankfurt a M.
L. Henneberg-Darmstadt
K. Heun-Karlsruhe
G. Jung-Mailand
Th. v. Kármán-Aachen
F. Klein-Göttingen
A. Kriloff-Petersburg
H. Lamb-Manchester
A. E. H. Love-Oxford
R. v. Mises-Berlin
C. H. Müller-Hannover
L. Prandtl-Göttingen
G. Prange-Hannover
H. Reißner-Charlottenburg
A. Schoenflies-Frankfurt
P. Stäckel (†) [a. M.
O. Tedone-Genua
H. E. Timerding-Braunschwg
A. Timpe-Berlin
A. Voss-München
G. T. Walker-Simla (Indien)
K. Wieghardt-Wien
G. Zemplen (†)

V. Band:

M. Abraham-Stuttgart
L. Boltzmann (†)
M. Born-Frankfurt a M.
G. H. Bryan-Bangor (Wales)
P. Debye-Zürich
P. S. Epstein-München
S. Finsterwalder-München
R. Gans-La Plata
K. Herzfeld-München
F. W. Hinrichsen (†)
E. W. Hobson-Cambridge
H. Kamerlingh-Onnes-Leiden
W. H. Keesom-Leiden
M. v. Laue-Berlin
W. Lenz-München
Th. Liebisch-Berlin
H. A. Lorentz-Haarlem
L. Mamlock-Berlin
G. Mie-Halle
H. Minkowski (†)
O. Mügge-Göttingen
J. Nabl-Wien
W. Pauli-München-Wien
F. Pockels (†)
L. Prandtl-Göttingen
R. Reiff (†)
C. Runge-Göttingen [a.M.
A. Schoenflies-Frankfurt
M. Schröter-München
R. Seeliger-Greifswald
A. Sommerfeld-München
E. Study-Bonn
A. Wangerin-Halle
W. Wien-Würzburg
J. Zenneck-München

VI, 1. Band:

R. Bourgeois-Paris
G. H. Darwin (†)
F. Exner-Wien
S. Finsterwalder-München
Ph. Furtwängler-Wien
F. R. Helmert (†)
S. Hough-Kapstadt
H. Meldau-Bremen
W. Moebius-Leipzig
P. Pizzetti-Pisa
C. Reinhertz (†)
A. Schmidt-Potsdam
E. v. Schweidler-Innsbruck
W. Trabert-Wien
E. Wiechert-Göttingen

VI, 2. Band:

E. Anding-Gotha
J. Bauschinger-Leipzig
A. Bemporad-Catania
A. Brill-Frankfurt a M.
E. W. Brown-New-Haven
A. v. Brunn-Danzig
C. Ed. Caspari-Paris
F. Cohn-Berlin
R. Emden-München
F. K. Ginzel-Berlin
P. Guthnick-Berlin
J. v. Hepperger-Wien
G. Herglotz-Leipzig
J. Holetschek-Wien
H. Kobold-Kiel
Th. Kottler-Wien
K. Laves-Chicago
J. Lense-Wien
G. v. Niessl-Wien
S. Oppenheim-Wien
K. Schwarzschild (†)
K. Sundman-Helsingfors
E. T. Whittaker-Edinburgh
A. Wilkens-Breslau
C. W. Wirtz-Kiel
H. v. Zeipel-Upsala

Sprechsaal für die Encyklopädie der Mathematischen Wissenschaften.

Unter der Abteilung Sprechsaal für die Encyklopädie der Mathematischen Wissenschaften nimmt die Redaktion des Jahresberichts der Deutschen Mathematiker-Vereinigung ihr aus dem Leserkreise zugehende Verbesserungsvorschläge und Ergänzungen (auch in literarischer Hinsicht) zu den erschienenen Heften der Encyklopädie auf. Diesbezügliche Einsendungen sind an den Herausgeber des Jahresberichts Herrn Geh. Reg.-Rat Prof. Dr. A. Gutzmer in Halle a/S., Wettiner Straße 17, zu richten, der sich mit den betr. Bandredakteuren wegen der Veröffentlichung der Notizen in Verbindung setzen wird.

Die akademische Kommission zur Herausgabe der Encyklopädie der Mathematischen Wissenschaften.

Printed in the United States
By Bookmasters